DICTIONNAIRE TOPOGRAPHIQUE

DU

DÉPARTEMENT DE L'EURE

COMPRENANT

LES NOMS DE LIEU ANCIENS ET MODERNES

RÉDIGÉ SOUS LES AUSPICES

DE LA SOCIÉTÉ LIBRE D'AGRICULTURE, SCIENCES, ARTS ET BELLES-LETTRES DE L'EURE

PAR

M. LE MARQUIS DE BLOSSEVILLE

ANCIEN PRÉSIDENT DE CETTE SOCIÉTÉ, ANCIEN DÉPUTÉ

MEMBRE DU CONSEIL GÉNÉRAL ET PRÉSIDENT DE LA COMMISSION DÉPARTEMENTALE DE PERMANENCE DE L'EURE

PRÉSIDENT DE LA SOCIÉTÉ DE L'HISTOIRE DE NORMANDIE

PARIS

IMPRIMERIE NATIONALE

M DCCC LXXVIII

DICTIONNAIRE TOPOGRAPHIQUE

DE

LA FRANCE

COMPRENANT

LES NOMS DE LIEU ANCIENS ET MODERNES

PUBLIÉ

PAR ORDRE DU MINISTRE DE L'INSTRUCTION PUBLIQUE

ET SOUS LA DIRECTION

DU COMITÉ DES TRAVAUX HISTORIQUES ET DES SOCIÉTÉS SAVANTES

DICTIONNAIRE TOPOGRAPHIQUE

DU

DÉPARTEMENT DE L'EURE

COMPRENANT

LES NOMS DE LIEU ANCIENS ET MODERNES

RÉDIGÉ SOUS LES AUSPICES

DE LA SOCIÉTÉ LIBRE D'AGRICULTURE, SCIENCES, ARTS ET BELLES-LETTRES DE L'EURE

PAR

M. LE MARQUIS DE BLOSSEVILLE

ANCIEN PRÉSIDENT DE CETTE SOCIÉTÉ, ANCIEN DÉPUTÉ
MEMBRE DU CONSEIL GÉNÉRAL ET PRÉSIDENT DE LA COMMISSION DÉPARTEMENTALE DE PERMANENCE DE L'EURE
PRÉSIDENT DE LA SOCIÉTÉ DE L'HISTOIRE DE NORMANDIE

PARIS

IMPRIMERIE NATIONALE

———

M DCCC LXXVII

INTRODUCTION.

Créé par les décrets des 15 janvier, 16 et 26 février 1790, le département de l'Eure
doit son nom à une rivière qui, coulant du Sud au Nord, a sur son territoire un cours
de 86 kilomètres.

Une commission de six des huit membres qui représentaient à l'Assemblée nationale
les bailliages réunis à Évreux, et de trois autres députés pris parmi ceux qu'avait élus
le bailliage de Rouen, reçut mission de régler dans tous ses détails l'organisation
nouvelle.

La délimitation fut tracée sur une carte de Cassini, sous le contre-seing de quatre
commissaires de l'Assemblée.

La circonscription convenue alors est restée, à d'insignifiants remaniements près,
la circonscription actuelle.

Le territoire qui entrait ainsi dans une ère nouvelle avait, avant la conquête romaine, appartenu pour une certaine partie à la Belgique et pour sa principale étendue à la Celtique. Il était habité par les Aulerques Éburoviques, les Loxoves et les
Vélocasses.

Dans l'organisation romaine de la Gaule, les Vélocasses, retranchés de la Belgique,
furent incorporés à la seconde Lyonnaise, qui engloba la Celtique tout entière.

La subdivision en *pagi* réservait pour le futur département de l'Eure le *pagus Ebroicensis* intégralement et, en partie, les pagi *Lexoviensis, Madriacensis, Rotomagensis* et
Vilcassinus.

Depuis le jour où l'histoire de France a commencé, ce territoire a constamment
partagé le sort de la vaste partie de la Neustrie qui devait devenir la Normandie.

La partie orientale de la Normandie, plus généralement appelée Haute Normandie,
et la partie septentrionale du Perche, provenant de la Moyenne Normandie, en firent
à peu près tous les frais, ces deux désignations comprenant des subdivisions presque
aussi connues, l'Évrecin et le comté d'Évreux, qui n'avaient pas absolument les mêmes

limites, le Vexin normand, le Roumois, les pays d'Ouche et de Madrie ou Longueville, les campagnes du Neubourg et de Saint-André[1], ainsi qu'une part considérable du Lieuvin et des terres françaises au Perche. D'après la statistique de 1837 (territoire, population, p. 82), le département de l'Eure, auquel elle donne une contenance de 581,102 hectares, aurait pris à la Normandie propre une superficie de 374,776 hectares; au comté d'Évreux, 185,844 hectares; au Perche, 20,482 hectares.

Cette création était prise presque en entier sur les généralités de Rouen (pour deux tiers) et d'Alençon (pour le dernier tiers). Le territoire affecté au nouveau département provenait, à bien peu d'exceptions près, du ressort du parlement de Normandie; à peine avait-on prélevé sur le ressort du parlement de Paris Armentières, à la lisière du comté de Dreux, et Pacel, aux portes de Pacy. L'ancien territoire ne cédait à ses voisins que quatre paroisses affectées à Seine-et-Oise, deux à la Seine-Inférieure, trente-trois à l'Orne.

Borné au Nord par la Seine-Inférieure, à l'Est par les départements de l'Oise et de Seine-et-Oise, au Sud par Eure-et-Loir et l'Orne, à l'Ouest par le Calvados, le département est compris dans le grand bassin de la Seine et situé entre le 48°40' et le 49°27' de latitude Nord et entre le 0°32' et le 2°3' de longitude occidentale du méridien de Paris.

Sa plus grande largeur, du Sud au Nord, de Chennebrun à Quillebeuf, est de 100 kilomètres selon Gadebled, et selon Masson Saint-Amand, de 94 seulement, équivalant dans ses calculs à 21 lieues 14/100 de 25 au degré.

Sa longueur la plus grande, de l'Est à l'Ouest, de Gisors à Fiquefleur-Équainville, est évaluée par Gadebled à 115 kilomètres, et par Masson Saint-Amand à 107, ou 24 lieues 10/100.

Sa forme est à peu près triangulaire.

Sa surface, calculée à l'origine comme comprenant 599,671 hectares 78 ares 23 centiares ou 303 lieues carrées 64/100[2], comprend réellement, d'après les rectifications du cadastre, 596,527 hectares ou 298 lieues carrées 26/100.

Une erreur qui se reproduisait avec persévérance dans les almanachs impériaux et royaux a longtemps, on ne sait pourquoi, attribué au département une étendue de 623,287 hectares.

L'Exposé de la situation de l'Empire par le ministre Montalivet, en 1813, portait à 663,283 la superficie en hectares, et le tableau synoptique de l'*Almanach national* n'en

---

[1] Le nom de *pays de Campagne* ou *Champagne*, sans avoir jamais eu d'existence légale dans la géographie officielle, s'était imposé par l'usage à ces deux vastes plateaux séparés seulement par la vallée de l'Iton.

[2] Aubry, dans son livre des *Contributions publiques*, dit 307 lieues *quarrées*.

accuse que 598,661, nombre qui se réduirait encore à 595,764, s'il fallait en croire les études sur la France du *Messager de Paris*.

Le périmètre du département de l'Eure est de 508 kilomètres, ainsi répartis sur les différents confins : Seine-et-Oise, 62; Oise, 35; Seine-Inférieure, 185; Calvados, 77; Orne, 66; Eure-et-Loir, 83.

La hauteur moyenne du sol au-dessus du niveau de la mer est de 150 mètres. La plus grande hauteur atteint 193 mètres, au Mont-Rôti.

La division agricole du territoire était ainsi exposée par la statistique de 1805 : 528,768 hectares 53 centiares en terres labourables, vignes, prés, jardins, bois, marais, bruyères et terres vagues. Le huitième et demi de la surface totale, 70,903 hectares 53 centiares, était laissé pour routes, chemins, rivières, canaux et étangs.

En 1840, Gadebled, dans son excellent *Dictionnaire topographique*, séparait cette contenance, d'après les données du cadastre à cette époque, en propriétés imposables et non imposables.

Il divisait ainsi les premières :

Terres labourables[1]................................	376,956ʰ	⎫
Prés et herbages...............................	25,238	⎪
Vignes[2]..	1,198	⎪
Bois[3]...	106,625	⎪
Vergers, pépinières et jardins................	35,039	⎬ 566,460ʰ
Oseraies, aulnaies, saussaies.................	410	⎪
Mares, canaux d'irrigation....................	235	⎪
Étangs...	195	⎪
Landes, pâtis, bruyères......................	17,094	⎪
Superficie des propriétés bâties..............	3,470	⎭

Les propriétés non imposables se divisaient comme il suit :

Routes, chemins, places publiques..............	12,691ʰ	⎫
Rivières, ruisseaux..........................	3,071	⎪ 29,591
Forêts domaniales	13,440	⎬
Églises, cimetières, presbytères, bâtiments publics..	389	⎭

TOTAL des contenances imposables et non imposables...	596,051

[1] Un traité récent de statistique, tenant peut-être compte des défrichements, non sans quelque exagération, porte 377,076 hectares, divisés en 1,401,334 parcelles, relevant de 26,818 exploitations, dont 13,410 au-dessous de 5 hectares.

[2] En 1813, Montalivet (*Exposé de la situation de l'Empire*) avait attribué à l'Eure 1.845 hectares plantés en vignes; ce nombre a toujours été en décroissant : il est évalué aujourd'hui à 536 hectares.

[3] Selon Aubry, en 1791, 250,000 arpents, ou 50 lieues carrées, à peu près la sixième partie du territoire.

Les derniers travaux du cadastre donnent, sur la division agricole du territoire, les résultats qui vont suivre et qui ont été déjà indiqués par M. le duc d'Albuféra *(Rapport sur l'Enquête agricole,* 1ʳᵉ circonscription, p. 105):

Cultures principales.	Terres labourables.	377,493ʰ
	Prés.	26,316
	Vignes.	1,107
	Bois.	108,263
Terrains divers.	Vergers, pépinières et jardins	35,766
	Oseraies, aulnaies et saussaies.	517
	Étangs, mares, canaux d'irrigation, abreuvoirs.	458
	Landes, pâtis, bruyères, tourbières, marais.	14,947
Objets non imposables.	Routes, chemins, rues, places, etc.	12,177
	Rivières, ruisseaux	3,056
	Forêts nationales, domaines non productifs.	12,642
	Cimetières, presbytères, bâtiments d'utilité publique.	284
Objets imposables.	Propriétés bâties	3,501
	TOTAL.	596,527

RÉCAPITULATION.

Propriété imposable.	Bâtie.	3,501ʰ
	Non bâtie.	570,138
Contenance imposable.		573,639
Propriété non imposable.		22,888
	TOTAL ÉGAL	596,527

Si le vœu souvent répété de la révision du cadastre obtenait satisfaction, ces évaluations authentiques auraient à subir déjà des modifications de quelque importance.

Les progrès de l'agriculture et les progrès du bien-être ont altéré sur beaucoup de points les proportions de ces contenances.

De nombreux défrichements ont été autorisés, aux dépens surtout des forêts domaniales, aliénées pour les nécessités de l'État; quelques-unes aussi de ces forêts doivent être ajoutées aux bois des particuliers, diminués à leur tour par des permis de défricher.

. Des terres labourables ont été converties en herbages souvent médiocres; des landes et des bruyères ont été livrées à des cultures peu rémunératrices.

Les jardins, au contraire, les pépinières et les vergers ont reçu une certaine extension. Quelques mares publiques ont été créées et beaucoup ont reçu des agrandissements. La superficie des propriétés bâties s'est étendue sensiblement pendant que la population subissait une rapide décroissance : phénomène naturellement expliqué par l'accroissement des habitudes de vie de plus en plus confortables à tous les degrés de l'ordre social.

Il n'est pas jusqu'aux cimetières qui, transférés en assez grand nombre hors des centres de population, n'aient prélevé une plus large part sur la superficie totale, dans un intérêt de concessions temporaires ou perpétuelles et de salubrité publique.

Les voies de communication, celles surtout qui relèvent uniquement de l'administration départementale, les chemins de grande communication, ceux d'intérêt commun aujourd'hui confondus avec eux, ont reçu un développement considérable; les chemins vicinaux mieux entretenus ont repris sur bien des points leur largeur légale. La division des propriétés a nécessairement multiplié les chemins ruraux. Dans toutes ces voies, les nouveaux classements, les élargissements, ont conquis plus de terrains que les redressements et les rectifications n'en ont rendu à la culture.

En résumé, le département de l'Eure, cité en 1835 par Moreau de Jonnès comme l'un des plus fertiles et des mieux cultivés, n'a pas cessé de mériter ce jugement. Son territoire agricole, tout en variant dans ses détails, s'est maintenu dans son ensemble par des compensations à peu près équivalentes en étendue, grâce surtout aux défrichements dont le sol forestier a supporté la plus large part des frais.

Aujourd'hui, les forêts domaniales comptent 13,556 hectares 72 ares, et les bois des particuliers, 89,231 hectares 12 ares.

Depuis 1831, en quarante-cinq années, les défrichements de 10,270 hectares ont été autorisés; mais il n'a pas été tenu compte des bois isolés de 10 hectares au plus, dont les propriétaires ne sont point assujettis à la déclaration.

Au moment où fut dressée la première *Statistique générale de la France*, les routes nationales avaient dans le département de l'Eure un développement de 653,642 mètres, dont 162,298 à ouvrir, présentant une surface de 10,013,716 mètres. Elles sont comptées pour 463,829 mètres depuis un décret de 1811 qui en déclassa plusieurs.

Aujourd'hui, un réseau de 27 lignes de routes départementales, tout entier à l'état d'entretien, forme ensemble une longueur totale de 795 kilomètres 695 mètres.

Les chemins de grande communication, aujourd'hui au nombre de 106, occupent une longueur de 2,415 kilomètres 708 mètres, dont 2,369 kilomètres 617 mètres à l'état d'entretien. Au moment où on leur réunissait les chemins d'intérêt commun, on en comptait 77 d'une longueur de 1,446 kilomètres 441 mètres, y compris 1,440 kilomètres 883 mètres à l'état d'entretien.

Les 70 chemins d'intérêt commun comptés au moment de la suppression de cette classe avaient une longueur de 954 kilomètres 600 mètres, dont 888 kilomètres 502 mètres à l'état d'entretien.

Les chemins de fer de l'Ouest traversent le département dans une longueur de 44 kilomètres 14 mètres entre Paris et le Havre et de 95 kilomètres 618 mètres entre Paris et Cherbourg; ils l'effleurent pendant 36 kilomètres 306 mètres, de Saint-Germain-sur-Avre à Chaise-Dieu-du-Theil, sur la ligne de Paris à Granville. Trois embranchements sont pris sur son territoire : de Serquigny à la limite de la Seine-Inférieure près Elbeuf, 35 kilomètres 598 mètres ; de Conches à la limite de l'Orne, près l'Aigle, 22 kilomètres 277 mètres ; de Louviers à Saint-Pierre-du-Vauvray, 7 kilomètres 400 mètres.

Sur le chemin de Paris à Dieppe, par Gisors et Gournay, 6 kilomètres 615 mètres appartiennent au département de l'Eure, avec station à Amécourt.

Les lignes d'intérêt local terminées sont :

Glos à Pont-Audemer..........................	16^k,782^m	
Gisors à Pont-de-l'Arche,......................	53 ,600	
Gisors à Vernon.............................	37 ,583	225^k,312^m
Évreux à Elbeuf.............................	42 ,700	
Dreux à Acquigny et embranchement de Pacy à Vernon..	74 ,647	

Les lignes concédées comprennent .... 279 ,900

TOTAL .... 505 ,212

Ainsi, sur 16,954 kilomètres de voies ferrées exploitées dans 86 départements à la fin de 1872, le département de l'Eure en possédait à lui seul 473, c'est-à-dire un peu plus que la 36e partie.

On ne mentionne ici que pour mémoire les anciennes voies romaines, routes militaires dont quelques traces appréciables encore ont été signalées par de savants archéologues. Auguste Le Prévost, dans une notice sur le département, en compte quatorze et les décrit; Théodose Bonnin est utile à consulter dans une carte de ses *Antiquités gallo-romaines des Éburoviques.*

Les parties du cours de la Seine qui traversent ou longent le département comprennent en longueur :

	ENDIGUÉES.	NON ENDIGUÉES.
En amont dans la troisième section de la navigation :		
Sur la rive droite, environ.............................	″	64,000ᵐ
Sur la rive gauche, environ [1].........................	″	69,000
Dans la quatrième section :		
Du kilomètre 260,500 au kilomètre 263,300, à Caumont.....	″	2,800
Du kilomètre 288 au kilomètre 288,520, à la Roche.........	″	520
Du kilomètre 288,520 au kilomètre 293, au Landin..........	4,480ᵐ	″
Du kilomètre 321 au kilomètre 323,240, à Aizier..........	″	2,240
Du kilomètre 323,240 au kilomètre 324,240, à Vieux-Port....	1,000	″
Du kilomètre 324,240 au kilomètre 331,160, à l'origine du quai de Quillebeuf..............................	″	6,920
Du kilomètre 331,160 au kilomètre 349, Roches de Grestain...	17,840	″
TOTAUX........................	23,320	145,480

Les autres cours d'eau, qui tous, petits comme grands, ont leur direction vers le bassin de la Seine, sauf la Calonne (affluent de la Toucques) et la fontaine Gauville (affluent de la rivière d'Orbec, qui se jette elle-même dans la Toucques), embrassent un ensemble de 865 kilomètres.

L'Eure n'est plus classée comme navigable que de Louviers à son embouchure sur la rive gauche de la Seine, 15 kilomètres.

La Risle, maritime de Pont-Audemer à la Seine maritime, compte 14 kilomètres.

De Pont-Audemer jusqu'au corps de garde de Conteville, sur la rive gauche, la rivière est, par ses digues en terre et ses levées de halage, complétement à l'abri des débordements, même par les plus hautes eaux.

Des digues ou talus insubmersibles, en enrochements inférieurs et revêtements supérieurs au-dessus des eaux moyennes, existent :

1° Sur la rive gauche, entre l'extrémité aval de l'ancien grand coude et le corps de garde de Conteville, sur une longueur de 3,900ᵐ

2° Sur la rive droite, entre l'extrémité aval de l'ancien grand coude et l'extrémité aval du coude de la Roque, sur une longueur de........ 1,700

ENSEMBLE 5,600

---

[1] Ce qu'on nomme digue de Venables sur cette rive ne saurait être sérieusement compté.

La digue de rive droite longeant le *banc* du Nord, depuis le coude de la Roque jusqu'au corps de garde de Conteville, est submersible, et présente une longueur de 2,350 mètres.

Au delà, les digues qui s'étendent jusqu'à l'embouchure dans la Seine sont submersibles aussi, appartiennent au service de la navigation et présentent pour les deux rives une longueur de 3,600 mètres.

Ces détails si complets sont dus à d'obligeantes communications de M. l'ingénieur en chef Degrand.

TOPOGRAPHIE [1].

La surface du département de l'Eure est un plateau incliné du Sud au Nord, depuis une altitude de 243 mètres, à la Selle (canton de Rugles), jusqu'aux falaises qui bordent la Seine à Barneville, 134 mètres.

Quelques mamelons s'élèvent sur les plaines, tels que le Mont-Rôti, 193 mètres; les Hautes-Terres, 180 mètres; Tourny, 149 mètres.

HYDROGRAPHIE.

Six vallées principales amènent à la Seine les rivières de la Charentonne, de la Risle, de l'Iton, de l'Eure, de l'Andelle et de l'Epte, augmentées de leurs affluents.

La Seine sépare l'arrondissement des Andelys du reste du département.

Il sort de la craie des sources puissantes à Caumont, à Cailly, à Bouchevilliers, à Bezu-la-Forêt, à Saint-Ouen-de-Pontcheuil.

D'autres sources et des ruisseaux nombreux alimentent les rivières principales et secondaires.

MÉTÉOROLOGIE.

La température moyenne à Évreux est évaluée à 10° 63°, chiffre en rapport avec celui de Paris, 10° 92°; de Rouen, 10° 29°; de l'Aigle, 10° 75°. Le thermomètre s'élève quelquefois dans le département à + 34° et descend jusqu'à — 15°. Le 9 décembre 1871, on a constaté à Gisors — 21° 5^d au-dessous de zéro.

Le vent d'Ouest est le plus fréquent; il amène la pluie. Le vent du Sud annonce les orages, le vent d'Est présage le beau temps, le vent du Nord aussi, mais il est parfois accompagné de pluies qui durent vingt-quatre heures. Là grêle exerce ses ravages sur les moissons assez fréquemment.

---

[1] Les renseignements qui suivent sur la constitution géologique du département de l'Eure sont entièrement dus à la précieuse collaboration de M. Antoine Passy, ancien préfet de ce département et membre de l'Institut, dont le nom fait depuis longtemps autorité dans la science.

Le Lieuvin, le pays d'Ouche, le Roumois, la campagne du Neubourg, celle de Saint-André, le plateau entre la Seine et l'Eure, extrémité de la contrée appelée la Madrie, la vallée de la Seine, le Vexin et le Lyons, sont des appellations reçues et usitées pour désigner les portions de notre territoire dont le sol diffère des sols circonvoisins.

Ces noms, que la composition géologique des couches terrestres justifie, signifient des habitudes de culture adaptées à un espace déterminé et un aspect particulier du paysage.

Le Lieuvin est constitué par la craie inférieure et les marnes qui en dépendent, sur lesquelles s'étend l'alluvium, limon jaune de la Picardie, terre franche des cultivateurs.

Le Roumois contient aussi des étendues de cette terre, entourées par une large ceinture d'argile à silex.

Le pays d'Ouche, dans lequel passe le département de l'Orne, est caractérisé par un manteau épais d'argile à silex. La terre arable y est moins fertile; le grison se montre fréquemment en sous-sol. Le minerai de fer ne s'exploite que dans le pays d'Ouche.

La campagne du Neubourg est constituée par une grande plaine de terre franche entourée de dépôts de silex mêlés à l'argile. Les plaines sont plus uniformes que dans le Roumois.

La campagne de Saint-André contient aussi des lambeaux d'alluvium ou terre franche. Sa surface est moins égale que celle de la campagne du Neubourg.

Le plateau en forme de promontoire entre l'Eure et la Seine a pour terre arable un diluvium particulier, où le sable et la glaise se succèdent et se mêlent. Le sol est en général léger.

La vallée de la Seine contient des sables et des cailloux roulés, transportés des pays supérieurs. Le sol, très-siliceux, est propre à la petite culture et à l'élève des arbres fruitiers.

Le Vexin normand se distingue par la présence d'une couche épaisse d'alluvium ou terre franche facile à cultiver.

Le Lyons, qui limite le Vexin, offre en abondance l'argile à silex; une partie du territoire est occupée par des forêts.

GÉOLOGIE.

Formations contemporaines. — Les alluvions et les atterrissements qui changent les bords des rivières, la tourbe qui naît au fond des vallées, le tuf calcaire qui s'établit sous les gazons des prairies, celui que les eaux courantes déposent en amas, le grison, concrétion ferrugineuse propre au pays d'Ouche, sont des phénomènes qui révèlent comment des terrains plus anciens se sont assis à leur origine.

Les alluvions sont puissantes sur la rive gauche de la Seine.

Dépôts meubles sur les pentes. — A la naissance des vallées ou sur leurs pentes, les eaux anciennes ont laissé des accumulations de débris des couches qui restent sur les plateaux. L'alluvium, le diluvium, la craie en morceaux, se trouvent mélangés avec les silex.

Alluvium. — *Limon jaune de la Picardie.* — *Terre franche.* — Cet immense sédiment, tout homogène, occupe une grande étendue dans le nord de la France; il forme nos belles plaines à céréales du Vexin, du Roumois, du Lieuvin, des campagnes du Neubourg et de Saint-André. Aucun caillou ne se rencontre dans sa masse, dont l'épaisseur est souvent de dix mètres.

C'est la terre à céréales par excellence, constituée par des proportions favorables d'argile, de silice et de calcaire.

Sables avec meulières en fragments. — Le plateau entre l'Eure et la Seine, vers la limite de Seine-et-Oise, donne un spécimen de ce terrain, composé de fragments de meulières disséminés dans des sables grossiers à grains inégaux, micacés; des silex du diluvium y sont mêlés. Les forêts de Bizy et de Pacy sont situés sur ce conglomérat, qui se fait remarquer aussi sur plusieurs points du pays d'Ouche.

Dépôt de glaise bariolée, de sable granitique et de silex. — *Diluvium.* — Le terrain qui repose à la surface de la craie, dans nos plaines, renferme des masses de silex, ne portant aucune marque d'attrition. Ces silex sont les débris d'une couche supérieure de la craie; ils sont demeurés quand la masse crayeuse qui les contenait a été enlevée. On les rencontre en blocs séparés, mais dont la contiguïté donne l'idée d'une couche régulière brisée sur place.

Des silex de dimensions diverses, mais de la même origine, sont épars ou accumulés dans le grand dépôt composé de sable et de glaise.

Ce terrain, ainsi formé de divers éléments, est une bonne terre arable lorsque les silex n'y dominent pas. Quand la charrue ne peut entamer le sol, ils restent couverts de bois, de bruyères ou d'herbes.

Argile plastique supérieure. — Dans le terrain du dépôt des glaises, sable et silex qui couvre nos plaines, on remarque des masses isolées d'une argile semblable minéralogiquement à l'argile plastique inférieure intercalée entre le calcaire grossier et la craie.

L'argile supérieure occupe des étendues superficielles considérables, ou est limitée dans des dépressions profondes. Elle est composée de couches de sables, de glaises, d'argiles, de poudingues et de couches de lignites avec empreintes de végétaux.

Minerai de fer. — Le minerai de fer oxydéhydraté, qui alimente les forges de notre département, repose dans le dépôt de glaise, sable et silex qui couvre le pays d'Ouche.

Ce minerai n'est pas extrait de couches suivies et uniformes, mais de masses contenues entre des sables et des argiles, sous des épaisseurs variables du terrain superficiel [1].

Poudingues. — Les poudingues sont des masses pierreuses, éparses sur ou dans les lits d'argile plastique, et souvent disséminées à la surface des gisements ou dans les environs.

Ils sont formés ordinairement par de petits silex noirs roulés en amandes et empâtés dans un ciment siliceux, quelquefois ferrugineux, dont la contexture est celle du grès.

On les rencontre en masses informes ou en tables brisées. Le ciment qui lie les silex roulés est ordinairement très-dur; il laisse voir des empreintes de fossiles, parmi lesquels on distingue le cerithium funatum.

Les poudingues sont aussi formés de gros silex attrités par le frottement; dans ce cas, le ciment est peu considérable. La *pierre courcoulée* en est un exemple.

Grès de l'argile plastique. — Ces grès ne sont qu'une autre forme des poudingues, dont le ciment siliceux est la texture; leur surface est contournée et mamelonnée.

On les rencontre dans nos plaines accompagnant le dépôt de glaise, de sables et de silex. Ce sont des blocs épars, quelquefois rassemblés en grand nombre, et lorsqu'ils sont de grande dimension, ils sont exploités près de Broglie, et jadis à Miserey. Ils servent à fabriquer les pavés et remplacent les pierres de taille dans les constructions.

---

[1] Le *Journal officiel* du 28 avril 1875 contient un tableau comparatif de la production des fontes en 1869 et en 1874.

Il ressort de ce tableau que le département de l'Eure avait produit, en 1869, 4,500 quintaux métriques de fontes aux deux combustibles. Cette production s'est élevée, en 1874, à 24,966 quintaux métriques.

La production des fers, dans l'Eure, a été nulle en 1874, après avoir été, en 1869, de 5,000 quintaux métriques; mais il ne faut pas en conclure, comme l'ont fait des recueils de statistique, que le minerai de fer est épuisé dans le département; seulement les frais d'extraction dépassent aujourd'hui la valeur du produit. Bien des fortunes normandes ont pour point de départ la production du fer.

B.

Sables supérieurs. — Les sables supérieurs, très-fréquents dans le département de Seine-et-Oise, se montrent dans le nôtre en deçà de nos frontières à Villegats et accompagnent les meulières exploitées à Houlbec-Cocherel.

Calcaire lacustre. — *Travertin.* — Les trois assises qui composent ces terrains se divisent ainsi :

1° Calcaire lacustre supérieur avec argiles à meulières inférieures;

2° Glaises vertes et marnes blanchâtres;

3° Calcaire lacustre inférieur.

Elles existent principalement au pourtour du plateau qui se termine à la jonction de l'Eure et de la Seine.

Calcaire lacustre supérieur. — Ce calcaire ou travertin ne constitue pas des couches puissantes entre Pacy et Vernon. Tantôt il est dur et compacte, tantôt sous la forme de marnes blanches. Quand il se présente en masses, il est utilisé en moellons à Villegats et à Saint-Pierre-d'Autils.

Meulières. — La meulière est exploitée dans les communes de Houlbec-Cocherel, la Chapelle-Réanville et Sainte-Colombe-près-Vernon; elle fait partie de l'étage du travertin moyen et se trouve dans la même position que celle de la Ferté-sous-Jouarre. Ce n'est pas une assise continue, mais des bancs souvent interrompus dans une marne et du sable argileux. Les meules sont employées en France et même exportées.

Calcaire lacustre inférieur. — Ses couches sont au-dessous des meulières des deux côtés du plateau d'entre la Seine et l'Eure.

Calcaire grossier. — La formation du calcaire grossier ou parisien, si puissante dans les environs de Paris, se termine en dedans de la limite orientale de notre département. Les collines allongées bordent la rive droite de l'Epte, depuis Gisors jusqu'à Ézy. Le calcaire s'étend en largeur pour finir à Guitry, à Fontaine-sous-Jouy, à Venables.

Sa consistance varie depuis la dureté du marbre jusqu'à la désagrégation sableuse. Cette roche est recherchée pour les constructions. Des carrières nombreuses sont ouvertes, soit pour l'extraction de la pierre de taille, soit pour les moellons.

Cette formation est extrêmement riche en fossiles.

Entre Vernon et Pacy, comme aux environs de Gisors, il repose sur l'argile plastique. Sur les flancs du plateau, entre les deux premières villes, il est surmonté par les calcaires lacustres.

A sa base, le calcaire grossier et les sables qui en dépendent sont parsemés de grains de chlorite verte.

Argile plastique inférieure. — *Glaise.* — Régulièrement, au-dessus de la craie et sous le calcaire grossier, on remarque une couche d'argile plastique qui contient des fossiles, tels que des ostrea, des cérites, des lucines, des tellines; au-dessous se trouvent des sables.

Une bande continue accompagne le calcaire grossier depuis Ézy jusqu'à Gisors: elle contourne les deux flancs du promontoire entre Vernon et Pacy, sans être toujours apparente sur les déclivités.

L'argile plastique étant imperméable, elle arrête les eaux qui filtrent à travers le calcaire grossier et donne ainsi naissance à des sources nombreuses qui se versent dans de petits ruisseaux.

Une végétation particulière de plantes aquatiques, des carex, des schœnus, des eriophorum, etc., y croissent pleinement et la font reconnaître sur le versant des plateaux.

L'argile plastique est employée par les foulonniers et les potiers et dans les travaux hydrauliques sous le nom de *glaise.* On en fait des tuiles, des briques et des carreaux.

Formation crétacée. — La craie est la plus importante des formations géologiques dans notre département; elle occupe dans toute son étendue l'extrême sous-sol. Tous les autres terrains lui sont superposés.

On la reconnaît sur le flanc de toutes nos vallées, soit à nu, soit couverte par des dépôts récents. Les falaises des bords de la Seine, depuis Vernon jusqu'à la mer, l'accusent dans sa puissance. Les grandes roches qui en sont séparées naturellement offrent des formes variées et pittoresques.

Sa masse, traversée par le puits artésien de Saint-André, est épaisse de 250 mètres, y compris la glauconie sableuse reconnue à sa base.

Sa superficie a été ravagée par des eaux violentes, dont les érosions profondes sont visibles au haut des tranches de la masse et comblées par le terrain de glaise, de sable et de silex.

La formation de la craie n'est pas homogène; ses assises ont des étages de compacité très-divers: la partie supérieure est tendre, mais des couches intercalées ont la dureté du grès. Sa couleur générale blanche prend, à divers étages, des teintes grises, brunes, et à sa base, vertes.

Dans le département, les étages de la craie sont les suivants:

Craie supérieure........ { Craie blanche.
{ Craie magnésienne.
{ Craie dure compacte.

Craie marneuse.

Craie chloritée....... . { Craie chloritée compacte.
{ Craie chloritée sableuse.

Marne bleue.

Craie blanche. — Cette craie est ordinairement tendre et se délite facilement, ainsi qu'on le voit dans le marnage des terres. Elle est divisée en strates de peu d'épaisseur, coupées perpendiculairement ou obliquement par des fissures irrégulières.

La craie est éminemment calcaire, mais elle contient des portions notables de silex et d'alumine.

Les silex, sous les formes ou les dispositions les plus diverses, se montrent en lignes continues ou brisées ou bien sont disséminés dans la masse.

Elle renferme des fossiles nombreux, soit épars, soit groupés, soit en lignes; des sphéroïdes de fer sulfuré, dont la taille varie, s'y rencontrent aussi.

Elle est employée principalement pour le marnage des terres ou pour former la chaux vive par la cuisson.

Craie magnésienne. — Cette craie, généralement très-dure, contient des portions plus tendres qui se délitent à l'air, se pulvérisent et laissent des saccéoles, des tubulures, des trous arrondis.

Cette craie contient 2 à 7 p. o/o de carbonate de magnésie. Quelquefois ses assises offrent des accumulations de gros silex.

La cassure de la roche est terne, de couleur grise; parfois sa contexture est spathique. Ses bancs forment saillie dans les falaises, à Bonnières, à Vernon, à Brosville, à Louviers.

La dureté de la craie magnésienne la fait employer pour les fondations et pour former des chaussées.

Craie blanche compacte. — Au-dessous de la craie magnésienne apparaît une épaisseur considérable de craie plus dure que la craie blanche supérieure, dont elle ne diffère que par sa plus grande compacité.

Elle est fort recherchée pour les constructions, reçoit facilement un beau poli et conserve longtemps sa blancheur.

Cette assise ne contient que rarement des fossiles; mais, malheureusement, quelquefois on y rencontre un nœud de silex qui gâte la surface qu'on travaille.

Elle est divisée par bancs épais exploités facilement à Louviers, aux Andelys, dans le haut de la vallée de la Risle, dans celle de la Charentonne. Les carrières les plus vastes sont celles de Caumont et de Vernon. La carrière de Bapaume, près Évreux, est le reste d'une ancienne exploitation.

Craie marneuse. — La craie marneuse parsemée de grains de quartz et de mica contient plus d'alumine que la craie supérieure; son aspect est grisâtre. Elle est assez compacte; elle est aussi exploitée pour les constructions dans la vallée de l'Iton, dans celles de la Risle et de la Charentonne.

Craie chloritée glauconieuse. — Des grains verts (silicate de protoxyde de fer) se montrent en abondance au bas de la formation de la craie : le nom de *craie verte* a été donné en conséquence à cet étage inférieur.

Les silex sont répandus dans les assises de cette craie, mais ils diffèrent de ceux de la craie blanche et passent souvent à la calcédoine; leurs nuances vives les rapprochent même des agates. Ces silex, souvent isolés, sont plus généralement disposés en lignes assez épaisses et répétées.

La craie verte est abondante dans toutes les vallées qui descendent à la Risle et sur les bords de la Seine, depuis Aizier; elle se relève à Vernonnet, sur un espace peu étendu, au Four-à-Chaux et à la Madeleine. Elle occupe le bas de la vallée de l'Oison; elle a été constatée encore sur les bords de l'Iton, entre Arnières et la Bonneville.

Glauconie sableuse. — C'est la partie inférieure de la craie chloritée. Les grains de fer silicaté deviennent prédominants et constituent, avec des grains de quartz blanc, un sable d'un vert intense mêlé de grains de craie.

Elle commence à se montrer au Pont-Authou et près de Pont-Audemer, puis à la limite du département, entre Fiquefleur et Honfleur.

Elle est employée comme amendement. On y cultive les melons de Honfleur.

Marne glauconieuse. — Cette marne a été reconnue dans les sondages pratiqués à Pont-Audemer. Elle est micacée et contient du fer sulfuré.

Marne bleue. — Cet étage reconnu dans l'essai d'un puits artésien, à Pont-Audemer, offrait une assez grande épaisseur avec des grès intercalés.

Calcaire jurassique. — Le terrain jurassique, qui se développe largement dans le Calvados pour constituer le pays d'Auge, commence aux confins des deux départements.

Ce terrain, inférieur à la craie, occupe les bords de la rivière de la Calonne, à Cormeilles et à Saint-Sylvestre.

Il se compose de marnes argileuses contenant des portions de calcaire compacte avec gryphea virgula, fossile qui le caractérise positivement.

Ces marnes argileuses ont permis d'y asseoir des herbages comme dans le pays d'Auge.

Divers essais pour obtenir de l'eau jaillissante ont été tentés dans le département.

A Pont-Audemer, la sonde est descendue à 62 mètres dans la marne bleue; à Saint-André, on a creusé jusqu'à 263 mètres de profondeur, traversé la craie blanche et atteint la craie glauconieuse : la température de l'eau a été reconnue de 17°,93 centigrades à la profondeur de 263 mètres.

Les puits artésiens de Gisors, établis dans la vallée de l'Epte à une profondeur moyenne de 5 à 14 mètres, continuent à donner des eaux jaillissantes dont la température varie de 10 à 11 degrés.

Pendant plusieurs siècles, le territoire que nous décrivons fut hérissé de châteaux forts. Il en tomba un grand nombre à la voix de Richelieu. Pendant les âges suivants, la plupart de leurs ruines furent octroyées à des communautés religieuses, même à de simples particuliers, comme matériaux pour des constructions nouvelles.

Cependant l'état militaire comptait encore, au XVIII° siècle, des gouverneurs de châteaux à Beaumont-le-Roger, Bernay, Breteuil, Conches, Évreux, Gisors, Louviers, Lyons, Nonancourt, Pont-Audemer, Pont-de-l'Arche, Verneuil et Vernon.

Aujourd'hui, il ne reste plus guère de débris imposants que le Château-Gaillard, Gisors, Harcourt et Radepont.

A la veille de la Révolution, Évreux avait en garnison le régiment d'infanterie du Vexin; Pont-Audemer, celui du Soissonnais; et il existait un régiment provincial de Pont-Audemer à deux bataillons. On comptait six lieutenants de roi, cinq lieutenants des maréchaux de France, et une maréchaussée assez nombreuse dépendant, pour la plus forte part, de la prévôté générale de Rouen, pour le reste de celle d'Alençon. Il y avait un lieutenant à Évreux; des sous-lieutenants à Broglie et à Harcourt, sans doute en l'honneur des maréchaux de ces noms, à Louviers et à Lyons-la-Forêt. Deux brigades seulement, à Pont-Audemer et à Vernon, étaient commandées par des maréchaux des logis; les quinze autres avaient pour chefs des brigadiers, à Beaumont-le-Roger, Bourg-Achard, Breteuil, Broglie, Conches, Cormeilles, Écouis, Évreux, Harcourt, Louviers, Lyons, le Neubourg, Saint-André-de-la-Marche, Vaudreuil et Verneuil relevant de la division de Rouen.

Aujourd'hui le département de l'Eure fait partie du 3° corps d'armée, 3° division ou région.

Il forme trois subdivisions de région :

La 1ʳᵉ, Rouen (Sud), comprenant les arrondissements des Andelys et de Louviers, avec trois cantons de la Seine-Inférieure : Boos, Grand-Couronne, Elbeuf, sous le commandement du général commandant la 11ᵉ brigade d'infanterie du 3ᵉ corps, à Rouen;

La 2ᵉ, l'arrondissement d'Évreux;

La 3ᵉ, les arrondissements de Bernay et de Pont-Audemer:

Ces deux subdivisions sous le commandement du général commandant la brigade de cavalerie du 3ᵉ corps, à Évreux.

La 1ʳᵉ subdivision forme le 22ᵉ régiment de l'armée territoriale;

La 2ᵉ subdivision, le 18ᵉ régiment;

La 3ᵉ subdivision, le 17ᵉ régiment;

Dans l'organisation qui s'achève de l'armée territoriale, Évreux est le centre de réunion d'un régiment de cavalerie; Bernay et Évreux, chaque ville d'un régiment d'infanterie; Vernon, d'un escadron du train des équipages militaires.

Évreux, après avoir subi de grandes variations pour l'effectif de sa garnison, a maintenant une existence militaire assurée par la construction d'une caserne de cavalerie sur l'emplacement de l'antique abbaye de Saint-Sauveur. Évreux et Bernay sont désignés pour recevoir chacun le dépôt et un bataillon d'un régiment de ligne, avec titres de chefs-lieux de subdivision dans le 3ᵉ corps d'armée.

Un détachement d'infanterie garde à Gaillon la maison centrale de détention. Vernon possède un vaste parc de construction des équipages militaires : cet établissement, considéré comme un modèle, prend depuis le 1ᵉʳ janvier 1877 le nom d'*ateliers de construction de Vernon*.

La compagnie de gendarmerie de l'Eure, commandée par un chef d'escadron, appartient, avec celle du Calvados, à la seconde légion, dont le chef-lieu est à Rouen; elle comprend autant de lieutenances que le département compte d'arrondissements. De ces cinq lieutenances, trois sont commandées par des capitaines.

Chaque chef-lieu d'arrondissement possède une brigade à cheval et une brigade à pied, sauf Évreux, qui, partagé en deux cantons, a une seconde brigade à cheval.

Les autres brigades à cheval, au nombre de vingt-sept, sont casernées à Amfreville-la-Campagne, Beaumesnil, Beaumont-le-Roger, Beuzeville, *Bourg-Achard*, Bourg-theroulde, Breteuil, Brionne, Broglie, Conches, Cormeilles, Damville, Étrépagny, Fleury-sur-Andelle, Gaillon, Gisors, *Lieurey*, Montfort-sur-Risle, le Neubourg, Nonancourt, Pacy-sur-Eure, Pont-de-l'Arche, Rugles, Saint-André, Thiberville, Verneuil et Vernon.

Aux cinq brigades à pied des chefs-lieux d'arrondissement il faut en ajouter neuf : celles de *la Barre*, Écos, *Ivry-la-Bataille*, Lyons-la-Forêt, *Montreuil-l'Argillé, la Neuve-Lyre*, Quillebeuf, *Serquigny* et *les Thilliers-en-Vexin*.

Au total, trente-trois brigades à cheval et quatorze à pied. Le caractère italique signale les lieux de résidence qui ne sont pas communes chefs-lieux de canton. Aucun des trente-six cantons n'est dépourvu de brigade; deux seulement, Routot et Saint-Georges-du-Vièvre, n'en ont pas au chef-lieu.

Le département relève des directions d'artillerie et de génie et de la justice militaire de Rouen.

Une succursale de remonte occupe les ruines de l'abbaye du Bec-Hellouin.

Le département de l'Eure est compté au nombre des départements maritimes, grâce au petit port de Quillebeuf à l'embouchure de la Seine. Il appartient, avec le Calvados et la Seine-Inférieure, à la circonscription sanitaire du Havre, qui renferme une agence principale à Quillebeuf et des agences ordinaires à la Roque et à la Ruelle.

Dans son organisation primitive, attribuée au ive ou ve siècle, le diocèse d'Évreux occupa toute la circonscription de l'ancienne cité, comprenant l'Évrecin et le pays d'Ouche.

En 1790, il se composait de 550 paroisses, réparties entre trois archidiaconés : Évreux, le Neubourg et Ouche, divisés en douze doyennés. L'Assemblée nationale ayant affecté un évêché à chaque circonscription départementale, le nouvel évêché constitutionnel de l'Eure, relevant de la métropole des Côtes-de la Manche (Rouen), qui était substituée pour l'étendue à l'ancien ressort de la province ecclésiastique de Normandie, conquit 233 paroisses sur le diocèse de Rouen, 97 sur celui de Lisieux, 3, Armentières, Chennebrun et Saint-Victor-sur-Avre, sur le diocèse de Chartres. Il lui fut attribué aussi ce qu'on appelait l'exemption de Dol, c'est-à-dire vers l'embouchure de la Risle dans la Seine maritime, les quatre paroisses de Conteville, du Marais-Vernier, de la Roque et de Saint-Samson, sans sacrifier plus que quelques paroisses vers le Sud-Ouest, la ville de l'Aigle principalement; Cravent et Saint-Illiers-le-Bois, donnés au diocèse de Versailles; Saint-Jean-d'Elbeuf, cédé au diocèse de Rouen.

Le Concordat de 1802 consacra ce changement si considérable; mais, tout en conservant son agrandissement de territoire et son accroissement de population, le nouvel évêché vit le nombre de ses paroisses perdre la plus forte part de l'élévation où l'avait porté le remaniement de la France.

Aujourd'hui le diocèse d'Évreux, divisé en deux archidiaconés, Évreux et Pont-

Audemer, et en cinq *archiprêtrés* correspondant aux arrondissements administratifs, compte 576 paroisses, divisées en 37 cures et 539 succursales.

L'ancien diocèse, resserré dans ses étroites limites, comprenait 16 abbayes, 11 d'hommes, 5 de femmes, et un nombre très-élevé de prieurés et de chapelles: les territoires annexés possédaient des établissements religieux en proportions égales pour le nombre et l'importance.

A son origine, le département de l'Eure renfermait 884 communes. En 1842, il en possédait encore 791; aujourd'hui, en 1877, on n'en compte plus que 700. Malgré cette réduction de plus d'un cinquième, le nombre des communes dont la population n'atteint pas 300 âmes est encore de 261 et va toujours s'aggravant.

Selon les statistiques les plus autorisées, la population de l'Eure était, à l'origine, de... 405,760 âmes[1].

En 1798, elle s'élevait à............................. 411,209 calcul imaginaire peut-être; dès 1801, un recensement officiel n'inscrivait plus que.................................. 402,796

Les chiffres suivants indiqueront les modifications suscitées par la guerre, par la paix, par les commotions politiques et par les complaisances officielles :

1806 (d'après le dénombrement de cette année)........ 421,344 âmes.
1808....................................... 414,337
1811....................................... 421,481

Ce dernier chiffre, facilement accepté et maintenu avec confiance, a longtemps tenu place dans l'*Annuaire du bureau des Longitudes,* qui ne se piquait pas de concordance avec l'*Almanach royal*. Il avait pour origine l'*Exposé de la situation de l'Empire* présenté en 1813 par le comte de Montalivet.

1816....................................... 437,509 âmes.
1819....................................... 421,480

Chiffres officiels qui dénoncent les tâtonnements et l'inexpérience des bureaux de statistiques.

----

[1] Cependant Aubry (*Contributions publiques*) ne l'évaluait, vers 1791, qu'à 362,010 âmes. A la même époque, l'abbé de Montesquiou, dans son rapport sur les finances, portait en chiffres ronds 400,000 têtes.

Les divers dénombrements officiels ont donné, aux dates qui vont suivre, les résultats que voici :

	Âmes.		Âmes.
1821	416,178	1851	415,777
1826	421,665	1856	404,665
1831	424,248	1861	398,661 [1]
1836	424,762	1866	394,467 [2]
1841	425,780	1872	377,874
1846	423,247	1876	373,629

La division administrative fut d'abord de six districts, selon le vœu des électeurs à qui l'Assemblée nationale avait conféré le droit d'en fixer le nombre.

Andely, Bernay, Évreux, Louviers, Pont-Audemer et Verneuil furent choisis pour chefs-lieux de ces districts, dont cinq comprenaient chacun neuf cantons; celui d'Andely seul en renfermait dix.

Selon la volonté des géographes de l'Assemblée, chacun des cinquante-cinq cantons devait avoir une contenance d'environ 4 lieues carrées.

En 1791, le district de Pont-Audemer obtint un nouveau canton.

Les districts ne vécurent que jusqu'à la Constitution de l'an III.

La loi du 28 pluviôse an VIII divisa le département en cinq arrondissements de sous-préfectures et en cinquante-six cantons.

La ville d'Évreux, déjà chef-lieu du département, fut désignée comme chef-lieu de préfecture et de sous-préfecture par l'arrêté consulaire du 17 ventôse an VIII, qui maintint les autres chefs-lieux de sous-préfectures dans les anciens chefs-lieux de districts, Verneuil excepté.

Le nombre des cantons, réduit à trente-cinq par l'arrêté consulaire du 27 fructidor an IX, fut élevé à trente-six par un arrêté rectificatif du 15 floréal an X. Il est resté le même depuis cette époque.

Toutes ces modifications sont constatées dans les articles qu'elles concernent.

Au moment de la Révolution, le territoire qui allait devenir le département de l'Eure comprenait onze juridictions, dont les appels étaient directement portés devant

---

[1] La statistique de 1861 présente un phénomène bien étrange, ou une singulière altération de vérité, involontaire il faut le croire. Chacun des cinq arrondissements qui forment le département de l'Eure compte dans sa population un excédant d'hommes mariés sur le nombre des femmes mariées ; les Andelys, 215;

Bernay, 383; Évreux, 502; Louviers, 562; Pont-Audemer, 176. Total : 1,838.

La population du département de la Seine ne comptait qu'un excédant d'environ 700 maris garçons.

[2] La population urbaine est dans l'Eure à la population rurale dans la proportion de 17,31 à 82,69 o/o.

le parlement de Normandie : c'étaient les bailliages de Beaumont-le-Roger, Bernay, Breteuil, Conches, Évreux, Gisors, Nonancourt, Pacy, Pont-Audemer, Pont-de-l'Arche et Verneuil, d'où relevaient une infinité de juridictions inférieures. Andely, Lyons et Vernon avaient été supprimés en 1772.

Il y avait neuf élections : Andely, Bernay, Conches, Évreux, Gisors, Lyons, Pont-Audemer, Pont-de-l'Arche, Verneuil;

Deux présidiaux seulement : le Grand-Andely et Évreux;

Quatorze vicomtés : Andely, Beaumont-le-Roger, Bernay et Montreuil, Breteuil et Conches, Évreux, Gisors, Lyons, Nonancourt, Pacy, Pont-Audemer, Pont-Authou, Pont-de-l'Arche, Verneuil, Vernon;

Soixante hautes justices;

Cinquante-deux sergenteries, de ressorts très-inégaux, qui s'enchevêtraient les unes dans les autres;

Huit maîtrises des eaux et forêts : Andely et Vernon, Évreux, Ézy, Lyons, Nonancourt, Pacy, Pont-de-l'Arche et Verneuil.

Des sept grands bailliages normands quatre avaient contribué à cette formation : Alençon, Évreux, Gisors et Rouen.

Tout le territoire faisait partie des grandes gabelles et était sujet aux aides.

Avant 1789, dans les deux généralités d'où est issu le département, la taxe par tête (29 livres et quelques sous) dépassait de beaucoup la moyenne du royaume. Aujourd'hui l'Eure trouverait un grand profit à la péréquation de l'impôt entre tous les départements.

Au moment de la création des départements, l'administration financière avait été organisée par groupes de départements. L'Eure était réunie à Eure-et-Loir et à Seine-et-Oise, avec bureau central à Dreux.

L'Eure était taxée :

Pour contribution mobilière, à.............................	1,298,568 livres.
Pour 90,500 feux (à 13 livres 8 deniers), à	1,180,517
Et pour 1,503,500 arpents (à 2 livres 3 sols 4 deniers), à.....	3,269,483
TOTAL......................	5,748,568

Le département de l'Eure est compris dans les ressorts de la Cour d'appel de Rouen et de l'Académie de Caen. Il fait partie du second arrondissement forestier; de la première inspection des ponts et chaussées; de l'inspection des mines du Nord-Ouest; de la seconde division des douanes; de l'inspection des postes de l'Ouest, Alençon chef-lieu ; de la première circonscription de la vérification des poids et mesures, chef-lieu Paris ; de la sixième circonscription territoriale des inspections du travail des enfants, chef-lieu Caen.

Il compte cinq tribunaux de première instance, trente-six justices de paix, quatre tribunaux de commerce, cinq conseils de prud'hommes, quatre chambres consultatives des arts et manufactures ;

Un grand et deux petits séminaires, quatorze communautés religieuses de femmes ;

Un lycée, deux colléges communaux, sept établissements secondaires libres, neuf bibliothèques, une Société libre d'agriculture, sciences, arts et belles-lettres ;

Une école normale primaire de garçons (le département place dans divers établissements plusieurs aspirantes institutrices) ;

Soixante-trois pensionnats primaires, dont cinquante-cinq pour les filles ;

Cinq cent treize écoles communales, dont quatre-vingt-neuf spéciales aux filles ;

Cent dix écoles libres, dont quatre-vingt-quatorze spéciales aux filles ;

Dix-neuf hospices, un asile d'aliénés ;

Huit ouvroirs ;

Cent soixante-huit bureaux de bienfaisance ;

Dix-sept salles d'asile ;

Soixante bureaux de poste ;

Cinquante-six bureaux de télégraphe ;

Cent quarante-quatre compagnies de sapeurs-pompiers ;

Une maison centrale de détention ;

Une colonie de jeunes condamnés ;

Un trésorier payeur général ;

Quatre recettes particulières ;

Quatre-vingt-neuf perceptions ;

Une succursale de la Banque de France.

Comparé avec les 86 autres départements, celui de l'Eure est :

Le 49°, pour la superficie en kilomètres carrés ;

Le 37°, pour la population ;

Le 33°, pour le nombre d'habitants par kilomètre carré ;

Le 25°, pour le nombre de ses cantons (36), ex æquo avec l'Ain, la Côte-d'Or, l'Hérault, l'Orne et Seine-et-Oise ;

Le 7°, pour le nombre des communes (700), ex æquo avec l'Oise ;

Le 3°, pour le nombre des communes au-dessous de 500 habitants.[1] ;

[1] Il en compte 21 au-dessous de 100 habitants ; il n'en comptait que 12 en 1860.

Le 20°, pour le nombre des électeurs municipaux (113,133);

Le 31°, pour le nombre des électeurs politiques (114,717): différence, 1,584:

Le 8°, pour la progression du décroissement de la population [1];

Le 9°, pour la contribution foncière;

Le 19°, pour la contribution personnelle et mobilière;

Le 12°, pour la contribution des portes et fenêtres;

Le 14°, pour l'ensemble des contributions directes;

Le 8°, dans l'ordre de la richesse comparée des départements;

Le 1ᵉʳ, par son réseau vicinal [2];

Le dernier dans la distribution des subventions de l'État, précisément à cause de cet achèvement;

Le 16°, pour la dépense de l'instruction primaire;

Le 28°, pour le nombre des affaires jugées en conseil de préfecture (4,845 en 1872);

Le 1ᵉʳ, pour le nombre des bureaux municipaux de télégraphie (56) [3].

Quant aux caisses d'épargne [4], dans le département, le nombre de déposants, sur 1,000 habitants, est de 60. La moyenne générale pour la France est de 57 déposants sur 1,000 habitants; elle était en 1835, première année dont les chiffres soient connus par la publication du compte rendu annuel, fait en exécution de la loi du 5 juin 1835, de 4 o/o.

La moyenne des versements est de 125 fr. 55 cent. dans l'Eure; la moyenne générale dans les 87 départements est de 131 fr. 44 cent.

D'autre part, la moyenne générale des remboursements a été de 233 fr. 55 cent.; la moyenne dans l'Eure est de 233 fr. 64 cent.

La moyenne, par tête, des sommes déposées aux caisses d'épargne, en prenant pour base le recensement de 1872 (36,102,921 habitants), est de 14 fr. 82 cent.; dans l'Eure, cette moyenne est de 14 fr. 32 cent.

---

[1] Voici, d'après un tableau sur le mouvement de la population en 1874 publié par le ministère de l'agriculture et du commerce, le détail des relevés de naissances et de décès :

Naissances. — Enfants légitimes : du sexe masculin, 3,413; du sexe féminin, 3,184; — enfants naturels : du sexe masculin, 348; du sexe féminin, 301 : total 7,216

Décès. — Sexe masculin, 4,084; sexe féminin, 3,665 : total 7,749

Excédant des décès 533

Le nombre des enfants morts-nés a été de 305.

Il y a eu, pendant la même année, 2,767 mariages.

[2] Le duc d'Albuféra, Rapport au conseil général, session d'avril 1873.

[3] L'Eure fait partie des onze départements dans lesquels plusieurs localités correspondent directement par le télégraphe avec Paris (Évreux, les Andelys, Louviers, Vernon).

[4] Rapport du Ministre de l'agriculture et du commerce sur les opérations de 1873.

La division du solde dû aux déposants, au 31 décembre 1873, par le nombre des livrets à la même époque, donne une moyenne générale de 257 fr. 36 cent. par livret; cette moyenne était, en 1872, de 255 fr. 49 cent. Celle de 1873 est donc supérieure de 1 fr. 87 cent.; mais elle n'en reste pas moins une des plus faibles moyennes qui aient été obtenues jusqu'à ce jour : elle est, en effet, au-dessous de celle de 1871 de 8 fr. 56 cent. et au-dessous de celle de 1870 de 46 fr. 72 cent. Si l'on compare cette moyenne à celle de 1869, qui était une des plus fortes, la diminution est encore plus sensible : elle ne s'élève pas à moins de 76 fr. 41 cent.

La moyenne par livret, en 1873, était, dans l'Eure, de 236 fr. 03 cent.

Dans le total général des différentes opérations accomplies par les caisses d'épargne, la part proportionnelle de l'Eure, qui occupe le 36ᵉ rang, est de 88 p. o/o.

Enfin, dans le tableau présentant par département le nombre des caisses et des succursales et le rapport du nombre total de ces établissements avec la superficie et la population en 1873, l'Eure vient au 37ᵉ rang, avec 5 caisses et 5 succursales, soit un établissement pour 596 kilomètres carrés et 37,787 habitants.

Les Sociétés de secours mutuels sont au nombre de 29 dans l'Eure : 22 approuvées et 7 autorisées. Le département n'est classé que le 56ᵉ parmi les Sociétés approuvées et le 32ᵉ parmi les Sociétés autorisées. Les ouvrages les mieux autorisés de statistique médicale s'accordent pour assigner au département de l'Eure un des premiers rangs dans l'ordre de la plus longue durée de la vie humaine.

Dans un tableau officiel (1866) constatant la proportion entre la population et le nombre des docteurs-médecins, l'Eure est compris, comme la Seine-Inférieure, dans une série de seize départements qui comptent un médecin sur quatre à cinq mille habitants : 89 docteurs, 39 officiers de santé, 30 maîtres en pharmacie, 69 pharmaciens, 5 herboristes, 64 sages-femmes, 24 vétérinaires diplômés.

Il serait curieux et intéressant, mais d'un labeur excessif et d'une authenticité trop souvent contestable, de vouloir constater ici des résultats comparatifs sur tous les points si divers des statistiques. Annotons seulement encore :

Qu'en 1872, l'Eure a été compté parmi les dix départements où le rapport des mariages à la population est le plus élevé : 78 pour 10,000, et qu'à côté de cet hommage à la morale publique il faut avouer, par contraste, 958 naissances illégitimes sur 10,000.

L'Eure est le 5ᵉ dans le petit nombre des départements où les jeunes filles sachant lire et écrire sont plus nombreuses que les garçons;

Le 23ᵉ de tous pour le nombre des garçons de vingt ans qui savent lire et écrire.

Il était le 1ᵉʳ pour la proportion de l'exonération militaire : 45 p. o/o.

Il est le 3ᵉ pour l'industrie textile du coton, le second (Paris 1ᵉʳ) pour la production industrielle du cuivre (62,833 quintaux)[1].

Le tableau suivant donne l'état de la production agricole :

ANNÉE 1873.	NOMBRE D'HECTARES ENSEMENCÉS.	NOMBRE D'HECTOLITRES PAR HECTARE.	NOMBRE TOTAL D'HECTOLITRES.
Froment.......................	119,900 (16)	17.60 (11)	2,110,240 (7)
Méteil........................	10,610 (10)	17.20 (18)	182,492 (10)
Seigle........................	13,100 (47)	19.95 (9)	261,345 (36)
Orge..........................	13,250 (30)	16.66 (43)	220,745 (34)
Sarrasin......................	340 (54)	10.00 (29)	3,400 (54)
Maïs et millet................	5 (54)	27.00 (6) et 1 *ex æquo.*	135 (51)
Avoine........................	71,710 (20)	25.74 (15)	1,845,815 (11)
Pommes de terre...............	5,750 (72)	78.40 (53)	450,800 (68)

N. B. Les chiffres entre parenthèses indiquent le nombre de départements qui surpassent le département de l'Eure pour chacune de ces productions.

I. ARRONDISSEMENT DES ANDELYS.

(6 cantons, 117 communes.)

	Habitants.			Habitants.
En 1801.................	61,180	En 1846.................		64,923
1806.................	61,718	1851.................		64,717
1821.................	61,656	1856.................		63,307
1826.................	63,700	1861.................		62,537
1831.................	64,337	1866.................		61,011
1836.................	64,385	1872.................		59,501
1841.................	65,348	1876.................		60,103

[1] Pour ne rien négliger des petites constatations acquises, mentionnons que le département de l'Eure est le 65ᵉ pour la production du vin (25,000 hectolitres en 1875); le 8ᵉ pour la consommation du cidre (na-

Eure.

guère le 4ᵉ); le 27ᵉ, en 1875, pour le nombre des débits de boissons (3,850), un pour 97 à 98 habitants de tout sexe et de tout âge; et le 1ᵉʳ pour la consommation du tabac à priser.

INTRODUCTION.

1° CANTON DES ANDELYS.

(18 communes, 10,979 habitants.)

Andelys (Les), Boisemont, Bouafles, Corny, Courcelles-sur-Seine, Cuverville, Daubœuf-près-Vatte-ville, Fresnes-l'Archevêque, Guiseniers, Harquency, Hennezis, Heuqueville, Notre-Dame-de-l'Île, Port-Mort, Roquette (la), Suzay, Thuit (le), Vezillon.

2° CANTON D'ÉCOS.

(24 communes, 8,462 habitants.)

Écos, Berthenonville, Bois-Jérôme-Saint-Ouen, Bus-Saint-Remy, Cahaignes, Cantiers, Château-sur-Epte, Civières, Dampmesnil, Fontenay, Forêt-la-Folie, Fourges, Fours, Gasny, Giverny, Guitry, Haricourt, Heubécourt, Mézières, Panilleuse, Pressagny-l'Orgueilleux, Sainte-Geneviève-lez-Gasny, Tilly, Tourny.

3° CANTON D'ÉTRÉPAGNY.

(20 communes, 8,940 habitants.)

Étrépagny, Coudray (le), Doudeauville, Farceaux, Gamaches, Hacqueville, Heudicourt, Long-champs, Morgny, Mouflaines, Neuve-Grange (la), Nojeon-le-Sec, Provemont, Puchay, Richeville, Sainte-Marie-de-Vatimesnil, Saussay-la-Vache, Thil (le), Thilliers-en-Vexin (les), Villers-en-Vexin.

4° CANTON DE FLEURY.

(22 communes, 13,894 habitants.)

Fleury-sur-Andelle, Amfreville-les-Champs, Amfreville-sous-les-Monts, Bacqueville, Bourg-Beau-douin, Charleval, Douville, Écouis, Flipou, Gaillardbois-Cressenville, Grainville, Houville, Lette-guives, Ménesqueville, Mesnil-Verclives (le), Perriers-sur-Andelle, Perruel, Radepont, Renneville, Romilly-sur-Andelle, Saint-Nicolas-de-Pont-Saint-Pierre, Vandrimare.

5° CANTON DE GISORS.

(20 communes, 10,681 habitants.)

Gisors, Amécourt, Authevernes, Bazincourt, Bernouville, Bezu-Saint-Éloi, Bouchevilliers, Chau-vincourt, Dangu, Guerny, Hébécourt, Mainneville, Martagny, Mesnil-sous-Vienne (le), Neaufles-Saint-Martin, Noyers-près-Vesly, Saint-Denis-le-Ferment, Saint-Paër, Sancourt, Vesly.

6° CANTON DE LYONS-LA-FORÊT.

(13 communes, 7,147 habitants.)

Lyons-la-Forêt, Beauficel, Bezu-la-Forêt, Bosquentin, Fleury-la-Forêt, Hogues (les), Lilly, Lisors, Lorleau, Rosay, Touffreville, Tronquay (le), Vascœuil.

II. ARRONDISSEMENT DE BERNAY.

(6 cantons, 124 communes.)

	Habitants.			Habitants.
En 1801	76,335	En 1846		80,017
1806	83,494	1851		77,202
1821	81,422	1856		74,695
1826	84,667	1861		74,081
1831	82,828	1866		72,676
1836	83,106	1872		68,000
1841	80,388	1876		67,003

1° CANTON DE BERNAY.

(18 communes, 15,539 habitants.)

Bernay, Caorches, Carsix, Corneville-la-Fouquetière, Courbépine, Fontaine-l'Abbé, Malouy, Menneval, Plainville, Plasnes, Saint-Aubin-le-Vertueux, Saint-Clair-d'Arcey, Saint-Léger-de-Rotes, Saint-Martin-du-Tilleul, Saint-Nicolas-du-Bosc-l'Abbé, Saint-Victor-de-Chrétienville, Serquigny, Valailles.

2° CANTON DE BEAUMESNIL.

(17 communes, 6,728 habitants.)

Beaumesnil, Ajou, Barre (la), Bosc-Renoult-en-Ouche (le), Épinay, Gisay, Gouttières, Grand-chain, Jonquerets-de-Livet (les), Landepereuse, Noyer-en-Ouche (le), Roussière (la), Saint-Aubin-des-Hayes, Saint-Aubin-le-Guichard, Sainte-Marguerite-en-Ouche, Saint-Pierre-du-Mesnil, Thevray.

3° CANTON DE BEAUMONT-LE-ROGER.

(22 communes, 11,521 habitants.)

Beaumont-le-Roger, Barc, Barquet, Beaumontel, Berville-la-Campagne, Bray, Combon, Écarden-ville-la-Campagne, Fontaine-la-Soret, Goupillières, Grosley, Houssaye (la), Launay, Nassandres, Perriers-la-Campagne, Plessis-Sainte-Opportune (le), Romilly-la-Puthenaye, Rouge-Perriers, Sainte-Opportune-du-Bosc, Thibouville, Tilleul-Dame-Agnès (le), Tilleul-Othon (le).

4° CANTON DE BRIONNE.

(23 communes, 12,689 habitants.)

Brionne, Aclou, Bec-Hellouin (le), Berthouville, Boisney, Bosrobert (le), Bretigny, Calleville, Franqueville, Harcourt, Haye-de-Calleville (la), Hecmanville, Livet-sur-Authou, Malleville-sur-le-Bec, Morsan, Neuville-du-Bosc (la), Neuville-sur-Authou, Notre-Dame-d'Épine, Saint-Cyr-de-Salerne, Saint-Éloi-de-Fourques, Saint-Paul-de-Fourques, Saint-Pierre-de-Salerne, Saint-Victor-d'Épine.

b.

5° CANTON DE BROGLIE.

(22 communes, 8,853 habitants.)

Broglie, Bosc–Morel (le), Capelles-les-Grands, Chamblac (le), Chapelle-Gauthier (la), Ferrières-Saint-Hilaire, Goulafrière (la), Grand-Camp, Mélicourt, Mesnil-Rousset (le), Montreuil-l'Argillé, Notre-Dame-du-Hamel, Saint-Agnan-de-Cernières, Saint-Aquilin-d'Augerons, Saint-Aubin-du-Thenney, Saint-Denis-d'Augerons, Saint-Jean-du-Thenney, Saint-Laurent-du-Tencement, Saint-Pierre-de-Cernières, Saint-Quentin-des-Îles, Trinité-de-Réville (la), Verneusses.

6° CANTON DE THIBERVILLE.

(22 communes, 11,673 habitants.)

Thiberville, Barville, Bazoques, Boissy-Lamberville, Bournainville, Chapelle-Hareng (la), Drucourt, Duranville, Faverolles-les-Mares, Favril (le), Folleville, Fontaine-la-Louvet, Giverville, Heudreville-en-Lieuvin, Piencourt, Places (les), Planquay (le), Saint-Aubin-de-Scellon, Saint-Germain-la-Campagne, Saint-Mards-de-Fresne, Saint-Vincent-du-Boulay, Theil-Nolent (le).

III. ARRONDISSEMENT D'ÉVREUX.

(11 cantons, 224 communes.)

	Habitants.			Habitants.
En 1801	115,452		En 1846	121,795
1806	118,993		1851	120,374
1821	115,501		1856	118,112
1826	116,656		1861	115,237
1831	118,397		1866	116,058
1836	119,657		1872	112,178
1841	123,256		1876	111,542

1° CANTON D'ÉVREUX NORD.

(25 communes, 10,476 habitants.)

Évreux en partie, Aviron, Bacquepuis, Bernienville, Boulay-Morin (le), Brosville, Chapelle-du-Bois-des-Faux (la), Dardez, Émalleville, Gauville-la-Campagne, Graveron-Sémerville, Gravigny, Irreville, Mesnil-Fuguet (le), Normanville, Parville, Quittebeuf, Reuilly, Sacquenville, Sainte-Colombe-la-Campagne, Saint-Germain-des-Angles, Saint-Martin-la-Campagne, Tilleul-Lambert (le), Tournedos-la-Campagne, Tourneville.

2° CANTON D'ÉVREUX SUD.

(21 communes, 15,783 habitants.)

Évreux en partie, Angerville-la-Campagne, Arnières, Aulnay, Baux-Sainte-Croix (les), Caugé,

Claville, Fauville, Fontaine-sous-Jouy, Gauciel, Guichainville, Huest, Jouy-sur-Eure, Miserey, Plessis-Grohan (le), Saint-Luc, Saint-Sébastien-de-Morsent, Saint-Vigor, Sassey, Trinité (la), Ventes (les), Vieil-Évreux (le).

3ᵉ CANTON DE BRETEUIL.

(14 communes, 9,746 habitants.)

Breteuil, Baux-de-Breteuil (les), Bémécourt, Chesne (le), Cintray, Condé-sur-Iton, Dame-Marie, Francheville, Guernanville, Guéroulde (la), Saint-Denis-du-Béhélan, Sainte-Marguerite-de-l'Autel, Saint-Nicolas-d'Attez, Saint-Ouen-d'Attez.

4ᵉ CANTON DE CONCHES.

(26 communes, 9,850 habitants.)

Conches, Beaubray, Bonneville (la), Burey, Champ-Dolent, Collandres, Croisille (la), Émanville, Faverolles-la-Campagne, Ferrières-Haut-Clocher, Ferrière-sur-Risle (la), Fidelaire (le), Fresne (le), Gaudreville-la-Rivière, Glisolles, Louversey, Mesnil-Hardray (le), Nagel, Nogent-le-Sec, Ormes, Orvaux, Portes, Saint-Élier, Sainte-Marthe, Sébécourt, Séez-Mesnil.

5ᵉ CANTON DE DAMVILLE.

(22 communes, 5,767 habitants.)

Damville, Authenay, Avrilly, Boissy-sur-Damville, Chanteloup, Corneuil, Coulonges, Creton, Essarts (les), Gouville, Grandvilliers, Hellenvilliers, Hosmes (l'), Manthelon, Minières (les), Morain-ville-sur-Damville, Roman, Sacq (le), Thomer-la-Sôgne, Villalet, Villez-Champ-Dominel.

6ᵉ CANTON DE NONANCOURT.

(15 communes, 8,402 habitants.)

Nonancourt, Acon, Breux, Gourdemanche, Droisy, Illiers-l'Évêque, Louye, Madeleine-de-Nonan-court (la), Marcilly-la-Campagne, Mesnil-sur-l'Estrée (le), Moisville, Muzy, Panlatte, Saint-Georges-sur-Eure, Saint-Germain-sur-Avre.

7ᵉ CANTON DE PACY-SUR-EURE.

(23 communes, 8,183 habitants.)

Pacy-sur-Eure, Aigleville, Boisset-les-Prévanches, Boncourt, Breuilpont, Bueil, Caillouet-Orge-ville, Chaignes, Cierrey, Cormier (le), Croisy, Fains, Gadencourt, Hardencourt, Hécourt, Ménilles, Merey, Neuilly, Plessis-Hébert (le), Saint-Aquilin-de-Pacy, Vaux-sur-Eure, Villegats, Villiers-en-Désœuvre.

8ᵉ CANTON DE RUGLES.

(19 communes, 8,781 habitants.)

Rugles, Ambenay, Auvergny, Bois-Anzeray, Bois-Arnault, Bois-Normand-près-Lyre, Bottereaux (les), Chaise-Dieu-du-Theil, Chambord, Champignolles, Chéronvilliers, Frétils (les), Haye-Saint-Sylvestre (la), Juignettes, Neaufles-sur-Risle, Neuve-Lyre (la), Saint-Antonin-de-Sommaire, Vaux-sur-Risle, Vieille-Lyre (la).

9° CANTON DE SAINT-ANDRÉ.

(31 communes, 13,244 habitants.)

Saint-André, Authieux (les), Bois-le-Roi, Boissière (la), Bretagnolles, Champigny-la-Futelaye, Chavigny, Coudres, Couture-Boussey (la), Croth, Épieds, Ézy, Forêt-du-Parc (la), Foucrainville, Fresney, Garencières, Garennes, Grossœuvre, Ivry-la-Bataille, Jumelles, L'Habit, Lignerolles, Marcilly-sur-Eure, Mouettes, Mousseaux-Neuville, Prey, Quessigny, Saint-Germain-de-Fresney, Saint-Laurent-des-Bois, Serez, Val-David (le).

10° CANTON DE VERNEUIL.

(14 communes, 9,462 habitants.)

Verneuil, Armentières, Bâlines, Barils (les), Bourth, Chennebrun, Courteilles, Gournay-le-Guérin, Mandres, Piseux, Pullay, Saint-Christophe-sur-Avre, Saint-Victor-sur-Avre, Tillières-sur-Avre.

11° CANTON DE VERNON.

(14 communes, 11,848 habitants.)

Vernon, Chambray, Chapelle-Réanville (la), Douains, Heunière (la), Houlbec-Cocherel, Mercey, Rouvray, Sainte-Colombe-près-Vernon, Saint-Just, Saint-Marcel, Saint-Pierre-d'Autils, Saint-Vincent-des-Bois, Villez-sous-Bailleul.

IV. ARRONDISSEMENT DE LOUVIERS.

(5 cantons, 111 communes.)

	Habitants.		Habitants.
En 1801	64,037	En 1846	69,453
1806	67,941	1851	68,859
1821	68,812	1856	67,611
1826	68,327	1861	66,791
1831	68,942	1866	67,320
1836	69,402	1872	65,112
1841	69,240	1876	64,008

1° CANTON DE LOUVIERS.

(20 communes, 19,564 habitants.)

Louviers, Acquigny, Amfreville-sur-Iton, Andé, Crasville, Haye-le-Comte (la), Haye-Malherbe (la), Heudehouville, Hondouville, Incarville, Mesnil-Jourdain (le), Pinterville, Planches (les), Quatre-mare, Saint-Étienne-du-Vauvray, Saint-Pierre-du-Vauvray, Surtauville, Surville, Vacherie (la), Vironvay.

2° CANTON D'AMFREVILLE.

(24 communes, 9,779 habitants.)

Amfreville-la-Campagne, Becthomas, Fouqueville, Grostheil (le), Harengère (la), Haye-du-Theil (la), Houlbec-près-le-Grostheil, Mandeville, Pyle (la), Saint-Amand-des-Hautes-Terres, Saint-Cyr-la-Campagne, Saint-Didier-des-Bois, Saint-Germain-de-Pasquier, Saint-Melain-du-Bosc, Saint-Nicolas-du-Bosc, Saint-Ouen-de-Pontcheuil, Saint-Pierre-des-Cercueils, Saint-Pierre-du-Bosc-guérard, Saussaye (la), Thuit-Anger (le), Thuit-Signol (le), Thuit-Simer (le), Tourville-la-Campagne, Vraiville.

3° CANTON DE GAILLON.

(24 communes, 12,455 habitants.)

Gaillon, Ailly, Aubevoye, Autheuil, Authouillet, Bernières, Cailly, Champenard, Croix-Saint-Leufroi (la), Écardenville-sur-Eure, Fontaine-Bellenger, Fontaine-Heudebourg, Heudreville-sur-Eure, Muids, Saint-Aubin-sur-Gaillon, Sainte-Barbe-sur-Gaillon, Saint-Étienne-sous-Bailleul, Saint-Julien-de-la-Liègue, Saint-Pierre-de-Bailleul, Saint-Pierre-la-Garenne, Tosny, Venables, Vieux-Villez, Villers-sur-le-Roule.

4° CANTON DU NEUBOURG.

(24 communes, 10,458 habitants.)

Neubourg (le), Bérengeville-la-Campagne, Canappeville, Cesseville, Crestot, Criquebeuf-la-Campagne, Crosville-la-Vieille, Daubeuf-la-Campagne, Écauville, Ecquetot, Épégard, Épréville-près-le-Neubourg, Feuguerolles, Hectomare, Houetteville, Iville, Marbeuf, Saint-Aubin-d'Écrosville, Tremblay (le), Troncq (le), Venon, Villettes, Villez-sur-le-Neubourg, Vitot.

5° CANTON DE PONT-DE-L'ARCHE.

(19 communes, 11,752 habitants.)

Pont-de-l'Arche, Alisay, Connelles, Criquebeuf-sur-Seine, Damps (les), Herqueville, Igoville, Léry, Manoir (le), Martot, Montaure, Notre-Dame-du-Vaudreuil, Pîtres, Porte-Joie, Poses, Saint-Cyr-du-Vaudreuil, Tostes, Tournedos-sur-Seine, Vatteville.

V. ARRONDISSEMENT DE PONT-AUDEMER.

(8 cantons, 124 communes.)

	Habitants.			Habitants.
En 1801	85,792	En 1846		87,059
1806	89,198	1851		84,625
1821	88,787	1856		80,940
1826	88,315	1861		80,015
1831	89,744	1866		77,402
1836	88,212	1872		73,083
1841	87,548	1876		70,973

1° CANTON DE PONT-AUDEMER.

(15 communes, 13,496 habitants.)

Pont-Audemer, Campigny, Colletot, Corneville-sur-Risle, Fourmetot, Manneville-sur-Risle, Préaux (les), Saint-Germain-Village, Saint-Mards-de-Blacarville, Saint-Paul-sur-Risle, Saint-Symphorien, Selles, Tourville-sur-Pont-Audemer, Toutainville, Triqueville.

2° CANTON DE BEUZEVILLE.

(17 communes, 9,414 habitants.)

Beuzeville, Berville-sur-Mer, Boulleville, Conteville, Fatouville-Grestain, Fiquefleur-Équainville, Fort-Moville, Foulbec, Lande (la), Manneville-la-Raoult, Martainville-en-Lieuvin, Saint-Léger-sur-Bonneville, Saint-Maclou, Saint-Pierre-du-Val, Saint-Sulpice-de-Graimbouville, Torpt (le), Vanne-crocq.

3° CANTON DE BOURGTHEROULDE.

(20 communes, 8,743 habitants.)

Bourgtheroulde, Berville-en-Roumois, Boisset-le-Châtel, Bosbénard-Commin, Bosbénard-Crescy, Boscherville, Bosc-Regnoult-en-Roumois, Bosc-Roger, Bosguerard-de-Marcouville, Bos-Normand, Épréville-en-Roumois, Flancourt, Infreville, Saint-Denis-des-Monts, Saint-Léger-du-Gennetey, Saint-Ouen-du-Tilleul, Saint-Philbert-sur-Boisset, Theillement (le), Thuit-Hébert (le), Voiscreville.

4° CANTON DE CORMEILLES.

(12 communes, 7,201 habitants.)

Cormeilles, Asnières, Bailleul-la-Vallée, Bois-Hellain (le), Chapelle-Bayvel (la), Épaignes, Fresne

Cauverville (le), Jouveaux, Morainville-près-Lieurey, Saint-Pierre-de-Cormeilles, Saint-Siméon, Saint-Sylvestre-de-Cormeilles.

5° CANTON DE MONTFORT-SUR-RISLE.

(14 communes, 7,646 habitants.)

Montfort-sur-Risle, Appeville-dit-Annebaut, Authou, Bonneville-Appetot, Brestot, Condé-sur-Risle, Écaquelon, Freneuse-sur-Risle, Glos-sur-Risle, Illeville-sur-Montfort, Pont-Authou, Saint-Philbert-sur-Risle, Thierville, Touville.

6° CANTON DE QUILLEBEUF.

(14 communes, 6,246 habitants.)

Quillebeuf, Aizier, Bouquelon, Bourneville, Marais-Vernier (le), Saint-Aubin-sur-Quillebeuf, Sainte-Croix-sur-Aizier, Sainte-Opportune-près-Vieux-Port, Saint-Ouen-des-Champs, Saint-Samson-de-la-Roque, Saint-Thurien, Tocqueville, Trouville-la-Haulle, Vieux-Port.

7° CANTON DE ROUTOT.

(18 communes, 10,475 habitants.)

Routot, Barneville-sur-Seine, Bosgouet (le), Bouquetot, Bourg-Achard, Caumont, Cauverville-en-Roumois, Étreville, Éturqueraye, Hauville, Haye-Aubrée (la), Haye-de-Routot (la), Honguemare-Guenouville, Landin (le), Rougemontiers, Saint-Ouen-de-Thouberville, Trinité-de-Thouberville (la), Valletot.

8° CANTON DE SAINT-GEORGES-DU-VIÈVRE.

(14 communes, 7,752 habitants.)

Saint-Georges-du-Vièvre, Épréville-en-Lieuvin, Lieurey, Noards, Noë-Poulain (la), Poterie-Mathieu (la), Saint-Benoît-des-Ombres, Saint-Christophe-sur-Condé, Saint-Étienne-l'Allier, Saint-Georges-du-Mesnil, Saint-Grégoire-du-Vièvre, Saint-Jean-de-la-Léqueraye, Saint-Martin-Saint-Firmin, Saint-Pierre-des-Ifs.

De ces trente-six cantons, dix-neuf ne remplissent pas, et plusieurs n'ont jamais rempli, la condition prescrite par la loi du 8 pluviôse an IX de posséder une population d'au moins 10,000 âmes, règle qu'on ne peut pas dire tombée en désuétude, parce que dans aucun département elle n'a été observée à la rigueur. On ferait un livre curieux, et de bien des pages, de toutes les dispositions légales, dûment votées et promulguées, qui n'ont jamais eu commencement d'exécution.

Eure.   E

Le *Dictionnaire* qui va suivre est une œuvre de patience et de minutieuses recherches; œuvre aussi, on doit le reconnaître, d'érudition plus facile à Évreux que partout ailleurs, parce qu'elle arrive à la suite de quelques grands travaux justement appréciés que doivent envier bien d'autres départements.

Les rapports, les mémoires, les notices d'Auguste Le Prévost et par-dessus tout ses trois volumes de *Notes pour servir à la topographie et à l'histoire des communes du département de l'Eure*, offraient un inépuisable trésor d'études toutes faites dans les plus indéchiffrables manuscrits où le savant académicien a épuisé sa vue. C'était là pour les plus lointaines époques une indiscutable autorité, accrue encore par la révision de deux érudits tels que MM. Léopold Delisle et Louis Passy.

Une bonne fortune bien précieuse aussi, c'était de rencontrer un excellent cadre tout préparé et un guide non moins sûr dans le *Dictionnaire topographique, statistique et historique du département de l'Eure*, par Gadebled, modèle qu'on ne saurait trop recommander. De toutes les principales autorités consultées c'est la sienne qui va être le moins souvent citée, car elle ne le sera guère que pour des rectifications de très-simples détails, et son livre est à l'abri de la critique.

Les travaux, édités et les travaux inédits de M. l'abbé Le Beurier, les archives de l'Eure qu'il possède si bien, et ses savantes indications toujours prêtes ont singulièrement abrégé un long travail dont ils adoucissaient les aspérités. Ses recherches non publiées sur les fiefs ont été surtout mises à profit.

Pareil témoignage de gratitude est bien dû à tous les titres à son digne collègue de la Seine-Inférieure, M. Charles de Beaurepaire. On sait combien les archives qu'il a si habilement classées intéressent de nombreuses paroisses passées du diocèse de Rouen dans le diocèse d'Évreux; combien aussi ses *Notes et documents concernant l'état des campagnes dans les derniers temps du moyen âge* ont mis en lumière de faits relatifs au département de l'Eure.

Des mines fort riches s'ouvraient encore dans le *Gallia christiana* et le *Neustria pia*, dans les *Magni Rotuli*, dans le *Regestrum visitationum* d'Eudes Rigaud, édité avec tant de savoir par Théodose Bonnin, dont les autres travaux d'érudition ont aussi été mis à large contribution.

Il serait trop long de passer en revue, même rapidement, la série d'autorités consul-

...ées, dont la liste remplirait plusieurs pages. Il en est bien parfois *unius notæ*, mais ce ...ne sont pas les moindres découvertes.

Il y aurait cependant ingratitude à ne pas mentionner encore, parmi les sources où ...l a été le plus utilement puisé, la *Description de la Haute Normandie*, de D. Duplessis; ...le *Pouillé du diocèse de Rouen*, de l'abbé Saas; les *Études sur la condition de la classe agri-* *...cole au moyen âge*, de M. Léopold Delisle, et son *Cartulaire Normand;* le *Cartulaire de* *Bonport*, de M. Andrieux; l'*Essai sur l'arrondissement de Pont-Audemer*, de M. Canel, et ...son *Armorial de la province*. Grand parti tiré aussi de l'*Histoire généalogique de la maison* *...d'Harcourt*, par La Roque, malgré ses innombrables fautes d'impression.

Dans le premier plan de ce travail entrait une assez abondante récolte d'étymolo- gies, dont une partie, il faut bien l'avouer, provenait d'érudits tant soit peu fantai- sistes. Quelques-unes, celles surtout qu'avait proposées Auguste Le Prévost, ne man- quaient pas d'une certaine originalité; il en était même d'assez curieuses. Mais les inflexibles et sages règles dictées par le Comité des travaux historiques à la publica- tion des dictionnaires départementaux des noms de lieu ont fait passer un trait sur ces recherches, où le hasardé aurait tenu trop grande place.

Ce n'est pas sans quelque hésitation que dans ce travail il n'a pas été tenu compte d'une réforme à laquelle beaucoup d'importance était attachée par un savant de pre- mier ordre, cher au département de l'Eure.

La *Bibliothèque de l'École des chartes* s'est occupée deux fois de la suppression systé- matique de l'*y*, par Auguste Le Prévost, à la fin des noms de lieu. Benjamin Guérard, qui dans son *Cartulaire de Saint-Père de Chartres* avait adopté la même réforme, a résumé toutes les considérations sur lesquelles il s'est appuyé, ainsi que son docte con- frère de l'Académie des inscriptions, pour faire accepter les transformations des noms de lieu en règles qu'il affirme s'être faites comme d'elles-mêmes. « Quel motif, dit-il, peut-on avoir de maintenir l'*y* à la fin des noms de lieu, dans la géographie du moyen âge, lorsqu'on l'a fait disparaître de tous les noms communs, tels que *amy*, *loy*, *roy*...? L'emploi de l'*y* n'est justifié ni par l'orthographe ancienne ni par l'étymo- logie. »

Cette proscription est vivement combattue par M. Pierquin de Gembloux, qui, dans une controverse animée, veut que l'emploi de l'*y* se justifie par des étymologies hellé- niques, et va jusqu'à soutenir que l'introduction de l'*upsilon* des Grecs a, non pas une origine, mais une sanction populaire.

Il est incontestable qu'au moyen âge le gros de la nation aurait été fort surpris de se voir compté pour quelque chose dans une réforme orthographique.

Aujourd'hui, tout en pouvant dire avec Ovide :

$$\ldots\ldots\ldots Video\ meliora,\ proboque$$
$$Deteriora\ sequor\ldots\ldots$$

il faut bien reconnaître que six siècles peuvent suffire à donner des lettres de grande naturalisation. D'ailleurs, tous droits de la science et de la critique réservés, un dictionnaire topographique de noms de lieu *anciens et modernes* est bien obligé d'ouvrir ses colonnes à toutes les variations des âges.

La Société de l'histoire de Normandie vient d'entamer une très-intéressante publication. Dans les *Cahiers des États de Normandie sous Louis XIII*, l'y abonde au milieu comme à la fin des mots. Ce sont même des *cayers* que l'on présente au *roy* et à la *royne* régente en rappelant les souvenirs de *Henry IV*.

Voilà certes une grande autorité; mais, hélas! hélas! ce n'est pas aux meilleurs livres d'histoire, c'est aux plus modestes publications, c'est aux annuaires, c'est aux almanachs surtout qu'en pareille matière il appartient de faire loi. Dans ce sens M. Pierquin de Gembloux pourrait bien ne pas avoir trop exagéré.

Pour expier en partie notre défection, ne convient-il pas de reproduire ici des règles tracées par Benjamin Guérard, règles dont chaque colonne de ce *Dictionnaire* va confirmer l'application, sauf la question de l'*y* mise en réserve. Il saura reprendre sa place bien ou mal acquise.

«Si l'on suit attentivement, dit le savant académicien, la transformation que les «noms de lieu subissent en passant du latin dans la langue vulgaire, on sera conduit «aux observations suivantes. D'abord, les noms terminés en *iacus, iacum, eium, ium,* «*aium*, produisent des noms modernes terminés en *i* et quelquefois en *ai* : par exemple, «*Esiacum* fait Esi; *Gaugiacus,* Joui; *Aprileium,* Avrilli, et *Alisiacum, Aliseium, Alisium,* «Alisai.

«Les noms latins en *olium* ou *oilum* donnent des terminaisons en *euil* ou en *eux,* «comme *Attoilum* ou *Attolium,* Auteuil, et *Breolium,* Breux.

«La terminaison en *otum* se change en *ou* dans *Aclotum,* qui fait Aclou, et *Ajotum,* «qui fait Ajou.

«*Odium* fait *eu,* comme dans *Allodium,* qui devient N.-D.-de-l'Aleu.

«La finale *etum* se rendra par *ai* : *Alnetum,* Aulnai.

«*Aria* se changera en *ieux* dans *Altaria,* dont le nom moderne est les Authieux.

«*Civum* sera contracté en *su* : *Bacivum,* Basu.

«Enfin *Ariœ* se traduira par *aires* ou *ères,* ainsi qu'on le voit dans Arnières (peut-«être plus anciennement *Asnières*), qui est la traduction du nom latin *Asinariœ.»*

Dans le travail qui confirme ces règles, il arrivera trop souvent de remarquer des altérations de noms dont il a d'autant plus fallu tenir compte qu'elles proviennent de la science, et qu'elles ont acquis par elle droit de vivre. Les cartes en abondent; Cassini lui-même n'en est pas exempt. Citons seulement un petit volume oblong, assez recherché des bibliophiles normands, les *Plans et profilz* de Nicolas Tassin (1631): il n'est presque pas de noms de lieu appartenant au département de l'Eure qu'il n'ait estropié. C'est peut-être pour l'avoir pris pour modèle que fourmille de fautes la carte de l'Annuaire de 1808.

Il ne saurait échapper à une critique attentive que parmi les autorités sur lesquelles s'appuie ce travail sont maintes fois cités de précieux cartulaires déplorablement dispersés ou détruits dans nos plus mauvais jours. C'est sur certains extraits authentiques épars dans divers titres, et notamment dans des pièces de procédure, qu'ont été prises ces citations.

À l'énumération complète des hameaux, des fermes, des maisons isolées et des moulins aujourd'hui existants, à celle des noms de lieu de même nature dont l'existence ancienne a été bien constatée, à celle enfin des fiefs qui ont passé par tant d'insaisissables mutations, il a paru à propos d'ajouter, mais avec une certaine mesure, des dénominations locales qui ne s'appliquent plus guère qu'à de simples trièges, à des chemins ruraux, à des rues, à des carrefours, toutes les fois qu'il a paru pouvoir s'y rattacher un souvenir effacé digne de revenir au jour.

N'est-il pas grand temps de recueillir le plus possible de ces épaves dont la disparition va condamner à l'oubli tant de traditions et de traits de mœurs, tant de traces originales?

Les noms de lieu s'en vont. Ils disparaissent des actes publics : section B, n° 13, et tout le reste à l'avenant. Quelle belle raideur mathématique! Comme cela laisse loin derrière soi la *Croix fleurie* ou le *Chemin vert*, le *Poirier de la fileuse* ou le *Fossé à la chrétienne!* Comme c'est gracieusement emprunté à la nomenclature américaine des villes sans passé dans tout le brillant de leur numérotage et de leurs étiquettes alphabétiques!

Ces noms choisis un peu capricieusement, peut-être, et dus souvent aux indications des procédures, offrent en général, sauf erreurs sans conséquence, des traces propres à remettre le chercheur sur la voie de bien des souvenirs locaux, menue monnaie non sans prix de la grande histoire : souvenirs de guerres, et de religion surtout, et parfois d'industries dès longtemps disparues. C'était souvent arracher à l'oubli des débris de vieux langage échappés aux savantes études de Du Cange, des altérations bizarres caractéristiques, des patois populaires et jusqu'à des gauloiseries normandes. On ne

pouvait pas négliger quelques augmentatifs d'une certaine originalité et moins encore
ces diminutifs vraiment poétiques dont abondait la langue expressive de nos pères. Les
passer sous silence eût été une trahison ; mais il a été fait grâce au lecteur des innombrables noms de lieux inhabités qui se répètent sans fin, et qui, ne disant rien à la
mémoire, ne parlent pas non plus à l'imagination.

EXPLICATION

ABRÉVIATIONS EMPLOYÉES DANS LE DICTIONNAIRE.

———

abb.	abbaye.
affl.	affluent.
anc.	ancien.
ann.	annonce, annuaire.
archev.	archevêque.
arch.	archives.
Arch. nat.	Archives nationales.
arr. ban.	arrière-ban.
arrond.	arrondissement.
auj.	aujourd'hui.
av.	avant.
baill.	bailliage.
baron.	baronnie.
bénéf.	bénéfice.
Bibl. nat.	Bibliothèque nationale.
bul.	bulle.
c^en	canton.
cart.	cartulaire.
cart. norm.	cartulaire normand.
chap^lle	chapelle.
chap.	chapitre.
ch.	charte.
chart.	chartrier.
chât.	château.
châtell.	châtellenie.
ch.-l.	chef-lieu.
chron.	chronicon, chronique.
c^ne	commune.
cout.	coutumier, coutumes.
dén.	dénombrement.
dép^t	département.
dict.	dictionnaire.
dioc.	diocèse.
dipl.	diplôme.
div.	divers.
docum.	documents.

doman.	domaniale.
donat.	donation.
élect.	élection.
enq.	enquête.
év.	évêque.
faub.	faubourg.
f.	ferme.
fondat.	fondation.
font.	fontaine.
fortif.	fortification.
Gall. christ.	Gallia christiana.
généal.	généalogie, généalogique.
gén.	général.
géogr.	géographie.
h.	hameau.
h. j.	haute justice.
hist.	histoire, historia, historiens.
huit^e	huitième.
inv.	inventaire.
journ.	journal.
kilom.	kilomètre.
L. P.	Le Prévost.
lépros.	léproserie.
let. pat.	lettres patentes.
M. R.	Magni Rotuli.
m^on is.	maison isolée.
man.	manoir.
min.	minutes.
monast.	monastère.
m^in	moulin.
nécrol.	nécrologe.
nobl.	noblesse.
n.	nom.
nominat.	nomination.
not.	notice, notariat.
obit.	obituaire.

O. V.	Orderic Vital.	ruiss.	ruisseau.
ordonn.	ordonnance.	sent.	sentence.
par.	paroisse.	serg.	sergenterie.
pet.	petite.	s⁰	siècle.
pl. f.	plein fief.	signat.	signature.
p. de.	pouillé de.	six⁰	sixième.
p.	prieuré.	soc. des Antiq.	société des Antiquaires.
p. v.	procès-verbal.	suppl.	supplément.
prononc.	prononciation.	tabell.	tabellionnage.
q¹	quart.	terr.	terrier.
recept.	recepte.	territ.	territoire.
rec.	recueil.	t. de f.	tiers de fief.
reg. de la ch.	registre de la chambre.	tit.	titre.
relev.	relevant.	univ.	universel.
req.	requête.	vav.	vavassorie.
riv.	rivière.	v.	vers.
roul.	rouleau.	vic.	vicomté.

DICTIONNAIRE TOPOGRAPHIQUE

DE

LA FRANCE.

DÉPARTEMENT DE L'EURE.

A

Abattis (Les), lieu-dit à Écouis.

Abbatiale (L'), lieu-dit à la Vieille-Lyre.

Abbatiale (Rue de l'), à Bernay.

Abbaye (L'), nom conservé à des ruines sur la terre du Vivier, à Brionne. Souvenir d'un anc. domaine de l'abb. de Fontenelle (Guilmeth, Hist. de Brionne).

Abbaye (L'), corps de f. à Carbec-Grestain, nom conservé à l'emplacement du monastère de Grestain.

Abbaye (L'), f. à Chaignes. anc. domaine de l'abbé de la Croix-Saint-Leufroi.

Abbaye (L'), anc. m^on abbatiale, auj. chât. à la Croix-Saint-Leufroi.

Abbaye (L'), f. à Huest, nom moderne d'une léproserie.

Abbaye (L'), filature à Ivry-la-Bataille, anc. domaine de l'abbé d'Ivry.

Abbaye (L'), f. à Quessigny, anc. manoir de l'abbé de Saint-Taurin.

Abbaye (L'), château à Radepont, sur l'anc. domaine de l'abb. de Fontaine-Guérard.

Abbaye (L'), souvenir d'un ancien manoir de l'abbé de Bernay à Saint-Nicolas-du-Bosc-l'Abbé.

Abbaye (L'), f. à Theil-Nollent ; souvenir de l'abb. du Bec.

Abbaye (L'), lieu-dit à Tourny ; souvenir de l'abb. de Tiron.

Abbaye de Grammont (L'). chât. remplaçant le prieuré de Saint-Étienne-de-Grammont, fondé en 1116 à Noyers-en-Ouche.

Abbaye du Parc (L'), f. à Harcourt ; anc. prieuré de Notre-Dame-du-Parc, fondé en 1253.

Abbaye du Trésor (L'), château à Bus-Saint-Remy, sur les ruines de l'abb. de ce nom.

Abbé (L'), h. de Saint-Aubin-de-Scellon ; souvenir d'un abbé du Bec.

Abbesse (Ruisseau de l'), à Bailleul-la-Vallée.

Abbesses (Les), lieu-dit à Gasny.

Abbeville, fief à Saint-Aubin-de-Scellon, qui a porté le nom d'Auvilliers et se confond auj. avec la Haie-de-l'Abbé.

Abuie (Rue de l'), à Pitres.

Abernon, fief à Rugles, 1320 (L. P.).

Abime (L'), vallon compris dans la colonie pénitentiaire des Douaires.

Abime(L'), étang profond, une des sources du Gambon.

Abreuvoir (L'), filet d'eau de 314 mètres de cours. une des sources du Gambon.

Acier (L'), fief, auj. h. partagé entre Notre-Dame-du-Hamel et Saint-Laurent-du-Tencement, 1562.

Aclou. c^ne du c^on de Brionne. — *Arclou*, vers 1171 (ch. de Henri II) ; 1228 (bulle de Grégoire IX). — *Aclotum*, xvie s^e (pouillé de Lisieux).

Acon. c^ne du c^on de Nonancourt ; fief. — *Acun*, xiie s^e (cart. de Saint-Père de Chartres). — *Agon*, 1230 (cart. d'Artois). — *Achon*, 1234 (cart. du chap. d'Évreux). — *Acom*, 1242 (cart. du Bec). — *Dacon*, 1242 (inv. des tit. de l'abb. du Bec).

ACONVILLE (VAL D'), lieu-dit près de Vernon, au fief de Percy, 1422 (la Roque).

ACQUIGNY, c^{ne} du c^{on} de Louviers; qualifié bourg, 1702, par Th. Corneille; baronnie, H. J. — *Accini curtis*, 844; *Acciniacus*, 876 (dipl. de Ch. le Chauve). — *Acineia*, 942-996 (chron. de Fontenelle, appendix; Spicil. de Luc d'Achery). — *Achingium*, 1030; *Achinnum*, 1136 (Robert du Mont). — *Acchineium*, *Akineium* (O. V. l. V). — *Archinneium* (ibid. l. XII). — *Achinnum*, 1136 (ibid. l. XIII). — *Akeny, Dakeny* (listes de l'abb. de la Bataille). — *Ahinneum*, 1151 (chartrier d'Acquigny). — *Akigneium*, 1162 (cart. de la Trinité de Beaumont). — *Acquigneium*, 1194 (traité du 23 juill.). — *Aquinneium*, 1198 (M. R.). — *Aquiniacus*, 1199 (martyrologium Ebroicense). — *Aquiniacum*, 1199 (Rigord, Recueil des historiens, t. XVII, p. 50). — *Akenny*, 1200 (cart. normand de Philippe Auguste). — *Achiniacus* (bréviaire de Mathieu des Essartz). — *Aquigne, Aquineium*, 1245 (cart. du Bec). — *Aquiney* (Rotuli chartarum). — *Aquigneium*, 1271 (la Roque, traité du Ban). — *Agueigne*, 1316 (ch. de Louis, comte d'Évreux). — *Aquegny*, 1364 (Froissart). — *Aquigny*, 1365 (chron. des 4 premiers Valois) et 1722 (Masseville). — *Aquiniacum*, 1557 (Robert Cœnalis). — *Pagus de Aquigneio*, 1606 (statutz du cardinal du Perron). — *Aquigni*, 1649 (mém. de Henri de Campion). — *Acquigni*, 1702 (Th. Corneille).

ACRE-AU-SEIGNEUR (L'), lieu-dit au Mesnil-Hardray.

ACRE-PERRÉE ou PERRETTE (L'), grande pièce de terre à Sainte-Opportune-du-Bosc, conservant le souvenir d'une anc. voie.

ACRES (LES), m^{on} isolée, c^{ne} d'Authouillet.

ADAMS (LES), h. d'Épaignes.

ADELINE (L'ÎLE), à Léry, accrue par des atterrissements nombreux, 1748 (lettres patentes de Louis XV).

ADÉLUTART, fief à Sacquenville, vers 1250 (grand cart. de Saint-Taurin).

ADERGE, vavassorie à Tilleul-Folenfant. — *Aderia*, 1258 (L. P.).

ADVISÉ (L'), huit° de fief, c^{ne} du Torpt.

AGNEAUX-PRÉVOST (LES), h. de Saint-Jean-de-la-Lequeraye.

AGUILLON (L'), h. de Saint-Mards-de-Blacarville.

AIGLE (L'), h. de la Haye-Aubrée.

AIGLE (PORTE DE L'), à Verneuil; anc. porte.

AIGLEVILLE, c^{ne} du c^{on} de Pacy. — *Aiglivilla, Aglii-*

villa (L. P.). — *Aquilevilla*, v. 1120 (ch. d'Audin, óv. d'Évreux) et 1232 (cart. de Saint-Évroul). — *Beata Maria de Aquavilla*, 1215 (cart. de Saint-Évroul). — *Aquilavilla* (p. d'Évreux, et O. V. l. X). — *Egleville*, 1477 (cart. de Saint-Évroul). — *Angleville*, 1722 (Masseville).

AIGNELLERIE (L'), lieu-dit à Saint-Thurien.

AIGREMONT, h. de Blandey, anc. manoir fortifié. — *Acer Mons* (L. P.). — *Acris Mons*, 1164 (ch. de Robert de Leicester).

AIGUILLON (L'), lieu-dit à Garennes.

AIGUILLONS (LES), lieu-dit à Richeville.

AILES (LES), lieu-dit à Suzay.

AILLET, h. d'Épegard. — *Aillé* (L. P.). — *Ailletum*, 1312 (cart. S. Albini de Fraxinis).

AILLY, c^{ne} du c^{on} de Gaillon; plein fief de haubert; sergenterie noble démembrée du Vauvray après 1573 (P. Goujon). — *Aillium*, 1082 (ch. de Guill, le Conquérant). — *Aleium*, xii° s° (cart. de Préaux). — *Alliacum*, 1186 (bulle d'Urbain III). — *Aillie*, 1198 (L. P.). — *Ailliacum* et *Allyacum*, 1284 (ch. de l'église de Beauvais). — *Alleyacum* (nécrologe de la Croix-Saint-Leufroi). — *Alleium* et *Aillium* (actes des xi° et xii° s°°). — *Ailli*, 1290 (supplém. à dom Grenier). — *Daillet*, 1400 (inv. des tit. de l'abb. du Bec). — *Ally* (Badier). — *Ailly prope Loviers*, xv° s° (ch. de Henri V). — *Ailli, N.-D.-de-Bon-Secours*, 1828 (L. Dubois).

AINES (LES), lieu-dit à Hondouville.

AIZ, fief de l'abb. de Conches à Louversey. — *Les Aiz*, 1419 (dénombr. des biens de l'abb.).

AIZIER, c^{ne} du c^{on} de Quilleboeuf, petit port sur la Seine maritime; phare. Baronnie de l'abbaye de Fécamp, H. J. — *Aysiacus*, 1026 (ch. de Richard II, Neustria pia, p. 217). — *Aisi, Aisium* (cart. de Préaux). — *Aise*, xii° s° (ibid. f° 134). — *Aisiacus, Asiacus*, 1215 (cart. de Fécamp). — *Assiacus*, 1262 (arch. de la Seine-Inf.). — *Asyacus*, 1276 (ibid.). — *Hesy* (p. d'Eudes Rigaud). — *Aessy*, xiii° s° (aveu de l'abb. de Fécamp). — *Aisieres, Aisie* (L. Dubois). — *Aesy*, 1336 (trésor des chartes). — *Aesyacum*, 1338 (inv. du chanoine Hugues de Chataignier). — *Assie*, xv° s° (coutumier d'Hector de Chartres). — *Asy*, 1438 (arch. de la Seine-Inf.). — *Haisie*, 1453 (ibid.). — *Aiszié*, 1526 (aveu des religieux de Jumiéges). — *Aisier*, 1704 (Th. Corneille); 1726 (dict. univ. de la France); 1738 (Saas).

AITRE (CHAMP DE L'), nom conservé à l'anc. *atrium* de Notre-Dame-du-Vaudreuil (P. Goujon).

AJOU, c^{ne} du c^{on} de Beaumesnil; accrue, en 1792, de Mancelles et de Saint-Aubin-sur-Risle. — *Aiou* ou *Ajou*, vers 1160 (ch. de Henri II). — *Aioum*, *Aiotum*, 1222 (L. P.). — *Asjou*, 1515 (ch. de Pierre de Dampierre). — *Ajou-en-Ouche*, 1722 (Masseville).

Ajoux (Les), lieu-dit à Giverny.

Alaincourt, c^ne du c^on de Verneuil, réunie en 1810 à Tillières-sur-Avre : fief devenu usine. — *Alaincuria* (pouillé d'Évreux). — *Alaucuria*, 1242 (cart. du Bec). — *Ailaucourt*, 1303 (*ibid.*). — *Sanctus Michael super Arve*, xve siècle ? (L. P.).

Alains (Fief aux), huit^e de fief à Bérengeville-la-Campagne en 1394.

Alant, portion de fief relevant de Villettes à Ecquetot.

Alençon (Bois d'), voisins de Notre-Dame-de-la-Couture de Bernay, faisant partie de l'apanage des ducs d'Alençon.

Alépée, source abondante à Cailly.

Aleu (L'), fief à Hécourt. — *La Leup* (Le Beurier).

Alibard (Côte d'), à Venon.

Alisay, c^ne du c^on de Pont-de-l'Arche. — *Alisi*, 1199 (ch. de Robert de Meulan) et 1200 (ch. d'Albéric, c^te de Dammartin). — *Alisium*, 1200 (ch. de Renaud, c^te de Boulogne). — *Alisiacus*, 1223 (ch. de Louis VIII). — *Aliziacum*, 1258 (p. d'Eudes Rigaud). — *Alizé la Quérière*, 1712 (notice sur l'hôtel de ville de Rouen). — *Alizay*, 1726 (dict. univ. de la France). — *Alisey*, 1781 (Bércy). — *Lisy*, 1809 (Peuchet et Chanlaire, Descript. topogr. de la France).

Alizier (L'), lieu-dit à Pinterville.

Allains (Les), fief et h. de Saint-Georges-sur-Eure.

Allais (Les), h. de Cauverville-en-Roumois.

Allée-aux-Moines (L'), lieu-dit à Muids.

Allemandier (L'), coteau voisin du Grand-Andely. — *L'Amandier* (Brossard de Ruville).

Allemandière (L'), h. de Juignettes.

Allevast (L'), h. de la Noë-Poulain.

Allias, fief à Saint-Pierre-du-Vauvray (vingtièmes).

Allier (L'), h. de la Gueroulde. — *Alier* (usages de la forêt de Breteuil). — *Lallier*, 1867 (annonce judiciaire).

Allouette (L'), lieu-dit à Foues.

Allouetterie (La), lieu-dit à Saint-Georges-sur-Eure.

Aloua (L'), vallon entre Aizier et Vieux-Port. — Le même que *les Ressarts*, 1526 (aveu des religieux de Jumiéges).

Alys, m^in à Breteuil (usages de la forêt de Breteuil).

Alys, m^in à Carentonne, 1267 (L. P.).

Amaully, fief à Serez, 1490 (L. P.).

Amauruchon, lieu-dit à Barc. — 1312 (cart. du prieuré de Beaumont-le-Roger).

Ambenay, c^ne du c^on de Rugles. — *Ambenayum*, 1262 (cart. de N.-D.-du-Lesme). — *Ambenaium*, 1217 (ch. de Jean Érart). — *Ambegneium*, 1280 (acte cité dans une rech. de la noblesse). — *Anbernay*, 1523 (*ibid.*).

Ambenay (Vavassorie d'). — 1249 (cart. de Lyre).

Amberville, h. partagé entre Benzeville et le Torpt.

Ambourg, second nom de la vavassorie noble de *Haut-Étuit*.

Ambrus (Île d') ou des Cerisiers, sur la Seine, devant Vernonnet.

Amécicourt (L'), lieu-dit à Sainte-Geneviève-lez-Gasny.

Amécourt, c^te du c^on de Gisors. Plein fief relevant du marquisat Dauvet-Mainneville ; l'une des sept villes de Bleu. Station du chemin de fer direct de Paris à Dieppe. — *Amercurtis*, v. 1165 (cart. blanc de Saint-Denis). — *Amercort*, 1166 (ch. de Rotrou, arch. de Rouen). — *Anecurtis*, 1178 (bulle d'Alexandre III). — *Aamercort*, 1199 (bulle d'Innocent III). — *Aumercort*, 1215 (cart. de Sausseuse). — *Amecort*, 1239 (ch. de l'abb. du Val-Notre-Dame). — *Amata curia*, 1272 (cart. blanc de Saint-Denis). — *Armercort*, 1275 (*ibid.*). — *S. Helerius de Amecuria*, 1958 (pouillé d'Eudes Rigaud). — *Damecort*, 1284 (cart. normand). — *Ameecourt*, p. de Raoul Roussel). — *Aymecourt*, 1308 (ch. de Philippe le Bel).

Amécourt, f. à Plainville.

Âme-Damnée (L'), lieu-dit à Heudebouville.

Amel ou le Hamel, dit aussi *Brenon* et *Brinon* avant 1584, fief à Bonneville-sur-le-Bec et en relevant (Charpillon et Caresme).

Ametz, m^in à la Neuve-Lyre, 1222 (cart. de Lyre). — *Haamet*, 1233 (*ibid.*). — *Moulin Hamet*, xviie siècle (L. P.).

Amfreville, ch. à Éturqueraye. — *Enfrainville*, 1419 (reg. des dons).

Amfreville, f. à Puchay.

Amfreville, h. de Routot. — *Anfrevilla*, 1203 (cart. du Bec).

Amfreville (Barrage d'), sur la Seine, à Amfreville-sous-les-Monts.

Amfreville(Canton d'), arrond. de Louviers, connu sous le nom de Tourville jusqu'en 1820 ; ayant à l'E. les cantons de Pont-de-l'Arche et de Louviers, au S. le canton du Neubourg, à l'O. le canton de Brionne, au N. le canton de Bourgtheroulde et le dép^t de la Seine-Inférieure, et comprenant 24 communes : Amfreville-la-Campagne, Becthomas, Fouqueville, Grostheil, la Harengère, la Haye-du-Theil, Houlbec, Mandeville, la Pyle, Saint-Amand-des-Hautes-Terres, Saint-Cyr-la-Campagne, Saint-Didier, Saint-

Germain-de-Pasquier, Saint-Meslin-du-Bosc, Saint-Nicolas-du-Bosc, Saint-Ouen-de-Pontcheuil, Saint-Pierre-des-Cercueils, Saint-Pierre-du-Bosguerard, la Saussaye, Thuit-Anger, Thuit-Signol, Thuit-Simer, Tourville-la-Campagne, Vraiville. — Une cure à Amfreville-la-Campagne et 20 succursales : Bec-thomas, Fouqueville, Grostheil, la Harengère, la Haye-du-Theil, Houlbec, Mandeville, la Pyle, Saint-Amand-des-Hautes-Terres, Saint-Cyr-la-Campagne, Saint-Didier, Saint-Nicolas-du-Bosc, Saint-Pierre-des-Cercueils, Saint-Pierre-du-Bosguerard, la Saussaye, Thuit-Anger, Thuit-Signol, Thuit-Simer, Tourville-la-Campagne, Vraiville.

Amfreville-la-Campagne, ch.-l. de c^on; plein fief de haubert, relevant du comté d'Évreux. — Anc. château fort. — Ansfredivilla, 1091 (cart. de la Trinité-du-Mont). — Humfrevilla, 1206 (cart. de Saint-Ouen de Rouen). — Anfrevilla in Campania, 1243 (L. P.). — Amfridi, Amfredi villa in Campania (dom Pommeraye, p. 567 et 596). — Anffrevilla, 1312 (L. P.). — Anfreville-la-Campagne, 1403 (aveu du baron du Neubourg). — Amffreville-la-Campagne, 1429 (taxe des sergenteries de Conches). — Anffreville, xve s^e (dénombr. de la v^té de Conches). — Affreville, 1520 (reg. de la charité de Surville). — Anfreville-la-Champaigne, 1562 (arrière-ban) et 1603 (not. d'Amfreville). — Anfreville, 1717 (signature du seign.). — Le Dictionnaire de Bouillet (1852) confond Amfreville-la-Campagne avec Amfreville-sous-les-Monts.

Amfreville-les-Champs, c^ne du c^on de Fleury; siège de deux prébendes du chapitre de Rouen, et seigneurie dépendant de la collégiale du Grand-Andely. — Amfrevilla in Campis, 1258 (p. d'Eudes Rigaud). — Affrenvilla, 1271 (rôle cité par Saint-Allais).

Amfrevilles (Les), lieu-dit à Puchay.

Amfreville-sous-les-Monts, c^te du c^on de Fleury. — Anfredi villa, 1207 (ch. de Gautier de Coutances). — Anfresvilla, Anfreivilla subter monte, v. 1208 (ch. de Robert Poulain). — Enfreville, 1631 (Tassin, plans et profilz). — Anfreville-sur-les-Monts, 1750 (Tourolle). — Anfreville-les-Monts, 1824 (l'Ermite en province).

Amfreville-sous-les-Monts, dérivation du bras artificiel de la Seine.

Amfreville-sur-Iton, c^ne du c^on de Louviers; plein fief de haubert. — Umfrevilla (peerages anglais). — Anfrevilla super Yton, 1431 (lettre de Henri VI). — Anffreville, 1589 (aveu de Henri de Silly).

Ami-Morel (Pont de l'), sur la grande ligne de Routot à Saint-Georges-du-Vièvre.

Amoureux (Ruelle aux), à Incarville.
Amoureux (Ruelle aux), à Surville.
Amoureux (Sentier des), à Louviers.

Ampenois, alias Openes, nom primitif de Bourg-Beaudouin, ou plutôt localité voisine absorbée après plusieurs siècles (L. P.); anc. démembrement du domaine de Charleval, 1750 (Tourolle); au xviiie s^e encore existait le titre de seigneur d'Ampenois et de Bourg-Beaudouin. — Opines, 1058 (l'abbé Caresme). — Opinies, vers 1101 (hist. manusc. du Bec). — Opignie, 1131 (ibid.). — Hopennie, vers 1156 (cart. de Mortemer). — Openies (cart. de Fontaine-Guérard). — Aupenies, 1256 (cart. de Saint-Amand). — Houpenies (p. d'Eudes Rigaud). — Aupenois, 1419 (Beaurepaire). — Aupenais, 1429 (ibid.). — Aupenoye, 1512 (L. P.). — Aupenaye, 1514 (Floquet). — Ampenois (Cassini). — Ampenois, 1750 (Tourolle). — Aupenaie, Aupenais (L. Dubois).

Ancienne-Soierie (L'), lieu-dit à Vernon.
Ancienne-Tuilerie (L'), m^on isolée, à Dangu.
Ancien-Presbytère (L'), h. de Saint-Christophe-sur-Condé.

Anciens Quinconces (Prairie des), à Navarre.

Andé, c^ne du c^on de Louviers. — Andeicum, 1207 (ch. des Deux Amants). — Notre-Dame d'Ondé, 1419 (arch. nat.).—Ondey, 1738 (Saas) et 1781 (Bércy).

Andé (Bras d'), sur la Seine.

Andé (Île d'), sur la Seine, devant Andé, au territ. de Saint-Pierre-du-Vauvray. — Ende, 1516 (P. Goujon).

Andé (Ponts d'), deux ponts jetés sur la Seine, substitués en 1862 à un bac d'origine immémoriale entre Saint-Pierre-du-Vauvray et Andé, reconstruits en 1873-74.

Andelle, rivière qui traverse du N. E. au S. O. l'extrémité du c^on de Lyons et le c^on de Fleury sur une longueur de 26 kilomètres, passant par Vascœuil, l'Ile-Dieu, Perruel, Perriers, Transières, Charleval, Fleury, Radepont, Douville, Pont-Saint-Pierre, Romilly ; reçoit les ruisseaux du Crevon et du Héron, puis la petite rivière de Fouillebroc, grossie de la Lieure et du ruisseau de Sainte-Catherine, et se perd dans la Seine entre Amfreville-sous-les-Monts et Pîtres. — Andesla, viie siècle (Mabillon, Annotationes ad vitam sancti Condedi). — Andella, 1152 (Robert du Mont) et 1207 (ch. de Gautier de Coutances). — Endalia (p. d'Eudes Rigaud). — Andele, v. 1191 (reg. Phil. Aug.). — Adela, 1643 (Grisel, Fasti Rothomagenses). — Indelia (Adrien de Valois). — Andelius fluvius, 1702 (Th. Corneille). — Andeleius fluvius (Baudrand).

Andely (Forêt d'), 1,511 hectares, touchant au château Gaillard; aliénée en 1851.

Andely (Île d'), sur la Seine, devant le château Gaillard, conservant encore des ruines importantes d'un chât. fort construit en 1196. — *Insula de Andele; Bellum castrum de Insula*, 1197 (M. R.). — *Insula Andeliaci*, 1202 (Guill. de Nangis).

Andely (Le Grand·), dom. des archevêques de Rouen; bailliage; présidial s'étendant sur les juridictions d'Andely, Gisors, Lyons et Vernon; vicomté (la vicomté du *Veulguesin d'Andeli*), 1417 (arch. de l'Eure); élection commune avec Vernon et comprenant 135 paroisses; sergenterie de l'exploit de l'Épée ou du Vexin; maîtrise d'eaux et forêts; collégiale. — Chef-lieu de district et de c⁰ⁿ en 1790; le c⁰ⁿ comprenant, sous le nom de *Grand Andely*, et pas encore des *Andelys*, 16 communes. — *Andelaum, Andelaium*, 588 (Grégoire de Tours). — *Indelagum*, vii⁰ siècle (Bède, l. III, chap. viii) et 833 (testam. d'Ansegise, abbé de Fontenelle). — *Indeliacum*, 1118 (Suger, Vie de Louis le Gros). — *Ardeleium*, 1131 (b. d'Innoc. II). — *Andelegum*, 1140 (b. d'Eug. III). — *Andeliacus*, xi⁰ s⁰ (cart. de Saint-Père de Chartres) et 1196 (traité entre Phil. Aug. et Richard Cœur de Lion). — *Andelia*, 1197 (ch. de Richard Cœur de Lion). — *Andiliacum*, 1250 (cart. de Saint-Taurin). — *Andelium* (Guillaume le Breton, Philippidos, l. VII). — *Andelium retus*, xiii⁰ s⁰ (sentence du bailli de Gisors). — *Endeli*, xiii⁰ s⁰ (Poésies de Roger d'Andely) et xiv⁰ s⁰ (le Dit du Lendit rimé). — *Vieel Andely*, 1290 (ibid.). — *Andeliacus Senior*, 1348 (L. P.). — *Andeli-le-Val*, xvi⁰ s⁰ (Brossard de Ruville). — *Andelenis*, 1581 (ibid.). — *Endely-sur-Seyne* (arch. de la tour de Vernon). — *Andeli*, 1708 (Th. Corneille). — *Andelis*, 1773 (arch. gén. de la France).

Andely (Le Petit-), anc. place fortifiée, connue au xii⁰ s⁰ sous le nom de *la Couture d'Andeli*; port du Grand-Andely; paroisse restée distincte après la formation d'une commune unique. — Situé par 49° 12′ 48″ de latitude et 0° 56′ 13″ de longitude O., à 12 mètres au-dessus de la mer. — *Andely le jeune, novel Andely* (L. P.). — *Villa subtus Rokam*, 1197 (M. R.). — *Andeliacum novum*, 1232 (L. P.). — *Andelium novum* (Charpillon). — *La Cousture d'Andely*, xiii⁰ s⁰; *Andeliacus vocatus la Couture*, 1308 (ch. de Philippe le Bel). — *Andeliacus junior*, 1348; *Andely-la-Cousture*, 1380; *Andely-sur-Seine*, 1451 (Bibl. nat.) et 1517 (lettres patentes de François I⁰ʳ). — *La Closture appresant appelée le petit Andeli*, 1598 (Brossard de Ruville). — *Les petits Andelys*, 1859 (Annuaire du bureau des longitudes).

Andelys (Les), c⁰ⁿ urb. formée en 1790 de la réunion du Grand et du Petit Andely; ch.-l. d'un c⁰ⁿ comprenant 18 c⁰ᵉˢ: les Andelys, Boisemont, Bouafles, Corny, Courcelles, Cuverville, Daubeuf-près-Vatteville, Fresne-l'Archevêque, Guiseniers, Harquency, Hennezis, Heuqueville, Notre-Dame-de-l'Île, Port-Mort, la Roquette, Suzay, le Thuit, Vezillon. — Ch.-l. de district d'abord, puis d'un arrond. comprenant 6 cantons : les Andelys, Écos, Étrépagny, Fleury, Gisors, Lyons.

Les deux Andilly, 1637 (mémoires de Puységur).

Andelys (Les moulins des), fief aux Andelys.

Androlles, m⁰ⁿ à Asnières. — *Asnerolles*, 1210 (L. P.).

Anellou, fief sous Tilly, 1516 (arch. de la Seine-Inf.).

Anet, passage de la Seine près d'Amfreville-sous-les-Monts.

Angenieur (L'), f. de la Haye-Aubrée.

Angerais, h. de la Goulafrière.

Angerais, h. de Saint-Laurent-des-Grès; vavassorie noble. — *Angeria*, 1209 (ch. de Henri des Essarts).

Angers (Canal d'), à Pont-de-l'Arche; plans et projet inexécuté, 1801.

Angerville (Fontaine d'), ruiss. de 2 kilom. naissant à Saint-Sylvestre-de-Cormeilles et affluent de la Calonne.

Angerville (Pont d'), sur l'Iton, à Glisolles.

Angerville-la-Campagne, c⁰ᵉ du c⁰ⁿ d'Évreux sud; baronnie, H. J. — *Ansgerpilla*, 1208 (ch. de la Noë). — *Angiervilla*, 1233 (cart. de la léproserie d'Évreux).

Angerville-la-Rivière, anc. fief, c⁰ᵉ réunie à Glisolles. — *Ansgervilla*, 1160; *Anguervilla*, 1251 (cart. de Saint-Étienne-de-Renneville).

Anges (Les), h. du Plessis-Mahiet.

Anges (Rue-aux-), lieu-dit à Montreuil-l'Argillé.

Anglais (Fief aux), q. de fief assis à Verclives, réuni à Verclives en 1714 et relevant de Mussegros. — 1451 (aveu d'André de Rambures).

Angle (L'), h. du Bois-Normand-près-Lyre.

Angle (L'), h. d'Écardenville-sur-Eure.

Angles (Les), h. de Brosville.

Angles (Les), h. du Tronquay.

Angodes. — *Vallis Angodes*, lieu-dit à la Vieille-Lyre. 1287 (cart. de Lyre).

Angonie (L'), h. de Lieurey.

Angoville, c⁰ⁿ de Bourgtheroulde. — *Ansgotivilla*, xi⁰ s⁰ (L. P.). — *Ansgovilla* (M. R.). — *Angorilla*, 1278; *Ansgoville* (la Roque). — *Engouvilla* (p. de Raoul Roussel). — *Angorville-en-Roumois*, 1828 (L. Dubois).

Angreville, h. de Gaillon, quart de fief relev. d'Évreux. — *Angerville; Ansgervilla*, xii⁰ siècle; *Ansgerivilla*, 1375 (cart. du Bec).

Angris (L'), h. de Fontaine-la-Louvet.

Anguille (Chemin de l'), à Bourg-Beaudouin.

Anière (Fief d'), chef-moi à Berthouville; extensions sur Boisney, Plasnes et autres paroisses en 1489 (reg. des recettes du fief).

Aniens (Les), h. du Fidelaire.

Annebaut, nom des seigneurs d'Annebaut-en-Auge ajouté à celui de leur seigneurie d'Appeville lors de son érection en baronnie en 1549; marquisat. — Hannebaldum, 1531 (Denyau, Rollo Northmano-Britannicus). — Ennebault, 1544 (notes de Charles Puchot). — Ambon, 1631 (Tassin, plans et profilz). — Annabattum (Masseville). — Hennebaut, 1698 (L. P.). — Annebaux, 1726 (dict. univ. de la France). — Annebaut-sur-Rile, 1828 (L. Dubois).

Annecy (Côte d'), à Vernon; altération du nom de la cne d'Hennezis.

Annerole, mⁱⁿ à Asnières. — Asnerolles, Androlles, 1210 (cart. du Bec).

Annettes (Les), lieu-dit à Sainte-Geneviève-lez-Gasny.

Annouillères (Les), lieu-dit au Fresne.

Anquetier (L'), h. de Saint-Aubin-de-Scellon.

Anséréville ou Anzéréville, anc. nom de Saint-Mards-de-Blacarville (L. Dubois).

Anteauville, fief à Mesnil-sur-l'Estrée en 1400.

Antilles (Les), lieu-dit à Boisemont.

Antillière (L'), h. de Mélicourt.

Antis (Les), fiefs voisins de Chéronvilliers (L. P.).

Apluy, h. de Corneville-sur-Risle.

Appetot, cne du cen de Montfort. — Aplotot, 1258 (p. d'Eudes Rigaud). — Aptot (arch. du Bec).

Appeville, cne du cen de Montfort. — Appevilla, xiiᵉ sᵉ (ch. de Henri II). — Apevilla (M. R.). — Hapevilla, 1258 (p. d'Eudes Rigaud). — Apevilla (cart. de Préaux). — Apivilla (l'abbé Caresme).

Aragon (Ruelle d'), au Grand-Andely. — Ageronne, 1380 (état des biens de la léproserie des Andelys). — Arragonne, xviiᵉ siècle.

Araignée (L'), lieu-dit à Tourville-la-Campagne.

Arbalète (Champ de l'), dit aussi Champ Durant, 1745 (plan d'Évreux).

Arbreau (L'), lieu-dit à Corny. — Arbero, Arbrot (annonces légales).

Arc, huitᵉ de fief à Thierville, relevant du roi en 1541, devenu fief du Bosc Buisson.

Arcue (Rue de l'), à Verneuil.

Archemare, mⁿ isolée, à Bourneville.

Arches (Les), h. et rue des Andelys, faubourg selon Brossard de Ruville. — Nom dû à des arches pour l'écoulement des eaux entraînées en 1660 par une inondation, 1715 (mém. des habitants du hameau).

Arches (Les), h. et fief à la Sogne, relev. de Saint-André. — Arche, 1250 (L. P.). — Archeium, 1253 (cart. de Saint-Taurin).

Ancoussis (Les) ou Coutomes des villes de Bleu, partie de la forêt de Bleu, 1400 (coutumier des forêts).

Ardanne, h. de Coulonges et vavassorie.

Ardèche (Avenue de l'), à Vernon : nom décerné à l'avenue de la Maisonnette, en souvenir des mobiles de l'Ardèche, 1871.

Ardenne, pl. fief de haubert à Chavigny, relev. de Verneuil.

Ardenne, vavassorie à Lhosmes, relevant des Essarts.

Ardennes, h. de Chavigny.

Ardillières (Les), h. de Droisy.

Ardillières (Les), h. de Manthelon.

Ardillières (Les), lieu-dit sur la paroisse de Saint-Aquilin d'Évreux.

Aréambourg (Les Fontaines d'), à Fontaine-Guérard.

Areline, h. d'Hardencourt.

Argences, h. d'Évreux et fief relevant du roi; anc. manoir, anc. chapelle, mⁱⁿ. — Argentie, 1230 (L. P.).

Argences, quart de fief relevant du roi à Saint-Paul-sur-Risle.

Argenton, sixième de fief dans la sergenterie de Montfort, 1518 (arch. de l'Eure).

Argenville, fief à Glisolles.

Argeronne, château et fief à la Haye-Malherbe, avec extension sur Saint-Didier-des-Bois. — Argelonne, 1781 (Bérey).

Argillière (L'), mare aux Baux-Sainte-Croix, où ont été trouvées des figurines romaines.

Argillières (Les), mⁿ isolée, à Flumesnil.

Argillières (Porte des), la plus petite des quatre portes de Gisors fortifié. — Les Arguillères (procès-verbal de réformation de la coustume).

Argilliers (Les), h. du Bois-Arnault.

Argilliers (Les), h. du Plessis-Mahiet.

Armelots (Chemin des), à Gravigny.

Armentières, h. du cen de Verneuil. — Armentariæ, 867 (ch. de Charles le Chauve); 1106 (b. de Pascal II). — Ermenteriæ, vers 965 (cart. de Saint-Père de Chartres). — Hermentariæ, 1207 (ibid.). — S. Petrus de Hermenteriis, 1226 (cart. de Jumiéges). — Ermenterie, xiiiᵉ siècle (p. de Chartres). — Ermentières, 1269 (cart. de Saint-Père).

Armerie (L'), f. à Épaignes.

Armerie (L'), h. de Selles.

Arnaud-des-Bois, huitᵉ de fief de la sergenterie du Roumois, 1588 (L. P.).

Arnault, fief à Saint-Vincent-des-Bois.

Arnières, cne du cen d'Évreux sud, accrue de Bérengeville-la-Rivière en 1845. — Asneriæ, 1060 (ch. de fondation de l'abb. de Saint-Sauveur). — *Asinariæ*, xii° siècle (ch. d'Hylarie, abbesse de Saint-Sauveur). — *Asnères*, 1188 (ch. d'Amaury III, comte d'Évreux). — *Assineria*, 1207 (ch. d'Étienne de Dardez). — *Asnieres*, 1307 (grand cart. de Saint-Taurin).

ANOULET, huit° de fief à Roman, relevant de Chagny. — *Renoulet* (L. P.).

ONS (LES), h. d'Épaignes.

APENTIGNY, h. partagé entre les Essarts-sur-Damville et Lhosnes; fief. — *Repentiniacum*, 1248; *Repentigny*, 1313 (arch. de l'Eure).

APENTS (LES), f. à Puchay.

QUE (L') ou BEAUBUISSON, fief à Thierville, relevant de Montfort.

BOUERIE (L'), h. de Grand-Camp.

QUERIE (L'), h. de Saint-Victor-d'Épine.

NOUÇOIS (peut-être ANÇOIS), chemin; nom commun au moyen âge à plusieurs voies se dirigeant vers Pont-de-l'Arche.

ARRACHE (FOND D'), lieu-dit à Bourg-Beaudouin.

ARRACHIS (L'), lieu-dit à Bus-Saint-Remy.

ARRANGRIS, h. de Beauficel.

ARRANTIERS (LA COUSTURE DES HAYES DES), anc. nom de lieu à Fontenay (arch. nat.).

ARRIÈRE-FOSSÉS (RUE DES), souvenir des anciennes fortifications de Gaillon.

ANSEAUX, h. d'Aizier.

ANSIZ (LES), lieu-dit à Saint-Denis-d'Augeron, 1297.

ATOIRE (L'), h. de Bourth.

ARTUSERIE (L'), f. aux Barils.

ASNIÈRES, anc. territ. divisé pendant des siècles en deux paroisses : Saint-Gervais-d'Asnières et Saint-Jean-d'Asnières; reconstitué en 1854 en une seule c^ne : Asnières, c^on de Cormeilles. — *Asneriæ* (reg. de Phil. Aug.). — *Asnères* (*ibid.*).

ASNIÈRES, fief assis à Boisney, Berthouville, Plasnes, etc. 1489 (papiers du greffe de Rouen).

ASNIÈRES, dit L'AUTREY ou PETIT-ASNIÈRES, formant avec le fief du Val la châtellenie de Saint-Gervais-d'Asnières.

ASSEVILLE, fief assis sur Marbeuf et sur Saint-Aubin-d'Écrosville, 1490 (état des anoblis). — *Azeville*, 1868 (annuaire de l'Eure).

ATTEZ, nom primitif d'un centre de population qui s'est divisé en deux paroisses, auj. deux communes: Saint-Nicolas-d'Attez et Saint-Ouen-d'Attez. — *Atees*, 1220; *Ateie*, *Ateiz*, *Athez* (L. P.). — *Atyes*, xiii° siècle. — *Athois*, *Athees*, xiv° siècle.

ATTOUCHE-PIANT (L'), lieu-dit à Acon.

AUBE (GRAND PRÉ DE L'), près de Rugles, 1247 (Charpillon et Caresme).

AUBERGE (L'), f. à Autheuil.

AUBERGES (LES), h. du Chesne.

AUBERT, h. de Saint-Aubin-de-Scellon.

AUBEVOYE, c^ne du c^on de Gaillon.— *Alba via*, 1082 (ch. de la reine Mathilde).— *Aubeveia*, 1188 (ch. d'Amaury III, comte d'Évreux). — *Aubevia*, 1223 (L. P.). — *Albevia*, 1227 (charte citée dans les Comptes de Gaillon). — *Aubevoir*, 1419 (lett. pat. de Henri V). — *Aubvoye* (Cassini).

AUBIERS (LES), f. à Nonancourt.

AUBIGNY, h. de Civières, 1573 (pièces de procédure).

AUBIGNY, h. de Tricqueville, anc. membre de la baronnie d'Annebaut. — *Albigneium* (L. P.).

AUBIN, huit° de fief à Écaquelon.

AUBINERIE (L'), h. de Saint-Sulpice-de-Graimbouville.

AUBINIÈRE (L'), h. d'Asnières.

AUBNIÈRE (L'), h. de Bosgouet, quart de fief relev. de Mauny (Seine-Inf.).

AUBRIÈRE (L'), h. d'Épinay.

AUBRIÈRE (L'), h. de Selles; fief.

AUBROSS (LES), h. de Saint-Symphorien.

AUBRUMENT, huit° de fief à Thuit-Signol, relevant de la baronnie de Ferrières-Saint-Hilaire.

AUCADAL, tour de l'anc. château de Conches.

AUCOURT, h. de Carsix.

AUDIÈRE (L'), h. de Saint-Jean-de-la-Lequeraye; anc. fief.

AUDROUAIS, sixième de fief à Chamblac. — *Audroietz*, 1604 (aveu de Jehan de Calf.). — *Au Drouais* (Charpillon et Caresme).

AUFRAND (L'), h. de Léry, anc. m^in banal sur l'Eure, au fief de la Heuze. — *Auffran*, *Lanffrand*, *Auffrand*, xiv° siècle (L. P.). — *Aufren*, 1346 (livre des jurés de Saint-Ouen). — *Aufran*, 1459 (l'abbé Caresme).

AUGER (MOULIN D'), à Mesnil-sur-l'Estrée.

AUGERON, nom primitif d'un centre de population qui s'est divisé entre Saint-Aquilin-d'Augeron et Saint-Denis-d'Augeron. — *Algerun*, *Algeron*, xii° siècle (O. V.). — *Augeron*, 1269 (L. P.).

AUGERONS (LES), nom conservé à l'ensemble des deux c^ons. — *Les Augerans*, 1782 (dict. des postes).

AUGUERIE (L'), h. de Saint-Victor-d'Épine.

AULNAY, c^ne du c^on d'Évreux sud. — *Annellum*, vers 1190 (ch. de Jean Ier, év. d'Évreux). — *Alnidum*, *Alniacus*, *Aunoy*, 1390 (L. P.). — *Aunai-sur-Iton*, 1828 (L. Dubois).

AULNEY (L'), fief nommé aussi le Petit-Asnières, sis à Saint-Gervais-d'Asnières.

AUMARE, ham. partagé entre Daubeuf, Heuqueville et Vatteville. — *Automarre*, *Hautemarre*, 1855 (proc.-verb. du conseil gén.).

Aumerie (L'), h. de Saint-Cyr-de-Salerne.

Aumône, anc. f. à Épaignes, 1792 (liste des émigrés).

Aumône (L'), fief situé sur Bernay et Menneval et affecté à l'aumônier de l'abb. de Bernay.

Aumône (L'), terre des hospitaliers de Jérusalem, à Bourg-Achard, au XIIIe siècle; revendiquée comme fief par le prieuré et déclarée en 1727 pure roture (L. Passy).

Aumône (L'), lieu-dit aux Essarts.

Aumône (L'), h. de Saint-Jean-du-Thenney.

Aumônes (Les), fief de l'abb. du Bec ayant des extensions sur Authou, 1438 (l'abbé Caresme).

Aumont, fief à Bernouville.

Aunais (L'), forêt marécageuse, auj. convertie en prairies, à Douville.

Aunay (L'), f. à Gaillon.

Aunay (L'), h. de Muzy. — Alnetum supra Musiacum, 1309 (L. P.).

Aunay (L'), h. du Planquay.

Aunay (L'), mln à Saint-Pierre-de-Cormeilles.

Aunay-Bellet (L') ou l'Aunay-sur-Brionne, h. de Brionne. — L'Aulnay-sous-Risle, 1421 (arch. du prince de Vaudemont).

Aunay-Cagnard (L'), h. de Saint-Étienne-sous-Bailleul. — Alnetum Caignart, 1237 (L. P.).

Aunaye (L'), mln de l'hospice des Andelys, à Saint-Denis-le-Ferment. — L'Aunette, 1586 (procès-verbal de réformation de la coustume).

Aunerie (L'), h. de Drucourt.

Aunois (Les), l'une des quatre communes de Douville pour le droit d'usage, 1577.

Auricher, fief à Écouis.

Austrebosc, f. au Coudray.

Autelin (L'), f. à Asnières.

Auteuil, fief important à Canappeville.

Auteuil, fief sis à Criquebeuf-la-Campagne. — Autheil (L. P.).

Authéauville, fief à Mesnil-sur-l'Estrée, 1562 (L. P.).

Authenay, cne du cⁿ de Damville. — La paroisse Notre-Dame d'Antenay, 1288 (L. P.). — Autenay, 1469 (Monstre).

Autheuil, cne du cⁿ de Gaillon. — Althuil (cart. de Préaux). — Altolium, 1060 (ch. de fondation de Saint-Sauveur d'Évreux). — Altuil (cart. de la léproserie d'Évreux). — Altuillium, 1082 (ch. de la reine Mathilde). — Actolium, 1085 (L. P.). — Altoilum, 1118 (cart. de la Croix-Saint-Leufroi). — Autulium, 1181 (ibid.). — Antolium, 1188 (ch. d'Amaury III). — Autoel, 1208 (arch. de l'Eure). — Autuillium, 1214 (cart. du chap. d'Évreux). — Autuleium, 1225 (L. P.). — Autois (ch. de Simon de Montfort, comte d'Évreux). — Autheuel, 1469

(Monstre). — Authoul, 1528 (dénombr. de l'abb. de la Croix-Saint-Leufroi) et 1631 (Tassin, plans et profilz). — Autheuil-sur-Eure, 1829 (L. Dubois).

Autheuil, fief à Hondouville.

Authevernes, cne du cⁿ de Gisors. — Altavesne, v. 1063 (cart. de la Trinité-du-Mont). — Alta Avesna, 1152 (chart. Majoris Monasterii). — Antavesna, 1156 (bulle d'Adrien IV). — Alta Avesna, 1180 (M. R.). — Autovesnæ, 1214 (feoda Normanniæ). — Autaverne, Auteverne (reg. Phil. Aug.). — Aute Avesne, 1216 (ch. du prieuré de Vesly). — Autevesne, 1236 (L. P.). — Hauteverne, 1354 (aveu, arch. nat.) et 1738 (Saas). — Autevergne, 1738 (Saas). — Haute Verne, 1781 (Bérey).

Authieux (Les), cne du cⁿ de Saint-André. — Altarium, 1066 (cart. de Coulombs). — Altaria (dict. univ. de la France). — Ostieux, 1318 (Charpillon et Caresme). — Les Authieux, 1469 (Monstre). — Les Authieux-Teurtré, 1828 (L. Dubois).

Authieux-sous-Barquet (Les), petite paroisse et place forte relevant du Neubourg, entrée en 1792 dans la formation de la cne de Barquet. — Altaria juxta Novum Burgum, 1247 (cart. de Saint-Wandrille). — Altaria, 1263 (reg. Visit.). — Authieulæ, 1403 (aveu d'Yves de Vieuxpont). — Les Hostieux, 1428 (La Roque).

Authonne, chât. à Bosgouet.

Authou, cne du cⁿ de Montfort; fief relevant de Brionne. — Autouel, Antonel (La Roque). — S. Albinus de Autouel, 1298 (ch. de Jean d'Harcourt). — Autono (l'abbé Caresme). — Autonel, 1410 (L. P.). — Autonellum (2e pouillé de Lisieux). — Auton, 1644 (Coulon, Riv. de France). — Au Tout, 1708 (Th. Corneille).

Authou (Torrent d'), ruiss. affluent de la Risle, prenant sa source à Authou; parcours de 5 kilom.

Authuillet, cne du cⁿ de Gaillon; fief entier. — Autulleium (cart. de Jumiéges). — Autulielum, 1199 (bulle d'Innocent III). — Autholatum (1er pouillé d'Évreux). — Authoullet, 1469 (Monstre). — Antoulle, 1631 (Tassin, plans et profilz).

Authuit, anc. f. au h. de la Campagne à Rosay, nom resté à un chemin nommé aussi la Ruelle à charbon.

Autils, nom primitif de la paroisse devenue cne de Saint-Pierre-d'Autils. — Hastilez, 1012 (Gall. christ.). — Altiz, 1079 (ch. de Guillaume le Conquérant). — Altilz (cart. de la Trinité-du-Mont). — Altis in Longavilla, vers 1170 (ch. de Henri-II). — Autix, 1221 (cart. du chap. d'Évreux). — Antis, 1294 (L. P.). — Anticium, 1310 (ibid.). — Antis, 1738 (Saas).

Autrebosc, bruyère voisine de Mesnil-sous-Verclives. — *Outrebosc*, 1579 (Phil. d'Alcrippe).

Autrebosc, h. de Tourneville. — *Autrebod*, 1792 (1er suppl¹ à la liste des émigrés).

Autremette ou Gros-Pommier, fief à Fourmetot.

Auvergne (Tour d'), nom donné à une tour d'Évreux, vers 1685 (Th. Bonnin).

Auvergny, cne du cen de Rugles; fief relevant du comté de Breteuil. — *Alvernaium*, *Alvergnaium* (Gall. christ.). — *Alvernacum*, vers 1157 (ch. de Henri II). — *Auvernay*, 1205 (reg. Phil. Aug.). — *Alvernayum*, 1210 (cart. du chap. d'Évreux). — *Auvernayum*, 1214 (L. P.). [Ces trois derniers noms sont augmentés de la lettre G dans le reg. Phil. Aug.] — *Auvergny*, 1234 (L. P.). — *Auvergney*, 1270 (trésor des chartes). — *Avergnaium*, *Auverna-gium*, xve s* (enquête de la forêt de Breteuil). — *Alverney*, *Aubernaium* (cart. de Lyre). — *Alverai* (ch. de Garin, évêque d'Évreux). — *Averny*, 1726 (dict. univ. de la France). — *Auverny*, 1782 (dict. des postes).

Auvergny, q. de fief de Haubert à Amfreville-la-Campagne, relevant de Saint-Amand-des-Hautes-Terres et dénommé antérieurement *Tournebu*, puis *Bigars*.

Auvillers, lieu-dit à Campigny. — *Alvilari*, v. 1135.

Auvillers, anc. h. de Saint-Martin-Saint-Firmin. — *Auvileirs*, xiiie siècle (cart. de Préaux). — *Alvilaris* (*ibid*.).

Auvilliers, fief à Thibouville, relevant du marquisat de Thibouville.

Aux-Droicts, q. de fief à Chamblac en 1602, relevant de la baronnie de Ferrières.

Aux-Loups, huit* de fief à la Haye-Malherbe. — 1750 (Tourolle).

Auzerais (Les), h. de Beuzeville. — *Oseraies* (*Les*)?

Auzout, h. de Fourmetot.

Ave-Maria (L'), lieu-dit à Tourneville.

Aventure (L'), h. du Bec-Hellouin.

Aveny, cne du cen d'Écos; réunie à Dampsmesnil. — *Aveni*, 1258 (p. d'Eudes Rigaud). — *Avene*, 1258 (cart. du Trésor). — *Aveney*, 1394 (arch. nat.). — *Adveny*, 1722 (Masseville).

Aviron, cne du cen d'Évreux nord; baronnie attachée à l'évêché d'Évreux. — *Avyron*, vers 1115 (ch. d'Amaury Ier, comte d'Évreux). — *Avirun*, vers 1186 (ch. de Jean, év. d'Évreux).

Avoinerie (L'), h. d'Angoville.

Avranches, deux anc. chapelles de Carsix, ainsi nommées en mémoire de l'apanage de Jean, évêque d'Avranches, neveu de Richard Ier.

Avranches (Manoir d'), chât. des évêques d'Avranches tombé en ruines, à Saint-Philbert-sur-Risle.

Avre, rivière qui entre à Chennebrun dans le département, dont elle forme presque constamment la limite avec Eure-et-Loir, dans les cantons de Verneuil et de Nonancourt, arrosant les communes de Saint-Victor, Saint-Christophe, Verneuil, Courteilles, Breux, Acon, Nonancourt, Saint-Germain-sur-Avre, Mesnil-sur-l'Estrée, Muzy et enfin Saint-Georges, où elle se jette dans l'Eure. Elle séparait la Normandie du Perche et de la Beauce et le diocèse d'Évreux de celui de Chartres. — *Arva*, vers 965 (cart. de Saint-Père de Chartres). — *Arviæ fluvius* (Guill. de Jumiéges). — *Avra*, 1300 (polyptyque de Chartres). — *Arvre*, 1505 (cart. du prieuré de la Chartreuse du Val-Dieu). — *Aure*, 1702 (Th. Corneille). — *Arve*, 1841 (Perrot, Petit atlas franç.).

Avrilly, cne du cen de Damville; fief, prébende du chapitre d'Évreux; sergenterie de 35 paroisses. — *Avrilleium*, 1067 (L. P.). — *Avrily*, v. 1129 (ch. de Guill. comte d'Évreux). — *Aprilaium*, v. 1160 (ch. de Simon, comte d'Évreux). — *Averilleium* (ch. de Roger de Bémécourt). — *Avriliey*, v: 1175 (L. P.). — *Apriliacus*, 1199 (Guill. de Nangis). — *Aprileyum*, 1277 (ch. de Philippe le Hardi). — *Apriliacum*, 1557 (Robert Cœnalis). — *Avrilli-Grohan*, 1828 (L. Dubois).

Ayts-Auberée (Les), île formée par la Seine, près d'Amfreville-sous-les-Monts. — 1616 (arch. de la Seine-Inférieure).

Azeville, fief situé à Marbeuf, avec extension sur Saint-Aubin-d'Écrosville. — 1523 (recherche de la noblesse). — *Arseville*, *Asseville* (Le Beurier).

B

Baalle, m¹⁰ à Glisolles, vers 1210 (cart. du chap. d'Évreux). — *Baale*, 1280 (ch. de Saint-Étienne de Renneville).

Bac (Le), h. de Foulbec.

Bac (Le), f. à Saint-Samson-sur-Risle.

Bacquepuis, cne du canton d'Évreux nord; quart de fief relevant de Sacquenville. — *Bachepuiz*, 1144 (ch. de l'impér. Mathilde). — *Bakepuis*, xiiie s* (ch. d'Hylaire, abbesse de Saint-Sauveur). — *Bachepuz*, (cart. de Lyre). — *Vakepuiz* (cart. de la Trinité-

du-Mont). — *Bacepiz* (grand cart. de Jumiéges).
— *Blachepuit*, v. 1187 (ch. de Simon, c^te d'Évreux).
— *Bacquepuix*, 1202 (ch. de la Noë). — *Blaque-
puix*, 1248. — *Bachiputeus*, 1295 (L. P.). — *Ba-
quepuiz* (ch. de Saint-Étienne de Renneville). —
Bakepuiz (ch. en faveur de Lyre). — *Bachepoiz* (L.
P.). — *Bakepuid* (l'abbé Caresme). — *Bacquepie*,
1631 (Tassin, plans et profilz). — *Basquepuis*,
1781 (Baez, cart. part. du dioc. de Rouen). —
Bacpuis, 1805 (Masson Saint-Amand).

BACQUEVILLE, c^ne du c^on de Fleury; fief; anc. château
fort; comté en 1660. — *Bascavilla*, 1053 (cart.
de Saint-Amand de Rouen). — *Baschitvilla*, 1096
(ch. du duc Robert Ier). — *Baschevilla*, 1133
(L. P.). — *Bascherville*, 1151 (Robert du Mont).
— *Bascheville*, 1170; *Basceville, Bascevilla* (liste
de fiefs normands). — *Basquevilla*, 1251 (liber
visitationum). — *Baschavilla*, XIIIe s^e (p. d'Eudes
Rigaud). — *Basqueville jouxte Écouis*, 1366 (Charpillon et Caresme). — *Baccivilla* (Denyau, Rollo
Northm.-Brit.). — *Bacovilla* (Masseville). — *Bacqueville-en-Vexin*, 1868 (purge légale).

BACQUEVILLE (FORÊT DE), 1419; forêt de *Bacqueville-
la-Chaume-en-Vexin* (Charpillon et Caresme).

BACQUEVILLE (MOULIN DE), à Pont-Saint-Pierre.

BADUISERIE (LA), h. de Bosguerard-de-Marcouville.

BAGARDIÈRE (LA), h. d'Heudreville-en-Lieuvin.

BAGATELLE, m^on isolée, à Saint-Pierre-du-Bosguerard.

BAGOTIÈRE (LA), h. de Sébécourt; huit^e de fief relevant
du comté d'Évreux.

BAGOTIÈRE (LA), q. de fief dans la vicomté de Conches
et Breteuil.

BAGUELANDE (LA), h. des Andelys; huit^e de fief relevant
du château Gaillard. — *Bagalynda*, 1200 (cart. de
Jumiéges). — *Bagelunda*, 1214 (ibid.). — *Bagelunda vetus*, 1237 (ibid.). — *Bagelonda*, 1237
(ibid.). — *La Beguelande* (coutumier des forêts).
— *Bagland.*, 1781 (Bérey, cart. part. du dioc. de
Rouen) et 1839 (L. P.). — *Baglande* (actes nomb.).

BAHULIN (LE), q. de fief à Montreuil-l'Argillé. — 1416
(L. P.).

BAIGNARD, fief à la Chapelle-Bayvel (rôles de 1562).

BAILHACHERIE (LA), h. de Saint-Pierre-des-Ifs.

BAILLEU, huit^e de fief à Crèvecœur, h. de la Croix-
Leufroi, relevant d'Acquigny. — 1631 (Tassin, plans
et profilz).

BAILLEUL, fief à Saint-Pierre-de-Bailleul.

BAILLEUL (HÔTEL DE), sis à Conches, paroisse de Notre-
Dame-du-Val, et appartenant à l'abbaye. — XVe s^e
(coutumier des forêts).

BAILLEUL (PETIT RUISSEAU DE), affluent de la Calonne
à Bailleul-la-Vallée.

BAILLEULERIE (LA), h. de Saint-Pierre-du-Val.

BAILLEUL-LA-CAMPAGNE, c^ne réunie en 1845 à Chavigny, c^on de Saint-André; fief relevant de Beaumont-
le-Roger. — *Baillolium*, 1059 (L. Dubois). — *Baill-
lol*, 1080 (charte de Richard Mancel pour l'abb. de
Conches) et 1234 (bulle de Grégoire IX pour la
même abbaye). — *Bailoil, Bailliol* (L. Dubois). —
Balleul, 1235 (cart. de Jumiéges). — *Balliolum*,
1235 (tit. de Saint-Ouen et Masseville). — *Bailleul
près Saint-André* (actes nombreux).

BAILLEUL-LA-VALLÉE, c^ne du c^on de Cormeilles; fief. —
Baliolus, Baliola villa, IXe s^e (h. de la translat. de
saint Régnobert). — *Bailluel* (cart. de Préaux)
et 1135 (cart. de Saint-Gilles). — *Bailloil*, 1225
(L. P.). — *Ballolium*, 1274 (ibid.).

BAILLY, h. d'Ambenay; fief. — *Baalle*, 1277; *Vailli*,
1417 (L. P.).

BAILLY, h. de Saint-Pierre-la-Garenne. — *Baali*,
1258; *Baalli*, 1265 (tit. de l'abb. de Saint-Ouen).

BAISSE-LOUPS, lieu-dit à Canappeville.

BAISSIER (LE) OU LES JONCTIERS, banc dans la Seine
devant Martot. — 1805 (Masson Saint-Amand).

BAL (LE), fief relevant de Breteuil (L. P.).

BALECHOUX (RUE), à Gisors.

BALIGAN (LE), m^on isolée, détruite en 1860, à Graveron-
Sémerville.

BALIGANIÈRE (LA), h. de Bois-Maillard.

BALIGNIÈRE (LA), h. des Bottereaux.

BÂLINES, c^ne du c^on de Verneuil; anc. fief relevant de
l'évêque d'Évreux. — *Baslinæ*, 1130 (ch. de Richer
de Laigle). — *Baalines*, v. 1160 (L. P.). — *Notre-
Dame-de-Balynes-la-Turgère*, 1380; *Baslynnes-
lez-Verneuil*, 1487 (L. P.). — *Baslynes*, 1642 (tit.
notariés des cordeliers de Rouen).

BALIVIÈRE, f. fief au Fidelaire; coupe de la forêt de
Conches.

BALLI, fief de l'abbé de Lyre à Rugles.

BALLIVIENNE, h. de Pullay.

BALTIÈRE, f. aux Essarts-sur-Damville.

BANCERIE (LA) OU LA MARE-BOURGOURT, h. de Fontaine-la-Louvet.

BANCERIE (LA), h. du Planquay.

BANCS BLANCS (LES), 5e partie du marais Vernier,
couverte tous les jours. — 1805 (Masson Saint-
Amand).

BANDAIS (LES), h. d'Épaignes.

BANGHOUÉE (LA), lieu-dit aux Andelys.

BANI (LE), lieu-dit à Bois-Jérômé-Saint-Ouen.

BANNETON (LE), prise d'eau de l'Epte à Gisors et place
publique.

BANNIÈRE (LA), lieu-dit à Saint-Aubin-le-Vertueux.

BANNIS (LES), lieu-dit à Bezu-Saint-Éloi.

BANQUELU, f. fief à Hécourt. — *Banteleu* (Le Beurier).

BANQUEROUTE, h. de Foulbec.

BANQUET (CÔTE DU), pente très-rapide de la plaine du Neubourg à la vallée de Louviers.

BANTELU, fief à Saint-Julien-de-la-Liègue.

BAPAUME, anc. carrière à Arnières, qui a fourni les pierres des plus anciens monuments d'Évreux.

BAPAUME (VALLON DE), près Arnières, dans la vallée de l'Iton. — *Bapeaume* (actes nombreux).

BAPEAUMES (LES), lieu-dit à Tournedos-sur-Seine.

BAQUETS (LES), usine à Pont-Audemer.

BARANNE (LA), lieu-dit aux Planches.

BARANTINES (CHEMIN DES), vers Notre-Dame-de-l'Île.

BARBANÇONS (LES) (BRABANÇONS?), grande prairie de Gravigny.

BARBEAU (BRAS DU), bras de l'Andelle à Pont-Saint-Pierre.

BARBE-NOIRE (LA), lieu-dit à Venables.

BARBERIE (LA), h. de Fontaine-l'Abbé.

BARBERIE (LA), h. de Selles.

BARBOTIÈRE (LA), lieu-dit à Ecquetot.

BARBOTIÈRE (LA), h. de Fontaine-la-Louvet.

BARC, cne. du con de Beaumont-le-Roger. — *Barchus*, 1088 (ch. de Roger de Beaumont). — *Barcus*, 1131 (ch. de Henri Ier). — *Barcum*, 1207 (cart. du Bec). — *Barc en Familie*, 1316 (cart. du pr. de Beaumont). — *Saint-Crespin-de-Bart*, 1738 (Saas).

BARD (LE), f. à Noards.

BARDOUILLÈRE (LA), fief à Notre-Dame-de-l'Île.

BARDOUILLÈRE (LA), h. et q. de fief à Saint-Aubin-des-Hayes, relevant de Grandchain.

BARDOUIRE, h. du Torpt.

BARGUES (LES), h. de Thuit-Signol.

BARILLERIE (LA), h. de Bourg-Achard.

BARILLERIE (LA), h. de Hauville.

BARILLIÈRE (LA), h. de Saint-Michel-de-la-Haye.

BARILS (LES), cne du con de Verneuil. — *Barilli* (cart. de l'abb. de Tiron). — *Bariz*, 1389 (arch. des religieuses du Trésor). — *Barilz* (anc. ch. sans date, L. P.).

BARJOLES, h. de Hauville.

BARJOLLERIE (LA), f. à Hauville.

BARMORSON, fief à Cauverville-en-Lieuvin (Cassini). — *Varo Morsent*. 1562 (Le Beurier).

BARNEVILLE, h. de Honguemare.

BARNEVILLE-SUR-SEINE, cne du con de Routot. — *Barnevilla*, 1079 (ch. de Guill. le Conquérant).

BARONNE (LA), lieu-dit à Farceaux.

BARONNERIE (LA), h. de Boisney.

BARONNERIE (LA), f. à Drucourt.

BARONNERIE (LA), lieu-dit à Saint-Didier-des-Bois.

BARONNERIE (LA), h. de Saint-Mards-de-Fresne.

BARONNERIE (LA), h. de Saint-Pierre-de-Salerne.

BARONNIE (LA), partie de Bernay possédée par l'abbaye et relevant du bailliage d'Évreux (L. P.).

BARONNIE (LA), f. à Bonneville-sur-le-Bec.

BARONNIE (LA), h. de Saint-Philbert-sur-Risle.

BARONNIE DE GRACE, vaste enclos à Saint-Pierre-de-Bailleul.

BAROTTERIE (LA), f. à la Gueroulde.

BARQ MONSENT (LE), huit° de fief relevant de Brionne à Noards.

BARQUET, cne accrue en 1792 des Authieux, de Bosc-Roger et de la Vacherie, tous trois dits *près Barquet*, pl. fief de haubert, relevant du comté d'Évreux. — *Barcet, Barchet*, 1162 (cart. de Préaux). — *Barket*, 1188 (ch. d'Amaury III, comte d'Évreux). — *Barquetz, Basquetz*, 1199 (ch. de Saint-Étienne-de-Renneville).

BARRABAS (LE), lieu-dit aux Andelys.

BARRAS (l'né), aux portes de Pont-Audemer. — Voy. TOURVILLE.

BARRE (CANTON DE LA), comprenant, de 1790 à l'an IX, 19 communes : Ajou, la Barre, le Bois-Baril, Bosc-Renoult, Bosc-Robert, Bosc-Roger, Brezey, Épinay, Gisay, Long-Essard, Mancelle, Montpinchon, la Noë-de-la-Barre, Rubremont, Saint-Aubin-sur-Risle, Saint-Jacques-de-la-Barre, Saint-Ouen-de-Mancelle, Thevray et Villers.

BARRE (LA), cne du con de Beaumesnil, accrue en 1792 du Bois-Baril, de la Noë-de-la-Barre, Saint-Jacques-de-la-Barre et Villers-près-la-Barre. — *Barra*, 1124 (O. V.) et 1210 (ch. du chap. d'Évreux).

BARRE (LA), hameau de Beauficel; fief. — *La Barre de Nogon l'Escuirie*, 1454 (arch. nat. châtell. de Gisors). — *Les Barres, Haute et Basse* (l'abbé Caresme).

BARRE (LA), demi-fief à Carentonne, relevant de Beaumont-le-Roger.

BARRE (LA), fief à Plainville.

BARRERIE (LA), h. de Saint-Étienne-l'Allier.

BARRES (LES), q. de fief à Épreville, près du Neubourg.

BARRES-BLANCHES (LES), lieu-dit à Morgny.

BARRICADE (LA), place environnée de fossés qui a survécu à la destruction du château de Nonancourt.

BARVILLE, cne du con de Thiberville. — *Barvilla*, XIIIe s° (L. P.). — *Barville-en-Lieuvin*, 1828 (L. Dubois).

BAS (LE), h. d'Authou.

BAS (LE), h. de Sacquenville.

BAS-BOS (LE), h. de Saint-Cyr-de-Salerne.

BAS-BOSCHERVILLE (LE), h. de Boscherville.

BAS-BOSQUIVE (LE), h. de Grostheil.

Bas-Bouffey (Le), h. de Bernay.
Bas-Buissons (Les), h. de Piencourt.
Bas-Caumont (Le), h. de Caumont.
Bas-Cierrey (Le), h. de Cierrey.
Bas-Cocherel (Le), fief à Houlbec-Cocherel.
Bas-Coudray (Le), fief relev. de Brionne à Colleville.
Bas-Coudray (Le), h. de Gournay-le-Guérin.
Bas-d'Ajou (Le), h. d'Ajou.
Bas-de-Ferrière (Le), h. de Ferrière-Haut-Clocher.
Bas-de-la-Bagondière (Le), h. de Saint-Aubin-de-Scellon.
Bas-de-la-Côte (Le), m^on isolée, à Sainte-Barbe-sur-Gaillon.
Bas-de-Livet (Le), h. de Livet-sur-Authou.
Bas-des-Houx (Le), h. de Broteuil.
Baspou (Bois de), aux Andelys.
Bas-Hausey (Le), h. de Saint-Pierre-du-Bosguerard.
Basinier (Le), f. à Sainte-Marguerite-en-Ouche.
Bas-Menilles (Le), h. de Menilles.
Bas-Mouget, lieu-dit à Louviers. — 1334 (arch. de la Seine-Inf.).
Bas-Moussel (Le), h. de Saint-Pierre-de-Bailleul.
Bas-Péan (Le), partie d'une f. à Saint-Sébastien-de-Morsent. — Vallis Paiem, 1225.
Bas-Ruel (Le), h. de la Gueroulde.
Basse-Caterie (La), h. de Saint-Pierre-de-Cormeilles.
Basse-Cour (La), f. à Autheuil.
Basse-Crémenville (La), f. à Étienne-du-Vauvray. — La Basse-Crémanville, 1840 (Gadebled).
Basse-Croisille (La), h. de la Croisille. — Inferior Cruciola, 1265 (cart. de Saint-Wandrille).
Basse-Lie (La), ravin au Grand-Andely.
Basselin (Moulin), fief en franc bourg et franc alleu à Neaufles-Saint-Martin. — Bencelin, 1293 (bail de Guill. Crespin).
Basse-Roquette (La), h. de Sainte-Geneviève-lez-Gasny.
Basse-Rue (La), h. d'Étreville.
Basses-Ingrottes (Les), lieu-dit à Sancourt.
Basses-Landes (Les), h. de Chéronvilliers.
Basses-Landes (Les), h. de Puchay.
Basses-Terres (Les), h. de la Roque-sur-Risle. — La Roque-les-Basses, 1871 (carte d'un ch. de fer d'intérêt local).
Basse-Villette (La), h. de Louviers.
Bassiens (Les), lieu-dit à Heudreville-sur-Eure.
Bastigny, c^ne réunie à Saint-André en 1802; fief relevant d'Ivry. — Bastiniacus (L. P.). — Bastignie, 1206 (cart. de Saint-Taurin). — Batigny, 1840 (Gadebled).
Bastille (La), lieu-dit aux Andelys.
Bas-Verrière (Le), h. de Coulonges.

Bas-Village (Le), h. de Juignettes.
Basville-en-Roumois, c^ne du c^on de Bourgtheroulde. — Bavilla (ch. de Richard II et pouillé d'Eudes Rigaud). — Baavilla (L. Dubois).
Basville, fief à Berville-en-Roumois.
Bataille (La), f. à Authou.
Bataille (La), f. à Bourneville; q. de fief relevant du roi.
Bataille (La), chât. à Étreville et voisin de Bourneville.
Bataille (La Cour), enceinte carrée d'environ 40 hectares, au territ. de Livet-sur-Authou.
Bataille (Pont), dit aussi Pont Bavet, sur la rivière des Tanneurs, à Évreux.
Bâtardise (Vavassorie de la), à Épreville-en-Roumois, relevant de la Londe.
Bâtards (Chemin des), à Saint-Pierre-du-Vauvray.
Bâtiment (Le), f. à Écardenville-sur-Eure.
Bâtiment (Le), f. au Tronquay.
Bârisse (La), f. à Villez-sous-Bailleul.
Battaincourt, fief à la Londe.
Baucher (Le), h. de Gournay-le-Guérin.
Baucher (Le), h. de Saint-Pierre-du-Val.
Baucherie (La), h. d'Écaquelon.
Baucnis (Les), île au Vaudreuil.
Baucuets (Les), h. de la Goulafrière.
Baudarderie (La), fief à Épaignes.
Baudé, île de l'Epte à Gasny.
Baudemont, c^ne du c^on d'Écos; forteresse avant 1150; baronnie créée en 1317; fief relevant du roi; doyenné du diocèse de Rouen. — Baldemons, 1177 (L. P.). — Vaudemont, 1177 (ch. de Gouel de Vaudemont). — Bodemont, xiiie siècle (cart. du Trésor). — Baudemunt, 1211 (tit. de Saint-Ouen de Rouen).
Baudemont, nom quelquefois donné au demi-fief de haubert d'Honnexis.
Baudinière (La), h. de Bois-Normand-près-Lyre.
Baudinière (La), h. de Bourth.
Baudouinière (La), h. de la Lande.
Baudouins (Les), h. de Saint-Siméon.
Baudribux (Les), h. et fief à Thiberville.
Baudrouet (Le), f. à Saint-Aubin-de-Scellon.
Baudry (Le), portion de fief au Tremblay.
Baudry (Le), h. de Verneuil.
Bauge (La), h. de la Chapelle-du-Bois-des-Faux.
Bauldry (Le Manoir), lieu-dit à Amécourt. — 1485 (arch. de la fabrique).
Baurepaine, h. de Chéronvilliers.
Baurie (La), h. de Saint-Aubin-des-Hayes.
Baunos, h. de Folleville. — Bos-Rault (Le Beurier).
Bautiers (Les) ou les Champs, h. de Thevray.

BAUX (Les), nom appartenant à deux communes : *Balcius*, *Balchius*, 1040. — *Baucius*, 1166, 1242. — *Baltius*, 1200. — *Baucio*, 1193, 1249.

BAUX (Les), fief de l'évêque d'Évreux, aux Baux-de-Breteuil. — 1452 (L. P.).

BAUX-DE-BRETEUIL (Les), c^{ne} du c^{on} de Breteuil; baronnie. — *Baucia*, xiiie s^{e} (obituaire de l'abb. de Lyre). — *Baux de Longuemare* (ch. citée par L. Delisle). — *Sanctus Christophorus de Baucis*, 1305 (ch. de Mathieu, év. d'Évreux). — *Baucis Bretolii*, 1319 (ch. de Phil. le Long).

BAUX-SAINTE-CROIX (Les), c^{ne} du c^{on} d'Évreux sud. — *Baus de Sainte-Crois*, 1306 (cart. de Saint-Taurin). — *Gaudus Sanctæ Crucis*, 1308 (ch. de Mathieu, év. d'Évreux). — *Sancta Crux in foresta* (1er pouillé d'Évreux).

BAVE, petit cours d'eau parallèle à la Risle, prenant sa source sur le territ. de Beaumont-le-Roger (L. P.). — *Bave*, 1222 (cart. de Beaumont). — *Bava*, 1258 (ch. de saint Louis).

BAVENT, huit^{e} de fief à Illeville-sur-Montfort.

BAVET (Pont), dit aussi PONT BATAILLE, sur la rivière des Tanneurs, à Évreux. — *Bavette*, 1685 (arch. de la ville d'Évreux).

BAVIGNY, h. de la Goulafrière.

BAVOLET (Le), h. de Fontenelles.

BAYVEL, h. commun à Saint-Pierre-de-Cormeilles et à Saint-Sylvestre-de-Cormeilles.

BAZINCOURT, c^{ne} du c^{on} de Gisors; fief relevant de Saint-Paër. — *Beusincort*, *Buesincort* (ch. en faveur de l'abb. de Mortemer). — *Bucincurtis*, vers 1012 (ch. de Richard II). — *Basincuria*, xiiie siècle (aveu de Jean de Gisors). — *Basincort*, 1262 (Olim et pouillé d'Eudes Rigaud).

BAZONNIÈRE (La), h. des Jonquerets.

BAZOQUES, c^{ne} du c^{on} de Thiberville. — *Basoches*, 1246 (ch. de Saint-Étienne de Renneville). — *Basoquiæ*, xive s^{e} (pouillé de Lisieux).

BEANNES (Les), lieu-dit à Gasny.

BEARDIÈRE (La), fief à Saint-Pierre-du-Mesnil. — *Benardière* (Le Beurier).

BEAU-BENET (Le), lieu-dit à Bourg-Beaudouin.

BEAUBRAY, c^{ne} du c^{on} de Conches; q. de fief. — *Balbericus*, *Balbretum* (gr. ch. de Richard II en faveur de Jumiéges). — *Bauberé*, xve siècle (dén. de la vic. de Conches). — *Bauberé* (Brussel, Dict. des fiefs). — *Baubevay*, 1504 (actes de la vicomté d'Évreux). — *Beaubré*, 1805 (Masson Saint-Amand). — *Beaubrai*, 1838 (L. Dubois). — *Baubray*, 1840 (Gadebled).

BEAUBUISSON, f. à Thierville.

BEAU-CARRÉ (Le), f. à Épaignes.

BEAUCÉ, h. de Marcilly-la-Campagne.

BEAUCHAMP, h. de Rougemontiers; anc. fief sur Rougemontiers et Houville. — *Bauchant* (tit. des anc. seign.).

BEAUCHÊNE, h. et fief de Saint-Aubin-sur-Gaillon, relevant de Gaillon.

BEAU-CORNET (Le), f. à Longchamps.

BEAUDOUIN, île voisine des Andelys.

BEAUDOUIN, h. de Cintray.

BEAUDOUINS (Les), h. d'Éturqueraye.

BEAUDRIÈRE (La), h. de Verneusse.

BEAUDROUET (Le), h. de Drucourt et fief. — *Bosc-Drouet* (Le Beurier).

BEAUFICEL, h. de Calleville.

BEAUFICEL, h. d'Harcourt.

BEAUFICEL (Le Mont de), à Vironvay. — 1488 (arch. de la Seine-Inf.).

BEAUFICEL-EN-LYONS, c^{ne} du c^{on} de Lyons; quart de fief. — *Boscficel* (Toussaint du Plessis et L. Dubois). — *Belfuissellum*, 1147 (charte de Geoffroy Plantagenêt). — *Belfuissel* (Hist. de France, t. XIV). — *Beaufissel* (pouillé de Raoul Roussel). — *Beaufixel*, 1454 (arch. nat. chât. de Gisors). — *Biauficel*, 1579 (Phil. d'Alcrippe).

BEAUFORT, h. et fief de Lignerolles.

BEAUFOU, anc. nom du huit^{e} de fief de Saint-Jean-de-la-Lecqueraye. — 1376 (terr. de la Poterie-Mathieu).

BEAUFOUR, h. de Bourth.

BEAUFOUR, h. d'Épégard.

BEAUFRANC, fief à Authevernes. — 1584 (Charpillon et Caresme).

BEAUFRE, h. partagé entre Granvilliers et Hellenvilliers.

BEAUGOUÉTERIE (La), h. de Honguemare.

BEAU-HÊTREL (Le), lieu-dit à Criquebeuf-sur-Seine.

BEAUJOIS (Le), h. partagé entre Fontaine-la-Louvet et Thiberville.

BEAUJOLY, lieu-dit à la Guéroulde.

BEAULIEU, f. à Chavigny.

BEAULIEU, h. de Claville.

BEAULIEU, chapelle à Étreville.

BEAULIEU, h. et fief à Lieurey.

BEAULIEU, faub. de Louviers.

BEAULIEU, prieuré fondé par Galeran, comte de Meullent, et devenu Saint-Gilles-de-Pont-Audemer, à Saint-Germain-Village. — 1114 (ch. d'Hugues, archev. de Rouen). — *Bellus locus S. Egidii* (ch. de Galeran).

BEAUMAIS, f. à Manthelon.

BEAUMARCHAIS, f. à Cintray et fief.

BEAUMESNIL, ch.-l. de c^{on}, c^{ne} accrue de Saint-Lambert en 1792, de Pierre-Ronde en 1845; baronnie érigée en marquisat au xviie siècle; verrerie. —

Bourg, 1722 (Masseville). — *Bellum Masnile* (L. P.). — *Bellum Mesnillum*, 1265 (ch. de Saint-Étienne de Renneville). — *Beaumênil-en-Ouche*, 1828 (L. Dubois).

BEAUMESNIL, fief à Saint-Vincent-du-Bouley.

BEAUMESNIL (CANTON DE), arrond. de Bernay, ayant à l'E. les c⁰ⁿˢ de Beaumont-le-Roger et de Conches, au S. le cⁿ de Rugles, à l'O. le cⁿ de Broglie, au N. le cⁿ de Bernay, et comprenant 17 communes : Ajou, la Barre, Beaumesnil, Bosc-Renoult, Épinay, Gisay, Gouttières, Grandchain, les Jonquerets, Landepereuse, le Noyer, la Roussière, Saint-Aubin-des-Hayes, Saint-Aubin-le-Guichard, Sainte-Marguerite-en-Ouche, Saint-Pierre-du-Mesnil, Thevray, et 14 paroisses : une cure à Beaumesnil ; ensuite 13 succursales : à Ajou, la Barre, Bosc-Renoult, Épinay, Gisay, Grandchain, les Jonquerets, Landepereuse, le Noyer, la Roussière, Saint-Aubin-le-Guichard, Saint-Pierre-du-Mesnil, Thevray.

BEAUMEZ, baronnie à Flancourt.

BEAUMONCEL, h. et q. de fief à Beuzeville. — *Bolmoncel*, 1226 (Barabé). — *Beaumouchel* (Le Beurier).

BEAUMONT, fief à Thuit-Signol, relevant de Ferrière-Saint-Hilaire.

BEAUMONT (CANTON DE), arrond. de Bernay, ayant à l'E. les c⁰ⁿˢ du Neubourg, d'Évreux nord et de Conches, au S. le cⁿ de Conches, à l'O. les c⁰ⁿˢ de Beaumesnil et de Bernay, au N. le cⁿ de Brionne, et comprenant 22 communes : Beaumont-le-Roger, chef-lieu ; Barc, Barquet, Beaumontel, Berville-la-Campagne, Bray, Combon, Écardenville-la-Campagne, Fontaine-la-Soret, Goupillières, Grosley, la Houssaye, Launay, Nassandres, Perriers-la-Campagne, le Plessis-Sainte-Opportune, Romilly-la-Puthenaye, Rouge-Perriers, Sainte-Opportune-du-Bosc, Thibouville, Tilleul-Dame-Agnès, Tilleul-Othon, et 20 paroisses : une cure à Beaumont-le-Roger ; 19 succursales : à Barc, Barquet, Beaumontel, Berville-la-Campagne, Bray, Combon, Écardenville-la-Campagne, Fontaine-la-Soret, Goupillières, Grosley, la Houssaye, Nassandres, Perriers, le Plessis-Sainte-Opportune, Romilly-la-Puthenaye, Rouge-Perriers, Sainte-Opportune-du-Bosc, Thibouville, Tilleul-Othon.

BEAUMONTEL, cⁿ de Beaumont-le-Roger. — *Belmontel*, 1000 (dotalitium de la duchesse Judith). — *Bellus montellus*, 1088 (ch. du comte Galleran). — *Bellus moncellus*, 1214 (feoda Normanniæ). — *Belmontellus*, *Bellus monticulus*, 1217 (L. P.). — *Bomontel*, 1738 (Saas). — Quelquefois *Beaumouchel* (Le Beurier).

BEAUMONTEL, fief à Beaumont-le-Roger, dans la paroisse de Saint-Léonard-du-Bourg-Dessus.

BEAUMONT-LA-VILLE, h. de Beaumontel.

BEAUMONT-LE-BOIS, fief à Bourneville, mouvant de Pont-Audemer.

BEAUMONT-LE-PERREUX, h. de Bernouville et prieuré fondé en 1130, dont les religieux fondèrent l'abb. de Mortemer (L. P.).

BEAUMONT-LE-ROGER, ch.-l. de cⁿ ; comté-pairie, vicomté, bourg, 1722 (Masseville) ; cⁿ⁰ accrue de Saint-Léonard-de-Beaumont, 1792, et de Vieilles, 1825. — *Belmont*, 1000 (dotalitium de la duchesse Judith). — *Bellamont*, 1153 ; *Bellemont*, 1168 (tit. anglais des comtes de Leicester). — *Bellus mons*, 1194 (Guill. le Breton, Histor. de Fr. t. XVII, p. 72). — *Pulcher mons Rogerii*, 1198 (Rigord, Histor. de France, t. XVII, p. 49). — *Beaumont-le-Rogier*, 1200 (chron. de Saint-Denis, Histor. de France, t. XVIII, p. 38). — *Bellus mons Rogeri*, 1258 (ch. de saint Louis). — *Beaumonlt*, 1469 (Monstre). — *Bellemont* (André du Chesne). — *Bellomontium Rogerii* (dict. de Baudrand). — *Baumontium* (P. Monet). — *Stipula*, nom de convention dans la correspondance mystérieuse entre Charles le Mauvais et Pierre du Tertre (L. P.).

Prieuré de Beaumont-le-Roger. — *Sancta Trinitas Bellomontiss[on]is*, 1122 (rouleaux des morts).

La sergenterie de Beaumont-le-Roger comprenait 15 paroisses de l'élection de Conches.

BEAUMOUCEL, fief à la Chapelle-Becquet, 1519.

BEAUNAY, h. des Hogues.

BEAUPATHIER, fief à Saint-Jean-de-la-Lecqueraye, relevant de la Poterie-Mathieu.

BEAUPIN, h. de Bourg-Achard.

BEAUPIN, h. de Honguemare.

BEAUPORT, île sur la Seine, au territoire de Vezillon, en 1475. — *Biauport*, 1286.

BEAUPUITS, h. de Courdemanche. — *Bellus et Pulcher Puteus*, 1107 (cart. de Saint-Père de Chartres).

BEAU-RECHER (LE), f. à Beaumesnil.

BEAUREGARD, m⁰ⁿ isolée, à Bazincourt ; fief en 1760.

BEAUREGARD, h. et chât. à Fontenay.

BEAUREGARD, h. et fief à Saint-Aquilin-de-Pacy.

BEAUREGARD (LE), lieu-dit à Estrépagny.

BEAUREGARD (LE), lieu-dit à Pont-de-l'Arche, près du pont.

BEAUREPAIRE, manoir voisin d'Infreville. — 1218 (cart. de Saint-Georges-de-Boscherville).

BEAU-REPÈRE, m⁰ⁿ isolée, à Pont-Saint-Pierre.

BEAUROUILLÈRE (LA), h. à Saint-Pierre-de-Cernières.

BEAU-SÉJOUR (LE), f. à Caumont ; manoir seigneurial, 1230 (Charpillon et Caresme).

BEAU-SOLEIL (LE), f. à Bosgouet.

BEAUSOLEIL (LE), lieu-dit au Cormier.

AUSOLEIL (LE), h. de Portejoie.

AUSOLEIL (LE), h. de Saint-Mards-de-Fresne.

AUSSERNÉ (PASSAGE À NIVEAU DE), chemin de fer de Gisors à Vernon.

AUTIL, f. à Morgny.

AUVAIS, f. à Broglie.

AUVAIS, h. d'Ormes.

AUVAIS, f. et fief à Pacel, 1774.

AUVAIS, h. de Portes. — *Belvrier*, 1247 (ch. de la Noë). — *Bellus visus* (cart. de Saint-Taurin).

AUVAIS, h. de Tillières-sur-Avre.

AUVAIS, h. de Verneuil.

AUVAL, h. de Longchamps. — *Bella Vallis*, 1102 (cart. de Saint-Étienne de Caen).

AU-VAQUIER (LE), lieu-dit à Fresne-l'Archevêque.

AUVETTES (LES), lieu-dit à Sainte-Geneviève-lez-Gasny.

AUVILLAIN, parc à Calleville. — 1242 (cart. du Bec).

BEC (ABBAYE DU). — *Beccus, S. Maria Beccensis*, XIe et XIIe siècles (documents relatifs à la fondation de l'abbaye). — *S. Maria Becci Helluini*, 1113 (rouleaux des morts). — *Beccum* (Gall. chr.).

BEC (HARAS, puis DÉPÔT DE REMONTE DU), fondé en 1804 dans des bâtiments de l'abbaye du Bec, comprenant dans son ressort l'Eure, la Seine-Inférieure, et les arrond. de Dreux, Lisieux et Pont-l'Évêque. — Voy. BEC-HELLOUIN (LE).

BEC (LE) ou RU DU BEC, petit cours d'eau, mᶦⁿ et anc. manoir à Ailly.

BEC (LE), fief à Morsan.

BEC (LE), fief du chap. d'Écouis à Touffreville.

BEC (MAISON DU), mᵒⁿ canoniale à Évreux; possédée par l'abbé du Bec, premier chanoine.

BEC (RUISSEAU DU), second nom du ruisseau de Saint-Martin, affluent de la Risle.

BÉCALEZ, fort anciennement détruit à Bailleul-la-Vallée, sur la côte du Vieux-Manoir. — *Bec alis*, 1337 (l'abbé Caresme).

BECBÉQUET (LE), h. partagé entre Saint-Pierre-du-Bosguerard et Thuit-Simer.

BECDAL, h. d'Acquigny et petit ruisseau, affluent de l'Eure. — *Vecquedal*, 1455 (aveu d'Anne de Laval). — *Becquedal*, 1589 (aveu de Henri de Silly).

BEC-HELLOUIN (LE), cᵐᵉ du cᵒⁿ de Brionne; anc. haute justice; qualifié bourg en 1722 (Masseville). — *Beccus Herlevini*, v. 1160 (ch. de Henri II, dans le Monasticon anglicanum). — *Beccus Helloini*, vers 1190 (reg. Phil. Aug.). — *Beccus Heluyni*, 1261 (cart. du Bec). — *Bec Heloyn*, 1416 (M. R.). — *Bechelwim*, 1428 (arch. de l'Eure). — *Bois-Helloin*, 1451 (trésor des chartes). — *Behellouin*, 1469 (Monstre). — *Bec*

Aeluyn, 1521 (aveu des religieux). — *Bec-Helouin*, *Beccum Heluini* (Baudrand).

BECQUEREL, mᶦⁿ à Appeville.

BECQUET, fief à Thuit-Anger.

BECQUET (LE), éperon en maçonnerie qui, depuis 1130, détourne l'Iton de sa vallée naturelle et le partage en deux bras sur le territ. de Bourth, l'un vers Verneuil, l'autre vers Breteuil.

BECQUET (LE), ruiss. affluent de la Calonne.

BECQUET (RUE DU), à Louviers, et *Champ-Becquet*, vaste prairie.

BECQUETIÈRES (LES), h. de Bosc-Morel.

BECQUETIÈRES (LES), h. du Chamblac.

BECTEMAIRE, fief à Tacquenville.

BECTHOMAS, cᵐᵉ du cᵒⁿ d'Amfreville; oratoire privé, vers 1153 (L. P.); baronnie, puis marquisat confirmé en 1751. — *Béthomas* (prononciation locale, Masseville). Arbre généalog. des Tournebu, et 1475, chartier du Mont-Poignant). — *Bethomascum* (Masseville). — *Beccus Thomæ*, 1195 (comptes de l'échiquier). — *Beccus Thome*, 1257 (cart. de Bonport). — *Berthoma*, 1492 (ch. de Raoul du Fou, év. d'Évreux). — *Becqthomas*, 1633 (actes du tabellionage). — *Saint-Jean-de-Bethomas*, 1777 (notariat de Tourville-la-Campagne).

BECTIÈRE (LA), h. de Saint-Aubin-le-Guichard.

BECTIÈRE (LA), h. de Theil-Nolent.

BÉDARD (RUISSEAU DE), affl. de la Risle à Corneville.

BEDIERS, 1456, fief relevant d'Ivry.

BÉDOUISIÈRE (LA), f. à Broglie.

BEGINERIE (LA), h. de Beuzeville.

BEGINS (LES), h. d'Épaignes.

BÉGUÉLAN, h. à Saint-Denis-de-Béhélan. — *Behelan, Broherlant*, XIIe sᵉ (grande ch. de Lyre). — *Breherlant*, 1164 (ch. de Gislebert Crespin). — *Bruherlant*, 1168 (L. P.). — *Bruerlant, Breellent*, v. 1180 (ch. de Robert aux blanches mains). — *Bruherlan*, 1194 (L. P.). — *Buhellenc* (liste des fiefs). — *Béhélent*, 1765 (géographie de Dumoulin).

BÉHÉNIER, h. de Capelles-les-Grands.

BÉHOTE (LE), mᶦⁿ à Brionne.

BÉHUE, h. de Capelles-les-Grands.

BÉHUE, h. de Saint-Aubin-du-Thenney.

BEL-AIR (LE), mᵐⁿ isolée, à Blandey.

BEL-AIR (LE), h. de Bosgouet.

BEL-AIR (LE), f. à Longchamp.

BEL-AIR (LE), h. de Saint-Germain-Village.

BEL-AIR (LE), mᵐⁿ isolée, à Saint-Just.

BEL-ÉBAT (PRÉ DU), à Évreux.

BELERIE (LA), h. à la Trinité-du-Mesnil-Josselin.

BEL-ÉVENT (LE), mᵐⁿ isolée, à Perriers-sur-Andelle.

BELLE, huitᵉ de fief à Noards, relevant d'Harcourt.

Belle-Croix (La), h. de Pont-Authou.

Belle-Croix (La), lieu-dit à Reuilly.

Belle-Croix (La), lieu-dit à Vernon.

Belle-Épine, h. de Saint-Maclou.

Belle-Face, m⁰ⁿ forestière à Morgny. — *Belle Fouace*, 1424 (aveu de l'abbé de Mortemer).

Belle-Fontaine, h. de Chaignes.

Bellegarde, m⁽ⁱⁿ⁾ à Nonancourt et pont.

Belle-Hache (La), lieu-dit à Aubevoye.

Belle-Lande (La), h. de Beuzeville, 1300.

Belle-Lande (La), h. de Longchamps.

Bellemare, f. à Barneville-sur-Seine.

Bellemare, chât. à Duranville.

Bellemare, h. du Mesnil-Hardray.

Bellemare, fief à Plainville, v. 1266 (cart. de Lyre).

Bellemare, fief à Saint-Denis-du-Bosguerard (Charpillon et Caresme).

Bellemont, fief et f. à la Haye-Aubrée.

Bellengaux, fief à Heudebouville. — *Bellengault*, 1666.

Bellengère (La), h. et fief à Saint-Agnan-de-Cernières.

Bellengreville, h. de Saint-Germain-la-Campagne.

Belles-Épines (Les), h. de la Poterie-Mathieu.

Belles-Femmes (Chemin des), à Gisors.—1586 (proc.-verb. de réformation de la coustume).

Belles-Femmes (Sentier aux), à Vernon.

Belletière (La), h. de Capelles-les-Grands.

Belletière (La), fief et f. à Mélicourt.

Belletotière (La), h. de Saint-Aubin-des-Hayes.

Bellette (La), lieu-dit à Hennezis.

Bellevergue (La), lieu-dit à la Roquette.

Bellevoie (Bois de la), à Thibouville.

Bellevoie (La), h. de Calleville.

Belle-Voisinière (La), herbage à Épaignes. — 1792 (liste des émigrés).

Bellevue, h. de Boissy-Lamberville.

Bellevue, h. de Bouquelon.

Bellevue, fief et f. à Nonancourt.

Bellier, h. de Liéurey.

Bellonde, fief et métairie importante à Beuzeville.

Bellondière (La), m⁰ⁿ isolée, à Ferrières-Saint-Hilaire.

Bellotarne, fief à Piencourt.

Bellou, h. d'Armentières.

Bellou, h. de Landepereuse.

Bellou, fief et h. de Saint-Aubin-des-Hayes.

Bémécourt, c⁽ⁿᵉ⁾ du c⁽ᵒⁿ⁾ de Breteuil. — *Bemecuria* (L. P.). — *Becmicort*, vers 1052 (acte de fondation du prieuré de Sigy). — *Bemercort*, v. 1188 (cart. de la léproserie de Breteuil). — *Bermercort* (grande ch. de Lyre). — *Bremecort*, v. 1200 (enquête des usages de la forêt de Breteuil). — *Bermecuria*,

Bemercuria, v. 1200 (ch. de Robert III, comte de Leicester). — *Bemecort*, 1296 (cart. de Lyre). — *Bemescourt*, fin du xiv⁽ᵉ⁾ siècle (notes de M. Bonnin). — *Bermicourt*, 1700 (départ. de l'élection de Conches).

Bénardière (La), f. à Bosc-Renoult-en-Ouche.

Bénardière (La), f. au Chamblac.

Bénardière (La), h. de Saint-Clair-d'Arcey.

Bénardière (La), h. de Saint-Pierre-de-Salerne.

Bénardière (La), f. et fief à Saint-Pierre-du-Mesnil.

Benards (Les), h. de la Chapelle-Bayvel.

Bencerie (La), m⁰ⁿ isolée, à Plainville.

Bende, porte, pont et tour à Évreux, 1408.

Beneuderie (La), h. de Saint-Philbert-sur-Risle.

Bennecourt, vignoble peu éloigné de Vernon (Brossard de Ruville).

Bennière, fief établi dans la vicomté de Beaumont-le-Roger.

Bénouderie (La), huit⁽ᵉ⁾ de fief à Saint-Philbert-sur-Risle. — *Bénéderie*, 1522; *Benauderie* (L. P.). — *La Bourderie* (Le Beurier).

Béquerel, m⁽ⁱⁿ⁾ dans la forêt de Montfort. — 1308 (ch. de Philippe le Bel).

Béquettes (Les), lieu-dit à Giverny.

Béquille (La), h. de Bouquetot.

Ber (Le Vieux et le Nouveau), lieux-dits à Authenay, 1242. — Voy. Gébert.

Bérangerie (La), h. partagé entre Bourneville et Fourmetot.

Berceau du roi de Rome, salle de verdure disposée en 1811 près du château Gaillard, défrichée en 1862 (Brossard de Ruville).

Berceloup, fief à Louviers. — *Berchello*, *Berchellon* (L. P.). — *La Geole appelée la chambre Berscelou*, 1363 (comptes de l'archev. de Rouen). — *Berseleu*, 1367 (ch. de l'archevêque, Phil. d'Alençon). — *Berselou*, 1636 (acte d'état civil). — *Bercelon* (Le Beurier).

Bérengeville-la-Campagne, c⁽ⁿᵉ⁾ du c⁽ᵒⁿ⁾ du Neubourg, accrue du Mesnil-Péan en 1808. — *Berengerü villa*, 1209 (ch. de Saint-Étienne de Renneville). — *Berengerville*, 1256 (cart. du chap. d'Évreux). — *Verengervilla*, v. 1380 (Bibl. nat.). — *Berengeville-la-Champoigne*, 1469 (monstres générales du baill. d'Évreux). — *Bellengerville* (L. P.). — *Verenguerville* (Le Beurier). — *Barangeville-la-Campagne*, 1782 (dict. des postes).

Bérengeville-la-Héruppe, fief à Bérengeville-la-Campagne.

Bérengeville-la-Rivière, c⁽ⁿᵉ⁾ du c⁽ᵒⁿ⁾ d'Évreux sud. — *Berengiervilla*, 1195 (grande ch. de Richard Cœur de Lion). — *Berrengervilla*, v. 1219 (bulle d'Hono-

..rius III). — *Bellengreville* (L. P.). — *Berengier-rille-la-Rivière*, 1400 (coutumier des forêts). — *Berengeville-la-Fontaine*, 1580 (aveu d'Isabeau de Béville).

BERGÈRE (CÔTE DE LA), à Cailly.

BERGERIE (LA), f. à Harcourt.

BERGERIE (LA), h. de la Houssaye.

BERGERIE (LA), f. à Tourville-sur-Pont-Audemer.

BERGERIES (LES), f. à Conches.

BERMESNIL, fief à la Chapelle-du-Bois-des-Faux (Le Beurier).

BERNARDERIE (LA), h. des Essarts.

BERNARDIÈRE (LA), huit° de fief à Saint-Pierre-du-Mesnil.

BERNAY, ch.-l. d'arrond. et de c°°; anc. fief mouvant du duché; vicomté et grenier à sel; c°° accrue de Bouffey et de Carentonne en 1792; situé par 49° 5′ 32″ de latitude et 1° 44′ 17″ de longitude O. et à 105 mètres d'élévation au-dessus du niveau de la mer. — *Brenaicum*, v. 1000 (dotalitium de la duchesse Judith). — *Bernaium*, 1017 (épitaphe de la duchesse Judith). — *Berniacus*, *Bernaicus*, 1026 (ch. de Richard II). — *Bernaccum*, 1123 (chron. de Robert du Mont). — *Bernaye*, 1246 (ch. de Jean Mallet de Graville). — *Belnaium*, 1249 (reg. visitationum archiepiscopi Rothomagensis). — *Berneium*, 1250 (annales des frères mineurs). — *Bernayum*, 1276. — *Berneyum*, 1371 (bulle de Grég. XI). — *Berney*, 1417 (Rotuli Normanniæ) et 1591 (L. P.). — *Bernays*, 1444 (acte de Th. Basin, év. de Lisieux). — *Bernæum* (de Thou). — *Bernay-sur-Carentone*, 1644 (Coulon, Rivières de France). — *Bernay de l'Eure* (actes du xix° s°).

L'arrond. de Bernay comprend 6 cantons: Beaumesnil, Beaumont-le-Roger, Bernay, Brionne, Broglie, Thiberville, et est borné à l'E. par les arrond. de Louviers et d'Évreux, au S. par celui d'Évreux, à l'O. par les dép¹⁵ de l'Orne et du Calvados, au N. par l'arrond. de Pont-Audemer. — Le canton de Bernay, ayant à l'E. le c°° de Beaumont, au S. ceux de Beaumesnil et de Broglie, à l'O. le c°° de Thiberville, au N. ceux de Thiberville et de Brionne, renferme 18 c°°°: Bernay, Caorches, Carsix, Corneville-la-Fouquetière, Courbépine, Fontaine-l'Abbé, Malouy, Menneval, Plainville, Plasnes, Saint-Aubin-le-Vertueux, Saint-Clair-d'Arcey, Saint-Léger-de-Rôtes, Saint-Martin-du-Tilleul, Saint-Nicolas-du-Bosc-l'Abbé, Saint-Victor-de-Chrétienville, Serquigny, Valailles; et 19 paroisses: une cure à Bernay; 17 succursales à Caorches, Carsix, Corneville-la-Fouquetière, Courbépine, Fontaine-l'Abbé, Malouy, Menneval, Plainville,

Plasnes, Saint-Aubin-le-Vertueux, Saint-Clair-d'Arcey, Saint-Léger-de-Rôtes, Saint-Martin-du-Tilleul, Saint-Nicolas-du-Bosc-l'Abbé, Saint-Victor-de-Chrétienville, Serquigny, Valailles, et une seconde paroisse pour Bernay, Notre-Dame-de-la-Couture.

BERNAY (NOTRE-DAME-DE-), abbaye. — *S. Maria Bernaci*, 1122; *Bernaii*, *de Bornays* (rouleaux des morts).

BERNIENCOURT, anc. c°° réunie en 1808 au Val-David. — *Berniencuria*, 1164 (ch. de Robert II, c¹° de Leicester). — *Bernonis curia* (cart. d'Ivry). — *Bannencourt*, 1456 (aveu, arch. nat.). — *Bermincourt*, 1805 (Masson Saint-Amand).

BERNIENVILLE, c°° du c°° d'Évreux nord; accrue de Pithienville en 1844. — *Bernoienvilla*, *Bernoevilla*, *Bernoenvilla*, 1181-1192 (bulles du pape Luce, etc.). — *Bernoinvilla* (ch. d'Adam de Gierray). — *Bernoeinvilla*, 1260 (ch. de Saint-Étienne de Renneville). — *Bernoeinvilla*, 1263; *Bernenvilla*, 1282 (cart. de Saint-Taurin).

BERNIER, fief à Autheuil en 1270. — *Berrenier* ou *Perrinée* (L. P.).

BERNIÈRES, c°° du c°° de Gaillon; huit° de fief relevant de Tosny; presqu'île. — *Bernerie*, 1113 (ch. de Henri I°ʳ, et O. V. 1. V). — *Bernières-sur-Seine*, 1828 (L. Dubois) et 1869 (Courrier de l'Eure).

BERNIÈRES, f. à Capelles-les-Grands.

BERNOUVILLE, c°° du c°° de Gisors. — *Bernovilla*, 1021 (ch. de Richard II). — *Bernouvilla*, v. 1160 (ch. de Henri II). — *Bernonvilla*, 1198 (rôles de l'Échiquier). — *Bernonvilla*, xiii° siècle (p. d'Eudes Rigaud).

BERNOUVILLE, fief dans la c°° du même nom, appelé aussi *fief du Jardin*.

BÉROU, pl. fief de haubert à Aubevoye, relevant du duché de Gisors, avec dépendances sur Gaillon, 1789 (terr. de Bérou).

BÉROU, pl. fief à Dame-Marie, relevant de Breteuil, 1402 (L. P.).

BÉROU, anc. c°° réunie à Guichainville en 1808; demi-fief de haubert, relevant de Gisors, nommé quelquefois *Vérou* (L. P.). — *Berutum*, *Beroult* (pouillés d'Évreux).

BERQUERIE (LA), h. de Toutainville.

BERRIE (LA), h. de la Chapelle-Gauthier.

BERSISE, anc. m¹⁵, c°° d'Amfreville. — Vers 1199 (ch. de l'év. d'Évreux).

BERTANNIÈRE (LA), h. de Mandres.

BERTAUDERIE (LA), f. à Bémécourt.

BERTHENONVILLE, c°° du c°° d'Écos; accrue de Molincourt en 1842. — *Brettonvilla* (cart. de la Trinité-du-Mont). — *Bretenouvilla*, 1156 (bulle d'Adrien IV).

— *Sancta Bova de Britonis villa*, XIIIᵉ s° (p. d'Eudés
Rigaud). — *Bretenouville*, 1334 (aveu, arch. nat.).
Bertenonville-sur-Ette, 1367 (reg. des chartreux de
Paris). — *Bertenouville*, 1738 (Saas). — *Berthe-
nouville*, 1828 (L. Dubois). — *Bretenonville*, 1839
(L. P.).

BERTHENONVILLE (RUISSEAU DE), affluent de l'Epte.

BERTHOUDERIE (LA), h. d'Écaquelon.

BERTHOUVILLE, cⁿᵉ du cⁿ de Brionne; quart de fief,
relevant d'Orbec. — 1405 (L. P.). — *Bertouvilla*,
1198 (rôles de l'Échiquier) et 1261 (cart. du Bec).
— *Bartouvilla*, 1562 (arrière-ban).

BERTHOUVILLE, huitᵉ de fief à Bretigny, relevant de
Brionne, et dit aussi *le Petit Bretigny*.

BERTINIÈRE (LA), h. de Beuzeville.

BERTINIÈRE (LA), h. de Giverville.

BERTINS (LES), h. de la Haye-Malherbe.

BERTINS (LES), deux gords de l'Eure au Vaudreuil.

BERTOIS (LES), h. de Saint-Maclou.

BERTRAN, fief à Infreville (Le Beurier).

BERVILLE, mⁱⁿ à la Croisille.

BERVILLE-EN-ROUMOIS, cⁿᵉ du cⁿ de Bourgtheroulde;
accrue d'Angoville et de Basville en 1844. — *Bervilla*, 1252. — *Berrevilla*, 1259 (reg. visit.).

BERVILLE-LA-CAMPAGNE, cⁿᵉ du cⁿ de Beaumont; quart
de fief relevant du comté d'Évreux. — *Bervilla*,
v. 1150 (ch. de Roger de Tosny) et 1234 (bulle de
Grégoire IX). — *Berrevilla*, v. 1193 (reg. Phil.
Aug.). — *Berville près Conches* (actes nombreux).
— *Berville-le-Cormier*, 1828 (L. Dubois).

BERVILLE-SUR-MER, cⁿᵉ du cⁿ de Beuzeville; phare.
— *Bervilla*, 1077 (obituaire de Lisieux). — *Bervilla super Secanam*, 1234 (cart. de Jumiéges). —
Berville-sur-Seine, 1738 (Saas). — *Saint-Mélaigne-
de-Berville*, 1868 (ann. de l'association normande).

BESANÇOURT, f. à Rugles.

BESANÇOURT, à Besancort, 1244 (L. P.).

BESLE (PRÉ DU), à Pont-Saint-Pierre. — 1479 (arch.
de la Seine-Inf.).

BESSINIÈRE (LA), h. des Jonquerets.

BÉTHLÉEM, église et vignes à Aubevoye, appartenant à
la chartreuse de Gaillon en 1582; auj. mⁿ isolée
contenant un reste de chapelle.

BEUHELIN (LE), h. de Saint-Aubin-le-Guichard.

BEUHERIN (LE), h. d'Écauville.

BEURENARD, lieu-dit à Heudicourt.

BEURON, h. de Capelles-les-Grands.

BEURON, h. de Grand-Camp.

BEURON, h. de Grandchain.

BEURON, h. de Saint-Aubin-du-Thenney.

BEURON, h. et fief à Saint-Denis-du-Béhélan.

• BEUSELINIÈRE (LA), h. de Notre-Dame-du-Hamel.

BEUVELIÈRE (LA), h. de Gisay.

BEUVILLE, anc. nom probable de la paroisse de Saint-
Thurien; conservé au h. dans la rue de *Beuville*
(L. P.). — *Buvilla* (cart. de Fécamp). — *Buivilla*
(p. d'Eudes Rigaud).

BEUZELINS (LES), h. de Saint-Jean-de-la-Loqueraye.

BEUZERIE (LA), h. d'Asnières.

BEUZEVILLE, ch.-l. de cⁿ de l'arrond. de Pont-Audemer. — *Bosèvilla*, XIᵉ siècle (cart. de Préaux). —
Buzevilla, 1168 (bulle d'Alexandre III). — *Bese-
ville*, 1250 (L. P.). — *Buesseville* (ch. en faveur
de Saint-Amand, p. d'Eudes Rigaud) et 1267 (reg.
visit.). — *Beuzeville-les-Franchesterres*, 1410 (tabellionage d'Elbeuf) et 1828 (L. Dubois). — *Beu-
seville-en-Lieuvin* (L. P.).

BEUZEVILLE (CANTON DE), ayant à l'E. ceux de Quillebeuf et de Pont-Audemer, au S. le cⁿ de Cormeilles,
à l'O. le dépᵗ du Calvados, au N. la Seine
maritime, et comprenant 17 cⁿᵉˢ : Beuzeville,
Berville-sur-Mer, Boulleville, Conteville, Fatouville-Grestain, Fiquefleur-Équainville, Fortmoville, Foulbec, la Lande, Manneville-la-Raoult, Martainville-en-Lieuvin, Saint-Léger-sur-Bonneville,
Saint-Maclou, Saint-Pierre-du-Val, Saint-Sulpice-
de-Graimbouville, le Torpt, Vannecrocq, et 13 paroisses : une cure à Beuzeville; 12 succursales à
Berville-sur-Mer, Conteville, Fatouville, Fortmoville, Foulbec, la Lande, Manneville-la-Raoult,
Martainville, Saint-Léger-sur-Bonneville, Saint-
Maclou, Saint-Pierre-du-Val, le Torpt.

BEUZEVILLE (RUISSEAU DE), source à Beuzeville, séparant le dépᵗ de l'Eure de celui du Calvados et se
jetant dans la Seine au-dessous de Fiquefleur.

BÉZARDIÈRE (LA), mⁿ isolée, à Bosbénard-Crescy.

BEZEGUAY, h. de Lyons-la-Forêt.

BEZU, nom commun à deux territoires très-distincts,
mais qui, malgré la distance, ont eu certainement
affinité. On trouve dans les documents mérovingiens et carlovingiens : *Bacivum*, dont Bezu par
contraction (L. P.). — *Bacivum superius, Bacivum
inferius*, 691 (ch. de Clovis III) et 706 (ch. de
Chilpéric). — *Bacivus superior et subterior*, 750
(ch. de Pépin) et 775 (ch. de Charlemagne, Hist.
de l'abb. de Saint-Denis). — *Besu*, 1184 (M. R.).
— Auguste Le Prevost incline à conjecturer que *Bacivum superius* et *Bacivum inferius* étaient, à l'époque
mérovingienne, territoires limitrophes : Bezu-le-
Long et Saint-Éloi près Bezu.

BEZU, tiers de fief à Angoville, relevant de Brionne.

BEZU-LA-FORÊT, cⁿᵉ du cⁿ de Lyons. — *Bosucum Siccum*, XIIᵉ siècle (p. d'Eudes Rigaud). — *Besutum
in foresta* (L. P.). — *Besu*, 1398 (coutumier des
forêts). — *Besiu* (L. P.).

Bezu-le-Long, anc. c⁰ᵉ du c⁰ⁿ de Gisors, auj. h. de Bezu-Saint-Éloi; fief relevant de Gisors. — *Bisagnum*, viiⁱᵉ sᵉ (Chronicon Fontanellense). — *S. Remigius de Bezuto longo*, 1181 (bulle de Luce III). — *Besiei, Bezu*, xiiiᵉ sᵉ (p. d'Eudes Rigaud). — *Blésu-le-Lonc* (p. de R. Roussel). — M. Charpillon estime que *Bacivum superius* et *Bacivum inferius* étaient deux divisions d'une même commune. — *Bezu-le-Long, Besu*, 1523 (dénombr. des biens de l'abb. de la Croix-Saint-Leufroi).

Bezu-Saint-Éloi, cⁿᵉ du c⁰ⁿ de Gisors, formée, en 1845. de la réunion de Bezu-le-Long et de Saint-Éloi-près-Bezu, réunion de deux territoires limitrophes indiquée dès le xiiᵉ siècle. — *S. Eligius de Bezuto*, 1181 (bulle de Luce III).

Bicalt (Fief au), quart de fief à Louviers. — 1389 (arch. de la Seine-Inf.).

Bichardière (La), h. du Noyer.

Bichelins (Les), lieu-dit à Vernon.

Bichereville, fief à Marcilly-la-Campagne en 1452, relevant de l'évêché d'Évreux.

Bichonnière (La), h. de Réville.

Bien, vavassorie noble à Triqueville, relevant d'Aubigny.

Bières, fief et h. à Creton.

Bières, pl. fief, h. et château, à Moisville. — *Bieriæ* (gr. cart. de Saint-Taurin). — *Bihérie* (enquête de la forêt de Breteuil).

Bieuroque (La), h. de Manneville-la-Raoult.

Biez (Le), mᵒⁿ isolée, à Bueil.

Bifalaire, anc. fief dans la vicomté de Conches et Breteuil, sans assiette certaine. — *Bisfalaire, Bipelaire* (Le Beurier).

Bifauvel, h. de Longchamps. — *Bœuf auvel*, 1534; *Beufauvel*, 1538; *Bufauvel*, 1552 (chartrier de Mainneville).

Bigards, bassin et porte marinière à Louviers, tirant leur nom de la famille Le Cordier de Bigards.

Bigards, fief et h. de Nassandres. — *Bigarz*, 1088 (L. P.). — *Bigart*, 1142 (cart. de la Trinité de Beaumont). — *Bisgat*, 1147 (ch. d'Arnoul, év. de Lisieux). — *Bigars*, xiiiᵉ sᵉ (ch. de Robert de Meulan). — *Biguart*, xiiiᵉ sᵉ (Duchesne, Liste de services militaires). — *Bisgars*, xivᵉ sᵉ (La Roque).

Bigards, fief et h. de Saint-Martin-Saint-Firmin. — *Bigar* ou *Bigart*, 1155 (cart. de Préaux). — *Bigars*, 1440; 1641 (Canel).

Bigarnie (La), h. de Neaufle-sur-Risle. — *Bikeria*, 1210; *Biccaria*, 1239 (L. P.). — *La Biguerie* (enquête de la forêt de Breteuil).

Bigarnie (La), fief dit plus tard *Trousseauville* (comté d'Évreux).

Bigars, nom donné par Guillaume de Bigars au fief de Tournebu, à Amfreville-la-Campagne, et changé vers 1454 pour le nom d'*Auvergny*.

Bigars, demi-fief et h. à Campigny.

Bigars, fief à Heudreville-en-Lieuvin en 1562.

Bigars, fief à Manneville-sur-Risle. — *Bigarre* (Le Beurier).

Biglerie (La), h. de la Poterie-Mathieu.

Bigne (La), h. de Villalet.

Bigobert, h. de Saint-Léger-du-Boscdel.

Bigot, fief à Pressagny-l'Orgueilleux.

Bigoterie (La), h. de Saint-Victor-sur-Avre.

Bigotière (La), h. de Bosc-Renoult-en-Ouche.

Bigotière (La), fief au Fidelaire (terr. du Fidelaire).

Bigotière (La), f. à Grosley.

Bigotière (La), chât. et fief à la Neuvillette, relevant d'Ivry. — 1456 (L. P.).

Bigrerie (La) ou l'Hostel-aux-Mouches, dépendant du fief d'Auvergny, 1465.

Bigrerie (La), h. de Saint-Pierre-du-Val.

Biguerie (La), h. de Neaufles-sur-Risle; fief et f. de l'abbaye de Lyre, 1454. — *Bikeria, la Bigarrie, la Biguérie* (L. P.).

Bihobert, h. de Saint-Julien-de-la-Liègue.

Bihoreaux (Les), lieu-dit à Gasny.

Bihorel, 40 acres de friche à Crémonville. — 1291 (livre des jurés de Saint-Ouen).

Bilbabeux (Les), h. de Mesnil-sous-Vienne.

Bilheudière (La), h. de Bosc-Morel.

Billou, second nom du ruisseau de la Fontaine, à Appeville.

Bimorel, château à la Croix-Saint-Leufroi; fief érigé en 1587.

Binou, h. du Mesnil-Fuguet.

Bionval, paroisse réunie, en 1782, à Val-Corbon, réuni lui-même en 1842 à Écos. — *Biunval* (cart. de la Trinité-du-Mont). — *Bihonval* (arch. nat.).

Biron, h. de Saint-Pierre-des-Ifs.

Bisotière (La), mᵒⁿ isolée, à Chéronvilliers.

Bisserie (La), h. et fief à Saint-Étienne-l'Allier, relevant de Montfort-sur-Risle. — *Bicherie (La)* (L. P.).

Bitumei, rue au Bec. — *Bithumei*, 1259; *Butumei*, 1262 (cart. du Bec).

Bitus (Les), lieu-dit à Guitry.

Bivellerie (La), f. à Tourville-sur-Pont-Audemer.

Bizay, h. partagé entre la Croix-Saint-Leufroi et Écardenville-sur-Eure.

Bizetière (La), h. à Piencourt.

Bizy, f. et chât.; anc. paroisse devenue faubourg de Vernon; marquisat; ancien prieuré dépendant des chartreux de Gaillon. — *Bisi, Byssi*, xiᵉ siècle (cart. de la Trinité-du-Mont). — *Bisiacum*, 1218 (cart. de

3.

lu léproserie d'Évreux). — *Bizyum*, Bisy (Masseville). — *Bisy-en-Bellevue*, 1709 (mém. de Saint-Simon).

Bizy (Porte de), à Vernon, reconstruite en 1772 par le duc de Penthièvre, démolie au xixᵉ siècle.

Blacarville, anc. cⁿᵉ entrée dans la formation de Saint-Mards-de-Blacarville; anc. fief. — *Blacuardivilla*, xiᵉ sᵉ (cart. de Préaux). — *Blaquarvilla*, xiiiᵉ sᵉ (p. d'Eudes Rigaud). — *Blacarvilla*, 1284 (Neustria pia). — *Blocarville*, 1770 (Denis, Atlas topographique).

Blache, h. de Saint-Aubin-de-Scellon.

Blacquemare, q. de fief à Beuzeville, relevant de la châtellenie de Montfort (L. P.). — *Blauquemare* (Le Beurier).

Blainville, fief à Beauficel.

Blanc (Fief au), q. de fief à Grandchain, relevant de Beaumesnil. — 1479-1666 (L. P.).

Blancaignel (Le), fief à Capelles-les-Grands, 1234.

Blancamp, h. de Saint-Siméon.

Blanc-Buisson (Le), q. de fief et chât. à Saint-Pierre-du-Mesnil.

Blanc-Fossé, fief et h. sur Courdemanche et Illiers-l'Évêque. — *Blancura fossatum*, 1223 (L. P.).

Blancue-Maison, fief au Vieux-Conches (Le Beurier).

Blanche-Porte (La), f. et h. de Boissy-Lamberville.

Blanche-Porte (La), h. de Plasnes.

Blanchères (Les), lieu-dit à Gamilly.

Blanches-Faces (Les), lieu-dit à Menilles.

Blanche-Terre (Traverse de la), faux bras de la Seine à Marlot.

Blanchetière (La), h. de Bois-Nouvel.

Blanchetière (La), h. de Vaux-sur-Risle.

Blanche-Voie (La), lieu-dit à Mouettes.

Blanchisserie (La), f. au Bec-Hellouin.

Blanchisserie (La), f. à Launay.

Blanchisserie (La), mⁿ isolée, à Pont-Audemer.

Blanc-Saulx, lieu-dit aux bords de la Seine, non loin de Pont-de-l'Arche. — 1683 (aveu du baron d'Heuqueville).

Blanc-Sil, fief à Épaignes. — xiiiᵉ siècle (L. P.).

Blandey, anc. cⁿᵉ réunie à Roman en 1845. — *Blanzé*, 1226 (cart. de Saint-Taurin). — *Blanzey*, 1288 (ch. de Jean de Chambray). — *Blandeul*, 1292 (assiette du domaine de Damville). — *Blondé*, 1454 (aveu de Jean de Montmorency). — *Blanday*, 1765 (dict. géogr. de Dumoulin).

Blandey, très-anc. quart de fief au Tremblay, relevant du comté d'Évreux. — *Omonville qui fut Blandey*, xviiiᵉ siècle (aveu du duc de Bouillon). — *Blandé* (Le Beurier).

Blandinière (La), h. des Bottereaux.

Blandinière (La), vavass. à Vaux-sur-Risle, relevant des Bottereaux.

Blaquetoit, h. f. et fief à Montaure; anc. manoir féodal qui a donné son nom à la plaine voisine. — *Blacthuit* (pièces de procédure).

Blardière (La), h. de Saint-Aquilin-d'Augeron.

Blardière (La), h. et fief à Saint-Clair-d'Arcey.

Blarre (La), h. de Folleville.

Blarre (La), h. de Saint-Denis-d'Augeron.

Blarre (La), h. de Saint-Laurent-du-Tencement.

Blaru (Ruisseau de), venant du dépᵗ de Seine-et-Oise; afflue à la Seine près de Vernon; 4 kilomètres.

Blarues (Les), lieu-dit à Sainte-Geneviève-lez-Gasny.

Bleu (Buisson ou forêt de), nom resté auj. à la seule forêt de Gisors.

Bleu (Forêt de), forêt de 6,898 arpents, au Vexin normand, dans le principe forêt domaniale, extension de celle de Lyons, couvrant autrefois la plus grande partie des plateaux entre les vallées de l'Epte et de la Lévrière, jusque près de Gisors, et s'étendant encore sur la rive droite de la Lévrière, prenant le nom de *forêt de Bleu* vers les limites de Boucliévilliers et de Mesnil-sous-Vienne (Le Beurier, Annuaire, 1869). — Déracinée en 1519 par un ouragan; nommée aussi la *forêt des Sept-Villes*, 1308 (lettres patentes de Philippe IV). — *Forêt de Blois*, 1362 (tabellion. de Rouen, 1522).

Bleu (Les sept villes de), plus anciennement les sept villes ou coutumes de *Bleu*, possession immémoriale de ce nom en 1280; ce sont : Amécourt, Hébécourt, Heudicourt, Mainneville, Saint-Denis-le-Ferment, Sancourt, Tierceville. On a dit quelquefois *la terre de Bleu*.

Blin (Pont du), 1745 (plan d'Évreux).

Blinière (La), f. à Beaumesnil.

Blinière (La), h. des Bottereaux.

Blinière (La), h. de Fontaine-l'Abbé.

Blinière (La), h. de Saint-Aubin-de-Scellon.

Blinière (La), h. de Saint-Grégoire-du-Vièvre.

Blinière (La), h. de Thevray.

Blohicest, quart de fief à Bois-Hellain, relevant de Pont-Audemer.

Blondeaux (Les), h. de Gisay.

Blondel, fief de l'abb. de la Croix-Saint-Leufroi à Iville, 1470 (Le Beurier).

Blondelière (La), h. de la Chapelle-Gauthier.

Blondelière (La), h. de la Haye-Saint-Silvestre, 1238.

Blondellerie (La), f. à Saint-Mards-de-Blacarville.

Blondemare, h. de Bois-Normand-la-Campagne, xiiiᵉ sᵉ.

Blondes (Les), lieu-dit à Giverny.

Blosseville (Château de), à Amfreville-la-Campagne.

Bloterie (La), h. de Fortmoville.

Blotière (La), h. des Essarts-sur-Damville.

Blotière (La), m^on isolée, à Saint-Christophe-sur-Avre.

Bludeaux (Les), lieu-dit à Fontenay.

Bobey, vallée ou pli de terrain situé entre Ambenay et Rugles.

Bocage (Le), fief à Bourneville, dont une portion se nomme le Grand Bocage. — Boscage, 1752 (aveu).

Bocage (Le), h. de Carsix.

Bocage (Le), fief et f. au Chamblac.

Bocage (Le), h. de Courbépine.

Bocage (Le), h. de Goupillières.

Bocage (Le), h. de Gouttières.

Bocage (Le), h. d'Harcourt.

Bocage (Le), fief et h. du Neubourg.

Bocage (Le), h. de Plasnes.

Bocage (Le), h. de Saint-Clair-d'Arcey, huit^e de fief relev. de l'abb. de Bernay. — Boscage (L. P.).

Bocage (Le), h. de Saint-Cyr-de-Salerne.

Bocage (Le), m^on isolée, à la Salle-Coquerel.

Bocage (Le), h. de Thevray.

Bocage (Le), h. du Tilleul-en-Ouche.

Boche (La), fief à Alisay (L. P.).

Bochelle (La), h. des Ventes.

Bochelle (La), h. de Villez-Champ-Dominel.

Bocquemare, h. à Saint-Jean-du-Thenney.

Bocquencey, f. à Saint-Jean-du-Thenney. — Bosquencey, 1666 (rech. de la noblesse).

Bocquetière (La), h. à Saint-Nicolas-du-Bosc-l'Abbé.

Bocquets (Les), h. de Neaufles-Saint-Martin.

Bodard (Le), h. de Thiberville.

Boel, h. de Tillières-sur-Avre.

Boes, fief à Surville. — 1216 (cart. de Philippe d'Alençon). — 1276 (ch. du chap. d'Évreux).

Boesle (Le), fief à Beaumont-le-Roger. — Le Baasle, 1352 (ch. de Philippe de France).

Boessai, fief voisin du château Gaillard, relevant de Gisors (L. P.).

Boessaie (La), fief à Fontaine-la-Soret, relevant de Beaumont-le-Roger (L. P.). — La Bossaie (L. P.).

Boessy, fief à Grand-Camp (Le Beurier).

Boffetière (La), h. de Saint-Aubin-de-Scellon.

Bohain (Le), h. de Fontaine-la-Soret.

Bohan, sixième de fief près de la Londe (Le Beurier).

Bouu (Le), vallon, ravine considérable et f. à Saint-Didier-des-Bois.

Boignart, huit^e de fief à Criquebeuf-sur-Seine. — Voignart (Le Beurier).

Boincourt, h. de Carsix.

Boires (Les), lieu-dit à Saint-Georges-sur-Eure.

Bois (Fief du), à Iville.

Bois (Le), f. à Appeville et fief relevant de Montfort-sur-Risle.

Bois (Le), q. de fief au Chamblac, relev. du Fresney à Broglie (aveu de Ferrières-Saint-Hilaire).

Bois (Le), fief à Louversey.

Bois (Le), h. de Saint-Siméon.

Bois (Les), fief à Bourneville.

Bois (Les), h. des Fretils.

Bois (Les), h. de Rugles.

Bois (Les), h. de Saint-Antonin-de-Sommaire.

Bois-à-la-Paysanne, lieu-dit aux Andelys.

Bois-Anzeray, c^ne du c^on de Rugles, accrue de Cernay en 1808 et de Marnières en 1845. — Boscus Ansereii, Anseredi, 1206 (cart. de Lyre). — Boscus Anserei, 1215. — Boscus Ansere, 1220 (cart. de Lyre). — Boscus Anseredi (reg. Phil. Augusti). — Boisandri, 1405 (L. P.). — Boisandré, 1604 (p. d'Évreux). — Boisanzeroy, Bois-Saint-André, 1763 (dict. géogr. de Dumoulin).

Bois-Appelle (Le), f. au Theillement.

Bois-Arnault, c^ne du c^on de Rugles, pl. f. relevant du comté d'Évreux. — Boscus Ernaldi, 1125 (ch. de fondation du prieuré de N.-D.-du-Lesme). — Boscus Ernaudi (reg. Phil. Aug.). — Foresta quæ dicitur Boscus Ernauldi, 1200 (Semelaigne, Essai sur l'histoire de Conches). — Boschus Arnaudi, 1231 (L. P.). — Boscus Reinoldi, 1252 (cart. de Lyre). — Boscus Arnoldi, Boscus Ernaudi, 1270 (trésor des chartes). — Bois-Ernaud, 1375, et Voisarnauls, 1417 (L. P.). — Bois-Ernault, 1469 (monst. gén. de la noblesse et prononciation locale actuelle, Th. Bonnin). — Bois-Ervaux, 1722 (Masseville).

Boisarnault, fief à la Neuve-Lyre, s'étendant sur Bois-Normand.

Bois-Arrecoulult, q. de fief à la Neuve-Lyre, relev. de Breteuil, 1394 (L. P.).

Bois-au-Boeuf, h. de Saint-Antonin-de-Sommaire.

Bois-au-Duc, lieu-dit à Bois-Normand.

Bois-aux-Courtinelles, fief relevant de Beaumont-le-Roger. — Bosc-aux-Corneilles, au Tremblay? (L. P.).

Bois aux Sauvaiges, bois à Chambray-sur-Eure, 1409.

Bois-Bardou, h. de Pierre-Ronde.

Bois-Baril (Le), anc. c^ne réunie à celle de la Barre en 1792; quart de fief relevant du comté d'Évreux. — Boscus Barell (reg. Phil. Aug.). — Boscus Barilli, 1259 (cart. de Lyre).

Bois-Baril (Le), huit^e de fief relev. des Bottereaux à Bois-Maillard en 1419 (L. P.).

Bois-Belloit (Le), h. de Montreuil-l'Argillé.

Boisbélot, h. de l'Hosmes; vavass. relev. des Essarts, 1454 (L. P.). — Boscus Belot, 1223 (cart. de l'Estrée).

Bois-Bénart, fief relev. de Pont-Audemer (L. P.).

Bois-Bénart, fief relev. du Vaudreuil (L. P.).

Bois Bénit (Le), bois à Saint-Christophe-sur-Condé.

Bois-Béranger (Le), h. de la Haye-Saint-Sylvestre.

Bois-Bérart, fief à Martainville-du-Cormier, relevant d'Ivry en 1456 (L. P.).

Bois-Bercher (Le), h. du Cormier. — *Boismachaire?* 1248 (L. P.).

Bois-Bigot (Le), q. de fief à Authouillet, relevant du roi en 1283.

Bois-Bizet (Le), h. de Chaise-Dieu-du-Theil.

Bois-Blot (Le), h. de l'Hosmes.

Bois-Brac (Le), h. du Cormier.

Bois-Brûlé (Le), h. de Champigny. — *Bois Brûlé* ou *Brislé*, 1734.

Bois-Brûlé (Le), h. de Saint-Pierre-de-Cernières.

Bois Brûlés (Les), bruyères arides près du Bec-Hellouin. — XIIIᵉ siècle (cart. du Bec).

Boiscamin, manoir et bois à Ailly en 1485. — *Boiscamin*, 1485 (aveu du chap. de Beauvais). — *Boscamin*, 1582.

Boiscard, q. de fief et chât. à Combon, relevant du Neubourg, 1448 et 1516 (aveux). — *Boiquart*, 1195 (p. d'Évreux).

Boiscarré, h. de Saint-Étienne-l'Allier.

Boischevreuil, huitᵉ de fief et h. de Breteuil. — *Borchevrel*, 1288 (L. P.).

Boischevreuil, fief et f. à Nogent-le-Sec. — *Boscus Cheveroil*, 1253. — *Boscus Capreolus*, 1260 (ch. de la Noë).

Boischevreuil (Le), fief au Châtelier-Saint-Pierre (Cassini).

Boischevreuil (Le), h. du Noyer.

Boisclairai, vavass. à la Guéroulde, relev. des Essarts. — 1454 (L. P.).

Bois-Coipel (Le), h. de Verneusses.

Bois-Communs (Les), l'une des quatre communes de Douville. — 1577 (pour le droit d'usage).

Bois-Concourdant, lieu-dit un peu en aval de Quillebeuf.

Boiscordieu (Le), fief et f. à Rugles.

Bois-Cornet (Le), h. du Fidelaire.

Bois-Crespin, fief relev. de Gisors (L. P.).

Bois-Cuvier (Le), fief et f. à Saint-Luc. — *Boscus Cuvier*, 1221 (cart. du chap. d'Évreux). — *Boscus Cuver* (assises de 1235).

Bois-d'Aubigny (Le), fief et h. à Saint-Sulpice-de-Graimbouville.

Bois-David (Le), chât. à Brionne. — *Bosc-Davy*, 1532 (aveu de Suzanne de Bourbon).

Bois-de-Barc (Le), h. à Barc.

Bois de l'Abbé, bois au-dessus de Cailly, en litige, en 1286, entre les abbés de la Croix-Saint-Leufroi et de Conches.

Bois-de-la-Bruyère, huitᵉ de fief au Mesnil-sur-l'Estrée, relevant de Nonancourt (L. P.).

Bois-de-la-Cour (Le), f. à Garencières; chât. du moyen âge et vestiges de constructions romaines.

Bois-de-la-Mare (Le), f. à Bourg-Achard.

Bois-d'Ennemets, fief et chât. à Authevernes. — *Danemois*, 1326 (ch. de Charles le Bel). — *Bois-Dannemetz*, 1618 (Farin).

Bois-des-Brosses (Le), h. du Cormier.

Bois-des-Carmes (Le), mᵒⁿ isolée, à Pont-Audemer.

Bois-des-Déserts, lieu-dit à Rugles.

Bois-de-Selles (Le), h. à Selles.

Bois-des-Fossés-du-Rey, lieu-dit à Ormes.

Bois-des-Hommes (Le), h. de Bosc-Roger-sur-Eure.

Bois-des-Mares (Le), mᵒⁿ isolée, à Miserey.

Bois-Diomet, lieu-dit à Épieds.

Bois-d'Orville, fief relevant d'Évreux et Pacy (Le Beurier).

Bois-du-Débat (Le), h. de Grosbois.

Bois-Dufour (Le), h. d'Asnières.

Bois-Dufour (Le), h. de Bailleul-la-Vallée.

Bois-du-Lot (Les), h. de Saint-Pierre-du-Mesnil.

Bois-du-Pendu, lieu-dit à Iville.

Boise (La), chât. à Épréville-en-Roumois.

Boisemont, cⁿᵉ du cᵒⁿ des Andelys. — *Bosemont*, 1156 (bulle d'Adrien IV). — *Bosemont*, XIIIᵉ siècle (arch. de la Seine-Inf.). — *Beusemont*, XIIIᵉ siècle (p. d'Eudes Rigaud). — *Boesemont*, 1219. — *Buessemunt*, 1228 (titres de Bourgoult). — *Bosemunt*, 1254 (regist. visitat.). — *Buessemont*, 1259 (L. P.). — *Buesemons*, 1265 (L. P.). — *Bouaissemont*, 1412 (aveu de Guill. de Trie). — Quelquefois, mais mal à propos, *Beaumont* (L. Dubois).

Bois-en-Jouy, h. partagé entre Chennebrun et Saint-Christophe-sur-Avre. — *Gaudiacum*, 1040 (L. P.). — *Joy*, vers 1150 (ch. d'Amaury, comte d'Évreux).

Boisenay (Le), h. de la Barre.

Bois-Fichet (Le), h. et q. de fief au Neubourg, 1516 (aveu).

Bois-Fiquet (Le), h. de Fresney.

Bois-Follet (Le), h. et fief à Épréville-en-Roumois. — *Boso-Follet*, 1207 (L. P.).

Bois-Francs (Les), chât. et fief aux Barils.

Bois-Fremont (Le), f. et fief à Saint-Ouen-de-Thouberville.

Bois-Gautier (Le), f. et fief à Givières. — *Boschus-Galterii, Boscus-Galteri*, 1241 (L. P.).

Bois-Gautier (Le), h. de la Haye-Saint-Sylvestre. — *Boscus-Galteri*, 1241 (ch. de Louis VIII).

Boisgaux (Le), f. à Bourth.

Boisgaux (Le), h. de Chéronvilliers.

Boisgeloup, château à Gisors. — *Boscus Gelidus; Bois-*

gillout (divers anc. actes cités par Hersan, Hist. de Gisors). — *Boisgilou*, 1676 (reg. de l'archevêché de Rouen). — *Boisjeloup*, 1869 (annonce légale). — *Boisgelou* (Charpillon).

Boisgencelin, second nom de la c⁰ⁿ supprimée de Saint-Sébastien-du-Boisgencelin; demi-fief, 1403 (L. P.). — *Boscus Gencelini*, 1207 (ch. de la Noë). — *Boscus Gencelin*, 1209 (cart. de Saint-Taurin).

Bois-Giart (Le), fief à Noards.

Bois-Giboud, q. de fief à N.-D.-du-Hamel, relevant de Bourg-Achard.

Bois-Gillet, fief aux Barils, relevant de l'abb. de Lyre, 1418 (L. P.).

Boisgirard, anc. ravins dans le c⁰ⁿ de Bourgtheroulde.

Boisgirard, fief et h. à Montreuil-l'Argillé.

Boisgiroult, h. et portion de fief à Creton. — *Bosc-Giroult*, 1485 (L. P.).

Bois-Givart, bois à Saint-Denis-du-Bosguerard, 1499 (aveu de Jehan de Bellemare).

Bois-Gousseaux (Le), h. de Vaux-sur-Risle.

Boisgoult (Le), h. et q. de fief à Saint-Pierre-du-Mesnil, relevant du Blanc-Buisson. — *Bois-Goust.* 1418 (L. P.).

Bois-Guéret (Le), fief à Saint-Aubin-du-Thenney.

Bois-Guérin, h. de Notre-Dame-du-Hamel.

Bois-Guillaume, h. de Drucourt et fief.

Bois-Guillot, fief de l'abb. de Lyre, aux Barils.

Bois-Guillot, huit° de fief de l'abb. de Lyre à Tillières, 1708 (aveu).

Bois-Guyon, fief à Combon, 1688 (L. P.).

Bois-Happel, h. de Saint-Siméon.

Bois-Hardy, fief à Francheville.—*Bois-Hardrey* (L. P.).

Bois-Hébert, h. partagé entre Bailleul-la-Campagne et Jumelles (L. P.).

Bois-Hébert, h. de Verneusses, demi-fief relevant de Montreuil, 1419 (L. P.). — *Boscus-Heberti* (O. V.). — *Boschébert*, 1855 (L. P.).

Bois-Hébert (Le), q. de fief à Bernay et lieux voisins (L. P.).

Bois-Hellain, c⁰ⁿ du c⁰ⁿ de Cormeilles; fief. — *Boscus-Helloini*. — *Boscus-Hellouyn* (p. de Lisieux). — *Bois Helluin* ou *Hellenc* (L. P.).

Bois-Henoult, chât. à Écaquelon et q. de fief. — *Boscus Hairaldi*, xi° siècle (ch. de Guill. le Conquérant). — *Boscus Gheroudi*, 1190 (cart. de Jumiéges). — *Boscus Haricuriæ; Boscus-Harout*, 1202 (arch. de la Seine-Inf.). — *Bois Heroux dans le Rounois*, 1344 (mém. de Henri de Campion). — *Boshéroult*, 1480 (L. P.). — *Boishérout*, 1708° (Saas). — *Boscherou* (Cassini).

Bois-Hestrel (Le), lieu-dit à Criquebeuf-sur-Seine.

Bois-Hibout, h. de Saint-Vincent-des-Bois, huit° de fief relevant du Plessis, 1457, et s'étendant sur Mérey et Saint-Aquilin-de-Pacy.

Boishibout (Le), h. et q. de fief à Notre-Dame-du-Hamel. — *Boscus-Hubout*, 1260 (cart. de Saint-Évroult). — *Bois-Hibout*, 1456 (aveu de Pierre de Brezé). — *Bois-Hibou* (actes modernes nombreux).

Bois-Hoard, f. à Tourneville en 1311.

Bois-Hubert, anc. c⁰ⁿ du c⁰ⁿ d'Évreux nord, réunie en 1845 à Tournedos-la-Campagne. — *Silva Fulberti* (grande ch. de Lyre).—*Boscus Huberti*, 1183 (titres de la cath. d'Évreux); 1260 (ch. de Saint-Étienne de Renneville). — *Boshubert*, 1700 (dép² de l'élection de Conches).

Bois-Hulin, h. et fief à la Goulafrière.

Boishuon (Mare du), à Tilly, 1299 (cart. des Vaux-de-Cernay).

Bois-Inger, h. de Bouquetot.

Bois-Jambon, lieu-dit à Conches.

Boisjean, f. à Gournay-le-Guérin.

Bois-Jérôme-Saint-Ouen, c⁰ⁿ du c⁰ⁿ d'Écos, membre du fief de Fours (L. P.), accrue de la Chapelle-Saint-Ouen et de Saint-Sulpice-de-Bois-Jérôme en 1844. — *Boscus Girelmi*, 1206 (Toussaint du Plessis). — *Boschus Gyrelmi* (p. d'Eudes Rigaud). — *Bois Geriaulme*, 1297 (ch. de Jean d'Écos). — *Boisgiraume*, 1399 (comptes de Fresnes-l'Archevêque). — *Bosc Giraume* (coutumier des forêts). — *Boisgirausme*, 1454 (arch. nat. châtellenie de Gisors). — *Bois Gérome* (Brussel, Diction. des fiefs). — *Bois Gereaulme*, 1597 (L. P.). — *Boisgéreaume*, 1825 (Louis Dubois).

Bois-Jollet (Pont de), sur l'Iton, construit en 1785, à l'entrée d'Évreux, près d'une anc. porte du même nom.

Bois-Joly, h. de la Guéroulde.

Bois-l'Abbé, h. d'Épaignes et f. — *Boscus Abbatis*, 1101 (cart. de Préaux).

Bois-l'Abbé, lieu-dit au Val-David.

Bois-Lainé, h. de Boissy-sur-Damville.

Bois-Lambert, h. d'Asnières.

Bois-Latour, m⁰ⁿ isolée, à Bosquentin.

Bois le Comte-de-Saint-Soupplice (Les), 17 acres de bois à Saint-Sulpice-de-Graimbouville. — 1320 (arch. nat.).

Bois-le-Roi, lieu-dit à Tourville-la-Campagne.

Bois-le-Roi, c⁰ⁿ du c⁰ⁿ de Saint-André; fief (L. P.).

Bois l'Évêque, 55 acres de bois au territ. d'Écos, donnés par saint Louis aux religieuses du Trésor. — *Boscus Episcopi*, 1248 (L. P.).

Bois-l'Évesque, lieu-dit à Brosville.

Bois-Louvet, f. et fief à Saint-Jean-de-la-Léqueraye.

Bois-Louvet, h. de Saint-Léger-du-Gennetey.

Bois-Machacre. — 1248 (assises), peut-être *le Bois-Bercher* (L. P.).

Bois-Maillard, c^ne du c^on de Rugles; fief.

Ce nom doit s'écrire *Bois Mahiard*, correction applicable partout au nom de *Maillard*, si cbnnu en Normandie (L. P.). — *Boismahiart*, fin du XIIe siècle (ch. de Richard Cœur de Lion et bulle du pape Innocent III). — *Boscus Mahiart*, 1220 (ch. de Lyre). — *Boscus Mahiardi*, 1260 (cart. de Saint-Évroult). — *Bois Mahiart*, 1562 (arrière-ban). — *Bois Mayart*, 1722 (Masseville).

Bois-Malade, lieu-dit à Saint-Didier-des-Bois.

Boismancel, 82 acres dans la forêt de Montfort. — 1308 (ch. de Philippe le Bel).

Boismartel, enceinte très-marquée d'un camp à Livet-sur-Authou (Gadebled).

Bois-Martin (Le), h. de Bois-Arnault.

Bois-Massot (Le), h. d'Armentières.

Bois-Meigle (Le), h. de Perriers-sur-Andelle. — *Boitmegre*, 1291 (liv. des jurés de Saint-Ouen). — *Boismègre*, 1867 (annonces judiciaires).

Boismilon, h. et fief au Cormier. — *Boscus Milonis* (assises de 1269). — *Boismillon*, 1523 (rech. de la nobl.).

Boismilon, q. de fief à Saint-Julien-de-la-Liègue, relev. de la baronnie de la Croix-Saint-Leufroi.

Boismont, f. à Tourville-sur-Pont-Audemer.

Bois-Morand (Le), f. à Saint-Mards-de-Blacarville.

Bois-Morel (Le), h. de la Gueroulde.

Bois-Morin (Le), h. et fief à Saint-Aubin-du-Vieil-Évreux. — *Boscus Morin*, 1207 (cart. de Saint-Taurin).

Bois-Moussel (Le), h. de la Chapelle-Becquet.

Bois-Néron, h. de Breux; fief relevant de celui du chât. de Breux. — *Boscus-Neirun*, 1240; *Boscus-Neronis* (L. P.).

Boisney, c^ne du c^on de Brionne; membre du marquisat de Thibouville. — *Boeneium*, 1142 (cart. de la Sainte-Trinité de Beaumont). — *Boensi*, 1196 (ch. de Robert de Meulan). — *Boemaium; Boenai* (M. R.). — *Bosnacus* (Guilmeth). — *Boesnay* (inv. des tit. de l'abb. du Bec). — *Boeneyum* (1er p. de Lisieux). — *Boesneyre, Broesnais* (anc. titres). — *Bouesnay*, 1433 (reg. de la ch. des comptes). — *Bouesney*, 1450 (aveu de l'abbé de Bernay). — *Boisnay*, 1616 (arrêt du parlement). — *Boënay*, 1636 (Bulletin monumental). — *Boisné*, 1684 (Colbert, coadjuteur de Rouen). — *Boinei*, 1828 (Louis Dubois).

Boisney (Le), m^on isolée, à Appeville.

Bois-Noë (Le), h. de Saint-Mards-de-Blacarville.

Boisnormand, fief voisin et relevant de Pont-Authou (L. P.).

Bois-Normand-la-Campagne, c^ne du c^on d'Évreux nord; q. de fief, 1396 (L. P.). — *Boscus Normanni*, 1180 (M. R.). — *Boisnormant*, 1380 (aveu de Jehan de Guichainville). — *Normani Silva* (Masseville). — *Boisnormand-la-Champagne*, 1700 (dép^t de l'élect. de Conches). — 1828 (L. Dubois).

Bois-Normand-près-Lyre, c^ne du c^on de Rugles; demi-fief (L. P.); baronnie en 1694. — *Silva Normanni* (cart. de Lyre). — *Saint-Julien-du-Boys-Normand*, 1394 (aveu de Jehan de Gisay). — *Boscus Normanni*, 1223 (ch. de Raoul de Cierrey). — *Boscus Normant*, XIIIe siècle (L. P.). — *Boisnormand et Boisnormant en Ouche* (divers actes). — *Boisnormand sur l'Ile*, 1828 (L. Dubois).

Bois-Nouvel, anc. c^ne du c^on de Rugles, réunie à la Haye-Saint-Sylvestre en 1844; quart de fief relev. de Breteuil en 1409 (L. P.). — *Boisnovel* (reg. Phil. Aug.) et 1562 (arrière-ban). — *Boscus Novel*, 1251 (ch. en faveur de Lyre).

Bois-Palet (Le), m^on isolée, à Saint-Aubin-le-Vertueux. — *Bois Pallais*, fief (Le Beurier).

Bois-Pattey (Le), m^on isolée, à Sainte-Marthe.

Bois-Penthou, anc. c^ne du c^on de Rugles, réunie à Chambord en 1844; huit^e de fief: il faudrait écrire *Bois Pontou* (L. P.). — *Bois Pontol* (reg. Phil. Aug.). — *Boscus Pontal*, 1210. — *Silva Pontal* (cart. de Lyre).

Bois-Perret (Le), fief à Thiberville (Le Beurier).

Bois-Perrier (Le), h. de Chavigny.

Bois-Préaux, h. et fief à Lisors. — *Bois-Prehaux* (vingtièmes).

Bois-Rault (Le), h. de Chavigny.

Bois-Regnard, second nom du quart de fief d'Acquigny, à Heudreville-sur-Eure.

Bois-Renoult (Le), h. de Grandvilliers.

Bois-Renoult (Le), h. du Mesnil-Rousset.

Bois-Ricard (Le), h. d'Heudreville-sur-Eure.

Bois-Richard (Le), m^on isolée, au Fresne.

Bois-Richer (Le), h. de Cintray.

Bois-Richer (Le), demi-fief aux Minières.

Bois-Richerie (Le), h. du Chesne.

Bois-Rimbert (Les), h. de Beuzeville.

Bois-Rogier (Le), sixième de fief à Bosc-Roger-près-Barquet, relevant de Beaumont, 1416 (L. P.). — *Bosc-Roger* (Le Beurier).

Bois-Rond (Le) ou la Petite-Ferme, f. à Pinterville.

Boissaie (La), h. d'Aclou.

Boissaie (La), h. et côte de la Croix-Saint-Leufroi.

Bois-Sainte-Barbe (La), bois défriché au Neubourg.

Boissayes (Les), quart de fief à Carentonne, relevant du comté d'Évreux.

Bois Secoure, bois de l'abb. du Trésor, XIIIe siècle.

Boissel, fief à Hondouville. — *Boissey* (Le Beurier).

Boissel, place forte à Muids, relevant du roi.

Boissel (Chemin de), à Armentières, 1269.

Boisselette (La), f. à la Vieille-Lyre.

Boissellenie (La), h. de Saint-Denis-du-Béhélan.

Bois-Semé (Le), h. de Gouville.

Boisset (Le), h. de Condé-sur-Iton.

Boisset (Le), h. de Gouville.

Boisset (Le), h. de la Haye-Aubrée.

Boisset-Hennequin, anc. c^{ne}, devenue section de Douains et réunie à Saint-Vincent-des-Bois en 1865. — *Bouesset-Hanequin*, 1401 (arch. nat.). — *Bouesset-Hennequin*, 1411 (aveu de Jehan de Menilles). — *Le Boesset-Hannequin*, 1469 (Monstre).

Boisset-le-Bas, h. de Boisset-les-Prévanches.

Boisset-le-Châtel, c^{ne} du c^{on} de Bourgtheroulde ; anc. château fort ; haute justice. — *Boessay-le-Chastel*, La Roque). — *Buxeium*, 1124. — *Boessay*, 1234 (l. P.). — *Bussetum, Bosseium*, xiiie s^e (p. d'Eudes Rigaud). — *Boessi-le-Chatel*, 1250 (ch. de Guill. d'Harcourt). — *Boisseium castrum*, xve s^e (p. de Raoul Roussel). — *Bouessey-le-Chastel*, 1450 (aveu de l'abb. de Bernay). — *Brossay-le-Chastel*, 1495 (La Roque). — *Boissay-le-Chastel*, 1495 (épitaphe de Jehane de Tilly). — *Bouessay-le-Chastel*, 1501 (comptes des revenus de la vicomté d'Elbeuf). — *Bossay-le-Chatel*, 1542 (aveu de Claude de Lorraine). — *Boissé*, 1702 (Th. Corneille). — *Boissey-le-Châtel*, 1840 (Gadebled).

Boisset-les-Prévanches, c^{ne} du c^{on} de Pacy. — *Boisset-l'Esprevanche* (Le Beurier). — *Pervencheria*, v. 1205 (ch. de Luc, év. d'Évreux) ; 1221 (ch. de Raoul de Cierrey, év. d'Évreux). — *Boessetum in Pervencheria* (2e p. d'Évreux).

Boisset-Pacy, station à Boisset-les-Prévanches du chemin de fer de Paris à Cherbourg.

Boissey, fief à Hondouville, v. 1741 (terr. de Canappeville).

Boissière (La), c^{ne} du c^{on} de Saint-André; fief. — *Buxeria* (reg. Phil. Aug.). — *Boisaria, Boiseia, Boiseria* (nécrolog. de Lyre).

Boissière (La), h. de Bâlines.

Boissière (La), fief au Bec-Hellouin en 1410.

Boissière (La), f. à Bosguerard-de-Marcouville.

Boissière (La), h. de Saint-Siméon.

Boissière (La), f. à Vesly.

Boissière-de-Bart (La), anc. h. de Barc. — 1282 (L. P.).

Bois-Sueur (Le), m^{on} isolée, à Bâlines.

Boissy-Lamberville, c^{ne} du c^{on} de Thiberville; demi-fief relevant du roi (L. P.); membre du marquisat d'Annebault, 1676 (Le Beurier). — *Boisseium et Lambervilla*, 1152 (bulle d'Eugène III). — *Buxeium*

et *Lamberticilla*, 1182 (cart. du Bec). — *Boisseum*, 1216 (cart. de Préaux). — *Bosseix* (M. R.). — *Bouissy*, 1402 ; *Lamberville-Boissy*, v. 1701 (lettres d'union des deux fiefs). — *Lamberville de Boissy*, 1730 (éphémér. du journal de Bernay). — *Boissi de Lamberville*, 1828 (L. Dubois).

Boissy-sur-Damville, c^{ne} du c^{on} de Damville. — *Sanctus Martinus de Busseio*, 1147 (bulle d'Eugène III). — *Boessé*, v. 1170 (bulle d'Alex. III). — *Bouoysset*, 1454 (aveu du seigneur de Damville).

Bois-Taillefer (Le), h. de Bernay en 1246.

Bois-Thibout (Le), h. de Verneusses.

Bois-Toustain (Saint-Ouen-du-) ou Turstin, nom primitif de la Noë-Poulain. — *Boscus Turstini*, 1134 (chron. Becci).

Boistrou, fief au Val-du-Theil en 1761.

Bois-Truel (Le), h. de Bois-Anzeray.

Boiteau, h. de Bois-le-Roi et vente de la forêt de Rozeux. — *Boitteau*, 1871 (affiche administrative).

Boivinière (La), h. partagé entre Épreville-en-Lieuvin et Heudreville-en-Lieuvin.

Boivinière (La), h. du Favril.

Boize (La), fief à Épreville-en-Roumois.

Bolbec (Le), h. de Saint-Pierre-du-Bosguerard.

Bombe (La), lieu-dit à Mouettes, terrain bombé.

Bon-Air, h. et anc. maladrerie près de Pont-de-l'Arche, citée en 1264 (Eud. Rigaud, reg. visital.).

Boncourt, c^{ne} du c^{on} de Pacy. — *Botonis curtis*, 1066 (cart. de Saint-Père de Chartres, ch. de Philippe Ier). — *Boncort, Boncurt*, v. 1153 (bulle d'Eugène III). — *Boencort*, 1310 (ch. de Robert des Vaux).

Bonde, rivière qui a sa source à Nojeon-le-Sec, traverse Doudeauville, Étrépagny, Provemont, et afflue à la Lévrière, après un cours de 14 kilomètres.

Bonde (La), f. à Conches.

Bonde (La), m^{in} à Mainneville.

Bonde (La), h. de Saint-Antonin-de-Sommaire.

Bondeville, fief à Saint-Pierre-du-Vauvray, 1516 (P. Goujon); démembrement du fief de la Salle-du-Bois.

Bonenfant, très-anc. vavassorie à Authenil.

Bon-Mérille (Le), h. de Mélicourt.

Bonnardière (La), h. partagé entre le Planquay et Saint-Germain-la-Campagne.

Bonnebosc, h. de Manneville-sur-Risle; fief; ancien manoir. — *Bonnesboz*, 1212 (cart. de Gaillon). — *Bones-Boz*, 1215 (cart. de Jumiéges). — *Bornuboz, Bourneboz*, 1281 (ch. de Phil. le Hardi). — *Bonnebos*, 1738 (Saas).

Bonnebosc, f. et fief à Saint-Aubin-de-Scellon. — *Bonnesboz* (ch. de fondation de la Trinité de Beaumont).

Bonne-Femme (Bois de la), à Piseux.

Bonnelière (La), h. de Thevray.

Bonnemare, fief à Farceaux, relevant d'Étrépagny.

Bonnemare, fief à Gamaches, relevant d'Étrépagny.

Bonnemare, m⁰ⁿ de plaisance de Charles VII ; rendez-vous de chasse de Charles IX ; chapelle, 1738 (Saas), à Radepont. — *Bona mara*, xiiᵉ sᵉ (cart. de Mortemer). — *Bonnemare-la-Tuilerie*, xviiᵉ sᵉ (aveu).

Bonne-Mare (La), h. de Saint-Clair-d'Arcey.

Bonnemare (La), f. à Saint-Georges-du-Vièvre.

Bonnemor, f. à Gamaches.

Bonne-Nouvelle (Chemin de), à Breuilpont.

Bonnerie (La), f. à Toutainville.

Bonnerce (La), lieu-dit à Acquigny.

Bonneterie (La), h. de Bazoques.

Bonneterie (La), h. du Favril.

Bonneterie (La), h. de Saint-Léger-du-Gennetey.

Bonneval, f. à Charleval.

Bonneval, h. et fief à la Haye-Aubrée.

Bonneville (Étang de la), cᵐᵉ du même nom, où se déverse l'Iton, qui en ressort avec un volume doublé.

Bonneville (La), cⁿᵉ du cⁿ de Conches ; fief relevant de l'évêque d'Évreux. — *Bonavilla*, 1144 (ch. de l'impératrice Mathilde). — *La Bonneville-sur-Iton*, 1828 (L. Dubois).

Bonneville (La), h. d'Ambenay.

Bonneville (La), chât. et fief au Chamblac.

Bonneville-Appetot, cⁿᵉ du cⁿ de Montfort, formée, en 1844, de la réunion d'Appetot et de Bonneville-sur-le-Bec. — *Burnevilla*, 1035 (ch. du bienheureux Hellouin). — *Burnenvilla* (Guill. de Jumiéges). — *Borneville*, 1209 ; *Bowneville*, 1391 (L. P.)

Bonneville-sur-le-Bec, anc. cⁿᵉ entrée en 1844 dans la formation de celle de Bonneville-Appetot. — *Bonneville*, 1236 (L. P.). — *Burnevilla* (Guill. de Jumiéges). — *Burneville*, 1779 (Dom Bourget).

Bonport, lieu voisin de Pont-de-l'Arche, où fut fondée l'abbaye de Notre-Dame-de-Bonport. — *Bonus portus*, 1190 (ch. de Richard Cœur de Lion).

Bonport, f. à Saint-Pierre-du-Vauvray.

Bonport (Bras de), depuis le pointis amont de l'île de Bonport jusqu'au pointis aval de l'île de Quatre-Âges.

Bonport (Île de), sur la Seine, au lieu du même nom.

Bonport (La Haye de), canton de la forêt de Bord.

Bons (Les), h. de Hauville.

Bon-Secours, anc. chapelle à Courcelles-sur-Seine.

Bons-Hommes (Les), deux sapins gigantesques à Fatouville, bien connus des navigateurs de la Seine comme point de repère.

Bontés (Les), lieu-dit à Venables.

Bonval (Le), h. de Fontaine-Bellenger.

Roos, h. d'Heudreville-sur-Eure.

Boquerets (Les), f. à Hondouville.

Boquets (Les), f. à Éturqueraye.

Boquets (Les), f. à Neaufles-Saint-Martin.

Boquette (La), m⁰ⁿ isolée, à Saint-Mards-de-Fresnes.

Boquetterie (La), h. de Saint-Mards-de-Blacarville.

Bord (Forêt de), nommée souvent *forêt de Pont-de-l'Arche* et quelquefois *forêt de Louviers*, à cause du voisinage de ces deux villes ; forêt auj. de 3,545 hectares. — *Bortis*, 1014 (ch. de Richard II). — *Silva quæ dicitur Bort*, 1171 (ch. de Henri II). — *Bort*, 1190 (ch. de Richard Cœur de Lion).

Bord-du-Bois, h. de Martagny.

Borde (La), h. de Pont-de-l'Arche.

Bordeaux, h. d'Éturqueraye.

Bordeaux, h. de Toutainville.

Bordeaux, h. et fief relevant du roi à Verneusses.

Bordeaux (Les), h. de Baubray.

Bordeaux (Les), chât. et h. de Château-sur-Epte.

Bordeaux de Saint-Clair (Les), h. de Guerny et m¹ⁿ sur l'Epte. — *Bord Haut* (devis des routes).

Bordel (Rue du), à Sainte-Marie-de-Vatimesnil.

Bordelle (Rue), rue à Heubécourt.

Borderie (La), f. à la Haye-de-Calleville.

Bordet (Le), anc. nom du fief qui devint Omonville-Blandey au Tremblay.

Bordigny, h. de Breteuil ; demi-fief. — *Bordinnoium*, 1153 (ch. de Henri II). — *Bordigniacum, Bordeigniacum* (enquête de la forêt de Breteuil). — *Bordinni*, xiiᵉ sᵉ ; *Bordigni apud Lyram*, 1208 (cart. de Lyre). — *Bordeigni, Bordegny*, v. 1208 (reg. de Phil. Aug.). — *Bordinetum*, 1217 (L. P.). — *Bordingnetum*, 1217 (ibid.). — *Bourdigneium*, 1228 (cart. de Lyre). — *Bordigné*, 1264. — *Bordeignoium*, 1278. — *Bordigneyum*, 1292 (L. P.). — *Bourdeny* (Le Beurier).

Bordins (Les), cⁿ de la forêt de Lyons (plan général de la forêt domaniale).

Bordins (Les), h. de Puchay.

Borne (La), h. d'Ambenay.

Borne (La), h. de Bois-Arnault.

Borne (La), lieu-dit à la Guéroulde.

Borne (La Grande-), lieu-dit à Notre-Dame-de-Fresne.

Borne (La Grosse-), lieu-dit à Notre-Dame-de-Fresne.

Borne (La Haute-), lieu-dit à Rouilly.

Borne (La Petite-), lieu-dit à Notre-Dame-de-Fresne.

Borne-Blanche (La), lieu-dit à Cahappeville.

Borne-Blanche (La), lieu-dit à Nogent-le-Sec.

Borne-Rouge (La), lieu-dit aux Damps.

Bornes (Sentier des), à Gisors.

Bosbénard. — *Boscus Bernard*, 1089 (cart. de la Trinité de Beaumont) ; territoire étendu partagé entre les familles Commin et Crescy (L. P.), d'où les noms de deux communes.

Bosbénard-Commin, c^ne du c^on de Bourgtheroulde, fief relevant du marquisat de la Londe. — *Boscus Bernardi Commin*, 1224 (cart. de Bourg-Achard). — *Bos Besnart Comin* (p. d'Eudes Rigaud). — *Saint-Pierre du Bosc Bénart Comin*, 1257 (inventaire des tit. de l'abb. du Bec). — *Sanctus Petrus de Bosco Bernardi Coumin*, 1257 (cart. normand). — *Bosc .Besnart de Coumin*, 1431 (p. de Raoul Roussel). — *Bos Bernard Commin*, 1717 (Claude d'Aubigné). — *Saint-Pierre du Bosc Bénard Commin*, 1738 (Toussaint du Plessis). — On a dit quelquefois *le Petit Bos Bénard*.

Bosbénard-Crescy, c^ne du c^on de Bourgtheroulde. — *Cressi, Crescy* (cart. du Bec). — *Bosc-Bernart de Cressi* (p. d'Eudes Rigaud et p. de Raoul Roussel). — *Crechiacum*, 1317 (ch. de Philippe le Long). — *Boscus Benardi Cressy*, 1368 (inventaire du chanoine Hugues de Chataignier). — On a dit quelque-le *Grand Bos Bénard*.

Bosbénard-le-Grand, fief à Bosbénard-Crescy, relevant du marquisat d'Estouteville (vingtièmes).

Bosbénard-le-Petit, fief à Bosbénard-Crescy, relevant de l'abb. du Bec (vingtièmes).

Bosc (Le), grande forêt qui a fini par prendre le nom de *forêt du Neubourg*.

Bosc (Le), fief à Bacqueville, 1366; dit aussi *le Buc*.

Bosc (Le), fief à Berville-la-Campagne, relevant de l'abb. de Conches, 1419 (L. P.). — *Bost*, 1419 (L. P.).

Bosc (Le), fief à Beuzeville, relevant de Pont-Audemer (L. P.).

Bosc (Le), fief à Épréville-en-Roumois (Le Beurier).

Bosc (Le), anc. fief de l'abb. de Grestain, à Fiquefleur.

Bosc (Le), franc fief à Fourmetot (vingtièmes).

Bosc (Le), fief et h. à Giverville.

Bosc (Le), fief au Houlbec. — 1263 (L. P.).

Bosc (Le), fief au Mesnil-Péan.

Bosc (Le), fief à Saint-Aubin-des-Hayes. — 1756 (Le Beurier).

Bosc (Le), f. à Sainte-Opportune-du-Bosc.

Bosc (Le), huit^e de fief à Thuit-Signol, relevant du comté d'Évreux.

Bosc (Le), fief au Torpt, relevant de Pont-Audemer (L. P.).

Bosc (Le), huit^e de fief à Valletot.

Bosc-Alard, f. à Amfreville-les-Champs.

Bosc-Alix, h. de Broglie. — Emplacement d'une batterie de siége en 1589.

Bosc-André (Le), h. et fief de Saint-Germain-la-Campagne. — *Bosc-Andrey* (L. P.).

Bosc-Anglier, h. de Beaumontel. — *Bosc-Andelier,*

Bosc-Anguillier (Le Beurier). — *Bosc-Anguelier,* xve siècle (dénomb. de la vicomté de Conches).

Boscarme, f. à Saint-Étienne-l'Allier.

Bosc-Asselin, paroisse partagée avant le xive siècle en deux églises : *Saint-Martin* et *Saint-Nicolas* «de eodem Bosco Ascelini», devenues Saint-Martin-la-Correille et Saint-Nicolas-du-Bosc-Asselin.

Bosc-Aubé, h. des Préaux. — *Osberni Boscus* (cart. des Préaux).

Bosc-au-Doyen, lieu-dit à Beuzeville. — Sieurie, 1598; vavassorie, 1633 (Charpillon et Caresme).

Bosc-au-Huré, anc. enceinte fortifiée à Saint-Mards-de-Fresnes, le long du chemin de Courtonne. — *La Huraudère*, 1231 (L. P.). — *Boscus au Hure*, 1256 (L. P.).

Bosc-au-Londe (Le), h. de Bailleul-la-Vallée.

Bosc-au-Seigneur (Le), lieu-dit à Boisemont.

Bosc-aux-Corneilles, q. de fief au Tremblay, relevant du comté d'Évreux.

Bosc-Bérenger (Le), h. de Bourgtheroulde; fief uni à la baronnie.

Bosc-Binet (Le), h. de Saint-Mards-de-Fresne.

Bosc-Buisson (Le), q. de fief à Thierville, relevant du roi ou de l'archevêque de Rouen (Le Beurier). — Nommé aussi *fief de l'Arc*.

Bosc-d'Asnières (Le), vavassorie noble à Saint-Pierre-de-Cormeilles (Réautey, Notice hist. sur le chât. de Malou).

Bosc-de-Beuzeville, fief à Beuzeville, 1558 (L. P.).

Bosc-de-la-Londe, fief à Éturqueraye, 1697 (Le Beurier).

Bosc-de-Romilly, anc. nom de Saint-Aubin-des-Hayes. — *Bosc de Roumilly* (anc. actes).

Bosc-des-Prés (Le), h. de Beaumesnil; fief appart. à l'abb. de Lyre en 1418 (L. P.).

Bosc-Drouet (Le), fief à Drucourt.

Bosc-du-Bois (Le), f. au Chamblac.

Bosc-du-Val (Le), h. de Piencourt.

Bosce (La), h. de Lyons. — *Bocia; Bochia*, xiie siècle (cart. de Mortemer).

Bosc-en-Tuit, vavassorie à Beuzeville, relev. de Beaumoussel.

Bosc-Fortier (Le), h. du Troncq. — *Beaufortier* (prononciation locale). — *La Motte de Beaufortier; le Bosc aux Fortiers* (L. P.).

Bosc-Franc-en-Vexin (Le), demi-fief à Authevernes, relev. de Boisdennemets (L. P.).

Bosc-Gardin (Le), h. de Saint-Jean-de-la-Lequeraye.

Bosc-Giard (Le), f. à Noards et fief. — *Bosyart* (Le Beurier).

Bosc-Groult, h. de Giverville.

Bosc-Groult, f. à Saint-Ouen-de-Thouberville. —

Boscus Gheroudi, 1190; *Bosc Géroud*, 1222; *Boscus Geraldi; Bosc Guerout* (cart. de Bourg-Achard). — *Bosguerout* (L. P.).

Bosc-Groult (Le), h. de Saint-Mards-de-Fresne.

Boscgenoult (Le), h. de Saint-Victor-d'Épine.

Bosc-Guérard (Le) ou le Boscguérard, très-anc. paroisse divisée vers le xiiie s° en Saint-Denis-du-Bosguerard et Saint-Pierre-du-Bosguerard. — *Boscus Gerardi; Boscus Girardi* (L. P.). — *Boscus Gyraldi*, 1218 (cart. de Saint-Wandrille).— *Bochus Gerardi*, xiiie s° (p. d'Eudes Rigaud). — *Bos-Guérard*, 1632 (titre notarié). — *Bogrard* (prononc. locale).

Bosc-Guénet, fief à Bazoques.

Bosc-Guénoult, tiers de fief relev. de Mauny à la Trinité-de-Thouberville, 1755 (vingtièmes). — *Boscus Gueroudi*, 1190; *Boscus Geroldi*, 1211 (L. P.).·

Bosc-Hamel (Le), chât. et h. d'Épaignes. — *Bochamel* (prononc. locale).

Bosc-Harel (Le), h. qui, après avoir été partagé entre deux c°s, Amfreville et le Neubourg, et entre quatre c°es, Amfreville, Fouqueville, Hectomare et le Troncq, relève uniquement, depuis 1860, d'Amfreville-la-Campagne. — *Beaudharel*, 1518 (aveu). — *Bihorel*, 1749 (plaids d'Auvergny); 1765 (note du seigneur). — *Boscharel*, 1768 (aveu). — *Boirel* (prononc. locale).

Bosc-Haubert (Le), f. à Notre-Dame-de-Préaux.

Bosche (La), fief à Alisay, dit aussi *Regnault de la Bosche.*

Boscuelle (La), h. de Villez-sur-Damville. — *La Boscheelle*, 1263 (L. P.).

Bosc-Henri, h. de Drucourt.

Bosc-Henri, pl. fief à Plainville.

Boscherons (Les), h. de Gaudreville-la-Rivière, et marnières où il a été découvert des canaux souterrains de l'Iton.

Boscherville, c°e du c°n de Bourgtheroulde; pl. fief de haubert. — *Boschiervilla*, 1253 (cart. de Lyre), xiiie siècle (p. d'Eudes Rigaud). — *Beata Maria de Boschervilla*, 1261 (tit. de Sainte-Vaubourg).— *Brancherville*, 1342 (chron. du Bec). — *Baucherville*, 1451 (arch. nat. vicomté d'Évreux).

Boschet (Le), h. de Francheville. — *Le Beauchet*, 1868 (annonces légales).

Bosc-Jouas, fief à Thibouville.— *Baugeois* (Le Beurier).

Bosc-Judas (Le), h. partagé entre Carsix et Serquigny.

Bosc-l'Abbé (Le), h. partagé entre Saint-Nicolas-du-Bosc-l'Abbé et Saint-Victor-du-Chrétienville.

Bosc-Lambert (Le), h. d'Hauville.

Bosc-le-Comte, h. de Bernay, q. de fief relev. du fief de Brucourt, assis également à Bernay; bois de 219 acres en 1246.

Bosc-le-Comte, huit° de fief à Bourneville.

Bosc-le-Comte, f. à Grand-Camp.

Bosc-Morel, c°e du c°n de Broglie; membre de la baronnie de Ferrières. — *Boscus Morel*, 1387 (M. R.). —*Saint-Christophe-du-Bosc-Morel*, v. 1610 (aveu de Charlotte des Ursins). — *Bosmoret* (Masson-Saint-Amand). — *Bosmorel* (Le Beurier).

Bosc-Normand (Le), vavassorie à Hectomare.

Bosc-Oursel, h. de Letteguives. — *Bourgoursel* (L. P.). — *Beaucoursel* (prononc. locale).

Bosc-Potier (Le), h. de Saint-Jean-de-la-Loqueraye.

Bosc-Raoul, fief relev. de Saint-Aubin-de-Scellon et seigneurie à Folleville en 1497 (cart. du Bec). — *Bosc Rault* (Le Beurier).

Bosc-Rault, h. de la Chapelle-Gauthier.

Bosc-Regnoult-en-Roumois, c°e du c°n de Bourgtheroulde; fief relev. de la châtellenie de Boisset-le-Châtel. — *Bos Renolt*, xiiie s° (p. d'Eudes Rigaud). —*Bornoult*, 1684 (Colbert, coadj. de Rouen). — *Bosc-Regnoult-sur-Rille*, 1828 (L. Dubois).

Bosc-Renoult, f. à Saint-Étienne-l'Allier.

Bosc-Renoult-en-Ouche, c°e du c°n de Beaumesnil; demi-fief relevant de la Barre. — *Boscus Regnoldi* (Gall. christ. t. XI, instr. p. 123). — *Boscus Renolti*, 1235 (cart. de Notre-Dame-du-Lesme). — *Boscus Renoudi* (Historiens de France, t. XI, p. 44). — *Bosc Regnoult*, 1469 (Moust. Gén. de la noblesse du baill. d'Évreux).

Bosc-Ricard, h. de Plainville et de Saint-Nicolas-du-Bosc-l'Abbé. — *Boscus Ricardi*, 1235 (L. P.).

Bosc-Richard, fief à Heudreville-sur-Eure, 1558 (Le Beurier).

Bosc-Richen, f. à Grandchain.

Bosc-Richier, q. de fief à Saint-Lambert, relevant de Beaumesnil. — *Le Boscher*, 1419 (L. P.). — *Bosc Rechier*, 1469; *Bosc-Richer*, 1868 (Charpillon et Caresme).

Bosc-Robert, paroisse réunie à Gisay en 1792 et fief relev. de Beaumont-le-Roger. — *Boscus Roberti* (ch. de Robert de Leicester).

Bosc-Roger, fief à Bosc-Roger-près-Barquet, relev. de Gisay.

Bosc-Roger, q. de fief à Bouquetot, s'étendant sur Rougemontiers. — *Le Bosc-Rogier* (Le Beurier).

Bosc-Roger, fief à Épréville-en-Lieuvin.

Bosc-Roger, h. de Séez-Mesnil.

Bosc-Roger-en-Roumois, c°e du c°n de Bourgtheroulde. — *Boscus Rogeri*, 1261 (ch. de saint Louis). — *Rogeri Silva* (Masseville). — *Bos Rogier*, xiiie siècle (p. d'Eudes Rigaud).— *Bosc Rogier*, 1501 (compte des revenus de la vicomté d'Elbeuf). — *Boisroger*, 1631 (Tassin, plans et profilz). — *Boroger*, 1684

(Colbert, coadjuteur de Rouen). — *Bosc-Roger-la-Londe*, 1828 (L. Dubois).

Bosc-Roger-la-Glassonnière, paroisse réunie à Gisny en 1792.

Bosc-Roger-près-Barquet ou Bosc-Roger-sous-Barquet, paroisse réunie en 1792 à Barquet et fief dans la vicomté de Beaumont. — *Bois Rogier*, 1397, 1456 (aveux, arch. nat.). — *Bosc-Roger-près-Beaumont*, 1562 (arrière-ban).

Bosc-Roger-sous-Bacquet (Le), c^ne réunie à Fourges en 1842. — *Boscus Rogerii*, 1164 (ch. de l'arch. Rotrou); 1242 (ch. de saint Louis). — *Boisroger*, 1672 (aveu de l'abbesse du Trésor).

Bosc-Roger-sur-Eure, c^ne réunie au Plessis-Hébert et fief dépendant de la vicomté d'Évreux. — *Boscus Rogeri* (reg. Phil. Aug.).

Bosc-Rogier, huit^e de fief à Claville, relev. de Claville.

Bosc-Ronflet (Le), h. de Saint-Aubin-le-Vertueux.

Boscs (Les), h. de la Haye-Aubrée.

Boscolard, lieu-dit à Saint-Denis-du-Bosguerard, 1283 (cart. du Bec).

Bosc-Yves (Le), h. partagé entre la Neuville-du-Bosc et Saint-Éloi-de-Fourques, xiiie siècle.

Bosféray, h. et vavass. à Thuit-Signol. — *Beauféray*, 1648 (tabell. de Becthomas). — *Boisfré* ou *Boscféret*, 1648 (note des mém. de Henri de Campion). — *Boscférei*, 1649 (mém. de Campion). — *Bofferay*, 1743 (titre du terr. de la vavass.). — *Bocféray*, 1743 (gage c. pleige). — *Bossefere* (Cassini). — *Bofféré*, 1752 (notariat d'Amfreville-la-Campagne). — *Bosc féré*, 1870 (lettre du propriétaire).

Bosfraxt, fief à Autheverbes.

Boscouet, c^ne du c^on de Routot. — *Boscus Goet*, 1175 (cart. de Bourg-Achard). — *Boscus Gohiet*, 1179 (bulle d'Alexandre III). — *Boscus Goïeth* (cart. de Préaux). — *Boschus Goeti* (p. d'Eudes Rigaud). — *Bosc Gouet*, vers 1400 (coutumier des forêts), et 1717 (Claude d'Aubigné).

Bosguerard (Le), ancienne paroisse. — Voy. Bosc-Guerard (Le).

Bosguerard-de-Marcouville, c^ne de Bourgtheroulde, c^ne formée en 1844 de Marcouville-en-Roumois et de Saint-Denis-du-Bosguerard. — *Bosc-Guérard-sur-Monville*, 1828 (L. Dubois). — *Beaugrand-de-Marcouville*, 1868 (ann. de l'assoc. normande).

Bosgueret, h. de Saint-Aubin-du-Thenney.

Bosgueret (Le), h. de Bazoques.

Bosiuox (Le), h. d'Ambenay.

Bosiiion (Le), anc. c^ne réunie à Orvaux en 1809; q. de fief. — *Boscus Hugonis*, 1196 (ch. de Robert IV, comte de Leicester). — *Bosghuon*, xiiie siècle. — *Bosc-Huon*, 1416 (L. P.). — *Bois-Huen*, 1469

(monstre). — *Bosc-Hyon*, 1562 (arrière-ban). — *Bohion*, 1662 (L. P.). — *Bois-Huan, Bouyon* (ibid.). — *Les Boschion*, 1700 (dép^t de l'élect. de Conches).

Bosnyon (Le), h. de Reuilly. — *Bosc Huon; Bosc Ivon*, xiie s^e (ch. de la Noë). — *Nemus Huon*, 1220 (L. P.).

Boslon, h. de Quittebeuf; anc. bois. — *Boolon*, v. 1189 (ch. de Simon, comte d'Évreux).

Bos-Normand, c^ne du c^on de Bourgtheroulde. — *Boscus Normant*, 1203 (M. R.). — *Bos normant*, xiiie s^e (p. d'Eudes Rigaud). — *Boscus Normanni*, 1247; *Boscus Normandi*, 1253 (ch. de la comm^rie de Sainte-Vaubourg). — *Silca Normanni* (cart. de Lyre). — *Bosc Normant*, 1501 (comptes des revenus de la vicomté d'Elbeuf). — *Boisnormand*, xviie s^e (aveu du Commandeur de Champignolles). — *Bos-Normand* est appelé *Saint-Aubin* dans une charte de 1247 (Charpillon et Caresme).

Bosquentin, c^ne du c^on de Lyons; pl. f. — *Boschentinum*, vers 1048 (ch. du duc Robert); xiie siècle (*Neustria Pia*, p. 778). — *Boscentin*, 1145 (L. P.). — *Bousquentin*, 1260 (p. d'Eudes Rigaud). — *Boquentin*, 1828 (L. Dubois).

Bosquerie (La), h. de Martainville-en-Lieuvin.

Bosquerie (La), h. de Saint-Aubin-le-Vertueux.

Bosquesne (Le), fief à Épaignes. — 1792 (liste des émigrés).

Bosquet (Le), vavassorie à Goupillières (Le Beurier).

Bosquet-Mulot (Le), h. de Saint-Ouen-de-Thouberville.

Bosquets (Les), h. du Landin.

Bosquets (Les), m^n isolée, à Louversey.

Bosquets (Les), f. à Saint-Pierre-de-Cormeilles.

Bosrenard (Le), h. d'Heudicourt.

Bosrobbrt, c^ne du c^on de Brionne, accrue de Saint-Taurin-des-Ifs en 1837. — *Boscus Roberti* (p. d'Eudes Rigaud). — *Bosc Robert*, 1333 (cart. de Beaumont-le-Roger). — *Bosrobert en Ouche*, 1722 (Masseville).

Bos-Roger, h. de Bouquetot.

Bos-Roger, plein fief à Claville, relevant du comté d'Évreux; auj. h. de Claville.

Bos-Roger, fief à Notre-Dame-du-Hamel (Le Beurier).

Bos-Roger, f. à Saint-Pierre-de-Salerne.

Bos-Ròr, lieu-dit à Folleville. — *Buscus Rotundus*, xiie s^e (L. P.).

Bos-Rouffley, f. à Saint-Aubin-le-Vertueux.

Bossaye (Le), h. de la Croix-Saint-Leufroi.

Bosse (La), fief à Alisay (vingtième).

Bosse (La), h. de Lyons-la-Forêt.

Bosse-de-Martot (La), banc sur la Seine, en face de Martot.

Bosselette (La), h. de la Vieille-Lyre. — *La Boiscrette*, 1293 (L. P.).

Bossière (La), f. à la Croix-Saint-Leufroi.

Bostenné, fief à Épaignes, relev. de l'abb. de Saint-Pierre-de-Préaux en 1380.

Bostenney, h. du Torpt; q. de fief relev. du roi. — *Bosctenney; Boistenney* (Le Beurier). — *Boitenney*, 1792 (premier supplément à la liste des émigrés). — *Bois Tanney*, 1840 (Gadebled).

Boston, h. de Verneuil.

Botrel (Le), h. de Saint-Clair-d'Arcey.

Botremare, h. de Fontaine-Heudebourg.

Botteaux (Les Petits-), fief à Francheville, relevant de Bourth (vingtièmes).

Bottereaux (Les), usine à Ambenay.

Bottereaux (Les), c^ne du c^on de Rugles; baronnie; deux fiefs du même nom au même lieu. — *Boterelli*, vers 1190 (reg. Phil. Aug.); 1210 (ch. du chap. d'Évreux); vers 1210 (ch. de Luc, évêque d'Évreux). — *Boterals*, XIIIe s^e (cart. de la Sainte-Trinité-de-Beaumont). — *Les Bostereaux*, 1380 (la Roque). — *Botterraux*, 1612 (aveu de Guill. de Péricard, évêque d'Évreux).

Botteron (Le), anc. fief dans la vicomté de Conches (Le Beurier).

Bouafles, c^ne du c^on des Andelys. — *Baldacha*, 750 (ch. de Pepin le Bref). — *Bodalea*, 775 (diplôme de Charlemagne). — *Boflae* (arch. de l'Eure). — *Bodelfa* (ch. d'Onfroy de Vieilles et de l'archev. Mauger). — *Boafle*, 1203 (lettre de Jean sans Terre). — *Boæfles* (p. d'Eudes Rigaud). — *Boafles* (cart. de Saint-Taurin). — *Bouaffle* (coutumier des forêts de Normandie). — *Bouafle en Vexin* (L. P.). — *Bouaffe* (Brossard de Ruville).

Bouc (Le), f. à Sainte-Croix-sur-Aizier. — *Le Boucque* (Le Beurier).

Bouchaires (La côte des), à Gournets.

Bouchaires (Les), lieu-dit à Vandrimare.

Bouchardière (La), h. de Martainville-en-Lieuvin.

Boucherie (La), f. et fief au Chamblac.

Boucheries (Les), h. de Francheville.

Boucheville, fief à Neuville-sur-Authou.

Boucheville, f. et fief à Saint-Vincent-du-Boulay.

Boucheville (Pont de), à Bernay; doit son nom à Mutel de Boucheville, maire de Bernay.

Boucheville (Vallée de), sur la paroisse Sainte-Croix-de-Bernay en 1792 (liste des émigrés).

Bouchevilliers, c^ne du c^on de Gisors. — *Bochinvilarium*, vers 1209 (cart. blanc de Saint-Denis). — *Bocheviler*, XIIIe siècle (p. d'Eudes Rigaud). — *Bochinviler, Bochenviler*, 1275 (cart. blanc de Saint-Denis). — *Bouchevillare, Boucherviller*, 1308 (ch. de Phil. le Bel).

Bouchevilliers, fief à Grainville, relev. d'Étrépagny.

Bouchonnière (La), h. de Saint-Mards-de-Fresne.

Bouchonnière (La), h. de Saint-Vincent-du-Boulay.

Boucquerard (Le), lieu-dit à Beaubray.

Boudart, fief à Saint-Denis-le-Ferment en 1400; dit aussi fief de *Saint-Cler*.

Bouderesse, q. de fief à Menilles, relevant du chât. de Pacy; dit aussi *Hourderesse* (Le Beurier).

Boudeville, h. et anc. baronnie, XVIe siècle, et h. j. des Montmorency, à Saint-Aquilin-de-Pacy.

Boudière (La), h. de Cintray.

Boudinière (La), h. de Saint-Victor-d'Épine.

Bouffey, paroisse réunie à Bernay en 1792; fief. — *Bofei*, 1125 (ch. de fondation de N.-D.-du-Lesme). — *Saint-Jehan-le-Bofei* (reg. Phil. Aug.). — *Bouffei, Boufei* (M. R.). — *Boufey*, 1380 (L. P.). — *Buffeus* (La Roque). — *Bouffé*, 1469 (monstre gén. de la noblesse du baill. d'Évreux). — *Bouffei*, 1474 (La Roque). — *Bouffey*, 1562 (arrière-ban).

Bougannerie (La), lieu-dit à Daubeuf-la-Campagne.

Bougenrue, nom primitif de Saint-Germain-Village. — *Bolgerue, Bolguerue*, 1135 (charte de Galeran de Meulan).

Bougesse (La), fief à Villettes.

Bougeville, h. de Neuville-sur-Authou. — *Bogerivilla*, 1268 (cart. du Bec).

Bouey, ancienne c^ne réunie à Romilly-la-Puthenaye en 1846. — *Bulgeium*, 1136 (O. V.). — *Bugeium*, 1215 (ch. de la Noë). — *Bougi sur l'Ile*, 1828 (L. Dubois).

Bouhourdière (La), h. de Bourth.

Bouhours, h. de Bourth.

Bouillerie (La), f. à Bourg-Achard.

Bouilli, h. de Saint-Symphorien.

Bouillon (Le), lieu-dit à Saint-Pierre-d'Autils.

Bouillonnerie (La), h. de Bosguerard-de-Marcouville.

Bouillons (Les), h. de Neaufles-Saint-Martin.

Bouillons (Les), usine à Saint-Antonin-de-Sommaire, en 1568.

Bouis (Les), h. de Saint-Symphorien.

Boujot (Le), f. à Épréville-près-le-Neubourg.

Boulaie (La), h. de Bémécourt.

Boulaie (La), f. à Cintray.

Boulaie (La), h. d'Étreville.

Boulaie (La), h. de Fleury-la-Forêt.

Boulaie (La), h. de Landepereuse.

Boulaie (La), h. fief et manoir à Plasnes en 1456 (L. P.).

Boulaie (La), h. de Saint-Jean-de-la-Lequeraye.

Boulaie (La), h. de Saint-Pierre-du-Val.

Boulaie (La), h. et fief à la Trinité-du-Mesnil-Josselin.

Boulaie (La), h. de Villegats.

BOULAIS (LES), h. de Chéronvilliers.

BOULAIS (LES), h. du Chesne. — *Boelei*, 1231. — *Boleium*, 1234 (cart. de Lyre).

BOULAIS (LES), h. de Saint-Aubin-de-Scellon.

BOULANGAR (LE), h. de Corneville-sur-Risle.

BOULANGERIE (LA), h. d'Asnières.

BOULANGERIE (LA), h. des Jonquerets-de-Livet.

BOULANGERIE (LA), m^{in} à Notre-Dame-de-Préaux.

BOULARDERIE (LA), h. d'Honguemare.

BOULAY (LE), fief et m^{in} uni à la baronnie du Bec-Hellouin. — *Le Boutley*, 1521 (aveu des relig. du Bec).

BOULAY (LE), f. à Boisset-le-Châtel.

BOULAY (LE), h. de Bosc-Morel.

BOULAY (LE), f. à Boulleville.

BOULAY (LE), h. de Burey.

BOULAY (LE), h. de Canappeville; q. de fief relevant de Landes, 1419 (L. P.).

BOULAY (LE), h. de Chaise-Dieu-du-Theil.

BOULAY (LE), h. de Dame-Marie.

BOULAY (LE), h. d'Épinay.

BOULAY (LE), f. à Épréville-en-Roumois.

BOULAY (LE), h. de Francheville.

BOULAY (LE), h. de Gisay.

BOULAY (LE), h. de Mandres.

BOULAY (LE), h. de Mélicourt.

BOULAY (LE), h. de Morainville-sur-Damville.

BOULAY (LE), h. de Saint-Denis-d'Augerons.

BOULAY (LE), h. de Saint-Mards-de-Fresne et vavass. relevant d'Orbec, 1406 (L. P.).

BOULAY (LE), fief à Saint-Martin-du-Vieux-Verneuil (vingtièmes).

BOULAY (LE), h. de Saint-Pierre-de-Cormeilles.

BOULAY (LE), h. de Saint-Vincent-du-Boulay.

BOULAY (LE), f. à la Selle.

BOULAY (LE), fief et h. de la Trinité-du-Mesnil-Josselin.

BOULAY (LE), f. à Verneuil.

BOULAY (LE), h. de Verneusses. — *Buoletum*, 1252 (L. P.).

BOULAY (LE), h. et enclos avec colombier et fossés, marqué dans une carte de Villez-sur-Bailleul (Le Beurier).

BOULAY-BETHAN (LE), h. et q. de fief à Houdouville, relevant de Canappeville. — *Bouley-Bétenc*, 1456 (abbé Caresme). — *Boulay-Bethong* (Le Beurier).

BOULAYE (LA), baronnie à Autheuil, érigée en 1588; chât. auj. démoli.

BOULAYE (LA), fief à Bosc-Roger-la-Glassonnière, relevant du comté de Beaumont.

BOULAYE (LA), h. d'Équainville.

BOULAYE (LA), f. et fief à Grand-Camp.

BOULAYE (LA), h. de la Roussière.

BOULAYE (LA), h. de Saint-Chéron.

BOULAYE-MAILLARD (LA), fief à Autheuil.

BOULAYE-MARION (LA), h. de Croisy.

BOULAY-MORIN (LE), c^{ne} du c^{on} d'Évreux nord; demi-fief. — *Booleyum*, xiiie s^e (L. P.). — *Bouleyum Morini* (second pouillé d'Évreux). — *Boulley Morin*, 1469 (monstre); 1584 (aveu de Henri de Silly). — *Le Boulei Morin*, 1828 (L. Dubois).

BOULBOUT, h. de Grand-Camp.

BOULEAUX (LES), h. de Pullay.

BOULETS (LES), h. de Saint-Christophe-sur-Condé.

BOULEVARD MARITIME (LE), chemin d'intérêt commun à Pont-Audemer.

BOULEVETS (LES), lieu-dit à la Chapelle-Réanville.

BOULEY, fief à Morainville-sur-Damville.

BOULLÉ (LE), q. de fief à Épréville-en-Roumois, relevant de la Lende.

BOULLENC, fief à Bois-Hubert en 1677.

BOULLEVILLE, c^{ne} du c^{on} de Beuzeville. — *Bollivilla*, 1040 (ch. de Guill. le Conquérant). — *Beollevilla*, vers 1166 (bulle d'Alexandre III). — *Bollevila*, 1180 (M. R.). — *Bolevilla, Bollivilla* (cart. de Préaux).

BOULLEY (LE), q. de fief à Fatouville, relevant du roi.

BOULLEY (LE), q. de fief à Harquency, relevant d'Étrepagny en 1625.

BOULLOCHE, fief à Guiseniers, relevant d'Harquency.

BOULONNAIS (LE), lieu-dit à Bus-Saint-Remy.

BOULTIÈRE (LA), h. de Saint-Ouen-de-Thouberville.

BOUQUELON, c^{ne} du c^{on} de Quillebeuf. — *Boscus longus*; *Bosquelon* (L. P.). — *Bouchelon*, 1180 (M. R.). — *Boquelont*, xiiie s^e (p. d'Eudes Rigaud).

BOUQUELOX, h. de Goupillières. — *Longus Boscus*, xiiie s^e (cart. de la Sainte-Trinité-de-Beaumont).

BOUQUETARD (LE), h. de Beaubray.

BOUQUETOT, c^{ne} du c^{on} de Routot, accrue en 1846 de Saint-Michel-de-la-Haye et de Saint-Paul-de-la-Haye. — *Bochetot*, 1180 (cart. de la Trinité-du-Mont). — *Bouketot*, 1198 (M. R.). — *Boquethot*, 1205. — *Buchetot*, 1206 (cart. de Jumiéges). — *Boketot*, 1243 (cart. de Préaux). — *Bochetot*, xiiie s^e (ch. de Robert de Meulan). — *Boguetot, Boquetot* (cart. de Préaux). — *Buchetot, Bucetot, Buccetot* (cart. de la Sainte-Trinité-de-Beaumont). — *Bouquelot*, 1825 (Dict. gén. des communes).

BOUQUETOT, f. et fief à Duranville. — *Bochetot*, 1178 (ch. de Robert de Meulan).

BOURAS, h. de Saint-Jean-du-Thenney.

BOURBIER (SOURCES DU), à la Bonneville.

BOURBIERS (PRÉS DES), à Bourth.

BOURBON, jardin; étroit enclos qui séparait de l'Andelle l'abb. de Fontaine-Guérard.

BOURBON (CHARTREUSE DE), nom donné par Henri IV à

la chartreuse de Gaillon, sise à Aubevoye. — *Bour-bon lez Gaillon* (actes nombreux).

BOURBON (TOUR DE), château de Jacques de Bourbon à Dangu; auj. détruit.

BOURBON-PENTHIÈVRE (RUE), à Vernon, en 1870.

BOURBONS (LES), lieu-dit à Saint-Aquilin-de-Pacy.

BOURDEAUX (LES), fief relevant du Thuit (L. P.).

BOURDIÈRE (LA), h. de Bosguerard-de-Marcouville.

BOURDIGADE (LA), lieu-dit à Saussay-la-Vache.

BOURDONNAY (LE), h. d'Houville.

BOURDONNERIE (LA), h. d'Épaignes.

BOURDONNEY (LE), fief à Cissey.

BOURDONNIÈRE (LA), h. de Bosc-Morel.

BOURDONNIÈRE (LA), h. de Creton.

BOURDONNIÈRE (LA), f. à Écos en 1254.

BOURDONNIÈRE (LA), h. des Jonquerets-de-Livet.

BOURDONNIÈRE (RUISSEAU DE LA), à Écos.

BOURG (LE), h. d'Appeville.

BOURG (LE), h. de Bourneville.

BOURG (LE), h. de Francheville.

BOURG (LE), h. de Giverville.

BOURG (LE), h. de Saint-Ouen-d'Attez.

BOURG-ACHARD, c^{ne} du c^{on} de Routot; baronnie en 1624; anc. h. justice; qualifiée bourg en 1722 (Masseville). — Au moyen âge, indifféremment *Bosc Achard*, *Buc Assart*, *Bouc Achart*, *Bourg Achard* (L. Passy, Notice sur le prieuré de Bourg-Achard). — *Nemus Achardi*, 1050 (ch. de fondation de Saint-Georges-de-Boscherville). — *Burgus Acardi* (ch. de Rotrou, archevêque de Rouen); 1203 (M. R.). — *Boro Achart*, 1190 (trésor des chartes). — *Burgus Eschardi*, 1248; *Burgus Eschardi*, 1254; *Burgus Escardi*, 1256 (reg. visitat.). — *Bourg Chassard* (états de Pont-Audemer). — *Bouc Achart*, 1380 (lettre de Charles VI). — *Bourcachart*, vers 1400 (coutum. des forêts). — *Burgus Achardi*, 1438 (comptes du promoteur de l'officialité de Rouen). — *Boscachard*, 1508 (arch. nat. et La Roque). — *Bocachard*, 1605 (Farin, Hist. de Rouen, et La Roque). — *Bouga-chard*, 1640 (brevet d'agrégation de la Charité du lieu). — *Boucachart*, 1722 (Piganiol de la Force). — *Boucachard*, 1722 (Masseville); 1754 (Dict. des postes). — *Bourcachard*, 1758 (lettre de dom Tassin). — *Boscachard*, 1775 (épitaphe de la comtesse de Maulévrier). — *Boucachard* (prononc. locale).

BOURG-ACHARD (CANTON DE), créé en 1790 et supprimé en l'an ix; il renfermait 14 c^{nes}: Barneville, Bosbénard-Commin, Bosbénard-Cresoy, Bosgouet, Bouquetot, Bourg-Achard, Catelon, Caumont, Épréville-en-Roumois, Flancourt, Honguemare, Saint-Michel-de-la-Haye, Saint-Ouen-de-Thouberville, la Trinité-de-Thouberville.

BOURGAGEUL, fief relevant d'Évreux (L. P.). -

BOURGANNIÈRE (LA), h. des Baux-de-Breteuil.

BOURGANNIÈRE (LA), h. de Verneuil.

BOURGAUTIERS, rue de Nonancourt en 1293 (L. P.), auj. LES BOURGAUTIERS, m^{on} isolée.

BOURG-BEAUDOUIN, c^{ne} du c^{on} de Fleury, nommée d'abord *Openes* au *Ampenois* (L. P.) et accrue en 1846 de Renneville; baronnie en 1521. — *Bourg Baudouin* (Toussaint du Plessis). — *Burgus Baldoini*, 1216 (ch. de Saint-Amand). — *Bulgus Balduini*, 1325 (ch. de Charles le Bel). — *Borbeaudouin*, 1399 (aveu de J. de Poissy). — *Bourbaudoin*, 1665 (invent. général de la muse normande). — *Ampenois le Bourbaudoin*, 1783 (titres du seigneur). — Voy. AMPENOIS.

BOURG-DESSOUS (LE), h. de Serquigny.

BOURG-DESSUS (LE), h. de Beaumont-le-Roger, ancien fief dans la paroisse de Saint-Léonard; château fort et bourg fermé de murailles en 1229, démoli avant 1722. — *Boursus* (prononc. locale).

BOURGERAIE (LA), f. à la Vieille-Lyre, paraissant désignée vers 1060 (ch. de Guill. le Conquérant).

BOURGÈRE (LA), h. de Bois-Normand-près-Lyre.

BOURGERAIE (LA), lieu-dit à Bueil.

BOURG-L'ABBÉ, h. de Muzy.

BOURG-LE-COMTE, domaine à Bernay dès 1246.

BOURG-LE-COMTE, fief à Saint-Just.

BOURGNAGUET, huit^e de fief à Saint-Aquilin-de-Pacy, relevant de Boudeville (Le Beurier).

BOURG-NEUF (LE), h. de Saint-Pierre-du-Bosguerard.

BOURGOGNE (LA), h. partagé entre Glos-sur-Risle et Pont-Authou.

BOURGOGNE (LA), lieu-dit à Louviers.

BOURGOIN (LE), h. de Saint-Martin-Saint-Firmin.

BOURGOUT, anc. comm^{de} de Malte à Harquency, auj. simple ferme. — *Bourgoult*, 1219 (ch. de Robert Crespin). — *Burgutum*, 1238; *Burgundum*, 1239; *Burgout*, 1265 (L. P.). — *Brougout*, 1738 (Saas). — *Bourgont*, 1792 (suppl^t à la liste des émigrés).

BOURGOUT, h. de Port-Mort.

BOURG-ROUGE (LE), h. de Verneusses ayant une église distincte dédiée à saint Paul, citée vers 1150 dans une charte publiée à la suite d'Orderic Vital, V, 175.

BOURG-SEC (LE), h. de Sébécourt.

BOURGTHEROULDE, ch.-l. de canton; baronnie en 1617; collégiale; anc. doyenné rural du diocèse de Rouen, comprenant 43 paroisses en 1265; qualifié bourg par Masseville en 1722. — *Burgus Turoldi*, 1059 (ch. de fondation de l'abb. du Tréport). — *Burgus Thuroldi* (O. V.). — *Burgus Toroldi*, 1207 (gr. ch. du prieuré des Deux-Amants). — *Burgus Torodi*, 1208 (arch. de l'Eure). — *Burgus Turoudi* (Masse

ille). — *Burgetherodus*, 1250 (reg. visitat.). —
Boreteroude, 1252 (cart. de Bonport). — *Burgus*
Therodi (p. d'Eudes Rigaud). — *Burgus Theroldi*,
255; *Bourteroude*, 1267; *Bourgtheuroude*, 1278;
Bourgthouroude, 1336; *Bourgtouroude*, 1370 (la
Roque). — *Bouretheroude*, 1382 (aveu de Robert
d'Angerville).— *Boutheroude*, 1389 (ch. de Ch. VI).
— *Burgus Teroudi* (p. de Raoul Roussel). — *Bourethouroude*, 1462 (cart. du chap. de Rouen). —
Bourthouroude, 1496 (titres d'Harcourt). — *Bourtheroude*, 1602 (notes de Charles Puchot). — *Bouteroude*, 1648 (André Duchesne, Antiquités et rech.
des villes). — *Boutroude*, 1722 (Masseville et prononciation locale). — *Le Boultroude*, 1759 (déclaration royale). — *Bougthouroude*, 1765 (inscription
de cloche).

ORGTHEROULDE (CANTON DE), arrond. de Pont-Aude-
mer, ayant à l'E. le dép¹ de la Seine-Inférieure,
au S. les cantons d'Amfreville et de Brionne,
à l'O. celui de Montfort, au N. le canton de
Routot, et comprenant 20 c^{nes} : Bourgtheroulde,
Berville-en-Roumois, Boisset-le-Châtel, Bosbénard-
Commin, Bosbénard-Crescy, Boscherville, Bosc-
Regnoult-en-Roumois, Bosc-Roger-en-Roumois,
Bosguerard-de-Marcouville, Bos-Normand, Épré-
ville-en-Roumois, Flancourt, Infreville, Saint-
Denis-des-Monts, Saint-Léger-du-Gennetey, Saint-
Ouen-de-la-Londe, Saint-Philbert-sur-Boisset, le
Theillement, le Thuit-Hébert, Voiscreville. — 14 pa-
roisses : 1 cure à Bourgtheroulde, 13 succursales à
Berville-en-Roumois, Boisset-le-Châtel, Bosbénard-
Commin, Bosc-Roger, Bosguerard-de-Marcouville,
Bos-Normand, Épréville-en-Roumois, Flancourt,
Infreville, Saint-Denis-des-Monts, Saint-Ouen-de-
la-Londe, le Theillement, le Thuit-Hébert.

ROGTHEROULDE-THUIT-HÉBERT, station au Thuit-Hé-
bert du chemin de fer de Serquigny à Rouen.
OURGUAI, h. de Saint-Pierre-de-Cormeilles.
URGLIGNONS (LES), m^{ons} isolée, à Bourneville.
OURGLIGNONS (LES), h. de Brestot.
OURICARD (FONTAINE DU), à Saint-Amand-des-Hautes-
Terres. — *Beauricard*, 1717 (plaids et gages pleiges
de la seigneurie).
OURITS (LES), f. et fief à Routot.
OURJOJO (LE), h. et fief au Fidelaire. — *Bourjoio*
(Le Beurier).
OUBLIER (LE), h. de Nagel. — *Boscus Raillatus* (gr.
charte de Conches).
OURLIÈRES (LES), f. à la Haye-Saint-Sylvestre.
OURNAINVILLE, c^{ne} du c^{on} de Thiberville; fief relev. des
Essarts-en-Ouche, 1454. — *Bornewvilla* (reg. Phil.
Aug.).— *Burnenvilla* (cart. de la Trin. de Beaumont).

BOURNE (LA), h. de la Gueroulde.
BOURNEVILLE, c^{ne} du c^{on} de Quillebeuf; place forte
(L. P.); station romaine; qualifié bourg, 1722
(Masseville). — *Bourneville*, 1026 (cart. de Jumiéges).— *Burrevilla*, 1174 (ch. de Henri II). —
Burnievilla, *Burnevilla*, *Burnewilla*, *Burrivilla* (cart.
de Préaux). — *Bornevilla*, 1275; *Bournevilla*, 1289
(cart. de la Trinité de Beaumont). — *Bornevilla*,
1305 (cart. du Bec).
BOURSERIE (LA), fief à Pont-Authou, 1497.
BOURSIS (LES), h. de Bourneville.
BOURTH, c^{ne} du c^{on} de Verneuil; baronnie relevant du
comté de Tillières, 1406; qualifié bourg, 1689
(arrêt du parlement); 1722 (Masseville). — *Burgus*
(reg. Phil. Aug.). — *Boort*, 1130 (bulle d'Innocent II); 1228 (cart. de Lyre). — *Boore*, v. 1167
(bulle d'Alexandre III). — *Bohurt*, 1202 (L. P.).
— *Borz*, 1242 (cart. du Bec). — *Bourse*, 1244
(Neustria pia). — *Bargus*, 1245 (cart. du Désert).
— *Borc*, 1245 (jugement de l'Échiquier). —
Bourt, 1264 (La Roque).— *Boourz*, 1265 (L. P.).
BOURTH (CANTON DE), comprenant, de 1790 à l'an IX,
12 c^{nes} : Armentières, les Barils, Bourth, Chaise-
Dieu, Chennebrun, les Essarts, Francheville, Gour-
nay-le-Guérin, Mandres, Petiteville, Saint-Chris-
tophe-près-Verneuil, le Theil.
BOURTH (PORTE DE), auj. rue à Verneuil.
BOUSSEY, c^{ne} réunie à la Couture, en 1844, sous le
nom de *la Couture-Boussey*. — *Bocé* (cart. du chap.
d'Évreux). — *Boucé* (tit. de l'abb. d'Ivry). — *Bou-
cey*, 1280 (cart. normands); 1420 (L. P.). —
Boisaium (obituaire de Lyre). — *Bouceium*, 1420
(L. P.). — *Boussi*, 1456 (aveu, arch. nat.). —
Boucé, 1590 (reg. des baptèmes de Saint-Martin
d'Ivry). — *Boucey* (La Roque); 1753 (Durand,
Calendrier hist.).
BOUT-À-MADAME (LE), chât. à Chambray-sur-Eure.
BOUTARDIÈRE (LA), anc. h. des Bottereaux.
BOUTAUGRAIN, h. de la Selle.
BOUT-AU-MAÇON (LE), h. du Fresne.
BOUT-AU-MAÎTRE (LE), lieu-dit à Épieds.
BOUT-AU-ROI (LE), h. de Limbeuf.
BOUT-AUX-BARDELS (LE), h. de Saint-Pierre-de-Bail-
leul.
BOUT-AUX-BARQUETS (LE), h. de Sainte-Marguerite-de-
l'Autel.
BOUT-AUX-BIDAUX (LE), h. de Chambray-sur-Eure.
BOUT-AUX-FAILLOTS (LE), h. de Saint-Julien-de-la-
Liègue.
BOUT-AUX-GANCELS (LE), h. de Mandeville.
BOUT-AUX-HOMONTS (LE), h. de Sainte-Colombe-près-
Vernon.

Bout-aux-Jumels (Le), h. de Sainte-Colombe-près-Vernon.

Bout-aux-Petits (Le), h. de Saint-Pierre-de-Bailleul.

Bout-aux-Quétils (Le), h. de Saint-Aubin-sur-Gaillon.

Bout-aux-Rabais (Le), h. de Sainte-Marguerite-de-l'Autel.

Bout-aux-Roussels (Le), h. de Sainte-Colombe-près-Vernon.

Boutavant, petit fortin élevé par Richard Cœur de Lion, à quatre milles du Château-Gaillard, dans l'île aux Bœufs, à Notre-Dame-de-l'Île, entre les Andelys et Vernon; détruit en 1202 (Guill. de Nangis). — «Ædificavit aliam munitionem super ripam Sequanæ, quam vocavit *Botavant*, quod sonat pulsus in anteriora, quasi diceret: «ad recuperandum «terram meam in anteriora me extendo.» (Guillaume le Breton, Historiens de France, xvii, 75 et 76.) — *Bote avant*, 1198 (Stapleton). — *Bota-vant*, 1198 (Rigord). — *Butavant*, 1199 (Roger de Hoveden, et chron. anglic. Radulfi Coggeshalæ abbatis).

Bout-Bance (Le), h. du Tilleul-Dame-Agnès.

Bout-Cornu (Le), h. de Gournets.

Bout-de-Bas (Le), f. à Doudeauville.

Bout-de-Bas (Le), h. de Houville.

Bout-de-Bas (Le), h. de Lyons-la-Forêt.

Bout-de-Das (Le), h. de Mainneville.

Bout-de-Bas (Le), h. de Saint-Julien-de-la-Liègue.

Bout-de-Bouzet (Le), h. de Combon.

Bout-de-Chanteloup (Le), h. du Tilleul-Dame-Agnès.

Bout-de-Haut (Le), f. à Doudeauville.

Bout-de-Haut (Le), f. à Saint-Pierre-des-Cercueils.

Bout de la Ville, désignation, dans un grand nombre de communes, du point de la partie agglomérée le plus éloigné de l'église.

Bout-de-l'Orme (Le), h. de la Neuville-du-Bosc.

Bout-des-Bois (Le), h. de la Haye-Saint-Sylvestre.

Bout-du-Bois (Le), h. d'Ambenay.

Bout-du-Manoir (Le), h. de Tourville-la-Campagne.

Bout-du-Pont (Le), h. d'Acquigny.

Bout-du-Pont (Le), h. d'Hardencourt.

Bouteaux (Les), h. de Saint-Cyr-de-Salerne.

Bouteille (Le bois de la), nom donné depuis 1270 au bois l'Évêque, voisin d'Évreux, en mémoire d'une fondation du chanoine *Bouteille*, faite en faveur de la *procession noire*.

Bouteiller (Fief au), à Louviers.

Bouteiller (Le), vavassorie à Touville.

Bouteillerie (La), h. de Bosgouet.

Bouteillerie (La), h. de Bourg-Achard.

Bouteillerie (La), h. de la Roquette.

Bouteillerie (La), sergenterie à Vernon.

Bouteleys (Les), f. à Caorches.

Boutigny, h. et fief à la Madeleine-de-Nonancourt.

Boutigny, f. et fief à Sainte-Marthe. — *Poutagneium* (ch. de Robert, comte de Meulan).

Boutinaie (La), h. de Saint-Pierre-de-Bailleul.

Boutinière (La), h. de Gournay.

Boutin, lieu-dit au Coudray. — 1213 (cart. de Saint-Amand).

Bouton-de-Rose, lieu-dit à Combon.

Boutton, demi-fief à Tierceville, relevant de Sancourt (aveux de Sancourt), dit aussi fief *des Brouillards*.

Bouverie (La), f. au Chamblac.

Bouverie (La), m^on isolée, à Charleval.

Bouverie (La), m^on isolée, à Hécourt.

Bouverie (La), f. à Saint-Aubin-de-Sceilon.

Bouvetière (La), h. de Beauficel.

Bouvier (Le), h. de Charnelles.

Bouville, h. et fief entre Bosbénard-Crescy et le Thuit-Hébert.

Bouycant, quart de fief à Combon. — 1401 (aveu de Charles de Coysmes). — *Boycard* (Le Beurier).

Bove (Le), h. de Bailleul-la-Vallée.

Bove (La), h. de Rugles.

Bove (Pont de la), à Évreux.

Boves (Les), m^on isolée, à Hécourt.

Boyon (Le), h. d'Ambenay.

Boys (Le), huit^e de fief à Appeville-dit-Annebaut, relev. du comté de Montfort. — 1628 (Le Beurier).

Braise (La), lieu-dit à Farceaux.

Brancart-la-Fortelle, fief voisin de Pacy (L. P.).

Branchant, fief relevant de Pont-Authou (L. P.).

Branville, anc. c^te réunie à Caugé en 1808; fief et baronnie relevant de l'évêque d'Évreux au xve siècle. — *Branvilla*, xie s^e (cart. de Saint-Ouen). — *Branvilla* (cart. de la léproserie d'Évreux).

Brassais et Boischevreuil, fiefs unis à Breteuil.

Brasserie (La), m^in à Pont-Audemer.

Brassy, m^in à Beuzeville.

Bravillevaret (Le), lieu-dit dans le voisinage d'Épieds, cité dans quelques récits de la bataille d'Ivry.

Bray, c^te du c^te de Beaumont. — *Braium*, 1150 (Hist. de France, t. XII, p. 187). — *Bray-la-Champagne*, désignation fréquente (L. P.).

Bray (Le), h. partagé entre Saint-Pierre-de-Bailleul et Villez-sous-Bailleul.

Brazais, chât. et fief à Marcilly-sur-Eure. — *Brezais* (Le Beurier).

Bréallerie (La), h. de Saint-Mards-de-Blacarville.

Bréançon, fief à Bazincourt. — 1588 (Charpillon et Caresme).

Bréand, h. de Saint-Pierre-de-Cormeilles.

Bréaulière (La), f. à Bosc-Roger-en-Roumois.

Bréaulté, fief à Lorey en 1479.

Brésiettes (Les), lieu-dit aux Andelys.

Bréchainville (Les bois de), à Damville.

Brèche-du-Grès (La), lieu-dit à Épieds.

Brécourt, c⁰ᵉ réunie à Douains en 1809; fief relevant de Pacy en 1404; lieu d'un combat en 1793. — *Breencort* (ch. de Robert, comte de Leicester). — *Breecort* (regist. Phil. Aug.). — *Briencourt*, 1404 (dénombr. du fief sous Charles VI). — *Breucourt*, 1408 (arch. nat. vicomté d'Évreux). — *Brecuria* (2ᵉ. p. d'Évreux).

Brécourt (Porte de), l'une des anc. portes de Vernon.

Bredouillerie (La), lieu-dit à Rosay.

Breholles, h. de Vraiville; fief douteux (L. P.); manoir au xviiie siècle.

Brélande, bois à Heudebouville.

Brémanière (La), anc. h. de la Vieille-Lyre. — *La Brumanière*, 1191 (L. P.).

Bremien (Le), h., chât. et fief à Illiers-l'Évêque.

Brémulle, auj. simple ferme à Gaillardbois; au commencement du xiie siècle, nom d'une partie étendue du plateau du Vexin; champ de bataille en 1119; nom, au xiie siècle, de toute la plaine située au bas de la colline de Verclives (L. P.). — *Brenmula*, 1118 (O. V.). — *Bremulia*, xiie s°. — *Brémule*, 1208 (cart. de Mortemer). — *Brumulle*, 1234 (L. P.). — *Bremula* (ch. des Deux-Amants). — *Bremul*, 1781 (Bérey, carte part. du dioc. de Rouen). — Voy. Brenneville.

Brenai, h. de Branville. — *Brinnacus in pago Ebricino?* 690 (testam. de Vandemir et d'Ercamberte).

Brenneville, 1119, nom donné par plusieurs historiens à la bataille livrée dans la plaine de Brémulle : l'origine de cette dénomination tient uniquement à une faute d'impression.'

Brenon, h. de Bonneville-sur-le-Bec.

Bresteville, chapelle à Bonneville-sur-le-Bec. — 1684 (Colbert, coadjuteur de Rouen).

Brestot, c⁰ᵉ du c⁰ⁿ de Montfort; fief relev. de Pont-Audemer (L. P.) — *Braietot* (Neustria pia et coutumier des forêts); 1828 (L. Dubois). — *Breitot*, xiie s° (ch. de Galeran de Meulan). — *Breetot* (p. d'Eudes Rigaud). — *Brietot, Breietot* (M. R.). — *Braetot*, 1250 (cart. du Bec); 1308 (ch. de Phil. le Bel). — *Breitot* (ch. de fondation de Saint-Léger de Préaux). — *Bretot*, 1722 (Masseville); 1738 (Saas); 1839 (L. P.); 1854 (Mᵐᵉ Phil. Lemaitre, Notice).

Bretagne (La), h. partagé entre Boissy-Lamberville et Folleville.

Bretagnolles, c⁰ᵉ du c⁰ⁿ de Saint-André; haute justice. — *Bretigniollæ* (cart. normand). — *Bretagniollæ*,

Bretignolles (reg. Phil. Aug.). — *Bretingnolles*, fin du xiie siècle (feoda Normanniæ). — *Breteugnollez*, *Bretaignolles* (coutumier des forêts). — *Breteignolles*, 1206 (ch. de la Noë). — *Bretignolles*, 1207 (ch. de Luc, év. d'Évreux). — *Bretoignollæ* (2ᵉ pouillé d'Évreux).

Bretèche (La). h. de Bois-Normand-près-Lyre. — *Bretesque*, 1650.

Bretèche (La), h. et fief à Conches.

Bretèche (La), h. de Nagel.

Bretèche (La), h. et anc. vavassorie à Neaufles-sur-Risle. — *Bretesca* (grande ch. de Lyre). — *La Bretesche*, 1200 (L. P.). — *La Bretesche* (arch. de l'Eure, fonds de Lyre). — *La Bretheche*, 1280 (cart. de Lyre).

Bretèche (La), h. de Séez-Mesnil.

Bretel, quart de fief dans la vicomté de Beaumont-le-Roger.

Bretèque (La), m⁰ⁿ à Rosay.

Breteuil, ch.-l. de c⁰ᵉ de l'arrond. d'Évreux; anc. place forte; comté; vicomté commune avec Conches. — *Britullum*, xie s° (ch. de Raoul de Conches). — *Britolium*, 1060 (Guill. de Jumiéges; martyrologium Ebroicense). — *Bretolium in Neustria* (Gall. christ.). — *Brelolium*, 1081 (O. V.); 1125 (cart. du Désert). — *Britholium*, 1130 (ch. de Henri Ier). — *Bristollium*, 1160 (traité de Louis VII et de Henri II); 1226 (mandement de Louis VIII). — *Brittol*, 1167; *Brittollium* (titres anglais des comtes de Leicester). — *Breteul* (Doomsday Book). — *Brutuillum*, 1193 (bulle de Célestin III). — *Bretholium*, 1res années du xiiie s°. — *Britulium*, 1202 (cart. de Saint-Père de Chartres). — *Brithol, Brethoil* (cart. de Lyre). — *Brithulium*, 1258 (Eudes Rigaud, reg. visit.). — *Breteul*, 1317 (lettres de Phil. le Long). — *Bretueil*, 1336 (ch. de Jean, duc de Normandie). — *Breteul*, xive s° (le Dit du Lendit rimé). — *Bretuel*, 1356 (chron. des 4 1res Valois). — *Britoille*, 1359 (traité entre le roi Jean et Édouard III). — *Bretheuil*, 1378 (L. P.). — *Brethueuil*, 1403 (coutumier des forêts). — *Bretheueil*, 1455 (arch. nat.). — *Bretheieul, Brethueul*, 1469 (monstre). — *Bretheul*, 1492 (L. P.). — *Bretheuil*, 1586 (proc.-verb. de réformation de la coustume). — *Bretheuil*, 1689 (arrêt du parlement). — *Breteuil-sur-Iton*, 1789 (proc.-verb. de l'assemblée du clergé du dioc. de Rouen); 1869 (décret impér.).

Breteuil, fief à Étreville.

Breteuil, fief à Heudreville-en-Lieuvin.

Breteuil, doyenné de l'anc. archid. d'Ouche.

Breteuil, h. de Saint-Georges-sur-Eure.

Breteuil (Avenue de), à Évreux.

Breteuil (Bras forcé de), dérivation de l'Iton depuis le xiie siècle, commençant à Bourth, formant deux étangs au-dessus de Breteuil, puis deux canaux d'un kilomètre circonvenant l'enceinte de la ville, et reprenant à Condé son lit primitif après un cours de 14 kilomètres.

Breteuil (Canton de), arrond. d'Évreux, ayant à l'E. le cⁿ de Damville, au S. le cⁿ de Verneuil, à l'O. celui de Rugles, au N. le cⁿ de Conches, comprenant 14 cⁿˢ : Breteuil, les Baux-de-Breteuil, Bémécourt, le Chesne, Cintray, Condé-sur-Iton, Dame-Marie, Francheville, Guernanville, la Guéroulde, Saint-Denis-du-Béhélan, Sainte-Marguerite-de-l'Autel, Saint-Nicolas-d'Attez, Saint-Ouen-d'Attez; et 11 paroisses : une cure à Breteuil; 10 succursales aux Baux-de-Breteuil, à Bémécourt, au Chesne, à Cintray, Condé-sur-Iton, Francheville, Guernanville, la Guéroulde, Sainte-Marguerite-de-l'Autel, Saint-Ouen-d'Attez.

Breteuil (Les francs fiefs de), fief à Notre-Dame-de-la-Couture de Bernay.

Breteuil (Sergenterie de), divisée en trois branches : 1ʳᵉ de Breteuil et Condé; 2ᵉ du Sacq; 3ᵉ de Corneuil.

Bretigny, cⁿᵉ du cⁿ de Brionne; fief relevant du comté de Brionne. — Breteni (ch. du xiiᵉ siècle et 1ᵉʳ p. de Lisieux). — Bretenci (cart. de Préaux). — Bretavis, Bretencis, Brethenis, 1413 (La Roque). — Bretenis (reg. de la Chambre des comptes de Rouen).

Bretinière (La), h. de Gournay-le-Guérin.

Bretonnerie (La), h. de Boissy-sur-Damville; huitᵉ de fief longtemps nommé la Bretonnie (L. P.). — Brethonorie (Charpillon et Caresme).

Bretonnière (La), h. de Carsix.

Bretonnière (La), h. de Glisolles.

Bretonnière (La), h. de Saint-Grégoire-du-Vièvre.

Brettemare, h. et demi-fief à Sacquenville. — Brutamara (ch. de Richard de Tournedos).

Bretterie (La), h. de Carsix.

Bretteville (Chapelle de), à Bonneville-sur-le-Bec. — 1738 (Saas).

Breuil (Le), h. de Campigny.

Breuil (Le), h. de Grandchain.

Breuil (Le), h. de Landepereuse.

Breuil (Le), h. partagé entre Lieurey et Morainville-près-Lieurey.

Breuil (Le), h. et fief à Miserey. — Brolium Gauberti, 1200 (L. P.). — Brolatum, xiiᵉ sᵉ (ch. de Simon, comte d'Évreux).

Breuil (Le), h. de Morainville-sur-Damville.

Breuil (Le), h. et fief à Saint-Aubin-de-Scellon.

Breuil (Le), h. de Saint-Nicolas-d'Attez; vavassorie relevant des Essarts.

Breuil (Le), fief à Saint-Paul-sur-Risle (Le Bourier).

Breuil (Le), h. de Verneuil; anc. fief à Saint-Martin-du-Vieux-Verneuil.

Breuil (Le), h. et fief à Villiers-en-Desœuvre (tit. aux arch. de l'Eure).

Breuil-Benoît (Le), abb. de l'ordre de Saint-Benoît, fondée en 1137 à Marcilly-sur-Eure; auj. château. — Beata Maria de Brolio Benedicti, 1137 (L. P.). — Brolium Benedicti, 1158 (ch. de Robert, cᵗᵉ de Dreux). — Brolium, 1258; Brollium, 1269 (reg. visit.). — S. Maria de Brolio, 1398 (rouleaux des morts).

Breuille-Evrart ou Évrat, anc. h. et bois de Serez où s'appuyait la droite de l'armée de Henri IV à la journée d'Ivry.

Breuil-Marcilly (Château du), anc. abb. du Breuil-Benoît restaurée, à Marcilly-sur-Eure.

Breuil-Obrine (Le), fief du chap. d'Évreux à Boisset-les-Prévanches, v. 1239 (ch. de Raoul de Cierrey).

Breuil-Poignard (Le), h. partagé entre Burey et Louversey; place forte relev. de Conches, 1452 (L. P.). — Val Poingnant ou Poignard, 1682 (L. P.).

Breuilpont, cⁿ de Pacy, cⁿᵉ accrue en 1845 de Lorey et de Saint-Chéron. — Brolium Pontis (pouillés d'Évreux). — Breuil de Pont, 1836 (gr. cart. de Saint-Taurin). — Brudepont, 1378 (proc. crim. de Pierre du Tertre); 1434 (tabellionage de Rouen). — Breul du Pont, 1479. — Brutepont, 1557 (comptes de la châtellenie).

Breuil-Ulrique, lieu-dit à Boisset-les-Prévanches. — Brolium Orrici, 1221. — Brolium Ulrici, xiiᵉ siècle (cart. du chap. d'Évreux).

Breux, cⁿ du cⁿ de Nonancourt; fief. — Breolium, 1204 (L. P.). — Boelcium, 1211; Breol, 1270 (ch. de Saint-Étienne de Renneville). — Brolii, 1286 (chartes de la Noë). — Bruil, 1454 (L. P.). — Brieux, 1518 (Monteil). — Le Brueul (assiette du domaine de Damville).

Breux (Les), fief à Évreux, relevant de Prey.

Breux (Les), demi-fief au Val-David, relevant d'Ivry. — 1456 (L. P.).

Breval, h. de Bosrobert.

Brevals (Les), h. d'Épaignes.

Brevaux (Vallon de la), dans la vallée de l'Iton (René Bonnin, Études sur les portes de l'Iton).

Breviaire (Le), h. de Condé-sur-Iton. — La Bréviaire, 1871 (annonce légale).

Brezay ou Brezei, paroisse fondue dans la cⁿᵉ d'Épinay en 1792, sans avoir même maintenu son nom dans un hameau. — Broeyse, 1320 (assiette du comté de Beaumont).

Briançon (Rue), anc. nom de la rue Saint-Gervais, à Gisors (Dubreuil).

BRIARDIÈRE (LA), h. de Notre-Dame-du-Hamel.

BRICOISEL, fief à Breteuil, relevant de Tillières, 1406. — *Britoisel* (L. P.).

BRICONS (LES), lieu-dit à Vernon.

BRIÈRE (LA), fief à Beaufice.

BRIÈRE (LA), h. du Cormier.

BRIÈNE (LA), fief au Mesnil-sur-l'Estrée.

BRIÈNE (LA), fief au Tronquay.

BRIENERIE (LA), h. de Beuzeville.

BRIÈRES (LES), fief à Houlbec-près-le-Grostheil.

BRIÈRES DE LA LUSUMIÈRE (LES), huit° de fief à Chéronvilliers, relev. de Bourth. — 1708 (aveu de Tillières).

BRIEUX (LES), fief et m^{en} isolée, au Chesne.

BRIONETS (LES), h. de Saint-Grégoire-du-Vièvre.

BRIONNE, ville, chef-lieu d'un c^{on} de l'arrond. de Bernay; comté; haute justice; bourg, 1722 (Masseville); c^{ne} accrue de Vatteville en 1828 et du hameau de Caillouet en 1852. — *Breviodurum*, époque romaine (abbé Cochet, Origine de Rouen). — *Brionia* (O. V.). — *Briothna* (cart. de la Trinité-du-Mont). — *Brioisnum* (Vita S. Herluini). — *Brionna* (Siméon de Durham, De gestis regum Anglorum). — *Brionium* (arch. de Saint-Gilles de Pont-Audemer). — *Briorus* (Guill. de Jumiéges, liv. VII, chap. XVII). — *Brionnia*, *Briognia*, 1124 (ibid.). — *Brione* (roman de Rou). — *Bruionna* et *Briognium*, 1199 (ch. du comte Robert de Meulan). — *Bruonna* (Guill. le Breton, Philippide). — *Briona*, *Briorna*, 1253 (p. d'Eudes Rigaud). — *Bryognium* (reg. visitat.). — *Bryone*, 1283 (arch. du prince de Vaudemont). — *Brionia* (Baudraud). — *Britona* (Masseville). — *Brionsnia* (ch. de la léproserie de Brionne). — *Briosne*, 1638 (Saint-Amant, chanson à boire).

BRIONNE (CANTON DE), arrond. de Bernay, ayant à l'E. les c^{ons} du Neubourg et d'Amfreville-la-Campagne, au S. les c^{ons} de Beaumont-le-Roger et de Bernay, à l'O. celui de Thiberville, au N. les c^{ons} de Bourgtheroulde, de Montfort et de Saint-Georges-du-Vièvre. Il comprend 23 c^{nes}: Brionne, Aclou, le Bec-Hellouin, Berthouville, Boisney, Bosrobert, Bretigny, Calleville, Franqueville, Harcourt, la Haye-de-Calleville, Hecmanville, Livet-sur-Authou, Malleville-sur-le-Bec, Morsan, la Neuville-du-Bosc, Neuville-sur-Authou, Notre-Dame-d'Épine, Saint-Cyr-de-Salerne, Saint-Éloi-de-Fourques, Saint-Paul-de-Fourques, Saint-Pierre-de-Salerne, Saint-Victor-d'Épine; et 18 paroisses: 1 cure à Brionne et 17 succursales: à Aclou, au Bec-Hellouin, à Berthouville, Boisney, Calleville, Harcourt, la Haye-de-Calleville, Hecmanville, Livet-sur-Authou, Malleville-sur-le-Bec, Morsan, la Neuville-du-Bosc, Neu-

ville-sur-Authou, Saint-Cyr-de-Salerne, Saint-Éloi-de-Fourques, Saint-Pierre-de-Salerne, Saint-Victor-d'Épine.

BRIONNIÈRE (LA), h. de Saint-Aubin-des-Hayes.

BRIQUETERIE (LA), m^{on} isolée, aux Baux-Sainte-Croix.

BRIQUETERIE (LA), m^{on} isolée, à Bémécourt.

BRIQUETERIE (LA), m^{on} isolée, à Bois-Arnault.

BRIQUETERIE (LA), m^{on} isolée, à la Chapelle-du-Bois-des-Faux.

BRIQUETERIE (LA), h. des Fretils.

BRIQUETERIE (LA), h. de Grand-Camp.

BRIQUETERIE (LA), h. de Gravigny.

BRIQUETERIE (LA), f. à Louviers.

BRIQUETERIE (LA), h. de Marcilly-sur-Eure.

BRIQUETERIE (LA), h. de Prey.

BRIQUETERIE (LA), f. à la Roque-sur-Risle.

BRIQUETERIE (LA), f. à Saint-Germain-de-Fresney.

BRIQUETERIE (LA), h. de Tosny.

BRIQUETERIE-DUVAL (LA), h. de Beuzeville.

BRIQUETERIES (LES), h. de Barneville-sur-Seine.

BRIQUETERIES (LES), m^{on} isolée, aux Minières.

BRIQUETIÈRE (LA), h. des Jonquerets.

BRISEHAUT, ancien bois voisin de Gaillon (trésor des chartes).

BRISSETS (LES), h. de Puchay.

BRISTOTERIE (LA), h. de Lieurey.

BRISTOU, île sur la Risle, à Brionne.

BROCARD, fief à Portes.

BROCE-AELIZ, fief à Nogent-le-Sec.

BROCHE (LA), m^{on} isolée, à Ailly.

BROCHE (LA), fief et h. à Étrépagny.

BROCHERELLES (LES), lieu-dit à la Pyle.

BROCHES, l'une des 4 c^{nes} de Douville en 1577.

BROCHES (LES), lieu-dit au Grand-Andely.

BROCUETTES (LES), lieu-dit à la Pyle.

BROCQUIGNY, fief à Ferrières-Haut-Clocher.

BROFONTAINE, belle source s'épanchant dans l'Iton, près de Brosville.

BROGLIE, ch.-l. d'un c^{on} de l'arrond. de Bernay; duché érigé en 1742; c^{ne} accrue en 1845 de Saint-Vincent-la-Rivière. La dénomination de Broglie est venue de la grande famille de ce nom, d'origine italienne; elle a remplacé, en 1742, le nom de *Chambrais* lors de l'érection de la terre en duché. Dans le pays on prononce *Brogli*.

BROGLIE (CANTON DE), arrond. de Bernay, ayant à l'E. le canton de Beaumesnil, au S. le dép^t de l'Orne, à l'O. les dép^{ts} de l'Orne et du Calvados et le canton de Thiberville, au N. le canton de Bernay. Il comprend 22 c^{nes}: Broglie, le Bosc-Morel, Capelles-les-Grands, le Chamblac, la Chapelle-Gauthier, Ferrières-Saint-Hilaire, la Goulafrière, Grand-Camp,

Mélicourt, le Mesnil-Rousset, Montreuil-l'Argillé, Notre-Dame-du-Hamel, Saint-Agnan-de-Cernières, Saint-Aquilin-d'Augerons, Saint-Aubin-du-Thenney, Saint-Denis-d'Augerons, Saint-Jean-du-Thenney, Saint-Laurent-du-Tencement, Saint-Pierre-de-Cernières, Saint-Quentin-des-Isles, la Trinité-de-Réville, Verneusses; et 15 paroisses : 1 cure à Broglie et 14 succursales à Capelles-les-Grands, le Chamblac, la Chapelle-Gauthier, Ferrières-Saint-Hilaire, la Goulafrière, Grand-Camp, Montreuil-l'Argillé, Notre-Dame-du-Hamel, Saint-Agnan-de-Cernières, Saint-Aubin-du-Thenney, Saint-Denis-d'Augerons, Saint-Jean-du-Thenney, Saint-Pierre-de-Cernières, Verneusses.

BROKET, 1284; BROCHET, 1237, anc. mⁱⁿ à Saint-Étienne-sous-Bailleul.

BROMESNIL, h. de la Chapelle-du-Bois-des-Faux. — *Saint-Nicolaux-de-Bromesnil* (arch. de la Croix-Saint-Leufroi).

BROQUEBŒUF, h. partagé entre les Hogues et Perriers-sur-Andelle.— *Les Brocs-Bœufs*, 1871 (annonce légale).

BROSSE (LA), huit° de fief de haubert, sur Bus-Saint-Remy, Baudemont et le Bosc-Roger-sous-Bacquet, appartenant depuis 1230 à l'abb. du Trésor. — *Brocia*, XIII° siècle (cart. du Trésor).

BROSSE (LA), h. à Authenay.

BROSSE (LA), h. de Bourth.

BROSSE (LA), h. du Chesne.

BROSSE (LA), h. du Cormier.

BROSSE (LA), h. de Dame-Marie.

BROSSE (LA), h. de Droisy; anc. fief. — *Broscia*, 1263 (L. P.).

BROSSE (LA), h. de la Forêt-du-Parc.

BROSSE (LA), h. du Fresne; quart de fief relevant du comté d'Évreux.

BROSSE (LA), h. de Grandvilliers.

BROSSE (LA), fief à Saint-Germain-la-Campagne, autrement *la Gal.*

BROSSE (LA), h. de Saint-Ouen-d'Attez.

BROSSE (LA), f. à Saint-Ouen-de-Thouberville.

BROSSE (LA), h. du Tilleul-Lambert.

BROSSES (LES), h. de Chanteloup.

BROSSES (LES), h. de Condé-sur-Iton.

BROSSES (LES), h. et fief au Mesnil-Hardray.

BROSSES (LES), h. de Nonancourt.

BROSSES (LES), h. de Saint-Ouen-d'Attez.

BROSSES (LES), h. de Touffreville.

BROSSETTE (LA), petit chât. à Corny, incendié par les Prussiens en 1870.

BROSSETTE (LA), h. de Rôman.

BROSVILLE, c^{ne} du c^{on} d'Évreux-Nord; anc. baronnie faisant partie du domaine temporel de l'évêché

d'Évreux. — *Brocvilla*, 1027 (ch. de Richard II). — *Brochvilla*, 1067 (ch. de Guill. le Conquérant). — *Birocvilla*, 1190 (ch. de la Noë). — *Broeville* (ch. de Rotrou, arch. de Rouen). — *Brocvilla* (cart. de Saint-Taurin). — *Brovilla*, 1220 (ch. de Saint-Étienne de Renneville). — *Broovilla*, 1230; *Broveila*, 1235 (hist. manusc. de la maison de Chambray). — *Brauville*, XV° s° (dénombr. de la vicomté de Conches).

BROSVILLE, h. de Saint-Étienne-sous-Bailleul. — *Brovilla*, vers 1156 (ch. de Henri II).

BROTONNE, château et demi-fief relevant du chât. de Montfort à Bourneville et accru, en 1700, du fief de Tocqueville.

BROTONNE, fief à la Haye-de-Routot.

BROTONNE, forêt du Roumois dont le dép^t de l'Eure ne comprend qu'une faible partie. — *Brotona*, 1039 (ch. de Guill. le Conquérant). — *Brotonia*, 1086 (cart. de Saint-Wandrille). — *Brotyna*, 1215 (cart. de Fécamp).—*Bretonne*, 1353 (accord du roi Jean et du roi de Navarre); 1708 (Th. Corneille). — *Brothome*, 1621 (lettres de concession de Louis XIII).

BROUARD, huit° de fief à Barc, autrement *le Mesnil*, relev. du comté d'Évreux (Le Beurier).

BROUDIÈRES (LES), h. de Bois-Maillard. — *Bloderia*, 1219 (ch. de Phil. Aug.). — *La Broaderière* (château de Clément de Courteilles, L. P.).

BROUETTE-CHAPON (LE), fief relev. du roi à Mancelles. — *Bruce-Chapon* (titres de Lyre). — *Broude-Chappon*, 1284 (arch. du tribunal de Bernay).

BROUILLARD (LE), h. et quart de fief au Chesne en 1325; autrefois *Brollat* (L. P.). — *Broslatum*, XIII° siècle (cart. de Lyre). — *Brolard*, 1231 (ch. de la Noë). — *Broillat*, 1279 (cart. de Lyre). — *Le Brouillat*, 1398; *le Brouslard*, 1454 (L. P.).

BROUILLARD (LE), h. de Grand-Camp.— *Bruelat* (ch. de Henri de Ferrières).

BROUILLARD (LE), h. de Neaufles-sur-Risle.

BROUTINIÈRE (LA), h. de Bernay.

BRU (SENTE À LA), à Tostes.

BUCHETTES (LES), h. de Serquigny.

BUCOURT, plein fief à Bernay.— *Brutiouria*, vers 1000 (dotalitium de la duchesse Judith).

BREUIL (LE), lieu-dit de la forêt de Vernon dès 1196 (cout. de Vernon).

BRULEPER, fief dans la vicomté de Pont-Audemer (L. P.).

BRULÉS (LES), lieu-dit à Villy.

BRULEZ, m^{on} isolée, au Tilleul-Lambert.

BRULEZ (LES), h. et fief à Acon.

BRULINS (LES), mamelon au Grand-Andely.

BRULINS (LES), h. de l'Habit.

BRULINS (LES), h. de Morgny.

Raulins (Les), h. du Plessis-Grohan.

Raclins (Les), h. de Saint-Aubin-sur-Gaillon.

Raulins (Les), m^on isolée, à Sainte-Barbe-sur-Gaillon.

Raulins (Les), f. au Tronquay.

Raulis (Les), bois à Suzay.

Rrumanière (La), h. de la Vieille-Lyre.

Rrumare, chât. et fief à Brestot.

Rruxel, fief à Combon en 1401.

Rrunelets (Les), lieu-dit à Notre-Dame-de-l'Île.

Rrunerie (La), h. d'Épaignes.

Rrunet, source abondante à Cailly.

Rrunetière (La), h. d'Ajou.

Rrunetière (La), h. de Neaufles-sur-Risle.

Rrunetière (La), h. du Noyer.

Rruneville, hôtel des religieux de Mortemer à Lisors en 1424.

Rruyère (La), fief à Beauficel en 1409.

Rruyère (La), h. de Bathouville.

Rruyère (La), h. de Boulleville.

Rruyère (La), h. de Saint-Christophe-sur-Condé.

Rruyère (La), h. de Saint-Léger-de-Glatigny.

Rruyère (La), h. de Saint-Léger-du-Boscdel.

Rruyère (La), h. de Saint-Sulpice-de-Graimbouville.

Rruyère (La), h. du Tilleul-Dame-Agnès.

Rruyère (La), f. à Tourneville.

Rruyère-des-Places (La), h. des Places.

Rruyères (Les), h. de Bois-le-Roi.

Rruyères (Les), h. du Bosc-Regnoult.

Rruyères (Les), fief uni à Damville (L. P.).

Rruyères (Les), h. de Gouville.

Rruyères (Les), h. de l'Hosmes.

Rruyères (Les), h. de Saint-Denis-du-Bosguerard.

Rruyères (Les), h. de Saint-Germain-la-Campagne.

Rruyères (Les), h. de Saint-Paul-de-Fourques.

Rruyères (Les), h. de Saint-Philbert-sur-Risle.

Rruyères (Les), h. de Saint-Pierre-du-Bosguerard.

Rruyères (Les), h. du Theillemeut.

Rruyères (Les), h. des Ventes.

Rruyères-Ciamoises, h. de Villez-sur-Damville.

Rruyères-de-Montfort (Les), m^on isolée, à Montfort-sur-Risle.

Rruyères-d'en-Bas (Les), h. de Mandres.

Rruyères-d'en-Haut (Les), h. de Mandres.

Rruyères-du-Milieu (Les), h. de Mandres.

Rruyères-Gosse (Les), h. d'Épréville-en-Lieuvin.

Rruyerettes (Les), m^on isolée, à Harcourt.

Ruat (Le), f. à Ambenay.

Ruat (Le), f. à Gournay-le-Guérin.

Ruc (Le), f. à Bacqueville.

Ruc (Le), h. de Bosc-Roger-en-Roumois.

Ruc (Le), f. à Bourg-Achard.

Ruc (Le), h. de Criquebeuf-la-Campagne.

Buc (Le), f. à Écaquelon.

Buc (Le), vavassorie à Iville.

Buc (Le), f. à Saint-Étienne-du-Vauvray.

Buc (Le), h. à Valletot.

Bucaille (La), h. d'Ailly.

Bucaille (La), fief aux Andelys.

Bucaille (La), h. d'Authou.

Bucaille (La), h. de la Barre.

Bucaille (La), h. de Berville-la-Campagne.

Bucaille (La), demi-fief à Bezu-le-Long, relevant de Méray.

Bucaille (La), h. de Bois-Normand-près-Lyre.

Bucaille (La), m^on isolée, aux Bottereaux.

Bucaille (La), h. du Favril.

Bucaille (La), h. du Fidelaire.

Bucaille (La), h. de Guiseniers, fief relevant du Château-Gaillard; motte d'anc. château fort. — *Bucale*, vers 1140 (Gesta Ludovici VII).—*Buschalia*, 1150; *Boelia*, 1200; *Buscallia*, 1214 (cart. de Jumiéges). — *La Buscalle; la Buschalle*, 1256 (reg. visit.).

Bucaille (La), quart de fief à Hennezis en 1625, relev. de la Bucaille de Guiseniers.

Bucaille (La), h. d'Heudreville-en-Lieuvin.

Bucaille (La), h. de Triqueville.

Bucailles (Les), h. de Saint-Léger-du-Gennetey.

Bucailles (Les Grandes et les Petites), bois à Saint-Amand-des-Hautes-Terres.

Bucaillet, monticule longtemps inculte aux Andelys (Brossard de Ruville).

Bucalin (Le), h. de Courbépine.

Buccard (Le), h. de Notre-Dame-d'Épine.

Buc-de-Saint-Vincent (Le), fief à Saint-Vincent-des-Bois.

Buchaille (La), m^on isolée, à Ivry-la-Bataille.

Bucuearin, huit^e de fief à Quittebeuf, relevant du comté d'Évreux.—*Le Bufferin* (divers actes). — *Bucherin* (Le Beurier).

Buchel-Heudéen, lieu-dit à Guiseniers, 1200. — *Buchet Heudeur*, 1214 (cart. de Jumiéges).

Bucherie (La), h. et fief aux Bottereaux.

Bucheron, lieu-dit désert et inhabité où Guillaume, comte d'Évreux, fonda en 1107 le prieuré de Noyon-sur-Andelle (Toussaint du Plessis). —*Buscheron* (O. V.).

Buchey, h. de Mélicourt. — *Buscheium* (ch. de Robert, comte de Leicester).

Buc-Quesny (Le), h. de Saint-Germain-la-Campagne.

Budées (Les), fief au Vieux-Conches, relev. du comté d'Évreux, 1748.

Bué (Côte du), à Saint-Étienne-du-Vauvray.

Bueil, c^te du c^on de Pacy. — *Boolium*, 1264 (cart. de Lyre). — *Boele* (cart. de Saint-Taurin). — *Buel-*

lum (cart. d'Ivry). — *Buellium* (p. d'Évreux). — *Bueuil*, 1805 (Masson-Saint-Amand).

Bueil-Pacy, station à Bueil du chemin de fer de Paris à Cherbourg.

Buet (Le), h. de Saint-Georges-du-Vièvre.

Buet (Le), second nom du h. de la Sapée, à Saint-Jean-de-la-Lecqueraye.

Buet (Rue et pont du), au Grand-Andely.

Bufalaise, anc. fief à Beaumont-le-Roger. — 1352 (ch. de Philippe de France).

Buffardière (Boulevard de la), à Évreux, 1812 : nom d'un maire de la ville.

Bugnat, île sur l'Eure, à Saint-Étienne-du-Vauvray.

Buhéron (Le), lieu-dit, à Écos. — 1258 (cart. du Trésor).

Buhot (Le), h. partagé entre Bosrobert, Calleville et la Haye-de-Calleville, et fontaine d'où sort la petite rivière de Saint-Martin ou du Bec.

Buhotière (La), h. à la Neuville-du-Bosc.

Buhy, fief à Chavigny (anc. carte).

Buis (Côte des), à Incarville.

Buis-Morieux (Les), bois à Pinterville.

Buissenettes (Les), lieu-dit, à Mouettes.

Buissière (La), h. de Saint-Clair-d'Arcey.

Buisson (Forêt du), anc. forêt touchant à Bacqueville. — *Le Buisson de Basqueville*, 1452 (titres du prieuré des Deux-Amants).

Buisson (Le), f. à Berville-sur-Mer.

Buisson (Le), fief et h. à Capelles-les-Grands. — 1263 (L. P.).

Buisson (Le), plein fief à Condé-sur-Risle (L. P.).

Buisson (Le), h. de Corneville-la-Fouquetiere.

Buisson (Le), h. de Courbépine.

Buisson (Le), h. de Croth.

Buisson (Le), fief à la Goulafrière.

Buisson (Le), h. de Grandchain.

Buisson (Le), f. et fief aux Jonquerets.

Buisson (Le), h. de Marcilly-la-Campagne.

Buisson (Le), chât. à Rugles.

Buisson (Le), h. de Saint-Aubin-sur-Gaillon.

Buisson (Le), h. de Saint-Christophe-sur-Condé.

Buisson (Le), h. de Saint-Denis-d'Augerons.

Buisson (Le), h. de Saint-Germain-la-Campagne.

Buisson (Le), f. à Saint-Mards-de-Fresne.

Buisson (Le), huit° de f. à Saint-Martin-de-Cernières, relev. de la baronnie de Nonant.

Buisson (Le), h. de Saint-Melain-du-Bosc, partagé avec Saint-Nicolas-du-Bosc.

Buisson (Le), chât. à Saint-Nicolas-d'Attez.

Buisson (Le), h. de Saint-Ouen-de-Thouberville. — *Busoteria juxta Torbervillam*, 1230 (cart. de Jumiéges).

Buisson (Le), f. à Saint-Pierre-de-Cernières.

Buisson (Le), f. à Saint-Sébastien-du-Bois-Gencelin.

Buisson (Le), fief et h. de Saint-Vincent-du-Boulay.

Buisson (Le), h. de Verneuil.

Buisson (Le), huit° de fief à la Vieille-Lyre, appart. à l'abbaye, 1418 (L. P.). — *Bisson* (L. P.).

Buisson (Le Grand et le Petit), h. des Barils.

Buisson-Alix (Le), h. du Mesnil-Rousset.

Buisson-Amaury, auj. *Buisson-Hocpin*, h. dépendant d'Évreux (L. P.).

Buisson-Ardent (Le), lieu-dit aux Andelys.

Buisson-Asse (Le), h. de Bois-Anzeray. — *Buisson Ace*, 1206. — *Buisson Asce*, 1297 (L. P.).

Buisson-Aubrou, m°n isolée, à Saint-Victor-sur-Avre.

Buisson-Bénard (Le), h. du Sacq.

Buisson-Cantepie (Le), h. de Saint-Agnan-de-Cernières.

Buisson-Chartreux (Le), lieu-dit à Flumesnil.

Buisson-Chevalier (Le), h. de Coulonges, où l'aqueduc romain du Vieil-Évreux reçoit sa prise d'eau.

Buisson-Chien, lieu-dit à Civières.

Buisson-Conilafre, lieu près duquel s'éleva vers 1035 le château de la famille de Ferrières. — *Buisson* ou *forêt Canillafle*, vers 1610 (aveu de Charlotte des Ursins).

Buisson-Cornu (Le), f. à Saint-Martin-de-Cernières.

Buisson-Crosson (Le), h. de Garencières et fief. — 1565 (D'Hozier, Armor. gén.).

Buisson-de-Fauville (Le), f. à Gravigny.

Buisson-de-Mai (Le), chât. à Saint-Aquilin-de-Pacy et fief relev. de Boudeville. — *Buisson-d'Osmoy*, 1870 (purge légale).

Buisson-des-Chats (Le), lieu-dit à Tourny.

Buisson-Duret (Le), h. du Tilleul-Lambert et fief.

Buisson-Fallut (Le), h. fief, et chât. à Quessigny. — *Dumus Falue*, 1243. — *Dumus Macacre*, 1251 (grand cart. de Saint-Taurin). — *Buisson-Fallue*, 1523 (Recherches de la noblesse, 1633; Bonnin, notes).

Buisson-Feutre (Le), lieu-dit à Breteuil.

Buisson-Garembourg (Le), h., fief et chât. à Guichainville. — *Buisson-Droelin*, 1215 (cart. de Saint-Sauveur). — *Buisson-Guérambault*, 1585 (acte notarié). — *Buisson-Garembourt*, 1689 (aveu).

Buisson-Girard (Le), h. de Neaufles-sur-Risle.

Buisson-Grandmère (Le), lieu-dit à Sancourt.

Buisson-Hardouin (Le), h. du Sacq.

Buisson-Hébert (Le), f. à Saint-Aubin-le-Vertueux.

Buisson-Hocpin, dépendance d'Évreux, 1260 (cart. de Saint-Taurin). — *Dumus-Houpequinorum*, 1285 (grand cart. de Saint-Taurin). — *Buisson-Hocquopin* (L. P.). — Voy. Buisson-Amaury.

Buisson-Houdière (Le), h. de Saint-Martin-de-Cernières.

Buisson-Isabelle (Le), h. partagé entre Reuilly et Sassey.

Buisson-Major (Le), h. de Villegats.

Buisson-Messire-Robert (Le), h. partagé entre Foucrainville et Serez.

Buisson-Messire-Robert (Le), ancien manoir seign. à Serez, fief relevant d'Ivry, 1456 (aveu; arch. nat.).

Buisson-Morel (Le), f. et huit° de fief à la Vieille-Lyre.

Buissonnet (Le), nom d'un champ à Crestot. — 1221 (cart. du Bec)..

Buissonnets (Les), lieu-dit à Saint-Melain-du-Bosc.

Buissonnière (La), h. de Bosc-Roger-en-Roumois.

Buissonnière (La), h. de la Chapelle-Hareng.

Buissonnière (La), h. de Drucourt.

Buissonnière (La), h. de Fontaine-la-Louvet.

Buissonnière (La), h. de Sainte-Marguerite-en-Ouche.

Buissonnière (La), h. de Saint-Philbert-sur-Risle.

Buissonnière (La), h. de Thiberville.

Buisson-n'y-Va (Le), lieu-dit à Ailly.

Buisson-Rabot (Le), h. du Val-David.

Buisson-Refoulé (Le), lieu-dit à Tilly. — 1275 (cart. des Vaux-de-Cernay).

Buisson-Reposoir (Le), lieu-dit à Criquebeuf-sur-Seine.

Buisson-Ruet (Le), h. du Chesne.

Buissons (Les), h. de Bazoques.

Buissons (Les), h. de la Couture.

Buissons (Les), h. de la Goulafrière.

Buissons (Les), h. du Landin.

Buissons (Les), h. de Nagel.

Buissons (Les), h. de Notre-Dame-du-Hamel.

Buissons (Les), h. de Portes.

Buissons (Les), h. de Réville.

Buissons (Les), h. de Saint-Georges-du-Mesnil.

Buissons (Les), m°ⁿ isolée, à Saint-Germain-sur-Avre.

Buissons (Les), h. du Theil-Nolent.

Buisson-Sagout (Le), h. du Cormier.

Buisson-Sainte-Marguerite (Le), h. et fief à Foucrainville.

Buisson-Simon (Le), f. à Mantbelon.

Buisson-sous-Sorel (Le), fief à Croth (Le Beurier).

Buisson-Tacquin (Le), lieu-dit à Château-sur-Epte.

Buisson-Terrée, fief à Bois-Normand-près-Lyre, en 1227 (L. P.).

Buisson-Vernet (Le), demi-fief à Nagel, relevant de la Vacherie (gr. ch. de Conches). — Vernacum, Vernaium, 1205; Buissum de Vernai, 1210; Vernai, 1228 (ch. de la Noë). — Vernay, 1234 (bulle de Grégoire IX). — Buisson de Bernay, 1409 (L. P.).

Buistout, lieu-dit à Guiseniers. — xiii° s° (cart. de Jumiéges).

Buland, fontaine à Charleval.

Bulles, enceinte fortifiée et retranchement à fossés escarpés, d'une époque très-reculée, au territ. de Caorches; auj. simple ferme. — Bulla (1ᵉʳ pouillé de Lisieux). — Fort de Bulle (désignation locale).

Bulletière (La), h. de Thiberville.

Bulletons (Les), lieu-dit dans la forêt de Bleu. — 1522 (Le Beurier).

Bulterie (La), h. de Manneville-la-Raoult.

Bultins (Les), h. de Mainneville.

Bulzer, lieu-dit à Hennezis.

Bunel, île de la Seine, entre Saint-Pierre-du-Vauvray et Andé.

Bunel (Les), h. d'Appeville.

Bunellerie (La), h. de Saint-Étienne-l'Allier.

Bunestrie (La) ou la Benêtrie, point du territ. de Brionne où a été signalé un tumulus (Guilmeth).

Buquet (Le), f. à Bernienville.

Buquet (Le), h. du Fidelaire.

Buquet (Le), h. de Freneuse-sur-Risle.

Buquet (Le), fief et f. à Mézières, donnée par l'État, en l'an v, à l'hôpital d'Évreux. — Buschetum, xii° s° (ch. de l'archev. Rotrou).

Buquet (Le), quart de fief à Sainte-Geneviève-lez-Gasny, relevant de Panilleuse, en 1673. — Camp romain du Haut Empire, selon Emm. Gaillard.

Buquet (Le), h. de Saint-Ouen-de-la-Londe.

Buqueterie (La), h. de Sainte-Opportune-près-Vieux-Port.

Buray, h. de Bosbénard-Commin.

Buray, h. et fief à la Madeleine-de-Nonancourt. — Buretum, 1280 (L. P.). — Burey (Le Beurier).

Burce, fief voisin et relevant de Breteuil. — Burse, 1200 (L. P.).

Burets (Les), h. de Saint-Paul-sur-Risle.

Burey, cʰᵉ du cᵒⁿ de Conches. — Buré, v. 1234 (bulle de Grégoire IX). — Bureyum, 1300 (L. P.).

Burlin, mare à Cesseville. — 1209 (cart. du Bec).

Burneville, selon Piganiol de la Force (t. V, p. 284), lieu voisin de Brionne où fut fondée, vers 1034, l'abb. du Bec; nom primitif de Bonneville-sur-le-Bec. — Burnevilla, haud procul a Brionnia, 1124 (rerum Gallicarum et Francicarum script. t. XIV). — Voy. Bonneville-Appetot.

Burons (Les), ravin aux Andelys.

Bus, nom d'une paroisse, accrue de Saint-Remy; c'est auj. la cᵐᵉ de Bus-Saint-Remy. — Notre-Dame-de-Bus, 1233; plein fief.

Bus, h. de Bus-Saint-Remy. — Le Bu, le Bus, le Busc (L. Dubois).

Eure.   6

Bus, h. partagé entre Lieurey et Saint-Georges-du-Mesnil.

Busc (Le), h. de Bourg-Achard.

Busc (Le), fief à Écaquelon, relevant de Condé (Le Beurier).

Busc (Le), h. d'Épréville-en-Lieuvin.

Busc (Le), demi-fief à Glos-sur-Risle, relev. de Bourg-Achard. — 1456 (Le Beurier).

Busc (Le), h. d'Heuqueville.

Busc (Le), f. à Louviers.

Busc (Le), franche vavassorie du roi à Rougemontiers, relevant de la vicomté de Pont-Audemer.

Busc (Le), h. de Saint-Gervais-d'Asnières.

Busc (Le), h. de Theil-Nolent.

Busc-d'Escos, très-anc. fief à Écos, relev. de Gisors.

Buscherin, huit° de fief à Quittebeuf. — *Buchon*, 1558 (Le Beurier).

Busc-Rabasse (Le), quart de haubert à Saint-Denis-des-Monts.

Busc-Renard (Le), partie de la forêt de *Bleu* de 202 arpents, 1639. — *Boq-Renard*, 1654 (lettres patentes de Louis XIV).

Busc-Richard (Le), quart de fief à Criquebeuf-la-Campagne, relev. de Bœthomas.

Bespins (Les), chât. à Daubeuf-près-Vatteville.

Busquet, fief de l'abbé de Préaux à Saint-Pierre-de-Salerne, relevant de la baronnie de Salerne.

Bus-Saint-Remy, c°⁰ d'Écos, c°⁰ accrue de Baudemont en 1842; pl. fief. — *Boscus*, 1195 (ch. de Richard Cœur de Lion). — *Le Bus*, xiii° siècle (cart. du Trésor).

Bosset, île de la Seine, à Andé.

Bussy, h. de Saint-Siméon.

Bust (Le), fief à Glos-sur-Risle, relevant de Bourg-Achard.

Buton, f. à Menilles.

Butte (La), h. de Saint-Étienne-l'Allier.

Butte (La), h. de Saint-Laurent-du-Tencement.

Butte (La), fief aux Ventes.

Butte-au-Feu (La), redoute à Saint-Philbert-sur-Risle, isolée de la plaine par un fossé profond, sur la pointe d'une éminence faisant face à Montfort.

Butte-au-Loup (La), lieu-dit à Saint-Denis-du-Béhélan.

Butte-au-Loup (La), h. de Saint-Mards-de-Blacarville.

Butte aux Anglais (La), butte dans la forêt de Lyons, à la Motte, h. du Tronquay.

Butte-aux-Moines (La), lieu-dit à Saint-Aubin-d'Écrosville.

Butte des Pontards (La), anc. retranchement dans la forêt de Breteuil (Gadebled).

Butte-du-Moulin (La), h. de Lilletot.

Butte-en-Selle, h. de Fontaine-la-Louvet.

Butte-Hinoult (La), h. de Bois-Hellain.

Butte-qui-Sonne (La), m°⁰ isolée, à Montfort-sur-Risle.

Butte-Rabasse, chât. du fief du Busc-Rabasse, à Saint-Denis-des-Monts, 1649.

Butteray (Le), h. de Boissy-Lamberville.

Buttes-des-Dalles (Les), m°⁰ isolée, à Toutainville.

Butte-Verte (La), lieu-dit à Émanville.

Buy, fief à Moisville en 1760.

C

Cabaret (Le), f. à Saint-Aubin-d'Écrosville. — *Cabaret du Gouffre*, 1720 (tit. de la propriété).

Cabaret des Hautes-Terres (Le), m°⁰ isolée, à Saint-Pierre-du-Bosguerard.

Cabarets (Les), f. à Marcouville-en-Vexin.

Cabeaumont, fief et h. à Foulbec.

Cabeaumont, fief et h. à Saint-Sulpice-de-Graimbouville.

Cabine-aux-Hellots (La), h. de Toutainville.

Cabine-des-Bas-Villages (La), h. de Saint-Étienne-l'Allier.

Cable (Le), c°⁰ de la forêt de Louviers (plan général de la forêt domaniale).

Cable (Le), manoir voisin de Saint-Éloi-de-Fourques en 1765 et fief relevant de Pont-Audemer.

Cable (Le), f. à Saint-Étienne-l'Allier.

Cablerie (La), h. d'Épaignes.

Cables (Les), h. partagé entre les Hogues et Perruel.

Caboche (La), h. de Crestot.

Caboche (La), lieu-dit à Saint-Pierre-du-Bosguerard.

Cabocne (La), lieu-dit à Venables.

Cabory, h. de Beaumont-le-Roger.

Caboterie (La), h. de Tocqueville.

Cabotière (La), h. partagé entre Brionne et Malleville-sur-le-Bec.

Cabotière (La), h. de Broglie.

Cabotière-de-Valleville (La), h. de Brionne.

Cabots (Les), h. d'Appeville.

Cabots (Les), f. à Fontaine-Bellenger.

Cabots (Les), h. de Rougemontiers.

Cacheterie (La), m°⁰ isolée, à Fleury-la-Forêt.

Cadebis, lieu-dit à Ormes.

Cadot, fief à Saint-Aubin-sur-Gaillon, relev. de Gaillon

CADRAS (LE), m^{in} à Montfort-sur-Risle.

CAËFOU (LE), lieu-dit à Guiseniers. — Le Chanfon. 1300-1314 (cart. de Jumiéges).

CAEN, c^{on} d'Évreux nord; place forte relevant du comté d'Évreux, et c^{ne} réunie à Normanville. — Cader, v. 1035 (ch. de Robert Ier). — Kaer, 1225 (cart. de Saint-Sauveur). — Kahaire, Cahaire, 1250. — Kaer, 1251 (cart. de Saint-Taurin). — Kaheir, 1256 (L. P.).

CAER (MAISON DES SŒURS DE), nom du 1er établissement des sœurs de la Providence à Évreux.

CAHAIGNES. c^{on} d'Écos; fief et c^{ne} accrue de Requiécourt en 1808. — Cahagnes, 1141. — Cahainges, dont il est parlé dans le Sussex Buck (L. P.). — Cahonnie, XIIe s^e (cart. de Mortemer). — Cahaniæ, 1199 (bulle d'Innocent III). — Chaengnes, Kahaignes, Cahengnes, 1239. — Cahennes, Kahennais, 1251. — Kahaignes, 1253 (ch. de Bourgout). — Caaignes (p. d'Eudes Rigaud). — Cahengnæ, 1272 (Saint-Allais, Monstre). — Quahannes, Koannes, 1293 (L. P.). — Quehaignes, Quahaignes, Quehaignes, 1354 (aveux, archives nat.). — Quehaynes, XIVe s^e (généalogie de la maison de Bethencourt). — Saint-Julien-de-Chehaignes, 1411 (aveu de l'abbé de la Croix-Saint-Leufroi). — Quehengnies, 1432 (Arch. cur. de l'hist. de France). — Cheagne, Quehagne, 1638 (Vie de saint Adjutor).

CAHAIGNES (RUISSEAU DE) ou DOULT-DE-CLAIREAU, à Montfort. Il a 2 kilom. de cours et afflue à la Risle par la rive droite.

CAHANNAIS (LA), h. de Boissy-Lamberville; anc. léproserie concédée en 1698 à l'hôpital de Bernay. — Saint-Clair et Saint-Thomas-de-la-Cananée, la Cahennée, Cahennei, Cananée (Léchaudé d'Anisy). — La Quehennaie, 1402 (L. P.). — Quehennay (Charpillon et Caresme).

CAHÉNOTT. fief voisin de Pont-Authou (L. P.).

CAHINIÈRE (LA), h. commun à la Chapelle-Gauthier et à Saint-Vincent-la-Rivière.

CAHOMARE ou TAHOMME, île de la Seine, devant Amfreville-sous-les-Monts. — 1449 (arch. de la Seine-Inf. fonds des Deux-Amants).

CAHOT, h. de Saint-Léger-de-Glatigny.

CANOTTERIE (LA), h. de Saint-Philbert-sur-Risle.

CAILLÉ, f. à Gournay-le-Guérin.

CAILLETOTIÈRE (LA), h. d'Épinay.

CAILLETOTS (LES), h. de Mainneville.

CAILLOLDIÈRE (LA), h. de Saint-Nicolas-du-Bosc-l'Abbé.

CAILLOUET, c^{on} de Pacy, c^{ne} réunie avec Orgeville en 1845 sous le nom de Caillouet-Orgeville. — Cailloel, 1157 (ch. de Hugues III, arch. de Rouen). — Caillouelum, 1289 (bail des dîmes de Croisy). — Caillouetum

(2e p. d'Évreux); 1289 (gr. cart. de Saint-Taurin). — Caillonnet, 1631 (Tassin, Plans et profilz). — Caillouel, 1638 (pièces justific. de la Vie de saint Adjutor).

CAILLOUET, h. distrait d'Harcourt et réuni à Brionne en 1852.

CAILLOUET, h. du Mesnil-Jourdain.

CAILLOUET-BOSCAGE, fief à Bourneville, relev. de Pont-Authou et Pont-Audemer, 1558. — Caillouel, 1201 (lettre de Jean sans Terre). — Le Bocage (Cassini).

CAILLOUET-ORGEVILLE, c^{ne} du c^{on} de Pacy, formée en 1845 de la réunion de Caillouet et d'Orgeville. — Voy. CAILLOUET.

CAILLOUET, h. de Lorleau.

CAILLOUX (LES), f. à Louviers.

CAILLOUX (LES), h. de Routot.

CAILLOUX (LES), h. de Saint-Paul-sur-Risle.

CAILLY-SUR-EURE, c^{on} de Gaillon; anc. fief. — Calliacus, 788 (Vie de saint Leufroi, écrite au IXe s^e).— Cailliacus, 1181 (bulle de Luce III). — Calleium, 1217 (titre de l'abb. de Saint-Ouen). — Chailli (cart. du Trésor). — Caillyac..s, 1286 (cart. de la Croix-Saint-Leufroi).

CAINESSE, lieu-dit à Bonneville-sur-le-Bec en 1460.

CALAIS, h. et nom de rue au Fidelaire.

CALANDRES (LES), lieu-dit à Arnières.

CALANGE (LA), f. et fief au Neubourg. — Callenge (Le Beurier).

CALANGE (LE), h. de la Chapelle-Gauthier.

CALENGE (MANOIR DE), à Villez-sur-le-Neubourg.

CALENGES (LES), terres vagues disputées à Saint-Martin-au-Bosc, fin du XIIIe siècle (livre des Jurés de Saint-Ouen).

CALHEUDNIE (LA), h. à Saint-Paul-de-la-Haye et f. qui s'étend sur Saint-Michel-de-la-Haye.

CALIGNY, quart de fief à Bourth, relevant de Tillières. — Calligny, 1406 (L. P.).

CALIGNY, f. et quart de fief à Fort-Moville.

CALLETOTS (LES), lieu-dit dans la forêt de Bleu, 1545. — Caletos, 1560 (arch. de la fabr. d'Amécourt).

CALLEVILLE, c^{ne} du c^{on} de Brionne; anc. fief. — Carlevilla, 1216. — Sanctus Anianus de Karlevilla, 1291 (second cart. du chap. d'Évreux).—Callevilla, 1266 (reg. visit.). — Kalevilla, 1293 (cart. de Préaux). — Cailleville (La Roque). — Alleville, 1523 (rech. de la noblesse). — Calville, 1700 (dép. de l'élection de Conches). — Calleville-les-Bois (actes nombreux).

CALLEVILLE, fief sis à Douville, réuni à la baronnie de Pont-Saint-Pierre en 1684; auj. h. de Pont-Saint-Pierre.

CALLOT, f. à Hauville.

CALLOUET-DU-TRONQUAY, h. du Tronquay.

CALLOUETTES (LES), c⁰ⁿ de la forêt de Lyons (plan général de la forêt domaniale).

CALONNE (LA), rivière qui prend sa source à Fontaine-la-Louvet, traverse Saint-Aubin-de-Scellon, Bailleul-la-Vallée, Asnières, Saint-Pierre-de-Cormeilles, Saint-Sylvestre-de-Cormeilles, Saint-Léger-sur-Bonneville, puis entre dans le dép⁺ du Calvados, où elle se réunit à la Toucques par la rive droite, à Pont-l'Évêque, après un cours de 15 kilomètres.

CALORDIÈRE (LA), h. de Mélicourt.

CALOTINERIE (LA), h. de Saint-Ouen-de-Thouberville.

CALTERIE (LA), h., f. et quart de fief relev. de Crèvecœur, à Houlbec-Cocherel. — La Calleterie, 1869 (annonce judiciaire).

CALUCHETTE (LA), lieu-dit à Sainte-Colombe-près-Vernon.

CALVAQUE, h. de Manneville-sur-Risle.

CALVAIRE (LE), h. de Beaumesnil.

CALVAIRE (LE), h. de Beuzeville.

CALVAIRE (LE), chapelle à Haricourt.

CALVAIRE (LE), h. de Saint-Aquilin-d'Augerons.

CALVAIRE (LE), h. de Saint-Siméon.

CALVAND, lieu-dit à Notre-Dame-de-l'Île.

CAMAILS (LES), lieu-dit à Écos.

CAMBE (LA), c⁰ⁿ réunie à Thibouville en 1791.

CAMBE (LA), h. de Saint-Éloi-de-Fourques en 1230 (L. P.).

CAMBERT (BOIS DE), à Saint-Cyr-du-Vaudreuil. — 1460 (P. Goujon).

CAMBOLLE, h. d'Évreux.

CAMBOTTIÈRE, h. de Thevray.

CAMBRE, f. à Jumelles.

CAMBRE, h. de Saint-Ouen-de-Thouberville.

CAMBREMONT, fief et ruines encore visibles du château des seigneurs de Conches à Acquigny au xii⁰ siècle.

CAMBRIEUX (LES) ou LES CAMVRIEUX, lieu-dit à Saint-Étienne-du-Vauvray. — 1516 (P. Goujon).

CAMFLEUR, c⁰ⁿ de Bernay, c⁰ⁿ réunie en 1797 avec Courcelles sous le nom de Camfleur-Courcelles, et en 1845, ainsi composée, à Fontaine-l'Abbé. — Campaflor, vers 1000 (dotal. de la duch. Judith); 1195 (M. R.). — Campflour, xiv⁰ s⁰ (1ᵉʳ p. de Lisieux). — Campus floridus (2⁰ p. de Lisieux).

CAMFLEUR-COURCELLES, réunion de communes annexées en 1845 à Fontaine-l'Abbé.

CAMIN, quart de fief à Aubevoye, relevant de Bérou. — Moulin Camin, 1789 (terr. de Bérou).

CAMIN, quart de fief à la Vieille-Lyre, relev. d'Orvaux et appartenant à l'abb. en 1452.

CAMP (LE), monticule considérable, de main d'homme, à Condé, sur la rive gauche de l'Iton, offrant une multitude de débris d'origine romaine.

CAMPADANT (LE), fief et f. à Bouchevilliers.

CAMPAGNE (LA), second nom servant à distinguer 21 c⁰ᵉˢ ou anc. c⁰ᵉˢ situées sur des plateaux et ayant des homonymes dans le dép⁺ : Amfreville, Angerville, Bérengeville, Berville, Bois-Normand, Criquebeuf, Daubeuf, Écardenville, Faverolles, Gauville, Marcilly, Perriers, Sainte-Colombe, Saint-Cyr, Saint-Germain, Saint-Léger, Saint-Martin, Saint-Melain, Sainte-Opportune, Tournedos et Tourville.

CAMPAGNE (LA), h. de Malleville-sur-le-Bec.

CAMPAGNE (LA), h. de Rosay.

CAMPAGNE (PAYS DE), division naturelle qui n'a jamais été administrativement délimitée. — Selon Piganiol de la Force (1722), c'était l'une des sept divisions de la Haute Normandie, subdivisée elle-même en Campagne du Neubourg, comprenant Évreux, Gaillon, Harcourt, Louviers, le Neubourg et Pont-de-l'Arche, et Campagne de Saint-André, comprenant Breteuil, Conches, Nonancourt, Saint-André, Verneuil, Ivry. Cette division est de l'invention de Piganiol. Le nom de Pays de Campagne a été très-confusément attribué à l'une et à l'autre des deux grandes plaines à culture de céréales, dans lesquelles il fait entrer jusqu'à des villes situées dans des vallées. — Selon Masseville, il y aurait eu une troisième Campagne, comprenant les paroisses situées aux environs d'Évreux, et surtout celles qui sont vers Bérengeville-la-Campagne, Garencières, Saint-Martin et Val-David, tout à fait séparées et prises comme par hasard sur les deux plateaux, bien distincts : c'est ce qu'il appelle la Campagne, canton du dioc. d'Évreux. — Campania, Champagne (Masseville). — Campagne normande (l'abbé Caresme).

CAMPAGNE-BOURDON (LA), h. de Saint-Grégoire-du-Vièvre.

CAMPAGNE DE SAINT-ANDRÉ, vaste contrée agricole qui forme un plateau élevé entre Évreux et la frontière du dép⁺ d'Eure-et-Loir.

CAMPAGNE DU NEUBOURG, division territoriale très-anc. sans existence officielle à aucune époque. — Campania Noviburgensis (Th. Corneille). — Campania Novoburgensis (Masseville). — Petit pays qui s'étend entre les rivières d'Eure et de Risle et les contrées du Lieuvin et du Roumois, entre Louviers, Brosville, Beaumont-le-Roger, Harcourt, Brionne, le Bec, Bourgtheroulde, la Londe et Béthomas, 1704 (Th. Corneille). — Vaste portion de terrain qui se trouve entre les vallées de la Risle et de l'Iton, jusqu'aux bois qui garnissent les hauteurs d'Elbeuf, 1782 (Le Pecq de la Clôture).

CAMPAGNES DE PRÉAUX (LES), plaine d'une certaine étendue comprenant des terres de c⁰ᵉˢ voisines.

Campart (Le), h. de Saint-Victor-d'Épine.

Camp-au-Prévôt, lieu-dit à Malou. — 1526 (Réautey, Not. hist.).

Camp-ac-Roi, lieu-dit à Becthomas.

Camp-aux-Anglais, nom populaire de retranchements conservés à la Roque-sur-Risle, et plutôt attribuables aux Normands.

Camp-Baudry, fief à la Trinité-de-Thouberville, relevant de la Londe (vingtièmes).

Camp-Blanc (Le), lieu-dit à Alisay.

Camp-de-César, enceinte carrée au Plessis-Sainte-Opportune.

Camp-de-César, vestiges sur un coteau qui domine Vernon. — 1708 (Th. Corneille).

Camp-de-la-Mare (Le), fief et f. à Saint-Germain-la-Campagne.

Camp-de-la-Roue, lieu-dit à Farceaux.

Camp-des-Ventes (Le), h. de la Haye-Malherbe.

Camp-du-Rhin, lieu-dit à Fresnes-l'Archevêque.

Camp-Ézoux (Le), quart de fief et chât. à Bosbénard-Commin. — Camp-Héroult (Le Beurier).

Campigny, c^ne du c^on de Pont-Audemer. — Campigniacum, 1033 (Neustria pia). — Campeniacus, 1034 (Gall. christ.). — Campiniacus, 1091 (cart. de Préaux). — Campigneyum (1er pouillé de Lisieux). — Campigneium, 1203 (M. R.). — Campigny-sur-Vérone, 1828 (L. Dubois).

Campigny, fief ecclésiastique à Plasnes (Le Beurier).

Camp-Jacquet ou Surville, fief sis à Acquigny et relevant d'Acquigny (Le Beurier).

Camp-Judas, lieu-dit aux Andelys.

Campots (Les), lieu-dit à Bois-le-Roi.

Camp-Ricard, fief à Gaillon. — 1410 (arch. de la Seine-Inf.).

Camp-Sorel (Le), f. à Bourg-Achard. — Campi Sorel (cart. de Bourg-Achard).

Camps-Périers (Les) ou les Camps-Pierre, lieu-dit à Radepont.

Camp-Vaco, anc. lande à Villers, h. des Andelys.

Canada (Le), h. de Tourville-sur-Pont-Audemer.

Canappeville, c^ne du c^on du Neubourg; fief et sergenterie; ch.-l. de c^on de 1790 à l'an ix. — Kanapivilla (L. P.). — Canapvilla (L. Dubois). — Canapevilla, 1196 (petit cart. de Saint-Taurin); 1244 (cart. de Saint-Sauveur); 1247 (cart. de Bonport). — Kenapevilla, 1210; Kanapevilla, 1239 (ch. de la Noë). — Kenapevila, 1253 (arch. de la Seine-Inf.). — Campevilla, vers 1380 (Bibl. nat.). — Canappeville-les-Landes (L. P. et L. Dubois).

Canappeville (Canton de), comprenant, de 1790 à l'an ix, 20 c^nes : Bérengeville-la-Campagne, Canappeville, Crasville, Crestot, Criquebeuf-la-Campagne, Damneville, Daubeuf-la-Campagne, Ecquetot, Feuguerolles, Hondouville, Houetteville, Limbeuf, Mandeville, Quatremare, Saint-Didier-des-Bois, Surtauville, la Vacherie-sur-Hondouville, Venon, Villettes, Vraiville.

Canclair, franche vavassorie à Beuzeville, en 1646 (Charpillon et Caresme).

Candebart, lieu-dit à Saint-Pierre-d'Autils.

Candinets (Les), f. à Pont-Audemer.

Candos, h. de Catelon.

Candos, fief à Crestot, en 1619 (Le Beurier).

Candos, chât. à Éturqueraye.

Candos, b. de Flancourt. — Lieu d'un combat sanglant en 1123.

Candos, h. d'Illeville-sur-Montfort.

Canet, pont à Évreux en 1635 (arch. d'Évreux).

Canivier (Île du), à Saint-Pierre-de-Vauvray.

Cannerie (La), h. de Morainville-sur-Lieurey.

Canoa (Vigne du), lieu voisin de Nonancourt, où Henri IV, en 1590, fit établir une pièce de canon pour ouvrir une brèche.

Canonerie (La), f. à Bosbénard-Crescy.

Canouel (Le), h. détaché du Thuit-Anger, en 1846, pour entrer dans la formation de la c^ne de la Saussaye. — Canoel, 1871 (annonce légale).

Cantellerie (La), h. d'Épréville-en-Roumois.

Cantelou, pl. f. chât. à Amfreville-sous-les-Monts. — Cantellou, 1615 (chartier du Vaudreuil). — Cante-leu-sous-les-Deux-Amants, 1635 (aveu; arch. nat.).

Cantelou, h. d'Harquency et fief. — Canteleu, 1434 (arch. de la Seine-Inf.).

Cantelou, f. voisine de Neuville-sur-Authou. — Quantelou, 1355 (arch. de l'Eure). — Chantelou, 1260 (L. P.)

Cantelou, ru qui afflue à la rivière de Saint-Ouen.

Canteloup-le-Bocage, c^ne réunie à Renneville en 1808. — Cantulupus, Cantulupus, 1207 (ch. de Gautier de Coutances).

Cantemarcue, f. à Vernon.

Cantepie, vavassorie à Capelles-les-Grands, en 1604 (aveu de Charlotte des Ursins).

Cantepie, f. à Saint-Mards-de-Fresnes. — Cantapia, 1025 (ch. du duc Richard?). — Chantepie, 1233 (L. P.).

Cantiers, c^ne du c^on d'Écos; petit ruisseau et fief. — Canter, 1300 (vitrail de la cath. d'Évreux).

Cantiers, plein fief de baubert, à Gisors, relevant de Trye.

Cantines (Les), lieu-dit à Saint-Étienne-du-Vauvray.

Canton (Le), h. de Saint-Pierre-de-Cormeilles.

Cantrain, m^in à Livet-sur-Authou.

Canteuie (La), h. de Selles.

CAORCHES, c^{ne} du c^{on} de Bernay; fief relevant de Montreuil et Bernay. — *Katorciæ*, vers 1000 (dotal. de la duchesse Judith). — *Cadurges*, 1025 (ch. de Richard II). — *Caharcie*, 1128 (ch. de Henri Ier). — *Kaorches, Karchie*, XIIIe s^e (L. P.). — *Kaorches, Kaorchie*, XIIe s^e. — *Chaors*, 1229 (ch. de Hugues d'Hellenvilliers). — *Caorchiæ*, 1246 (ch. de Jean Mallet de Graville). — *Chaorces*, 1256 (L. P.). — *Quaorces* (M. R.). — *Cahorces* (L. P.). — *Caors*, 1266 (cart. de Préaux). — *Caourches*, 1401 (L. P.). — *Caourchii* (2e p. de Lisieux). — *Caharche*, 1722 (Masseville).

CAPELLE (LA), h. commun à Bos-Normand et à Bosc-Roger-en-Roumois.

CAPELLE (LA), h. de Courbépine.

CAPELLE (LA), h. de Saint-Georges-du-Vièvre.

CAPELLE (LA), h. de Valailles.

CAPELLES, fief à Capelles-les-Grands, relevant de la Motte, à Saint-Jean-du-Thenney.

CAPELLES-LES-GRANDS, c^{ne} du c^{on} de Broglie. — *Capella*, 1025 (ch. de Richard II); 1217 (cart. de Maupas). — *Capelle*, 1152 (bulle d'Eugène III). — *Capellæ magnæ* (2e p. de Lisieux).

CAPELLETIÈRE (LA), m^{eu} is. à Ferrières-Saint-Hilaire.

CAPPEVILLE, rue à Gisors. — *Caput villæ* (Charpillon); on devrait dire *Cap de Ville* (Hersan, Hist. de Gisors); l'une des quatre portes de Gisors fortifié.

CAPUCHET, m^{in} à Bailleul-la-Vallée.

CAPUCINS (ALLÉE DES), belle avenue de Vernon à Bizy.

CAPUCINS (BOIS DES), à Saint-Germain-la-Campagne.

CAPUCINS (LES), nom conservé aux Andelys à une maison de plaisance, anc. couvent de capucins.

CARBEC, c^{on} de Beuzeville, fief et c^{ce} devenue *Carbec-Grestain* à la suppression de l'abb. de Grestain, puis absorbée par Fatouville, en 1844, sous le nom de *Fatouville-Grestain*.

CARBEC (RUISSEAU DE), à Fatouville-Grestain.

CARBEC-GRESTAIN, c^{ce} absorbée, en 1844, par celle de Fatouville.

CARBONNERIE (LA), h. à Martainville-en-Lieuvin.

CARBONNIÈRE (LA), h. de Thiberville.

CARCOUET, h. commun à Brosville et à la Vacherie-sur-Hondouville et donnant son nom à deux huit^{es} de fief relevant d'Acquigny. — *Le Carquois* (Cassini). — *Caraset* (carte du Dépôt de la guerre).

CARCOUET, fief à Reuilly (Le Beurier).

CARDONNAY (LE), fief à Guiseniers (Le Beurier).

CARDONNEL (LE), f. à Pont-Saint-Pierre.

CAUDONNET, fief à ou près Breux, relevant du Chastel, en 1480.

CARDONNET, h. commun au Favril et à Folleville. — *Cardonetum*, 1251 (L. P.).

CARDONNET, fief voisin et relevant de Tranchevilliers, en 1403.

CARDONNEY, fief à Guiseniers. — 1757 (état des fiefs du territoire).

CARDONNIÈRE (LA), fief à Épaignes. — 1792 (liste des émigrés).

CARDONNIÈRE (LA), m^{on} isolée, à Pont-Audemer.

CARDONS (LES), h. de Condé-sur-Risle."

CARDOXVAL, quart de fief à Breux, 1708 (aveu de Tillières). — *Cardonnel?* (arch. nat.).

CARDOURIE (LA), h. de Corneville-sur-Risle.

CARDOUVILLE, m^{in} sur l'Eure et cantonnement de pêche entre Saint-Vigor et Cailly.

CAREL (LE), h. à Villers-sur-le-Roule.

CARENTONNE, c^{ne} réunie à Bernay en 1792; quart de fief relevant de Beaumont, 1411 (L. P.). — *Karentonnus*, vers 1000 (dotal. ducissæ Judith). — *Carentone*, 1226; *Carenton*, 1241 (cart. du Bec). — *Charentonne*, 1267 (cart. de Lyre). — *Carentona* (M. R.). — *Quarentonne*, vers 1650 (reg. de la Chambre des comptes de Rouen).

CARENTONNE, h. de Saint-Philbert-sur-Risle.

CARETERIE (LA), fief à Appeville (l'abbé Caresme).

CARMANFLEU, h. de Fiquefleur (L. P.).

CARNAFLOU (LA), souterrain composé de plusieurs excavations isolées jusqu'à 18 mètres de profondeur, au territ. de Beuzeville; éboulé en avril 1865.

CARNAGE (LE), h. de Gravigny.

CAROGÈRE (LA), chât. à Fontaine-la-Soret.

CARONNERIE (LA), f. au Thuit-Hébert.

CARONNERIE (LA), h. de la Trinité-de-Thouberville.

CAROUGE (LE), h. de Boissy-Lamberville.

CAROUGE (LE), h. d'Épaignes.

CAROUGE (LE), h. d'Épréville-en-Lieuvin.

CAROUGE (LE), h. de Grosbois.

CAROUGE (LE), h. d'Illeville-sur-Montfort.

CAROUGE (RUE DE LA), à Vesly.

CARPENTERIE (LA), h. de Saint-Ouen-de-Thouberville.

CARQUELIN (LE), lieu-dit au Fresne.

CARRE (LA), m^{on} isolée, à l'Hosmes.

CARREFOUR (LE), h. de Bourneville.

CARREFOUR (LE), h. de Campigny.

CARREFOUR (LE), h. de Condé-sur-Risle.

CARREFOUR (LE), h. de Saint-Étienne-du-Vauvray.

CARREFOUR (LE), h. de Ste-Opportune-près-Vieux-Port.

CARREFOUR (LE), h. de Saint-Samson-sur-Risle.

CARREFOUR-DANGEREUX (RUE DU), à Verneuil.

CARREFOUR-LAIGNEL (LE), h. commun à Saint-Philbert-sur-Risle et à Saint-Pierre-des-Ifs.

CARRELERIE (LA), h. de Beuzeville.

CARRIÈRE (LA), m^{on} isolée, à Barc.

CARRIÈRE (LA), h. des Baux-de-Breteuil.

Carrière (La), f. à la Haye-Aubrée.

Carrière (La), h. de Heurgeville.

Carrière (La), f. à Louviers.

Carrière (La), m⁰ⁿ isolée, à Routot.

Carrière (La), f. à Saint-Samson-sur-Risle.

Carrière (La), second nom du fief de Berceloup, à Louviers. — 1636 (acte d'état civil).

Carrière-aux-Anglais (La), grande excavation à Toutainville.

Carrières (Les), h. de la Puthenaye.

Carrières (Les), h. de Routot.

Carsix, c⁰ᵉ du c⁰ⁿ de Bernay; fief relevant du roi. — *Caresis*, 1180; *Carisis*, 1184 (M. R.). — *Kresis, Karresis*, 1290 (cart. de Saint-Taurin). — *Carresis, Currezis*, 1400 (min. du notariat de Bernay). — *Carresiz* (pouillés de Lisieux); 1469 (monstre). — *Corisis*, vers 1550 (aveu de Pierre du Fay). — *Carsy*, 1731 (terr. du fief du Bois).

Cartillières (Les), m⁰ⁿ isolée, à Bois-Nouvel.

Cascades (Promenade des), à Louviers.

Caseretu, champ à Thierville. — 1229 (cart. du Bec).

Cassine (La), f. à Villez-sous-Bailleul.

Cassoir (Le), h. de Saint-Denis-du-Bébélan.

Castagnier, fief à Malleville-sur-le-Bec. — 1456 (l'abbé Caresme).

Castel (Île du), sur la Seine, à Amfreville-sous-les-Monts. — *Chastel*, xiv⁰ siècle (tit. du prieuré des Deux-Amants).

Castel (Le), f. h. de Grandchain, fief relev. de Beaumesnil. — 1419 (L. P.).

Castel (Le), h. de Lieurey.

Castel (Le), colline dans la partie nord du faubourg Saint-Aignan de Pont-Audemer; indiquée comme camp d'observation de l'époque gallo-romaine, et château rasé par Duguesclin en 1378 (Guilmeth).

Castel (Le), h. de la Roque-sur-Risle.

Castellain, h. de Saint-Aubin-de-Scellon.

Castellier, quart de fief à Saint-Aubin-d'Écrosville. — 1549 (Le Beurier).

Castellier (La Motte du), lieu-dit à Louviers, 1455 (comptes de l'archev. de Rouen). — *Castelerium*, 1204 (cart. de Philippe d'Alençon).

Castelliers (Les), lieu-dit à la Chapelle-du-Bois-des-Faux.

Castelliers (Les), fief à Morainville-près-Lieurey, relevant de la Poterie-Mathieu.

Catehou, fief au Châtelier-Saint-Pierre. — *Khetehou*, xiii⁰ siècle (cart. de la Trinité de Beaumont). — *Cathou* (Le Beurier). — *Les Quatrehoux*, 1840 (Gadebled).

Catel (Le), h. de Saint-Mards-de-Fresnes. — *Castellum* (L. P.).

Catel (Le), h. de Sainte-Marguerite-en-Ouche.

Catelet (Le), h. de Boisney.

Catelet (Le), h. de Carsix.

Catelet (Le), nom conservé à l'emplacement de l'anc. château de Saint-Mards, à Bouquelon.

Catelets (Les), h. de Freneuse-sur-Risle.

Catelets (Les), h. de Manneville-la-Raoult.

Catelets (Les), h. de Saint-Pierre-de-Cormeilles. — *Cattelets* (Le Beurier).

Catelier (Le), lieu-dit à Criquebeuf-sur-Seine.

Catelier (Le), camp retranché à Évreux, à l'angle de la côte qui sépare la vallée de l'Iton et le val Iton.

Catelier (Le), c⁰ⁿ de la forêt de Lyons.

Catelier (Le), c⁰ⁿ de la forêt de Montfort.

Catelier (Le), l'un des deux monticules qui dominent Pont-Saint-Pierre.

Catelier (Le), h. de Saint-Aubin-du-Thenney.

Catelier (Le), h. de Saint-Nicolas-du-Bosc-l'Abbé.

Cateliers (Les), h. de Sainte-Opportune-près-Vieux-Port.

Cateliers (Les), h. de Saint-Thurien.

Cateliers (Les), h. de Trouville-la-Haulle.

Catellerie (La), lieu-dit dans la forêt de Bretenil, près de Bémécourt, 1201.

Catelliers (Les), lieu-dit à Ailly.

Catelliers (Les), h. et bruyère à Bosguerard-de-Marcouville.

Catelon, c⁰ⁿ de Bourgtheroulde; c⁰ⁿ réunie à Flancourt en 1846. — *Catelun*, xi⁰ s⁰ (cart. de Préaux). — *Casteillon* (M. R.). — *Catelont*, 1262 (reg. visit.). — *Cathellon*, 1508 (arch. nat.).

Catenay (Ruisseau de), second nom du ruisseau de Sainte-Geneviève, à Notre-Dame-de-l'Île.

Catillon, lieu-dit à Courcelles-sur-Seine.

Catillon, h. de Fontaine-la-Soret; anc. m¹⁰. — *Castellon*, 1374 (aveu de Raoul de Meullent). — *Moulins de Casteillons*, 1374 (arch. nat.). — *Moulins de Cateillon*, 1389 (aveu de Louis de Meullent). — *Castillon* ou *Cattelon* (Le Beurier).

Catillon (Côte du), à Saint-Pierre-d'Autils.

Catillons (Les), lieu-dit à Château-sur-Epte.

Catinet-Bellouin (Le), h. de Launay.

Catinois (Le), lieu-dit à Bernières.

Cativay, h. et m¹ⁿ à Aulnay. — *Coitivel*, 1193; *Cottivel* ou *Chetivel*, 1453 (L. P.).

Cativay, h. de la Bonneville. — *Chaitivel, Chativel*, 1144 (ch. de fondation de la Noë).

Catonnier (Le), lieu-dit à Guiseniers.

Cauchardière (La), h. de Thiberville.

Cauche (La), h. de Saint-Aubin-de-Scellon.

Cauche (Rue et Ravin du), à Rugles.

CAUCHEUSE, fief à Hauville, relevant de Pont-Audemer (L. P.).

CAUCHOIS (FIEF AU), à Criquebeuf-sur-Seine (Le Beurier).

CAUCHURE (LA), h. de Hauville.

CAUDECOTTE, f. à Bazoques et pl. fief relevant de Beaumont; 1154 (L. P.). — *Caldecote*, 1180 (l'abbé Coresme). — *Calida tunica*, 1209; *Calva costa* (L. P.). — *Caudequôte*, 1235 (*ibid.*). — *Cote-Cote* (prononciation locale). — *Cocotte*, 1871 (tous les journaux).

CAUDECOTTE, manoir de l'abb. du Bec, à Saint-Philbert-sur-Boisset. — *Caudequota*, 1285 (cart. de Beaumont). — *Les Cottecottes* (L. P.).

CAUGÉ, c^on d'Évreux sud; c^ne accrue de Branville en 1808. — *Caugeium*, 1152 (bulle d'Eugène III). —*Caugé*, 1206 (ch. de la Noë). — *Caenkium*, 1234 (bulle de Grégoire IX).—*Caugeium*, 1247; *Chaugé*, 1261 (cart. de Saint-Taurin). — *Cangy*, 1391 (L. P.). — *Conchiers*, 1410 (Beaurepaire).

CAULAINCOURT (IMPASSE), au Petit-Andely (Brossard de Ruville).

CAUMONT, c^ne du c^on de Routot; fief, paroisse démembrée, à une époque reculée, de l'anc. territ. de Thouberville. — *Calidus mons*, 1175 (ch. de Rotrou, archev. de Rouen). — *S. Maria apud Tubervillam* (p. d'Eudes Rigaud).—*Calpus mons*, 1271 (sentence d'Eudes Rigaud). — *Caumont-sur-Seine*, 1828 (L. Dubois).

CAUMONT, f. à Pont-Authou; anc. fief de l'abb. du Bec.

CAUMONT (GROTTES DE), remarquables par leurs stalactites.

CAUMONT (PASSAGE DE), sur la Seine, à Caumont.

CAUMONT (RUISSEAU DE), gros et profond, formé dans les grottes très-près de la Seine.

CAUVELLIÈRE (LA), h. de Fontaine-là-Louvet.

CAUVERVILLE-EN-LIEUVIN, c^on de Cormeilles, c^ne entrée en 1844 dans la composition de celle de Fresne-Cauverville; fief relevant d'Orbec.

CAUVERVILLE-EN-ROUMOIS, c^ne du c^on de Routot. — *Cauvervilla* (M. R.). — *Calvervilla* (p. d'Eudes Rigaud).

CAUVINIÈRE (LA), h. et fief à Lieurey.

CAUVINIÈRE (LA), h. de Saint-Benoît-des-Ombres.

CAUVINIÈRE (LA), f. à Saint-Jean-de-la-Lequeraye.

CAUVINS (LES), h. de Valletot.

CAVÉ (LE), h. de Saint-Cyr-du-Vaudreuil; huit^e de fief dit aussi *la Cave* ou *la Cavée* (P. Goujon).

CAVEAU (LE), m^on isolée, à Hécourt.

CAVE-AUX-MOINES (LA), lieu-dit à Fourges.

CAVE-D'ENFER (LA), vaste souterrain du chât. primitif de Mainneville.

CAVÉE (LA), h. de Caumont.

CAVÉE-RENARD (LA), h. de Barneville-sur-Seine.

CAVÉES (LES), f. à Houville.

CAVERIE (LA), h. de Trouville-la-Haulle.

CAVICOURT, h. de Saint-Pierre-de-Cormeilles.

CAVOVILLE, fief relevant du Homme, à Heudreville-sur-Eure, et c^ne réunie en 1826 au Mesnil-Jourdain. — *Kavalvilla*, XIIIe s^e (cart. de Saint-Taurin). — *Cauvavilla, Cavauvilla*, 1208 (ch. de Luc, évêque d'Évreux).— *Kavauvilla*, 1221; *Kauvavilla*, 1224 (cart. du chap. d'Évreux). — *Caveauville*, 1517 (arch. de la Seine-Inf.).

CÉLESTINS (LES), f. au Tronquay.

CENSE (LA), f. à Ivry-la-Bataille.

CENSERIE (LA), h. de Saint-Nicolas-du-Bosc-l'Abbé.

CENSERIE (LA), f. à Saint-Victor-de-Chrétienville.

CENSIER (LE), h. de Ferrières-Haut-Clocher.

CENSURERIE (LA), h. partagé entre Évreux et Gravigny.

CENT-ACRES (LES) ou SUFFLET, fief relevant de Ferrières-Saint-Hilaire. — 1604 (Le Beurier).

CENTRE (LE), h. de Saint-Pierre-des-Ifs.

CERCEY, h. de Saint-Martin-de-Cernières.

CEREY ou CERCY, portion de fief à Verclives. — 1714 (Le Beurier).

CERISEY, h. de Gauciel. — *Carisi*, 1174 (ch. de Henri II).

CERNAY, c^ne réunie à Bois-Anzeray en 1808; demi-fief relevant de Beaumont-le-Roger. — *Cornaium, Cornayum* (reg. Phil. Aug.). — *Cornay* (reg. de la Chambre des comptes de Rouen).

CERNIÈRES, très-anc. paroisse qui à une époque reculée, s'est divisée en trois : Saint-Agnan, Saint-Martin, Saint-Pierre-de-Cernières.— *Les Cernières*, 1448-1677 (p. d'Évreux). — *Sarnières* (Robert, Carte de l'évêché d'Évreux).

CERNIÈRES, chât. à Saint-Pierre-de-Cernières.

CERNIÈRES (VALLÉE DE). — *Vallis Sarneias*, 1025 (Neustria pia). — *Sarnières*, 1419 (état des fiefs de la vicomté de Conches).

CERQUEUX, fief à Saint-Pierre-des-Cercueils.

CESSEVILLE, c^ne du c^on du Neubourg; fief. — *Sessevilla*, 1209 (cart. du Bec); 1214 (feoda Ebroicensis comitatus). — *Sescevilla*, vers 1380 (Bibl. nat.). — *N.-D.-de-Tosseville*, 1414 (aveu de l'abbé de la Croix-Saint-Leufroi). — *Zezeville*, 1781 (Bérey, Carte du dioc. de Rouen).

CHAAIGNE, fief à Roman, relevant des Essarts, 1262.

CHABLE (LE), h. de Bois-Arnault. — *Chaablium, Chablum*, 1219 (ch. de Philippe Auguste).

CHABLE (LE), h. de Gisay.

CHABOTIÈRE (LA), h. de Neaufles-sur-Risle. — *La Chabossière*, 1218 (L. P.).

CHABOTIÈRE (LA), h. de Pullay.

Chabotière (La), h. de Verneuil.

Chagny, h. de Blandey.

Chagny, h. de la Neuve-Lyre. — *Chaagny* (enquête de la forêt de Breteuil). — *Chahenne, Chahannei* (grande ch. de Lyre). — *Chaaigne, Chahenie* (cart. de Lyre).

Chagrin (Le), lieu-dit à Fouqueville.

Chaignes, c^ne du c^on de Pacy; seigneurie relevant de l'abb. de la Croix-Saint-Leufroi. — *Chains*, 1156 (bulle d'Adrien IV). — *Chaagnes*, 1181 (bulle de Luce III). — *Kahagnes*, 1189 (ch. de Jean, év. d'Évreux). — *Kaengnes*, 1247 (archives nat.). — *Cheignes*, 1450; *les Chengnes*, 1464 (dénombr. de l'abb. de la Croix-Saint-Leufroi). — *Chahaignes* (1er p. d'Évreux).

Chaignolles, petite c^ne réunie à Chaignes en 1818; fief; auj. h. — *Chahennoles*, xiie siècle; *Chignolles* (cart. de N.-D.-du-Désert). — *Cahaignolles*, 1368 (la Roque).

Chail (Le) ou la Quaize, m^in à la Barre. — 1220 (cart. de Lyre).

Chailly, fief à Gamaches. — 1708 (Le Beurier).

Chaineaux (Les), lieu-dit à la Haye-Malherbe. — Chesnots ?

Chaîne-d'Or (La), hôtellerie aux Andelys.

Chainquin, h. de Dame-Marie.

Chaise (La), h. de Bois-Nouvel; huit^e de fief relevant des Bottereaux, 1748.

Chaise (La), h. de Landepereuse.

Chaise (La), chât. dont les dépendances ont presque absorbé le h. de la Noë. — Vicaire à Saint-Antonin-de-Sommaire.

Chaise-Dieu, c^on de Rugles; c^ne entrée en 1836 dans la formation de celle de Chaise-Dieu-du-Theil. — *Casa Dei*, 1198. — *Chèse-Dieu*, 1428 (arch. du dép^t de l'Eure). — *Cheze-Dieu*, 1504 (recept. de la vicomté).

Chaise-Dieu, prieuré de l'ordre de Fontevrault, à Chaise-Dieu; auj. *Chaise-Dieu-du-Theil.* — *Casa Dei*, 1130 (cart. du Désert).

Chaise-Dieu, m^in à Houetteville. — xve siècle (aveu de Catherine de Vendosme).

Chaise-Dieu-du-Theil, c^on de Rugles, c^ne formée en 1836 de la réunion de celles de Chaise-Dieu et du Theil.

Chalardière (La), f. aux Barils.

Chalenge (Chapelle de), dans la tour des cloches de Louviers, 1332.

Chalengens, lieu-dit à Cesseville. — 1209 (cart. du Bec).

Chalerie (La), h. de Bosguerard-de-Marcouville.

Chalet, h. de la Vieille-Lyre. — *Chalost* (Le Beurier).

Chalet (Le), m^on de campagne des savants Brongniart, à Bezu-Saint-Éloi.

Chalet (Moulin du), sur la Risle, à la Vieille-Lyre. — *Calept, Calet, Caleth* (grand cart. de Lyre). — *Chalatum* (ch. de Nicolas de Glos).

Chalet-en-Rubremont, fief dit aussi *Houssemaigne*, à Bosc-Renoult-en-Ouche. — *Chaillet*, avant 1562.

Chalunet (Le), lieu-dit à Heudebouville.

Chalvigny, h. de Pullay. — *Chalvrigny* (Le Beurier).

Chalvigny, château à Verneuil.

Chambaudoin (Boulevard), à Évreux, en 1812. — Il porte le nom d'un ancien préfet de l'Eure, le baron Rolland de Chambaudoin.

Chambellan (Le), m^on isolée, aux Baux-Sainte-Croix.

Chambellanterie (La), h. de Gouville.

Chambine, quart de fief à Boisset-Hennequin. — 1412 (L. P.).

Chambines, fief et h. d'Hécourt. — *Camben, Cambin, Cambinia.* — *Chambinæ* (cart. de N.-D.-du-Lesme). — *Cambinia, Cambinæ* (cart. du chap. d'Évreux). — *Chanbine*, 1523 (recherche de la noblesse).

Chamblac (Le), c^ne du c^on de Broglie, fief relev. du duché de Broglie. — *Campus Blaque*, 1237 (L. P.). — *Chanblanq*, xiiie s^e (ch. de Henri de Ferrières). — *Camblaque*, 1262 (cart. de Saint-Évroult). — *Champ-Blac*, 1424 (inv. des titres de l'abbaye du Bec).

Chambord, c^on de Rugles, c^ne accrue en 1842 de celles de Bois-Maillard et de Bois-Penthou. — *Chamlaor* (reg. Phil. Aug.). — *Chambor*, 1277 et 1280 (cart. de Lyre). — *Chambort* (reg. de la Chambre des comptes de Rouen).

Chambornet, fief à Condé-sur-Iton, relevant de l'év. d'Évreux (L. P.).

Chamboy, fief à Notre-Dame-du-Hamel, relevant de Bourg-Achard (L. P.).

Chambrais, justice royale; paroisse changée de nom en 1742 pour devenir la tête du duché de Broglie. — *Cambrinse*, vers 1000 (dotalitium ducissæ Judith). — *Cambrest* (ch. de Henri II). — *Cambray*, 1199 (lettre de Jean sans Terre). — *Cambretium*, 1238 (ch. de Jean, abbé de Lyre). — *Cambrais* (p. de Lisieux). — *Chambreys*, 1320 (assiette du comté de Beaumont). — *Champbrais*, 1413 (La Roque). — *Chambrois*, 1417-1449 (chron. de Normandie). — *Chanbrois*, 1421 (reg. des dons). — *Chambroix*, 1429 (Floquet). — *Chambroys*, 1469 (monstre). — *Chambrasium castrum, gallice Chambray*, 1557 (Robert Cœnalis). — *Chambrays, Chambrois*, vers 1610 (aveu de Charlotte des Ursins). — *Chambrois* ou *Broglie* (ann. de 1808).

Chambrais (Les), h. de Puchay.

CHAMBRAY (MANOIR DE), chât. à Chambray-sur-Eure,
en 1872 (Petites Affiches).

CHAMBRAY-SUR-EURE, c⁰ᵉ du c⁰ⁿ de Vernon; plein fief
relevant d'Acquigny. — *Cammeragus*, vers 1015
(ch. de Richard II). — *Chanbra*, 1250 (cart. de
Saint-Ouen de Rouen). — *Chamberais*, vers 1350
(ch. de Robert II, év. d'Évreux). — *Cambray*, 1390
(Charpillon et Caresme). — *Chambrey-sur-Ure*,
1584 (aveu de Henri de Silly). — *Chambrey*, 1740
(sentence de la vic. de l'Eau).

CHAMBRAY-SUR-ITON, chât. à Gouville; pl. fief, baronnie, puis marquisat; anc. léproserie. — *Chamberé*,
1278 (cart. du chap. d'Évreux); 1420 (état des
fiefs de la vic. de Conches). — *Chamberay*, 1454
(L. P.).

CHAMBRERIE (LA), m⁰ⁿ isolée, au Bec-Hellouin; fief auquel était probablement attaché le service de cham-
brier de l'abbaye. — 1819 (L. P.).

CHAMENARD, fief et ancien manoir à la Chapelle-Genevray; auj. *la Courte-Côte* (Le Beurier).

CHAMOIS, lieu-dit aux Andelys.

CHAMOIST (LE), lieu seigneurial du fief de la Brosse à
Bus-Saint-Remy. — 1456 (L. P.).

CHAMPAGNE, m⁰ⁿ à Gravigny.

CHAMPAGNE, h. de Reuilly.

CHAMPAGNE (LA), fief à Beuzeville.

CHAMPAGNE (LE PAYS DE), nom souvent donné par la
voix populaire à la plaine de Saint-André.

CHAMPAIGNE, pl. fief à Reuilly, relevant d'Acquigny;
auj. ferme.

CHAMP-À-L'ÉCUYER, lieu-dit à Aclou.

CHAMP-AU-CHAT (LE), h. de Champignolles.

CHAMP-BRIONNE (LE), h. de Vannecrocq.

CHAMP-CAILLOU, f. à Tocqueville.

CHAMP-CHOU, lieu-dit à Heubécourt.

CHAMP-CRUEL (LE), lieu-dit au Thil.

CHAMP-D'ARGENT, nom populaire d'un champ sis à Coudres, où il a été trouvé des médailles du iv⁰ siècle.

CHAMP-D'ASTLE (LE), m⁰ⁿ isolée, à Criquebeuf-sur-Seine.

CHAMP-DE-BATAILLE, grande plaine à Saint-Mards-de-
Fresnes (L. P.), s'étendant jusqu'aux ruines du
château fort de Ferrières-Saint-Hilaire (Gadebled).

CHAMP-DE-BATAILLE (LE), lieu-dit à Émanville.

CHAMP-DE-BATAILLE (LE), chât. à Sainte-Opportune-
du-Bosc.

CHAMP-DE-LA-CERISE (LE), lieu-dit à Saint-Martin-la-
Corneille, c⁰ᵉ auj. réunie à celle de la Saussaye.

CHAMP-DE-LA-MORT (LE), h. de Saint-Germain-de-
Pasquier.

CHAMP-DE-LA-PETITE-PERDRIX, lieu-dit aux Andelys.

CHAMP-DE-LA-PIERRE, lieu-dit à Merdey.

CHAMP-DE-L'ÉCU (LE), lieu-dit à Heudicourt.

CHAMP-D'ENFER (LE), h. d'Évreux.

CHAMP-DES-HOMMES (LE), lieu-dit à Muids.

CHAMP-DES-OS, lieu-dit au Vieil-Évreux (antiq. gallo-
romaines des Éburoviques).

CHAMP-DE-VILLE (PLACE DU), à Louviers.

CHAMP-DOLENT, c⁰ᵉ du c⁰ⁿ de Conches; q¹ de fief relev.
d'Évreux, 1455 (L. P.). — *Campus Dolens*, 1093
(Semelaigne); 1236 (ch. de la Noë). — *Campus
Dollent*, 1183 (ch. de Raoul de Bois-Hubert). —
Chandolent, 1737 (La Chenaye des Bois).

CHAMP-DOMINEL, c⁰ⁿ de Damville, c⁰ᵉ entrée en 1846
dans la formation de celle de Villez-Champ-Dominel:
fief relevant d'Évreux. — *Candominel* (ch. de fondation de Lyre). — *Campus Dominelle*, 1292 (ch.
de Philippe le Bel). — *Camdominellus, Campus Do-
minel* (cart. de Lyre). — *Campus Domine*, 1303
(cart. de Saint-Taurin). — *Champ Dommel*, 1722
(Masseville).

CHAMP-DU-POT (LE), lieu-dit au Fidelaire.

CHAMP-DU-PRÊTRE (LE), lieu-dit à Crestot. — 1281
(cart. de Bonport).

CHAMP-DU-PRIEUR (LE), lieu-dit à Montaure.

CHAMP-DURANT (MOULIN ET RUE DU), en 1745 (plan
d'Évreux). — Voy. ARBALÈTE (CHAMP DE L').

CHAMPEAUX, h. de Bernay.

CHAMPEAUX, fief à la Couture. — *Campeto*, v. 1000
(dotal. de la duchesse Judith). — *Campelli*, 1025
(ch. de Richard II). — *Campeaulz*, 1246 (ch. de
Jean Mallet de Graville).

CHAMPEAUX, f. à la Haye-Saint-Sylvestre.

CHAMPENARD, c⁰ⁿ de Gaillon. — *Campus Enardi*, 1181
(bulle de Luce III). — *Campenart*, 1199 (bulle
d'Innocent III).

CHAMP-ENGUERRAND, lieu-dit aux Andelys.

CHAMP-ERMENTRU, à Gaillardbois, xii⁰ siècle.

CHAMPFLEURS, lieu-dit à Saint-Élier.

CHAMPHAULT, fief de la vicomté de Conches et Breteuil
(Le Beurier).

CHAMP-HOGUENIS, à Gaillardbois, xii⁰ siècle.

CHAMPIGNOLLES, c⁰ᵉ du c⁰ⁿ de Rugles; q¹ de fief relev.
de Conches, 1405. — *Campenoli* (cart. de l'Estrée).
— *Champignolum*, 1220 (Semelaigne, Histoire de
Conches). — *Champaignolles*, xv⁰ siècle (dénombr.
de la vic. de Conches).

CHAMPIGNY, c⁰ⁿ de Saint-André; fief relevant de l'év.
d'Évreux, 1454; c⁰ᵉ accrue de celle d'Osmoy en
1808 et de celle de la Futelaye en 1845, sous le
nom de *Champigny-la-Futelaye*. — *Champineium*
(ch. de Simon d'Anet). — *Champigny-le-Roy* (L. P.).

CHAMPIGNY-LA-FUTELAYE, c⁰ⁿ de Saint-André, c⁰ᵉ formée
en 1845.

CHAMP-LONG (LE), h. de Bourth.

CHAMP-LOQUET (LE), m⁰ⁿ isolée, à Saint-Pierre-de-Cormeilles.

CHAMP-MOTTEUX, h. des Baux-de-Breteuil et fief, vers 1140 (ch. de Robert, c¹ᵉ de Leicester). — *Campus Motosus*, 1250; *Campus Moteus*, 1270 (cart. de Saint-Évroult). — *Campus Mortosus*, 1305 (charte de Mathieu, év. d'Évreux). — *Chemmoteux*, 1412 (L. P.).

CHAMP-MOUSSÉ (LE), h. de Gournay-le-Guérin.

CHAMP-PERDU, lieu-dit à Notre-Dame-de-l'Île.

CHAMP-PERDU (LE), lieu-dit à Pressagny-le-Val.

CHAMP-ROSE (LE), lieu-dit à Panilleuse.

CHAMP-ROUGE (LE), lieu-dit à Gasny.

CHAMPS (FAUBOURG DES), à Pont-de-l'Arche.

CHAMPS (LES), h. de Boisset-le-Châtel.

CHAMPS (LES), h. de Duranville.

CHAMPS (LES), h. de Glos-sur-Risle.

CHAMPS (LES), h. de Lieurey.

CHAMPS (LES), h. de Pont-Authou.

CHAMP-SACRÉ (LE), nom conservé au lieu où s'élevait l'ormeteau ferré de Gisors (Potin de la Mairie, Lettres sur Gisors).

CHAMPS-DE-LAUNAY (LES), h. d'Authou.

CHAMPS-MALADES (LES), h. de Saint-Laurent-des-Grès.

CHAMPS-RAMONT (LES), h. partagé entre la Neuville-sur-Authou et Saint-Victor-d'Épine; fief relevant de la baronnie de Saint-Philbert-sur-Risle.

CHAMPS-SALÉS (LES), h. d'Authou.

CHAMPS-SOUVERAINS (LES), lieu-dit à Harquency.

CHAMP-VIGNOBLE (LE), lieu-dit à Saint-Aubin-d'Écrosville.

CHANCELIER (LE), fief assis sur Léry et le Vaudreuil, attribué au chancelier du chap. de Rouen (dom Pommeraye).

CHANFLEUR, huit⁰ de fief à Camfleur, relevant du comté d'Évreux.

CHANOINES (LES), lieu-dit à Émalleville.

CHANT-DU-CYGNE (LE), lieu-dit à Venables.

CHANTECOQ, m⁰ⁿ isolée, à Saint-Christophe-sur-Avre.

CHANTELOU, 1ᵉʳ nom du manoir seigneurial de la Coudraie, à la Haye-du-Theil.

CHANTELOUP, c⁰ᵉ du c⁰ⁿ de Damville. — *Cantolupum* (cart. de Conches). — *Cantilupus*, vers 1195 (ch. de Garin, év. d'Évreux). — *Chanteloup-la-Poterie*, 1828 (L. Dubois).

CHANTELOUP, pl. fief relev. des Essarts. — 1454 (L. P.).

CHANTELOUP, q¹ de fief à Saint-Vigor, relevant d'Acquigny. — *Chanteloup-Saint-Vigor*, 1857 (recueil de la Société libre de l'Eure).

CHANTELOUP, huit⁰ de fief à Tilleul-Dame-Agnès, relevant de Champignolles. — 1405 (L. P.).

CHANTEPIE, vallée près de Baudemont, 1228 (cart. du Trésor). — *Cantepie*, 1214.

CHANTEREINE, porte de Vernon. — *Chantereyne*, 1464 (dénombr. de l'abb. de la Croix-Saint-Leufroi).

CHANTEREINE (LA), lieu-dit à Baudemont.

CHANTIER (LE), h. des Andelys.

CHANTIER-DE-GUENET (LE), m⁰ⁿ isolée, au Fresne.

CHANTIER-DES-FLOTTEURS, m¹ⁿ isolée, à Arnières.

CHANU, c⁰ᵉ de Pacy, c⁰ᵉ réunie en 1844 à Villiers-en-Désœuvre; comm¹ⁱᵉ de Malte, avec seigneurie et haute justice. — *Chanu-la-Commanderie*, 1828 (L. Dubois).

CHANU (RUISSEAU DE), petit cours d'eau qui se perd dans les terres à Chanu.

CHANVRE (MARE À LA), dans la forêt de Lyons.

CHANVRE (PORT AU), à Alisay.

CHAPEAU-DE-ROSES (LE), lieu-dit à Thuit-Signol.

CHAPELLE (LA), f⁺ au Bois-Hellain.

CHAPELLE (LA), h. de la Chapelle-Bayvel.

CHAPELLE (LA), h. de la Neuve-Lyre.

CHAPELLE (LA), h. et fief à Rougemontiers.

CHAPELLE (LA), f. et fief aux Ventes.

CHAPELLE-BAYVEL (LA), c⁰ᵉ du c⁰ⁿ de Cormeilles; fief relevant de Pont-Authou (L. P.). — *Capella Boivel*, 1203 (L. P.). — *La Chapelle-Boinel*, 1210 (La Roque). — *La Chapelle-Boivelle*, 1792 (liste des émigrés).

CHAPELLE-BECQUET (LA), c⁰ᵉ du c⁰ⁿ de Cormeilles; fief relevant de Montfort-sur-Risle; c⁰ᵉ réunie à Saint-Siméon en 1856. — *La Chappelle-de-Barquet*, 1568 (arrière-ban).

CHAPELLE-BRESTOT (LA), h. partagé entre Brestot et Éturqueraye.

CHAPELLE-DE-CALLEVILLE, fief à Bosbénard-Crescy, relevant du duché d'Elbeuf (vingtièmes).

CHAPELLE-DU-BOIS-DES-FAUX (LA), c⁰ᵉ du c⁰ⁿ de Louviers jusqu'en 1826, puis du c⁰ⁿ d'Évreux nord; fief. — *Sanctus Nicolaus de Bosco* (reg. l'hil. Aug.). — *Nemus des Faus*, 1286 (arch. de l'Eure). — *Bois des Faux* (anc. tit. de diverses dates, et notamment de 1483; ch. de François de Laval). — *La Chappelle*, 1548 (aveu de Nicolas de Limoges). — *La Chappelle-du-Boys-des-Faulx*, 1584 (aveu de Henri de Silly). — *Chappelle-du-Bois-Faus*, 1631 (Tassin, Plans et profilz). — *Chapelle-du-Bois-Faux*, 1722 (Masseville); 1782 (Dict. des postes).

CHAPELLE-GAUTHIER (LA), c⁰ᵉ du c⁰ⁿ de Broglie; fief et c⁰ᵉ accrue en 1845 de Saint-Laurent-des-Grès.

CHAPELLE-GENEVRAY (LA), c⁰ⁿ de Vernon; c⁰ᵉ entrée en 1844 dans la formation de celle de la Chapelle-Réanville. — *La Genevereia*, xiᵉ siècle (1ᵉʳ rôle de Saint-Évroul).

7.

CHAPELLE-HARENG (LA), c^ne du c^on de Thiberville; anc. prébende du chap. de Lisieux. — On devrait écrire *Harene* (L. P.) : aussi lit-on *Chapelle-Harenc* dans un aveu de 1450. — *Capella Aleech* (pouillé de Lisieux).— *Capella Haluis* (alman. de Lisieux).

CHAPELLE-RÉANVILLE (LA), c^on de Vernon; c^ne formée, en 1844, de la réunion de la Chapelle-Genevray et de Réanville.

CHAPELLERIE (LA), h. de Bourgtheroulde.

CHAPELLE-RINGUET (LA), second nom de la Chapelle-Saint-Fiacre à Thuit-Signol. —1366 (cart. de Bonport).

CHAPELLE-SAINT-CLAIR (LA), h. de Boissy-Lamberville.

CHAPELLE-SAINT-MARTIN (LA), lieu-dit à Château-sur-Epte.

CHAPELLE-SAINT-OUEN (LA), c^ne du c^on d'Écos, entrée en 1844 dans la formation de celle de Bois-Jérôme-Saint-Ouen. — *Capella Sancti Audoeni*, 1226 (cart. de Saint-Ouen). — *La Chapelle-Saint-Ouen-sur-Gani*, 1828 (L. Dubois).

CHAPELLE-SAINTE-SUZANNE (LA), h. des Baux-de-Breteuil.

CHAPILLARD, quart de fief à la Haye-Aubrée, relevant du roi, 1697.

CHAPILLARDIÈRE (LA), alias *Chopillardière*, fief à Saint-Ouen-de-Thouberville, relevant de Pont-Audemer (L. P.).

CHAPITRE (BOULEVARD DU), aux Andelys.

CHAPITRE (FIEF DU), quart de fief à Saint-Vincent-des-Bois (Le Beurier).

CHAPITRE (LE), lieu-dit à Fresnes-l'Archevêque.

CHAPITRE (RUE DU), à Vernon.

CHAPONNIÈRE (LA), h. de Notre-Dame-du-Hamel.

CHARBONNERIE (LA), h. de Montreuil-l'Argillé.

CHARBONNERIE (LA), h. de Romilly-la-Puthenaye.

CHARBONNIÈRES (LES), lieu-dit au Tronquay.

CHARBOTTIÈRE, fief à Neaufles-sur-Risle (Le Beurier).

CHARDON-BLANC (LE), f. à Pont-Audemer.

CHARENTONNE (LA), rivière qui prend sa source dans le dép^t de l'Orne, entre dans celui de l'Eure, où elle traverse dans toute leur longueur, du sud au nord, les cantons de Broglie et de Bernay et en partie celui de Beaumont, et afflue à la Risle par la rive gauche. — *Karentone*, 1239 (cart. de Lyre). — *Carentona* (O. V.).— *Carentonne*, 1644 (Coulon, Rivières de France). — *Carantonne*, 1749 (Cretien, la Science Sublime). — *Charantone*, 1805 (Masson Saint-Amand).

CHARLEMAGNE, m^on isolée, à Aubevoye.

CHARLEMONT, h. de Freneuse-sur-Risle.

CHARLEMONT, demi-fief de haubert à Gournets, relev. du roi (vingtièmes).

CHARLEVAL, c^ne du c^on de Fleury, accrue de Transières en 1809; marquisat; haute justice; qualifié bourg au xviie siècle; nommé primitivement *Nojeon* ou *Noyon-sur-Andelle*, et devant son nouveau nom à Charles IX. — *Caroli vallis sive Novionum ad Andellam* (Masseville).— *Charleval* ou *Clerval*, 1770 (Denis). — Voy. NOYON.

CHARLEVAL (CANTON DE), comprenant, de l'an 1790 à l'an ix, 13 c^nes : Canteloup, Charleval, Erneville (Renneville), le Fayel, Gaillardbois, Gournets, les Hogues, Letteguives, Ménesqueville, Perriers-sur-Andelle, Perruel, Transières, Vascœuil.

CHARLOTTE (LA), lieu-dit à Heudebouville.

CHARMOIE (LA), h. de Saint-Christophe-sur-Condé.

CHARMOYE (LA), nom de deux fiefs situés à la Trinité-de-la-Charmoye ou près Évreux : l'un dit *la Trinité*, q^t de fief relevant d'Ivry, 1456 (L. P.), et l'autre du comté d'Évreux. — *Charmeia*, vers 1209 (ch. de Luc, év. d'Évreux). — *Charmoie*, 1221 (ch. de Raoul de Cierrey).

CHARNELLES, c^ne réunie à Piseux en 1843; fief relevant de l'év. d'Évreux, 1452 (L. P.). — *Carnellæ*, 1125 (cart. du Désert). — *Charnellæ*, 1135 (L. P.). — *Charneles*, 1170 (ch. de Robert de l'Aigle). — *Carneliæ*, vers 1180 (ch. de Robert aux Blanches Mains). — *Charnelez*, vers 1195 (ch. d'Adam de Cierrey). — *Carneles* (ch. de Robert, comte de Leicester).

CHARRIÈRE (LA), m^on isolée, à Bourneville.

CHARRIÈRE (LA), h. de Condé-sur-Risle.

CHARRIÈRE-BARDEL (LA), h. de Saint-Pierre-du-Val.

CHARTERIE (LA), h. de Saint-Aubin-de-Scellon.

CHARTRAINE (RUE), à Évreux, route de Chartres. — *Vicus Charteinne*, 1269 (ch. de Saint-Étienne de Renneville).

CHARTREUSE (LA), m^on isolée, à Aubevoye.

CHARTREUSE (LA), f. à Authevernes.

CHARTREUSE (LA), f. à Vesly.

CHASLIÈRE (LA), h. de Saint-Mards-de-Fresnes.

CHASTEL (LA), fief à Acon, relevant de l'év. d'Évreux. —1452 (L. P.).

CHASTEL (LE), f. à Illeville-sur-Montfort.

CHASTELETS (LES), fief partagé entre Bois-Normand près-Lyre et la Vieille-Lyre, 1666 (Le Beurier). — *Les Chatelets*, 1840 (Gadebled).

CHASTELETS (LES), vavassorie importante à Bourth. — *Castellaria* au moyen âge (Charpillon et Caresme).

CHASTELLET (LE), lieu-dit de la forêt de Vernon. — xve s^e (coutumier des forêts).

CHASTELLIERS (LES), vavassorie à Bourth, relevant des Essarts, 1454 (L. P.). — *Les Chastelets*, 1666.

Château (Île du), sur la Seine, en vue du Château-Gaillard.

Château (Île du), sur la Seine, à Vernon.

Château (Île du), sur la Seine, devant Pont-de-l'Arche.

Château (Le), h. de Corneuil.

Château (Le), h. de Morsan.

Château (Le), h. de Saint-Pierre-du-Val.

Château (Moulin du) ou de Saint-Ouen, anc. moulin appuyé sur le pont carlovingien de Pont-de-l'Arche.

Château (Pont du), en 1745 (plan d'Évreux).

Château-Brillant (Le), m^on isolée, à Launay.

Château-de-Vaux (Le), f. à Vaux-sur-Risle.

Château-Ferrand (Le), f. à Villers-sur-le-Roule.

Château-Fort (Le), h. et fief à Bois-Maillard.

Château-Gaillard, forteresse construite en un an par Richard Cœur de Lion et dominant les Andelys. — *Gailliardus quod sonat in gallico petulantiam* (Guill. le Breton). — *Castrum de Roka*, 1197 (M. R.). — *Chastel de Galart* (chron. de Saint-Denis). — *Castellum de Rupe*, 1197 (ch. de Richard Cœur de Lion). — *Gaillarda rupes*, 1198 (Rigord). — *La Roche d'Andely*, 1200 (La Roque). — *Chastiau Gailliart*, 1201 (branche des royaux lignages). — *Gaillardum castrum*, 1261 (ch. de saint Louis). — *Gailart Castellum*, 1264 (reg. visit.). — *Chastel de Gaillart*, 1356 (chron. des quatre premiers Valois). — *Gaylard*, 1417 (Thomas de Helmham, Vita et Gesta Henrici V).—*Gaillart*, 1424 (Beaurepaire). — *Chasteau de Gaillart*, 1449 (chron. de Charles VII). — *Galliardum*, 1449 (Meyer, Ann. de Flandres). — *Chasteau-Gaillard-lès-Andelis-sur-Seine*, 1465 (le cabinet du roi Louis XI, arch. curieuses de l'histoire de France). — *Chasteau Gaillart*, 1560 (mém. de la vie du maréchal de la Vieille-Ville).

Château-Gaillard, nom d'une auberge d'Évreux. — 1625 (arch. de la ville d'Évreux).

Château-Hameau, lieu-dit à Corneuil.

Château-Maigret (Le), f. à Saint-Denis-le-Ferment.

Château-Neuf (Le), h. de Port-Mort; fief et forteresse élevée sur un rocher à pic au bord de la Seine, par Philippe Auguste, en 1199. — *Casteauneuf*, 1463 (comptes de l'archev.).

Château-Robert, enceinte et retranchement sur un coteau en face du château d'Acquigny.

Château-Rose (Le), lieu-dit aux Andelys.

Château-Sarrasin (Le), lieu-dit à Amfreville-sous-les-Monts.

Château-sur-Epte, c^ne du c^on d'Écos; anc. forteresse; fief relevant de Gisors (L. P.); paroisse dont le nom primitif a été *Fuscelmont* (L. P.). — *Mons Fusceoli*, 1118 (Suger, Vie de Louis le Gros). — *Novum*

castrum prope Eptam, 1119 (O. V.). — *Castrum novum prope Clarum*, 1154 (ch. d'Hugues III, arch. de Rouen). — *Castrum novum Beati Dyonisii*, 1196 (Doublet, Antiq. de Saint-Denis). — *Novum castrum super Ettam* (M. R.). — *Neufcastel sus Ete* (p. de Raoul Roussel). — *Chastel-Neuf-sur-Ecte*, 1412 (arch. nat., dénomb. de la châtell. de Gisors). — *Neuf-Castel-sur-Ete*, xve s^e (L. P.). — *Saint-Martin-de-Chastel-Neuf-sur-Ette* (ibid.). — *Chateau-Neuf-Saint-Denis; Chateau-Neuf-en-Vexin*, 1828 (L. Dubois). — *Chateau-Neuf-sur-Epte*, 1867 (Lecoy de la Marche, Table des Œuvres complètes de Suger).

Château-Thierry, m^lin à Verneuil.

Châteaux (Les), lieu-dit à Bizy.

Châteaux (Les), m^on isolée, à Nonancourt.

Châteaux (Les), h. de Perriers-sur-Andelle.

Châtel (Le), fief à Illeville-sur-Montfort (vingtièmes).

Châtel (Le), f. et fief à Pont-Audemer.

Châtel (Rue du), petite rue de Louviers conduisant au point où s'élevait, au xiiie siècle, un manoir des archevêques de Rouen.

Châtelet (Le), f. aux Barils.

Châtelets (Les), f. à Bourth.

Châtelier (Le), h. à Émalleville.

Châtelier (Le), h. du Fidelaire.

Châtelier (Le), h. de la Houssaye.

Châtelier (Le), xiie siècle; camp retranché ayant encore quelques traces entre le Val-Lton et la vallée d'Évreux (Th. Bonnin, Opusc.). — *Le Châtelier*, 1248 (gr. ch. de l'Hôtel-Dieu d'Évreux).

Châtelier-Saint-Pierre (Le), c^ne de Beaumesnil; c^ne réunie en 1792 au Noyer-en-Ouche; fief (L. P.). — *Castellerium*, fin du xiie s^e (necrologium Ebroicense). — *Castellaria*, xiiie s^e (cart. Bellimontis). — *Chasteler*, 1215 (ch. de Luc, év. d'Évreux). — *Sanctus Petrus del Chastellier*, 1277 (cart. de Lyre).

Châtel-la-Lune, c^on de Beaumesnil; c^ne réunie en 1792 au Noyer-en-Ouche. — *Castrum Lune* (monasticon anglicanum). — *La cure du Château de la Lune*, 1738 (Saas).

Châtel-Sarrasin, nom donné longtemps aux restes du théâtre de la ville romaine d'Évreux (Bonnin, Opuscules).

Châtiaux (Les), bois taillis à Perriers-sur-Andelle.

Châtillon, nom qui a précédé le nom actuel de la ville de Conches et est resté longtemps à une petite bourgade sise à l'extrémité de la colline qu'occupe la ville actuelle. — *Castellio*, 1035; *Chastillon*, 1419 (L. P.). — Conches, autrefois Châtillon, *Conchæ alias Castellio* (Piganiol de la Force).

Châtillon (Porte de) ou d'en Bas, une des portes de l'enceinte fortifiée de Conches, au xive siècle.

CUATTE-HOULE (LA), h. et bois dépendant de Garencières. — *La Chaste Houlle*, vers 1817 (arch. nat.).

CHAUCIÈRE (LA), fief et h. à la Selle, XIII° s° (L. P.). — *La Chaorcière*, 1229 (L. P.). — *Chaworcière* (cart. de Lyre).

CHAUFOURNIERS (LES), h. d'Appeville.

CHAULE (LA), h. de Saint-Pierre-de-Cormeilles.

CHAUMONT, fief à Authevernes; dit aussi *fort d'Authevernes*.

CHAUMONT, h. et quart de fief à Capelles-les-Grands, relevant d'Orbec.

CHAUMONT, huit° de fief à Plasnes.

CHAUPARDIÈRE (LA), h. de Piencourt.

CHAUSEPOT, lieu-dit à Saint-André.

CHAUSSÉE (LA), h. de Barville.

CHAUSSÉE (LA), h. de Duranville; vestiges d'ancienne voie romaine.

CHAUSSÉE (LA), m°° isolée, à Ferrières-Saint-Hilaire.

CHAUSSÉE (LA), h. d'Hecmanville.

CHAUSSIÈRE (LA), f. à la Selle.

CHAUSON (LE), lieu-dit à Caugé.

CHAUVELLIÈRE (LA), h. d'Armentières.

CHAUVINCOURT, c°° du c°° de Gisors; pl. fief. — *Calvincourt*, 1052 (Gall. christ.). — *Chduvoncourt*, 1268 (ch. de saint Louis). — *Cauvincort* (p. d'Eudes Rigaud). — *Chauvincort*, 1249 (reg. visit.). — *Chauvicourt*, 1420; *Chauvencourt*, 1454 (arch. nat.). — *Chauvincourt-en-Neuville*, sous Beaumont-le-Perreux (L. P.). — *Chavincour*, 1722 (Masseville).

CHAUVINIÈRE, h. et fief à la Roussière.

CHAUVINIÈRE (LA), demi-fief à Bosc-Robert, relevant du comté d'Évreux (Le Beurier). — *Chaumière* ou *la Chauminière* (L. P.).

CHAUVINIÈRE (LA), h. de Gisay.

CHAUVINIÈRE (LA), h. de Saint-Clair-d'Arcey.

CHAVANNE, f. et sixième de fief à Bois-Normand-près-Lyre.

CHAVATTE, h. de Toutainville.

CHAVIGNY, c°° de Saint-André; c°° accrue, en 1845, de Bailleul-près-Saint-André. — *Chavigneium*, 1143 (bulle d'Eugène III). — *Chavineium* (cart. de Tiron). — *Calvenaium*, 1164 (ch. de Robert, comte de Leicester). — *Chavinnie* (M. R.).

CHAVISNOY (LES), fief à Notre-Dame-du-Hamel. — 1456 (aveu de Pierre de Brézé).

CHEF-DE-LA-VILLE (LE), h. de Berville-la-Campagne (L. P.).

CHEF-DE-LA-VILLE (LE), h. de Gaillon. — *Quief de la Ville*, 1469 (comptes de l'archev. de Rouen).

CHEF-DU-BOIS (LE), h. de Cintray.

CHEITIVEL, m°° à Saint-Jean-de-Morsent. — *Caitivel*,

1180 (ch. de la Noë); 1250 (gr. cart. de Saint-Taurin).

CHEMIN-AU-DAIM (LE), lieu-dit à Aclou.

CHEMIN-AU-VIN (LE), lieu-dit à Quatremare.

CHEMIN-BRISSAC (LE), h. du Fidelaire.

CHEMIN-CHAUSSÉ (LE), h. de Berthouville.

CHEMIN-CHAUSSÉ (LE), lieu-dit à Nogent-le-Sec.

CHEMIN-CHAUSSÉ (LE), h. de Plasnes.

CHEMIN-CHAUSSÉ (LE), m°° isolée, à Boisney.

CHEMIN CHAUSSÉ (LE), voie antique d'Évreux à Condé-sur-Iton (L. P.).

CHEMIN-CHAUSSÉ (LE), h. de Saint-Benoît-des-Ombres.

CHEMIN-CHAUSSÉ (LE), h. de Saint-Victor-d'Épine; ainsi nommé à cause de la voie romaine de Brionne à Cormeilles (L. P.).

CHEMIN-DE-LA-MESSE (LE), lieu-dit à Morgny. — 1871 (annonce légale).

CHEMIN-DE-ROUEN (LE), h. de Fourmetot, aliàs *le Chemin-Perré*.

CHEMIN DE ROUEN (LE VIEUX), partie de l'anc. route de Rouen au Mans, supprimée au XVIII° s° et devenue en 1863 chemin d'intérêt commun de Thuit-Anger au Troncq, auj. chemin de grande communication.

CHEMIN-DES-MORTS (LE), lieu-dit à Venables.

CHEMIN-DES-PILLARDS, lieu-dit au Bec-Hellouin, 1262.

CHEMIN-DES-SOULIERS (LE), lieu-dit à Guiseniers.

CHEMIN-DU-PONT (LE), m°° isolée, à Bourneville.

CHEMIN DU ROI ou CHEMIN ROYAL, partant de Pinterville et longeant le bas du coteau d'Heudebouville (Bonnin, cart. de Louviers).

CHEMINET (LE), lieu-dit à Bouafles.

CHEMINETTE, f. au Chamblac.

CHEMIN FERRÉ, nom usuel d'une partie d'anc. voie romaine entre Brionne et Berthouville.

CHEMIN-NEUF (LE), m°° isolée, au Bec-Hellouin.

CHEMIN-PERRÉ (LE), lieu-dit à Brionne.

CHEMIN-PERRÉ (LE), h. de Fourmetot, alias *le Chemin-de-Rouen*. — *Queminus Petrosus* (p. d'Eudes Rigaud).

CHEMIN PERRÉ (LE), restes très-distincts d'une voie romaine entre Vieux-Port et Pont-Audemer.

CHEMIN-PERREY (LE), h. du Bosc-Morel.

CHEMIN-PERREY (LE), h. du Chamblac.

CHEMIN-PERREY (LE), h. de Trouville-la-Haulle.

CHEMIN-PIERRÉ (LE), h. des Baux-de-Breteuil.

CHEMIN-QUI-FOURCHE (LE), lieu-dit à Bouafles.

CHENAPPEVILLE (qu'il ne faut pas confondre avec CANAPPEVILLE), h. d'Arnières, englobé par le duc de Bouillon dans ses jardins de Navarre, vers la fin du XVII° siècle.

CHÊNE-AU-LOUP (LE), manoir à Conches, sur la par. de Notre-Dame-du-Val. — 1639 (Gardin, Hist. de Conches).

Hêne-aux-Croix (Le), h. partagé entre Bourth et Chéronvilliers.

Hêne-aux-Dames (Le), lieu-dit à Notre-Dame-de-l'Île.

Hêne-Branchu (Le), m^on isolée, à Ambenay.

Hênecourt, h. d'Ambenay. — *Chanecourt*, 1214 (L. P.).

Hêne-de-la-Croix (Le), lieu-dit à Cuverville.

Hêne-de-Sainte-Barbe (Le), lieu-dit à Hennezis.

Hêne-Hart, h. de Chaise-Dieu-du-Theil.

Hêne-Haute-Acre (Le), h. et f. partagés entre la Haye-Saint-Sylvestre et Mélicourt.

Hêne-Maillet (Le), h. partagé entre Bourneville et Étréville.

Hêne-Milliard (Le), h. de Chéronvilliers.

Hêne-Perdu (Le), lieu-dit à Amfreville-sous-les-Monts.

Hêne-Ricqueult, point de séparation des terres du prieuré des Deux-Amants du territ. de Flipou. — *Chêne-Riqueult*, xive s^e (arch. de la Seine-Inf.).

Hênes (Les), fief à Saint-Aquilin-d'Augerons (Le Beurier).

Hêne-Sacré (Le), lieu-dit aux Andelys.

Hêne-Saint-Nicolas (Le), c^on de la forêt de Vernon.

Hênets (Les), h. de Bernay, avec extension sur Saint-Martin-du-Tilleul; fief. — *Les Quesnées*, 1398 (statuts de la confrérie et carité de la Coulture; bibl. de l'école des chartes). — *Les Quénayes*, 1400. — *Les Chesnets*, 1839 (L. P.).

Hêne-Varin (Le), fief à Rosay.

Chennebrun, c^ce du c^on de Verneuil; anc. bourg situé sur une voie romaine; qualifiée bourg, 1722 (Masseville). — *Chesnebrut*, 1168 (Robert du Mont). — *Chesnebrun*, 1193 (cart. normand). — *Chenebrun*, 1202; *Quercus Bruna*, 1265; *Quercus Fusca*, 1471 (cart. de Saint-Père de Chartres).

Chennebrun-le-Normant, fief sis à Chennebrun.

Chennevières, m^in à Giverny.

Chenot (Le), m^on isolée, à Barville.

Chenotière (La), h. de Rugles.

Chéraumont, usine à Bourth, au-dessous de laquelle l'Iton se divise en deux bras forcés; huit^e de fief, 1406. — *Cheirmont* (L. P.). — *Chieraumont* (Le Beurier).

Cherbourg, lieu-dit à Verneuil.

Cherez (Le), h. de Grandchain.

Chéronnerie (La), h. de Chambord.

Chéronnerie (La), h. de Sainte-Marguerite-de-l'Autel.

Chéronnet, m^in à Gouville. — *Chéronnel*, 1454 (L. P.). — *Les Cheronnettes*, 1792 (1er suppl. à la liste des émigrés).

Chéronvilliers, c^ce du c^on de Rugles; fief. — *Cherovilier*, 1125; *Cheronvillier*, 1130 (cart. du Désert). — *Cherunviller*, 1130 (bulle d'Innocent II). — *Cha-*

runviller, 1209 (enq. de la forêt de Breteuil). — *Cherenvilerium*, 1228 (cart. de Lyre). — *Cheronvillier*, 1264 (La Roque). — *Charronvillare*, 1305 (ch. de Mathieu, év. d'Évreux). — *Chéronvillier*, 1472 (La Roque).

Chérottes (Les), h. et fief à Damville. — *Les Chelottes*, m^in, 1228 (cart. de l'Estrée). — *Les Charottes* (Le Beurier).

Chesnaie (La), h. de Condé-sur-Iton.

Chesnaie (La), h. de Puchay.

Chesnaie (La), h. de Rugles.

Chesnay (Le), fief à Authevernes, 1688.

Chesnay (Le), h. du Chamblac.

Chesnay (Le), h. de la Chapelle-Gauthier.

Chesnay (Le), h. de Condé-sur-Iton.

Chesnay (Le), f. à Écos.

Chesnay (Le), h. de Ferrières-Saint-Hilaire.

Chesnay (Le), h. de la Houssaye.

Chesnay (Le), h. de Pierre-Ronde.

Chesnay (Le), h. du Plessis-Mahiet.

Chesnay (Le), h. de la Roussière.

Chesnay (Le), h. de Saint-Aquilin-d'Augerons.

Chesnay (Le), h. et fief à Saint-Vincent-du-Boulay. — *Quesnetum* (reg. Phil. Aug.). — *Quesnayum*, 1247 (ch. de Robert, comte de Leicester). — *Le Chesnei*, 1839 (L. P.).

Chesnay (Le), h. de Tourny.

Chesnaye (La), fief à Guichainville. — *La Quehennaie*, 1291.

Chesnay-Haguest (Le), fief à Civières.

Chesnay-Jumelin (Le), h. de Saint-Mards-de-Fresnes. — *Quesneium*, 1234 (ch. de Robert de Fresnes). — *Chesnei*, (L. P.).

Chesne (Le), c^on de Breteuil, c^on et fief. — *Quercus*, xiiie s^e. — *Beata Maria de Quercu*, 1279 (cart. de Lyre). — *Nostre-Dame-du-Chesne* (usages et cout. des forêts de Normandie).

Chesne (Le), vavassorie à la Croix-Saint-Leufroi.

Chesne (Le), h. de Piencourt et fief, 1340. — *Les Chesnes* (Cassini).

Chesne-aux-Morts (Le), lieu-dit à Breuilpont.

Chesnedoit, anc. nom de Saint-Laurent-des-Grès, 1128 (ch. de Henri Ier). — *Chenedouet; Chesneduet*, 1269 (cart. de Saint-Évroult). — *Caisnedoit; Chaisnedoit* (M. R.).

Chesne-Régnier, h. des Baux-de-Breteuil.

Chesne-Varin (Le), anc. prieuré de Saint-Laurent-des-Grès.

Chesnay, chât. moderne dans le style de la Renaissance, à Civières.

Chesney (Le), h. de Bémécourt.

Chesney (Le), h. des Jonquerets.

CHESNOT, lieu-dit à Guernanville.

CHÊTE (LA), h. du Fidelaire.

CHÊTE (LA), f. à la Neuve-Lyre. — La Chaesté de Lyre, XIVe se (ch. de Jean, duc de Normandie).

CHETIVET, mln à Francheville.

CHEVAL-BLANC (LE), f. à Freneuse-sur-Risle.

CHEVALERIE (LA), h. d'Armentières.

CHEVALERIE (LA), lieu-dit à Bezu-la-Forêt.

CHEVALERIE (LA), h. de Bourneville. — La Cavalerie, 1752 (arch. de la Seine-Inf.).

CHEVALERIE (LA), lieu-dit à Fontaine-Bellenger.

CHEVALERIE (LA), chât. à la Roque-sur-Risle.

CHEVALERIE (LA), f. à Saint-Étienne-l'Allier.

CHEVALERIE (LA), quart de fief à Saint-Ouen-des-Champs, relevant du roi.

CHEVALERIE (LA), lieu-dit à Saint-Pierre-d'Autils.

CHEVALERIE (LA), h. et fief à Saint-Sulpice-de-Grainbouville.

CHEVAL-GRIS (LE), lieu-dit à la Chapelle-du-Bois-des-Faux.

CHEVALIERS (LES), f. à Chéronvilliers.

CHEVAL-MONT (LE), lieu-dit à Saussay-la-Vache.

CHEVAL-NOIR (LE), mon isolée, à Mandres.

CHEVAUCHELOUX, lieu-dit à Notre-Dame-du-Hamel. — 1249 (cart. de Saint-Évroult).

CHÈVRE-D'OR (LA), mon isolée, à Lorleau.

CHEVREL, mln à Asnières. — Molendinum de Capreolo, de Capriolo (reg. Phil. Aug.). — Molendinum Chevreul, 1274. — M. Creveuil (L. P.).

CHEVREMONT, mon isolée, à Chéronvilliers.

CHEVREMONT, h. de Tillières-sur-Avre.

CHÈVRES (LES), h. de Brestot.

CHEVRONNIÈRE (LA), h. de Saint-Christophe-sur-Avre.

CHEZE, h. de Bois-le-Roi, 1765 (req. à l'abbé du Breuil-Benoît). — Les Chaises, 1615.

CHEZE (LA), fief à Saint-Antonin-de-Sommaire.

CHÈZE-DIEU (MOULIN DE), à Houetteville, relevant de Quittebeuf. — 1404 (L. P.).

CHÈZES (LES), quart de fief à Ailly, relevant de Bérou.

CHIAIS (LA), h. d'Équainville.

CHICOURT, f. à Blandey et vavassorie relevant successivement de Blandey, de Chagny et de Chambray-sur-Iton. — Sichos, 1238. — Sicho (cart. de Lyre). — Chicou (hist. man. de la maison de Chambray); 1792 (1er suppl. à la liste des émigrés).

CHIEN (FIEF AU), relevant de l'év. d'Évreux, assiette incertaine. — 1452 (L. P.).

CHIEN-SAINT-ÉBIN (LE), lieu-dit à Pressagny-l'Orgueilleux.

CHIOTTE (LA), faub. de Pacy-sur-Eure.

CHIOUS (LES), h. partagé entre Éturqueraye et Rougemontiers.

CHINY, lieu-dit à Heudreville-sur-Eure.

CHOLLETS (LES), h. d'Éturqueraye.

CHOPARDIÈRE (LA), h. de Bailleul-la-Vallée.

CHOPILLARD, f. à la Haye-Aubrée.

CHOPILLARDIÈRE (LA), quart de fief à Saint-Ouen-de-Thouberville (Le Beurier).

CROQUET-SOQUENCE, huite de fief à Saint-Michel-de-la-Haye, relevant de la Haye (vingtièmes).

CHOUQNOUTE (LA), lieu-dit à Vironvay.

CHOUETTES (LES), h. des Baux-de-Breteuil.

CHOUQUE (LA), h. partagé entre Caumont et Saint-Ouen-de-Thouberville.

CHOUQUE (LA) ou LA SOUCHE, h. de Saint-Ouen-de-la-Londe.

CHOUQUE (LA), fief à Thiberville.

CHOUQUET (LE), h. de Bacqueville.

CHOUQUET (LE), h. de Caumont.

CHOUQUET (LE), h. de Fourmetot.

CHOUQUET (LE), fief à Saint-Ouen-de-Thouberville.

CHOUQUET (LE), h. de Saint-Thurien.

CHOUQUETS (LES), h. de Plasnes.

CHOUSSET (LE), h. de la Roussière.

CHOUTIÈRE (LA), h. de Bourth; vavassorie relevant des Essarts, 1454 (L. P.).

CHRÉTIÉNVILLE, h. d'Harcourt; ce réunie en 1792.

CHRÉTIENVILLE, nom principal devenu celui d'un simple h. de Saint-Victor-de-Chrétienville; vavass. relevant de Montreuil-l'Argillé (L. P.). — Christianivilla, 1262 (cart. de Maupas). — Crestienville, 1317 (grand cart. de Saint-Taurin). — Crestienneville, Christienville, 1582 (aveu de Suzanne de Bourbon). — Crétainville, 1557 (état des anoblis). — Crétienville, XVIIe se (note de la Chambre des comptes).

CHRIST-À-PAVIE (LE), lieu-dit à Heudicourt.

CHUFFERIE (LA) ou LA MALIS, h. de Saint-Christophe-sur-Condé.

CHUPELLERIE (LA), h. de Bémécourt.

CIERREY, ce du cn de Pacy; fief relevant du comté d'Évreux, 1409 (L. P.). — Cirroium, vers 1195 (ch. d'Adam de Cierrey). — Chyerroium, vers 1196 (cart. du chap. d'Évreux). — Cyreium, 1198 (cart. de la Ste-Trinité de Beaumont). — Cyrré, v. 1200 (reg. Phil. Aug.). — Sirré, 1214 (feoda Normanniæ). — Cirré, XIIIe se (Duchesne, Liste de services militaires). — Cierreium, 1264 (cart. de Saint-Taurin). — Cirri, XIIIe se (cart. de la Sainte-Trinité de Beaumont). — Cierriecum, 1271 (Saint-Allais, Monstre). — Cyrriacum, 1277; Cyreium, 1285 (ch. en faveur de Lyre). — Sierray, Sierré, 1461; Sierry, 1484; Cierray, 1628 (La Roque). — Cerrey, 1749 (Durand, Calendrier historique).

CIMETIÈRE-AUX-ANGLAIS (LE), lieu-dit à Fourges.

MÉTIÈRE-AUX-CHIENS (LE), lieu-dit à Guernanville.

MÉTIÈRE-DIEU, en 1745 (plan d'Évreux).

NQ PAROISSES ROYALES (LES) : Beaubray, le Fidelaire, Sainte-Marguerite-de-l'Autel, Sainte-Marthe et Sébécourt. — Paroisses de l'élect. de Conches jouissant d'avantages octroyés, en 1605, par Henri IV, avec une sergenterie particulière nommée la *Sergenterie des cinq paroisses.*

NTRAY, cⁿᵉ du cᵒⁿ de Breteuil, château fort au XII sᵉ; plein fief relevant de Tillières. — *Cinetraium*, 1119 (O. V.). — *Cintraium*, 1252 (tit. du chap. d'Évreux). — *Chintray*, 1378 (L. P.). — *Ceintray*, 1805 (Masson Saint-Amand).

SSEY, cⁿ de Saint-André; fief; cⁿᵉ réunie en 1844 à celle de Grossœuvre et devenue simple h. nommé quelquefois *Cissey-Grossœuvre.* — *Sissei*, v. 1192 (ch. de Richard Cœur de Lion en faveur de Saint-Taurin). — *Sissi* (reg. Phil. Aug.). — *Sisseium*, v. 1216 (ch. de Luc, év. d'Évreux; nécrol. du chap. d'Évreux). — *Sisse*, v. 1220 (bulle d'Honorius III). — *Sicey, Sissse* (cart. de Saint-Taurin). — *Ciceium* (1ᵉʳ pouillé d'Évreux). — *Sissy*, 1411 (arch. nat.). — *Sissé* (L. P.). — *Sissay*, 1631 (Tassin, Plans et profilz).

VIÈRES, cⁿᵉ du cᵒⁿ d'Écos; anc. plein fief de haubert, relevant de la baronnie de Clères). — *Chiveriæ*, *Civeriæ*, 1257 (cart. du Trésor). — *Civeriæ* (p. d'Eudes Rigaud). — *Cyverie* (addit. au p. d'Eudes Rigaud). — *Civerres* (cart. de la Trinité-du-Mont). — *Chivieres*, 1431 (p. de Raoul Roussel). — *Sivières*, 1740 (Toussaint du Plessis).

VIÈRES (RUISSEAU DE), se perdant dans les terres sur la cⁿᵉ du même nom (Gadebled).

AIE (LA), h. d'Appeville.

AIREAU, h. d'Appeville.

AIREAU, mⁱⁿ isolée, à Montfort-sur-Risle.

AIREAU (RUISSEAU DE) ou RUISSEAU DE CAHAIGNES, affluent de la Risle.

AIRE-LANDE, fief à Mesnil-sous-Vienne (vingtièmes).

AIRE-MARE, h. d'Écaquelon.

AIRE-MARE, h. de Morainville-près-Lieurey.

AIRIÈRE (LA), h. de Bois-Normand-près-Lyre.

AIRET, h. de Manthelon.

AIRET, h. du Sacq.

AIRVAL, f. au Marais-Vernier.

AIS (LES), h. de Sébécourt.

APOTIÈRE (LA), lieu-dit à Lignerolles.

AQUE (BOIS DE LA), à Thuit-Signol.

AQUECIN, lieu-dit à Gasny.

AQUEDENT, mᵒⁿ isolée, à Grainville.

AQUEDENT (MARE DE), à Corneuil.

AQUEDENT (RUE), à Saint-André.

CLAQUEVERT (LE), lieu-dit à Écardenville-sur-Eure.

CLARIN (LE), lieu-dit à Fouqueville.

CLAVER, fief de l'abb. de Conches à Acquigny. — 1419 (dénombr. des biens de l'abbaye).

CLAVILLE, cⁿᵉ du canton d'Évreux sud; fief et sergenterie relevant du comté d'Évreux; cⁿᵉ accrue en 1845 de Neuville-près-Claville. — *Clavilla*, 1025 (grande ch. de Richard II). — *Clauvilla*, vers 1183 (bulle du pape Lucius III). — *Warilla?* 1234 (bulle de Grégoire IX). — *Clavis villa* (Masseville).

CLÉMENT, h. d'Étreville.

CLÉMENT, f. et h. de Saint-Pierre-d'Autils.

CLEPIN, huitᵉ de fief à Saint-Sylvestre-de-Cormeilles, relevant d'Ouilly, 1406 (L. P.). — *Clespin* (divers actes).

CLÉRANVILLE, f. à Saint-Pierre-de-Cormeilles.

CLERC (FIEF AU), à Quittebeuf. — 1708 (aveu de Tillières).

CLÈRE, fief à Bus-Saint-Remy, relevant de Panilleuse.

CLÈRE, fief à Mézières.

CLÈRE, fief à Vesly.

CLERRE, demi-fief de haubert, incorporé dans celui de Bailleul-la-Vallée (L. P.), nommé d'abord *fief Pipart*, puis *Bailleul.* — *Clères* (Le Beurier).

CLÉAY, h. et fief au Grand-Andely, anc. fortin détaché, sur le plateau qui domine le Château-Gaillard. — *Clari*, 1152 (ch. de Dreux de Sérans). — *Clerie*, 1199 (Stapleton). — *Cleriacum* (p. de Raoul Roussel).

CLINETTE (PONT DE LA), à Amfreville-sur-Iton.

CLOCHES (PRÉS DES), vaste prairie, auj. divisée, sise à Évreux.

CLONDE (LA), lieu-dit à Farceaux.

CLOPINS (LES), h. de Saint-Clair-d'Arcey.

CLOS (LE), h. de Bosquentin.

CLOS (LE), mᵒⁿ isolée, à Fleury-la-Forêt.

CLOS (LE), h. de la Neuve-Grange.

CLOS (LE), f. à Puchay.

CLOS (LE), h. de Vaux-sur-Risle.

CLOS (LES), fief et f. à Barneville-sur-Seine.

CLOS (LES), mᵒⁿ isolée, à Boscherville.

CLOS (LES), h. de la Chapelle-Gauthier.

CLOS (LES), f. à Heurgeville.

CLOS (LES), h. de Saint-Aubin-du-Thenney.

CLOS-À-LA-REINE, lieu-dit à Condé-sur-Iton.

CLOS À LA REINE, à Voiscreville, vaste clos où l'on a cru retrouver l'emplacement de la *Vetus domus*, qui aurait été un palais des rois de la seconde race.

CLOS-À-L'ÉCHO, f. à Renneville.

CLOS-ARDENT (LE), f. à Saint-Pierre-d'Autils.

CLOS-AUBERT (PAVILLON DU), anc. porte couverte du fief de la Madeleine, à l'entrée d'Évreux, maison historique où Coligny faillit être tué le 5 février 1562, démolie en 1865.

Clos-au-Cœur (Le), lieu-dit à Sébécourt.

Clos-au-Richomme (Le), lieu-dit à Amfreville-sur-Iton.

Clos-aux-Fèvres (Le), f. à Lorleau.

Clos-aux-Lances (Le), lieu-dit à Brionne.

Clos-aux-Rois (Le), lieu-dit à Villiers-en-Désœuvre.

Clos-Baquet (Le), m⁰ⁿ isolée, à Bezu-la-Forêt.

Clos-Béron (Le), f. à Saint-Just.

Clos-Bert (Bois du), à Saint-Cyr-du-Vaudreuil. — 1629 (P. Goujon).

Clos-Bioche (Le), m⁰ⁿ isolée, à Gravigny.

Clos-Bon-Atre (Le), lieu-dit à la Saussaye.

Clos-Bourard (Le), h. de Vannecrocq.

Clos-Bourry (Le), h. de Manneville-la-Raoult.

Clos-Bouvet (Le), h. de Manneville-la-Raoult.

Clos-Breton (Le), h. de Brestot.

Clos-Brûlé, nom moderne d'un ham. des Andelys, incendié vers le milieu du xviiᵉ siècle (Brossard de Ruville).

Clos-Brûlé (Le), lieu-dit à Mesnil-Verclives.

Clos-Cardinal (Le), lieu-dit à Saint-Amand-des-Hautes-Terres, 1697.

Clos-Capel (Le), h. de Selles.

Clos-Cossard (Le), fief à Saint-Aubin-du-Vieil-Évreux.

Clos-Dauphin, h. de Moisville.

Clos-de-Gournay (Le), m⁰ⁿ is. à Fontaine-Bellenger.

Clos-de-Jouveaux (Le), h. de Jouveaux.

Clos-de-la-Corne (Le), m⁰ⁿ isolée, à Boncourt.

Clos-de-la-Reine (Le), lieu-dit à Gouville.

Clos-de-Meule (Le), h. du Fidelaire.

Clos-Denis, m¹ⁿ à la Trinité.

Clos-des-Moines (Le), f. à Cormeilles.

Clos-d'Euvre (Le), h. de Manneville-la-Raoult.

Clos-d'Ostende, lieu-dit à Gaillon. — 1871 (ann. lég.).

Clos-du-Bosc (Le), h. de Saint-Thurien.

Clos-Duc (Le), f. à Évreux, au faubourg Saint-Léger. — 1792 (1ᵉʳ suppl. à la liste des émigrés).

Clos-du-Gibet (Le), lieu-dit à Gaillon.

Clos-Fainéant (Le), lieu-dit à Marcilly-sur-Eure.

Clos-Fondreux (Le), lieu-dit à Saint-Pierre-la-Garenne.

Clos-Gelés, m⁰ⁿ isolée, à Ajou.

Clos-Hagan (Le), h. de Calleville.

Clos-Hourdet (Le), f. à Houville.

Clos-Hutin (Le), m⁰ⁿ isolée, à Évreux.

Clos-Jouans (Le), h. de Chorches.

Clos-l'Écho (Le), lieu-dit à Vandrimare.

Clos-Maréchal (Le), m⁰ⁿ isolée, à Hondouville.

Clos-Maridor (Le), h. de Saint-Martin-Saint-Firmin.

Clos-Martin (Le), f. et fief à Barc, 1652.

Clos-Maupoivre, lieu-dit à Pont-de-l'Arche.

Clos-Menant (Le), h. de Notre-Dame-du-Hamel.

Clos-Morin, f. et fief à Burey.

Clos-Paris, vente de la forêt de Bleu, 1538.

Clos-Poulain (Le), h. du Tilleul-Othon.

Clos Poussin, nom conservé à l'enclos, auj. livré aux constructions, où naquit le Poussin, à Villers, h. des Andelys. — Clos-Pouchin, 1722 (acte notarié).

Clos-Saint-Antoine, cⁿ de la forêt de Lyons (plan général de la forêt domaniale).

Clos-Saint-Blaise (Le), h. de Sébécourt et coupe de la forêt de Conches.

Clos-Savatier (Le), lieu-dit à Asnières.

Clos-Serpette (Le), h. de Bourneville.

Clos-Sonnet (Le), lieu-dit à Bourneville, 1275.

Clos-Tollet (Le), h. de Bâlines.

Clos-Vallée (Le), f. à Beaubray et fief.

Clos-Varou (Le), h. de Saint-Pierre-de-Bailleul.

Clos-Vauquel (Le), h. de Bourg-Beaudouin.

Clouet, second nom du huitᵉ de fief du Bosc-le-Comte, à Bourneville.

Clouterie (La), h. de la Guéroulde.

Cloutière (La), h. partagé entre Saint-Aubin et Saint-Jean-du-Thenney.

Clumay, lieu-dit à Condé-sur-Iton.

Cocagne (Vallée de), entre Saint-Léger-de-Gennetey et Touville.

Cocantinière, h. de la Barre.

Cocantinière, h. des Bottereaux.

Cocarderie (La), h. de Cintray.

Cocardière (La), fief à Rugles. — 1793 (liste des émigrés).

Cocerf (Lande de), dans la forêt de Lyons, près de Bezu-la-Forêt. — 1398 (coutumier des forêts).

Cochardenie (La), f. à Damville.

Cocherel, principal h. de la cⁿᵉ de Houlbec-Cocherel, cⁿ de Vernon; champ de bataille célèbre en 1364. — Cokerellus, 1011 (ch. de Raoul d'Ivry). — Coquerel, Quoquerel, xiiiᵉ siècle (cart. de Jumiéges). — Cokerel, 1207 (cart. de Saint-Ouen). — Quoquerel, vers 1250 (Bibl. nat.). — Coucherel, 1364 (Froissart). — Coicherel, 1364 (lettres du captal de Buch). — Cocheret, 1631 (Tassin, Plans et profilz). — Caucherel (d'Hozier). — Quoquerel (L. P.).

Cocnonnière (La), h. de Saint-Quentin-des-Îles.

Coeffrerie (La), h. du Bosc-Morel.

Coesnon, ruiss. qui a sa source au Breuil et afflue à l'Eure à Croth, après un cours de 3 kilomètres. — Coinum? (Berger de Xivrey).

Coespel, m¹ⁿ à Gravigny. — La Coispelles, 1227. — Coespol, 1330 (cart. du chap. d'Évreux). — Coeppol, 1396 (cart. de Saint-Sauveur).

œurville, h. de Lieurey.

offinière (La), h. de Bretigny.

offins (Les), lieu-dit aux Andelys.

offres (Les), h. de Rougemontiers.

ogisière (La), h. partagé entre Rôtes et Serquigny.

ohardière (La), huit⁰ de fief à Tillières, relevant des Essarts. — 1454 (L. P.).

ohu (Pré) ou Pré de Chéraumont, à Bourth.

ohue (La), lieu-dit au Plessis-Hébert.

ohle (Passerelle de la), à Quillebeuf.

oinaplie, lieu-dit à Mouettes.

oin-du-Coq (Le), lieu-dit à Daubeuf-près-Vatteville.

ointerie (La), f. à Caumont.

oiplière (La), h. de Mélicourt.

oisel (Le), h. de Lisors et cⁿᵉ de la forêt de Lyons.

olbert, h. de Manthelon.

olin-Guernier, fief aux Andelys (Le Beurier).

ollandres, cⁿᵉ du cⁿ de Conches, accrue de Quincarnon en 1837. — *Charlanda*, vers 1130 (ch. de Henri 1ᵉʳ). — *Corland*, 1221 (ch. de Robert de Courtenay, 1ᵉʳ cart. d'Artois). — *Collandon*, 1269 (ch. de Robert d'Artois). — *Corlandie* (cart. de Conches). — *Colandres* (coutumier des forêts); 1782 (Dict. des postes).

ollemont, cⁿ de la forêt de Lyons.

olletière (La), f. à Rugles.

olletot, cⁿᵉ du cⁿ de Pont-Audemer; fief. — *Coletot* (M. R. et p. d'Eudes Rigaud). — *Collot*, 1738 (Saas); 1740 (Toussaint du Plessis); 1828 (L. Dubois).

olletot, h. de Thierville.

ollets (Les), h. de Brosville.

olleville, f. à Notre-Dame-de-Fresnes. — *Colevilla*, xıᵉ siècle (L. P.).

ollières, f. et fief à Grandvilliers.

ollins (Les), h. de Corneville-sur-Risle.

olmont, f. à Charleval.

olomb ou Colombe, vavassorie au Torpt, relevant de Pont-Audemer (Le Beurier).

olombeaux, f. à Bouquelon.

olomberie (La), h. d'Épaignes.

olombier (Le), château et huit⁰ de fief à Baubray, relevant du comté d'Évreux.

olombier (Le), h. de Ferrières-Saint-Hilaire.

olombier (Le), f. à Émalleville.

olombier (Le), f. à Grosley.

olombier (Le), fief à Heudebonville.

olombier (Le), mⁿ isolée, à Sainte-Opportune-du-Bosc.

olombier (Le), h. et quart de fief à Tontainville, relevant de Pont-Audemer (L. P.).

olombier (Le) ou Colombiers, point au-dessous de

Pont-Audemer où la Risle commençait à être navigable, 1518; 1678 (Masson Saint-Amand), point où remontaient, jusqu'en 1711, des navires de 70 à 90 tonneaux et où parvenait depuis 1678 un canal partant de Pont-Audemer (Peuchet et Chanlaire). — *Les Coudes du Colombier*, 1857 (rapport du préfet).

Colombière (La), h. de Cintray.

Colombière (La), f. à Harquency.

Colombière (La), vente de bois à Perruel.

Colroty, h. de Saint-Martin-de-Cernières.

Combon, cⁿᵉ du cⁿ de Beaumont-le-Roger; fief relevant du comté d'Évreux. — *Combonium*, xıᵉ siècle (L. Dubois). — *Combun, Cunbun, Combonnium*, 1162 (cart. de Préaux). — *Cunbon, Combunnium, Combonnum* (cart. du prieuré de Beaumont).

Comerie (La), mⁿ isolée, à Chéronvilliers.

Commanderie (La), anc. maladrerie à Campigny, devenue succursale de la *commanderie* de Bourgout.

Commanderie (La), f. à Chanu, nom conservé d'une anc. commᵉⁱᵉ de l'ordre de Malte.

Commanderie (La), anc. commᵉⁱᵉ de Saint-Étienne-de-Renneville, passée des Templiers à l'ordre de Malte, auj. simple h. de Sainte-Colombe-la-Campagne. — Anc. poste aux chevaux.

Commère (La), h. de Plasnes.

Commune (La), h. de Noards.

Commuvette (La), h. de Saint-Christophe-sur-Condé.

Comptoir-l'Abbesse, fief ferme voisin et dépendant de l'abb. du Trésor.

Comté (La), partie de Bernay appart. au domaine du roi et relevant du baill. d'Alençon (L. P.).

Comté (La), h. de Marcilly-sur-Eure.

Comté (Le), ruiss. dérivé de l'Iton, à Évreux, 1780.

Conterie (La), h. de Saint-Georges-du-Vièvre.

Comtes (Les), h. d'Épaignes.

Conarderie (La), h. de Francheville.

Conarderie (La), f. à Piseux.

Conardes (Les), lieu-dit à Amécourt.

Conardière (La), h. du Bosc-Morel.

Conardière (La), h. de Goupillières.

Conardière (La), h. des Jonquerets.

Conardière (La), h. de Saint-Aubin-du-Thennoy.

Conardière (La), f. à Saint-Georges-du-Vièvre.

Conardière (La), h. de Saint-Vincent-du-Boulay.

Conards (Les), h. de Saint-Siméon.

Conches, ch.-l. de cⁿ; fief dominant, relevant de la couronne; comté, haute justice, élect. de 160 paroisses en 1789; doyenné de l'archidiaconé d'Ouche, dans l'anc. dioc. d'Évreux, ville qui s'est formée à l'abri d'un point fortifié nommé d'abord *Chastillon*. — *Conchæ*, 1119 (O. V.). — *Conche*, 1248 (cart. d'Artois). — *Conchiæ*, 1263 (coutumier des forêts).

8.

Conches, fief à Fontaine-sous-Jouy, relev. de Crève-cœur, 1707.

Conches (Canton de), arrond. d'Évreux, ayant à l'E. le c^on d'Évreux sud, au S. les c^ons de Damville et de Breteuil, à l'O. ceux de Rugles, de Beaumesnil et de Beaumont, au N. le c^on d'Évreux nord. — Il comprend 26 communes : Conches, Beaubray, la Bonneville, Burey, Champ-Dolent, Collandres, la Croisille, Émanville, Faverolles-la-Campagne, Fer-rières-Haut-Clocher, la Ferrière-sur-Risle, le Fidelaire, le Fresne, Gaudreville-la-Rivière, Glisolles, Louversey, le Mesnil-Hardray, Nagel, Nogent-le-Sec, Ormes, Orvaux, Portes, Saint-Élier, Sainte-Marthe, Sébécourt, Séez-Mesnil; et 19 paroisses : 1 cure à Conches; 18 succursales : à Beaubray, la Bonneville, Champ-Dolent, Collandres, la Croisille, Émanville, Faverolles-la-Campagne, Ferrières-Haut-Clocher, la Ferrière-sur-Risle, le Fidelaire, Gli-solles, Louversey, Nogent-le-Sec, Ormes, Orvaux, Sainte-Marthe, Sébécourt, Séez-Mesnil.

Conches (Rivière de), nom quelquefois donné au Rouloir.

Conches (Saint-Pierre et Saint-Paul de), abbaye de l'ordre de Saint-Benoît, fondée en 1035, vendue en 1791, démolie en 1825. — Castellio, Castaillon, 1035; S. Petrus de Castellione, 1080; Ecclesia Cas-tellionensis, 1130 (ch. de Henri Ier). — Castellionense cœnobium apud Conches (La Roque). — Cœnobium S. Petri Castellionis, xiie siècle (O. V.). — Castellio de Conchis, 1288 (ch. de la Noë). — Counse, 1356 (Robert d'Avesbury). — Conce, 1356 (Froissart). — Conchee, 1588 (Bourgueville). — Saint-Paul de Conches ou de Chastillon, parce qu'elle est (l'abbaye) dans le faubourg de Chastillon (Baudrand).

Conches (Sergenterie de), relev. du comté d'Évreux.

Conches-au-Poupy, quart de fief à Thuit-Signol, rele-vant du roi; d'abord fief Cardine.

Conches-Douville, quart de fief à Thuit-Signol, avec extension sur Saint-Pierre-des-Cercueils, relevant du roi.

Conchez, h. et fief à Grosley.

Conchies, quart de fief à la Cambe, relevant de Fu-meclion.

Condé-sur-Iton, sergenterie comprenant dix c^nes de l'élection de Conches.

Condé-sur-Iton, c^ne du c^on de Breteuil; baronnie et chât. des évêques d'Évreux. — Condata (itinéraire d'Antonin). — Condatus (Vita S. Leufridi). — Conde, 1190 (ch. de Richard Cœur de Lion). — Condetus, 1235 (cart. de Notre-Dame-du-Lesme). — Condoy, 1239 (ch. de Raoul de Cierrey). — Condatum (de Thou). — Condaum ou Condetum (Baudrand).

Condé-sur-Risle, c^ne du c^on de Montfort; fief relev. de Pont-Audemer. — Condeith (relation des miracles de sainte Catherine). — Condedus, sous Guillaume le Conquérant (cart. de Préaux). — Condetus supra Rilum, xiiie siècle; Condeius, 1255; Condetum (cart. blanc de l'abb. de Saint-Denis).

Condo-aux-Femmes, lieu-dit aux Andelys.

Condor (Le), lieu-dit au Val-Corbon.

Conillon, vavassorie au Torpt, 1566.

Connelles, c^ne du c^on de Pont-de-l'Arche. — Cloviale (?), 754 (Vie de l'archev. Reginfroi). — Colnella, Cor-nella, 1096 (ch. du duc Robert). — Coquele (cart. du chapitre de Rouen). — Connele (p. d'Eudes Rigaud). — Cornelle, 1271 (Saint-Allais, Rôles d'arrière-bans). — Conells, 1722 (Masseville).

Connelles (Île de), sur la Seine, devant Connelles et Herqueville.

Connière (La), h. point culminant et cimetière mé-rovingien à Notre-Dame-du-Vaudreuil, à la jonction des vallées de la Seine et de l'Eure. — La Couli-nière, 1864 (l'abbé Cochet).

Conqué, ruiss. affl. de la Charentonne à Bernay. — 1644 (Coulon, Rivières de France).

Consas (Les), lieu-dit au Manoir.

Contant, île de la Seine devant les Andelys; nommée antérieurement île d'Andely, île du Château, île de Savoie (Brossard de Ruville).

Conte (Le), fief sis à Bérengeville-la-Rivière (rôles de 1562).

Conterie (La), h. de Beaumesnil. — La Coutrie (L. P.).

Conterie (La), h. de la Roussière.

Conterie (La), h. de Saint-Victor-d'Épine.

Conteville, c^ne du c^on de Beuzeville, paroisse comprise jusqu'en 1791 dans l'exemption de Dol; qualifié bourg, 1722 (Masseville). — Contavilla, xie siècle (O. V.). — Contevilla, Cuntevill, vers 1160 (ch. de Henri II). — Cuenteville-en-Roumois (cart. de Saint-Wandrille). — Conteville-sur-Mer, 1828 (L. Dubois).

Conteville (Banc de), banc de sable mouvant sur la Seine, devant Conteville.

Convenant, h. du Sacq.

Coq (Le), h. de Neaufles-sur-Risle.

Coq (Le), h. de Villalet.

Coq-Blanc (Le), h. partagé entre Ferrières-Saint-Hilaire et Grand-Camp.

Coqs (Les), h. de Bourneville et fief Lestoy (Le Beu-rier).

Coq-Sauvage (Le), anc. h. de Baudemont. — 1690 (acte notarié).

Coquelin (Le), lieu-dit au Fresne.

Coquereaumont, bois touchant à la forêt de Bleu. — xiiˢᵉ (Le Beurier).

Coquerel, h. de Crosville-la-Vieille.

Coquerel, h. de la Goulafrière.

Coquerel, h. de Lieurey.

Coquerel, h. de Saint-Aubin-d'Écrosville. — *Cocquerel*, 1257 (L. P.).

Coqueret (Le), h. de la Chapelle-Becquet.

Coquerie (La), h. de Réville.

Coquerie (La), h. de Saint-Agnan-de-Cernières.

Coquerie (La), h. de Saint-Benoît-des-Ombres.

Coquerie (La), lieu-dit au Mesnil-Jourdain.

Coquetot, fief et anc. h. de Radepont, passé en 1868 à Bourg-Beaudouin; lieu du suicide célèbre du ministre Roland. — *Cauquetot* (L. P.).

Coquets (Les), h. de Bourneville et fief *Lestoqué* (Le Beurier).

Coquinerie (La), h. de Barneville-sur-Seine.

Corandière (La), h. de Saint-Aubin-le-Guichard.

Corbeaumont, h. de Saint-Michel-de-Préaux. — *Corbellus mons* (Neustria pia). — *Corbelli mons* (cart. de Préaux).

Corberons (Les), f. à Épaignes.

Corbie, fief et petite cᵉ réunie à Tilly en 1808. — On dit souvent *Tilly-Corbie*. — *Corbia* (p. de Raoul Roussel).

Corbie (La), riv. qui a sa source à Martainville-en-Lieuvin et afflue à la Risle par la rive gauche, près de Toutainville, après un cours de 21 kilomètres.

Corbillière (La), f. à Tostes.

Corbillons (Le), lieu-dit à Quatremare.

Corbinière (Le), lieu-dit à Bourth.

Corblin, h. de Touville.

Corblins (Les), h. de Saint-Aubin-de-Scellon.

Corbu, f. à Perriers-sur-Andelle.

Corbuchon (Le), h. de Beuzeville; vavassorie noble, xviiᵉ siècle.

Corbut (Le) ou Scorbut, anc. bras de la Seine touchant l'île aux Bœufs, à Notre-Dame-de-l'Île. — 1867 (actes judiciaires).

Cordeliers (Les), mᵒⁿ isolée, à Drucourt.

Cordeliers (Pont des), sur l'Eure, à Ézy.

Cordeliers (Rue des), à Évreux, 1625; auj. *rue de la Préfecture*.

Cordey, île de la Seine devant Vernon.

Coricard, lieu-dit à Saint-Aubin-sur-Gaillon.

Cormeilles, ch.-l. de cᵉ; baronnie passée en 1060 de G. Fitz Osbern à l'abb. de Cormeilles; haute justice; gros bourg, 1722 (Masseville). — *Cormeliæ*, 1060 (O. V.); 1190 (M. R.). — *Cormelliæ* (reg. de Phil. Aug.); 1234 (cart. normand). — *Cormelia* (Masseville).

Cormeilles, prieuré, transformé vers 1060 en abbaye de l'ordre de Saint-Benoît. — *S. Maria Cormeliensis*, 1113 (rouleaux des morts).

Cormeilles, fief de court et usage, franc fief à Romilly-sur-Andelle.

Cormeilles (Canton de), arrond. de Pont-Audemer, ayant à l'E. le canton de Saint-Georges-du-Vièvre, au S. celui de Thiberville, à l'O. le dépᵗ du Calvados, au N. les cantons de Beuzeville et de Pont-Audemer. — Il comprend 12 cᵉˢ : Cormeilles, Asnières, Bailleul-la-Vallée, Bois-Hellain, la Chapelle-Bayvel, Épaignes, Fresne-Cauverville, Jouveaux, Morainville-près-Lieurey, Saint-Pierre-de-Cormeilles, Saint-Siméon, Saint-Sylvestre-de-Cormeilles, et 11 paroisses : 1 cure à Cormeilles; 10 succursales : Asnières, Bailleul-la-Vallée, Bois-Hellain, la Chapelle-Bayvel, Épaignes, Fresne-Cauverville, Morainville, Saint-Pierre-de-Cormeilles, Saint-Siméon, Saint-Sylvestre-de-Cormeilles.

Cormier (Le), cᵉ de Pacy; cᵉ réunie en 1819 à Martainville-près-Pacy, sous le nom de *Martainville-du-Cormier*, et redevenue, en 1863, commune du Cormier, en conservant l'adjonction sans le nom de Martainville. — *Cormerium* (cart. de Saint-Taurin). — *Le Cormyer*, 1562 (arrière-ban). — *Cormières*, 1631 (Tassin, Plans et profils). — *Notre-Dame-du-Cormier* (Cassini).

Cormier (Le), h. de Berville-la-Campagne.

Cormier (Le), h. et fief aux Essarts, 1562.

Cormier (Le), fief et h. à Gouville.

Cormier (Le), fief à la Vacherie-près-Barquet.

Cornablière (La), f. à Vaux-sur-Risle.

Cornaillerie (Chemin de la), à Bouchevilliers.

Cornalisiers (Les), lieu-dit à Léry.

Cornay, bois au Becthomas, nom d'ancienne date.

Corne-Haute (La), f. et h. de Saint-Just. — *La Cornehaut*, 1571 (L. P.).

Corneille (Bois de la), aux Andelys; anc. propriété de Thomas Corneille (Brossard de Ruville).

Corneille-Rose (La), lieu-dit aux Andelys.

Cornelles (Fief aux). — Voy. Cotton.

Cornet (Le), h. d'Ambenay.

Cornet (Le), h. de Beaubray.

Cornet (Le), h. des Baux-de-Breteuil.

Cornet (Le), h. de Beauficel.

Cornet (Le), quart de fief aux Minières, relevant de Corneuil.

Cornet (Le), h. de Neaufles-sur-Risle.

Cornet (Le), h. de la Vieille-Lyre.

Cornet-du-Bois (Le), h. de Saint-Denis-du-Béhélan.

Cornet-Moulin (Le), h. de Breteuil.

Cornets (Les), h. de la Neuve-Grange.

CORNETS (LES), h. du Tronquay.

CORNETTE (LA), lieu-dit au Cormier.

CORNEUIL, c^{ne} du c^{on} de Damville, fief relev. de Breteuil (L. P.); forteresse du XIIe siècle; sergenterie.
— *Cornuel, Cornuil*, 1119 (grande ch. de Lyre).—
Corniolum (reg. de Phil. Aug.). — *Cornelium*, 1238
(cart. de l'Estrée). — *Cornellium*, 1257 (Olim).
— *Cornellium*, 1260 (cart..du chap. d'Évreux).—
Cornuil, 1277 (ch. de Philippe le Hardi). — *Cornueil*, 1295 (L. P.). — *Cornolium*, 1303 (*ibid.*).
— *Corneul* (cart. de Lyre). — *Corneil* (monstre de
l'an 1469). — *Correil*, 1700 (départ: de l'élection
de Conches).

CORNEVILLE, prieuré fondé en 1143 à Corneville-sur-
Risle, érigé en 1180 en abb. de l'ordre de Saint-
Augustin. — *Cornevilla*, 1143 (ch. d'Hugues, arch.
de Rouen).

CORNEVILLE, h. du Theil-Nolent et fief relev. de cette
baronnie.

CORNEVILLE (PORTE DE), à la forte maison de Pont-
Audemer.

CORNEVILLE-LA-FOUQUETIÈRE, c^{ne} du c^{on} de Bernay; fief
relev. de Beaumont-le-Roger. — *Cornevilla* (1er p.
d'Évreux).

CORNEVILLE-LA-MASSUE, fief à Fourmetot (vingtièmes).

CORNEVILLE-SUR-RISLE, c^{ne} du c^{on} de Pont-Audemer;
qualifié bourg, 1722 (Masseville). — *Cornevilla*,
1174 (charte de Henri II et M. R.). — *Cornuvilla*
(Masseville).

CORNIÈRE (LA), h. de Cintray.

CORNIÈRE (LA), h. de Grandchain.

CORNIÈRE (LA), fief à Mélicourt (Le Beurier).

CORNIÈRE (LA), fief et h. de Sainte-Marguerite-en-
Ouche.

CORNILATRE (FORÊT ou BUISSON DE), près Chambrais.
— 1604 (aveu de Charlotte des Ursins).

CORNILLARDS (LES), lieu-dit à Sainte-Geneviève-lez-
Gasny.

CORNILLIÈRE (LA), h. de Bois-Normand-près-Lyre. —
La Cornueir, 1277 (L. P.).

CORNILLIÈRE (LA), fief au Neubourg, 1558.

CORNILLON (LE), bois défriché sur Dangu et Guerny.

CORNIQUET (LE), lieu-dit à Tourneville.

CORNOUILLAIS (LES), lieu-dit au Val-David.

CORNOUILLERAIE (LA), f. avec extension sur Gauciel et
h. de Jouy-sur-Eure.

CORNOUILLERAIE (LA), bois à Vandrimare.

CORNU, fief ou quart de fief à Fleury-sur-Andelle,
relev. de Radepont.

CORNY, c^{ne} du c^{on} des Andelys; fief relevant de la
baronnie de Fresnes-l'Archevêque. — *Corni* (p.
d'Eudes Rigaud).

CORVÉE (LA), m^{on} isolée, à Acon.

CORVÉES (LES), territ. étendu à Ailly, 1485.

CORVETTE (LA), nom d'une certaine étendue du littoral
de la Seine, entre Vieux-Port et Quillebeuf.

CORVILLE, fief à Mézières, h. commun à Mézières et à
Panilleuse.

COSNIER, faubourg de Bernay, m^{ion}. — *Cooneium*, 1235.

COSNIER (LE), petite riv. à Bernay, affluent de gauche
de la Charentonne.

COSSÁ, fief à Saint-Aubin-du-Vieil-Évreux.

COSSETTE (LA), h. de Saint-Philbert-sur-Risle.

COSSIS (RIVIÈRE DE), bras de l'Epte à Sainte-Geneviève-
lez-Gasny. — *Cossy*, 1869 (annonce légale).

COSSY, m^{in} à Giverny. — *Cosse*, 1225 (titres de Saint-
Ouen). — *Cosi*, 1292 (L. P.).

COSTARDIÈRE (LA), h. de Saint-Antonin-de-Sommaire.

COSTARDIÈRE (LA), huit^e de fief à Tillières-sur-Avre.

COSTE, h. d'Épaignes, XIIIe siècle.

COSTE-AUX-HAZELS, h. de Toutainville.

CÔTE (LA), m^{on} isolée, à Authevernes.

CÔTE (LA), h. de Bailleul-la-Vallée.

CÔTE (LA), usine à Bazincourt.

CÔTE (LA), h. d'Équainville.

CÔTE (LA), h. de Fatouville.

CÔTE (LA), h. de Fort-Moville.

CÔTE (LA), f. à Louviers.

CÔTE (LA), h. de Saint-Mards-de-Blacarville.

CÔTE (LA), h. de Saint-Martin-de-Cernières.

CÔTE (LA), h. de Saint-Ouen-des-Champs.

CÔTE (LA), h. de Saint-Vigor.

CÔTE (LA), h. du Torpt.

CÔTE-ARDE (LA), lieu-dit aux Andelys.

CÔTE-AU-ROI (LA), lieu-dit à Heudehouville.

COTEAUX (LA), c^{on} de la forêt de Lyons (plan général
de la forêt domaniale).

CÔTE-AUX-GONARDS (LA), h. de Saint-Martin-Saint-
Firmin.

CÔTE-AUX-JULLIENS (LA), h. de Saint-Pierre-de-Cormeilles.

CÔTE-AUX-LOUPS (LA), h. de Triqueville.

CÔTE-AUX-TOUTAINS (LA), h. de Saint-Christophe-sur-
Condé.

CÔTE-BARON (LA), h. de Triqueville.

CÔTE-BLANCHE (LA), coteau à Amécourt. — *Via alba*,
1221 (cart. Blanc de Saint-Denis).

CÔTE-BLANCHE (LA), lieu-dit au Becthomas.

CÔTE-BLANCHE (LA), vignoble à la côte Saint-Michel-
d'Évreux. — *Rocha que vocatur Wita clive*, 1224
(L. P.).

CÔTE-CORNU (LA) ou LA MUETTE, m^{on} isolée, à Autheuil.

CÔTE-CRESPIN (LA), h. de Triqueville.

CÔTE-DE-BEAUMONT (LA), m^{on} isolée, à Bourneville.

Côte-de-Chane (La), m°° isolée, à Bueil.

Côte-de-Fort-Moville (La), h. de Fort-Moville.

Côte-de-la-Lorie (La), m°° isolée, à Pont-Audemer.

Côte-de-la-Pierre (La), h. de Manneville-sur-Risle.

Côte-de-la-Pierre (La), h. de Pont-Audemer.

Côte-de-Paris (La), h. d'Évreux.

Côte-des-Buis (La), h. de Saint-Benoît-des-Ombres.

Côte-des-Haies (La), h. de Triqueville.

Côte-des-Morts (La), lieu-dit à Villegats.

Côté-d'Ogcet (Le), h. de Saint-Martin-Saint-Firmin.

Côte-Douloureuse (La), lieu-dit aux Andelys.

Côte-du-Long-Val (La), m°° isolée, à Pont-Audemer.

Côte-du-Mont-Hoguet (La), h. de Saint-Martin-la-Corneille; auj. *la Saussaye*.

Côte-du-Parc (La), h. du Bec-Hellouin.

Côte-Focquer (La), h. de Triqueville.

Côte-Frileuse (La), élévation voisine de Port-Mort.

Côte-Froide (La), lieu-dit au Plessis-Hébert.

Cotellerie (La), h. d'Asnières.

Cotelles (Les), lieu-dit à Vernon.

Côte-l'on-Boit, lieu-dit à Irreville (Longbois?).

Côte-Macaire (La), h. de Conteville.

Côte-Macaire (La), chât. à Foulbec.

Côte-Marais (La), h. de Saint-Étienne-l'Allier.

Côte-Marioor (La), h. de Saint-Georges-du-Vièvre.

Côte-Moisix (La), lieu-dit à la Chapelle-Réanville.

Cotentin (Le), h. de Saint-Pierre-du-Val.

Côte-Piard (La), h. de Saint-Denis-le-Ferment.

Côte-Pincheloup (La), h. de Tourville-sur-Pont-Audemer.

Côte-qui-Grille (La), coteau aux Andelys.

Côte-Quillette, c°° de la forêt de Lyons (plan général de la forêt domaniale).

Côte-Rôtie (La), lieu-dit à Château-sur-Epte.

Côtes (Les), h. partagé entre Armières et Glisolles.

Côtes (Les), h. de Freneuse-sur-Risle.

Côte-Saint-Christophe (La), lieu-dit à Reuilly.

Côte-Saint-Pierre (La), lieu-dit à Touffreville.

Côtes-à-Loiseau (Les), m°° isolée à Fontaine-l'Abbé.

Côtes-Cadran (Les), m°° isolée, à Montfort-sur-Risle.

Côtes-Conard (Les), m°° isolée, à Fontaine-l'Abbé.

Côtes-des-Renardières (Les), m°° isolée, à Fontaine-l'Abbé.

Côtes-Frileuses (Les), lieu-dit à Vernonnet.

Côtes-Robinettes (Les), lieu-dit à Feuguerolles.

Côte-Vinette (La), lieu-dit à Suzay.

Cotillier (Le), m°° isolée, à Normanville.

Cotillon-Rouge (Le), m°° isolée, sur Saint-Christophe-sur-Avre.

Cottecote, fief à la Chapelle-Genevray; auj. f. sous le nom de *la Courtecôte*.

Cottin (Le), h. des Barils.

Cottin (Le), f. au Chesne.

Cotton, nom donné quelquefois au fief au c *Corneilles*, au Tremblay, fief relevant du comté d'Évreux.

Couaille (La), h. des Baux-de-Breteuil.

Couaille (La), lieu-dit à Puchay.

Couaille (La), h. du Sacq.

Couaillette (La), h. du Fidelaire.

Couarderie (La), lieu-dit à Francheville.

Couardes (Les), longue prairie à Amécourt; h. en 1551 (chartrier de Maionneville).

Couards-lez-Corville (Les), bois à Panilleuse, 1507.

Couchant (Le), m°° isolée, à Conches.

Couchettes (Les), lieu-dit à Gaudreville-la-Rivière.

Coudane, petite riv. souvent presque à sec (Gadebled), qui prend sa source à Jarcey, c°° d'Illiers-l'Évêque, traverse Courdemanche, Louye et Saint-Georges-sur-Eure et afflue à l'Avre, par la rive gauche, après un cours de 12 kilomètres. — *Coudanne*, 1762 (Durand, Journal de Verdun).

Coude (Le), m°° isolée, à Foulbec.

Couderie (La), h. de Tourville-la-Campagne.

Coudraie (La), fief et h. partagé entre la Haye-du-Theil et Tourville-la-Campagne.

Coudrais (Les), h. de Freneuse-sur-Risle.

Coudray (Le), c°° du c°° d'Étrépagny; fief. — *Coldretum*, vers 1140 (ch. de Rotrou, évêque d'Évreux). — *Coldreium*, 1152 (ch. Majoris Monasterii). — *Coudreium*, 1213 (cart. de Saint-Amand). — *Coudreyum*, 1234; *Couldreium*, 1270 (cart. du chap. d'Évreux). — *Coudrai-en-Vexin*, 1828 (L. Dubois).

Coudray (Le), anc. c°° du c°° d'Évreux sud, réunie en 1810 à Saint-Aubin-du-Vieil-Évreux; plein fief relevant du comté d'Évreux. — *Coriletum*, vers 1190 (ch. de Simon, comte d'Évreux). — *Coudreium*. 1210 (ch. de Luc, év. d'Évreux). — *Couldreyum*. 1242. — *Coryletum* (Masseville). — *Couldray-lez-Évreux*, 1428 (La Roque).

Coudray (Le), h. de Beaubray.

Coudray (Le), h. de Boissy-Lamberville; plein fief relevant de Plasnes, 1456 (L. P.). — *Coldreium*, vers 1148 (bulle d'Eugène III). — *Coudretum*. 1264 (cart. de Lyre).

Il était, dès le xii° siècle, divisé en Grand et Petit *Coudray*; le Grand s'étendant sur Courbépine.

Coudray (Le), f. à Calleville. — *Coldray*, 1403.

Coudray (Le), h. de Chambord.

Coudray (Le), h. du Chesne.

Coudray (Le), fief à Condé-sur-Risle (Le Beurier).

Coudray (Le), h. de Creton.

Coudray (Le), h. de la Croisille.

Coudray (Le), h. de Dame-Marie.

Coudray (Le), h. de la Goulafrière.

COUDRAY (LE), chât. à Lieurey; plein fief relevant de Plasnes. — *Couldray* (Le Beurier).

COUDRAY (LE), f. à Longuelune.

COUDRAY (LE), h. des Minières; quart de fief relevant de Corneuil. — *Coudretum*, 1264 (L. P.).

COUDRAY (LE), fief à Morsan, relevant moitié d'Orbec (Calvados), moitié de la baronnie de Mauny (arch. de la Seine-Inf.).

COUDRAY (LE), h. de Quatremare.

COUDRAY (LE), h. de Saint-Aubin-du-Vieil-Évreux.

COUDRAY (LE), h. de Saint-Aubin-le-Vertueux.

COUDRAY (LE), vavassorie relevant de Bourg-Achard, 1787; auj. f. à Saint-Germain-Village. — 1792 (liste des émigrés).

COUDRAY (LE), h. de Saint-Paer.

COUDRAY (LE), fief et h. de Saint-Philbert-sur-Boisset.

COUDRAY (LE), fief au Vieux-Conches.

COUDRE (LA), fief et h. de Mesnil-sous-Vienne.

COUDRELLE (LA), h. de la Madeleine-de-Nonancourt, relevant de Nonancourt. — 1400 (L. P.).

COUDRES, cᵉ du cᵒⁿ de Saint-André. — *Coldrie*, 1157 (ch. de Rotrou, év. d'Évreux). — *Coudre*, 1230 (cart. de l'Estrée).

COUDRETTE (LA), h. de Sainte-Croix-sur-Aizier.

COUETTE (LA), lieu-dit à Amfreville-sur-Iton.

COUETTE (LA), h. du Plessis-Grohan.

COUILLARVILLE, quart de fief à Brionne, relevant de Brionne. — *Coillarville*, 1402.

COUILLARVILLE, huit⁰ de fief assis sur Notre-Dame-de-la-Couture et Saint-Martin-le-Vieil, à Bernay, 1459 (L. P.). — *Couillerville* (divers actes).

COUILLÈRE, quart de fief à Perriers-la-Campagne.

COUILLERVILLE, h. d'Émanville; plein fief de haubert, 1451 (L. P.). — *Collervilla*, 1227 (ch. de la Noë). — *Coarville*, 1234 (bulle de Grégoire IX). — *Escouierville*, 1451 (arch. nat. vicomté d'Évreux). — *Couillarville*, 1532 (La Roque). — *Couverville*, 1557 (état des anoblis).

COUILLERVILLE, plein fief à la Gouberge, relevant du comté d'Évreux.

COULBAUDERIE (LA), h. de Fontaine-la-Soret.

COULDRAY (LE), demi-fief à Bournainville, relevant d'Orbec. — 1393 (L. P.).

COULLERVILLE, fief à Saint-Mards-de-Fresnes. — 1540 (Le Beurier).

COULLOMBIER (LE), manoir au Bosc-Morel. — Vers 1610 (aveu de Charlotte des Ursins).

COULOMBIÈRES, fief sis au Parc, réuni à Saint-André avant 1679 (Le Beurier).

COULON, vavassorie au Torpt, 1565.

COULONGES, cᵉ du cᵒⁿ de Damville, et fief. — *Coulonges-sur-Iton*, 1828 (L. Dubois).

COUPE (LA), h. de Bois-Arnault.

COUPE-GORGE, h. des Baux-de-Breteuil.

COUPE-GUEULE, f. aux Andelys; synonyme grossier du nom de *coupe-gorge* donné aux passages dangereux et lieux mal famés. — *Coupegueule-lez-Andelis* (Brossard de Ruville). — *Coupegueule-sus-Gaillart*, 1330 (arch. de la Seine-Inf.). — *Couppegueule*, 1416 (aveu de Math. de Trie). — *Pouppegueulle*, 1664 (Brossard de Ruville). — *Pougueulle*, 1680 (acte notarié et désignation actuelle).

COUPE-GUEULE, fief au Mesnil-Verclives, relev. de Gisors (L. P.).

COUPEURS (LES), h. de la Chapelle-Bayvel.

COUPEY, h. de la Croix-Saint-Leufroi.

COUPIGNY, h. d'Heubécourt et qᵗ de fief relevant de Tourny. — *Cupin* (ch. de Richard II).

COUPIGNY, fief et h. de Marcilly-la-Campagne, relevant de Tranchevilliers.

COUPPENVILLE, lieu-dit près Écouis. — 1454 (arch. nat., châtell. de Gisors).

COUR (LA), h. de Bretigny.

COUR (LA), chât. au Marais-Vernier.

COUR (LA), fief à Saint-Philbert-sur-Risle, relevant de Montfort.

COUR (PIERRE DE LA), menhir de 4 mètres d'élévation à Condé-sur-Iton.

COUR-À-DERIOT, h. de Bournainville.

COUR-À-LA-MARE (LA), h. de Saint-Denis-du-Béhélan.

COURANT (LE), h. d'Ambenay.

COURANT (LE), h. de Bois-Arnault.

COURANT (LE), fief et f. à Illeville-sur-Montfort.

COURANT (LE), h. de Sébécourt.

COURANTERIE (LA), h. de Boissy-Lamberville.

COURANTERIE (LA), h. c. de Morsan.

COURANTS (LES), lieu-dit à Heudebouville.

COUR-AU-MERLE (LA), h. de Saint-Pierre-de-Salerne.

COUR-AUSSY (LA), h. de Saint-Étienne-l'Allier.

COUR-AUX-LIÈVRES (LA), lieu-dit à Garennes.

COURBÉPINE, cᵉ du cᵒⁿ de Bernay; trois quarts de fief rel. de Beaumont, 1404 (L. P.); réuni au marquisat de Plasnes. — *Curva Spina* (O. V.). — *Corbespina*, vers 1000 (dotalit. de Judith). — *Curba Spina*, 1025 (charte de Richard II). — *Corbespine*, *Curbespine* (doomsday Book). — *Curva Spina*, 1414 (obituaire de l'église de Lisieux); 1449 (monstres générales). — *Courbespine*, 1450 (aveu de l'abbé de Bernay); 1562 (arrière-ban et Gabriel Dumoulin). — *Courbe-Épine*, 1725 (mém. du marquis d'Argenson). — *Courbepeine*, 1782 (Dict. des postes). — *Courte-Épine*, 1791 (lettre du savant Bailly). — *Courbe-Épine* (réponse du maire de Bernay; arch. du greffe civil de Bernay).

Courbépine (Moulin de), à Bernay.
Cour-Boite (La), h. de Pierre-Ronde.
Courbonette (La), f. à Bourth.
Cour-Boulouvet (La), m^on is. à Saint-Étienne-l'Allier.
Cour-Brière (La), h. de Saint-Pierre-de-Salerne.
Cour-Bunel (La), m^on isolée, à Saint-Étienne-l'Allier.
Cour-Camu (La), h. de Saint-Mards-de-Blacarville.
Courcelles, q^t de fief à Bouafles, relevant de Préaux.
Courcelles, anc. par. du dioc. de Lisieux; q^t de fief relevant de Plasnes; réunie en 1797 à Camfleur, sous le nom de *Camfleur-Courcelles*; mais elle dépend depuis 1845 de Fontaine-l'Abbé, par la réunion de Camfleur-Courcelles à cette c^ne. — *Courselles*, 1469 (monstre); 1562 (arrière-ban). — *Cursellæ*, 1557 (Robert Cœnalis). — *Courcelle* (2e p. de Lisieux).
Courcelles (Bras et Pont de), sur la Seine, en face de Gaillon.
Courcelles-sur-Seine, c^ne du c^on des Andelys; demi-fief de haubert, relevant de Fresnes-l'Archevêque. — *Curceles* (arch. nat.). — *Corceles*, *Corcelles*, 1265 (cart. de Phil. d'Alençon). — *Courcellæ*, 1265 (ch. de Raoul de Chevry, év. d'Évreux). — *Chouceiles*, 1275 (L. P.). — *Curcellæ* (p. d'Eudes Rigaud); 1400 (Record of the House of Gurney).
Courcherets (Les), m^on isolée, à Gournay-le-Guérin.
Courcoulée (La Pierre), dolmen sis dans la forêt d'Évreux.
Courcy, huit^e de fief à Rougemontiers, relevant du roi.
Courcy, demi-fief à Saint-Vincent-du-Boulay.
Cour-d'Asnières (La), fief à Saint-Gervais-d'Asnières. relevant d'Orbec, 1483.
Cour-de-Bourneville (La), château à Étréville: plein fief relevant de Pont-Audemer.
Cour-de-la-Roche (La), h. de Manneville-le-Raoult.
Cour-d'Elbe (La), huit^e de fief à Fourmetot, relevant de Pont-Audemer.
Cour-d'Elbeuf, fief relevant de Montfort.
Courdemanche, c^ne du c^on de Nonancourt. — *Court Dimanche* (Toussaint du Plessis). — *Curtis Dominicus*, 1060 (cart. de Saint-Père de Chartres). — *Cordemenche*, vers 1149 (ch. de Rotrou, év. d'Évreux). — *Cordemanche* (p. d'Eudes Rigaud). — *Curia Dominica*, vers 1302 (ch. de Math. des Essarts, év. d'Évreux).
Cour-de-Morsan (La), fief à Morsan.
Cour-d'Épaignes (La), f. à Drucourt.
Cour-de-Rouen (La), nom de la maison de ville du Grand-Andely, 1575.
Cour-Drieux (La), m^on is. à Notre-Dame-de-Fresnes.
Cour-du-Bois (La), fief à Muids, relevant de Gisors; nommé aussi fief *Boissel*.
Cour-du-Bosc (La), fief à Morainville-près-Lieurey.

Cour-du-Château (La), f. à Asnières.
Cour-du-Fort (La), herbage à Bailleul-la-Vallée; emplacement d'un tumulus détruit, 1793.
Cour-du-Gendre (La), m^ca isolée, à Saint-Étienne-l'Allier.
Cour-du-Londe (La), f. à Houville.
Cour-Durand (La), h. de Saint-Thurien.
Courellerie (La), h. de Condé-sur-Risle.
Cour-Féret (La), m^on isolée, à Fontenelles.
Cour-Ferrand (La), h. de Fourmetot.
Courgeon, h. de Tillières-sur-Avre.
Cour-Jacques (La), f. à Marcilly-sur-Eure.
Cour-l'Abbé (La), chef-mois du fief noble de Hauville, auj. simple hameau.
Cour-Maillard (La), h. de Manneville-la-Raoult.
Cour-Mercier (La), f. à Saint-Sylvestre-de-Cormeilles.
Cour-Mont-Rouge (La), h. de Saint-Benoît-des-Ombres.
Cour-Moplet (La), m^on isolée, à Saint-Georges-du-Mesnil.
Cour-Naudière (La), h. de Vaux-sur-Risle.
Cour-Neuville (La), h. de Neuville-sur-Authou.
Cour-Peigneux (La), m^on is. à Saint-Étienne-l'Allier.
Cour-Picot (La), m^on isolée, à Saint-Pierre-des-Ifs.
Cour-Planier (La), h. de Beuzeville.
Cour-Pollet (La), f. au Chamblac.
Cour-Prioult (La), m^on isolée, aux Barils.
Courpris, côte aux Andelys. — *Crouppery* (anc. actes).
Cour-Saint-Quentin-Village (La), h. de Saint-Étienne-l'Allier.
Cours-aux-Guilmatres (Les), m^on isolée, à Harcourt.
Cours-Bellais (Les), h. d'Épinay.
Cours-Launey (Les), h. de Gournay-le-Guérin.
Cour-Souveraine (La), lieu-dit aux Hogues.
Courte-Côte (La), f. à la Chapelle-Genevray.
Courte-Côte (La), f. à Saint-Germain-Village.
Courte-Cuiller, manoir dès longtemps détruit à Saint-Étienne-du-Vauvray. — *Corta Cuiller*, 1910 (cart. de Préaux). — *Le Court-Cuiller*, 1761 (terrier de Saint-Étienne-du-Vauvray). — *Courcuillet*, 1871 (ann. légale).
Courteille (La), h. de Saint-Aubin-de-Scellon.
Courteillerie (La), h. de la Chapelle-Gauthier.
Courteilles, c^ne du c^on de Verneuil; marquisat; magnifique chât. du XVIIIe s^e, démoli. — *Curcellæ*, 1093 (ch. de Geoffroy de Bérou). — *Curcellæ*, *Curtellæ*, 1107 (cart. de Saint-Père de Chartres). — *Cortelium*, 1124 (ch. de Sainte-Gunburge). — *Curtill?* vers 1186 (L. P.). — *Cortellia*, *Cortellæ* (cart. de l'Estrée). — *Cortelia*, 1255 (cart. du Désert). — *Corteilles*, 1289 (cart. du chap. d'Évreux). — *Courteilles-sur-Avre*, 1828 (L. Dubois).

COURTEILLES, fief et h. de Chaise-Dieu-du-Theil. — *Cortelia, Cortelie*, 1255 (ch. de Guill. de Courteilles).

COURTEILLES, h. de Montreuil-l'Argillé.

COURTELLE (LA), lieu-dit à Cuverville.

COURTENSON, île de l'Eure, près d'Ivry, 1430.

COURTICHELET (LE), lieu-dit à Saint-Élier.

COURTIEUX (LES), h. d'Hondouville.

COURTIEUX (LES), f. à Mandres.

COURTIEUX (RUISSEAU DES), affluent de l'Iton à Hondouville; cours de 1,000 mètres.

COUR-TIGER (LA), h. de Gisay.

COURTIL-BUNEL (LE), h. de Sainte-Barbe-sur-Gaillon.

COURTIL-CHAUMONT, cantonnement de pêche sur l'Eure, entre Cailly et Acquigny.

COURTILLET (LE), m^on isolée, à Aubevoye.

COURTILLETS (LES), lieu-dit à Gasny.

COURTIL-PERCHER (LE), lieu-dit à Guiseniers.

COURTILS (LES), h. de la Neuville-des-Vaux.

COURTINIÈRE (LA), h. de Saint-Nicolas-d'Attez.

COURTOISIE (LA), h. de Saint-Jean-du-Thenney.

COUR-TRAGIN (LA), h. de Fontenelles.

COUR-TROTEL (LA), f. au Chamblac.

COURVAL (LE), port et h. à Trouville-la-Haulle, xiv° s° (cart. de Jumiéges); phare. — *Courvalle*, 1869 (ann. de l'Eure).

COUR-VERDURE (LA), h. de Saint-Aubin-de-Scellon.

COUR-VIGNERON (LA), h. de Pierre-Ronde.

COUR-VITROUILLE (LA), h. de Saint-Aubin-du-Thenney.

COUSIN, h. de Lieurey.

COUSTINE-AUX-CAUCHOIS (LA), lieu-dit à Gravigny. — 1366 (ch. de Saint-Sauveur).

COUSTURE (LA), franc-alleu noble à Glos, relevant du comté d'Évreux.

COUSTURE (LA), q^t de fief sur Marcilly, Nonancourt et la Madeleine-de-Nonancourt. — 1455 (L. P.).

COUSTURE-DU-MARI (LA), lieu-dit à Fontenay (arch. nat.).

COUTANCES (LES), h. de Beuzeville.

COUTERIE (LA), h. de Beuzeville.

COUTIL-BLANC (LE), lieu-dit à Asnières.

COUTUME (LA), lieu-dit à la Roquette.

COUTUMEL, h. partagé entre Croth et Ézy; distingué cependant en deux parties dans l'inventorié des tit. de propriété du duc de Penthièvre, 1793 : *Coutumel-sur-Croth* et *Coutumel-près-Ézy.* — Fief et digue de l'Eure. — *Coustumel* (Le Bourier).

COUTUME-LES-ROIS, lieu-dit aux Andelys (Brossard de Ruville).

COUTUMELLE (LA), lieu-dit à Garennes.

COUTURE (LA), premier nom d'une enceinte fortifiée fondée en 1197 par Richard Cœur de Lion, devenue le bourg, puis la ville du Petit-Andely. — *Cultura*, 1254 (reg. visit.). — *Andely-la-Cousture,*

1430 (lett. pat. de Henri VI). — *Andely-la-Couture,* 1460 (Brossard de Ruville).

COUTURE (LA), c^ne du c^on de Saint-André, réunie en 1844 à Boussey, sous le nom de *la Couture-Boussey.*

COUTURE (LA), ruisseau dérivé de la Charentonne à Bernay.

COUTURE (LA), h. de Bernay. — Voy. NOTRE-DAME.

COUTURE (LA), m^on isolée, aux Bottereaux.

COUTURE (LA), h. de Cintray.

COUTURE (LA), m^on isolée, à Louversey.

COUTURE (LA), h. de la Madeleine-de-Nonancourt.

COUTURE (LA), h. de Saint-Pierre-de-Bailleul.

COUTURE (LA), h. de Saint-Sylvestre-de-Cormeilles.

COUTURE-BOUSSEY (LA), c^ne du c^on de Saint-André, formée, en 1844, de la réunion des c^nes de Boussey et de la Couture.

COUTURE-DU-GRAND-TUIT (LA), fief à Fresnes-l'Archevêque, réuni à la seigneurie.

COUTURE-ÉCOLAND (LA), nom d'un lieu de Saint-Martin-du-Tilleul où ont été trouvées des ruines romaines.

COUTURES (LES), domaine de 62 acres de l'Hôtel-Dieu de Paris, à Notre-Dame-du-Vaudreuil, jusqu'en 1658 (P. Goujon).

COUVENT (LE), f. à Boncourt.

COUVENT (LE), f. de 100 hectares à Coudres.

COUVICOURT, h. de Saint-Aubin-sur-Gaillon et fief.

COUVILLIER-ÈS-BOIS-DU-CREUX, huit° de fief à Bourth. — 1708 (aveu de Tillières).

COVETTES (LES), lieu-dit à Notre-Dame-du-Vaudreuil.

CRACODVILLE, anc. c^ne qui a été réunie en 1810, avec le Coudray, à Saint-Aubin-du-Vieil-Évreux, et fait partie depuis 1845 du Vieil-Évreux par l'annexion de Saint-Aubin-du-Vieil-Évreux à cette c^ne; sixième de fief, relevant de Saint-Luc. — *Cracovilla*, 1248; *Cracouvilla*, 1290 (L. P.).

CRAMEFLEU, port à Fatouville, 1255 (arch. de l'Eure). — *Cremafleu*, 1454 (cart. de Grestain).

CRAMPONNIÈRE (LA), f. à Tostes.

CRAPAUDIÈRE (LA), lieu-dit à Bueil.

CRAPONEUSE (LA), lieu-dit à Montaure.

CRAPOTEL, h. de Bourth. — *Nemus de Crampotel*, xii° s^t (cart. de Mortemer).

CRAPOTIÈRES (BOIS DES), à Breuilpont.

CRASMI (LE), lieu-dit à Vesly.

CRASVILLE, c^ne du c^on de Louviers; fief relevant de Pont-de-l'Arche (L. P.); sergenterie. — *Cravilla*, 1207 (ch. des Deux-Amants); 1257 (gr. cart. de Saint-Taurin). — *Craavilla*, 1266 (L. P.). — *Craque-villa*, 1271 (Saint-Allais, Rôles d'arrière-bans). — *Crasvilla*, 1277 (cart. de Bonport). — *Crazeville* (L. P.). — *Craville*, 1782 (Dict. des postes). — *Craville-la-Campagne*, 1828 (L. Dubois).

ʀᴀᴠᴀs, h. partagé entre Faverolles-les-Mares et Saint-
Vincent-du-Boulay. — *Crasval*, 1264 (L. P.).

ʀᴇᴄʜᴇs (Lᴇs), huitième de fief à Ecquetot. — *Les
Crichets*, 1523 (rech. de la noblesse).

ʀᴇᴄʜᴇs (Lᴇs), h. partagé entre Ormes et Portes; q¹
de fief relevant de Portes, 1453 (L. P.). — *Kreches*,
xɪɪ° siècle (L. P.). — *Les Creiches*, 1567 (rôles de
l'arrière-ban).

ʀᴇ́ᴍᴏɴᴠɪʟʟᴇ, fief à Saint-Étienne-du-Vauvray. — *Cremanville*, 1840 (Gadebled).

ʀᴇɴɴᴇs, fief relevant des Essarts. — 1454 (L. P.).

ʀᴇ́ᴘɪɴɪᴇ̀ʀᴇ (Lᴀ), h. de Saint-Antonin-de-Sommaire.

ʀᴇ́ᴘɪɴɪᴇ̀ʀᴇ (Lᴀ), h. de Saint-Martin-Saint-Firmin.

ʀᴇ́ǫᴜɪɢɴᴇ̀ʀᴇ (Lᴀ), m^on isolée, à Aubevoye.

ʀᴇsɴᴇ (Lᴇ), h. de Jouy-sur-Eure et bois touchant au
fief de Crèvecœur. — *Crenna*, 1209; *Crenne*, 1243;
Creine, 1248 (cart. de Jumiéges). — *Craina*, 1279
(L. P.). — *Cresne*, au temps de la bat. de Cocherel,
1364. — *Craine*, 1498 (tabellionage de Jouy).

ʀᴇsᴘɪɴɪᴇ̀ʀᴇ (Lᴀ), nom primitif et longtemps conservé
de la Noë-de-la-Barre; trois q. de fief et chât. nommé
dans les pouillés et la carte gravée du dioc. d'Évreux.
— *La Crespinere*, 1220 (cart. de Lyre). — *La Noe
Crespin*, 1652 (Le Beurier).

ʀᴇssᴀɴᴠɪʟʟᴇ, h. et fief à Manneville-la-Raoult.

ʀᴇssᴇɴᴠɪʟʟᴇ, c^ne réunie à Gaillardbois en 1845 sous
le nom de *Gaillardbois-Gressenville*. — *Craisandi
villa*, xɪɪ° s° (cart. de Mortemer). — *Crassanvilla*,
1204 (cart. de Saint-Ouen). — *Creissumvilla*, 1255
(reg. visit.). — *Crescens Villa, Creissantvilla* (cart.
de Mortemer). — *Crescens Villa*, 1300 (liste des
abb. de Mortemer). — *Croissanville*, 1454 (arch. nat.,
châtell. de Gisors). — *Cressanvilla*, 1738 (Saas).

ʀᴇssᴏɴ (Lᴇ), h. de Bourgtheroulde.

ʀᴇssᴏɴ (Lᴇ), h. de Saint-Vincent-du-Boulay; sixième
ou huitième de fief relevant du Plessis, 1455 (aveu
de Courcy et L. P.).

ʀᴇssᴏɴɴᴇʀɪᴇ (Lᴀ), f. à Saint-Aubin-de-Scellon; fief
(Le Beurier).

ʀᴇssᴏɴɴɪᴇ̀ʀᴇ (Lᴀ), source aux Andelys.

ʀᴇssᴏɴɴɪᴇ̀ʀᴇs (Lᴇs), petit ruiss. à Beaumont-le-Roger,
affluent de la Risle.

ʀᴇsᴛᴏᴛ, c^ne du c^on du Neubourg. — *Cristot*, 1263
(reg. visit.). — *Cretot*, xvɪɪ° s° (Le Batelier d'Aviron).

ʀᴇ́ᴛɪᴇ̀ʀᴇs (Lᴇs), lieu-dit à Saint-Étienne-du-Vauvray.

ʀᴇᴛɪʟ (Lᴇ), h. de Bois-Arnault. — *Creti* (L. P.).

ʀᴇᴛɪɴɪᴇ̀ʀᴇ (Lᴀ), f. à Saint-Aubin-du-Thenney.

ʀᴇᴛᴏɴ, c^ne du c^on de Damville. — *Keretun*, v. 1186
(ch. de Jean Ier. évêque d'Évreux); 1246 (cart. de
l'Estrée).

ʀᴇᴜʟ (Lᴇ), vigne à Saint-Aubin-sur-Gaillon. —
Créon, 1261 (cart. du Bec).

ᴄʀᴇᴜsᴇ (Lᴀ), h. de Saint-Étienne-l'Allier.

ᴄʀᴇᴜsᴇᴍᴀʀᴇ, lieu de la forêt de Bosc où les barons du
Neubourg élevèrent une chapelle de N.-D.-de-Pitié,
1403 (aveu d'Yves de Vieux-Pont). — *Creuzemare*,
1457 (aveu de Laurent de Vieux-Pont). — *Croixmare*, 1710 (L. P.).

ᴄʀᴇᴜx (Lᴇ), quart de fief à Notre-Dame-du-Hamel,
relevant de Bourg-Achard.

ᴄʀᴇᴠᴀssᴇ (Lᴀ) ᴏᴜ ʟᴇ ᴄʀᴇᴠᴀssᴏɴ, noms populaires de
deux courants formés dans le marais Vernier.

ᴄʀᴇᴠᴀssᴇ-ᴅᴜ-ᴍᴀʀᴀɪs (Lᴀ), avant l'endiguement de la
Seine, canal long et tortueux serpentant, dans un
cours de 4 kilom., de Bouquelon au marais Vernier.

ᴄʀᴇ̀ᴠᴇᴄœᴜʀ, baronnie et ancien manoir de l'abb. de
Saint-Ouen à la Croix-Saint-Leufroy; auj. simple
ham. — *Crevecuer*, 1209 (cart. de Jumiéges); 1356
(cart. de Saint-Ouen); 1455 (aveu d'Anne de Laval).
— *Crievecuer*, 1209-1243 (cart. de Jumiéges). —
Crepicordium (reg. visitat.). — *Crevecueur*, 1480
(tabellionage de Jouy).

ᴄʀᴇᴠᴇʟʟᴇʀɪᴇ (Lᴀ), h. de Saint-Thurien.

ᴄʀᴇ́ᴠɪɢɴᴇʀɪᴇ (Lᴀ), h. de Saint-Antonin-de-Sommaire.

ᴄʀᴇᴠᴏɴ, petite rivière venant du dép¹ de la Seine-Inférieure, affluent de l'Andelle à Vascœuil.

ᴄʀɪᴇʟᴇʀɪᴇ (Lᴀ), h. de Saint-Étienne-l'Allier.

ᴄʀɪᴇ̀ʀᴇ (Lᴀ), lieu-dit à Saint-Ouen-d'Attez.

ᴄʀɪᴇ̀ɴᴇ-ᴀ̀-ʟᴀ-ᴘᴏᴜʟᴇ (Lᴀ), lieu-dit à Burey.

ᴄʀɪᴇ̀ʀᴇs (Lᴇs), h. des Baux-Sainte-Croix.

ᴄᴜɪᴇ̀ʀᴇs (Lᴇs), h. de Séez-Mesnil.

ᴄʀɪᴇᴜᴢᴇʟ, h. des Authieux. — *Crioisel*, vers 1212 (ch.
de Luc, év. d'Évreux).

ᴄʀɪʟʟᴏɴs (Lᴇs), lieu-dit à Garennes.

ᴄʀɪǫᴜᴇʙᴇᴜꜰ, fief à Criquebeuf-sur-Seine, distinct du
fief principal et relevant du Mesnil-Jourdain (Le
Beurier).

ᴄʀɪǫᴜᴇʙᴇᴜꜰ (Îʟᴇ ᴅᴇ), sur la Seine.

ᴄʀɪǫᴜᴇʙᴇᴜꜰ (ᴘᴀssᴀɢᴇ ᴅᴇ), sur la Seine.

ᴄʀɪǫᴜᴇʙᴇᴜꜰ-ʟᴀ-ᴄᴀᴍᴘᴀɢɴᴇ, c^ne du c^on du Neubourg. —
Criquebuef-en-la-Chanpengne, 1203 (ch. de Phil.
Aug.). — *Crichebu*, 1203 (L. P.). — *Criquebo-
dium*, 1231 (cart. du Bec). — *Criqueboie*, 1238
(L. P.). — *Crikebue in Campania*, 1240 (cart. du
Bec). — *Criquebue*, 1263 (olim). — *Criquebeuf-
la-Champoigne* (titres de la maison d'Harcourt). —
Cricbotum in Campania, vers 1380 (Bibl. nat.).

ᴄʀɪǫᴜᴇʙᴇᴜꜰ-sᴜʀ-sᴇɪɴᴇ, c^ne du c^on de Pont-de-l'Arche;
fief. — *Crichebot de supra Sequanam*, 1063 (cart.
de Saint-Ouen). — *Crikbœ*, 1198 (ch. de Richard
Cœur de Lion). — *Criquebuef*, 1277 (cart. de
Bonport). — *Crichebu* (L. P.). — *Cricquebuef*, 1291
(livre des jurés de Saint-Ouen). — *Criquebotum*,
1483 (Gall. christ.).

CRIQUET (LE), h. partagé entre la Haye-de-Routot et Routot.

CRIQUETOT, h. et fief à Villettes.

CRIQUETS (LES), h. de Barville.

CROC-AUX-BOUCHERS (LE), c^on de la forêt de Lyons, 1579. — Logettes de charbonniers, 1872.

CROCHONS (LES), lieu-dit à Nogent-le-Sec.

CROISÉE (LA), h. de Fourmetot.

CROISETTE (LA), h. de Bourg-Beaudouin.

CROISILLE (LA), c^ne du c^on de Conches. — Crusila, 1208 (ch. de la Noë). — Cruciola, 1283 (grand cart. de Saint-Wandrille.) — La Groisille, 1738 (Saas).

CROISY, c^ne du c^on de Pacy; baronnie, haute justice, chât. fortifié; fief relev. de Pacy, 1409 (L. P.). — Crusiacum, v. 1140 (ch. de Rotrou, év. d'Évreux). — Croise, 1195 (ch. de Richard Cœur de Lion). — Croseyum, 1229; Croisie, Crosiacum, Crosseium, 1260; Croisiacum, 1277 (grand cart. de Saint-Taurin). — Croysi, 1322 (gr. cout. des forêts de Normandie). — Croissy, 1782 (Dict. des postes). — Croisi, 1828 (L. Dubois).

CROISY, fief à Gadencourt.

CROISY (LES), h. de Fontaine-sous-Jouy.

CROIX (LA), h. des Baux-de-Breteuil.

CROIX (LA), h. de Gisay.

CROIX (LA), h. du Nuisement.

CROIX (LA), fief et f. à la Poterie-Mathieu.

CROIX-À-LA-MAIN (LA), lieu-dit à Saint-Nicolas-du-Bosc.

CROIX-ARIGARD ou DUHAZÉ (LA), h. de Mandeville.

CROIX-AU-CARBONNIER (LA), m^on isolée, à Saint-Étienne-l'Allier.

CROIX-AU-LOUP (LA), lieu-dit à Amfreville-sur-Iton.

CROIX-À-VIGNON (LA), h. de Lieurey.

CROIX-BATARD (LA), lieu-dit à Forêt-la-Folie.

CROIX-BIGNET (LA), f. à Saint-Grégoire-du-Vièvre.

CROIX-BLANCHE (LA), h. à Authou.

CROIX-BLANCHE (LA), h. des Essards-en-Ouche.

CROIX-BLANCHE (LA), h. de Fontaine-Heudebourg.

CROIX-BLANCHE (LA), f. à Saint-Vincent-du-Boulay. — 1792 (liste des émigrés).

CROIX-BLANCHE (LA), lieu-dit à Surville.

CROIX-BLANCHE (LA), h. de Toutainville.

CROIX-BLEUE (LA), lieu-dit à Saint-Denis-le-Ferment.

CROIX-BRIÈRE (LA), h. de Beuzeville.

CROIX-CAILLOU (LA), lieu-dit aux-Andelys.

CROIX-COQ (LA), h. de Routot.

CROIX-COQUIN (LA), nom anc. du faubourg de la Porte-de-Rouen, à Bernay.

CROIX-CONNET (LA), h. de Pont-Authou.

CROIX-DE-FER (LA), h. de Noards.

CROIX-DE-LA-PRÉVÔTÉ (LA), lieu-dit à Épieds.

CROIX-DE-L'ORME (LA), f. à Authou.

CROIX-DE-L'ORME (LA), h. de Routot.

CROIX-DE-L'OURMET (CARREFOUR DE LA), à Louviers. — 1250 (gr. cart. de Saint-Taurin).

CROIX-DE-MONSEIGNEUR-BAUDRY (LA), lieu-dit de la vallée de Chantepie, à Bus-Saint-Remy: c'est là que fut fondée l'abb. du Trésor.

CROIX-DE-PIERRE (LA), h. de Fiquefleur.

CROIX-DE-PIERRE (LES), h. de Saint-Germain-la-Campagne.

CROIX-D'ÉPINE (LA), épine taillée en croix de temps immémorial, aux Andelys, sur le côté gauche de la route de Gournay (Brossard de Ruville).

CROIX-DE-SAINT-MARTIN (LA), h. de Saint-Martin-la-Corneille, partagé entre les c^nes de Saint-Nicolas-du-Bosc-Asselin, auj. la Saussaye, et de Saint-Pierre-des-Cercueils.

CROIX-DES-BAUYÈRES (LA), chapelle à Hauville.

CROIX-DES-FIÉVREUX (LA), lieu-dit aux Andelys.

CROIX-DES-HAUTES-CHAUSSÉES (LA), lieu-dit au Cormier.

CROIX-DES-ROSIERS (LA), lieu-dit au Val-David.

CROIX-DES-RUES (LA), h. d'Étréville.

CROIX-DU-BREUIL (LA), h. de Marcilly-sur-Eure.

CROIX-DU-DIEU-MALLET (LA), lieu-dit à Gisors. — 1733 (mém. pour le maréchal de Belle-Isle).

CROIX-DU-FRICHE (LA), h. de Beaubray.

CROIX-DU-LUAT (LA), lieu-dit à Heubécourt. — Crux du Luat, 1284 (cart. des Vaux-de-Cernay).

CROIX-DUWART (LA), lieu-dit à Gaillon.

CROIX-FRESLON (CHEMIN DE LA), à Huest.

CROIX-GLORIANT (LA), lieu-dit au h. des Chenets, à Bernay. — 1398 (Estatus à la confrérie et carité de la Couture).

CROIX-GONNIER (LA), h. de Manneville-la-Raoult.

CROIX-HAMEL (LA), h. de Saint-Mards-de-Blacarville.

CROIX-JOIE (LA), lieu-dit aux Andelys.

CROIX-LISETTE (LA), lieu-dit aux Andelys.

CROIX-LOYE (LA), lieu-dit à la Haye-Saint-Sylvestre.

CROIX-MARS (LA), h. de Saint-Agnan-de-Cernières.

CROIX-MESNIL, h. de Lyons-la-Forêt et château. — Croix-Mesnil, 1716 (Claude d'Aubigné).

CROIX-MÉTAYER (LA), h. de Sainte-Marguerite-de-l'Autel.

CROIX-MONIAN, lieu-dit à Bourth.

CROIX-PATRY ou PATY (LA), calvaire aux Longs-Saules, h. de Brionne, 1269.

CROIX-PEINTE-DE-HERBERT-LE-TORT, au Bec-Hellouin. — 1295 (cart. du Bec).

CROIX-PERCÉE (LA), lieu-dit à Neaufles-Saint-Martin.

CROIX-PIERRE (LA), h. de la Goulafrière.

CROIX-ROMPUE (LA), lieu-dit aux Andelys.

Croix-Rouge (La), h. de la Guéroulde.

Croix-Rouge (La), lieu-dit à Venables.

Croix-Rouge (La), lieu-dit de la forêt de Vernon.

Croix-Sainte-Anne (La), chapelle très-anciennement démolie à Launay, c⁰ˢ de Saint-Georges-du-Vièvre.

Croix-Saint-Jacques (La), lieu-dit à Léry.

Croix-Saint-Leufroi (La), abb. de l'ordre de Saint-Benoît et anc. château fort; auj. simple cᵐ du c⁰ⁿ de Gaillon; l'un des 4 doyennés de l'archidiaconé d'Évreux jusqu'à la Révolution. — *Monasterium Madriacense, Monasterium Crucis Audoeni*, 788 (ch. de Nebellon, comte de Madrie). — *Monasterium Heltonis* (du nom du propriétaire du sol, suivant L. P.). — *Crux Heltonis, Crux Sancti Leudfredi* (O. V.). — *Crux Sancti Audoeni*, 915 (dipl. de Charles le Chauve). — *S. Crux sanctusque Leufredus*, 1113 (rouleau de Mathilde, abbesse de Caen). — *Crux S. Leufredi*, 1178 (Neustria pia); 1181 (bulle de Luce III). — *S. Leofredus de Cruce*, 1216 (bulle d'Honoré III). — *C. S. Leuffredi*, 1270 (arch. de l'Eure). — *S. Leufredus de Cruce*, 1290 (cart. du chap. d'Évreux). — *La Croix-Saint-Lieffroy*, 1308 (ch. de Phil. le Bel). — *S. Crux, S. que Leoffredus*, 1334 (rouleaux des morts). — *Crux Sancti Lyphardi*, 1364 (mémorial A de la Chambre des comptes). — *La Croix-Saint-Lieffroy*, 1455 (aveu d'Anne de Laval). — *La Croys-Saint-Lieffroy*, 1469 (monstre). — *La Croix-Saint-Lieuffroy*, 1526 (dénombr. de l'abb. de la Croix). — *La Croix-Saint-Lefroy*, 1588 (Bourgueville). — *La Croix-Saint-Leuffroy* (Farin, Normandie chrét.); 1582 (arch. de l'Eure). — *Croix-Saint-Luffroy* (Cassini).

Croix-Saint-Leufroi (La), demi-baronnie laïque au même lieu, relevant du comté d'Évreux.

Croix-Saint-Leufroi (Canton de la), de 1790 à l'an ix, comprenant 11 cⁿᵉˢ : Ailly, Authenil, Authouillet, Cailly, Champenard, la Chapelle-du-Bois-des-Faux, la Croix-Saint-Leufroi, Écardenville-sur-Eure, Fontaine-Heudebourg, Heudreville-sur-Eure, Saint-Julien-de-la-Liègue.

Croix-Saint-Leufroi (Les Filles de la) : les 4 cⁿᵉˢ de *Champenard, Écardenville-sur-Eure, Fontaine-Heudebourg, Saint-Julien-de-la-Liègue*.

Croix-Soldat (La), lieu-dit à Saint-Marcel.

Croix-Teutin (La), dépendance de Garennes, monticule recouvrant les morts de la bataille d'Ivry.

Croquetière (La), h. de Saint-Léger-du-Bosdel.

Crosnier (Puits), anc. voirie de Louviers.

Crossonneuse (La), lieu-dit à Montaure.

Crosville, h. d'Épréville-en-Lieuvin.

Crosville-la-Vieille, cⁿᵉ du c⁰ⁿ du Neubourg. — *Crocvilla*, vers 1027 (ch. de Richard II). — *Grovilla*,

1199 (bulle d'Innocent III). — *Crovilla* (ch. de fondation de Saint-Sauveur). — *Crauvilla*, 1204 (Trésor des chartes). — *Crosvilla*, 1205 (cart. de Bonport). — *Crovilla vetus*, 1290 (cart. du chap. d'Évreux). — *Crosville-la-Vielle*, 1532 (aveu de Suzanne de Bourbon).

Crotes (Les), vavassorie à Montfort-sur-Risle, relev. du roi (L. P.).

Croth, cⁿᵉ du c⁰ⁿ de Saint-André. — *Cros*, 1050 (cart. de Saint-Père de Chartres). — *Chrotus*, 1060 (ch. Maj. Monast.). — *Crotesium*, 1144; *Crotei*, 1186 (cart. de l'Estrée). — *Crotum*, 1185 (cart. de Marmoûtier). — *Crot*, 1226 (gr. cart. de Saint-Taurin); 1258 (olim). — *Croc*, 1740 (sentence de la vicomté de l'Eau).

Croth (Forêt de). — *Crotensis silva*, 1104 (cart. de Saint-Père de Chartres). — *Nemus Crotense*, 1164 (bulle d'Alexandre III).

Croth (Ruisseau de), affluent de l'Eure à Croth.

Crotte-d'Espinets (La), lieu-dit à Saint-Philbert-sur-Boisset. — 1235 (cart. du Bec).

Crottes (Les), h. et fief à Écauelon.

Croulebise, mare dans la forêt de Lyons. — 1579 (Phil. d'Alcrippe).

Crouloire, h. de Chaise-Dieu-du-Theil.

Crous (Les), lieu-dit à Gasny.

Croute (La), mⁿ isolée, à Bezu-la-Forêt.

Croville, fief sur Glos. — 1288 (L. P.).

Crue, lieu-dit au Thil, xiiiᵉ siècle.

Crute (La), lieu-dit à Fresnes-l'Archevêque.

Crutte (La), lieu-dit à Houville.

Cuette (La), mⁿ isolée, à Saint-Denis-le-Ferment.

Cuisine (La), fief à Harcourt, relevant du comté d'Harcourt (Le Beurier).

Cuisiney (Le Grand et le Petit), hameaux de Cintray. — *Feodum de Grandi Guysineo*; plus loin, *Cuisineio*. 1282 (cart. du chap. d'Évreux).

Cuisinier (Le), plein fief à Amécourt, relevant de Gisors. — *Plain fief qui feut autrefois l'office du cuisinier de l'abbaye de Saint-Germer-de-Fly*, 1691 (aveu de Pierre de Longuerue).

Cul-des-Landes (Le), lieu-dit aux Andelys.

Cul-d'Oiseau (Le), lieu-dit à Émanville.

Culée (La), h. d'Hébécourt. — *La Cullée*, 1538 (pr.-v. de visite de la forêt des Sept-Villes-de-Bleu).

Cul-Froid (Le), bois taillis à Berthenonville.

Cul-Froid (Le), lieu-dit à Molincourt.

Cul-Froid (Le), lieu-dit à Mousseaux-Neuville.

Cul-Oron (Le), h. d'Ambenay.

Culot (Le), lieu-dit à Dampsmesnil.

Culotte (La), lieu-dit à Farceaux.

Culotte (La), lieu-dit à Saussay-la-Vache.

CUL-REBOURS (LE), lieu-dit à Aclou.

CUNELLE (LA), h. de Boissy-sur-Damville; fief relev. des Minières. — *Cunella, Lacunela*, XII° s° (O. V.). — *La Quunele*, 1228 (cart. de l'Estrée).

CURANDERIE (LA), f. partagée entre Authou et Freneuse-sur-Risle.

CURIE (LA'), h. de Morgny.

CUROTTE (LE), lieu-dit aux Andelys.

CUROTTERIE (LA), h. de Saint-Étienne-l'Allier.

CUVE (LA), *Notice sur un chêne extraordinaire appelé* *LA CUVE, situé dans la forêt royale de Brothonne* (Eure), par C. A. Deshayes, 1826.

CUVERVILLE, c°° du c°° des Andelys. — *Cuilvertivilla*, XII° s° (cart. de Mortemer). — *Culvertivilla*, 1096 (ch. du duc Robert). — *Cubertivilla* (p. d'Eudes Rigaud). — *Cuvervallis*, 1271 (montre citée par Saint-Allais). — *Cuervilla* (p. de Raoul Roussel). — *Cœuvreville*, 1722 (Masseville). — *Cuverville-en-Vexin*, 1828 (L. Dubois).

CYGNE (LE), f. à Auvergny.

D

DAIZ (LE), pècherie voisine de Quillebeuf. — 1238 (cart. de Jumiéges).

DALLE (LA), h. de Saint-Vigor.

DALLETTES (CANAL DES), à Louviers.

DAMAISERIE (LA), h. de Trouville-la-Haulle.

DAMBEUF (VAVASSORIE DE), à Bois-Normand-la-Campagne; réunie dès 1562 (Le Beurier).

DAME (FIEF À LA). à Condé-sur-Risle, relev. de Condé (L. P.). — Auj. nom conservé à une sente.

DAME-ANNETTE, masure à Portejoie. — 1516 (P. Goujon).

DAME-ÈVE, chapelle à Saint-Denis-des-Monts. — Elle doit son nom à Ève de Boissay.

DAME-MARIE, c°° du c°° de Breteuil. — *Domina Maria*, 1203 (cart. du chap. d'Évreux). — *Dempne Marie*, 1454 (L. P.). — *Dame-Marie-sur-Iton*, 1828 (L. Dubois).

DAMES (LA SENTE DES), à Bosquentin.

DAMES (LA VALLÉE AUX), à Heudreville-sur-Eure.

DAMES (LE PAVILLON DES), dernier débris sauvé des ruines de Navarre.

DAMES (LES), lieu-dit à Pressagny-l'Orgueilleux.

DAMES (PRÉ DES), à Bourth.

DAMNEVILLE, anc. c°° du c°° de Louviers réunie en 1844 à Quatremare. — *Damelevilla*, 1202 (M. R.). — *Damenevilla*, 1207 (ch. des Deux-Amants); 1235 (cart. de Bonport); 1280 (cart. normand; ch. de Phil. le Hardi). — *Dominavilla*, XIV° s° (p. d'Évreux).

DAMPIERRE, fief à Forêt-la-Folie (pr.-v. d'arpent.).

DAMPS (LES), c°° du c°° de Pont-de-l'Arche. — *Asdans* (Dudon de Saint-Quentin et Roman de Rou). — *Dans, Dancs, Hasdans*, v. 1020 (ch. de Richard II). — *Sanctus Petrus des Dans*, 1258 (cart. de Bonport). — *Hasdans* (Guill. de Jumiéges). — *Lesdans*, 1631 (Tassin, Plans et profilz). — *Les Dents* (le Batelier d'Aviron). — *Dens* (Le Brasseur). — *Ledants*, 1722 (Masseville). — *Les Dens*, 1738 (Saas). —

Le Dans (Danville). — *Ledants*, 1781 (Bérey, Carte particulière du dioc. de Rouen). — *Les Dans*, 1814 (Rever).

DAMPS (PASSAGE DES), sur l'Eure, aux Damps.

DAMPSMESNIL, c°° du c°° d'Écos, fief relevant de Nainville, qui relevait lui-même de Daugu. — *Dom Maisnil*, vers 1060 (cart. de la Trinité-du-Mont). — *Aumesnil* (p. d'Eudes Rigaud). — *Dannmesnil*, 1266 (L. P.); 1386 (M. R.); 1722 (Masseville). — *Daumesnil*, 1639 (arrêt). — *Dommenil*, 1828 (L. Dubois).

DAMVILLE, ch.-l. de c°°; haute justice; baronnie érigée en duché, relevant d'abord de Breteuil. — *Danvilla*, 1223 (L. P.). — *Danville*, 1469 (monstre et comment. de Blaise de Montluc). — *Dampville*, 1589 (mém. de la Ligue). — *Damvilliers*, 1650 (titre d'une mazarinade). — *Danville*, 1765 (Géogr. de Dumoulin).

DAMVILLE (CANTON DE), arrond. d'Évreux, ayant à l'E. le c°° de Saint-André, au S. les c°° de Nonancourt et de Verneuil, à l'O. ceux de Breteuil et de Conches, au N. le c°° d'Évreux sud. Il comprend 22 c°° : Damville, Authenay, Avrilly, Boissy-sur-Damville, Chanteloup, Corneuil, Coulonges, Creton, les Essarts, Gouville, Grandvilliers, Hellenvilliers, l'Hosmes, Manthelon, les Minières, Morainville-sur-Damville, Rôman, le Roncenay, le Sacq, Thomer-la-Sôgne, Villalet, Villez-Champ-Dominel, et 13 paroisses : 1 cure à Damville; 12 succursales, à Boissy-sur-Damville, Corneuil, Coulonges, Creton, les Essarts, Gouville, Grandvilliers, Hellenvilliers, Manthelon, Rôman, Thomer-la-Sôgne et Villez-Champ-Dominel.

DAMVILLE (SERGENTERIE DE), comprenant 17 paroisses de l'élection de Conches.

DANCEL, vavassorie à Saint-Aubin-de-Scellon. — 1251 (L. P.).

DANELIÈRE (LA), h. de Grandchain.

DANGU, c⁰ᵉ du c⁰ⁿ de Gisors, formée, en 1791, de la réunion des paroisses de Saint-Aubin et de Saint-Jean-de-Dangu; baronnie sans date d'érection connue, la première des quatre baronnies et franches vavassories de Normandie, relevant de Gisors. — *Dangut*, xi° s° (Hist. de la translat. de sainte Honorine). — *Dangutum* (feoda Normanniæ, et Denyau, Rothomagensis cathedra). — *Dangud*, 1141 (ch. de Hugues, arch. de Rouen). — *Dangutium*, 1150 (Hist. de France, t. XII, p. 187). — *Dangueul*, 1384; *Dangeul*, 1418 (mémor. de la Chambre des comptes).

DANIEL (LE FIEF), voisin de Bourg-Achard. — 1787 (Le Beurier).

DANIN, vallée à Gaillon. — *Danyn*, 1253 (L. P.).

DANJOU ou D'ANJOU, bois à Notre-Dame-du-Val-lez-Conches. — 1763 (l'abbé Caresme).

DANOIS (FIEF AU), à Thuit-Signol. — *Feodum Dennois*, 1323 (L. P.). — *Fief aux Dannés* (Le Beurier).

DANOIS (PONT AUX) ou PONT DES RENFERMÉS, sur l'Epte, à Gisors.

DANUBE (RU DU), à Berthenonville.

DARCEL, lieu-dit à Pinterville.

DARDEZ, c⁰ᵉ du c⁰ⁿ d'Évreux nord; plein fief relev. de Crèvecœur. — *Dardeia*, 841 (ch. de l'emp. Lothaire). — *Dardeys*, 1181 (bulle de Luce III). — *Ardie*, xii° s°; *Dardeis*, 1188 (ch. d'Amaury III, comte d'Évreux). — *Dardees*, 1203 (cart. de Saint-Taurin). — *Dardeil*, 1206 (L. P.). — *Dardee*, 1226 (ch. de Richard, év. d'Évreux). — *Dardais*, 1499 (dénombr. de l'abb. de la Croix-S¹-Leufroi).

DARDEZ, huit° de fief à Gravigny, relevant du comté d'Évreux.

DARDEZ, q¹ de fief au Mesnil-Péan. — 1412 (L. P.).

DARMONDE (LA), lieu-dit à Hacqueville.

DAUBEUF-LA-CAMPAGNE, c⁰ᵉ du c⁰ⁿ du Neubourg; baronnie des abbés de Saint-Ouen. — *Dalbued*, 1011 (ch. de Raoul d'Ivry). — *Dalbuoth, Dalbuth, Dalbetum*, vers 1027 (ch. de Richard II). — *Dalbodum*, vers 1062 (ch. de Guill. le Conquérant). — *Daubuef* (chron. des abbés de Saint-Ouen). — *Dalbodium*, vers 1195 (ch. de Guarin, év. d'Évreux). — *Dalboe*, 1204 (ch. de Luc, év. d'Évreux). — *Dauboe*, 1206 (L. P.). — *Dubetum*, vers 1380 (Bibl. nat.). — *Daubeuf-en-Campagne*, 1469 (arch. de la Seine-Inf., fonds de Saint-Ouen).

DAUBEUF-PRÈS-VATTEVILLE, c⁰ᵉ du c⁰ⁿ des Andelys; fief. — *Dauboe*, 1197 (M. R.). — *Dalbodium in Vulcasino*, 1215 (L. P.). — *Dalbelium, Daubuef* (p. d'Eudes Rigaud). — *Daubotum*, 1288; *Daubeuf-en-Vexin*, 1441 (tabell. de Rouen et Phil. d'Alençon). — *Daubelum*, xv° s° (L. P.). — *Aubeuf*, 1463

(La Roque); 1792 (1ᵉʳ suppl. à la liste des émigrés). — *Daubeuf-sur-Seine*, 1828 (L. Dubois). — *Daubeuf-en-Vexin* (L. P.); 1867 (ann. judic.).

DAUPHERIE (LA), f. à Boulleville.

DAUPHIN (RUE DU), en 1745 (plan d'Évreux).

DAVIÈRE (LA), fief relev. de Bourg-Achard, 1456.

DAVIÈRE (LA), h. de Chambord.

DAVIÈRE (LA), h. du Mesnil-Rousset.

DAVIÈRE (LA), h. de Thevray.

DAVOUDIÈRE (LA), h. partagé entre Bretigny et Neuville-sur-Authon.

DAVOUST (LES), m⁰ⁿ is. à Saint-Georges-du-Mesnil.

DEAUDIOT (LE), h. de Bosrobert; fief. — 1279 (L. P.).

DÉBARESSE (LA), lieu-dit à Heudebouville.

DÉCOUPEUR (PRÉS DU), à Gisors, bordés par l'Epte. — 1586 (procès-verbal de réform. de la coustume).

DÉCRET (LE), h. de Saint-Georges-du-Vièvre.

DÉCRET (LE), f. à Lieurey.

DÉFAIT (LE), h. de Courteilles.

DÉFENDS (LE), h. de Chavigny; q¹ de fief relevant du comté d'Évreux. — 1200-1239 (cart. de l'Estrée).

DÉFENDS (LE), h. de Creton.

DÉFENDS (LE), partie réservée de la forêt de Louviers au temps de la propriété des archevêques de Rouen. — Ce nom a été conservé au bois qui domine Louviers à l'O. à mi-côte.

DÉFENDS DE SAINT-GERMAIN (LES), bois à Saint-Germain-de-Navarre, 1264 (olim). — *Le Défends*, 1478 (arch. de l'hosp. d'Évreux).

DEFFANT (LE), f. à la Haye-Aubrée.

DELABARRE (LES), h. de Fourmetot.

DELAHAYE (LES), h. de Saint-Martin-Saint-Firmin.

DELAUNAY (LES), h. de Saint-Martin-Saint-Firmin.

DELAUNAY (LES), h. de Saint-Siméon.

DEMOISELLE (SENTE à LA), à Bois-le-Roi.

DEMOISELLES (CHEMIN DES), au Fidelaire.

DEMOISELLES (LES), h. de Routot.

DENIERS (LES), h. de Martagny.

DENOISERIE (LA), f. à Épaignes.

DEPERROIS, f. à Saint-Pierre-du-Bosguérard.

DERETTE, h. de Saint-Victor-sur-Avre.

DERNIER-SOU (LE), m⁰ⁿ isolée, à Hennezis.

DERNIER-SOU (LE), m⁰ⁿ isolée, au Neubourg.

DERRIÈRE-BROTONNE, h. de Bourneville.

DESCHAMPS (LES), h. de Condé-sur-Risle.

DESCHAMPS (LES), h. d'Éturqueraye.

DESCHAMPS (LES), h. de Saint-Aubin-du-Thenney.

DESCHAMPS (LES), h. de Tocqueville.

DÉSERT (LE), nom fréquent dans les défrichements.

DÉSERT (LE), fief et h. de Boisney.

DÉSERT (LE), h. de Bosrobert.

DÉSERT (LE), fief à Chambord, 1596.

Désert (Le), dernier vestige, à Courbépine, du lieu où s'élevait au xviii° siècle le château de la marquise de Prie, construit vers 1685.

Désert (Le), monastère de Carmes déchaussés à Montaure.

Désert-d'Arnières (Le), m^on isolée, aux Baux-Sainte-Croix.

Désert-Maurice (Le), lieu-dit aux Andelys.

Déserts (Les), h. de Saint-Ouen-de-la-Londe.

Deshaizerie (La), h. de Tourville-sur-Pont-Audemer.

Desille, h. de Conteville.

Deslogerie (La), h. des Baux-de-Breteuil.

Desmares (Les), h. d'Épaignes.

Desmarets (Les), h. d'Hauville.

Desmarière (La), h. de Saint-Jean-du-Thenney.

Desmouceaux (Les), h. de Saint-Martin-Saint-Firmin.

D'Ésœuvre, petit pays partagé entre les dép^ts de l'Eure et de Seine-et-Oise et donnant son nom à une c^ne de l'Eure : *Villiers-en-Désœuvre;* anc. forêt au sud de Mantes. — *Deserva* ou *Serve* ou *Désœuvre*, *Dianæ Silva* (B. Guérard). — *Dianæ Silva* (Longnon, Annuaire bull. de la Soc. de l'hist. de France, 1867). — *Decevre*, 1221 (cart. normand). — *Daim-Sèvre,* 1456 (arch. nat.). — *Dessœuvre* (dict. d'Expilly). — *Deserve*, 1782 (Dict. des postes et Longnon, loc. cit.).

Després (Les), h. de Routot.

Dessus-les-Mares, h. de Saint-Thurien.

Dessus-Terre, second nom du moulin de Mailly, au Vaudreuil. — 1516 (P. Goujon).

Détourbe (La), h. de la Guéroulde.

Deux-Amants (Île des), sur la Seine, à Amfreville-sous-les-Monts.

Deux-Amants (La montagne ou plutôt la Côte des), h. d'Amfreville-sous-les-Monts; prieuré antérieur au xii° s°; côte élevée d'où l'on découvre distinctement trois rivières : la Seine, l'Eure et l'Andelle, et quatre villes : les Andelys, Elbœuf, Louviers et Pont-de-l'Arche (Masson Saint-Amand). — *La côte du Prieuré claustral des chanoines réguliers des Deux-Amants* (Th. Corneille). — *Mons Duorum Amantium,* 1180 (ch. de Robert, comte de Leicester); 1206 (ch. de Roger de Roncherolles). — *Prieuré de la Madeleine des Deux-Amants* (inv. des arch. du dép^t de la Seine-Inf.). — *Doux-Amants,* 1631 (Tassin, Plans et profilz).

Deux-Moulins (Les), m^in à Iville.

Devinerie (La), h. de Saint-Vincent-du-Boulay.

Devise (Croix de la), anc. calvaire entre le Marais-Vernier et Saint-Aubin-de-Wambourg. — 1526 (aveu des relig. de Jumiéges).

Devise (Pré de la), à Sainte-Opportune-près-Vieux-Port. — 1519 (aveu de Louis de Gouvis).

Devises (Chemin des), à Alisay.

Dez (Le Champ des), au Vieil-Évreux; lieu de découverte de nombreux débris de mosaïque romaine.

Dhostel (Le), lieu-dit à Mouflaines.

Diable (La Vallée-du-), lieu-dit à Venables.

Dieu-l'Accroisse, f. au Tilleul-Lambert. — *Dex Lacreisse,* 1265 (ch. de Saint-Étienne de Renneville).

Digais (La), nom d'un point au nord de Pont-de-l'Arche où, selon Duranville, il aurait existé, au temps de Charles le Chauve, une longue et étroite chaussée, que M. Bonnin dit avoir été percée de trente petits ponts. — *Le Diguet* (terr. d'Igoville).

Diguet (Le), lieu-dit à Louviers. — 1250 (grand cart. de Saint-Taurin).

Dimanche (Le), m^on isolée, à Saint-Germain-sur-Avre.

Dîme (La), lieu-dit à Tournedos-la-Campagne.

Dîme (Sente de la), à Pitres.

Dimerie (La), h. de la Trinité-du-Mesnil-Josselin; fief.

Diotière (La), h. des Bottereaux.

Dispute (Bois de la), à Thuit-Signol.

Disque (Le), h. d'Heudicourt.

Dix-Journiaux (Les), lieu-dit à Bourth.

Dixme (La), lieu-dit à Guitry.

Dix-Vannes ou Dix-Esseaux (Les), lieu-dit à Bernay.

Dodardière (La), fief à Champigny, 1504 (généal. des Le Bœuf). — C'est auj. le h. de *la Héroudière* (Charpillon et Caresme).

Doguerie (La), m^on isolée, à Drucourt.

Doigt (Le), h. d'Épinay.

Doinnet, fontaine à Verneusses. — 1260 (cart. de Saint-Évroult).

Doit, petit ruiss. affl. de l'Eure, à Fains.

Dol (Exemption de), enclave ou l'évêché de Dol dans le dioc. de Rouen, depuis la fondation de l'abb. de Pentale par saint Samson, comprenant Conteville et Saint-Samson-sur-Risle.

Dole, h. de Romilly-la-Puthenaye.

Domaine de Livet, fief à Livet-sur-Authou.

Dom-le-Comte, fief uni à Guichainville. — 1631 (aveu de Guichainville).

Domnesque, h. de Boissy-Lamberville.

Donjon (Le), fief à Saint-Aubin-d'Écrosville. — 1684 (Le Beurier).

Donné (Le), fief détaché, en 1452, de la seigneurie de Saint-Amand-des-Hautes-Terres. — *Daunai, Donnay, Donney, Dieudonné* (passim, arch. de la seigneurie). — *Donnai,* 1560 (notariat d'Amfreville-la-Campagne). — *Donney,* 1649 (acte not.). — *Daunay,* 1697 (plaids et gages).

Donneterie (La), h. de Saint-Étienne-l'Allier.

Donneterie (La), m^on is. à Saint-Georges-du-Vièvre.

Donneterie (La), h. de Saint-Siméon.

Dorée (La), h. de Sainte-Marguerite-de-l'Autel.

Donés (Les), h. de la Haye-Aubrée.

Donestaux, fief à Senneville.

Dormeurs (La Fieffe aux), lieu-dit à Anthouil.

Donmont, h. de Saint-Pierre-de-Bailleul. — 1250.
— Cité à tort comme commune par Dutens, 1801.

Dosse (La), h. de Sainte-Marguerite-de-l'Autel.

Douains, c^ne du c^on de Vernon, q^t de fief relevant de la Heunière. — Duni, Dunos, vers 1026 (ch. de Richard II). — Doens, 1264 (cart. du chap. d'Évreux). — Donis (reg. Phil. Aug.). — Douens (nécrol. de la Croix-St-Leufroi); 1469 (monstre); 1562 (arrière-ban). — Douans, 1403 (aveu de J. de Saint-Pol). — Douans, 1738 (Saas). — Douants (Cassini).

Douaires (Les), f. à Gaillon; auj. colonie agricole pénitentiaire de jeunes détenus.

Douaires (Les), lieu-dit à St-Amand-des-Hautes-Terres.

Douaro (Le), h. de Saint-Clair-d'Arcey.

Doublet, fief à Foucrainville.

Doublet, h. de la Houssaye.

Doubleterie (La), h. de Saint-Aubin-le-Vertueux.

Douce-Mare (La), h. de la Trinité-de-Thouberville.

Doudeauville, c^ne du c^on d'Étrépagny; fief de haubert, relevant de Gisors. — Dudelvilla, xiie siècle (cart. de Mortemer). — Dodenvilla, 1214 (feoda Normanniæ). — Doudeauvilla (p. d'Eudes Rigaud, et Decorde, Canton de Gournay, p. 111). — Dodeel-villa (cart. de Fontaine-Guérard). — Doudiauville (anc. titres, Potin de la Mairie). — Dondiauville, 1349 (reg. de la Chambre des comptes). — Dodeauville, 1579 (Phil. d'Alcrippe). — Oudeauville, 1789 (pr.-v. de l'assemblée du clergé). — Doudeauville-sur-Bonde, 1828 (L. Dubois).

Douts, h. du Chamblac.

Doult (Le), h. de Saint-Paul-sur-Risle.

Doult-Baquet (Le), h. de Saint-Christophe-sur-Condé.

Doult-Baron (Le), ruisseau. — Voy. Doult-de-la-Belle-Herbe (Le).

Doult-Billou (Le), ruisseau. Voy. Fontaine (La).

Doult-Cablet (Le), h. de Saint-Christophe-sur-Condé.

Doult-Castel (Le), ruiss. qui prend sa source à Saint-Pierre-de-Cormeilles et se joint à la Calonne par la rive gauche.

Doult-de-Claireau (Le), second nom du ruisseau de Cabaignes.

Doult-de-Foulbec (Le), ruiss. qui a sa source à Boulleville et afflue à la Risle. — Cours de 4 kilomètres.

Doult-de-la-Belle-Herbe (Le) ou Doult-Baron, ruiss. qui a sa source au Bois-Hellain et afflue à la Calonne par la rive droite.

Doult-de-Saint-Crespin (Le), ruiss. qui a sa source à Cormeilles et y afflue à la Calonne.

Doult-Hérout (Le), ruisseau. — Doux Héroult (Charpillon et Caresme). — Voy. Godeliers (Rivière des).

Doult-Motte (Le), h. de Saint-Étienne-l'Allier.

Doult-Moulin (Le), m^on isolée, à Saint-Pierre-des-Ifs.

Doult-Tourtel (Le), ruisseau qui prend sa source à Épaignes et afflue à la Calonne par la rive droite, après un cours de 5 kilomètres.

Doult-Vitran (Le), m^on isolée, à Pont-Audemer.

Doult-Vitran (Le), ruiss. qui se jette dans la Risle à Saint-Germain-Village et à Pont-Audemer.

Doun (Le), anc. lieu-dit à Saint-Martin-Saint-Firmin et anc. nom de la Véronne. — Le Doub (Neustria pia). — Doux (n. p. de Lisieux). — Doult (L. P.).

Douvi (Le), nom populaire de la Véronne à la Poterie-Mathieu.

Douville, c^ne du c^on de Fleury; fief relevant de Rouen (L. P.). — Dorilla, Detvilla, 1096 (ch. du duc Robert). — Dotonis villa (cart. du chap. de Rouen). — Douvilla (arch. de la Seine-Inf.). — Douville-sur-Andelle, 1828 (L. Dubois).

Dorville, second nom d'un fief sis à Thuit-Signol, relevant d'Évreux. — Conches-Douville, Duville, 1257 (cart. de Bonport).

Douxmesnil, c^ne réunie à Hacqueville en 1808; plein fief relevant d'Étrépagny. — Domesnilium (reg. visit.). — Dumesnil (p. d'Eudes Rigaud). — Dour-menil, 1353 (arch. nat.). — Doulx Mesnil, 1403 (L. P.).

Douy (Le), h. de Conteville.

Douze-Acres (Les), f. à Launay.

Dressage (Le), lieu-dit à Étrépagny.

Dreux, fief à St-Aubin-de-Scellon, relev. de Bonnebosc.

Dreux (Bois de), à Guichainville.

Droelin (Dumus Droelin), lieu-dit à Guichainville. — 1323 (arch. de l'Eure, fonds de Saint-Sauveur).

Droisy, c^ne du c^on de Nonancourt et fief. — Droisé, xiiie s^e (cart. de l'Estrée). — Droaisy (Cassini).

Drolinière (La), h. des Bottereaux.

Drouars (Fief aux), q^t de fief à Chavigny, relevant du fief du Perré, à Corneuil.

Drouart, huit^e de fief dans la vicomté de Beaumont-le-Roger. — 1558 (Le Beurier).

Drouerie (La), h. de Selles.

Drouets (Les), h. de Rougemontiers.

Drouets (Les), h. de Routot.

Drucourt, c^ne du c^on de Thiberville; baronnie relevant d'Orbec, et composée de trois fiefs : Bosc-Henri, le Bosc-Drouet et Drucourt. — Droacort, Droecourt, vers 1149 (ch. de Henri II). — Droscort, 1155 (ch. de Goscelin Crespin). — Droiencort, 1200 (Rot. Normanniæ). — Drocourt, 1226 (cart. du Bec); 1754 (Dict. des postes). — Drociuria,

1314 (ch. de Louis le Hutin). — *Droecort*, 1320 (assiette du comté de Beaumont). — *Droucourt*, 1370 (cart. de Beaumont). — *Drocour*, 1722 (Masseville). — *Doucout*, 1738 (Saas).

Dubosc, h. de Bouchevilliers.

Dubosc, h. de Montfort.

Dubuc (Les), h. de Routot.

Duché de Thouberville, enceinte, de 325 mètres de circonférence, de fossés profonds d'un ancien château fort, à Saint-Ouen-de-Thouberville.

Duchenie (La), f. à Hellenvilliers.

Duchesse (Route de la), chemin de Gouttières à Grosley.

Ducquerie (La), f. située sur Bois-Anzeray, Bois-Normand, Chambord et la Vieille-Lyre.

Dufourerie (La), h. de Saint-Pierre-du-Val.

Duits (Les), m^on isolée, à Sainte-Barbe-sur-Gaillon.

Dupinière (La), h. d'Épinay.

Dupinière (La), h. de Landepereuse.

Duquemin, fief à Saint-Germain-la-Campagne; nommé aussi *le Parc* (Le Beurier).

Duquerie (La), fief et chât. à Bois-Normand-près-Lyre.

Duquesne (Les), h. de Martainville-en-Lieuvin.

Duranderie (La), h. de Saint-Benoît-des-Ombres.

Durands (Les), h. de Romilly-la-Puthenaye.

Durante (Bois de la), à Corneuil.

Duranville, c^ne du c^on de Thiberville; fief. — *Duranvilla*, vers 1150 (ch. de Henri II).

Durcœur, h. de Menneval; fief.

Dure-Herbe (La), lieu-dit à Grainville.

Duresson, fief uni à Fontaine-la-Louvet. — 1682 (Le Beurier).

Durière (La), h. de Réville.

Dusseaux (Les), h. de Saint-Siméon.

Dutuits (Les), h. de Tocqueville.

Duvette, m^on isolée, à Boncourt.

Dymas, fief réuni à Verclives en 1712 et relevant de la baronnie d'Étrépagny.

E

Eau (Fief de l'), sur la Seine, de l'ombre du pont de Pont-de-l'Arche jusqu'au fossé de l'Ormais, dépendance d'Heudebouville.

Eau (Porte de l'), anc. porte de Louviers fortifié..

Eau-Morse (L'), h. de Mandres.

Écalard, h. de Saint-Paul-sur-Risle; fief.

Écamaux (Les), h. de Saint-Ouen-de-la-Londe. — *Écormeaux*, 1868 (ann. judic.). — Voy. Escaméaulx.

Écambosc, h. de Quittebeuf; huit^e duef de fief de haubert. — *Escambosc*, 1247; *Escambosc*, 1287 (L. P.). — *Estambosc* (divers actes).

Écannetot, f. à Fourmetot.

Écaquelon, c^ne du c^on de Montfort; pl. fief de haubert. — *Scacherlun*, 1174 (ch. de Henri II). — *Escaquernon*, 1203. — *Scakernon, Escakerlon* (M. R.). — *Escacallon*, 1214 (feoda Normanniæ). — *Esquaquelon*, 1248 (reg. visit.). — *Esquaquelont* (p. d'Eudes Rigaud). — *Esquallon* (p. de Raoul Roussel). — *Escaquelon*, 1419 (reg. des dons); 1722 (Masseville). — *Esquaquellont* (cout. des forêts). — *Esquaquilon* (La Roque). — *Esquaquelon*, 1717 (Claude d'Aubigné). — *Équaquelon*, 1738 (Saas); 1754 (Dict. des postes); 1828 (L. Dubois).

Écardenville, nom de deux c^nes du département. — *Eschardani villa, Scherdanvilla*, 1080 (ch. de Richard, comte d'Évreux).

Écardenville-la-Campagne, c^ne du c^on de Beaumont. — *Esquardenville*, 1237; *Esquerdenvilla*, 1243; *Es-cardenvilla*, 1247; *Escardenville*, 1250; *Escardenvilla*, 1270 (L. P.). — *Escardeville-près-de-Neufbourg*, 1359 (arch. nat.). — *Escardanvilla*, 1389 (La Roque). — *Escardonville*, 1722 (Masseville).

Écardenville-sur-Eure, c^ne du c^on de Gaillon. — *Ecardenvilla*, 1181 (bulle de Luce III). — *Escardevilla*, 1181 (cart. de la Croix-Saint-Leufroi). — *Escardanvilla*, 1199 (bulle d'Innocent III). — *Escardanvilla*, 1250 (Bibl. nat.). — *Eschardanvilla* (nécrol. de la Croix-Saint-Leufroi). — *Escardeville*, 1722 (Masseville). — *Ecardanville-la-Rivière* (L. P.).

Écaudé (L'), lieu-dit à Ecquetot.

Écauville, c^ne du c^on du Neubourg; plein fief relev. du Neubourg, 1448 (L. P.). — *Escauvilla*, XIIIe siècle (cart. du chap. d'Évreux). — *Acauvilla* (reg. Phil. Aug.). — *Sanctus Amandus de Escauvilla*, 1215 (cart. normand). — *Escauville*, XIVe s^e (chron. des abbés de Saint-Ouen).

Ecce-Homo (L'), chapelle construite au manoir du Thuit, à Berville-en-Roumois, 1536 (Toussaint du Plessis). — *Chapelle de la Passion*, 1717 (Cl. d'Aubigné).

Ecce-Homo (L'), carrefour avec calvaire, à Thuit-Signol.

Écerceaux (Les), lieu-dit à Rosay.

Échanfray, emplacem. de l'anc. chât. de Pont-Échanfré; h. de N.-D.-du-Hamel, plein fief relevant de

Bourg-Achard. — *Eschenfrei*, 1192 (L. P.). — *Pons Erconfredi*. Erchenfredi (L. P.).—*Eschanfroy*, 1586 (manusc. de la Charité de Sainte-Croix de Bernay).

ÉCHARDS (Les), f. à Mercy.

ÉCHAUDES (Rivière aux), bras de rivière à Pont-Audemer.

ÉCHIQUIER (L'), lieu-dit à Acquigny.

ÉCHO (Promenade de l'), à Louviers : dite aussi *l'Écho de Crosne*.

ÉCORCHECAILLOU, fief à Condé-sur-Risle (inv. des ch. de l'abb. du Bec).

ÉCORCHEMONT, h. du Thuit.

ÉCORCHEUVRE, lieu-dit au Fresne.

ÉCORCHEUVRE, h. du Mesnil-Hardray.

ÉCORCHEVAL, h. de Fleury-la-Forêt.

ÉCORCHEVEZ, h. de Bâlines. — *Corcheval* (1er pouillé d'Évreux).

ÉCORCHEVEZ, h. de Creton.

ÉCORCHEVILLE, lieu-dit au Fresne.

ÉCORCHEVILLE, h. de Mandres.

Écos, ch.-l. de c°⁰ ; baronnie, bourg ; 1722 (Masseville). — *Scor*, vers 1063 (cart. de la Trinité-du-Mont). — *Equoz* (cart. normand). — *Scoht* (cart. de Saint-Père de Chartres). — *Escoz*, 1180 (M. R.) ; 1206 (cart. de Jumiéges). — *Escod*, 1229 ; *Escos*, 1258 (cart. du Trésor). — *S. Dionysius de Escoz* (p. d'Eudes Rigaud). — *Saint-Denis-des-Coqs*, 1423 (comptes de l'archev.). — *Escota*, 1690 (acte not.). — *Écots*, 1754 (Dict. des postes). — *Écos-en-Vexin*, 1828 (L. Dubois).

Écos, fief à N.-D.-de-l'Île, relevant de la baronnie d'Écos, 1782. — *Écots* ou *l'Isle* (Le Beurier).

Écos (Canton d'), arrond. des Andelys, ayant à l'E. le dép' de Seine-et-Oise, au S. le canton de Vernon, à l'O. celui des Andelys, au N. les cantons de Gisors et d'Étrépagny. Il comprend 24 c⁰ᵉˢ : Écos, Berthenonville, Bois-Jérôme-Saint-Ouen, Bus-Saint-Remy, Cahaignes, Cantiers, Château-sur-Epte, Civières, Dampsmesnil, Fontenay, Forêt-la-Folie, Fourges, Fours, Gasny, Giverny, Guitry, Haricourt, Heubécourt, Mézières, Panilleuse, Pressagny-l'Orgueilleux, Sainte-Geneviève-lez-Gasny, Tilly, Tourny, et 19 paroisses : 1 cure à Écos ; et 18 succursales : Berthenonville, Bois-Jérôme-Saint-Ouen, Cahaignes, Cantiers, Civières, Dampsmesnil, Fontenay, Forêt-la-Folie, Fourges, Gasny, Giverny, Guitry, Heubécourt, Mézières, Panilleuse, Pressagny-l'Orgueilleux, Tilly et Tourny.

ÉCOEFFE (L'), f. à Saint-Marcel.

ÉCOUFLARDS (Les), c⁰⁰ de la forêt de Lyons.

Écouis, c⁰ᵉ du c'⁰ de Fleury ; baronnie, haute justice ; bourg, 1722 (Masseville) ; ch.-l. de canton transféré

d'abord à Grainville, puis à Fleury-sur-Andelle. — *Escouyes*, forme la plus usitée au moyen âge (L. P.) ; 1470 (Saint-Allais, monstre). — *Scodeies* (cart. de la Trinité-du-Mont). — *Scohies*, *Scoies* (Domesday Book). — *Escoies* (p. d'Eudes Rigaud). — *Escoyœ*, 1305 (Trésor des ch.). — *Escoyes*, *Escoyœ*, 1308 (ch. de Philippe le Bel). — *Écouyes*, 1357 (Trésor des ch.). — *Escouis*, 1709 (dénombr. du royaume). — *Écouy*, 1722 (Piganiol·de la Force et Masseville). — *Écouy*, 1759 (Déclar. royale) ; 1782 (Dict. des postes).

ÉCOUIS (Ancien canton d'), comprenant 10 communes Bacqueville, Boisemont, Corny, le Coudray-près-Écouis, Fresne-l'Archevêque, Houville, Marcouville, Mesnil-Verclives, Mussegros, Villerets.

ÉCOUIS (Collégiale d'). — *B. Maria de Escoyis*, 1311 (L. P.). — *B. Maria d'Escouyes*, 1398 (roul. des morts).

ÉCOUTECOQ ou Chapelle de Saint-Martin, prieuré à Infreville. — 1738 (Saas).

ÉCOUTE-PLUIE, bois au Bec. — 1288 (cart. du Bec).

ECQUEMARE, h. d'Illeville-sur-Montfort.

ECQUETOT, c⁰ᵉ du c⁰⁰ du Neubourg ; huit° de fief relev. du comté d'Évreux. — *Schetoth*, *Eschetoth*, xiᵉ sᵉ (cart. de Saint-Ouen). — *Eschetot*, 1186 ; *Esketot*, 1207 (cart. de Jumiéges). — *Esquetot*, 1225 (ch. de Louis VIII) ; 1462 (cart. du chap. d'Évreux). — *Esquetotum*, vers 1380 (Bibl. nat.). — *Hecquetot*, 1408 (arch. nat.). — *Hectot*, 1738 (Saas). — *Équetot*, 1754 (Dict. des postes) ; 1765 (Géogr. de Dumoulin).

ÉCRETS (Les), lieu-dit à Chaignes.

ÉCRIÈRES (Les), lieu-dit au Boulay-Morin.

ÉCRIQUETUIT, anc. chapelle ; fief et h. de Bacqueville. — *Ecractuit*, Escraketuit, 1207 (ch. de fondation du prieuré des Deux-Amants). — *Escriquetuit*, 1177 (ch. de Gouel de Baudemont). — *Ecraquetuit*, 1207 (ch. de Gautier de Coutances). — *Escraquetuit*, 1208 (cart. du Bec).

ÉCRON (L'), lieu-dit à Gasny.

ÉCROSVILLE, h. de Montaure.

ÉCROSVILLE, m⁰ à Saint-Germain-sur-Avre.

ECTOT, h. de Montreuil-l'Argillé ; fief.

ÉCUBLAI (Pont d'), sur la Risle. — 1612 (aveu de Guill. de Péricard, év. d'Évreux).

ÉCU-DE-BRESTOT (L'), h. de Brestot.

ÉCUELLES (Rue des), à Verneuil.

ÉCUREUIL (L'), qⁱ⁰ de fief de haubert sis à Rugles et relevant directement de Breteuil ; auj. f. — *Feodum Scurelli* (reg. Phil. Aug.) — Dans divers anc. titres, *Lécureuil*. — *Lescarel*, *Lescurieu*, *Lescuriel*, *Leureuil* (Le Beurier).

Édouinville, h. de Bonneville-sur-le-Bec.

Églantine (L'), lieu-dit à Heudebouville.

Église (L') ou le Fond-de-la-Ville, h. de Fontaine-la-Soret.

Égreffain, lieu-dit à Breux, 1452 (ch. de Saint-Étienne de Renneville). — Égrissain, 1432 (inv. des titres du Bec).

Égrouettes (Les), lieu-dit à Saint-Pierre-d'Autils.

Éguillon (L'), lieu-dit à Richeville.

Égyptienne, h. de Saint-Germain-Village; ancien prieuré.

Égyptienne (L'), fief à Campigny.

Elbe (Courant d'), courant dangereux devant Quillebeuf.

Elbeuf, fief à Fourmetot (vingtièmes).

Elbeuf, f. et fief à Sainte-Croix-sur-Aizier.

Elbeuf (Ruisseau d'), second nom du Héron, affluent de l'Andelle.

Élisabeth (Sente), à Giverny.

Émainville, h. de Saint-Pierre-la-Garenne. — Hemonvilla, 1221 (ch. de Raoul de Cierrey, év. d'Évreux). — Haimonis villa, Haimonvilla, 1264 (gr. cart. de Saint-Taurin).

Émaisville (Ruisseau d'), à Saint-Pierre-la-Garenne. — Émenville, 1801 (Dutens).

Émalleville, cᵉ du cᵒⁿ d'Évreux nord; fief relevant de l'év. d'Évreux, 1452 (L. P.). — Esmalville, Esmalevilla, 1170 (cart. du Bec). — Esmailleville, 1202 (L. P.). — Emalevilla, 1204 (ch. de la Noë). — Esmalloville, 1562 (arrière-ban). — Malville, 1670; Émalville, 1748 (actes notariés). — Émalleville-sur-Iton, 1828 (L. Dubois).

Émanville, cᵉ du cᵒⁿ de Conches; qᵗ de fief relevant du comté d'Évreux. — Esmanvilla, 1180 (ch. de Robert de Meulan). — Hermanvilla, 1264 (feoda Normanniæ). — Emanvilla, 1275 (suppl. au Trésor des ch.). — Esmonville, xvᵉ sᵉ (dén. de la vic. de Conches). — Esmanville, 1700 (dép. de l'élection de Conches). — Esmanville-la-Champagne, 1828 (L. Dubois).

Embourqueire (L'), h. de Grandchain.

Émiens (L'Île), dans la Seine, à Notre-Dame-de-l'Île et à Saint-Pierre-d'Autils.

Empire (L'), mᵉⁿ isolée, à Prey.

Emplumé (Rue de l'), en 1745 (plan d'Évreux).

Endrière (L'), h. de Saint-Aubin-du-Thenney.

Enfants-Bleus (Maison des), communauté de petits enfants pauvres fondée à Évreux, en 1654, en face du couvent des Cordeliers.

Enfer (Bras de l'), bras de l'Epte à Gasny.

Enfer (L'), fief à Condé-sur-Iton ou à Dame-Marie, relevant de Condé. — 1452 (L. P.).

Enfer (L'), h. de Hauville.

Enfer (L'), h. de Marcilly-la-Campagne.

Enfer (L'), mᵉⁿ isolée, à Morainville-sur-Damville.

Enfer (L'), h. de Routot.

Enfer (L'), h. de la Saussaye.

Enfers (Les), lieu-dit à Igoville.

Engo-Homme, île de la Seine devant Martot (L. P.).

Ente (L'), triége de la cᵉⁿ d'Épieds où s'élève la pyramide commémorative de la bataille d'Ivry, à l'endroit même où Henri IV se reposa.

Entre-deux-Boscs, h. de Longchamps. — Entre deux Beaux, 1868; Entre deux Boos, 1871 (ann. légales).

Entre-Eure-et-Seine (Plateau d'), le pays de Madrie (Lavallée).

Entre-Risle-et-Seine (Vicomté d'), nom quelquefois donné à une réunion des vicomtés de Pont-Audemer et de Pont-Authou.

Épaignes, cᵉ du cᵒⁿ de Cormeilles, qualifiée bourg en 1722 (Masseville). — Hispania (O. V.) — Tour à tour Hispania, Ispania, Epagne, Espaingnes, Espaignes (L. P.). — Hespagne (La Roque). — Espoigne, 1377 (lettres de rémission de Charles V). — Épagnes, 1749 (Crétien, la Science sublime). — Épagne, 1792 (liste des émigrés).

Épaisses (Les), grand bois à Perruel. — Les Épèces, 1871 (publicat. lég.).

Épalon (Mare d'), à Marcilly-sur-Eure.

Épée (Fief de l') ou à l'Épée, qᵗ de fief tenu du roi, placé à la fois sur Barquet et sur Beaumontel (Charpillon et Caresme).

Épégard, cᵉ du cᵒⁿ du Neubourg; fief. — Auppegardus, 1181 (bulle de Luce III). — Alpegard, 1199 (bulle d'Innocent III). — Auspergard, 1200 (La Roque). — Espeingarth, 1307 (olim). — Espégard, 1375 (comptes du collége de Dormans-Beauvais). — Saint-Richier de Aupegart, 1411; Espegart, 1464; Espegard, 1526 (aveux de l'abbé de la Croix-Saint-Leufroi). — Expegare (1ᵉʳ pouillé d'Évreux). — Épougard, 1678 (procès-verbal d'arpent.). — Espougard, 1680 (acte notarié). — Épougarg, 1781 (Bérey, carte partic. du dioc. de Rouen). — Épougard (prononc. locale).

Éperon (L'), lieu-dit à Fresnes-l'Archevêque.

Éperon (L'), lieu-dit à Irreville.

Éperon (Rue de l'), à Vernon.

Épervier, fief sis à Plasnes et en relevant. — L'Épiney 1787 (déclar. de Plasnes).

Épervier (L'), fief à Bourgtheroulde. — L'Espravier, 1337; l'Espervier, 1456 (L. P.).

Épervier (L'), fief et bras de l'Eure à Louviers, canal creusé en 1516. — L'Espervier (L. P.), auj. chât. de Saint-Hilaire.

MEDS, c^ne du c^on de Saint-André; territ. où s'élève la pyramide commémorative de la bataille d'Ivry. — *Espiers* (reg. Phil. Aug.). — *S. Martinus d'Eperiis*, 1590 (cart. d'Ivry). — *Espieres* (cart. de St-Père de Chartres). — *Espiez* (coutumier des forêts de Normandie). — *Esperia* (titres d'Ivry). — *Espies*, 1456 (aveu; arch. nat.). — *Espieds*, 1722 (Masseville).

INAIS (LES), fief et h. à Écaquelon. — *Les Épinez*, 1256 (L. P.). — *Les Épinaies* (actes nombreux).

INAY, fief à Bazincourt (Charpillon et Caresme).

INAY, c^ne du c^on de Beaumesnil. — *Spinetum*, XII° s^e (L. P.). — *Spineta*, XII° s^e (cart. de Lyre). — *Espinetum*, 1230; *Espinney* (L. P.). — *Espinetum* (Masseville). — *Épiney*, 1754 (Dict. des postes). — *Épinai-le-Bois*, 1828 (L. Dubois).

INAY (L'), fief très-ancien sis à Bourgtheroulde et en relevant.

INAY (L'), h. de Courbépine.

INAY (L'), h. de Dame-Marie.

INAY (L'), f. à Fourmetot; q^t de fief relev. de Pont-Audemer. — *Spinetum, Espinetum*, 1211 (cart. de Préaux). — *L'Espiney* (Le Beurier).

INAY (L'), fief à Hennezis.

INAY (L'), h. de Saint-Denis-du-Béhélan.

INAY (L'), h. de Saint-Georges-du-Vièvre.

INAY (L'), h. de Saint-Martin-Saint-Firmin; ancien fief.

INE (L'), h. de Berville-sur-Mer.

INE (L'), f. et fief à Jouveaux.

INE (L'), f. à Notre-Dame-d'Épine.

INE (L'), h. de Saint-Aubin-de-Scellon.

INE-BAUDRY (L'), lieu-dit à Crestot. — 1221 (cart. du Bec).

INE-DE-BERVILLE (L') ou L'ÉPINETTE-DE-BERVILLE, abornement du XIII° siècle, donné comme point extrême du droit de pêche dans la Risle. — *Espinette*, 1416 (lettres patentes de Charles VI).

INE-DE-LA-HAULE (L'), lieu-dit à Bourneville.

INE-DES-CROISETTES (L'), h. de Saint-Symphorien.

INE-ENGUERRAND (L'), c^on de la forêt domaniale de Louviers (plan de la forêt).

INE-PERRUQUE (L'), lieu-dit à Dangu.

INERIE (L'), h. de Saint-Mards-de-Blacarville.

INETTE (L'), h. et huit° de fief relevant du comté d'Évreux, au Fidelaire.

INETTE (L'), f. à Romilly-sur-Andelle.

INEVILLE, h. de Fresne-Cauverville; jadis fief sur Cauverville-en-Lieuvin, avec chef-mois à Saint-Aubin-de-Scellon (Le Beurier). — *Espinveille*, vers 1189 (reg. Phil. Aug.).

INEVILLE, h. d'Heudreville-en-Lieuvin.

INEY (L'), f. et h. de Saint-Pierre-des-Ifs; pl. fief de haubert, relevant du roi; auj. f. — *L'Espinay*, 1516 (aveu au roi). — *L'Espinay-en-Vièvre; l'Espinay-du-Vièvre*, 1518.

ÉPINIÈRES (LES), h. de Saint-Aubin-sur-Gaillon,

ÉPINGLE (CHEMIN DE L'), à Bouafles.

ÉPLANDRES, h. de Giverville.

ÉPOUVANTE (L'), m^ce isolée, à Saint-Clair-d'Arcey.

ÉPRENDRES (LES), h. de Notre-Dame-de-Préaux.

ÉPREVANCHE (L'), q^t de fief à Boisset-les-Prévanches et fief relevant du comté d'Évreux.

ÉPRÉVILLE, h. d'Incarville et huit° de fief, 1412.

ÉPRÉVILLE-EN-LIEUVIN, c^ne du c^on de Saint-Georges-du-Vièvre. — *Espervilla, Espervilla* (M. R., Trésor des chartes et feoda Normanniæ). — *Esperville*, 1469 (monstre). — *Espreville-en-Lieuvin*, 1532 (aveu de Suzanne de Bourbon).

ÉPRÉVILLE-EN-ROUMOIS, c^ne du c^on de Bourgtheroulde; fief relev. de Montfort (L. P.). — *Sprevilla* (cart. de Jumiéges). — *Aspervilla*, 1203 (M. R.). — *Espinville*, 1222 (cart. de Bourg-Achard). — *Espreville-en-Romays*, 1412; *Espreville-en-Romoize*, 1508 (arch. nat.).

ÉPRÉVILLE-LA-CAMPAGNE, fief à Épréville-près-le-Neubourg, relevant de Beaumont-le-Roger. — *Asprevilla*, 1215 (L. P.). — *Aspera villa*, 1229 (ch. de Hugues d'Hellenvilliers).

ÉPRÉVILLE-PRÈS-LE-NEUBOURG, c^ne du c^on du Neubourg; huit° de fief relevant du Bosc-aux-Corneilles. — *Esprevilla*, 1199 (cart. du Bec). — *Asprevilla*, 1226 (ch. de Saint-Étienne de Renneville). — *Esperville*, xv° s° (dénombr. de la vicomté de Conches). — *Épreville-les-Neubourg*, 1828 (L. Dubois).

EPTE (L'), riv. qui a sa source dans le dép^t de la Seine-Inférieure, sépare, dans un cours de 59 kilomètres, le dép^t de l'Eure de ceux de l'Oise et de Seine-et-Oise et se réunit à la Seine, par la rive droite, à Giverny. — *Itta* (Vie de saint Germer et Flodoard). — *Etta* (Suger et Robert du Mont). — *Etha*, 1070 (dom Mabillon). — *Epta*, 1119 (O. V.). — *Ethe*. *Eite*, 1291 (livre des jurés de Saint-Ouen). — *Este*, 1293 (aveu de Guil. Crespin). — *Ecte*, 1412 (dénombr. de la châtell. de Gisors). — *Ete*, xv° s° (L. P.). — *Ette*, 1620 (arrest du parl. de Paris); 1659 (Farin, Normandie chrét.). — *Ette* ou *Dette*, 1644 (Coulon, les Rivières de France).

ÉQUAINVILLE, c^ne réunie à Fiquefleur, en 1844, sous le nom de *Fiquefleur-Équainville;* fief. — *Equainvilla* (obit. Lexoviense).

ÉRABLE (L'), f. à Neuville-sur-Authou; fief.

ÉRABLES (LES), h. des Essards-en-Ouche.

ÉREUX (LES), h. de Creton.

ERMITAGE (L'), lieu-dit à Louviers.

Ermitage (L'), anc. chapelle au bas de la côte de la Pierre, à Pont-Audemer, dép. de l'abb. de Corneville.

Ermitage (L'), lieu-dit à la pointe de la Roque.

Ermitage du Château-Gaillard (L'), très-ancien en 1677, situé au pied de la forteresse et au-dessus des deux Andelys.

Errants (Le Chemin aux), route directe au moyen âge pour voyager à pied et à cheval du Vaudreuil à Muids et de Muids à Rolleboise, avec plusieurs passages de rivière (P. Goujon).

Ervolus (Les), h. du Plessis-Grohan; q⁴ de fief relevant du comté d'Évreux. — Les Arvollus, 1285 (L. P.). — Arvolus, xiii⁵ s⁴ (cart. du chap. d'Évreux).

Escachier (L'), lieu-dit à Léry, 1248.

Escalier-du-Fouet (L'), h. de Hauville.

Escameaulx, nom d'un lieu peu éloigné de Bourgtheroulde. — 1501 (comptes de la vicomté d'Elbeuf). — Voy. Écamaux (Les).

Escampis (Les), lieu-dit à Giverny.

Esconchère, lieu-dit à Courbépine. — 1238 (cart. du Bec).

Escotz, fief à Hennezis.

Escrets (Les), h. de Chaignes.

Escouville, fief à Montaure, uni au marquisat de la Londe. — Escouville, 1367 (arch. de la Seine-Inf.).

Escusson (L'), lieu-dit à Saint-Aubin-sur-Gaillon. — 1612 (Le Beurier).

Esguillons (Les), lieu-dit à Écauville.

Esmaiart ou Esméart, lieu-dit à Léry, 1249.

Espaignes, fief assis à Évreux et relevant de l'évêque. — 1452 (L. P.).

Espaillard, mⁱⁿ au Becthomas.

Espée (Fief de l'), relevant de Conches.

Espée (L'), huit⁵ de fief à Beaumontel, relevant de Beaumont-le-Roger. — 1409 (L. P.).

Espérande, vavassorie à Épréville-en-Lieuvin. — 1407 (tabell. de Rouen).

Espérande, huit⁵ de fief à Giverville, relevant de la Poterie-Mathieu. — Esplandres (Le Beurier).

Esperlenc, pont à Louviers, 1210 (cart. de Philippe d'Alençon). — Esperlent, 1216 (arch. de la Seine-Inf.). — Anc. nom du pont des Quatre-Moulins; nom du second mari de la duchesse Sprota.

Espiègle (Les Roches d'), au bord de la Seine, entre Port-Mort et Notre-Dame-de-l'Île.

Espinay (L'), huit⁵ de fief à Appeville-Annebaut.

Espinay-en-Viêvre (L'), plein fief de haubert, relev. du roi, à Saint-Pierre-des-Ifs.

Espines (Les), fief relevant de Montfort (L. P.).

Espinets (Les), huit⁵ de fief à Écaquelon, relevant de Pont-Audemer.

Espivent ou le Pivent, très-ancien lieu-dit à Éturqueraye.

Esplinquet (L'), fief formant avec Garambouville un plein fief de haubert, relev. du comté d'Évreux.

Esprevier (L'), fief à Menneval, appartenant à l'abb. de Bernay.

Esprevier (L'), fief à Tillières, 1567.

Espringale (Tour, Rue et Ruisseau de l'), en 1745 (Bonnin, plan d'Évreux).

Essards-en-Ouche (Les), anc. cⁿᵉ du cⁿ de Broglie, extraite, en 1834, du dép⁴ de l'Orne et réunie à Verneusses en 1843; fief. — Exars, 1050; Sarta, 1081 (O. V.). — Essari, 1128 (ch. de Henri Iᵉʳ). — S. Petrus de Essartis, 1255 (cart. de Saint-Évroult). — Les Essarts-en-Ouche (L. P.).

Essangieux ou Essanqueux, anc. lieu-dit à Saint-Pierre-des-Cercueils (L. P.).

Essart (L'), f. à Douville; fief.

Essart (L'), f. au Manoir.

Essart-Clément (L'), h. de la Boissière.

Essart-Mador (L'), h. de Lyons-la-Forêt et cⁿ de la forêt de Lyons. — Variantes : Sart Mador, Sart Madaure, Essart Madour (L. P.).

Essarts (Les), cⁿᵉ du cⁿ de Damville; fief relev. de Damville, 1454 (L. P.). — Sarta (L. P.). — S. Jacobus de Essartis, 1152 (bulle d'Eugène III). — Sarta, 1206 (cart. de l'Estrée). — Essarts, 1229 (cart. de Saint-Sauveur). — Les Issarz (grande ch. de Lyre). — Essarz, 1313 (arch. de l'Eure). — Les Essarts-le-Fai, 1828 (L. Dubois). — Les Essarts-sur-Damville, 1839 (L. P.).

Essarts (Les), h. de la Boissière.

Essarts (Les), h. de Brionne.

Essarts (Les), h. de Chéronvilliers.

Essarts (Les), h. d'Infreville. — Vers 1201 (lettre de Jean sans Terre).

Essarts (Les), fief au Neubourg.

Essarts (Les), f. à Pîtres.

Essarts (Les), h. de Radepont.

Esseaux-de-la-Forge (Pré des), à Bourth.

Estoqué (L') ou l'Estoy, fief à Valletot (Le Beurier).

Estorssel, mⁱⁿ à Romilly-sur-Andelle, xiii⁵ s⁵ (ch. d'Ide de Meulan). — Torsel, 1310 (l'abbé Caresme).

Estourmi, vigne à Pont-de-l'Arche, 1340.

Estrée (L'), nom d'un territ. traversé à Muzy par la voie romaine d'Évreux à Dreux.

Estrée (L'), abb. de l'ordre de Cîteaux, fondée en 1144, à la limite des dioc. d'Évreux et de Chartres, au territ. de Muzy, unie en 1685 à l'évêché de Québec et cédée à des religieuses du même ordre. — Strata, 1163 (ch. de Rotrou, év. d'Évreux). — Stratæ, 1164 (bulle d'Alexandre III). — Strata,

ers 1180 (ch. de Robert aux Blanches Mains;
Menriquez, Annales Cisterciennes). — *B. Maria de
Strata* (Gall. christ.). — *Strata*, vulgo *l'Estrée
Neustria pia).*— *Estreies*, 1212 (cart. de l'Estrée).
— *L'abbaye d'Estrées*, 1708 (Th. Corneille).

NÉE (L'), h. de Bois-Arnault.

TUREVILLE, bois à Goupillières. — 1450 (aveu de
l'abbé de la Croix-Saint-Leufroi).

ANO (L'), m^in à Bernay.

ANO (L'), canal alimenté par le ruiss. de Montigny,
creusé à Vernon, auprès de la porte de Bizy, vers
1776, aux frais du duc de Penthièvre.

ANG-DE-FRANCE (L'), prairie au-dessus de Verneuil,
abondante en sources qui fortifient l'Avre. — Nom
datant de l'ancienne frontière entre la Normandie et
la France.

OC (L'), lieu-dit à Fresnes-l'Archevêque.

OILE (CITÉ DE L'), à Évreux.

RÉHANDIT-TRANSFOURCHET, fief à Guenouville (vingtièmes).

RÉPAGNY, ch.-l. de c^on; baronnie relevant de Gisors
(L. P.); haute justice, sergenterie fieffée; bourg,
1722 (Masseville). — *Sterpiniacum*, 628 (Gesta
Dagoberti et ch. de Dagobert). — *Esterpiniacum*,
630 (Doublet, Hist. de l'abb. de Saint-Denis). —
Sterpiniacum, 644 (saint Ouen, Vie de saint Éloi).
— *Stirpiniacus*, 661 (ch. de Clotaire III). — *Stri-
piniacum*, 863 (ch. de Charles le Chauve). — *Stri-
pinneium*, 1119; *Estrepinné* (O. V.). — *Strin-
penneium*, 1151; *Strinpinneium, Stripenneium*,
1152; *Estrinpenneium*, 1159 (Robert du Mont). —
Stripenneium, 1160 (Pacis instrumenta inter Lu-
dovicum et Henricum). — *Striprenium*, vers 1183
(ch. de Henri II). — *Strepegneium* (Neustria pia).
— *Estrepinagneium*, 1199 (Rotuli chartarum). —
Stripigneium, 1216 (ch. du prieuré de Vesly). —
Estrepagny, 1252 (reg. visit.). — *Estrepigniacum*, 1268 (ch. de Guill. de Pont-de-l'Arche, év.
de Lisieux). — *Estrepiniacum*, 1234 (bulle de
Grégoire IX). — *Estrepingneium*, 1260 (arch. de
l'Eure).— *Estrepingniacum, Estrepigniacum*, 1292
(olim). — *Estrepigneyum*, 1316 (ibid.). — *Stre-
piniacum*, 1320 (Trésor des ch.). — *Estrepigny*,
1325; *Estrepungny*, 1357 (Trésor des chartes,
reg. 89). — *Estrepeigné, Estrepaigny*, 1408
(aveu de Jean de Ferrières); 1435 (Monstrelet);
xve siècle (P. Cochon). — *Étrépagny* (nombreux
actes du xixe siècle). — *Trépagny* (prononc. locale).
— *Trépagny-les-Chaussettes* (chanson populaire).

RÉPAGNY (CANTON D'), arrond. des Andelys. — Il
comprend 20 c^nes: Étrépagny, le Coudray, Doudeauville, Farceaux, Gamaches, Hacqueville, Heu-

dicourt, Longchamps, Morgny, Mouflaines, la
Neuve-Grange, Nojeon-le-Sec, Provemont, Puchay,
Richeville, Sainte-Marie-de-Vatimesnil, Saussay-la-
Vache, le Thil, les Thilliers, Villers-en-Vexin, et
17 paroisses : 1 cure à Étrépagny et 16 succursales :
le Coudray, Farceaux, Gamaches, Hacqueville,
Heudicourt, Longchamps, Morgny, Mouflaines, la
Neuve-Grange, Nojeon-le-Sec, Puchay, Richeville,
Sainte-Marie-de-Vatimesnil, Saussay-la-Vache, le
Thil, Villers-en-Vexin.

ÉTRÉVILLE, c^ne du c^on de Routot; huit^e de fief relevant
de Brotonne. — *Sturie*, vers 1069 (ch. de Guill.
le Conquérant). — *Esturvilla*, 1148 (ch. de
Henri II). — *Estourvilla*, 1155 (cart. de Préaux).
— *S. Samson de Sturvilla*, 1179 (bulle d'Alex. III).
— *Esturville* (anc. actes).

ÉTRON-BOUILLI (L'), m^oo isolée, à Ferrières-Saint-
Hilaire.

ETTELON (L'), h. de Saint-Aubin-des-Hayes.

ÉTURQUERAYE, c^ue du c^on de Routot.— *Storereta* (Neustria
pia).— *Estorquerée* (p. d'Eudes Rigaud). — *Saint-
Martin-de-la-Turquerée*, 1400 (arch. du not. de
Bernay). — *Turqueraie, Turquerais*, 1439 (cart.
du Bec). — *Turqueraye* (La Roque).

EURE, riv. qui a sa source dans le dép^t de l'Orne, traverse celui d'Eure-et-Loir, qu'elle sépare, au sud-est,
du dép^t auquel elle donne son nom, où elle arrose
les arrond. d'Évreux et de Louviers, et va se jeter dans
la Seine, par la rive gauche, aux Damps, après
un cours de 86 kilomètres : Masson-Saint-Amand
dit 92,252 mètres; elle est navigable de Louviers à
son embouchure. — *Audura* (Nithard et Annales
de Saint-Bertin).— '*Auctura* (Vie de saint Leufroi).
— *Authuræ fluvius* (Guill. de Jumiéges). — *Othuræ
flumen* (Dudon de Saint-Quentin).— *Odura*, 889
(ch. du chap. de Chartres). — *Autura* (Ducange);
942 (chron. de Fontenelle). — *Authura*, v. 1006;
Odurna, 1011 (ch. de Richard II). — *Auctura*,
1030 (Gall. christ.). — *Audura*, 1087 (ch. du
prieuré de Nottonville). — *Abdura*, 1193 (ch. de
l'abb. de Saint-Chéron). — *Euria*, 1196 (traité
de paix entre Phil. Aug. et Richard Cœur de Lion).
— *Ardura*, 1235 (cart. de Bonport). — *Ebura*,
1236 (ch. de l'abb. de Saint-Jean-en-Vallée). —
Aubdura, 1250 (ch. du prieuré de la Bourdinière).
— *Eurota*, 1260 (arch. de la Seine-Inf.). — *La
rivière d'Ure*, 1466 (Chron. scandaleuse, p. 117).
— *Actura fluvius*, vulgo *Ure*, 1557 (Robert Cœnalis).— *Ure* et *Eure*, indifféremment, 1584 (aveu
de Henri de Silly). — *La rivière de Dure*, 1588
(Bourgueville, p. 51). — *Ure* (ibid. p. 59). —
Ure, 1723 (plan aux arch. d'Eure-et-Loir).

On a longtemps prononcé et quelquefois écrit *Ure* : plusieurs poëtes en font foi par leurs rimes.

> Près des bords de l'Iton et des rives de l'*Eure*
> Est un champ fortuné, l'amour de la *nature*.
> (VOLTAIRE, *la Henriade*, ch. VIII.)

> Il voit les murs d'Anet bâtis au bord de l'*Eure*;
> Lui-même en ordonna la superbe *structure*.
> (*La Henriade*, ch. IX.)

> Forêt qui, sur les bords de l'Iton et de l'*Eure*,
> Étales fièrement ta vieille *chevelure*.....
> (FONTANES, *la Forêt de Navarre*.)

ÉVÊCHÉ (L'), f. à Drucourt.

ÉVEILLERIE (L'), h. de Caorches.

ÉVÊQUE (L'), f. au Sacq.

ÉVÊQUERIE (L'), h. partagé entre Barneville-sur-Seine et Honguemare.

ÉVRECIN, nom du territoire qui environne Évreux, et dont l'étendue n'a jamais été précisée; quelques auteurs y comprennent jusqu'à la paroisse de Saint-Jean d'Elbeuf. — *Ebrocinum*, 657 (privilegium Emmonis episcopi Senonensis). — *Pagus Ebrocinus*, 690 (Félibien, Hist. de l'abb. de Saint-Denis). — *Ebrocinus pagus*, VII° s° (L. P.). — *Pagus Ebroicinus* ou *Ebroicensis*, IX° s° (Capitulaires). — *Ebrocinus pagus* (miracles de saint Taurin; B. Guérard). — *Tellus Eburovica* (prose de saint Taurin). — *Brecinum*, 802; *Ebricinum*, 853 (listes de tournée des Missi dominici). — *Ebricinus pagus* (ch. de Vandemir et d'Ercamberte). — *Ebroacensis comitatus*, 1011 (ch. de Raoul, comte d'Ivry). — *Ebroacensis comitatus*, 1014 (ch. de Richard II). — *Ebrocinus pagus*, XIII° s° (L. P.).

ÉVREUX, ville ch.-l. du dép¹, d'un arrond., de deux cantons, nord et sud, et d'une subdivision militaire; autrefois comté-pairie; duché, 1569; ville épiscopale; l'un des trois archidiaconés de l'anc. dioc. d'Évreux, comprenant 4 doyennés : la Croix-Saint-Leufroi, Ivry, Pacy et Vernon; l'un des quatre grands bailliages de la Haute-Normandie; présidial, vicomté, élection, mairie, maîtrise des eaux et forêts; grenier à sel. Cette ville, partagée entre les deux cᵐⁿˢ, est située par 49° 1' 30" de latitude N., 1° 11' 9" de longitude O., et à 66ᵐ,5 au-dessus du niveau de la mer. — *Mediolanum* (Ptolémée et Ammien Marcellin). — *Mediolanum Aulercorum* (Table de Peutinger). — *Ibruix* (monnaie gauloise citée par Hucher, Bulletin monumental, 1868, p. 667). — *Civitas Ebroicorum, civitas Evaticorum* (Notice des cités de la Gaule). — *Ebrocas civitas* (Le Blanc, monnaie de Charles le Chauve). — *Ebrocensis civitas*, 878; *Ebroicense oppidum* (annales de Saint-Bertin). — *Ebroæ* (Usuard et Orderic Vital).

— *Evanticorum Urbs* (O. V.). — *Ebrois* (Domesday Book). — *Ebroica civitas*, 1080 (cart. de Jumiéges). — *Evrewes* (Roman de Rou). — *Ebroc*, 1195 (ch. de Richard Cœur de Lion). — *Ebricæ*, 1212 (petit cart. de Saint-Taurin). — *Evreues*, 1245 (jugement de l'Échiquier). — *Ebroyce*, 1258 (reg. visit.). — *Evreus*, 1267; *Evreus*, 1270 (cart. du chapitre d'Évreux). — *Ebroycæ*, 1286 (ch. de la Noë). — *Euvreus*, 1296 (arch. de l'Eure). — *Evroes*, 1312 (L. P.). — *Evrues*, 1346 (Froissart). — *Évreusz, Évreeux*, XV° s° (chron. normande de P. Cochon). — *Evreulx*, 1557 (Robert Cœnalis).

ÉVREUX (ARRONDISSEMENT D'), occupant la partie au S. du dép¹, dont il forme le tiers; borné à l'E. par le dép¹ de Seine-et-Oise et l'arrond. des Andelys, au S. par le dép¹ d'Eure-et-Loir, à l'O. par celui de l'Orne, au N. par les arrond. de Bernay et de Louviers. — Il se divise en 11 cantons : Breteuil, Conches, Damville, Évreux nord, Évreux sud, Nonancourt, Pacy, Rugles, Saint-André, Verneuil, Vernon, et renferme 224 communes.

ÉVREUX (CANTON D'), jusqu'en l'an IX canton unique pour la ville, partagée ensuite entre deux cantons, Évreux nord et sud : la division de la ville est formée par une ligne brisée partant de l'extrémité du faubourg Saint-Léger jusqu'à l'angle du bois de Parville.

ÉVREUX (DÉPARTEMENT D'), premier nom du département de l'Eure, 1790.

ÉVREUX (DIOCÈSE D'), comprenant, en 1790, 492 paroisses dans une circonscription identique à celle de l'anc. cité gauloise des *Aulerci Eburovices*; borné au N. O. par le Roumois, au N. et au N. E. par la Seine, à l'E. par le Mantois; séparé du pays Chartrain au S. par l'Avre et l'Eure, du Lieuvin à l'O. par la Charentonne : territoire équivalent à l'étendue totale des arrond. d'Évreux et de Louviers et de la moitié orientale de l'arrond. de Bernay, avec perte de 29 paroisses devenues partie intégrante du diocèse de Sées et de 8 passées dans le diocèse de Rouen. Le diocèse actuel comprend le dép¹ de l'Eure tout entier, plus une paroisse dont l'administration civile est passée à la Seine-Inf., Saint-Pierre-de-Liéroult; il s'est accru de 233 paroisses du diocèse de Rouen, de 97 du diocèse de Lisieux et de 3 de celui de Chartres, englobant ainsi le Vexin normand, le Roumois et une partie du Lieuvin. Il réunit auj., après de nombreuses suppressions, 569 paroisses; il est divisé en deux archidiaconés, Évreux et Pont-Audemer, et cinq archiprêtrés correspondant aux cinq arrondissements.

ÉVREUX NORD, cⁿ comprenant, avec une partie d'Évreux,

24 communes : Aviron, Bacquepuis, Bernienville, le Boulay-Morin, Brosville, la Chapelle-du-Bois-des-Faux, Dardez, Émalleville, Gauville-la-Campagne, Graveron-Sémerville, Gravigny, Irreville, le Mesnil-Fuguet, Normanville, Parville, Quittebeuf, Reuilly, Sacquenville, Sainte-Colombe-la-Campagne, Saint-Germain-des-Angles, Saint-Martin-la-Campagne, le Tilleul-Lambert, Tournedos-la-Campagne, Tourneville, et 15 paroisses, dont 1 cure, à Saint-Taurin d'Évreux, et 14 succursales : Bernienville, le Boulay-Morin, Brosville, la Chapelle-du-Bois-des-Faux, Gauville-la-Campagne, Graveron-Sémerville, Gravigny, Irreville, Normanville, Quittebeuf, Reuilly, Sacquenville, Sainte-Colombe-la-Campagne, le Tilleul-Lambert.

Évreux sud, c^ne comprenant, avec une partie d'Évreux, 22 communes : Angerville-la-Campagne, Arnières,

Aulnay, les Baux-Sainte-Croix, Caugé, Claville, Fauville, Fontaine-sous-Jouy, Gauciel, Guichainville, Huest, Jouy-sur-Eure, Miserey, le Plessis-Grohan, Saint-Luc, Saint-Sébastien-de-Morsent, Saint-Vigor, Sassey, la Trinité, les Ventes, le Vieil-Évreux, et 13 paroisses, dont 1 cure, à Notre-Dame d'Évreux, et 12 succursales : Arnières, les Baux-Sainte-Croix, Caugé, Claville, Fontaine-sous-Jouy, Guichainville, Huest, Jouy-sur-Eure, Miserey, le Plessis-Grohan, Saint-Sébastien-de-Morsent, les Ventes, le Vieil-Évreux.

Exploit-de-l'Épée (L'), sergenterie à Gisors.

Ézé, h. de Croth.

Ézy, c^ne du c^on de Saint-André, fief relevant de Sassey, 1452 (L. P.). — Vicomté, maîtrise des eaux et forêts. — Asiacum (cart. de Saint-Père de Chartres). — Asiacum (p. d'Évreux).

F

Fabrique (La), f. à Drucourt.

Factière (La), h. des Jonquerets-de-Livet et fief.

Factière (La), h. de Saint-Denis-du-Bosguerard.

Fagars (Les), lieu-dit à Vernon.

Fagère (La), h. de Saint-Aubin-le-Vertueux; fief relevant de la baronnie de Ferrières. — La Factière (arrêt de 1664).

Fahinou, lieu-dit à Amécourt.

Faillie (La), h. d'Armentières.

Faillot (Le), h. des Baux-de-Breteuil.

Fainettes, h. de Thierville.

Fains, c^ne du c^on de Pacy; fief. — Feins (reg. Phil. Aug.).

Faipoc, lieu-dit à Saint-Aubin-d'Écrosville, 1248. — Faypou, 1225 et 1450 (L. P.).

Falaise (La), m^on isolée, à Giverny. — Falesia, vers 1016 (ch. de Richard II).

Falaise (La), h. de Port-Mort; point où commence le banc des roches de l'Espiègle. — Falesia (cart. de Mortemer).

Fangeux (Les), lieu-dit à Bizy.

Fanouillet (Le), lieu-dit à Menilles.

Fany (Le), m^on isolée, à Barquet.

Farceaux, c^ne du c^on d'Étrepagny; fief. — Farcœ (L. Dubois). — Farseaus (cart. de Saint-Amand). — Farsiaus, 1248 (arch. S.-Inf.). — Farsellœ, Farsalli (p. d'Eudes Rigaud). — Farceaulx, 1470 (montre citée par Saint-Allais et p. de Raoul Roussel). — Farciaux, xve s^e (cart. normand).

Fardon, simple triège d'Aigleville, dont le nom a été porté noblement.

Fardouillère (La), h. et f. de Piencourt. — Ferdollière ou Sous-Ferdollière (L. P.).

Farguette, f. à Saint-Pierre-la-Garenne.

Farin, huit^e de fief à Farceaux, 1590.

Farinées (Les), m^le à Saint-Denis-d'Augerons.

Farinière (La), h. de Piencourt.

Farolt (Les), h. de Saint-Pierre-du-Val.

Fatinière (La), h. de Champignolles.

Fatouville, c^ne du c^on de Beuzeville, accrue de Carbec-Grestain, en 1844, sous le nom de Fatouville-Grestain. — Fastouvilla (1er p. de Lisieux). — Fastevilla, Fastovilla (cart. de Préaux). — Fastouville, 1782 (Dict. des postes).

Fatouville, fief et f. à Étreville.

Fatouville-Grestain, c^ne du c^on de Beuzeville, formée en 1844 de la réunion de Fatouville et de Carbec-Grestain. — Phare.

Faubourgs (Les), h. de la Chapelle-du-Bois-des-Faux.

Faudannés, huit^e de fief au Thuit-Signol, relevant de Beaumont-le-Roger. — 1458 (L. P.).

Faude (La), h. de Boissy-sur-Damville.

Faudées (Les), lieu-dit à Sainte-Colombe-la-Campagne.

Faudits (Les), h. de la Barre.

Faudits (Les), m^on isolée, à Bezu-la-Forêt.

Faucques (Les), h. de Beuzeville et huit^e de fief. — Faucques (Le Beurier).

Faulx (Les), domaine à Bourgtheroulde. — 1248 (ch. de Vauquelin de Ferrières).

Faupeau (Le), h. de Saint-Germain-la-Campagne.

Fausse-Monnaie (La), lieu-dit à Bacquepuis.

Fausse-Porte (La), nom actuel d'une ancienne voûte qui doit avoir été une porte de la ville primitive de Vernon (Th. Michel, Hist. de Vernon).

Fausses-Races (Les), lieu-dit à Sainte-Colombe-la-Campagne.

Faute-d'Argent, lieu-dit à Bosquentin (Cassini).

Fauvellière (La), h. de Pullay.

Fauverie (La), h. et fief de la Chapelle-Bayvel.

Fauverie (La), f. à la Chapelle-Becquet.

Fauville, cne du cen d'Évreux sud; fief relev. d'Autheuil. — Fovilla, 1152 (bulle d'Eugène III); 1270 et 1303 (grand cart. de Saint-Taurin). — Fauvilla (cart. du chap. d'Évreux). — Foville, 1469 (monstre). — Fanville, 1631 (Tassin, Plans et profilz). — Fauville-la-Campagne, 1828 (L. D.).

Faux (Le), h. de Balines.

Faux (Les), h. d'Heudreville-sur-Eure.

Faux (Les), manoir et fief de l'abb. du Bec, à Infreville. — 1290 (L. P.).

Favais, fief à Farceaux, relevant de Bonnemare.

Favariz ou Faveriz, lieu-dit à Feuguerolles.

Favérie (La), fief à la Goulafrière (L. P.).

Faverils (Les), fief à Grosley (Le Beurier).

Faverolles, h. de Lignerolles; fief.

Faverolles-la-Campagne, cne du cen de Conches; q¹ de fief relevant de Portes, 1453 (L. P.). — Favariolæ, 690 (Félibien, Hist. de l'abb. de Saint-Denis). — Favarole, 1060 (ch. Maj. Monast.). — Favrolæ, 1230 (cart. de Saint-Taurin).

Favérolles-les-Mares, cne du cen de Thiberville; fief. — Faverollæ (M. R.). — Faveroles, 1263 (cart. de Saint-Georges-de-Boscherville). — Faverolia (1er p. de Lisieux).

Favril (Le), cne du cen de Thiberville; demi-fief relevant d'Orbec, 1419 (L. P.).— Faveril, 1222 (cart. de Beaumont et M. R.).— Faveryl, 1230 (assiette du comté de Beaumont). — Faverillum (pouillé de Lisieux). — Faveri, 1620 (dalle tumulaire). — Faveril ou le Favry, 1782 (Dict. des postes).

Favril (Le), h. de Coudres.

Favril (Le), second nom du huit° de fief des Crèches, à Ecquetot.

Favril (Le), h. d'Équainville.

Fay (Le), q¹ de fief et chât. à Bois-Hubert, relevant de Fourneaux. — 1403 (L. P.).

Fay (Le), h. de Boissy-sur-Damville et fief relevan d'Hellenvilliers.

Fay (Le), h. de Bourg-Achard, anc. chef-lieu de la baronnie.— Fayum, 1200 (cart. de Bourg-Achard).

Fay (Le), fief et manoir d'Enguerrand de Marigny, à Écouis (terr. d'Écouis).

Fay (Le), h. des Essarts. — Aufay, vers 1210 (ch. de Luc, év. d'Évreux).

Fay (Le), fief à Notre-Dame-de-la-Couture de Bernay, relev. de la baronnie de Ferrières.

Fay (Le), vavassorie noble à Saint-Ouen-des-Champs; berceau des du Fay (La Roque). — 1519 (aveu de Louis de Gouvis).

Fay (Le), h. de Saint-Pierre-du-Bosguerard. — 1253 et 1505 (L. P.).

Fay (Le), f. à Saint-Quentin-des-Îles; fief.

Fay (Le), h. de Thomer.

Fay (Le), f. à Tourny et fief.

Fayardière (La), h. de Corneville-la-Fouquetière.

Fayaux (Les), h. partagé entre Évreux et Angerville-la-Campagne; friche appelée Champ-de-Mars, 1790.

Fayel (Le), anc. cne du cen de Fleury, réunie en 1846 à Vandrimare.

Fayel (Le), h. de Bosquentin.

Fayel (Le), h. de Fleury-la-Forêt; fief.

Fayel (Le), h. de Marcilly-la-Campagne.

Fayel (Le), f. à Muzy. — Faiel, vers 1160 (bulle d'Alexandre III). — Fayeul (Le Beurier).

Fayel (Le), fief relevant de Perriers et anc. chapelle à Perriers-sur-Andelle. — 1738 (Saas).

Fayel (Le), h. du Tronquay.

Fayelle (La), l'une des quatre communes de Douville pour le droit d'usage, 1577.

Fayelle (La), h. de Fontaine-la-Soret.

Fayels (Les), h. de Trouville-la-Haulle.

Fayencerie (La), h. de Bémécourt.

Febvre (Fief au), à Saint-Martin-le-Vieux, 1764.

Febvres (Les), h. de Saint-Étienne-l'Allier.

Fec (Le), h. partagé entre Saint-Pierre-du-Bosguerard et le Thuit-Signol.

Fécamp (Port et ancien Moulin de), à Louviers.

Fédération (Rue de la), nom donné de 1792 à 1805 à la rue de Crosne, à Évreux.

Félix (Rue), à Louviers.

Femmes-Enterrées (Les), cen de la forêt de Louviers (plan gén. de la forêt domaniale).

Fenderie (La), h. de Rugles.

Fenderie (La), mon isolée, à Saint-Nicolas-d'Attez.

Feret (Les), h. de Condé-sur-Risle.

Ferets (Les), h. de Chaignes.

Ferganterie (La), h. de Hauville.

Fériaux, fief à Breuilpont. — 1418 (Charpillon et Caresme).

Ferlatière (La), h. d'Épinay.

Fermanière (La), h. de Saint-Pierre-des-Cercueils.

Ferme (La), h. du Fidelaire.

Ferme-aux-Embarras (La), mon isolée, à Tournedos-sur-Seine.

Ferme-aux-Moines (La), f. à Verneusses.

Ferme-des-Chênes (La), h. de Saint-Aquilin-d'Augerons.

Ferme-du-Bois (La), f. à Harcourt.

Ferme-du-Vièvre (La), f. à Saint-Philbert-sur-Risle.

Ferme-Mayeux (La), h. de Saint-Philbert-sur-Risle.

Ferme-Neuve (La), f. à Mandres.

Fermes (Les), m^{on} isolée, à Piseux.

Féronnerie (La), h. de Barneville-sur-Seine; château.

Féronnerie (La), h. d'Honguemare.

Ferrand (Fontaine), à Glos-sur-Risle.

Ferrand (Île), au Vaudreuil, 1748.

Ferrerie (La), h. de Saint-Christophe-sur-Condé.

Ferrière, h. et fief à Saint-Georges-des-Champs.

Ferrière (Canton de la), avec chef-lieu à la Ferrière-sur-Risle, comprenant, de 1790 à l'an ix, 7 c^{nes} : Champignolles, Collandres, la Ferrière-sur-Risle, le Fidelaire, Quincarnon, Sainte-Marthe, Sébécourt.

Ferrières, fief à Tierceville. — 1588 (Charpillon et Caresme).

Ferrières-Haut-Clocher, c^{ne} du c^{on} de Conches; demi-fief relevant d'Évreux, 1451, partagé plus tard en un q^t et deux huit^{es} (L. P.). — Ferreria, S. Cristina de Ferrariis, 1152 (bulle d'Eugène III). — Ferrères, 1208 (ch. de la Noë). — Férières Haut Clochié, 1322 (grand cart. de Saint-Taurin). — Ferières Hault Clochier, 1479 (monstre génér. de la noblesse); 1562 (arrière-ban).

Ferrières-Saint-Hilaire, c^{ne} du c^{on} de Broglie; baronnie relev. du duché de Broglie; lieu d'origine des Ferrers, comtes de Derby (L. P.). — Anc. léproserie. — Feireres (Domesday book). — Ferrariæ (O. V.). — Ferraria, 1297; Férières, 1320 (assiette du comté de Beaumont). — Saint-Hilaire-de-Férières, vers 1610 (aveu de Charlotte des Ursins).

Ferrière-sur-Risle (La), c^{ne} du c^{on} de Conches et fief relevant de Conches (L. P.). — Feveriæ, v. 1000 (dotalit. de Judith). — Novæ Ferrariæ, 1136 (O. V.). — Ferrariæ, vers 1210 (ch. de Raoul de Montgommery). — Ferraria (Masseville). — La Ferière, 1562 (arrière-ban).

Ferrière-sur-Risle (La), sergenterie qui comprenait 14 paroisses de l'élection de Conches.

Ferroxière (La), h. de Verneusses.

Ferry, q^t de fief à Hardencourt, relevant de la Heunière, 1450; dit aussi Ferray ou Gassière (L. P.).

Ferté (La), f. à Bourneville et vavassorie noble relev. de Condé-sur-Risle.

Ferté (La), h. d'Écaquelon et q^t de fief relevant du roi, à Pont-Audemer.

Ferté (La), h. et f. à la Gueroulde; verrerie de cristal fondée vers 1642.

Ferté (La), q^t de fief à Rougemontiers, relevant de la Rivière-Thibouville.

Fessalles (Les), lieu-dit à Bacquepuis.

Fessardière (La), lieu-dit à Pont-de-l'Arche, en 1340.

Fétu (Le), h. de Courteilles.

Feugle (La), masure au Grand-Andelys, au h. de Villers, 1680.

Feugray (Le), fief et m^{in} à Saint-Martin-du-Parc. — Feugereium, xiiie s^e (p. d'Eudes Rigaud). — Feugeritum (chronicon Becci). — Feuguerey, 1300 (cart. du Bec).

Feugré (Le), h. de Bourg-Achard; q^t de fief relevant des Ruffaux et s'étendant sur Bouquetot. — Feugreium, 1220; Feugueray, xive s^e (cart. de Bourg-Achard).

Feugré (Le), h. de Fatouville-Grestain.

Feugré (Le), h. du Thuit-Signol; fief. — Feugueray, 1260 (cart. du Bec). — Feuguerei, 1648; Feugrei, 1666; Feugrai, 1741 (L. P.).

Feugrés (Les), h. de Saint-Germain-la-Campagne; demi-fief de haubert. — Filgerium, xiie s^e (L. P.). — Le Feuguère, 1392 (aveu de Jean de Folleville). — Feuguerai, 1398 (cart. du Bec). — Le Feuguerè, 1399 (L. P.). — Feugerey, 1407 (aveu de Collin de Mailloc). — Feugueray, 1419 (ch. de Henri V). — Feuguerai, 1425 (L. P.); 1626 (cart. du Bec). — Feuguery, 1450 (L. P.).

Feugrolle, h. de Brionne.

Feuguerolles, c^{ne} du c^{on} du Neubourg et plein fief; on devrait dire Feugerolles (L. P.). — Feucherolles (liste des fiefs sous Phil. Aug.). — Feugeroles, 1183; Falgeroli (ch. de Robert IV, comte de Meulan). — Foucherolli, 1204 (reg. Phil. Aug.). — Foncherolü, 1204 (Trésor des ch.). — Feugerolli, 1207 (cart. de Saint-Taurin). — Fulcherolii, Fulcherol, 1209; Fulgeroli, Feugerolles, Fucheroli, 1210; Feugeroliæ, 1215 (ch. de Saint-Étienne de Renneville). — Fugeroles, 1214 (feoda Ebroicensis comitatus). — Effeucherois, 1222 (ch. de Phil. Aug.). — Feuguerolli, vers 1380 (Bibl. nat.). — Fugrolle, 1694 (acte notarié). — Feuguerolles, 1700 (dép^t de l'élection de Conches). — Feugueroles, Feuguerolles, 1704 (Revue rétrospective normande). — Fuguerolle, 1722 (Masseville). — Fugrolles, 1731; Feugrolles, 1740 (actes notariés). — Fugueroles, 1781 (Bérey, Carte partic. du dioc. de Rouen). — Feugerolles, 1782 (Dict. des postes). — Feuguerolles-les-Bois, 1828 (L. Dubois).

Feuillettes (Les), h. de Lorleau.

Feuilleuse, anc. h. de Longuelune, devenu h. de Piseux en 1843. — Foliosum, Foliosa (cart. de Saint-

11.

Père de Chartres). — *La Follosia*, xiii° s° (cart. de l'Estrée).

Feulande (La), h. de Mainneville et coteau. — *La Feularde*, 1538 (chartrier de Mainneville).

Feulerie (La), m^in à Corneville-sur-Risle. — 1217 (M. R.).

Feuquerolles, h. des Andelys. — *Les Fougerolles*, 1702 (arch. de l'Eure).

Feuquerolles, h. de Nassandres.

Feuquerolles, h. de Perriers-la-Campagne.

Feures, fief relevant de Marbeuf, au Mesnil-Broquet. — *Les Feuvres*, 1391 (L. P.).

Fèvrerie (La), h. de Berville-en-Roumois.

Fèvrerie (La), h. de Jouveaux.

Fèvrerie (La), h. de Saint-Sylvestre-de-Cormeilles.

Fèvrerie (La), h. du Theillement.

Fèvres (La), h. d'Éturqueraye.

Fèvres (Pont de la Porte aux), 1743 (plan d'Évreux).

Fèvres (Porte aux), l'une des anc. portes de la ville d'Évreux. — *Porta Fabrorum*, 1201 (ch. de Phil. Aug.). — *Porte au Feuvre*, 1392 (Le Brasseur). — *Porte au Febvre*, 1684 (Th. Bonnin).

Février, m^in à Manthelon. — 1454 (L. P.).

Fichettes (Les), lieu-dit à Écos.

Fidelaire (Le), c^ne du c^on de Conches. — *Faidelère*, 1030; *Fagus Area*, 1248 (1er cart. d'Artois). — *Faydelère*, 1429 (taxes de sergenterie de Conches). — *Fildelaire* (Masson Saint-Amand). — *Le Fildelaire*, 1700 et 1767 (dép^t de l'élection de Conches). — *Fidellaire*, 1765 (géogr. de Dumoulin).

Fief-à-la-Dame, fief à Condé-sur-Risle. — xiii° s° (inv. des ch. du Bec).

Fief-Amaulry, fief à Serez, relevant du baron d'Ivry, 1456.

Fief-au-Rouge, lieu-dit à Thierville, 1465.

Fief-Blanc, fief à Grandchain. — 1702 (Le Beurier).

Fief-Cadot (Le), h. de Saint-Aubin-sur-Gaillon.

Fief-d'Autuit (Le), m^on isolée, à Rosay.

Fieffe (La), f. à Tourville-sur-Pont-Audemer.

Fieffe-Cadot (La), h. de Saint-Julien-de-la-Liègue.

Fieffes (Les), anc. nom du h. de *la Roche*, aux Bottereaux.

Fieffes (Les), f. à Rosay.

Fieffes (Les), h. de Saint-Aubin-le-Guichard; fief.

Fieffes-Mancels (Les), f. à Marlot.

Fief-Fleuri (Le), manoir à Guiseniers. — 1404 (cart. du Trésor).

Fief-le-Roy, assis au baill. de Beaumont-le-Roger. — 1446 (aveu du comte d'Harcourt).

Fief-Maury (Le), lot de la forêt de Breteuil.

Fiefs (Côte des), à Campigny; bruyère et anc. retranchement.

Fiefs (Les), c^on de la forêt de Louviers (plan gén. de la forêt domaniale).

Fief-Saint-Pierre (Le), lieu-dit à Gasny.

Fière, f. à Toutainville.

Filasses (Les), lieu-dit à Dangu (Charpillon).

Filatrière (La), h. de Gournay-le-Guérin.

Filoir (Le), promenade publique à Gisors, sur la rive gauche de l'Epte; nom dû à l'usage immémorial d'y filer de la corde (Hersan, Hist. de Gisors).

Fine-Marne, h. partagé entre Saint-Sulpice-de-Grainbouville et Toutainville.

Finette (La), lieu-dit à Tournedos-sur-Seine.

Fineville, q^t de fief à Bouquelon. — 1619 (aveu de Louis de Gouvis).

Finots (Les), h. de Saint-Pierre-des-Ifs.

Fiquefleur, c^ne du c^on de Beuzeville. — *Ficquefleu*, 1221 (cart. de Beaumont-en-Auge). — *Ficquefluctus* (p. de Lisieux). — *Fiquefleu*, comm^t du xiii° siècle (cout. de la vicomté de l'Eau); 1255 (arch. de l'Eure, fonds de Grestain, et 1er p. de Lisieux). — *Flïquefleu*, 1255 (cart. de Beaumont-en-Auge). — *Fliquefleu*, xiv° s° (cart. de Grestain). — *Ficquefleur* (Masson Saint-Amand et Annuaire de l'Assoc. normande).

Fiquefleur-Équainville, c^ne du c^on de Beuzeville, formée en 1844 de la réunion des c^nes de Fiquefleur et d'Équainville.

Fissancourt, fief et f. à Provemont. — *Fixancois*, 1781 (Bérey, Carte partic. du dioc. de Rouen).

Fits (Le), chât. à Saint-Pierre-du-Bosguerard. — *Le Fys*, 1869 (annonce légale).

Flac (Le), h. d'Aizier.

Flaciage, m^in près Bailleul-la-Vallée. — 1393 (L. P.).

Flamare, lieu-dit à Iville.

Flambart, f. à Freneuse-sur-Risle.

Flancourt, c^ne du c^on de Bourgtheroulde; fief. — *Frollancurt, Frollencurt, Froulancurt*, vers 1155 (ch. de Henri II). — *Frollandi Curtis* (cart. de Jumiéges). — *Frollancort*, 1174 (ch. de Guill. de Barneville). — *Frollencuria*, 1183 (ch. de donat. du Torpt). — *Freulencort, Freslaincort, Freullaincort, Frellancourt* (M. R.). — *Frollencurt*, 1210 (ch. de Raoul de Montgommery). — *Frollencort*, 1240 (cart. de Bourg-Achard). — *Forllencort*, 1245 (cart. de Jumiéges). — *Flaencourt*, 1371 (rôle cité par Saint-Allais). — *Frolancor, Frelancort, Freslencort* (p. d'Eudes Rigaud). — *Frelancourt*, 1313 (cart. du Bec). — *Frôlencourt*, 1431 (p. de Raoul Roussel).

Flant (Le), m^in à Saint-Pierre-de-Cormeilles.

Flaris (Les), lieu-dit à Fresnes-l'Archevêque.

Fleuri, fief à Guiseniers (cart. du Trésor).

LECRIÈRE (LA), h. d'Ambenay.

LECRIGNY, fief à Guiseniers, relevant du Château-Gaillard.

LECRY (LES), h. de Vaux-sur-Risle.

LEURY-LA-FORÊT, c^ne du c^on de Lyons, l'une des trois paroisses du fief des trois villes Saint-Denis. — *Floriacum*, 1157 (cart. blanc de Saint-Denis). — *Flouri*, 1308 (ch. de Philippe le Bel). — *Fleury-en-Lyons*, 1454 (arch. nat., aveux de la châtell. de Gisors).

LEURY-SUR-ANDELLE, ch.-l. de c^on; fief. — *Floriacum*, 708 (chron. Fontanellense). — *Flori*, *Fluri* (ch. des Deux-Amants).

*LEURY-SUR-ANDELLE (CANTON DE), arrond. des Andelys, avec Fleury-sur-Andelle pour ch.-l., et pour anciens ch.-l. Grainville et Écouis: ayant à l'E. les cantons de Lyons-la-Forêt, d'Étrépagny et des Andelys, au S. ceux des Andelys et de Pont-de-l'Arche, à l'O. ce dernier canton et le dép' de la Seine-Inférieure, et comprenant 22 c^nes: Fleury-sur-Andelle, Amfreville-les-Champs, Amfreville-sous-les-Monts, Bacqueville, Bourg-Beaudouin, Charleval, Douville, Écouis, Flipou, Gaillardbois-Cressenville, Grainville, Houville, Letteguives, Ménesqueville, le Mesnil-Verclives, Perriers-sur-Andelle, Perruel, Radepont, Renneville, Romilly, Pont-Saint-Pierre, Vandrimare, et 18 paroisses, dont 1 cure, à Écouis, et 17 succursales: Amfreville-les-Champs, Amfreville-sous-les-Monts, Bacqueville, Bourg-Beaudouin, Charleval, Flipou, Gaillardbois-Cressenville, Grainville, Houville, Letteguives, Ménesqueville, le Mesnil-Verclives, Perriers-sur-Andelle, Radepont, Romilly, Pont-Saint-Pierre et Vandrimare. — L'annuaire de 1835 donne pour nom au canton *Fleury-Écouis*.

FLIMAINS (LES), h. de la Croisille. — *Felimain*, 1260 (cart. de Saint-Wandrille).

FLIMAINS (LES), h. de Portes.

FLIPOU, c^ne du c^on de Fleury; fief relevant de Gisors (L. P.); nommé *Fontipou* jusqu'en 1642 (L. P.). — *Fontipou*, 1221 (ch. de Philippe Auguste). — *Fagus Typi*, xiie siècle; *Faipou*, 1469 (monstre). — *Phipou*, 1509 (arch. de la Seine-Infér.). — *Saint-Flipou*, 1781 (Bérey, Carte partic. du dioc. de Rouen). — Voy. FONTIPOU.

FLOCOURT, très-anc. lieu-dit à Grandchain (Le Beurier).

FLOQUEL (LE), h. de Sacquenville.

FLORENTINS (LES), lieu-dit à Léry.

FLOTS (LES), lieu-dit à Gasny.

FLOTTEAUX (LES), lieu-dit à Pîtres.

FLOUTERIE (LA), h. des Barils.

FLEUMESNIL, anc. c^ne du c^on d'Étrépagny, réunie à Riche-

ville en 1843. — *Sanctus Petrus de Fleumesnil* (p. d'Eudes Rigaud). — *Flumesnil*, 1789 (Beaurepaire, Inv. sommaire). — *Fleumesnil*, 1792 (suppl. à la liste des émigrés). — *Fluménil*, autrefois *Fléménil* et *Fréménil*, 1828 (L. Dubois).

FOEUESSEIL ou LES FOSSUETTES, lieu-dit à Fouguerolles.

FOI (LE), très-anc. lieu-dit à Saint-Nicolas-du-Bosc. — *Sainte-Foi?* xviie siècle (L. P.).

FOISNEL, fief à Bezu-le-Long.

FOLIE (BOIS DE LA), à Fours.

FOLIE (CARREFOUR DE LA), à Saint-Marcel.

FOLIE (CHEMIN DE LA), à Saint-Denis-le-Ferment.

FOLIE (LA), m^la à Ailly.

FOLIE (LA), lieu-dit à Amfreville-les-Champs.

FOLIE (LA), lieu-dit au Boulay-Morin.

FOLIE (LA), m^in à Chanu.

FOLIE (LA), h. de Forêt-la-Folie.

FOLIE (LA), h. d'Heudicourt.

FOLIE (LA), m^in à Pinterville; manoir, 1335. — *La Follie* (ch. de Jourdain du Mesnil).

FOLIE (LA), h. de Saint-Germain-de-Fresney.

FOLIE (LA), h. de Vernon.

FOLIE-AU-GRIS (LA), fief à Louviers.

FOLIE-AUX-COINGS (LA), lieu-dit à Gisors. — 1586 (procès-verbal de réformation de la coustume).

FOLIE-LEBRUN (LA), m^on isolée, à Évreux.

FOLIE-MARCEL (LA), m^on isolée, à Évreux.

FOLIE-MASSE (LA), lieu-dit à Tourny.

FOLIE-MURE (LA), lieu-dit à Ailly.

FOLINIÈRE (LA), h. de Saint-Aubin-du-Thenney.

FOLLAINVILLE, fief voisin de Bernay, 1666.

FOLLETERIE (LA), m^on isolée, à Verneuil.

FOLLETIÈRE (LA), f. à la Barre.

FOLLETIÈRE (LA), fief relevant de Bourg-Achard. — *La Foleterre* (reg. Phil. Aug.).

FOLLETIÈRE (LA), h. d'Épieds.

FOLLETIÈRE (LA), h. de Gouttières.

FOLLETIÈRE (LA), h. de Neuilly et fief relev. d'Ivry. — 1456 (L. P.).

FOLLETIÈRE (LA), h. de Saint-Laurent-des-Grès.

FOLLEVILLE, c^ne du c^on de Thiberville; fief. — *Folevilla* (M. R.). — *Foleral* (cart. de Saint-Wandrille). — *Follevilla* (p. de Lisieux). — *Folleville-la-Campagne*. 1828 (L. Dubois).

FOLLEVILLE, h. de Franqueville.

FOLLEVILLE, q^t de fief, pont et porte marinière à Louviers. — *Folevilla*, 1223 (L. P.). — Reconstruit aux frais de Louis XIV.

FOLLEVILLE, fief et h. de Morainville-près-Lieurey.

FOLLEVILLE, h. d'Ormes; vavass. relev. de Tournedos-la-Campagne. — *Folevilla*, 1206 (L. P.).

FOND-DE-CHARITÉ, lieu-dit à Vernon.

Fond-de-la-Ville (Le) ou l'Église, h. de Fontaine-la-Soret.

Fond-de-Vieille-Mare (Le), m^on isolée, à Bourneville.

Fondriaux (Les), grand triage partagé entre les Andelys et Hennezis.

Fondriaux (Les), lieu-dit à Venables.

Fongueux, h. de Bois-le-Roi.

Fonnetin, enclos avec colombier marqué dans les cartes de Saint-Pierre-la-Garenne. — Fontenétain (Le Bourier).

Fontaine (La), h. de Fontaine-la-Louvet.

Fontaine (La), fief à Foulbec.

Fontaine (La), m^in à Hondouville.

Fontaine (La), m^on isolée, au Landin.

Fontaine (La), m^in à Louviers.

Fontaine (La), ruiss. affluent de l'Avre, h. et fief à la Madeleine-de-Nonancourt. — Fontaines, 1387 (L. P.).

Fontaine (La), h. de Morgny.,

Fontaine (La), m^on isolée, à Roman, et fief.

Fontaine (La), f. et fief à Saint-Aubin-de-Scellon.

Fontaine (La), h. de Sainte-Geneviève-lez-Gasny.

Fontaine (La), q^t de fief à Saint-Germain-la-Campagne. — 1416 (L. P.).

Fontaine (La), h. de Saint-Philbert sur-Risle.

Fontaine (La), h. à Saint-Pierre-du-Bosguerard.

Fontaine (La), h. du Theillement.

Fontaine (Ruisseau de) à Appeville, affl. de la Risle. — Il porte aussi le nom de Billou (Gadebled).

Fontaine-Arthus (La), m^on isolée, à Rugles.

Fontaine-au-Chien (La), h. de Fort-Moville.

Fontaine-au-Rable, m^on isolée, à Nonancourt.

Fontaine aux Ladres, renommée dès longtemps pour les affections cutanées; territ. de Grestain, auj. réuni à Fatouville.

Fontaine aux Malades, source à Charleval.

Fontaine-aux-Malades (Côte de la), à Appeville-dit-Annebaut.

Fontaine-Beaunay, fief érigé à Perriers-sur-Andelle, 1578. — Fontaine Romé (aveu de 1680).

Fontaine-Bellenger, c^ne du c^on de Gaillon. — Fontana Berengarii, 1027 (Neustria pia). — Fontana Berengerii, v. 1027 (ch. de Richard II). — Fons Berengerii (cart. de Fécamp). — Fontes Berengerii (p. d'Évreux). — Fontaine Béranger, 1738 (Saas). — Fontaine Bellinger, 1782 (Dict. des postes).

Fontaine-Buland (La), m^on isolée à Charleval et c^on de la forêt de Lyons.

Fontaine-Cadot (La), ruiss. à Équainville, qui se jette dans la Morelle.

Fontaine-Castel (La), affl. de la Calonne; source à Cormeilles.

Fontainecourt, h. de Glos-sur-Risle. — Fontanicurtis,

xie s^e (cart. de Préaux). — Fontaincourt, Fontencuria (inv. de l'abb. du Bec). — Fontaincurt (L. P.).

Fontaine-d'Angerville (La), ruiss. qui a sa source à Saint-Sylvestre-de-Cormeilles et afflue à la Calonne après un cours de 2 kilomètres.

Fontaine-d'Argent, ruiss. affl. de l'Andelle à Romilly.

Fontaine-de-Cloporte (Ruisseau de la), affl. de l'Iton.

Fontaine-de-Déduit (La), lieu-dit à Ailly.

Fontaine-de-Saint-Féréol (La), affluent de la Calonne à Asnières.

Fontaine-de-Saint-Martin (La), ruiss. à Vernon; il a 1,400 mètres de cours.

Fontaine de Saint-Sauveur, source ferrugineuse à Épaignes.

Fontaine-des-Bois, lieu-dit à Portes.

Fontaine des Princes (La), source au pied du mont de Tilly.

Fontaine Domin (La), source à la Chapelle-Bayvel; elle alimente le ravin de Routout.

Fontaine-Domin (La), h. de Vannecrocq.

Fontaine Dourdan, source ferrugineuse à Épaignes.

Fontaine-du-Grand-Pierre (La), ruiss. qui a sa source à Saint-Martin-Saint-Firmin et afflue à la Véronne après 1 kilom. de cours.

Fontaine-du-Houx (La), chât. du xvie siècle à Bezu-la-Forêt, d'abord pavillon de chasse de Charles IX; fief; c^on de la forêt de Lyons. — Fons Houss., 1303 (comptes du bailli de Gisors).

Fontaine-du-Prey (La), h. de Foulbec.

Fontaine-Enragée (La), m^in à Grosley; lieu où la Risle reprend son cours après avoir disparu sous terre pendant 6 kilomètres.

Fontaine-Fiacre (La), h. de Saint-Martin-Saint-Firmin.

Fontaine-Gauville, m^on isolée; ruiss. qui a sa source à Saint-Germain-la-Campagne et afflue à l'Orbec.

Fontaine Guérard, source aux Andelys; autrefois la Cressonnière.

Fontaine-Guérard, langue de terre appartenant à trois communes: Douville, Pont-Saint-Pierre et Radepont; comptée très-souvent comme trois hameaux différents. Sur la partie qui dépend de Radepont, filature monumentale remplaçant une anc. maison abbatiale, complètement incendiée en 1874. — Fons Gerardi (Masseville). — Fons Girardi, 1198 (Gall. christ.). — Fontana la Guerart, 1218 (reg. Phil. Aug.). — Fons Guerardi, 1255, et Fontes Girardi, 1263 (ch. de saint Louis). — Fons Guerardi, 1263 (p. d'Eudes Rigaud). — Fontaines Guerart, 1266 (arch. de l'Eure).

Fontaine-Guérard, abbaye de femmes fondée sur la partie de territ. du même nom appart. à Radepont.). — *S. Maria Fontis Girardi*, fin du XIIᵉ siècle (L. P.). — *S. Maria de Fontibus Guerardi*, 1398 (roul. des morts).

ᴺᵀᴬⁱⁿᴱ-Halbout, vavassorie à Condé-sur-Risle. — XIIIᵉ sᵉ (inv. des chartes du Bec).

ᴺᵀᴬⁱⁿᴱ-Heudebourg, cⁿᵉ du cᵒⁿ de Gaillon; fief et haute justice, qualifié bailliage en 1427. — *Fontes Heudeburgi*, 1181 (bulle de Luce III). — *Fontaines-Heudebourt*, 1411 (dénomb. de l'abb. de la Croix-Saint-Leufroi). — *Fontaine-Heudibourt*, 1427 (livre des jurés de l'abb. de Saint-Ouen).

ᴺᵀᴬⁱⁿᴱ-Jambard (Ruisseau de la), affl. de l'Iton à Hondouville.

ᴺᵀᴬⁱⁿᴱ-l'Abbé, cⁿᵉ du cᵒⁿ de Bernay; fief relev. de la baronnie de Bernay, appartenant à l'abbaye. — *Fontanæ*, 1000 (dotalit. de la duch. Judith). — *Fonteinne-l'Abbé* (reg. de la cour des comptes de Rouen). — *Fontes Abbatis* (p. d'Évreux). — *Fontaynes-l'Abbé*, 1562 (arrière-ban).

ᴺᵀᴬⁱⁿᴱ-l'Abré (Ruisseau de), affl. de la Charentonne.

ᴺᵀᴬⁱⁿᴱ-la-Louvet, cⁿᵉ du cᵒⁿ de Thiberville; demi-fief relev. d'Orbec, 1407 (L. P.). — *Fontes Lovet*, 1249 (cart. normand). — *Fontes la Lovett*, 1258 (cart. du chap. d'Évreux). — *Fontes Louveti*, 1323 (L. P.).

ᴺᵀᴬⁱⁿᴱ-la-Soret, cⁿᵉ du cᵒⁿ de Beaumont; demi-fief réuni au marquisat de Thibouville. — *Fonteinne-la-Soret* (reg. de la cour des comptes de Rouen). — *Fontaine-la-Sore-sur-Rile*, 1374; *Fontaine-Lassorel*; *Fontaines-la-Sorel*, 1389 (aveux de Raoul de Meullent). — *Fons Sorellus*, 1557 (Robert Cœnalis). — *Fontes Sorelle*, XVIᵉ siècle (p. de Lisieux).

ᴺᵀᴬⁱⁿᴱ-la-Verte, h. de Venables. — *Fontena Verte*, 1238; *Fonte-la-Vert*, 1276 (L. P.).

ᴺᵀᴬⁱⁿᴱ-les-Basses, fief à Marcilly-la-Campagne, relevant de Tranchevilliers. — 1403 (L. P.).

ᴺᵀᴬⁱⁿᴱ-Noyer (La), h. de Saint-Paul-sur-Risle.

ᴺᵀᴬⁱⁿᴱ-Pernée (La)', aux Andelys; cours d'eau renfermé dans un petit canal construit en pierre.

ᴺᵀᴬⁱⁿᴱ-Perrier (La), ruiss. à Fiquefleur, qui se jette dans la Morelle.

ᴺᵀᴬⁱⁿᴱʳᴱˢˢᴱ, h. de Lyons-la-Forêt et ruiss. affl. de la Lieure.

ᴺᵀᴬⁱⁿᴱˢ (Les), h. de Brionne.

ᴺᵀᴬⁱⁿᴱˢ (Les), mⁱⁿ à Conches.

ᴺᵀᴬⁱⁿᴱˢ (Les), mⁱⁿ isolée, à Saint-Éloi-près-Gisors.

ᴺᵀᴬⁱⁿᴱˢ (Les), h. de Saint-Mards-de-Blacarville.

ᴺᵀᴬⁱⁿᴱˢ (Les), h. de Saint-Pierre-de-Cormeilles.

ᴺᵀᴬⁱⁿᴱˢ (Ruisseau des), formé de cinq sources à Fontaine-sous-Jouy; affl. de l'Eure à Saint-Vigor. — *Fontanæ*, 1214 (cart. du chap. d'Évreux).

Fontaine-Saint-Christophe (La), ruiss. qui a sa source à Saint-Christophe-sur-Condé et afflue à la Risle à Condé, après un cours de 2 kilomètres

Fontaine-Saint-Denis (La), chapelle à Neuilly.

Fontaine-Saint-Germain (La), affl. de la Charentonne près de Bernay.

Fontaine-Saint-Julien (La), h. de Chaignes.

Fontaine-Saint-Mards, affl. de la Risle à Corneville.

Fontaine-Saint-Martin (La), lieu-dit à Civières.

Fontaine-Saint-Martin (La), ruiss. à Villez-sous-Bailleul.

Fontaines-Barbottes (Les), ruiss. qui a sa source à Selles et afflue à la Tourville.

Fontaines-de-Saint-Denis (Les), affl. de la Risle à Brionne.

Fontaines-du-Mont-Poignant (Les), mᵒᵘ is. à Saint-Ouen-de-Pontcheuil.

Fontaine-sous-Jouy, cⁿᵉ du cᵒⁿ d'Évreux sud et fief. — *Fontane*, 1080 (cart. de Jumiéges). — *Fontana*, *Fontanis*, vers 1130 (ch. de Henri Iᵉʳ). — *Fontaines juxta Goe*, 1217 (ch. de Lucie de Poissy). — *Fontenes*, 1419 (dénomb. des biens de l'abb. de Conches). — *Fontaynes-soubz-Jouy*, 1455 (aveu d'Anne de Laval). — *Fontes subtus Joiacum* (p. d'Évreux).

Fontaine-sous-Jouy (Canton de), comprenant, de 1790 à l'an IX, 15 cᵐᵉˢ : le Boulay-Morin, Chambray-sur-Eure, Dardez, Émalleville, Fontaine-sous-Jouy, Gauciel, Hardencourt, Irreville, Jouy-sur-Eure, Miserey, Reuilly, Saint-Germain-des-Angles, Saint-Vigor, Sassey, Vaux-sur-Eure.

Fontaines-Pigny (Les), h. de Saint-Jean-d'Asnières.

Fontainettes (Les), ruiss. affl. de la Seine, source et prairie, aux Andelys.

Fontaine-Vanier (La), h. de Fort-Moville.

Fontaine-Vannier (La), affl. de la Corbie, à Fort-Moville.

Fontelaie (La), h. de Saint-Cyr-de-Salerne; fief.

Fontenaie (La), h. d'Hauville.

Fontenay, cⁿᵉ du cᵒⁿ des Andelys; fief relev. de Gisors, sous le nom de *Fontenoy-le-Bois* (L. P.). — *Fontenetum* (p. d'Eudes Rigaud). — *Fontanetum*, 1284 (cart. blanc de Saint-Denis). — *Fontanis castrum*, 1315 (ch. de Louis le Hutin). — *Fonteney* (arch. nat.). — *Fontenay-en-Vexin*, 1867 (ann. judic.).

Fontenelle (Bois de), à Saint-Élier.

Fontenelle, cᵗᵉ réunie à Fontaine-la-Louvet en 1845 : fief relevant d'Orbec. — *Fontenelle*, 1290 (p. de Lisieux).

Fontenelles, h. de Menilles.

Fontenelles (Les), mᵒⁿ isolée, à Aviron.

Fontenelles (Les), f. et fief à Caugé.

Fontenelles (Les), f. à Conches.

Fontenelles (Les), lieu-dit à Évreux.

Fontenétain, h. de Saint-Pierre-la-Garenne et château. — *Fontenaitin*, 1870 (ann. lég.).

Fontexey (Le), huit° de fief à ou près Vitot, 1487.

Fontenil (Le), lieu-dit à Perriers-sur-Andelle. — 1291 (livre des jurés de Saint-Ouen).

Fontennecourt, fief à Glos-sur-Risle.

Fontenoy-le-Bois, anc. fief. — Voy. Fontenay.

Fonteny (Le), l'une des sources du ruiss. des Fontaines à Fontaine-sous-Jouy.

Fortipou, nom de la c^he de Flipou jusqu'en 1642. — *Fagotipus* (p. d'Eudes Rigaud). — *Foutipou* (p. de Raoul Roussel). — *Foutippou* (L. P.). — *Futipou juxta Pontem Sancti Petri*, 1184 (cart. de Lyre). — *Fontipou, juxta Montem Duorum Amantium*, 1221 (reg. Phil. Aug.). — *Fagotipus*, 1272 (cart. de Lyre).

Foot (Le Pré), près de Rugles. — 1455 (aveu de Louis de Costes).

Fordannis (Les), lr. de Tourville-sur-Pont-Audemer.

Forestelle (Culture de), anc. lieu-dit à Lisors (cart. de Mortemer).

Forestien (Fief au), voisin et relevant de Lyons-la-Forêt.

Forestiène (La), fief à Épréville-en-Lieuvin.

Forestière (La), huit° de fief à Goupillières. — 1729 (L. P.).

Forestière (La), h. de Vascœuil.

Forêt (La), h. d'Autheuil.

Forêt (La), h. des Barils.

Forêt (La), huit° de fief à Bourg-Beaudouin, relev. du roi à cause de Ménesqueville.

Forêt (La), h. de Claville.

Forêt (La), h. de Courteilles.

Forêt (La), h. de la Forêt-du-Parc.

Forêt (La), h. de Grandvilliers.

Forêt-du-Parc (La), c^ne du c^on de Saint-André. — *Picturica Villa* (cart. de Saint-Taurin). — *Foresta*, 1208 (L. P.). — *B. Maria de la Forest*, 1228 (cart. de Saint-Taurin). — *Paintourville*, 1231; *Paintorieville*, 1253 (L. P.).

Forêt-la-Folie, c^ne du c^on d'Écos. — *Forez* (M. R.). — *S. Supplicius de Foresta* (p. d'Eudes Rigaud). — *S. Supplicius* (p. de Raoul Roussel). — *Forest*, 1211; *Foreiz*, 1266; *Foriez*, 1270; *Foresta*, 1307 (cart. de Saint-Wandrille). — *Forest-en-Vexin*, 1729 (procès-verbal d'arpentage, arch. de la Seine-Inférieure).

Forêts, fief voisin et relev. de Gisors.

Forfil, f. à Tourville-sur-Pont-Audemer.

Forge (La), demi-fief à Bacqueville, relev. de Puchay.

Forge (La), h. de Bois-Hellain.

Forge (La), h. de la Bonneville.

Forge (La), h. de Conches.

Forge (La), h. de Foulbec.

Forge (La), h. de Glos-sur-Risle.

Forge (La), h. de la Houssaye.

Forge (La), h. des Jonquerets.

Forge (La), h. de Malleville-sur-le-Bec.

Forge (La), h. de Rugles.

Forge (La), h. de Saint-Étienne-l'Allier.

Forge (La), h. de Saint-Mards-de-Blacarville.

Forge (La), h. de Saint-Martin-Saint-Firmin.

Forge (La), h. de Saint-Ouen-des-Champs.

Forge (La), h. de Vannecrocq.

Forge-au-Baron (La), h. d'Asnières.

Forge-Couel (La), h. de Saint-Germain-la-Campagne.

Forge-Coupeur (La), h. de Saint-Sylvestre-de-Cormeilles.

Forge-Courtin (La), h. de Saint-Victor-d'Épine.

Forge-Maury (La), h. de Routot.

Forge-Patin (La), h. de la Lande.

Forges (Les), anc. f. à Broglie. — 1792 (liste des émigrés).

Forges (Les), h. du Mesnil-sur-l'Estrée.

Forges (Les), h. de la Roussière.

Forge-Subtile (La), h. de Fresne-Cauverville.

Forgettes (Les), h. de Fontaine-la-Louvet.

Forgettes (Les), f. à Saint-Ouen-de-Thouberville.

Foriaux (Les), lieu-dit à Ferrières-Haut-Clocher.

Forières (Les), m^in à Auvergny.

Forilière (La), lieu-dit à Francheville.

Formentiène (La), château à Saint-Mards-de-Fresnes.

Fort (Le), f. à Authevernes.

Fort (Le), f. à Fort-Moville.

Fort (Le), h. d'Igoville où s'étendaient les fortifications de Pont-de-l'Arche.

Fort-aux-Anglais, nom populaire d'une enceinte retranchée, camp romain probablement, dans un bois situé au-dessus de Becdal, sur le territ. du Mesnil-Jourdain.

Fort-Buisson (Le), h. des Damps.

Fortelle (La), lieu-dit à Lisors.

Fortelle (Le), bois, anc. parc du chât. de Villers, aux Andelys.

Fortelle-Brancant (La), fief voisin et relevant de Pacy (L. P.).

Fortelles (Les), lieu-dit à Garencières.

Fortelles (Les), lieu-dit à Prey.

Forte-Maison (La), forteresse protégeant le port principal de Pont-Audemer et le passage de la Risle, au moyen âge, ruinée par Du Guesclin.

Forterie (La), h. d'Épaignes.

Fortenie (La), h. de Gournay-le-Guérin.

Fortière (La), h. d'Épréville-en-Lieuvin; fief relevant d'Orbec.

Fortière (La), fief relevant d'Évreux. — La Forelterie (L. P.).

Fortière (La), fief relevant de Pont-de-l'Arche (L. P.).

Fortière (La), h. de Saint-Jean-de-la-Lequeraye.

Fortin, île sur l'Eure, entre Autheuil et Crèvecœur.

Fortinière (La), h. de Landepereuse; fief.

Fort-Laleu, f. à Hécourt.

Fort-Moville, cne du cen de Beuzeville et fief relevant de Pont-Audemer; anc. forteresse de quelque importance. — Formorilla, 1035 (grande ch. de Préaux). — Formovile, 1205 (arch. de l'Eure). — Formeville, 1250 (états de Pont-Audemer). — Fortmanville, 1656 (actes notariés). — Fourmenville (L. P.). — Formanville, 1754 (Dict. des postes). — Fortmauville, 1792 (suppl. à la liste des émigrés). — Fortmauville, 1828 (L. Dubois). — Formenville, 1868 (Ann. de l'Assoc. norm.).

Fort-Queval, h. du Bosc-Morel.

Forts (Les), h. de Bourneville.

Forts (Les), h. de la Noë-Poulain.

Fort-Saint-Marc, anc. poste militaire romain sur un coteau qui domine, en face de Serquigny, le confl. de la Charentonne et de la Risle.

Fossard, h. et min à Ferrières-Saint-Hilaire, v. 1610 (aveu de Charlotte des Ursins).

Fosse (La), h. de Saint-Maclou, vallée et filature.

Fosse (La), f. à Saint-Quentin-des-Îles.

Fossé (Le), h. du Fidelaire.

Fossé (Le), h. de Saint-Pierre-de-Cormeilles.

Fossé (Le), demi-fief à Tourny.

Fossé (Ruisseau du), à Morainville.

Fosse-à-la-Chrétienne (Le), lieu-dit à Bois-le-Roi.

Fosse-à-la-Reine (La), lieu-dit à Émanville.

Fosse-à-l'Homme, lieu-dit à Illiers-l'Évêque.

Fosse-à-Marion (La), mon isolée, aux Essarts.

Fosse-au-Charron (La), fief à la Roussière. — 1234 (L. P.).

Fosse-au-Cuit (La), lieu-dit à Fontenay.

Fosse-au-Curé, lieu-dit à Aclou.

Fosse-au-Diable, lieu-dit à Burey.

Fosse-au-Jean (La), h. de Louversey.

Fosse-au-Loup (La), mon isolée, à Louversey.

Fosse-au-Loup (La), mon isolée, à Vitot.

Fosse-au-Prêtre (La), lieu-dit à Écauville.

Fosse-au-Vert (La), lieu-dit à Canappeville.

Fosse-aux-Bœufs, lieu-dit à Saint-Ouen-d'Attez.

Fosse-aux-Chats (La), lieu-dit à Surtauville.

Fosse-aux-Dames, principale source jaillissant à Glisolles du pied du coteau de la Bonneville, affl. de l'Iton.

Fosse-aux-Ladres, lieu-dit à Surville.

Fosse-aux-Loups (La), lieu-dit à Garencières.

Fosse-aux-Merles (La), lieu-dit à Prey.

Fosse-aux-Moines (La), lieu-dit à Garencières.

Fosse-aux-Poules (La), lieu-dit à Bois-le-Roi.

Fosse-aux-Poux (La), lieu-dit à Émalleville.

Fosse-aux-Prêtres (La), lieu-dit à Bacquepuis.

Fosse-aux-Prêtres (La), lieu-dit à Cesseville.

Fosse-aux-Prêtres (La), lieu-dit à Villiers-en-Désœuvre.

Fosse-aux-Voleurs (La), lieu-dit à Bosquentin.

Fosse-Bordez (La), h. de Saint-Nicolas-du-Bosc-l'Abbé.

Fosse-Boulet (La), mon isolée, à Tostes.

Fosse-Boutenteste (La), lieu-dit à Écauville.

Fosse-Cabot (La), bras de l'Andelle à Romilly.

Fosse-Cantelou (La), bras de la Seine bordant le territ. de Romilly-sur-Andelle.

Fosse-Capitaine (La), lieu-dit à Amfreville-la-Campagne.

Fosse-Cornue (La), lieu-dit à Émanville.

Fosse-Crogne (La), lieu-dit à Malleville-sur-le-Bec, cité en 1266.

Fosse-de-la-Justice, lieu-dit au Neubourg.

Fossé-des-Nouettes (Le), h. de Hauville.

Fossé-Écray (Le), fief à Saint-Étienne-l'Allier, relev. de Montfort-sur-Risle.

Fosse-Glame, excavation sur le versant de la côte de Berville, au-dessus de la mer.

Fosse-Grande-Gueule (La), lieu-dit à Coulonges.

Fosse-Hideuse (La), lieu-dit à Crestot, 1647.

Fosse-Jumelle (La), lieu-dit à Quatremare.

Fosselet (Le), lieu-dit à Amfreville-les-Champs.

Fosse-Merière (La), h. de Saint-Quentin-des-Îles.

Fosse-Mouille-Pain, point de séparation d'Acquigny et de Pinterville, sur la rive droite de l'Eure.

Fosse-Noël (La), lieu-dit à Gauville-la-Campagne.— Fovea Noel, 1254 (arch. nat.).

Fosse-Orageuse (La), lieu-dit à Aclou.

Fosse-Payard (La), mon is. à Saint-Quentin-des-Îles.

Fosse-Piètre (La), lieu-dit à Venon.

Fosse-Raisin, le principal des entonnoirs constatés vers Gaudreville, sur le toit du canal souterrain de l'Iton.

Fosserie (La), h. du Planquay.

Fossé-Roger (Le), h. de Trouville-la-Haulle.

Fosse-Rouge (La), lieu-dit à la Croix-Saint-Leufroi.

Fosses (Les), lieu-dit à Épieds.

Fosses (Les), h. de Louviers.

Fosses (Les), h. de Montaure.

Fosses (Les), h. de Saint-Antonin-de-Sommaire.

Fosses (Les), h. de Sainte-Marguerite-de-l'Autel.

Fossés (Les), h. de Grandvilliers.

Fossés (Les), h. de Panlatte.

Fossés (Les), demi-fief à la Puthenaye, relevant de Conches.

Fossé-Saint-Arnoult (Le), lieu-dit à Garencières.

Fosses-aux-Poules (Les), lieu-dit à Bois-le-Roi.

Fosses-Butrolles (Les), triége de Rouge-Perriers, où il a été rencontré des débris romains.

Fosses-d'Auvergne (Les), lieu-dit à Mandeville.

Fosses-Fourrées (Les), h. de Creton.

Fosses-Gloriettes (Les), c^ne de la forêt de Lyons (plan général de la forêt domaniale).

Fosses-Notre-Dame (Les), lieu-dit à Ormes.

Fosses-Rouges (Les), lieu-dit à Surtauville.

Fossés-Saint-Denis (Les), lieu-dit à Fresnes-l'Archevêque.

Fosses-Sainte-Christine (Les), lieu-dit à Ferrières-Haut-Clocher.

Fosses-Saugueuses (Les), fief à la Puthenaye.

Fosse-Tison (La), h. de Conteville.

Fosse-Torchêne, m^on isolée, à Bourneville.

Fossettes (Les), lieu-dit à Fresnes-l'Archevêque.

Fossé-Turlupé (Le), lieu-dit à Amfreville-les-Champs.

Fosse-Turluret (La), lieu-dit à Villez-sur-le-Neubourg.

Fossiony (Le), f. à Saint-Pierre-de-Cormeilles.

Fossubttes (Les), lieu-dit à Feuguerolles.

Fotacard, h. de Rosay.

Foucandière (La), lieu-dit à Sainte-Colombe-près-Vernon.

Foucrainville, c^ne du c^on de Saint-André; fief. — Fokrevilla, 1221 (cart. du chap. d'Évreux). — Foquerevilla, xiiie siècle (L. P.).

Fouesnard, h. de Bois-Normand-près-Lyre.

Fouesnard, h. du Noyer.

Fouesnard-de-la-Noë, h. de Thevray.

Fouesnard-du-Bocage, h. de Thevray.

Fouillebroc (Le), petite riv. qui a sa source à Lisors et afflue à la Lieure.

Fouillerie (La), f. à Gouville.

Fouillets (Les), h. d'Étréville.

Foulbec, c^ne du c^on de Beuzeville et fief. — Folebec, 1066; Folebech, 1082 (chartul. S. Trinitatis). — Foulebeccum, 1179; Fulebec, Fulobeccum (cart. de Préaux). — Foullebeccum (p. de Lisieux). — Foullebec, 1754 (Dict. des postes).

Fouleric (La), m^in à Corneville-sur-Risle.

Foulerie (La), m^on isolée, au Landin.

Foulette (La), ruiss. aux Andelys.

Fouling (La), lieu-dit au Grostheil.

Foulonnerie (La), h. de Valailles.

Foulonnière (La), h. de la Chapelle-Gauthier.

Foulonnière (La), vavass. à Saint-Jean-du-Thenney, relev. de Ferrières-Saint-Hilaire.

Fouquerie (La), h. d'Épinay.

Fouqueterie (La), h. de Saint-Clair-d'Arcey.

Fouqueville, c^ne du c^on d'Amfreville. — Fulcheville, 1093 (inv. des tit. du Bec). — Fulconis Villa (L. P.). — Beata Maria de Fulcherivilla, Focrevilla, Foquerevilla (L. P.). — Foucqueville, 1518-1612 (aveux); 1580-1582 (proc.-verb. de la réf. de la coustume); 1620 (comptes de la fabrique). — Notre-Dame-de-Fouquerville, 1743 (terr. de Bosférey).

Four (Le), h. de Dame-Marie.

Four-à-Ban (Le), fief à la Neuve-Lyre. — 1469 (Le Beurier).

Four-à-Chaux (Le), m^on isolée, aux Barils.

Four-à-Chaux (Le), m^on isolée, à Bazincourt.

Four-à-Chaux (Le), m^on isolée, à Nonancourt.

Fourchets (Les), l'une des sources du ruiss. des Fontaines, à Fontaine-sous-Jouy.

Fourelière (La), h. de Saint-Clair-d'Arcey.

Fouret (Le), h. partagé entre Sainte-Croix-sur-Aizier et Tocqueville.

Four-Garnier, c^on de la forêt de Lyons.

Fourges, c^ne du c^on d'Écos; q^t de fief relevant de la baronnie de Garencières (L. P.). — Furge, vers 1027 (ch. de Richard II). — S. Petrus de Forges (p. d'Eudes Rigaud). — Parochia de Fourgis, 1242 (L. P.). — Furgi, 1263 (cart. du Trésor). — Forgice, 1254; Furges subtus Baudemont, 1262 (cart. de Saint-Ouen). — Fourge, 1316 (L. P.).

Fourmetot, c^ne du c^on de Pont-Audemer; fief et serg. relevant de Montfort (L. P.). — Formetot (M. R. et p. d'Eudes Rigaud). — Formetuit (Gall. christ.). — Fourmentot, 1754 (Dict. des postes). — Fermetot et Fremetot, 1828 (L. Dubois).

Fourneau (Le), h. de Bourth.

Fourneau (Le), h. de la Houssaye.

Fourneau (Le), m^on isolée, à Sainte-Croix-sur-Aizier.

Fourneaux, fief voisin et relevant de Gaillon. — 1789 (arch. de la Seine-Inférieure.)

Fourneaux, f. à Hellenvilliers.

Fourneaux, h. de Saint-Ouen-de-la-Londe.

Fourneaux, f. et fief à Séez-Mesnil.

Fourneaux, h. de Vernon.

Fourneaux (Les), m^in à la Croisille.

Fourneaux (Les), h. et q^t de fief partagé entre Faverolles-la-Campagne et Portes, 1419 (L. P.). — Fornals, 1205 (ch. de Saint-Étienne de Renneville). — Fornax, 1206 (cart. de Saint-Sauveur). — Fornaiz, 1233 (assises). — Fornelli (O. V.) et 1235 (cart. du chap. d'Évreux). — Forniaus, 1245 (L. P.). — Fourneaulx, 1452 (aveux).

Fournel, h. et ruiss. à Saint-Pierre-d'Autils.

Fournière (La), m^on isolée, à Hellenvilliers. — 1395 (cart. du Bec).

Fournieux (Les), h. de Bourth.

Fourquerie (La), f. à Honguemare.

Fourques, anc. centre de population qui s'est divisé en deux paroisses, Saint-Éloi-de-Fourques et Saint-Paul-de-Fourques. — Furce (p. d'Éudes Rigaud).

Fourquettes, h. de Saint-Éloi-de-Fourques. — Furcæ. xiiie siècle (p. d'Eudes Rigaud). — Les Fourques, 1542 (aveu de Claude de Lorraine).

Fours, fief à Dame-Marie, relevant de Condé-sur-Iton (L. P.). — Le Fau, 1452 (L. P.).

Forns, c^ne du c^on d'Écos et fief relevant de Vernon (L. P.). — Fors (M. R.). — Forz, 1233 (cart. normand). — Furni, 1247 (cart. du Trésor). — Forez, 1259 (L. P.).

Foultelaye (La), anc. lieu-dit à Beaumont-le-Roger. — Foutillaia, 1260; Foutelaia, 1275 (cart. de Beaumont).

Foueteray, fief au Coudray, relevant de Lisors (Le Beurier).

Fouygnandière (La), anc. lieu-dit à la Selle. — 1476 (L. P.).

Frais-Vent (Le), h. de Brosville.

Framboisier (Le), h. du Neubourg; q^t de fief relev. du Neubourg, 1448. — Framboisor (cart. de Lyre). — Franc-Boissié, 1457; Franc-Boesier, 1547 (aveux des barons de Neubourg).

Framboisier (Le), h., fief et grand bois à Saint-Pierre-du-Bosguerard. — A l'origine, plutôt Franc-Boissié ou Boësier que Framboseria (L. P.). — Franc-Boisier, 1542 (aveu de Claude de Lorraine).

Françaisière (La), h. de Pullay. — La Franchoisière, 1486 (cart. du Bec).

Francardière (La), h. de Grand-Camp.

Francardière (La), h. de Réville.

Francardière (La), fief à Saint-Jean-du-Thenney, relev. du Thenney (Le Beurier).

Franc-Boisier (Le), fief à Saint-Paul-sur-Risle, relevant de Brionne.

France (Rue de), à Pacy, se dirigeant vers Pacel, du ressort du parlement de Paris.

Franches-Dîmes (Les), lieu-dit à Épieds.

Franches-Terres (Les), h. de Beuzeville.

Franches-Terres (Les), h. de Toutainville et fief.

Franchet (Pont de), à Saint-Germain-sur-Avre (ch. de Robert, év. de Chartres).

Franchetière (La), h. de Bois-Nouvel.

Francheville, c^ne du c^on de Breteuil. — Franca Villa, 1613 (Grisel, Fasti Rothomagenses). — Libera Villa (Masseville). — Franqueville (usages et cout.

des forêts de Normandie). — Franchevilla (1er p. d'Évreux). — Francheville-sur-Iton, 1828 (L. Dubois).

Francheville, h. de Coudres.

Franchise (La), au pays de Gisors; seigneurie dans la maison de Pertuis, 1471 (La Chesnaye-des-Bois).

Franc-Manoir (Le), fief, château et f. à Montfort-sur-Risle.

Francœuil, lieu-dit à la Couture-Boussey.

François (Le), tiers de fief à Reuilly, relev. de Crève-cœur.

Françoisière (La), fief et h. de N.-D.-du-Hamel.

Françoisière (La), vavassorie unie avec celle de la Rousselière au fief de Panlatte.

François Ier (Route de), dans la forêt des Andelys.

Franc-Pêcher (Le), huil^e de fief à Saint-Cyr-du-Vaudreuil. — Francpescher, 1635 (arch. de l'Eure).

Francs-Fiefs-de-Breteuil (Les), fief au Tilleul-Othon (Le Beurier).

Frangrieuse, lieu-dit à Ormes.

Franqueville, c^ne du c^on de Brionne; demi-fief relev. d'Orbec, 1413. — Franquevilla super Brioniam, 1314; Franqueville-sur-Brionne, 1334 (cart. S. Trinit. Bellimontis). — Francaville; Franquaville (p. de Lisieux). — Franqueville-la-Campagne, 1828 (L. Dubois). — Franqueville-N.-D. (L. P.).

Franval, f. à Saint-Mards-de-Fresnes.

Fredet, ruiss. qui a sa source à Saint-Pierre-de-Cormeilles et afflue à la Calonne.

Fredeville, anc. lieu-dit voisin de Fresnes-l'Archevêque. — Fractavilla, xiie s^e (cart. de Mortemer). — Fredisvilla (ch. de Robert 1er).

Fréelles, fief relevant de Beaumont-le-Roger. — Fresle (L. P.).

Frelandière (La), h. de Martainville-en-Lieuvin et vavassorie. — Frélart (Le Beurier).

Frémilleux (Les), lieu-dit à Saint-Étienne-du-Vauvray.

Fremondière (La), château à Carsix.

Fremondière (La), h. de Freneuse-sur-Risle.

Fremont, h. de Ferrières-Haut-Clocher.

Fremont, m^on isolée, à Fleury-la-Forêt.

Fremont, h. de Saint-Ouen-de-Thouberville.

Fremontel, h. du Fidelaire; fief.

Frenelles, h. partagé entre Boisemont et Corny; chât. et fief, 1156 (bulle d'Adrien IV). — Frénelles-en-Vexin (épitaphe au prieuré de Saint-Lô). — Fresneles, 1229 (L. P.). — Fresnelles, 1262 (reg. visit.). — Fresnel-Boismont, 1870 (ann. lég.).

Frenelles, f. à Saint-Paul-sur-Risle.

Frénésie (La), lieu-dit à Heudebouville.

Freneuse-sur-Risle, c^ne du c^on de Montfort. — Fraxinosa (Masseville). — Frainosa, 1164 (cart. de

12.

Préaux). — *Fraisnose* (Stapleton, M. R.). — *Fres-nose*, 1211 (cart. de Préaux); 1259 (olim). — *Fresnosa* (pouillé de Lisieux). — *Fresneuse*, 1722 (Masseville).

Fresches du Bocherel (Les), lieu-dit à Saint-Phil-bert-sur-Boisset. — 1235 (cart. du Bec).

Freschesse, demi-fief à Épréville-en-Roumois, relev. de Pont-Audemer.

Fresmont (Bois de), à Ferrières-Haut-Clocher,

Fresnaie (La), f. à Broglie.

Fresnaie (La), h. de Grandchain.

Fresnaie (La), h. de Saint-Pierre-de-Cormeilles. — *La Fraisnée*, 1872 (Courrier de l'Eure)

Fresnay (Le), fief en la vicomté de Beaumont (L. P.).

Fresnay (Le), h. du Tronquay.

Fresnaye (La), fief à Vernonnet.

Fresne (Le), c^ne du c^on de Conches. — *Frauxinus*, 1230 (L. P. et 1er cart. d'Artois). — *Freene*, 1297 (cart. de Saint-Wandrille). — *Fraxinus* (gr. ch. de Conches). — *Saint-Liénart-du-Fresne*, 1334 (cart. S. Trinitatis Bellimontis). — *Fraxinetum* (Masse-ville). — *Le Frêne-le-Château*, 1828 (L. Dubois).

Fresne (Le), h. de Ferrières-Saint-Hilaire. — *Fresne* (reg. Phil. Aug.).

Fresne (Le), fief à Fresnes-l'Archevêque.

Fresne (Le), plein fief au Mesnil-Hardray, relevant de Conches. — 1469 (L. P.).

Fresne (Le), h. de Montreuil-l'Argillé.

Fresne (Le), fief à la Vacherie-près-Barquet.

Fresne-Cauverville (Le), c^ne du c^on de Cormeilles, formée en 1844 de Cauverville-en-Lieuvin et de Notre-Dame-de-Fresnes.

Fresne-Chabot, h. de Saint-Thurien.

Fresnes (Les), f. et huit^e de fief à Honguemare, re-levant de Pont-Audemer.

Fresnes (Les), h. et fief à Petite-Ville.

Fresnes-l'Archevêque, c^ne du c^on des Andelys; ba-ronnie des archevêques de Rouen; haute justice, 1722 (Masseville). — *Freines*, xiie s^o (cart. de Mortemer). — *Fraxini, Frascini*, 1197 (traité de Richard Cœur de Lion). — *Fraynes*, 1266 (reg. visit.). — *Fraxini Archiepiscopi*, 1281 (chronicon Becci).

Fresney, c^ne du c^on de Saint-André; fief. — *Fresnia-cum*, 1104 (cart. de Saint-Père de Chartres). — *Fraxinetum* (cart. S. Trinit. Bellim.). — *Fresneya* (1er p. d'Évreux). — *S. Petrus de Fresneio*, v. 1210 (ch. de Luc, év. d'Évreux). — *Fresneium*, 1308 (Trésor des chartes). — *Frêni* (L. P.). — *Frenei la Lande*, 1828 (L. Dubois).

Fresney, plein fief à Chambrais, auj. Broglie, relev. de Ferrières-Saint-Hilaire. — *Fresney juxta Cham-*

brecis, 1210 (reg. Phil. Aug.). — *Fresneium*, 1239 (L. P.).

Fresquet-Noir (Le), lieu-dit à Thierville, 1502.

Frétaut (Le), bois de 66 acres à Brionne. — 1792 (1er suppl. à la liste des émigrés).

Fretelets (Les), h. d'Aclou.

Freteville, h. et fief à Daubeuf-près-Vatteville. — *Fretevilla*, 1218 (reg. Phil. Aug.); 1315 (Trésor des chartes).

Fretey (Les), h. de Saint-Étienne-l'Allier.

Fretils (Les), c^ne du c^on de Rugles; fief. — *Terra de Fractis*, xie siècle (ch. de fondation de Lyre). — *Les Fretiz*, vers 1208 (ch. de Luc, év. d'Évreux). — *Freytiz*, 1222; *Froticium, Frestiz*, 1238; *S. Pe-trus de Fracticiis*, 1277 (cart. de Lyre). — *Fretis*, 1277 (cart. de Notre-Dame-du-Lesme). — *Les Fretix*, 1700. — *Les Fretis* (dép^t de l'élection de Conches et Cassini).

Frévents (Bruyère des), au Theillement.

Fréville, plein fief et m^in à Bouquetot.

Fréville, vavassorie à Épréville-en-Roumois.

Fréville, h. de Goupillières. — *Fredevilla*, v. 1023 (gr. ch. de Richard II). — *Freovilla*, 1258 (cart. de Beaumont).

Fréville, f. à Manneville-sur-Risle.

Friardel, fief sans assiette bien certaine, relevant de Pont-Audemer.

Frigault (Pont de), sur l'Eure, près de la Croix-Saint-Leufroi. — 1750 (Durand, Calendrier hist.).

Friche (La), h. d'Arnières.

Friche (La), h. du Bois-Penthou.

Friche (La), h. de Saint-Germain-la-Campagne.

Friche (La), h. de Saint-Quentin-des-Îles.

Friche-au-Chêne (La), h. de Sébécourt.

Friche-Coquille, point du territ. de Conches où se trouvent le plus abondamment les coquilles fossiles auxquelles on a voulu attribuer le nom de la ville.

Friche-de-la-Motte (La), m^on isolée, à Aviron.

Friche-Philippon (La), h. de Sainte-Marguerite-de-l'Autel.

Friches (Les), h. d'Aclou.

Friches (Les), h. d'Angoville.

Friches (Les), h. de Brionne.

Friches (Les), h. de Conteville.

Friches (Les), h. de Voiscreville.

Frichet (Les), lieu-dit à Émanville.

Frichettes (Les), h. de Houlbec-près-le-Grosthcil.

Friesches (Les), lieu-dit à Aclou.

Friscots (Les), lieu-dit à Aclou.

Frileuse, h. du Chesne.

Frileuse, m^on isolée, à Grosbois.

Frileuse, h. de la Neuve-Grange.

ILEUSE, h. de Nojeon-le-Sec.

LEUSES (LES), lieu-dit à Giverny.

INGALE (LA), lieu-dit à Incarville.

IQUETTES (LES), h. de Vannecrocq.

oc (LE) ou LE BOURG, h. de Boisset-le-Châtel.

oc (LE), h. de Bosbénard-Commin.

oc-DE-LAUNAY (LE), h. de la Chapelle-Genevray.

oc-DE-VILLE (LE), h. de Saint-Julien-de-la-Liègne.

ocourt, h. de Bernay; fief.

oc-PINEL (LE), h. de Guenouville; fief.

oid-AU-CUL, lieu-dit aux Andelys.

oids-VENTS (LES), lieu-dit à Champigny-la-Fute-laye.

ometuit (CHAPELLE DE), anc. annexe de la paroisse de Corneville. — 1738 (Saas).

otte-CUL (LE), lieu-dit à Farceaux.

ouillière (LA), h. de Saint-Victor-de-Chrétienville.

UGALITÉ (PLACE DE LA), nom de la place du Marché des Andelys pendant la Révolution (Brossard de Ruville).

YNEL, hôtel à Bezu-le-Long, 1408 (aveu de Jean de Ferrières et Coutumier des forêts de Normandie); q' de fief. — Le Foynel, 1547 (Charpillon et Caresme).

MECHON, fief et château à la Cambe. — Fumichon (prononc. loc.). — Falmuchun (reg. Phil. Aug.). —

Fourmucon, 1206 (cart. de Saint-Sauveur). — Foumechon, 1246 (ch. de Jean Mallet de Graville). — Fomuchon, 1258; Fourmuchon, 1263 (cart. S. Trin. de Beaumont). — Fourmechon, 1286 (arch. de l'Eure).

FUMECHON, h. d'Écardenville-la-Campagne.

FUMECHON, h. de Radepont. — Chapelle de Fumechon-sur-Radepont, 1183 (l'abbé Caresme).

FUMEÇON, h. de Guichainville.

FUMEÇON, m^on isolée, à Saint-Germain-sur-Avre. — Foumucun, 1246 (cart. de l'Estrée).

FUSCELMONT, nom primitif de Château-sur-Epte. — Fusulmont, xie s^e (Dubreuil, Gisors et ses environs). — Fuscelli mons prope Ettam (L. P.). — Prope Eptam, 1119 (O. V.). — Fucelmont (cart. de Sainte-Catherine).

FUSIL (LE), lieu-dit à Saint-Germain-de-Fresney.

FUTEL (LE), f. à Beaumesnil.

FUTELAIE (LA), h. des Essards-en-Ouche.

FUTELAIE (LA), h. de la Goulafrière.

FUTELAYE (LA), c^ne du c^on de Saint-André, réunie à Champigny en 1845 sous le nom de Champigny-la-Futelaye. — Foutelée, 1280 (L. P.). — Foutelaia, (1er p. d'Évreux). — Fustelaia (2e p. d'Évreux). — La Fustelaye, 1456 (aveu, arch. nat.).

FUTEUX (LES GRANDS-), pré à Écaquelon, 1507.

G

ABELLE (COURS DE LA), à Vernon.

ABELLE (RUE DE LA), nom conservé à la rue du Petit-Andely où fut établi dès l'origine le grenier à sel.

ABELLES (LES), lieu-dit à Aigleville.

ACEL (LE), h. d'Ambenay.

ACEL (LE), m^on isolée, à Chéronvilliers.

ACHONS (LES), lieu-dit à Léry. — 1284 (P. Goujon).

ADANGÈRE (LA), lieu-dit à la Couture-Boussey.

ADENCOURT, c^ne du c^on de Pacy; fief relevant de Pacy (L. P.). — Wadonis Curtis, vers 999 (ch. de Richard II). — Gadencort, 1175; Gaudencort, 1221 (cart. du chap. d'Évreux). — Guadencort (reg. Phil. Aug.).

AFFÉ, c^on de la forêt de Lyons (plan gén. de la forêt de Lyons).

AGES (LES), lieu-dit au Boulay-Morin.

AGES (LES), lieu-dit à la Couture-Boussey.

AGNERIE (LA), f. et fief à Sainte-Marthe. — Le Gaigneri, 1523 (rech. de la nobl. de l'élect. d'Évreux).

AGNERIE (LA), h. de Tocqueville.

AIGVERIE (LA), fief à Pont-Audemer.

GAIGNEUX (FIEF AUX), près de Breux, relev. du Chastel. — 1480 (Le Beurier).

GAILLARD, fief à Capelles-les-Grands, relevant du fief de la Motte, à Saint-Jean-du-Thenney (Le Beurier).

GAILLARDBOIS, c^ne du c^on de Fleury, accrue de Cressenville, en 1845, sous le nom de Gaillardbois-Cressenville. — Gallardi Boscus (p. d'Eudes Rigaud). — Gaillarbosc (ch. des Deux-Amants). — Gaillarbois, 1271 (rôle de l'ost). — Gailhartbos, 1312 (ch. de Philippe le Bel). — Gaillarbosts, 1451 (arch. nat., châtell. de Gisors). — Gaillardbosc, 1490 (comptes de l'archevêché de Rouen). — Gaillartbois, 1549 (arch. nat.). — Gaillarboys, 1619 (L. P.).

GAILLARDBOIS, fief aux Andelys.

GAILLARDBOIS, fief à Authevernes.

GAILLARDBOIS, fief uni vers 1631 au fief de Guichainville, duquel il relevait.

GAILLARDBOIS, fief relevant de celui de la Londe, qui relevait d'Étrépagny.

GAILLARDBOIS-CRESSENVILLE, c^ne du c^on de Fleury, formée en 1845 de la réunion de Cressenville et de Gaillardbois.

GAILLARDERIE (LA), m^on isolée, aux Barils.

GAILLARDES (LES), lieu-dit à Venables.

GAILLON, ch.-l. de c^on, anc. chât. fort, résidence princière des archev. de Rouen; haute justice; bourg en 1722 (Masseville). — *Gaillo*, *Gallyò*, *Guaillon*, *Gaillonium*, *Gaillum*, *Gwaillium* (Deville, Comptes de Gaillon). — *Fortalitia Gaillonis* (Rigord, Rec. des Hist. de France). — *Gaillo* (Guill. le Breton, *Philippidos* lib. V). — *Castrum Gaallonii*, 1195 (traité entre Philippe Auguste et Richard Cœur de Lion). — *Guaillum*, 1198 (Roger de Hoveden). — *S. Antonius de Gallon*, 1208 (arch. de l'Eure). — *Wallio* (ch. d'Eustache d'Habloville). — *Gaillum*, 1215 (cart. de Fécamp). — *Gallio*, 1216 (ch. de Phil. Aug.). — *Gallyo*, 1232 (ch. de St Louis). — *Gaillun*, 1235 (cart. de Saint-Taurin). — *Gallon*, 1262 (échange de St Louis avec l'arch. de Rouen). — *Wallanium*, *Waillonium*, 1409 (ch. de la Noë). — *Gailhon*, 1508 (invent. des meubles de Georges d'Amboise). — *Gayllon*, 1622 (lettres de l'archev. François de Harlay). — *Gaillon-l'Archevêque*, 1817 (Le Couturier, Dict. des communes).

GAILLON, h. de Bémécourt.

GAILLON, fief et h. à Condé-sur-Risle.

GAILLON, fief à Marcouville-en-Roumois, 1558.

GAILLON, fief à Saint-Aubin-de-Scellon.

GAILLON (CANTON DE), arrond. de Louviers, ayant à l'est le canton des Andelys, dont il est séparé en grande partie par la Seine; au sud, les cantons de Vernon et d'Évreux; à l'ouest, le canton de Louviers; au nord, les cantons des Andelys et de Pont-de-l'Arche, et comprenant 24 c^nes : Gaillon, Ailly, Aubevoye, Autheuil, Authouillet, Bernières, Cailly, Champenard, la Croix-Saint-Leufroi, Écardenville-sur-Eure, Fontaine-Bellenger, Fontaine-Heudebourg, Heudreville-sur-Eure, Muids, Saint-Aubin-sur-Gaillon, Sainte-Barbe-sur-Gaillon, Saint-Étienne-sous-Bailleul, Saint-Julien-de-la-Liègue, Saint-Pierre-de-Bailleul, Saint-Pierre-la-Garenne, Tosny, Venables, Vieux-Villez, Villers-sur-le-Roule, et 17 paroisses, dont 1 cure, à Gaillon, et 16 succursales : Ailly, Aubevoye, Authouillet, la Croix-Saint-Leufroi, Écardenville-sur-Eure, Fontaine-Bellenger, Fontaine-Heudebourg, Heudreville-sur-Eure, Muids, Saint-Aubin-sur-Gaillon, Sainte-Barbe-sur-Gaillon, Saint-Pierre-de-Bailleul, Saint-Pierre-la-Garenne, Tosny, Venables et Villers-sur-le-Roule.

GAILLON (SOURCE DE), ruiss. qui naît à Saint-Julien-de-la-Liègue, arrose Gaillon et Aubevoye et afflue à la Seine après un cours de 3 kilomètres.

GAILLON (STATION DE), à Aubevoye, sur le chemin de fer de Paris au Havre.

GAILLONCEL, h. de Gaillon. — *Waillonchel*, 1231 (cart. de Saint-Wandrille). — *Gualoncel* (cart. du chap. d'Évreux). — *Gailloncelles*, XVIIIe s^e (divers actes judiciaires).

GAILLONNIÈRE (LA), f. à Saint-Aubin-le-Guichard.

GAINVILLE, fief à Boussey.

GAIVILLE, h. et fief; auj. f. à Trouville-la-Haulle, au point de réunion de deux voies romaines. — *Guaiville* (Cassini). — *Guerville* (Guilmeth).

GAL (LE) ou LA BROSSE, fief à Saint-Germain-la-Campagne.

GALANDE (LA), lieu-dit aux Andelys.

GALARDON (LE), m^on isolée, à Fontaine-Bellenger.

GALBAUT, second nom du fief de Bonnemare, à Gamaches.

GALETTE-CHAUDE (LA), h. de Pont-Audemer.

GALISSON, fief à Cintray.

GALITRELLE (LA), f. et fief à Saint-Martin-la-Corneille; auj. la Saussaye. — *La Gariterelle*, 1610 (Floquet, Hist. du privilége de Saint-Romain). — *Ganitrel*, vers 1750 (Cassini).

GALLERAND (LE), lieu-dit à Bourg-Beaudouin.

GALLET (LE), h. de Saint-Sylvestre-de-Cormoilles.

GALLIÈRE (LA), f. à Chanu. — *Gaillière* (L. P.).

GALLIOT (LE), h. de Saint-Martin-Saint-Firmin.

GALLIT, f. à Saint-Mards-de-Blacarville.

GALLOIS, fief à Saint-Aubin-sur-Risle.

GALMIN (LE), lieu-dit à Saint-Aquilin de-Pacy.

GALONNIÈRE (LA), lieu-dit à Longchamps.

GALVARDIN (LE), lieu-dit à Heubécourt.

GAMACHES, c^ne du c^on d'Étrépagny; château fort important av. 1150; fief, doyenné du dioc. de Rouen. — *Gamapuis vicus*, vers 628 (d'Achéry, Spicilegium). — *Gamaffium*, VIIe s^e (Neustria pia); 707 (chronicon Fontanellense). — *Gamaci*, 1063 (cart. de la-Trinité-du-Mont). — *Gamachia*, 1150 (Hist. de France, t. XII, p. 187); 1275 (cart. blanc de Saint-Denis). — *Gamacus*, 1272 (arch. de la Seine-Inf.). — *Gamachi*, *Gamasches*, *Guamaches* (M. R.).

GAMACHES, q^t de fief sur Amfreville-sous-les-Monts, Flipou et Senneville, devant son nom aux sires de Gamaches (Charpillon et Caresme).

GAMACHES, fief à la Heunière.

GAMBON (LE), petite rivière qui a sa source au-dessus d'Harquency, traverse les deux Andelys et afflue à la Seine par la rive droite après un tours de 6 kilomètres. — *Ganboon*, 1198 (Stapleton). — *Rivus Gambo*, 1257 (olim).

GAMBON (VALLÉE DU), d'Harquency aux Andelys.

...DONNET (LE), ruisselet affl. du Gambon.

...MILLY, faubourg de Vernon, par. réunie à Vernon en 1792. — *Cameliacum*, 1215 (ch. de Phil. Aug.). — *Gamilly emprès Vernon*, 1424 (aveu de l'abbé de Mortemer).

...NOI, fief relevant de Saint-Gervais-d'Asnières.

...NTERIE (LA), h. d'Honguemare.

...AILLE (LA), vente de bois de la forêt de Beaumont-le-Roger.

...RAMBOUVILLE, h. d'Aviron et anc. château bâti par le cardinal de Bourbon (Charles X); fief relevant de Sacquenville, 1419 (L. P.). — *Warengeri Villa* (L. P.). — *Waregervilla*, vers 1115 (ch. d'Amaury Iᵉʳ). — *Garembouville*, 1139 (ch. de Rotrou, év. d'Évreux). — *Garenbolvilla*, *Guarembolvilla*, 1144 (ch. de l'impératrice Mathilde). — *Garenbowilla*, 1197 (ch. de la Noë). — *Guarembovilla*, 1300 (L. P.). — *Warenbowilla*, 1230 (ch. de Saint-Étienne de Renneville). — *Garembouvilla*, 1272 (rôle de l'ost). — *Guaranbouville-lez-Évreux*, 1378 (lettres de rémission de Charles V). — *Garembouville*, *Guerembouvilla*, 1469 (monstre).

...AÇAIE (LA), lieu-dit à la Croix-Saint-Leufroi.

...AD (LE), lieu-dit partagé entre Saint-Didier-des-Bois et Vraiville.

...ADE (LA), mⁿᵉ isolée, à Francheville.

...ADE (LA), fief à Lieurey.

...ADE-CHÂTEL (LA), monastère des Carmes déchaussés fondé à Montaure, en 1656, par Louis XIV; auj. domaine privé important.

...ADERIE (LA), h. de Conteville.

...ADERIE (LA), h. de Foulbec.

...ADE-ROGER, fief et sergenterie dans la vicomté de Beaumont. — 1558 (Le Beurier).

...ADINERIE (LA), h. de la Poterie-Mathieu.

...ADINETS (LES), h. de Beuzeville.

...ADINETS (LES), h. d'Écaquelon.

...ADINS (LES), qᵗ de fief à Étreville.

...ADON (ILE DU) et bras de Seine à Tosny. — *Insula de Gardon*, 1197 (M. R.).

...REL, h. du Plessis-Grohan; fief et sergent. relevant du comté d'Évreux, nommé aussi *la Haye-Richer*. — *Garrellum*, 1308 (ch. de Mathieu, év. d'Évreux).

...RENCIÈRES, cᵗᵉ du cᵒⁿ de Saint-André; baronnie et haute justice conjointement avec Grossœuvre, qui en était le chef-mois, et s'étendant jusque dans le Vexin normand sur plusieurs par. qui devinrent la baronnie de Baudemont. — *Garenceres*, 1080-1200 (cart. de Saint-Taurin). — *Guaranceres* (reg. Phil. Aug.). — *Garenceria*, 1207 (ch. de Luc, év. d'Évreux). — *Garencheriæ*, 1261 (ch. de la Noë). — *Garentières*, 1317 (ch. de Phil. le Long); 1641 (lettres patentes de Louis XIV) et xviiⁱᵉ siècle (Cassini). — *Garanchières*, 1322 (gr. coutum. des forêts de Normandie). — *Garencerez*, 1341 (lettres du verdier de Breteuil). — *Garancières*, 1419 (reg. des dons). — *Guérencières*, 1463 (comptes de l'archevêché de Rouen). — *Guarencières*, 1460 (L. P.). — *Guerencières*, 1469 (monstres générales de la noblesse du baill. d'Évreux). — *Garencyère*, 1496 (L. P.). — *Garensières*, 1693 (actes notariés).

GARENCIÈRES, qᵗ de fief à Miserey, relevant du comté d'Évreux (Le Beurier). — *Garenkères* (div. actes). — On l'appelle aussi *le Puyset* et *la Perruche*.

GARENNE (LA), h. de Bretagnolles.

GARENNE (LA), h. de Chaise-Dieu-du-Theil.

GARENNE (LA), h. du Chamblac.

GARENNE (LA), h. de Giverville; fief.

GARENNE (LA), mⁿᵉ isolée, à Graveron.

GARENNE (LA), fief à Iville, relevant d'Amfreville-la-Campagne, 1420.

GARENNE (LA), h. des Jonquerets.

GARENNE (LA), h. de Saint-Étienne-sous-Bailleul; fief.

GARENNE (LA), h. de Saint-Thurien.

GARENNE (LA), f. au Tronquay.

GARENNE (LA), au Vaudreuil, entre la Seine et l'Eure, terrain d'une lieue de large et d'une lieue et demie de long, 1682 (aveu de Nicolas-Louis de Bailleul).

GARENNE (LA), fief à Verneuil.

GARENNE-à-LANGLÉS (LA), bois à Morgny.

GARENNE-DU-BOIS-FICHET (LA), f. au Neubourg.

GARENNES, cᵗᵉ du cᵒⁿ de Saint-André; baronnie unie à celle d'Ivry. — *Garenœ*, 1152 (bulle d'Eugène III); 1211 (cart. du chap. d'Évreux). — *Garenes*, 1207 (ch. de Luc, év. d'Évreux). — *Garennes-sur-Eure*, 1828 (L. Dubois).

GARENNE-SOUS-TOSNY (LA), h. de Tosny.

GARGANTCA (LA PIERRE, LE SIÈGE OU LE GRAVOIS DE), nom populaire d'une pierre colossale conservée (1870) et seulement déplacée, à Port-Mort, au bord de la route des Andelys à Vernon.

GARGANTUA (PIERRE DE), menhir à Neaufles-sur-Risle. — *Longa Petra*, 1298 (L. P.).

GARNIÈRES (LES), h. d'Houlbec-Cocherel.

GARNUCHOT (QUAI), à Vernon.

GASLY, h. de Saint-Siméon.

GASNY, cᵗᵉ du cᵒⁿ d'Écos; baronnie relevant en partie du parlement de Paris; haute justice; prieuré, bourg, 1722 (Masseville). — *Wadiniacus* (ch. de Charles le Chauve); 872 (ch. de l'arch. Riculfe). — *Vadum Nigasii*, 1118; *Vani*, 1167; *Castellum Vani* (O. V.). — *Gaene*, 1182 (arch. de la Seine-Inférieure, fonds de Saint-Ouen). — *Gaani*, 1190; *Gaeneius*, 1223 (cart. des baronnies de Saint-Ouen). — *Gaenium*, 1223 (L. P.). — *S. Martinus de Gaani*, 1249 (reg. visit.). — *Wandemiacus*, *Waudeniacus*, 1256 (arch. de la Seine-Inf.). — *Guaany*, 1257 (L. P.). — *Gaegni*, 1258 (cart. du Trésor). — *Gaaniacus*, 1274 (L. P.). — *Wadeniacus*, 1275 (cart. de Fécamp). — *Gaany*, 1291 (livre des jurés de Saint-Ouen). — *Ganiacus*, 1312 (ch. de Phil. le Bel). — *Gaagny*, 1339 (chron. des abbés de Saint-Ouen). — *Gaigny*, *Gueugny*, 1331 (lettres du duc de Bourgogne). — *L'Ile-Gasny*, 1561 (arch. de la Seine-Inf.).

GASPRIE (LA), fief relev. de Conches (L. P.).

GASTINE (BOIS DE LA), à Illiers-l'Évêque.

GASTINE (BOIS DE LA), à Sainte-Colombe-la-Campagne.

GASTINE (LA), m^en isolée, à Chéronvilliers.

GASTINE (LA), h. de Creton.

GASTINE (LA), q^t de fief à Gisay, relev. des Bottereaux.

GASTINE (LA), h. et f. à Huest, donnée à la léproserie d'Évreux, 1215.

GASTINE (LA), f. à Louversey.

GASTINE (LA), h. du Mesnil-Rousset. — *Gastina* (cart. de la Trappe).

GASTINE (LA), lieu-dit à Nagel. — *Gastina*, 1237 (L. P.).

GASTINES (LA GRANDE et LA PETITE), à Saint-Christophe-sur-Avre, citées en 1288.

GASTINES (LES), h. de la Barre.

GASTINES (LES), h. d'Épinay.

GASTINES (LES), h. des Fretils. — *Gastinia*, XIIIe s^e (L. P.).

GASTINES (LES), h. de Juignettes.

GASTINES (LES), h. de Marcilly-la-Campagne.

GASTINES (LES), h. de la Selle.

GASVILLE (RUE DE), nom que porta la rue Vilaine, à Évreux, de 1816 à 1830, en l'honneur du préfet marquis de Gasville.

GAUBERDERIE (LA), h. de Francheville; anc. enceinte retranchée.

GAUBOURG, f. à Criquebeuf-sur-Seine.

GAUCANERIE (LA), h. des Barils.

GAUCIEL, c^ne du c^on d'Évreux sud; baronnie appartenant à l'abb. de Jumiéges. — *Gaudiacus* (cart. de Jumiéges). — *Valsiardus*, vers 1024 (ch. de Richard II). — *Walsiel*, 1145 (bulle d'Eugène III). — *Warsiel*, 1174 (ch. de Henri II). — *Gausiel*, (ch. de Simon, comte d'Évreux). — *Valsialdus* (liste des bénéfices à la nominat. de Jumiéges). — *Gauciellus* (état des revenus de Jumiéges). — *Gaussiol*, 1338 (grand cart. de Saint-Taurin). — *Gaussiet*, 1631 (Tassin, Plans et profilz). — *Gautiel*, 1722 (Masseville). — *Gantiel*, 1738 (Saas).

GAUDARDIÈRE (LA), f. à Rugles.

GAUDENEVAL, fief à ou près Droisy, v. 1755 (Cassini).

GAUDINETTES (LES), h. du Coudray.

GAUDINIÈRE (LA), h. et huit^e de fief; auj. petite ferme à Chambord. — *La Gaudineire*, 1277 (L. P.).

GAUDRÉE (LA), h. d'Authenay, 1285 (cart. du chap. d'Évreux). — Fief, 1400 (Charpillon et Caresme).

GAUDREVILLE, h. de Marcilly-la-Campagne.

GAUDREVILLE, h. de Moisville.

GAUDREVILLE-LA-RIVIÈRE, c^ne du c^on de Conches; fief. — *Waldrevilla*, 1195 (ch. de Richard Cœur de Lion); vers 1216 (bulle d'Honorius III). — *Wavilla* (gr. ch. de Conches), et vers 1227 (bulle de Grégoire IX). — *Waudrevilla*, v. 1195 (ch. de Garin, évêque d'Évreux). — *Gaudrevilla*, 1206 (cart. de Saint-Sauveur). — *Gaudevilla*, *Gaudrevilla*, 1280 (cart. normand). — *Vaudrevilla*, 1722 (Masseville).

GAULE (LA), lieu-dit à Château-sur-Epte.

GAULES (LES), lieu-dit à Ambenay.

GAULT (LE), manoir aux Ventes; domaine, en 1491, de l'Hôtel-Dieu d'Évreux. — *Le Gaut*, 1277 (lettres de Philippe le Hardi).

GAULTS (LES), h. des Baux-Sainte-Croix, anciennement nommé *Gaudus Sanctæ Crucis* (L. P.). — *Les Gaultz*, 1798 (souvenirs et journal d'un bourgeois d'Évreux).

GAUTERET, lieu-dit à Mareux, c^ne de Caugé. — 1196 (ch. de la Noë).

GAUTREY, fief à Bray, relevant de Beaumesnil et complété par le fief *Gouvelli*.

GAUVILLE, q^t de fief sis à Saint-Germain-de-Navarre, relev. du fief principal, 1350 (arch. de l'Hôtel-Dieu d'Évreux), réuni en 1692 au comté d'Évreux.

GAUVILLE, fief et château à Saint-Martin-de-Cernières.

GAUVILLE, h. et q^t de fief relevant de Brionne, à Saint-Pierre-de-Salerne.

GAUVILLE-LA-CAMPAGNE, c^ne du c^on d'Évreux nord. — *Galvilla*, vers 1060 (ch. de Guill. le Conq.). — *Gauvilla*, vers 1130 (ch. d'Audin, év. d'Évreux). — *Wavilla*, vers 1181 (ch. d'Amaury, comte d'Évreux). — *Wavilla*, vers 1230 (bulle de Grégoire IX). — *S. Andrieu-de-Gauville*, 1318 (cart. du chap. d'Évreux). — *Walvilla* (cart. de Conches). — *Gauville jouxta Évreux*, 1400 (aveu de Guill. de Cantiers, év. d'Évreux). — *Goville*, 1681 (Tassin, Plans et profilz).

GAUVILLE-PRÈS-VERNEUIL, c^ne réunie à Verneuil en 1844. — *Gavilla*, *S. Petrus de Gauvilla*, 1174 (cart. de Jumiéges). — *Gauville-lez-Verneuil*, 1828 (L. Dubois).

GAUVILLOIS (LE), territ. indéterminé, d'une certaine étendue, attribué à l'Orne plutôt qu'à l'Eure, par

Canel (Blason pop. de la Normandie), mais considéré comme voisin d'Évreux par Chassant, d'après les registres de l'état civil de Sainte-Marguerite-de-l'Autel, 1685.

Gavelle, f. à Saint-Mards-de-Blacarville.

Gavonay, ruisseau à Saint-Marcel qui grossit le ruiss. de Saint-Marcel.

Gazoterie (La), h. du Planquay.

Gébert (Le), h. d'Authenay; arrière-fief.

Gedeville, h. de Bosbénard-Crescy. — *Gelleville*, 1562 (Dom Pommeraye, Hist. de la cathédrale de Rouen).

Geestz (Les) ou les Veestz, lieu-dit à Ailly. — 1516 (P. Goujon).

Gendarmerie (La), nom populaire d'une anc. enceinte retranchée en forme de camp à Bacqueville. — 1840 (Gadebled).

Genestoiz (Les), lieu-dit à Goupillières. — 1310 (cart. de Beaumont).

Genestre (Le), lieu-dit aux Andelys.

Genêt (Le), f. à Bosbénard-Crescy.

Genetaie (La), h. de Corneville-la-Fouquetière.

Genetais (Les), f. à Barc.

Genetay (Le), f., h. et fief sur Grostheil, Houlbec, Saint-Denis-des-Monts et Saint-Éloi-de-Fourques.

Genetay (Le), h. de Plasnes.

Genetay (Le), h. de Saint-Christophe-sur-Avre.

Genetay (Le), f. à Thevray.

Genetel, fief à la Sogne.

Geneterie (La), h. de Saint-Aubin-le-Guichard.

Genetray (Le), h. d'Étrépagny.

Genetray (Le), h. de Longchamps.

Genetris (Les), lieu-dit à la Haye-Malherbe.

Genêts (Les), f. à Bosc-Roger-en-Roumois.

Genette (Champ de la), lieu-dit à Gasny.

Genettes (Les), lieu-dit à Burey.

Génie (Le), m^in à Saint-Jean-d'Asnières.

Genièvres-Saint-Nicolas (Les), lieu-dit à Villiers-en-Désœuvre.

Gennetey (Le), m^on isolée et fief à Bourneville. — Voy. Saint-Léger-du-Gennetey.

Gentillière (La), f. à la Neuve-Lyre.

Geoffroy, île sur la Seine à Martot, reliée auj. à l'île *au Moine* par un barrage automobile.

Geôle (Pont de la), à Évreux. — 1745 (plan d'Évreux).

Geôle (Rue de la), à Damville.

Geôle (Rue de la), à Pîtres.

Geôle (Tour de la), anc. fortif. d'Évreux, au xvie s^e.

Geôlerie (La), f. aux Baux-de-Breteuil.

Georgeries (Les), lieu-dit à Bois-le-Roi.

Gerarderie (La), h. des Essarts.

Gerbière (La), fief à la Haye-Saint-Sylvestre, av. 1650.

Gériaye (La), h. et fief relevant de Breteuil, à Francheville.

Gériaye (La), h. de Roman.

Gerier (Le), h. de Bourth; fief. — *Jariey, Jarriay*. 1383.

Gerier (Le), h. de Courteilles.

Gerier (Le), h. d'Étreville.

Gerier (Le), h. de Marcilly-la-Campagne. — *Garrici* (grande ch. de Lyre).

Gerier (Le Grand et le Petit), un h. et deux fiefs à Morainville-sur-Damville, 1403.

Gerier-Arnault (Le), h. et fief relevant des Essarts, à Champ-Dominel. — *Guérier Ernaut, Guerrier-Ernoult*, 1454 (L. P.). — *Jarrier-Arnault* (L. Beurier).

Germandière, h. de Saint-Christophe-sur-Avre.

Germare, h. de Saint-Mards-de-Blacarville.

Germinière (Ruelle), à Incarville.

Geromière (La), h. de Sainte-Marguerite-de-l'Autel.

Geroudent (Le), lieu-dit à Honguemare. — 1225 (cart. de Bourg-Achard).

Geroudières (Les), h. de Saint-Victor-sur-Avre. — *La ferme des Girondières*, 1792 (liste des émigrés).

Gesbert (Le), fief à Authenay.

Géville, fief à Heudicourt.

Giard, q' de fief au Thuit-Signol. — *Guiard*, 1763 (papier terrier de Bosférey).

Girardière (La), h. et fief à Saint-Ouen-d'Attez.

Gibert (Les), h. d'Épaignes.

Giberville, demi-fief à Plainville, dit quelquefois *Giverville* et *Guiberville* (Le Beurier). — *Gerberte-villa* (ch. de fondation de l'abb. de Bernay).

Gibet (Côte du), à Heuqueville.

Gibet (Côte du), anc. lieu-dit à Saint-Philbert-sur-Risle.

Gidonnière (La), h. de la Selle.

Gidourdel (Le), h. de la Barre.

Gignallerie (La), h. de Vaux-sur-Risle.

Gigneaux-aux-Dames (Les), lieu-dit à Épieds.

Gigot (Le), lieu-dit à Évreux.

Gilletangues, fief à Saint-Cyr-la-Campagne, 1660 (aveu du chap. de la Saussaye). — *Gilletengue* (Le Beurier).

Gingade (La), h. de Bouquelon.

Gioterie (La), h. de Saint-Grégoire-du-Vièvre.

Girardière (La), h. de la Barre.

Gironde (Petit Ruisseau ou Ravin de), affl. de l'Eure à Autheuil.

Girotterie (La), h. de Selles.

Gisaccum ou Gisaccus, établissement antique, probablement municipe romain, et longtemps attribué par quelques savants au territ. de Gisay (Eure) ou de

Juziers (Seine-et-Oise), mais reconnu définitivement en 1852 par L. P., d'après les découvertes de M. Bonnin, comme appartenant au Vieil-Évreux. — *Villa Gesaica*, ix° s° (Vie de saint Taurin). — *Gisiacum*, xi° s° (légende de saint Taurin). — *Gizaicum* (martyrol. Ebroicense).

Gisancourt, c°° du c°° de Gisors, réunie à Guerny en 1809. — *Gisencort*, 1256 (ch. de Guill. Crespin). — *Glizancourt* et *Glisencort* (p. d'Eudes Rigaud). — *Gesencourt*, 1551 (arch. des Chartreux de Gaillon).

Gisay, c°° du c°° de Beaumesnil et fief. — *Gysaium*, 1124 (ch. en faveur de Lyre). — *Gisaium*, xii° s° (L. P.). — *Gisaicum*, vers 1130 (ch. de Henri I°r). — *Gisiacum* (cart. du chap. d'Évreux). — *Gisaycum*, *Gisayum*, 1230 (cart. de N.-D.-du-Lesme). — *S. Albinus de Gysaio*, 1276 (cart. de Lyre). — *Gisor*, 1562 (arrière-ban). — *Gisai-la-Coudre* (L. P.), en mémoire d'un coudrier dont les branches auraient servi à des bourreaux de saint Taurin qui le frappèrent de verges. — *Saint-Taurin-de-la-Couldre* (Le Brasseur).

Gisay, huit° de fief à Barc, longtemps uni au fief de l'Épée à Beaumoutel (Le Beurier).

Gisay, fief à Saint-Aubin-le-Guichard.

Gisay, h. et huit° de fief relevant du Blanc-Buisson, à Thevray. — *Gisaium* (reg. Phil. Aug.). — *Gysay*, 1418 (arch. nat.).

Gisors, ch.-l. de c°°, arrond. des Andelys, chef-lieu du Vexin normand. Élection composée de 86 paroisses; vicomté vers 1700; comté-pairie; duché en 1742; duché-pairie en 1748; l'un des sept grands bailliages de la Normandie, renfermant trois siéges d'élection; haute justice, 1772; doyenné du dioc. de Rouen; bourg et franc-alleu, sergenterie, grenier à sel de vente volontaire; tribunal de justice de 1790 à l'an ix. — *Gisortis*, 968 (ch. de Richard I°r). — *Castrum Gisortis*, 1097 (O. V.). — *Gisort*, 1157 (bulle d'Adrien IV). — *Gisors*, 1160 (Robert du Mont). — *Gisortium* (Aymonius monachus; Guillelmus Pictaviensis). — *Gisorzcium*, 1246 (cart. de Saint-Évroult). — *Gizortium*, xiii° siècle (cart. du prieuré des Deux-Amants). — *Gysorcium*, *Gysorz*, 1308 (ch. de Philippe le Bel). — *Gysors*, xv° siècle (chron. norm. de P. Cochon). — *Gesors*, 1461 (arch. de la Seine-Inf.). — *Gisorts* (La Roque).

Gisors (Canton de), arrond. des Andelys, ayant à l'E. les dép° de l'Oise et de Seine-et-Oise, au S. le canton d'Écos, à l'O. les cantons d'Étrépagny et de Lyons, au N. le dép° de la Seine-Inférieure, et comprenant 20 c°°° : Gisors, Amécourt, Authevernes, Bazincourt, Bernouville, Bezu-Saint-Éloi, Bonchevilliers, Chauvincourt, Dangu, Guerny,

Hébécourt, Mainneville, Martagny, le Mesnil-sous-Vienne, Neaufles-Saint-Martin, Noyers, Saint-Denis-le-Ferment, Saint-Paër, Sancourt, Vesly, et 16 par., dont 1 cure, à Gisors, et 15 succursales : Amécourt, Authevernes, Bazincourt, Bezu-Saint-Éloi, Bouchevilliers, Chauvincourt, Dangu, Guerny, Hébécourt, Mainneville, Martagny, le Mesnil-sous-Vienne, Neaufles-Saint-Martin, Saint-Denis-le-Ferment, Vesly.

Gisors (Forêt de), nom quelquefois donné au buisson de Bleu.

Gisors-Ouest, gare du chemin de fer de l'Ouest, à Gisors.

Gisors-Ville, gare commune aux ch. de fer de Gisors à Pont-de-l'Arche et de Gisors à Vernon.

Gîte-à-Lièvre, nom dérisoire d'un fort élevé à Gasny par Henri I°r. — *Trulla Leporis*, 1118 (O. V.).

Gitot, fief à Fontaine-la-Louvet.

Giverny, c°° du c°° d'Écos et fief. — *Warnacus*, 671 (chronicon Fontanellense). — *Vuarnacus*, v. 690; *Wariniacus*, 863 (Félibien, Hist. de Saint-Denis). — *Givernacus*, v. 1026 (ch. de Richard II). — *Guierni* (p. d'Eudes Rigaud). — *Gyverni*, 1271 (livre des jurés de Saint-Ouen). — *Giverneium*, 1225; *Giverna*, 1227; *Juverneium*, 1251; *S. Radegunde de Giverniaco*, 1274; *Gyverny*, 1276 (arch. de la Seine-Inférieure, fonds de Saint-Ouen).

Giverville, c°° du c°° de Thiberville; fief. — *Gerberti* ou *Gebberti Villa*, 1025 (ch. de Richard II). — *Guiardi Villa*, 1066 (cart. de la Trinité-du-Mont). — *Guiarvivilla*, 1195 (M. R.). — *Guiverville*, 1469 (monstre).

Glaconnière (La), anc. lieu-dit à la Haye-Saint-Sylvestre. — *La Glaceonnerie*, 1241; *la Glazoniere*, 1262 (cart. de Lyre). — *La Glassonniere*, xvii° s° (reg. de la Chambre des comptes de Rouen).

Glassonnière (La), f. à Gisay; g° de fief, 1414 (L. P.), relevant de Beaumont-le-Roger et assis à Bosc-Robert; paroisse réunie à Gisay en 1792.

Glatigny, h. de Bois-Arnault et fief, 1210.

Glatigny, h. de Collandres.

Glatigny, h. de Notre-Dame-du-Hamel.

Glatigny, h. de Saint-Laurent-des-Grès.

Glatigny, h. de Saint-Paul-de-Fourques.

Glaviherie (La), h. de Saint-Symphorien.

Glisolles, c°° du c°° de Conches; fief relev. d'Évreux. — *Iglisoles*, 1130 (ch. du roi Henri I°r d'Angleterre). — *Gisoliæ*, 1200 (Gallia christiana). — *Glisoulles*, 1201 (ch. de la Noë). — *Glosol*, vers 1203 (ch. de Luc, évêque d'Évreux). — *Glissoliæ*, 1207 (ch. de Philippe Auguste). — *Glisoles*, *Iglesolles* (M. R.). — *Glesoles*, 1274 (ch. de Saint-Étienne de Renneville). — *Grisolles*, 1469 (monstre). —

Grisselles, 1523 (rech. de la noblesse). — *Gri-solles* (dict. d'Expilly); 1782 (Dict. des postes).

GLOQUERIE (LA), h. de Saint-Symphorien. — *Guerlokes*, XIII⁰ s⁰ (cart. de Préaux).

GLORIANDIÈRE (LA), q⁴ de fief relevant du roi, à Épaignes.

GLORIETTE (LES FOSSES), dans la forêt de Lyons. — 1579 (Phil. d'Alcrippe).

GLORIETTE (RUE), à Vernon.

GLORIETTES (LES), lieu-dit à Pressagny-l'Orgueilleux.

GLOS, h. et fief distingué en grand et petit fief de Glos, relevant du roi, à Saint-Aubin-de-Scellon, 1784 (Le Beurier). — *Gloz* (anc. tit. nombreux).

GLOS-MONTFORT, station, à Glos-sur-Risle, du chemin de fer de Rouen à Serquigny et tête d'embranchement sur Pont-Audemer.

GLOS-SUR-RISLE, cⁿᵉ du cⁿ de Montfort; fief relev. de Pont-Audemer (L. P.). — Bourg, 1722 (Masseville). — *Gloz*, 1175 (ch. de Rotrou, arch. de Rouen). — *Cloz*, 1203 (cart. de Bourg-Achard).

GLUTONNAIS (LE), lieu-dit à Émalleville.

GODARDIÈRE (LA), h. de Montreuil-l'Argillé.

GOBETTERIE (LA), h. de Toutainville.

GODARDIÈRE (LA), h. de Notre-Dame-du-Hamel et fief.

GODEBOUTS (LES), h. de Brestot.

GODEBRAN, lieu-dit dans la forêt de Bleu, 1552. — *Godebreia* et *Val Gobran* (chartrier de Mainneville).

GODEFROY-DE-BIGARDS, fief à Piencourt. — 1469 (Le Beurier).

GODEFROY-DE-BOUILLON (RUE), à Évreux; nom donné en 1869 à une rue ouverte sur l'emplacement de la halle dont il avait été fait donation à la ville, en 1792, par le dernier duc de Bouillon, comte d'Évreux.

GODELIERS (LES) ou DOULT HÉROUT, fort ruiss. qui a sa source à la côte du Torpt et afflue à la Corbie après un cours de 3 kilomètres.

GODELIERS (MOULIN DES), à Fort-Moville.

GODELIS (LES), h. du Bosgouet. — *Goncelin*, XIII⁰ s⁰ (L. P.).

GODERIE (LA), h. de Goupillières.

GODERIES (LES), h. de Ferrières-Saint-Hilaire.

GODETERIE (LA), h. de Grandchain.

GODETIÈRE (LA), h. du Chamblac.

GODINIÈRE (LA), h. du Noyer.

GOHAIGNE (LA), h. et vavassorie à Benzeville. — *Gohennia*, 1336 (obit. de Lisieux).

GOHARAUX, h. de Bourneville.

GOHARDIÈRE (LA), h. partagé entre Martainville-en-Lieuvin et le Torpt.

GOHASTRE (LE), lieu-dit à Ferrières-Saint-Hilaire, v. 1610 (aveu de Charlotte des Ursins).

GONTIER, huit⁰ de fief à Breteuil et relev. de Breteuil. — 1363 (L. P.).

GONTIER (LE), huit⁰ de fief à Vitotel, relev. de Conches. — 1418 (L. P.).

GONTIÈRE (LA), h. de Berthouville et fief.

GOPILÈRE (LA), lieu-dit à Feuguerolles. — 1213 (ch. de Saint-Étienne de Renneville).

GORD (LE CANAL DU), dérivation de l'Iton entre Arnières et Saint-Germain-de-Navarre. — 1235 (gr. cart. de Saint-Taurin).

GONDIEU, pré à Bourth.

GORGERIE (LA), h. de Gournay-le-Guérin.

GOR-L'ABBÉ (LE), lieu-dit à Fontaine-Heudebourg.

GOSSEAUMERIE (LA), h. d'Illeville-sur-Montfort.

GOSSEAUMERIE (LA), h. de Saint-Victor-d'Épine.

GOSSERIE (LA), h. de la Lande.

GOUBARDS (LES), h. de Fort-Moville.

GOUBERGE (LA), h. d'Ormes en 1218 (cart. de Lyre); paroisse en 1288; plus tard, cⁿᵉ réunie à Ormes en 1842.

GOUBERT, h. de Vorneusses. — *Hamellum Gouberti*, 1269 (L. P.).

GOUFFRE (CABARET DU), anc. cabaret à Saint-Aubin-d'Écrosville.

GOUFFRE (LE), h. de Barneville-sur-Seine.

GOUFFRE (LE), m⁰ⁿ isolée à Fleury-la-Forêt et cⁿ de la forêt de Lyons.

GOUFFRE (LE), h. du Landin.

GOULAFRIÈRE (LA), cⁿᵉ du cⁿ de Broglie; plein fief de haubert, relev. de Beaumesnil. — *Gulafreria*, 1128 (ch. de Henri Iᵉʳ). — *La Gonfraere*, 1209 (cart. de Saint-Évroult). — *Goulafriera*, 1213 (ch. de Jourdain, év. de Lisieux). — *Guntfreeria*, 1230; *la Gonfruele*, 1252; *la Golafriere*, 1259; *S. Sulpice de la Goulafriere*, 1264; *Gonfreore*, 1296 (cart. de Saint-Évroult). — *Goullafreria* (1ʳ p. de Lisieux). — *Goulafre* (L. P.).

GOULET (LE), h. partagé entre Saint-Pierre-d'Autils, Saint-Pierre-de-Bailleul et Saint-Pierre-la-Garenne, sur la rive gauche de la Seine et en face de l'île aux Bœufs, et qui a donné son nom au traité conclu en 1200 entre Philippe Auguste et Jean Sans Terre. — *Portus Orgul*, vers 1026 (ch. de Drogon). — *Guletus* (Roger de Hoveden). — *Guletum*, 1199; *Culetum*, 1200 (L. P.) — *Gollet* (append. de Robert du Mont). — *La Goulette*, 1200 (La Roque). — *Goleton*, 1200 (traité de paix). — *Goletum*, 1228; *Guletum, Orguletum* (L. P.). — *Les Goulets* (Th. Michel, Hist. de Vernon).

GOULETTE (LA), h. de la Harengère. — *Guleta*, 1280 (L. P.).

GOULETTE (LA), h. du Marais-Vernier.

GOULLE (LA), lieu-dit au Bosc-Morel. — *Poella*, 1184 (M. R.).

GOUPIGNY, h. de Burey.

GOUPIGNY, h. de Conches.

GOUPILLERIE (LA), h. d'Illeville-sur-Montfort.

GOUPILLIÈRE, h. et fief à Puchay. — *Goupillères*, 1579 (Phil. d'Alcrippe).

GOUPILLIÈRES, c^ne du c^on de Beaumont et fief. — *Gulpilleriæ*, XIe s^e (O. V.). — *Wlpilleres*, XIIe s^e (cart. de Mortemer).— *Goupilleriæ*, 1258 (cart. de Beaumont-le-Roger). — *Gopilleriæ* (cart. capituli Ebroicensis). — *Les Goupillières*, 1451 (aveu de Georges de Claire). — *Gouppillières*, 1532 (aveu de Suzanne de Bourbon). — *Goupillaire*, *Goupillière*, 1754; *Goupilliaire*, *Goupilliers*, 1782 (Dict. des postes).

GOURDINES (LES GRANDES ET LES PETITES), bancs de la Seine entre Port-Mort et Vernon.

GOURNAY, h. de Fontaine-Bellenger et fief relev. de la baronnie d'Heudebouville.

GOURNAY, h. de Francheville; demi-fief de haubert, relevant de Bourth. — *Gournay-Francheville* (Le Beurier).

GOURNAY, h. de Giverville.

GOURNAY-LE-GUÉRIN, c^ne du c^on de Verneuil. — *Gornaium Garini*, 1208 (cart. de Jumiéges). — *Gourneium*, 1274 (cart. de Saint-Père de Chartres). — *Gournai-les-Bois*, 1828 (L. Dubois).

GOURNEL, h. de Douains. — *Gornaium* (reg. Phil. Aug.).

GOURNETS, c^ne du c^on de Fleury, réunie à Vaudrimare en 1846, et fief relev. de Charleval. — *Gournai* (dans quelques tit., L. Dubois). — *Gornaiculum*, XIIe s^e (cart. de Mortemer). — *Gornacetum*, *Gornatetum* (p. d'Eudes Rigaud). — *Gournest*, 1573 (lettres patentes de Charles IX).

GOUSSINIÈRE (LA), h. du Bosgouet.

GOUTTE-D'OR (LA), source à Launay, affl. de la Risle.

GOUTTIÈRES, c^ne du c^on de Beaumesnil; fief. — *Gultaria*, *Gutteria*, *Guteria*, 1210; *Gutières*, 1218; *Goteriæ*, 1223; *Gusteriæ*, 1304 (cart. de Lyre).— *Goüteriæ*, 1263 (cart. de Beaumont). — *Guteriæ*, 1263 (cart. du Bec). — *Goutiers*, 1562 (arrière-ban).

GOUTTIÈRES, emplacement d'un ancien château fort à Mouettes, dans la forêt d'Ivry (Gadebled).

GOUVILLE, c^ne du c^on de Damville; fief. — *Wivilla*, v. 1233 (bulle de Grégoire IX). — *Gonvilla*, 1287 (cart. du chap. d'Évreux).— *Guidvilla* (grande ch. de Conches), *Gonville*, 1828 (L. Dubois).

GOUVILLY, h. et fief à Gouttières, dit aussi *fief Dupont*, et réuni au fief de *Gautrey*, à Bray (Le Beurier).

GOUY, h. de Bouquelon.

GRACE (BARONNIE DE), nom porté par la baronnie de Saint-Pierre-de-Bailleul, appart. à l'abb. de Saint-Ouen.

GRACE (LA), h. de Thomer.

GRAFIONNIÈRE, h. anc. forteresse et huit^e de fief à Saint-Georges-du-Vièvre, relev. de la Poterie-Mathieu.

GRAIMBOUVILLE, nom d'abord seul de Saint-Sulpice. — *Grimbordivilla*, XIe s^e (Neustria pia). — *Grimboldi*, *Grinboldi Villa* (cart. de Préaux). — *Grinbolvilla*, *Grinbovilla* (M. R.). — *Grambouvilla* (1er p. de Lisieux).

GRAIN-D'OR, fief relev. de la Poterie-Mathieu, à Saint-Georges-du-Vièvre.

GRAINVILLE, c^ne du c^on de Fleury et fief; ch.-l. du c^on pendant quelques années. — *Grainvilla*, *Granivilla* (Masseville). — *Grinvilla*, v. 1070 (cart. de Saint-Ouen). — *Grainvilla*, XIIe siècle (ch. de Florent de Grainville). — *Grainvilla*, 1226 (L. P.). — *Greinvilla super Floriacum*, 1296 (L. P.). — *Warinivilla* (M. R.). — *Graainvilla et S. Martinus de Garinvilla* (p. d'Eudes Rigaud), — *Grainville-sur-Fleury*, 1454 (arch. nat., aveux de la châtell. de Gisors). — *Grainville-sur-Andelle*, 1828 (L. Dubois).

GRAINVILLE, q^t de fief à Étrepagny et en relevant.

GRAINVILLE, q^t de fief, relev. du roi à Infreville.

GRAINVILLE, chât. à Neaufles-Saint-Martin.

GRAINVILLE, h. de Saint-Étienne-l'Allier.

GRAMARRERIE (LA), h. de la Gueroulde.

GRAMMONT (BOIS DE), à Gaillon et à Saint-Aubin-sur-Gaillon; domaine de l'hospice de Louviers.

GRAMMONT (BOIS DE), au Noyer.

GRAMMONT (SAINT-ÉTIENNE DE), prieuré situé à Châtel-la-Lune, sur la lisière de la forêt de Beaumont, marqué sur la carte de Cassini. — *Grammont-lès-Beaumont*, *Grammont-lès-Chatel-la-Lune* (L. P.).

GRAMMONT (VALLÉE DE), sur les c^ons de la Houssaye et du Noyer.

GRAMMONT-PRÈS-GAILLON (NOTRE-DAME DE), prieuré à Aubevoie annexé en 1502 à celui de Notre-Dame-du-Parc ou Grammont-du-Parc de Rouen, puis avec lui au collége des Jésuites de Rouen. — *Grandmont-lez-Gaillon*, 1586. — *Petit Grandmont* autrement dit *Gaillon*, 1633. — *Petit Grandmont-les-Gaillon*, 1639 (arch. de la Seine-Inférieure).

GRAND-AUVERGNY (LE), h. d'Auvergny.

GRAND-BEUZELIN (LE), f. à Saint-Paul-sur-Risle.

GRAND-BOCAGE (LE), f. à Bourneville.

GRAND-BOCAGE (LE), h. de Grandchain.

GRAND-BOISNEY (LE), h. de Boisney.

GRAND-BREUIL (LE), h. de Portes.

GRAND-BUISSON (LE), f. aux Barils.

ʀᴀɴᴅ-Bᴜs (Lᴇ), h. de Saint-Germain-la-Campagne.

ʀᴀɴᴅ-Cᴀᴍᴘ, cᵉ du cᵒⁿ de Broglie; membre de la baronnie de Ferrières, devenue duché de Broglie. — *Grandis Campus*, v. 980 (ch. de Lothaire et de Louis); v. 1000 (dotalit. de Judith); 1340 (chronicon Beccense). — *S. Petrus de Magno Campo*, 1268 (ch. du prieuré de Maupas). — *Sainct-Pierre de Grand-Camp*, v. 1610 (aveu de Charlotte des Ursins). — *Grandcamp-la-Campagne*, 1828 (L. Dubois).

ʀᴀɴᴅ-Cʜᴀʙʟᴇ (Lᴇ), lieu-dit à Sébécourt.

ʀᴀɴᴅᴄʜᴀɪɴ, cᵉ du cᵒⁿ de Beaumesnil; plein fief, 1419, relev. de Beaumont-le-Roger (L. P.), divisé plus tard en quart et même en huitᵉ de fief. — *Grant Kahin*, vers 1000 (dotalit. ducissæ Judith). — *Grantchain*, 1391 (L. P.).—*Granchehen*, 1400 (arch. du notariat de Bernay). — *Granchelen*, 1400; *Grancheen*, 1419 (L. P.). — *Granchan*, 1469 (monstre). — *Granchain*, xviiᵉ siècle (reg. de la Chambre des comptes de Rouen).

ʀᴀɴᴅᴄʜᴀɪɴ (Mᴏᴜʟɪɴ ᴅᴇ), à Bernay.

ʀᴀɴᴅ-Cʜᴀᴍᴘ, f. à Saint-Nicolas-d'Attez.

ʀᴀɴᴅ-Cʜᴀʀʟᴇᴍᴀɢɴᴇ, lieu-dit à Aubevoye.

ʀᴀɴᴅ Cʜᴇᴍɪɴ Gᴀʟʟᴏɪs (Lᴇ), partie de voie romaine voisine de l'Estrée.

ʀᴀɴᴅ-Cʜᴇsɴᴀʏ (Lᴇ), h. de Fontaine-l'Abbé.

ʀᴀɴᴅ-Cʟᴏs (Lᴇ), h. de Pierre-Ronde.

ʀᴀɴᴅ-Cᴏʀʀɪᴄᴀʀᴅ (Lᴇ), h. de Saint-Aubin-sur-Gaillon.

ʀᴀɴᴅ-Cᴏᴜᴅʀᴀʏ (Lᴇ), f. à Condé-sur-Risle.

ʀᴀɴᴅ-Cᴏᴜᴅʀᴀʏ (Lᴇ), h. de Courbépine.

ʀᴀɴᴅ'Cᴏᴜʀ (Lᴀ), f. à Sébécourt.

ʀᴀɴᴅ-Cᴜɪsɪɴᴀʏ (Lᴇ), h. de Cintray. — *Grandis Cuisineiun*, *Grandis Cuysineum*, 1282 (L. P.).

ʀᴀɴᴅᴇ-Aᴜʙɪɴɪèʀᴇ (Lᴀ), h. de Piencourt.

ʀᴀɴᴅᴇ-Bᴏɪssɪèʀᴇ (Lᴀ), h. de Saint-Benoît-des-Ombres.

ʀᴀɴᴅᴇ-Bᴏɴɴᴇᴠɪʟʟᴇ (Lᴀ), h. de Rugles.

ʀᴀɴᴅᴇ-Bʀèᴄʜᴇ (Lᴀ), lieu-dit à la Chapelle-Réanville.

ʀᴀɴᴅᴇ-Bʀèᴄʜᴇ (Lᴀ), lieu-dit à Villegats.

ʀᴀɴᴅᴇ-Bʀèᴄᴜᴇ (Lᴀ), h. de Vraiville.

ʀᴀɴᴅᴇ-Bʀᴜʏèʀᴇ (Lᴀ), h. de Condé-sur-Risle.

ʀᴀɴᴅᴇ-Bᴜǫᴜᴇᴛᴇʀɪᴇ (Lᴀ), h. de Boissy-Lamberville.

ʀᴀɴᴅᴇ-Bᴜᴢᴏᴛɪèʀᴇ (Lᴀ), h. de Saint-Pierre-du-Mesnil.

ʀᴀɴᴅᴇ-Cᴀɪʟʟᴏᴜᴇᴛᴛᴇ (Lᴀ), h. de la Neuve-Grange.

ʀᴀɴᴅᴇ-Cʜᴏᴜǫᴜᴇᴛɪèʀᴇ (Lᴀ), h. de Grandchain.

ʀᴀɴᴅᴇ-Cᴏɴᴛʀéᴇ (Lᴀ), lieu-dit à Guichainville.

ʀᴀɴᴅᴇ-Cᴏᴜʀ (Lᴀ), h. de Saint-Étienne-l'Allier.

ʀᴀɴᴅᴇ-Eᴀᴜ (Lᴀ), lieu-dit à Claville.

ʀᴀɴᴅᴇ-Éᴘéᴇ, mᵒⁿ isolée, à Saint-Étienne-l'Allier.

ʀᴀɴᴅᴇ-Fᴇʀᴍᴇ (Lᴀ), f. à Aigleville.

ʀᴀɴᴅᴇ-Fᴇʀᴍᴇ (Lᴀ), f. à Bazincourt.

Gʀᴀɴᴅᴇ-Fᴇʀᴍᴇ (Lᴀ), f. à Beuzeville.

Gʀᴀɴᴅᴇ-Fᴇʀᴍᴇ (Lᴀ), f. à Écouis.

Gʀᴀɴᴅᴇ-Fᴇʀᴍᴇ (Lᴀ), f. à Houville.

Gʀᴀɴᴅᴇ-Fᴇʀᴍᴇ (Lᴀ), f. à Manneville-la-Raoult.

Gʀᴀɴᴅᴇ-Fᴇʀᴍᴇ (Lᴀ), f. à Morainville-près-Lieurey.

Gʀᴀɴᴅᴇ-Fᴇʀᴍᴇ (Lᴀ), f. à Sébécourt.

Gʀᴀɴᴅᴇ-Fᴇʀᴍᴇ (Lᴀ), f. à Vannecrocq.

Gʀᴀɴᴅᴇ-Fᴇʀᴍᴇ-ᴅᴇ-Fʀɪʟᴇᴜsᴇ (Lᴀ), f. au Chesne.

Gʀᴀɴᴅᴇ-Fᴏʀᴛᴇʟʟᴇ (Lᴀ), h. de Houlbec-Cocherel.

Gʀᴀɴᴅᴇ-Fʀɪᴄʜᴇ (Lᴀ), h. de Marnières.

Gʀᴀɴᴅᴇ-Fʀɪᴄʜᴇ (Lᴀ), h. de Sainte-Marguerite-de-l'Autel.

Gʀᴀɴᴅᴇ-Fʀɪɴɢᴀʟᴇ (Lᴀ), h. d'Incarville.

Gʀᴀɴᴅᴇ-Gᴀsᴛɪɴᴇ (Lᴀ), h. de Saint-Christophe-sur-Avre.

Gʀᴀɴᴅᴇ-Gʀɪᴘᴘɪèʀᴇ, h. de Mézières.

Gʀᴀɴᴅᴇ-Hᴀʏᴇ, château à la Haye-Saint-Sylvestre. — *Château de Saint-Silvestre*, 1792 (liste des émigrés).

Gʀᴀɴᴅᴇ-Héʀᴜᴘᴇ (Lᴀ), h. de Marcilly-la-Campagne.

Gʀᴀɴᴅᴇ-Hᴏᴜssᴀʏᴇ (Lᴀ), f. à Hauville et huitᵉ de fief relev. du roi. *

Gʀᴀɴᴅᴇ-Mᴀɪsᴏɴ (Lᴀ), manoir des premières années du xviᵉ siècle, construit aux Andelys, au hameau de Radeval, démoli pièce à pièce en 1820 et reconstruit en Angleterre comme *Manor House* de lord Stuart de Rothsay. — *La Grand'Maison* (Brossard de Ruville).

Gʀᴀɴᴅᴇ-Mᴀɪsᴏɴ (Lᴀ), f. à Condé-sur-Iton.

Gʀᴀɴᴅᴇ-Mᴀɪsᴏɴ (Lᴀ), f. à Connelles.

Gʀᴀɴᴅᴇ-Mᴀɪsᴏɴ (Lᴀ), f. à Longuelune.

Gʀᴀɴᴅᴇ-Mᴀɪsᴏɴ (Lᴀ), f. à Sainte-Marguerite-en-Ouche.

Gʀᴀɴᴅᴇ-Mᴀʟᴏᴜᴠᴇ (Lᴀ), h. de Bernay.

Gʀᴀɴᴅᴇ Mᴀʀᴇ, espèce de lac qui, avant les travaux de canalisation de la Seine, se formait en été dans le marais Vernier, entre Saint-Aubin-sur-Quillebeuf et Sainte-Opportune-près-Vieux-Port.

Gʀᴀɴᴅᴇ-Mᴀʀᴇ (Lᴀ), h. de Bonneville-sur-le-Bec.

Gʀᴀɴᴅᴇ-Mᴀʀᴇ (Lᴀ), h. de Conteville.

Gʀᴀɴᴅᴇ-Mᴀʀᴇ (Lᴀ), h. de Francheville.

Gʀᴀɴᴅᴇɴᴇᴠᴀʟ, demi-fief et sergenterie en la vicomté d'Évreux. — 1558 (Le Beurier).

Gʀᴀɴᴅᴇ-Nᴏë (Lᴀ), h. de la Chapelle-Gauthier.

Gʀᴀɴᴅᴇ-Oʀᴀɪʟʟᴇ (Lᴀ), h. de Bois-Arnault.

Gʀᴀɴᴅᴇ-Pᴀɴɴᴇ (Lᴀ), h. partagé entre Bezu-la-Forêt et Bosquentin.

Gʀᴀɴᴅᴇ-Pᴀᴛᴛᴇ-ᴅ'Oɪᴇ (Lᴀ), h. des Baux-Sainte-Croix.

Gʀᴀɴᴅᴇ-Pɪᴇʀʀᴇ (Lᴀ), lieu-dit au Theil-Nolent, 1257.

Gʀᴀɴᴅᴇ-Rᴏᴜᴇ (Mᴏᴜʟɪɴ ᴅᴇ ʟᴀ), 1745 (plan d'Évreux).

Gʀᴀɴᴅᴇ-Rᴏᴜᴛᴇ (Lᴀ), h. de Menneval.

Gʀᴀɴᴅᴇ-Rᴜᴇʟʟᴇ (Lᴀ), h. de Romilly-sur-Andelle.

GRANDES-BRUYÈRES (LES), m^on is. à Chambray-sur-Eure.

GRANDES-BRUYÈRES (LES), coteau à Foulbec, riche en traditions de trésors.

GRANDES-BRUYÈRES (LES), h. de Saint-Pierre-de-Salerne.

GRANDES-ÉCOLES (RUE DES), nom donné successivement aux rues de l'Hôpital et de l'Emplumé, à Évreux.

GRANDES-FIEFFES-SAINT-LUC (LES), m^on isolée, à Fleury-la-Forêt.

GRANDES-LONDES (LES), h. d'Émanville. — Lundes, 1275 (suppl. au Trésor des chartes).

GRANDES-MINIÈRES (LES), h. des Minières.

GRANDES-MOLAISES (LES), h. des Hogues.

GRANDES-PORTES (LES), lieu-dit à Vironvay.

GRAND-ESSART (LE), h. des Hogues.

GRANDES-VIGNES (LES), lieu-dit à Fontaine-Bellenger.

GRAND-ÉTANG (LE), m^on isolée, à Pont-Audemer.

GRANDE-TOURELLE, f. à Nojeon-le-Sec.

GRANDE-TURGÈRE (LA), f. à Balines.

GRANDE-VALLÉE (LA), h. de Neaufles-Saint-Martin.

GRANDE-VILLE, fief voisin et relev. de Breteuil (L. P.).

GRAND-FRAY, h. du Tronquay; fief. — La Granfray, 1579 (Philippe d'Alcrippe).

GRAND-HAMEL (LE), h. de Boisset-le-Châtel.

GRAND-HAMEL (LE), h. de Selles.

GRAND-HAMEL (LE), h. de Serquigny.

GRAND-HANOY (LE), f. à Rugles.

GRAND-LARGE (LE), lieu-dit à Saint-Ouen-d'Attez.

GRAND-LIEU (LE), h. d'Épaignes.

GRAND-LIEU (LE), f. à Saint-Gervais-d'Asnières.

GRAND-MACHEREL (LE), h. de Charnelles.

GRAND-MARCHAIS, h. de Mousseaux-près-Saint-André; plein fief relev. d'Ivry. — Grandis Marchais, 1258 (L. P.). — Grant-Marchais, 1266 (cart. de Saint-Sauveur).

GRAND-MESNIL (LE), h. de Charnelles.

GRAND-MESNIL (LE), h. de Saint-Aquilin-d'Augerons.

GRAND-MESSEY (LE), h. de Rugles.

GRAND-MONTHEREL (LE), f. à Saint-Aubin-sur-Gaillon.

GRAND-MOULIN (LE), m^in à Beuzeville.

GRAND-MOULIN (LE), m^in à Gasny.

GRAND-MOULIN (LE), usine à Romilly-sur-Andelle.

GRAND-MOULIN (LE), m^in à Saint-Just.

GRAND-MOULIN (LE), h. de Saint-Pierre-de-Bailleul.

GRAND-MOUSSEAUX (LE), h. de Damville.

GRAND-PARC (LE), vaste enceinte de murailles qui, au XIVe siècle, englobait une partie considérable de la forêt de Conches. Le nom seul survit.

GRAND-PARC (LE), f. à Romilly-sur-Andelle.

GRAND-PIERRE (FONTAINE DU), cours d'eau à Saint-Martin-Saint-Firmin, affl. de la Véronne.

GRAND-RANG (CANAL DU), aux Andelys.

GRAND-RIANT, fort ruisseau à Champ-Dolent, affl. de l'Iton.

GRAND-ROULE (LE), coteau dominant Vernonnet.

GRANDS (LES), h. de Saint-Aubin-de-Scellon.

GRAND-SAINT-AUBIN (LE), h. de Saint-Aubin-sur-Quillebeuf.

GRANDS-BAUX (LES), h. des Baux-Sainte-Croix.

GRANDS-BOTTEREAUX (LES), h. de Francheville.

GRANDS-GOMBERTS (LES), h. de Nogent-le-Sec.

GRANDS-IFS (LES), h. de Louversey.

GRANDS-JARDINS (LES), h. de Bezu-la-Forêt.

GRANDS-JARDINS (LES), h. de Sainte-Geneviève-lez-Gasny.

GRANDS-MOULINS (LES), m^in à Ivry-la-Bataille.

GRANDS-VAUX (LES), h. de Mérey.

GRAND-THUIT (LE), h. de Charleval.

GRAND-TRONQUE (LE), lieu-dit à Panilleuse.

GRANDVAL, c^ne de la forêt de Lyons (plan général de la forêt domaniale).

GRAND-VAL (LE), m^on isolée, à Montfort-sur-Risle.

GRAND-VAL (LE), h. de Vernon.

GRAND-VENEUR (PAVILLON DU), dans la forêt de Vernon.

GRAND-VILLERS (LE), h. de Villers-sur-le-Roule.

GRANDVILLIERS, c^ne du c^on de Damville et fief. — Grande Villars, 1063 (cart. de Saint-Wandrille). — Granvillier, 1125 (cart. du Désert). — Granteviller, XIIe s^e (cart. de Saint-Wandrille). — Grantviler, 1206 (généal. de la maison de Chambrey). — Magnus Villaris, 1257; Grandis Villaris, 1270; Grandis Villaria, 1299 (cart. de Saint-Wandrille). — Grantvillier, Grantvilliers, 1469 (monstre). — Granviller, 1562 (arrière-ban). — Granvilliers, 1782 (Dict. des postes).

GRANGE (LA), fief à la Neuve-Grange (vingtièmes).

GRANGE-À-MADAME (LA), m^on isolée, à Sainte-Colombe-près-Vernon.

GRANGE-DU-TEMPLE (LA), f. à Épréville-près-le-Neubourg; anc. domaine des Templiers.

GRANGES (LES), f. à Beaumontel.

GRANGES (LES), f. au Bec-Hellouin, 1264.

GRANGES (LES), h. de Bernay.

GRANGES (LES), ancien h. de Capelles-les-Grands. — Granchie, 1291 (L. P.). — Les Granches, 1298.

GRANGES (LES), f. à Saint-Philbert-sur-Risle.

GRANGES (LES), h. de Saint-Thurien.

GRANGE-SERCELLE (LA), fief à Gisors et en relevant (inv. de la maladrerie de Gisors). — Grange Cercelle (Hersan).

GRANGES-L'ABBÉ (LES), f. à la Couture de Bernay, 1586.

GRANGES-L'ABBÉ (LES), h. de Saint-Clair-d'Arcey.

GRANGE-VIMONT (LA), h. de Saint-Aubin-sur-Gaillon.

GRANTVAL, huit^e de fief à Triqueville.

ATHEUIL, c^{ne} réunie à Lignerolles en 1837; fief. — *Gratois*, 1217 (L. P.).— *Gratheul*, 1469 (monstre). — *Gratolium* (1er p. d'Évreux).

ATTE-PAILLE, m^{on} isolée, à Saint-Pierre-la-Garenne.

ATTIANVILLE, m^{on} isolée, à Vascœuil.

AVELLES (LES), lieu-dit à Fourges.

AVERIE (LA), ham. partagé entre la Barre et Bosc-Renoult-en-Ouche.

AVERON, c^{ne} du c^{on} d'Évreux (nord), accrue en 1844 de Saint-Melain-la-Campagne et de Sémerville, sous le nom de *Graveron-Sémerville;* plein fief relevant de Beaumont-le-Roger, 1416 (L. P.); baronnie, châtell., 1683. — *Graverum*, 1214 (feoda Ebroicensis comitatus). — *Gravelon*, xve siècle (dénomb. de la vicomté de Conches).

AVERON, sergenterie comprenant, dans l'élection de Conches, 9 par., dont celle de Graveron ne faisait point partie : le Boshion, le Fresne, le Mesnil-Hardray, Nagel, Nogent-le-Sec, Notre-Dame-du-Val, le Nuisement, Séez-Mesnil, le Vieux-Conches. — *Le Graverein*, 1419 (état des fiefs de la vic. de Conches).

AVERON, fief à Voiscreville.

AVERON (LA TOUR DE), m^{on} sur la par. de Saint-Nicolas d'Évreux, où le baron de Graveron avait droit de tenir ses plaids et gages-plèges, 1685 (aveu du baron).

AVERON (LE), f. à Saint-Léger-du-Gennetey; fief relev. d'Iquelon.

AVERON-LA-TURGÈRE, nom donné à la baronnie de Graveron par lettres patentes de 1683.

AVERON-SÉMERVILLE, nom donné en 1844 à la c^{ne} formée de la réunion de Graveron, de Saint-Melain-la-Campagne et de Sémerville.

AVIER (LE), h. partagé entre Bourth, Chéronvilliers et Francheville.

AVIERS (LES), h. d'Épieds.

AVIGNY, c^{ne} du c^{on} d'Évreux nord; fief relevant l'Évreux (L. P.). — *Gravengnei*, 1030 (ch. de la Trinité-du-Mont). — *Graviniacum*, 1079 (ch. de Guillaume le Conquérant). — *Gravigneium*, *Gravigneum*, 1152 (bulles d'Eugène III).— *Gravinneium*, 1156 (bulle d'Adrien IV). — *Gravigni*, 1174 (ch. de Henri II). — *Gravigne*, 1201 (cart. du chap. d'Évreux). — *Gravegneium* (L. P.). — *Gravinei*, 1217 (*ibid.*).— *Gravineium*, 1235 (cart. de Saint-Taurin). — *Gravengny*, 1401 (aveu de Pierre de Poissy).

AVILLE, h. partagé entre Beuzeville et Manneville-a-Raoult.

BALME (LES), m^{on} isolée, à Appeville-dit-Annebaut.

ÉGERIE (LA), f. à Bourg-Achard. — *Le Grégi*, 1208 (cart. de Bourg-Achard).

GREMARRE, h. de Bosguerard-de-Marcouville.

GREMONT (LES), h. de Saint-Pierre-du-Val.

GRENELLES, h. de Garennes.

GRENIERS (LES), h. de Morgny.

GRENIECSEVILLE, c^{ne} réunie à Glisolles en 1808; fief en 1362. — *Gregnosavilla*, 1130 (ch. de Henri Ier); 1234 (bulle de Grégoire IX). — *Greniosavilla*, 1211 (Hist. de la maison de Chambray) . — *Gregnossavilla* (grande ch. de Conches). — *Grenosavilla*, 1247 (ch. de la Noë). — *Greygnosa* et *Greignosevilla*, 1252 (reg. visit.). — *Greisnosavilla*, 1260 (ch. de la Noë). — *Greignouseville*, 1278 (cart. de Saint-Wandrille). — *Saint-Laout*, 1306 (L. P.). — *Greigneuseville*, 1317 (chartrier de Romilly).— *Gregnoseville*, 1419 (arch. nat.). — *Grenieuseville*, *Grenieuzeville*, 1469 (monstre). — *Grégnieuseville*, *Gregneuzeville*, 1562 (arrière-ban). — *Grigneuzeville*, xviie siècle (reg. de la Chambre des comptes de Rouen). — *Grégneuseville*, 1836 (tabl. des c^{nes} du dép^t vic. de l'Eure).

GRENOUILLÈRE (LA), h. d'Arnières.

GRESSONNERIE (LA), fief à Notre-Dame-de-Préaux.

GRESTAIN, abb. de l'ordre de Saint-Benoît, fondée en 1040, supprimée en 1775. — *B. M. de Grestano*. vers 1050 (L. P.). — *S. Maria Gresteni*, 1113 (roul. des morts). — *Grestanum* (Neustria pia).

GRESTAIN, paroisse considérable au xie siècle sous le nom de *Saint-Ouen-de-Grestain*, en partie détruite en 1122 et qui a été unie à celle de Carbec; restée baronnie et haute justice appartenant à l'abb. du même nom. La c^{ne} de Carbec-Grestain a été réunie en 1844 à Fatouville, sous le nom de *Fatouville-Grestain*. — *Gresten*, 1185 (Robertus de Monte). — *Grestenus*, 1228 (cart. de Jumiéges). — *Gratin*, 1249; *Gratain*, 1254; *Grestain*, 1257 (reg. visit.). — *Grestanus*, 1254 (Gall. christ.). — *Grestanum* (2e p. de Lisieux). — *Grestanium* (Masseville). — *Le Grétin*, 1871 (Léon Thil, Lettres sur la canalisation de la basse Seine).

GRÉTIN, f. à Fontaine-Bellenger.

GREZ, h. de Chanu, auj. Villiers-en-Désœuvre.

GNÈZ (LES), h. d'Ajou.

GNÈZ (LES), h. de Baeubray.

GNÈZ (LES), h. de Courdemanche.

GREZ (LES), q^t de fief à Mancelles, relevant des Botte-reaux.

GREZ-VALLÉE (LE), h. de Bretigny.

GRIBAUMARE, h. de Bourneville.

GRIFFES (LES), lieu-dit à Chaignes.

GRIGNARDIÈRE (LA), fief à Bosc-Roger-en-Ouche. — 1752 (Le Beurier).

Gril (Bras du), dérivation de l'Eure à Louviers.

Gril (Tour du), l'une des deux principales tours des anc. fortifications de Louviers.

Grille-Giboudelle (La), m^on isolée, à Arnières.

Grimonval, h. et fief à Écos. — *Grimaldivallis*, 1195 (ch. de Richard Cœur de Lion). — *Grimovallis*, 1225 (cart. norm.).

Grimoudière (La), h. partagé entre Beaumesnil et Saint-Aubin-des-Hayes.

Grimperel (Le), 1750 (Durand, Calend. hist.); nom du lieu où a été depuis découvert le théâtre romain d'Évreux.

Gripière (La Grande et la Petite), h. de Mézières et fief relev. de Vernon. — *Griperia*, xii° s° (cart. de Jumiéges).

Gripières (Les), lieu-dit à Pressagny-l'Orgueilleux.

Grisedie (La), h. de la Poterie-Mathieu.

Grivel, m^in à Romilly-sur-Andelle.

Grivelière (La), h. de Bretigny.

Grivelière (La), h. de Brionne.

Grivelière (La), h. de Saint-Pierre-de-Salerne.

Grix (Le), château à Épréville-en-Roumois.

Grix (Les), h. d'Éturqueraye.

Grocet, m^in à Évreux, *in vico Villeine*; propriété du seigneur de Cierrey, 1238 (cart. de Saint-Taurin).

Grode (La), h. de Saint-Denis-le-Ferment.

Grohan, h. et petits vallons au Plessis-Grohan, traversés par un aqueduc romain.

Groigny, tiers de fief au Petit-Andely. — *Grosgny* (Le Beurier). — *Grogni* (Brossard de Ruville).

Groigny, fief à Ecquetot.

Grosbois, c^ne du c^on de Verneuil, réunie à Piseux en 1843; fief. — *Grossus Boscus* (1er p. d'Évreux). — *Gresboys*, 1469 (monstre).

Gros-Bosc (Le), h. de Grand-Camp.

Gros-Bouleaux (Les), c^on de la forêt de Lyons.

Grosbreuil (Le), h. partagé entre Boissy-sur-Damville et les Minières. — *Grossum Brolium*, 1218.

Gros-Caillou (Le), lieu-dit à Civières.

Gros-Charme (Le), h. des Baux-de-Breteuil.

Gros-Chêne (Le), h. de Bois-Arnault.

Gros-Cul (Le), lieu-dit à Villegats.

Gros-Hêtre (Le), m^on isolée, à Beaubray.

Gros-Hêtre (Le), m^on isolée, au Bosc-Morel.

Gros-Hêtre (Le), f. à Saint-Étienne-sous-Bailleul.

Gros-Heurt, phare voisin de Fatouville, en amont de Quillebeuf. — *Gros-Heur*, 1842 (Annuaire).

Grosnoux (Vallée du), forêt de Lyons. — 1579 (Phil. d'Alcripe).

Grosley, c^ne du c^on de Beaumont; ancien fief relev. de Beaumont-le-Roger (L. P.). — *Gröley* (Cassini). — *Grolei*, 1155 (cart. de la Trinité de Beaumont).

— *Grolaium*, vers 1199 (ch. du comte Robert de Meulan). — *Groslei* (ch. de Henri II, monast. angl.). — *S. Leodegarius de Groloi*, 1205 (arch. de l'Eure). — *Groolaium*, 1204 (ch. de Lambert Cadoc). — *Groulayum*, 1303 (cart. de la Sainte-Trinité de Beaumont). — *Grollay*, 1413. — *Grolay*, 1644 (Coulon, les Riv. de France).

Grosloxo, fief à Colletot (vingtièmes).

Grosmesnil, fief et château à Aubevoye.

Grosmesnil, château à Heubécourt.

Gros-Pierre (Le), tour de la cathédrale d'Évreux, restaurée au xvii° siècle.

Gros-Poirier (Le), h. de Beuzeville.

Gros-Pommier (Le), f. à Fourmetot; vavassorie relev. de Pont-Audemer.

Grosse-Borne (La), lieu-dit à Boisset-les-Prevanches.

Grosse-Borne (La), lieu-dit au Cormier.

Grosse-Borne (La), lieu-dit à Criquebeuf-sur-Seine.

Grosse-Borne (La), lieu-dit à Ecquetot.

Grosse-Borne (La), lieu-dit à Iville.

Grosse-Borne (La), lieu-dit à Lignerolles.

Grosse-Borne (La), lieu-dit à Mandeville.

Grosse-Borne (La), lieu-dit à Vernon.

Grosse-Devise (La), lieu-dit à Croth.

Grosse-Forge (La), h. de Ferrières-Saint-Hilaire.

Grosse-Londe (La), h. partagé entre Grostheil et Saint-Nicolas-du-Bosc. — *Grossa Lunda* (ch. de Henri du Neubourg).

Grosse-More, fief relevant de Gisors (L. P.).

Grosse-Pierre (La), lieu-dit à Criquebeuf-sur-Seine.

Grosse-Pierre (La), lieu-dit à Dame-Marie.

Grosse-Pierre (La), lieu-dit au Fresne.

Grosse-Pierre (La), lieu-dit à Giverny.

Grosse-Pierre (La) ou Voranne, anc. lieu-dit à Iville.

Grosses-Bornes (Les), lieu-dit à Heudicourt.

Grosses-Bornes (Les), lieu-dit à Marcilly-sur-Eure.

Grosses-Eaux (Les), lieu-dit à Vernonnet.

Grosses-Forges (Pné des), à Chambrais. — 1601 (aveu de Charlotte des Ursins).

Grosse-Tour (Moulin de la), à Bernay.

Grossœuvre, c^ne du c^on de Saint-André; anc. fief très-fractionné; bourg, 1722 (Masseville). — *Grandis Silva*, 1137 (O. V.) et 1190 (petit cart. de Saint-Taurin). — *Grossum Robur*, xii° siècle (L. P.). — *Grant Suevre*, 1307 (cart. de Saint-Taurin). — *Grant Sœuvre*, *Groissœuvre*, 1411 (arch. nation.). — *Grosse hèvre*, 1631 (Tassin, Plans et profilz). — *Grausseavre*, *Grossèvres*, 1634 (arch. de la baronnie de Garencières).

Grossœuvre (Canton de), qui comprenait, de 1790 à l'an ix, 40 c^nes : Avrilly, les Baux-Sainte-Croix, Berniencourt, Bérou, Champ-Dominel, Cissey,

Cracouville, Garencières, Grossœuvre, Guichainville, le Plessis-Grohan, Prey; Saint-Aubin-du-Vieil-Évreux, Saint-Luc, la Sôgne, Thomer, la Trinité, le Val-David, les Ventes. le Vieil-Évreux.

ᴏsᴛʜᴇɪʟ, cᵐᵉ du cᵒⁿ d'Amfreville. — *Saint-Georges-du-Theil* (nombreux titres anc.); 1709 (dénomb. du royaume); 1791 (acte notarié); 1792 (1ʳᵉ liste des émigrés); 1805 (Masson Saint-Amand). — *Le Til* (p. d'Eudes Rigaud). — *Leteil*, 1307 (olim, t. III); 1501 (comptes des revenus de la vicomté d'Elbeuf). — *Grateil, Groutel, Grotœil*, 1390 (La Roque).— *Tillia* (p. de Raoul Roussel). — *Le Theil*, 1663 (aveu).—*Groteil*, 1730 (le P. Anselme). —*Grothoil*, 1791 (acte notarié).

ᴏᴜᴀʀᴅᴇʀɪᴇ (ʟᴀ), h. d'Épréville-en-Roumois.

ᴏᴜᴅɪèʀᴇ (ʟᴀ), h. de la Chapelle-Hareng.

ᴏᴜᴅɪèʀᴇ (ʟᴀ), h. de Ferrières-Saint-Hilaire.

ᴏᴜᴅɪèʀᴇ (ʟᴀ), fief à Saint-Germain-la-Campagne.

ᴏᴜᴅɪèʀᴇ (ʟᴀ), h. de Saint-Quentin-des-Îles.

ᴏʀᴇ (ʟᴇ), lieu-dit à Civières.

ᴏᴄᴇs (ʟᴇs), lieu-dit à Gasny.

ᴏᴄᴇᴛᴛᴇs, f. à Menilles.

ᴏᴄᴇᴛᴛᴇs (ʟᴇs), lieu-dit à Gasny.

ᴏᴜʟᴀʏ, f. au Chesne.

ᴏᴄᴛs (ʟᴇs), h. de Rougemontiers.

ᴜᴀᴜx (ʟᴇs), h. de Berville-la-Campagne.

ᴜᴀᴜx (ʟᴇs), lieu-dit à Sainte-Geneviève-lez-Gasny.

ᴜᴄʜᴇᴛ, h. d'Ailly. — *Grouchet*, 1485 (aveu du chap. de Beauvais). — *Le Gruchet*, 1597 (requête des habitants).

ᴜᴄʜᴇᴛ, fief et chapelle à Pont-Authou. — *Cruciacus*, 1024 (cart. de Jumiéges).

ᴜᴄʜᴇᴛ, mⁱⁿ à Saint-Paul-sur-Risle.

ᴜᴄʜᴇᴛ (ʟᴇ), h. de Plasnes; fief. — *Grouchet*, 1456 (L. P.).

ᴜᴄʜᴇᴛ (ʟᴇ), fief à Saint-Cyr-de-Salerne, relev. de la baronnie de Salerne.

ᴜᴄʜᴇᴛ (ʟᴇ), h. de Saint-Denis-le-Ferment et mⁱⁿ sur la Levrière.

ᴜᴇ (ʟᴀ), chât. des Mailloc et qᵗ de fief relevant de Friardel, 1457 (L. P.); 1570 (Mém. de Tournebu), et auj. f. à Capelles-les-Grands. — *Gruha*, 1211; *Grua*, 1256 (L. P.).

ᴜᴇ (ʟᴀ), lieu-dit à Ferrières-Haut-Clocher.

ᴜᴇʟʟᴇ (ʟᴀ), h. et fief à Saint-Victor-de-Chrétien-ville.

ᴜᴄᴇs (ʟᴇs), h. du Tilleul-Lambert.

ᴜᴍᴇsɴɪʟ, chât. à Heubécourt et qᵗ de fief relev. de Baudemont. — *Grimenil*, 1242; *Grimesnil*, 1297 (L. P.).

ᴜᴇ ᴀᴜx Mᴀʟᴀᴅᴇs, à Gisors, 1561.

ᴜᴇғғɪèʀᴇ (ʟᴀ), h. de Thevray.

Eure.

Gᴜᴇ́ʜᴀʀᴅɪᴇ (Gᴜᴇ́ et Mᴏᴜʟɪɴ ᴅᴇ), à Saint-Georges-sur-Eure, 1127. — *Vadum Hardre*, 1278. — *Moulin Hadrard*, xvᵉ siècle (cartulaire de Saint-Père de Chartres).

Gᴜᴇʟ (ʟᴇ), h. de Saint-Denis-d'Augerons.

Gᴜᴇɴᴇᴛ, château à Saint-Vincent-la-Rivière.

Gᴜᴇɴɪᴇʀ (ʟᴇ), h. de Bosguerard-de-Marcouville.

Gᴜᴇɴᴏᴜʟᴛ, f. à Tourville-sur-Pont-Audemer.

Gᴜᴇɴᴏᴜᴠɪʟʟᴇ, cᵐᵉ du cᵒⁿ de Routot, réunie en 1804 à Honguemare, et fief. — *Gonovilla, Gonnovilla*, 1211 (cart. de Jumiéges). — *Gonneville* (p. d'Eudes Rigaud). — *Guenouville*, 1803 (Masson Saint-Amand). — *Guenonville* : on lit dans quelques titres *Quenouville*, 1805 (ibid.). — *Quenonville*, 1828 (L. Dubois).

Gᴜᴇ́ᴘᴇ́ʀᴇᴛᴛᴇs (ʟᴇs), lieu-dit à Croth.

Gᴜᴇ́ᴘɪɴᴇs (ʟᴇs), lieu-dit à Giverny.

Gᴜᴇ́ʀᴀɴᴅᴇ, h. partagé entre Foulbec et Saint-Sulpice-de-Graimbouville.

Gᴜᴇ́ʀᴀɴᴇ (ʟᴀ), lieu-dit à Guitry.

Gᴜᴇ̀ʀᴇ-ᴇɴ-Pᴀɪɴ, lieu-dit à Port-Mort.

Gᴜᴇ́ Rɪᴄʜᴀʀᴅ, ancien gué de l'Epte, à Amécourt, qui aurait servi de passage à Richard Cœur de Lion.

Gᴜᴇ́ʀɪᴇ (ʟᴀ), huitᵉ de fief relevant de la Poterie-Mathieu, à Lieurey.

Gᴜᴇ́ʀɪɴᴀʟɪèʀᴇ (ʟᴀ), fief sur Vaux-sur-Risle et Auvergny. — 1792 (liste des émigrés).

Gᴜᴇʀɪɴɪèʀᴇ (ʟᴀ), h. de Saint-Aubin-le-Vertueux.

Gᴜᴇ́ʀɪᴛᴇ (ʟᴀ), f. à Authevernes.

Gᴜᴇʀɴᴀɴᴠɪʟʟᴇ, cᵐᵉ du cᵒⁿ de Breteuil; fief relevant de Tillières. — *Guarleinvilla*, 1081; *Guarlenvilla, Guarlenivilla, Warleinvilla* (O. V.).—*Garnenvilla, Warlenvilla*, vers 1130 (ch. de Henri Iᵉʳ). — *Garnevilla*, vers 1200 (ch. de Roger de Bémécourt). — *Garlenvilla*, vers 1246 (ch. de saint Louis). — *Gallenvilla* (cart. de Saint-Évroult). — *Guerneuvilla, Guernouvilla* (cout. des forêts). — *Guerneville*, 1412 (L. P.).

Gᴜᴇʀɴʏ, cᵐᵉ du cᵒⁿ de Gisors; fief relevant de Gisors, 1470. — *Warnacum*, vⁱⁱᵉ siècle; — *Garniacum* (p. d'Eudes Rigaud). — *Garni*, 1308 (cart. du Trésor). — *Warnei* (cart. de la Trinité-du-Mont).

Gᴜᴇ́ʀᴏᴛɪèʀᴇ (ʟᴀ), h. de Caorches.

Gᴜᴇʀᴏᴜʟᴅᴇ (ʟᴇ), cᵐᵉ du cᵒⁿ de Breteuil; fief. — *La Garoude*, 1239; *Gerouda*, 1278 (cart. de Lyre). — *Groulle*, 1523 (rech. de la noblesse). — *La Guéroude*, 1754 (Dict. des postes).

Gᴜᴇ́ɴᴏᴜʟᴛ (ʟᴇs), h. partagé entre Étreville et Hauville.

Gᴜᴇʀǫᴜᴇsᴀʟᴇ, f. et fief à Amécourt; mⁱⁿ sur l'Epte. — *Gargasala* (L. P.). — *Guersalle* (pronone. locale). — *Garnesale*, 1538 (chartrier de Mainneville).

Gᴜᴇʀʀɪᴇʀ (ʟᴇ), lieu-dit à Autheuil.

14

GUERROYÈRE (La), faubourg de Brionne.

GUET (Le), lieu-dit à Bosquentin.

GUETTE (Bois de la), à Corneuil.

GUETTE (La), pavillon ; rendez-vous de chasse près de Nonancourt. — 1413 (lettres pat. de Charles VI).

GUETTE (La Grande et la Petite), lieu-dit à Ézy.

GUETTELAN, h. du Fidelaire.

GUEU (Le), huit° de fief à Brionne et en relevant.

GUEULE-DU-VAL (La), h. d'Arnières.

GUEULE-OUVERTE (La), lieu-dit à Igoville.

GUEULETON, fort élevé par Philippe Auguste en face de Boutavant, existant encore en 1200 (Rigord). — Voy. GOULET (Le).

GUIBRAN, île de la Seine voisine de Poses (Beaurepaire, Hist. de la vicomté de l'Eau).

GUICHAINVILLE, cne du con d'Évreux sud et fief. — Guichenvilla, 1215 (arch. de l'Eure, fonds Saint-Sauveur). — Wichenvilla, 1223 (Gall. christ.). — Guinchevilla, 1272 (rôle de l'ost). — Guichanvilla, 1417 (reg. de l'Échiquier). — Guichinville, 1631 (Tassin, Plans et profilz). — Guichenville, 1754 (Dict. des postes).

GUIDE (Le), lieu-dit à Amfreville-les-Champs.

GUIDE (Le), lieu-dit à Étrépagny.

GUIEL (La) ou Rivière de Ternant, affl. de gauche de la Charentonne, parcourant 12 kilom. dans le con de Broglie. — Waiolum (O. V.). — Rippa de Gael, 1277; Rippa de Gaello, 1286; Guel (L. P.).

GUIGNALLERIE (La), h. de Vaux-sur-Risle.

GUIGNARDERIE (La), f. aux Barils.

GUIGNETTERIE (La), h. de Courteilles.

GUIGNON (Sergenterie au), anciennement au Vavasseur, relevant de Conches et comprenant 15 paroisses de l'élection de Conches, en 1429, et 2 fiefs, l'un à Iville, l'autre au Thuit-Signol : Amfreville-la-Campagne, Berville, Bois-Normand-la-Campagne, le Bois-Hubert, Burey, Émanville, Faverolles, la Gouberge, Gouville, le Mesnil-Vicomte, Orvaux, Portes, la Puthenaye, Saint-Élier, Vitotel. — Guignon, 1419 (état des fiefs de la vicomté de Conches). — Guygnon, 1778 (liste des fiefs de la vicomté de Conches).

GUIRÉBERT, q¹ de fief à Menilles. — 1411 (L. P.).

GUILHAUDE (Rue de la), 1745 (plan d'Évreux). — Guehaude, 1685 (arch. de la ville d'Évreux).

GUILLARDIÈRES (Les), h. de Beaubray.

GUILLAUME-DU-BOIS, demi-fief à Villers-en-Vexin. — 1681 (Le Beurier). ·

GUILLEMECTE, second nom du q¹ de fief de Chéraumont.

GUILLEMESNIL, chapelle et fief à Boismont, relevant d'Andely. — Willermi Maisnillum, 1156 (bulle d'Adrien IV); nommé depuis Léomesnil (Charpillon et Caresme).

GUILLERIE (Pont de la), à Tillières-sur-Avre.

GUILORICHE (La), pré et h. de Saint-Antonin-de-Sommaire.

GUINCESTRE, h. de Gouville; fief relev. de l'év. d'Évreux, 1452 (L. P.). — Guincestrie, 1292 (assiette du domaine de Damville).

GUINCÈTRES (Les), h. de Ferrières-Saint-Hilaire.

GUINGUETTE (La), f. à Tourville-sur-Pont-Audemer.

GUINQUEMFORT ou GUINQUEMPERT, anc. mⁱⁿ à vent à la Saussaye. — 1542 (aveu de Claude de Lorraine).

GUIOUFOSSE, lieu-dit à Guiseniers, 1235. — Gyvoufosse, 1235.

GUISENIERS, cne du con des Andelys et fief. — Gysiniacus, 1025 (ch. de Richard II). — Gisiniacus, 1079; Kisegnies, 1214 (cart. de Jumiéges). — Guisegnies, 1216 (ch. de Phil. Aug.). — Gisignies, xiii° s°; Gysennies, 1224; Guiseniacus, 1230; Gysegnies, 1233; Gesygnies, 1235; Gysaniers, Guisania, 1238; Guisegneum, 1242 (cart. de Jumiéges). — Guisignies (cout. des forêts). — Guiseignies, 1236 (reg. visit.). — Guinesayes, 1268 (Dupuy, Inv.). — Guisengnii, 1272, et Guisigni, 1284 (Trésor des chartes). — Guinsenniers, 1290 (cart. normand). — Guysegnies (p. de Raoul Roussel). — Guinières, 1625 (Rosset, les Hist. tragiques de notre temps). — Guisiniers, 1738 (Saas), et 1754 (Dict. des postes).

GUITRY, cne du con d'Écos; fief; sergent. royale; chât. fort, vers 1150. — On prononce souvent Quitry : c'est le nom primitif, (L. P.). — Quitreium, 1090 (D. Mabillon). — Chitry, 1119 (cart. de Saint-Père de Chartres). — Chitreium, 1137 (O. V.). — Chitrium, Chitreium, 1152 (Robertus de Monte). — Kitreium (M. R.). — Kitrisium et Kytriacum, xiii° s°; Kytri, 1225; Kytreium (cart. de Saint-Wandrille). — Kitre, 1239 (L. P.). — Quitri (p. d'Eudes Rigaud), et 1828 (L. Dubois). — Quietry, Guietry, 1406 (aveu, arch. nat.). — Quittery, 1476 (inscript. campanaire). — Quittry, 1647 (procès-verbal de la translation des reliques de sainte Clotilde). — Quitri en Vexin, 1855 (L. P., notes de l'édition d'O. V.).

H

Hablise, île de la Seine devant Vernonnet.

Habloville, h. de Saint-Aubin-sur-Gaillon.

Hache (La), fief à Baudemont, 1411.

Hacherie (La), h. de Saint-Clair-d'Arcey.

Hachette (Porte), anc. porte de Vernon, démolie au xixe siècle.

Hachon, huit° de fief relev. de Grandchain. — 1419 (L. P.).

Jacqueville, cᵐᵉ du cᵒⁿ d'Étrépagny; anc. chât. fort et fief. — *Haracavilla*, 1130 (ch. de Henri Iᵉʳ). — *Haravilla*, *Harachivilla* (gesta Ludovici VII). — *Hasque villa*, 1213 (reg. Phil. Aug.). — *Harachavilla*, 1234 (bulle de Grégoire IX). — *Arracheville*, xiiie siècle (L. P.). — *Hakeville*, 1240 (cart. de Saint-Amand). — *Haakeville*, 1245 (cart. de Jumiéges). — *S. Lucianus de Aquevilla* (p. d'Eudes Rigaud). — *Hacqueville en Vexin*, 1523 (Revue de la Normandie).

Jacqueville, prieuré dépend. de Conches. — *S. Stephanus de Haquevilla*, xve siècle (L. P.).

Hacqueville, fief à Port-Mort.

Hafrière (La), h. de Beaumesnil.

Haganière (La), fief à Calleville. — 1235 (cart. du Bec).

Hagrière (La), h. de Saint-Vincent-la-Rivière.

Haguet (Le), h. de Cauverville-en-Roumois.

Haguetterie (La), h. d'Épréville-en-Lieuvin.

Haiblet (Le), h. de Réville.

Haie (La), h. d'Heudreville-en-Lieuvin.

Haie (La), mⁱⁿ à Notre-Dame-du-Hamel.

Haie (La), qᵗ de fief à Saint-Michel-de-la-Haye (vingtièmes).

Haie-au-Peuple (La), lieu-dit à Gasny.

Haie-de-Lucey (La), h. de Francheville. — *Luceium*, 1201; *Luceyum*, 1208 (L. P.). — *Lussay* (usages et cout. des forêts de Normandie). — *Les Hayes de Lucé*, fief dit aussi *les Petits Bottereaux*, relevant de Bourth, 1708 (aveu de Tillières).

Haie-de-Saule (La), mᵒⁿ isolée, à Fontaine-la-Louvet.

Haie-des-Granges (La), f. à Menilles.

Haie-Fremont (La), mᵒⁿ isolée, à Saint-Nicolas-d'Attez.

Haies (Les), chât. à Bosbénard-Commin.

Haies (Les), h. de Grand-Camp.

Haincrote, anc. partie de la forêt de Bleu. — *Hanecrotte*, 1534; *Haincrotte*, 1639; *Harmotte*, 1654 (chartrier de Mainneville). — *Les Haincrottes*, 1871 (ann. légale).

Hairie (La), h. de Bosbénard-Crescy. — *Camp Hérout* (Toussaints Du Plessis).

Hairie (La), h. de Saint-Aubin-du-Thenney.

Haise (La), h. de Bémécourt.

Haise (La), lieu-dit à Chavigny.

Haise (La), h. de Saint-Jean-du-Thenney.

Haisette (La), h. de Saint-Ouen-de-Thouberville.

Haisette (La), h. de Sébécourt.

Haisettes (Les), h. de Gaudreville-la-Rivière.

Haistrey (Le), huit° de fief relev. du roi, à Rougemontiers.

Haite (La), h. de Saint-Aubin-le-Guichard.

Haitraie (La), h. de Drucourt.

Haitrey (Le), f. et mⁱⁿ à Toutainville. — *Le Haistrey*, 1574 (Hist. de Toutainville). — *Le Hétray* (signat. des derniers propriétaires).

Haitrie (La), h. de Saint-Aubin-le-Vertueux.

Haizue (La), lieu-dit à Barc. — xiiie siècle (cart. de Beaumont).

Halentel, lieu-dit à Émanville.

Halinière (La), h. de Grand-Camp.

Halle (La), mⁱⁿ à Hondouville.

Halles (Ancien Chapitre des) ou de Saint-Blaise, à Fours. — 1738 (Saas).

Hallot (Le), f. à Civières; fief.

Hallot (Le), anc. chât. et h. de Villiers-en-Désœuvre.

Hamart, qᵗ de fief à Louviers. — 1489 (aveu de Richard Hamart).

Hameau (Le), h. de Launay.

Hameau-aux-Ânes (Le), h. de Saint-Aubin-de-Scellon.

Hameau-aux-Coudres (Le), h. de Manneville-sur-Risle.

Hameau-aux-Lucas, h. de Saint-Jean-de-la-Lequeraye.

Hameau-aux-Saint-Germain, h. de Bournainville.

Hameau-Bignet (Le), h. de Saint-Grégoire-du-Vièvre.

Hameau-Bourdon (Le), h. de Manneville-sur-Risle.

Hameau-Carné (Le), h. de Saint-Paul-de-Fourques.

Hameau-Cornier (Le), h. de Hauville.

Hameau-de-Bas, h. de Fontaine-Heudebourg.

Hameau-d'Ouel, h. de Saint-Clair-d'Arcey.

Hameau-Goubert (Le), h. de Verneusses.

Hameau-Jonas (Le), h. de Drucourt.

Hameau-Mare (Le), h. de Saint-Denis-du-Bosguerard.

Hameau-Mobel (Le), h. des Préaux.

Hameau-Pottier (Le), h. de Conteville.

Hameau-Querey (Le), h. de Fontaine-la-Louvet.

Hameau-Sanson (Le), h. de Saint-Grégoire-du-Vièvre.

Hameau-Saulnier (Le), h. de Saint-Léger-sur-Bonneville.

Hameau-Varenne (Le), h. de Saint-Grégoire-du-Vièvre.

HAMEAUX (LES), h. partagé entre Saint-Aubin-le-Vertueux et Saint-Clair-d'Arcey.

HAMÉE (LA), h. de Saint-Germain-la-Campagne.

HAMEL (LE), h. et fief à Acquigny.

HAMEL (LE), h. des Andelys.

HAMEL (LE), h. d'Auvergny.

HAMEL (LE), h. de Blandey.

HAMEL (LE), h. de Bosc-Roger-en-Roumois.

HAMEL (LE), h. de Bretigny.

HAMEL (LE), h. de Crestot.

HAMEL (LE), h. et demi-fief à Ferrières-Saint-Hilaire,
relevant de Ferrières (Le Beurier).

HAMEL (LE), château et q¹ de fief à Fourmetot, relev.
de Condé-sur-Risle, et dit aussi fief de *Fourmetot*.

HAMEL (LE), fief à Francheville, 1406, réuni en 1708
à Tillières, d'où il relevait.

HAMEL (LE), h. de la Goulafrière.

HAMEL (LE), h. de Gouttières.

HAMEL (LE), h. de la Harengère.

HAMEL (LE), h. de Landepereuse.

HAMEL (LE) ou LA TUILERIE, h. de Louversey.

HAMEL (LE), q¹ de fief à Notre-Dame-du-Hamel, relevant de Bourg-Achard.

HAMEL (LE), h. du Noyer.

HAMEL (LE), h. et q¹ de fief à Reuilly, relevant d'Autheuil, 1413.

HAMEL (LE), h. de Réville.

HAMEL (LE), h. de Saint-Antonin-de-Somnaire.

HAMEL (LE), h. de Saint-Aubin-le-Vertueux.

HAMEL (LE), h. de Saint-Christophe-sur-Condé.

HAMEL (LE), h. de Saint-Mards-de-Fresnes.

HAMEL (LE), h. de Saint-Nicolas-d'Attez.

HAMEL (LE), h. de Saint-Victor-d'Épine.

HAMEL (LE), h. de Sassey.

HAMEL (LE), h. des Ventes.

HAMEL (LE), h. de Vezillon,

HAMEL (LE), h. de Villegats.

HAMEL-AS-VACHIERS, 1222, à Beaumontel.

HAMEL-AUX-CATS, h. de Saint-Mards-de-Fresnes.

HAMEL-DE-LA-VIGNE, h. d'Hondouville.

HAMELET (LE), h. des Baux-de-Breteuil.

HAMELET (LE), h. de Franqueville.

HAMELET (LE), h. partagé entre Louviers et Pinterville.

HAMELET (LE), h. de Valletot.

HAMELETS (LES), h. de Saint-Benoît-des-Ombres.

HAMEL-JUDE, h. de Bosc-Roger. — 1204 (cart. de
Bonport).

HAMELLERIE (LA), h. partagé entre Épaignes et Saint-
Symphorien.

HAMEL-VOLTIER, dit aussi MONTAIGU, h. de Valailles.

HAMERAIS (LE), f. à Ajou.

HAMILLON (LE), lieu-dit à Tourny.

HAMON, fief à Neuville-près-Saint-André.

HANGARD (LE), m^on isolée, à Saint-Jean-d'Asnières.

HANNETOT (LE), h. de Beuzeville.

HANOUÉ (LE), h. d'Écaquelon.

HAQUENAIS, q¹ de fief de haubert à Écaquelon, dit
aussi *les Crottes, le Buc* et *les Haquets.*

HARANGUERIE (LA), h. de Saint-Mards-de-Fresnes.

HARAS (LE), f. partagée entre les Baux-de-Breteuil et
Sainte-Marguerite-de-l'Autel.

HARAS (LE GRAND et LE PETIT), fermes du domaine de
Navarre, détruites vers 1835.

HARASSERIES (LES), lieu-dit à Breuilpont.

HARBOUDIÈRE (LA), h. de Condé-sur-Iton.

HARCOURT, c^on du c^on de Brionne, anc. chât. fort, comté
relevant du duché de Normandie et haute justice;
auj. domaine de la Société centrale d'agriculture. —
Harecotium (Neustria pia). — Harecort (roman de
Rou). — *Harulfi Curtis* ou *Cortis* (O. V.). — *Haro-
curt* (Guill. de Jumiéges). — *Harecuria*, 1179 (lett.
de Robert d'Harcourt). — *Herecuria*, 1214 (feoda
Normanniæ). — *Hauricuria*, 1223 (ch. de Saint-
Étienne de Renneville). — *Hardicuria*, 1285 (André Duchesne). — *Harecourt*, 1329 (chron. des
quatre 1ers Valois); 1378 (capitulation de Beaumont-le-Roger). — *Harcort*, 1355 (chron. des
abbés de Saint-Ouen). — *Harecord* (documents
anglais).

HARCOURT, pré à Ajou.

HARCOURT, sergenterie comprenant 9 paroisses de
l'élection de Conches.

HARCOURT, fief à Farceaux, relev. de Trye. — Château,
1666.

HARCOURT, m^in à Thevray.

HARCOURT (CANTON D'), comprenant de 1790 à l'an IX
19 c^es : Aclou, Boisney, la Cambe, Carsix, Chrétienville, Écardenville, Fontaine-la-Soret, Franqueville, Goupillières, Harcourt, la Haye-de-Calleville, Nassandres, la Neuville-du-Bosc, Perriers-
la-Campagne, Rouge-Perriers, Sainte-Opportune-
du-Bosc, Thibouville, le Tilleul-Othon, Valleville.

HARDENCOURT, c^on du c^on de Pacy; plein fief, 1409. —
Hardencort, 1207 (cart. de Jumiéges). — *Hardin-
cort*, 1234 (cart. du chap. d'Évreux). — *Hadencort*, 1250 (ch. de la Noë). — *Hardencuria* (obit.
d'Évreux). — *Hardancourt*, 1561 (La Roque). —
Hardoncourt, 1631 (Tassin, Plans et profilz).
— *Ardencourt*, 1781 (Bérey, Carte partic. du dioc.
de Rouen).

HARDERAY, fief au Mesnil-Hardray. — 1419 (L. P.).

HARDIÈRE (LA), f. à Caumont.

HARDONNIÈRE (LA), h. de Saint-Aubin-le-Vertueux.

HARDRIE (LA), h. du Torpt.

Harelle (La), f. à Heurgeville.

Harelle (La), h. de Saint-Just et réunion de quatre sources. — 1588 (Vie de saint Adjutor).

Harenc, fief à Trouville. — 1697 (Le Beurier).

Harengère (La), cne du con d'Amfreville; fief. — *Harengeria* (p. d'Évreux). — *La Harenquiere*, 1253 (cart. du Bec). — *La Haye-Rengère*, 1725 (not. de Tourville et Daubeuf). — *Hérangère* (Cassini). — *Haye-Rangère*, 1759 (pièce de procédure). — *La Hayrengère*, 1762 (reg. du Parlement). — *S. Christophe-de-la-Harengère*, 1772 (sentence du baill. de Pont-de-l'Arche).

Harengère (La), fief à Perriers-la-Campagne, relevant du marquisat de Thibouville.

Harengeries (Les), h. de la Madeleine-de-Nonancourt.

Harengières (Les), fief-ferme à Saint-Lambert et Thevray, relev. de Beaumont. — 1416 (L. P.).

Harenquerie (La) ou l'Oquinerie, h. de Fontaine-la-Louvet.

Harèque (La), h. de Fontaine-la-Louvet.

Hargrad (Le), langue de terre aux Andelys; syncope de *Haie Guerard* (Brossard de Ruville).

Haricourt, cne du con d'Écos; fief et sergenterie relevant de Vernon (L. P.). — *Hericort*, 1130; 1242 (cart. du Trésor). — *Hericort* (p. d'Eudes Rigaud).

Haridon (Le), lieu-dit à Ailly. — 1512 (P. Goujon).

Harillière (La), f. à Gournay-le-Guérin.

Harillière (La), f. et fief à Saint-Laurent-des-Grès. — *La Harillère* (Le Beurier).

Haroudière (La), h. de Goupillières; vavassorie relev. du Vuy, à Guerbaville. — *La Hérudière*, 1562; *La Héroudière* (Le Beurier).

Harourie (La), h. de Saint-Georges-du-Vièvre.

Harpe (Rue de la), à Évreux.

Harquency, cne du con des Andelys et plein fief relevant d'Étrépagny. — *Archenceium*, 1174 (ch. de Robert de Vernon). — *Archenchium*, 1219 (ch. de Robert Crespin). — *Arguenchie*, 1221 (arch. nat.). — *Arquenciacum*, 1223 (ch. de Guill. Crespin). — *Arquenceium*, 1226 (tit. de la commanderie de Bourgoult). — *Herquenceium* ♦ 1269 (L. P.). — *Arquenci* (p. d'Eudes Rigaud). — *Erquenci*, 1308 (ch. de Phil. le Bel). — *Arquensi*, 1381 (aveu du comte de Tancarville). — *Erquensi* (La Roque). — *Erquenchy*, 1409; *Ocquenchy*, 1435 (comptes de l'archevêché de Rouen). — *Arcanchy*, 1454 (aveux de la châtell. de Gisors; arch. nat.). — *Ecquenchy*, 1501 (aveu de Georges d'Amboise). — *Arcancy*, xvie se (généal. des Jubert). — *Arequency*, 1610 (épitaphe de Marie Maugirard). — *Arsancy*, 1631 (Tassin, Plans et profilz). — *Harquency*, 1722 (Masseville). — *Arquency*, 1738 (Saas). — *Arcancy*,

1790 (magasin normand). — *Arquencey*, 1792 (1er suppl. à la liste des émigrés).

Harrenc, fief voisin de Gisors et en relevant (L. P.).

Harrouard, h. d'Évreux. — *Herouard*, 1182 et 1292 (cart. du chap. d'Évreux). — *Pont-Herouard*, 1206 (ch. de la Noë).

Harubie, fief voisin d'Évreux et en relevant (L. P.).

Has (Les), h. de Douains.

Hasard, nom de l'une des portes du Château-Gaillard, défendue par deux tours. — 1285 (ch. de Philippe le Hardi).

Haseray (Le), f. à Saint-Aubin-le-Vertueux.

Hasoy (Le Bourbeis du), nom, dans le xive siècle, du terrain marécageux nommé auj. aux Andelys *ruelle d'Aragon*.

Hastingues (Le Busc de), f. à Hauville. — 1312 (cart. de Préaux).

Hativet (Le), h. d'Équainville.

Haubais (Le), h. de Sainte-Marguerite-de-l'Autel.

Haubergeon, demi-fief à Doudeauville, relevant de Sancourt.

Haubergère (La), h. de Saint-Aubin-du-Thenney.

Haucand (La), h. de Saint-Victor-de-Chrétienville.

Haucardière (La), h. de Saint-Aubin-le-Guichard.

Hauchard, mme à Appeville.

Hauchemail, lieu-dit à Épréville-près-le-Neubourg. — 1259 (ch. de Saint-Étienne de Renneville).

Haudardière (La), h. de Fontaine-la-Louvet.

Haudicaire (La), vavassorie relevant du Fay, 1604.

Haule (La), h. d'Aclou; f. de 49 acres, aux religieux de Saint-Lô de Rouen, 1391.

Haule (La), qt de fief au Bec-Hellouin, relevant de Breteuil. — *La Haulle*, 1492 (cart. du Bec).

Haule (La), h. et fief à Hauville.

Haule (La), f. à Heuqueville.

Haule (La), vaste grange de l'abb. de Jumiéges, voisine de l'église de Trouville-la-Haulle.

Haules (Les), fief et manoir aux Fretils.

Haulles (Les), fief à Bourneville et en relevant.

Haultfort, fief voisin d'Évreux et en relevant (L. P.).

Haumes (Les), f. à la Vieille-Lyre.

Haumetz, fief à Saint-Denis-le-Ferment.

Haumière (La), f. à Forêt-la-Folie.

Hauxaies (Les), h. de Villez-sous-Bailleul.

Haucquerie (La), h. partagé entre Beuzeville et Boulleville.

Haucsey (Le), f. à Saint-Pierre-du-Bosguerard.

Haussey (Le), h. de Saint-Nicolas-du-Bosc-l'Abbé.

Haut-Bois (Le), h. des Ventes.

Haut-Bois-de-Pommereuil (Le), fief à ou près Creton. — 1562 (Le Beurier).

Haut-Bosc (Le), h. de Trouville-la-Haulle.

Haut-Bouffey (Le), h. de Bernay.

Haut-Bouquelon (Le), h. de Goupillières.

Haut-Bout (Le), h. de Glos-sur-Risle.

Hautbréau, m^on isolée, au Fidelaire.

Hautbréau, h. de la Vieille-Lyre.

Haut-Buisson (Le), h. de Barquet.

Haut-Buisson (Le), h. de Bougy.

Haut-Caillouel (Le), h. d'Infreville.

Haut-Caumont (Le), h. de Caumont.

Haut-Cierrey (Le), h. partagé entre Cierrey et le Val-David.

Haut-Cocherel (Le), h. d'Houlbec-Cocherel; fief qui relevait d'Acquigny.

Haut-Coudray (Le), h. de Gournay-le-Guérin.

Haut-Courcelle (Le), fief à Boisney (Le Beurier).

Haut-Cnoisy (Le), h. de Croisy.

Haut-Cruel (Le), lieu-dit à Boisemont.

Haut-Cruel (Le), lieu-dit à Farceaux.

Haut-Cruel (Le), lieu-dit au Thil.

Haut-d'Écaquelon (Le), h. d'Écaquelon.

Haut-de-la-Côte-du-Vieux-Port (Le), h. de Trouville-la-Haulle.

Haut-de-Livet (Le), h. de Livet-sur-Authou.

Haut-des-Cieux (Le), lieu-dit à Fontaine-Bellenger.

Haute-Allouette (La), lieu-dit à Boussey.

Haute-Borne (La), lieu-dit à Forêt-la-Folie.

Haute-Borne (La), h. d'Hennezis.

Haute-Boulaye (La), f. à Authouillet.

Haute-Bruyère (La), h. de Fort-Moville.

Haute-Caterie (La), h. de Saint-Pierre-de-Cormeilles.

Haute-Cremanville (La), f. à Saint-Étienne-du-Vauvray.

Haute-Croisille (La), h. de la Croisille.

Haute-Crotte, h. de Bourg-Achard. — *Hate Crota, Have Crotte*, xiiie siècle (cart. de Bourg-Achard).

Haute-Dixme (La), lieu-dit à Léry.

Haute-Épine (La), h. de Sainte-Marguerite-de-l'Autel.

Haute-Équerre (La), f. à Courteilles.

Haute-Équerre (La), h. de Saint-Aubin-du-Thenney.

Haute-Folie (La), bois et h. de Breux.

Haute-Folie (La), m^on isolée, à Thiberville.

Hautelon, fief relev. de l'év. d'Évreux. — 1452 (L. P.).

Haute-Maison (La), fief à Glisolles, relevant d'Évreux (L. P.).

Hauterive, m^in à Romilly-sur-Andelle, démoli pendant les guerres des Anglais et reconstruit vers 1479.

Haute-Roquette (La), h. de Sainte-Geneviève-lez-Gasny.

Hautes-Avesnes (Les), c^on de la forêt de Lyons (plan général de la forêt domaniale).

Hautes-Barres (Les), lieu-dit à Beauficel.

Hautes-Bornes (Les), lieu-dit à Vatimesnil.

Hautes-Bruyères (Les), h. de Neaufles-sur-Risle.

Hautes-Crières (Les), h. de Chéronvilliers.

Hautes-Folies (Les), h. de Chéronvilliers.

Hautes-Landes, h. de Puchay.

Hautes-Landes (Les), h. de Chéronvilliers.

Hautes-Loges (Les), h. du Manoir.

Hautes-Planches (Les), h. de Saint-Paul-sur-Risle.

Hautes-Portes (Les), m^on isolée et vanne de l'Iton, à Normanville, 1787.

Hautes-Terres (Les), h. de Morainville-près-Lieurey.

Hautes-Terres (Les), dénomination anc. comprenant une partie de la paroisse de Saint-Amand-des-Hautes-Terres et une assez grande étendue du territoire de Saint-Pierre-du-Bosguerard. — *Alta Terra*, 1208 (L. P.). — Le sieur des *Hautes-Terres*, 1591 (Valdory, Discours du siége de Rouen). — *Haultes-Terres*, 1605 (notariat du Neubourg).

Haute-Terre (La), f. et fief à la Madeleine-de-Nonancourt, relev. de l'évêché d'Évreux. — 1452 (L. P.).

Hautetuit, h. de Saint-Germain-Village; vavassorie noble, dite aussi *Ambourg*, relev. du fief de Tourville. — *Haufretastin*, xiie s^e (cart. de Saint-Gilles-de-Pont-Audemer). — *Haudestuit*, xiie s^e (cart. de Préaux). — *Hautestuit, Haut-Étuit*, xviie s^e (Canel).

Haute-Varenne (La), f. à Breux.

Haute-Verdière (La), h. de la Neuville-du-Bosc.

Haute-Ville (La), h. de Boissy-Lamberville.

Hauteville, f. à Martainville-en-Lieuvin (L. P.).

Haute-Villette (La), h. de Louviers.

Haute-Voie (La), h. de la Haye-Malherbe.

Haute-Voie (La), h. partagé entre la Noë-Poulain et la Poterie-Mathieu.

Haut-Fourneau (Le), h. de Condé-sur-Iton.

Haut-Frichon, lieu-dit à Bouafles.

Haut-Guerrier (Le), lieu-dit à Émanville.

Hauticaire, bois aux Jonquerets, xviie siècle, et fief douteux.

Haut-Mesnilles (Le), h. et fief à Menilles.

Haut-Moine (Le), f. à la Roussière.

Haut-Moussel (Le), h. de Saint-Pierre-de-Bailleul.

Hautonne, h. du Bosgouet; 1170, q^t de fief relevant du roi.

Hautot, f. à Touville. — *Hatot*, vers 1180 (ch. de Robert, comte de Leicester).

Haut-Péan, f. à Saint-Sébastien-du-Bois-Gencelin.

Haut-Panneux, fief voisin et relevant d'Évreux (L. P.).

Haut-Phare (Le), lieu-dit au Neubourg.

Haut-Pontu (Le), h. de Bezu-la-Forêt.

Haut-Prée (La), h. de la Trinité-du-Mesnil-Josselin.

Haut-Ruel (Le), h. de la Gueroulde.

Hauts-Brulins (Les), c^on de la forêt de Lyons, voisin de Morgny.

Hauts-Chesnes (Les), q¹ de fief à Saint-Aubin-sur-Risle, relev. de Champignolles, 1405.

Hauts-Vents (Les), h. de Bourgtheroulde.

Hauts-Vents (Les), h. d'Écaquelon.

Hauts-Vents (Les), h. de Lieurey.

Hauts-Vents (Les) ou la Motte, h. de Saint-Léger-du-Bosedel.

Hauts-Vents (Les), h. de Thierville.

Haut-Vent, m⁰ⁿ isolée, à Saint-Ouen-du-Tilleul.

Haut-Verrière (Le), h. de Coulonges.

Haut-Village (Le), h. de Juignettes.

Haut-Vitot (Le), h. de Vitot.

Hauville, h. de Saint-Marcel.

Hauville, h. de Valletot.

Hauville-en-Roumois, c⁰ᵉ du c⁰ⁿ de Routot et fief. — Asvilla, Alsvilla, Aslevilla, 1050; Hasvilla, Haltel-villa, xi sᵉ (gr. cart. de Jumiéges). — Hauvilla, 1183 (ch. de Robert de Meulan). — Alvilla, 1211; Havilla, 1216; Hausvilla, 1230 (fonds de Jumiéges). — Hautvilla (p. d'Eudes Rigaud). — Halvilla (ch. de fond. de Saint-Désir de Lisieux). — Hautville, 1782 (Dict. des postes). — Haulville, Houville (dans les anc. titres, L. Dubois).

Hauzey (Le), m⁰ⁿ isolée, à Caorches.

Havardière (La), fief à Mézières, relev. de Vernon.

Havars (Les), fief du prieuré des Deux-Amants, à Senneville (l'abbé Caresme).

Havière (La), h. de Mélicourt.

Haye (Guillaume de la), fief à Panilleuse.

Haye (La), h. des Barils.

Haye (La), verrerie importante à Bezu-la-Forêt. — 1805 (Masson Saint-Amand).

Haye (La), h. de Carsix.

Haye (La), h. de Chavigny.

Haye (La), h. de Giverville.

Haye (La), f. à la Haye-de-Routot.

Haye (La), h. de la Haye-Saint-Sylvestre.

Haye (La), fief à la Neuvillette, auj. Mousseaux-Neu-ville.

Haye (Moulin de la), à la Haye-Malherbe.

Haye-Aubrée (La), c⁰ᵉ du c⁰ⁿ de Routot; fief relevant de Pont-Audemer (L. P.).— Haïa Auberete (M. R.). — Haïa Auberee (p. d'Eudes Rigaud). — La Haye-Auberaye, 1717 (Cl. d'Aubigné); 1738 (Saas).

Haye-Bouvet (La), h. de Cierrey.

Haye-Bredel (La), f. à Tillières-sur-Avre.

Haye-de-Calleville (La), c⁰ᵉ du c⁰ⁿ de Brionne et fief. — Haya de Calleville, 1307 (olim). — Saint-Nico-las-de-la-Haye-de-Cailleville, 1356 (ch. d'Amaury de Meulan).

Haye-de-Gaillard (La), bois joignant le Château-Gaillard. — 1644 (lettres de Louis XIV).

Haye-de-Lyre (La), h. de Gouttières.

Haye-de-Routot (La), c⁰ᵉ du c⁰ⁿ de Routot; fief en 1697. — Haia de Roetot (p. d'Eudes Rigaud). — La Haie-de-Rouvetot, 1395 (cart. de Saint-Wandrille).

Haye-des-Mares (La), f. et huit⁰ de fief au Neubourg et en relevant.

Haye-du-Theil (La), c⁰ᵉ du c⁰ⁿ d'Amfreville. — Haya Tiliœ (1ᵉʳ p. d'Évreux). — Saint-Ursin-de-Plustot (p. franç. d'Évreux). — Saint-Ursin-de-la-Haie-du-Theil (L. P.). — La Haye-du-Tilleul, 1726 (Dict. univ. de la France); 1754 (Dict. des postes).

Haye-du-Thenney (La), h. de Saint-Germain-la-Campagne.

Haye-Fremont (La), h. de la Gueroulde.

Haye-le-Comte (La), fief et petite c⁰ᵉ du c⁰ⁿ de Louviers, ou plutôt agglomération d'habitations, dont un côté de rue appartient à Louviers comme hameau; nom venant de Galeran, comte de Meulan (L. P.). — Haya Comitis (cart. de Saint-Évroult); 1225 (ch. d'Amaury de Meulan). — Haya Comitis delez Louviers, 1226 (acte de dédicace de l'église, L. Dubois). — La Helle-Comte, 1752 (plan de la ville et comté de Louviers).

Haye-le-Conte (La), anc. nom d'une partie considérable de la forêt d'Évreux.

Haye-Linière (La), h. de Capelles-les-Grands.

Haye-Malherbe (La), c⁰ᵉ du c⁰ⁿ de Louviers; fief. — Haia Malherbe, 1194 (Roger de Hoveden). — Haya Maleherbe, 1196 (Rigord). — Villa Malherbe, 1246 (cart. de Royaumont).— Haya Malherbe, 1261 (cart. de Saint-Wandrille).

Haye-Marbux (La), h. de la Gueroulde.

Haye-Rault (La), h. et f. partagés entre Courteilles et Tillières-sur-Avre.

Hayène (La), h. de Piencourt.

Haye-Richer (La), second nom du fief de Garel.

Hayes (Les), fief à Bosbénard-Commin. — 1393 (aveu de Robert d'Amfreville).

Hayes (Les), h. de Broglie.

Hayes (Les), h. de Condé-sur-Iton; fief relevant de Condé. — 1452 (L. P.).

Hayes (Les), h. de Dame-Marie.

Hayes (Les), h. partagé entre Houlbec et Saint-Denis-des-Monts.

Hayes (Les), h. de Tillières-sur-Avre.

Hayes (Les), fief au Troncq.

Haye-Sacquenville (La), fief à Guichainville.

Haye-Saint-Christophe (La), fief à la Haye-Saint-Sylvestre.

Haye-Saint-Sylvestre (La), c⁰ᵉ du c⁰ⁿ de Rugles; plein fief relev. du fief de Buffalaise, à Glos (Orne). —

Haia Silvestris, vers 1195 (ch. de Garin, évêque d'Évreux). — *Haia Sancti Silvestris, S. Silvester de Haya*, 1241 (cart. de Lyre). — *La Haye-Saint-Sevestre*, 1419 (dénomb. de la vic. de Conches). — *La Grande-Haye* (Le Beurier, Arr.-ban, note 265).

HAYES-DES-CHARPENTIERS (LES), *Hayœ Carpentariorum*, lieu-dit à Amfreville-la-Campagne. — 1316 (cartularium S. Albini de Fraxinis).

HAYEUX (LES), h. de Morainville-sur-Damville.

HAYME (LA), fief à Léry. — 1558 (Le Beurier).

HAZAY (LE), h. de Canappeville.

HAZAY (LE), h. de Quatremare.

HAZAY (LE), q^t de fief et chât. à Sainte-Barbe-sur-Gaillon, 1418, relev. de Bérou.

HAZERAY (LE), fief à Saint-Aubin-le-Vertueux.

HEAUME (LE), fief à Gamaches, relev. de Tranchevilliers. — *L'Ostel des Heaulmes*, 1403.

HEAUMIÈRE (LA), fief à Forêt-la-Folie, relevant de Neaufles ou de Gisors (L. P.).

HÉBÉCOURT, c^ne du c^on de Gisors. — *Herberti Curtis* (cart. de Mortemer). — *Hilbotcurt* (anc. titres). — *Herbercort*, 1205 (L. P.). — *Herberti Curia*, 1229 (arch. nat.). — *Heberticuria*, 1305; *Herbercourt*, 1308 (ch. de Philppe le Bel). — *Hesbécourt*, 1398 (ordonn. d'Hector de Chartres). — *Hébercourt*, 1409 (cont. des forêts). — *Habescourt, Hebescourt*, 1451 (Bibl. nat.).

HÉBERDERIE (LA), h. du Bosgouet.

HÉBERDIÈRE (LA), h. d'Épaignes.

HÉBERDIÈRE (LA), h. de Plainville.

HÉBERTS (LES), h. de la Haye-Aubrée.

HÉBERTS (LES), h. de Saint-Victor-d'Épine.

HÉBLET, h. de Saint-Christophe-sur-Condé.

HÉCANDERIE (LA), h. de Saint-Mards-de-Blacarville.

HECMANVILLE, c^ne du c^on de Brionne, comprenant trois fiefs relevant de Bernay. — *Heuquemaville*, 1260 (inv. de l'abb. du Bec). — *Heuguemanville*, 1331 (cart. de Beaumont). — *Heuquemanville*, 1339 (cart. S. Trinitatis Bellimontis). — *Heucquemanville*, 1400 (min. du not. de Bernay). — *Hecquemenville*, 1754; *Hecmenneville*, 1782 (Dict. des postes).

HÉCOURT, c^ne du c^on de Pacy. — *Oecort*, vers 1184 (ch. de Jean, év. d'Évreux). — *Eucourt, Oencourt, Oencurt* (cart. de N.-D.-du-Lesme). — *Aienccuria* (necrologium Ebroicense). — *Houecort*, 1206 (L. P.). — *S. Taurinus de Hoecuria*, 1206; *Heccourc*, 1227 (ch. de la Noë). — *Hescourt* (usages et cout. des forêts).

HECTOMARE, c^ne du c^on du Neubourg; fief relevant de Pont-de-l'Arche. — *Quetomare*, 1374 (arch. d'Acquigny). — *Authomara*, 1455 (arch. nat.) — *Es-quetomara*, 1520 (1er p. d'Évreux). — *Ecquetomare*, 1606 (tit. de Cesseville). — *Ectomare*, 1700-1767 (dép^t de l'élection de Conches). — *Ectetomare*, 1722 (Masseville). — *Equetomarre*, 1754 (Dict. des postes). — *Equetomare*, 1839 (L. P.).

HECTONNETTE ou VIEUX-DU-GORD, h. de Pont-Authou.

HÉDOUIN (PONT et RUE), 1745 (plan d'Évreux).

HELLENVILLIERS, c^ne du c^on de Damville; fief relev. de la baronnie de Corneuil, unie au duché de Damville. — *Herlienvillaria*, 1199 (cart. du Bec). — *Helleinviller*, 1200 (reg. Phil. Aug.). — *Herleinviler*, 1215 (cart. de Lyre). — *Herlainviler*, 1215 (obit. de Lyre). — *Herleviler*, 1220 (ch. de Saint-Étienne de Renneville). — *Hercinviller*, 1228 (cart. de l'Estrée). — *Helenvilla* (inquisitio usagiorum forestæ Britolii). — *Hellenviller*, 1242 (L. P.). — *Herrevilers*, 1252 (cart. de Lyre). — *Herlenvillara*, 1254 (cart. du Bec). — *Hellenvillare*, 1257 (olim). — *Harenvillier*, 1269 (La Roque). — *Herlenviller* (M. R.). — *Herlanviller*, 1395 (cart. de Lyre). — *Hallenvilliers*, 1403 (tabell. de Rouen). — *Hellenvillier*, 1455 (aveu d'Anne de Laval). — *Helleinvillier*, 1491 (titre de rente). — *Herenviller*, 1584 (aveu de Henry de Silly). — *Hellanvillier*, 1621 (La Roque).

HELOUP (LE), h. partagé entre le Fresne et le Mesnil-Hardray.

HÉLY, h. de Saint-Ouen-de-Thouberville.

HEMEDEL, h. de Saint-Victor-sur-Avre.

HEMERY (LES), h. de Beuzeville.

HEMEDY (LES), h. de Trouville-la-Haulle.

HENIMÉE (L'), château à Saint-Vigor.

HENNAIE (LA), fief à Écaquelon.

HENNEZIS, c^ne du c^on des Andelys; fief. — *Haneiscis*, 1060; *Haniseis*, 1079; *Aunisey et Hanisiæ*, 1174; *Haneseie*, 1200; *Haneziæ*, 1201; *Hanasies*, 1214; *Hanisies*, 1230 (cart. de Jumiéges). — *Anisey*, 1079 (ch. de Guillaume le Conquérant). — *Aunisey* (ch. de Richard II). — *Hennesies, Hennesy, Hanesiez* (cout. des forêts). — *Hanesis*, 1437 (comptes de l'archev.). — *Hannesis et Hannezis*, 1579 (arch. nat.). — *Henneŝis*, 1738 (Saas). — *Hennesis ou Harnesis* (prononc. locale).

HENONDIÈRE (LA), h. de Saint-Aubin-le-Guichard. — 1319 (cart. de la Trinité de Beaumont).

HENRICARVILLE, vers 1592; nom que l'on tenta vainement de substituer, en l'honneur de Henri IV, au nom de Quillebeuf. — *Hanricarville*, 1648 (Chastillon, Topogr. française). — *Henriqueville* (L. Dubois).

HENRIÈRE (LA), h. partagé entre Saint-Nicolas-du-Bosc-l'Abbé et Saint-Victor-de-Chrétienville.

Henri IV (Rue), à Quillebeuf.

Hépelerie (La), h. de Selles.

Hébangères (Les), f. à Beaumesnil.

Héranvillier, fief à Bourth, réuni à la baronnie.

Herbage-du-Trèfle (L'), m⁰ⁿ isolée, à Saint-Étienne-l'Allier.

Herbeux (Le Bras), petit bras de l'Epte à Sainte-Geneviève-lez-Gasny.

Hérets (Les), lieu-dit à Jouy-sur-Eure.

Hérie (La), h. du Thuit-Hébert.

Héripière (La), h. de Rugles.

Herme, mare à Feuguerolles. — 1211 (ch. de Saint-Étienne de Renneville).

Hermer, m⁰ cité dans divers actes de l'abb. de la Noë. — Molendinum Hermerii, 1218; De Hermer, 1233 (L. P.).

Hermeraie (La), h. et fief au Châtel-la-Lune.

Hermitage (L'), h. d'Appeville.

Hermitage (L'), f. à Claville.

Hermitage (L') ou Prieuré de Saint-Maur, dans la forêt de Brotonne, à Vatteville.

Hermitage (L'), h. de Vernon.

Hermitage (Usine de l'), à Louviers.

Hermite (L'), m⁰ⁿ et château à Ambenay.

Hermites (Moulin aux), 1295, m⁰ⁿ sur la Risle, à la Neuve-Lyre.

Hermos, château et h. à Saint-Éloi-de-Fourques.

Herne (La), bois aux territ. d'Évreux et de Gravigny.

Hérode (Le bois), à Villers-en-Vexin; dans quelques actes le bois Rhode.

Héron (Le), ruiss. venant du dép¹ de la Seine-Inférieure; il afflue à l'Andelle, à Vascœuil, par la rive droite.

Héronnerie (La), bois limitrophe de la forêt de Bleu, cité au xii⁰ siècle.

Héronnerie (La), m⁰ⁿ isolée, à Nonancourt.

Héronnerie (La), f. à Saint-Ouen-d'Attez.

Héronnière (La), lieu-dit à Saint-Antonin-de-Sommaire.

Hérons (Bois des), aux portes de Pont-Audemer, au-dessus de la léproserie. — Boscus Ardearum (ch. de Galeran, comte de Meulan).

Hérouard, m⁰ⁿ à Aulnay, 1515.

Hérouedière (La), h. de Champigny et fief nommé d'abord la Dodardière.

Hérouedière (La), h. de Piencourt.

Herperie (La), h. de Bois-Normand près-Lyre.

Herpin, fief réuni à Verclives et relev. de Lisors, 1714.

Herpin, fief à Saint-Pierre-de-Salerne.

Herpinière (La), h. de Beaumontel; fief-manoir de Harpin (L. P.). — La Harpignère, xiii⁰ siècle (Duchesne, Liste des services militaires). — Harpeneria, 1217. — Harripinœœ, 1244 (cart. de Beaumont).

Herpinière (La), f. à Bourth.

Herpinière (La), fief à Breteuil, 1406; incorporé au comté de Tillières.

Herpins (Les), h. de Routot.

Herponcey, par. réunie à Rugles en 1791. — Harponsay, 1455 (arch. nat.). — Harponcey, 1700; 1767 (dép¹ de l'élect. de Conches); 1722 (Masseville). — Harponcé, 1765 (dict. géogr. de Duhamel). — Herponsey (Cassini).

Herqueville, c⁰ᵉ du c⁰ⁿ de Pont-de-l'Arche; fief relevant de Gisors (L. P.). — Ascheivilla (ch. de Richard Sans Peur). — Harachivillla, 1150 (Hist. de France, t. XII, p. 187). — Harquevilla (p. d'Eudes Rigaud); 1308 (ch. de Philippe le Bel). — Harqueville, 1419 (arch. nat.). — Herqueville-sur-Seine ou Harquenville, 1828 (L. Dubois).

Hertaudière (La), h. de Saint-Vincent-la-Rivière.

Héruppe (La), fief à Marcilly-la-Campagne. — Herupa (ch. d'Amicie de Montfort). — Heruppa, 1298 (L. P.).

Hésard (Le), h. du Tilleul-en-Ouche.

Héteraye (La), fief à Caumont.

Hetray (Le), h. de Saint-Aubin-de-Scellon.

Hêtre (Côte du), berge de gauche en descendant du Grand au Petit Andely.

Hêtre-à-Dieu, c⁰ⁿ de la forêt de Lyons.

Hêtre-Saint-Roch (Le), lieu-dit aux Andelys.

Hetrots (Les), h. de Saint-Pierre-de-Cormeilles.

Heubécourt, c⁰ᵉ du c⁰ⁿ d'Écos; fief. — Hildbodi Curtis, 862 (diplôme de Charles le Chauve). — Helboucort, Hilbotcurt, 1096 (ch. du duc Robert I⁰ʳ). — Heubecort (p. d'Eudes Rigaud). — Habécourt, 1579 (aveu; arch. nat.; anc. titres, et L. Dubois).

Heucleu (Le), h. de Saint-Denis-le-Ferment.

Heudebouville, c⁰ᵉ du c⁰ⁿ de Louviers; baronnie et haute justice relevant de l'abbaye de Fécamp; sergenterie noble et héréditaire. — Hildeboldivilla. — Villa Heldebodi (ch. de Robert I⁰ʳ). — Huldeboldi villa (ch. de Richard II). — Heudebouvilla, 1206 (cart. de Fécamp); 1221 (ch. de Philippe Auguste). — Hendebonville, 1359 (lettres de rémiss. du dauphin). — Handebonville, 1631 (Tassin, Plans et profilz). — Heudbouille (Cassini).

Heudequins (Les), h. de Saint-Ouen-des-Champs.

Heudez, m⁰ⁿ isolée, à Acon.

Heudicourt, c⁰ᵉ du c⁰ⁿ d'Étrépagny; marquisat. — Hiliricort, 1173 (L. P.). — Heldrici curtis (O. V.). — Heudincort (p. d'Eudes Rigaud). — Haudicuria, 1305; Haudicourt, 1308 (ch. de Phil. le Bel). — Heudicuria, 1318 (Trésor des chartes). — Heudincort (p. de Raoul Roussel). — Heudincourt, 1451 (arch. nat., aveux de la châtellenie de Gisors). —

Heudricourt, 1597 (arch. de la Seine-Inférieure). — *Eudicourt*, 1647 (Mém. de Puységur).

HEUDORME (CHAUSSÉE), à Louviers.

HEUDREVILLE, h. du Mesnil-sur-l'Estrée; prieuré. — *Hildrevilla*, 1160 (ch. de Rotrou, évêque d'Évreux). — *Ildrevilla*, 1167; *Heudrevilla*, 1187 (cart. de l'Estrée).

HEUDREVILLE-EN-LIEUVIN, c⁰ⁿ du c⁰ⁿ de Thiberville; fief divisé en grand et petit fief d'Heudreville réunis à une époque peu reculée. — *Hedrevilla* (reg. Phil. Aug.). — *Houdrevilla* (reg. visit.). — *Heudrevilla* (p. de Lisieux). — *Heldrevilla* (M. R.).

HEUDREVILLE-SUR-EURE, c⁰ⁿ du c⁰ⁿ de Gaillon; plein fief relevant d'Autheuil, 1418 (L. P.). — *Heudiervilla*, 1199 (bulle d'Innocent III). — *Hudrevilla* (reg. Phil. Aug.).—*Heudierville*, 1272 (arch. nat.); 1293 (grand cart. de Saint-Taurin). — *Heuderyville*, 1455 (aveu d'Anne de Laval).

HEULEUR, lieu-dit à Champ-Dominel. — 1223 (ch. de la Noë).

HEUNIÈRE (LA), c⁰ⁿ du c⁰ⁿ de Vernon; fief, 1552. — *Huaneria, Hueneria* (reg. Phil. Aug.).

HEUNIÈRE (LA), f. à Boisemont.

HEUQUEVILLE, c⁰ⁿ du c⁰ⁿ des Andelys; baronnie relevant de Gisors. — *Huguevilla* (ch. de Henri II; Neustria pia). — *Holgavilla* (ch. de Roger de Tosny). — *Heuquevilla*, 1218 (reg. Phil. Aug.) et 1234 (cart. de Conches). — *S. Germanus de Heuquevilla* (p. d'Eudes Rigaud). — *Hucguevilla*, 1315 (Trésor des chartes). — *Huaguvilla*, 1332 (actes de la Chambre des comptes). — *Huguevilla*, 1577 (lett. pat. de Henri III).—*Huguville*, 1665 (aveu). — *Heugeville* (Le Beurier). — *Hugueville*, 1720 (Masseville). — *Heuqueville-en-Vexin*, 1828 (L. Dubois).

HEURGEVILLE, c⁰ⁿ réunie à Villiers-en-Désœuvre en 1844. — *Ugorivilla*, 1250 (L. P.).

HEURGIVAL, h. de Vernon; fief et carrières importantes. — *Hergival*, 1667 (le P. Jean-Marie de Vernon).

HEURTELOUP, f. à Caorches.

HEURTELOUP, h. et fief à Glisolles; mamelon couronné par un retranchement circulaire, entouré de fossés larges et profonds. — *Hurteloup versus le Pleisseiz*, 1211 (ch. de la Noë).

HEURTERIE (LA), h. de Cintray.

HEURTHODERIE (LA), lieu-dit à Villegats.

HEUSE (LA), f. à Garencières; fief.

HEUTERIE (LA), h. de Notre-Dame-de-Fresnes.

HEUTERIE (LA), h. de Saint-Georges-du-Vièvre.

HEUTTES (LES), h. partagé entre la Poterie-Mathieu et Saint-Martin-Saint-Firmin.

HEUZE (LA), fief à Léry, relevant de Pont-de-l'Arche. — *Heuso* (P. Goujon).

HIDEUSE, h. et plaine de Lyons-la-Forêt. — Grâce à la transformation en herbages, cette plaine a changé d'aspect; elle mériterait de changer de nom (comte de Valon, Comice de Lyons, 1873).

HIÈBLES (LES), lieu-dit à Saint-Germain-de-Fresney.

HIETTE (LA), h. de Bois-Anzeray.

HIETTE (LA), f. à Landepereuse et q⁺ de fief relevant de Beaumesnil. — *Heete* (L. P.). — *La Hutte* (Le Beurier).

HIETTES (LES), lieu-dit à Gauciel.

HIMARE, h. d'Angoville.

HIRONDELLE (L'), lieu-dit à Chaignes.

HOCTINETTE, m⁰ⁿ isolée, à Goupillières.

HOGUES (LES), c⁰ⁿ du c⁰ⁿ de Lyons, anc. par. succursale du Tronquay et c⁰ⁿ de la forêt.

HOGUETTES (LES), f. et huit⁰ de fief à la Haye-Malherbe.

HOLETES (LES), lieu-dit à Huest. — 1215 (cart. de Saint-Nicolas d'Évreux).

HOLLANDAIS (DIGUE DES), principale digue du marais Vernier, élevée vers 1607 par une compagnie hollandaise.

HOM (LE), f. et fief à Beaumont-le-Roger. — *Humetum*, 1089; *Hummus*, 1195; *Hulmus*, 1209 (cart. de Beaumont).

HOMBRE, h. partagé entre Saint-Léger-du-Gennetey et Voiscreville.

HOMBUS, lieu-dit à Saint-Didier.

HOMME (LE), q⁺ de fief à Ajou, relev. de Beaumesnil.

HOMME (LE), m¹ⁿ à Charleval.

HOMME (LE), lieu-dit à Charleval.

HOMME (LE), h. de Corneville-la-Fouquetière.

HOMME (RUE DU), 1745 (plan d'Évreux).

HOMME (LE), m⁰ⁿ isolée, à Fontaine-sous-Jouy.

HOMME (LE), h. et baronnie à Heudreville-sur-Eure, unie au comté de Tillières. — *Hom* (bois, côte et trou du), 1871 (ann. légale).

HOMME (LE), m⁰ⁿ isolée, à Montfort-sur-Risle.

HOMME (LE), h. de Nassandres et sergenterie noble.

HOMME (LE), f. et huit⁰ de fief à Saint-Aubin-le-Vertueux, relev. de Beaumesnil. — 1419 (L. P.).

HOMME (LE), h., q⁺ de fief et belle source à la Vacherie-sur-Hondouville, relev. de Sassey, 1452; halte du chemin de fer d'Évreux à Louviers. — *Hume*, vers 1180 (ch. de Robert aux Blanches Mains).

HOMME (LE) ou ISLE-L'HOMME, au Vaudreuil, terrain entouré d'une part par l'Eure, de l'autre par le bras de Morte-Eure, et siége des châteaux successifs (P. Goujon).

HOMME (LE), fief à Vieilles, relevant d'Harcourt.

HOMME-DE-BIEN (L'), h. de Bonneville-sur-le-Bec.

Homme-Mort (L'), lieu-dit à Flipou.

Homme-Mort (L'), c⁰ⁿ de la forêt de Lyons.

Homme-Sauvage (L'), lieu-dit à Évreux.

Hommeuse, lieu-dit à Saint-Didier.

Hommey, fief à Capelles-les-Grands. — 1759 (Le Beurier).

Homo (Les), h. de Saint-Siméon.

Hondouville, cⁿᵉ du cⁿ de Louviers; anc. baronnie dépendant de Saint-Sauveur d'Évreux. — *Ondovilla* (ch. de fondat. de Saint-Sauveur). — *Hondevilla*, v. 1060 (ch. de Godehilde, comtesse d'Évreux).— *Hundevilla*, 1152 (bulle d'Eugène III). — *Hundevilla*, 1234 (bulle de Grégoire IX). — *Houdovilla*, 1243 (Bibl. nat.). — *Hondouvilla* (M. R.). — *Houdonville*, 1805 (Masson Saint-Amand).

Hondouville (Ruisseau d'), affl. de gauche de l'Iton; cours de 1,600 mètres.

Hongard (Le), mⁿ isolée, à Flipou.

Hongerie (La), manoir dépendant du fief de Champignolles. — 1411 (L. P.).

Honguemare, cⁿᵉ du cⁿ de Routot, réunie en 1844 avec Guenouville; fief relev. de Montfort-sur-Risle. — *Hanguemara* (ch. de Guill. le Conquérant). — *Honguemara*, vers 1160 (bulle d'Alexandre III). — *Hangamara* (cart. de Saint-Georges-de-Boscherville et M. R.). — *Hanguemare*, 1320 (cart. du Bec).

Honguemare-Guenouville, cⁿᵉ formée en 1844 de la réunion de Guenouville et d'Honguemare.

Honguemarette, h. partagé entre Bourg-Achard et le Bosgouet.

Honneteville, huit⁰ de fief à Martainville-en-Lieuvin, relev. de Pont-Audemer. — 1462 (La Roque).

Honneville, h. de Saint-Georges-du-Mesnil.

Hopelande, domaine de l'abb. de la Noë, à la Bonneville.—*Hopelenda, Houpelanda*, 1219 (ch. de la Noë).

Hôpital (L'), f. à Bosc-Roger-sur-Eure.

Hôpital (L'), h. de Saint-Martin-Saint-Firmin.

Hoquetière (La), mⁿ isolée, à Chéronvilliers.

Hontes (Les), lieu-dit à Amfreville-la-Campagne.

Horloge (Pont de l') ou de Robert Bende, 1745 (plan d'Évreux).

Horme (L'), h. de Routot.

Hortieuse (Île), dite aussi Île aux Bœufs, dépendant des territ. du Manoir, de Pîtres et de Poses.

Hosmes (L'), cⁿ. — Voy. L'Hosmes.

Hospice (L'), f. à Gasny.

Hospice (Prairies de l'), à Charleval.

Hôtel-aux-Mouches (L'), lieu-dit à Auvergny, 1462.

Hôtel-Dieu (L'), f. aux Ventes.

Hôtel-du-Pré, f. à Vernon.

Hôtes (Les), h. de Saint-Aubin-le-Guichard.

Hottelande, f. à la Chapelle-Gauthier.

Hou (Le), mᵉᵃ isolée, à Hécourt.

Houaillière (La), h. de Francheville.

Houblonnière (La), mⁿ isolée, à Bosrobert.

Houcmeigne, lieu-dit aux Essarts, 1258 (cart. de Lyre). — *Houcemeignia*, 1286 (ch. de la Noë).

Houdemare (Prairies d'), à Perriers-sur-Andelle.

Houdière (La), h. de la Chapelle-Gauthier.

Houestière (La), lieu-dit à Francheville.

Houetteville, cⁿᵉ du cⁿ du Neubourg; fief relevant du comté d'Évreux; prébende de la cath. d'Évreux. — *Houestevilla*, 1214 (feoda Normanniæ). — *Houetevilla*, 1222 (ch. de Saint-Étienne de Renneville). — *Hoitteville*, XIIIᵉ siècle (La Roque) et 1562 (arrière-ban). — *Honneteville*, 1293 (cart. de Saint-Georges-de-Boscherville). — *Houestevilla*, vers 1380 (Bibl. nat.). — *Honnesteville*, 1316-1386 (M. R.). — *Hoieteville*, 1452 (L. P.). — *Honnesteville*, 1466-1565 (aveux). — *Housteville*, 1551 (La Chesnaye des Bois). — *Houesteville*, 1625 (aveu de Catherine de Vendôme).

Houis (Les), h. du Fidelaire.

Houlbec, h. d'Houlbec-Cocherel.

Houlbec-Cocherel, cⁿᵉ du cⁿ de Vernon; fief; champ de bataille célèbre. — *Holbec, Holebec* (L. P.).—*Houlebet*, 1234 (bulle de Grégoire IX). — *Houllebec* (le P. Anselme, IX); 1786 (reg. des vingtièmes).

Houlbec-la-Salle, fief à Houlbec-Cocherel. — *La Salle de Houllebec*, 1690 (d'Hozier).

Houlbec-près-le-Grostheil, cⁿᵉ du cⁿ d'Amfreville; fief. — *Houlebec* (p. d'Eudes Rigaud). — *Houllebec*, 1264, 1301, 1518 (cart. du Bec); 1609 (Basnage); 1609 (acte de vente de la sergenterie de la Haye-du-Theil); 1717 (visite de Claude d'Aubigné). — *Le Houllebec-en-Roumois* (L. P.). — *Houlbec-les-Bois*, 1828 (L. Dubois).

Houle (Le), h. de la Harengère.

Houles (Les), fief à Claville, XVIᵉ s⁰. — *Houle*, 1313 (L. P.).

Houles (Les), h. des Essarts; q⁰ de fief partagé avec la paroisse de Gouville, 1454 (L. P.). — *Ferme des Houlles*, 1868 (ann. légale).

Houles (Les), lieu-dit à Hacqueville.

Houles (Les), h. de Routot.

Houles (Les), h. de Saint-Aubin-de-Scellon.

Houlettes (Les), h. de Saint-Grégoire-du-Vièvre.

Houley (Les), h. de Broglie.

Houley (Le), château à Saint-Aubin-le-Vertueux.

Houlleterie (La), h. de Caumont.

Houlleterie (La), huit⁰ de fief à Grandchain, relev. de Beaumont-le-Roger, 1405 (L. P.). — *La Houlletière* (Le Beurier).

15.

Houlmes (Les), lieu-dit à Saint-Aubin-d'Écrosville.

Houltière (La), fief à Gouttières.

Houmes, mⁱⁿ à la Barre. — 1253 (cart. de Lyre).

Houquelon, h. de Beuzeville.

Hourderesse, second nom du q^t de fief Bourderesse, à Menilles.

Houssai (Le), f. à Drucourt.

Houssaie (La), h. de Bouquelon.

Houssaie (La), h. et fief de Bretigny, relev. de Gisors.

Houssaie (La), h. du Cormier. — Osseia (reg. Phil. Aug.).

Houssaie (La), h. d'Écaquelon.

Houssaie (La), h. de Sainte-Croix-sur-Aizier.

Houssaie (La), h. du Val-David.

Houssaye (La), c^{ne} du c^{on} de Beaumont.— Osseia (reg. Phil. Aug.). — Housseya (p. d'Évreux). — La Houssaie-sur-Risle, 1828 (L. Dubois).

Houssaye (La), fief à Barneville-sur-Seine, relev. de la baronnie de Mauny (vingtièmes).

Houssaye (La), sergenterie de la forêt de Brotonne.

Houssaye (La), h. d'Épaignes.

Houssaye (La), q^t de fief à Hauville, relev. du roi.

Houssaye (La), h. de Moucttes.

Houssaye (La), f. à la Poterie-Mathieu.

Houssaye (La), h. de Saint-Benoît-des-Ombres. — Houssia, Husseia, vers 1200 (cart. de Préaux).

Houssaye (La), h. de Saint-Laurent-du-Tencement.

Houssaye (La), vavassorie relev. de Saint-Thurien.

Houssaye (La), h. de Vannecrocq.

Houssemagne, chât. à Séez-Mesnil, autrefois ch.-l. de la c^{ne} (L. P.); q^t de fief relev. des Essarts, 1454 (L. P.). — Houcemainne (M. R.). — Houcemagne (ch. de la Noë). — Houcemaigne, 1260 (cart. de Lyre); 1317 (chartrier de Romilly).

Houssemaigne, second nom du fief de Chalet-en-Rubremont, à Bosc-Renoult-en-Ouche.

Houssemaigne, vavassorie à Saint-Aquilin-de-Pacy.

Houvet, fief au Neubourg, relev. de Beaumont-le-Roger.

Houville, c^{ne} du c^{on} de Fleury; fief. — On écrit aussi Ouville, 1828 (L. Dubois). — Halulfivillare, 862 (dipl. de Charles le Chauve). — Hutvilla, 1096 (ch. de Robert 1er). — Houvilla, 1267 (cart. du prieuré des Deux-Amants et p. d'Eudes Rigaud).

Houx (Fontaine du), près du manoir du roi en la forêt de Lyons, 1474.

Houx (Le), fief à Carsix ou à Fontaine-la-Soret (Le Beurier).

Houx-Gaillard, h. de Fourmetot.

Houzey, f. à Pont-Audemer.

Houzey (La), fief à Saint-Germain-Village.

Houzot (Trou du), lieu-dit en 1605 du Trou-de-Botte (Amédée Méry).

Huanière (La), paroisse annexée en 1792 à la c^{ne} de Sainte-Opportune-la-Campagne, qui, ainsi composée, fut réunie en 1846 avec le Plessis-Mahiet sous le nom du Plessis-Sainte-Opportune. — Huanoria (cart. de la Trinité de Beaumont). — La Huennière, 1403; la Huannière, 1450 (arch. nat.). — La Huenière, 1562 (arrière-ban).

Huannière (La), plein fief à la Heunière, relev. de Pacy. — 1450 (L. P.).

Huart, vavassorie à Martainville-en-Lieuvin.

Huault, fief à Mézières.

Hubarde (Fief à la), huit^e de fief à Saint-Aquilin-de-Pacy. — La Huborde (Le Beurier).

Huberdière (La), h. de Giverville.

Huberdière (La), h. de la Roussière.

Huberville, f. à Ézy.

Huboumane, mare à Écaquelon, 1256.

Huches (Les), lieu-dit à Écardenville-sur-Eure.

Hudar, h. de Manneville-sur-Risle. — Hudas (Canel).

Hüe (Les), h. de Giverville.

Hüe (Les), h. de Saint-Georges-du-Mesnil.

Hue-d'Eau (La), usine et ruiss. affl. de la Licure à Radepont. — La Hudeau (l'abbé Caresme).

Hues (Le), lieu-dit à Charleval.

Huess (La), fief au Troncq.

Huest, c^{ne} du c^{on} d'Évreux sud; fief. — Vuest, 1300 (ch. de fondat. de Saint-Amand). — West, 1030 (cart. de la Trinité-du-Mont); 1170 (arch. de l'Hôtel-Dieu d'Évreux). — Guest, vers 1148 (bulle d'Eugène III). — Guestum, vers 1215 (cart. de Saint-Nicolas d'Évreux). — Uest, 1417 (arch. de Belbeuf); 1469 (monstre). — Huais, 1631 (Tassin, Plans et profilz). — Huêt, 1828 (L. Dubois).

Hue-Tillard, fief relevant de Montfort-sur-Risle (L. P.).

Huets (Les), h. de Breteuil.

Huette (Gué de la), sur l'Eure, à Louye, 1454.

Hugoire (La), h. et fief à Chambord avant 1509.

Hugotière (La), h. du Mesnil-Rousset.

Huguenoterie (La), h. de Jumelles.

Huguenots (Côte aux), nom resté à l'endroit par lequel, en 1575, les protestants de Conches échappèrent à la prise de la ville.

Huilliers (Rue aux), à Louviers.

Hulandière (La), h. de Saint-Ouen-de-Thouberville.

Hulé, h. d'Illeville-sur-Montfort.

Hulière (La), h. de Caorches.

Hulière (La), h. de Verneusses.

Huline (La), f. au Thuit-Hébert.

Hunardière (La), fief à Mézières.

Hunelière (La), h. partagé entre la Barre et Épinay.

Hungerie (La), h. de Champignolles.

...NIÈRE (LA), fief aux Baux-Sainte-Croix.

...NIÈRE (LA), h. de la Gueroulde.

...NNERIE (LA), h. de Saint-Paul-sur-Risle.

...PPINIÈRE (LA), h. de Saint-Grégoire-du-Vièvre.

...RANDÈRE (LA), anc. h. de Saint-Mards-de-Fresnes. — 1231 (L. P.).

...REL (LES), h. de Saint-Georges-du-Mesnil.

...URELLERIE (LA), m^on isolée, à Courteilles.

HURETTE (LA), colline à Cailly.

HURLEMENT OU HURLEVENT (CHAPELLE DU), à Pont-Authou, 1559.

HUTREL (LE), h. de Gauville-près-Verneuil.

HUTTE-À-RAGOT (LA), lieu-dit à Acquigny.

HUTTES (LES), lieu-dit à Saint-Pierre-la-Garenne.

HUVAL, ancien h. de Corny, nom resté à un ravin.

HUVAL, h. et fief au Thuit.

I

...S (LES), h. de Beuzeville.

...S (LES), f. et fief à Louversey.

...S (LES), h. de Saint-Cyr-de-Salerne.

...S (LES), fief important qui a donné son nom à Saint-Taurin-des-Ifs (vingtièmes).

...NOLLES, f. à Prey.

...OVILLE, c^ne du c^on de Pont-de-l'Arche; château fort; chapelle dans le château. — *Vigovilla* (p. d'Eudes Rigaud). — *Ymgovilla*, 1271; *Ygouvilla*, 1326; *Ygoville*, 1340 (cart. de Bonport). — *Ingovilla* (p. de Raoul Roussel).

...E. — Voy. ISLE.

...LEMARE, anc. manoir à Illeville-sur-Montfort.

...LEVILLE-DE-CLÈRES, huit^e de fief à Touville.

...LEVILLE-DU-BEC, huit^e de fief à Illeville-sur-Montfort.

...LEVILLE-SUR-MONTFORT, c^ne du c^on de Montfort; fief. — *Willevilla*, *Willervilla*, xiiie s^e (cart. de Préaux). — *Willirvilla* (M. R.). — *Willivilla*, *Wyllevilla*, 1265 (reg. visit.). — *Villevilla*, 1266 (*ibid.*). — *Ylleville*, 1308 (ch. de Philippe le Bel).

...LIERS-L'ÉVÊQUE, c^ne du c^on de Nonancourt; fief mouvant du duché de Normandie; châtell. et baronnie de l'évêque d'Évreux, 1452; comté; haute justice. — *Illiæ*, xie siècle (O. V.). — *Hilleiæ*, *Illeiæ*, 1157 (ch. de Rotrou, évêque d'Évreux). — *Ilers*, 1194 (Roger de Hoveden). — *Illiæ* (O. V.). — *Illais*, 1217 (L. P.). — *Illeriæ*, *Hillies* (cart. de Saint-Père de Chartres). — *Illeiæ*, 1305 (ch. de Mathieu, év. d'Évreux). — *Illee*, 1328 (Trésor des chartes). — *Illiez*, v. 1610 (aveu de Charlotte des Ursins).

...LLIEUVRE, h. de Villez-sur-Damville.

...MAGE (L'), f. à Valletot.

...MPIES (ALLÉES DES), sous-aile de Sainte-Croix de Cormeilles, où assistaient aux offices les prisonniers de la baronnie.

...NCARVILLE, c^ne du c^on de Louviers; fief relev. de Rouen. — *Wiscardivilla*, 1026 (ch. de Richard II). — *Wiscarvilla*, 1190 (ch. de fondation de Bonport). — *Iscarvilla*, 1291 (livre des jurés de Saint-Ouen).

— *Ysquarvilla*, 1296 (jugement des assises de Louviers). — *Ycarvilla*, v. 1380 (Bibl. nat.). — *Yscarville*, 1400 (aveu de Guillaume de Vatlan, évêque d'Évreux). — *Incurville*, 1631 (Tassin, Plans et profilz).

INCOURT, h. de Saint-Siméon. — *Aincuria* (Neustria pia). — *Incurda*, xiie siècle (L. P.).

IFFREVILLE, c^ne du c^on de Bourgtheroulde; q^t de fief relevant de la Londe; territoire accru de quelques morcellements de Bourgtheroulde (Charpillon et Caresme). — *Wifrevilla*, 1213 (L. P.). — *Wifrevilla*, *Wifreivilla* (M. R.). — *Iffrevilla*, 1215 (ch. de Phil. Aug.). — *Hyffrevilla* (p. d'Eudes Rigaud). — *Yffrevilla*, 1431 (p. de Raoul Roussel). — *Iffreville*, 1433 (cart. du Bec). — *Imfreville*, 1825 (Dict. gén. des communes). — *Infreville* ou *Ifreville*, 1828 (L. Dubois).

INGENNERIE (L'), m^on isolée, à Verneuil.

INGLEMARE, h. d'Amfreville-la-Campagne. — *Iglemara*, 1239 (titres de Saint-Aubin-des-Fresnes).

INGLEMARE, lieu-dit à Houville.

INGREMARE, h. partagé entre Ailly et Fontaine-Bellenger, fief; cité à tort comme commune, en 1801, par Dutens.

INTREMARE, h. partagé entre Canappeville et Venon.

INVAL, usine à Neaufles-Saint-Martin.

IQUELON, demi-fief à Fourmetot, relevant de Pont-Audemer.

IREVILLE, fief à Gaillardbois.

IREVILLE, h. et f. partagé entre Gaillardbois et Ménesqueville.

IRREVILLE, c^ne du c^on d'Évreux nord; plein fief rel. de Crèvecœur et prébende du chap. d'Évreux. — *Illevilla*, v. 1120 (ch. d'Amaury Ier, comte d'Évreux). — *Iravilla*, 1188 (ch. d'Amaury III, c^te d'Évreux, et obituaire de la Croix-Saint-Leufroi). — *Irevilla*, 1203 (ch. de Gilbert d'Auteuil); 1221 (cart. du chap. d'Évreux). — *Iraivilla*, 1207; *Yrville*, 1318 (cart. de Saint-Taurin). — *Yreville*, 1308 (ch. de

Philippe le Bel); 1455 (aveu d'Anne de Laval) et 1589 (aven d'H. de Silly). — *Ireville*, 1543 (épitaphe de Robert de Pommereul). — *Yerville* (Cassini). — *Yrreville*, 1808 (Peuchet et Chanlaire).

Ireville, fief à Miserey.

Isle (L'), fief à Gamaches, relev. de Bezu-la-Forêt, 1408.

Isle (L'), fief important à Gisors, au xiie sc., dit aussi *l'Isle de Gisors* (Hersan, Hist. de la ville).

Isle (L'), fief à Nonancourt.

Isle (L'), fief à Notre-Dame-de-l'Île.

Isle (L'), fief à Saint-Germain-sur-Avre, relevant de Tillières, 1708.

Isle au Moine (L'), l'une des deux îles de la Seine reliées devant Marlot par un barrage.

Isle aux Bœufs (L'), île sur la Seine, à Notre-Dame-de-l'Île, en face du *Goulet; île où fut construite en 1197 la forteresse de *Boutavant*, rasée en 1202.

Isle aux Bœufs (L'), seconde du nom, sur la Seine, devant Connelles.

Isle aux Chevaux (L'), sur la Seine, île qui, au temps de saint Louis, servait d'appui au pont de Vernon et contenait une léproserie (cart. normand). — Nom usité : *le Talus*.

Isle aux Oiseaux(L'), sur l'Eure, à Ivry-la-Bataille.

Isle aux Obties (L'), sur l'Eure, au-dessous de Louviers.

Isle aux Traires (L'), sur la Seine, à Saint-Pierre-la-Garenne, 1867 (annonce judiciaire). — *Isle-aux-Trestes*, 1871 (*ibid.*).

Isle Bunel (L'), sur la Seine.

Isle Chouquet (L'), sur la Seine, à Pressagny-l'Orgueilleux.

Isle d'Amour (L'), sur l'Eure, à Ivry-la-Bataille.

Isle de la Cage (L'), sur la Seine, devant Venables.

Isle de la Madeleine (L'), sur la Seine, à Pressagny-l'Orgueilleux.

Isle de la Mouchouette (L'), sur la Seine, à Poses.

Isle des Moulins (L'), sur la Seine, à Vezillon.

Isle-Dieu (Canal de l'), dérivant de l'Andelle à Perruel.

Isle-Dieu (L'), abb. de l'ordre de Prémontré fondée vers 1190 à Perruel, dans une île de l'Andelle, auj. filature; destruction achevée en 1836. — *Insula Dei* (Neustria pia). — *L'Ylle Dieu*, 1270 (ch. de l'abbaye). — *Lilledieu*, 1627 (comptes de l'archevêché).

Isle du Bac (L'), île de la Seine destinée à perdre son nom parce que le pont d'Andé, qui a remplacé le bac, s'appuie sur elle.

Isle du Hénox (L'), sur la Seine, devant Andé.

Isle du Martinet (L'), sur la Seine, après Andé.

Isle du Roi (L'), à Léry, à l'embouchure de l'Eure.

Isle Émient (L'), à Notre-Dame-de-l'Île, sur la Seine. — *Isle Esmien*, dite *aux Vaches*, 1871 (ann. lég.).

Isle Geoffroy (L'), l'une des deux îles de la Seine reliées devant Marlot par un barrage automobile.

Isle-Heureuse (L'), second nom, 1566, du pavillon de *la Maison-Blanche*, au château de Gaillon.

Isle Jourdain (L'), à Louviers, près du pont *Esperlenc*. — *Insula Jordani*, 1210 (cart. de Philippe d'Alençon).

Isle le Bon (L'), sur l'Epte, à Gisors, contenant l'Hôtel-Dieu. — 1198 (Hersan, Hist. de la ville).

Isle Lormais (L'), sur la Seine, près de Venables.

Isle Martin (L'), île sur l'Eure, à Saint-Georges.

Isle Miette (L'), sur la Seine, devant Pressagny-l'Orgueilleux. — *Isle Mienne* (Cassini).

Isles (Bras des), bras de la Seine, depuis Amfreville-sous-les-Monts jusqu'à l'île de la Mouchouette.

Isles (Les), f. à Authouillet.

Isles (Les), groupe de petites îles sur l'Eure, à Croth.

Isles (Les), groupe de petites îles sur l'Eure, à Ézy.

Isles (Les), h. et fief à Thiberville.

Isle Sainte-Hélène (L'), m^in sur l'Andelle, à l'extrême limite de Pîtres et de Romilly.

Isle Saint-Pierre (L'), sur la Seine, aux Damps.

Isle Saint-Pierre (L'), sur la Seine, devant Saint-Pierre-d'Autils (Cassini).

Isle Sassey (L'), sur l'Eure, à Ézy.

Isle Souveraine (L'), sur la Seine, près du prieuré de la Madeleine, devant Saint-Pierre-d'Autils.

Islette (L'), île sur l'Eure, au Vaudreuil; dite aussi *Isle Quesny*, 1748.

Isnel-Maisnil. — *Isnelmaisnille*, 1195 (ch. de Richard Cœur de Lion), auj. le Buisson-Hocpin, dépendance d'Évreux (L. P.). — *Isnelmaisnillum* (ch. diverses; L. P.).

Iton, rivière qui, après avoir pris sa source dans le dép^t de l'Orne, entre dans celui de l'Eure à Chaise-Dieu-du-Theil, traverse Bourth (où elle se divise en deux bras : le bras forcé de Breteuil et le bras forcé de Verneuil), Francheville, Cintray, Saint-Nicolas-d'Attez, Saint-Ouen-d'Attez, Condé, Gouville, Roman, Authenay, Damville, les Minières, Coulonges, le Sacq, Manthelon, Villez-Champ-Dominel, Villalet, Orvaux, les Ventes, Gaudreville, Croisille, Glisolles, la Bonneville, Aulnay, Arnières, Évreux, Gravigny, Normanville, Saint-Germain-des-Angles, Tourneville, Brosville, Houetteville, la Vacherie, Hondouville, Amfreville, et se jette dans l'Eure aux Planches par la rive gauche, après un cours de 128,263 mètres, dans lequel elle a touché 41 c^nes. — *Itona* (ch. de Charles le Chauve). — *Itto* (chron.

Fontanellense). — *Isto, Ittona* et *Ytun*, xi° s° (O. V.). — *Hyton*, 1038 (ch. de Richard, comte d'Évreux). — *Itun*, 1174 (ch. de Henri II). — *Ytona*, 1217 (cart. du chap. d'Évreux). — *Yton*, 1432 (lettres de Henri VI). — *Rivière Diton*, 1557 (Robert Cœnalis). — *Heselinafluvius, vulgo Itonius*, 1557 (*ibid.*) — *Ython*, 1588 (Bourgueville). — *Iton*, autrement dit *Esseline*, du nom de la comtesse Esseline, femme de Raoul, comte d'Évreux, 1611 (Desrues, Singularitez de plus célèbres villes). — Hesseline imposa son nom au fleuve d'*Iton*, selon Guaguin (André Duchesne, Antiq. et rech. des villes). — *Ittona* (Baudrand). — *Ito, Itonus* (Masseville).

ᵀON (Bras forcés de l'), cours d'eau factices empruntés à cette rivière ayant leur point de départ à Bourth et se dirigeant : le *Bras forcé de Breteuil* (14 kilom.) par Francheville, la Gueroulde, Breteuil et Condé-sur-Iton, où il reprend l'Iton; le *Bras forcé de Verneuil* (5 kilom.), par Francheville, Cintray, Verneuil, Bâlines, Courteilles, où il se réunit à l'Avre.

ᵀON-INFÉRIEUR (L'), toute la partie flottable de la rivière commençant aux sources de Gaudreville; sa longueur est de 49,800 mètres, 1854 (Méry, Projet de règlement des eaux).

ᵀON-SUPÉRIEUR (L'), tout le cours de la rivière depuis sa sortie du dép' de l'Orne, y compris les deux bras forcés, le mort et le sec Iton, jusqu'aux sources de Gaudreville, sur une longueur de 90,700 mètres, 1854 (Méry).

ᵥₑₜₒₜ, fief voisin et relevant de Beaumont-le-Roger.

ᵥᵢₗₗₑ, cᵉ du cᵒⁿ du Neubourg et fief. — *Willevilla* (cart. du chap. d'Évreux). — *Guilevilla* (ch. de Henri du Neubourg). — *Yvilla*, 1181 (bulle de Luce III). — *Ivivilla*, 1199 (bulle d'Innocent III). — *Yville*, 1307 (olim). — *Iville-en-Conches* et *Beaumont*, 1429 (taxe des sergent. pour la garde de Conches). — *Yville*, 1562 (arrière-ban); 1765 (géogr. de Dumoulin). — *Iville-la-Campagne*, 1839 (L. P.).

ᵢᵥᵢₗₗₑ, huit° de fief à Guenouville, relevant d'Iville-sur-Seine (Seine-Inférieure).

ᵢᵥᵣᵧ, abb. de l'ordre de Saint-Benoît, sous le vocable de Notre-Dame, fondée en 1071. — *Beata Maria de Ibreio*, 1071 (L. P.). — *Yveriacum*, 1258; *Yvereium*, 1269 (reg. visit.).

IVRY (CANTON D'), ch.-l. à *Ivry-la-Bataille*, comprenant, de 1790 à l'an IX, 23 cᵐᵉˢ : Bois-le-Roi, Boussey, Bueil, Champigny, Chanu, la Couture, Croth, Épieds, Ézy, la Futelaye, Garennes, Gratheuil, Heurgeville, Ivry, l'Habit, Lignerolles, Lorey, Marcilly-sur-Eure, Mousseaux, Neuilly, la Neuvillette, Saint-Laurent-des-Bois, Villiers-en-Désœuvre.

IVRY (FIEF D'), à Bernienville, longtemps possédé par les comtes d'Ivry.

IVRY (FORÊT D'). — *Silva Ibriacensis* (Gall. christ.); 1085 (Neustria pia).

IVRY-LA-BATAILLE, cᵐᵉ du cᵒⁿ de Saint-André; forteresse importante de la fin du xᵉ siècle; baronnie relevant d'Évreux, 1456; puis comté à la fin du xvi° siècle. Bourg dans la vallée, haute ville contiguë au chât. : théâtre de la célèbre bataille; siége de l'abb. du même nom. Doyenné de l'archidiac. d'Évreux jusqu'en 1791. — *Ibreicum, Iverium* (O. V.). — *Iberium* (Baudrand). — *Ivrium* (Masseville). — *Castrum Ebrense, Ibreicense* ou *Ivreicense*, 1085 (Neustria pia). — *Ibreia*, vel *Ibreium, Ivriacum* et *Iberium*, munitissimum olim castrum (Gall. christ.). — *Ivriacum*, 1118 (Suger, Vie de Louis le Gros). — *Castrum Ibreiense*, vers 1164 (ch. de Henri II). — *Ivreium*, 1193 (L. Dubois). — *Ibriacus* (reg. Phil. Aug.). — *Ivri*, 1214 (feoda Normanniæ). — *Yvrie, Ybriacus*, vers 1250 (ch. de la Noë). — *Ybreium*, 1254 (reg. visit.). — *Ivriacum* (nomina militum ferentium bannerias). — *Yvre*, 1270 (cart. du chap. d'Évreux). — *Ybreium, Ybreyum* (roul. des morts). — *Ivry-la-Chaussée* (compte de 1454); 1588 (Bourgueville). — *Ibreium*, vulgo Ivrey la Chaussée, 1557 (Robert Cœnalis). — *Ivrey*, 1611 (Desrues, Singularitez de plus célèbres villes). — *Yvri*, 1722 (Piganiol de la Force). — *Ivry*, 1740 (sent. de la vic. de l'Eau). — *Ibroeya*, 1779 (D. Bourget). — *Yvry*, 1791 (Précis de la nouvelle Géogr. de la France).

J

JACOBINS (PONT DES), 1745 (plan d'Évreux).

JACQUELIN, h. partagé entre Catelon et Illeville-sur-Montfort.

JACQUELINE (CARRIÈRE), la plus remarquable des grottes de Caumont.

JACQUET-MARGET, fief en la vicomté de Conches (L. P.)

JACQUETERIE (LA), h. de la Gueroulde.

JACQUIESSE (LA), lieu-dit à la Chapelle-Genevray.

JAMBART (FONTAINE), à Hondouville, affl. de l'Iton.

JAMOTIÈRE (LA), h. de Gournay-le-Guérin.

JARCEY, h. d'Illiers-l'Évêque; chât. et fief. — *Jarcietum*, 1107 (cart. de Saint-Père de Chartres). — *Gerceium*, 1230 (cart. de Saint-Taurin). — *Jarcé*, 1400 (aveu de Guill. de Vallan, év. d'Évreux). — *Jaresay*, 1439 (André Duchesne). — *Jersei*, 1839 (L. P.).

JARDIN-DE-MADAME (LE), lieu-dit à Damville, 1792.

JARDINET (LE), fief à Saint-Martin-du-Vieux-Verneuil.

JARDINETS (LES), h. de Malleville-sur-le-Bec.

JARDIN-FLOS, lieu-dit à Combon.

JARDINIÈRE (LA), m^en isolée, à Muzy.

JARDIN-MOISSON (LE), h. de Flancourt.

JARDINS (LES), fief à Bourneville.

JARDINS (LES), fief à Combon, 1401.

JARDINS (LES), h. de Gisay.

JARDINS (LES), h. de la Puthenaye.

JARDINS (LES), h. de Thevray et huit° de fief relevant de Beaumont-le-Roger.

JARDINS (LES), h. de Tourneville.

JARRIER (LE), q^t de fief à Étreville, relevant du chât. de Brotonne, à Bourneville. — *Jarriey* (Le Beurier).

JAUJUPPE (LA), f. et fief à Grandvilliers.

JAUNAUX (LES), lieu-dit à Marcilly-sur-Eure.

JEAN-DE-CAILLY, fief à Villers-en-Vexin, rel. d'Étrépagny.

JEAN-GILLES (PONT et RUE), 1745 (plan d'Évreux).

JEANNETORERIE (LA), lieu-dit à Bois-Arnault.

JEAN-SANS-TERRE (TOUR DE), débris conservés de l'anc. château de Radepont.

JEHAN-DU-PLESSIS, q^t de fief voisin et relevant d'Ivry, 1456.

JÉROMIÈRE (LA), h. de Guernanville. — *Gereaumeria*, 1258 (cart. de Saint-Évroult).

JERRIAY (LE), q^t de fief à Rougemontiers, relevant de la Londe. — *Le Gerrier*, 1673.

JEUFOSSE, chât. et h. de Saint-Aubin-sur-Gaillon. — *Guiotis Fossa*, XIIe siècle; *Govoti Fossa*, 1375 (cart. du Bec). — *Gieufosse*, 1422 (La Roque); 1470 (Saint-Allais, Monstre). — *Geffoce* et *Goofosse*, 1473 (comptes de l'archev. de Rouen). — *Geffosse*, 1781 (Bérey, Carte partic. du diocèse de Rouen).

JEUFOSSE (RUISSEAU DE), sortant du bois des Rotoirs, à Jeufosse; après un cours de 3,500 mètres, il se perd dans les sables de Gaillon.

JOBLES, h. partagé entre Fatouville et Fiquefleur-Équainville; m^in, 1135 (cart. de Saint-Gilles-de-Pont-Audemer).

JOBLES, très-fort ruiss. et cascades; source à Fatouville. Après un cours d'un kilomètre seulement, il afflue à la Seine.

JOLIS (LES), h. partagé entre le Chamblac et la Trinité-du-Mesnil-Josselin.

JONCQUAY (LE), h. d'Épréville-en-Roumois.

JONCQUETS (LES), h. de Beuzeville.

JONCQUETS (LES), h. de la Lande; fief.

JONCTIERS (BANC DES) ou LE BAISSIER, banc sur la Seine devant Martot. — 1805 (Messon Saint-Amand).

JONQUERETS (LES), c^ne réunie en 1845 avec Livet-en-Ouche sous le nom des *Jonquerets-de-Livet*; fief relevant de la baronnie de Ferrières. — *Les Junchereiz* et *Junkereis*, vers 1209 (ch. de Luc, évêque d'Évreux). — *Jonkereis* (M. R.). — *Jonquereta* (obituarium Lexoviense). — *Junquereti*, 1381 (testament du curé Morin). — *Junqueri*, 1414 (testament de Guill. d'Estouteville, év. de Lisieux). — *Saint-Aubin des Joncherez*, 1469 (monstre). — *Les Jonquerez*, vers 1610 (aveu de Charlotte des Ursius). — *Joncrès* (Le Beurier).

JONQUERETS-DE-LIVET (LES), c^n du c^on de Beaumesnil, formée en 1845 par la réunion des Jonquerets et de Livet-en-Ouche.

JONQUET (LE), h. de Bretigny.

JONQUETS (LES), bras de l'Eure à Louviers.

JONQUETS (LES), prairie à Louviers.

JOSÉPHINE (RUE), nom donné en 1810 et maintenu à la rue Saint-Taurin, à Évreux, en l'honneur de l'impératrice Joséphine.

JOUANNIÈRE (LA), f. au Noyer.

JOUCTEURS (LES), huit° de fief à Authouillet, relevant d'Autheuil. — 1413 (L. P.).

JOURDAIN, m^in à Louviers, 1259. — *Moulin Jourdan*, 1239 (grand cart. de Saint-Taurin).

JOURDANNERIE (LA), m^on isolée, à Saint-Christophe-sur-Avre.

JOUTEURS (LES), manoir seigneurial voisin et relevant de Damville. — 1454 (L. P.).

JOUVEAUX, c^ne du c^on de Cormeilles; h. et fief. — *Joveaus, Jouvelli* (p. de Lisieux). — *Jovels* (M. R.).

JOUY, fief qui paraît avoir existé sur le Tremblay (L. P.). — *Joe*, 1199 (ch. de Robert, comte de Meulan).

JOUY (PRIEURÉ DE), à Jouy-sur-Eure. — *Prioratus de Joyaco*, 1258; *Joy*, 1269 (reg. visit.).

JOUY-SUR-EURE, c^ne du c^on d'Évreux sud; baronnie dépendant de l'abbaye de Jumiéges. — *Gaudiacus* (ch. de Charles le Chauve, cart. de Jumiéges). — *Joy* (ch. d'Amaury, comte d'Évreux). — *Goyacus, Goiacus*, 1201 (cart. de Jumiéges). — *Goe*, 1217 (ch. de Luc, év. d'Évreux). — *Jos*, XIIIe s^e (ch. de Robert de Meulan). — *Joi, Joiacum*, 1243 (cart. de Jumiéges). — *Joyacus*, 1457 (reg. de l'officialité d'Évreux). — *Joyacum* (Masseville).

ovence, lieu-dit à Berthenonville.

ubert, fief à Morgny.

ubinière (La), f. à Illeville-sur-Montfort.

udée (La), h. de Barville.

udée (La), h. partagé entre Berville-sur-Mer et Conteville.

uips (Rue aux), au Grand-Andely.

uifs (Rue aux), à Bernay.

uifs (Rue aux), à Étrépagny.

uifs (Rue aux), à Évreux.

uignettes, cᵉ du cᵒⁿ de Rugles. — *Junetta*, 1210; *Juygne*, 1276 (cart. du chap. d'Évreux).—*Juguiette*, 1765 (géogr. de Dumoulin).

rlaniers (Les), lieu-dit à Gasny.

rliennerie (La), f. à Franchevillе.

ulliennes (Les), h. de Saint-Léger-sur-Bonneville.

ulliens (Les), h. de Conteville.

umeaux (Les), h. de Morsan.

umelles, cᵉ du cᵒⁿ de Saint-André.—*Jumellæ*, 1209 (ch. de la Noë). — *Gimellæ*, 1210 (cart. capit.

Ebroic.). — *Jumeles*, 1211 (cart. de Saint-Taurin). — *Gimelli*, 1218; *Jumelli*, 1260 (L. P.).

Jumelles, anc. fief et château fort à Oissel-le-Noble.

Jumelles (Les), canal et filature à Fleury-sur-Andelle.

Jumièges, fief à Saint-Pierre-de-Cormeilles.

Juré (Ruisseau), petit bras de l'Iton qui autrefois séparait, à Évreux, la juridiction du comte de celle de l'évêque.

Justice (Côte de la), lieux-dits où s'élevait le gibet à Évreux, Louviers, Lyons et Vernonnet.

Justice (Fosses de la), lieu-dit au Neubourg.

Justice (La), lieu-dit à Canappeville.

Justice (La), lieu-dit à Écouis.

Justice (La), lieu-dit à la Haye-Malherbe.

Justice (La), lieu-dit à Lorleau.

Justice (La), cᵒⁿ de la forêt de Lyons.

Justice (La), lieu-dit au Val-David.

Justice (Lande de la), bois d'environ 30 acres. — *Coustumes du Mesnil soubz Vienne*, 1538 (procès-verbal de visite de la forêt de Bleu).

L

abbé (Le), h. partagé entre Brestot et Rougemontiers.

abie, h. du Mesnil-sous-Vienne.

acey, h. de Beuzeville et demi-fief relevant de Pont-Audemer. — *Lacy* (L. P.).

aisney (Les), h. de Saint-Siméon.

ait-Caillé (Le), lieu-dit à Épieds.

aitiers (Place des), à la Bonneville.

aleu, fief à Hécourt. — *La Teuf*, 1523 (rech. de la noblesse).

allier, haut fourneau à la Gueroulde. — Mᴵⁿ de Lailler, 1498 (aveu de Guill. Pévrel).

ambergerie, fief à Pullay.

amberville, h. et qᵗ de fief à Boissy-Lamberville, relevant d'Orbec. — *Lambervilla*, 1152 (bulle d'Eugène III). — *Lambertivilla*, 1182 (cart. de Préaux). — *Lambertivilla* (M. R.).

amis (Les), h. de Saint-Thurien.

ampe (La), lieu-dit à Fresnes-l'Archevêque.

ampérière, h. de Piencourt.

ampis, lieu-dit à Giverny.

amplicourt, lieu-dit à Giverny.

amy (Les), h. de Routot.

anay (Le), f. à Sainte-Opportune-du-Bosc.

ance (La), vavassorie à Mandres, relev. des Essarts. — 1454 (L. P.).

ande (La). cᵉ du cᵒⁿ de Beuzeville et qᵗ de fief

relevant de Fort-Moville. — *La Landa*, *Lauda* (2ᵉ p. de Lisieux). — *La Lande-lez-Martainville*, 1828 (L. Dubois). — *La Lande-en-Lieuvin* (L. P.).

Lande (La), fief à Boissy-sur-Damville, 1454.

Lande (La), f. et fief à la Chapelle-Hareng, relevant de l'abbé de Bernay.

Lande (La), h. du Chesne.

Lande (La), h. de Collandres.

Lande (La), h. de Fresney.

Lande (La), h. de Gisay.

Lande (La), h. de Lyons-la-Forêt et cᵉ de la forêt. — *La Lande-sur-Leons*, 1424 (aveu de l'abbé de Mortemer).

Lande (La), h. de Mandres; télégraphe du système Chappe.

Lande (La), h. de Roman et qᵗ de fief relevant de la Puisette. — 1454 (L. P.).

Lande (La), h. de Romilly-près-Bougy.

Lande (La), h. de Sainte-Opportune-près-Vieux-Port.

Lande (La), h. du Thuit-Signol.

Lande-Asselin (La), h. partagé entre Beaufiel et Lorteau.

Landeaux (Les), lieu-dit à Morgny.

Lande-Corcet (La), partie de la forêt de Lyons, voisine de l'abb. de l'Isle-Dieu. — *Landa de Cornucervo*, 1365 (ch. de Charles V).

Landées (Les), h. du Tronquay.

LANDE-GASTOURT, chef-mois du fief, auj. h. de la Lande, à Romilly-près-Bougy. — *La Lande-Gascourt*, 1419 (aveu de Jehan Arthur).

LANDELLES (LES), h. de Verneusses; bois et fief. — *Landella*, XI° siècle (O. V.)? (L. P.).

LANDEMAINE, lieu-dit à Amfreville-la-Campagne.

LANDEMARE, h. de Fouqueville; q¹ de fief, 1286.

LANDEMARE OU LA SALLE, f., m⁰⁰ isolée et m^{in} à eau à Notre-Dame-du-Vaudreuil. — *Landemara, Landemara* (M. R.). — *Lansdemare* (chartrier du Vaudreuil). — *Longuemare* (L. P.).

LANDE-NEVEU (LA), lieu-dit à Collandres.

LANDE-PELLERIN (LA), h. de Morgny.

LANDEPEREUSE, c^{te} du c^{on} de Beaumesnil. — *Landa Petrosa*, 1025 (ch. de Richard II). — *Lende Perosa* (feoda Normanniæ). — *Lendis Perrosa*, v. 1190 (reg. Phil. Aug.). — *Lande Pierreuse*, v. 1610 (aveu de Charlotte des Ursins). — *La Landepreuse*, 1649 (Floquet, Hist. du privilége de Saint-Romain). — *Les Landes-Péreuses*, 1756 (reg. des décès de Poses). — *Landepeureuse*, 1871 (ann. judic.).

LANDES (LES), h. de Bezu-la-Forêt; fief. — *Les Landes-de-Bezu* (ann. judic.).

LANDES (LES), h. de Canappeville, forteresse au XII° s°, démolie en vertu du traité de 1201; plein fief, baronnie relev. de Beaumont-le-Roger. — *Landæ*, 1156 (ch. de Simon, comte d'Évreux). — *Fortelicia de Landes*, 1200 (traité de paix). — C'est à ce hameau qu'il faut rapporter les seigneurs des Landes, *de Landis*, sans cesse témoins dans les chartes des comtes d'Évreux (L. P.).

LANDES (LES), h. de Chéronvilliers; anc. lieu fortifié. — *La Loge* (Cassini).

LANDES (LES), f. et hmeau à Fontenelles.

LANDES (LES), h. d'Hébécourt.

LANDES (LES), h. de Piseux.

LANDE-SAINT-OUEN (LA), h. de Lorleau.

LANDES-DES-FRICHES (LES), lieu-dit à Marcilly-sur-Eure.

LANDES ET LA REGNONDIÈRE (LES), vavassorie à la Haye-Saint-Sylvestre, relevant des Botteraux. — 1419 (L. P.).

LANDES-LOUVEL, anc. h. de Lyons-la-Forêt. — *Alias les Landes de Saint-Laurent*.

LANDE-SORET (LA), h. d'Hébécourt.

LANDE-VINET (LA), h. d'Étrépagny.

LANDEZ (LES), h. du Tronquay.

LANDIERS (LES), lieu-dit au Tronquay.

LANDIN (LE), c^{ne} du c^{on} de Routot; fief relevant de Pont-Authou (L. P.). — *La Haie-du-Lendin*, 1135 (cart. de Saint-Gilles). — *Lendinum*, 1175 (ch. de Rotrou, arch. de Rouen). — *Haia de Lendine*,

1208 (ch. de Phil. Aug.). — *Lendinc, Lendincum, Lendencum*, XIII° s° (cart. de Jumiéges, et chron. de Sainte-Catherine-du-Mont). — *Lendicum* (L. P.).

LANDES (LA), f. à Hondouville.

LANDRE (LA), château à Nagel.

LANDRIERS (LES), h. du Bosgouet.

LANGE, f. à Toutainville.

LANGLÉE, h. partagé entre Bosquentin et Lilly.

LANGLÉE, h. de Morgny.

LANGLÉE, h. du Tronquay.

LANGLÉE, prés au Vaudreuil. — 1291 (livre des jurés de Saint-Ouen).

LANGLOIS, second nom du fief de Saint-Martin, à Heudicourt.

LANGOIN, f. au Tronquay. — *Langoine* (L. P.).

LANGREVILLE, anc. f. à Illeville. — 1792 (liste des émigrés).

LANTERNE (LA), f. à Vannecrocq.

LAQUAIZE (LES), h. de Trouville-la-Haulle.

LARDS (LES), lieu-dit à Vernon.

LARÉ, fief à Neuville-près-Saint-André; auj. *Mousseaux-Neuville*, relev. d'Orgeville-près-Pacy.

LARRIS (LES), h. de Sainte-Marthe.

LARRIS (SENTE DES), lieu-dit à Sainte-Geneviève-lez-Gasny.

LARRONNESSE (LA), sentier cité dès 1810 à Saint-Léger-le-Gautier (ch. de Mathieu, év. d'Évreux).

LAUT (LE), fief voisin et relev. de Montfort-sur-Risle.

LAUBETTE, h. de Courdemanche.

LAUGERAIS, fief à Saint-Laurent-des-Grès.

LAUJEUX, h. de Saint-Pierre-du-Mesnil.

LAUMORNE, lieu-dit à Mandres.

LAUNAY, c^{ne} du c^{on} de Beaumont; fief et sergenterie. — *Alnetum*, XI° s°; *Alnou*, 1180 (cart. S. Trin. Bellim.). — *Launey* (reg. de la Chambre des comptes de Normandie). — *Launai-sur-Rile*, 1828 (L. Dubois). — *Launay-Bigards*, au souvenir d'un anc. seigneur et d'un plein fief; nom passé dans les habitudes locales et dans les actes notariés.

LAUNAY, h. d'Ambenay.

LAUNAY, f. à la Chapelle-Becquet; fief tenant du chât. de Montfort. — 1288 (La Roque).

LAUNAY, château à la Chapelle-Genevray.

LAUNAY, h. et huit° de fief à Fontaine-sous-Jouy. — 1584 (L. P.).

LAUNAY, f. au Fresne.

LAUNAY, fief à Gaillon.

LAUNAY, fief à Hébécourt.

LAUNAY, h. de Routot.

LAUNAY, h. de Saint-Denis-le-Ferment.

LAUNAY, f. à Saint-Georges-du-Vièvre; fief relev. de Montfort-sur-Risle.

Launay, h. de Saint-Germain-la-Campagne.

Launay, fief à Saint-Pierre-de-Cormeilles.

Launay-Bigards, plein fief à Launay, relevant du roi, 1399 (L. P.). — *Alnetum* et *Aulnay-en-Ouche* (p. d'Évreux).

Launay-Cagnard, h. de Saint-Étienne-sous-Bailleul. — *Chaignard*, 1235 (cart. de Jumiéges). — *Alnetum Caignart*, 1237 (L. P.).

Launoy, fief à la Chapelle-Becquet, relev. de Montfort-sur-Risle.

Launoy, fief à Quittebeuf, relevant de la baronnie de Normanville.

Launoy, demi-fief à Triqueville, relev. de la châtell. de Pont-Audemer (Le Beurier).

Laurent-de-Bernay (Rue), à Louviers, 1328; auj. rue des Grands-Carreaux.

Laval, fief relev. des Andelys (L. P.); moulin, 1461 (comptes de l'archev. de Rouen).

Lavandières (Quai et Bassin des), à Louviers.

Lavellière (La), h. et fief à Saint-Antonin-de-Sommaire.

Lavoie (Les), lieu-dit à Saint-Pierre-des-Ifs.

Laye (Le), h. de Séez-Mesnil.

Lébécourt, h. de Forêt-la-Folie et de Guiseniers; fief de l'abb. de Saint-Wandrille. — *Lebecors* (ch. de Guillaume le Conquérant).— *Liebecort*, 1208; *Lebecort*, 1211, 1235; *Lebecuria*, 1258; *Lyebecort*, 1270 (cart. de Saint-Wandrille).— *Lhébécourt*, 1874 (Journal des Andelys).

Lèche-Barbe, lieu-dit à Port-Mort.

Leclerc, h. de Saint-Symphorien.

Lecoueraye (La), nom d'un territ. partagé entre la c⁰ⁿ de Saint-Jean-de-la-Lequeraye et une ferme à Saint-Georges-du-Mesnil; fief relev. de la Poterie-Mathieu. — *L'Esqueraye*, 1278 (inv. des titres de l'abb. du Bec). — *Laschereia, Lecteria, Leschereia, Lesquereya, Lesqueria* (p. de Lisieux). — *Lecquerais* (Le Beurier).

Lecqueult, prés à Saint-Étienne-du-Vauvray.— 1291 (livre des jurés de Saint-Ouen).

Légers (Les), h. de Bourg-Achard.

Légers (Les), h. d'Étreville.

Legely et Eschauffroy, demi-fief relev. de la Haye-Saint-Christophe. — 1412 (Le Beurier).

Lelong, h. de Lieurey.

Lenchère, lieu-dit à Bois-le-Roi.

Lenduit, fief en la vicomté de Pont-Audemer (L. P.).

Lente, triège de la seigneurie d'Épieds, où se donna le grand choc de la bataille d'Ivry et où le comte d'Eu fit élever un monument commémoratif.

Lenteuil, h. du Bosc-Regnoult-en-Roumois, chât. et q⁴ de fief.

Léomesnil, h. partagé entre Boismont et Farceaux; fief. — *Willermi Maisnillum*, 1156 (bulle d'Adrien IV, citée par L. P.). — *Lyaumesnil*, 1421 (tabellionnage de Rouen). — *Guillemesnil*, 1454 (arch. nat.). — *Les Hauts-Mesnils* (Toussaints du Plessis). — *Leonis Maisnillum* (L. P.). — *Léaumesnil* (Le Beurier).

Lerdien, plein fief relev. de Tillières, 1406 (L. P.). — *Lardie* (L. P.).

Léry, c⁰ᵉ du c⁰ⁿ de Pont-de-l'Arche; fief; sergenterie noble héréditaire. — *Leiret, Leretum*, 1018 (ch. de Richard II). — *Liretum*, 1077 (cart. de Saint-Étienne de Caen). — *Liriacum*, 1082 (cart. de la Sainte-Trinité de Caen). — *Leireium*, 1174 (ch. de Henri II). — *Leire*, 1190 (ch. de fondation de Bonport). — *Laire*, 1194 (cart. de Bonport). — *Lerie*, 1200 (ch. de Jean sans Terre). — *Lere, Lereii, Lecricum*, 1201 (ch. de Phil. Aug.). — *Lereium*, 1229; *Leirie, Leireium*, 1235; *Ler*, 1284; *Leiriacum*, 1313 (cart. de Bonport). — *Lerey*, 1291 (livre des jurés de Saint-Ouen). — *Lhéry*, 1513 (chartrier du Vaudreuil). — *Liry*, 1809 (Peuchet et Chanlaire).

Leslée, manoir noble à Séez-Mesnil. — 1419 (L. P.).

Lesme (Le), h. de Bémécourt; vallon qui a fini par donner au prieuré voisin, N. D. du Lesme ou du Désert, aux Baux-de-Breteuil, son nom, remplacé auj. par celui de Sainte-Suzanne (l'abbé Caresme). — *Vallis du Lesme*, 1125 (cart. du Désert). — *N.-D.-du-Lesme*, 1375 (L. P.). — *Val-du-Lesme* (cout. des forêts de Normandie). — *Lemme*, 1854 (Méry).

Lesme (Le), ruiss. sortant de terre à Chéronvilliers et disparaissant à Bémécourt. Il reparaît et forme alors l'étang du Vieux-Conches.

Lesmel ou Lismel, q⁴ de fief à l'Hosmes, relevant des Essarts, 1406. — *Lessivel? Lucivel?* (Le Beurier).

Lespervier, huit⁰ de fief à Hauville, relevant de Pont-Audemer.

Lestoquel, champ à Barquet. — 1239 (ch. de Saint-Étienne de Renneville).

Letteguives, c⁰ᵉ du c⁰ⁿ de Fleury. — *Litigelvilla*, vers 1025 (ch. de Richard II). — *Liteguive* (cart. de Saint-Amand). — *Litegieve*, xii⁰ s⁰ (cart. de Mortemer). — *Litigiva* (p. d'Eudes Rigaud). — *Lieteguive*, 1272 (L. P.). — *Leteguive, Letiguive, Letheguive, Lethiguive*, 1318; *Lithiguive* (livre des jurés de Saint-Ouen). — *Lette Guive*, 1704 (Th. Corneille). — *Laideguive*, 1709 (dén. du royaume). — *Letheguive* (Cassini). — *Leteguive*, 1782 (Dict. des postes). — *Lettequive* (anc. titres).— *Létequive*, 1828 (L. Dubois).

Levinière (La), h. du Bosc-Renoult-en-Ouche.

Levretière (La), f. aux Bottereaux.

Levrière (La), riv. qui a sa source à Bezu-la-Forêt et afflue dans l'Epte à Neaufles-Saint-Martin; 19 kilom. de cours. — Dite quelquefois *Rivière de Saint-Denis.*

Lezeaeux, fief à Saint-Martin-de-Cernières.

L'Habit (Le), c°° du c°° de Saint-André; fief, 1406 (L. P.). — *Habitus,* forme latine (L. P., et pouillé d'Évreux). — *Labit,* 1456 (aveu, arch. nat.), et 1562 (arrière-ban). — *Le Labit,* 1469 (monstre).

Lhermite (Les), h. de Beuzeville.

L'Hosmes, c°° du c°° de Damville; vavassorie relevant des Essarts, 1454 (L. P.). — *Lomœ,* 1216; *Lomes,* 1247 (cart. de l'Estrée). — *Lome,* xiii° s° (L. P.). — *Lhomme* (p. d'Évreux). — *Losmes,* 1469 (monstre). — *Losme,* 1722 (Masseville). — *L'Home Jaujupe,* 1828 (L. Dubois).

Libare (La), lieu-dit à Surtauville.

Libera (Sente du), à Sainte-Geneviève-lez-Gasny.

Lice (Pré de la), à Louviers. — 1239 (gr. cart. de Saint-Taurin).

Lices (Les), lieu-dit à la Barre.

Licorne (Cour de la), à Pont-Audemer.

Licorne (La), h. de Campigny.

Lide, fief relevant d'Évreux (L. P.).

Lidieu, petite chapelle au chât. de Gaillon et pavillon y attenant. — *Lydieu,* 1506 (comptes du château de Gaillon).

Liègue (La), nom d'un territoire partagé entre la c°° de Saint-Julien-de-la-Liègue et un hameau de ce nom à Autheuil, s'étendant même en parcelles sur Champenard, Écardenville-sur-Eure et Saint-Aubin-sur-Gaillon. — *Lega,* 1181 (bulle de Luce III). — *Liega* (1ᵉʳ pouillé d'Évreux).

Liègue (La), q¹ de fief à Écardenville-sur-Eure, relev. de la Croix-Saint-Leufroi.

Liègue (La), fief sis à Saint-Aubin-sur-Gaillon, avec manoir sur la limite.

Liégnart, fief à Neuville-sur-Authou.

Lierre (Le), f. à Saint-Sébastien-du-Bois-Gencelin — *Lyerrucum,* 1300 (L. P.).

Lierru, h. de Sainte-Marguerite de l'Autel.

Lierru (Saint-Pierre et Saint-Paul de), prieuré de l'ordre de Saint-Augustin à Sainte-Marguerite-de-l'Autel. — *Lierrut, Lierrutum* (reg. visit.). — *Lerru, Lerrutum* (L. P.).

Lieu-aux-Clercs (Le), h. de Saint-Christophe-sur-Condé.

Lieu-aux-Écaliers (Le), h. de Saint-Christophe-sur-Condé.

Lieu-aux-Parcs (Le), h. de Condé-sur-Risle.. — *Lieu-aux-Parts* (Cassini). — *Lieu-aux-Porcs* (L. P.).

Lieu-aux-Plaids (Le), h. de Condé-sur-Risle. — *Lieu-aux-Plats* (Cassini).

Lieu-Beaumont (Le), m°° is. à Ferrières-Saint-Hilaire.

Lieu-Berville (Le), f. à Toutainville.

Lieu-Boudin (Le), fief à Épaignes. — 1792 (liste des émigrés).

Lieu-Bouland (Le), h. de Triqueville.

Lieu-Constant (Le), m°° is. à Saint-Étienne-l'Allier.

Lieu-Coupeur (Le), h. partagé entre Saint-Christophe-sur-Condé et Saint-Pierre-des-Ifs.

Lieu-d'Amour (Le), h. de Saint-Pierre-de-Cormeilles.

Lieu-de-Bas (Le), f. à Plainville.

Lieu-de-Granges (Le), f. à Épaignes.

Lieu-de-Santé (Le), m°° is. à Saint-Aubin-de-Scellon.

Lieu-Dieu, terre donnée à l'abb. de la Noë par Girard Postel. — *Locus Dei,* 1150.

Lieu-du-Bosc (Le), h. de Freneuse-sur-Risle.

Lieue (La), h., ferme et fief aux Andelys, situé à une lieue du centre de la ville (Brossard de Ruville).

Lieue (La), m°° isolée, à Grand-Camp.

Lieue (La), f. à Harquency.

Lieue (La), h. de Saint-Quentin-des-Îles.

Lieu-Gosse (Le), h. de Vannecrocq.

Lieu-Grosset (Le), h. de Saint-Georges-du-Vièvre.

Lieu-Guérard (Le), h. de Beuzeville.

Lieu-Guérard (Le), h. de Manneville-la-Raoult.

Lieu-Homo (Le), h. de Saint-Christophe-sur-Condé.

Lieu-Maillet, second nom du h. de la Rue-du-Fresne, à Saint-Christophe-sur-Condé.

Lieu-Malleux (Le), h. de Saint-Christophe-sur-Condé.

Lieu-Marquant (Le), h. de Saint-Philbert-sur-Risle.

Lieu-Millais (Le), h. de Saint-Christophe-sur-Condé.

Lieu-Mourier (Le), f. à Épaignes. — 1792 (liste des émigrés).

Lieu-Moyaux (Le), f. à Vannecrocq.

Lieu-Pattey (Le), h. de Beaumesnil.

Lieure (La), riv. qui a sa source à Lorleau et afflue à l'Andelle, après un cours de 11 kilomètres. — *Loiris,* 1032 (ch. du duc Robert le Magnifique). — *Le Lieurre,* 1579 (Phil. d'Alcrippe). — *Le Lieur,* 1722 (Masseville). — *Le Lieur,* 1726 (Dict. univ. de la France). — *Yeurs,* 1804 (arrêté préfectoral).

Lieuray, c°° du c°° de Saint-Georges; demi-fief relevant de Tillières, 1406; bourg, 1722 (Masseville). — *Luire, Luvre, Lureium* (M. R.). — *Lieurayum, Liarreyum, Lierrayum* (pouillé de Lisieux). — *Llieuray,* 1469 (monstre). — *Lieuray,* 1722 (Masseville). — *Lieuray,* 1726 (Dict. univ. de la France). — *Lieurai,* 1749 (Crétien, la Science sublime). — *Lieuvrey,* 1782 (Dict. des postes). — *Saint-Martin-de-Lieurey,* 1792 (1ᵉʳ suppl. à la liste des émigrés). — *Lieurei-Montroti,* 1828 (L. Dubois).

Lieu-Rideau (Le), h. de Trouville-la-Haulle. — Second nom : *Vieux-Rideau* (Guilmeth).

Lieu-Saint-Martin (Le), f. à la Chapelle-Becquet.

Lieuvin (Le), h. de Valletot.

Lieuvinière (La), h. de Saint-Aubin-du-Thenney.

Lièvrerie (La), h. de Saint-Gervais-d'Asnières.

Lièvres (Les), h. de Martainville-en-Lieuvin.

Ligier, fief à Saint-Pierre-des-Cercueils. — 1410 (Beaurepaire).

Lignérieux (Les), lieu-dit à Iville.

Lignerolles, c⁰ˢ du c⁰ⁿ de Saint-André. — *Lineriæ, Lignerie, Lignerolæ* (L. P.). — *Lignerolie* (1ᵉʳ p. d'Évreux). — *Lynerolles*, 1469 (monstre). — *Liguerolles-Beaufort*, 1828 (L. Dubois).

Lignerolles, h. de Breteuil.

Lignerolles, h. et fief à Saint-Denis-du-Béhélan.

Lignov, h. de Venon. — *Lilhunt*, 1011 (ch. de Raoul, comte d'Ivry).

Lignon (Le), lieu-dit à Surtauville.

Ligue (Pavillon de la), 3ᵉ nom, 1578, du pavillon de *la Maison Blanche*, au château de Gaillon.

Lillebec, f. et fief à Saint-Paul-sur-Risle.

Lilletot, c⁰ˢ réunie à Fourmetot en 1843 ; huit⁰ de fief. — *Licletot, Littletot, Lietot* (L. P.). — *Licteltot*, 1060 (cart. de Jumiéges). — *Litetot* (p. d'Eudes Rigaud) ; 1722 (Masseville). — *Lintetot* (p. de R. Roussel). — *Littetot*, 1738 (Saas) ; 1792 (1ᵉʳ suppl. à la liste des émigrés).

Lilly, c⁰ˢ du c⁰ⁿ de Lyons ; au moyen âge, une des *trois villes Saint-Denis*. — *Liliacum*, 1157 (cart. blanc de Saint-Denis). — *Lilliacum*, 1245 (L. P.). — *Lilis*, 1308 (ch. de Philippe le Bel). — *Ligny*, 1424 (La Roque).

Limaie, chât. à l'extrémité du pont de Pont-de-l'Arche, sur la rive droite, au territoire d'Igoville ; détruit sous Napoléon Iᵉʳ pour faire place à une écluse. — *Lymaie* (L. P.). — *Limai de capite Pontis Arche*, 1198 (M. R.). — *Limoie*, 1340 (cart. de Bonport).

Limare, h. de Crestot et huit⁰ de fief relev. de Pont-de-l'Arche. — *Limara*, 1193 (ch. de Garin, év. d'Évreux). — *Lymare*, 1453 (Le Beurier). — *Limard* (carte du Dépôt de la guerre). — *Lamare* (L. P.).

Limberges (Les), lieu-dit au Neubourg.

Limbeuf, c⁰ˢ réunie en 1844 à Criquebeuf-la-Campagne ; fief. — *Limbof*, vers 1040 (Gall. christ.). — *Limboq*, 1050 ; *Limbuef*, vers 1115 (cart. de Saint-Évroult). — *Limboth* (O. V.). — *Limbotum*, vers 1380 (Bibl. nat.). — *Lindebeuf*, 1559 (La Roque) ; 1781 (Bérey, Carte particul. du diocèse de Rouen). — *Limbef*, 1708 (acte notarié).

Limeux, chât. à Saint-Denis-du-Béhélan et deux huit⁰ˢ

de fief. — *Limeus* (enq. de la forêt de Breteuil). — *Lymeux*, 1504 (recept. de la vicomté de Conches et Breteuil).

Linières, h. de Saint-Pierre-de-Salerne.

Linotière (La), f. à Bourth.

Lixottes (Les), lieu-dit à Saint-Pierre-la-Garenne.

Lion (Le), h. de Manneville-la-Raoult.

Liraz, sergenterie relevant de Breteuil (L. P.).

Lires, sergenterie relevant de Gisors (L. P.).

Lisbonne, lieu-dit à Cesseville.

Lisense (La), lieu-dit à Rougemontiers.

Lisière-de-Saint-Michel-de-la-Haye (La), h. de Hauville.

Lisière-de-Landin (La), h. de Hauville.

Lisieux, fief de l'évêque de Lisieux, à Étrépagny, relevant de Gisors.

Lislebec, h. de Saint-Sylvestre-de-Cormeilles.

Lisors, c⁰ˢ du c⁰ⁿ de Lyons ; fief (vingtièmes). — *Lisort*, 1190 (ch. de Robert de Meulan). — *Lisorz* (cart. de Mortemer). — *Lisoriæ*, xIᵉ s⁰ (O. V.). — *Lisorts*, 1219 (La Roque). — *Lysorcium*, 1248 (Trésor des chartes). — *Lysorz*, 1256 (ch. de Guill. Crespin et p. d'Eudes Rigaud). — *Lisorcium*, 1308 ; *Lizors*, 1312 (ch. de Philippe le Bel). — *Lisores*, 1469 (monstre). — *Lizores*, 1586 (procès-verbal de réformation de la coustume) ; 1782 (Dict. des postes).

Lisses, h. de la Barre.

Livard (Île du), au Vaudreuil, 1748.

Livanot, huit⁰ de fief à Saint-Vincent-du-Boulay.

Livannolt, huit⁰ de fief au Neubourg. — 1494 (aveu de Jean de Vieuxpont).

Livet, q¹ de fief à Bourneville, dit aussi *Adrisé* (L. P.).

Livet, f. à Saint-Jean-du-Thenney.

Livet, h. de Sainte-Marguerite-en-Ouche.

Livet, fief au Torpt.

Livet-en-Ouche, c⁰ˢ réunie en 1845 avec les Jonquerets, sous le nom des *Jonquerets-de-Livet*. — *Lived*, xIᵉ s⁰ (O. V.). — *Liraie* (L. P.). — *Livetum* (pouillé d'Évreux).

Livet-sur-Authou, c⁰ˢ du c⁰ⁿ de Brionne et fief. — *Liveht*, 1170. — *Liveth, Liveit* (cart. de Préaux).

Livrée (La), h. d'Épinay.

Livrées (Les), lieu-dit aux Andelys.

Locuetière (La), h. de Sainte-Marthe.

Lodards (Les), lieu-dit à Vernon.

Loë-Corbel (La), anc. h. d'Hécourt.

Lofran, m¹ⁿ près de l'embouchure de l'Eure, xIVᵉ s⁰.

Loge (La), h. de Brestot.

Loge (La), h. d'Équainville.

Loge (La), m⁰ⁿ isolée, à Gravigny.

Loge-du-Bois (La), m⁰ⁿ is. à Saint-Gervais-d'Asnières.

Loge-du-Ruel (La), m^{on} isolée, à Francheville.

Logempré, tour en ruines indiquant au milieu des prés, à Douville, le manoir seigneurial de la baronnie de Pont-Saint-Pierre. — *Logeempré-jouxte-le-Pont-Pierre*, xve siècle (P. Cochon). — *Longempré, Logiempré*, 1449 (chron. de Math. d'Escouchy). — *Logemprey*, 1600 (aveu).

Loges (Les), h. d'Authenay; fief relevant de l'évêché d'Évreux. — 1400 (aveu de Guill. de Floques).

Loges (Les), h. de Courbépine. — *Laubiæ*, v. 1000 (dotalit. de la duchesse Judith). — 1025 (ch. de Richard II). — *Logiæ*, 1160 (ch. de Henri II).

Loges (Les), h. d'Écaquelon.

Loges (Les), f. à Saint-Aubin-le-Vertueux; fief.

Loges (Les), h. de Saint-Grégoire-du-Vièvre.

Loges (Les), h. de Verneuil.

Loges-Graves (Les), h. de Sainte-Marthe.

Logis (Le), f. à Barville.

Logis (Le), f. à Beauficel.

Logis (Le), h. de la Bonneville.

Logis (Le), f. à Bourgtheroulde.

Logis (Le), h. de Limbeuf.

Logis (Le), f. à Lisors.

Logis (Le), f. à Saint-Cyr-la-Campagne.

Logis (Le), f. à Vannecrocq.

Logis (Le), f. à Vitot.

Loisinière (La), vavass. à St-Lambert, rel. de Plasnes.

Lombards (Rue des), à Évreux.

Lombu (Le), h. du Sacq.

Lomet (Pont), à Louviers.

Lonc-Camp, lieu-dit à Hauville. — xiiie siècle (L. P.).

Londe (La), c^{ne} réunie à Farceaux en 1842; fief. — *Lunda*, xie siècle (O. V.). — *Le Lunde* (reg. Phil. Aug.). — *S. Petrus de Landa* (p. d'Eudes Rigaud). — *Londa* (p. de Raoul Roussel). — *La Londe-sur-Farceaux*, 1828 (L. Dubois). — *La Londe-sous-Farceaux*, 1855 (L. P.).

Londe (La), fief à Boissy-Lamberville, au hameau du Coudray.

Londe (La), h. de Bourneville.

Londe (La), h. d'Heudreville-sur-Eure.

Londe (La), h. de Heuqueville. Nom usuel : *Le Londe*.

Londe (La), f. à Louviers; anc. mⁱⁿ et usine.

Londe (La), vavass. à Saint-Maclou, relev. de Pont-Authou (L. P.).

Londe (La), mⁱⁿ à Saint-Ouen-de-la-Londe.

Londe (La), h. de Vitot.

Londe (Sergenterie de la forêt de la), plein fief sis à Bourgtheroulde, 1558.

Londel (Le), h. de Quatremare.

Londemare, h. de Crestot. — *Blondemare* (altération locale fréquente).

Londes (Les), huit^e de fief à Émanville, relevant du comté d'Évreux.

Londes (Les), h. de Fatouville.

Londes (Les), h. de Saint-Maclou.

Londes (Les), h. de Saint-Pierre-du-Mesnil.

Londette (Le), lieu-dit au Tilleul-Dame-Agnès.

Londettes (Les), lieu-dit à Beaubray.

Londière (La), h. partagé entre Bretigny et Neuville-sur-Authou.

Londin (Le), lieu-dit à Bretigny

Long (Le), h. de Saint-Mards-de-Fresnes. — *Le Lonc*, 1234 (L. P.).

Longblon, nom donné au fief d'Asnières sis à Sans-Jean Asnières, relev. du Pin, 1662.

Longboel (Forêt de), au N. O. de l'arrond. des Andelys; anj. défrichée en grande partie. — *Lonc Boel*, 1206 (ch. de Phil. Aug.). — *Longua Buellus*, 1256 (arch. de l'Eure). — *Lonc Bouel*, 1263 (cart. de la cath. de Rouen). — *Longua Boellus*, 1269 (M. R.). — *Longi Bodelli foresta*, 1277 (L. P.). — *Longbois, Longboyel*, 1412 (inv. de Lyre). — *Lombouel*, 1452 (titres du prieuré des Deux-Amants). — *Longboel* ou *Longboyau*, 1726 (Dict. univ. de la France). — *Longbois*, 1805 (Masson Saint-Amand). — *Longboils*, 1808 (annuaire).

Long-Bois (Le), h. du Noyer.

Long-Brun (Le), f. à Sainte-Croix-sur-Aizier.

Long-Buisson (Le), fief au Chesne, érigé en 1665 par le duc de Bouillon (Le Beurier).

Long-Buisson (Le), f. et fief à Évreux, relev. d'Évreux (L. P.).

Longbus, domaine des religieuses du Trésor, dans le Val de Chantepie, à Bus-Saint-Remy. — 1634 (arrêt du Grand Conseil).

Longchamps, c^{ne} du c^{on} d'Étrépagny; fief. — *Longus Campus*, 1102 (cart. de Saint-Étienne de Caen). — *Loncchamp, Longechamp*, 1288; *Lonc Champen-Lions*, 1309 (ch. de Phil. le Bel). — *Lonchamp*, 1333 (L. P.). — *Lonchamp*, 1470 (St-Allais, Monstre). — *Longschamp*, 1538 (procès-verbal de visite de la forêt de Bleu). — *Longchamp*, 1716 (Cl. d'Aubigné).

Longchamps (Les), f. à Bazoques, xviie siècle.

Longchamps (Verderie de) et de Bleu, 1419 (rôles de Bréquigny).

Long-Chevreuil (Chemin du), à Sainte-Barbe-sur-Gaillon.

Long-du-Bois (Le), h. de Beaumontel.

Longs (La), h. de Moisville; manoir et fief relev. de Bières, 1404 (L. P.).

Long-Essaud, h. de Beaubray.

ɴɢ-Essard, paroisse réunie à Épinay en 1792; q' de fief relev. de Beaumesnil, 1419. — *Longus Essartus*, 1221 (cart. de N.-D.-du-Lesme). — *Long-Essart*, 1419 (L. P.). — *Le Long-Essard*, 1700, 1767 (dép¹ de l'élection de Conches).

ɴɢ-ʟ'Eau, h. d'Ambenay.

ɴɢ-ʟᴇ-Bois (Lᴇ), h. d'Ambenay.

ɴɢ-ʟᴇ-Bois (Lᴇ), h. des Baux-de-Breteuil.

ɴɢ-ʟᴇ-Bois (Lᴇ), h. de Beaubray.

ɴɢ-Perrier, h. de Manthelon; vavassorie relevant des Essarts, 1454. — *Longpérier* (L. P.).

ɴɢ-Poirier (Lᴇ), fief à Amécourt.

ɴɢpré, m^tu isolée, au Bosc-Morel. — *Longum Pratum* (reg. Phil. Aug.).

ɴɢpré, h. de Saint-Denis-d'Augerons; demi-fief relevant d'Orbec, 1406.

ɴɢʀais, h. de Grandvilliers.

ɴɢʀais, h. des Jonquerets.

ɴɢʀais, h. de Livet-en-Ouche.

ɴɢʀais, h. de Plasnes.

ɴɢʀais, h. de Saint-Aubin-le-Vertueux. — *Longueraie, Longarsia* (grand cart. de Jumiéges).

ɴɢʀés (Lᴇs), route forestière (plan général de la forêt domaniale de Louviers).-

ɴɢs (Lᴇs), h. de Chéronvilliers.

ɴɢs-Buyaux (Lᴇs), lieu-dit à Hondouville.

ɴɢs-Champs (Lᴇs), f. à Lilletot.

ɴɢs-Champs (Lᴇs), f. à Saint-Paul-de-la-Haye.

ɴɢs-Friches (Lᴇs), lieu-dit à Bémécourt.

ɴɢs-Saules (Lᴇs), faubourg de Brionne; fief et anc. léproserie et chapelle, dite aussi *Saint-Michel*, 1738 (Saas). — *Longus Saltus*, 1223 (L. P.). — *Noussault*, 1414 (L. P.). — *Monsault*, 1534 (reg. de l'arch. de Rouen). — *Longsault, Longsaux*, 1577, 1693 (*ibid.*).

ɴɢᴜᴇ-Callouère (Lᴀ), lieu-dit à Fontaine-Heudebourg.

ɴɢᴜᴇ-Étoupe (Lᴀ), lieu-dit à Daubeuf-la-Campagne.

ɴɢᴜᴇ-Fenêtre (Lᴀ), lieu-dit à Saint-Mards-de-Fresnes.

ɴɢᴜᴇhaye, h. de Martainville-près-Pacy; fief relevant d'Ivry. — 1456 (L. P.).

ɴɢᴜᴇlune, c^be réunie à Piseux en 1843; plein fief réuni à Tillières, 1626 (Le Beurier). — *Longaluna, Longualuna* (cart. de Saint-Père de Chartres).

ɴɢᴜᴇmare, h. des Andelys; q' de fief.

ɴɢᴜᴇmare, h. du Bosgouet. — *Longamara*, xiie s^e (cart. de Mortemer).

ɴɢᴜᴇmare (Sᴀɪɴᴛ-Cʜʀɪsᴛᴏᴘʜᴇ ᴅᴇ), premier nom de l'église paroissiale des Baux-de-Breteuil (Léopold Delisle).

ɴɢᴜᴇnnes, f. à Bacqueville.

Loɴɢᴜᴇ-Pierre (Lᴀ), h. du Tilleul-en-Ouche.

Loɴɢᴜᴇs-Agnes (Lᴇs), domaine de l'évêque d'Évreux à Bernienvi.le, 1281.

Loɴɢᴜᴇs-Touches, h. de la Forêt-du-Parc. — *Longuetouche*, 1869 (ann. judic.).

Loɴɢᴜᴇule, lieu-dit aux Andelys. — *Longiole*, 1762 (Brossard de Ruville).

Loɴɢᴜᴇville, h. de Saint-Mards-de-Fresnes.

Loɴɢᴜᴇville, fort grand territ. qui s'étendait aux portes de Vernon et dont le nom est resté à un simple h. de Saint-Pierre-d'Autils. — Les hommes de *Longueville* qui sont de trois paroisses, 1596 (coutumes de Vernon); ces trois paroisses étaient: *Saint-Just, Saint-Marcel, Saint-Pierre-d'Autils*. — M. Léopold Delisle (Études sur la condit. de la classe agricole) y comprend une partie de *Vernon*. — *Longavilla*, vers 1015 (ch. de Richard II). — *Longevilla*, 1227 (Trésor des chartes). — *Provintia Longeville*, 1258 (cart. de Fécamp). - *Longuevilla*, 1259 (grand cart. de Saint-Taurin). — *Longuavilla*, 1262 (Trésor des chartes). — *Longville*, 1738 (Saas).

Loɴɢval, h. partagé entre Manneville-sur-Risle et Saint-Mards-de-Blacarville.

Loɴɢval, promontoire surmonté au moyen âge par les fortifications de Pont-Audemer.

Loɴɴɪèʀᴇ (Lᴀ), h. de Saint-Laurent-du-Tencement.

Lopierre, lieu-dit à Pressagny-le-Val.

Loray, c^ne réunie à Breuilpont en 1845. — *Lorra* (reg. Phil. Aug.). — *Lorei, Lorrai, Lorrey*, xve s^e (coutumier des forêts). — *Loreyum* (p. d'Évreux). — *Lorré*, 1479 (comptes de la châtell. de Breuilpont). — *Lorray*, 1523 (rech. de la noblesse). — *Lauray*, 1740 (sentence de la vicomté de l'Eau). — *Laurey*, 1781 (Bérey, Carte partic. du dioc. de Rouen). — *Lorei-sur-Eure*, 1828 (L. Dubois).

Lobie (Lᴀ), h. de Fort-Moville; fief.

Lobie (Lᴀ), h. de Saint-Mards-de-Blacarville.

Lorleau, c^ne du c^on de Lyons; fief (vingtièmes). — *Luireslaqua, Luirres Leve*, xiie siècle (ch. de Mortemer). — *Lerreleau* (reg. visit.). — *Lierreliaue* (p. de Raoul Roussel).

Lossɪɴɪèʀᴇ, f. à Beaumesnil.

Lossɪɴɪèʀᴇ, h. de Saint-Aubin-le-Guichard.

Lotière (Lᴀ), lieu-dit à Boisemont.

Lotiers (Lᴇs), vallon à Harquency.

Loulains (Lᴇs), f. à Bazoques.

Loup-Pendu (Lᴇ), lieu-dit à Crosville.

Loup-Pendu (Lᴇ), emplacement du cimetière d'Heudreville-sur-Eure.

Loup-Pendu (Lᴇ), lieu-dit à Letteguives.

Loups (Lᴇs), fief à la Haye-Malherbe, relev. de Pont-de-l'Arche (L. P.).

Loups (Les), lieu-dit à Vannecrocq.

Louraille, h. de Guenouville. — *L'Ouraille?*

Louve (Poirier de la), lieu-dit à Panilleuse.

Louvedale, lieu-dit à Heudreville-sur-Eure.

Louverie (La), h. de Bois-Normand-près-Lyre.

Louverie (La), f. à Drucourt.

Louversey, c^ne du c^on de Conches. — *Louverciacum*, v. 1130 (cart. de Conches). — *Loverceium*, 1277 (cart. de Saint-Wandrille). — *Louvercé*, 1370 (comptes de l'Hôtel-Dieu d'Évreux). — *Louverlé*, 1419 (dénomb. de l'abb. de Conches). — *Louverrée*, 1754; *Louvercé*, 1782 (Dict. des postes). — *Louvercei*, 1828 (L. Dubois).

Louvet, m^in à Beaumont-le-Roger. — 1188 (cart. S. Trin. Bell.); 1406 (L. P.).

Louveterie (La), f. au Thuit-Hébert.

Louvette (La), fontaine au nord de Thiberville, source de la Calonne.

Louviers, ville ch.-l. d'arrond. et de canton; comté; mairie; haute justice, grenier à sel, verderie avant 1791. — Simple doyenné de l'archidiaconé du Neubourg, auj. archiprêtré du diocèse d'Évreux. — Ville située par 49°12'48" de latitude, 1°10'2" de longitude O., et à 16 mètres au-dessus du niveau de la mer; «villa que propter situs amenitatem, fruc-«tus immensitatem et loci habilitatem, Locus Veris «vulgariter appellatur», 1328 (gr. cart. de Saint-Taurin). — *Loviers*, v. 980 (ch. de Richard Sans Peur). — *Lovers*, 1027 (Neustria pia); 1194 (Roger de Hoveden). — *Loveria*, xie s^e. (O. V.; L. P.). — *Lonviers*, *Loviers*, 1195 (Gall. christ.; ch. de Richard Cœur de Lion). — *Lowiers*, *Louvers*, 1197 (contrat d'échange de Richard Cœur de Lion). — *Loverii*, xiie s^e (ch. de Guill. de Breteuil). — *Locvies*, fin du xiie s^e (cart. du chap. de Rouen). — *Villa Locoveris* (vers gravés à Rouen, 1198, Brossard de Ruville). — *Locus Veris*, 1208 (cart. de Saint-Taurin). — *Locoverium*, 1225 (ch. d'Amaury de Mealan). — *Lucoverii* (Le Brasseur). — *Louviers*, v. 1260 (ch. de saint Louis). — *Loveier* (reg. visitat.). — *Locoveriæ* (p. d'Eudes Rigand). — *Louvers*, 1379 (arch. de l'Eure). — *Loviers le Franc*, 1441 (lettres patentes de Charles VII). — *Louvyers*, 1562 (lettre missive du comte de Montgommery). — *Loverianum oppidum* (Robert Cœnalis).

Louviers, f. à Balines, xie siècle.

Louviers (Arrondissement de), formant la 7e partie du dép^t; borné à l'E. par l'arrond. des Andelys, au S. par celui d'Évreux, à l'O. par les arrond. de Bernay et de Pont-Audemer, au N. par le dép^t de la Seine-Inférieure. — Il comprend 5 cantons : Amfreville, Gaillon, Louviers, le Neubourg et Pont-de-l'Arche.

Louviers (Canton de), arrond. du même nom, ayant à l'E. le canton de Gaillon, au S. celui d'Évreux nord, à l'O. les cantons du Neubourg et d'Amfreville, au N. le canton de Pont-de-l'Arche, et comprenant 20 c^nes : Louviers, Acquigny, Amfreville-sur-Iton, Andé, Crasville, la Haye-le-Comte, la Haye-Malherbe, Heudebouville, Hondouville, Incarville, le Mesnil-Jourdain, Pinterville, les Planches, Quatremare, Saint-Étienne-du-Vauvray, Saint-Pierre-du-Vauvray, Surtauville, Surville, la Vacherie, Vironvay, et 17 paroisses, dont 1 cure, à Louviers, et 16 succursales : Acquigny, Amfreville-sur-Iton, Andé, la Haye-Malherbe, Heudebouville, Hondouville, Incarville, le Mesnil-Jourdain, Pinterville, Quatremare, Saint-Étienne-du-Vauvray, Saint-Germain de Louviers, Saint-Pierre-du-Vauvray, Surtauville, Surville et la Vacherie.

Louviers (Forêt domaniale de), s'étendant sur les territ. d'Incarville, Louviers, le Mesnil-Jourdain, la Haye-le-Comte et Montaure.

Louviers (Ministériat ou Mestier de), 1197 (contrat d'échange). — C'était autrefois une partie de la forêt de Bord, limitée par un vallon tombant entre Incarville et le Vaudreuil (Th. Bonnin, Cart. de Louviers).

Louviers (Porte de), à Pont-de-l'Arche, 1340.

Louvigny, h. de Giverville.

Louvigny, h. de Saint-Agnan-de-Cernières.

Louvigny, h. de Sainte-Marguerite-de-l'Autel.

Louvinay (Bois de), aux Ventes, touchant l'aqueduc du Vieil-Évreux.

Louvinet, bois à Coulonges. — 1792 (1er suppl. à la liste des émigrés).

Louvre (Le), h. partagé entre Fontaine-la-Louvet et Thiberville.

Louvrier (Le), h. de Morainville-près-Lieurey.

Louye, c^lle du c^on de Nonancourt; fief relev. de l'év. d'Évreux, 1452. — *Loia*, *Loia castrum* (M. R.). — *Louiz*, 1235 (ch. de Henri, doyen de Dreux). — *Loya*, 1239 (cart. de l'Estrée). — *L'Ouye* (Cassini). — *Louie*, 1828 (L. Dubois).

Lucette, m^in à Appeville.

Lucey, fief à Francheville, relev. de Breteuil. — *Lucaium*, 1202 (cart. de Notre-Dame-du-Lesme). — *Luceyaum*, 1208 (L. P.). — *Lucayum*, 1214; *Lussay*, xiiie s^e (L. P.). — *Lussay* (usages et coutumes des forêts de Normandie). — *Luçay*, 1333 (Trésor des chartes).

Lucey, q^t de fief à la Neuve-Lyre (Le Beurier).

Lucivel, h. de l'Hosmes; fief.

Lunéré, f. à Caugé; fief. — *Luhereix*, 1217; *Luhereium*, 1252; *les Luherex*, 1259; *les Luhereis*, 1261;

Luhereyum, 1313 (L. P.). — *Le Luherei*, 1316.
— *Luhérey*, 1874 (ann. judic.).

ISIGNEUL, h. de Beaumontel. — *Lesigneul* (L. P.).

NEAUX, fief dans la vicomté de Conches et Breteuil
(Le Beurier).

SIGNEUL (LE), h. et fief à Montreuil-l'Argillé.

SONNIÈRE (LA), q' de fief à Bourth et en relevant.
— 1708 (aveu de Tillières).

TILMIÈRE (LA), h. de Saint-Étienne-l'Allier.

ZEUNE (LA), f. à Rougemontiers et demi-fief.

ONS, nom d'abord commun à une petite contrée tout
entière, relev. pour la plus grande partie de l'abb.
de Saint-Denis. — Terrain de sables, de silex et
d'argiles, connu par ses forêts (Antoine Passy). —
Leones in finibus Velocassium, vulgo *Lions* (Ducange).
— *Lions*, contractius pro *li Hons* aut *li Homs*, quod
certe nominis nihil aliud significat quam villas
seu viculos (Gall. christ.). — *Lihoms* (Brossard de
Ruville). — *Leones* (ch. de Geoffroy, comte d'Anjou).

ONS (CANTON DE), arrond. des Andelys, ayant à l'E.
le canton de Gisors, au S. ceux d'Étrépagny et de
Fleury-sur-Andelle, à l'O. le canton de Fleury, au
N. le dép' de la Seine-Inférieure; comprenant
13 communes et autant de paroisses : Lyons-la-
Forêt, cure; Beauficel, Bezu-la-Forêt, Bosquentin,
Fleury-la-Forêt, les Hogues, Lilly, Lisors, Lorleau,
Rosay, Touffreville, le Tronquay et Vascœuil, suc-
cursales.

ONS (FORÊT DE), dans l'arrond. des Andelys. —
Nemus de Leonibus, 1032 (ch. de Richard II).
— *Forêt de Leonz*, XV° siècle (chron. normande
de P. Cochon). — 1726, la forêt de Lyons, la

plus grande de Normandie, comprenant 23,750 arpents.

LYONS-LA-FORÊT, ch.-l. de c°°, autrefois château fort;
rendez-vous de chasse des ducs de Normandie; vicomté, membre du baill. de Gisors, élection de 61
paroisses de la généralité de Rouen; maîtrise des
eaux et forêts. — *Saltus Leonis*, 1050 (ch. de Guill.
le Conquérant). — *Villa Leons* quæ Gisortio proxima,
1067 (dom Mabillon). — *Castellum in Leonibus*,
1119 (L. P.). — *Saint-Denis en Lions*, *Liun*, *Liuns*
(Roman de Rou). — *Leonis castrum*, *castrum Leonum*, 1135; *S. Dionysius in saltu Leonis* (O. V.).
— *Turris de Leons*, 1180 (M. R.). — *Leons castrum* (chronicon Normanniæ). — *Novum Castellum
S. Dionysii in silva Leonum* (traité de 1191). —
Leuns, 1198 (R. de Hoveden). — *Castrum nostrum
de Lyons*, 1217 (ch. de Phil. Aug.). — *Leones in
foresta*, 1259 (reg. visit.). — *Leons*, 1424 (aveu
de l'abbé de Mortemer). — *Lyons-en-Forest*, 1716
(Cl. d'Aubigné). — *Lions-la-Forêt*, 1772 (édit de
Louis XV). — *Lihons-la-Forêt*, 1777 (lettres pat.
de Louis XVI). — *Lihons*, 1787 (France chevale-
resque; titres du maréchal de Belle-Isle). — *Lyon*,
1793 (inventorié des titres de propriété du duc de
Penthièvre).

LYRE, abbaye de l'ordre de Saint-Benoît, fondée en
1046, comprenant «totam villam quæ dicitur *Vetus
Lira*, quartam partem *Novæ Liræ*» (Gall. christ.).
— *Lirense cœnobium*, *Lirense monasterium* (ibid.).
— *Cœnobium B. Mariæ de Lyra* (Neustria pia). — *Lyra*
(Guill. de Jumiéges). — *S. Maria Liræ*, 1113
(rouleaux des morts).

LYS (LE), f. à Grand-Camp.

M

BILIÈRE (LA), h. de Saint-Quentin-des-Îles.

ABIRE (LE), h. d'Étrépagny.

ÇONNERIE (LA), h. du Fidelaire.

ÇONS (LES), m°° isolée, à la Haye-Aubrée.

ADELEINE (CÔTE DE LA), h. d'Évreux; fief et sergenterie (L. P.).

ADELEINE (LA), annexe de Notre-Dame-d'Andely.
— 1738 (Saas).

ADELEINE (LA), h. de Bernay; anc. chapelle et maladrerie. — *La Magdeleyne-de-Bernay*, 1698 (arrêt du
conseil). — *Capella B. Mariæ Magdalenes*, leprosaria loci, XVI° siècle (p. de Lisieux).

ADELEINE (LA), h. de Breteuil.

ADELEINE (LA), m°° isolée, à Caorches.

MADELEINE (LA), nom maintenu à l'emplacement de
la léproserie de Conches.

MADELEINE (LA), prieuré fondé à Pont-Audemer au
XI° siècle.

MADELEINE (LA), château et chapelle à Pressagny-
l'Orgueilleux; prieuré fondé en 1130 par saint
Adjutor, en sa maison de chasse, devenu maison
des champs de Casimir Delavigne. — *Prioratus
Sanctæ Magdalenes*, 1639 (officium S. Adjutoris).
— *La Magdelaine-sur-Seine* (Th. Michel, Hist. de
Vernon).

MADELEINE (LA), h. de Saint-Nicolas-d'Attez.

MADELEINE (LA), anc. paroisse principale de Verneuil,
devenue en 1791 chef-lieu du doyenné.

MADELEINE-DE-BRESTOT (LA), anc. chapelle, 1738 (Saas), et anc. léproserie voisine de Brestot, mais située à Éturqueraye, 1264 (Toussaints du Plessis). — Auj. la Chapelle-Brestot, h. partagé entre les deux communes.

MADELEINE-D'HEUDREVILLE (LA), nom primitif du Mesnil-sur-l'Estrée.

MADELEINE-DE-NONANCOURT (LA), c^ne du c^on de Nonancourt, principale ou plutôt unique paroisse de Nonancourt au XIIe siècle; paroisse annexe jusqu'en 1802 de Saint-Martin de Nonancourt, auj. par. distincte; anc. fief. — Beata Maria Magdalene de Nonancurta, 1239 (cart. de l'Estrée). — La Magdelaine-de-Nonancourt, 1562 (arrière-ban).

MADELINIÈRE (LA), h. de Vaux-sur-Risle.

MADRIE (PAYS DE). — Nom mentionné dans les Itinéraires des Missi Dominici de Charlemagne, et conservé au moyen âge à la région comprise entre la Seine, l'Eure et la forêt Yveline. — Madricense (802). — Madricisum (853).

MAGEONERIE (LA), h. de Bourg-Achard.

MAGNANERIE (LA), f. à Brestot.

MAGNETS (LES), h. de Bosrobert.

MAGNITÔT, maison isolée, à Giverny.

MAHAUDIÈRE (LA), h. du Bosc-Renoult-en-Ouche.

MAHIÈRE (LA), f. à la Haye-Saint-Sylvestre.

MAHIET, fief à Iville, relev. (1420) d'Amfreville-la-Campagne. — Mahiel (Le Beurier).

MAIGREMONT, h. de Saint-Cyr-du-Vaudreuil; fief relev. de la Londe. — Mesgremont, 1584 (aveu de Henri de Silly).

MAILLARDIÈRE (LA), h. des Fretils; fief en 1585 et anc. manoir de l'abb. de Lyre. — Maillarderia, 1275 (L. P.).

MAILLARDIÈRE (LA), h. de Noards.

MAILLARDS (LES), h. de Condé-sur-Risle.

MAILLARDS (LES), h. de Rougemontiers.

MAILLOC, fief à Fresney.

MAILLOC (LE), fief partagé entre Écaquelon et Thierville. — Malloc, 1210 (état de l'honn. de Montfort).

MAILLOT (LE), h. de Thierville.

MAILLY, h. de Berthouville; fief.

MAILLY, fief au Vaudreuil (L. P.).

MAINNEVILLE, c^ne du c^on de Gisors; fief, haute justice, marquisat, bourg, 1722 (Masseville). — Mediana Villa (L. P.). — Mediavilla (p. d'Eudes Rigaud); 1305 (ch. de Phil. le Bel). — Meenovile, vers 1275 (cart. blanc de Saint-Denis). — Meanneville, 1308; Meenneville, 1309; Meennenneville, 1312 (ch. de Phil. le Bel). — Meneville (La Roque). — Maineville, 1722 (Masseville); 1726 (Dict. univ. de la France); 1754 (Dict. des postes).

MAINNEVILLE (RIVIÈRE DE), nom donné quelquefois à la Lévrière.

MAINÉ (LE), f. à Mézières.

MAIRIE (LA), f. à Bourg-Achard.

MAISERIE, lieu-dit à Bus-Saint-Remy, 1228. — Meseriz, 1229; Meserie, 1230; Mesorniz, Meseruis, 1249 (cart. du Trésor).

MAISON-BARON (LA), h. de Saint-Symphorien.

MAISON-BLANCHE (LA), f. à la Chapelle-Bayvel.

MAISON-BLANCHE (LA), pavillon du château de Gaillon où le card^l de Bourbon (Charles X) reçut Charles IX en 1566. — Surnommé alors l'Île-Heureuse, puis Pavillon de la Ligue, 1578, et Parnasse de Gaillon, XVIIe siècle.

MAISON BLANCHE (LA), m^on isolée, à Grosley.

MAISON-BLANCHE (LA), f. à Launay.

MAISON-BLANCHE (LA), f. à Rugles.

MAISON-BLANCHE (LA), m^on isolée, à Saint-Étienne-du-Vauvray.

MAISON-BLANCHE (LA), f. au Theillement.

MAISON-BLEUE (LA), h. de la Chapelle-Bayvel.

MAISON BOUCHER (LA), m^on isolée, à la Vieille-Lyre.

MAISON BOURGEOIS (LA), m^on isolée, à la Vieille-Lyre.

MAISON BOVINE (LA), m^on isolée, à Sainte-Opportune-près-Vieux-Port.

MAISON-BRIOULT (LA), h. de Pulloy.

MAISON CALOP (LA), m^on isolée, à la Vieille-Lyre.

MAISON CRÉPIN (LA), m^on is. à Boisset-les-Prévanches.

MAISON DE FRAYE (LA), m^on isolée, à Vandrimare.

MAISON DE LA BELLE-VOIX (LA), m^on is. à Thibouville.

MAISON DE LA CÔTE (LA), m^on isolée, à Pont-Authou.

MAISON DES BRULINS (LA), m^on is. aux Baux-Sainte-Croix.

MAISON DES BRUYÈRES (LA), m^on isolée, à Mézières.

MAISON DES CHAMPS (LA), m^on isolée, aux Barils.

MAISON-DES-GRANDS-PRÉS (LA), h. de la Gueroulde.

MAISON DES LIONS (LA), m^on isolée, à Radepont.

MAISON DESSAUCES (LA), m^on isolée, à Arnières.

MAISON DOMINIQUE (LA), m^on isolée, à Grosley.

MAISON-DU-BOIS (LA), h. de Mouflaines.

MAISON DU BOIS (LA), m^on is. à Saint-Mards-de-Fresnes.

MAISON DU BOIS-DE-SAINT-MICHEL (LA), m^on is. à Évreux.

MAISON DU BOIS-DU-MONT (LA), m^on isolée, à Valailles.

MAISON DU GARDE (LA), m^on isolée, à Bois-Arnault.

MAISON DU GARDE (LA), m^on isolée, à Écouis.

MAISON DU GARDE (LA), m^on isolée, à Saint-Aubin-le-Guichard.

MAISON-DU-GOUVERNEMENT (LA), h. du Theil-Nolent.

MAISON DU MARQUIS-D'ANCRE (LA), m^on isolée, à Saint-Aubin-sur-Quillebeuf.

MAISON-DU-ROTOIR (LA), h. de Saint-Georges-sur-Eure.

MAISON-FLÈCHE (LA), h. du Fidelaire.

MAISON FONTAINE (LA), m^on isolée, à Vitot.

Maison Hermier (La), m^on isolée, à Écardeville-sur-Eure.

Maison-Hubert (La), h. de Franqueville.

Maison Lesaire (La), m^on isolée, à la Vieille-Lyre.

Maison Marais (La), m^on isolée, au Fidelaire.

Maison Marais (La), m^on isolée, à la Vieille-Lyre.

Maison-Mauger (La), h. de Beuzeville.

Maison-Mauger (La), h. de Saint-Pierre-du-Val.

Maison-Rouge (La), f. à Alisay.

Maison-Rouge (La), fief à Ambenay, 1763.

Maison Rouge (La), m^on isolée, à Aubevoye.

Maison-Rouge (La), h. de Saint-Éloi-de-Fourques.

Maison-Rouge (La), h. de Sainte-Marguerite-de-l'Autel.

Maison Rouge (La), m^on is. à Saint-Nicolas-du-Bosc.

Maison-Roussel (La), h. de Chaignes.

Maison Saine (La), m^on isolée, à Sainte-Marthe.

Maison Sannier (La), m^on is. à Saint-Étienne-l'Allier.

Maisons-Blanches (Les), h. de Lyons-la-Forêt.

Maisons-Neuves (Les), h. de Mandres.

Maisons-Rouges (Les), h. de Courteilles.

Maitreville, h. de Saint-Pierre-d'Autils.

Maladerie (La), h. de la Madeleine-de-Nonancourt.

Maladerie (La), f. à Pacy.

Maladerie-de-Saint-Symphorien (La), f. à Ferrières-Saint-Hilaire.

Malades (Les), fief voisin et relevant de Pont-de-l'Arche.

Maladrerie (La), f. à la Barre.

Maladrerie (La), m^on isolée, à Bourg-Beaudouin.

Maladrerie (La), chapelle à Lieurey.

Maladrerie (La), lieu-dit à Saint-Martin-la-Corneille ; auj. la Saussaye.

Maladrerie (La), f. à Verneuil.

Maladrerie-de-Saint-Antoine (La), lieu-dit à Condé-sur-Risle.

Malassis, h. de Fontaine-la-Soret.

Malassis, f. au Fresne.

Malassis, nom dérisoire d'un fort élevé à Gasny par Henri Ier. — 1118 (O. V.).

Malassis, manoir de l'abb. de Conches, au Mesnil-Hardray, 1419.

Malassis, h. de Mouettes; fief relev. d'Ivry (L. P.).

Malassis, h. de Saint-Aubin-sur-Gaillon.

Malassis, manoir au Bosc-Roger-sous-Bacquet. — 1266 (L. P.).

Malassix, manoir à Feuguerolles. — 1472 (ch. de Saint-Étienne de Renneville).

Malbrouck, h. de Carsix et champ de foire.

Malbuisson, h. de Menilles, vers 1250.

Malèfe, plein fief à Garennes, relev. d'Ivry. — Malese, 1456 (L. P.).

Malesmains, h. du Bosgouet, châtellenie et pierre druidique, 1452 (cart. de Bourg-Achard). — Malmain, xixe siècle (signat. des propriét.). — Malmains (Le Beurier). — Mallemains (L. P.).

Males-OEuvres (Maison des), au Bec-Hellouin. — 1250 (cart. du Bec).

Malharquier (Le), h. partagé entre Bernay et Courbépine. — Mare-Harequier, 1400 (L. P.).

Malheux (Les), h. d'Épaignes.

Malhortie, f. à Beaubray.

Malhortie, h. de Manneville-la-Raoult.

Malhortie, f. à Touville.

Malhorties (Les), h. de Jouveaux.

Malicorne, h. de Francheville; arrière-fief du comté de Tillières, relev. du roi. — Chapelle existant encore, passant pour avoir été un temple protestant. — Moulin en 1689. — Maricorne, 1418 (L. P.).

Malis, second nom du h. de la Chufferie, à Saint-Christophe-sur-Condé.

Mallenz (Le), lieu-dit à Hauville. — 1217 (titres de Jumiéges).

Malleville, f. à Notre-Dame-de-Préaux.

Malleville, h. de Saint-Siméon; fief.

Malleville, fief au Theil-Nolent.

Malleville-sur-le-Bec, c^us du c^on de Brionne. — Malevilla, Marevilla, Marvilla, 1174 (ch. de Henri II). — Malavilla juxta Beccum, 1251 (cart. de Jumiéges et chronicon Becci). — Esmalevilla (reg. visit.).

Mallières (Les), h. du Bois-Hellain.

Malmaison (La), h. d'Ivry; anc. manoir seigneurial des barons, auj. f. — La Mallemaison, 1456 (aveu, arch. nat.).

Malortie, anc. f. à Saint-Martin-le-Vieux et Favcrolles-les-Mares. — 1792 (liste des émigrés).

Malou, anc. forteresse remplacée par un château à Saint-Pierre-de-Cormeilles; h. et plein fief. — Maelout (M. R.). — Maalou (reg. Phil. Aug.).

Malouve, anc. h. de Bernay; fief, 1247.

Malouy, c^ne du c^on de Bernay; fief relev. du duché de Broglie. — Mallogiæ, 1025 (ch. de Richard II). — Maloe, 1180 (M. R.). — Malus Auditus, 1229; Male Oyen, 1260 (cart. de Saint-Wandrille). — Maloei, Malogium (Neustria pia). — Maloia (gr. cart. de Jumiéges). — Mallouy, v. 1610 (aveu de Charlotte des Ursins).

Malouy, h. et fief à Saint-Ouen-d'Attez.

Malouyet, h. de Saint-Ouen-d'Attez.

Malpalu, h. d'Ailly.

Maltère (La), f. à Saint-Nicolas-d'Attez.

Maltère (Fief) ou du Thil, qui entra en 1659, avec les fiefs de Pîtres, de Morgny et de Jubert, dans la composition du marquisat du Thil, lequel fut sup-

17.

primé en 1688; mais les deux fiefs de Malterre et de Pitres demeurèrent unis sous le nom de Malterre et du Thil.

MALTIÈRE (LA), h. de la Chapelle-Hareng. — *Malletière* (L. P.).

MALYVER, lieu-dit à Guiseniers. — 1245 (cart. de Jumiéges).

MANAUPARC, h. du Planquay.

MANAY (LE), f. à Drucourt.

MANAY (LE), h. de la Gueroulde.

MANCELLERIE (LA), h. de Bourg-Achard. — *La Mansellerie*, 1840 (Gadebled).

MANCELLERIE (LA), chât. à Morainville-près-Lieurey.

MANCELLES, paroisse réunie à Ajou en 1791; fief (monasticon anglicanum). — *Mansel*, 1195 (ch. de Robert de Meulan). — *Mancelli* (gr. ch. de Lyre et O. V.). — *Manceles* (gr. cart. de Saint-Taurin). — *Mancelles*, 1784 (Dict. des postes); 1767 (arch. du greffe civil de Bernay).—*Mancelles*, 1784 (Dict. des postes). — *Manselles*, 1840 (Gadebled).

MANDEMARE, pâture de 60 hectares appartenant à la cne de Vraiville, sur le territ. de Saint-Didier.

MANDEVILLE, cne du cen d'Amfreville. — *Magnavilla*, 1193 (ch. de Garin, év. d'Évreux). — *Magneville* et *Maneville la Champaigne* (invent. des titres du Bec). — *Magneville juxta la Harangiere*, 1253 (L. P.). — *Mangneville*, 1359 (cart. du chap. de Rouen). — *Manganavilla*, v. 1380 (Bibl. nat.). — *Manneville* (invent. de Sainte-Barbe).—*Mandeville-la-Champagne*, 1828 (L. Dubois).

MANDRES, cne du cen de Verneuil; quart de fief divisé plus tard en huit appartenant au chap. d'Évreux. — *Mandræ*, 1301 (cart. du chap. d'Évreux). — *Mendres*, 1454 (L. P.).

MANDUCAGE, enclos avec colombier marqué dans la 5e carte de Saint-Pierre-la-Garenne (Le Beurier).

MANEBRET, manoir au Bas-Ceumont, devenu Saint-Brice au XVIIe siècle.

MANÉGE (LE), nom moderne d'un très-ancien retranchement circulaire conservé dans un bois de la cne de Villettes, au triége du *Puits Moufled*.

MANERIE (LA), h. de Drucourt.

MANERIE (LA), h. de Fontaine-la-Louvet.

MANES (LES), lieu-dit à Ailly.

MANGEANTS (LES), h. de Glos-sur-Risle; anc. min. — *Moulin aux Magniants*, 1273; *As Manianz*, 1275; au *Maniant*, 1297 (ch. de l'abb. du Bec).

MANGOTIÈRES (LES), lieu-dit à Houlbec-près-le-Grostheil. — *Les Mingotières* (L. P.).

MANNET (LE), h. des Jonquerets. — *Mannei* (L. P.).

MANNEVILLE (MOULIN DE) et vavassorie noble à Pont-Authou, 1818, auj. h. du *Moulin-à-Papier* ou *Man-*

neville. — *Magnivilla*, 1062; *Magnevilla*, 1070 (cart. de Préaux).

MANNEVILLE-LA-RAOULT, mieux LE RAOUL (L. P.), cne du cen de Beuzeville, plein fief relev. de Pont-Audemer. — *Magnevilla-Radulfi* (p. de Lisieux). — *Manneville-Larault* (Cassini). — *Manneville-la-Rault*, 1724 (Masseville); 1754 (Dict. des postés).

MANNEVILLE-SUR-RISLE, cne du cen de Pont-Audemer; sergenterie relev. de Montfort (L. P.). — *Magnavilla* (ch. de Guillaume le Conquérant). — *Magnevilla* (M. R.). — *Manichivilla*, *Magnivilla super Rillam* (cart. de Préaux).— *Magneville*, 1433 (reg. de la Chambre des comptes). — *Mayneville*, 1557 (Robert Cœnalis). ⚓ *Manneville ad Rillam*, 1731 (antiphonale Rothomagense). — *Manneville-sur-l'Isle*, 1754 (Dict. des postes). — *Magneville-sur-Risle* (L. P.).

MANOIR (LE), cne du cen de Pont-de-l'Arche; fief aliéné par l'abb. de Saint-Ouen, 1587. — *Al Maneir*, 1011 (ch. de Raoul, comte d'Ivry). — *Manorium* (p. d'Eudes Rigaud). — *Manoir-sur-Seine*, 1587 (titres de Saint-Ouen); 1791 (Revue de la Normandie). — *Manoir-sur-Seynne*, 1610 (arch. de la Seine-Inférieure).

MANOIR (LE), f. à Bosbénard-Crescy.

MANOIR (LE), f. au Bosgouet.

MANOIR (LE), f. au Bosrobert.

MANOIR (LE), f. à Bourneville.

MANOIR (LE), château à Champignolles.

MANOIR (LE), f. à Corneville-la-Fouquetière.

MANOIR (LE), f. à la Croix-Saint-Leufroi.

MANOIR (LE), f. à Daubeuf-la-Campagne.

MANOIR (LE), f. à Écardenville-la-Campagne.

MANOIR (LE), f. à Ferrières-Haut-Clocher.

MANOIR (LE), f. à Gauciel.

MANOIR (LE), lieu-dit à la Gueroulde.

MANOIR (LE), f. à la Harengère.

MANOIR (LE), f. à Illeville-sur-Montfort.

MANOIR (LE), h. de Lilly.

MANOIR (LE), f. à la Puthenaye.

MANOIR (LE), h. de Saint-Clair-d'Arcey.

MANOIR (LE), f. à Saint-Georges-du-Vièvre.

MANOIR (LE), f. à Saint-Just.

MANOIR (LE), h. et f. à Saint-Nicolas-d'Attez.

MANOIR (LE), f. à Saint-Victor-d'Épine.

MANOIR (LE), f. à Villettes.

MANOIR-CORNET (LE), f. à Thierville.

MANOIR-DE-CHAMBRAY, h. et chât. à Chambray-sur-Eure.

MANOIR-DE-CRACOUVILLE (LE), qt de fief à Cracouville, relev. de Guichainville.

MANOIR-DE-CRAMONVILLE (LE), fief à Saint-Étienne-du-Vauvray. — *Crémonville* (actes nombreux).

Manoir-de-la-Saussaye (Le), château à Saint-Martin-la-Corneille.

Manoir-de-Saint-Nicolas (Le), château à Saint-Martin-la-Corneille.

Manoir-d'Irlande (Le), h. de Bernay.

Manoir-d'Irlande (Le), h. de Saint-Aubin-le-Vertueux.

Manoir-du-Bois (Le), f. et q' de fief à Louversey, relev. de Conches (L. P.).

Manoir-du-Roi, à trois traits d'arc de l'église de Bezu, dans la forêt de Lyons; converti en maison de ferme en 1474 (Beaurepaire, État des campagnes).

Manoir-Fauvel (Le), h. de Trouville-la-Haulle.

Manoir-Fourré (Le), h. de Lyons-la-Forêt.

Manoir-Galis (Le), h. de la Chapelle-Hareng.

Manoir-Hudoux (Le), h. de la Chapelle-Hareng.

Manoirs (Les), q' de fief à Beuzeville, relev. d'Aubigny.

Manoir-Saint-Nicolas, nom resté à une maison moderne à Saint-Nicolas-du-Bosc-Asselin.

Mansigny, f. et q' de fief à Étrépagny et en relevant; ancien manoir seigneurial. — Mausigny, 1792 (1er suppl. à la liste des émigrés).

Mantelle, h., vallon et fief aux Andelys. — Le Manthullé, 1609 (aveu de Nicole la Vache). — Mantel, 1863 (Brossard de Ruville).

Mantelonnière (La), f. à Cintray.

Manthelon, c°e du c°n de Damville; fief relevant de l'év. d'Évreux. — Mestenum (ch. de Simon, comte d'Évreux). — Mentenon, 1294; Mentelon, Menteron, 1262 (cart. du chap. d'Évreux). — Mentelon, 1266; Mantelon, 1452 (L. P.). — Monthelon, 1765 (dict. géogr. de Dumoulin).

Mantois, localité auj. ignorée, servie en 1754 et 1782 par le bureau de poste de Gaillon.

Manufacture (La), m°n isolée, à Pont-Audemer.

Mababout (Le), h. de Berthouville.

Mabagère (La), h. de Pierre-Ronde.

Mabaïquais (Canal des), au Marais-Vernier.

Marais (Le), m°n isolée, à Autheuil.

Marais (Le), h. de Bosc-Roger-en-Roumois.

Marais (Le), h. de Carsix.

Marais (Le), h. de Cauverville-en-Lieuvin.

Marais (Le), h. du Favril.

Marais (Le), h. de Plasnes.

Marais (Le), h. de Romilly-sur-Andelle.

Marais (Le), h. de Saint-Germain-la-Campagne.

Marais (Les) ou l'Église, h. de Beaubray.

Marais (Les), fief à Bernouville, 1558.

Marais (Les), h. de Bonneville-sur-le-Bec.

Marais (Les), h. partagé entre Grostheil, Houlbec-près-Grostheil et Saint-Denis-du-Bosguerard.

Marais (Les), f. à Lilly, c°n de la forêt de Lyons. — Marais de Lilly (plan gén. de la forêt domaniale de Lyons).

Marais (Les), h. de Lieurey.

Marais-Vernier (Le), c°e du c°n de Quillebeuf; fief. — Superficie du marais en 1805, sans compter les Bancs blancs, 2,670 hect. (Masson Saint-Amand). — Marescus Warnerii, Mariscus Warneri (cart. de Jumiéges). — S. Laurentius de Marisco (Gall. christ.). — La Mare-Vernier, 1505; Mares-à-Vernier, 1648 (La Roque). — La Mare-au-Vernier, 1631 (Tassin, Plans et profilz). — Marais-Varnier, 1738 (Saas).

Marandière (La), h. du Bosc-Renoult-en-Ouche.

Marasse (La), canton de la forêt de Bord, à Marlot.

Maratre (La), h. partagé entre Saint-Just et Saint Pierre-d'Autils.

Maratre (La), ruiss. à Saint-Pierre-d'Autils.

Maraumont, fief à Boissy-Lamberville, auj. simple triége s'étendant sur Folleville sous le nom de Maramont.

Marbeuf, c°e du c°n du Neubourg; fief relev. de Beaumont-le-Roger. — Marbuet, xie s° (cart. de Préaux). — Marbodium, 1181 (bulle du pape Lucius III). — Mareboe, 1202 (rot. Normanniæ). — Marbotum, 1221 (ch. de Raoul de Cierrey). — Marbue, 1247; Marboe, 1250 (ch. de Saint-Étienne de Renneville). — Marbeuf, 1562 (arrière-ban).

Marbeuf, q' de fief à Houetteville et en relevant. — 1452 (L. P.).

Marbeufs (Les), h. et fief à Saint-Philbert-sur-Risle, relev. de la Poterie-Mathieu.

Marbonne, ferme à Grand-Camp vers 1610 (aveu de Charlotte des Ursins).

Marbre (Champ au), lieu-dit au terr. de Brionne, entre le parc du Bec et une voie romaine.

Marcandière (La), h. de Saint-Nicolas-du-Bosc-l'Abbé.

Marchandières (Les), h. de Saint-Sylvestre-de-Cormeilles.

Marcheboe, fief à Moisville, s'étendant sur Creton, 1455.

Marchèbre, fief du chap. de Chartres, voisin de Breteuil (L. P.).

Marché-Neuf, h. de Berthouville.

Marché-Neuf, h., poste aux chevaux et fief à Plasnes. — 1792 (1er suppl. à la liste des émigrés).

Marchère, f. à Boisney; fief.

Marchère, m°n isolée et fief au Favril.

Marcherie (La), f. à Saint-Gervais-d'Asnières.

Marchis (Les), faubourg de Pacy-sur-Eure.

Marcilly-la-Campagne, c°e du c°n de Nonancourt et fief. — Marcilley (Dict. univ. de la France). — Marcilleum, 1107 (cart. de Saint-Père de Chartres).

— *Marcelliacum*, 1194 (Roger de Hoveden). — *Marcilleyum*, 1213 (grand cart. de Saint-Taurin). — *Massille*, 1280 (cart. de Saint-Wandrille). — *Marcilleyium, Marssilleyum*, 1286; *Marsileyum in Campania; Massiliacum in Campania*, 1294 (cart. du chap. d'Évreux). — *Marcilly-la-Champaigne*, 1469 (monstre).

MARCILLY-SUR-EURE, c^{ne} du c^{on} de Saint-André et fief. — *Marcilleium, Marcilliacus supra Auturam* (Gall. christ.). — *Marsilhe-sur-Eure*, 1316 (arch. de N.-D.-du-Parc). — *Marsille-sur-Eure*, 1356 (La Roque).

MARCINOIR, h. de Sainte-Marguerite-de-l'Autel.

MARCOUVILLE-EN-ROUMOIS, c^{ne} réunie à Saint-Denis-du-Bosguerard, sous le nom de *Bosguerard-de-Marcouville*; fief. — *Marcovilla, Marcosvilla* (p. d'Eudes Rigaud). — *Marculfivilla* (L. P.).

MARCOUVILLE-EN-VEXIN, c^{ne} réunie à Houville en 1842; fief relev. de Gisors (L. P.). — *Marculfivilla*, 1096 (ch. de Robert Courteheuse). — *Marcouvilla* (p. d'Eudes Rigaud). — *Marcouville-sur-Écouis*, 1828 (L. Dubois).

MARDELLES (LES), h. d'Ambenay.

MARDELLES (LES), h. de Saint-Antonin-de-Sommaire.

MARE (LA), h. de Bourth.

MARE (LA), h. d'Hébécourt.

MARE (LA), h. de Lilletot.

MARE (LA), f., plein fief et petit lac à Sainte-Opportune-près-Vieux-Port. — *La Grande-Mare, la Mare-de-Vambourg* (cart. de Fécamp). — *La Mara* (ch. de Henri II). — *La Vieille-Mare*, 1526 (cart. de Jumiéges).

MARE (LA), fief et château à Saint-Sulpice-de-Graim-bouville.

MARE (LA), h. de Serquigny.

MARE (LA), h. de Venables. — *La Mare-sous-Venables*, 1868 (ann. judic.).

MARE-ABRAHAM (LA), h. d'Acleu.

MARE-À-CUEIL (LA), m^{on} isolée, à Bourneville.

MARE À FRAY (LA), mare à Longuemare, h. des Andelys.

MARE-À-LA-BICHE (LA), c^{on} de la forêt de Lyons (plan gén. de la forêt domaniale).

MARE-À-LA-CHANVRE (LA), c^{on} de la forêt de Lyons.

MARE-ASSE (LA), h. de Sainte-Croix-sur-Aizier.

MARE-ASSELIN (LA), h. du Torpt.

MARE-AUGER (LA), h. de Capelles-les-Grands. — *La Mare-Augier*, 1277 (L. P.).

MARE-AUGER (LA), lieu-dit à la Chapelle-Saint-Ouen.

MARE-AUGER (LA), de Grand-Camp.

MARE-AUGER (LA), h. de Saint-Victor-de-Chrétienville.

MARE-AU-GUAI (LA), h. de Saint-Michel-de-la-Haye.

MARE-AU-SANG (LA), h. de Malleville-sur-le-Bec.

MARE-AU-SEIGNEUR (LA), f. à Hennezis.

MARE-AUTEUIL (LA), h. d'Amfreville-les-Champs.

MARE-AUTOUR (LA), h. de Bazoques.

MARE-AU-TUÉ (LA), lieu-dit à Amfreville-sous-les-Monts (Cassini).

MARE-AUVANT (LA), fief à Berville-en-Roumois, relev. du marquisat de la Londe.

MARE AUX BÊTES (LA), mare commune à la Barre. — 1401 (cart. de Lyre).

MARE-AUX-BICUES (LA), lieu-dit de la forêt d'Évreux, à Évreux.

MARE-AUX-BOUES (LA), h. de Neaufles-sur-Risle.

MARE-AUX-BOURRES (LA), c^{on} de la forêt de Lyons.

MARE-AUX-BROSSES (PLATEAU DE LA), à Thomer-la-Sôgne.

MARE-AUX-CHEVAUX (LA), h. de la Haye-de-Calleville.

MARE-AUX-CHIENS (LA), lieu-dit au Troncq.

MARE-AUX-CORNEILLES (LA), lieu-dit à Nojeon-le-Sec.

MARE-AUX-CORNES (LA), série de la forêt de Breteuil.

MARE-AUX-OURS (LA), f. à Saint-Aubin-le-Guichard; huit° de fief relev. de Beaumont-le-Roger, 1413. — *Mare-aux-Oues, Mare-Auxous* (L. P.).

MARE-AUX-POTS (LA) OU LA MARE-DES-PEAUX, lieu-dit à Villiers-en-Désœuvre.

MARE-AUX-PRÊTRES (LA), lieu-dit à Épégard.

MARE-AUX-PRÊTRES (LA), lieu-dit à Feuguerolles.

MARE-BARBRIQUET (LA), lieu-dit à Villez-sur-le-Neubourg.

MARE-BARDIN (LA), h. de Sainte-Opportune-près-Vieux-Port.

MARE-BARNEY (LA), m^{on} isolée, à Saint-Germain-la-Campagne.

MARE-BASSE (LA), h. de Sainte-Marguerite-de-l'Autel.

MARE-BECQUET (LA), h. de Guenouville.

MARE-BLANCHE (LA), h. de Francheville.

MARE-BOURDON (LA), h. de Saint-Nicolas-du-Bosc-Asselin.

MARE-BOURLIN (LA), entre Cesseville et Crosville, 1209.

MARE-BREVAL (LA), h. de Malleville-sur-le-Bec.

MARE-BRO (LA), fief à Bourneville.

MARE-BROC (LA), fief à Fourmetot, relevant de Pont-Audemer.

MARE-BROC (LA), f. à Pont-Audemer.

MARE-BROC (LA), f. à Sainte-Opportune-près-Vieux-Port.

MARE-BROQUET (LA), h. de Lyons-la-Forêt.

MARE-BUR (LA), lieu-dit à Honguemare. — 1233 (cart. de Bourg-Achard).

MARE-CARÊME (LA), h. de Saint-Mards-de-Blacarville.

MARÉCHAL (FIEF DU), prés au Vaudreuil. — *Prata Marescalli*, 1313 (Trésor des chartes).

Maréchale (La), anc. f. avec colombier, à Berthouville.

Mare-Champ-Dionée (La), lieu-dit au Fresne.

Mare-Chanceuse (La), lieu-dit à Saint-André.

Maréchaux (Friche des), à Saint-Germain-de-Fresney.

Mare-Chrétienne (La), lieu-dit à Émanville.

Mare-Clément (La), lieu-dit à la Boissière.

Mare-Combet (Chemin de la) (plan général de la forêt domaniale de Louviers).

Mare-Cocrante (La), lieu-dit à la Pyle.

Mare-Crèche (La), lieu-dit à Ecquetot.

Mare-Curée (La), h. de la Haye-de-Calleville.

Mare-Dabot (La), h. de Lieurey.

Mare-Dancy (La), h. du Chesne.

Mare-de-la-Livrée (La), lieu-dit à Beauf]cel.

Mare-de-la-Pyle (La), h. de la Pyle.

Mare-de-la-Rue (La), h. de Saint-Mards-de-Blacarville.

Mare-de-la-Vallée (La), h. de Rougemontiers.

Mare-de-la-Ville (La), f. à Valletot.

Mare-des-Grâces (La), lieu-dit à Boncourt.

Mare-des-Montiers (La), ancien fief, présumé sis à Lieurey.

Mare-des-Saules (La), h. partagé entre Lorleau et le Tronquay. — Mare-des-Saints (L. P.).

Mare des Tillards (La), mare à Amfreville-la-Campagne.

Mare Dieu (La), mare près de la place publique d'Amfreville-la-Campagne.

Mare-Diot (La), à Caillouet-Orgeville; nom d'un lieu où ont été recueillis des débris romains.

Mare-Duboc (La), h. de Rougemontiers. — Mare-du-Bosc (L. P.).

Mare-du-Bout-de-Pasquier (La), h. de Mandeville, touchant à Saint-Germain-de-Pasquier.

Mare-du-Frêne (La), h. de Giverville.

Mare-du-Pré (La), mᵐⁿ isolée, à Montfort-sur-Risle.

Mare-Duquesne (La), h. partagé entre Fiquefleur, Équainville et Saint-Sulpice-de-Graimbouville.

Mare-du-Réel (La), h. de Tourville-sur-Pont-Audemer.

Mare-du-Val (La), fief à Folleville.

Marées (Les) ou les Narées, lieu-dit à Gasny.

Mare-Ferrand (La), h. du Landin.

Mare-Flaquemare (La), h. de Sainte-Opportune-près-Vieux-Port.

Mare-Girard (La), mᵐⁿ isolée, à Saint-Pierre-du-Bosguerard.

Mare-Godart, qᵗ de fief à Appeville-dit-Annebaut, relev. de Montfort-sur-Risle.

Mare Gouais (La), mare à Amfreville-la-Campagne.

Mare-Gouvis, nom donné quelquefois au plein fief de la Mare, à Sainte-Opportune-près-Vieux-Port. — Mare-Gouvy (Le Beurier).

Mare-Grosse (La), h. de Saint-Symphorien.

Mare-Guérard (La), h. de Guenouville.

Mare Guerre (La), anc. mare aux trois quarts comblée, à la Pyle.

Mare-Hareng (La), h. de Brestot.

Mare-Hareng (La), h. de Gaillon.

Mare-Hébert (La), h. et vavassorie à Beuzeville, relevant de Livet-sur-Authou.

Mare-Hébert (La), h. de Sainte-Opportune-près-Vieux-Port; fief.

Mare-Hermier (La), h. et vignoble à Amfreville-sur-Iton.

Mare-Hue (La), h. de Saint-Clair-d'Arcey.

Mare-Hue (La), h. de Sainte-Marguerite-de-l'Autel.

Mare-Hugnon (La), h. de Saint-Martin-la-Corneille.

Mare-Ibert (La), h. partagé entre Saint-Denis-des-Monts et Saint-Philbert-sur-Boisset.

Mare-Jonas (La), h. de Hauville.

Mare-Laurent (La), h. de Sainte-Croix-sur-Aizier.

Mare-Lavandière (La), h. de la Haye-de-Calleville.

Marelaville (La), h. du Fidelaire.

Marelaville (La), h. de Tourville-la-Campagne.

Mare-Lochsrey (La), h. du Bois-Penthou.

Mare-Loisel (La), h. partagé entre Bouquetot et Rougemontiers.

Mare-Luchon (La), lieu-dit à Amfreville-sous-les-Monts.

Mare-Mainé (La), h. de la Haye-de-Calleville.

Mare-Mauduit (La), f. et fief à Étreville.

Mare-Messire-Jean (La), lieu-dit au Fidelaire.

Mare-Milet (La), h. de Livet-sur-Authou. — Mare-Minet (L. P.).

Mare-Morin (La), mᵐⁿ isolée, à Bourneville.

Mare-Morin (La), f. à Saint-Aubin-le-Guichard.

Mare-Morin (La), h. de Tocqueville.

Mare-Naval (La), lieu-dit à Crestot.

Mare-Neuve (La), h. de Malleville-sur-le-Bec.

Mare-Neuville (La), h. de Malleville-sur-le-Bec.

Mare-Noire, coupe de la forêt de Conches.

Mare-Osmont (La), h. de la Chapelle-du-Bois-des-Faux.

Mare-Pecquet (La), h. d'Aclou.

Mare-Péreuse (La), h. de la Chapelle-Gauthier.

Mare-Pigroult (La), h. de Sainte-Opportune-près-Vieux-Port.

Mare-Pin (La), h. de Berville-en-Roumois.

Mare-Plate (La), h. de la Vieille-Lyre.

Mare-Plonéas (La), h. de Guenouville.

Mare-Pochon (La), h. de Cauverville-en-Roumois.

MARE-PRÉVOST (LA), h. de Saint-Martin-la-Corneille, auj. *la Saussaye*.

MARE-PRIVÉ (LA), h. de Triqueville.

MARE-QUÉSEUX (LA), lieu-dit à Heubécourt.

MARE-RIBIÈRE (LA), h. de Malleville-sur-le-Bec.

MARE-RICOUARD (LA), c^on de la forêt de Lyons (plan gén. de la forêt domaniale).

MARERIE (LA), m^on isolée, à Francheville.

MARE-ROSE (LA), lieu-dit à Écardenville-sur-Eure.

MARES (LES), h. d'Ambenay.

MARES (LES), h. de Bourth.

MARES (LES), h. du Chesne. — *Maræ juxta Quercum*, 1255 (ch. de saint Louis).

MARES (LES), fief à Colletot, relev. de Pont-Audemer (L. P.).

MARES (LES), f. à la Croix-Saint-Leufroi.

MARES (LES), h. d'Équainville; fief de l'abb. de Préaux, relev. de Roncheville, à Saint-Martin-aux-Chartrains (Calvados), 1411 (aveu de Roncheville).

MARES (LES), h. du Fidelaire.

MARES (LES), h. d'Iville.

MARES (LES), vavassorie à Martainville-en-Lieuvin, relevant d'Houetteville et de Vironvay. — 1578 (Le Beurier).

MARES (LES), fief à Néaufles-sur-Risle. — *Mare*, 1214 (L. P.).

MARES (LES), h. de la Noë-Poulain.

MARES (LES), h. des Places.

MARES (LES), h. de Saint-Aubin-de-Scellon.

MARES (LES), h. de Saint-Victor-de-Chrétienville.

MARES (LES), h. de Sébécourt.

MARES (LES), fief à Valletot, relev. du roi.

MARE-SAINT-LAZARE (LA), lieu-dit à Gisors, souvenir d'une léproserie.

MARE-SANGSUE (LA), h. de Saint-Aubin-du-Thenney. — *Mare-Sans-Souci* (L. P.).

MARE-SAUVEUR (LA), h. du Thuit-Signol.

MARESCHAL, m^in à Évreux, 1318 (La Roque). — *Molendinum de Marescal, in vico Villeine*, 1264 (cart. de Saint-Taurin).

MARESDANS, territ. bordé par la Seine où s'éleva l'abb. de Bonport, 1189. — *Maresdans*, 1207 (ch. des Deux-Amants). — *Val de Maredanx*, 1456 (aveu des religieux de Bonport), — *Maresdant* (Le Brasseur).

MARES-DE-GRAVILLE (LES), h. de Beuzeville (L. P.).

MARE-SÈCHE (LA), lieu-dit à Champigny.

MARE-SÈCHE (LA), h. de Sainte-Marguerite-de-l'Autel.

MARES-FLEURIES (LES), h. d'Épaignes.

MARES-PULANTES (LES), h. de Faverolles-les-Mares.

MARESTEAUX (LES), lieu-dit à Fontenay.

MARE-TASSE (LA), h. de Sainte-Marguerite-de-l'Autel.

MARE-TASSEL (LA), h. du Thuit-Signol; huit^e de fief relev. de Beaumont-le-Roger; anciennement *Fief aux Danois*.

MARE THOMASSET, principale mare d'Amfreville-la-Campagne.

MARE-TIBERT (LA), h. et fief à Bourgtheroulde.

MARETOS, lieu-dit à Bouquetot. — 1226 (cart. de Bourg-Achard.

MARETTE (LA), f. à Boisney; plein fief relev. de Plasnes.

MARETTE (LA), h. d'Étreville.

MARETTE (LA), h. de Flancourt.

MARETTES (LES), m^on isolée, à Bourneville.

MARETTES (LES), h. d'Appeville. — *La Marette*, 1317 (L. P.).

MARETTES (LES), h. du Fidelaire.

MARETTES (LES), h. de Saint-Grégoire-du-Vièvre,

MAREUX, h. de Caugé. — *Meeruel*, vers 1192 (ch. de Richard Cœur de Lion). — *Maerul*, 1218 (L. P.). — *Maerel, Maeruel*, 1221 (cart. de Saint-Taurin). — *Maherolium, Maherol*, 1224; *Maerol*, 1231; *Maeroel*, 1248; *Mareheut*, 1256; *Maerolium*, 1268 (cart. de la Noë).

MARE-VERNIER (LA), h. de Saint-Jean d'Asnières. — *Mare Vornier* (L. P.).

MARE-VERNIER (LA), nom quelquefois donné au plein fief de la Mare, à Sainte-Opportune-près-Vieux-Port (l'abbé Caresme).

MARGOTTES (LES), f. à Bouchevilliers; anc. manoir, fief relevant de Mainneville. — *Maragode*, 1275 (cart. blanc de Saint-Denis). — *Les Margotes* (Cassini). — *Maregode* (Le Beurier).

MARIAGE (LE), lieu-dit à Aubevoye.

MARIAGE-LE-GRAND, lieu-dit à Courcelles-sur-Seine.

MARIAGES (LES), lieu-dit à Courcelles-sur-Seine.

MARIBERT, h. de Saint-Denis-de-Béhélan.

MARIE (LES), h. de Condé-sur-Risle.

MARIE (LES), h. d'Étreville.

MARIE (LES), h. de Saint-Georges-du-Mesnil.

MARIE-BADON, anc. nom du fief des *Roques*, à Saint-Ouen-de-Thouberville, relevant du roi. — *Marie-Badoue* (Le Beurier).

MARIÉS (LES), h. de Boullleville.

MARIÉS (LES), h. de Hauville.

MARIETTE (LA), friche à Creton.

MARIETTE (LA), m^in à Verneuil.

MARIEUX (LES), h. de Romilly-la-Puthenaye.

MARIGOTIÈRE (LA), h. de Notre-Dame-du-Hamel.

MARINAUD (LE), lieu-dit à Pressagny-l'Orgueilleux.

MARINE, h. de Fontaine-Bellenger.

MARINIÈRE (LA), m^on isolée, à Nonancourt.

MARINIÈRES (LES), f. à Infreville.

MARIONETTES (LES), h. d'Authou.

Marionnettes (Les), lieu-dit à Quatremare.

Maris (Rue des), nom donné de 1792 à 1805 à la rue des Prêtres, à Évreux.

Markessel, lieu-dit à Guiseniers, 1235. — Markesoel, 1240 (L. P.).

Marlborough, lieu-dit aux Andelys.

Marlière-au-Roi (La), c⁰ⁿ de la forêt de Lyons.

Marmande, h. de Routot.

Marmorin, huit° de fief à Saint-Aubin-le-Guichard, relev. de Beaumont-le-Roger (L. P.). — Marmorenum, vers 1199 (ch. de Robert, comte de Meulan).

Marmottes (Les), lieu-dit à Mainneville.

Marnette, h. de Bois-Normand.

Marnette, h. d'Épreville-en-Roumois.

Marnette, h. de Licurey.

Marneux ou de la Fontaine (Ruisseau), affluent de la Risle à Fontaine-la-Soret.

Marnière (La), h. de Neaufles-sur-Risle.

Marnières, c¹ᵉ du c⁰ⁿ de Rugles, réunie à Bois-Anzeray en 1845. — Marneriæ (ch. de fondation de l'abb. de Lyre). — Marneres (reg. Phil. Aug.). — Marneria, 1227 (cart. de Lyre).

Marnières (Les), f. à Tillières.

Marnières-Passe-Cadet (Les), h. d'Épaignes.

Marollet (Le), f. à Berville-sur-Mer.

Marotte (La), h. de Berthouville.

Marouis, fief à Bernouville (L. P.).

Marouze, h. de Bosc-Roger-en-Roumois.

Marquebeuf, h. de Bezu-le-Long.

Marquet, fief à Berniencourt, relevant d'Ivry. — 1456 (L. P.).

Marquis (Le), lieu-dit à Étrépagny.

Marquisat (Bois du), anc. vente de la forêt de Montfort, ainsi nommée en souvenir de l'érection du marquisat d'Annebaut.

Marquisat (Le), h. de la Puthenaye.

Marsiaux (Les), lieu-dit à Vironvay.

Marsinoire, lieu-dit à Sainte-Marguerite-de-l'Autel.

Martagny, c¹ᵉ du c⁰ⁿ de Gisors; q¹ de fief, 1404. — Martiniacum, 1146 (ch. de Guill. de Ronmare). — Martenny, 1215 (Charpillon). — Martigny, 1257 (reg. visit.). — Martigny (p. de Raoul Roussel). — Martagniacum, 1306 (ch. de Robert le Veneur). — Martegny (ch. de Philippe le Bel). — Martegni, 1458 (aveu, arch. nat.). — Martagny-en-Lions, 1643 (acte de partage). — Martagni ou Martigni-en-Lions, 1828 (L. Dubois).

Martainville, h. de la Chapelle-Bayvel. — Martinivilla.

Martainville-du-Cormier, c¹ᵉ formée, en 1819, de la réunion de celles du Cormier et de Martainville-près-Pacy, où fut placé le chef-lieu de la c¹ᵉ; mais, en 1862, le chef-lieu a été transféré au Cormier et ce nom donné à la réunion.

Martainville-en-Lieuvin, c¹ᵉ du c⁰ⁿ de Beuzeville; plein fief de haubert. — Martainvilla, xiᵉ siècle (ch. de Robert II). — Martinivilla (cart. de Préaux).

Martainville-près-Pacy, c¹ᵉ réunie avec le Cormier, en 1819, sous le nom de Martainville-du-Cormier et restée chef-lieu de cette c¹ᵉ jusqu'en 1862, époque où il a été fixé au Cormier et le nom de la réunion changé en celui du Cormier. — Fief relev. d'Ivry, 1456 (L. P.). — Marthainville, 1456 (aveu, arch. nat.). — Martainville, 1754 (Dict. des postes). — Martainville-les-Bois, 1828 (L. Dubois).

Marteau (Le), h. de la Gueroulde.

Martel, fief à Houville.

Martelet (Pont), à Broglie.

Martellerie (La), h. de Fontaine-la-Louvet.

Martigny, fief voisin et relevant de Lyons (L. P.).

Martineth, lieu-dit à Feuguerolles. — Campus Martineth, 1210 (ch. de Saint-Étienne de Renneville).

Martinière (La), h. du Bosc-Renoult-en-Ouche.

Martinière (La), h. du Chamblac; fief.

Martinière (La), h. de Cintray.

Martinière (La), h. de Gouville.

Martinière (La), f. à Launay.

Martinière (La), h. de Saint-Benoit-des-Ombres.

Martinières (Les), h. de Brionne.

Martins (Les), h. de Chéronvilliers.

Martonne, h. d'Éturqueraye.

Martot, c¹ᵉ du c⁰ⁿ de Pont-de-l'Arche; fief et sergenterie relev. de Pont-de-l'Arche. — Marethot, vers 1160 (ch. de Henri II). — Maretot, 1197; Marretot, 1199 (cart. de Bonport). — Maltot, 1738 (Saas); 1789 (procès-verbal de l'assemblée du clergé); et auj. encore prononciation fréquente. — Martot-sur-Seine (actes nombreux).

Martot, f. à Saint-Mards-de-Blacarville.

Martot, fief à Vraiville, 1634.

Martot (Bosse de), banc de la Seine devant Martot. — 1805 (Masson Saint-Amand).

Martot (Pertuis ou Retenue de), retenue d'eau établie à Martot, à 3,000 mètres en amont d'Elbeuf, formant une dérivation séparée du grand bras de la Seine par l'île au Moine et l'île Geoffroy, que relie entre elles un barrage automobile.

Martrey (Rue du), à Louviers. — Martreyum, xii° s¹ (arch. de l'Eure). — Martreium, 1206; Maltreium, 1212 (cart. de Saint-Taurin).

Marville, f. à Épreville-en-Roumois.

Marzelles, source située dans le domaine dé Bizy et qui grossit à Vernon le ruisseau de Montigny.

Marzelles (Rue de), à Vernon.

MASGRIER (LE), h. de Bernay.

MASONNIÈRE (LA), m^on isolée, à Thevray.

MASSACRE (RUE), à Louviers.

MASSE (LA), h. de Toutainville.

MASSELIN (FONTAINE), ruiss. qui afflue à la Risle, à Brionne.

MASSELINIÈRE (LA), h. de Saint-Clair-d'Arcey.

MASSIEUX (LES), h. de la Haye-de-Routot.

MASSIGNY, demi-fief à Gisancourt, relev. de Dangu.

MASSINS (LES), h. d'Hébécourt.

MASSUE (LA), lieu-dit à Canappeville.

MASSUE-DE-CORNEVILLE (LA), fief sis dans la vicomté de Pont-Audemer et relev. d'Aubigny.

MASURE-GOMONT (LA), h. de Saint-Julien-de-la-Liègue.

MASURETTE (LA), lieu-dit à Heudreville-sur-Eure.

MATHURINS (LES), h. qui doit son nom à une chapelle et à un ermitage fondés en 1607 à Gisors.

MATIGNON, fief à Mézières.

MATIGNON, second nom du fief de Rocquemont, à Villers-en-Vexin.

MATIGNON (MOULIN DE), à Pont-de-l'Arche, assis sur le pont, 1412.

MATRAIS (LES), lieu-dit à Saint-Étienne-du-Vauvray.

MATRÉ, h. de Caumont.

MAUBERT (PLACE), à Pont-Audemer.

MAUBRUCIL, h. du Fresne et fief. — Maubré? (Le Beurier).

MAUBUCQUET (LE), q^t de fief à Illeville-sur-Montfort. — Malbusquet (cart. de Préaux).

MAUBUISSON, h. et fief à Émanville.

MAUBUISSON, h. et plein fief au Noisement, c^ee auj. réunie à Manthelon; le fief relev. des Essarts, 1454 (L. P.). — Malus Dumus, 1266 (cart. du chapitre d'Évreux). — Capella de Malo ou Malla Dumo, 1300 (ch. de la Noë).

MAUBUISSON, h. de Saint-Léger-du-Genneley.

MAUBUISSON, h. de Serquigny; fief relevant du comté d'Harcourt, 1563.

MAUCONDUIT, fief à Illeville-sur-Montfort.

MAUDINET (LE), m^on isolée, à Boisset-le-Châtel.

MAUDUITIÈRE (LA), h. des Places.

MAUGARDIÈRE (LA), h. d'Épaignes.

MAUGANDS (LES), h. de Saint-Siméon.

MAUGÈNE (LA), f. et fief, 1666, à Saint-Jacques-de-la-Barre, auj. la Barre.

MAUGIRON (LE), vavassorie à Toutainville, relevant de Brionne.

MAULEVRIER, fief au Neubourg.

MAULNY, fief au Cormier.

MAUNESSES (LES), lieu-dit à Fontaine-sous-Jouy.

MAUNY, f. à Ambenay.

MAUNY, fief à Gravigny.

MAUNY, chât. et huit^e de fief à Saint-Nicolas-d'Attez, relev. de Breteuil. — 1411 (L. P.).

MAUPAS, h. de Capelles-les-Grands; ancien prieuré fondé, en 1216, sous le nom de Sanctus Nicolaus de Malo Passu (cart. de Lyre).

MAUPAS (LE), lieu-dit à Dangu.

MAUPAS (LE), h. du Fidelaire.

MAUPAS (LE), h. de Saint-Léger-du-Boscdel.

MAUPAS (LE), h. de la Trinité-de-Thouberville.

MAUPERTUIS, château et h. de Lilly. — Montpertuit, 1867 (ann. légale).

MAUPERTUIS, fief à Louviers. — Maupertus, 1201 (cart. de Phil. d'Alençon). — Malpertuis, 1249 (pet. cart. de Saint-Taurin).

MAUPERTUIS, h. et huit^e de fief à Notre-Dame-du-Hamel, relevant de Bourg-Achard. — Maupertuize, 1456 (L. P.).

MAURE (RUE), à Vraiville. — Rue aux Morts (anc. titres). — Lieu d'un combat (tradit. locale).

MAURENTEL, fief en la châtell. d'Andely (L. P.).

MAUREPAS, m^on isolée, à Ambenay.

MAUREPAS, h. et fief à Bezu-la-Forêt, relev. de Gisors. — Malum Repastum (ch. de Charles VI).

MAUREPAS, lieu-dit à Louviers, 1251. — Maurepast (petit cart. de Saint-Taurin).

MAUREPAS, h. de Saint-Victor-sur-Avre.

MAUREPAS, m^on isolée, au Tremblay.

MAUREY (LE), h. partagé entre Drucourt et le Planquay.

MAURIE (LA), h. d'Épaignes.

MAURIÈRE (LA), h. de Bourth.

MAURIÈRE (LA), h. et fief à Capelles-les-Grands. — Morrière, 1737 (Charpillon et Caresme).

MAURIÈRE (LA), h. et fief à Saint-Jean-du-Thenney.

MAURINIÈRE (LA), h. de la Goulafrière.

MAUSSETTE (BOIS), à Brosville.

MAUVAIS-PAS (LE), lieu-dit à Acquigny.

MAUVIEL, fief à Saint-Jean-de-la-Lequeraye, relevant de la Poterie-Mathieu.

MAUVREY (LE), second nom du fief des Seaulles, à Ambenay.

MAY (LE), h. de Saint-Mards-de-Fresnes.

MAYEUX (LES), lieu-dit à Giverny.

MAZIER, h. de Flancourt.

MÉCANIQUE (IMPASSE et ÎLE DE LA), à Louviers.

MÉCANIQUE (LA), m^on isolée à Pacy-sur-Eure.

MÉDINE, f. à Cauverville-en-Roumois.

MÉDINE, h. de Valletot; fief.

MEGREMESNIL, h. de Gouville et fief relevant de l'évêché d'Évreux. — Maigre-Mesnil, 1288 (cart. du chap. d'Évreux). — Mesgremesnil, 1452 (L. P.).

MEGREMONT, lieu-dit à Gasny.

Meisières, domaine à Muids, xiiᵉ sᵉ (arch. de la Seine-Inférieure).

Mélaises ou des Mélèzes (Côte des), entre Lyons et Vascœuil.

Melbuc (Le), f. à la Vieille-Lyre. — *Mellebue*, 1298 (L. P.).

Meleuze (Rue), à Saint-Cyr-du-Vaudreuil. — 1405 (P. Goujon).

Mélicourt, cᵉ du cᵒⁿ de Broglie; plein fief relev. de Bourg-Achard, 1456. — *Melicort* (ch. de fondation de Lyre). — *Melicurtis* (ch. de Guill. le Conquérant et cart. de Saint-Père de Chartres). — *Mellicuria* (p. d'Évreux). — *Mellicourt*, 1562 (arrière-ban).

Méline, h. de Saint-Martin-la-Corneille; auj. *la Saussaye*.

Mellebet, lieu-dit à Amfreville-sous-les-Monts. — xivᵉ sᵉ (arch. de la Seine-Inférieure).

Melleville, h. de Goupillières; anc mⁱⁿ. — *Molendinum de Merlevilla*, *Moulin de Malleville*, 1328 (cart. de Beaumont-le-Roger).

Melleville, cᵉ réunie à Guichainville; fief relevant de l'év. d'Évreux). — *Mellavilla*, *Merlevilla*, 1254 (cart. du chap. d'Évreux). — *Mellevilla*, 1272 (L. P.). — *Mesleville*, 1400 (aveu de Guill. de Cantiers, évêque d'Évreux). — *Meslaville*, 1631 (Tassin, Plans et profilz).

Mellimont, h. de Selles et f. — *Merlini Mons* (L. P.).

Mémoulin ou Moulin-Mesnier, h. du Bec-Hellouin. — *Les Maimoulins*, 1075; *Moulin-Mainier* (Charpillon et Caresme).

Ménagerie (La), f. à Évreux.

Ménart, fief à Panilleuse, 1754, réuni au fief de la Grippière, cⁿᵉ de Mézières.

Menbret, manoir à Caumont. — 1717 (Claude d'Aubigné).

Ménesqueville, cʰᵉ du cᵒⁿ de Gisors; plein fief relev. de Noyon (Le Bourier). — *Manecavilla*, *Manechevilla* (tit. de Mortemer). — *Manekiervilla*, 1245 (cart. de Saint-Amand). — *Manequevilla*, 1272 (rôle de l'ost). — *Manesquevilla*, 1308 (ch. de Philippe le Bel). — *Manesqueville*, 1424 (aveu de l'abbé de Mortemer). — *Menasqueville*, 1579 (Phil. d'Alcrippe). — *Ménéqueville* (Cassini).

Menestraux (Les), anc. h. de Beaumontel; terres cultivées par des métayers (L. P.).

Mésil (Le). — Voy. Mesnil (Le).

Menilles, cᵒᵉ du cᵒⁿ de Pacy et qᵗ de fief relevant de Pacy. — *Menila*, vers 1024 (ch. de Richard II). — *Menilæ*, 1223 (ch. de la Noë). — *Menillum* (p. d'Évreux). — *Ménil*, 1740 (sentence de la vicomté de l'Eau).

Ménillet (Le), ancienne petite ferme aux Andelys; membre de fief relev. du Mesnil-Belanguet.

Ménillet (Le), h. de Nogent-le-Sec; plein fief, 1411. — *Mesnilectum*, 1190; *Mesnilletum*, 1204; *Maisnillet*, 1207; *Meenislet*, 1275 (ch. de la Noë).

Menillet (Le), h. de Rugles.

Menillet (Le), h. de Saint-Élier.

Mennerie (La), h. de Berville-en-Roumois.

Mennessier, fief à Civières.

Menneval, cᵃᵉ du cᵒⁿ de Bernay; haute justice; fief relev. du roi. — *Manneval*, vers 1000 (dotalit. de Judith). — *Maneval*, 1205 (arch. de l'Eure). — *Saint-Pierre de Meneval*, 1450 (aveu de l'abbé de Bernay). — *Manneval*, 1828 (L. Dubois). — *Mainneval* (L. P.).

Menneville, h. des Jonquerets.

Merbouton, h. de Moisville; fief partagé entre Moisville et Marcilly-la-Campagne, relev. de Tranchevilliers. — *Merebouton*, 1403 (L. P.).

Mercerie (La), f. au Bosc-Morel.

Mercerie (La), f. à Bourg-Achard.

Mercerie (La), h. du Planquay.

Mercerie (La), f. à Saint-Aubin-le-Vertueux.

Merceries (Les), h. de Drucourt.

Mercey, cᵉ du cᵒⁿ de Vernon; fief. — *Meriacum*, xiiiᵉ sᵉ (p. d'Eudes Rigaud). — *Merceium* (pouillé d'Évreux).

Merchebert, fief voisin et relev. de Bières, 1404. — *Marchabert* (L. P.).

Merciers (Les), h. de Saint-Jean-de-la-Lequeraye.

Merderel, domaine sis à Glisolles. — 1135 (ch. de Henri Iᵉʳ, pour Conches).

Merderelles (Les), lieu-dit à Sainte-Geneviève-lez-Gasny.

Merderon, ruiss. à Neaufles-sur-Risle. — 1281 (cart. de Lyre).

Merdrel, lieu-dit à Giverny.

Meré, fief partagé entre Creton et Moisville, relevant du fief de Bières. — 1404 (L. P.).

Mère-Odue (La), mᵒⁿ isolée, à Pithienville. — *Mère au Duc* (L. P.).

Méry, cᵉ du cᵒⁿ de Pacy; plein fief relev. du château de Pacy. — Il faut écrire *Méré* (L. P.). — *Merri*, 1205 (cart. normand). — *Meré* (ch. de Robert de Leicester). — *Meré* (cout. des forêts de Normandie). — *Merré* (reg. Phil. Aug.). — *Méreil*, 1591 (lettre de Henri IV). — *Mérei-sur-Eure*, 1828 (L. Dubois).

Mérey (Forêt de). — *Foresta de Meré* (L. P.).

Mergeant, f. à Droisy.

Mergeant, h. dép. de Droisy, Hellenvilliers et Panlatte.

Merger (Le), h. des Ventes. — *Les Mergers* (Rever, Mém. sur les ruines du Vieil-Évreux).

18.

MÉRISELET (LE), lieu-dit à Bois-Jérôme-Saint-Ouen.

MERISIER–AU-LOUP (LE), lieu-dit à Forêt-la-Folie.

MERISIER-BARRIER (LE), h. de Saint-Étienne-l'Allier.

MÉRISIER-NOIR-ET-ÉGARÉ (LE), lieu-dit à Provemont.

MÉRISIERS (LES), m⁰ⁿ isolée, à Tourneville.

MÉNITÉ (LA), f. à Gouttières.

MERLE (LE), f. à Neaufles-sur-Risle. — *Merle*, xiiiᵉ sᵉ (L. P.).

MERLE-BLANC (LE), m⁰ⁿ à Saint-Germain-sur-Avre.

MERLEINE, m⁰ⁿ à Étrépagny. — 1217 (ch. de Guill. Crespin).

MERREL, fief à Fleury-sur-Andelle, relevant de Radepont.

MERVILLE, h. de la Madeleine-de-Nonancourt et fief.
— *Mervilla*, 1157; *Merevilla*, 1280 (cart. de l'Estrée). — *Meravilla*, 1164 (bulle d'Alexandre III). — *Merevillota*, 1231 (L. P.).

MÉSANGÈRE (LA), h. de Dame-Marie.

MÉSANGÈRE (LA), h. de Manthelon.

MÉSANGÈRE (LA), fief et château à Marcilly-sur-Eure.

MÉSANGÈRE (LA), anc. forteresse, rasée au xviiᵉ siècle, à Marcouville-en-Roumois, demi-fief; auj. chât. et h. de Bosguerard-de-Marcouville. — *Le Mésenguière*, enprès le Bourtheroude, 1337 (cart. de Philippe d'Alençon). — *La Mesagera*, 1592 (relacion d'Antonio Emanuel).

MÉSANGÈRE (LA), f. au Mesnil-Verclives. — *Mesengeria* (cart. de Mortemer).

MÉSANGÈRE (LA), h. de Notre-Dame-du-Hamel; qᵗ de fief relevant de Bourg-Achard.

MÉSANGÈRE (LA), localité desservie par le bureau de poste de Gaillon. — 1754-1782 (Dict. des postes).

MÉSANGÈRES (LES), h. de Bourth.

MÉSANGÈRES (LES), f. à Coulonges. — 1792 (1ᵉʳ suppl. à la liste des émigrés).

MESLIÈRE (LA), h. de Rougemontiers.

MESNIER (VAVASSORIE OU FIEF AU), à Écaquelon.

MESNIÈRES (LES), h. de Caorches.

MESNIL (LE), h. de Bailleul-la-Vallée.

MESNIL (LE), 2ᵉ nom du fief Brouard, à Barc, 1654.

MESNIL (LE), h. de la Barre.

MESNIL (LE), f. à Bosbénard-Commin.

MESNIL (LE), h. du Bosgouet.

MESNIL (LE), qᵗ de fief à Charnelles, relev. de Damville. — 1454 (L. P.).

MESNIL (LE), h. de Courbépine.

MESNIL (LE), fief à Criquebeuf-sur-Seine, relevant du Mesnil-Jourdain.

MESNIL (LE), h. de Drucourt.

MESNIL (LE), h. de la Haye-Saint-Sylvestre.

MESNIL (LE), h. d'Illeville-sur-Montfort.

MESNIL (LE), pl. fief à la Londe, relev. du roi, 1558.

MESNIL (LE), h. de Martainville-en-Lieuvin et fief.

MESNIL (LE), h. du Mesnil-Verclives.

MESNIL (LE), h. de Neuville-sur-Authou.

MESNIL (LE), f. à Port-Mort.

MESNIL (LE), fief à la Poterie-Mathieu, relev. de la Piennerie.

MESNIL (LE), h. de Sacquenville.

MESNIL (LE), fief à Saint-Aquilin-d'Augerons.

MESNIL (LE), h. de Saint-Aubin-du-Thenney.

MESNIL (LE), h. de Saint-Léger-du-Boscdel.

MESNIL (LE), h. de Sainte-Marguerite-en-Ouche.

MESNIL (LE), h. de Saint-Paul-de-la-Haye.

MESNIL (LE), f. à Saint-Pierre-du-Bosguerard.

MESNIL (LE), chapelle à Saint-Pierre-du-Mesnil.

MESNIL (LE), h. de Saint-Sylvestre-de-Cormeilles.

MESNIL (LE), h. de Valailles.

MESNIL (LE), h. de la Vieille-Lyre.

MESNIL-ANSEAUME (LE), h. de Saint-Vigor, château et fief. — *Mesnil-Anceaulme*, 1455 (aveu d'Anne de Laval).

MESNIL-AU-VICOMTE (LE), fief à Saint-Aquilin-d'Augerons, relev. d'Alençon (L. P.).

MESNIL-AUX-BIGNES (LE), huitᵉ de fief à la Vieille-Lyre, relevant des Bottereaux (cout. des forêts).

MESNIL-BEHIER (LE), h. de Sainte-Barbe-sur-Gaillon.

MESNIL-BELANGUET (LE), h. des Andelys; fief relevant de Gisors (L. P.). — *Mesnillum Bernanguel* et *Bernanguel*, 1253 (reg. visit.). — *Mesnillum Belanguel* (p. de Raoul Roussel). — *Mesnil-Belenguel*, 1380 (état des biens de la léproserie des Andelys). — *Mesnillum Berengarii*, 1726 (Saugrain, Dict. univ. de la France). — *Le Mesnil-Belenguet-sur-Andely*, 1738 (Saas). — *Ménil-Bellenguet*, 1864 (Brossard de Ruville).

MESNIL-BERNARD, nom primitif de la Goulafrière. — *Maisnil Bernart*, 1050 (O. V.).

MESNIL-BINET (LE), h. partagé entre Barc et Sainte-Opportune-la-Campagne.

MESNIL-BROQUET (LE), h. de Saint-Aubin-d'Écrosville, fief relev. de Marbeuf. — *Mesnillum Brochet*, 1201 (cart. du Bec). — *Mesnil-Borquet*, 1436 (ch. de Sainte-Catherine).

MESNIL-CHAUDRON (LE), h. de Jumelles.

MESNIL-COUPPEGUEULLE, dépendance du fief de Pleysseys. — 1451 (arch. nat., châtell. de Gisors).

MESNIL-COURTS-MOULINS (LE), m⁰ⁿ isolée, à Sainte-Barbe-sur-Gaillon.

MESNIL-D'ANDÉ (LE), h. partagé entre Andé et Muids et passage de la Seine.

MESNIL-DE-POSES (LE), h. de Poses et passage sur la Seine.

MESNIL-DES-FRETILS (LE), h. des Fretils.

Mesnil-des-Granges (Le), h. de Barc; anc. fief sous le nom de *Mesnil-Hellouin* (Charpillon et Caresme).

Mesnil-des-Hayes (Le), fief à Bosbénard-Commin.

Mesnil-Doucerain (Le), h. du Boulay-Morin.

Mesnil-Dupré (Le), h. de Bosc-Roger-sur-Eure.

Mesnil-Ferrey (Le), h. de Notre-Dame-du-Val-sur-Mer, c^ne réunie en 1835 à Saint-Pierre-du-Val; fief relev. de Pont-Audemer. — *Mesnil-Ferry*, 1410 (aveu de Guill. de Gaillon). — *Mesnil-Ferey* (L. P.).

Mesnil-Froid (Le), h. de Sainte-Colombe-la-Campagne et fief. — *Mesnillum Freide*, 1205 (ch. de Saint-Étienne de Renneville). — *Mesnil Frede*, 1225 (arch. nat.). — *Mesnillum Freodi*, 1252; *Mesnillum Freudum*, 1261; *Mesnillum Fruede*, 1269 (ch. de Saint-Étienne de Renneville).

Mesnil-Fuguet (Le), c^ne du c^on d'Évreux nord. — *Mesnillum Fugueti* (Dict. univ. de la France). — *Mesnillum Fugueti*, 1274 (L. P.). — *Mesnillum Fonquoin*, 1292 (arch. nat., cité par Léopold Delisle). — *Mesnil-Figuet*, *Mesnil-Fuques* (L. P.), *Mesnil-Fugué*, *Mesnil-Fuget*, 1403 (arch. nat.). — *Menil-Fuquet*, 1726 (Dict. univ. de la France). — *Mesnil-Fuquet*, 1754 (Dict. des postes). — *Mesnil-Fiquet*, 1773; *Mesnil-Figuet*, 1777 (épitaphes dans l'église de Normanville).

Mesnil-Filbert (Le), m^in et domaine à Bournainville, 1155 (cart. du Bec). — *Mesnillum Hilberti* (L. P.).

Mesnil-Gacé (Le), fief à Heudreville-en-Lieuvin.

Mesnil-Gal (Le), h. partagé entre Collandres et Sainte-Marthe; fief relev. de Conches. — *Mesnil-Gailles*, *Mesnil-Galles*, *Mesnillum Gales*, 1223 (charte de Robert de Courtenay). — *Ménégal* (L. P.).

Mesnil-Godement (Le), h. et q' de fief à Fontenelles. —1393 (aveu, arch. nat.).

Mesnil-Gosse (Le), h. de Sainte-Barbe-sur-Gaillon. — *Mesnillum dictum Gosse*, 1259 (cart. de Saint-Wandrille).

Mesnil-Guilbert, h. de Bezu-le-Long; fief, 1181.

Mesnil-Hardray (Le), c^te du c^on de Conches; fief relevant de Conches; anc. manoir fortifié. — *Menillum Hardrei* (Dict. univ. de la France). — *Mesnil-Haudre*, 1419 (dén. de l'abb. de Conches). — *Mesnillum Hardei*, 1499 (taxes de la sergenterie pour la garde de Conches). — *Mesnil-Hardré*, 1458 (d'Hozier, Arm. gén.). — *Mesnil-Harderé*, 1469 (Monstre). — *Mesnil-Hardié*, xve s^e (dén. de la vic. de Conches). — *Mesnil-Hardray*, 1562 (arrière-ban). — *Menil-Hardre*, 1726 (Dict. univ. de la France); 1754 (Dict. des postes). — *Ménil-sur-Conches*, 1828 (L. Dubois).

Mesnil-Hébert (Le), fief à Notre-Dame-de-l'Île, relev. de la baronnie de Fresnes-l'Archevêque (terrier de Pressagny-le-Val).

Mesnil-Hellain (Le) ou le Mesnil-Hellouin, lieu-dit à Barc; anc. nom du *Mesnil-des-Granges* (Charpillon et Caresme). — *Mesnillum Herluini*, 1090 (ch. de Roger de Beaumont). — *Menilium Herluini*, 1161 (cart. de Beaumont).

Mesnil-Jourdain (Le), c^ne du c^on de Louviers; fief relev. du Vaudreuil.—*Mesnillum Jordani*, 1190.— *Maisnilum Jordani*, vers 1192 (ch. de Jean, év. d'Évreux). — *Mesnillium Jordani*, 1285 (cart. de Beaumont). — *Menil-Jourdein*, 1726 (Dict. univ. de la France).

Mesnil-la-Bretèche, huit^e de fief à la Vieille-Lyre, relev. des Bottereaux.

Mesnillet (Le), fief à Criquebeuf-sur-Seine, relevant du Mesnil-Jourdain.

Mesnil-Lucas (Le), h. d'Ajou; fief et seigneurie relev. de Beaumont-le-Roger.

Mesnil-Mauduit (Le), fief et nom primitif de Saint-Pierre-du-Mesnil. — *Mesnil-Malduit*, *Mesnil-Maudet* (L. P.). — *Saint-Pierre-du-Mesnil-Mauduit*, 1418 (arch. nat.).

Mesnil-Mellet (Le), huit^e de fief à la Haye-Saint-Sylvestre, relev. de la Haye-Saint-Christophe.—1419 (L. P.).

Mesnil-Milon (Le), h. de Gasny. — *Milonis Masnill*, vers 1016 (ch. de Richard II). — *Mesnil-Mylon*, 1291 (livre des jurés de Saint-Ouen).

Mesnil-Monin (Le), h. du Boulay-Morin; fief.

Mesnilote (Le), f. à Combon; pl. fief relevant d'Harcourt. — *Le Mesnillot*, 1338 (L. P.). — *Mesnillote* (cart. de Préaux). — *Mesnil-Othe* (Le Beurier).

Mesnil-Paviot (Le), h. de Perriers-sur-Andelle et fief.

Mesnil-Péan (Le), c^ne réunie en 1808 à Bérengeville-la-Campagne; demi-fief relev. d'Évreux, 1409 (L. P.). — *Mesnile Pagani* (L. P.). — *Menillum Pagani*, 1232; *Mesnilleium Pagani*, 1272 (monstre de la nobl.). — *Mesnil-Payen*, 1409 (L. P.). — *Menil-Pian*, 1631 (Tassin, Plans et profilz). — *Menil-Péan*, 1726 (Dict. univ. de la France).

Mesnil-Perruel (Le), h. de Perruel.

Mesnil-Pipart (Le), h. d'Acon. — *Pipart*, nom d'une famille puissante sous la dynastie normande.

Mesnil-Pipart (Le), q' de fief à la Cambe, paroisse réunie à Thibouville en 1792.

Mesnil-Pipart (Le), h. et fief à Écardenville-la-Campagne.

Mesnil-Rousset (Le), c^ne du c^on de Broglie; huit^e de fief relev. de Plasnes, 1456 (L. P.). — *Maisnil-Roscelini*, xie s^e (O. V.). — *Mesnil-Rosset* (ch. de Robert de Leicester). — *Mesnillum Rousseli* (2e p. de Lisieux). — *Mesnil-Roussel*, 1792 (1er suppl. à la liste des émigrés).

MESNILS (LES), fief relevant de Pont-de-l'Arche et du Vaudreuil.

MESNILS (LES), fief à Saint-Georges-du-Mesnil, relev. de Pont-Authou (L. P.).

MESNIL-SOUS-VERCLIVES (LE), ancienne paroisse entrée vers 1790 dans la composition de la cᵐᵉ du Mesnil-Verclives. — *Mesnil-sous-Varclive*, 1298 (ta-bell. d'Andely). — *Meisnillum subtus Warclive* (p. d'Eudes Rigaud). — *Mesnilz-sous-Werclive*, 1307; *Mesnillum subtus Warclive*, 1308 (ch. de Phil. le Bel). — *Menil-Verguelire*, 1726 (Dict. univ. de la France). — *Mesnil-sous-Varqueline*, 1754 (Dict. des postes).

MESNIL-SOUS-VIENNE (LE), cⁿᵉ du cᵒⁿ de Gisors et fief; nom impropre : aucune localité voisine ne s'appelle *Vienne* (L. P.). — Il existait aux environs, au XIIIᵉ s°, une famille de *Viane* (L. P.). — *Mesnillum subtus Vianam* (p. d'Eudes Rigaud). — *Mesnillum subtus Vianem*, 1308 (ch. de Phil. le Bel); 1338 (reg. de l'Échiquier).

MESNIL-SAINTE-BARBE (LE), fief à Sainte-Barbe-sur-Gaillon. — 1789 (terr. de Bérou).

MESNIL-SUR-L'ESTRÉE (LE), cⁿᵉ du cᵒⁿ de Nonancourt, qui s'est longtemps appelée *la Madeleine-d'Heudreville*. — *Magdalene de Heudreville*, 1310 (L. P.).

MESNIL-TISON (LE), fief à Muzy.

MESNIL-TRANCHEMOUCHE (LE), huitᵉ de fief à Saint-Jacques-de-la-Barre, 1562, relev. de Beaumesnil.

MESNIL-VERCLIVES (LE), cⁿᵉ du cᵒⁿ de Fleury-sur-An-delle, formée, vers 1790, avec les paroisses du Mesnil-sous-Verclives et de Verclives.

MESNIL-VICOMTE (LE), petite cⁿᵉ réunie à Louversey en 1808; demi-fief relev. du roi. — *Mesnillum Vice-comitis*, 1267 (cart. de Saint-Wandrille). — *Mesnil-au-Vicomte, Mesnillo-Vicomte*, 1451 (aveu, arch. nat.). — *Menil-au-Vicomte*, 1726 (Dict. univ. de la France).

MESNIL-VILLON (LE), anc. annexe, auj. disparue, de l'église de Gasny. — 1720 (Masseville); 1738 (Saas).

MESNIL-VORIN (LE), fief à Folleville.

MESSE (CHEMIN DE LA), à Garennes.

MESSERUES (LES), h. de Plasnes.

MESSEY, fief à Herponcey, relevant de Conches et de Breteuil, 1562 (L. P.). — *Messaium*, 1252; *Messe-rium, Messa*, XIIIᵉ s°; *Messayum*, 1303.

MESSIRE-JEHAN-D'HEUDICOURT, fief relev. de Saint-Paer (Le Beurier).

MESVRIÈRE (LA), h. de Saint-Aubin-du-Thenney.

METAI, h. de Saint-Vincent-la-Rivière.

MÉTAIRIE (LA), fief à Acquigny, uni à la baronnie (Le Beurier).

MÉTAIRIE (LA), mᵒⁿ isolée, à Ambenay.

MÉTAIRIE (LA), h. de la Barre.

MÉTAIRIE (LA), h. de Bosrobert.

MÉTAIRIE (LA), f. et fief à la Chapelle-Bayvel.

MÉTAIRIE (LA), f. et fief à Charnelles, relev. de Nonan-court.

MÉTAIRIE (LA), fief à la Madeleine-de-Nonancourt.

MÉTAIRIE (LA), f. partagée entre Notre-Dame-du-Vau-dreuil et Saint-Cyr-du-Vaudreuil. — *La Metterie*, 1738 (chartrier du Vaudreuil).

MÉTAIRIE (LA), h. de Saint-Denis-d'Augerons.

MÉTAIRIE (LA), h. de Saint-Germain-la-Campagne. — *La Mesterie*, 1425 (L. P.).

MÉTAIRIE (LA), h. de Saint-Pierre-de-Cernières.

MÉTAIRIE (LA), f. et fief à la Selle.

MÉTAIRIES (LES), vavass. noble au Bois-Baril; cᵒˢ auj. réunie à la Barre (Charpillon et Caresme). — *Me-taris* (rôle de 1562). — *Mestayris* (rôle de 1567).

MÉTRAUX (LES), h. de Beaumontel.

MÉTRAUX (LES), h. de Douains.

MÉTREVILLE, h. d'Ailly.

MÉTREVILLE, lieu-dit à Saint-Pierre-d'Autils. — *Mitre-villa*, 1229; *Metrovilla, Mistrevilla*, 1239.

MEULLEPAIN (PESCHERIE DE), à Louviers. — 1367 (arch. de la Seine-Inférieure).

MEURGERS, h. de Coulonges.

MÉZIÈRES, cⁿᵉ du cᵒⁿ d'Écos; fief. — *Maseriæ*, vers 1170 (ch. de Henri II). — *Mesieres* (reg. Phil. Aug.). — *Mézières-en-Vexin* (cart. de Jumiéges).

MIBOUILLÈRE (LA), f. aux Barils.

MIBOURDIÈRE (LA), f. à Verneuil.

MICHELS (LES), h. de la Haye-Aubrée.

MIERRES (LES), h. de la Noë-Poulain.

MIGNOT, mⁱⁿ à Appéville.

MILAN, mⁱⁿ du Noyer.

MILAY, lieu-dit à Saint-Aubin-du-Thenney. — *Milloel*, 1237 (L. P.).

MILBERT, domaine du duc de Penthièvre, près d'Ivry. — 1793 (inv. des titres de propriété du prince).

MILBERT (LE), f. à Foucrainville.

MILLERETTE (LA), h. de Champ-Dominel.

MILLERETTE (LA), h. de Coulonges et fief. — 1454 (L. P.).

MILLERIEUX, h. de Manthelon.

MILLEY, fief à Saint-Vincent-la-Rivière, auj. *Broglie*.

MINARDIÈRE (LA), h. de Saint-Victor-d'Épine.

MINERAIS (LES), h. de Bois-Normand-près-Lyre.

MINERAY (LE), h. de Bourth.

MINERAY (LE), h. de Notre-Dame-du-Hamel.

MINERAY (LE), h. de Verneusses.

MINEURS (SENTE DES), à Hennezis.

MINOLIÈRE (LA), h. de Saint-Christophe-sur-Avre.

MINGOTIÈRES (LES), h. de Houlbec-près-le-Grostheil.

NIÈRES (LES), c^on du c^on de Damville; fief uni à Danville (L. P.). — *Minerie*, 1130 (cart. de Lyre). — *Minerie*, 1208 (ch. de la Noë); 1221 (ch. de Robert de Courtenay); et 1303 (cart. de Saint-Taurin). — *Mineres* (reg. Phil. Aug.). — *Les Mynières, les Mynières*, 1469 (monstre). — *Les Mignères*, 1700; *les Mignières*, 1767 (dép¹ de l'élect. de Conches).

INIÈRES (LES), f. et fief à Beaubray, relev. de Conches et de Breteuil (L. P.).

INIÈRES (LES), h. de Nogent-le-Sec.

INIÈRES (LES), h. du Nuisement, auj. *Manthelon*.

INIÈRES (LES), fief à Romilly-sur-Andelle. — *Les Mynières*, 1600 (aveu du baron de Pont-S¹-Pierre).

INIÈRES (LES), f. à la Selle.

INIÈRES-DE-DAMVILLE (LES), lieu-dit, conservé en souvenir d'une mine de fer épuisée.

IIOTIÈRE, h. des Bottereaux.

IIRACLES (RUE AUX), nom populaire de la rue *Sainte-Clotilde*, aux Andelys.

IIINEY, huit^e de fief à Barc, relevant de Beaumont-le-Roger, 1469.

IINEY (LE), fief à Valleville. — 1681 (Charpillon et Caresme).

MIRLET (LE), lieu-dit à Écos.

MISERBNE (LE), lieu-dit à Canappeville.

MISEREY, c^on du c^on d'Évreux sud; fief. — *Miseri*, (ch. de Simon, comte d'Évreux). — *Miseré*, 1200 (ch. de la lépros. d'Évreux). — *Misou* (ch. d'Anne de Nétreville). — *Miseré*, 1379 (reg. de l'Échiquier). — *Mézeré*, 1469 (monstre). — *Myserey*, 1543 (épitaphe de Robert de Pommereul). — *Miseré*, 1623 (arch. de l'hôtel de ville d'Évreux).

MISTIÈRE (LA), h. des Bottereaux.

MISTINIÈRES (LES), h. de Pierre-Ronde. — *Missinières* (L. P.).

MITATRIE (LA), h. de Plasnes.

MITRIE (LA), f. au Chamblac.

MIVOIE (LA), f. de Port-Mort.

MOCTE (LA), q¹ de fief à Étreville, relev. de la Londe.

MODÈNE (LE PEBRET DE), banc sur la Seine entre la falaise et Vernon.

MODERIE (LA), h. de Beuzeville.

MOUCE (LA), h. de Honguemare.

MOIGNERIE (LA), manoir des religieux du Bec, à Tillières. — *La Mygnerie*, 1489 (L. P.).

MOINE (FIEF AU), relev. de Damville (Le Beurier).

MOINE (ÎLE AU), sur la Seine, à Martot, reliée auj. par un barrage automobile à l'île Geoffroy.

MOINERIE (LA), h. de Bois-Arnault; fief, 1375. — Domaine du prieuré de Notre-Dame-du-Lesme (L. P.). — *La Maignerie*, 1382 (L. P.).

MOINERIE (LA), f. à Évreux, 1749.

MOINERIE (LA), f. à Houlbec-Cocherel.

MOINERIE (LA), f. à l'Hosmes. — *Monachetia*, 1273 (cart. de l'Estrée).

MOINERIE (LA), f. aux Ventes.

MOINES (LES), m^ie à Notre-Dame-de-Préaux.

MOIRET (LE), ruiss. affl. de la Morelle, à Manneville-la-Raoult.

MOISCOURT, m^in à Gisors; anc. chamoiserie sur le Réveillon. — *Messis-Curia*, xiie s^e (L. P.). — *Moincourt* (Hersan, Hist. de la ville).

MOISIÈRE (LA), h. de Gouville.

MOISIS (LES), lieu-dit à Fouqueville.

MOISSARDIÈRE (LA), f. à Saint-Germain-la-Campagne.

MOISSON (LE), m^in à Authou.

MOISSONNERIE (LA), h. de Trouville-la-Haulle.

MOISSONNERIE (LA), h. de Neuville-sur-Authou.

MOISSONNIÈRE (LA), h. de Saint-Aquilin-d'Augerons.

MOISSONNIÈRE (LA), f. à Saint-Victor-d'Épine.

MOISVILLE, c^re du c^on de Nonancourt. — *Moesivilla* (cart. de Saint-Père de Chartres). — *Mouesville*, 1754 (Dict. des postes); et 1765 (Dict. géogr. de Dumoulin).

MOLAISES-DES-HOGUES (LES), h. des Hogues. — *Les grandes et les petites Molaises*, dans la forêt de Lyons.

MOLANDS (LES), h. de Camfleur-Courcelles.

MOLANDS (LES), h. de Carsix.

MOLANDS (LES), h. de Rôtes; fief.—*Les Mollents*, 1611.

MOLANDS (LES), h. de Saint-Léger-du-Boscdel.

MOLÈNE (RUE DE LA), nom d'une portion de voie romaine à Bois-Arnault.

MOLIÈRES (LES), lieu-dit aux Hogues.

MOLIGNIAUX (LES), m^m isolée, à Bezu-le-Long.

MOLINCOURT, c^me réunie à Berthenonville en 1842 (L. P.). — *Molencort* (p. d'Eûdes Rigaud).

MOLINETS (LES), h. de la Haye-de-Routot.

MONBOTRY, h. de Fontaine-la-Soret.

MONCARVILLE, f. à Lilletot.

MONCEAUX-LE-CHÂTEL, fief relev. de Gisors (L. P.).

MONCEL-MORETAIN (LE), lieu-dit à Louviers. — 1260 (l'abbé Caresme).

MONCERAY (LE), f. à Saint-Aubin-le-Vertueux.

MONDÉTOUR, h. de Fontaine-sous-Jouy.

MONDIÈRE (LA), f. à Morsan.

MONDOUS (LES), lieu-dit aux Andelys.

MONFOUCARD, h. de Saint-Cyr-de-Salerne.

MONGREDIENS (LES), h. de Saint-Nicolas-d'Attez.

MONIS (LES), h. de Puchay. — *Monils, Mosnils*, 1871 (ann. légales).

MONMOR, fief à ou près Andely (Le Beurier). — *Montmor* (Brossard de Ruville).

Monnaie (Tour de la), principale tour du Château-Gaillard.

Monnerie (La), f. à Lieurey.

Monniers (Les), h. de Bois-Nouvel.

Mons, fief à Saint-Aubin-le-Guichard et sergenterie de la basse justice d'Ouche (Le Beurier).

Mont (Le), château à Saint-Maclou; q' de fief relevant d'Aubigny.

Mont-à-Cas (Le), lieu-dit à Cuverville.

Montagne (La), h. de Mélicourt.

Montaigu, h. de Morainville-près-Lieurey.

Montaigu, fief à Radepont. — 1399 (aveu de Jean de Poissy).

Montaigu, h. de Saint-Jean-d'Asnières.

Montaigu, h. de Saint-Léger-du-Bosodel.

Montaigu, h. de Saint-Pierre-de-Cernières.

Montaigu, h. de Valailles; dit aussi *Hamel-Voltier*.

Montallard, demi-fief et manoir à Chambrais, auj. Broglie, 1604 (terrier de Ferrières-Saint-Hilaire); vers 1601 (aveu de Charlotte des Ursins).

Mont-à-Regret, m¹ⁿ à Saint-Denis-le-Ferment.

Montauban, lieu-dit à Cintray.

Mont-Auban, lieu-dit à Senneville (Cassini). — *Montaubas*, 1719 (arch. de la chambre de commerce de Rouen).

Montauban (Le), lieu-dit à Gasny. — *Les Montaubans*, 1871 (ann. lég.).

Montauban (Le), lieu-dit à Lorleau.

Mont-Auger, mᵒⁿ isolée, au Mesnil-sous-Vienne.

Montaure, cᵗᵉ du cᵒⁿ de Pont-de-l'Arche. — *Montorius*, vers 1012 (ch. de Richard II). — *Mons Aureus*, 1141 (cart. de la Trinité de Beaumont); 1281 (ch. de Nicolas d'Auteuil, év. d'Évreux). — *Montores*, 1631 (Tassin, Plans et profilz). — *Montorze*, 1781 (Bérey, Carte particulière du dioc. de Rouen). — *Montor*, 1789 (proc.-verb. des séances de l'assemblée du clergé). — *Montorre*, 1805 (Masson Saint-Amand).

Mont aux Anglais, coteau escarpé aux Andelys.

Mont-aux-Malades (Le), h. de Boisset-le-Châtel.

Mont-aux-Prêtres (Le), f. à Lorleau.

Mont-Bâton (Le), h. du Theil-Nolent. — *Mont Baston*, vers 1176 (ch. de Henri II); 1222 (cart. du Bec).

Mont-Bauday, fief à Saint-Martin-du-Vieux-Verneuil. — *Mons Baldrici*, 1031 (hist. manuscr. de Verneuil).

Mont-Bruyère (Le), h. de Sébécourt.

Mont-Calenjour (Le), h. de Saint-Jean-d'Asnières.

Mont-Carmel (Le), f. à Pont-Audemer.

Mont-Champ, fief de la vicomté de Conches et Breuil (Le Beurier).

Mont-Cuatou (Le), f. à la Poterie-Mathieu.

Mont-Courel, lieu-dit à Berville-sur-Mer.

Mont-Criquet (Le), h. de Saint-Victor-d'Épine.

Mont-Croq (Le), h. de Toutainville et fief.

Mont-Croq (Le), h. de Triqueville.

Mont-Crostel, lieu-dit à Saint-Germain-de-Pasquier. — *Mons Crostele*, 1193 (ch. de Garin, év. d'Évreux)

Mont-de-l'Aigle (Le), f. à Gisors, sur l'emplacement présumé d'un camp romain.

Mont de Magny, hauteur dominant Gisors.

Mont-Désert (Le), château à Tourville-sur-Pont-Audemer.

Mont-du-Fresne (Le), cᵒⁿ de la forêt de Lyons.

Montéan, chât. à Dame-Marie et fief relevant de Breteuil (L. P.).

Montécaché, lieu-dit aux Hogues (L. P.).

Montenay, f. sur les communes de Saint-Victor-de-Chrétienville, de Plainville et de Saint-Nicolas-du-Bosc-l'Abbé.

Mont-en-Terre, lieu-dit aux Andelys.

Montérart, fief à Saint-Julien-de-la-Liègue, relevant d'Autheuil. — 1413 (L. P.).

Mont-Fautrel, h. partagé entre Saint-Pierre-des-Cercueils et le Thuit-Anger.

Mont Finet, point élevé de Bouquelon, où il existe des retranchements.

Mont-Folleville, second nom du fief de Folleville.

Montfort, vavassorie au bourg de Montfort-sur-Risle.

Montfort, h. de Notre-Dame-de-Fresnes; fief.

Montfort, anc. nom du fief de *Busc-Rabasse*, à Saint-Denis-des-Monts, relevant de Becthomas.

Montfort (Canton de), arrond. de Pont-Audemer, ayant à l'E. le cᵒⁿ de Bourgtheroulde, au S. le cᵒⁿ de Brionne, à l'O. celui de Saint-Georges, au N. ceux de Pont-Audemer et de Routot; comprenant 14 cⁿᵉˢ: Montfort-sur-Risle, chef-lieu; Appeville-dit-Annebaut, Authou, Bonneville-Appetot, Brestot, Condé-sur-Risle, Écaquelon, Freneuse-sur-Risle, Glos-sur-Risle, Illeville-sur-Montfort, Pont-Authou, Saint-Philbert-sur-Risle, Thierville, Touville, et 11 paroisses, dont 1 cure, à Montfort, et 10 succursales : Appeville-dit-Annebaut, Authou, Bonneville-Appetot, Brestot, Condé-sur-Risle, Écaquelon, Freneuse-sur-Risle, Illeville-sur-Montfort, Saint-Philbert-sur-Risle, Touville.

Montfort (Forêt de), forêt de 2,043 hectares, touchant à Montfort-sur-Risle.

Montfort (Pont de), à Montfort-sur-Risle. — *Party en trois à cause des palus*, 1668 (André Duchesne, Antiq. et rech. des villes).

Montfort (Sergenterie de), à Montfort-sur-Risle, relev. de Pont-Audemer (L. P.).

Montfort-sur-Risle, ch.-l. de cᵒⁿ; bourg, 1722 (Masseville). — *Muntfort* (roman de Rou). — *Mons Fortis* (ch. de Henri II). — *Montfort*, 1754 (Dict. des postes).

Mont-Foucard (Le), h. de Berthouville.

Mont-Frileux (Le), lieu-dit à Beaumont-le-Roger.

Mont-Galant (Le), f. à Saint-Mards-de-Fresnes.

Mont-Gannel (Le), h. de Freneuse-sur-Risle.

Mont Gelé (Le), coteau aux Andelys.

Mont-Gignard (Le), h. de Hauville.

Mont-Giron (Le), h. de Toutainville.

Mont Gobren, coupe de 40 acres de la forêt de Bleu, 1538.

Mont-Gouge, f. à Saint-Maclou.

Mont-Hamel (Le), h. de Saint-Cyr-la-Campagne.

Mont-Harault (Le), h. de Saint-Germain-la-Campagne.

Mont-Héron (Le), h. de Saint-Grégoire-du-Vièvre et vavassorie relevant du roi. — *Monhéron* (Le Beurier).

Montheroult, h. de Becthomas.

Mont-Hoguet (Le), h. de la Haye-Malherbe.

Mont-Honnier (Le), lieu-dit à la Haye-Malherbe.

Mont-Houel (Le), h. de Selles.

Monthulé (Le), f. à Cauverville-en-Roumois.

Monthulé (Le), fief à Sainte-Croix-sur-Aizier.

Montier (Le), h. de Bonneville-sur-le-Bec.

Montigny, fief au Mesnil-sous-Vienne (vingtièmes).

Montigny, fief de l'abb. de Lyre, à Rugles.

Montigny, château et h. de Saint-Marcel se continuant sur Vernon.

Montigny (Ruisseau de), affl. de la Seine, à Vernon.

Mont-Joie, colline au Thuit, rendue accessible par le chancelier Maupeou.

Mont-Joie, h. de Tourville-sur-Pont-Audemer.

Mont-Joli (Le), h. d'Authenay.

Mont-Joyeux (Le), f. à Daubeuf-près-Vatteville.

Mont-Larron (Le), fief et h. d'Authenay; autrefois *Monlt Larron* (Charpillon et Caresme).

Mont-les-Mares, h. de Notre-Dame-de-Préaux, auj. *les Préaux*. — *Monnesmares*, 1135 (cart. de Saint-Gilles de Pont-Audemer).

Mont-les-Mares, h. partagé entre Saint-Germain-Village et Toutainville; fief relev. de Notre-Dame-de-Préaux.

Mont-Livet, château à Bourneville; arrière-fief, 1602. — *Les Monts-de-Livet* (Le Beurier).

Mont-Mal (Bois de), s'étendant du Bec-Hellouin sur Cailleville et séparant le Bec de Brionne.

Mont-Mal (Le), m^on isolée, au Bec-Hellouin.

Mont-Martin (Le), fief et h. de Gaillon.

Mont-Martin (Ruisseau de), qui se perd dans les sables de Gaillon; après 5 kilom. de cours.

Mont-Milon, h. de Bernay.

Montmin, m^on isolée, à Tourville-sur-Pont-Audemer.

Mont-Mirel, fief à Nojeon-le-Sec.

Mont-Morel, h. de Notre-Dame-de-Préaux.

Mont-Morel, fief à Saint-Aubin-sur-Gaillon. — *Montmerel*, 1789 (arch. de la Seine-Inférieure).

Mont-Morin, q^t de fief à Roman, relev. de Damville; auj. m^on isolée. — *Mummorein*, 1215 (L. P.).

Montmont, petite ferme aux Andelys. — 1736 (Brossard de Ruville); t. de f., 1678.

Mont Olivet, motte entourée d'un fossé dans un bois dépendant d'Hardencourt.

Montosor, coteau boisé à Saint-Germain-de-Navarre. — *Montes Osoul*, 1206 (ch. de la Noë). — *Montouse*, 1250 (grand cart. de Saint-Taurin). — *Mont Osou*, 1266 (olim).

Montpagnant, côte près d'Évreux (L. P.). — *Costerie Montis Pagani* (cart. de Saint-Sauveur).

Mont-Paillard, lieu-dit à Becthomas.

Mont-Pêlé, couture de l'abb. du Bec, à Bonneville-sur-le-Bec, 1145.

Mont-Pellier, h. de Chambray-sur-Eure.

Mont-Perreux (Le), f. à Piencourt.

Mont-Pinchon, fief; paroisse réunie à Epinay en 1792. — *Montpinçon* (reg. de la Ch. des comptes). — *Monpinçon-près-Barre*, 1770 (Denis, Atlas topog.).

Montpivain, coteau aux Andelys.

Montpoignant, fief à Corneville-sur-Risle.

Montpoignant, q^t de fief à Léry, relevant du plein fief du Mesnil-Jourdain. — *Montpongnant* (Le Beurier).

Montpoignant, fief à Louviers.

Montpoignant, plein fief de haubert et château à Saint-Ouen-de-Pontcheuil, relev. de Becthomas. — *Monspoignant*, 1260 (ch. de P. de Menlan). — *Monspognant*, 1272; *Montpoignant*, 1391 (dén. du baron de Becthomas). — *Mont-Poinant*, 1474 (aveu du même seigneur). — *Montpagnant*, 1561 (gages pleiges); 1612 (aveu d'Anne de Sabrevois). — *Montpongnant*, 1621 (prises de fief de Saint-Amand-des-Hautes-Terres). — *Montpaignant*, 1726 (Dict. univ. de la France). — *Monpognian, Monpoignan*, 1810 (annuaire). — *Montpagnant* (prononc. locale).

Montpoignant, fief au Theil-Nolent, relev. du fief du même nom, à Saint-Ouen-de-Pontcheuil.

Mont-Pyrénée (Le), lieu-dit à Nojeon-le-Sec.

Monsterol, fief à Beaumont-le-Roger. — *Monsterol*, 1217 (cart. de Beaumont). — *Mosterel*, xiiie siècle (L. P.).

Montreuil (Canton de), avec chef-lieu à Montreuil-l'Argillé, comprenant, de 1790 à l'an ix, 18 c^nes:

la Chapelle-Gauthier, la Goulafrière, Mélicourt, le Mesnil-Rousset, Montreuil-l'Argillé, Notre-Dame-du-Hamel, Réville, la Roussière, Saint-Agnande-Cernières, Saint-Aquilin-d'Augerons, Saint-Laurent-des-Grès, Saint-Laurent-du-Tencement, Saint-Martin-de-Cernières, Saint-Pierre-de-Cernières, Saint-Pierre-du-Mesnil, la Trinité-du-Mesnil-Josselin, le Val-du-Theil, Verneusses.

MONTREUIL-L'ARGILLÉ, cⁿᵉ du cᵒⁿ de Broglie; baronnie érigée en marquisat, relevant du duché d'Alençon, 1648; bourg, 1722 (Masseville); haute justice. — *Monasteriolum*, *Monsteriolum*, *Mosteiolum*, xiᵉ siècle (O. V.), d'un petit monastère qui a dû être antérieur au xᵉ sᵉ. — *Mostariolum*, *Musteriolum* (cart. de Saint-Évroult). — *Mosterel*, 1124 (ch. de Henri Iᵉʳ). — *Mosteroel*, 1205 (arch. de l'Eure). — *Mosteruel*, 1259 (cart. de Lyre). — *Mosteriolum* (cart. de la Trinité de Rouen). — *Montreuil-l'Argillier*, 1404 (O. Desnos, Mém. hist. sur Alençon). — *Monstereul*, 1424 (ch. de Henri VI d'Angleterre); 1576-1587 (manusc. de la charité de Sainte-Croix de Bernay). — *Montre-OEil*, 1582 (acte de tabellion.). — *Monstreul*, 1624 (man. de la charité de Sainte-Croix de Bernay). — *Montreil*, 1631 (Tassin, Plans et profilz). — *Montreul*, *Montereul-l'Argile*, 1722 (Masseville). — *Montreuil-l'Angelé*, 1759 (déclar. royale).

MONT-ROQUELAIN, lieu-dit à Saint-Cyr-la-Campagne.

MONT-ROSTY (RUE), au Bec-Hellouin, 1330.

MONT ROTART, élévation boisée à Campigny, xiiiᵉ siècle (cart. de Préaux).

MONT-RÔTI (LE), h. de Brestot.

MONT-RÔTI (LE), h. de Chauvincourt. — *Mons Rosti*, xiiᵉ siècle (cart. de Mortemer).

MONT-RÔTI (LE), mᵒⁿ isolée, au Neubourg.

MONT-RÔTI (LE), h. de Saint-Georges-du-Vièvre; le point le plus élevé du département (Masson Saint-Amand).

MONT-RÔTY (LE) ou LA JOUANNERIE, h. de Lieurcy et fief.

MONT-ROUGE, mᵒⁿ isolée, à Fleury-la-Forêt.

MONT-ROUSSET (LE), mᵒⁿ isolée, à Augoville.

MONT-ROUSSET (LE), h. du Thuit-Hébert.

MONTS (LES), qᵗ de fief à Barneville, relevant de Mauny. — *Les Monts d'Iville*, 1762 (Charpillon et Caresme).

MONTS (LES), h. du Bosc-Renoult-en-Ouche.

MONTS (LES), h. de Fontenelles.

MONTS (LES), f. à Hébécourt.

MONTS (LES), h. de Louviers; anc. manoir ou forteresse démoli, 1432. — *Château d'Emonts*, xvᵉ sᵉ (Jean le Blanc, Hist. inédite de Louviers).

MONTS (LES), b. de Pierre-Ronde.

MONTS (LES), huitᵉ de fief à Saint-Aubin-le-Guichard, relevant de Beaumont-le-Roger. — 1411 (L. P.).

MONTS (LES), h. de Saint-Clair-d'Arcey.

MONTS (LES), h. de Saint-Denis-du-Bosguerard, auj. *Bosguerard-de-Marcouville*, et fief.

MONTS (LES), h. du Theillement.

MONTS-BEAUDOUIN (LES), h. d'Équainville.

MONTS-DE-CAUX (LES), h. d'Étreville.

MONTS-DE-LIVET (LES), fief à Bourneville.

MONTS-DES-VIGNES (LES), lieu-dit à Ailly.

MONTS-DU-BOURG (LES), h. partagé entre Cormeilles et Saint-Sylvestre-de-Cormeilles.

MONTS-DU-LYS (LES), h. de Condé-sur-Risle.

MONT-SERRAT (CHAPELLE DU), dép. de l'abb. de Saint-Sauveur d'Évreux, changée, en 1798, en salle de danse (souvenirs et journ. d'un bourgeois d'Évreux).

MONTS-GORANTS (LES), h. de la Goulafrière.

MONTS-GRAVET (LES), h. de Manneville-la-Raoult.

MONTS-HUGLETS (LES), coteau entre Beuzeville et Fiquefleur-Équainville.

MONTS-LE-COMTE (FORÊT DES), étendue assez considérable de la forêt d'Elbeuf, distraite vers 1820 du dépᵗ de l'Eure au profit de celui de la Seine-Inférieure, dont elle fait aujourd'hui la limite avec une partie du canton d'Amfreville. — *Aimond-le-Comte* (man. du commencement du xviᵉ siècle).

MONTS-SAINT-ÉLIER (LES), h. de Beuzeville; emplacement du plus anc. bourg et de la plus anc. église.

MONTS Sᵗ-MYCHEL (LES), hauteurs qui dominent Bernay.

MONTS-THAURIN (LES), lieu-dit au Thuit-Signol. — *Mons Torilis*, 1267 (L. P.).

MONTULÉ-EN-NORMANDIE, fief et h. de Saint-Germain-sur-Avre.

MONTULET (LE), f. à Sainte-Croix-sur-Aizier.

MONT-VERDIER (LE), cᵒⁿ de la forêt de Lyons (plan gén. de la forêt domaniale).

MOQUE-DIEU, anc. mⁱⁿ à foulon à Nonancourt, converti en filature.

MOR (HAYE DU), cᵒⁿ de la forêt de Brotonne au moyen âge (Charpillon et Caresme).

MOR (LE), h. de Manneville-la-Raoult.

MORAINES (LES), h. de Sainte-Opportune-la-Campagne.

MORAINES (RU DES), à Chaignes.

MORAINVILLE-PRÈS-LIEUREY, cⁿᵉ du cᵒⁿ de Cormeilles et fief. — *Morenvilla* (reg. Phil. Aug.). — *Morainville-la-Mansellerie*, 1828 (L. Dubois).

MORAINVILLE-SUR-DAMVILLE, cⁿᵉ du cᵒⁿ de Damville et fief. — *Moreinvilla*, 1242 (titres du Bec, Biblioth. nat.). — *Morenvilla*, xiᵉ sᵉ (cart. de Jumiéges).

MORAND, f. à Caugé, qui a appartenu aux moines de la Noë.

MORDANTE (LA), lieu-dit à Pressagny-l'Orgueilleux.

Mordoux, cours d'eau dérivé de la Risle, à Brionne.
— *Mordon*, 1792 (1ᵉʳ suppl. à la liste des émigrés).

Morel, mᵢⁿ à Saint-Étienne-sous-Bailleul.

Morelle (La) ou Morel, riv. qui sépare le dépᵗ de l'Eure de celui du Calvados; elle a sa source aux Monts-Saint-Élier, h. de Beuzeville, et afflue à la Seine, par la rive gauche, à Fiquefleur-Équainville, après un cours de 8 kilom. — On l'appelle aussi *Rivière de Saint-Élier*.

Morellerie (La), h. de Bernay.

Morenant, mare au Bec-Hellouin, 1294 (cart. du Bec), probablement auj. la *mare Saint-Nicolas*, dite aussi *le Ruisseau noir*.

Moret, huitᵉ de fief à la Vacherie-sur-Hondouville, relevant d'Acquigny.

Morgny, cⁿᵉ du cᵒⁿ d'Étrépagny; fief relevant de Rouen (L. P.). — C'était, au moyen âge, une des *trois villes Saint-Denis*. — *Moriniacum*, 1157; *Morigniacum*, 1284 (cart. blanc de Saint-Denis). — *Morignac, Morgniacum*, 1308 (ch. de Phil. le Bel). — *Moregny*, 1333; *Morigny*, 1479 (La Roque). — *Moreuni* (cart. de Mortemer). — *Morgny-la-Forêt* (Masseville). — *Morgny* ou *Morigni-la-Forêt*, 1828 (L. Dubois).

Morie (La), nom d'un herbage à Épaignes. — 1792 (liste des émigrés).

Morie (La), h. de Juignettes.

Morière (La), anc. f. sur Capelles-les-Grands et Saint-Jean-du-Thenney. — 1792 (liste des émigrés).

Morillière (La), h. de Tillières-sur-Avre.

Morimée (Le), h. de Grand-Camp.

Morinerie (La), h. de Bémécourt.

Morinerie (La), h. de la Poterie-Mathieu.

Morinière (La), h. de Montreuil-l'Argillé.

Morinière (La), f. à Saint-Victor-d'Épine.

Morinière (La), mᵒⁿ isolée, à Saint-Victor-sur-Avre.

Moriss (Les), mᵒⁿ isolée, à Saint-Paer.

Morisses (Les), h. de Cauverville-en-Roumois.

Morissière (La), h. de Launay.

Morley (Le), lieu-dit à Villiers-en-Désœuvre.

Morny, lieu-dit à Saint-Nicolas-d'Attez.

Morsan, cⁿᵉ du cᵒⁿ de Brionne; marquisat. — *Murcench*, xiᵉ sᵉ (O. V.). — *Morceng*, xiiiᵉ sᵉ (Duchesne, Liste des serv. militaires). — *Morchenc*, 1321 (cart. du Bec). — *Morcenc, Murcenc* (M. R.). — *Marcengus, Murcengus* (cart. du Bec). — *Morsent, Morsenc, Morsens*, 1562 (arrière-ban). — *Morçan* (Cassini). — *Morsant*, 1754 (Dict. des postes). — *Morsan-en-Lieuvin*, 1828 (L. Dubois).

Morsan, fief à Morsan, distinct du marquisat, 1678.

Morsencière (La), fief à Notre-Dame-du-Hamel. — 1456 (L. P.).

Morsent, cⁿᵉ du cᵒⁿ d'Évreux sud, qui comprenait les paroisses de Notre-Dame et de Saint-Jean-de-Morsent, anciennement unies; fief. Elle a été réunie, en 1844, avec Saint-Sébastien-du-Bois-Gencelin, sous le nom de *Saint-Sébastien-de-Morsent*. — *Morcenc* (ch. de Richard Cœur de Lion); xiiiᵉ sᵉ (feoda Normanniæ). — *Mourcench*, 1264 (cart. de Saint-Taurin). — *Morchenc*, 1304 (La Roque). — *Mourcenc*, 1310 (cart. de Saint-Taurin). — *Morcent*, 1414 (La Roque). — *Morcenq*, 1469 (monstre de la nobl.). — *Morsent-sur-Iton*, 1828 (L. Dubois).

Mort (Vavassorie de), relev. du fief de Blanquemare, à Beuzeville. — 1542 (Le Beurier).

Mortagne, fief relevant de Brionne, 1135; auj. mᵉᵃ isolée, à Appeville-dit-Annebaut.

Mortaigne, lieu-dit de la forêt de Vernon, au xiiiᵉ sᵉ. — *Moritania*, 1196 (cart. normand, enq. de Phil. Aug.).

Mort-Doigt, lieu-dit à Triqueville, xivᵉ siècle.

Morteau, bras de l'Eure à Notre-Dame-du-Vaudreuil.

Morteaux, ch. et f. à Herponcey, auj. h. de Rugles; uni au fief de Messey, 1748. — *Mortua Aqua*, xiiiᵉ sᵉ.

Mortemer, nom primitif du fief de Glos-sur-Risle, relevant de Pont-Authou. — *Mortuum Mare* (p. d'Eudes Rigaud).

Mortemer, vavassorie à la Noë-Poulain, relevant de Tourville-sur-Pont-Audemer.

Mortemer, abb. de l'ordre de Cîteaux, fondée en 1134 à Mortemer-en-Lyons. — *Mortuum Mare* (Gall. christ.). — *S. Maria de Mortuo Mari*, 1398 (rouleaux des morts).

Mortemer (\allée de), mᵢⁿ et h. de Lisors, où fut fondée l'abbaye de ce nom. — «*Vallis Mortui Maris ab antiquo appellata propter inundationem fontium qui inde oriebantur et humo iterum mergebantur, et sic vallem quasi bitumen effecerant, usquedum in rivulum derivarent*» (Gall. christ.). — *Mortuum Mare in Leonibus* (cart. de Mortemer). — *Mortemer-en-Leons*, 1484 (Trésor des chartes). — *Mortemer-en-Lyons* (B. Guérard).

Morte-Rivière (La), anc. lit de l'Iton au-dessous de la séparation de ses deux bras forcés, souvent à sec, de Bourth à Condé.

Mortiers (Les), fief sis à ou près Morainville-près-Lieurey, 1784.

Mort-Iton, lit de l'Iton entre le Becquet et Condé, sur une longueur de 14,500 mètres.

Morts (Chemin des), à Chanu.

Mortuaire (Rue), à Louviers. — 1455 (arch. de la Seine-Inférieure).

Morvetain ou le Moucel, lieu-dit à Louviers. — 1260 (arch. de la Seine-Inférieure).

Morvillier, fief à Boisset-le-Châtel. — 1435 (tabell. de Rouen).

Motelle, h. et fontaine à Saint-Georges-sur-Eure, au confluent de l'Avre et de l'Eure; fief relevant de l'év. d'Évreux. — Mole, 1127 (cart. de Saint-Père de Chartres). — Montelle, 1452 (L. P.). — Motel, 1809 (Pouchet et Chanlaire).

Motelle (Île de la), sur la Seine, à Amfreville-sous-les-Monts. — Mostelle, 1719 (arch. de la chambre de commerce de Rouen).

Motelle-Capron (Île de la), à Criquebeuf-sur-Seine.

Motelle-Doubet (Île de la), à Criquebeuf-sur-Seine.

Motillon, île au Manoir-sur-Seine.

Motillon (Le), lieu-dit à Vezillon.

Motinière (La), fief à Boissy-Lamberville.

Motte (La), h. de Capelles-les-Grands.

Motte (La), h. de Cauverville-en-Lieuvin.

Motte (La), fief; auj. m^{on} isolée, à Cintray.

Motte (La), fief à Corneville-sur-Risle.

Motte (La), chapelle à Dangu. — N.-D.-de-la-Motte ou de Recouvrance, 1738 (Saas).

Motte (La), fief à Ézy.

Motte (La), h. de Ferrières-Saint-Hilaire.

Motte (La), f. à Freneuse-sur-Risle.

Motte (La), fief à Gadencourt et en relevant.

Motte (La), fief à Guenouville, relevant de Mauny.

Motte (La), f. à Ivry-la-Bataille.

Motte (La), usine à Louviers.

Motte (La), f. à Mézières.

Motte (La), f. à Montfort-sur-Risle; fief relevant de Montfort.

Motte (La), chât. à Notre-Dame-du-Vaudreuil et fief. — La Mote, 1236 (cart. de Bonport). — La Motte Valdreuil, 1563 (P. Goujon). — La Motte de Lansdemare (chartrier du Vaudreuil).

Motte (La), f. à Piseux; plein fief relevant de Tillières. — 1406 (L. P.).

Motte (La), fief à Port-Mort.

Motte (La), h. de Saint-Aubin-le-Vertueux.

Motte (La), h. de Saint-Germain-Village; q^t de fief relevant de Bonneville-sur-le-Bec, 1697.

Motte (La), h. de Saint-Jean-d'Asnières.

Motte (La), h. du Tronquay.

Motte (La), h. de Trouville-la-Haule.

Motte (La), fief à la Vieille-Lyre.

Motte-de-Fresnes (La), f. à Saint-Mards-de-Fresnes.

Motte-du-Bourg (La), l'un des deux monticules de terre nommés ensemble les Vieux-Forts, vestiges d'une ancienne forteresse dominant Pont-Saint-Pierre.

Motte-du-Castellier (La), pré à Louviers. — 1455 (arch. de la Seine-Inférieure).

Motte-en-Thenney (La), huit^e de fief à Saint-Jean-du-Thenney, relevant de Boscherville.

Motte-en-Thilleul (La), fief au Thilleul, h. de Boissy-sur-Damville.

Motte-Freneuse, dépendance de Freneuse-sur-Risle, anc. manoir des seigneurs de la paroisse (L. P.).

Motte-Patrice ou Patrix (La), chât. sur les côtes des Monts, à Louviers; auj. démoli. — 1432 (Dibon).

Motte-Raullin (La), f. à Muids; anc. fief sous le seul nom de Raullin.

Motteux, fief et h. de Marcilly-sur-Eure.

Moucel (Le), huit^e de fief à la Gueroulde; corruption de Moncel.

Mouchel (Le), h. de Bourg-Achard.

Mouchel (Le), h. de Capelles-les-Grands.

Mouchel (Le), h. de Carsix.

Mouchel (Le), f. et demi-fief à Étrépagny.

Mouchel (Le), h. et fief à Heudreville-sur-Eure.

Mouchel (Le), fief divisé en grand et petit, à Marcilly-la-Campagne, relev. de la baronnie de Nonancourt, 1457-1749. — Moussel, 1460 (arch. nat.).

Mouchel (Le), h. de Rougemontiers.

Mouchel (Le), h. de Saint-Éloi-de-Fourques.

Mouchel (Le), fief et h. de Vascœuil. — Le Moucel (Le Beurier).

Mouchel (Le), h. de Vraiville.

Moucherie (La), h. de Bois-Arnault. — Le Moucherin, 1871 (ann. légale).

Mouches (Rue aux), à Louviers.

Mouchouette (Île de la), sur la Seine, entre Amfreville-sous-les-Monts et Poses.

Moudrie (La), h. de Saint-Martin-la-Corneille, auj. la Saussaye.

Mouettes, c^ne du c^on de Saint-André; plein fief relevant d'Ivry avec Neuvillette, 1456. — Moeete, 1456 (aveu, arch. nat.). — Mouete, 1469 (monstre de la nobl.). — Mouette, 1754 (Dict. des postes). — Moëttes, 1805 (Masson Saint-Amand).

Mouflaines, c^ne du c^on d'Étrépagny; fief relevant des Andelys. — Mofleines, 1214 (feoda Normanniæ). — Mofflaine, 1310 (ch. de Phil. le Bel). — Mouflenes, 1390; Montflaines, Montflamet (L. P.). — Monflaine, 1579 (Phil. d'Alcrippe).

Mouille-Crotte, h. de Brestot. — Moille, 1180 (Charpillon et Caresme).

Moulambourg, m^in à Pacy.

Moules (Les), h. de Mainneville.

Moulin (Le), h. de Bosc-Regnoult-en-Roumois.

Moulin (Le), h. de Bourgtheroulde.

Moulin (Le), h. de Creton.

Moulin (Le), h. de Foulbec.

Moulin (Le), h. de Marcilly-sur-Eure.

Moulin (Le), h. de la Poterie-Mathieu.

Moulin (Le), m^{on} isolée, à Roman.

Moulin (Le), m^{on} isolée, à Saint-Aubin-de-Scellon.

Moulin (Le), m^{on} isolée, à Saint-Georges-du-Vièvre.

Moulin (Le), m^{on} isolée, à Saint-Ouen-d'Attez.

Moulin (Le), m^{on} isolée, à Saint-Pierre-du-Bosgue-rard.

Moulin (Le), h. de Saint-Pierre-du-Val.

Moulin-à-Blé (Le), h. du Bec-Hellouin.

Moulin Accard, m^{in} au Grand-Andely. — *Molendinum Accardi,* 1260 (Brossard de Ruville).

Moulin-à-Foulon (Le), h. de Beaumontel.

Moulin Alix (Le), m^{in} à Breteuil, sur le bras forcé de l'Iton; dit aussi *Moulin d'en Bas.*— *Molendinum Alis,* 1080 (L. P.).

Moulin à Myère, anc. m^{in} à Carentonne (L. P.).

Moulin-à-Papier (Le), m^{on} isolée, à Launay.

Moulin-à-Papier (Le), h. de Pont-Authou; dit aussi *Manneville* (Gadebled).

Moulin-à-Papier (Le), m^{on} isolée, à Rugles.

Moulin-à-Papier (Ruisseau du), affluent de la Risle; source à Pont-Authou; cours de 500 mètres.

Moulin-à-Poudre (Le), lieu-dit à Francheville.

Moulinards (Les), vente de la forêt d'Ivry.

Moulin à Tan (Le), m^{in} à Ajou.

Moulin à Tan (Le), m^{in} à Auvergny.

Moulin-à-Tan (Le), h. de Broglie.

Moulin à Tan (Le), m^{in} à Saint-Élier.

Moulin à Tan (Le), m^{in} à Verneuil.

Moulin au Cat (Le), m^{in} au Bec-Hellouin.

Moulin au Seine (Le), m^{in} à Saint-Aubin-d'Écrosville.

Moulin aux Danois (Le), m^{in} assis sur l'ancien pont de Pont-de-l'Arche, réuni en 1324 au fief d'Alisay et de Rouville.

Moulin aux Flaments, à Amécourt; m^{in} sur l'Epte, 1571 (arch. de la fabr. d'Amécourt).

Moulin-aux-Malades (Le), h. de Gauville-près-Verneuil; c^{ne} réunie à Verneuil.

Moulin aux Prêtres (Le), m^{in} à Livet-sur-Authou.

Moulin-aux-Rats, lieu-dit à Martainville-en-Lieuvin.

Moulin-à-Vent (Le), h. d'Heudebouville.

Moulin-à-Vent (Le), f. à Poses.

Moulin à Vent (Le), m^{in} à Saint-Grégoire-du-Vièvre.

Moulin-à-Vent (Le), h. de Saint-Philbert-sur-Boisset.

Moulin-à-Vent (Le), h. de Venables.

Moulin Basselin (Le) ou le Moulin Bencelin, m^{in} et plein fief à Neaufles-Saint-Martin, relevant de Neaufles ou de Gisors (L. P.).

Moulin Becherel (Le), m^{in} à Bailleul-la-Vallée, vers 1090 (cart. de Préaux).

Moulin Cabot (Le), m^{in} à Romilly-sur-Andelle.

Moulin-Chapelle, h. partagé entre Ajou et la Hous-saye; châtell. relev. du comté d'Évreux; anc. four-neau à fonte. — *Molin-Chapel,* 1378 (lettres de rémission de Charles V). — *Molin-Chappel,* 1451 (aveu, arch. nat.). — *Moulin-Champel,* XVe s^e (dén. de la vic. de Conches).—*Moulin-Chapel,* 1696 (acte notarié). — *Moulin-Chappel,* 1762 (bail à ferme).

Moulin Chevrel, m^{in} à Corneville-sur-Risle. — 1917 (M. R.).

Moulin-Gouyère, fief à Carentonne (Le Beurier).

Moulin-Crumptet, lieu voisin de Rugles. — 1455 (aveu de Louis de Costes).

Moulin-d'Aclou (Le), h. d'Aclou.

Moulin-d'Andely (Le), fief relev. du Château-Gaillard (L. P.).

Moulin d'Attelin (Le), m^{in} à Saint-Élier.

Moulin-de-Bas (Le), h. de Saint-Étienne-sous-Bailleul.

Moulin-de-Basville (Le), m^{on} isolée, à Basville.

Moulin de Bois (Le), m^{in} à Forêt-la-Folie.

Moulin-de-Brotonne (Le), h. de Bourneville.

Moulin-de-Campigny (Le), h. de Campigny.

Moulin-de-Combon (Le), h. de Combon.

Moulin de Fécamp (Le), m^{in} sis à Louviers, dans le-quel s'exerçait la haute justice de la baronnie d'Heu-debouville, dépendant de l'abb. de Fécamp.

Moulin-de-Février, lieu-dit à Manthelon.

Moulin-de-Fontenelles (Le), m^{on} isolée, à Fonte-nelles.

Moulin-de-Fresnay (Le), m^{on} isolée, à Broglie.

Moulin-de-Glos (Le), h. de Glos-sur-Risle.

Moulin de l'Abbesse, m^{in} à Évreux, appartenant à l'abb. de Saint-Sauveur. — 1750 (Durand).

Moulin de la Bonde (Le), m^{in} sur le Gambon, aux Andelys.

Moulin de la Chaussée (Le), m^{in} à Guerny.

Moulin de la Fosse (Le), m^{in} à Corneville-sur-Risle.

Moulin de la Foulerie (Le), m^{in} à Évreux. — 1750 (Durand).

Moulin de la Grande-Roue (Le), m^{in} à Évreux. — 1750 (Durand).

Moulin de la Magdalayne, dit aussi Pisse-Argent, aux Andelys, au confluent du Gambon et du ruisseau de Paix, 1620.

Moulin de la Nation (Le), m^{in} aux Andelys, sur le Gambon.

Moulin de la Nation (Le), m^{in} à Authou.

Moulin de la Nation (Le), m^{in} à Lyons-la-Forêt.

Moulin de la Nation (Le), m^{in} à Perriers-sur-Andelle.

Moulin de la Planche (Le), m^{in} à Évreux. — 1760 (Durand).

Moulin de la Porte (Le), m^{in} aux Minières.

Moulin de la Rivière, m^{in} aux Andelys.

Moulin de la Rose (Le), anc. m^{in} au Thuit-Signol.

Moulin-de-la-Vallée (Le), m^{on} isolée, à Basville.

Moulin-de-Montfort (Le), fief à Montfort-sur-Risle et en relevant (L. P.). — *Les Moulins de Montfort* (divers actes).

Moulin-de-Mouflaines (Le), h. de Mouflaines.

Moulin-de-Neuvillette (Le), h. de Bos-Normand.

Moulin de Pierre (Le), mⁱⁿ à Forêt-la-Folie.

Moulin-de-Pierre (Le), f. au Neubourg.

Moulin de Pierre (Le), mⁱⁿ à Saint-Ouen-de-Thouberville.

Moulin de Pierre (Le), mⁱⁿ à Tournedos-la-Campagne.

Moulin-de-Pierre (Le), m^{on} isolée, à Tourny.

Moulin de Quatre Fosses, mⁱⁿ supprimé, vers 1820, à Amfreville-la-Campagne. — *Quatuor Fosse*, 1312 (L. P.).

Moulin de Roman (Le), mⁱⁿ à Authenay.

Moulin de Saint-Clair, mⁱⁿ à Bernay.

Moulin-de-Saint-Quentin, h. de Saint-Quentin-des-Îles.

Moulin des Champs, mⁱⁿ à Pont-Audemer.

Moulin-des-Côtes (Le), h. partagé entre Barneville et Caumont. — *Molendinum de Barnevilla*, xiie s^e (cart. de Saint-Georges-de-Boscherville).

Moulin des Deux-Amants (Le), mⁱⁿ à Romilly-sur-Andelle.

Moulin-de-Serville (Le), h. de Saint-Éloi-de-Fourques.

Moulin des Noës (Le), mⁱⁿ sur la Charentonne, à Bosc-Morel, 1459.

Moulin-des-Ormeteaux (Le), m^{on} isolée, à Tosny.

Moulin-des-Planches (Le), h. de Romilly-sur-Andelle.

Moulin des Prés, mⁱⁿ à Gasny.

Moulin des Quatre-Vents, à Sainte-Barbe-sur-Gaillon.

Moulin de Tosny (Le), mⁱⁿ à Tosny.

Moulin de Tuile, anc. nom du *moulin de la Rivière*, aux Andelys (Brossard de Ruville).

Moulin-de-Villez (Le), h. de Villez-sur-Damville.

Moulin du Bois (Le), mⁱⁿ à Appeville-dit-Annebaut.

Moulin-du-Bois (Le), h. partagé entre Fort-Moville et le *Torpt*.

Moulin du Boulay (Le), mⁱⁿ au Bec-Hellouin.

Moulin du Bourg (Le), mⁱⁿ à Becthomas. — *Moulin de l'Isle*, 1792 (liste des émigrés).

Moulin-du-Busc, h. de Glos-sur-Risle.

Moulin du Carrefour (Le), mⁱⁿ à Rugles.

Moulin du Champ-à-l'Avoine, mⁱⁿ à Croisy.

Moulin du Château (Le), mⁱⁿ à Évreux. — 1750 (Durand).

Moulin du Château (Le), mⁱⁿ à Glisolles.

Moulin du Châtel-la-Lune (Le), mⁱⁿ à Ajou.

Moulin du Désert (Le), mⁱⁿ sur l'Iton, près de Rugles. — 1247 (cart. de Lyre).

Moulin du Favril (Le), mⁱⁿ à Coudres.

Moulin du Lavoir (Le), mⁱⁿ à Gasny.

Moulin-du-Parc (Le), h. de Bosrobert.

Moulin-du-Pont-d'Augerons (Le), usine à Saint-Denis-d'Augerons.

Moulin-du-Pré (Le), h. de Broglie.

Moulin Duprey (Le), mⁱⁿ à Corneville-sur-Risle.

Moulin du Prey (Le), mⁱⁿ à Saint-Étienne-du-Vauvray, au bras de Morte-Eure, banal du fief d'Épreville. — 1516 (arch. nat.).

Moulin du Prieuré (Le), mⁱⁿ à Iville.

Moulin du Roi (Le), mⁱⁿ sur l'Eure, à Léry, dépend. du fief de la Reine, xive siècle.

Moulin-du-Vièvre (Le), h. de Saint-Philbert-sur-Risle.

Moulineau, fief à Mézières.

Moulineaux, f. à Perriers-sur-Andelle.

Moulinerie (La), m^{on} isolée, à Tourville-sur-Pont-Audemer.

Moulinet (Le), mⁱⁿ à Pacy-sur-Eure.

Moulinets (Les), lieu-dit à Saint-Germain-de-Fresney.

Moulin Fossard, mⁱⁿ auj. détruit, à Ferrières-Saint-Hilaire. — 1792 (liste des émigrés).

Moulin-Fouret (Le), h. de Saint-Aubin-le-Vertueux.

Moulin Fricault (Le), mⁱⁿ banal des barons d'Acquigny, assis sur l'Eure.

Moulin Gaillot (Le), mⁱⁿ à Iville.

Moulin Giroux (Le), h. de Saint-Denis-du-Bosguerard.

Moulin Groget (Le), mⁱⁿ à Évreux. — 1264 (L. P.).

Moulin Guillaume (Le), mⁱⁿ sur l'Oison, à Becthomas.

Moulin-Hébert (Le), q^t de fief relevant de Menilles (Le Beurier).

Moulin-Heulin (Le), h. partagé entre Brosville et Tourneville.

Moulin Houvet (Le), mⁱⁿ au Tremblay.

Moulin Huré (Le), mⁱⁿ à Saint-Mards-de-Fresnes, 1243.

Moulinière (La), h. de Saint-Philbert-sur-Risle.

Moulin Jourdain, mⁱⁿ appartenant en 1373 au seigneur du Mesnil-Jourdain et placé sur le pont dit auj. *des Quatre-Moulins*, à Louviers. — *Molendinum Jordani*, 1198 (ch. de Richard Cœur de Lion). — *Molin-Jordain*, 1338 (arch. de la Seine-Inférieure).

Moulin l'Abbé, mⁱⁿ à Conches.

Moulin l'Abbé, mⁱⁿ converti en filature, à Ivry-la-Bataille.

Moulin-l'Abbesse (Rue du), 1745 (plan d'Évreux).

Moulin-l'Abbesse (Rue du), à Louviers.

Moulin l'Évêque (Le), mⁱⁿ sur l'Eure, à Pinterville, 1562.

Moulin l'Évêque (Le), m^{in} à Saint-Philbert-sur-Risle.

Moulin-Louvet (Le), fief à Beaumont-le-Roger, 1450.

Moulin Mauuest (Le), m^{in} à Pacy-sur-Eure. — 1456 (aveu, arch. nat.).

Moulin Maréchal (Le), dans l'ancienne paroisse Saint-Léger, auj. faubourg d'Évreux. — *Molendinum de Marescal*, 1264 (cart. de Saint-Taurin); 1318 (reg. de la Chambre des comptes).

Moulin Mullot (Le), m^{in} à Coulonges.

Moulin Neuf (Le), m^{in} à Amfreville-la-Campagne; auj. détruit.

Moulin Neuf (Le), m^{in} à Breux.

Moulin Neuf (Le), m^{in} à Cintray.

Moulin Neuf (Le), m^{in} à Corneville-sur-Risle.

Moulin Neuf (Le), m^{in} à Coulonges.

Moulin Neuf (Le), m^{in} à Gravigny.

Moulin Neuf (Le), m^{in} à Livet-sur-Authou.

Moulin Neuf (Le), m^{in} à Nonancourt.

Moulin Neuf (Le), m^{in} à Rugles.

Moulin Neuf (Le), m^{in} à Saint-Élier.

Moulin Neuf (Le), m^{in} à Saint-Michel-de-Préaux.

Moulin Neuf (Le), m^{in} à la Trinité-de-Thouberville.

Moulin-Nouvel (Le), demi-fief à Notre-Dame-de-la-Couture, relev. de Breteuil, 1405. — *Moulin-Noël*, 1753 (Le Beurier).

Moulin Patrouillé (Le), m^{in} à Saint-Nicolas-d'Attez.

Moulin-Ponché (Le), h. de Romilly-sur-Andelle.

Moulin-Ponche, lieu-dit à Touffreville.

Moulin-Postel (Le), h. d'Acquigny.

Moulin Ratier, m^{in} sur l'Iton, près de Rugles. — 1247 (cart. de Lyre).

Moulin-Renault (Le), h. de Condé-sur-Iton.

Moulin Roger (Le), m^{in} à Ambenay.

Moulin-Roger (Le), h. de la Barre. — *Molendinum Rogeri*, 1253 (cart. de Lyre). — *Moulin-Rouge*, 1292 (sentence de l'Échiquier).

Moulin Rouge (Le), m^{in} à Rugles.

Moulin Rouge (Le), m^{in} à la Vieille-Lyre.

Moulins (Les), h. de Mérey.

Moulins (Les), h. de Vironvay.

Moulin Sagout (Le), m^{in} à Saint-Aquilin-de-Pacy.

Moulin-Saint-Hilaire, lieu-dit à Bouquetot.

Moulin St-Jean (Le), m^{in} sur le Gambon, aux Andelys.

Moulin-Saint-Léger, h. de Menneval.

Moulin-Saint-Thomas (Moulin et Pont du), 1745 (plan d'Évreux).

Moulin Sorel (Le), m^{in} à Guisiniers. — 1205 (cart. de Jumiéges).

Moulin-Toupentet, lieu dans le voisinage 'de Rugles. — 1455 (aveu de Louis de Coutes).

Moulin-Trouvé (Le), h. de Jumelles.

Moulin Vaurin (Le), m^{in} à Saint-Cyr-la-Campagne.

— *Molendinum Warin*, 1258; *Molendinum Varyn*, 1272 (cart. de Bonport).

Moulin Viard (Le), m^{in} à Saint-Pierre-de-Bailleul.

Moulin-Vieux (Le), m^{me} isolée, à Évreux.

Mouquetière (La), h. d'Aclou.

Mourioterie (La), h. de Morsan.

Mouroclin (Le), h. de Saint-Cyr-la-Campagne.

Moussagny, lieu-dit au Vaudreuil, 1198.

Mousseaux, h. partagé entre Bouafles et Courcelles-sur-Seine.

Mousseaux, h. du Mesnil-Hardray.

Mousseaux, h. du Sacq.

Mousseaux-les-Bois, h. partagé entre Mouettes et Mousseaux-près-Saint-André.

Mousseaux-Neuville, c^{ce} du c^{on} de Saint-André, formée en 1845 des 3 c^{nes} de Mousseaux-près-Saint-André, de Neuville-près-Saint-André et de la Neuvillette.

Mousseaux-près-Saint-André, fief; l'une des 3 c^{nes} formant, depuis 1845, la c^{ne} de Mousseaux-Neuville. — *Munciaus, Monceaus*, 1222; *Muncellæ, Muncelli*, 1223; *Moncellæ*, 1258; *Moncellæ prope Mocellum*, 1281 (cart. du chap. d'Évreux). — *Moncellæ prope Sanctum Andream*, 1340 (cart. de Conches). — *Monceaulx*, 1456 (aveu, arch. nat.). — *Mousseaux-le-Bois*, 1828 (L. Dubois).

Mousseaux-sur-Damville, c^{ne} réunie à Damville, 1808. — *Moncelli*, 1225; *Moncelli super Danvillam*, 1298 (cart. du chap. d'Évreux). — *Monceaus*, 1235 (ch. de la Noë).—*Mouceaux jouxte Danville*, 1392 (cart. du chap. d'Évreux). — *Monseaux*, 1722 (Masseville). — *Mouceaux-sur-Iton*, 1828 (L. Dubois).

Moussel (Le), h. d'Arnières. — *Monticellus* (L. P.).

Moussel (Le), château au Bois-Penthou.

Moussel (Le), h. de la Gueroulde.

Moussel (Le), h. de Lieurey.

Moussel (Le), h. de Marcilly-la-Campagne.

Moussel (Le), h. de Marnières.

Moussellerie (Bois de la), à Piseux.

Moussière (La), h. de Saint-Antonin-de-Sommaire.

Moustier-dit-des-Pottiers (Le), h. d'Épréville-en-Lieuvin.

Moûtier (Le), anc. fief à Aubevoye, 1229.— *Monasterium* (l'abbé Caresme).

Moûtier (Le), lieu-dit au Boulay-Morin.

Moûtier (Le), h. de Ferrières-Haut-Clocher.

Moûtier (Le), h. d'Hecmanville.

Moûtier-l'Église (Le), f. à Boncourt.

Moutonnerie (La), f. à Bougy.

Moutonnière (La), h. du Thuit-Signol.

Moyennerie (La), fief à Bourg-Achard.

Mubes ou Muis, fief à Marbeuf, vendu à l'abb. du Bec,

1365. — *Moaz*, *Muez*, 1200 (cart. du Bec). — *Muys*, 1409 (chron. Becci).

Muette (La), fief; auj. m⁰ⁿ isolée, à Gaillon.

Muids, c⁰ˢ du c⁰ⁿ de Gaillon; fief relev. de Gisors. — *Muies*, vers 1189 (reg. Phil. Aug.). — *Muyes*, 1206 (cart. de Phil. Aug.). — *Moies*, 1207 (ch. des Deux-Amants). — *Muees*, 1211 (cart. de Saint-Wandrille). — *Modii*, *Modie*, xiii° s° (arch. de la Seine-Inf.). — *Muynes*, 1382 (Trésor des chartes). — *Muyez*, xv° s° (chron. normande de P. Cochon). — *Muys*, 1453 (mandement de Jean, comte de Dunois). — *Muits*, 1523 (rech. de la noblesse). — *Muydz*, 1584 (aveu de Henri de Silly). — *Moiy*, 1631 (Tassin, Plans et profilz). — *Muis*, 1828 (L. Dubois). — *Muids-sur-Seine*, 1870.

Mulotière (La), f. à Appeville-dit-Annebaut.

Mulotière (La), m⁰ⁿ isolée, à Gonville.

Mulotière (La), h. du Val-du-Theil.

Multière (La), h. de Sainte-Marguerite-de-l'Autel.

Murailles (Les), h. de la Croix-Saint-Leufroi.

Mureaux (Les), h. du Plessis-Grohan.

Murets (Les), h. de Gaudreville-la-Rivière.

Murgers (Les), manoir à Coulonges, 1454 (L. P.); ferme, 1869 (ann. légale).

Murget, lieu-dit à Tourny.

Murolette (La), lieu-dit à Notre-Dame-du-Vaudreuil.

Murs-de-la-Vir, lieu-dit à Grossœuvre.

Murs-Saint-Louis (Les), lieu-dit à Évreux.

Musenoière (La), vavassorie à Mauthelon, relevant des Essarts, 1455.

Musenguerre (La), fief relev. de Bourg-Achard (Le Beurier).

Musquère (La), h. de la Roussière.

Musse (La), h. de Saint-Sébastien-du-Bois-Gencelin; petit chât. 1709; huit° de fief relev. de *Saint-Germain-jouxte-Évreux* (Saint-Germain de Navarre), 1453. — *Mucia*, xiv° s° (cart. de Saint-Taurin).

Mussegros, c⁰ⁿ réunie à Écouis, 1842; fief. — *Musegros*, 1050 (ch. de Guill. le Conquérant). — *Mucegros* (O. V.). — *Mussegros les Andelis*, xiii° s° (Brossard de Ruville). — *Muchegros*, 1308 (ch. de Phil. le Bel); 1788 (Saas). — *Musegros* (Gadebled).

Mutelière (La), h. partagé entre Berthouville et Saint-Cyr-de-Salerne.

Mutellerie (La), h. de Cintray.

Muttes (Les), f. à Grainville.

Muzy, c⁰ˢ du c⁰ⁿ de Nonancourt; fief relev. de l'évêché d'Évreux, 1412 (L. P.. — (*Muscum*, 1144 (ch. de Geoffroy, év. de Chartres). — *Musi*, vers 1160 (bulle d'Alexandre III). — *Museium*, 1163 (ch. de Rotrou, év. d'Évreux). — *Musiacum*, 1239 (cart. de l'Estrée). — *Musyacum*, 1277 (ch. de Phil. le Hardi). — *Musy* ou *Mussy*, 1452 (L. P.).

Muzy-France, h. de Muzy.

N

Nagel, c⁰ˢ du c⁰ⁿ de Conches. — *Nageles*, 1200 (cart. de la Noë). — *Nagelet*, vers 1212 (ch. de Luc, év. d'Évreux). — *Nageleth* (grand cart. de Lyre). — *Nagellum* (1° p. d'Évreux). — *Naget*, 1754 (Dict. des postes).

Nainville, f. et fief à Noyers-près-Vesly. — *Nainvilla*, 1152 (chartul. Majoris Monasterii).

Narteuil, anc. nom du h. des Planches, aux Andelys.

Nassandres, c⁰ˢ du c⁰ⁿ de Beaumont-le-Roger; fief. — *Nacande*, 1179 (ch. de Robert d'Harcourt). — *Nacandres* (ch. en faveur de Lyre). — *Naccandres*, 1220 (ch. de Saint-Étienne de Renneville). — *Nascendæ* (1ᵉʳ pouillé d'Évreux). — *Naxandres*, 1334 (cart. de Beaumont-le-Roger). — *Nasandrius*, 1557 (Robert Cœnalis). — *Nasandre*, xvii° s° (Chambre des comptes de Rouen). — *Nassandre* (2° pouillé d'Évreux). — *Nassandre*, 1644 (Coulon, les Riv. de France). — *Nassendres* (Saint-Mars).

Naudière (La), h. de Saint-Ouen-d'Attez.

Naufits (Les), h. de Bourg-Achard.

Nauraye (La), lieu-dit à Bus-Saint-Remy. — 1228 (cart. du Trésor).

Nautons (Les), h. de Saint-Étienne-l'Allier.

Nauvillère (La), h. de Thiberville.

Navarre, nom donné au château construit à Saint-Germain-lez-Évreux, de 1679 à 1686, par le duc de Bouillon et démoli en 1835. Un manoir appelé *Manoir* ou *Hostel de Saint-Germain* existait sur un autre emplacement dès le xiii° siècle.

Navarre, duché érigé par Napoléon 1ᵉʳ, en 1810, pour le prince Eugène et sa descendance, avec le château des ducs de Bouillon pour résidence princière et droit de retour à la couronne.

Navarre (Forêt de), nom souvent donné à la partie de la forêt d'Évreux la plus voisine du château de Navarre (Fontanes, *la Forêt de Navarre*, poème).

Navelière (La), h. de Bois-Anzeray.

Navetière (La), lieu-dit à Amfreville-les-Champs.

Navire (Le), bois taillis à Perriers-sur-Andelle.

Neauple, fief à Saint-Chéron, auj. *Breuilpont*.

NEAUFLES-SAINT-MARTIN, c^{ne} du c^{on} de Gisors; domaine royal sous les deux premières races (Ducange); franc-bourg et franc-alleu de temps immémorial (Dubreuil, Gisors et ses environs); château fort avant 1150. — *Neafla* (Ducange). — *Nelpha*, 855 (lettre d'Hincmar à Charles le Chauve). — *Neielfa Castrum* (miracles de Sainte-Catherine). — *Clevilla quæ dicitur Nialfa*, vers 860 (ch. de Charles le Chauve). — *Nielfa*, 1096 (ch. du duc Robert). — *Neelfa*, 1150 (Hist. de France, t. XII, p. 187). — *Neaflia*, 1160 (Robert du Mont). — *Neheelpha*, 1191 (La Roque). — *Nefle*, 1193 (Roger de Hoveden). — *Nealpha*, 1196 (traité d'Issoudun). — *Nealfa*, *Neelfa*, 1214 (feoda Normanniæ). — *Neaufle juxta Gisortium* (reg. d'Eudes Rigaud). — *Castrum Nealphitum*, 1384 (Denyau, Rothomagensis cathedra). — *Neauffle*, 1453 (arch. nat.). — *Nealphte* (p. de Raoul Roussel).

NEAUFLES-SUR-RISLE, c^{ne} du c^{on} de Rugles. — *Neaufe*, *Neaffle*, 1214 (cart. de Lyre). — *Neafle*, v. 1194 (ch. de Garin, évêque d'Évreux). — *Nealfe*, 1203 (cart. de Lyre). — *Nealfle*, 1336 (ch. de Jean, duc de Normandie). — *Neausle*, 1754 (Dict. des postes).

NÉDELLE, lieu-dit à Saint-Victor-sur-Avre.

NÉRANDIÈRE (LA), h. de la Haye-Saint-Sylvestre.

NERPHUNS (LES), lieu-dit à Gasny.

NERVEAUX (LES), h. de la Chapelle-Gauthier. — *Aqueduc de Nerveaux*, 1810 (annuaire).

NERVILLE, h. de la Barre.

NESLÉE (LA), lieu-dit à Gaudreville-la-Rivière.

NESLIERS (LES), lieu-dit à Gaudreville-la-Rivière.

NÉTREVILLE, h. d'Évreux; fief. — *Nectrivilla*, 1215 (cart. de Saint-Nicolas d'Évreux). — *Neustrevilla*, *Esneuttrevilla*, 1233 (cart. du chap. d'Évreux), — *Nestrevilla*, 1248 (D. Martène). — *Esnitrevilla*, *Netrevilla*, *Nentriusvilla*, 1254 (cart. du chap. d'Évreux). — *Esnetrevilla*, XIIIe s^e (L. P.).

NEUBOC, h. de Lieurey.

NEUBOURG, h. de Boshénard-Commin, avec nombreux vestiges de constructions antiques et enceinte remarquable dans le bois de la Varenne (Canel).

NEUBOURG, h. partagé entre Charnelles et Grosbois.

NEUBOURG (CAMPAGNE DU), vaste plaine agricole dont le Neubourg est le centre. — *Campania Noviburgensis* (Th. Corneille). — *Campania Novoburgensis* (Masseville). — *Champaigne du Neufbourg*, 1596 (Trésor des chartes). — *Campagne de Newbourg*, 1779; *Plain of Newmoury* (D. Bourget, History of the abbey of Bec).

NEUBOURG (CANTON DU), arrond. de Louviers, comprenant 24 communes : le Neubourg, Bérengeville-la-Campagne, Canappeville, Cesseville, Crestot, Criquebeuf-la-Campagne, Crosville-la-Vieille, Daubeuf-la-Campagne, Écauville, Ecquetot, Épégard, Épréville, Feuguerolles, Hectomare, Houetteville, Iville, Marbeuf, Saint-Aubin-d'Écrosville, le Tremblay, le Troncq, Venon, Villettes, Villez-sur-le-Neubourg, Vitot, et 21 paroisses, dont 1 cure, au Neubourg, et 20 succursales : Bérengeville-la-Campagne, Canappeville, Cesseville, Crestot, Criquebeuf-la-Campagne, Crosville-la-Vieille, Daubeuf-la-Campagne, Ecquetot, Épégard, Épréville, Feuguerolles, Houetteville, Iville, Marbeuf, Saint-Aubin-d'Écrosville, le Tremblay, le Troncq, Villettes, Villez-sur-le-Neubourg, Vitot.

NEUBOURG (LE), ch.-l. de c^{on}, arrond. de Louviers; place forte jusqu'au milieu du XVIIe s^e; baronnie, 1160, quelquefois partagée en demi-baronnie; marquisat. 1619. — *Neubourg* et *Neufbourg*, indifféremment dans la plupart des actes : *le Neubourg*, désignation très-moderne, a prévalu. — *Novus Burgus*, 1089 (ch. de Roger à la Barbe); 1198 (Rigord, Hist. de France, t. XVIII, p. 49). — *Neuf-Borc*, 1195; *Noef-Borc*, 1200 (Chron. de Saint-Denis, Hist. de France, t. XVIII, p. 385). — *Castellum Novum*, 1211 (ch. de Henri de Neubourg). — *Neubort*, 1281 (Trésor des chartes). — *Nuefbourg*, 1350 (Saint-Allais, Monstre). — *Neufbourg*, 1359; *Nuefbourc*, 1383 (arch. nat.). — *Neufbourc*, *Neufbourt*, 1401 (aveu de Charles de Couesmes). — *Nuefbourc*, 1403 (aveu d'Yves de Vieuxpont). — *Neubourg*, 1419 (Soc. des antiquaires, 23e vol.). — *Neboursg*, 1469 (monstre). — *Neubourg-la-Forêt*, 1828 (L. Dubois). — *Newburgh*, *Newburch*, *Newborougz*, *Newborw* (documents anglais de l'Hist. généal. de la maison d'Harcourt). — *Le Nebourg* (prononc. fréquente).

NEUBOURG (LE), l'un des trois archidiaconés du dioc. d'Évreux jusqu'en 1791, comprenant 2 diaconés : le Neubourg et Louviers.

NEUBOURG (PORTE DU), l'une des trois portes de Louviers fortifié; démolie en 1752.

NEUBOURG (SAINT-JEAN DU), abb. de Bénédictines dont la fondation fut autorisée par Louis XIII en 1637 et confirmée en 1639 par Urbain VIII.

NEUBOURG (SERGENTERIE DU), comprenant 24 paroisses de l'élection de Conches; q^t de fief relevant de Beaumont-le-Roger.

NEUF-MOULIN (LE), mⁱⁿ à Saint-Vigor. — 1419 (L. P.).

NEUFS-MOULINS (LES), h. et fief à Beaumontel, relev. d'Harcourt.

NEUFS-MOULINS (LES), mⁱⁿ à Corneville-sur-Risle.

NEUFS-MOULINS (LES), h. de Saint-Cyr-la-Campagne.

Neuilly, c^ne du c^on de Pacy et fief. — *Nuillé*, 1208 (cart. de Saint-Taurin). — *Nully*, 1562 (arrière-ban). — *Neuilli-sur-Eure*, 1828 (L. Dubois).

Neuilly, h. de Beuzeville; fief, 1234 (L. P.).

Neuve-Grange (La), c^ne du c^on d'Étrépagny; nom tiré d'une grange établie par les abbés de Mortemer.

Neuve-Lyre (Canton de la), comprenant, de 1790 à l'an IX, 11 c^nes : Bois-Anzeray, Bois-Normand-près-Lyre, Bois-Nouvel, Bois-Penthou, Cernay, Guernanville, la Haye-Saint-Sylvestre, Marnières, la Neuve-Lyre, Sainte-Marguerite-de-l'Autel, la *Vieille-Lyre*.

Neuve-Lyre (La), c^ne du c^on de Rugles, voisine de l'abb. de Lyre; lieu fortifié, 1119 (Gadebled). — *Nova Lira*, 1049 (ch. de Guill. fitz Osbern.). — *La Nove-Lire*, 1254 (cart. de Lyre). — *Neufve-Lire*, 1469 (monstre gén. de la nobl. de Rouen). — *Jeune-Lyre*, 1460 (inv. du chartrier de Lyre); 1708 (Th. Corneille); 1770 (Denis, Atlas topographique); 1792 (souvenirs et journ. d'un bourgeois d'Évreux). — *Lire-la-Neuve*, 1722 (Masseville).

Neuville, f. à Tourville-sur-Pont-Audemer.

Neuville (La), h. de Champ-Dominel.

Neuville (La), h. de Chauvincourt.

Neuville (La), h. et fief à Corneuil. — *La Neufville*, 1420 (L. P.).

Neuville (La), h. de Grostheil.

Neuville (La), h. de Hauville-en-Roumois; huit^e de fief relev. du roi. — *Novavilla* (ch. de fondat. de Saint-Désir).

Neuville (La), h. de la Haye-le-Comte.

Neuville (La), f. à Saint-Maclou.

Neuville (La), h. de Saint-Paul-de-la-Haye.

Neuville (La), fief au Thuit-Simer.

Neuville (La), feu en aval de l'église de Vatteville.

Neuville (Manoir de), lieu-dit presque au centre de Brionne, où été découverts des débris romains.

Neuville-de-Combon (La), h. de Combon. — *Novavilla*, 1247; *la Neesville*, 1383 (cart. S. Trinit. Bellimontis).

Neuville-des-Vaux (La), c^ne réunie au Plessis-Hébert en 1843; fief relevant de Gisors. — *Novavilla de Vallibus* (reg. Phil. Aug.).

Neuville-du-Bosc (La), c^ne du c^on de Brionne; fief. — *Novavilla*, 1281 (cart. du Bec). — *La Nuefville*, 1403; *la Nefville-en-Forest*, 1457 (aveu d'Yves de Vieuxpont). — *La Neuville-de-Bosc*, 1722 (Masseville). — *Neuville-le-Bon*, 1873 (plusieurs journaux).

Neuville-près-Claville, c^ne réunie à Claville en 1845. — *Novavilla*, 1152 (bulle d'Eugène III). — *Neuville-lès-Claville*, 1828 (L. Dubois).

Neuville-près-Saint-André, c^ne entrée en 1845 dans la formation de celle de Mousseaux-Neuville, et fief. — *Novilla*, 1206; *Novilla Comitis*, 1295 (cart. de Saint-Sauveur). — *Neuville-le-Comte*, 1456 (aveu de la baronnie d'Ivry). — *Neuville-la-Forêt*, 1828 (L. Dubois).

Neuville-sous-Beaumont-le-Perreux, prieuré à Chauvincourt.

Neuville-sous-Farceaux, c^ne réunie à Farceaux en 1842 et fief. — *Novavilla* (p. d'Eudes Rigaud).

Neuville-sur-Authou, c^ne du c^on de Brionne; fief relev. de la Poterie-Mathieu. — *Novavilla*, 1335 (cart. de Préaux). — *N.-D.-de-Neufville*, 1400 (L. P.).

Neuvillette, fief au Thuit-Simer, avec large extension sur Bos-Normand. — *Neivilata*, 1210; *Nevilete*, 1216 (cart. de Jumiéges). — *Neufvillette*, 1558 (Le Beurier).

Neuvillette (La), c^ne entrée dans la formation de celle de Mousseaux-Neuville en 1843. — *Novilla Comitisse*, (cart. de Saint-Sauveur). — *La Neuvillette, Neufvillette, la Neufvillette-la-Comtesse*, 1456 (aveu, arch. nat.).

Neuvillette (Moulin de), à Bos-Normand; débris d'un fief important.

Nezé, h. partagé entre Hennezis et Mézières; fief.

Nezière (La), h. partagé entre Épinay et le Tilleul-en-Ouche, auj. *Landepereuse*.

Nibel, h. du Fidelaire.

Nicaise-le-Veneur, fief à Panilleuse.

Nid-Capoue (Le Haut et le Bas), lieu-dit à Courde-manche.

Nid-d'Authou (Le), lieu-dit à Saint-Julien-de-la-Liègue.

Nid-de-Chien (Le), m^en is. à Saint-Aquilin-de-Pacy.

Nid-de-Chien (Le), h. partagé entre Saint-Christophe-sur-Condé et Saint-Philbert-sur-Risle.

Nid-de-la-Grue (Mare du), à Sainte-Opportune-du-Bosc.

Nid-du-Coq (Le), lieu-dit à Gratheuil.

Nid-du-Coq (Le), lieu-dit à Liguerolles.

Nieuray (La), h. de Saint-Étienne-sous-Bailleul.

Nillet, h. de Courteilles.

Nivelons (Les), lieu-dit à Gasny.

Noards, c^ne du c^on de Saint-Georges-du-Vièvre; fief. — *Nouiers* (pouillé de Lisieux). — *Nuces* (2e pouillé de Lisieux). — *Nouard*, 1792 (1er suppl. à la liste des émigrés).

Noble (Le), f. à Bosgouet.

Noblet (Le), h. de Verneusses.

Nobletière (La), h. de Landepereuse; q^t de fief relev. de Rugles.

Noë (Gué de la), sur l'Iton, à Tourneville.

Noë (La), h. de Berville-en-Roumois.

Noë (La), h. de la Bonneville; anc. abb. d'hommes de l'ordre de Cîteaux. — *Beata Maria de Noa*, 1144 (L. P.); 1279 (ch. de Pierre de France, comte de Chartres); 1398 (roul. des morts). — *Natatoria*, xii° siècle (ch. de la Noë). —*La Noue*, 1722 (Masseville). — *N.-D.-de-la-Noue*, 1749 (Durand, Calend. histor.).

Noë (La), h. de la Chapelle-Becquet.

Noë (La), fief au Châtelier-Saint-Pierre.

Noë (La), h. de Gisay-la-Coudre; fief.

Noë (La), h. de Gouville.

Noë (La), h. de Honguemare.

Noë (La), h. des Jonquerets.

Noë (La), h. de Longuelune.

Noë (La), h. du Noyer.

Noë (La), h. de Romilly-près-Bougy.

Noë (La), h. de Saint-Éloi-de-Fourques.

Noë (La), h. de Saint-Grégoire-du-Vièvre.

Noë (La), h. de Thevray.

Noë-Allain (La), h. de Bois-Anzeray.

Noë-aux-Sœurs (La), lieu-dit à Condé-sur-Iton.

Noë-Bouchard (La), h. et fief à Bois-Normand-près-Lyre.

Noë-Chiqueur (La), lieu-dit à Saint-Pierre-du-Vauvray.

Noë-d'Authenay (La), lieu-dit à Authenay. — 1242 (Charpillon et Caresme).

Noë-de-la-Barre (La), anc. c°° réunie à la Barre(1792) et dite autrefois *la Crespinière*; trois q°° de fief rel. des Bottereaux. — *La Crespinere*, 1220 (ch. de Raoul de la Barre). — *La Noe-Crespin*, 1612, alors q° de fief (Charpillon et Caresme).— *La-Noe-jourte-la-Barre*, 1765 (Duhamel, Dict. géogr.).

Noë-du-Bois (La), h. de Fains.

Noë-Juive (La), h. de Charnelles.

Noë-Lorette (La), h. de Chéronvilliers. — *Noa Loretæ*, 1234 (cart. du Désert).

Noë-Moussard (La), h. de Charnelles.

Noë-Poulain (La), c°° du c°° de Saint-Georges-du-Vièvre; fief. — Nom primitif : *Saint-Ouen-du-Bois-Toustain* ou *Turstin; Poulain*, surnom dû à une famille noble. — *Saint-Ouen-de-la-Noë*, 1350 (p. de Lisieux). — *La Noë*, 1754 (Dict. des postes). — *La Noue*, 1779 (D. Bourget).

Noërayes (Val des), aux Andelys. — *Les Nourets*, 1540 (arpent. de la forêt des Andelys).

Noës (Les), h. d'Ambenay.

Noës (Les), f. et fief aux Baux-de-Breteuil.

Noës (Les), h. de Bémécourt.

Noës (Les), h. de Bosbénard-Commin.

Noës (Les), h. de Bosc-Morel.

Noës (Les), h. de Bourth.

Noës (Les), h. de Ferrières-Saint-Hilaire.

Noës (Les), h. du Mesnil-Rousset.

Noës (Les), h. de Saint-Agnan-de-Cernières.

Noës (Les), h. et fief à Saint-Aubin-sur-Gaillon, et tour au moyen âge. — *Les Noez*, 1409 (comptes de l'archev. de Rouen). — *Les Nolles*, 1593 (état des anoblis). — *Les Nots*, 1789 (arch. de la Seine-Inférieure).

Noë-sur-Rugles (La), h. de Bois-Arnault.

Noëtte (La), h. du Fidelaire.

Noëtte (La), h. de Verneusses.

Noë-Vicaire (La), h. de Saint-Antonin-de-Sommaire et fief. — 1455 (aveu de Louis de Costes).

Nogent-le-Sec, c°° du c°° de Conches; fief relevant de Conches. — *Nogent* (gr. ch. de Conches). — *Novigentum*, 1174; *Nongentum*, 1193; *Nongent*, 1204 (cart. de la Noë). —*Nogens-le-Sec*, 1754 (Dict. des postes).

Noires-Terres (Les), lieu-dit à Crestot.

Noires-Terres (Les), lieu-dit à Daubeuf-la-Campagne.

Nojeon-le-Sec, c°° du c°° d'Étrépagny; vavassorie noble. — *Nogio Siccus*, xi° siècle (Neustria pia, p. 778). — *Nogeium* ou *Noieyon Siccum*, vers 1160 (ch. de Henri II). — *Noio Siccus*, 1243 (cart. normand). — *Novion-le-Sec*, 1308 (ch. de Philippe le Bel). — *S. Martinus de Nogione*, xv° siècle (L. P.). — *Noyon le Sec*, 1478 (arch. de la Seine-Inférieure). — *Noyon le Seq* (cout. des forêts).

Nollent (Vigne de), à Vernon, appartenant à l'abbaye du Bec. — 1261-1303 (L. P.).

Nonancourt, l'un des 7 doyennés de l'archidiaconé d'Ouche, dans l'anc. dioc. d'Évreux.

Nonancourt, ch.-l. de c°°, anc. place de guerre; château fort du xii° siècle; bailliage, vicomté, maîtrise des eaux et forêts. — *Nonnencuria*, vers 1102 (cart. de Saint-Père-en-Vallée). — *Nonancort* (ch. de Henri I°°). — *Nonencors*, 1119 (O. V.). — *Nonancort*, 1195 (La Roque). — *Nonencort*, 1196 (Géraud, Notes de la chron. de Guill. de Nangis). — *Nonancors* (O. V.). — *Nonanticurtis* (Guill. de Jumièges). — *Nonancuria*, 1204 (ch. de Phil. Aug.). — *Nonenvuria*, 1230; *Nonacuria*, 1237 (ch. de Robert de Courtenay). — *Nonancurtis*, 1239 (cart. de l'Estrée). — *Nonancort*, 1290 (cart. de Saint-Taurin). — *Nonnancourt*, 1340 (chron. des abbés de Saint-Ouen). — *Nonencourt*, 1406 (arch. nat.). —*Nonnancourt*, 1450 (lett. de Charles VII, cart. de Nonancourt). — *Novencourt*, 1588 (Bourgueville).

Nonancourt (Canton de), arrond. d'Évreux, comprenant 15 c°° : Nonancourt, Acon, Breux, Courdemanche, Droisy, Illiers-l'Évêque, Louye, la Madeleine-de-Nonancourt, Marcilly-la-Campagne, le

Mesnil-sur-l'Estrée, Moisville, Muzy, Panlatte, Saint-Georges-sur-Eure, Saint-Germain-sur-Avre, et 14 paroisses, dont 1 cure, à Nonancourt, et 13 succursales : Acon, Breux, Courdemanche, Droisy, Illiers-l'Évêque, Louye, la Madeleine-de Nonancourt, Marcilly-la-Campagne, le Mesnil-sur-l'Estrée, Moisville, Muzy, Saint-Georges-sur-Eure, Saint-Germain-sur-Avre.

NONANCOURT (SERGENTERIE DE), relev. du château de Nonancourt.

NONANTERIE (LA), h. de Saint-Léger-sur-Bonneville.

NONVALEURS (LES), bois à la Neuville-du-Bosc. — 1504 (cart. du Bec).

NOBAIE (LA), m^on isolée, à Saint-Aubin-sur-Gaillon.

NORD (BANC DU), sur la Seine, près du marais Vernier, au territ. de la Roque. — Bon banc du Nord, nom populaire.

NORMAND (LE), h. partagé entre Auvergny et la Neuve-Lyre.

NORMANDIS, h. de Vernon, d'origine récente; halte du chemin de fer de Pacy à Vernon.

NORMANDIE (PORTE DE), à la forte maison de Pont-Audemer, 1456.

NORMANDIÈRE (LA), h. de la Barre.

NORMANVILLE, c^ne du c^on d'Évreux nord; plein fief relevant de Beaumont-le-Roger, 1412 (L. P.); baronnie érigée en marquisat par Louis XIV; sergenterie des bois du roi (L. P.). — Normanvilla (ch. de Robert Ier). — Normanivilla, 1195 (ch. de Richard Cœur de Lion). — Normannivilla (Neustria pia). — Normanville-sur-Iton, 1828 (L. Dubois).

NOTRE-DAME, chapelle à Autheuil, au fief Bernier (l'abbé Caresme).

NOTRE-DAME, paroisse dans la nef de la cathédrale d'Évreux jusqu'en 1266.

NOTRE-DAME, chapelle à Lyons-la-Forêt, 1716.

NOTRE-DAME, église supprimée, à Pont-Audemer.

NOTRE-DAME (CHAPELLE DE), en ruines, à Appeville. — 1716 (visite de Cl. d'Aubigné).

NOTRE-DAME (CHAPELLE DE), érigée à Bosc-Roger-en-Roumois.

NOTRE-DAME (ÉGLISE), au Grand-Andely.

NOTRE-DAME (PAVILLON DE), au chât. de Gaillon. — 1501 (comptes de l'archev. de Rouen).

NOTRE-DAME (PONT), 1745 (plan d'Évreux).

NOTRE-DAME-DE-BAUBRAY, ancien ermitage, devenu, au XIIe siècle, prieuré de Notre-Dame-du-Désert.

NOTRE-DAME-DE-BOIS-ANDRÉ, fief à Bois-Anzeray, relev. de Breteuil (L. P.).

NOTRE-DAME-DE-BOIS-PRÉAUX, chapelle fondée, en 1637, dans l'enceinte du château de Bois-Préaux, à Lisors.

NOTRE-DAME-DE-BONNE-ESPÉRANCE-LEZ-GAILLON, célèbre chartreuse fondée en 1571. — Chartreuse de Bourbon (nom donné par Henri IV).

NOTRE-DAME-DE-BONPORT, abbaye royale d'hommes de l'ordre de Cîteaux, fondée en 1189, près de Pont-de-l'Arche, par Richard Cœur de Lion. — Beata Maria de Bono Portu, 1334 (roul. des morts). — Bonus Portus, gallice Bon-Port (Neustria pia).

NOTRE-DAME-DE-BON-SECOURS, chapelle à Ailly, qui a subsisté jusqu'en 1791. — Ecclesia Beatæ Mariæ, 1186 (bulle d'Urbain III).

NOTRE-DAME-DE-BON-SECOURS, chapelle à Bazincourt.

NOTRE-DAME-DE-BON-SECOURS, chapelle à Courcelles-sur-Seine.

NOTRE-DAME-DE-BON-SECOURS, chapelle à Saint-Luc.

NOTRE-DAME-DE-CLÉRY, couvent du tiers-ordre de saint François, à Pont-de-l'Arche.

NOTRE-DAME-DE-CONSOLATION, chapelle à Provemont, fondée en 1667.

NOTRE-DAME-DE-CROTH, prieuré dépendant de l'abbaye de Marmoûtier, à Croth.

NOTRE-DAME-DE-FRESNES, c^ne réunie en 1844 à Cauverville-en-Lieuvin, sous le nom de Fresne-Cauverville; fief. — S. Maria de Fraxinis (O. V.).

NOTRE-DAME-DE-GRÂCE OU DE-LA-GRÂCE, second nom de Saint-Pierre-de-Bailleul, donné seul par Cassini; auj. h. et chapelle : on a dit baronnie de Grâce.— Nostre-Dame-de-Grace, lieu d'un grand concours de dévotion, 1708 (Th. Corneille).

NOTRE-DAME-DE-GRÂCE, chapelle au h. de Rudemont, à Saint-Ouen-de-Thouberville, 1717 (Cl. d'Aubigné).

NOTRE-DAME-DE-LA-CONSOLATION, anc. chapelle à Vatimesnil.

NOTRE-DAME-DE-LA-COUTURE, faub. et seconde paroisse de Bernay; fief; nom pris de ce qu'elle est bâtie au bout d'un champ, hors des murailles de la ville, 1667 (l'abbé le Bertre, Abrégé des miracles de Notre-Dame-de-la-Couture). — Nostre-Dame-de-la-Couture-de-Bernay, 1398 (estatus à la confrarie et charité, Bibl. de l'école des chartes, nov. 1854). — Beata Maria de Cultura, 1444 (lett. de Th. Basin, évêque de Lisieux). — La Couture, 1450 (aveu de l'abbé de Bernay). — Beata Maria de Cultura Bernaii, 1667 (Abrégé des miracles).

NOTRE-DAME-DE-LA-COUTURE, anc. chapelle à Ferrières-Saint-Hilaire. — Nostre-Dame-de-la-Coulture, vers 1610 (aveu de Charlotte des Ursins).

NOTRE-DAME-DE-LA-GARENNE, h. partagé entre Gaillon et Saint-Pierre-la-Garenne; écluse. — S. Maria de Warenna, XIIe siècle (cart. de Mortemer).

NOTRE-DAME-DE-LALEU, chapelle à Hécourt. — Allodium, 1206 (L. P.).

Notre-Dame-de-la-Motte, second nom de la chapelle de Notre-Dame-de-Recouvrance, à Dangu.

Notre-Dame-de-la-Paix, chapelle érigée au Grand-Andely, 1869.

Notre-Dame-de-la-Ronde, paroisse d'Évreux en 1215; supprimée en 1791. — La Ronde, nom habituel.

Notre-Dame-de-l'Assomption, dénomin. du collége de Gisors, fondé vers 1520.

Notre-Dame-de-l'Estrée, abb. de l'ordre de Cîteaux, fondée vers le milieu du xvii° s°, dans un ham. de Muzy. — B. Maria de Strata, 1104 (Gall. christ.). —S. Maria de Strata, 1164 (bulle d'Alexandre III). — Strata, vers 1186 (cart. de l'Estrée).

Notre-Dame-de-Liesse, anc. chapelle sur un coteau voisin de Gisors.

Notre-Dame-de-l'Île, c⁰° du c⁰⁰ des Andelys; autrefois Pressagny-l'Isle (L. P.); barrage de la Seine. — S. M. de Pressegnieis Insula (p. d'Eudes Rigaud). — Pressegny Insula (p. de Raoul Roussel). — Lisle, 1805 (Masson Saint-Amand).

Notre-Dame-de-Lorette, chapelle au manoir de Thibouville, à Manneville-sur-Risle.

Notre-Dame-de-Lorette, chapelle à Sainte-Marguerite-de-l'Autel.

Notre-Dame-de-Lourdes, chapelle fondée à la Haye-Aubrée en 1873.

Notre-Dame-de-Montfort, à Montfort-sur-Risle : chapelle, 1458; couvent de l'Oratoire, 1615; couvent d'Annonciades, 1639, supprimé en 1750.

Notre-Dame-de-Noyon, chapelle à Canappeville, au h. de Noyon, 1270.

Notre-Dame-de-Pentalle, chapelle à Saint-Samson-sur-Risle, sur l'emplacement de l'abb. détruite vers 843. — Notre-Dame-de-Pantulle, 1738 (Saas).

Notre-Dame-d'Épine, c⁰° du c⁰⁰ de Brionne; fief relev. de la Poterie-Mathieu, 1535, puis relevant du roi.

Notre-Dame-de-Pitié, chapelle à Blandey.

Notre-Dame-de-Pitié, chapelle à Courteilles.

Notre-Dame-de-Pitié, chapelle élevée à Creusemare ou Croixmare, dans la forêt de Bosc, par les barons du Neubourg.

Notre-Dame-de-Pitié, chapelle passant pour avoir été fondée par Philippe Auguste, en 1198, dans l'île le Bon, à Gisors.

Notre-Dame-de-Pitié, chapelle sur le chemin de Nonancourt à Saint-Germain-sur-Avre; détruite en 1822.

Notre-Dame-de-Préaux, bourg au xi° s°, fief; c⁰° réunie en 1844 avec St-Michel-de-Préaux sous le nom des Préaux. — Pratellum, 1044 (cart. de Préaux).

Notre-Dame-de-Recouvrance, chapelle fondée en 1496 par Guillaume de Ferrières dans le parc de Dangu. — Alias N.-D.-de-la-Motte (L. P.).

Notre-Dame-des-Anges, anc. chapelle au Grand-Andely.

Notre-Dame-de-Santé, chapelle attenant à l'église des religieux du tiers-ordre, à Vernon.

Notre-Dame-des-Halles, chapelle à Fours, au xviii° s°, pour l'usage des religieux de Saint-Germain-des-Prés.

Notre-Dame-des-Mares, h. et petit oratoire du xvi° s°, conservé à Saint-Sylvestre-de-Cormeilles, restauré en 1874.

Notre-Dame-des-Victoires, chapelle érigée à Longchamps en 1872.

Notre-Dame de Verneuil, anc. paroisse conservée comme succursale.

Notre-Dame de Vernon. — Beatæ Mariæ Vernonensis ecclesia, 1258 (rég. visit.).

Notre-Dame d'Évreux, église cathédrale du diocèse et paroisse chef-lieu du doyenné d'Évreux sud, quoiqu'elle contienne quelques parties appartenant au canton nord.

Notre-Dame d'Ivry, abb. de Bénédictins fondée, en 1085, à Ivry-la-Bataille. — Ibriacense monasterium (Gall. christ.). — Abbatia Ibreicensis (Neustria pia).

Notre-Dame-d'Outre-l'Eau, seconde par. de Rugles, supprimée en 1791.

Notre-Dame-du-Bosc, prieuré fondé, vers 1180, par Henri de Neubourg dans la forêt du Neubourg. — Sainte-Marie-de-la-Forêt, nom primitif (L. Passy, Notice sur le prieuré de Bourg-Achard).

Notre-Dame-du-Bosc-Morel, prieuré au Bosc-Morel, vers 1610 (aveu de Charlotte des Ursins).

Notre-Dame-du-Breuil-Benoît, abbaye de l'ordre de Cîteaux, fondée à Marcilly-sur-Eure en 1137. — Brolium Benedicti (Gall. christ.).

Notre-Dame-du-Désert, ermitage fondé en 1125 aux Baux-de-Breteuil, puis confondu dans le prieuré de Lesme. — Beata Maria de Deserto, 1125 (cart. du Désert). — Desertum (inquisitio usagiorum forestæ Britolii).

Notre-Dame-du-Gault, chapelle aux Baux-Sainte-Croix, anc. ermitage, 1247 (ch. de la Noë).—N.-D.-du-Gaud, 1694 (Boudon, Vie de saint Taurin).

Notre-Dame-du-Hamel, c⁰° du c⁰⁰ de Broglie; demi-fief relev. de Bourg-Achard. — Noms primitifs : Pont Échanfré, puis le Hamel.—Beata Maria de Hamello, 1260 (cart. de Saint-Évroult).

Notre-Dame-du-Mont-Carmel, chapelle à Gouville.

Notre-Dame-du-Parc, prieuré de chanoines réguliers de Sainte-Geneviève, fondé à Harcourt vers 1255.

Notre-Dame-du-Pré, église de Pont-Audemer, devenue propriété particulière, aux trois quarts démolie, dans la rue du Sépulcre, nom primitif de l'église. — Beata Maria de Prato (1er pouillé de Lisieux).

Notre-Dame-du-Tilleul, chapelle dans la forêt de Breteuil. — *Tilleium*, 1465 (L. P.).

Notre-Dame-du-Val, paroisse de Conches, supprimée en 1791.

Notre-Dame-du-Val-sur-Mer, c^ne réunie à Saint-Pierre-du-Châtel, en 1835, sous le nom de *Saint-Pierre-du-Val*. — *Beata Maria ecclesia* (cart. de Préaux et 1er p. de Lisieux).

Notre-Dame-du-Vaudreuil, l'une des deux anc. par. du bourg du Vaudreuil, devenue c^ne distincte; c^ne du c^on de Pont-de-l'Arche. — Voy. Vaudreuil.

Notre-Dame et Saint-Lazare, léproserie fondée à Gisors, 1210.

Notre-Dame et Saint-Nicolas, chapelle à Pîtres. — 1458 (reg. de l'archev. de Rouen).

Nouettes (Les), lieu-dit aux Andelys.

Nouettes (Les), h. de Bosc-Roger-en-Roumois.

Noufloux, h. de Saint-Christophe-sur-Avre. — *Naufloux* (L. P.).

Nouillon (Le), h. des Baux-de-Breteuil.

Nouillon (Le), m^on isolée, à Courteilles.

Nourolles (Bois des), au Thuit-Signol.

Nouveau-Monde (Îles du) et cantonnement de pêche sur l'Eure, à Saint-Étienne-du-Vauvray.

Nouveau-Monde (Le), h. de Beauficel.

Nouveau-Monde (Le), f. à Beaumesnil.

Nouveau-Monde (Le), h. de Bémécourt.

Nouveau-Monde (Le), h. de Bougy.

Nouveau-Monde (Le), m^on isolée, à Brestot.

Nouveau-Monde (Le), f. à Caórches.

Nouveau-Monde (Le), m^on isolée, à Cauverville-en-Roumois.

Nouveau-Monde (Le), h. de Chauvincourt.

Nouveau-Monde (Le), h. de Conches.

Nouveau-Monde (Le), m^on isolée, à Connelles.

Nouveau-Monde (Le), lieu-dit aux Essarts.

Nouveau-Monde (Le), m^on isolée, à Grand-Camp.

Nouveau-Monde (Le), f. à Grosley.

Nouveau-Monde (Le), f. à Launay.

Nouveau-Monde (Le), f. à Saint-Clair-d'Arcey.

Nouveau-Monde (Le), h. de Sainte-Croix-sur-Aizier.

Nouveau-Monde (Le), h. de Saint-Denis-des-Monts.

Nouveau-Monde (Le), h. de Saint-Étienne-du-Vauvray.

Nouveau-Monde (Le), m^on isolée, à Saint-Mards-de-Fresnes.

Nouveau-Monde (Le), h. de Saint-Nicolas-du-Bosc-l'Abbé.

Nouveau-Monde (Le), h. de Saint-Siméon.

Nouveau-Monde (Le), m^on isolée, à Tourville-sur-Pont-Audemer.

Nouveau-Monde (Rue du), 1745 (plan d'Évreux).

Nouveaux-Bans (Les), près du Neubourg; lieu indéterminé de défrichements étendus, où l'abb. du Bec et le chapitre d'Évreux percevaient les dîmes, 1307 (olim).

Nouvelle-Athènes (La), h. de Combon.

Nouvièse (La), h. de la Barre.

Noyer (Le), h. de Grandchain; fief.

Noyer-en-Ouche (Le), c^ne du c^on de Beaumesnil, accrue en 1792 du Châtelier-Saint-Pierre et de Châtel-la-Lune. — *Nucearium* (ch. de Robert, comte de Meulan). — *Noetium*, 1210 (cart. dè Lyre). — *Noyer-en-Ouche* (reg. de la Chambre des comptes); 1722 (Masseville). — *Le Noyer-sur-Rile*, 1828 (L. Dubois).

Noyers, c^ne du c^on de Gisors; fief. — *Noers*, xie s^e (cart. de Mortemer). — *Noyers-sur-Dangu*, 1480 (reg. des chartreux de Paris). — *Noyers-sur-Epte*, 1828 (L. Dubois). — *Noyers-près-Vesly*, 1856 (tableau des c^nes du dép^t).

Noyers, h. des Andelys et plein fief. — *Noiers*, 1343 (arch. de l'Eure). — *Noyers-sur-Andelys*, 1868 (acte judic.).

Noyers (Île des), réunie par atterrissement à l'île Adeline, à Léry. — 1748 (lettres pat. de Louis XV).

Noyers-d'Harcourt (Les), lieu-dit à Vesly.

Noyon, h. partagé entre Canappeville et Hondouville; chapelle, 1225.

Noyon-sur-Andelle, château fort avant 1150; nom de la c^ne de Charleval jusqu'au règne de Charles IX. — *Nogio* (O. V. et roulem. des morts). — *Nogentum super Andelam* (gesta Ludovici VII). — *Noviomum* (chronicon Fontanellense). — *Noio, Nogion* (cart. de Saint-Évroult). — *Nogon*, 1207; *Nogentum*, 1218 (ch. de Philippe Aug.). — *Noion* (p. d'Eudes Rigaud). — *Nozon-sur-Andelle*, 1516 (P. Anselme). — *Noion-sur-Andelle*, 1602 (épitaphe du prieur Duchaussay, à Auffay). — *Noyon-sur-Andelle*, 1722 (Masseville). — *Nogeon-sur-Andelly*, 1754 (Dict. des postes).

Nuisement (Le), h. de Condé-sur-Iton; fief relevant de l'év. d'Évreux. — 1452 (L. P.).

Nuisement (Le), h., fief et château à Huest. — *Nocimentum*, 1079 (ch. de Guillaume le Conquérant). — *Nesement*, 1295 (L. P.). — *Nuyzement*, 1469-1552 (La Roque).

Nuisement (Le), c^ne réunie à Manthelon en 1845. — *Noisement*, 1130 (ch. de Henri Ier). — *Nocumentum*, 1204 (ch. de la Noë). — *Nuissement* (La Roque). — *Ménuissement*, xviie s^e (Le Batelier d'Aviron).

Nuisement (Le), h. de Saint-Ouen-d'Attez.

Nurottes (Les), h. de Villers-sur-le-Roule.

O

BISSIANT (L'), lieu-dit à Saint-Pierre-d'Autils.

COUES (LES), lieu-dit à Sainte-Geneviève-lez-Gasny.

CREVILLE, h. d'Heudreville-sur-Eure.

CTROI (L'), m⁰ⁿ isolée, à Hondouville.

FFRANVILLE, h. de Saint-Ouen-de-Thouberville.

GRIÈBE (L'), h. de Landepereuse.

GRIÈBE (L'), h. de Sainte-Marguerite-en-Ouche.

ISELIÈRE (L'), h. de Ferrières-Sainte-Hilaire.

ISON (L'), petite rivière qui prend sa source à Saint-Amand-des-Hautes-Terres, touche aux territoires de Saint-Ouen-de-Pontcheuil, Becthomas, la Saussaye, Saint-Germain-de-Pasquier, Saint-Cyr-la-Campagne, et disparaît sous terre dans les sables, très-près de la Seine, dans le département de la Seine-Inférieure, après un cours d'environ 15 kilom. dans celui de l'Eure. — *Riveria de Becco Tome*, 1242 (cart. de Bonport).

ISSEL (BOIS D'), à Glisolles.

ISSEL-LE-NOBLE, c⁰ⁱ réunie à Ferrières-Haut-Clocher en 1808; fief. — *Oisellus*, 1204; *Oissellus*, 1207; *Ossellus*, 1221; *Oysellus*, *Oyssellus*, 1247 (cart. de la Noë). — *Ossellum*, 1227 (L. P.). — *Hoissel le Noble* (Cassini); 1770 (Denis, Atlas topogr.). — *Oyssel*, 1754 (Dict. des postes).

LINS, h. de Saint-Georges-sur-Eure (ch. de Simon d'Anet). — *Les Allains* (L. P.).

MMEI, h. de Capelles-les-Grands. — *Ulmeium*, 1211; *Hulmaium*, 1226; *Hommeium*, 1232; *Oumey*, 1234; *Omeium*, 1235; *Oumeyum*, 1288 (L. P.).

MNESQUES, h. de Giverville.

MOND (LE GÉNESTAIE D'), lieu-dit à Louviers, 1260. — *Genestellum Omondi* (arch. de la Seine-Inf.).

MONVILLE, h. du Tremblay; fief relevant du comté d'Évreux; anc. forteresse; nom quelquefois accolé à celui de la c⁰ⁱ du Tremblay. — *Osmundivilla*, XIIIᵉ siècle (André Duchesne, Liste de serv. militaires). — *Osmunvilla*, *Osmuntvilla*, 1225-1300 (cart. de Beaumont). — *Otmonville* (divers actes anc.). — *Aumanville*, 1408 (aveu). — *Domonville*, 1562 (arrière-ban). — *Aumonville*, XVᵉ sᵉ (dénomb. de la vicomté de Conches).

ONGLÉE (L'), lieu-dit à Acquigny.

ONGLÉES (LES), lieu-dit à la Couture-Boussey.

ONGREVILLE, lieu-dit à Touffreville. — 1290 (cart. du Bec).

ONORIE (L'), h. de Sainte-Marguerite-en-Ouche.

OPENES, premier nom de Bourg-Beaudouin; promon-toire découvert (L. P.). — *Openeii*, *Openii* (ch. du XIIᵉ siècle (L. P.). — *Openeis*, vers 1155 (bulle d'Adrien IV). — *Openees* (ch. de l'archev. Gautier). — *Avpenies*, *Openies*, 1258 (ch. de Saint-Amand). — *Houpenies* (p. d'Eudes Rigaud). — *Opiniensis villa* (L. P.).

OQUINERIE (L'), second nom du hameau de *la Haren-guerie*, à Fontaine-la-Louvet (Gadebled).

ORAILLE (L'), h. de Barneville-sur-Seine.

ORAILLE (L'), h. de Beaumont-le-Roger.

ORAILLE (L'), huitᵉ de fief à Bois-Arnault, relevant de Breteuil, sur la bordure de la forêt. — *L'Oraisle* et *l'Ouraille*, 1262; *Loraisle*, 1271; *Loraille*, 1308 (L. P.).

ORAILLE (L'), h. des Bottereaux. — *Loreia*, v. 1166 (ch. de Henri II).

ORAILLE (L'), h. d'Honguemare.

ORANGES (LES), lieu-dit à Gasny.

ORBEC, fief voisin d'Asnières. — 1562 (Le Beurier).

ORÉTO-DIEU (L'), lieu-dit à Louviers. — 1351 (grand cart. de Saint-Taurin).

ORGÈRE (L'), h. de Saint-Aubin-du-Thenney.

ORGERIES (LES), fief à Saint-Germain-la-Campagne. — *Orgerils* (Le Beurier).

ORGERIEUX (LES), h. de Mandres. — *Les Georgerieux*, 1868 (ann. légale).

ORGEVILLE, petite c⁰ⁱ réunie avec Caillouet, en 1845, sous le nom de *Caillouet-Orgeville*; fief. — *Orgevilla* (1ᵉʳ p. d'Évreux). — *Hordeivilla* (Masseville).

ORGEVILLE, fief à Heudicourt.

ORGEVILLE-EN-VEXIN, c⁰ⁱ réunie à Senneville en 1809 et distraite de Senneville en 1854 pour être réunie à Flipou. — *Otgerivilla* (ch. de Robert Iᵉʳ). — *Ogervilla*, 1218 (L. P.). — *Ogerivilla* (p. d'Eudes Rigaud). — *Ogierville* (p. de Raoul Roussel).

ORGIVAL, m⁰ⁿ isolée, à Giverny.

ORIGNY, château à Beaumont-le-Roger.

ORIGNY, f. et qᵗ de fief à Corneville-la-Fouquetière, relevant de Beaumont-le-Roger, 1413. — *Auriniacum* (L. P.).

ORIGNY, f. à Duranville.

ORIGNY, f. à Saint-Mards-de-Fresnes.

ORIOT, porte d'écluse à la Croix-Saint-Leufroi. — *Oriett*, 1269 (ch. d'Amaury de Meulan). — Porte jurée assise en la rivière d'Eure, appelée la porte *Orieult*, 1411 (dénombr. de l'abb. de la Croix-Saint-Leufroi).

Oriots (Les), h. de Fontaine-sous-Jouy.

Orléans (Ruisseau d'), affl. de l'Andelle, à Fleury.

Ormais (L'), fief et h. partagé entre Heudebouville et Venables. — *Lormaye*, 1748 (P. Goujon).

Orme (L'), h. de Bretigny.

Orme (L'), h. de Sainte-Marthe.

Orme-au-Comte (L'), h. de Vannecrocq.

Orme-de-Saint-Thomas (L'), lieu-dit à Saussay-la-Vache.

Orme-Dubuc (L'), h. de Saint-Philbert-sur-Risle.

Orme et le Jardinet (L'), fief à Saint-Martin-du-Vieux-Verneuil.

Ormelle (L'), f. à Épréville-près-le-Neubourg.

Orme-Maladiré (L'), sur le chemin de Bray à Écos. — 1268 (cart. du Trésor).

Ormerie (L'), h. des Baux-de-Breteuil.

Ormerie (L'), vavassorie à Saint-Amand-des-Hautes-Terres.

Ormes, c^{ne} du c^{on} de Conches, accrue en 1842 de Bois-Normand-la-Campagne et de la Gouberge; demi-fief de haubert. — *Olmetum*, vers 1111 (ch. de Henri Ier). — *Olmes*, 1206 (L. P.). — *Ullmes* (cart. de Saint-Taurin). — *Olmi*, 1207 (cart. du chap. d'Évreux). — *Ulmi*, 1218 (cart. de Lyre). — *Hulmi*, 1263 (ch. de la Noë). — *Ourmes*, 1307 (cart. de Saint-Taurin); 1397 (titres du chap. d'Évreux). — *Hormes*, 1397 (Chassant, Bull. du Bouquiniste).

Ormes (Ruisseau des), affl. de l'Andelle, à Romilly.

Ormeteau (Sente de l'), à Bizy.

Ormeteau-Ferré (L'), nom conservé au lieu où; sur l'extrême frontière de France et de Normandie, entre Gisors et Trie, se tenaient, sous un orme gigantesque, les conférences des rois de France et d'Angleterre. — *L'Orme devant Gysors*, xve siècle (chron. normande de P. Cochon). — *L'Orme des Conférences* (Dubreuil, Gisors et ses environs).

Ormitel (L'), lieu-dit à Villiers-en-Désœuvre.

Ortier (L'), m^{on} isolée, à Ailly. — *Lortié*, 1485 (aveu du chap. de Beauvais). — *L'Hortié*, 1662 (arch. de la Seine-Inférieure).

Ortier (L'), q^t de fief partagé entre Appeville-dit-Annebaut et Condé-sur-Risle et relevant de Pont-Audemer. — *Urticetum* (p. d'Eudes Rigaud). — *L'Ortray* (L. P.).

Ortier (L'), h. de la Croix-Saint-Leufroi.

Orticuel (L'), lieu-dit à Écardenville-sur-Eure.

Orty (L'), lieu-dit à Civières.

Orvaux, c^{ne} du c^{on} de Conches, accrue du Boshion en 1809; demi-fief relev. du Breuil-Poignard, 1452 (L. P.). — *Aurcæ Valles* (grande ch. de l'abb. de Conches); 1180 (cart. de la Ste-Trinité de Beau-mont). — *Orvaulx*, 1562 (arrière-ban); 1700 (dép^t de l'élection de Conches).

Orville, f. et fief à Saint-Aubin-le-Vertueux, relevant d'Évreux (L. P.).

Os (Le Champ des), au Vieil-Évreux; lieu où a été découvert un amas antique d'ossements de divers animaux.

Oseraies (Les), h. de la Lande.

Osmonville, fief dans la sergenterie du Vauvray, amorti en 1516 (arch. de la Seine-Inférieure).

Osmoy, c^{ne} réunie en 1805 à Champigny, devenue en 1845 Champigny-la-Futelaye; fief. — *Onmoi*, 1253 (L. P.). — *Emoy*, 1297 (d'Hozier, Armor. gén.). — *Aumei*, 1306 (L. P.). — *Onmoy*, 1409 (ch. de Charles VI); 1469 (monstre).

Osvain, moulin du prieur de Beaumont, sis à Barc. — *Molendinum Osveni*, 1088 (ch. de Roger de Beaumont); 1314 (ch. de Louis le Hutin). — *Osouein*, 1310 (cart. de Beaumont).

Ouche, anc. doyenné rural de 44 paroisses, entre la Charentonne, la Risle et le Chemin-Perré, avec quelques extensions sur la rive droite de la Risle.— *Decanatus de Occa* (L. P.).

Ouche (Archidiaconé d'), l'un des trois archidiaconés de l'anc. dioc. d'Évreux, comprenant 7 doyennés : Breteuil, Conches, l'Aigle, Lyre, Nonancourt, Ouche et Verneuil.

Ouche (Pays d'), ancienne circonscription, assez peu définie, réduite en 1722 (Masseville) à 40 paroisses, entre Conches et la Charentonne; nom provenant d'un vaste emplacement, *Regio Uticensis*, sis entre la rive gauche de la Risle et la rive droite de la Charentonne, et couvert par une immense forêt, *Foresta quæ dicitur Occa*, auj. séparée par de vastes campagnes (L. P.). — Territoire offrant des argiles, des sables, des grès, du grison et des minerais de fer qui sont absents des autres parties du sud du département (Antoine Passy). — *Utica*, 1048 (Robert du Mont). — *Uticensis tractus* (Baudrand). — *Uticensis pagus* (B. Guérard). — *Occa*, 1088 (ch. de Roger de Beaumont). — *Ocha*, 1221 (cart. du chap. d'Évreux). — *Oca*, 1221; *Usche*, 1251 (cart. de Lyre). — *Ouches*, 1504 (recepte de la vicomté de Conches).

Ouche (Sergenterie d'), sergenterie noble assise à Saint-André de la Barre (Charpillon et Caresme) et relevant de Beaumont-le-Roger; juridiction fort étendue.

Ouches (Les), lieu-dit à Giverny.

Ouennerie (L'), h. d'Honguemare.

Ourdan, fontaine ferrugineuse, à Épaignes.

Ourie (L'), f. à Saint-Pierre-des-Ifs.

Oltrebois, h. de Cissey. — *Ultranemus* (cart. du chap. d'Évreux).

Oltrebois, f. à Gravigny; q' de fief relev. d'Autheuil, 1413 (L. P.). — *Oultrebois* (Le Beurier).

Oltrebose, h. du Coudray-en-Vexin. — *Oltraboxe*, xii° siècle (cart. de Mortemer).

Oltrebose, f. — Voy. Austrebose.

Ouys, huit° de fief à Étreville, relevant de la Cour-de-Bourneville.

Olivet, fief à Louviers.

Ovart, fief de l'abb. de Conches, à Acquigny. — 1419 (dénomb. des biens de l'abbaye).

P

Pacel, petite paroisse située aux portes de Pacy-sur-Eure et ressortissant au Parlement de Paris, tandis que Pacy ressortissait à celui de Normandie, réunie » Pacy en 1791; auj. faubourg. — *Paceolum*, 1181 (bulle de Luce III). — *S. Martinus de Paciolo*, 1234 (ch. de la Croix-Saint-Leufroi). — *Pacciolum*, 1460 (arch. de l'Eure). — *Pacellum* (1er p. d'Évreux). — *Passéel*, 1411 (dénomb. de l'abb. de la Croix-Saint-Leufroi). — *Passel*, 1708 (Th. Corneille).

Paché (Le), lieu-dit à Épréville-en-Lieuvin.

Pacoterie (La), h. de Neaufles-sur-Risle.

Pacqueterie (La), filature à Nonancourt.

Pacy, l'un des quatre doyennés de l'archid. d'Évreux jusqu'en 1791.

Pacy (Abbaye de), abb. de femmes à Pacy-sur-Eure, bénie en 1638 et supprimée en 1732.

Pacy (Canton de), arrond. d'Évreux, ayant à l'E. le dép' de Seine-et-Oise, au S. le dép' d'Eure-et-Loir. à l'O. les c°°° d'Évreux sud et de Saint-André, au N. celui de Vernon. et comprenant 23 c°°° : Pacy, Aigleville, Boisset-les-Prévanches, Boncourt. Breuilpont, Bueil, Caillouet-Orgeville, Chaignes, Cierrey, le Cormier. Croisy, Fains, Gadencourt, Hardencourt, Hécourt, Menilles. Mérey. Neuilly, le Plessis-Hébert, Saint-Aquilin-de-Pacy, Vaux-sur-Eure, Villegats, Villiers-en-Désœuvre, et 12 paroisses, dont 1 cure, à Pacy, et 11 succursales : Breuilpont, Bueil, Caillouet-Orgeville, le Cormier, Gadencourt. Hécourt, Menilles, le Plessis-Hébert, Vaux-sur-Eure, Villegats, Villiers-en-Désœuvre.

Pacy (Forêt de), contenance d'environ 800 hectares.

Pacy-sur-Eure, ch.-l. de c°°, arrond. d'Évreux; anc. résidence royale; anc. chât. fort; bailliage. vicomté, maîtrise des eaux et forêts, fief. — *Pacis* (roman de Rou). — *Paceium*, 1135 (pet. cart. de Saint-Taurin). — *Pace* (gr. ch. de Lyre). — *Pasci*, 1153 (ch. de Henri II); 1196 (Roger de Hoveden). — *Paciacum*, 1195 (traité entre Phil. Aug. et Richard Cœur de Lion). — *Paceyum*, 1248 (cart. de Saint-Taurin). — *Paci, Pasceum* (ch. de Robert, comte de Leicester). — *Pacyacum*, 1277 (grand cart. de

Saint-Taurin). — *Passy*, 1356 (Froissart); 1631 (Tassin, Plans et profilz); 1722 (Piganiol de la Force). — *Passi*, 1588 (Bourgueville). — *Passey*, 1611 (Desrues, Singularitez des principales villes). — *Passey*, que quelques-uns écrivent *Pacey*, 1668 (André Duchesne, Antiq. et rech. des villes). — *Passy-sur-Eure*, 1754 (Dict. des postes).

Paen (Port), passage sur l'Iton, à Caer, 1237 (L. P.).

Pagerie (La), f. à Saint-Germain-la-Campagne.

Pagnerie (La), lieu-dit à Saint-Philbert-sur-Risle.

Pagnonnerie (La), h. de Saint-Philbert-sur-Risle.

Pahaha (Le), anc. marché aux porcs à Évreux; nom resté à une rue.

Paige (Le), emplacement du manoir d'Enguerrand de Marigny, à un demi-kilomètre de l'église d'Écouis.

Pain-de-Sucre (Le), lieu-dit au Thil.

Painerie (La), h. de Honguemare.

Paintourville, 1231 (cart. de Saint-Taurin). — *Paintorieville*, 1253, ancien nom de la Forêt-du-Parc (L. P.).

Paix, h. des Andelys.

Paix (Ruisseau de), affl. du Gambon, aux Andelys.

Palaisière (La), f. à Saint-Aubin-le-Vertueux et fief (L. P.).

Palet (Roche du) ou du Mont-Pelé, aux Andelys.

Pallières (Les), h. du Bois-Hellain.

Palois (Les), h. de Saint-Georges-du-Mesnil.

Pampou, f. à Tournedos-sur-Seine.

Pampoule (Rue), à Louviers.

Panette (Rue de), à Évreux. — *Peneta*, 1227 (ch. de Richard, év. d'Évreux).

Panilleuse, c°° du c°° d'Écos; d'abord baronnie, puis, en 1651, comprise dans le marquisat de Clère ou Claire (Seine-Infér.) et Panilleuse. — *Paniliosa* (ch. de Robert Ier). — *Panillosa*, xi° siècle (ch. de la Sainte-Trinité de Rouen). — *Pniguiloses* (p. d'Eudes Rigaud). — *Pennilleuse*, 1302 (cart. du Bec). — *Pennilleuse*, 1450 (rooles de dépenses). — *Penilleuse*, 1456 (reg. de l'Échiquier). — *Pannilleuse*, 1469 (La Roque). — *Peneleuse*, 1709 (dénomb. du royaume). — *Pennilleuse*, 1722 (Masseville).

— *Punnileuse*, 1754 (Dict. des postes). — *Pouil-leuse*, 1805 (Masson Saint-Amand).

Paulatte, c^{ne} du c^{on} de Nonancourt. — *Plessis-Penlatte*, 1216 (cart. du Bec). — *Penllatte*, 1400 (aveu de Guill. de Cantiers, év. d'Évreux). — *Penlata* (p. d'Évreux). — *Paulatte*, 1722 (Masseville). — *Plessis-Panlatte*, 1738 (Saas). — *Paulattes*, 1756 (Dict. géogr. de Dumoulin).

Panne (Château de la), à Bosquentin.

Panne (La), m^{on} isolée, à Saint-Aubin-le-Vertueux.

Pannerie (La), f. à Berville-sur-Mer.

Pannetière (La), f. à Pullay.

Papegouay (Les), h. de la Chapelle-Bayvel.

Papillardy (Le), lieu-dit à Touffreville.

Paquerie (La), lieu-dit à la Haye-Saint-Sylvestre.

Paradis, h. distrait de Folleville, en 1869, pour être réuni à Bazoques.

Paradis (Le) ou les Vignes-Noires, lieu-dit à Fontaine-Heudebourg.

Paradis (Ruelle ou Ruissel du), rue allant de Noyers vers Étrépagny. — 1367 (état des propriétés des Chartreux de Paris).

Parc (Le), m^{on} isolée, à Beaumontel.

Parc (Le), h. de Bois-Arnault.

Parc (Le), h. de Bosquentin.

Parc (Le), h. de Condé-sur-Iton.

Parc (Le), f. à Garennes.

Parc (Le), château à Grand-Camp; fief relev. du roi.

Parc (Le), h. de Grostheil.

Parc (Le), fief à la Poterie-Mathieu et en relevant.

Parc (Le), f. à Saint-Christophe-sur-Condé.

Parc (Le), dit Duquemin, fief à Saint-Germain-la-Campagne.

Parc (Le), h. de Surville.

Parc-de-Franqueville (Le), h. de Franqueville.

Parc-de-Gaillon (Le), château à Aubévoye.

Parc-de-Mouettes (Le), h. de Mouettes; anc. manoir dépendant d'Ivry, 1456.

Parc-le-Roi (Le), h. d'Hauville.

Paresse, vavassorie à Capelles-les-Grands. — 1604 (aveu de Charlotte des Ursins).

Parfondines (Les), lieu-dit à Saint-André.

Parfondins (Les), h. de Saint-Étienne-l'Allier. — *Les Parfondants* (L. P.).

Parfonds (Les), prés à Sainte-Geneviève-lez-Gasny.

Pariony, h. de Condé-sur-Iton.

Parinière (La), h. de la Lande.

Parinière (La), h. de Thevray.

Paris (Faubourg de), à Gisors.

Parisy, h. de Saint-Julien-de-la-Liègue.

Parlement (Le), f. à Beauficel.

Parlement (Le), lieu-dit à Saint-Ouen-de-Thouberville.

Parmy, manoir à Louviers, dépendant du fief de l'Esprévier. — 1419 (aveu de Ph.-le-Baube).

Parmy (Moulin de), sur l'Eure, proche le pont du Vaudreuil. — 1516 (chartrier du Vaudreuil).

Parnasse-de-Gaillon, 4e nom, au XVIIe s^e, du pavillon de la Maison-Blanche.

Parquerie (La) ou la Forge, h. de Saint-Pierre-des-Ifs.

Parquet (Le), m^{on} isolée, à Saint-Ouen-de-la-Londe.

Parquet-de-Bourneville (Le), domaine de Jean Sans Terre, 1198.

Parquets (Les), h. de Saint-Pierre-du-Val.

Parquets (Les), h. de Valletot. — *Parchets*, XIIe s^e.

Parquieus (Les), h. de Saint-Philbert-sur-Risle.

Parville, c^{ne} du c^{on} d'Évreux nord. — *Parvilleium*, 1077 (cart. de Jumièges). — *Patervilla*, 1196 (ch. de Richard Cœur de Lion). — *Paternivilla*, 1251 (grand cart. de Saint-Taurin). — *Parvilla*, XIIIe siècle (L. P.). — *Parville*, 1523 (Rech. de la noblesse).

Pas-Aussi, lieu-dit à Jouy-sur-Eure.

Pasché (Le), h. d'Épréville-en-Lieuvin.

Pas-d'Âne (Le), lieu-dit aux Andelys.

Pas-de-Loup (Le), lieu-dit à Irreville.

Pasnière, h. du Tilleul-en-Ouche.

Pasnière (La), h. de Grand-Camp.

Pasnière (La), h. de Landepereuse.

Pasnière (La), h. de Saint-Aubin-le-Guichard.

Pasquerie (La), h. de la Haye-Saint-Sylvestre.

Passage-de-Jumièges (Le), m^{on} isolée, au Landin.

Passage-de-la-Roche (Le), h. de Barneville-sur-Seine.

Passe-Cadet, lieu-dit à Épaignes.

Passe-Temps (Le), h. de Bouquetot.

Passe-Temps (Le), h. de Saint-Siméon.

Passion (Chapelle de la), nom en 1717 (Cl. d'Aubigné) de la chapelle du manoir du Thuit, à Berville-en-Roumois, nommée en 1536 l'*Ecce homo*.

Passion (Tour de la), second nom de la tour du *Prisonnier*, à Gisors.

Patenière (La), f. sur Saint-Jean-du-Thenney et la Chapelle-Gauthier. — 1792 (liste des émigrés).

Patinier (Le), h. de Verneusses.

Patinière (La), fief au Bosrobert. — 1291 (L. P.).

Patinière (La), h. partagé entre Mandres et Pullay.

Pâtis (Les), h. d'Acquigny.

Pâtis-aux-Moines (Le), nom conservé à un point du territoire de Gisors où la tradition veut qu'il y ait eu jadis une exécution de Templiers; on l'appelle aussi les *Pendus*.

Pâtissiers (Petite rivière des), bras de la Risle à Pont-Audemer.

Patrouillet, h. de Bémécourt.

Patte-d'Ours (La), lieu-dit aux Andelys.

Pâture-à-Joui (La), f. à Launay.

Pâtures (Les), h. de Beaumontel.

Pauline, île sur la Seine, à Saint-Pierre-du-Vauvray.

Pauvres (Les), f. à Mézières.

Pauvres (Terres des), lieu-dit aux Essarts.

Pauvresses (Les), lieu-dit à Jouy-sur-Eure.

Pavé (Le), chaussée de 1,200 mètres pavée en 1204, et mise de nos jours en cailloutis, qui, dans sa longueur, sépare les deux Andelys.

Pavée (La), h. de Guiseniers. — *Papia*, 1200 (L.P.).

Pavée (La), fief à Touffreville, relevant de Dangu. 1641.

Pavement-du-Roy (Le), nom en 1484 de la grande rue du Petit-Andely (Brossard de Ruville).

Pavier (Le), h. du Theillement.

Pavillon (Le), f. à Amfreville-les-Champs, s'étendant sur Heuqueville et Houville.

Pavillon (Le), f. à Bueil.

Pavillon (Le), h. de Guenouville.

Pavillon (Le), fief au Mesnil-de-Poses, appartenant à l'év. de Lisieux; amorti avant 1659 (P. Goujon).

Pavillon (Le), m⁰⁰ isolée, à Saint-Germain-sur-Avre.

Pavillon-de-Beauregard (Le), chât. à Jouy-sur-Eure.

Pavillon-de-Pincheloup (Le), f. à Tourville-sur-Pont-Audemer.

Pavillon-des-Chasses (Le), m⁰⁰ isolée, à la Vieille-Lyre.

Pavillon-du-Buisson (Le), m⁰⁰ isolée, à Croth.

Paviot, m⁰⁰ isolée, à Charleval.

Paviot-Perriers (Le), château à Perriers-sur-Andelle.

Péan, f. à Saint-Sébastien-du-Bois-Gencelin, divisée en Bas Péan, *Vallis Paiem*, et Haut Péan. *Mons Paganus*, 1225.

Peau-d'Ours (La), lieu-dit aux Andelys.

Pec (Le), m⁰¹ isolée, à Bueil.

Pec (Le), f. à la Poterie-Mathieu.

Peinerie (La), h. de Barneville-sur-Seine.

Peinperdu, lieu-dit à Émalleville. — 1204 (ch. de la Noë).

Peiz, anc. fief sur Fontaine-la-Louvet, les Places et Thiberville. — 1315 (L. P.).

Pelcats (Les), h. de la Chapelle-Bayvel.

Pelcats (Les), h. de la Poterie-Mathieu.

Pelcats (Les), h. de Saint-Siméon.

Pèlerin (Auberge du), à Évreux.

Pèlerins (Route des), forêt de Vernon.

Peleur (Le Grand et le Petit), coupes de bois dans la forêt de Bleu, entre Mainneville et Sancourt. — 1552 (chartrier de Mainneville).

Pelissiers (Les), h. de Conteville.

Pellangue (Le) ou la Pellangue, lieu-dit à Épréville-près-le-Neubourg.

Pelle (La), m⁰ᵐ à Armentières.

Pelle-à-Four (La), lieu-dit à Guichainville.

Pelle-à-Four (La), lieu-dit à Villers-en-Vexin.

Pellecoterie (La), h. partagé entre la Chapelle-Berquet et la Noë-Poulain.

Pelles (Les), lieu-dit à Gasny.

Pelleterie (La), fief à Cormeilles, 1562.

Pelouse, h. et vavassorie à Saint-Denis-du-Béhélan, relev. de Tillières.

Pendants (Les), lieu-dit à Aulnay.

Pendants (Les), lieu-dit à Émalleville.

Pendants (Les), lieu-dit à Saint-Étienne-du-Vauvray.

Pendants-de-Gratheuil (Les), lieu-dit à Illiers-l'Évêque.

Pendu (Bois du), à Iville; auj. défriché.

Pendus (Les), nom populaire du *Pâtis-aux-Moines*, à Gisors (Hersan, Hist. de la ville).

Pénétraux (Les), fief à Barquet.

Pénétraux (Les), h. partagé entre Normanville et Saint-Germain-des-Angles, et fief. — *Les Plenistreaus*, 1195 (ch. de Garin, év. d'Évreux). — *Les Plainstreaulx*, 1420 (aveu de Regnault de Nantouillet). — *Plainstreaux*, 1426 (Le Beurier). — *Penetreauls*, 1431 (L. P.). — *Peintreaux*, *Plantereaux* (L. P.).

Penette (La), h. de la Vacherie-sur-Hondouville.

Pénitents (Côté des), route forestière, au territ. de Vernon.

Pénitents (Rue des), au Grand-Andely, nom provenant d'un anc. couvent.

Pennaux (Les), fief à Orvaux.

Pennie (Le), lieu-dit au Fresne.

Pentale, abb. fondée vers 537 par saint Samson, év. de Dol, «juxta fluvium *Rizilinum*,» sur le territoire actuel de Saint-Samson-sur-Risle; détruite par les Normands vers 843. — *Pentale, abbatia fundata a Childeberto I, anno circiter 550, non longe a confluentibus Sequanæ ac Riselæ* (Gall. christ.). — *Penthal*», 831 (testament d'Ansegise). — *Pentale et Penetale* monasterium, 833 (chron. Fontanellense). — *Pantale*, 1738 (Saas).

Pentelièvre (Rue de), à Gisors.

Péquerie (La), h. de Saint-Clair-d'Arcey.

Perceval, fief à Cracouville.

Percevaux (Chemin des), à Chéronvilliers.

Perchependue, h. de Charnelles.

Perchepied (Le), lieu-dit à Cabaignes.

Perchet, m⁰ sur l'Eure, à Acquigny; détruit av. 1584.

Percietherie, h. de Verneusses.

Perdelière (La), h. partagé entre Chambord et la Haye-Saint-Sylvestre; huit⁰ de fief à Chambord, relev. de la Haye-Saint-Sylvestre (Le Beurier). — La

21.

Perdrielière, 1241 (L. P.). — *La Perdrilière*, 1419 (Le Beurier). — *La Perlière*, 1840 (Gadebled).

Perelle (La), h. de Campigny.

Perelle (La), h. d'Hébécourt.

Perelle (La), usine à Hondouville.

Perelle (La), f. à Saint-Aubin-le-Guichard.

Perelle (La), nom d'une grande pièce de terre à la Selle, 1777.

Perelles (Les), h. de Franqueville.

Pères-Anglais (Bois des), à Épréville-près-le-Neubourg.

Pergantière (La), f. et fief à Boisset-le-Châtel.

Périers (Les), h. de la Chapelle-Genevray.

Périvois (Chemin de), à Écouis.

Pérousettes (Les), bois attenant aux bruyères de Vitot.

Peroy (Le), fief à Iville.

Peroy (Le), fief près de Puchay ou de Saussay-la-Vache, 1480.

Perpignan, h. de Romilly-sur-Andelle. — *Moulins des Perpignans*, 1760 (reg. de la maîtrise de Pont-de-l'Arche).

Perray (Bois du), à Bosgouet.

Perré (Le), h. de Bosgouet, où ont été trouvées des antiquités romaines (L. P.).

Perré (Le), lieu-dit à Bourg-Achard ; vestige de voie romaine. — *Perreium* (cart. de Préaux).

Perrei, fief voisin et relev. de Beaumont-le-Roger.

Perrelle (La), lieu-dit à Bois-Jérôme.

Perreuse, lieu-dit à Daubeuf-près-Vatteville.

Perreux, ruiss. affluent de la Bonde ; source à Bernouville.

Perrey (Le), h. de Bosbénard-Commin.

Perrey (Le), h. de Bos-Normand.

Perrey (Le), h. de Corneuil.

Perrey (Le), h. d'Heudreville-en-Lieuvin.

Perrey (Le), h. de Saint-Jean-du-Thenney.

Perrey (Le), h. partagé entre Saint-Pierre-du-Bosguerard et le Thuit-Simer.

Perrey (Le), h. du Thuit-Hébert.

Perriers-la-Campagne, cne du cen de Beaumont. — *Perer*, 1206 (cart. de Saint-Taurin). — *Periez*, 1609 (L. P.).

Perriers-sur-Andelle, cne du cen de Fleury ; baronnie dépendant de l'abb. de Saint-Ouen et anc. ch.-lieu d'un doyenné du dioc. de Rouen. — *Piri*, 1171 (D. Pommeraye, p. 428). — *Periers*, 1206 (cart. de Saint-Ouen). — *Perrers* (L. P.). — *Piri super Andelam*, 1269 (reg. visit.). — *Periez*, 1708 (Th. Corneille).

Perrin (Le), h. de Franeheville.

Perrin (Le), h. de Saint-Marcel.

Perroin (Le), f. au Bec-Hellouin.

Perrois (Le), h. partagé entre Catelon et Épréville-en-Roumois. — *Le Perrai*, xiiie siècle (L. P.).

Perrois (Le), h. de la Puthenaye.

Perrois (Les), fief à Saint-Aubin-d'Écrosville. — *Perreia*, 1254 (L. P.).

Perron (Le), point de la rive gauche de la Risle à Beaumont-le-Roger. — *Pons Rou*, 1241 ; *Pouron*, 1263 ; *Porron*, 1331 (L. P.).

Perron (Le), h. de Gouville.

Perron (Le), fief partagé entre Illiers-l'Évêque et Marcilly-la-Campagne, relev. de Tranchevilliers, 1403.

Perrotelins (Les), lieu-dit à Fouguerolles.

Perroy (Le), fief à Corneuil, 1562.

Perruche (La), lieu-dit à Gauciel.

Perruche (La), h. de Grossœuvre. — *Petroca* (bulle d'Honorius III).

Perruche (La), fief à Jumelles.

Perruche (La), qt de fief à Misercy ; dit aussi *Garentière* et le *Puyset*.

Perruches (Les), lieu-dit à Blandey.

Perruchet (Le), f. à Collandres.

Perruel, cne du cen de Fleury. — *Petrolium* (cart. de Préaux ; p. d'Eudes Rigaud). — *Perrolum*, 1206 (cart. de Saint-Ouen). — *Perrol*, 1216 (cart. de Saint-Amand). — *Perrolium*, 1258 (L. P.). — *Petrolium* (p. d'Eudes Rigaud). — *Perreuil*, 1286 (cart. de Saint-Ouen). — *Perrolium*, 1290 (L. P.). — *Porreil, Perrel*, 1291 (livre des jurés de Saint-Ouen). — *Petuel*, 1708 (Th. Corneille).

Perruquay (Le), lieu-dit à Romilly-sur-Andelle.

Perruques (Les), h. de Villers-sur-le-Roule.

Perruquier (Fief au), uni à Combon, relev. du comté d'Évreux (Le Beurier).

Perruquier (Le), lieu-dit à Heudebouville.

Perruquier (Rue du), à Heudicourt.

Perruseaux (Les), f. devenue château, à Bacqueville ; anc. fief dit autrefois *la Perruche, la Péruchée* ou *la Perruchie*. — *Peruscha* et *Perrucia* (Charpillon et Caresme). — *Peruceia* (ch. d'Hugues de Lisors).

Perteville, château à Saint-Mards-de-Fresnes.

Pertuisière (La), f. à Bourth.

Pervanchère (La), nom primitif de *Boissel-les-Prévanches*.

Pescherie (La), lieu-dit à Saint-Pierre-de-Cornoilles.

Pescheveron, plein fief à Criquebeuf-la-Campagne.

Pesquemosque, mln à eau à Saint-Germain-de-Pasquier, depuis longtemps disparu, 1311. — *Pasque Mosque*, 1317 (ch. de Guill. d'Harcourt). — *Pesmongue*, 1317 (titres de la collégiale de la Saussaye).

Pestiférés (Les), lieu-dit à Verneuil.

Pételle (La), lieu-dit à Canappeville.

etit, q' de fief au Mesnil-Anseaume, à Saint-Vigor.

etit, h. de Saint-Vigor.

etit (Le), h. de Bouquelon.

etit (Le), fief à Mézières.

etit-Bailly (Le), h. de Rugles.

etit-Baudemont (Le), h. de Baudemont.

etit-Bénet (Le), lieu-dit à Conteville.

etit-Beuzelin (La), f. à Saint-Paul-sur-Risle.

etit-Bocage (Le), h. de Grandchain.

etit-Bois-le-Roi (Le), h. de Bois-le-Roi.

etit-Boisney (Le), h. de Boisney.

etit-Bosc (Le), h. des Jonquerets.

etit-Bout (Le), h. des Ventes.

etit-Bouvier (Le), h. de Charnelles.

etit-Brétot, h. de Toutainville.

etit-Breuil (Le), h. de Portes.

etit-Buisson (Le), f. aux Barils.

etit-Bus (Le), h. de Saint-Germain-la-Campagne.

etit-Café-Neuf (Le), m'n is. à Saint-Étienne-l'Allier.

etit-Cernières (Le), h. et fief à Saint-Agnan-de-Cernières et en relevant.

etit-Château (Le), h. de Béreugeville-la-Rivière.

etit-Château (Le), f. à Boulleville.

etit-Château (Le), h. de Plasnes.

etit Chemin Gaulois (Le), partie d'ancienne voie de 4 à 5 pieds de large, voisine de l'Estrée.

etit-Cherbourg (Le), m'n is. et lieu-dit à Verneuil.

etit-Chesnay (Le), h. de Fontaine-l'Abbé.

etit-Clos (Le), h. de Lyons-la-Forèt.

etit-Corrigard (Le), h. de Saint-Aubin-sur-Gaillon.

etit-Coudray (Le), h. de Courbépine.

etit-Coudray (Le), h. de Puchay.

etit-Coudray (Le), h. de Saint-Christophe-sur-Condé.

etit-Courtonne (Le), fief à Saint-Mards-de-Fresnes.

etit-Cuisiney (Le), h. de Cintray.

etit-Dangu (Le), fief à Henqueville, dit aussi *Tancarville*, et relevant d'Étrépagny.

etite-Aubinière (La), h. de Piencourt.

etite-Birée (La), lieu-dit à Verneuil.

etite-Boissière (La), h. de Saint-Benoît-des-Ombres.

etite-Bonneville (La), h. de Rugles.

etite-Buqueterie (La), h. de Boissy-Lamberville.

etite-Buzotière (La), h. de Saint-Pierre-du-Mesnil.

etite-Caillouette, h. de la Neuve-Grange.

etite-Campagne (La), h. de Manneville-la-Raoult.

etite-Cinquetière (La), h. de Grandchain.

etite-Cena (La), f. à Saint-Aubin-le-Vertueux.

etite-Couture (La), h. de Saint-Sylvestre-de-Cormeilles.

etite-Épée (La), h. de Saint-Étienne-l'Allier.

etite-Ferme (La), m'n isolée, à Chéronvilliers.

etite-Ferme (La), f. au Tremblay.

Petite-Ferme-de-Frileuse (La), f. au Chesne.

Petite-Filature (La), h. de Gravigny.

Petite-Folle (La), lieu-dit à Heudicourt.

Petite-Fortelle (La), h. de Menilles.

Petite-Fortière (La), h. de Mércy.

Petite-Friche (La), h. de Sainte-Marguerite-de-l'Autel.

Petite-Fringale (La), h. de Louviers.

Petite-Gastine (La), h. de Saint-Christophe-sur-Avre.

Petite-Grippière (La), h. de Mézières.

Petite-Haye (La), château à la Haye-Saint-Sylvestre.

Petite-Hérippe (La), h. de Marcilly-la-Campagne.

Petite-Livrée (La), lieu-dit à Piseux.

Petite-Malouve (La), h. partagé entre Bernay, Saint-Aubin-le-Vertueux et Saint-Quentin-des-Îles.

Petite-Noë (La), h. de la Chapelle-Gauthier.

Petite-Oraille (La), h. de Chéronvilliers.

Petite-Panne (La), h. de Bézu-la-Forêt.

Petite-Perdrix (La), lieu-dit aux Audelys.

Petite-Rue (La), h. de Bosc-Roger-en-Roumois.

Petites-Aires (Les), lieu-dit à Saint-Aquilin-de-Pacy.

Petites-Brosses (Les), h. de Nonancourt.

Petites-Bruyères (Les), h. de Breteuil.

Petites-Bruyères (Les), h. de Chéronvilliers.

Petites-Croix (Sente des), à Louviers.

Petites-Fieffes-Saint-Luc (Les), m'n isolée, à Fleury-la-Forêt.

Petites-Genêts (Les), f. au Tronquay.

Petites-Îles (Les), assemblage d'îlots dans l'Eure, à Ivry-la-Bataille.

Petites Îles des Moines (Les), à Marcilly-sur-Eure.

Petites-Londes (Les), h. d'Émanville.

Petites-Londes (Les), h. de Fatouville.

Petites-Minières (Les), h. des Minières; anc. château fort; fief, 1562.

Petites-Molaises (Les), h. des Hogues.

Petit-Essart, anc. nom du fief de la Haye-des-Mares, au Neubourg.

Petit-Essart-de-Roy (Le), q' de fief dans la vicomté de Beaumont, tenu de la baronnie du Neubourg.

Petites-Turgères (Les), h. de Balines.

Petite-Tourelle (La), f. à Nojeon-le-Sec.

Petite-Vallée (Chemin de la) (plan général de la forêt domaniale de Louviers).

Petite-Vallée (La), h. de Neaufles-Saint-Martin.

Petite-Ville, c'ne réunie à Gournay-le-Guérin en 1808; fief. — *Parva Villa* (ch. de Chaise-Dieu). — *Modica Villa* (L. P.).

Petit Fief d'Heudreville, fief à Heudreville-en-Lieuvin, relev. de l'abb. de Cormeilles.

Petit-Flumesnil (Le), m'n isolée, à Flumesnil; auj. *Richeville*.

Petit-Formont (Le), vavassorie incorporée avant 1451 au fief de Villers, à Écouis (Le Beurier).

Petit-Gérier (Le), m^on isolée, à Morainville-sur-Damville; plein fief relevant de Tranchevilliers. — 1403 (L. P.).

Petit-Hamel (Le), h. de Boisset-le-Châtel.

Petit-Hamel (Le), h. de Chambord.

Petit-Hamel (Le), h. de la Haye-Saint-Sylvestre.

Petit-Hamel (Le), h. de Selles. — *Parvum Hamellum* (grande ch. de Préaux).

Petit-Hamel (Le), h. de Serquigny.

Petit-Hamelet (Le), lieu-dit aux Baux-de-Breteuil.

Petit-Hamot (Le), f. à Rugles.

Petit-Hébert (Le), h. de Foulbec.

Petit-Hôtel (Le), f. et fief à Cintray et en relevant.

Petitière (La), h. de Martainville-en-Lieuvin.

Petit-Livarot (Le), huit^e de fief, relevant du Neubourg.

Petit-Longpré (Le), vavassorie à Saint-Denis-d'Augerons, relev. d'Orbec. — 1406 (L. P.).

Petit-Macherel (Le), h. de Charnelles.

Petit-Malheur (Le), lieu-dit à la Chapelle-Bayvel.

Petit-Malheur (Le), h. de Thiberville.

Petit-Menilles, fief à Sainte-Colombe-la-Campagne.

Petit-Mesnil (Le), h. de Duranville.

Petit-Mesnil (Le), f. à Gauville-près-Verneuil.

Petit-Mesnil (Le), h. de Saint-Aquilin-d'Augerons.

Petit-Mesnil (Le), h. de Verneuil.

Petit-Mesnil (Le) ou Rossignol, h. du Mesnil-Jourdain.

Petit-Messey (Le), f. à Rugles.

Petit-Mont (Le), h. de Saint-Étienne-du-Vauvray.

Petit-Montmerel (Le), f. à Saint-Aubin-sur-Gaillon.

Petit Moulin (Le), m^in au Bec-Hellouin.

Petit Moulin (Le), m^in à Beuzeville.

Petit Moulin (Le), m^in à Coulonges.

Petit Moulin (Le), m^in à Saint-Just.

Petit-Mousseaux (Le), h. de Damville.

Petit-Nassandres (Le), h. partagé entre Nassandres et Serquigny.

Petit-Neubourg (Le), h. de Saint-Sylvestre-de-Cormeilles.

Petit-Noël (Le), h. de Bosgouet.

Petit-Parc (Le), m^on isolée, à Ferrières-Saint-Hilaire.

Petit-Parc (Le), f. à Gournay-le-Guérin.

Petit-Paris (Le), lieu-dit à Combon.

Petit-Paris (Le), b. de Sébécourt.

Petit-Pays (Le), h. de Saint-Ouen-de-Thouberville.

Petit-Presbytère (Le), m^on is. à Illeville-sur-Montfort.

Petit-Radepont (Le), fief à Gisors (vingtièmes).

Petit-Sacq (Le), h. du Sacq.

Petit-Saint-Aubin (Le), h. de Saint-Aubin-sur-Quillebeuf.

Petits-Baux (Les), h. des Baux-Sainte-Croix.

Petits-Bottereaux (Les), h. de Francheville.

Petits-Gomberts (Les), h. de Nogent-le-Sec.

Petits-Guérets (Les), lieu-dit à Champigny-la-Futelaye.

Petits-Ifs (Les), f. à Louversey.

Petits-Monts (Les), f. à Conches; fief.

Petits-Monts (Les), fief à Saint-Aubin-le-Guichard, avant 1607 (Charpillon et Caresme).

Petits-Perriers (Les), h. de Saint-Germain-la-Campagne.

Petits-Prés (Les), h. de Saint-Paul-sur-Risle.

Petit-Suzay (Le), h. de Suzay.

Petits-Vaux (Les), h. de Mérey.

Petit-Thuit (Le), h. de Charleval.

Petit-Thuit (Le), f. au Theillement.

Petit-Val, h. de Vernon.

Petit-Village (Le), h. de Lieurey.

Petit-Village (Le), h. de Saint-Aubin-de-Scellon.

Pétouel, lieu-dit à Épieds.

Petreaux (Les), h. de Cauverville-en-Lieuvin.

Pétrier (Le), lieu-dit à Saint-Taurin-des-Ifs. — xiiie s^e (Charpillon et Caresme).

Petrons (Chemin des) ou les Rouliers, lieu-dit à Fours.

Peu-de-Vin, clos au Thuit-Signol, 1743.

Peulevière (La), h. de Réville.

Peuple (La Haye au), lieu-dit à Gasny.

Peuples (Les), h. de Hondouville.

Philiberderie (La), lieu-dit à Conches.

Philippière (La), h. de Saint-Aubin-le-Vertueux.

Phipout, h. de Saint-Aubin-d'Écrosville; demi-fief relevant de Marbeuf. — *Faipou*; 1175 (L. P.); 1469 (monstre). — *Faypou*, 1231 (L. P.). — *Flipou*, 1523 (Rech. de la noblesse). — *Phipou*, 1672 (aveu de l'abbesse du Trésor).

Picard, ruiss. à Gisors.

Picardière (La), h. de Saint-Nicolas-du-Bosc-l'Abbé.

Picardière (La), h. de Saint-Quentin-des-Îles.

Picardville, m^on isolée, à Émanville.

Pichoudière (La), h. de Saint-Léger-du-Boscdel.

Picot, h. de Lieurey.

Picotière (La), h. de Saint-Denis-d'Augerons.

Pictérie (La), h. de la Chapelle-Gauthier.

Pictière (La), h. d'Harcourt.

Pie (La), h. d'Aclou.

Pie (La), m^in au Tilleul-Lambert.

Pie (Route et sente de la), à Pacy-sur-Eure.

Pièce-Crochue (La), lieu-dit à Flumesnil.

Pièce-de-Toile (La), lieu-dit partagé entre la Neuve-Grange et Puchay.

Pied-de-Loup, demi-fief à Saint-Christophe-sur-Condé,

relevant de Condé-sur-Risle (invent. des titres du Bec).

ɪED-DE-LOUP (Le), h. de Routot.

ɪED-DI-SEY, h. des Baux-de-Breteuil.

ɪEDS-CORBON (Les), lieu-dit à Pressagny-l'Orgueilleux.

ɪEDS-DE-MOLES (Les), lieu-dit à Jouy-sur-Eure.

ɪENCOURT, cᵐᵉ du cᵒⁿ de Thiberville — *Piencort* (M. R.). — *Pes in curte*, 1142 (cart. du prieuré de Beaumont).—*Pincort*. 1175 (ch. de Rotrou, arch. de Rouen); 1214 (feoda Normanniæ). — *Pincchiæ*, 1248 (cart. de l'Estrée). — *Pedemcuria* (obituarium Lexoviense).

ɪENNERIE (La), fief voisin et relevant de la Poterie-Mathieu.

ɪERRE (CÔTE DE LA), à Pont-Audemer.

ɪERRE (La), lieu-dit aux Baux-de-Breteuil.

ɪERRE (La), lieu-dit aux Bottereaux.

ɪERRE (La), f. à Grand-Camp.

ɪERRE (La), nom d'un champ à Hecmanville.

ɪERRE (La), lieu-dit à Léry. — 1291 (livre des jurés de Saint-Ouen).

ɪERRE (La), h. de Sainte-Marguerite-de-l'Autel.

PIERRE-BLANCHE (La), lieu-dit de la forêt de Breteuil.

ɪERRE-CHAUVMONT (La), lieu-dit à Notre-Dame-de-l'Ile.

PIERRE COURCOULÉE (La), dolmen aux Ventes.

PIERRE-DAMADE (La), lieu-dit à Fontenay.

PIERRE DE GARGANTUA (La), dolmen à Neaufles-sur-Risle, haut de 4 mètres.

PIERRE DE LA GOUR (La), dolmen à Condé-sur-Iton (L. P.).

PIERRE DE LA MOTTE (La), dolmen à Asnières, au bord d'un anc. chemin de Cormeilles à Bernay.

PIERRE DE SAINT-ETHBIX (Le), petit dolmen voisin de Port-Mort.

PIERRE-DORMANTE (La), lieu-dit à Bouafles.

PIERRE-DU-GRAND-CARREFOUR (La), lieu-dit à Montaure.

PIERRE-FORTELLE, cantonnement de 294 hectares de la forêt de Lyons. — Voy. LISORS.

PIERRE-LAURAIN (La), lieu-dit au Mesnil-Hardray.

PIERRE LÉE, pierre dite druidique, près d'Authenay, détruite au xIxᵉ siècle. — *Pierre-Péconlée*, 1242 (Charpillon et Caresme).

PIERRELÉE, h. de Beaumontel; fief; anc. menhir. — *Petra Lata* (L. P.).

PIERRE-L'ORMÉE, mᵒⁿ isolée et anc. dolmen à Bosc-Morel. — *Pierre-Lormais* (Courrier de l'Eure).

PIERRE-PERCÉE (La), coupe de la forêt de Conches.

PIERRE-PERCÉE (La), lieu-dit à Courbépine.

PIERRE-QUI-TOURNE (La), triage de la forêt de Lyons, nom sans doute tiré d'un ancien monument.

PIERRE-RICARD (La), lieu-dit à Andé.

PIERRE-RONDE, cᵐᵉ réunie avec Beaumesnil en 1845; fief. — *Pierronde*, xviiᵉ siècle (reg. de la Chambre des comptes).

PIERRES-CASSÉES (Les), cᵒⁿ de 227 hectares de la forêt de Lyons, touchant à Vascœuil. — 1868 (plan de la forêt domaniale).

PIERRES-DE-LA-LOGE (Les), h. de Saint-Nicolas-d'Attez.

PIERRE-DE-LA-LOGE (La), menhir détruit à Baudemont vers 1840.

PIERRE TOURNANTE (La), pierre d'environ 6 pieds carrés et 2 pieds d'épaisseur, dans le bois de Mallemains, à Bosgouet, supposée faire une révolution sur elle-même chaque année, la nuit de Noël.

PIERRETTE (La), lieu-dit à Perruel.

PIERRE-VERCLIVES (La), fief à Lisors (vingtièmes).

PIERROTS (Les), h. de Sainte-Marthe.

PIGEON-BLANC (Le), lieu-dit à Heudicourt.

PIGNÉ, fontaine, affluent de la Calonne à Saint-Jean-d'Asnières.

PIHALLIÈRE (La), fief à Condé-sur-Iton et en relevant, 1452; auj. chât. de *la Pichaillière* ou *Pihaillière* (Le Beurier).

PIRAUDIÈRE (La), h. de Notre-Dame-de-Fresnes.

PILATRAYE (La), f. à Saint-Jacques-de-la-Barre. — 1792 (1ᵉʳ suppl. à la liste des émigrés).

PILE (La) ou LA PIE, h. de Fontaine-la-Soret.

PILETTE (La), h. de Bernay.

PILETTE (La), f. à Capelles-les-Grands; fief.

PILETTE (La), f. à Mélicourt; fief.

PILIER-VERT (Le), h. de la Gueroulde. — *Les Fieffes du Pillier Verd*, 1560 (titres de l'abb. de Lyre).

PILLARDS (Les), h. de Thierville.

PILLE-BOURSE, h. de Breteuil. — Grosse forge dès l'an 1689.

PILLERIE (La), h. de la Barre.

PILLIÈRE (La), h. de Bois-Normand-près-Lyre.

PILLIÈRE (La), h. de Francheville.

PILLIÈRE (La), h. de Saint-Pierre-de-Cernières.

PILLONIÈRE (La), h. partagé entre Giverville et Épreville-en-Lieuvin.

PILVEDIÈRE (La), h. partagé entre Saint-Benoît-des-Ombres et Saint-Georges-du-Vièvre; vavassorie relev. de la Poterie-Mathieu.—*La Pilcoidière*, 1376 (arch. de l'Eure).

PIN (Le), b. d'Honguemare.

PIX (Le), fief s'étendant sur Saint-Amand-des-Hautes-Terres et Tourville-la-Campagne. — *Pinus*, 1386 (aveu du baron du Neubourg).

PINACLE (Le), h. de Saint-Benoît-des-Ombres.

PINARD, f. à Carsix.

PINARD, fief à Muids.

PINARDIÈRE (LA), f. à Fontaine-la-Soret.

PINCET, h. de Touville.

PINCHELOUP, h. partagé entre le Mesnil-Hardray et Nogent-le-Sec.

PINCHELOUP, h. de Saint-Germain-Village.

PINCHELOUP (LES BRUYÈRES DE), entre Saint-Germain-Village et Saint-Siméon.

PINCHEMONT, fief à Hauville.

PINCHONNIÈRE (LA), f. à Campigny, en 1720. — La Pinsonnière, 1868 (Charpillon et Caresme).

PINCHONNIÈRE (LA), h. partagé entre le Favril, Heudreville-en-Lieuvin et Saint-Aubin-de-Scellon.

PINCHONNIÈRE (LA), vavass. à Martainville-en-Lieuvin, relevant des fiefs de Houetteville et de Vironvay.

PINCHONNIÈRE (LA), h. de Saint-Martin-Saint-Firmin.

PINÇON, h. d'Illiers-l'Évêque. — Painson, 1765 (Dict. géogr. de Duhamel). — Pinson (Le Beurier).

PINÇONNIÈRE (LA), h. du Bosc-Renoult-en-Ouche.

PINEL, huit° de fief à Triqueville, relev. de Launay.

PINTERVILLE, c°° du c°° de Louviers; fief; anc. château des archev. de Rouen. — Pintervilla, 1206 (cart. de Saint-Taurin). — Pintarvilla, 1223 (reg. Phil. Aug.). — Pintarvilla, 1260 (cart. de Phil. d'Alençon et cart. des Emmurées).

PINTREAUX (LES), fief et h. de Saint-Aubin-de-Scellon.

PIPART, vavassorie à Bailleul-la-Vallée; second nom d'un fief de Clères.

PIPET (LE), h. de Sainte-Barbe-sur-Gaillon.

PIQUET-PORT, une des portes du château d'Harcourt. — 1451 (La Roque, et aveu du baron de Clère).

PIS-ALLER (LE), h. de Fontaine-Bellenger.

PISARAINE (LA), lieu-dit à Martagny.

PISEUX, c°° du c°° de Verneuil; fief. — Puteoli, 1174 (ch. de Henri II). — Puiseis, 1207; Puiseus, 1212 (cart. de Jumiéges). — Puseus, 1219 (cart. de l'Estrée). — Pisieur, 1738 (Saas).

PISSE-ARGENT (MOULIN), dit aussi MOULIN DE LA MAGDALAYNE, aux Andelys, 1620 (aveu de Nicolas La Vache), supprimé avant 1770 (Brossard de Ruville). — Pisargent, 1511 (arch. du palais de justice de Rouen).

PISSELOU, lieu-dit du territ. de Couches. — 1238 (ch. de la Noë).

PISSEMARE (LE HAUT et LE BAS), lieux-dits à Flipou.

PITHIENVILLE, c°° réunie à Bernienville en 1844; fief relev. de l'évêché d'Évreux, 1452. — Peintervilla, vers 1165 (ch. d'Adam de Cierrey). — Pinterville, 1392 (cart. du chap. d'Évreux).—Pintienville, 1400 (ch. de Guill. de Vallan, év. d'Évreux). — Paintienville, 1402 (arch. de Seine-et-Oise, fonds de Maubuisson). — Pintionville, 1452 (L. P.). — Paintreville, 1562 (arrière-ban).

PITOISE (LA), h. de Saint-Ouen-de-Thouberville.

PÎTRES, c°° du c°° de Pont-de-l'Arche; fief relevant de Gisors (L. P.). — Domaine des rois carlovingiens. — Pistis, 862; Pistæ vulgo Pistres, ad Indellæ, seu Andellæ atque Andureæ confluentes (annales Bertiniani). — Locus qui dicitur Pistas, VIIe siècle (Vita sancti Condedi apud acta Sanctorum ord. S. Benedicti). — Pistæ, Pistres (Dom Mabillon, annot. ad Vitam S. Condedi). — Pistus, 751 (dipl. du roi Pepin). — Pistæ (ch. de Charles le Chauve). — Pistis, 862 (recueil des hist. de France). — Pistes, vers 1018 (ch. de Richard II). — Pistæ, 1119 (O. V.).— Pistræ, 1206 (cart. de Philippe Auguste). — Pystres, XIIIe s° (p. d'Eudes Rigaud). — Pistre, XIIIe s° (Marie de France, lai des Deux-Amants). — Pistris, 1296 (cart. de Lyre). — Pistres (p. de Raoul Roussel); 1722 (Piganiol de la Force).

PITRY, h. de Thierville.

PITTRE, fief au Thil.

PIVANTIÈRE (LA), h. de la Barre.

PIVENTERIE (LA), h. de Sainte-Marguerite-de-l'Autel.

PIVENTS (LE), f. à Éturqueraye.

PLACE (LA), fief à Saint-Germain-sur-Avre.

PLACE-DE-LA-GRÂCE (LA), h. de Saint-Pierre-de-Bailleul.

PLACE-FRICHE-VICTOR (RUE DE LA), à Verneuil.

PLACES (LES), c°° du c°° de Thiberville; fief relev. de Fontaine-la-Louvet. — Plateæ (ch. de l'abbaye de Tiron). — Les Plaches, 1315 (L. P.).

PLACES (LES), h. de Saint-Paul-sur-Risle. — Plateæ (inv. de Lyre).

PLAIDS-DE-SAINT-TAURIN (LES), nom conservé auj. encore à une maison de Louviers, près de l'anc. porte de Paris; passée, dit-on, en propriété des Templiers à l'abb. de Saint-Taurin d'Évreux.

PLAINS (LES), h. et fief à Saint-Julien-de-la-Liègue. — Plains ou la Plaigne, vers 1280 (La Roque).

PLAINVILLE, c°° du c°° de Bernay; fief relev. d'Orbec. — Plainville dit Guiberville (L. P.). — Pelcavilla, Pelevile (cart. de Lyre).— Pelleville, 1400 (notariat de Bernay).— Plainville-Tour-Ménil, 1828 (L. Dubois).

PLAINVILLETTE, h. de Plainville.

PLAISANCE (MOULIN DE), à Verneuil.

PLAISIÈRE (LE), terrain inculte à Igoville.

PLAIT-DE-L'ÉPÉE-ET-GEÔLE (LE), sergenterie noble à Vernon (Le Beurier).

PLANCHE (LA), h. de Gauville-près-Verneuil. — Moulin des Planches, 1454.

PLANCHE (LA), huit° de fief à Saint-Agnan-de-Cernières, relev. de Cernières, 1708; dit aussi fief Harel (Le Beurier).

Planche (Moulin et Pont de la), en 1745 (plan d'Évreux).

Planche-de-la-Charité (La), lieu-dit à Épaignes

Plancher (Le), f. à Fontaine-sous-Jouy.

Planches (Les), c^{ne} du c^{on} de Louviers; plein fief s'étendant sur Criquebeuf-la-Campagne et Surville, 1455. — *Plancheium*, 1230; *Plancatum*, 1244 (cart. de Saint-Taurin). — *Planchæ*, 1231 (ch. de la Noë). — *Les Planches-sur-Iton*, 1828 (L. Dubois).

Planches (Les), m^{on} isolée, à Acon.

Planches (Les), h. des Andelys; fief relev. de Gisors: nom dû à une passerelle en planches, et on dit souvent *le Mesnil-des-Planches*, et plus anciennement *Nanteuil*. — *Les Planches-sur-Andely*, 1461 (aveu d'Anne, comtesse de Laval).

Planches (Les), fief à Glisolles (ch. de la Noë).

Planches (Les), h. de Saint-Nicolas-d'Attez.

Planche-Saint-Antoine (La), h. de Campigny et station du chemin de fer de Glos à Pont-Audemer.

Planches-de-Neaufles (Les), lieu d'une conférence à Neaufles-Saint-Martin, en 1109, entre les rois de France et d'Angleterre. — Voy. Neaufles.

Planches-d'Herponcey (Les), mⁱⁿ à Rugles, sur l'anc. c^{ne} d'Herponcey.

Planchettes (Les), h. de Saint-Pierre-de-Cernières.

Planchettes (Les), nom donné à la rivière de Bave.

Planchie (La), manoir de l'abbaye de Conches, à Fontaine-sous-Jouy, 1419 (dénomb. des biens de l'abb.). — *Le Planchié*, 1419 (L. P.).

Planets (Les), h. d'Appeville-dit-Annebaut, 1310; fief relev. d'Annebaut.

Planitreaux, arrière-fief de peu d'étendue à ou près Saint-Éloi-de-Fourques.

Planitreaux (Les), huit^e de fief; 52 acres, à Barquet, 1593 (terrier de Barquet). — *Les Pénitreaux*, dire du seigneur contestant le titre de fief; simple veneur, selon lui.

Planquay (Le), c^{ne} du cⁿ de Thiberville. — *Planqueyum* (1er p. de Lisieux).

Planque-Guénoult (La), h. de Saint-Siméon.

Planquette (La), h. de Bernay.

Planquette (La), h. de Saint-Nicolas-du-Bosc-l'Abbé.

Plant (Bois du), à Saint-Étienne-sous-Bailleul.

Plante-à-Tabac (La), lieu-dit à Bouafles.

Plante-Forset (La), vigne à Saint-Pierre-d'Autils. — 1243 (Léopold Delisle).

Plantelettes (Les), lieu-dit à Bouafles.

Planterose (Bois de), à Claville.

Planterose (Rue), à Saint-Aubin-sur-Gaillon.

Plantes (Les), h. de Moisville.

Plantes (Les), f. à Saint-Étienne-du-Vauvray.

Plastis (Le), m^{on} isolée, à Chéronvilliers.

Plardière (La), h. de Beaumontel.

Plasnes, c^{ne} du c^{on} de Bernay; plein fief relev. de Beaumont-le-Roger; haute justice, baronnie devenue marquisat. — *Platani*, xie s^e (O. V.)? (L. P.). — *Planæ*, 1175 (ch. de Rotrou, archevêque de Rouen). — *Erabli?* 1191 (L. P.). — *Platanus*, 1207 (cart. de Saint-Taurin). — *Plagnæ*, 1210 (ch. de Raoul de Montgommery). — *Plaignæ*, xiiie s^e (Duchesne, Liste de services militaires). — *Plennes*, 1287 (cart. de Saint-Évroult). — *Plannes*, 1445 (Rech. de la noblesse); 1595 (La Chesnaye des Bois). — *Plani* (1er p. de Lisieux). — *Plasmes*, xve s^e (dénombr. de la vicomté de Conches). — *Plânes* (L. P.). — *Plasni* (2e p. de Lisieux).

Plasnes (Ermitage de), existant encore en 1791.

Plasnes (Moulin de), à Courcelles, relev. de Plasnes. — 1456 (L. P.).

Plat-de-l'Espée (Le), sergenterie noble à Bernay, 1469 (moustre génér. de la noblesse du bailliage d'Évreux).

Platemare, h. d'Houetteville.

Platerie (La), fief à Fort-Moville.

Plavinière (La), h. de Saint-Laurent-des-Grès.

Pleignes (Les), h. de Jouy-sur-Eure. — *Plaignes*, 1221 (L. P.).

Pleignes (Les), h. du Thuit et fief. — *Plaigne versus Andely* (obituarium ecclesiæ Rotomagi).

Plein-Champ, h. de Tillières.

Plesches (Les), lieu-dit à Quincarnon. — 1419 (aveu, arch. nat.).

Plesse (La), fief à Guichainville; même origine et signification que *Plessis*, plus usité (L. P.).

Plesse (La), m^{on} isolée, à Hécourt.

Plesse (La), huit^e de fief à Saint-Aquilin-de-Pacy, relevant de Boudeville, même paroisse.

Plesse (La), h. de Saint-Pierre-de-Bailleul. — *Plessa*, 1248 (L. P.).

Plesses (Rue Longue et Rue Courte des), à Breteuil.

Plessis (Le), h. d'Amfreville-sous-les-Monts. — *Plesscium*, 1207 (grande ch. des Deux-Amants).

Plessis (Le), fief aux ou près les Andelys.

Plessis (Le), h. d'Authenay.

Plessis (Le), h. des Barils.

Plessis (Le), h. de Berthouville.

Plessis (Le), château et h. de Bouquelon; q^t de fief relevant du roi (Le Beurier). — *Plessis-Bouquelon* (L. P. et l'abbé Caresme).

Plessis (Le), h. de Chéronvilliers.

Plessis (Le), h. de Cintray.

Plessis (Le), f. à Courteilles.

Plessis (Le), h. d'Épaignes; fief réuni à Launay.

Plessis (Le), fief dépendant de Garencières et relevant de Gisors (L. P.).

Plessis (Le), f. à Grand-Camp; fief relev. de la Motte, à Saint-Jean-du-Thenney.

Plessis (Le), fief à Guernanville et en relevant.

Plessis (Le), h. de Noards; pl. fief relev. de Brionne.

Plessis (Le), h. du Plessis-Grohan; fief.

Plessis (Le), fief voisin et relev. de Pont-Échanfré. — *Plessicium*, xiᵉ sᵉ (O. V.).

Plessis (Le), tiers de fief à Reuilly, relevant de Crèvecœur.

Plessis (Le), h. de Rosay. — *Plaisseium*, xiiᵉ sᵉ (cart. de Mortemer).

Plessis (Le); huitᵉ de fief de la sergent. du Roumois, 1559.

Plessis (Le), h. de Rugles.

Plessis (Le), h. de Saint-Aubin-du-Thenney.

Plessis (Le), h. de Saint-Clair-d'Arcey; fief relev. de Beaumont-le-Roger.

Plessis (Le), h. de Saint-Cyr-de-Salerne.

Plessis (Le), h. de Saint-Germain-la-Campagne; plein fief avec patronage, 1416 (L. P.).

Plessis (Le), h. de Sainte-Marguerite-en-Ouche.

Plessis (Le), f. à Saint-Vincent-du-Boulay; demi-fief relev. de Courcy, 1455 (L. P.).

Plessis (Le), f. au Theil-Nolent; fief.

Plessis (Le), h. de Thevray; qt de fief relevant de Beaumesnil, 1419 (L. P.).

Plessis (Le), h. de Touffreville; fief. — *Plesseiz*, 1164 (L. P.).

Plessis-Grohan (Le), cⁿᵉ du cⁿ d'Évreux sud. — *Plesseia Gorhan*, vers 1190 (ch. de Richard Cœur de Lion). — *Gruhan*, 1211 (cart. de Saint-Taurin). — *Plesseit*, vers 1216 (bulle d'Honorius III). — *B. Petrus de Plesseiz*, 1268 (cart. de Saint-Taurin). — *Plessiacum Gorhen*, 1285 (cart. du chapitre d'Évreux). — *Plessis-Gruchan* (cout. des forêts). — *Plessis-Grohant*, 1754 (Dict. des postes).

Plessis-Hébert (Le), cⁿᵉ du cⁿ de Pacy; fief relevant de Gisors. — *Plaiseis Herbert, Pleissis Herbert*, vers 1190 (ch. de Richard Cœur de Lion). — *Pleiset Herberti*, 1216 (bulle d'Honorius III). — *Plesseium*, 1263; *Plesseyum Herberti* (cart. de Saint-Taurin).

Plessis-Mahiet (Le), fief et cⁿᵉ réunie à Sainte-Opportune-la-Campagne, sous le nom du *Plessis-Sainte-Opportune*, en 1846, après avoir absorbé v. 1792 Saint-Léger-le-Gauthier. — *Plassetum Mahiel*, 1143 (cart. du Bec). — *Plesseium Mahiel* (reg. de la Chambre des comptes). --- *Plessis-Mahiel*, 1469 (monstre). — *Le Plessis-Mohier*, 1709 (dénombr. du royaume). — *Plessis-Mahier*, 1722 (Masseville).

Plessis-Nicole (Le), près d'Amfreville-sous-les-Monts; fief aux religieux des Deux-Amants.

Plessis-Panlatte (Le), fief et manoir de l'abb. du Bec, à Panlatte. — *Plessis-Panlate* (inv. du Bec).

Plessis-Sainte-Opportune (Le), cⁿᵉ du cⁿ de Beaumont-le-Roger, formée en 1846 du Plessis-Mahiet et de Sainte-Opportune-la-Campagne.

Pleys-de-Fourges (Les), fief à Fourges, relevant de Gisors.

Plis (Les), h. d'Hondouville; huitᵉ de fief s'étendant sur les Planches; auj. usine à foulon.

Plix-Aubin (Les), f. à Écos.

Plouzel (Le), f. à Caumont.

Pluques (Les), h. de Vannecrocq.

Plusquetout (Le), château à Évreux.

Plustot (Saint-Ursin de), anc. nom de la Haye-du-Theil (p. français d'Évreux).

Pognanterie (La), h. de Saint-Sylvestre-de-Cormeilles.

Pognons (Les), h. de Beuzeville.

Poignerie (La), f. à Épaignes. — *La Poigneraie*, 1789 (trait de dîme appartenant à l'abb. de Préaux).

Poigneur (Ferme au), près Grestain. — 1312 (cart. de Préaux).

Poiley, paroisse réunie à Verneuil en 1792. — *Poileium*, 1099; *Poili super Avram* (O. V.). — *Poelleyum* (1ᵉʳ pouillé d'Évreux). — *Poislai* et *Poilai* (L. P.). — *Poelay*, 1840 (Gadebled).

Poiley ou Poisley (Étang de), aux portes de Verneuil.

Point-du-Jour (Le), mⁿ isolée, à Chanu.

Point-du-Jour (Le), mⁿ isolée, à Conches.

Point-du-Jour (Le), lieu-dit à Fouqueville.

Point-du-Jour (Le), h. du Thuit-Signol.

Point-du-Jour (Le), f. à Tourny.

Point-du-Jour (Le), château à Vernon.

Point-du-Jour (Rue du), à Amfreville-la-Campagne.

Pointe-de-Martainville (La), mⁿ is. à Pont-Audemer.

Pointe-du-Goulet (La), hauteur s'avançant jusqu'au lit de la Seine, à Saint-Pierre-d'Autils.

Pointillière (La), f. à Cintray et fief, 1735 (vingtièmes). — *Poinellière* (Cassini). — *La Pointellière*, 1735 (mém. judiciaire).

Poirier-à-la-Bête (Le), lieu-dit aux Baux-de-Breteuil.

Poirier-à-la-Fileuse (Le), lieu-dit au Plessis-Grohan.

Poirier-au-Magot (Le), lieu-dit à Tourville-la-Campagne.

Poirier-de-Rouvret (Le), mⁿ isolée, à Fontaine-la-Louvet.

Poirier-Enragé (Le), lieu-dit au Boulay-Morin.

Poissi, fief à Fourmetot et à Manneville-sur-Risle, relev. de Pont-Audemer.

Poitevinière (La), anc. f. dépendant du domaine de Malou.

Poivre (Le), lieu-dit à Ecquetot.

Poivre (Le), lieu-dit à Émalleville.

Poivre (Le), f. à Villez-sous-Bailleul.

Poivrier (Le), lieu-dit à Ecquetot.

Polhommet (Canal du), à Louviers.

Poligny, château et fief au Chesne.

Polins (Les), h. de Tourville-sur-Pont-Audemer.

Pomme-d'Or (La), h. de Beuzeville.

Pommeraie (La), fief et chât. à Berville-sur-Mer, 1345.

Pommeraie (La), h. de Campigny; fief.

Pommeraie (La), fief et château à Grosbois.

Pommeraie (La), h. de Saint-Mards-de-Fresnes; q' de fief relev. de la baronnie de Ferrières. — *Pomeria*, xiii⁰ s⁰ (L. P.).

Pommerats (Les), f. à Francheville.

Pommereuil, coupe de la forêt de Conches.

Pommereuil, h. de Creton, bourgade et paroisse au moyen âge; fief relevant de Breteuil, 1409. — *Pommerellum* (cart. de Lyre). — *Pomerolium* (reg. de Phil. Aug.). — *Pommerol* (obit. de Lyre). — *Pommereul*, 1298 (L. P.).

Pommereuil, f. à Sainte-Marthe; fief relevant du roi, 1406 (L. P.). — *Pommereul* (Le Beurier). — *Pommerelle*, 1230 (ch. de Guill. de Conches).

Pomme-Royale (La), h. de Beuzeville.

Pommier-à-la-Neige (Le), lieu-dit à Garencières.

Pommier-au-Seigneur (Le), h. de Boulleville.

Pommier-de-Mai (Le), lieu-dit à Crestot et à Criquebeuf-la-Campagne.

Pommier-Enté (Le), huit⁰ de fief à Pierre-Ronde, relevant de Beaumesnil, 1418.

Pommiers (Île des), sur la Seine, près de Poses.

Pompoux, lieu-dit à Lignerolles.

Poncel (Moulin du), à Mainneville-sur-Risle. — *Poncellum*, 1236 (L. P.).

Ponchereaux, m⁰ à Livet-sur-Authou.

Ponctey (Le), h. de Triqueville.

Ponnelière (La), h. de Saint-Aubin-des-Hayes.

Pont (Le), m⁰⁰ isolée, à Nonancourt.

Pont (Le), fief relev. de Pont-Authou et de Pont-Audemer (L. P.): assiette indéterminée.

Pont (Le), m⁰ à Saint-Cyr-la-Campagne.

Pontards (Butte des), ancien retranchement dans la forêt de Breteuil.

Pont-Audemer, ch.-l. d'arrond. et de c⁰⁰; anc. élection comprenant 157 paroisses; vicomté du baill. de Rouen; mairie du xii⁰ s⁰, château fort construit au xi⁰ s⁰ et détruit en 1378 par Duguesclin; doyenné du dioc. de Rouen, devenu l'un des deux archidiaconés de ce diocèse; grenier à sel; maîtrise des eaux et forêts; ville située par 49° 21′ 22″ de latitude et 1° 49′ 18″ de longitude O. et à 7 mètres au-dessus

du niveau de la mer. — *Breviodurum*, bourgade gallo-romaine de l'itinéraire d'Antonin? Ainsi le pensent F. Rever, Louis Dubois et l'abbé Cochet. — *Punt Audumer* (roman de Rou). — *Pons Haldemari*, (ch. de Richard II, duc de Normandie). — *Aldemari Pons* (ch. de Guillaume le Conquérant). — *Pons Aldemari*, 1135 (Orderic Vital). — *Audemari Pons* (Musseville). — *Aldimeri Pons* (grande ch. de Préaux). — *Ponteaudomarus*, 1150 (ch. de Hugues, archev. de Rouen). — *Pons Aldemer*, vers 1190 (cart. de l'Isle-Dieu). — *Pons Audomarus*, 1268 (recueil des ordonnances). — *Pons Audemari* (M. R.). — *Pontodomer* (ch. de Robert de Meulan). — *Pontulus Maris* (Rob. Blondel, Assertio Normanniæ). — *Pont-Oldemer, Pont-Odemair, Pont-Aldemar* (anc. titres cités par Guilmeth). — *Pontiau-de-Mer* (Bouvier dit Berry). — *Pontheudemer*, 1465 (chron. scandaleuse). — *Pons Audomari* gallice Pont Audumer, 1557 (Robert Cœnalis). — *Ponteau*, 1644 (Coulon, les Riv. de France). — *Ponteau-de-Mer* (Baudrand).

Pont-Audemer (Archidiaconé de), comprenant les archiprêtrés de Bernay, Louviers et Pont-Audemer, 1791.

Pont-Audemer (Arrondissement de), au N. O. du dép⁰, dont il forme à peu près la sixième partie; borné à l'E. et au N. par le dép⁰ de la Seine-Inférieure et l'embouchure de la Seine, au S. par les arrond. de Louviers et de Bernay, à l'O. par le dép⁰ du Calvados. — Il est divisé en 8 cantons : Beuzeville, Bourgtheroulde, Cormeilles, Montfort, Pont-Audemer, Quillebeuf, Routot, Saint-Georges-du-Vièvre, et renferme 140 communes.

Pont-Audemer (Canton de), arrond. du même nom, ayant à l'E. les cantons de Routot et de Montfort, au S. ceux de Saint-Georges-du-Vièvre et de Cormeilles, à l'O. le canton de Beuzeville, au N. celui de Quillebeuf, tous du même arrondissement. Il comprend 15 c⁰⁰⁰ : Pont-Audemer, Campigny, Colletot, Corneville-sur-Risle, Fourmetot, Manneville-sur-Risle, les Préaux, Saint-Germain-Village, Saint-Mards-de-Blacarville, Saint-Paul-sur-Risle, Saint-Symphorien, Selles, Tourville, Toutainville, Triqueville, et 14 paroisses, dont 1 cure, à Pont-Audemer, et 13 succursales : Campigny, Colletot, Corneville-sur-Risle, Fourmetot, Manneville-sur-Risle, les Préaux, Saint-Germain-Village, Saint-Mards-de-Blacarville, Saint-Paul-sur-Risle, Selles, Tourville, Toutainville, Triqueville.

Pont-Aubry, h. de la Roussière; fief.

Pont-Authou, c⁰⁰ du c⁰⁰ de Montfort; vicomté du baill. de Rouen, relev. de Pont-Audemer. — *Breviodu-*

rum (d'après quelques antiquaires). — *Pons Altou*, 1094 (ch. de Richard II). — *Pons Haltou*, 1079 (Neustria pia, ch. de Guill. le Conquérant). — *Pons Altouci*, XIᵉ sᵉ (O. V.). — *Pons Autouldi*, 1141 (ch. de fondation du prieuré de Bourg-Achard). — *Pons Altoi*, 1174 (cart. de Jumiéges). — *Pons Altous*, *Pons Autou*, 1175 (ch. de Rotrou, archevêque de Rouen). — *Pons Auto*, 1181 (bulle d'Alexandre III). — *Pons de Autou*, 1203 (M. R.). — *Pons Haltaldus* (Robert Cœnalis). — *Pons Antonii* (chron. Becci). — *Pons Antoni* (p. d'Eudes Rigaud). — *Pont-Autorf* (La Roque). — *Pons Altaldi*, *Pons Atolphi*, vulgo *Pont Aultou*, 1557 (Robert Cœnalis). — *Pont-Aulton*, 1668 (André Duchesne, Antiq. et rech. des villes). — *Pont-au-Tout*, 1708 (Th. Corneille). — *Pont-Autoul*, 1722 (Masseville).

Pont-aux-Canards, pont communal à Gaillon.

Pont-Baudet, pré à Bernay, en 1268 (L. P.).

Pont Blier, sur le Gamhon, aux Andelys.

Pont Breton, anc. nom du *pont Blier*, 1684.

Pont-Charrier, h. de Muzy.

Pont-d'Andelle (Le), h. de Charleval.

Pont de la Porte-de-l'Eau, supprimé à Louviers en 1830.

Pont-de-l'Arche, ch.-l. de cᵉⁿ, arrond. de Louviers; anc. place forte; élection de 77 paroisses, dont 8, détachées de l'anc. dioc. de Rouen, font auj. partie du dépᵗ de la Seine-Inférieure; vicomté du baill. de Rouen; mairie du XIIIᵉ siècle; écluse; point de la Seine où se termine l'action des marées (Ant. Passy). — *Pons Archas*, vers 1020 (ch. de Richard II). — *Pons Arcis Meæ*, vers 1160 (dipl. de Henri II). — *Pons Arche*, 1180 (autres ch. de Henri II). — *Pons Archiæ*, 1194 (Roger de Hoveden, Hist. de France). — *Pons Arcarum* (gesta Stephani regis). — *Pons Archarum*, v. 1200 (L. P.). — *Pons·Archie*, 1210 (cart. normand). — *Pons Arcus* (martyrologium Ebroicense); 1310 (Dom. Bessin). — *Pons Arcæ* (Mabillon, Annot. ad Vit. S. Coudedi); 1216 (Neustria pia). — *Pons Archæ* (Guill. de Nangis, son continuateur; Guill. Le Breton, Philippide et Th. Basin', év. de Lisieux). — *Pont-de-l'Arce*, 1346 (Froissart). — *Pount-de-l'Arge* (sous Charles VII, dénombr. de troupes). — *Pont-des-Archiers*, 1466 (chron. scandaleuse). — *Arx Pontis*, 1557 (Rob. Cœnalis). — *Pons Arcuatus* (Denyau, Rollo North. Brit.). — *Pons Arquatus* (Piganiol de la Force). — *Pons de Arcis* (Dict. univ. de la France, 1726). — *Pons Arcuensis* (De Thou, Th. Corneille et Baudrand). — *Pons Fornicis* (Masseville). — *Arcæ Eburovicum* (arch. de la Seine-Inf.). — *Pont-des-Arches* (Gall. christ.). — *Pont-de-l'Arche-Guéroise*

(historien anglais cité par Hadrien de Valois). — *Psitæ* == Pont-de-l'Arche (L. Bréauté, Notice historique sur Pîtres; erreur certaine).

Pont-de-l'Arche (Canton de), arrond. de Louviers, ayant à l'E. les cantons des Andelys et de Fleury-sur-Andelle; au S. le canton de Louviers; à l'O. un prolongement de ce même canton; au N. le dépᵗ de la Seine-Inférieure. — Il contient 19 cᵐᵉˢ: Pont-de-l'Arche, Alisay, Connelles, Criquebeuf-sur-Seine, les Damps, Herqueville, Igoville, Léry, le Manoir, Martot, Montaure, Notre-Dame-du-Vaudreuil, Pîtres, Porte-Joie, Poses, Saint-Cyr-du-Vaudreuil, Tostes, Tournedos-sur-Seine, Vatteville, et 11 paroisses, dont 1 cure, à Pont-de-l'Arche, et 10 succursales : Alisay, Connelles, Criquebeuf-sur-Seine, Léry, Montaure, Notre-Dame-du-Vaudreuil, Pîtres, Porte-Joie, Poses, Saint-Cyr-du-Vaudreuil.

Pont-de-l'Arche (Rue du), à Pont-Audemer; nom conservé en mémoire d'une arche joignant deux tours qui défendaient la Risle, 1495 (Cancl).

Pont-de-l'Étang (Le), usine à Bernay.

Pont-des-Pierres (Le), mⁱⁿ à Lorey.

Pont Doué (Le), double pont sur l'Epte, à Gisors, à l'entrée du faubourg, au lieu où Philippe Auguste tomba dans la rivière.

Pont-Échaufré, nom primitif de Notre-Dame-du Hamel. — *Pons Herchenfret*, *Ponterchenfredus*, *Pons Ercenfredi*, XIᵉ sᵉ (O. V.). — *Pons·Erchenfredi*, vers 1116 (dipl. de Henri Iᵉʳ). — *Pons Archenfredi*, 1208; *Pons Herchenfredi*, 1210-1249 (cart. de Saint-Évroult).

Pont-Font (Rue du), à Verneuil.

Pont-Gras (Rue du), à Louviers. — 1455 (arch. de la Seine-Inférieure).

Pont-Hachette, h. du Bec-Hellouin. — Lieu de la première tentative d'établissement du bienheureux Hellouin (L. P.).

Pont-Hébert, qⁱ de fief de Menilles et en relevant. — 1411 (L. P.).

Pont-l'Évêque (Faubourg de), à Pont-Audemer.

Pont-Marchand (Le), h. partagé entre Pont-Audemer et Saint-Paul-sur-Risle. — *Pons Marganus* (titre très-ancien). — *Pont-des-Marchands*, 1547 (L. P.).

Pont Perrin, 1745 (plan d'Évreux).

Pont-Perrin (Moulin du), au Plessis-Grohan, v. 1187 (ch. de Simon, comte d'Évreux).

Pont-Pottier (Le), h. de Selles.

Pont-Pottier (Ruisseau du), qui a sa source à Selles et afflue au Sébec à Tourville-sur-Pont-Audemer.

Pont Rassent, à Conches.

Pont Saint', anc. pont à Évreux; nom conservé à une rue. — *Pons Siccus*, 1245 (cart. du chap. d'Évreux).

Pont-Saint-Pierre, c^{ne} du c^{on} de Fleury; ancienne-ment qualifiée bourg et divisée en deux paroisses, Saint-Nicolas et Saint-Pierre; château fort; première baronnie de Normandie, relevant de Rouen; haute justice. — *Pons S. Petri*, 1118 (Suger, Vie de Louis le Gros). — *Pons Sancti Petri super Andelam* (ch. de fondat. de Lyre). — *Saint-Nicolas-de-Pont-Saint-Pierre* (désignation très-fréquente).

Pont-Saint-Pierre (Canton de), c^{on} du district de Louviers, comprenant, de 1790 à l'an ix, 15 c^{nes} : Saint-Nicolas-de-Pont-Saint-Pierre, chef-lieu ; Amfreville-les-Champs, Amfreville-sous-les-Monts, Bourg-Beaudouin, Cressenville, Douville, Fleury-sur-Andelle, Flipou, Grainville, Orgeville, Radepont, Romilly, Saint-Pierre-de-Pont-Saint-Pierre, Senne-ville, Vandrimare.

Pont-Sec (Le), l'une des sources du ruisseau des Fon-taines, à Fontaine-sous-Jouy.

Ponts-Verts (Les), h. de Saint-Nicolas-d'Attez.

Pont-Thibout (Le), h. de Francheville. — *Pons Ty-boudi*, 1255 (ch. de saint Louis). — *Pont-Tiboud* et *Pont Ibou* (L. P.).

Pobete (La Haute et Basse), lieu-dit à Forêt-la-Folie.

Porillière (La), h. de Francheville.

Porneterie (La), lieu-dit voisin et dépendant de l'abb. du Bec, 1229.

Portaiserie (La), f. aux Minières.

Port-de-Pîtres, m^{on} isolée, à Pîtres.

Porte (La), f. à Rougemontiers.

Porte (La), h. de Serquigny.

Porte-Baulée (La), lieu-dit à Grostheil.

Porte Chartraine, 1745 (plan d'Évreux).

Porte-de-Buque, f. à Saint-Pierre-des-Ifs.

Porte de Fer, l'une des quatre portes de Gisors fortifié.

Porte de l'Eau (La), construction gothique à Vernon, au bout de la rue Bourbon-Penthièvre, démolie en 1871.

Porte-de-Pierre, f. à Épréville-près-le-Neubourg.

Porte-des-Champs (La), m^{on} isolée, à Dangu.

Porte-du-Manoir (La), lieu-dit à Vraiville.

Porte-Joie, c^{ne} du c^{on} de Pont-de-l'Arche; fief. — *Por-tus Gaudii*, 1026 (ch. de Richard II). — ..... *portus qui gaudia portans nomen habet* (G. le Bre-ton, Philippide). — *Port-Bigeois*, 1631 (Tassin, Plans et profilz). — *Portigeois*, 1722 (Masseville). — *Portijoye*, 1738 (Saas). — *Portejoye*, 1744 (chartrier du Vaudreuil). — *Portsgeois*, 1781 (Be-rey, Carte particulière du dioc. de Rouen). — *Porti-Joie*, 1810 (annuaire de l'Eure). — *Portjoie*, 1805 (Masson Saint-Amand).

Porte-Joie (Passage et Île de), sur la Seine, à Porte-Joie. — *Porti-Joie*, 1810 (annuaire).

Porte-Lombert, f. à Écaquelon.

Porte-Malheur, lieu-dit à Tourny.

Porte Peinte (La), porte de la ville des Andelys, de création postérieure aux dégradations du Château-Gaillard (Brossard de Ruville).

Porte Peinte (La), l'une des principales portes de la ville d'Évreux: nom dû à une image de Notre-Dame peinte en 1392 (Le Brasseur).

Porte Piquet (La), l'une des portes du château d'Har-court.

Porterie (La), h. de la Haye-Saint-Sylvestre.

Porterie (La), h. partagé entre Saint-Germain-la-Campagne et Saint-Mards-de-Fresnes.

Porte-Rouge (La), f. à Duranville.

Portes, c^{ne} du c^{on} de Conches; plein fief relevant de Conches, 1453 (L. P.). — *Portæ*, 1234 (ch. de la Noë). — *Portez*, 1447 (L. P.).

Portes (Les), fief à Appeville-dit-Annebaut.

Portes (Les), h. de Bémécourt.

Portes (Les), m^{on} isolée, à Fains.

Portes (Les), f. et fief à Fourmetot.

Portes (Les), h. de Grand-Camp.

Portes (Les), h. de Saint-Étienne-l'Allier.

Porte Saint-Jacques, l'une des portes fortifiées du Petit-Andely, xiie siècle.

Portes-Blanches (Les), h. de Breteuil.

Porteville (La), château à Saint-Mards-de-Fresnes.

Portevoix, f. à Autheuil.

Portion, f. à Berville-sur-Mer.

Port-Morin, bac sur la Seine, en face du Petit-An-dely, à Tosny.

Pont-Mort, c^{ne} du c^{on} des Andelys; fief. — *Portus Mau-rus* (ch. mérovingienne de Vandemir; Gall. christ.). — *Portus Mauri* (L. Dubois). — *Porcus Mortuus*, 1075 (cart. de la Trinité-du-Mont). — *Pormor*, 1130 (Vie de St Adjutor); 1216 (cart. du prieuré de Vesly); 1280 (cart. des Vaux-de-Cernay). — *Purmor*, 1200 (Roger de Hoveden).

Port-Mort (Bras et Passage de), sur la Seine, à Port-Mort.

Port-Nocturne, lieu-dit aux bords de l'Eure, sur le territ. du Vaudreuil. — 1781 (Berey, Carte particu-lière du dioc. de Rouen).

Port-Pinché, h. et fief à Porte-Joie, relev. de Pont-de-l'Arche. — *Port-Pinché*, 1391 (chron. manusc. à la Bibl. nat.).

Port-Pinché, q^t de fief à Saint-Pierre-des-Cercueils. — *Porpinché*, 1501 (comptes de la vicomté d'El-beuf). — *Portpinché*, 1519 (Le Beurier). — *Le Porpinché*, 1770 (terrier du fief).

Pont Pucelle, petit port à Bernières-sur-Seine, aban-donné dès 1406 (aveu de Phil. de Lévis).

Poses, c^ne du c^on de Pont-de-l'Arche et fief; écluse. — *Pausus*, 700 (chron. de Fontenelle). — *Posas*, xie siècle (L. P.). — *Pausa*, 1026 (ch. de Richard le Bon). — *Posæ*, 1198 (M. R.). — *Poze*, 1631 (Tassin, Plans et profilz); 1781 (Berey, Carte particulière du dioc. de Rouen). — *Posez*, 1748 (lettres patentes de Louis XV).

Poses (Barrage, fief et passage de), sur la Seine, à Poses; passage difficile jusqu'au milieu du xixe s^e.

Poste (La), f. à Rougemontiers.

Postière (La), f. à la Gueroulde; vavass. relevant des Essarts, 1454 (L. P.). — *La Portière* (Le Beurier).

Potager (Le), h. de Broglie.

Potard, fief relev. d'Évreux (L. P.).

Pot-d'Étain (Le), h. de Fort-Moville.

Pot-de-Vin (Le), h. de Bosc-Morel.

Potellière (La), h. de Saint-Aquilin-d'Augerons. — *L'Apostelière*, 1262 (L. P.).

Potellière (La), h. de Vaux-sur-Risle.

Potence (La), lieu-dit à Pacy-sur-Eure.

Potentière (La), domaine du prieuré de Notre-Dame-du-Lesme, à Bois-Arnault. — 1375 (L. P.).

Poterie (La), h. de Bacqueville; q^t de fief relev. de Puchay. — *Poteria*, xiie s^e (cart. de Mortemer).

Poterie (La), f. aux Baux-de-Breteuil, 1640.

Poterie (La), h. de Bourg-Achard.

Poterie (La), h. de Bourgtheroulde.

Poterie (La), h. des Essarts.

Poterie (La), h. d'Évreux.

Poterie (La), f. à Foulbec; huit^e de fief relev. du roi.

Poterie (La), fief à ou près Hébécourt.

Poterie (La), f. et fief à Houlbec-Cocherel.

Poterie (La), h. d'Infreville.

Poterie (La), cinq^e de fief à la Lande, relevant de Vironvay.

Poterie (La), f. à Pont-Authou; plein fief. — *Potaria super Rillam*, v. 1060; *Poteria*, 1250; *la Poterie-Pont-Authou*, 1635; *la Poterie-Gruchet*, xviiie siècle (notes de l'abbé Caresme).

Poterie-Mathieu (La), c^ne du c^on de Saint-Georges; fief. — *Poteria*, 1198 (M. R.). — *La Poterie-Mahieu*, 1376 (terrier du fief); 1404 (aveu du seigneur). — *La Potherie*, 1828 (L. Dubois).

Poterne (La), lieu-dit à Brionne.

Potière (La), h. de la Gueroulde. — *Poteria* (reg. de Phil. Aug.).

Potiers (Fosse aux), route forestière au territoire de Vernon.

Potinière (La), f. et fief à Nonancourt.

Potterie (La), fief à Pont-Authou, relev. de la Poterie-Mathieu (Le Beurier).

Potteries (Les), f. à Ambenay.

Pottier (Le), h. de Selles.

Poudrière (Le), h. de Collandres, alias *la Poudrille*.

Pouguoule, f. aux Andelys et fief : altération consacrée du nom de *Coupegueule*.

Pouilleuse (La), lieu-dit à Breuilpont.

Poulé (La), h. de Boisset-le-Châtel.

Poule (La), h. de la Goulafrière.

Poule-Blanche (La), lieu-dit à Éprévillc-en-Lieuvin.

Poule-Dure (La), h. de Saint-Paul-sur-Risle.

Poulets (Les), h. partagé entre Bosrobert et Malleville-sur-le-Bec.

Poulinière (La), h. de Saint-Clair-d'Arcey.

Poultière (La), h. de la Gueroulde; prieuré et forges importantes. — *Pouteria*, *Pulteria*, 1248; *la Poutière*, 1273, 1390 (arch. de l'Eure).

Poupourcelles, f. au Mesnil-Hardray.

Pourry, h. d'Irreville.

Pouterie (La), domaine à Louviers. — 1334 (arch. de la Seine-Inférieure).

Praelle, fief à Panlatte, 1407 et 1770, relev. du fief du Chastel, assis à Breux.

Prairie (La), f. à Épaignes.

Pré (Le), anc. manoir à Guiseniers.

Pré (Le), nom primitif de la vallée où s'est élevée l'abb. d'Ivry.

Pré-Aubry (Le), à Gisors, près du faubourg de Paris.

Préaux (Les), c^ne formée en 1844 de la réunion de Notre-Dame-de-Préaux et de Saint-Michel-de-Préaux. Ces anciennes paroisses ont renfermé deux abbayes : Notre-Dame, Saint-Pierre, abb. d'hommes, et Saint-Michel, Saint-Léger, abb. de femmes; haute justice. — *Pratelli*, xiie s^e (ch. de Robert, comte de Meulan). — *Pratels*, 1166 (titres anglais des comtes de Warwick). — *Préaus*, 1350 (Saint-Allais, Moustre). — *Préaulx*, 1469 (monstre). — *Priaux*, 1647 (la Muse normande).

Préaux (Les), h. de Lieurey.

Préaux (Les), h. de Notre-Dame-du-Hamel.

Préaux (Les), f. à Saint-Aquilin-de-Pacy.

Préaux (Les), h. de Sébécourt.

Pré-aux-Moines (Le), lieu-dit à Louviers, 1577.

Prêche (La Pièce du), souvenir du protestantisme au xvie siècle au manoir des Champs, à Lieurey.

Pré-Coquin (Le), lieu-dit à Ailly.

Pré-de-Guéri (Le), h. du Tilleul-en-Ouche.

Prée (La), h. de Combon. — *Pratea*, xiie s^e (cart. de Préaux). — *La Prea* (cart. du p. de Beaumont).

Prée (La), h. d'Écaquelon.

Pré-Hardy (La) ou la Gendarmerie, h. de Menneval.

Prélet (Le) ou Grandpré, lieu-dit à Notre-Dame-de-l'Île.

Premonderie (La), h. de Selles.

nés (Les), m^{on} isolée, à Chanu.

nés (Les), h. de Condé-sur-Risle.

nés (Les), h. de Routot.

résaingny (Ruissel de), à Hennezis (coutumier des forêts).

nés-au-Comte (Les), près Bernay. — *Prata Comitis*, 1946 (ch. de Jean Mallet de Graville).

resbytère (Le), h. de Bois-Arnault.

resbytère (Le), h. de Lieurey.

resbytère (Le), h. de Saint-Siméon.

rés-Cabourg (Les), h. de Saint-Georges-du-Vièvre.

rés-Cateaux (Les), h. de Saint-Pierre-de-Cormeilles.

rés-Communs (Les), lieu-dit à Fourges.

ré-Siaume (Le), l'une des sources du ruisseau des Fontaines, à Fontaine-sous-Jouy.

résident (Le), f. à Lieurey.

reslay (Le), anc. fossé et rue à Gisors; petit pré, de *pratellum*. — *Praellet* (anc. poésies).

Prés-Maudits (Les), lieu-dit à Muzy.

Pressagny, fief relev. de Gisors et assis sur les trois lieux de ce nom qui suivent (L. P.).

Pressagny (Passage de), sur la Seine, à Pressagny-l'Orgueilleux.

Pressagny (Prieuré de), à Pressagny-l'Orgueilleux. — *Pressigny*, 1738 (Saas).

Pressagny-le-Val, h. et chapelle à Notre-Dame-de-l'Île; fief dép. du marquisat de Clère-Panilleuse. — *Presiniacus*, 876 (ch. de Charles le Chauve). — *Pressigny-le-Val*, 1412 (aveu de Pierre de Jeucourt). — *Pressengny-le-Val*, *Presseignis*, *Pressaigny*, *Prissigni* (coutumier des forêts). — *Precigny-le-Val*, 1708 (Th. Corneille).

Pressagny-l'Isle, nom primitif de Notre-Dame-de-l'Île.

Pressagny-l'Orgueilleux, c^{ne} du c^{on} d'Écos; fief. — La dénomination de *l'Orgueilleux* doit venir d'*Orguletum*, *Portus Orgul*, nom du château du Goulet, situé vis-à-vis de ce lieu (L. P.). — *Prisciniacus*, 729 (ch. de Wandemir; 876 (ch. de Charles le Chauve). — *Prisigny*, 1180 (cart. de Saint-Wandrille).—*Preseyniacum Lorguellox* (reg. de Philippe Auguste). — *Priseigneyum*, 1208 (cart. de Saint-Taurin). — *Prinseignei* (cart. de la Trinité-du-Mont). — *Presseium superbum* (p. d'Eudes Rigaud et de Raoul Roussel). — *Pressi* (Toussaints Du Plessis). —*Pressigny-l'Orguilleur*, 1450 (aveu de l'abbé de Bernay); 1633 (Vie de saint Adjutor). — *Pressengny-l'Orgueilleux*, *Presseignis* (cout. des forêts). — *Pressagny-l'Orgueilleuse*, 1782 (Dict. des postes).

Pressi, fief voisin et relev. de Pont-Audemer. peut-être *Poissi?* (L. P.).

Pressoir (Le), f. à Francheville.

Pressoir-Rimbert (Le), f. à Breteuil.

Preteval, fief à Mézières.

Prêtres (Rue aux), à Hondouville.

Prévanches (Les), château à Boisset-les-Prévanches. — *Pervenches? Pervencheria*, 1221 (cart. du chap. d'Évreux).

Prévoté (La), h. de Corneville-la-Fouquetière.

Prévôté (La), h. partagé entre Fourmetot et Selles.

Prévôté (La), fief à Villez-sous-Bailleul, 1561.

Prévoté (La), lieu-dit à Vraiville, seigneurie du franc prévôt de Normandie dans l'église de Chartres.

Prévôté-de-Coulonges (La), fief à Coulonges, relev. du manoir des Murgers, uni à Damville.

Prévôté-de-Morsan (La), fief à Morsan.

Prévôté-de-Serez (La), fief à Serez, relev. d'Ivry.

Prevotière (La), h. de Bois-Normand-près-Lyre.

Prevotière (La), h. de Saint-Jean-de-la-Lequeraye.

Prevotière (La), h. de Saint-Jean-du-Thenney.

Prevotière (La), h. de Saint-Victor-d'Épine.

Prey, c^{ne} du c^{on} de Saint-André; fief relev. de Pacy (L. P.). — *Perei*, 1207 (cart. de Saint-Taurin). — *Pereium*, 1220 (ch. de la Noë). — *Perreyum*, 1264 (cart. du chap. d'Évreux). — *Péroy*, 1401; *Pérey*, 1419? (L. P.). — *Les Prés* (coutumier des forêts). — *Pré*, 1793 (inventorié des titres de propriété du duc de Penthièvre).

Prey, fief à Iville.

Prey-et-Cocherel, q^t de fief à Houlbec, 1562, relev. d'Évreux. — *Pray-de-Houllebec*, 1558 (Le Beurier). — *Le Pré* (L. P.).

Prieur (Petit fief au), à Tourville-sur-Pont-Audemer.

Prieuré (Le), h. d'Angoville, auj. Berville-en-Roumois.

Prieuré (Le), f. à Bezu-Saint-Éloi.

Prieuré (Le), h. de Bosc-Morel.

Prieuré (Le), h. de Francheville.

Prieuré (Le), f. à Gasny.

Prieuré (Le), f. à Hacqueville; anc. prieuré à Saint-Étienne-de-Hacqueville, 1738 (Saas).

Prieuré (Le), lieu-dit à la Haye-le-Comte. — *La Prieurée*, habitude locale.

Prieuré (Le), f. à Longchamps.

Prieuré (Le), f. à Lorleau.

Prieuré (Le), h. du Neubourg. — *La Prieurée*, habitude locale.

Prieuré (Le), f. à Sébécourt.

Prieuré (Le), fief avec hostel, à Venables, relevant de l'abb. de la Croix-Saint-Leufroi.

Prieuré (Le), f. à Vesly.

Princes (Les), lieu-dit à Étarqueraye.

Princal, clos voisin du château du Vaudreuil, 1703. — *Espruégale*, 1327 (chartier du Vaudreuil).

Pringales (Les), anc. fossés d'Évreux; auj. jardin de l'évêché. — Voy. Espringale (L').

Prisonnier (Tour du), reste des fortifications de Gisors; 35 mètres d'élévation; dite quelquefois *tour de la Passion* et *tour des Archives*.

Procession (Chemin de la), à Pont-de-l'Arche.

Provemont, c^ne du c^on d'Étrépagny; plein fief — *Provremont* (assises de 1253). — *Presbyteri Mons* (pouillé d'Eudes Rigaud). — *Probatus Mons* (pouillé de Raoul Roussel). — *Prouvemont*, 1408 (aveu de Jean de Ferrières).

Providence (Fontaine de la), ruiss. à Saint-Germain-Village.

Prudhommerie (La), h. de Saint-Benoît-des-Ombres.

Prunier (Le), h. de Saint-Nicolas-d'Attez.

Pucelière (La), h. de Bernay

Pucelière (La), h. de Saint-Aubin-le-Vertueux.

Puchay, c^ne du c^on d'Étrépagny; fief relevant de Lyons (L. P.). — *Puceium*, 778 (Neustria pia). — *Pucei*, *Pucheium*, 1214 (cart. de Saint-Amand). — *Pucheum*, 1238 (cart. de Saint-Taurin). — *Puchoy*, 1327 (Trésor des chartes). — *Puchés, Puchez*, 1454 (dict. de Brussel). — *Puchois* (reg. visit.). — *Puché*, 1728 (journ. du curé de Vaurouy). — *Puchey*, 1754 (Dict. des postes).

Puchay, sergenterie noble en la châtell. de Lyons, appartenant à l'abbaye de Saint-Léger-de-Préaux. — *Pucetum, Puceum* (inquisitio forestæ de Leonibus, dans le reg. de Phil. Aug.).

Puigalé, lieu-dit à Folleville. — 1238 (cart. du Bec).

Puisaye (La), h. de Verneuil; fief à Saint-Martin-du-Vieux-Verneuil (vingtièmes).

Puiselets (Les), fief à Quittebeuf, relevant du comté d'Évreux. — *Puisseleis* (Le Beurier).

Puisette (La), demi-fief à Roman, relev. des Essarts, 1454 (L. P.); auj. *les Marettes* (Le Beurier). — *La Pillette ou la Pixette* (Le Beurier).

Puisnier (Le), h. de Saint-Cyr-de-Salerne.

Puisquelin (Le), h. de Gaudreville-la-Rivière.

Puits (Les), h. et fief à Droisy.

Puits-aux-Fouets (Le), lieu-dit au Plessis-Hébert.

Puits-aux-Malades (Les), anc. nom de la maladrerie de la Madeleine-de-Nonancourt, à cause de la bonté des eaux (L. P.).

Puits Cornier, puits sans eau d'où l'on a extrait de nombreux bois de cerfs, dans le bois du Défends, au territ. de Louviers, dans le voisinage d'un établissement romain.

Puits-de-l'Essart, cantonnement de 206 hectares de la forêt de Lyons. — Voy. Charleval.

Puits-de-Loupin (Le), fief près et relevant de Pont-Audemer (L. P.).

Puits-des-Buttes, enceinte circulaire; anc. lieu fortifié dans les bois de Bouffey, à Bernay, en face du chât. de Menneval.

Puits-Fondu (Le), lieu-dit à Notre-Dame-de-l'Île.

Puits-Fondu (Le), carrefour à Vraiville.

Puits-Gremont (Le), h. de Manneville-la-Raoult.

Puits Gremont (Le), puits maçonné au milieu d'un chemin et voisin de constructions antiques, à Manneville-la-Raoult.

Puits-Vert (Le), carrefour à Breteuil.

Pullay, c^ne du c^on de Verneuil. — *Purlaicum*, 1127 (bulle d'Honorius II). — *Prulaium, Prulliacum* (cart. de Saint-Père de Chartres). — *Poilly* (Pipe Roll). — *Pruilleium*, 1271 (Saint-Allais, Monstre). — *Saint-Gervèse de Pullay*, 1303 (L. P.).

Puthenaye (La), c^ne réunie en 1846 avec Bougy et Romilly-près-Bougy sous le nom de *Romilly-la-Puthenaye*; fief relev. de Conches (L. P.). — *Putenaia*, vers 1170 (charte de Henri II). — *Putenaia*, 1234 (bulle de Grégoire IX). — *La Putenaie* (charte de l'année 1234). — *Putenia*, 1239 (charte de Saint-Étienne de Renneville). — *Putania* (charte de l'année 1284). — *La Putenoye*, xve s^e (dénombrement de la vicomté de Conches). — *La Putenaie*, 1828 (L. Dubois).

Puygermont, anc. nom de lieu à Cesseville. — *Puteus Germondi*, 1196 (cart. du Bec).

Puyset (Le), quart de fief à Miserey, relevant du comté d'Évreux. — On l'a aussi appelé *Garentières* et *la Perruche*.

Pyle (La), c^ne du c^on d'Amfreville; huit^e de fief relevant de Sainte-Vaubourg. — *Puilla*, 1285 (tit. du Neubourg). — *La Puillez*, 1469 (monstre). — *La Puyllie*, 1307 (olim). — *Lapville*, 1722 (Masseville). — *La Pille*, xve, xvie, xviie et xviiie siècles (notariat d'Amfreville-la-Campagne).

Q

Quai (Le), h. de Foulbec.

Quai-Aublin (Le), h. de Condé-sur-Risle.

Quai-de-la-Forge (Le), h. de Saint-Opportune-près-Vieux-Port.

Quai-des-Quarts (Le), h. de Sainte-Opportune-près-Vieux-Port.

Quai-Neveu (Le), h. de Sainte-Opportune-près-Vieux-Port.

Quaize (La), h. de Fontaine-l'Abbé et fief.

Quaizes (Les), h. d'Ailly; arrière-fief et chapelle; fontaine, source du ruisseau du Bec. — *Quezes*, vers 1420 (ch. de Henri V). — *Les Quieses*, 1485 (aveux du chap. de Beauvais). — *Quiezes*, 1515 et 1786 (*ibid.*).

Quarantaine (La) ou la Petite Dixme, prairie à Léry. — 1284 (livre des jurés de Saint-Ouen).

Quarantaine (La), lieu-dit à Saint-Étienne-du-Vauvray.

Quabsossi (Moulin de), à Amfreville-la-Campagne. — 1390 (L. P.).

Quart-d'Acquigny, fief à Heudreville-sur-Eure, relev. d'Acquigny; dit aussi *Bois-Regnard*.

Quatre-Acres (Cimetière des), nom vulgaire du cimetière d'Évreux. — 1833 (L. P.).

Quatre-Ages, h. partagé entre Criquebœuf-sur-Seine et Martot, et île à Criquebœuf-sur-Seine. — *Catherage* (anc. titres). — *Catarrage*, 1612 (coutumier gén. des anc. droits). — *4 Ages* (Cassini). — *Quatrages*, 1781 (Berey, Carte particul. du dioc. de Rouen).

Il y a aussi les bancs et les vallées de *Quatre-Ages*.

Quatre-Chemins (Les), h. d'Évreux.

Quatre-Coins (Rue des), à Louviers.

Quatre-Essaux (Passage des), à Louviers.

Quatre-Fosses (Moulin des), à Amfreville-la-Campagne; démoli au xixe siècle.

Quatre-Fossés (Les), f. à Bouquetot.

Quatre-Fossés (Les), lieu-dit à Émanville.

Quatre-Fossés (Les), f. et vavassorie à Ferrières-Saint-Hilaire, relev. de la baronnie.

Quatre-Hêtres (Les), h. de Bazincourt.

Quatre-Houx (Les), h. du Noyer.

Quatre-Maisons (Les), h. de Breux.

Quatre-Maisons (Les), h. de Grandvilliers.

Quatre-Maisons-de-Tillières (Les), h. et fief relevant du Chastel, à Breux. — 1480 (Le Beurier).

Quatremare, cne du cn de Louviers; baronnie, anc. haute justice. — *Guitricmara*, nom primitif (ch. de Raoul, comte d'Ivry, citée par L. P.). — *Quatuor Mare*, v. 1180 (ch. de Robert, comte de Leicester). — *Quatuor Mares*, vers 1200 (reg. Phil. Aug.). — *Quatre-Mares*, 1207 (arch. du prieuré des Deux-Amants). — *Quatuor Maria* (M. R.).

Quatre-Mares, lieu habité près de la forêt de Breteuil. — *Quatremari*, vers 1305.

Quatre-Moulins (Pont des), sur l'Eure, à Louviers, 1803. — Usine du même nom, 1870.

Quatre-Nations (Impasse des), à Louviers.

Quatre-Nations (Les), lieu-dit à la Haye-Malherbe.

Quatre-Ormes (Les), mon isolée, à la Lande.

Quatre-Paroisses (Les), h. assis sur 4 communes : Beuzeville, la Lande, Martainville-en-Lieuvin et le Torpt.

Quatre-Routes (Les), h. partagé entre Sainte-Colombe-la-Campagne et le Tremblay, au point où se coupent la route nationale de Paris à Cherbourg et la route départementale de Rouen au Mans.

Quatre-Vents (Les), lieu-dit à Ailly. — 1405 (chartrier du Vaudreuil).

Quatre-Vents (Les), h. de Bretagnolles.

Quatre-Vents (Les), h. de Fourmetot.

Quatre-Vents (Les), lieu-dit à Louviers.

Quatre-Vents (Les), f. à Sainte-Opportune-la-Campagne.

Quatre-Vents (Les), h. de Saint-Victor-de-Chrétien-ville.

Quatre-Voeges, b. de Dame-Marie; f. s'étendant sur l'Hosmes, 1255 (ch. de Marie, abbesse de Maubuisson). — *Quatre-Veoges*, v. 1116 (ch. d'Audin, év. d'Évreux).

Quécaze, pont sur la route de Paris à Brest, près de la sortie du département.

Queisville, fief en la vicomté d'Évreux. — *Guainville* (L. P.).

Quemin, vavassorie à Fourmetot.

Quenet, h. du Fresne.

Quenets (Les), h. de Valletot.

Quenderie (La), h. de Bretigny. — *Corderie?*

Queney (Les), h. de Saint-Georges-du-Mesnil.

Quebquemin, lieu-dit à Cuverville.

Querrière (La), h. de Saint-Aubin-le-Guichard.

Quesnay (Le), qr de fief à Bos-Normand, 1370 (La Roque). — *Quesné* (L. P.).

Quesnay (Le), f. et huite de fief relev. du roi, à Brestot. — *Quesney* (Gadebled). — *Le Quesne*, 1854 (Mme Philippe Lemaître).

Quesnay (Le), f. et fief à Illeville-sur-Montfort. — *Quesney* (Gadebled).

Quesnei (Le), f. à Capelles-les-Grands. — *Quesnetum*, xiiie s (L. P.).

Quesnerie (La), h. de Saint-Pierre-de-Cormeilles.

Quesney (Le), h. de Beuzeville, vavassorie franche. — *Quesnoy* (Le Beurier).

Quesney (Le), h. de Brionne.

Quesney (Le), h. de Franqueville.

Quesney (Le), h. de la Haye-Aubrée.

Quesney (Le), h. d'Hecmanville.

Quesney (Le), fief à Malleville-sur-le-Bec, av. 1436 (aveu des religieux du Bec).

Quesney (Le), h. de Noards.

Quesney-Monvoisin (Le), h. de Beuzeville.

Quesnot (Le), h. de Courbépine.

QUESNOY (Le), h. de Bourg-Achard, dont le nom était porté, au XIII° siècle, par une famille importante ; demi-fief relevant de Bourg-Achard, 1456 (L. P.). — Caisneium, Quesneium, 1244 (D'Hozier).

QUESSIGNY, c°° du c°° de Saint-André ; fief relevant de Gisors (L. P.). — Chesigne, 1195 (ch. de Richard Cœur de Lion). — Kesignie, 1206 (ch. de Guillaume de Pacy). — Kesigne, Kesigne, 1206 (grand cart. de Saint-Taurin). — Quessegny, 1391 (arch. nat., aveux de la châtell. de Gisors). — Quessiny, 1469 (monstre).

QUETTEY, h. de Saint-Victor-sur-Avre.

QUEUE-BLANCHE (La), partie de la forêt d'Évreux. — Cauda Blancardi, 1223 (ch. de la Noë). — Cauda de Blanchart, 1290 (arch. de l'Eure).

QUEUE-BOURGUIGNON (La), h. de Bosc-Roger-en-Roumois.

QUEUE-DE-BOIS (La), lieu-dit à Vascœuil.

QUEUE-DE-LA-POÊLE (La), lieu-dit à Boisset-les-Prévanches.

QUEUE-DE-RENARD (La), h. de Saint-Mards-de-Blacarville.

QUEUE-D'HAYE (La), h. partagé entre Haricourt, Tilly et Vernon ; fief. — Cauda Insidiatorum, 1269 (ch. de Robert du Bus Saint-Remy, citée par L. P.). — Keudeez, Cauda d'Aez, 1269-1278 ; Cauda d'Ez, 1280 (cart. de N.-D.-des-Vaux-de-Cernay). — Queue-d'Aie, Queue-d'Aes (L. P.). — Queudaiz, (Le Beurier).

QUEUE-DU-BOIS (La), h. de Sainte-Marguerite-de-l'Autel.

QUEUE-DU-BOULET (La), lieu-dit à Écos.

QUEUE-DU-RENARD (La), lieu-dit à Romilly-sur-Andelle.

QUEUE-DU-TRONCQ (La), plein fief au Troncq, avec large extension sur la Pyle, relevant de la baronnie du Neubourg, 1448.

QUEUX (Le), m^{in} à Saint-Cyr-la-Campagne.

QUÈVREMONT, fief voisin de la Vacherie-sur-Hondouville, 1771.

QUICAMPET, m^{in} à vent au Thuit-Anger ; démoli vers 1760. — Quiquempoix, 1501 (comptes de la vic. d'Elbeuf).

QUIDELLIÈRE (La), h. de Fontaine-la-Soret.

QUIEZE (La), fief au Thuit-Signol.

QUILLEBEUF, ch.-l. de c°°, arrond. de Pont-Audemer ; capitale du Roumois, selon Th. Corneille ; établissement romain ; place forte détruite sous Louis XIII ; siége d'amirauté et de pilotage ; petit port de la Seine maritime ; phare ; tribunal de commerce de 1791 à 1799. — Quelibos, vers 1018 (ch. de Richard II). — Chelibei (ch. de Guill. le Conquérant). — Chileboum, Willebœue (ch. de Henri II). — Chi-

lobo, Chilebue, 1170 ; Kilebue, 1235 ; Quileboium, Kileboium, 1258 (cart. de Jumiéges). — Kilebuf, 1197 (cart. de Bonport). — Kilebof, 1203 (M. R.). — Kileboö, 1238 (Barabé). — Kyleboeuf (pouillé d'Eudes Rigaud). — Quilleboues, 1392 (aveu de Richart, évêque de Dol.). — Kallebotum (pouillé de Raoul Roussel). — Quillebeuf-sur-Seine, 1450 (ch. de Charles VII). — Quibœuf, 1631 (Tassin, Plans et profilz). — Qvillebœve, 1648 (Chastillon, Topogr. française). — Quilbeuf, 1704 (Th. Corneille). — Quidebeuf, 1781 (Bercy, Carte particul. du dioc. de Rouen). — Quillebeuf-sur-Seine, 1810 (ann. de l'Eure). — Le Haut et le Bas Quilbeu (chanson locale). — Henricarville ou Henriqueville (nom donné par Henri IV et qui n'a pas survécu à son règne).

QUILLEBEUF, h. de Manneville-la-Raoult.

QUILLEBEUF (CANTON DE), arrond. de Pont-Audemer, ayant à l'E. le dép^t de la Seine-Inférieure, au S. les cantons de Routot et de Pont-Audemer, à l'O. le canton de Beuzeville, au N. la Seine, formant la limite du dép^t de la Seine-Inférieure ; il comprend 14 c^{nes} : Quillebeuf, Aizier, Bouquelon, Bourneville, le Marais-Vernier, Saint-Aubin-sur-Quillebeuf, Sainte-Croix-sur-Aizier, Sainte-Opportune-près-Vieux-Port, Saint-Ouen-des-Champs, Saint-Samson-de-la-Roque, Saint-Thurien, Tocqueville, Trouville-la-Haulle, Vieux-Port, et 11 paroisses, dont 1 cure, à Quillebeuf, et 10 succursales : Bouquelon, Bourneville, le Marais-Vernier, la Roque-sur-Risle, Sainte-Croix-sur-Aizier, Sainte-Opportune-près-Vieux-Port, Saint-Ouen-des-Champs, Saint-Samson-de-la-Roque ; Saint-Thurien, Trouville-la-Haulle.

QUILLEBEUF (SAINT-LÉONARD DE), léproserie unie à l'hospice de Pont-Audemer (Le Beurier).

QUILLEUX (Le), lieu-dit à Bourg-Beaudouin.

QUINCAMPOIS, m^{in} sur la Risle, à Bosc-Renoult-en-Ouche, avec dépendances à la Vieille-Lyre. — Quinquenpoix, 1300 (L. P.).

QUINCANGROGNE, m^{in} à Épréville-près-le-Neubourg.

QUINCARNON, c°° réunie à Collandres en 1837 ; plein fief relev. du comté d'Évreux, 1419 (L. P.). — Esquerquernon, 1269 (1er cart. d'Artois). — Escuerquernon, 1276 (cart. de Saint-Wandrille). — Esquincargnon, 1336 ; Quinquernon, Esquinquernon, 1368 (arch. nationales). — Guingernon, Esquincarnon, 1419 ; Quinquarnon, 1473 (aveux, arch. nationales). — Quiquernon, 1469 (monstre). — Guingernon, XVII° siècle (aveu). — Quinquarnon, 1700-1767 (départ. de l'élection de Conches) ; 1770 (Denis, Atlas géogr.) ; XVIII° siècle (Cassini). — Kinkarnum, 1765 (géogr. de Dumoulin).

Quinquebourg, quart de fief à la Madeleine-de-Nonancourt, 1568. — *Guquebourg* (Le Beurier).

Quinquempois (Moulin de), donné en 1196 par Philippe Auguste, sous condition d'une rente en blé aux
lépreux de Vernon. — *Kequenpoist*, 1195 (ch. de
Philippe Auguste).

Quinquempoist, m^ie près la Bonneville. — 1287 (L. P.).

Quinquengrogne, m^in à Bourg-Achard (Canel).

Quinquexpot, manoir à Pont-Authou, 1458. — *Moulin de Quinquenpel*, 1236 (ch. d'Amaury d'Harcourt).

Quitos, membre du plein fief de Villers-près-la-Barre.
— *Quitos et Sotteville*, relev. du comté d'Évreux
(Le Beurier). — *Quittos* (L. P.).

Quitry-Fours, fief érigé en 1608 à Saint-Martin-au-
Bosc. — *Chitri*, 1119 (L. P.). — *Chitreium*, 1137
(O. V.).

Quittebelf, c^te du c^on d'Évreux nord; plein fief relev.
du comté d'Évreux, 1404 (L. P.). — Sergenterie
relev. du même comté. — *Guitebe, Guitebef*, vers
1140 (ch. d'Amaury, comte d'Évreux). — *Guitebuet*,
vers 1148 (bulle d'Eugène III). — *Quitebouz* (ch.

de Simon, comte d'Évreux). — *Guitebo*, 1190 (2^e
cart. du chap. d'Évreux). — *Vitebuef*, 1200 (Du
Tillet, Recueil des traittez). — *Quiteboue*, 1204
(Le Brasseur). — *Guitebove*, 1204 (reg. Phil. Aug.).
— *Witeboe*, 1205 (2e cart. du chap. d'Évreux). —
Witebos (Rigord, De gestis Phil. Aug.). — *Guithe-
buef*, 1221 (ch. de Raoul de Cierrey, év. d'Évreux).
— *Quitebeuf*, 1225; *Guitebuef*, 1227 (ch. d'Amaury
de Meulan). — *Guitebue*, 1221; *Guiteboif*, 1243
(cart. du chap. d'Évreux). — *Giteboui*, 1430; *Guite-
beuf*, 1259 (ch. de Saint-Étienne de Renneville).
— *Guithebolum*, 1279 (cart. du chap. d'Évreux).
— *Guitebotum*, 1287 (ibid.). — *Vittebeuf*, 1339
(La Roque). — *Quictebeuf*, 1362 (arrière-ban).
— *Quictetotum*, vers 1380 (Bibl. nat.). — *Quitebeuf*, 1469 (monstre). — *Quiètebœuf*, 1709 (dénomb. du royaume). — *Quilbeuf*, 1782 (Dict. des
postes).

Quittebeuf (La tour de), m^on où se tenaient, à Évreux,
les plaids et gages-pleiges du chapitre.

Quize (La), fief-ferme à Étreville, relev. de la Cour-de-
Bourneville.

R

Radais (Le), h. et f. sur le territ. d'Evreux.

Rabasse, f. à Cauverville-en-Roumois.

Rabassis, lieu-dit aux Baux-Sainte-Croix.

Rabel, nom d'un bois à Huest. — *Boscus Rabel, nemus Rabbelli*, 1215 (cart. de Saint-Sauveur).

Rabot, huit^e de fief à Bouafles, relev. de Préaux.

Rabot, demi-fief à Villers-en-Vexin, relevant d'Étrépagny.

Rabotière (La), h. de Vaux-sur-Risle.

Rachats (Les), h. de Vraiville.

Rachée (La), h. de Boissy-sur-Damville; q^t de fief
relevant d'Hellenvilliers, 1256 (cart. de Lyre).

Rachet (Le), h. de Routot; huit^e de fief relevant des
Mares, à Routot.

Racinière (La), h. de Plasnes.

Raddedous, 1290, lieu-dit à Corneville-sur-Risle(L.P.).

Radepont, c^te du c^on de Fleury; fief relevant de Rouen
(L. P.); place forte au XIIe siècle; lieu même ou au
moins très-voisin de la station romaine de *Ritumagus*, de l'itinéraire d'Antonin. — *Radipons*, 1034
(cart. de Préaux). — *Ratepont*, vers 1190 (ch. de
Richard Cœur de Lion). — *Retepont*, vers 1200
(ch. de Jean sans Terre). — *Ratispons* (Guill. le
Breton, Philippide). — *Regidus* ou *Rigidus Pons*,
1204 (ch. de l'archer. Gautier). — *Radepons*, 1212

(L. P.). — *Rapidus Pons*, 1217 (ch. de Lucie de
Poissy). — *Saint-Germain-de-Radepont*, 1270
(arch. de l'Eure). — *Ratpont*, 1708 (Th. Corneille).

Radeval, h. des Andelys et fief relev. de Gisors (L. P.),
avec la *Grande maison* pour manoir ou chef-mois.
— *Radevalle*, 1662 (épitaphe à N.-D.-d'Andely).

Radière (La), h. de la Chapelle-Gauthier.

Radon (Ru de), ruiss. venant du dép^t d'Eure-et-Loir et
se jetant dans l'Eure, à Garennes, par la rive droite.

Rafouyaux, plein fief à Vesly, relevant de Dangu.

Ragers (Les), h. de Rougemontiers.

Raie-Fresne (La), h. de Bourth.

Raies (Les), m^on isolée, à Francheville.

Raillerie (La), h. de Saint-Mards-de-Blacarville.

Rairie, h. de Saint-Christophe-sur-Avre.

Rais, fief à Saint-Ouen-des-Champs, relev. de Pont-
Audemer. — *Roys?* (Le Beurier).

Ramberge, fief en la vicomté de Pont-Audemer (L. P.).

Ramée (La), h. de la Roussière et du Val-du-Theil.

Ramier (Le), h. et fief à Lieurey, joint au fief du Coudray, avec extension sur la Poterie-Mathieu.

Rançunière (La), h. de Saint-Germain-la-Campagne.

Rangé (Le), f. à Saint-Denis-du-Bosguerard; auj.
Bosguerard-de-Marconville. — *Ringer?* (Charpillon
et Caresme).

Rangée-au-Curé (La), lieu-dit à Collandres.

Ransonné (Les prairies de), autref. partie intégrante du fief d'Avranches, à Authou (Charpillon et Caresme). — *Le Rauconney*, 1257 (cart. du Bec).

Ransonnière (La), terres à Radepont. — 1380 (titres de Fontaine-Guérard).

Raoul-de-Jouy, fief relevant d'Ivry, 1456.

Raoul-le-Duc, vavassorie à la Gueroulde, relevant des Essarts.

Raoul-Pinchon, vavassorie noble à Triqueville, relevant d'Aubigny.

Raphael, fief à Berthenonville, relevant de Nainville. — *Raffousl* (Le Beurier).

Rapdoys-aux-Belles-Gardes, fief à Vesly.

Raquelotte (La), lieu-dit à Vraiville.

Rassentière (La), h. de Bois-Normand-près-Lyre.

Ratier, m^in à la Neuve-Lyre et h. partagé entre la Neuve-Lyre et Neaufles-sur-Risle. — 1206 (cart. de Lyre).

Ratours (Les), h. du Fidelaire.

Raulière (La), h. de Bosc-Renoult-en-Ouche.

Raullin, fief à Muids; auj. f. *de la Motte-Raullin*.

Ravine-du-Trou (La), m^on isolée, à Romilly-sur-Andelle.

Ravinière (La), h. de Saint-Aubin-le-Guichard.

Ravinot (Le), lieu-dit à Giverny.

Réanville, c^ce unie en 1844 à la Chapelle-Genevray sous le nom de *la Chapelle-Réanville*. — *Reginharü Villa* (L. P.). — *Regionvilla*, vers 1096 (ch. de Richard II). — *Reonville*, 1291 (livre des jurés de Saint-Ouen); 1738 (Saas).

Réauté (La), h. de Saint-Clair-d'Arcey. — *La Royauté* (L. P.).

Rebais, château aux Botereaux et fief.

Rebelles (Les), lieu-dit à Gasny.

Reboursière (La), h. de Broglie.

Rebnac, h. de Villalet et contre-fort de la vallée de l'Iton.

Reculet, h. de Perriers-la-Campagne.

Reculet (Gué de), sur la Coudane, à Louye. — 1144 (cart. de l'Estrée).

Reculet (Le), h. du Fidelaire.

Reddiers (Les), usine à Louviers, 1829.

Redoute (La), m^on isolée, à Gouville.

Redoute (La), m^on isolée, à la Haye-du-Theil.

Redoute (La), h. d'Illeville-sur-Montfort.

Redoute (La), lieu-dit à Mousseaux.

Redoute (La), m^on isolée, à Nogent-le-Sec.

Redoutes (Les), anc. retranchement à la Chapelle-Bayvel.

Réel (Le), h. et fief partagés entre Campigny et Tourville-sur-Pont-Audemer, xiie s^e. — *Rethel*, xie siècle (ch. de Roscelin de Theroude).

Refondrès (Les), h. de Saint-Grégoire-du-Vièvre.

Régales (Les), canton de la forêt de Louviers (plan général de la forêt domaniale).

Regnart, fief relev. de la vicomté de Pont-Audemer (L. P.).

Regnauld, huit^e de fief à Nogent-le-Sec, relevant du Mesnil-Vicomte. — 1451 (Le Beurier).

Regnauld-du-Bois, fief-ferme relev. de Pont-Audemer, appelé aussi *Arnaud* ou *Ernaud du Bois* (L. P.).

Regnault-de-la-Bosche, fief à Alisay (L. P.).

Régout (Le), lieu-dit à Barquet. — *Égout?*

Reine (Fief de la), à Léry, et château bâti vers 1323 par la reine Jeanne, incendié en 1814, achevé de détruire en 1840. Devenu vers la fin du xive siècle fief de Longchamp; on le trouve cependant désigné postérieurement sous le nom de fief à la Reine. — *Fief à la Royne*, 1516; *Fief à la Rayne*, 1576 (chartrier du Vaudrenil).

Reine (La), lieu-dit à Fresnes-l'Archevêque.

Reine-Blanche (Chemin de la), à Gisors.

Reine-Blanche (Sente de la), à Flumesnil et à Farceaux.

Reine-Blanche (Tour de la), ruines d'un manoir possédé à Bezu-le-Long par les seigneurs de Gisors.

Reine-Jeanne (Canal de la), nom abusivement conservé à un canal qui conduit les eaux de l'Iton dans les fossés de l'enceinte romaine d'Évreux.

Reintière (La), h. de Sainte-Marthe.

Religieuses (Les), lieu-dit à Verneuil.

Renainville (Les prairies de), à Vascœuil.

Renardière (La), h. de Chaise-Dieu-du-Theil.

Renardière (La), m^on isolée, à Guiseniers.

Renardière (La), fief à Saint-Jean-de-la-Lequeraye. — 1792 (liste des émigrés).

Renardières (Les), h. d'Ambenay.

Renardières (Les), h. d'Améconrt.

Renards (Les), h. de Saint-Aubin-de-Scellon.

Renaudière (La), h. de Gournay-le-Guérin.

Rencontres (Les), h. de Pierre-Ronde, auj. de Beaumesnil.

Reneux (Les), lieu-dit à Breux.

Renge (Le), lieu-dit voisin de Quatremare. — 1255 (arch. de la Seine-Inférieure).

Renières (Les), h. de Saint-Grégoire-du-Vièvre.

Renneville, c^ce du c^on de Fleury, accrue de Canteloup-le-Bocage en 1808, réunie à Bourg-Beaudouin en 1846, rétablie en 1848. — *Ernolt* ou *Ernoldi Villa* (L. P.). — *Ernoltvilla* (ch. de Robert Ier). — *Ernivilla*, xiie siècle (cart. de Mortemer). — *Hernevilla*, 1248; *Ernevilla*, 1251 (L. P.). — *Erneville* (tous les anciens titres en langue vulgaire). — *Rœnéville* ou *Erneville*, 1738 (Saas).

Renneville, fief à Notre-Dame-de-la-Couture de Bernay.

Renneville, h. de Sainte-Colombe-la-Campagne et siége de la comm⟨rie⟩ de Saint-Étienne de Renneville. — *Ronanvilla*, 1200 (jugement de l'Échiquier). — *Ranevilla*, 1205 (arch. nat.). — *Regnevilla*, 1212; *Raneville*, 1226; *Ranavilla, Rannevilla*, 1247 (cart. de Saint-Sauveur d'Évreux). — *Rananvilla* (Magni Rotuli scaccarii). — *Ranneville, Rainneville, Rayneville* (La Roque, Hist. généal. de la maison d'Harcourt).

Renondière (La), h. de la Haye-Saint-Sylvestre.

Renouillère (La), lieu-dit à Amfreville-les-Champs.

Renoulet, h. de Roman; huit⟨e⟩ de fief. — *Eroletum*, 1270. — *Arnoulet* (L. P.).

Repentigny, fief à Courbépine, 1313.[1]

Repentigny, fief à Martagny. — *Arpentigny* (Le Beurier).

Reposoir (Le), h. du Fidelaire.

Reposoir (Le), lieu-dit à Venon.

Rèquerie (La), h. de Broglie.

Requiécourt, c⟨ne⟩ réunie à Cahaignes en 1808. — *Richeldi Curtis, Richelcurt* (cart. de Sainte-Catherine-du-Mont). — *Richelcort*, 1156 (bulle d'Adrien IV). — *Ricoldi Curtis*, xii⟨e⟩ siècle (cart. de Mortemer). — *Riquecort* (pouillé d'Eudes Rigaud). — *Arquécourt*, 1244 (L. P.). — *Roquencourt*, 1387 (La Roque, Histoire généal. de la maison d'Harcourt). — *Richendi Curia* (pouillé de Raoul Roussel). — *Riquiécourt*, 1738 (Saas).

Requignard (Le), lieu-dit à Civières et à Éros.

Resly, h. de Notre-Dame-du-Hamel; fief.

Ressancourt, q⟨t⟩ de fief à Berthouville, relev. de Beaumont-le-Roger. — *Resencort*, xii⟨e⟩ s⟨e⟩. — *Ressencourt* (L. P.). — *Recens Curia*, 1261 (ch. de Robert, abbé du Bec). — *Reisencourt*, 1300 (La Roque, Histoire généal. de la maison d'Harcourt).

Ressandière (La), lieu-dit à Saint-Antonin-de-Sommaire.

Ressarts (Les) ou l'Alou, vallon entre Aizier et Vieux-Port. — 1526 (aveu des relig. de Jumiéges).

Ressault (Le), h. du Neubourg.

Ressentière (La), lieu-dit à Bois-Normand-près-Lyre.

Ressondière (La), h. des Bottereaux.

Ressondière (La), h. de Saint-Antonin-de-Sommaire.

Retel, fief à Armentières.

Reuilly, c⟨ne⟩ du c⟨on⟩ d'Évreux nord; fief. — *Rullegum* ou *Ruillecum* (L. P.). — *Roeillie*, 1075 (cart. de la Trinité-du-Mont). — *Rullyacus*, 1181 (bulle de Luce III). — *Reillie*, 1190 (ch. de la Noë). — *Roilli* (bulle d'Innocent III). — *Rulleium*, 1224; *Rulli* (cart. du chapitre d'Évreux). — *Ruilly*, 1455

(aveu d'Anne de Laval). — *Reulli*, 1469 (montre). — *Rully*, 1523 (Recherche de la noblesse); 1584 (aveu de Henri de Silly); 1638 (Tassin, Plans et profilz).

Reuset (Gué de), à Muzy, sur l'Avre. — *Vadum de Reuset* ou *Ruset*, 1222 (cart. de l'Estrée).

Réveillon (Le), petite rivière qui vient du dép⟨t⟩ de l'Oise; se jette dans l'Epte à Gisors, par la rive gauche.

Réville, c⟨ne⟩ réunie en 1842 avec la Trinité-du-Mesnil-Josselin sous le nom de la Trinité-de-Réville; fief. — *Villa Remigii*, v. 1000 (dotalitium de la duchesse Judith). — *Roilvilla* (Orderic Vital). — *Revilla*, 1128 (cart. de Saint-Évroult, ch. de Henri I⟨er⟩, roi d'Angleterre). — *Reville-sur-Charentonne*, 1828 (L. Dubois).

Rhodes (Bois des), à Crntiers.

Ribanel (Le), lieu-dit à Amfreville-sous-les-Monts.

Riboudière (La), h. de la Barre.

Riboudière (La), h. partagé entre Chambord et la Haye-Saint-Sylvestre.

Ribremont, lieu de la forêt de Breteuil, auj. incertain. — 1498 (aveu de Guill. Pevrel).

Ricard, h. de Toutainville.

Ricardière (La), f. à Tourville-sur-Pont-Audemer.

Ricarville, fief dans le vicomté de Beaumont-le-Roger, 1558.

Ricbec, h. de Fiquefleur.

Richard-Cœur-de-Lion (Tour de), débris conservé de l'anc. château fort de Radepont.

Richardière (La), h. de Juignettes et fief.

Richardière (La), m⟨on⟩ is. à Saint-Aubin-le-Vertueux.

Richards (Les), h. de Breteuil.

Richeville, c⟨ne⟩ du c⟨on⟩ d'Étrépagny; l'une des quatre sergenteries de la châtell. d'Andely; c⟨ne⟩ unie avec Flumesnil en 1843. — *Ricardi Villa? Richevilla* (p. d'Eudes Rigaud).

Richeville (Bois de), à Suzay et à Harquency.

Richevitesse (La), lieu-dit aux Andelys.

Ricouards (Les), h. de Puchay.

Ricouval (Marais et ravine de), à Gasny, 1712.

Rideau (Le), réserve de bois de haute futaie, conservée pour les besoins des habitants d'Évreux, depuis Saint-Germain-de-Navarre jusqu'à Arnières; elle a été abattue en 1797 (souvenirs et journal d'un bourgeois d'Évreux).

Riglen, fief à la Pyle, 1505 (aveu du baron du Neubourg). — *Riglin* (Le Beurier).

Rigolle (La), faubourg de Lyons-la-Forêt.

Rillegatte, m⟨in⟩ à Saint-Léger-sur-Bonneville.

Rinchoux, f. à Brestot. — *Ringe Houla*, 1542 (Canel). — *Rinchehoux* (Le Beurier.)

Riôme (Le), m⟨on⟩ isolée, à Beaumontel.

Riquiqui (Le), m⁰ⁿ isolée, à Miserey.

Risle (La), rivière qui sort du dép' de l'Orne, entre dans celui de l'Eure par le cᵒⁿ de Rugles, y parcourt 100 kilom. du sud au nord et se jette dans la Seine au-dessous de Quillebeuf après avoir séparé le Lieuvin du Roumois. — *Rizela*, xiᵉ sᵉ (O. V.). — *Lirizinus fluvius* (Vita S. Geremari). — *Risella*, 1074 (cart. de Préaux). — *Risilla, Ruilla* (Monasticon anglicanum). — *Rizilinus fluvius* (acta SS. Benedict.). — *Ridula*, 1194 (Guillaume le Breton, Historiens de France, t. XVIII). — *Rilus*, xiiiᵉ sᵉ (cartulaire blanc de Saint-Denis). — *Reelle*, 1469 (monstre). — *La riv. de Ville*, 1562 (arch. curieuses de l'hist. de France).— *Rillius*, 1643 (Grisel, Fasti Rothomagenses). — *Rile*, 1828 (L. Dubois). — *Reille* (Jules Janin, la Normandie).

Rispeville (Bois de), à Bosbénard-Commin. — 1218 (cart. de Saint-Georges-de-Boscherville).

Rive (La), fief à Notre-Dame-du-Vaudreuil, manoir devenu simple chenil au xviiiᵉ siècle et réputé avoir été au xviᵉ *chenil de François Iᵉʳ*. — *La Rive du Vaudreuil*, 1668 (P. Goujon).

Rive (La), h. de Venables.

Rive-Renault (La), fief à Venables (Le Beurier).

Rivette (La), bras de l'Eure à Louviers.

Rivière (La), fief à Ambenay, 1562.

Rivière (La), h. des Andelys.

Rivière (La), fief et h. de Bailleul-la-Vallée.

Rivière (La), h. de Grosley.

Rivière (La), f. à Manneville-sur-Risle et huitᵉ de fief relev. de Pont-Audemer.

Rivière (La), fief à Pont-Authou.

Rivière Monts, second nom de l'Avre, entre le grand pont de l'Étang-de-France et le moulin de Poiley.

Rivière-Thibouville (La), plein fief; relais de poste; h. partagé entre Brionne, Fontaine-la-Soret et Nassandres; station du chemin de fer de Serquigny à Rouen. — *La Rivière-de-Tibouville*, 1495 (épitaphe de Jehanc de Tilly, baronne de Ferrières). — *Tibouville-la-Rivière* (La Roque). — *La River-Théboville*, 1420 (mém. de la Soc. des antiquaires de Normandie, t. XXIII, dons de Henri V).

Rivière-Vernier (La), ruiss. né de la Grande-Mare au Marais-Vernier et affl. de la Seine à Quillebeuf.

Robard (Le), h. de Piencourt.

Robert-Bende (Pont de), à Évreux, 1384; terminé par la porte Peinte.

Robert-le-Sénégal, huitᵉ de fief à Saint-Martin-la-Corneille; auj. *la Saussaye*.

Robichon (Le), m⁰ⁿ isolée, à Normanville.

Robinet-Cuit (Le), canton de la forêt de Lyons (plan général de la forêt domaniale).

Robins (Les), h. de Saint-Marcel.

Robin-Volant, lieu-dit à Tourny.

Roche (La), f. à Ambenay.

Roche (La), h. de Beuzeville.

Roche (La), h. de Bois-Arnault.

Roche (La), fief à Boisney.

Roche (La), h. et fief aux Bottereaux.

Roche (La), h. de Pullay.

Roche-à-Bouffe-la-Balle, lieu-dit aux Andelys.

Roche-à-l'Hermite (La), h. de la Vacherie-des-Andelys.

Roche-aux-deux-Fesses, lieu-dit aux Andelys.

Rochefort, fief et h. de Beaumesnil.

Rochefort, h. de Martainville-près-Pacy.

Rochelle (La), h. d'Épaignes.

Rochelle (La), h. de Saint-Victor-d'Épine.

Rocher (Le), h. de Duranville.

Rocher (Le), f. à Gaillon.

Rocher (Le), château à Saint-Just.

Roches (Les), h. de Tourneville.

Roches-de-Brosville (Les), m⁰ⁿ à tan, à Brosville; vers 1140 (ch. de Rotrou, évêque d'Évreux); usine, 1873.

Rochesmonts (Les), lieu-dit à Menilles.

Rochette (La), h. d'Évreux. — *Rocheta*, 1308 (ch. de Mathieu, év. d'Évreux).

Rochette (La), h. de Saint-Germain-la-Campagne.

Roconval (Ruisseau de), affluent de l'Epte.

Rocque (La), manoir noble à Aubevoye (terrier de Bérou), auj. m⁰ⁿ isolée. — *La Roque* (Le Beurier).

Rocque (La), fief et f. à Bezu-la-Forêt. — *La Roque* (Le Beurier). — *Roca*, xiiᵉ siècle (cart. de Mortemer).

Rocque (La), f. à Bosquentin.

Rocque (La), f. à Cauverville-en-Roumois.

Rocque (La), h. de Port-Mort.

Rocque (La), h. de la Roquette.

Rocque (La), h. de Saint-Grégoire-du-Vièvre.

Rocquemont, dit aussi Matignon, qᵗ de fief à Villers-en-Vexin, relev. de la Bucaille.

Rocques (Les), h. du Chamblac.

Rocques (Les), ch. à Saint-Ouen-de-Thouberville; fief (vingtièmes). — *Les Roques* (Le Beurier).

Rocray (Le), f. à Pierre-Ronde; auj. *Beaumesnil*.

Roctour (Manoir du), au Neubourg. — 1434 (tabellionage d'Elbeuf).

Rogavel, h. de Tourville-sur-Pont-Audemer.

Rogavel, h. de Toutainville.

Rohaire, f. à Saint-Ouen-d'Attez.

Roilleterie (La), m⁰ⁿ isolée, à Carsix.

Rois (Les), h. à Bonneville-sur-le-Bec. — 1230 (cart. du Bec).

ois (Les), m^{in} à Mauneville-sur-Risle.

ois (Les), h. de Martainville-en-Lieuvin.

ois (Les), h. de Saint-Ouen-des-Champs; plein fief
après avoir désigné un domaine divisé en deux
paroisses dont le seigneur des Rois conserva le patronage : Saint-Ouen-de-Bouquelon et Saint-Ouen-
des-Champs. — *Roys*, 1202; *Roie*, 1230; *Roye*,
1231 (dom. Bessin). — *Roys, Roue, Roes*, xiie s^e
(cart. de Préaux, ch. de Valeran de Meulan). —
Rotes, Roie (p. d'Eudes Rigaud). — *Roye*, 1738
(Saas).

oissière (La), bois voisin de Pont-Audemer. — 1314
(Trésor des chartes).

okemont, lieu-dit à Hauville. — 1220 (fonds de
Jumiéges).

olets (Les), h. de Saint-Ouen-de-Thouberville.

olle, léproserie voisine de Gaillon. — xiiie s^e (Trésor
des chartes).

omaçon (Le), h. de Freneuse-sur-Risle.

omains (Les), h. de Routot.

oman, c^{ne} du c^{on} de Damville, accrue de Blandey en
1845. — *Rooman*, 1220; *Roomen*, 1252 (cart. de
Lyre). — *Romen*, 1700 (dép^t de l'élection de
Conches); 1765 (Dict. géogr. de Dumoulin). —
Rosman, 1767 (dép^t de l'élection de Conches). —
Roman-Blandey, 1865 (actes judiciaires).

omans, fief réuni à Verclives en 1714 et relevant
d'Écouis.

omarage, lieu-dit à Montaure.

ome, h. de Bosquentin.

ome (La Fontaine de), à Noyers.

ome (Rue de), à Vesly.

omerie (La), f. à Bourg-Achard. — *Romei* (cart. de
Bourg-Achard).

omilly (La Haye de), bois à Saint-Aubin-des-Hayes.
— 1439 (L. P.).

omilly-la-Campagne, fief à Romilly-près-Bougy, relev.
du comté d'Évreux.

omilly-la-Puthenaye, c^{ne} du c^{on} de Beaumont-le-
Roger, formée, en 1846, de la réunion des c^{nes} de
Bougy, la Puthenaye et Romilly-près-Bougy.

omilly-près-Bougy, c^{ne} entrée en 1846 dans la formation de celle de Romilly-la-Puthenaye; plein fief
relev. de Conches. — *Romeliacum*, vers 1080 (cart.
de Conches).— *Remileium*, xie s^e (O. V.). — *Roumillies*, 1221: *Romille*, 1234 (inv. des arch. de
Lyre).— *Romelliacus, Romeilli*, 1285 (cart. de
Lyre).—*Romiliacus, Rommiliacus*, 1326 (Hist. gén.
de la maison d'Harcourt). — *Rommelli, Roumelli*,
1419 (arch. nat., aveu de Jehan Arthur). — *Roumilly*, 1458 (ord. du Verdier de Conches): 1700
(dép^t de l'élection de Conches).

omilly-sur-Andelle, c^{ne} du c^{on} de Fleury; plein fief
relev. de Rouen (L. P.).—*Rommilleia*, 1080 (cart.
de Jumiéges). — *Romeleium*, 1080 (cart. de l'Estrée). — *Romeilli*, 1145 (ch. de Hugues, archev.
de Rouen). — *Rumilliacus*, vers 1186 (reg. Phil.
Aug.). —*Romiliacum*, 1206 (cart. B. de Phil. Aug.).
— *Roumylli supra Andelam*, 1263 (ch. de saint
Louis). — *Romille*, xiiie s^e (Duchesne, Liste de services milit.). — *Rommelli*, 1271 (cart. de Bonport).
— *Romillie*, 1281 (estimation des receveurs du
roi). — *Rommilly*, 1327 (doctrinal glozé).— *Rommilli*, 1339 (cart. de Saint-Père de Chartres). —
Roumilli, 1469 (monstre). — *Rommilly*, 1600
(aveu du bar. de Pont-Saint-Pierre; 1738 (Saas).
— *Roumily*, 1708 (Th. Corneille).

Rommerie (La), lieu-dit à Bourg-Achard.

Romois (Le), h. du Theillement.

Ronce (La), h. partagé entre Bosquentin et Lilly. —
Ronca, 1063 (cart. de la Trinité-du-Mont).

Ronce (La), h. de Caumont et château.

Ronce (La), h. de Condé-sur-Iton; fief relev. de l'él.
d'Évreux. — *Ronca*, 1239 (L. P.).

Ronce (La), h. de Conteville.

Ronce (La), h., manoir et fief à Fontaine-sous-Jouy.
— *Runcia*, 1201; *Runtia, Roncha, Runcha*, 1209;
Runca, 1220 (cart. de Jumiéges).

Ronce (La), h. de Saint-Pierre-du-Val.

Roncenay (La), c^{ne} du c^{on} de Damville, sous inféoda-
tion du fief de Chaignes, 1454 (L. P.). — *Ronceneium* (cart. du Bec). — *Runcenei, Roncenayum*,
1292 (ch. de Phil. le Bel). — *Roncia* (2e pouillé
d'Évreux). — *Le Roncenay*, 1469 (monstre). —
Roncené, 1738 (Saas).

Roncenay (La), lieu-dit à Saint-Aubin-le-Vertueux.—
Roncerai (L. P.).

Roncerie (La), f. à Saint-Ouen-de-Thouberville.

Roncherolles, chapelle, f., plein fief et baronnie à
Gauverville. — *Roncherolie*, 1261 (reg. visit.). —
Ronceroles, 1281 (estim. des receveurs du roi). —
Grand Roncherolles, 1600 (aveu du baron de Pont-S^t-
Pierre). — *Roncherolles-en-Vexin* (actes nombreux).

Roncherolles, h. de la Roquette.

Roncherville, h. de Saint-Melain-la-Campagne.

Ronciers (Les), h. de Chaise-Dieu-du-Theil.

Rond-Bosc, lieu-dit à Thierville. — *Rotondus Boscus*,
1234; *Rotundus Buscus*, 1262 (cart. du Bec).

Rondel (Le), h. du Plessis-Grohan.

Rondels (Les), h. et vavassorie aux Essarts, en relevant. — 1454 (L. P.).

Rondemaille, fief à Valletot, 1310 (cart. de Corneville).

Rondemare, h. d'Appeville-dit-Annebaut; f. de l'abbaye
du Bec, 1308 (ch. de Philippe le Bel).

Ronflard, m^in à Connelles.

Rony, q^t de fief à Boisset-Hennequin, auj. Dousains, relev. de Pacy (L. P.). — *Rosney* ou *Rosny* (Le Beurier).

Roque (Coude de la), passage dangereux dans la navigation de la Risle, à Saint-Samson-de-la-Roque.

Roque (La), fief voisin de Gaillon, 1789.

Roque (Pointe de la), à l'embouchure de la Risle, dominant la Seine maritime; phare.

Roquemont (La Butte de), petite enceinte retranchée à Saint-Aubin-le-Vertueux.

Roque-sur-Risle (La), c^ne réunie en 1844 avec Saint-Samson-sur-Risle, sous le nom de Saint-Samson-de-la-Roque. — *Roca* (cart. de Préaux).

Roquette (La), c^ne du c^on des Andelys; fief. — *Roqueta* (p. d'Eudes Rigaud). — *Saint-Martin-de la Roquette*, 1782 (Dict. des postes); 1828 (L. Dubois).

Roquette (La), h. de Saint-Germain-Village.

Rosalie (La), h. partagé entre Saint-Mards-de-Blacarville et Saint-Sulpice-de-Graimbouville. — *Rossey*, 1770 (Denis, Atlas topog.).

Rosalie, route aux Baux-Sainte-Croix.

Rosay, c^ue du c^on de Lyons; marquisat, 1080. — *Roseyum, Roseium*, 1218 (ch. de Roger de Rosay). — *Rosetum in Leonibus, Rosoy-en-Lyons*, 1308 (ch. de Philippe le Bel). — *Rozay*, 1469 (monstre); 1722 (Masseville); 1754 (Dict. des postes). — *Rosai-en-Lions*, 1828 (L. Dubois).

Rosay, h. et quart de fief à Courbépine, relev. d'Orbec (L. P.).

Rosay, f. à Drucourt.

Rosay (Le), l'une des sources du ruisseau des Fontaines, à Fontaine-sous-Jouy.

Rose (Champ de la), lieu-dit à Farceaux.

Rose (Moulin de la), au Thuit-Signol, m^in à vent qui devait au seigneur du Montpoignant une rose fraîche à Noël.

Rose (Rond de la), lieu-dit dans la forêt de Bizy.

Roserie (La), h. de Saint-Cyr-de-Salerne.

Roserie (La), h. de Saint-Ouen-de-Thouberville.

Roses (Les), h. d'Épinay.

Rosettes (Les), ruiss. affl. de l'Andelle.

Roseux, forêt domaniale de 750 hectares dans la plaine de Saint-André, aliénée en 1865.

Rosière (La), m^on isolée, à Francheville.

Rosières (Les), h. de la Futelaye.

Rosiers (Sente des), à Évreux.

Rosserant, vigne à Gaillon, 1209 (invent. des titres de l'abb. du Bec). — *Rosselant*, 1260.

Rosserie (La), f. à Verneuil.

Rosset (La), h. de Grandvilliers; fief. — *Rossey* (Le Beurier).

Rossignol (Le), m^on isolée, à Bourneville.

Rossignol (Le), h. de Saint-Philbert-sur-Risle.

Rossinière (La), h. de Saint-Mards-de-Fresnes.

Rotellière (La), f. et fief à la Gueroulde.

Rôtes, c^ne unie en 1846 avec Saint-Léger-du-Boscdel sous le nom de Saint-Léger-de-Rôtes; fief relevant du marquisat de Thibouville et du fief de Carsix. — *Rostes*, XVIIe siècle (arch. des pénitents de Bernay). — *Rottes*, 1722 (Masseville).

Rotiers (Les), domaine à Bourg-Achard, 1480.

Rotis (Les), h. de Boisset-le-Châtel. — *Rotiers* (Charpillon et Caresme).

Rotours (Les), h. et chât. à Saint-Aubin-sur-Gaillon; fief s'étendant sur Authouillet, relevant de l'évêque d'Évreux. — *Rothorii*, 1179 (ch. de Rotrou, archevêque de Rouen). — *Rotors*, 1234 (ch. de la Noë). — *Rotours*, 1294 (cart. de Saint-Wandrille). — *Les Rottours-emprès-Gaillon*, 1400 (aveu de Guillaume de Cantiers, évêque d'Évreux). — *Rotours*, 1452; *Routoirs*, 1475 (L. P.). — *Rotoure* (Le Beurier).

Rouen (Faubourg de la Porte de), autrefois *de la Croix-Coquin*, à Bernay.

Rouen (Porte de), 1745 (plan d'Évreux).

Rouen (Tour de), reste des fortifications de Vernon; rasée au XIXe siècle.

Rouets (Les), h. de Bouquetot.

Rouettiers (Les), f. à Bourg-Achard.

Rouge-Cour (La), h. de Morainville-près-Lieurey; fief. — *Rougecourt* (Charpillon et Caresme).

Rouge-Cul (Le), lieu-dit à Martagny.

Rougefosse, h. de Barc et fief; métairie romaine (Charpillon et Caresme). — *Rubea Fossa*, XIIe s^e (ch. de Robert de Meulan).

Rouge-Maison (La), chât. à Bois-Normand-près-Lyre et fief.

Rouge-Maison (La), fief dit aussi *les Terres-Blanches*, relev. de Guichainville, puis réuni à cette localité en 1631 (Le Beurier).

Rouge-Mare (La), h. de Martagny.

Rougemare (La), h. de la Trinité-de-Thouberville.

Rougemontiers, c^ne du c^on de Routot; fief relev. de Beaumont-le-Roger (L. P.). — *Rubense Monasterium*, 1253 (reg. visit.). — *Rubeum et Rubrum Monastericum* (O. V.).

Rouge-Montoir (La), lieu-dit à Forêt-la-Folie.

Rougeolet (Le), lieu-dit au Cormier.

Rouge-Penriers, c^ne du c^on de Beaumont. — *Rogeperer* (L. P.). — *Rubea Pirus* (p. d'Évreux). — *Rougeperié*, 1326 (La Roque). — *Roge-Perier*, 1403 (aveu du baron du Neubourg). — *Rouges-Périers*, 1754 (Dict. des postes). — *Rouges-Pierres*, 1765

(geogr. de Dumoulin). — *Rouge-Periers*, 1805
(Masson Saint-Amand).

Rouge-Pommier (Le), vente de la forêt d'Andely,
1540.

Rouges-Fossés (Les) ou les Fossés, lieu-dit à Sainte-
Geneviève-lez-Gasny.

Rougettes (Les), lieu-dit à Léry.

Rouge-Val (Le), h. de Mainneville.

Rouillard, q¹ de fief relev. de Condé-sur-Risle (Le
Beurier).

Rouillardière (La), f. à Francheville; vavass. relev.
des Essarts, 1454 (L. P.). — *La Rouilardière*.
1273 (arch. de l'Eure).

Rouillardière (La), anc. prise d'eau de l'Iton à Francheville; canal abandonné d'un demi-kilomètre.

Rouillards (Les), lieu-dit à Villegats.

Rouillé (Le), h. de Saint-Jean-du-Thenney.

Rouillerie (La), h. de Selles.

Rouland, h. de la Poterie-Mathieu.

Roule (Île de), sur la Seine, à Courcelles.

Rouly (Le), h. d'Aubevoye et fief: voy. Villers-sur-
le-Roule. — *Rotulus* (1ᵉ p. d'Évreux).— *Le Rolle*,
xiᵉ s (ch. de la Noë). — *Le Roule Balanson*, 1790
arch. de la Seine-Inférieure). — *Roule-Baluchard*
(divers actes).

Roule (Le), h. de Launay.

Roule (Le), h. de Rosay et cᵒⁿ de la forêt de Lyons.

Roulière-Longue (La), lieu-dit à Giverny.

Roulle-Vent, lieu-dit aux Andelys.

Rouillard (Le), f. à Condé-sur-Risle.

Rouillard (Le), h. de Villegats.

Rouillière (La), vallon profond sous le Château-Gaillard.

Rouloir (Le), petite riv. dont la source est à l'étang
des Vaugoins; afflue à l'Iton, qui la reçoit dans les
prairies de Glisolles, après un cours de 12 kilomètres; flottable à partir du *Chantier de Quénet* et
appelée quelquefois *rivière de Conches*.

Roumois, région qui s'étend entre la Seine et la Risle,
jusque vers Brionne d'un côté et Elbeuf de l'autre.
— *Rothomagensis* (Grégoire de Tours, liv. VII).—
Rotomagensis pagus (Vita S. Geremari). — *Rodomensis*, 802; *Rotmense*, 853 (liste de tournées des
Missi dominici). — *Pagus Rotomagensis minor* (B.
Guérard). — *Rothomagensis ager* (Le Pecq de la
Clôture). — *Rothomensis ager* (Baudrand). — *Romays*, 1412; *Romoiz*, 1508 (arch. nat.). — *Rommois*, 1684 (le coadjuteur Colbert). — *Rounais*,
1779 (D. Bourget, Hist. of the abbey of Bec). —
Rommais. 1781 (Bérey, Carte particul. du diocèse
de Rouen).

Roumois (Le), h. de Routot.

Roumois (Sergenterie du), relev. de Pont-Audemer,
1558 (L. P.). — *Rommois* (Le Beurier). — *Roumoisan*, naturel du Roumois (Canel, Blason popul.
de la Normandie).

Roupie (La), lieu-dit à Illiers-l'Évêque.

Rocquis (Bois des), à Montaure.

Rouseaux (Les), fief à Épréville-près-le-Neubourg.

Roussignol, fief à Saint-Éloi, relev. de Bezu.

Rousseau (Le), mⁱⁿ à Saint-Étienne-sous-Bailleul.

Rousseaux (Les), f. à la Couture.

Rousselerie (La), h. de Bourg-Achard.

Rousselin, h. de Hauville.

Roussels (Les), h. de la Chapelle-Bayvel.

Rousset (Le), h. d'Acou, fief s'étendant sur Breux.

Roussettes (Les), f. et h. de Brestot.

Rousseuil (Le), mᵒⁿ isolée, à Louversey.

Roussière (La), cⁱᵉ du cᵒⁿ de Beaumesnil.—*Roussera*,
vers 1050 (L. P.). — *Rosseria*, vers 1160 (ch.
de Henri II). — *Rousseria* (ch. du bienheureux
Hellouin). — *Russeria* (chronique du Bec). — *La
Roseare*, 1207 (ch. de Guill., abbé du Bec). —
Rupharia, 1241 (cart. du Bec).

Roussière (La), f. à Dame-Marie.

Roussière (La), h. de Gournay-le-Guérin.

Roussière (La), f. à Saint-Aubin-du-Thenney.

Roussière (La), h. partagé entre Saint-Denis-des-
Monts et Saint-Éloi-de-Fourques. — *La Rousserie*.
vers 1767 (mém. judiciaire).

Roussières (Les), h. de Cintray.

Roussillière (La), h. de Grandvilliers.

Routhieux (Les), cᵒⁿ de la forêt de Lyons.

Routils (Les), h. de Marcilly-la-Campagne; fief rel. de
Breteuil, 1562. — *Les Routtes*, 1523 (Recherche
de la noblesse).

Routoir (Le), h. de Berville-en-Roumois.

Routot, chef-lieu de cᵒⁿ, arrond. de Pont-Audemer:
baronnie unie à Quatremare; qualifié bourg, 1722
(Masseville). — *Roetot* (p. d'Eudes Rigand). —
Rouvetot (p. de Raoul Roussel). — *Rouetot*, 1321
(arrêt de l'Échiquier). — *Rovetot*, 1417 (rotuli
Normanniæ). — *Sainct-Ouen de Routot*, 1513 (aveu
de Guill. le Bienvenu). — *Rotot*, 1597 (Henri de
Bourbon-Montpensier, État des bourgs où seront
faits les rolles et establis les étapes du régiment de
Boniface). — *Routot-en-Roumois*, 1782 (Dict. des
postes).

Routot (Canton de); arrond. de Pont-Audemer, ayant
à l'est et au nord le dép¹ de la Seine-Inférieure,
au sud les cᵐᵉˢ de Bourgtheroulde et de Montfort, à
l'ouest ceux de Pont-Audemer et de Quillebeuf, et
comprenant 19 cⁿᵉˢ: Routot, Barneville, Bosgouet,
Bouquetot, Bourg-Achard, Caumont, Cauverville-

en-Roumois, Étreville, Éturqueraye, Guenouville, Hauville, la Haye-Aubrée, la Haye-de-Routot, Honguemare, le Landin, Rougemôntiers, Saint-Ouen-de-Thouberville, la Trinité-de-Thouberville'. Valletot, et 14 paroisses : une cure à Routot, 13 succurs. à Barneville, Bosgouet, Bouquetot, Bourg-Achard, Caumont, Étreville, Éturqueraye, Hauville, la Haye-Aubrée, Honguemare, Rougemontiers, Saint-Ouen-de-Thouberville, Valletot.

Routout, ravin à la Chapelle-Bayvel, alimenté par la fontaine Domin.

Rouville, h. d'Alisay et île; plein fief de haubert, rel. de la vicomté de Pont-de-l'Arche. — *Rovilla juxta Pontem Arche*, 1252 (reg. visit.).

Rouville, f. à Hébécourt.

Rouville (Moulin de), m^le dépendant de la seigneurie de Rouville et assis sur l'arche du pont la plus rapprochée de la ville de Pont-de-l'Arche.

Rouville (Pné et usine de), à Amécourt. — *Rouvilla*, 1152; *Roevilla*, 1195 (cart. blanc de Saint-Denis). — *Roville*, 1654 (lettres patentes de Louis XIV).

Rouvisière (La), h. de la Chapelle-Gauthier.

Rouvray, c^ne du c^on de Vernon. — *Villa Rovrensis*, 1079 (ch. de Guill. le Conquérant). — *Roveri*, 1099; *Ruverei*, *Roverei*, 1232; *Rovray*, 1235 (cart. de Jumiéges). — *Rovroy*, 1235 (L. P.). — *Rouvroy*, XIIIe s^e (arch. nat.). — *Rouveroy*, 1722 (Masseville). — *Rouvrai-sur-Eure*, 1828 (L. Dubois).

Rouvray, vavassorie relev. de Conches (L. P.).

Rouvray, fief à Saint-Martin-du-Parc.

Rouvray-Chambray, q^t de fief à Chambray-sur-Eure, avec extension sur Rouvray, relev. d'Évreux, 1401 (L. P.). — *Rouveray*, 1645.

Rouvraye (La), tiers de fief à la Poterie-Mathieu. — 1518 (aveu).

Roux (Les), h. de Saint-Martin-Saint-Firmin.

Roux (Le), m^on isolée, à Saint-Marcel.

Roy (Le), fief assis sur Combon et Épréville, relev. du Neubourg, 1456.

Roy (Le) ou Vaux, fief à Port-Mort.

Roy (Le) ou les Nappes, fief à Saint-Ouen-de-Thouberville, relev. de Pont-Authou (L. P.).

Roy (Le), fief à Saussay-la-Vache.

Royaume (Île du), anc. nom de l'île des *Trois-Rois* (Brossard de Ruville).

Royauté (La), lieu-dit à Grand-Camp.

Royauté (La), h. de Grand-Camp.

Royauté (La), h. de Thevray.

Rozay, fief à Drucourt.

Rozeux-Crotu, m^on isolée, à Croth.

Rozière (La), fief à Francheville.

Ru Billard, petit ruiss. à Sainte-Colombe-près-Vernon.

Rubremont, h. et f. à Bosc-Renoult-en-Ouche. — *Rubermons* (L. P.). — *Rubramont*, vers 1159 (ch. de Henri II). — *Rybramont* (ch. de fondation de Lyre). — *Rublemont*, 1294 (ch. de Robert de Sacquenville). — *Rubramons*, *Rubramont* (cart. de Lyre).

Ru-de-la-Ferme, h. de Sainte-Colombe-près-Vernon.

Rudemont, h. de Saint-Ouen-de-Thouberville.

Rue (La), q^t de fief relev. d'Acquigny, 1558.

Rue (La), h. d'Éturqueraye.

Rue (La), vavassorie à Fatouville, relev. d'Aubiguy.

Rue (La), fief à Giverville.

Rue (La), huit^e de fief à Saint-Georges-du-Mesnil, relev. de la Poterie-Mathieu.

Rue (La), h. et fief au Tilleul-en-Ouche, relev. de Beaumontel. — 1419 (L. P.).

Rue-Adam (La), h. d'Hauville.

Rue-Anse (La), lieu-dit à Saint-Amand-des-Hautes-Terres.

Rue-au-Moule (La), h. de Bémécourt.

Rue-aux-Danois (La), h. du Thuit-Anger.

Rue-aux-Quennins (La), h. de Saint-Christophe-sur-Condé.

Rue-aux-Valets (La), lieu-dit à Aubevoye.

Rue-aux-Vaubabourgs (La), h. des Baux-de-Breteuil.

Rue-Baptiste (La), h. de Saint-Etienne-l'Allier.

Rue-Belingue (La), h. de Romilly-sur-Andelle.

Rue-Benard (La), h. de Hauville.

Rue-Benard (La), h. de Louversey.

Rue-Berthou (La), h. de Francheville.

Rue-Bisette (La), h. du Fidelaire.

Rue-Bourgeois (La), h. de Barneville-sur-Seine.

Rue-Buisson (La), h. de la Noë-Poulain.

Rue-Cardine (La), h. de Franqueville.

Rue-Chalot (La), h. d'Angoville.

Rue-Cheron (La), h. de Louversey.

Rue-de-Bernière (La), h. de Saint-Marcel.

Rue-de-Beuville (La), h. de Saint-Thurien.

Rue-de-Fort-Moville (La), h. de Fort-Moville.

Rue-de-France (La), h. de Saint-Germain-sur-Avre, à l'anc. frontière de France et de Normandie.

Rue-de-Normandie (La), h. de Vernon.

Rue-des-Forges (La), h. de Louversey.

Rue-de-Vitot (La), h. de Vitot.

Rue-de-Voie (La), h. de Muids.

Rue-du-Bois (La), h. des Baux-de-Breteuil.

Rue-du-Bois (La), h. de Conteville.

Rue-du-Bois (La), h. de la Haye-Aubrée.

Rue-du-Bunt (La), h. de Tourny.

Rue-Dufresne (La) ou Lieu-Maillet, h. de Saint-Christophe-sur-Condé.

Rue-du-Hamel (La), h. de Bos-Normand.

Rue-du-Hoc (La), h. de Sainte-Croix-sur-Aizier.

Rue-du-Theil (La), h. de Chaise-Dieu-du-Theil.

Rue-Havard (La), h. d'Aclou.

Rue-Huguenot (La), h. de Morainville-près-Lieurey.

Ruel. riv. du dép¹ d'Eure-et-Loir qui afflue à l'Avre au-dessous de Courteilles.

Ruel. h. de Corneville-sur-Risle.

Ruelle (La), m^in à eau à Acquigny, en ruines en 1584.

Ruelle (La), h. de Longchamps.

Ruelle (La). h. de Pont-Audemer, et port formé par le lit de la Risle à 10 kilomètres de son embouchure.

Ruelle (La), demi-fief à Vesly, relev. de Dangu.

Ruelle-aux-Loups (La), h. d'Évreux.

Ruelle-du-Temps (La), lieu-dit à Venables.

Ruelles (Les), h. de Gravigny.

Ruelles (Les), f. à Tilly.

Ruellette (La), lieu-dit à Boisgeloup, h. de Gisors.

Ruellette (La), lieu-dit à Saint-Nicolas-du-Bosc.

Ruellettes (Les), lieu-dit à Hondouville.

Rue-Mauger (La), h. de Bourg-Achard.

Rue-Maure (La), h. de Vraiville.— Rue-Morte (L. P.).

Rue-Mercier (La), h. de Sainte-Marguerite-de-l'Autel.

Rue-Petremolle (La), h. de Sainte-Marguerite-de-l'Autel.

Rue-Prévost (La), h. des Baux-de-Breteuil.

Rue-Biolet (La), h. de Beuzeville.

Rue-Rouge (La), h. de Lieurev.

Rues (Les), h. de Bosc-Roger-en-Roumois.

Rues (Les), h. de Bourg-Achard.

Rues (Les), h. et huit° de fief à Gisay, relev. du Blanc-Buisson, 1418 (L. P.). — Rues (arch. nat.).

Rues (Les), m^on isolée, à Saint-Michel-de-la-Haye.

Rue-Signol, h. d'Aclou.

Ruet (Le), h. de Saint-Denis-des-Monts.

Ruet (Le), m^on isolée, à Saint-Germain-sur-Avre.

Rue-Trubiron (La), h. de Franqueville.

Rufaudière (La), h. et huit° de fief à Grandchain. — Riffaudière (Le Beurier).

Ruffaux (Les), h. de Bouquetot; plein fief relevant de Pont-Authou. — Rouffaire, Roufang (L. P.). — Ruffault (Le Beurier).

Ruffey, h. de Boncourt.

Rufflets (Les), chât. à Harcourt. — Rufflei, 1220; les Ruffle:, Ruffais, 1235 (L. P.). — Les Rufflais, 1649 (mém. de M. L. C. D. R).

Rugles, ville, ch.-l. de c^on; baronnie érigée en comté au xviii° siècle; qualifiée bourg, 1722 (Masseville): château fort (L. P.). — Ruga, Rugia, xi° siècle (cart. de Saint-Père de Chartres). — Rubles (L. P.). — Ruglæ (ch. du comte de Leicester); 1249 (cart. de Lyre).

Rugles (Canton de). arrond. d'Évreux, ayant à l'est le c^on de Breteuil, au sud celui de Verneuil et le dép¹ de l'Orne, à l'ouest le dép¹ de l'Orne et le c^on de Broglie, au nord le c^on de Beaumesnil, comprenant 20 c^nes : Rugles, Ambenay, Auvergny, Bois-Arnault, Bois-Anzeray, Bois-Normand-près-Lyre, le Bois-Penthou. les Bottereaux, Chaise-Dieu-du-Theil, Chambord, Champignolles, Chéronvilliers, les Fretils, la Haye-Saint-Sylvestre, Juignettes, Neaufles-sur-Risle, la Neuve-Lyre, Saint-Antonin-de-Sommaire, Vaux-sur-Risle, la Vieille-Lyre, et 15 paroisses, dont 1 cure, à Rugles, et 14 succursales: Ambenay. Bois-Arnault, Bois-Anzeray, Bois-Normand-près-Lyre, les Bottereaux, Chaise-Dieu-du-Theil, Chambord, Chéronvilliers, la Haye-Saint-Sylvestre, Juignettes, Neaufles-sur-Risle, la Neuve-Lyre. Saint-Antonin-de-Sommaire, la Vieille-Lyre.

Ruine (La), h. de la Poterie-Mathieu.

Ruisseau-Noir (Le), ancien nom de la Mare-Saint-Nicolas, au Bec-Hellouin.

Ruquerie (La), f. à Beaumesnil.

Ruth (Le), île de l'Eure, à Gargennes.

Ruyaux (Les), lieu-dit au Cormier.

Ruyaux (Les), lieu-dit à Ormes.

Ruyaux (Les), lieu-dit à Saint-Aquilin-de-Pacy.

S

Sables (Les), h. de Gaillon.

Sables (Les), partie du territ. de Pîtres, comprenant plusieurs hameaux.

Sables (Les), m^on isolée, à Saint-Pierre-la-Garenne.

Sablonnière (La), h. et fief à Douains.

Sablonnière (La), h. de Saint-Benoît-des-Ombres.

Sablonnière (La), h. de Sébécourt.

Sablons (Les), h. de Balines.

Sabotterie (La). h. de Jouveaux.

Sabrevois, fief à Foucrainville.

Sac-Épée, lieu-dit à Écardenville-sur-Eure.

Sacq (Le), c^ne du c^on de Damville; branche de sergenterie du comté d'Évreux. — Sacu.r, Saccum, 1182 (bulle de Luce III). — Sache, 1195 (ch. de Richard Cœur de Lion). — Saccus, 1308 (cart. du chap. d'Évreux).— Le Sac, 1754 (Dict. des postes) — Le Sacq-sur-Eure, 1828 (L. Dubois).

Sacquenville. c^ne du c^on d'Évreux nord; plein fief relev.

24.

du comté d'Évreux. — *Sachevilla* (domesday book).
— *Sarhenville*, 1195 (dipl. de Richard Cœur de
Lion). — *Saqueinvilla*, vers 1200 (enquête des
usages de la forêt de Breteuil). — *Sakenvilla*, vers
1210 (ch. de Luc, év. d'Évreux). — *Saqueinvilla*,
(ch. de Robert, év. d'Évreux). — *Sackevilla*, 1220
(ch. de Saint-Étienne de Renneville). — *Saqueein-
rilla*, 1230 (ch. de la Noë). — *Saquenville*, 1265
(cart. de Saint-Taurin). — *Saquainvilla*, 1271
(monstre). — *Saquinville*, 1279; *Saquivilla*, 1294
(cart. de Lyre). — *Sachanvilla* (ch. de fondation
de Saint-Sauveur d'Évreux). — *Sakeinvilla*, *Saken-
ville* (M. R.). — *Sauquenville* (cart. de Lyre). —
Sauqueville, *Saquanville*, *Saquainville*, 1327-1396
(chron. des quatre premiers Valois). — *Sacquain-
ville*, 1386 (cart. du chap. d'Évreux). — *Saquenville*, 1469 (monstre). — *Sacquanville*, 1638 (Vie
de saint Adjutor). — *Saquville*, 1722 (Masseville). — *Saquanville*, 1778 (titres de Saint-Étienne
de Renneville). — *Sacanville*, 1781 (Bérey, Carte
partic. du diocèse de Rouen). — *Saquville*, 1782
(Dict. des postes).

Sacquenville, vavassorie à Cauappeville.

Sacqu'épée (Ea), h. de Saint-Georges-du-Vièvre.

Saesne, fief à Villiers-en-Désœuvre, réuni au fief du
Breuil. — *Cesne*, *Cesnes*, *Séesne* (Le Beurier).

Saffrerie (La), lieu-dit à Saint-Germain-Village.

Sagannerie (La), h. de Saint-Léger-du-Gennetey.

Sagout, fief relevant d'Ivry, à Saint-Aquilin-de-Pacy,
1456 (L. P.); auj. *le Moulin Sagout*.

Sahurs, q^t de fief à Calleville, relev. de Brionne. —
Sahuz (Neustria pia).

Sain ou Sayn, vers 1413, m^in à Livet-sur-Authou.

Saint-Adrien, chapelle à Morgny. — 1716 (Cl. d'Aubigné).

Saint-Agapit, chapelle à Plasnes; auj. détruite.

Saint-Agnan, h. de Saint-Agnan-de-Cernières.

Saint-Agnan-de-Cernières, c^ne du c^on de Broglie, l'une
des trois divisions de l'anc. domaine de Cernières;
plein fief relev. de Bourth, 1708. — *S. Anianus de
Sarneriis* (1er p. d'Évreux). — *Saint-Agnan de Sar-
mières* (Robert, Carte de l'évêché d'Évreux). —
Saint-Aignan de Cernières (Le Beurier).

Saint-Aiglan, h. de Neaufles-sur-Risle; chapelle, château et fief relev. de Breteuil (L. P.). — *S. Agilus*,
xie s^e (grande ch. de Lyre); et 1125 (ch. de Robert
de Leicester). — *S. Agilus*, xiie s^e (ch. de Robert de
Breteuil). — *Saint-Eglen* (inquisitio usagiorum
forestæ Britolii). — *Saint-Eglan* (Le Beurier). —
Saint-Agile (nom populaire).

Saint-Aignan-de-Pont-Audemer, anc. paroisse où se
trouvait le château fort de Pont-Audemer, réunie à

cette ville en 1791, rétablie en l'an vii, réunie de
nouveau en 1835; auj. faubourg; église démolie.
— *S. Anianus*, xiie siècle (cart. de Préaux). — *S.
Anianus de Ponte Audomari* (p. d'Eudes Rigaud).

Saint-Amand, fief à Puchay, relev. des religieuses de
Saint-Amand-de-Rouen, dames du lieu (vingtièmes).

Saint-Amand-des-Hautes-Terres, c^ne du c^on d'Amfreville; plein fief relev. du Neubourg, 1448 (L. P.).
— *S. Amandus de Saureio* ou *Sauxtio*, 1212 (reg.
Phil. Aug.). — *S. Amandus prope Beccum Thomæ*,
1261 (cart. du Bec). — *S. Amans* (ch. de Robert
de Meulan). — *Saint-Amand-des-Haultes-Terres*,
1605 (notariat du Neubourg).

Saint-André, chapelle du grand cimetière de Louviers,
détruite par un incendie en 1589.

Saint-André, chapelle à Montfort-sur-Risle, incendiée
en 1599 (L. P.).

Saint-André, h. de Saint-Symphorien.

Saint-André (Campagne de). — Voy. Campagne (Pays
de).

Saint-André (Canton de), arrond. d'Évreux, ayant
pour chef-lieu Saint-André-la-Marche et pour
limites à l'E. le c^on de Pacy, au S. le dép^t d'Eure-
et-Loir et le c^on de Nonancourt, à l'O. le c^on de
Damville, au N. le c^on d'Évreux nord; comprenant
31 c^nes : Saint-André, les Authieux, Bois-le-Roi,
la Boissière, Bretagnolles, Champigny-la-Futelaye,
Chavigny, Coudres, la Couture-Boussey, Croth,
Épieds, Ézy, la Forêt-du-Parc, Fourcrainville, Fresney, Garencières, Garennes, Grossœuvre, Ivry-la-
Bataille, Jumelles, le L'habit, Lignerolles, Marcilly-
sur-Eure, Mouettes, Mousseaux-Neuville, Prey,
Quessigny, Saint-Germain-de-Fresney, Saint-Lau-
rent-des-Bois, Serez, le Val-David, et 20 paroisses,
dont une cure, à Saint-André, et 19 succursales :
Bois-le-Roi, Bretagnolles, Champigny-la-Futelaye,
Chavigny, Coudres, la Couture-Boussey, Croth,
Épieds, Ézy, la Forêt-du-Parc, Garennes, Gros-
sœuvre, Ivry-la-Bataille, Marcilly-sur-Eure, Mousseaux-Neuville, Prey, Saint-Germain-de-Fresney,
Serez et le Val-David.

Saint-André-de-Verdun, chapelle à la Vacherie-sur-Houdouville, au h. de Verdun. — 1661 (actes de l'évêché d'Évreux).

Saint-André-la-Marche, ch.-l. du c^on de Saint-André;
bourg, 1722 (Masseville); baronnie, haute justice
relev. du comté d'Évreux. — *S. Andreas*, 1213 (ch.
de Phil. Aug.). — *Saint-Andrieu-en-la-Marche*, 1419
(dén. des biens de l'abb. de Conches). — *Saint-Audoyer-la-Marche*, 1458 (arch. nat.). — *S. Andreas
in Marchia* (2e p. d'Évreux). — *Saint-Andry-en-la-
Marche*, 1555 (catalogue des illustres ducs et con-

nétables). — *Sanandreas* (Masseville). — *Saint-André-en-la-Marche*, 1731 (L. P.). — *Saint-André-la-Forêt*, 1828 (Dubois).

Sainte-Anne, anc. chapelle relev. de la Croix-Saint-Leufroi, à la Chapelle-du-Bois-des-Faux, h. de Bromesnil.

Sainte-Anne, chapelle à Ferrières-Saint-Hilaire.

Sainte-Anne, h. du Fidelaire.

Sainte-Anne, chapelle du château de Nonancourt, détruit sous Charles VII.

Sainte-Anne, chapelle détachée de tout bâtiment, au manoir du Val, au Theillement, 1717 (Cl. d'Aubigné).

Sainte-Anne-des-Ifs, chapelle gothique érigée et bénite en 1860 dans l'intérieur d'un if à la Haye-de-Routot.

Saint-Antoine, anc. chapelle, à Alisay.

Saint-Antoine, anc. léproserie devenue l'Hôtel-Dieu de Beaumont-le-Roger, réuni à l'hospice d'Harcourt, 1678.

Saint-Antoine, h. de Condé-sur-Risle.

Saint-Antoine, hôpital de Gisors, fondé par Philippe Auguste, incendié en 1519 et reconstruit sous le vocable de *saint Louis*; donnant autrefois son nom à la *rue de Paris*.

Saint-Antoine, h. de Saint-Denis-du-Béhélan.

Saint-Antoine de Gaillon, église collégiale à Gaillon. — *S. Antonius de Gaillon*, 1216 (bulle d'Innocent III).

Saint-Antoine de Pont-de-l'Arche, prieuré de Bernardines, fondé en 1634.

Saint-Antoine des Essarts, h. et ancienne chapelle aux Essarts. — Maladrerie, 1454 (L. P.).

Saint-Antonin, porte de la ville de Pacy. — 1219 (grand cart. de Saint-Taurin).

Saint-Antonin (Prieuré de), dépendant de l'abbaye de Saint-Taurin à Saint-Aquilin-de-Pacy.

Saint-Antonin-de-Sommaire, c⁹⁰ du c⁹⁰ de Rugles. — *Sommara*, *Summera*, *Summeria* (cart. de Saint-Père de Chartres). — *Saint-Anthonin-de-Somère* (cart. de Lyre). — *Somere*, *Saint-Anthonnin-de-Sommère*, 1455 (arch. nat.). — *Saint-Anthonin*, 1606 (tabellion. de Rugles).

Saint-Aquilin (Bras de), bras de l'Eure à Saint-Aquilin-de-Pacy.

Saint-Aquilin (Petit Séminaire de), élevé à Évreux au xiv⁹ s⁹ sur les ruines de l'anc. église paroissiale de Saint-Aquilin. — *Saint-Acquilain*, 1783 (arch. de la ville d'Évreux).

Saint-Aquilin-d'Augerons, c⁹⁰ du c⁹⁰ de Broglie. — *Algeron*, *Algerun*, 1050 (O. V.). — *Augerun*, 1128 (ch. de Henri I⁹ʳ). — *Augerun*, 1258 (L. P.). — *Algerum* (p. de Lisieux). — *Saint-Aquilin-des-Augerons*, 1782 (Dict. des postes); 1839 (L. P.).

Saint-Aquilin-de-Pacy, c⁹⁰ réunie à Pacy-sur-Eure de 1791 à 1798, puis rétablie; fief relev. de Gisors (L. P.). — *Villa S. Aquilini*, v. 999 (ch. de Richard le Bon, Richard II).— *S. Acolinus* (reg. Phil. Aug.). — *S. Aquilinus de Paceio*, 1224 (L. P.). — *S. Acininus*, v. 1250 (arch. nat.). — *S. Aquilinus* (L. P.). — *Saint-Anclin*, 1631 (Tassin, Plans et profilz).

Saint-Aubin, f. et manoir noble à Conches, 1419 (L. P.).

Saint-Aubin (Bois de), à Corneuil.

Saint-Aubin-de-Barc, paroisse réunie en 1791 à Beaumont-le-Roger.—*Saint-Albin-de-Bart*, 1738 (Saas). — *Saint-Aubin-de-Barre*, 1754 (Dict. des postes). — *Saint-Aubin-de-Beaumont*, 1868 (Charpillon et Caresme).

Saint-Aubin d'Écouis, église démolie pour faire place à la collégiale actuelle.

Saint-Aubin-d'Écrosville, c⁹⁰ du c⁹⁰ du Neubourg; fief du nom de Richard Croc, archid. d'Évreux. — *S. Albinus de Crocvilla*, xii⁹ s⁹, puis de *Crosvilla*. — *S. Albinus de Crovilla*, v. 1196 (ch. de Garin, év. d'Évreux). — *Saint-Aubin-d'Escrouville*, v. 1199 (bulle d'Innocent III). — *Crauvilla*, 1204; *S. Albinus la Richart*, 1253; *S. Albinus de Crovilla Richardi*, 1254 (cart. du Bec). — *Escroevilla*, 1277; *Escroevilla*, 1278 (cart. de Bonport). — *Crovilla S. Albini*, 1278; *Crovilla Guichardi*, 1290; *S. Albinus de Crovilla la Richart*, 1292 (cart. du chap. d'Évreux). — *Saint-Albin-de-Croville*, 1331 (cart. du Bec). — *Saint-Aubin-de-Croseille*, 1469 (monstre). — *Saint-Aubin-d'Arseville*, *Saint-Aubin-d'Asseville*, *Saint-Aubin-de-Roville*, 1523 (Recherche de la noblesse). — *Saint-Obein*, 1709 (acte notarié). — *Saint-Aubin-d'Écrouville*, 1781 (Berey, Carte partic. du dioc. de Rouen). — *Saint-Aubin-de-Croville*, 1839 (L. P.).

Saint-Aubin de Dange, paroisse supprimée en 1791.

Saint-Aubin-de-Scellon, c⁹⁰ du c⁹⁰ de Thiberville; fief. — *Serlosvilla* (L. P.). — *Sellonis Villa* (p. d'Eudes Rigaud). — *S. Albinus de Sellon*, 1251 (cart. du Bec). — *S. Albinus de Chalons*, 1293 (L. P.). — *S. Albinus de Sellone* (p. de Lisieux). — *Sainct-Aubin-de-Cellon*, *de Sallon*, 1303 (La Roque). — *S.-Aubin-de-Sellon*, 1469 (monstre).

Saint-Aubin-des-Fresnes, anc. prieuré; h. d'Amfreville-la-Campagne.—*S. Albinus de Fraxinis*, 1307 (olim).

Saint-Aubin-des-Hayes, c⁹⁰ du c⁹⁰ de Beaumesnil. *S. Albinus de Sepibus* (pouillés d'Évreux). — *Sainct-Aulbin-des-Hayes*, autrement *le Bosc-de-Rounilly*, 1562 (arrière-ban).

Saint-Aubin-de-Villaines, prieuré à Lyons-la-Forêt (L. P.).

Saint-Aubin-de-Wambourg, nom de Saint-Aubin-sur-Quillebeuf au moyen âge (L. P.). — *Wanburgum*, v. 999 (ch. de Richard II). — *Weneborch*, 1147 (bulle d'Eugène III). — *Weneburgus* (cart. de Préaux). — *Wamburgum*, *Weneborc*, 1217; *Wanebore*, *Weneborch* (cart. de Jumiéges).

Saint-Aubin-du-Thenney, c^ne du c^on de Broglie. — *S. Albinus de Taneio*, 1238 (cart. de Préaux). — *Taneium* (reg. Phil. Aug.). — *S. Albinus de Taneyo*, *Tenneyum* (p. de Lisieux). — *Saint-Aubin-de-Tanney* ou *de Launay*, 1722 (Masseville). — *Saint-Aubin-de-Thenay*, 1809 (Peuchet et Chanlaire).

Saint-Aubin-du-Vieil-Évreux, c^ne réunie avec le Vieil-Évreux en 1845 sous le nom de *Vieil-Évreux*; plein fief relev. du comté d'Évreux. — *S. Albinus*, v. 1212 (ch. de Luc, év. d'Évreux). — *Saint-Aubin-jouxte-Vieulx-Évreux*, 1469 (monstre). — *S. Albinus de Veteribus Ebroicis* (p. d'Évreux).

Saint-Aubin-le-Guichard, c^ve du c^on de Beaumesnil; q^t de fief relev. du comté d'Évreux. — *Saint-Aubin-le-Guichart*, 1319 (cart. de la Trinité de Beaumont).

Saint-Aubin-le-Vertueux, c^ne du c^on de Bernay; fief dépendant en partie de la baronnie de Ferrières. — *S. Albinus* (dotalitium ducissæ Judith). — *S. Albinus Virtuosus*, 1286 (arch. de l'Eure). — *Saint-Aubin-le-Vertuelx*, 1450 (aveu de l'abbé de Bernay).

Saint-Aubin-sur-Gaillon, c^ne du c^on de Gaillon. — *S. Albinus de Rothoriis*, 1179 (ch. de Rotrou, archev. de Rouen). — *S. Albinus de Gaillon*, 1207 (arch. de l'Eure). — *S. Albinus de Gallon*, 1264 (cart. de Philippe d'Alençon). — *S. Albinus de Gallone*, 1267 (grand cart. de Saint-Taurin). — *S. Albinus juxta Gaillon*, 1280; *Saint-Aubin-jouste-Gaillon*, 1294; *Saint-Aubin-de-lez-Gaillon*, 1294 (cart. de Saint-Wandrille).

Saint-Aubin-sur-Quillebeuf, c^ne du c^on de Quillebeuf. — Au moyen âge *Saint-Aubin-de-Wambourg* (L. P.). — *Saint-Aubin-près-Quillebeuf*, 1738 (Saas). — Voy. Saint-Aubin-de-Wambourg.

Saint-Aubin-sur-Risle, paroisse réunie à Ajou vers 1792; q^t de fief relev. du comté d'Évreux, 1410 (L. P.). — *S. Albinus super Rillam* (p. d'Évreux). — *Saint-Albin*, 1221 (1er cart. d'Artois). — *Saint-Aubin-sur-Réelle*, 1469 (monstre).

Sainte-Austreberte, prieuré à Saint-Denis-le-Ferment dès 1260, et chapelle appartenant à l'abb. de Saint-Saens, 1717 (Cl. d'Aubigné). — *Saincte-Ausberte*, 1538 (procès-verbal de visite de la forêt de Bleu). — *Saint-Auseberte*, 1664 (lettres patentes de Louis XIV).

Sainte-Barbe, couvent de Pénitents aux portes de Louviers, 1602.

Sainte-Barbe, m^on isolée, au Mesnil-Jourdain.

Sainte-Barbe, chapelle à Sainte-Marie-des-Champs, auj. *Sainte-Marie-de-Vatimesnil*, 1738 (Saas).

Sainte-Barbe-sur-Gaillon, c^ne du c^on de Gaillon, paroisse autrefois annexe d'Aubevoye.

Saint-Barthélemy, anc. chapelle à Douains.

Saint-Barthélemy, maladrerie hors de l'enceinte de Nonancourt.

Saint-Barthélemy, anc. chapelle au h. de la Chaule, à Saint-Pierre-de-Cormeilles. — *S. Bartholomeus de Cormelliis* (p. de Lisieux).

Saint-Barthélemy-de-Gournay, prieuré, membre de l'abb. d'Ivry.

Saint-Benoît, fontaine dans l'enclos de l'abbaye de Grestain.

Saint-Benoît-des-Ombres, c^ne du c^on de Saint-Georges. — *S. Benedictus in foresta que Gaevra dicitur* et *S. Benedictus de Umbris*, 1258 (cart. de Préaux). — *S. Benedictus in Ombris* (Du Monstier). — *Saint-Benoît-des-Umbres*, 1350 (aveu du Bec).

Saint-Bérenger-de-la-Roque, grotte taillée dans le roc; ermitage à la Roque-sur-Risle, auj. Saint-Samson-de-la-Roque. — *Sanctus Berengarius de Roca* (ch. de Robert III, comte de Meulan).

Saint-Blaise, second nom de la chapelle de Notre-Dame-des-Halles, à Fours. — 1738 (Saas).

Saint-Blaise, h. de Montaure.

Saint-Blaise, chapelle à Sébécourt.

Saint-Blaise, chapelle située à Thibouville, sur le bord de la Bellevoie, chemin de Nassandres au Neubourg; supprimée en 1695.

Saint-Brice, maladrerie à Carsix ou Fontaine-la-Soret, 1698 (arrêt du conseil); réunie à l'hôpital de Bernay. — *Saint-Brix* (Charpillon et Caresme).

Saint-Brice, chapelle au manoir de Menbret, à Caumont. — 1717 (Cl. d'Aubigné).

Saint-Bruno, château à Glos-sur-Risle.

Saint-Calais, f. et q^t de fief à Louversey, relev. du comté d'Évreux. — *Saint-Callais*, 1523 (Recherche de la noblesse).

Sainte-Catherine, principal fief d'Authevernes, 1158.

Sainte-Catherine, fief à Gravigny, relev. du comté d'Évreux.

Sainte-Catherine, petit ruiss. à Lisors, affl. du Fouillebroc, affl. lui-même de la Lieure.

Sainte-Catherine, coteau qui domine Vernon, et anc. oratoire de Franciscains.

Sainte-Catherine-de-Maubepas, chapelle à Bezu-la-Forêt. — XIIIe s^e et 1738 (Saas).

Sainte-Catherine-de-Rondemare, chapelle à Appeville-dit-Annebaut.

Sainte-Catherine-des-Hêtres, maladrerie à Tourville-sur-Pont-Audemer, unie à l'hospice de Pont-Audemer; auj. ferme.

Sainte-Catherine-du-Mont-d'Heurgival, anc. chapelle voisine de Vernon.

Sainte-Cécile, lieu-dit à Coulonges.

Sainte-Cécile, anc. chapelle à Huest. — *S. Cecilia de Guest*, vers 1148 (bulle d'Eugène III).

Saint-Célerin (Chemin de), allant du Neubourg à Hectomare par les Forières d'Iville; nom très-ancien dû à saint Célerin, second patron de la charité d'Hectomare.

Saint-Céran, l'une des sources du ruiss. de Carbec, encore fréquentée en pèlerinage pour les maladies de la peau.

Saint-Charles (Prieuré de), à Lyons-la-Forêt. 1738 (Saas); supprimé en 1782.

Saint-Chéron, c^ne réunie avec Breuilpont et Lorey, en 1845, sous le nom de *Breuilpont*. — *S. Caraunus* (lettre de Simon d'Anet au chap. d'Évreux). — *S. Caraunus*, XIIIe s^r (L. P.). — *S. Karaunus*, 1230 (cart. de Saint-Taurin). — *Saint-Chérom-les-Bois*. 1828 (L. Dubois).

Saint-Christophe, anc. faubourg des Andelys (Brossard de Ruville).

Saint-Christophe, église des Baux-de-Breteuil. — *S. Christophorus de Baucis in foresta Britolii*. 1305 (ch. de Mathieu, év. d'Évreux).

Saint-Christophe, h. de la Harengère.

Saint-Christophe-de-Longlemare, premier nom de l'église de Saint-Christophe des Baux-de-Breteuil.

Saint-Christophe-sur-Avre, c^ne du c^on de Verneuil; fief. — *S. Christoforus*, 1127. — *S. Christophorus*, 1232 (cart. de Saint-Père de Chartres). — *S. Christophorus juxta Quercum Brunam*, 1275 (L. P.). — *Seint-Cristofle*, 1281 (L. P.).

Saint-Christophe-sur-Condé, c^ne du c^on de Saint-Georges. — *Saint-Christophle* (Cauet).

Saint-Clair, chapelle à Boissy-Lamberville, 1771.

Saint-Clair, h. de Saint-Léger-de-Glatigny, auj. Fontaine-la-Louvet.

Saint-Clair (Fontaine de), sise dans le pré Aubry, à Gisors; anc. lieu de pèlerinage.

Saint-Clair (Moulin de), à Bernay.

Saint-Clair-d'Arcey, c^ne du c^on de Bernay; fief relev. de Beaumont-le-Roger. — *Saint-Clair-de-Darcey* (titres nombreux). — *Darceium, Dercaium* (ch. d'Adam de Cierrey). — *Harceaux*, 1216 (cart. de Lyre). — *S. Clarus de Derchaio*, 1220, et *S. Clarus de Dercaio in Oca*, 1221 (ch. de Raoul de Cierrey, év. d'Évreux). — *S. Clarus de Darchai*, 1288: *Saint-Cler-de-Dersay*, 1391 (titres du chapitre d'Évreux). — *Saint-Cler-de-Dercey*, 1450 (aveu de

l'abbé de Bernay; 1562 (arrière-ban). — *Saint-Cler-de-Dressey*, 1469 (monstre). — *Dercy*, 1648 (L. P.). — *Saint-Clair-d'Hercé*, 1805 (Masson Saint-Amand).

Saint-Claude, chapelle au manoir de Becdal.

Saint-Claude, chapelle au Bourgtheroulde, dite aussi *les Canonicots* (Saas).

Saint-Claude, chapelle au Plessis, h. de Bouquelon. — 1738 (Saas).

Saint-Cler, fief à Amécourt, 1560: dit aussi fief *Boudart*.

Saint-Cler, fief à Guitry.

Saint-Cler, fief au Mesnil-sous-Verclives.

Sainte-Clotilde, chapelle dans le cloître du chap. des Andelys; fontaine célèbre et pèlerinage, dite aussi *Saint-Nicolas et Sainte-Clotilde*. — *Sainte-Croheult*, altération de nom dans quelques anc. chroniques (Brossard de Ruville).

Sainte-Clotilde, chapelle à Breux.

Sainte-Clotilde, fontaine à Saint-Germain-de-Pasquier, but d'un pèlerinage.

Sainte-Colombe (Canton de), avec Sainte-Colombe-la-Campagne pour ch.-l., comprenant, de 1790 à l'an IX, 17 c^les: Sainte-Colombe, Bacquepuis, Bernienville, Bois-Hubert, Bois-Normand-la-Campagne, Brosville, Émanville, Graveron, Pithienville, Quittebeuf, Sacquenville, Saint-Léger-la-Campagne. Saint-Melain-la-Campagne, Sémerville, le Tilleul-Lambert, Tournedos-la-Campagne, Tourneville.

Sainte-Colombe-la-Campagne, c^ne du c^on d'Évreux nord: fief. — *S. Columba*, 1216 (cart. du chap. d'Évreux). — *Sainte-Coulonbie, Saincte-Coulombe*, 1473 (La Roque). — *Sainte-Coullombe*. 1700 (dép^t de l'élection de Conches).

Sainte-Colombe-près-Vernon, c^ne du c^on de Vernon. — *S. Columba*, vers 1005 (ch. de Richard II).

Saint-Côme-et-Saint-Damien, chapelle fondée en 1541 sur le fief de Beauchesne, à Saint-Aubin-sur-Gaillon.

Saint-Crépin, anc. lande et manoir connu dès 1301 à Lorleau; auj. château.

Saint-Crépin, prieuré dépendant de l'abb. de Lyre, à Romilly-sur-Andelle, 1738 (Saas). — *S. Crispinus de Ponte S. Petri*, vers 1170 (ch. de Henri II).

Saint-Crépin (Fontaine de), voisine du château de Malou.

Sainte-Croix, église d'Évreux brûlée le jour de Noël 1354 (Le Brasseur).

Sainte-Croix de Bernay, principale paroisse de cette ville. — *S. Crux Bernaii*. — *S. Crux de Bernayo* (p. de Lisieux).

Sainte-Croix-sur-Aizier, c^ne du c^on de Quillebeuf. —

S. Crux, 1026 (ch. de Richard II). — *S. Crux juxta Aysiacum, S. Crux de Asyaco*, 1272, et *Sainte-Crois* (cart. de Fécamp).

Saint-Cyr-de-Salerne, c^ne du c^on de Brionne; siége d'une baronnie relev. du roi, s'étendant sur Saint-Pierre-de-Salerne. — *S. Ciricus de Salerna*, 1216 (cart. de Préaux). — *Salernia*, 1216 (L. P.). — *S. Cyricus de Salerna*, 1293 (cart. de Préaux).

Saint-Cyr-du-Vaudreuil, c^on du c^on de Pont-de-l'Arche, démembrement de l'anc. domaine des rois mérovingiens qui s'étendait d'Incarville à la Seine. — Voy. Vaudreuil.

Saint-Cyr-et-Sainte-Julitte, anc. chapelle à Boissel-le-Châtel. — 1717 (Cl. d'Aubigné).

Saint-Cyr-la-Campagne, c^ne du c^on d'Amfreville; fief relev. de Tourville-la-Campagne. — *S. Cyricus*, 1218 (ch. de Phil. Aug.).—*S. Ciricus*, 1284 (cart. de Bonport). — *S. Ciricus in Campania*, v. 1380 (Bibl. nat.). — *Saint-Sir*, 1631 (Tassin, Plans et profilz). — *Saint-Cir-en-Campagne*, 1722 (Masseville).

Saint-Denis, anc. chapelle à Beaumont-le-Roger.

Saint-Denis, faubourg de Brionne.

Saint-Denis, église d'Évreux, démolie vers 1794.

Saint-Denis, chapelle fondée par Henri IV à la Madeleine-de-Nonancourt, entre les hameaux de la Fontaine et de Merville.

Saint-Denis, h. de Nassandres.

Saint-Denis, h. de Verneuil.

Saint-Denis, lieu-dit à Vieux-Villez.

Saint-Denis (Les trois villes de), anc. domaine de l'abb. dans le Vexin normand : Fleury, Lilly et Morgny, 1454 (arch. nat., châtell. de Gisors).

Saint-Denis (Porte de), porte de Lyons-la-Forêt, du côté de l'église.

Saint-Denis (Rivière de), nom donné quelquefois à la Levrière.

Saint-Denis-d'Augerons, c^ne du c^on de Broglie; fief. — *S. Dionysius de Augeron*, 1236; *S. Dionysius de Augerone* (p. de Lisieux). — *Saint-Denis-des-Augerons*, 1839 (L. P.).

Saint-Denis-de-Bazincourt, chapelle, 1199 (bulle d'Innocent III).

Saint-Denis-des-Monts, c^ne du c^on de Bourgtheroulde; fief. — *S. Dionisius de Montibus* (p. d'Eudes Rigaud).

Saint-Denis-du-Béhélan, c^ne du c^on de Breteuil; fief. — *Breellant*, xiie s^e (L. P.). — *Broherlant* (grande ch. de Lyre). — *S. Dionisius de Bruellant*, vers 1304 (ch. de Mathieu des Essarts, év. d'Évreux).

Saint-Denis-du-Bosguérard, c^ne réunie en 1844 avec Marcouville-en-Roumois sous le nom de *Bosgue-

rard-de-Marcouville*. — *S. Dyonisius de Bosco Guerardi* (p. d'Eudes Rigaud). — *Bosc-Gerort*, v. 1040. — *S. Dyonisius de Boscho Gerrardi*, 1272 (cart. de Saint-Wandrille). — *S. Dionysius de Boscho Gherardi* (p. d'Eudes Rigaud). — *Bosguérard-en-Roumois*, 1828 (L. Dubois).

Saint-Denis-en-Lyons, nom de Lyons-la-Forêt au xie siècle. — *Villa Sancti Dionysii innemore de Leonibus*, 1032 (ch. du duc Robert). — *S. Dionysius in Leonibus*, 1050 (ch. de Guill. le Conquérant); 1202 (ch. de Phil. Aug.).

Saint-Denis-le-Ferment, c^ne du c^on de Gisors; fief, anc. château fort et l'une des sept villes de Bleu. — *S. Dionisius de Farman*, xiie s^e (cart. de Mortemer). — *S. Dionisius de Formam*, 1199 (bulle d'Innocent III). — *Saint-Denis-de-Fremans; Saint-Denys-de-Fermon*, 1308 (ch. de Philippe le Bel). — *S. Dionisius de Fermento* (p. de Raoul Roussel). — *Saint-Denis-de-Fermant*, 1451 (arch. nat., aveux de la châtell. de Gisors). — *Saint-Denis-de-Farmen*, 1453 (aveu, arch. nat.). — *Sainte-Bénie*, 1654 (lettres patentes de Louis XIV). — *Saint-Denis-de-Fermont*, 1722 (Masseville). — *Saint-Denis-le-Ferrement*, 1737 (arch. de la Seine-Inférieure). — *Saint-Denis-le-Fermont* (Cassini).

Saint-Didier-des-Bois, c^ne du c^on d'Amfreville; baronnie relev. de Pont-de-l'Arche. — *Sanctus Desiderius, Saint-Lésier* et *Saint-Désir*, 1291 (livre des jurés de Saint-Ouen). — *Saint-Dignes*, 1455 (aveu, arch. nat.). — *Saint-Désir*, jusqu'à la fin du xvie s^e et 1631 (Tassin, Plans et profilz). — *Saint-Dézier*, 1722 (Masseville). — *Saint-Désiot* (L. P.). — *Saint-Deziers*, 1726 (Dict. univ. de la France) et 1754 (Dict. des postes). — *Saint-Dezier ou Didier*, 1774 (sentence du Châtelet de Paris).

Saint-Edmond, chapelle au manoir des Bois, à Saint-Ouen-des-Champs (p. d'Eudes Rigaud). — *S. Eadmundus* (p. de Raoul Roussel).

Saint-Élier, c^ne du c^on de Conches; fief relevant de Conches, 1405. — *Saint-Hélier*, véritable orthographe (L. P.). — *S. Elerius*, xiie s^e (ch. de la Noë).—*S. Helerius*, xiiie s^e (L. P.). — *Saint-Eslier-le-Bois*, 1722 (Masseville). — *Saint-Élier-sur-Iton*, 1828 (L. Dubois).

Saint-Élier (Rivière de), second nom de la Morelle.

Saint-Éloi, chapelle à l'hôpital de Bourgtheroulde, 1546.

Saint-Éloi, anc. chapelle et prieuré à Fontaine-la-Soret, nommée d'abord *Saint-Lambert-de-Malassis*. — *La prieuré de Saint-Éloye*, xviie siècle (reg. de la Chambre des comptes de Rouen). — *Saint-Éloi-de-Nassandres* (divers actes anciens).

Saint-Éloi-de-Fourques, c^ne du c^on de Brionne, la principale des deux paroisses tirées du domaine de Fourques, *Furcæ*. — *S. Eligius de Furcis*, 1318 (cart. du Bec). — *Saint-Éloi-des-Fourgues*, 1542 (aveu de Claude de Lorraine).

Saint-Éloi-près-Gisors, c^ne réunie en 1845 avec Bezu-le-Long sous le nom de *Bezu-Saint-Éloi*; fief. — *Bacivum superius*, viiie s^e (L. P.). — *S. Elegius de Besaco* (p. de Raoul Roussel). — *Saint-Éloi-de-Besu*, 1408 (aveu de Jehan de Ferrières). — *Saint-Éloy-sur-Bezu*, 1738 (Saas).

Saint-Esprit, anc. chapelle attenant à Notre-Dame des Andelys.

Saint-Esprit, chapelle à Appeville-dit-Annebaut.

Saint-Esprit, nom d'une maison de la paroisse de Saint-Denis d'Évreux, chef-mois d'un fief et baronnie appartenant au doyen du chapitre par donation des ducs de Normandie, 1656 (arch. de l'hospice).

Saint-Esprit, bureau des pauvres et asile d'orphelins à Évreux, transféré à l'hôpital en 1785.

Saint-Étienne, h. d'Armentières.

Saint-Étienne, anc. chapelle près du château de la Viéville, à Cauverville-en-Roumois.

Saint-Étienne, anc. prieuré à Chennebrun. — *Prioratus Sancti Stephani de Quercufusea* (titre de 1471).

Saint-Étienne, faubourg de Conches; paroisse supprimée en 1791. — *Saint-Étienne-hors-Conches* (coutumier des forêts). — *Saint-Étienne-jouxte-Conches*, 1429 (taxe du sergent pour la garde de Conches).

Saint-Étienne, prieuré à Hacqueville, devenu bénéfice simple relev. de l'abb. de Conches. — *Saint-Étienne-de-Hucqueville*, 1722 (Masseville).

Saint-Étienne, chapelle au chât. d'Igoville, 1594. — *Chappelle de Saint-Estienne du chasteau de Pont-de-l'Arche*, 1654 (chartrier du Vaudreuil).

Saint-Étienne, chapelle à Villers, h. des Andelys, 1264 (reg. visit.) et 1738 (Saas), convertie en grange vers 1803.

Saint-Étienne-de-Renneville, ancienne commanderie à Sainte-Colombe-la-Campagne, h. de Renneville; chap. 1140, puis commanderie de l'ordre du Temple passée à l'ordre de Saint-Jean-de-Jérusalem. — *S. Stephanus juxta Novum Burgum*, 1156 (lettre de Marguerite, comtesse de Warwick). — *S. Stephanus in Campania*, 1246 (arch. nat.). — *S. Stephanus de Rennevilla*, 1281 (ch. de la comm^rie).

Saint-Étienne-du-Vauvray, c^ne du c^on de Louviers; l'une des deux paroisses tirées de l'anc. domaine de Vauvray; fief. — *S. Stephanus in villa Rotogivilla*, 1006 (ch. de Richard II). — *S. Stephanus de Bauvereyo* (1er p. d'Évreux).

Saint-Étienne-l'Allier, c^ne du c^on de Saint-Georges; fief. — *Sanctus Stephanus de Alier*, 1147 (ch. de Arnoul, év. de Lisieux). — *S. Stephanus de Lalier*, 1256 (cart. du Bec). — *Saint-Étienne-de-Lailler* (charte citée par L. Delisle). — *Saint-Étienne-de-Lallier* (arch. de l'Eure). — *Laillier*, 1738 (Saas).

Saint-Étienne-lez-Vernon, sergent. à Saint-Étienne-sous-Bailleul (L. P.). — *Saint-Estienne-lez-Vernon*, 1407 (arch. nat.).

Saint-Étienne-sous-Bailleul, c^ne du c^on de Gaillon. — *S. Stephanus de Cantalupo*, 1147 (bulle d'Eugène III). — *S. Stephanus juxta Balleul*, 1235 (cart. de Jumiéges).

Saint-Eustache, second nom, fréquemment employé, du prieuré de Saint-Lô de Bourg-Achard (Guilmeth).

Saint-Eustache, m^on isolée et bois, à Gasny.

Saint-Eustache, chapelle au chât. de Pacy, ruinée au xviie siècle.

Saint-Eutrope, chapelle à la Fontaine-du-Houx, ch. de Bezu-la-Forêt, xive s^e; 1738 (Saas); auj. f.

Saint-Ferréol, ruiss. à Saint-Jean d'Asnières, affluent de la Calonne.

Saint-Fiacre, m^on isolée, à Aubevoye.

Saint-Fiacre, chapelle à Mouettes.

Saint-Fiacre, chapelle au Thuit-Signol, 1267.

Saint-Firmin-du-Doult, h. et anc. chapelle à Saint-Martin-Saint-Firmin.

Saint-Firmin-Saint-Fiacre, anc. chapelle près de Cormeilles, restée lieu de pèlerinage quoique ne relev. plus de l'église. — *Saint-Frémi* (nom populaire).

Saint-Foin (Sainfoin ou Saint-Foy?), lieu-dit à Vironvay.

Sainte-Foy, église paroissiale de Conches.

Saint-François, couvent de Pénitents du tiers ordre, fondé à Louviers en 1646; devenu prison de la ville.

Saint-François-Xavier (Orphelinat de), fondé à Igoville en 1873.

Sainte-Geneviève, chapelle à Mainneville.

Sainte-Geneviève, chapelle et fief à Hébécourt, relev. de Mainneville. — 1539 (aveu).

Sainte-Geneviève, chapelle à Pressagny-le-Val, h. de Notre-Dame-de-l'Île, 1738 (Saas), et ruisseau dit aussi *ruisseau de Catenay*.

Sainte-Geneviève, seconde paroisse de Vernon, supprimée en 1791; nom resté à une rue.

Sainte-Geneviève-lez-Gasny, c^ne du c^on d'Écos. — *Sancta Genovefa Wadenigasii*, 1217; *S. Genovefa in valle Vadenigilii* ou *Wadenigarii* (titres de l'abb. de Saint-Ouen). — *S. Genovefa juxta Gaani*, 1292 (titres de Saint-Ouen). — *Sainte-Geneviève-en-la-Forêt-de-Blais*, 1362 (tabellion. de Rouen).

SAINT-GEORGES, chapelle à Aubevoye. — *Ecclesia S. Georgii subtus Albam Viam*, 1266 (reg. visit.).

SAINT-GEORGES, h. de Bournaville; manoir, 1664.

SAINT-GEORGES, au pied de l'église de Fiquefleur, fontaine réputée pour la guérison des fièvres.

SAINT-GEORGES, chapelle du chât. de Gaillon.

SAINT-GEORGES, anc. seconde paroisse de Pont-Saint-Pierre. — *S. Georgius de Ponte S. Petri*, vers 1169 (ch. de Henri II).

SAINT-GEORGES (PRIEURÉ DE), à Muzy. — *Prioratus S. Georgii apud Musiacum*, 1258 (reg. visit.).

SAINT-GEORGES (RUE DE), à Romilly-sur-Andelle.

SAINT-GEORGES-DES-CHAMPS, c⁰ᵉ réunie à Saint-André en 1802. — *S. Georgius de Campis* (p. d'Évreux). —*Saint-Georges-de-Ferrières* (p. français d'Évreux).

SAINT-GEORGES-DU-MESNIL, c⁰ᵉ du c⁰ⁿ de Saint-Georges; huitᵉ de fief relev. de la Poterie-Mathieu.

SAINT-GEORGES-DU-THEIL, nom de Grostheil jusqu'au XVIᵉ siècle.

SAINT-GEORGES-DU-VIÈVRE, ch.-l. de c⁰ⁿ, arrond. de Pont-Audemer; bourg, 1722 (Masseville). — *S. Georgius de Wevra*, 1164 (cart. de Préaux). — *S. Georgius de Vipera, de Vippera, de Vixa* (pouillé de Lisieux).

SAINT-GEORGES-DU-VIÈVRE (CANTON DE), arrond. de Pont-Audemer, ayant à l'E. le c⁰ⁿ de Montfort, au S. les c⁰ⁿˢ de Brionne et de Thiberville, à l'O. le c⁰ⁿ de Cormeilles, au N. celui de Pont-Audemer, et comprenant 14 c⁰ᵉˢ : Saint-Georges-du-Vièvre, Éprévilleen-Lieuvin, Lieurey, Noards, la Noë-Poulain, la Poterie-Mathieu, Saint-Benoît-des-Ombres, Saint-Christophe-sur-Condé, Saint-Étienne-l'Allier, Saint-Georges-du-Mesnil, Saint-Grégoire-du-Vièvre, Saint-Jean-de-la-Lequeraye, Saint-Martin-Saint-Firmin, Saint-Pierre-des-Ifs, et 11 paroisses : une cure à Saint-Georges-du-Vièvre; 10 succursales : à Éprévile-en-Lieuvin, Lieurey, la Noë-Poulain, la Poterie-Mathieu, Saint-Christophe-sur-Condé, Saint-Étienne-l'Allier, Saint-Georges-du-Mesnil, Saint-Grégoire-du-Vièvre, Saint-Martin-Saint-Firmin, Saint-Pierre-des-Ifs.

SAINT-GEORGES-SUR-EURE, c⁰ᵉ du c⁰ⁿ de Nonancourt. — *S. Georgius*, 965; *S. Georgius de Riparia*, 1113 (cart. de Saint-Père-de-Chartres). — *De Riveria*, v. 1190 (ch. d'Audin, év. d'Évreux). — *S. Georgius super Auduram*, v. 1200 (cart. du Grand Beaulieu). — *S. Georgius supra Motellam* ou *sub Motella* (p. d'Évreux). — *Saint-Jorge-sur-Eure*, 1292 (titres de l'Estrée). — *Motelli*, 1294 (reg. visit.). — *Georges*, 1793.

SAINT-GERMAIN, anc. chapelle à Amfreville-les-Champs, au h. de la Tuilerie (l'abbé Caresme).

SAINT-GERMAIN, ancien oratoire et .fontaine à Bernay (l'abbé Caresme).

SAINT-GERMAIN, chapelle à Croisy. — *Sanctus Germanus de Crosseio*, 1260 (gr. cart. de Saint-Taurin).

SAINT-GERMAIN, chapelle à Fourges, XIIIᵉ siècle.

SAINT-GERMAIN, seconde paroisse érigée en 1830 et faubourg de Louviers, d'abord simple chapelle.

SAINT-GERMAIN, chapelle à Morgny, dans une ferme des Chartreux de Gaillon. — 1616 (Cl. d'Aubigné).

SAINT-GERMAIN, h. de la Neuve-Grange.

SAINT-GERMAIN, seconde paroisse de Rugles; supprimée.

SAINT-GERMAIN, m⁰ⁿ isolée, à Tourneville.

SAINT-GERMAIN (FONTAINE DE), affl. de la Charentonne.

SAINT-GERMAIN-DE-FRESNEY, c⁰ᵉ du c⁰ⁿ de Saint-André; fief. — *S. Germanus de Fresneya* (L. P.). — *S. Germanus de Fraisnei*, 1206 (ch. de la Noë). — *S. Germanus juxta Fresneium*, 1260 (arch. de l'Hôtel-Dieu d'Évreux).

SAINT-GERMAIN-DE-LA-TRUITE, f., fontaine et ancien prieuré à Ézy, membre de l'abb. d'Ivry. — *S. Germanus de Troueta* (L. P.).

SAINT-GERMAIN-DE-NAVARRE, anc. c⁰ᵉ réunie à Évreux en 1791; érigée comme paroisse d'Évreux en 1866. — Successivement nommée *S. Germanus*, 1143 (cart. de Saint-Taurin). — *Saint-Germain-des-Prés, Saint-Germain-jouxte-Évreux*, fief. et *Saint-Germain-lez-Évreux.* — Demi-fief de haubert; hôtel ou manoir des év. d'Évreux, 1299 (des comtes d'Évreux, 1315-1406 (aveu de Mathieu de Roie). — *S. Germanus de Pratis* (second p. d'Évreux).

SAINT-GERMAIN-DU-PASQUIER, c⁰ᵉ du c⁰ⁿ d'Amfreville; qᵗ de fief. — *Paskier* (ch. de Garin, év. d'Évreux). — *S. Germanus de Pasquerio* (second p. d'Évreux). — *Pasquier* (appellation usuelle).

SAINT-GERMAIN-DE-PAULBOURG, h. de Morgny; anc. chapelle, anc. domaine de l'abb. de Saint-Ouen, et depuis 1571 de la Chartreuse de Gaillon. — *Saint-Germain-Despambourg, Despansbours, Despanbourg, les Paulbourg, les Pasbours, les Basbours* (L. P.). — *Saint-Germain-Despambourgs*, 1536 (sent. de réf. des forêts).

SAINT-GERMAIN-DES-ANGLES, c⁰ᵉ du c⁰ⁿ d'Évreux nord; plein fief relev. d'Évreux, 1399 (L. P.). — *Sanctus Germanus in Ebroicensi pago*, vers 1030 (ch. de Robert Iᵉʳ). — *S. Germanus juxta Normanvillam*, vers 1195 (ch. de Garin, év. d'Évreux). — *S. Germanus de Angulis* (p. d'Évreux). — *Saint-Germain-des-Engles*, 1531 (inscript. dans l'église).

SAINT-GERMAIN-DES-PRÉS, anc. nom de Saint-Germain-de-Navarre.

SAINT-GERMAIN-JOUXTE-ÉVREUX, anc. nom de Saint-Germain de-Navarre; fief. — *Sanctus Germanus juxta Ebroycas*, 1286 (ch. de la Noë).

Saint-Germain-la-Campagne, cⁿᵉ du cᵒⁿ de Thiberville.
— S. Germanus de Campania, 1193 (ch. du comte
de Pembroke); 1216 (cart. de Phil. Aug.). — Saint-
Germain-de-la-Campaigne, 1392 (aveu de Jean
de Folleville). — Saint-Germain-la-Champaigne,
1407 (aveu de Colin de Mailloc). — Saint-Germain-
de-la-Campagne, 1631 (Tassin, Plans et profilz).

Saint-Germain-le-Gaillard, prieuré et chapelle convertie en f. à St-Germain-de-Pasquier. — S. Germanus le Gaillart, 1196 (ch. de Garin, év. d'Évreux).
— Saint-Germain-de-Gaillard, 1680 (p. d'Évreux).

Saint-Germain-sur-Avre. cᵒⁿ du cᵒⁿ de Nonancourt;
fief. — S. Germanus super Aveam (bulle du pape
Alexandre IV).

Saint-Germain-Village. cⁿᵉ réunie à Pont-Audemer en
1791; rendue à son autonomie en l'an vi et, quoique
commune distincte, paroisse d'un faubourg de Pont-
Audemer.— S. Germanus, 1130 (cart. de Préaux).
— Les Villages-Saint-Germain, 1722 (Masseville),
quelquefois Saint-Germain-de-Pont-Audemer (L. P.).
— S. Germanus de Ponte Audomari (p. de Lisieux).
— Saint-Germain-sur-Rile, 1828 (L. Dubois), bien
que la Risle n'y passe pas.

Saint-Germer, fief de l'abb. de ce nom, à Amécourt.
— S. Geremarus, 1165 (cart. blanc de Saint-Denis).

Saint-Germer, fief à Étrépagny.

Sainte-Gertrude, chapelle dans la par. de la Couture
de Bernay. — S. Gertrudis, xviᵉ sⁱᵉ (p. de Lisieux).

Saint-Gervais-d'Asnières, cⁿᵉ réunie en 1854 avec
Saint-Jean-d'Asnières sous le seul nom d'Asnières :
plein fief relev. de Montfort-sur-Risle. — S. Gervasius de Asneriis, 1314 (L. P.).

Saint-Gervais-et-Saint-Protais, église à Gisors dès
1066. — SS. Gervasius et Protasius de Gisortis
(D. Mabillon).

Saint-Gilles, h. de Bosgouet; fief du prieuré de Saint-
Gilles de Pont-Audemer (vingtièmes).

Saint-Gilles, paroisse d'Évreux, supprimée en 1791,
et anc. porte de la ville.

Saint-Gilles, chapelle fondée dans l'église de Saint-
Antoine-de-Gaillon, de temps immémorial.

Saint-Gilles, chapelle à Saint-Aubin-sur-Gaillon.

Saint-Gilles, h. de Saint-Germain-Village; ancien
prieuré claustral de chanoines réguliers de Saint-
Augustin. — S. Egidius de Ponte Audomari, 1135
(cart. de Saint-Gilles).

Saint-Gilles-des-Rotoirs, chapelle à Saint-Aubin-sur-
Gaillon. — S. Egidius de Rothoriis (L. P.).

Saint-Gilles-du-Fay, chapelle fondée en 1403 au
chât. du Fay, à Bourg-Achard.

Saint-Gourgon, chapelle à Longchamps. — Saint-Gorgon (ann. lég.).

Saint-Grégoire-de-Vièvre, cⁿᵉ du cᵒⁿ de Saint-Georges,
primitivement plein fief de haubert devenu qᵗ de fief.
— S. Gregorius de Vixa (p. de Lisieux).

Saint-Hélier (Côte de), à Beuzeville.

Saint-Herlcin, chapelle voisine du Bec, détruite en
1417 par les Anglais (Guilmeth).

Saint-Hilaire, h. de Bouquetot. — Saint-Hilaire-le-
Vicomte, 1741.

Saint-Hilaire, chapelle au chât. de Conches, en dedans
des fortifications extérieures. — Saint-Ylaire, 1504
(recepte de la vicomté).

Saint-Hilaire, mⁿᵉ isolée, à Louviers.

Saint-Hilaire, manoir aux portes de Louviers: jadis
fief de l'Épervier, jusqu'en 1692.

Saint-Hildevert, h. de Louviers; anc. léproserie. —
S. Ildevertus (reg. visit.). — Saint-Ildevert, 1408
(Le Beurier).

Sainte-Honorine, chât. à Freneuse-sur-Risle.

Sainte-Honorine, h. des Hogues, chapelle et ermitage
dès le règne de Henri II, cᵒⁿ de la forêt de Lyons.

Sainte-Honorine, anc. chapelle à Perriers-sur-Andelle.
— 1151 (Toussaints Du Plessis) et 1738 (Saas);
fief en 1581.

Saint-Honin (Porte de), c'est-à-dire Saint-Ouen,
porte de Pont-de-l'Arche, 1449 (Math. d'Escouchy).

Saint-Hubert, lieu-dit à Cahaignes.

Saint-Hubert, chapelle au manoir de Roncherolles,
paroisse de Cuverville.

Saint-Jacques, hospice fondé par le duc de Penthièvre
au Petit-Andely en 1784.

Saint-Jacques, chapelle à Fourmetot. — Capella S.
Jacobi de Quemino Petroso (p. d'Eudes Rigaud).

Saint-Jacques, paroisse de Verneuil; supprimée.

Saint-Jacques, église de Vernon, transformée en club,
puis abattue.

Saint-Jacques (Pertuis de), aux Andelys.

Saint-Jacques (Tour), principale tour du Château-
Gaillard (notice anonyme sur les Andelys), dite aussi
Tour de la Monnaye.

Saint-Jacques-de-Chanteloup, chapelle à Saint-Vigor.
— S. Jacobus de Chantelou, xiiiᵉ siècle (cart. du
chap. d'Évreux).

Saint-Jacques-de-la-Barre, cⁿᵉ réunie à la Barre vers
1792; fief relev. de Beaumont-le-Roger.— S. Jacobus de Barra (2ᵉ p. d'Évreux).

Saint-Jacques-de-l'Hôpital, église d'Évreux. — 1521
(Le Batelier d'Aviron).

Saint-Jacques-du-Roule-Balenson, chapelle à Aubevoye. — 1445 (comptes de l'arch. de Rouen).

Saint-Jacques-et-Saint-Christophe, chapelle du manoir de Gruchet, à Pont-Authou, transférée à celui
de la Poterie en 1634.

SAINT-JACQUES-SAINT-PHILIPPE, chapelle à Cléry, h. des Andelys. — 1738 (Saas).

SAINT-JAMES, très-anc. chapelle à l'extrémité de la seigneurie de Goupillières, détruite en 1793 (chartrier de Goupillières).

SAINT-JEAN, prieuré conventuel fondé aux Andelys en 1635.

SAINT-JEAN, chapelle à Forêt-la-Folie.—1738 (Saas).

SAINT-JEAN, chapelle à Gaudreville-la-Rivière.

SAINT-JEAN, chapelle à Guiseniers, h. de la Bucaille (coutumier des forêts).

SAINT-JEAN, chapelle au manoir de Lisors. — 1717 (Claude d'Aubigné).

SAINT-JEAN, faubourg de Louviers; paroisse fondée en 1330, supprimée en 1791. — Saint-Johan-de-Lovers, 1351 (grand cart. de Saint-Taurin).

SAINT-JEAN, hôpital fondé à Pont-Audemer au XIIe siècle.

SAINT-JEAN, h. de Saint-Martin-de-Cernières; fief.

SAINT-JEAN, h. du Val-du-Theil, auj. la Roussière.

SAINT-JEAN, paroisse de Verneuil, supprimée en 1791.

SAINT-JEAN, mⁱⁿ à Vernon, entraîné par les eaux en 1658.

SAINT-JEAN (PONT DE), sur l'Eure, à Ézy.

SAINT-JEAN-BAPTISTE, chapelle du manoir du Veneur, à Forêt-la-Folie, 1307. — Saint-Jean-de-Forest (acte de présentation à la cure par Louis XIII).

SAINT-JEAN-BAPTISTE, chapelle fondée à Louviers en 1218.

SAINT-JEAN-BAPTISTE, chapelle à Lyons, au h. de l'Essart-Mador (Toussaints Du Plessis). — Saint-Jean-des-Essarts, 1716 (Claude d'Aubigné).

SAINT-JEAN-BAPTISTE-D'ANDELY, prieuré, 1738 (Saas).

SAINT-JEAN-D'ASNIÈRES, cⁿᵉ réunie avec Saint-Gervais-d'Asnières, en 1854, sous le nom d'Asnières; fief relev. d'Orbec. — Asneræ et Asneriis, 1210 (L. P.). — S. Joannes de Asneriis (p. de Lisieux). — Saint-Jehan-d'Asnières, 1631 (Tassin, Plans et profilz).

SAINT-JEAN-DE-BEAUREGARD, chapelle à Fontenay-en-Vexin. — 1738 (Saas).

SAINT-JEAN-DE-LA-LEQUERAYE, cⁿᵉ du cⁿ de Saint-Georges; fief. — Laschereia, XIIIe siècle (cart. de Préaux). — Lescheria, Lalescreia, Eslescreia (M. R.). — Lesquereia, 1222 (cart. de Beaumont). — Lascheria, Laschereia, XIIIe siècle (cart. de Préaux). — Lecteria, S. Joannes de Leschereia, Lesquereya (cart. de Lisieux). — Saint-Jean-de-la-Lesqueraie, 1376 (terr. de la Poterie-Mathieu).

SAINT-JEAN-DE-LA-WITHOTÈRE, anc. chapelle voisine de Saint-Nicolas-du-Bosc-Asselin, vers 1196 (ch. de Garin, év. d'Évreux).

SAINT-JEAN-DE-L'HÔPITAL, chapelle à Saint-Martin-Saint-Firmin.

SAINT-JEAN-DE-MORSENT, paroisse anciennement unie avec Notre-Dame-de-Morsent et réunie, avec cette cⁿᵉ, en 1841 à Saint-Sébastien-du-Bois-Gencelin sous le nom de Saint-Sébastien-de-Morsent. — S. Johannes juxta Morcenc, 1250; Morcenc, 1258; Saint-Jehan-de-Mourcenc, 1296; Saint-Jean-près-Morcenc, 1303 (grand cart. de Saint-Taurin).

SAINT-JEAN-DES-FOSSÉS, anc. chapelle au Petit-Andely (Brossard de Ruville).

SAINT-JEAN-DU-BEC, chapelle à Becthomas. — S. Johannes de Becco, v. 1181 (ch. de Thomas de Tournebu).

SAINT-JEAN-DU-BOIS, f. à Breteuil.

SAINT-JEAN-DU-PRAY ou SAINT-JEAN-DU-PRÉ, petite collégiale qui avait succédé, en 1408, à celle de Saint-Ursin, au château d'Ivry.

SAINT-JEAN-DU-THENNEY, cⁿᵉ du cⁿ de Broglie; fief. — Saint-Jean-de-Tannei, véritable nom selon Le Prévost. — S. Joannes de Tenneyo, S. Johannes de Taneyo, Tenneyo (p. de Lisieux). — Tanai, 1503 (L. P.). — Saint-Jehan-de-Thenney, v. 1610 (aveu de Charlotte des Ursins). — Tané ou Tanay, 1643 (avis touchant l'affaire de M. de Beaufort).

SAINT-JEAN-SAINT-CHRISTOPHE, hospice fondé à Neaufles-Saint-Martin en 1334 par Jean, duc de Normandie.

SAINT-JOIRE, h. de Saint-Just.

SAINT-JOSEPH, chapelle à Berville-sur-Mer. — 1738 (Saas).

SAINT-JOSEPH, chapelle à Évreux, encore existante.

SAINT-JOSEPH, église des Récollets de Gisors, 1626; auj. détruite. — Saint-Joseph-de-l'Hôpital-des-Renfermés, 1716 (Claude d'Aubigné).

SAINT-JOSEPH-DU-BOULLAI, chapelle au fief des Catelets, à Saint-Pierre-de-Cormeilles.

SAINTE-JOVINE, chapelle érigée au XIXe siècle dans le parc de Tierceville, cⁿᵉ de Bazincourt.

SAINT-JULIEN, anc. chapelle à Bois-le-Roi, au h. de Chèze; démolie en 1765.

SAINT-JULIEN (PRAIRIE DE), prairie baignant à Beaumontel.

SAINT-JULIEN-DE-LA-LIÈGUE, cⁿᵉ du cⁿ de Gaillon; quart de fief relev. de la baronnie de la Croix-Saint-Leufroi. — S. Julianus de Legua, 1181 (Neustria pia). — S. Julianus de Liega (1er p. d'Évreux). — La Liègue, 1411 (dénombr. de l'abb. de la Croix-Saint-Leufroi).

SAINT-JULIEN-DU-BOIS-DE-LA-QUEUE, chapelle à Garencières (L. P.).

SAINT-JUST, cⁿᵉ du cⁿ de Vernon; sergenterie (L. P.). — S. Justus in Longavilla, 1020 (ch. de Richard II). — S. Justus, 1206 (cart. de Fécamp). — S. Justus de Longavilla, 1246 (L. P.). — S. Justus de Lon-

guevilla, 1259 (grand cart. de Saint-Taurin). — *Saint-Just-de-Longueville*, 1293 (Léopold Delisle). — *Saint-Just-lez-Vernon*, 1407 (arch. nat.).

Saint-Just, h. de Bois-Normand-près-Lyre.

Saint-Just (Ruisseau de): cours de 800 mètres.

Saint-Just-et-Bourg-le-Comte (*Bosc-le-Comte?* Le Beurier), fief à Notre-Dame-de-la-Couture de Bernay, relev. du roi.

Saint-Lambert, chapelle à Acquigny, mentionnée au xvii⁰ s⁰, détruite au milieu du xix⁰.

Saint-Lambert, c⁰ᵉ réunie à Beaumesnil vers 1792.

Saint-Lambert, chapelle à Vaux-sur-Eure. — 1456 (L. P.).

Saint-Lambert-de-Malassis, prieuré à Fontaine-la-Soret, avec extension sur Nassandres; anc. léproserie. — 1126 (cart. du Bec), souvent nommée depuis le xvi⁰ siècle *Saint-Éloi-de-Nassandres*. — *S. Lambertus de Malasis* (p. de Lisieux).

Saint-Laout, seconde paroisse de Bérengeville-la-Rivière, depuis longtemps éteinte, 1306-1317 (cart. de Saint-Taurin). — Fontaine au même lieu. — *Saint-Laud* (souvenirs et journal d'un bourgeois d'Évreux).

Saint-Laurent, anc. paroisse, auj. h. de Beaumont-le-Roger, s'étendant sur Beaumontel.

Saint-Laurent, h. de Corneville-sur-Risle.

Saint-Laurent, chapelle à Fourmetot, réunie de bonne heure à la cure de Corneville-sur-Risle. — *Capella S. Laurentii, vulgo de Formetuit*, 1290 (Gallia christiana).

Saint-Laurent, anc. chapelle dans le manoir des religieux de Lyre, à Pacy; manoir en ruines en 1521.

Saint-Laurent, h. et fief de Notre-Dame-de-Préaux.

Saint-Laurent, l'un des anciens forts de Verneuil, démoli sous Philippe Auguste et remplacé par une paroisse du même nom, supprimée en 1791.

Saint-Laurent-de-Beaumontel, léproserie réunie en 1696 à l'hôpital d'Harcourt.

Saint-Laurent-de-Chambray, chapelle à Chambray, h. de Gouville, 1239 (ch. de Simon de Chambray).

Saint-Laurent-de-Roncherolles, chapelle au h. de Roncherolles, paroisse de Cuverville.

Saint-Laurent-des-Bois, c⁰ᵉ du c⁰ⁿ de Saint-André; champ de foire important au xiii⁰ siècle. — *S. Laurentius*, 1071; *S. Laurentius de Campania*, 1227 (grand cart. de Saint-Taurin). — *Saint-Laurent-de-la-Campagne*, 1211 (*ibid.*). — *Saint-Lorenz-en-la-Campagne-goste-Marcilly*, 1290 (*ibid.*). — *Saint-Laurent de ou sur Baromonium?* (1ᵉʳ cart. d'Artois, cité par L. P.). — *Saint-Laurent-sur-Marcilly* (tit. de Saint-Taurin). — *S. Laurentius de Boscis* (second p. d'Évreux).

Saint-Laurent-des-Champs, chapelle voisine de Melleville. — 1680 (Le Brasseur).

Saint-Laurent-des-Grès, c⁰ᵉ réunie en 1845 avec la Chapelle-Gauthier. — *S. Laurentius de Querou Varin* (pouillé de Lisieux). — *S. Laurentius de Gressibus* (second pouillé de Lisieux).

Saint-Laurent-de-Vaux, chapelle annexe du château de Gisors (Roger de Hoveden).

Saint-Laurent-du-Tencement, c⁰ᵉ du c⁰ⁿ de Broglie; fief. — *Tonsementum* (1ᵉʳ p. de Lisieux). — *S. Laurentius de Tonsemento*, xiii⁰ siècle; *de Tassamento*, xvi⁰ s⁰ (L. P.). — *Saint-Laurent-du-Tassement* (p. de Lisieux). — *Saint-Laurent-du-Tensement*, 1562 (arrière-ban). — *Saint-Laurent-du-Tensement*, 1782 (Dict. des postes).

Saint-Laurent-en-Lyons, prieuré à Fleury-la-Forêt. — 1738 (Saas).

Saint-Lazare, maladrerie entre Gisors et Neaufles, fondée sous Philippe Auguste, unie à l'Hôtel-Dieu de Gisors en 1695, auj. en partie conservée.

Saint-Lazare, léproserie établie à frais communs par Vernon, la Chapelle-Genevray, Mercey, Saint-Étienne-sous-Bailleul, Saint-Just, Saint-Marcel et Saint-Pierre-d'Autils, substituée en 1606, avec titre de prieuré, au collége de Vernon (Th. Michel. Hist. de Vernon).

Saint-Lazare (Rue), à Vernon, 1873.

Saint-Lazare du Grand-Andely, primitivement prieuré sous le patronage des bourgeois d'Andely.

Saint-Léger, anc. paroisse à Bonneville-sur-le-Bec. — 1316 (L. P.).

Saint-Léger, h. d'Émanville.

Saint-Léger, chapelle paroissiale ou église succursale à Évreux, paroisse en 1215, conservée en 1791, auj. supprimée, laissant son nom à un faub., à un pont jadis à tourelles, et quelque temps à une place.

Saint-Léger, fief à Saint-Léger-sur-Bonneville. — 1773 (vingtièmes).

Saint-Léger, m⁰ⁿ à Saint-Michel-de-Préaux.

Saint-Léger, h. de Saint-Thurien.

Saint-Léger-Boisset, station du chemin de fer de Serquigny à Rouen, c⁰ᵉ de Saint-Léger-du-Gennetey.

Saint-Léger-de-Glatigny, c⁰ᵉ réunie en 1845 à Fontaine-la-Louvet; fief. — *S. Leodegarius* (1ᵉʳ p. de Lisieux). — *Glatinium* (cart. de Préaux). — *Glatineum*, 1828 (L. Dubois). — *S. Leodegarius de Glatignieyo, Glatineyum* (p. de Lisieux). — *Saint-Ligier-de-Glatigny*, 1407 (arch. nat.).

Saint-Léger-de-Nainville, chapelle à Vesly, 1738.

Saint-Léger-de-Préaux, anc. nom de l'abbaye. — *Abbatissa monialium de Pratellis* (p. de Lisieux). — *S. Leodegarius de Pratellis*, v. 1040 (L. P.).

Saint-Léger-de-Rotes, c⁽ᵉ⁾ du c⁽ᵒⁿ⁾ de Bernay, formée, en 1846, de la réunion de Rotes et de Saint-Léger-du-Bosedel.

Saint-Léger-du-Boscdel, c⁽ᵉ⁾ réunie avec Rotes, en 1846, sous le nom de *Saint-Léger-de-Rotes* ; plein fief relevant de Plasnes, 1456 (L. P.); relevant du roi (Le Beurier). — *S. Leodegarius*, v. 1000 (dotalit. de Judith). — *S. Leodegarius de Bordello* (1ᵉʳ p. de Lisieux). — *Saint-Léger-le-Bordel, Bordellium* (M. R.). — *Saint-Légier ou Ligier-le-Bordel*, 1400 (notariat de Bernay). — *Saint-Ligier-le-Bourdel*, 1456 (aveu de Pierre de Brézé). — *Saint-Léger-du-Bosedel*, 1754 (Dict. des postes). — *Saint-Légier-du-Bosc-Del*, 1828 (L. Dubois).

Saint-Léger-du-Gennetey, c⁽ᵉ⁾ du c⁽ᵒⁿ⁾ de Bourgtheroulde; fief relev. d'Écaquelon.— *S. Leodegarius* (p. d'Eudes Rigaud). — *Saint-Léger-du-Genestey*, 1722 (Masseville). — *Saint-Léger-du-Genetay*, 1738 (Saas).

Saint-Léger-la-Campagne, c⁽ᵉ⁾ réunie à Émanville en 1808. — *S. Leodegarius*, 1246; *S. Leodegarius in Campania*, 1256 (ch. de Saint-Étienne de Renneville). — *S. Ligerus*, 1275 (L. P.). — *Saint-Ligier-la-Campagne*, 1374 (fonds de Saint-Étienne de Renneville). — *Saint-Léger-des-Hospitaliers*, 1700 (dép' de l'élection de Conches); 1765 (géogr. de Dumoulin).

Saint-Léger-le-Gauthier, paroisse annexée vers 1792 à la c⁽ᵉ⁾ du Plessis-Mahiet, qui, ainsi composée, fut réunie en 1846 avec Sainte-Opportune-la-Campagne, sous le nom du *Plessis-Sainte-Opportune*; quart de fief relev. de Beaumont-le-Roger, 1419 (L. P.). — *S. Leodegarius*, 1195 (ch. de Robert de Meulan). — *S. Leodegarius Galteri* (pouillé d'Évreux). — *Saint-Léger-le-Gaultier*, 1700 (dép'. de l'élection de Conches).

Saint-Léger-sur-Bonneville, c⁽ᵉ⁾ du c⁽ᵒⁿ⁾ de Beuzeville. — *S. Leodegarius juxta Bonam Villetam* (ch. de l'évêché de Lisieux). — *S. Leodegarii de Bonavilla* (p. de Lisieux).

Saint-Légier, nom jusqu'en 1562 du huit° de fief de Saint-Pierre à Saint-Pierre-des-Cercueils, relevant de Conches. — 1409 (L. P.).

Saint-Léonard, lieu-dit à Boismont.

Saint-Léonard, léproserie de Pacy. — 1232 (cart. de Lyre).

Saint-Léonard (La chapelle de la maladrerie de), à Saint-Aubin-sur-Quillebeuf.

Saint-Léonard-d'Andely, prieuré fondé au xiii° siècle. — *S. Leonardus supra Andeliacum*, 1262 (reg. visit.). — *Saint-Liénard-d'Andely*, 1355 (La Roque).

Saint-Léonard-de-Beaumont, fief et paroisse de Beaumont-le-Roger, supprimée en 1791. — *Saint-Léon*,

1722 (Masseville). — *Saint-Léonard-du-Bourg-Dessous* (Le Beurier).

Saint-Leufroy (Petit séminaire de), à Évreux, fondé en 1740, devenu siége de l'administration départementale en 1791, palais épiscopal en 1802, hôtel de la préfecture en 1826. — *Saint-Leufroyat* (Le Brasseur).

Saint-Liphard, chapelle à Croth.

Saint-Lô de Bourg-Achard, prieuré de chanoines réguliers fondé en 1143, devenu chef d'ordre de la congrégation sous le nom d'*Étroite Observance*, vers 1681; quelquefois nommé prieuré de Saint-Eustache (Caresme et Charpillon).

Saint-Louis, église des Jacobins d'Évreux, auj. détruite, consacrée en 1299 : la première de France sous l'invocation du saint roi.

Saint-Louis, rue d'Évreux en 1684; nom rendu en 1869, en souvenir de l'église dont elle traverse l'emplacement.

Saint-Louis, nom donné en 1519 à l'hôpital Saint-Antoine de Gisors, incendié et reconstruit.

Saint-Louis, couvent de Franciscaines à Louviers, 1622.

Saint-Louis, église des Cordeliers, fondée à Lyons en 1624 (Toussaints Du Plessis).

Saint-Louis, chapelle dans le château de Mainneville.

Saint-Louis, second nom de la tour Grise de Pont-Audemer.

Saint-Louis, chapelle du château de Pont-de-l'Arche, dépendant d'Igoville.

Saint-Louis, 1512, chapelle transférée du manoir à l'église de Quatremare.

Saint-Louis, église paroissiale de la c⁽ᵉ⁾ de Saint-Puer, démolie depuis 1791.

Saint-Louis-de-la-Saussaye, église collégiale, auj. paroissiale, fondée en 1307, à la Saussaye, par Guillaume d'Harcourt.

Saint-Louis-de-l'Hôpital-de-Vernon, maison de l'ordre de Saint-Augustin, fondée par saint Louis.

Saint-Loup (Chapelle de), à Tourville-la-Campagne, sur le fief de la Coudraie.

Saint-Lubin, ermitage voisin de Notre-Dame-de-la-Couture de Bernay, 1490. — *Ermitaige et église*, 1531 (tabellionage de Bernay). — *Saint-Lubin-lez-Bernay*, 1532 (aveu des religieux pénitents).

Saint-Lubin, chapelle joignant l'église de Graveron, fondée en 1760 par la présidente de Bandeville.

Saint-Lubin, h. de Louviers, côte rapide montant vers la campagne du Neubourg, et route forestière.

Saint-Lubin, h. de Neaufles-sur-Risle.

Saint-Lubin (Porte et pont de), à Nonancourt, vers Saint-Lubin-des-Joncherets, c⁽ᵉ⁾ d'Eure-et-Loir.

Saint-Luc, c⁽ᵉ⁾ du c⁽ᵒⁿ⁾ d'Évreux sud; plein fief relev. du

comte d'Évreux. — *S. Lucas*, 1248 (L. P.). — *S. Luca*, 1260 (cart. du chap. d'Évreux). — *Saint-Luc*, 1409. — *Saint-Lux*, 1419 (arch. nat.). — *Saint-Luc-le-Château*, 1828 (L. Dubois).

Saint-Maclou, c^ne du c^on de Beuzeville; fief. — *S. Maclovus de et in Campania* (p. de Lisieux). — *Saint-Macloud*, 1754 (L. P.). — *Saint-Maclou-de-la-Campagne*, 1782 (Dict. des postes).—*Saint-Maclou-la-Campagne* (anc. titres et encore 1867, annonce légale).

Sainte-Madeleine, léproserie sise au Bec-Hellouin avant 1274, chapelle avant 1314.

Sainte-Madeleine-de-l'Ortie, anc. chapelle à Appeville-dit-Annebaut. — 1738 (Saas).

Saint-Mamert, h. et fief à Creton.

Saint-Marc, chapelle à Beaumont-le-Roger.

Saint-Marc, château à Conches.

Saint-Marc (Ruisseau de), affl. de la Charentonne, qui a son cours sur Saint-Mards-de-Blacarville et Corneville-sur-Risle.

Saint-Marc-de-Maubuisson, chapelle voisine des Essarts, auj. grange (R. Bordeaux, *Légende du sire des Essarts*).

Saint-Marcel, c^ne du c^on de Vernon. — *S. Marcellus in Longavilla*, vers 1010 (ch. de Richard II). — *S. Marcellus*, 1251 (cart. des Vaux-de-Cernay). — *S. Marcellus de Longecilla*, *S. Marcellus de Longuarilla* (grand cart. de Saint-Taurin). — *Saint-Marcel de Longueville*, 1213 (L. P.). — *Saint-Marcel de Longueville*, 1262 (grand cart. de Saint-Taurin); 1313 (cart. du chap. d'Évreux); 1411 (dénombrement de l'abb. de la Croix-Saint-Leufroi). — *Saint-Marcel-lez-Vernon*, 1828 (L. Dubois).

Saint-Marcel (Ruisseau de), affluent de la Seine à Vernon.

Saint-Mards, fief à Saint-Mards-sur-Risle, 1697.

Saint-Mards (Fontaine de), ruiss. affluent de la Risle à Saint-Mards-de-Blacarville.

Saint-Mards-de-Blacarville, c^ne formée en 1835 de Blacarville et de Saint-Mards-sur-Risle.

Saint-Mards-de-Fresnes, c^ne du c^on de Thiberville. — *Fraxinus*, v. 1000 (dotalit. de Judith).—*Fraxines*, 1025 (ch. de Richard II). — *Frascini*, 1234; *S. Medardus de Fraxinis*, 1271 (cart. de Lyre). — *Fraines*, xiiie s^e (L. P.). — *S. Medardus de Fraxinis* (p. de Lisieux). — *Fresnes*, 1234 (ch. de Robert de Fresnes). — *Saint-Maart-de-Fresnes*, 1304 (L. P.). — *Saint-Médard-de-Fresnes*, 1450 (aveu de l'abbé de Bernay). — *Saint-Mars-de-Fresnes*, vers 1610 (aveu de Charlotte des Ursins).

Saint-Mards-Orbec, station à Saint-Mards-de-Fresnes du chemin de fer de Paris à Cherbourg.

Saint-Mards-sur-Risle, c^ne réunie avec Blacarville, en 1835, sous le nom de *Saint-Mards-de-Blacarville*; selon L. Dubois, cette commune se serait primitivement appelée *Anseréville* ou *Anzeréville*. — *Anseréville*, 1340 (Toussaints Du Plessis). — *S. Maurdus*, 1171; *S. Medardus*, 1174 (cart. de Préaux). — *S. Medardus* (p. d'Eudes Rigaud). — *S. Medardus super Rillam* (Neustria pia). — *Saint-Mards-sur-Rille*, 1782 (Dict. des postes). — *Saint-Mard-sur-Rile*, 1828 (L. Dubois).

Sainte-Marguerite, chapelle dans la portion rurale de Beaumont-le-Roger, xiiie siècle (L. P.).

Sainte-Marguerite, lieu-dit à Berthenonville.

Sainte-Marguerite, chapelle au Buisson-Garembourg, h. de Guichainville. — *Brata Margarita de Dumo Droelin*, 1219 (cart. de Saint-Sauveur).

Sainte-Marguerite, chapelle dépendant du prieuré des Deux-Amants, démolie avant 1660.

Sainte-Marguerite, maladrerie à Gamaches.

Sainte-Marguerite, maladrerie entre Gisors et Trie-le-Château.

Sainte-Marguerite, chapelle ou maladrerie à Lyons, 1246.

Sainte-Marguerite, chapelle en 1327, au manoir de Neuilly, à Beuzeville.

Sainte-Marguerite, h. de Saint-Cyr-du-Vaudreuil; fief, anc. maladrerie, 1699.

Sainte-Marguerite, usine à Serquigny.

Sainte-Marguerite, maladrerie au Vaudreuil.

Sainte-Marguerite (Fontaine), lieu de pèlerinage actuellement encore à Appeville-dit-Annebaut; anc. chapelle et léproserie. — *Sainte-Marguerite-de-l'Ortier*, *S. Margarita de Urticeto*, xiiie siècle (L. P.).

Sainte-Marguerite-de-Bretteville, chapelle ou léproserie sur les confins de Malleville et de Bonneville-sur-le-Bec, xiiie siècle, commune aux lépreux de ces deux paroisses et du Bec-Hellouin.

Sainte-Marguerite-de-l'Autel, c^ne du c^on de Breteuil. — *S. Margarita de Altaribus* (1er p. d'Évreux). — *S. Margareta de Altari* (2e p. d'Évreux). — *Sainte-Marguerite-de-l'Hôtel*, 1790 (décret de l'Assemblée nationale).

Sainte-Marguerite-en-Ouche, c^ne du c^on de Beaumont: fief, membre de la baronnie de Bernay. — *S. Margarita in Occa* (p. d'Évreux).

Sainte-Marie, usine à Bazincourt.

Sainte-Marie, chapelle à Feuguerolles. — *Cappella S. Marie apud Fulcherol*, 1209 (ch. de Saint-Étienne de Renneville).

Sainte-Marie (Porte de), à Pont-de-l'Arche, 1340.

Sainte-Marie-de-la-Forêt, chapelle au xiie siècle, dans la forêt du Neubourg, sous le patronage du prieuré de Bourg-Achard. — *S. Maria de Bosco de Foresta*, 1175 (ch. de Rotrou, archev. de Rouen).

Sainte-Marie-des-Champs, c^{ne} dont la réunion en 1844 avec Vatimesnil forme *Sainte-Marie-de-Vatimesnil*; fief. — *Beata Maria in Campis* (p. d'Eudes Rigaud). — *S. Maria de Campis* (p. de Raoul Roussel). — *Sainte-Marie-aux-Champs-sous-Gamaches, N.-D.-des-Champs* (L. P.). — *Sainte-Marie-aux-Champs*, 1738 (Saas); 1754 (Dict. des postes).

Sainte-Marie-de-Vatimesnil, c^{ne} du c^{on} d'Étrépagny, formée, en 1844, de la réunion des c^{nes} de Sainte-Marie-des-Champs et de Vatimesnil.

Sainte-Marie-Église, plein fief à Saint-Pierre-du-Chastel.

Sainte-Marie-et-Saint-Jean-Baptiste, église paroiss. du Neubourg, cédée en 1637 à la nouvelle abb. du lieu.

Sainte-Marie-Madeleine, chapelle à Hécourt, vers 1164 (l'abbé Caresme).

Sainte-Marthe, c^{ne} du c^{on} de Conches. — *S. Martha*, 1366 (cart. d'Arlois). — *Sainte-Marthe-les-Conches*, 1828 (L. Dubois).

Sainte-Marthe-en-Lyons, fief relev. de Gisors (L. P.).

Saint-Martin, vavassorie à Beuzeville, relevant de Beaumoussel.

Saint-Martin, église à Brionne en 1030.

Saint-Martin, chapelle à Château-sur-Epte.

Saint-Martin, chapelle au château de Conches, 1504.

Saint-Martin, chapelle à la Croisille. — *Capella S. Martini de Cruxilla*, VIIIe siècle (ch. de Pépin).

Saint-Martin, h. et chapelle à Étrépagny, 1695.

Saint-Martin, prieuré à Francheville.

Saint-Martin, fief à Heudicourt, 1602; anciennement, fief *Langlois* (Le Beurier).

Saint-Martin, prieuré à Infreville, relevant de Saint-Georges-de-Boscherville.

Saint-Martin, la première église de Louviers, devenue simple chapelle en 1220, puis supprimée en 1791, et enfin théâtre, ensuite succursale de halle à blé.

Saint-Martin, riche prieuré à Heudreville, h. du Mesnil-sur-l'Estrée.

Saint-Martin, église auj. détruite, fondée en 1107 à Noyon-sur-Andelle par Guillaume, comte d'Évreux. — *S. Martinus de Nogione super Andelam*, 1290 (cart. de Saint-Évroult.)

Saint-Martin, lieu-dit à Pitres.

Saint-Martin, chapelle érigée dans le cimetière de Saint-Aquilin d'Évreux, démolie vers 1850.

Saint-Martin, fief à Vatimesnil. — *Le Grand-Saint-Martin*, 1690.

Saint-Martin, chapelle à Vieilles.

Saint-Martin (La Vigne de), à Chambray-sur-Eure. — 1285 (ch. de Guillaume de Fayel).

Saint-Martin (Moulin de), au Thuit.

Saint-Martin (Ruisseau de) ou du Bec, affl. de la rive droite de la Risle; cours de 2 kilomètres sur le territ. de Bosrobert, du Bec-Hellouin et de Pont-Authou.

Saint-Martin (Ruisseau de) : il a sa source à Cuverville et afflue à la Seine après un cours de 3 kilomètres.

Saint-Martin-au-Bosc, c^{ne} réunie à Étrépagny en 1809; plein fief relevant de Gisors (L. P.). — *Saint-Martin-d'Estrépagny* (actes nombr.). — *Saint-Martin-lez-Estrépagny*, 1389 (La Roque). — *Saint-Martin-les-Estrépigny*, 1407 (échange souscrit par Charles VI). — *Saint-Martin-du-Bosc* (Léopold Delisle). — *Saint-Martin-aux-Bois*, 1754 (Dict. des postes).

Saint-Martin-de-Cernières, c^{ne} réunie à Saint-Pierre-de-Cernières en 1846. — *S. Martinus de Sarneriis*, vers 1118 (ch. d'Audin, év. d'Évreux).

Saint-Martin-de-la-Fontaine, anc. nom de la c^{ne} du Thuit. — *S. Martinus de Fonte* (p. d'Eudes Rigaud). — *La Fontaine-du-Tuit*, 1738 (Saas).

Saint-Martin-de-l'Ortier, anc. chapelle sur Cressenville. — *S. Martinus de Urticeto* (L. P.).

Saint-Martin-de-Maresdans, chapelle aux Damps, 1205 (cart. de Bonport). — *S. Martinus de Maresdaus*, 1207 (grande ch. des Deux-Amants).

Saint-Martin-de-Noyon, prieuré dépendant de Saint-Évroult, à Charleval. — *S. Martinus de Nogione*, XVe siècle (L. P.).

Saint-Martin-des-Porées, oratoire, puis paroisse de Beaumont-le-Roger, supprimée à la Révolution. — 1311 (L. P.); XVIIIe siècle (Cassini).

Saint-Martin-du-Parc, c^{ne} réunie au Bec-Hellouin en 1828. — *Le Parc*, 1484 (L. P. et p. de Raoul Roussel). — *S. Martinus Vetus*, vers 1060 (ch. de Guillaume le Conquérant). — *S. Martinus Senis*, 1147 (bulle d'Eugène III). — *S. Martinus Senis, seu de Parco* (listes des bénéfices de Jumiéges). — *S. Martinus de Parco*, 1251 (chronicon Beccense). — *Saint-Martin-des-Chesnetz*, XVIIe et XVIIIe s^{es} (L. P.).

Saint-Martin-du-Tilleul, c^{ne} du c^{on} de Bernay, formée en 1822 de la réunion des c^{nes} de Saint-Martin-le-Vieux et du Tilleul-Fol-Enfant. — *S. Martinus de Teillol* (ch. d'Arnoul, év. de Lisieux). — *Tilleium* (cart. de Saint-Georges-de-Boscherville). — *Tillol* (ch. de Guillaume le Conquérant).

Saint-Martin-du-Vieux-Verneuil, église plusieurs fois abattue et reconstruite sur la rive droite de l'Avre; paroisse réunie à Verneuil en 1791. — *S. Martinus de Veteri Vernolio*, 1172 (cart. de Jumiéges); 1220 (chronicon S. Katharinæ).

Saint-Martin-en-Lyons, fief relevant de Gisors (L. P.).

Saint-Martin-la-Campagne, c^{ne} du c^{on} d'Évreux nord;

q' de fief relevant du comté d'Évreux. — *S. Marti-*
nus in Campania, 1264 (cart. de Saint-Taurin).
— *Saint-Martin-la-Champeigne* (*ibid.*). — *S. Mar-*
tinus de Campania, 1272 (cart. du Bec).

int-Martin-la-Corneille, c⁰ⁿ entrée en 1846 dans
la formation de la cⁿᵉ de la Saussaye. — *S. Martinus*
de Bosco Asselini, 1193 (ch. de Garin, év. d'Évreux).
— *S. Martinus de Cornice*, 1260 (ch. de saint
Louis, Cart. normand). — *S. Maria de Cornice*,
vers 1318 (ch. de Geoffroy du Plessis, év. d'Évreux).
— *S. Martinus juxta Beccum Thome* (cart. de Bonport). — *Saint-Martin-de-la-Corneille*, 1542 (aveu
de Claude de Lorraine). — *Saint-Martin-les-Cor-*
neilles, 1792 (1ʳᵉ liste des émigrés).

aint-Martin-le-Val, petit vallon aux Andelys.

saint-Martin-le-Vieux, c⁰ⁿ réunie avec le Tilleul-Fol-,
Enfant, en 1822, sous le nom de *Saint-Martin-*
du-Tilleul. — *S. Martinus Senex*, v. 1147 (bulle
d'Eugène III). — *S. Martinus Vetus* (p. de Lisieux).
— *S. Martinus le Sene* (cart. de Saint-Georges-de-
Boscherville). — *Martinus le Viel*, 1234 (ch. de Ro-
ger du Tilleul). — *Saint-Martin-des-Chenets, Saint-*
Martin-le-Vieil, noms anciens de cette paroisse
(L. P.). — Sa dénomination propre a été quelque-
fois appliquée à Saint-Martin-du-Parc et à Saint-
Martin-Saint-Firmin, sous ces formes : *Senex, Vetus*
ou le Viel.

Saint-Martin-Saint-Firmin, c⁰ⁿ du c⁰ⁿ de Saint-
Georges. — *Saint-Martin-le-Vieil*, nom primitif
(L. P.). — *S. Martinus Vetus* (hist. manusc. de la
fondation de Préaux). — *S. Martinus super Vairum*,
1173 (bulle d'Alexandre III). — *Saint-Martin-le-*
Viel, 1214 (gr. cart. de Jumiéges). — *Saint-Martin-*
du-Doux, Saint-Martin-du-Doult (p. de Lisieux).

Saint-Mathias, vavassorie à Saint-Gervais-d'Asnières,
1611.

Saint-Mathurin-de-Goupillière, chapelle à Puchay, au
h. de Goupillière. — 1717 (Claude d'Aubigné). —
Saint-Martin-de-Goupillière, 1738 (Saas, par suite
d'une erreur).

Saint-Maur (Prieuré de) ou l'Ermitage, dans la
forêt de Brotonne, à Vatteville.

Saint-Maurice, h. de Saint-Denis-du-Bosguerard.

Saint-Mauxe, h. d'Acquigny ; prieuré en 1419 (L. P.) ;
chapelle reconstruite en 1757, existant encore dans
le cimetière d'Acquigny. — *Sainct-Mauxe et Sainct-*
Venerend, 1659 (statuts de confrérie). — *Les prés*
de Saint-Mauxe, 1770 (annonce légale). — *Clos*
Saint-Mauxe, 1871 (*ibid.*).

Saint-Mauxe, chapelle à Grostheil. — *Saint-Mauce*,
1738 (Saas). — *Saint-Maxu* (prononc. locale).

Saint-Mauxe (Les prés), à Heudreville-sur-Eure.

Eure.

Saint-Mauxe-et-Saint-Vénérard, chapelle à Louviers,
dans le grand cimetière, détruite pendant la Révolution.

Saint-Maximin, nom de *Séez-Mesnil* au pouillé français
d'Évreux.

Saint-Méen, l'une des sources du ruisseau de Carbec,
encore fréquentée en pèlerinage à Carbec-Grestain
pour les maladies de la peau.

Saint-Mélagne, anc. chapelle à Capelles-les-Grands.
— *S. Melanius*, 1235 (L. P.).

Saint-Mélagne, anc. léproserie à Saint-Germain-la-
Campagne ; chapelle détruite au xvıɪᵉ siècle.

Saint-Mélain-du-Bosc, cⁿᵉ du c⁰ⁿ d'Amfreville. — *Se-*
meleingne, 1307 (olim). — *Semelaigne*, 1387 (aveu
du seigneur de Tourville). — *S. Melanius in Bosco*
(pouillé d'Évreux). —*Semelaigne, Simelaigne*, 1412
(comptes de la seigneurie du Neubourg). — *Seme-*
lagne, 1414 (tabellionage de Rouen). — *Saint-*
Meslaing, Saint-Meslagne, xvᵉ siècle (L. P.). —
Saint-Mélaigne-du-Bosc, 1542 (aveu de Claude de
Lorraine). — *Semeslègne*, 1599 (L. P.). — *Seme-*
laigne-du-Bosc, 1700 ; *Saint-Meslain-du-Bosc*, 1767
(dép' de l'élect. de Conches). — *Semelaigne*, 1722
(Masseville). — *Saint-Martin-du-Bosc*, 1835 (L. P.,
Annuaire de l'Eure). — *Saint-Meslin-du-Bosc*, 1868
(cachet de la mairie).

Saint-Mélain-la-Campagne, c⁰ⁿ entrée en 1844, avec
Graveron et Sémerville, dans la formation de la
cⁿᵉ de Graveron-Sémerville ; fief. — *S. Melanius in*
Campania (pouillé d'Évreux). — *S. Melainus*, 1026
(ch. de Richard II). — *S. Melanus*, 1256 (cart. de
Fécamp) et 1256 (titres de Saint-Étienne-de-
Renneville). — *Saint-Mellon-la-Campagne*, 1571
(arch. de la Seine-Inf.). — *Saint-Meslain-et-Ronche-*
ville, 1722 (Masseville). —*Semelagne*, 1765 (géogr.
de Dumoulin). — *Semelange*, 1782 (Dict. des
postes). — *Saint-Melin-de-Roncheville ou la Cam-*
pagne, 1792 (1ᵉʳ supplément à la liste des émigrés).
— *Saint-Mélain-de-Rancheville*, 1797 (état-civil
d'Amfreville-la-Campagne). — *Saint-Meslain-de-*
Roncheville, 1817-1870 (actes de procédure).

Sainte-Mère-Église, fief situé à Notre-Dame-du-Val-
sur-Mer, auj. h. de l'Église. — Relevant de Beuzeville, 1266 (cart. du Bec).

Saint-Michel, h. de Bernay.

Saint-Michel, xvıᵉ siècle, chapelle à Brionne, provenant d'une léproserie du xııɪᵉ siècle.

Saint-Michel, h. et côte à Évreux, appelés autrefois
Saint-Michel-des-Vignes ; chapelle existant en 1215.

Saint-Michel, anc. chapelle à Fontaine-Guérard, h.
de Radepont. — 1738 (Saas).

Saint-Michel, chapelle fondée dans l'église d'Iville. —

26

1499 (dénombr. de l'abb. de la Croix-Saint-Leufroi).

SAINT-MICHEL, chapelle au Plessis, h. d'Amfreville-sous-les-Monts. — XIVᵉ sᵉ (arch. de la Seine-Inf.).

SAINT-MICHEL, chapelle à Vatimesnil.

SAINT-MICHEL, côte et prieuré de Bénédictins à Vernonnet. — 1738 (Saas).

SAINT-MICHEL-DE-LA-HAYE, cⁿᵉ réunie à Bouquetot en 1846; l'une des deux paroisses formées dans les essarts de Routot, forêt de Brotonne. — S. Michael de Haiæ (p. d'Eudes Rigaud). — Heya S. Michaelis (p. de Raoul Roussel).

SAINT-MICHEL-DE-LONGSAULT, chapelle à Brionne, réunie à l'hôpital d'Harcourt.

SAINT-MICHEL-DE-MONT-MILON, chapelle en 1544 à Bernay, d'où vient le nom de Monts-Saint-Michel, des hauteurs qui dominent la ville.

SAINT-MICHEL-DE-PRÉAUX, cⁿᵉ réunie, en 1844, avec Notre-Dame-de-Préaux sous le nom des Préaux; fief. — Pratellum, 1051 (Robert du Mont). — S. Michael de Pratellis (L. P.).

SAINT-NICAISE, ancienne église et paroisse distincte à Gisancourt, h. de Guerny.

SAINT-NICAISE-DE-GASNY, prieuré, 1738 (Saas). — Saint-Nicaise-de-Gasny-l'Isle, 1561 (arch. de la Seine-Inf.).

SAINT-NICOLAS, chapelle dans le cloître du chapitre d'Andely. — 1738 (Saas).

SAINT-NICOLAS, h. du Bec-Hellouin; ancien prieuré; manoir, 1249 (L. P.).

SAINT-NICOLAS, chapelle au manoir de Bonnebosc, 1688.

SAINT-NICOLAS, chapelle à Chambrais, vers 1610 (aveu de Charlotte des Ursins).

SAINT-NICOLAS, chapelle du Château-Gaillard.

SAINT-NICOLAS, chapelle à Chauvincourt. — 1738 (Saas).

SAINT-NICOLAS, paroisse d'Évreux, supprimée; d'abord simple chapelle de la première église abbatiale de Saint-Sauveur; démolie vers 1794.

SAINT-NICOLAS, chapelle à Heudicourt (O. V.).

SAINT-NICOLAS, anc. chapelle au chât. d'Heudreville-sur-Eure.

SAINT-NICOLAS, prieuré à Longchamps.

SAINT-NICOLAS, anc. chapelle dans la cohue ou le chât. de Lyons, dite aussi Saint-Thomas.

SAINT-NICOLAS, anc. chapelle du chât. de Montfort-sur-Risle, nom conservé à un fort anc. chemin qui traverse le bois du Maillot et la forêt.

SAINT-NICOLAS, h. de Neaufles-sur-Risle.

SAINT-NICOLAS, chapelle à Noyers, h. des Andelys. — 1738 (Saas).

SAINT-NICOLAS, chapelle à Saint-André-la-Marche.

SAINT-NICOLAS, h. de Saint-Symphorien.

SAINT-NICOLAS, paroisse de Verneuil, réunie en 1628 à l'abb. de cette ville.

SAINT-NICOLAS, chapelle à Villettes.

SAINT-NICOLAS (CÔTE DE), à Vernonnet.

SAINT-NICOLAS (FORÊT DE), nom resté à une pièce de terre de 27 hectares, à Gravigny.

SAINT-NICOLAS (VALLÉE DE), vallée naturelle située entre le Becquet et le confluent du bras forcé de Breteuil à Condé. — 1854 (Méry, Règlement des eaux de l'Iton).

SAINT-NICOLAS-D'ATTEZ, cⁿᵉ du cⁿ de Breteuil; baronnie relev. du comté d'Évreux. — S. Nicolaus de Atyes, XIIIᵉ siècle (chartrier de Maubuisson). — S. Nicolaus de Atoes, XIIIᵉ siècle (L. P.). — Do Atheis (1ᵉʳ p. d'Évreux). — Saint-Nicolas-d'Athees, 1400 (aveu de Guillaume, év. d'Évreux). — Saint-Nicolas-d'Abtez, 1700; Saint-Nicolas-d'Attez, 1767 (dépᵗ de l'élect. de Conches). — Saint-Nicolas-d'Atheez, 1765 (géogr. de Dumoulin).

SAINT-NICOLAS-DE-COGAGNE, anc. chapelle à Saint-Léger-du-Gennetey, 1738 (Saas). — Saint-Nicolas-de-Coequengne, v. 1438 (chⁱᵉ de Jean Davy de Sᵗ-Léger).

SAINT-NICOLAS-DE-GLISOLLES, chapelle vers 1210 (cart. du chap. d'Évreux).

SAINT-NICOLAS-DE-LA-MALADRERIE, prieuré et léproserie du XIᵉ siècle incorporé en 1547 au bureau des pauvres; aujourd'hui ferme Saint-Nicolas, aux limites d'Évreux et de Gravigny. — Beatus Nicholaus Ebroicensis, 1217 (ch. de la léproserie). — Saint-Nicolas-de-la-Maladrye, 1557 (arch. de la ville d'Évreux). — Saint-Nicolas-de-la-Léprosarerie (Le Brasseur).

SAINT-NICOLAS-DE-LA-NEUFVILLE-SOUS-BEAUMONT-LE-PERREUX, chapelle à Chauvincourt (p. d'Eudes Rigaud).

SAINT-NICOLAS-DE-LÉOMESNIL, chapelle à Boisemont. — 1738 (Saas).

SAINT-NICOLAS-DE-LONGCHAMPS, prieuré à Longchamps. — 1716 (Cl. d'Aubigné).

SAINT-NICOLAS-DE-LYRE, ancienne chapelle annexe de l'église paroissiale de la Neuve-Lyre.

SAINT-NICOLAS-DE-MAUPAS, prieuré à Capelles-les-Grands. — Malpas, 1298 (L. P.).

SAINT-NICOLAS-DE-PONT-SAINT-PIERRE, l'une des deux anciennes paroisses de Pont-Saint-Pierre, relevant du grand archidiaconé et du bailliage de Rouen. — S. Nicolaus de Ponte S. Petri, vers 1169 (ch. de Henri II).

SAINT-NICOLAS-DES-BONS-ENFANTS, chapelle à Louviers, fondée en 1432.

SAINT-NICOLAS-DES-NOËS, chapelle à Saint-Aubin-sur-Gaillon.

SAINT-NICOLAS-DE-TOUVOIE, prieuré, membre de l'abb. d'Ivry, à Saint-André-la-Marche. — *S. Nicolaus de Touveia* (L. P.).

SAINT-NICOLAS-DE-VERNEUIL, abb. de femmes de l'ordre de Saint-Benoit, fondée en 1627. — *S. Nicolaus de Vernolio*, 1627 (L. P.).

SAINT-NICOLAS-DU-BOSC, c^ne du c^on d'Amfreville. — *Saint-Nicolas-de-la-Grosse-Londe* (L. P.). — *S. Nicholaus de Grossa Londa* (ch. de Henri du Neubourg). — *Saint-Nicolas-du-Bosc-aux-Forestiers.* — *S. Nicolaus de Bosco* (pouillés d'Évreux). — *S. Nicolaus in Bosco*, 1307 (olim). — *Saint-Nicolas-du-Boscq*, 1392 (arrêt de l'Échiquier). — Cassini confond Saint-Nicolas-du-Bosc et Saint-Nicolas-du-Bosc-Asselin.

SAINT-NICOLAS-DU-BOSC, chapelle dans la forêt de Breteuil. — XIIe siècle (cart. de Lyre).

SAINT-NICOLAS-DU-BOSC-ASSELIN, c^ne entrée en 1846 dans la formation de celle de la Saussaye. — *S. Nicholaus de Bosco Ascelini*, 1193 (ch. de Garin, év. d'Évreux). — *Saint-Nicolas-de-Bosc-Alin*, 1312 (arch. de la Seine-Inf.). — *Saint-Nicolas-du-Bosc-Asse*, 1542 (aveu de Claude de Lorraine). — *Bocasselin*, 1722 (Masseville).

SAINT-NICOLAS-DU-BOSC-L'ABBÉ, c^ce du c^on de Bernay; fief dépendant de l'abb. de Bernay. — *S. Nicolaus de Bosco Abbatis*, 1300 (L. P.). — *Saint-Nicollas-du-Bosc-l'Abbé*, 1484 (aveu de l'abbé de Bernay).

SAINT-NICOLAS-DU-MESNIL-DOUCERAIN, chapelle au Boulay-Morin.

SAINTE-OPPORTUNE-DU-BOSC, c^ne du c^on de Beaumont. — *S. Oportuna juxta Novum Burgum*, 1211 (ch. de Luc, év. d'Évreux). — *S. Opportuna de Bosco* (1er pouillé d'Évreux). — *Sainte-Opportune-du-Bosc-Guérard*, 1840 (Gadebled).

SAINTE-OPPORTUNE-LA-CAMPAGNE, c^ne réunie en 1846 au Plessis-Mahiet, sous le nom du *Plessis-Sainte-Opportune.* — *Sancta Oportuna*, 1088 (ch. de Roger de Beaumont). — *Sainte-Opportune-de-la-Champaigne*, 1250 (cart. du Bec). — *Sainte-Opportune-de-Champeigne*, 1250 (ch. de Gislebert de Bigards). — *S. Opportuna in Campania*, XIVe siècle (cart. de Préaux).

SAINTE-OPPORTUNE-PRÈS-RUGLES, fief; paroisse réunie à Rugles en 1791; auj. hameau.

SAINTE-OPPORTUNE-PRÈS-VIEUX-PORT, c^ne du c^on de Quillebeuf. — *S. Opportuna Exmariville*, XIe siècle (cart. de Préaux). — *Esnutrivilla* (ch. de Richard II citée par Le Prévost). — *Exnutrivilla*, XIe siècle (cart. de Préaux). — *Sainte-Opportune-les-Marais*, 1828 (L. Dubois). — *Sainte-Opportune-en-Roumois*, 1839 (L. P.).

SAINT-OUEN, plein fief, dit *le vieux fief de Saint-Ouen*, et prieuré à Gisors, XIe siècle et 1738 (Saas). — *S. Audoenus de Gisorto*, 1249 (lib. visit.). — Nom conservé à une rue.

SAINT-OUEN, fief de l'abb. de Saint-Ouen, à Poses. — *Le franc fieu Saint-Oyen-de-Poses*, 1291 (livre des jurés de Saint-Ouen).

SAINT-OUEN (ÎLE DE), à Léry.

SAINT-OUEN (MOULIN DE) ou DU CHÂTEAU, anc. moulin appuyé sur le pont de Pont-de-l'Arche.

SAINT-OUEN (RIVIÈRE DE), gros ruisseau qui prend sa source à Réanville (Réanville, anc. domaine de l'abb. de Saint-Ouen) et, après un cours de 18 kilomètres, va se jeter dans la Seine au-dessous de Villez-sous-Bailleul, laissant son nom à une petite vallée.

SAINT-OUEN-D'ATTEZ, c^ne du c^on de Breteuil. — *Atees*, 1220 (ch. de Jean de Thomer). — *S. Audoenus de Atees*, 1226 (L. P.). — *S. Audoenus de Atheis*, 1308 (ch. de Mathieu, évêque d'Évreux). — *Saint-Ouen-d'Athees*, 1400 (aveu de Guillaume, évêque d'Évreux). — *Saint-Ouen-Dattes*, 1754 (Dict. des postes). — *Saint-Ouen-d'Atheez*, 1765 (géogr. de Dumoulin). — *Saint-Ouen-d'Athez*, 1868 (act. judiciaire).

SAINT-OUEN-DE-LA-LONDE, c^ne du c^on de Bourgtheroulde, dont le nom a été changé (1853) en celui de *Saint-Ouen-du-Tilleul;* marquisat au XVIIe siècle. — Souvent nommée *Saint-Ouen-du-Thuit-Hébert* ou *Heudebert*, et quelquefois *la Londe-Commin.* — Le nom usuel est resté simplement *la Londe.* — *Le marquisat de la Londe-Commin*, 1670 (aveu du marquisat). — Voy. SAINT-OUEN-DU-THUIT-HÉBERT.

SAINT-OUEN-DE-MANCELLES, paroisse réunie à Gisay, 1791; fief. — *S. Audoenus de Mancellis*, vers 1210 (ch. de Luc, év. d'Évreux).

SAINT-OUEN-DE-PONTCHEUIL, c^ne du c^on d'Amfreville; démembrement de Fouqueville à une époque très-reculée. — *S. Audoenus de Poncello; Saint-Ouen-des-Hautes-Terres* (p. d'Évreux). — *S. Audoenus du Poncel*, vers 1172 (ch. de Thomas de Tournebu). — *Pontseul* (chartrier de Montpoignant). — *Saint-Ouen-de-Pontchel*, 1391 (dén. de la baronnie de Becthomas). — *Ponceul*, 1484 (cart. du Bec). — *Saint-Ouen-du-Ponchel*, 1646 (notes de Charles Puchot, seigneur d'Amfreville). — *Saint-Ouen-de-Pontcheut*, 1722 (Masseville). — *Saint-Ouen-du-Pontchenil*, 1782 (Dict. des postes).

SAINT-OUEN-DES-CHAMPS, c^ne du c^on de Quillebeuf. — *S. Audoenus de Campis* (p. d'Eudes Rigaud et de Raoul Roussel). — *Saint-Ouin-des-Champs*, 1631 (Tassin, Plans et profilz). — *Saint-Ouen-aux-Champs*, 1738 (Saas).

SAINT-OUEN-DE-THOUBERVILLE, c^ne du c^on de Routot; fief. — *Tubervilla* (p. d'Eudes Rigaud). — *Torbervilla*, 1201; *Torbevilla*, 1230 (cart. de Jumiéges). —*S. Audoenus de Toubervilla* (p. de Raoul Roussel). — *Saint-Ouen-de-Touberville*, 1717 (Cl. d'Aubigné).

SAINT-OUEN-DU-THUIT-HÉBERT ou THUIT-HEUDEBERT, nom souvent donné à la paroisse de *Saint-Ouen-de-la-Londe*, auj. c^ne de *Saint-Ouen-du-Tilleul*. — *S. Audoenus de Tuito Heudeberti*, 1249 (cart. de Jumiéges). — *Tuit-Heudebert* (p. d'Eudes Rigaud). — *Saint-Ouen-de-Thuit-Hébert* (inv. des titres de l'abb. du Bec). — *Saint-Ouen-du-Thuit-Eudes*, 1542 (aveu de Claude de Lorraine). — *Saint-Ouen-de-Thuit-Heudebert*, 1717 (Cl. d'Aubigné).—*Saint-Ouen-de-Thuit-Heudebert ou de la Londe*, 1788 (Sass).

SAINT-OUEN-DU-TILLEUL, nom donné à Saint-Ouen-de-la-Londe par un décret de 1853.

SAINT-OUEN-LEZ-GASNY, prieuré.

SAINT-PAER, c^ne du c^on de Gisors; fief relevant d'Étrépagny; château fort, détruit sous Henri IV. — *S. Paternus* (p. d'Eudes Rigaud). — *Saint-Pair*, 1722 (Masseville).

SAINT-PATERNE, chapelle voisine du château de Saint-Paer, depuis longtemps démolie.

SAINT-PATRICE, chapelle à Bosc-Roger-en-Roumois et dotée au Thuit-Signol. — 1261 (ch. de saint Louis).

SAINT-PATRICE, chapelle à Léry.

SAINT-PATRICE (CIMETIÈRE DE), à Léry. — 1257 (cart. de Bonport).

SAINT-PAUL, nom usité du cimetière du Grand-Andely. — Nom de baptême d'un enfant qui y fut le premier enterré, 1801 (Brossard de Ruville).

SAINT-PAUL, orat. construit en 1572, à Brionne, sur les ruines de celui de St-Sébastien; détruit en 1591.

SAINT-PAUL, prieuré; auj. f. et briqueterie sur Lorleau et Lyons.

SAINT-PAUL, faubourg de Lyons-la-Forêt. — *Saint-Paul-en-Lyons*, 1716 (Cl. d'Aubigné).

SAINT-PAUL, usine à Radepont.

SAINT-PAUL-DE-DAMPVILLE, chapelle fondée à Damville par Robert, comte de Meulan (La Roque).

SAINT-PAUL-DE-FOURQUES, c^ne du c^on de Brionne; démembrement d'une grande commune de Fourques. — *S. Paulus* (p. d'Eudes Rigaud et de Raoul Roussel). — *Saint-Pol-sur-Fourques*, 1383 (cart. de la Trinité de Beaumont).—*Saint-Paoul-sur-Fourques*, 1520 (tabellion. de Rouen).

SAINT-PAUL-DE-LA-HAYE, c^ne réunie à Bouquetot en 1846.— *S. Paulus* (p. d'Eudes Rigaud). — *Saint-Paul-de-la-Raye*, 1792 (liste des émigrés).

SAINT-PAUL-DU-BOURG-ROUGE, seconde église, auj. en ruines, fondée par Guiroye à Verneusses (O. V.).

SAINT-PAUL-SUR-RISLE, c^ne du c^on de Pont-Audemer, fief. —*S. Paulus supra Rislam* (p. de Lisieux).

SAINT-PHILBERT, prieuré à Saint-Philbert-sur-Risle (p. de Lisieux).

SAINT-PHILBERT-SUR-BOISSET (Boisset-le-Châtel), c^ne du c^on de Bourgtheroulde..— *S. Philibertus* (p. d'Eudes Rigaud). — *Saint-Philbert-sur-Boessay*, 1311; *Saint-Philebert*, 1424; *Saint-Philibert-aux-Champs*, 1461 (cart. du Bec); *Saint-Philbert-sur-Boissay*, 1840 (Gadebled).

SAINT-PHILBERT-SUR-RISLE, c^ne du c^on de Monfort; baronnie appartenant aux évêques d'Avranches; haute justice.— *S. Filibertus*, v. 1060 (ch. de Guillaume, duc de Normandie). — *S. Philibertus juxta Montem Fortem*, 1147 (ch. d'Arnoul, év. de Lisieux). — *S. Filibertus de Monte Forti*, 1154 (cart. du Bec). — *Saint Philebert*, 1271 (rôle des chevaliers de Normandie). — *S. Philbertus supra Rislam* (p. de Lisieux). — *Sanphilibertinum castrum*, 1557 (Robert Cœnalis).

SAINT-PIERRE, chapelle à Alisay. — 1738 (Sass).

SAINT-PIERRE, f. à Conteville.

SAINT-PIERRE, q^t de fief à Épreville-près-le-Neubourg.

SAINT-PIERRE, paroisse d'Évreux, supprimée en 1791; simple chapelle paroissiale jusqu'en 1215; démolie vers 1794.

SAINT-PIERRE, chapelle à Fresney.

SAINT-PIERRE, source à Harquency, vraie source du Gambon (Brossard de Ruville).

SAINT-PIERRE, anc. chapelle à Limbeuf.

SAINT-PIERRE, chapelle à Longuelune, auj. Piseux.

SAINT-PIERRE, m^in et chapelle à Manneville-sur-Risle.

SAINT-PIERRE, seconde paroisse de Neaufles-Saint-Martin; supprimée en 1601.

SAINT-PIERRE, la plus ancienne des deux paroisses de Pont-Saint-Pierre. — *Saint-Pierre-du-Pont* (anc. titres).

SAINT-PIERRE, usine à Radepont.

SAINT-PIERRE, f. à Saint-Mards-de-Blacarville.

SAINT-PIERRE, huit^e de fief à Saint-Pierre-des-Cercueils. — *Saint-Pierre-des-Cerqueux* (L. P.).

SAINT-PIERRE, h. de Saint-Pierre-du-Boscguérard.

SAINT-PIERRE, chât. à Saint-Pierre-du-Vauvray.

SAINT-PIERRE, paroisse de Verneuil supprimée en 1791.

SAINT-PIERRE (CHAPELLE DE), à Limeux.

SAINT-PIERRE (FIEF DE), à Gasny.

SAINT-PIERRE (ILE DE), à Vernon.

SAINT-PIERRE (MOULIN DE), à Gravigny.

SAINT-PIERRE (PONT, PORTE, RIVIÈRE et RUE), à Évreux. — 1745 (plan d'Évreux).

SAINT-PIERRE (PRIEURÉ DE), à Armentières, vers 1207.

SAINT-PIERRE-AUX-CHAMPS, fief relev. de Lyons-la-Forêt.

Saint-Pierre-aux-Liens, anc. chapelle au h. de Fréville, à Bouquetot. — 1738 (Saas).

Saint-Pierre-d'Autils, c^ne du c^on de Vernon; sergenterie relev. de Gisors (L. P.); une des trois paroisses comprises dans le pays de Longueville. — *Hastilez*, 1012 (Gallia christiana). — *Altilz*, xie siècle (cart. de la Sainte-Trinité de Rouen). — *Altiz*, 1079 (ch. de Guillaume le Conquérant). — *Altis in Longavilla*, vers 1150 (ch. de Henri II). — *S. Petrus des Autix*, 1221 (cartulaire du chap. d'Évreux). — *S. Petrus de Autix*, 1239 (charte de la Trinité-du-Mont). — *S. Petrus de Autiz*, 1231; *de Autis*, 1294; *de Auticio*, 1320 (L. P.). — *Saint-Pierre-d'Autis de Longueville de lès Vernon*, 1291 (cartulaire de Phil. d'Alençon). — *Saint-Pierre-d'Athies* (aveu de Guillaume, évêque d'Évreux). — *Saint-Pierre-des-Autiz*, 1407 (arch. nationales). — *Saint-Pierre-d'Autix*, 1479 (dénombrement de l'abbaye de la Croix-Saint-Leufroi). — *Saint-Pierre-de-Longueville* (pouillé français d'Évreux). — *Saint-Pierre-de-Longueville ou d'Autils*, 1781 (Bérey, Carte particulière du dioc. d'Évreux).

Saint-Pierre-de-Bailleul, c^ne du c^on de Gaillon; baronnie renfermant, outre Saint-Pierre-de-Bailleul, les fiefs de Notre-Dame et de Saint-Pierre-de-la-Garenne, Saint-Philbert-de-Villiers (?), Réanville, Cocherel et Saint-Ouen à Chambray-sur-Eure; appelée quelquefois baronnie de *Grâce* et c^ne de *Notre-Dame-de-Grâce*, d'un nom pris d'une chapelle de l'église. — *Baliolum*, v. 1000 (ch. de Drogon). — *Ballolum*, vers 1025 (*ibid.*). — *Ballolium*, 1250 (ch. de Guillaume de Bailleul). — *Notre-Dame-de-Grâce* (Cassini).

Saint-Pierre-de-Cernières, c^ne du c^ou de Broglie, accrue en 1846 de Saint-Martin-de-Cernières; fief. — *S. Petrus de Sarneriis* (L. P.). — *Sarnières*, 1200 (cart. du Bec). — *Sarneriæ*, 1220 (cart. de Lyre).

Saint-Pierre-de-Cormeilles, c^ne du c^ou de Cormeilles; siège de l'abbaye de ce nom. — *B. Petrus de Cormeliis*, v. 1171 (ch. de Henri II).

Saint-Pierre-de-Launey, prieuré à Radepont, uni à la chartreuse de Bourbon-lez-Gaillon, 1581.

Saint-Pierre-de-l'Hôpital, chapelle à Neaufles-Saint-Martin. — 1717 (Cl. d'Aubigné).

Saint-Pierre-de-Liéroult, c^ne du c^ou de Pont-de-l'Arche jusqu'en 1838; distraite du dép^t de l'Eure pour être réunie à celui de la Seine-Inférieure et demeurée auj. encore paroisse du diocèse d'Évreux. — *S. Petrus de Lerruto* (p. d'Évreux). — *Saint-Pierre-de-Lierron*, 1841 (Perrot, Petit atlas français).

Saint-Pierre-de-Longgeville, prieuré à Saint-Pierre-d'Autils. — *S. Petrus de Longavilla*, v. 998 (ch. de Richard II).

Saint-Pierre-de-Préaux, abb. de Bénédictins à N.-D.-de-Préaux. — *S. Petrus de Pratellis*, v. 1035 (L. P.).

Saint-Pierre-de-Salerne, c^ne du c^on de Brionne; baronnie appart. à l'abb. de Préaux. — *S. Petrus de Salerna; S. Petrus de Salerniis; Salerna minor* (p. de Lisieux). — *Salerne*, 1413 (tabellion. de Chambrais).

Saint-Pierre-des-Cercueils, c^ne du c^on d'Amfreville. — *Sarcophagi* (1er pouillé d'Évreux). — *S. Petrus de Sarqueiis*, 1257; *de Sarquieux*, 1274; *de Serquels et de Sarcofagis*, 1278 (cart. de Bonport). — *Les Sercueils* (p. d'Évreux). — *Sarqueus*, 1260; *Saint-Pierre-de-Sarquiez*, 1390 (L. P.). — *Saint-Pierre-des-Cerqueils*, 1317 (lettres de fondat. de la Saussaye). — *Saint-Pierre-d'Escherqueulx; Desserqueulx*, xve siècle (dén. de la vic. de Conches). — *Sainct-Pierre-de-Cercleux*, 1562 (arrière-ban). — *Saint-Pierre-des-Cerqueux*, 1615; *les Cerqueux*, 1631 (anc. titres notariés). — *Les Cerqueuix*, 1738 (notariat d'Amfreville). — *Saint-Pierre-des-Serqueils*, 1756 (aveu). — *Saint-Pierre-des-Cerqnieux*, 1777 (notariat de Tourville-la-Campagne). — *Saint-Pierre-d'Escheigneux, Essargieux ou Essarqueux* (L. P.).

Saint-Pierre-des-Ifs, c^ne du c^on de Saint-Georges; fief; prébende du diocèse de Lisieux. — *S. Petrus de Aquosis* (pouillé de Lisieux). — *Les Ifs*, 1738 (Saas).

Saint-Pierre-du-Boscguérard, c^ne. du c^on d'Amfreville. — *S. Petrus de Bosco Girardi*, 1253 (L. P.); 1523 (cart. du Bec).

Saint-Pierre-du-Châtel, c^ne réunie en 1835 avec Notre-Dame-du-Val-sur-Mer sous le nom de *Saint-Pierre-du-Val*; fief. — *S. Petrus de Castro* (p. de Lisieux). — *Saint-Pierre-du-Castel*, 1458 (aveu de Guill. de Gaillon).

Saint-Pierre-du-Mesnil, c^ne du c^on de Beaumesnil. — Nom primitif, *Mesnil-Mauduit* (ch. de Robert de Leicester). — *Saint-Pierre-du-Mesnil-Malduit*, 1418 (arch. nationales). — *S. Petrus de Mesnillo* (pouillé d'Évreux). — *Mesnil-Maudet; Saint-Pair-du-Mesnil*, xviie siècle (L. P.). — *Mesnilum Maudeti* (second pouillé d'Évreux).

Saint-Pierre-du-Val, c^ne formée en 1835 par la réunion de Notre-Dame-du-Val-sur-Mer et de Saint-Pierre-du-Châtel.

Saint-Pierre-du-Vauvray, c^ne du c^on de Louviers, l'une des deux paroisses entre lesquelles se démembra l'ancienne seigneurie du Vauvray; fief. — *Saint-*

Pare-de-Vauvrey, 1372 (aveu de Robert de Brucour, év. d'Évreux).

Saint-Pierre-la-Garenne, c^ne du c^on de Gaillon. — *S. Petrus de Garenna*, 1255; *S. Petrus de Garanna*, 1265 (titres de Saint-Ouen). — *S. Petrus in Garenna* (p. d'Évreux).

Saint-Pierre-Louviers, station, à Saint-Pierre-du-Vauvray, du chemin de fer de Paris au Havre.

Saint-Pierre-Saint-Paul, nom d'une église d'Évreux changé pour celui de *Saint-Louis*.

Saint-Pierre-Saint-Paul de Conches ou de Châtillon, abbaye de Bénédictins fondée en 1059.

Saint-Potentien-et-Saint-Savinien, ancienne chapelle fondée et dotée dans l'Hôtel-Dieu de Pacy.

Saint-Prix (Près de), à Gasny.

Saint-Quentin-des-Îles, c^he du c^on de Broglie; fief relev. du duché de Broglie. — *S. Quintinus*, 1224 (reg. Phil. Aug.). — *S. Quintinus de Insulis* (2e pouillé d'Évreux). — *Saint-Quentin-des-Ysles*, 1562 (arrière-ban).

Saint-Remy, prieuré à Bezu-le-Long. — 1788 (Saas).

Saint-Remy, h. de Bus-Saint-Remy; paroisse de quatre paroissiens seulement, réunie en 1233 à Bus. — *S. Remigius*, 1195 (ch. de Richard Cœur de Lion).

Saint-Remy, église réunie en 1024 à Saint-Georges-sur-Eure.

Saint-Remy (Gué de), sur l'Eure, près de Nonancourt, vers Saint-Remy-sur-Avre, c^he distraite du dép^t de l'Eure et réunie à celui d'Eure-et-Loir vers 1800. — Lieu d'une entrevue entre Philippe Auguste et Richard Cœur de Lion, 1190.

Saint-Roch, anc. chapelle à Beaumont-le-Roger (Charpillon et Caresme).

Saint-Roch, chapelle à Sainte-Marguerite-de-l'Autel.

Saints (Île des), au Manoir-sur-Seine.

Saint-Saire, fief assis sur la Haye-Malherbe et Montaure, dit aussi *la Haye-Malherbe* et *Rouville* (Le Beurier).

Saint-Samson, fief à la Roque-sur-Risle, relevant de Saint-Samson-sur-Risle.

Saint-Samson (Exemption de), territoire dépendant du diocèse de Dol et comprenant quatre paroisses : Saint-Samson-sur-Risle, Conteville, le Marais-Vernier et la Roque-sur-Risle. — *S. Sampso*, 1129 (Gallia christ.).

Saint-Samson-de-la-Roque, c^ne du c^on de Quillebeuf, formée en 1844 de la réunion de la Roque-sur-Risle et de Saint-Samson-sur-Risle.

Saint-Samson-sur-Risle, c^ne entrée en 1844, avec la Roque-sur-Risle, dans la formation de celle de Saint-Samson-de-la-Roque. — Baronnie appartenant à l'év. de Dol et relev. du duché de Normandie.

— *S. Sanso*, 1120 (cart. de Préaux). — *Saint-Samson-sur-Rille*, 1392 (arch. nat.).

Saint-Sauveur, annexe de Notre-Dame d'Andely, 1738 (Saas). — Église du Petit-Andely, magasin de fer et de plomb pendant la Révolution; auj. seconde paroisse des Andelys.

Saint-Sauveur, chapelle dans le cimetière de Brestot, auj. démolie (Mme Philippe Lemoître, Notice).

Saint-Sauveur, anc. paroisse de Breteuil. — *S. Salvator de Bretolio*, xiiie siècle (cart. de Lyre).

Saint-Sauveur, chapelle à Épaignes, au hameau de la Vallée, et fontaine ferrugineuse.

Saint-Sauveur, abbaye de Bénédictins à Évreux; auj. caserne. — *Saint-Sauveur d'Evroues* (livre des jurés de Saint-Ouen). — *S. Salvator Ebroycensis*, 1358 (ch. du roi Jean).

Saint-Sauveur, banc de la Seine, devant Fiquefleur.

Saint-Sauveur, chapelle à Heudicourt. — 1716 (Claude d'Aubigné). — *Sainct-Saoulveur*, 1538 (procès-verbal de visite de la forêt de Bleu).

Saint-Sauveur, chapelle à Séez-Mesnil.

Saint-Sauveur-de-Tillières, chapelle à Villers-en-Vexin. — 1738 (Saas).

Saint-Sébastien, oratoire construit en 1458 à Brionne, près de la porte de Bernay, détruit vers 1561.

Saint-Sébastien-de-Morsent, c^ne du c^on d'Évreux sud, formée en 1844 de Morsent et de Saint-Sébastien-du-Bois-Gencelin.

Saint-Sébastien-du-Bois-Gencelin, c^ne réunie en 1844 avec Morsent sous le nom de *Saint-Sébastien-de-Morsent*. — *Boscus Gencelini*, 1196 (cart. de Saint-Taurin). — *Boscus Joscelini*, 1205 (ch. de Luc, év. d'Évreux). — *Boschus Gencolini*, 1207 (ch. de la Noë). — *Bosqus Gencelin, Boscus Jencelini*, 1209 (cart. de Saint-Taurin). — *Bos-Gencelin*, 1289 (L. P.).

Saint-Siméon, c^he du c^on de Cormeilles, accrue en 1856 de la Chapelle-Becquet. — Plutôt *Saint-Simon*, nom du patron (L. P.). — *Anchitilli Villa* (Neustria pia). — *Anschetivilla, Anschitvilla* (cart. de Préaux). — *Saint-Siméon-sur-Selles*, 1828 (L. Dubois).

Saint-Sulpice, église paroissiale de Breteuil. — *S. Sulpicius de Bretolio*, xiiie siècle (cart. de Lyre). — *S. Souplis-de-Brethueil*, 1391 (cart. du chapitre d'Évreux). — *Sainct-Supplice-à-Brethueil*, 1504 (recepte de la vicomté).

Saint-Sulpice (Vallée de), à Bois-Jérôme-Saint-Ouen, c^ne nommée jusqu'en 1844 *Saint-Sulpice-de-Bois-Jérôme*, et d'abord *Saint-Sulpice* seulement.

Saint-Sulpice-de-Bois-Jérôme, c^ne entrée en 1844, avec la Chapelle-Saint-Ouen, dans la formation de Bois-

Jérôme-Saint-Ouen. — *S. Supplicius de Bosco Jyrelmi* (p. d'Eudes Rigand). — *Le Bois-Géreaulme*, 1597 (L. P.).

Saint-Sulpice-de-Grainbouville, c^ce du c^on de Beuzeville. — *S. Sulpitius de Grainbouvilla, Grinbolvilla* (p. de Lisieux). — *S. Supplicius* (p. de Raoul Roussel). — *Saint-Soupplice*, 1320 (arch. nat.). — *S. Supplicius de Grimbouvilla*, 1324 (cart. de Préaux). — *Grimboldi, Grinbordi* et *Grinboldi Villa* (ibid.). — *Saint-Suplix*, 1732 (Masseville). — Voy. Graimbouville.

Saint-Sulpice-de-Pacel, prieuré à Pacel. — *S. Sulpicius juxta Paceiolum*, 1260 (ch. de la Croix-Saint-Leufroi).

Sainte-Suzanne, prieuré sis entre Breteuil et Rugles, aux Baux-de-Breteuil, lieu de pèlerinage très-fréquenté au xixe s^e; h. et chapelle. — *Sainte-Suzanne-du-Désert*, 1130 (Gadebled); appelé antérieurement *Notre-Dame-du-Désert* et *Notre-Dame-du-Lesme*.

Sainte-Suzanne (Cave de), nom populaire d'une crypte fort remarquable de 30 pieds de profondeur conservée aux Baux-de-Breteuil.

Sainte-Suzanne (Mare de), aux Baux-de-Breteuil.

Saint-Sylvestre-de-Cormeilles, c^ce du c^on de Cormeilles. — *Saint-Sevestre-de-Cormeilles*, 1446 (arch. nat.). — *S. Silvester de Cormelliis* (p. de Lisieux). — *Saint-Silvestre-de-Corneille*, 1782 (Dict. des postes).

Saint-Symphorien, c^ne du c^on de Pont-Audemer. — *S. Simphorianus*, 1179 (bulle d'Alexandre III). — *Saint-Siphorien*, 1722 (Masseville). — *Saint-Simphorien-les-Préaux*, 1828 (L. Dubois).

Saint-Symphorien, h. de Ferrières-Saint-Hilaire; anc. chapelle attenante à la léproserie. — *Leprosaria S. Symphoriani super Ferrarias* (pouillé de Lisieux). — *Saint-Siphorian*, 1610 (aveu de Charlotte des Ursins).

Saint-Taurin, abbaye de Bénédictins fondée à Évreux vers 660; auj. grand séminaire.

Saint-Taurin, seconde paroisse d'Évreux, auj. cure du c^on d'Évreux nord, en l'anc. église de l'abbaye, mais comprenant dans son ressort quelques parties du c^on d'Évreux sud.

Saint-Taurin, bras de l'Eure à Louviers.

Saint-Taurin (Bois de), au hameau de la Madeleine-d'Évreux, 1680; nom conservé.

Saint-Taurin (Moulin de), à Évreux. — *Saint-Thaurin*, 1745 (plan d'Évreux).

Saint-Taurin-de-la-Couldre, anc. nom de Gisay.

Saint-Taurin-des-Ifs, c^ce réunie à Bosrobert en 1827. — *S. Taurinus* (p. d'Eudes Rigaud). — *Saint-Taurin-sur-Fourques* (Toussaints Du Plessis).

Saint-Taurin-lez-Louviers, fief de l'abbaye de Saint-Taurin à Louviers, manoir et rue. — 1257 (cart. de Louviers).

Saint-Thibault, chapelle au h. de Merville, à la Madeleine-de-Nonancourt, tombée en ruines vers le milieu du xviiie siècle.

Saint-Thomas, chapelle à Aizier.

Saint-Thomas, h. de Barquet.

Saint-Thomas, chapelle à Étrépagny, 1729.

Saint-Thomas, longtemps chapelle paroissiale ou église succursale à Évreux; paroisse en 1715, supprimée en 1791.

Saint-Thomas, chapelle assise au pourpris du manoir de Fourneaux, à Faverolles-la-Campagne. — 1419 (L. P.).

Saint-Thomas, chapelle et côte à Vesly; anc. maladrerie. — 1738 (Saas).

Saint-Thomas (Pont), à Évreux. — Nom venant de l'anc. église.

Saint-Thomas (Tour), reste des fortifications de Gisors, conservant quelques débris d'une chapelle de Saint-Thomas-de-Cantorbéry.

Saint-Thomas-de-Berville, chapelle à Berville-sur-Mer.

Saint-Thomas-de-Cantorbéry, maladrerie à Harcourt (L. P.).

Saint-Thomas-de-Geneville, chapelle à Bosbénard-Crescy, dans le fief de Camp-Héroul, devenu prêche, et détruite à la révocation de l'édit de Nantes.

Saint-Thomas-Martyr, chapelle fondée en 1177 par Robert II d'Harcourt, réunie au prieuré du Parc.

Saint-Thomas-Saint-Nicolas, anc. chapelle dans le chât. ou la cohue du bourg de Lyons.

Saint-Thomas-Saint-Nicolas, anc. léproserie devenue chapelle à Saint-Pierre-des-Ifs. — *Saint-Nicolas* et *Saint-Thomas de l'Espinay*, 1516 (aveu de Guill. le Bienvenu).

Saint-Thurien, c^ce du c^on de Quillebeuf; fief. — On écrit par erreur *Saint-Urien* (Le Beurier). — Anc. nom : *Saint-Thurien-de-Beuville* (L. P.). — *S. Turianus de Buvilla* (cart. de Fécamp). — *Buivilla* (p. d'Eudes Rigand). — *S. Urioutus*, 1290 (cart. de Corneville). — *Saint-Turtoult-de-Biville*, 1376; *Saint-Turion-de-Biville*, 1413 (L. P.). — *Saint-Thurioult*, 1519 (aveu de Louis de Gouvis). — *Saint-Irion*, 1631 (Tassin, Plans et profilz). — *Saint-Urioult*, 1722 (Masseville). — *Saint-Urien*, 1840 (Gadebled). — *Saint-Ursin*, 1868 (Ann. de l'Association normande).

Sainte-Trinité (La), anc. prieuré ou ministrerie, à la Poultière.

Sainte-Trinité de Beaumont-le-Roger (La), prieuré de la collégiale, 1070. — *S. Trinitas de Bellomonet* (L. P.).

Saint-Ursin, l'une des deux chapelles dites *chapelles d'Avranches*, à Carsix, xɪᵉ siècle.

Saint-Ursin, anc. chapelle à Fontenay-en-Vexin.

Saint-Ursin, petite collégiale dans le château d'Ivry, remplacée par *Saint-Jean-du-Pré* ou *du Pray*. — 1408 (arch. nat.).

Saint-Ursin-de-Plustot, nom primitif de la Haye-du-Theil (L. P.).

Saint-Vast, clos à Connelles.

Sainte-Vaubourg, baronnie au territ. de la Neuville-du-Bosc, puis marquisat; auj. mᵒⁿ isolée. — *S. Wiburga*, 1124 (Rerum gallicarum scriptores, t. XIV). — *Saint-Amambourg*, 1340 (La Roque). — *Saint-Avanbouro*, 1403 (aveu d'Yves de Vieuxpont).

Sainte-Véronique, chapelle à Douville, de 1628 à 1726.

Saint-Vialdis, chapelle en 1504, dans la vicomté de Conches.

Saint-Victor, f. à Ivry-la-Bataille.

Saint-Victor (Filature de), à Fleury-sur-Andelle.

Saint-Victor-de-Chrétienville, cᵗᵉ du cᵗⁿ de, Bernay; fief. — *S.-Victor-de-Christianiville*, 1262 (cart. de Maupas). — *S.-Victor-de-Crestienville*, 1327 (gr. cart. de Saint-Taurin). — *Saint-Victor-de-Crétienville*, xvɪɪᵉ siècle (note de la Chambre des comptes).

Saint-Victor-d'Épine, cᵗᵉ du cᵗⁿ de Brionne; fief compris dans la baronnie de Saint-Philbert-sur-Risle. — *Saint-Victor-d'Espineuse*, 1317 (La Roque). — *Saint-Victor-de-la-Haie-d'Eppines*, 1400 (L. P.).— *S. Victor Despins; de Spinis* (1ᵉʳ pouillé de Lisieux). — *Saint-Victor-d'Epinne*, xvɪɪᵉ siècle (note de la Chambre des comptes).

Saint-Victor-sur-Avre, cᵗᵉ du cᵗⁿ de Verneuil, prise en 1791 sur le diocèse de Chartres; fief. — *Saint-Victeur-sur-Avre*, 1828 (L. Dubois).

Saint-Vigon, cᵗᵉ du cᵗᵉ d'Évreux sud. — *S. Vigor* (cart. de Conches). — *S. Vigor juxta Autolium* (ch. de Raoul, évêque d'Évreux). — *Saint-Vigour*, 1411 (dénomb. de l'abb. de la Croix); 1631 (Tassin, Plans et profilz). — *Saint-Vigier*, 1455 (aveu d'Anne de Laval). — *Saint-Vigor-sur-Ure*, 1584 (aveu de Henri de Silly). — *Saint-Vigor-sur-Eure*, 1754 (Dict. des postes); 1828 (L. Dubois).

Saint-Vincent, huitᵉ de fief à Fouqueville, relev. du marquisat de Becthomas (Le Beurier).

Saint-Vincent (Côte), à Menilles.

Saint-Vincent-des-Bois, cᵗᵉ du cᵗⁿ de Vernon; qᵗ de fief appartenant au chapitre de Gaillon et relevant du roi au chastel de Pacy, 1453 (L. P.). — *S. Vincentius* (p. d'Évreux). — *Sainct-Vincent-prez-Pacy*, 1562 (arrière-ban).

Saint-Vincent-des-Landes, chapelle à Canappeville, au h. des Landes, 1632.

Saint-Vincent-du-Boulay, cⁿᵉ du cᵗⁿ de Thiberville; fief relevant du roi (L. P.), relevant de Beaumesnil, aveu de 1769 (Le Beurier). — *S. Vincentius de Boelai* (reg. Phil. Aug.). — *S. Vincentius de Boulleyo; S. Vencentius de Boulleyo*, 1248 (obituaire de Lisieux). — *S. Vincentius de Boullayo* (p. de Lisieux). — *Saint-Vincent-du-Boullei*, 1260 (cart. du Bec).

Saint-Vincent-la-Rivière, cⁿᵉ réunie à Broglie en 1845. — *S. Vincentius de Bucher super Cambrasium*, 1350, et *S. Vincentius de Riparia* (p. de Lisieux).

Saint-Wandrille, anc. chapelle à Brionne, au h. des Fontaines.

Saint-Wulfran, second nom de la chapelle de Dame-Ève, à Boisset-le-Châtel. — 1717 (Cl. d'Aubigné).

Saint-Wulfran, chapelle à Sainte-Barbe-sur-Gaillon.

Saint-Wulfran, h. de Saint-Paul-sur-Risle; huitᵉ de fief relev. du roi. — *Saint-Wulfranc* (Le Beurier). — *Saint-Goulfrand* (prononciation locale).

Salerne, mⁿ à Authou, appartenant, en 1293, aux religieux de Saint-Pierre-de-Préaux.

Salerne, grande paroisse, qui s'est séparée entre Saint-Cyr-de-Salerne et Saint-Pierre-de-Salerne. — *Salerna, Salernia*, 1106 (grande ch. de Préaux).

Salerne, baronnie assise à Saint-Cyr-de-Salerne et à Saint-Pierre-de-Salerne, appartenant à l'abbaye de Préaux et relevant du roi.

Salle (La), qᵗ de fief relev. du roi, à Claville. — 1420 (L. P.).

Salle (La), fief et f. à Freneuse-sur-Risle.

Salle (La), f. à la Neuve-Lyre.

Salle (La), h. de Notre-Dame-du-Vaudreuil.

Salle (La), huitᵉ de fief à Saint-Pierre-du-Mesnil, relev. de Breteuil. — 1418 (L. P.).

Salle (La), h. de Touffreville.

Salle (Ruisseau de la), source à Freneuse; cours de 4 kilom.; affluent de la Risle.

Salle-Bois-Arnault (La), qᵗ de fief à la Neuve-Lyre, relev. du comté d'Évreux (Le Beurier). — *La Salle ou le Bois-Arnault* (L. P.).

Salle-Coquerel (La), cⁿᵉ réunie en 1845 à Crosville-la-Vieille. — *Cocqueretum* (1ᵉʳ p. d'Évreux). — *Aula Coquereti* (2ᵉ p. d'Évreux). — *Coquerel*, 1225 (Neustria pia). — *Coquerelles*, 1765 (dict. de Dumoulin).

Salle-du-Bois, fief à Louviers, paroisse de Saint-Germain, relev. de Pont-de-l'Arche ou de Rouen (L. P.). — Manoir démoli vers 1482 (Dibon).

Salle-Louvet (La), fief à Condé-sur-Risle.

Sallenelles, fief voisin et relevant de Pont-Audemer.

Salles (Les), fief à la Salle-Coquerel.

. Salles (Les), fief et f. à Francheville.

Sallière (La), m^in à la Trinité-de-Thouberville.

Salverte, chât. au Grôstheil.

Samson, fief à Senneville, auj. Amfreville-sous-les-Monts.

Sancourt, c^ne du c^on de Gisors, l'une des sept villes de Bleu. Siége d'un consistoire protestant jusqu'à la révocation de l'édit de Nantes. — *S. Clarus de Saencuria*, 1279 (arch. de Saint-Ouen). — *Sancuria*, 1305 (ch. de Phil. le Bel).

Sancourt (Petit Ruisseau de), affl. de la Levrière. •

Sans-Toile (Rue), à Pont-de-l'Arche; souvenir d'un couvent de Bernardines vêtues de laine.

Sanvilliers, h. de Grandvilliers.

Sapaie (La), fief au Bosc-Robert.

Sapaie (La), h. de Gisay.

Sapaie (La), h. de Grandchain.

Sapaie (La), h. de Saint-Clair-d'Arcey.

Sapée (La) ou le Buet, h. de Saint-Jean-de-la-Lequeraye.

Sapin (Le), f. à Sainte-Opportune-près-Vieux-Port.

Saptel (Le), h. de Rugles; fief à Sainte-Opportune; c^ne réunie à Rugles.

Sarcelles (Les), lieu-dit à Fontenay.

Sarrazin (Le), h. de Conteville.

Sarrazunère (La), domaine de l'abb. de Saint-Sauveur, à Selles. — 1242 (cart. de Saint-Sauveur).

Sarroie (Le), lieu-dit à la Forêt-du-Parc.

Sasserie (La), h. des Baux-de-Breteuil.

Sassey, c^ne du c^on d'Évreux sud; plein fief relevant du comté d'Évreux; lieu sis sur la rivière d'Eure, qui, selon quelque vraisemblance, peut répondre au *Dignum* ou *Dingum* de la chronique de Fontenelle, 713 (L. P.). — *Saceium*, 1180 (M. R.); 1203 (charte de Gilbert d'Auteuil); 1272 (rôle de l'ost de Foix). — *Saceyum*, 1227; *Sasseium*, 1266; *Sacy*, 1296 (grand cartulaire de Saint-Taurin). — *Sassy*, 1408 (L. P.). — *Sassé*, 1420 (aveu de Regnault de Nantouillet). — *Sacei*, 1451 (L. P.). — *Sassé*, 1469 (monstre). — *Sassay*, 1631 (Tassin, Plans et profilz).

Saucrerie (La), h. de Saint-Antonin-de-Sommaire.

Saudret, vavass. au Torpt, 1566.

Saugère (La), h. de Marcouville-en-Roumois.

Saugeuse, h. de Boissy-sur-Damville; q^t de fief relev. d'Orvaux, 1452 (L. P.). — *Sauguesse*, 1263, et *Saugosa*, 1264 (cart. de Lyre). — *Sengueuze*, 1469 (monstre).

Saugeuse, fief à la Puthenaye, dit aussi *les Fossés* (Le Beurier).

Saulcey (Le), fief à Morainville-près-Lieurey.

Saulière (La), h. de Saint-Antonin-de-Sommaire.

Saulteaux (Les), m^in à eau à Connelles. — 1683 (aveu du baron d'Heuqueville).

Saulx (Les), huitième de fief à Portes, cité en 1452 (L. P.).

Saunerie (La), h. de Gournay-le-Guérin.

Saunerie (La), f. à Saint-Léger-sur-Bonneville.

Saunier, source abondante à Cailly.

Saussay (Le), h. de la Barre.

Saussay (Le), h. des Bottereaux.

Saussay (Le), h. de Chambord; fief entier, 1210.

Saussay (Le), h. de Morainville-près-Lieurey.

Saussay (Le), f. à Réville; fief.

Saussay (Le), fief à Saint-Victor-de-Chrétienville, relevant du roi.

Saussaye (La), plein fief de haubert très-important, désigné souvent comme baronnie dans les titres des maisons d'Harcourt et de Lorraine; en 1320, petite paroisse de la Saussaye, beaucoup moins étendue que le fief et comprenant seulement le manoir et le cloître. Le même territoire, c^ne en 1790, réunie en 1808, composée de 59 habitants, à Saint-Martin-la-Corneille, et de nouveau c^ne en 1846, formée de Saint-Martin-la-Corneille, de Saint-Nicolas-du-Bosc-Asselin et d'une partie du hameau de Canouel, détachée du Thuit-Anger. — *Salsaya, Salicetæ* (L. P.). — *Salecia, Salceia*, 1307 (la Roque). — *La Sauchoie*, 1310 (cart. de Bonport). — *Saulceye, Salceya*, 1311 (lettres patentes de Phil. le Bel). — *La Sausaye*, 1319 (ch. de Guill. d'Harcourt). — *Saucheia*, 1327 (cart. de Bonport). — *Saint-Loys de la Sauchoie*, 1345 (ch. de Blanche d'Avaugour). — *La Sauchie*, xive siècle (vitraux de la cathédrale d'Évreux). — *La Saussoye*, xve siècle (manusc. de Saint-Victor; rouleaux des morts, publiés par la Société de l'histoire de France). — *La Chaussaye*, xvie siècle (comptes de l'archevêché de Rouen). — *La Saulsaie*, 1598 (déclaration du chapitre). — *La Saussay*, 1782 (Dict. des postes).

Saussaye (La), anc. verrerie à Bezu-la-Forêt.

Saussaye (La), m^on isolée, à Illeville-sur-Montfort.

Saussaye (La), h. de Lieurey, six^e de fief relev. d'Orbec.

Saussaye (La), fief situé à Morainville-sur-Damville (L. P.).

Saussaye (Saint-Louis de la), collégiale fondée en 1307 sur le territoire de Saint-Martin-la-Corneille; sépulture des ducs d'Elbeuf; auj. simple église paroissiale.

Saussay-la-Vache, c^ne du c^on d'Écos; station du chem. de fer de Gisors à Pont-de-l'Arche. — *Salceium*, xiie siècle (cart. de Mortemer). — *Sauchei*, 1223 (cart. de Jumiéges). — *Saucsium, Sauceyum* (reg. visit.). — *Saint-Martin de Saussey*, 1716 (Claude d'Aubigné). — *Sausay-la-Vache*, 1782 (Dict. des postes).

Sausseuse, chât. à Tilly et prieuré de chanoines réguliers de Saint-Augustin, fondé en 1119. — *Salceium*, 1152 (ch. de Hugues, archev. de Rouen). — *Salicosa* (p. d'Eudes Rigaud). — *Salicoza*, 1269 (cart. des Vaux-de-Cernay). — *Sauceuse, Saucheuse* (coutumier des forêts). — *Saubsseuze*, 1454 (aveu de Henri de Fours). — *Salceosa* (L. P.). — *Saucouse, Saulceuse*, 1638 (Vie de saint Adjuteur). — *Salicosa-sur-Tilly*, 1708 (Th. Corneille). — *Saulceuse*, 1738 (Saas). — *Saulseuse*, 1840 (Gadebled).

Saussière (La), fief aux Bottereaux.

Sauvage (Le), lieu-dit à Crosville-la-Vieille.

Sauvagemare, vallée aux Andelys.

Sauvagemare, h. de Fresnes-l'Archevêque.

Sauvagère (La), h. de Sébécourt.

Sauvagerie (La), h. d'Appeville.

Sauvagerie (La), h. de Bois-Normand-près-Lyre.

Savallerie (La), h. de Hauville.

Saveuse (La), lieu-dit à Venables.

Savinerie (La), h. de Saint-Christophe-sur-Condé.

Savins (Les), h. d'Épaignes.

Savoie (Île de), anc. nom de l'île Coutant.

Savourey, h. de Saint-Aubin-de-Scellon.

Scy (Le), h. de Beuzeville.

Seaules (Les), h. partagé entre Ambenay et Bois-Arnault; fief à Ambenay, dit aussi *le Mauvrey*. — *Siaules*, 1840 (Gadebled).

Sebec (La), petite rivière prenant source à la Chapelle-Becquet et tributaire de la Tourville, qui se jette dans la Risle.

Sébécourt, c⁰ⁿᵉ du c⁰ⁿ de Conches, l'une des cinq paroisses royales. — *Sebecort*, 1080 (ch. de Raoul de Tosny). — *Sebecuria*, 1243 (ch. de Pierre de Courtenay).

Sébert, île de l'Epte, voisine de Dangu.

Sébins (Les), h. de Lilletot.

Sébinée (La), h. d'Épinay.

Sèches-Fontaines (Les), h. de la Haye-de-Calleville. — *Seiches-Fontaines*, 1238 et 1496 (cart. du Bec).

Sec-Iton, lit de l'Iton anciennement à sec de Villalet à Glisolles; 15 kilom. Ce nom n'est plus mérité depuis 1839 par suite d'habiles travaux. — *Iton-le-Sec*, 1805 (Masson Saint-Amand). — *Fol-Iton*, 1809 (Pouchet et Chanlaire, Descript. topographique de l'Eure).

Secrétain, lieu-dit à Amfreville-sous-les-Monts.

Séez-Cours, h. de Gouville.

Séez-Mesnil, c⁰ⁿᵉ du c⁰ⁿ de Conches; fief. — *Saint-Mesmin*, 1419 (L. P.). — *Saint-Maximin* (p. français d'Évreux). — *Saint-Mesnil*, 1519 (épitaphe de

Thomas Postel). — *Saint-Méni*, 1765 (géographie. de Dumoulin).

Séez-Moulins, h. de Condé-sur-Iton; c⁰ⁿᵉ réunie, en 1791, à Condé-sur-Iton. — *Sicca Molendina*, v. 1299 (lettre de Math., év. d'Évreux). — *Sicca Molendina prope Condetum* (L. P.). — *Sémoullins*, 1700 (dép¹ de l'élect. de Conches).

Seglas, chât. et q¹ de fief à Bosc-Roger-en-Roumois, relev. du roi.

Seiches-Fontaines (Les), anc. fief à Bosrobert. — *Sicca Fontanæ*, xI° s° (cart. du Bec). — *Seiche-Fontaine*, 1240 (Charpillon et Caresme).

Seigleterie (La), h. de la Vieille-Lyre. — *Segresteria*, 1240 (L. P.).

Seigneurie (La), f. à la Croisille.

Seigneurie (La), lieu-dit à Pacy-sur-Eure.

Seine (La), fleuve vers lequel tendent presque toutes les rivières du département, où il entre par le canton de Vernon et d'où il sort par celui de Pont-de-l'Arche, après un cours de 66 kilomètres. — *Sequana*. — *Sigona*, 637 (chron. de Frédégaire). — *Secana* (reg. Phil. Aug.). — *Sequanius amnis*, xIII° s° (Guill. le Breton, Philippide). — *Seigne*, xIII° s° (Marie de France, Lai des Deux-Amants). — *Sainne*, xIV° s° (Guill. Guiart, Branche des royaux lignages). — *Sayne*, 1447 (lettres patentes de Charles VII). — *Seyne* (Baudrand et Cassini).

Seineville, fief à la Lande et en relevant.

Selle (La), c⁰ⁿᵉ réunie à Juignettes en 1844. — *Cella*, 1085 (ch. de Saint-Sauveur). — *La Cella*, 1152 (bulle d'Eugène III). — *Cellæ*, 1226 (cart. de Lyre). — *La Cele*, 1231 (ch. de Saint-Sauveur). — *La Selle-en-Ouche*, 1828 (L. Dubois). — *La Celle*, 1839 (L. P.).

Sellerie (La), f. et q¹ de fief à Tocqueville. — 1546-1697 (L. P.).

Selles, c⁰ⁿᵉ du c⁰ⁿ de Pont-Audemer. — *Celles* (litanies de la charité de Thiberville). — *Sellæ*, xII° s° (cart. de Préaux).

Sellière (La), h. de Saint-Aubin-du-Thenney.

Semainville ou la Truellerie, h. de la Lande.

Senennerie (La), h. de Saint-Pierre-de-Salerne.

Sémerville, c⁰ⁿᵉ du c⁰ⁿ d'Évreux nord; réunie en 1844 avec Graveron et Saint-Mélain-la-Campagne sous le nom de *Graveron-Sémerville*. — *Semervilla*, 1209; *Semerevilla*, 1265 (ch. de Saint-Étienne-de-Renneville). — *Soumerville* (L. P.).

Sémerville, fief à Carentonne, relev. de Bernay.

Senancourt, h. de Cahaignes; demi-fief relev. de Gisors (L. P.), mouvant du Bois-d'Ennemetz, 1452 (Charpillon et Caresme). — *Saisnencourt*, 1289 (ch. de Jean de Vienne).

Sénéchaux (Les), h. de Saint-Germain-la-Campagne.

Senets (Les), m⁰⁰ isolée, à Chéronvilliers.

Senneville, c⁰ˢ du c⁰⁰ de Fleury; accrue, en 1809, d'Orgeville-en-Vexin; séparée d'Orgeville en 1854 et réunie à Amfreville-sous-les-Monts; fief. — *Sanarilla* (p. d'Eudes Rigaud). — *Saineville*, 1564; *Sainneville*, 1616 (arch. de la Seine-Inf.). — *Saneville*, 1631 (Tassin, Plans et profilz). — *Senneville-sur-Seine*, 1828 (L. Dubois). — *Senneville-sur-les-Monts* (L. P.).

Sentaire, h. de Thierville.

Sente-à-l'Âne, lieu-dit à Brionne, 1792.

Sente-de-Beuzeville (La), h. de Saint-Symphorien.

Sente-des-Jardins (La), h. de Bourneville.

Sentelette (La), lieu-dit à Gauciel.

Sentelle (La), h. de la Roussière.

Sente-Nazareth (La), h. de Hauville.

Sept-Villes (Le bois des), nom quelquefois donné à la forêt de Bleu, 1534 notamment (chartrier de Mainneville).

Sept-Villes-de-Bleu (Les). — Voy. Bleu (Forêt de).

Sépulcre (Le), second nom de l'anc. église de N.-D.-du-Pré, à Pont-Audemer, 1704 (Th. Corneille). — Nom conservé à un quartier de la ville.

Sercelles, fief voisin et relev. de Gisors.

Serez, c⁰ˢ du c⁰⁰ de Saint-André; fief. — *Ceris* (reg. Phil. Aug.). — *Ceres*, 1456 (aveu, arch. nat.). — *Sorel*, 1805 (Masson Saint-Amand).

Serez, h. de Manthelon.

Serez-le-Bois, h. de Serez.

Sergenterie (La), lieu-dit à Saint-André.

Serpe (La), quart de fief à Léry, relevant de Becthomas.

Serquigny, c⁰ᵗ du c⁰⁰ de Bernay; plein fief relev. de Beaumont-le-Roger, 1423 (L. P.); station du ch. de fer de Paris à Cherbourg. — *Sarquignie*, 1206 (chartes de la Noë). — *Sarquigniacum*, 1231 (ch. de Guill. Malvoisin). — *Sarchinneium* (ch. de fondation de la Sainte-Trinité de Beaumont). — *Sarkinneium* (magni rotuli scaccarii Norm.). — *Sarkigneium* (cartulaire de Préaux). — *Sartiniacus*, 1557 (Robert Cœnalis). — *Cerquigny*, 1719 (nom marqué sur le boisseau du seigneur). — *Cerquigni* (Cassini).

Sertaux (Les), h. de Condé-sur-Risle.

Serveterie (La), h. de Saint-Clair-d'Arcey.

Servin, fief à Corneville-la-Fouquetière, relev. d'Origny. — 1749 (aveu d'Origny).

Servin, fief à Routot. — 1391 (tabellion. de Rouen).

Seugey, h. partagé entre Cissey et Guichainville.

Seure, fief à Doudeauville, relev. de Gisors.

Sevelle (La), h. de Capelles-les-Grands. — *Sevela*,

xiii⁰ siècle; *la Sevele*, 1241; *la Severe*, 1257 (L. P.).

Sévondière (La), fief voisin et relev. de Condé-sur-Iton. — 1452 (L. P.).

Siéges (Les), h. d'Amécourt.

Siglas, h. de Saint-Symphorien.

Siglas, f. à Tourville-sur-Pont-Audemer; fief relevant de Pont-Audemer. — *Sigliacus*; *Seglax*, 1242 (cart. de Préaux, L. P.).

Silaudière (La), h. partagé entre les Jonquerets et Landepereuse.

Sillemare, tiers de fief à Fourmetot.

Silouvet, m¹ⁿ à Saint-Germain-de-Pasquier.

Silouvet, m¹ᶜ à Saint-Martin-la-Corneille, auj. la Saussaye. — *Sinouvet*, 1772 (sentence du bailliage de Pont-de-l'Arche). — *Saint-Louvet* (prononciation locale).

Simenel (Ruelle), à Louviers, 1330. — *Ruella Simenelli* (grand cart. de Saint-Taurin).

Simonnière (La), anc. manoir et métairie, auj. m⁰ⁿ isolée, à Ferrières-Saint-Hilaire. — *La Simonnyère*, v. 1610 (aveu de Charlotte des Ursins).

Simons (Les), h. d'Authou.

Simons (Les), h. de la Chapelle-Bayvel.

Simons (Les), h. d'Épaignes.

Simons (Les), h. de Martagny.

Simons (Les), h. du Mesnil-sous-Vienne.

Sógne (La), c⁰⁰ réunie avec Thomer, en 1844, sous le nom de *Thomer-la-Sógne*. — Cyconia (ch. de Guill., comte d'Évreux). — *Ciconia* et *Cyconia*, 1195 (grande ch. de Richard Cœur de Lion en faveur de Saint-Taurin). — *La Ceonna*, 1200; *Cigonia*, 1252 (cart. de Lyre). — *Ceognia* (ch. de Simon, comte d'Évreux). — *La Ceognia*, 1298; *Ceongne* et *la Ceonne*, 1309; *Chiconia*, 1317; *la Cheongne*, 1324 (cart. de Saint-Taurin).

Soisière (La), h. de Grand-Camp.

Soixante-Sixième (La), lieu-dit à Fresnes-l'Archevêque.

Soleils (Les), herbage à Épaignes. — 1792 (liste des émigrés).

Soligny, fief à Condé-sur-Iton, relevant de l'évêché d'Évreux.

Soligny, h. de Saint-Germain-la-Campagne.

Solitaire (Le), f. à Alisay.

Sommaire, petit canton du diocèse d'Évreux et de l'élection de Verneuil, qui comprend les paroisses de Saint-Antonin, Saint-Michel, Saint-Nicolas et Saint-Pierre, 1722 (Masseville). — Saint-Antonin fait seul partie du dép¹ de l'Eure.

Sommaire, quart de fief à Cernay, auj. Bois-Anzeray, relev. du comté d'Évreux.

27.

SOMMAIRE (RUISSEAU DU VAL DE), sortant du dép¹ de l'Orne et affluent de la Risle après un cours de 8 kilomètres.

SOMMIÈRES, fief voisin de Beaumont-le-Roger (L. P.).

SOQUENCE, h. partagé entre Glos-sur-Risle et Montfort-sur-Risle.

SORANGES (LES), lieu-dit à Gasny.

SOREL, mᵐ isolée, à Manthelon.

SORNES (PRÉ DES), à Bourth.

SORTOIRE, h. de Louye.

SOSTRES (LES), prés à Louviers. — 1228 (cart. de Bonport).

SOTTEVILLE, q¹ de fief à Berville-la-Campagne, relev. du comté d'Évreux, 1459.

SOTTEVILLA, h. de Breteuil et huit° de fief, relev. du comté d'Évreux.

SOTTEVILLE, tiers de fief à Villers-près-la-Barre, auj. la Barre, formant avec Villers et Quitos réunis un plein fief.

SOTTISE (LA), lieu-dit à Angerville-la-Rivière. — *Campus Stultitie*, 1247 (arch. de l'Eure).

SOUBZ-SOREL, q¹ de fief dans la vicomté d'Évreux. — 1558 (Le Beurier).

SOUCHET (CARREFOUR DU), à Breteuil.

SOUCHET (LE), h. de Bourth.

SOUCHET (LE), h. de Guernanville.

SOUCHET (LE), h. de-Mandres.

SOUCHET (LE), h. de Marcilly-la-Campagne.

SOUCHET (LE), h. de Saint-Agnan-de-Cernières.

SOUCHET (LE), h. de Saint-Pierre-du-Mesnil.

SOUCI (LE), h. d'Aulnay.

SOUCI (LE), h. de Vernon et route de la forêt de Bizy.

SOUDERIE (LA), h. de Sainte-Marguerite-en-Ouche.

SOUDIÈRE (LA), h. de Beaumont-le-Roger.

SOUDIÈRE (LA), h. de Berville-en-Roumois.

SOUDIÈRE (LA), h. de Saint-Aubin-le-Guichard.

SOUDIÈRE (LA), h. et anc. fief à Saint-Denis-du-Bosguerard, auj. Bosguerard-de-Marcouville. — *La Siouldière*, 1413; *la Simedière*, 1414; *Ponblière*, 1451 (ch. du Bec).

SOUFFLET (LE), mᵐ à Bourg-Achard (Canel).

SOUGEIRE, mᵐ à Carentonne. — 1456 (L. P.).

SOUILLARD (LE), h. de Bosc-Renoult-en-Ouche. — *Soillart* (inv. du cart. de Lyre).

SOUILLET (LE), h. d'Écaquelon.

SOULANGER (LE), h. de Tourville-la-Campagne. — *Selongi*, 1212 (reg. Phil. Aug.). — *Soulanger* (L. P.). — *Soulangie*, 1305 (arch. de l'Eure). — *Sulhanger* (document anglais).

SOULART, lieu-dit à Gauville-près-Verneuil, 1454.

SOUPELIÈRE (LA), h. de Verneuil; fief à Saint-Martin-du-Vieux-Verneuil (vingtièmes).

SOUPIRS (ALLÉE DES), promenade à Évreux.

SOURDERIE (LA), lieu-dit à Renneville.

SOURDEVAL, habitation et dernier cantonnement de pêche de l'Eure avant l'embouchure de l'Iton. — 1804 (arrêté préfectoral).

SOURDIÈRE (LA), h. de Thevray.

SOUS-MÉLA (LE), lieu-dit à Vironvay.

SOUVIGNY, fief à Saint-Aubin-sur-Gaillon. — 1613 (Le Beurier).

SPIZELEBIS (LES MARES DE), à Campigny, vers 1131 (cart. de Préaux).

SQUILLON (LE), lieu-dit à Saint-Étienne-du-Vauvray.

SUANE, pré dans la vallée d'Eure, à Louviers. — 1269 (grand cart. de Saint-Taurin).

SUD (LE), mᵐ isolée, à Guiseniers.

SUELLE (LA), h. de Capelles-les-Grands.

SUFFLET OU LES CENT-ACRES, fief relev. de Ferrières-Saint-Hilaire. — 1604 (L. P.).

SUILLEMARS, lieu-dit à Cesseville. — 1210 (cart. du Bec).

SUPPLENTURES (LES), h. de Francheville.

SURANNIÈRE (LA), h. de Bois-Normand-près-Lyre.

SURCY, cⁿᵉ réunie à Mézières en 1808. — *Sociaco (Sociacus)*, 690 (testament en faveur de Saint-Denis). — *Sonareiaga*, 781 (ch. de Charlemagne). — *Surceium*, 1035 (ch. du bienheureux Hellouin). — *Surceyne*, vers 1169 (ch. de Henri II). — *Surcie*, 1287 (cart. du Bec). — *Sieurcy*, 1805 (Masson Saint-Amand).

SUBET (LE), h. de Saint-Éloi-de-Fourques.

SUBET (LE), mⁱⁿ à Manneville-sur-Risle.

SURCIS (LE), à Criquebeuf-sur-Seine.

SURPRENTURES (LES), lieu-dit à Bourth. — *Surplantures* (L. P.).

SURTAUVILLE, cⁿᵉ du cᵒⁿ de Louviers, membre de la baronnie de Quatremare. — *Supertoovilla* (reg. Phil. Aug.). — *Sortovilla*, 1214 (feoda Ebroicensis comitatus). — *Sortovilla*, 1246 (L. P.). — *Sortoville*, 1253 (cart. de Saint-Taurin). — *Sortoovilla*, 1266 (cart. du chap. d'Évreux). — *Sartoville*, 1383 (arch. nat.). — *Spurtainvilla*, v. 1380 (Bibl. nat.). — *Sourtanvilla*, 1389 (arrêt du parlement de Paris). — *Courtauvilla*, 1470 (arch. du Vaudreuil). — *Sourteauville*, 1501 (comptes de l'archev. de Rouen) et 1743 (terr. du Bosférey). — *Surtanvilla*, 1782 (Dict. des postes).

SURVILLE, cⁿᵉ du cᵒⁿ de Louviers, membre de la baronnie de Quatremare. — *Saarvilla*, 1216 (cart. de Phil. d'Alençon). — *Souarville*, 1220 (L. P.). — *Soarvilla*, 1221 (cart. du chap. d'Évreux). — *Souvilla*, 1266 (L. P.). — *Souevilla*, v. 1380 (Bibl. nat.). — *Soridovilla* (M. R.). — *Sorville*, 1455; *Sourville* (aveu d'Anne de Laval). — *Serville*, 1470 (chartrier du Vaudreuil). — *Seurville*, 1584 (aveu de Henri de Silly). — *Surville-les-Bois*, 1828 (L. Dubois).

Surville ou le Camp-Jaquet, quart de fief à Acquigny et en relevant (Le Beurier).

Sus (Le), lieu-dit à Guiseniers.

Suzay, c^ne du c^on des Andelys; fief. — *S. Petrus de Susai* (p. d'Eudes Rigaud). — *Seusay* (p. de Raoul Roussel). — *Seusei*, xiie s^e (cart. de Mortemer). — *Susay*, 1782 (Dict. des postes).

Suzay (Canton de), comprenant, de 1790 à l'an ix, 17 communes : Authevernes, Cahaignes, Cantiers, Douxmesnil, Farceaux, Flumesnil, Fontenay, Forêt-la-Folie, Guitry, Hacqueville, Harquency, la Londe, Mouflaines, Neuville-sous-Farceaux, Richeville, Suzay, Travailles.

T

Tabac (La Plante à), lieu-dit à Bouafles.

Table-d'Asnières (La), fief dans la vicomté de Pont-Audemer, dit aussi *la Tour* et *la Motte* d'Asnières.

Tabourerie (La), h. de Francheville.

Tabouret (Le), fief, dit aussi *Saussay*, à Saint-Victor-de-Chrétienville.

Tac (Le), h. de Bouquetot.

Tac (Le), h. de Flancourt.

Tacq (Sergenterie du), à Épréville-en-Roumois.— *Tac*, xie siècle (L. P.) — *Noble Sergeantance*, 1743 (acte d'état civil).

Tahomme, île de la Seine à Amfreville-sous-les-Monts.

Tailleper (Rue), à Bernay, 1195.

Taillerie (La), h. de Mandres.

Taillerie (Pont de la), 1745 (plan d'Évreux); nom resté à une rue.

Taillez (Les), lieu-dit à Guenouville, 1212. — *Tailliez*, 1212 (cart. de Jumiéges).

Taillis (Le), h. de Bretagnolles.

Taillis (Le), h. de Grandchaîn.

Taillis (Le), f. et fief à Illeville-sur-Montfort.

Taillis (Le), h. des Jonquerets.

Taillis (Le), f. et fief à Vesly.

Taisières (Les), h. de Lyons-la-Forêt et c^ne de la forêt de Lyons. — *Les Taisnières*, 1868 (ann. lég.).

Talbot-Butte, lieu-dit commémoratif, depuis 1418, d'un siége d'Ivry-la-Bataille.

Talmontiers (Gué de), passage sur l'Epte, entre Amécourt et Talmontiers (Oise), autrefois fortifié sur les deux rives.

Talus (Le), nom populaire de l'île aux Chevaux, sur la Seine, à Vernon.

Talville, h. de Foulbec.

Tanaisie (La), lieu-dit à la Goulafrière.

Tancarville, dit aussi *le Petit-Dangu*, fief à Heuqueville, relev. d'Étrépagny.

Tanné (Le), fief à Sainte-Opportune-du-Bosc. — *Tanney* (Le Beurier). — *Tennoy*, 1523 (Recherche de la noblesse).

Tannebrune, m^on isolée, à Charleval.

Tanneurs (Rivière des), bras de l'Iton à Évreux.

Tanney (Le), h. et fief à Ferrières-Saint-Hilaire. — *Tanetum*, 1138 (O. V.). — *Tanaium* (cart. de Préaux). — *Taneium*, 1180 (M. R.). — *Tenaium*, 1214 (feoda Normanniæ).

Tanney (Le), h. de Saint-Martin-Saint-Firmin; fief relevant de Pont-Audemer (L. P.). — *Tanaium*, v. 1140; *Taney*, 1260 (cart. de Préaux). — *Tenney* (L. P.).

Tanquellerie (La), h. de Manneville-la-Raoult.

Tapette (La), lieu-dit à Bernay.

Tartre (Le), h. de Roman.

Tasse (La), h. de Cintray.

Tasseaux (Les), h. de Routot.

Tassels (Les), h. de Jouveaux.

Tasses (Le bois des), à Gravigny.

Tasses (Les), h. de Grandvilliers.

Tassinières (Les), h. de Marcilly-la-Campagne.

Tatin, fief fondé à Louviers vers 1204, en faveur de Renaud Tatin, et qui a laissé son nom à une rue. — *Tatinus*, v. 1223 (L. Delisle, Cart. normand).

Tatemare, lieu-dit à Bacquepuis.

Taupe (La), h. de Saint-Pierre-de-Cormeilles.

Taupinière (La), h. du Chamblac.

Taureau (La Couture au), lieu-dit à Houville.

Taus (Les), lieu-dit à Martagny.

Teillart, fief s'étendant de Fourmetot sur Manneville-sur-Risle, 1305.

Teinterrière (La), m^on is. à Ferrières-Saint-Hilaire.

Télégraphe (Le), m^on isolée, à Authevernes.

Télégraphe (Le), m^ou isolée, à Breux.

Télégraphe (Le), terrain en friche où s'élevait, vers 1830, à Saint-Pierre-du-Bosguerard, une tour en bois pour les travaux de la carte du Dépôt de la guerre.

Télégraphe (Le), m^on isolée, à Tillières-sur-Avre.

Tellerie (La), ferme à la Haye-Saint-Sylvestre; q^t de fief relevant du comté d'Évreux.

Templiers (Maison des), lieu-dit conservé au Vaudreuil (Paul Goujon, Hist. du Vaudreuil).

Tenaisie (La), h. de la Goulafrière; fief. — *Tenacetum*, 1050 (O. V.). — *La Teneisie*, 1265 (cart. de Saint-Évroult).

Ténèbres (Rue des), à Breteuil.

Tennebrun-Charleval, lieu-dit à Charleval. — 1871 (annonce légale).

Tennebrune, bois à Perriers-sur-Andelle.

Terbegeneuse (La), lieu-dit à Feuguerolles. — 1211 (ch. de Saint-Étienne-de-Renneville).

Ternant, second nom de la rivière de la Guiel. — *Ternault*, 1644 (Coulon, les Rivières de France). — *Ternon*, 1805 (Masson Saint-Amand).

Terpas, chemin à Léry. — *Terrepart*, 1262 (cart. de Bonport).

Terra-Sancta, lieu-dit au Grand-Andely, 1750, dit aussi *Clos-du-Chapitre* (Brossard de Ruville).

Terre-au-Saint, lieu-dit à Amécourt.

Terre-la-Sainte (La), lieu-dit à Sainte-Geneviève-lez-Gasny.

Ternerie (La), h. partagé entre Équainville et Fatouville.

Terres (Les), h. de Saint-Étienne-sous-Bailleul.

Terres (Les), f. à Saint-Ouen-des-Champs.

Terres-Blanches (Les), second nom du fief de la *Maison-Rouge*, réuni à Guichainville, 1631.

Terres-d'Évreux (Les), champ à Illiers-l'Évêque; lieu où ont été rencontrées des ruines romaines.

Terres-Françaises, dépendances de la tour Grise de Verneuil, sur la rive droite de l'Avre (B. Guérard).

Terres-Noires (Les), lieu-dit à Quatremare.

Terniens (Les), h. de Serquigny.

Terruelles (Les), lieu-dit aux Andelys.

Tertre (Le), m⁰⁰ isolée, à Bourth.

Tertre (Le), h. de Coulonges.

Tertre (Le), h. de Pierre-Ronde.

Tertre (Le), h. de Tillières-sur-Avre.

Tertre (Le), h. de la Vieille-Lyre.

Tertre-Roti (Le), lieu-dit à Saint-Victor-sur-Avre.

Tessonnerie (La), h. d'Épaignes.

Testelet (Le), lieu-dit à Saint-Cyr-du-Vaudreuil.

Testis (Les), lieu-dit à Heubécourt.

Tête-au-Prêtre (La), coteau à Amécourt, dans la forêt de Bleu. — *La Teste-au-Presbtre*, 1538 (procès-verbal de visite de la forêt).

Tête-des-Vieux-Prés (La), source très-abondante à Glisolles.

Tête-d'Homme (La), lieu-dit aux Andelys.

Tête-d'Homme (Les Tourelles de la), lieu-dit à Noyers.

Teurcey, h. de Chanteloup. — *Teurcey-Chanteloup*, 1871 (annonce légale).

Teurtraie, h. des Authieux. — *Triartreroe*, v. 1207 (ch. de Luc, év. d'Évreux).

Teurtre (Le), h. partagé entre Flipou et Senneville.

Theil, h. de Valailles. — *Til*, vers 1000 (dotalit. de Judith).

Theil (Le), cⁿᵉ réunie avec Chaise-Dieu en 1836 sous le nom de *Chaise-Dieu-du-Theil*; fief. — *Le Theil-sur-Iton*, 1828 (L. Dubois).

Theil (Le), f. à Conteville.

Theil (Le), chât. à Épaignes; fief relev. de Pont-Audemer (L. P.).

Theil (Le), h. de Saint-Martin-du-Tilleul. — *Tol*, *Teil* (cart. de Saint-Georges-de-Boscherville).

Theillement (Le), cⁿᵉ du cⁿ de Bourgtheroulde. — *Teilleman* (p. d'Eudes Rigaud). — *Taillemaint*, 1431 (p. de Raoul Roussel). — *Saint-Pierre du Teillement*, 1717 (Cl. d'Aubigné).

Theil-Nolent (Le), cⁿᵉ du cⁿ de Thiberville; baronnie de l'abb. du Bec. — *Tylia*, vers 1183 (ch. de Henri II). — *Tullum Noëlent*, 1200 (M. R.). — *Tilia Noelent*, 1254 (cart. du Bec). — *Tyllia Noölent*, 1288 (ch. de Saint-Étienne-de-Renneville). — *Tennolent* ou *Tonnolent*, 1400 (L. P.). — *Tinolent*, 1738 (Saas et prononciation usuelle). — *Tiennolan* (Cassini).

Thenney (Le), qᵗ de fief à Saint-Jean-du-Thenney, relev. de la baronnie de Ferrières-Saint-Hilaire.

Theroude (Les), h. de Brestot (Gadeblad).

Theroudière (La), f. à Tourny.

Theroudière (Prieuré de la), à Tourny; il fut réuni en 1715 à l'abb. de Bellefonds. — 1638 (Vie de saint Adjutor); 1788 (Saas). — *La Therodire*, 1248 (L. P.).

Theux (Les), h. de Morainville-près-Lieurey.

Thevray, cⁿᵉ du cⁿ de Beaumesnil; anc. chât. fort; prébende du chapitre d'Évreux; plein fief, 1407. Seigneurie réunie au marquisat de Thibouville. — *Tevraium*, 1170 (cart. du chap. d'Évreux). — *Tivreium*, vers 1200 (reg. Phil. Aug.). — *Tenvray*, 1202 (cart. de N.-D.-du-Lesme). — *Tebraium*, 1214 (feoda Normanniæ). — *Tevrayum*, 1227 (trésor des chartes). — *Tevray*, 1234 (bulle de Grégoire IX). — *Tebraium*, xiiiᵉ sᵉ (Duchesne, Liste des services militaires). — *Teveraium*, *Tevraicum*, *Thever*, xiiiᵉ sᵉ (cart. de Lyre). — *Tevrai*, 1416 (L. P.). — *Theverai*, xviiᵉ sᵉ (reg. de la chambre des comptes). — *Theuvray*, 1765 (géogr. de Dumoulin). — *Tevrai* (L. P.).

Thevray, fief à Bourth et en relevant. — 1708 (aveu de Tillières).

Thiberville, cⁿᵉ ch.-l. de cⁿ; baronnie des évêques de

Lisieux s'étendant sur la Chapelle-Hareng et Fontaine-la-Louvet. On devrait écrire *Tiberville* (L. P.). — *Tibervilla*, 1249 (reg. visit.). — *Tyeberville*, 1339 (chron. des abbés de Saint-Ouen).

THIBERVILLE (CANTON DE), arrond. de Bernay, ayant à l'E. les cantons de Brionne, de Bernay et de Broglie; au S. et à l'O., le dép¹ du Calvados; au N., les cᵒⁿˢ de Cormeilles et de Saint-Georges-du-Vièvre, comprenant 22 cᵉˢ: Thiberville, Barville, Bazoques, Boissy-Lamberville, Bournainville, la Chapelle-Hareng, Drucourt, Duranville, Faverolles-les-Mares, le Favril, Folleville, Fontaine-la-Louvet, Giverville, Heudreville-en-Lieuvin, Piencourt, les Places, le Planquay, Saint-Aubin-de-Scellon, Saint-Germain-la-Campagne, Saint-Mards-de-Fresnes, Saint-Vincent-du-Boulay, le Theil-Nolent; et 20 paroisses, dont une cure à Thiberville et 19 succursales: Barville, Bazoques, Boissy-Lamberville, Bournainville, la Chapelle-Hareng, Drucourt, Duranville, le Favril, Folleville, Fontaine-la-Louvet, Giverville, Heudreville-en-Lieuvin, Piencourt, le Planquay, Saint-Aubin-de-Scellon, Saint-Germain-la-Campagne, Saint-Mards-de-Fresnes, Saint-Vincent-du-Boulay, le Theil-Nolent.

THIBONNET, f. à Martainville-en-Lieuvin.

THIBOUTIÈRE (LA), h. de Saint-Mards-de-Fresnes.

THIBOUVILLE, cᵘᵉ du cᵒⁿ de Beaumont-le-Roger, accrue de la Cambe en 1791; plein fief relev. du comté d'Évreux et s'étendant sur Nassandres; marquisat. — *Tetboldivilla*, 1086 (cart. de Saint-Wandrille). — *Theboltvilla*, 1090 (ch. de Beaumont-le-Roger). — *Tedboldivilla*, xiᵉ sᵉ (O. V.). — *Teobovilla*, v. 1110 (ch. de Henri Iᵉʳ). — *Thebouville*, v. 1158 (ch. de Henri II). — *Tieboldivilla*, *Tibouvilla*, xiiᵉ siècle (cart. de Saint-Gilles de Pont-Audemer). — *Thebovilla* (reg. Phil. Aug.). — *Tibovilla*, 1203 (rotuli Normanniæ). — *Teibouvilla*, 1210 (ch. de Raoul de Montgommery). — *Teboltivilla*, 1267 (L. P.). — *Tibovilla*, *Tibovile* (ch. de Saint-Étienne-de-Renneville). — *Thibouville-la-Campaigne*, 1433 (reg. de la chambre des comptes).

THIBOUVILLE, h. et q¹ de fief à Hauville, relev. de la Rivière-Thibouville.

THIBOUVILLE, h. et fief à Manneville-sur-Risle.

THIERVILLE, cᵉ du cᵒⁿ de Montfort; fief. — *Terevilla*, v. 1090; *Tierrevilla*, 1180; *Thierreville*, 1209; *Thyerrevilla*, 1247 (cart. du Bec). — *Tyerrivilla* (p. d'Eudes Rigaud). — *Terricivilla* (Stephanides, Vie de saint Thomas, publiée par Giles).

THIEU (LE) OU LE THUIT, h. de Sainte-Croix-sur-Aizier.

THIL (LE), cᵉ du cᵒⁿ d'Étrépagny; fief; prébende du chap. de Rouen. Le marquisat du Thil, formée 1659 des fiefs du Thil ou Malterre, de Pitres, Morgny et

Jubert, s'éteignit en 1688; les fiefs de Malterre et de Pitres furent unis, en 1694, sous le nom de Malterre et du Thil. — *Teillet* (ch. de Robert Iᵉʳ). — *Tilia*, xiiiᵉ siècle (p. d'Eudes Rigaud). — *Tilia in Velgessino*, xiiiᵉ siècle (L. P.). — *Theliolum*, 1233; *Til-en-Veuquecin-le-Normant*, 1400 (arch. nat.). — *Le Thil-lez-Estrepagny*, 1579 (Phil. d'Alcrippe). — *Thil-en-Vexin*, 1828 (L. Dubois).

THIL (PORTE DU), porte avec un pont-levis dans les fortifications d'Étrépagny, 1589.

THIL-LA-FORÊT (LE), chât. à Morgny. — *Til-en-Forêt*. 1694 (aveu).

THILLEUL (LE), h. de Boissy-sur-Damville.

THILLIERS, h. de Carsix.

THILLIERS-EN-VEXIN (LES), cᵉ du cᵒⁿ d'Étrépagny: autrefois h. de Villers-en-Vexin, où il existait une chapelle de Saint-Sauveur fondée en 1676 et qui en 1789 paraît encore dépendre de la paroisse de Villers, quoiqu'en 1780 on voie la paroisse des Thilliers avoir un rôle spécial des vingtièmes (arch. de l'Eure); cᵉ en 1790; demi-fief relevant d'Étrépagny. — *Le Tilleel*, 1367 (reg. des chartreux de Paris). — *Le Tillay*, 1722 (Masseville). — *Le Tillé*, 1754 (Dict. des postes) et 1759 (déclaration royale). — *Les Tillers*, 1792 (1ᵉʳ supplément à la liste des émigrés).

THIRON, fief à la Huanière, h. du Blessis-Sainte-Opportune, relev. de Beaumont-le-Roger, 1658.

THIROUANNE, h. de Jumelles.

THIROUIN, h. de Saint-Christophe-sur-Avre. — *Thiraz?* (L. P.).

THOMAS, h. de Fourmetot.

THOMASSERIE (LA), lieu voisin de Caorches, cité en 1246 (ch. de Jean Mallet de Graville).

THOMER, cᵉ réunie en 1844 avec la Sôgne, sous le nom de *Thomer-la-Sôgne*; fief. — *Thomerium*, 1317 (L. P.).

THOMER-LA-SÔGNE, cᵉ du cᵒⁿ de Damville, formée en 1844 de la réunion de la Sôgne et de Thomer.

THOREL, fief à Villers-en-Vexin, relev. d'Étrépagny.

THOUBERVILLE, au xiᵉ siècle; vaste territoire qui s'étend auj. encore sur quatre cᵉˢ (L. P.): la Trinité-de-Thouberville, Saint-Ouen-de-Thouberville, Caumont et Bourg-Achard en partie. — *Tubervilla*, 1175 (ch. de Rotrou, archev. de Rouen).

THOUROULDE, h. de Bosrobert.

THOUVOIE, f. à Ivry-la-Bataille.

THUILLET (LE), f. à Jouveaux.

THUIT (LE), cᵉ du cᵒⁿ des Andelys. — *Tuit*, 1224 (cart. de Saint-Taurin). — *S. Martinus de Fonte* (p. d'Eudes Rigaud). — *Thuit-la-Fontaine*, 1409 (comptes de l'archevêché de Rouen). — *Saint-Martin-de-la-Fon-*

taine, 1574 (archives de la tour de Vernon). — *Le Thuyet*, 1615 (arch. du Vaudreuil). — *La Fontaine-du-Tuit*, 1738 (Saas). — *Tuit-la-Fontaine*, 1863 (Brossard de Ruville).

Thuit (Le), h., fief et manoir à Berville-en-Roumois. — 1717 (Cl. d'Aubigné).

Thuit (Le), f. et plein fief à Écos, relev. du fief de Grimonval.

Thuit (Le), f. et fief voisin et relevant de Fresnes-l'Archevêque. — *Le Tuit* (L. P.).

Thuit (Le), f. à Port-Mort.

Thuit (Le) ou le Thieu, h. de Sainte-Croix-sur-Aizier.

Thuit-Aonon, h. du Thuit-Signol; huit° de fief dit aussi *Freneuse*, relevant de Boscherville. — *Tuit-Agueron*, 1501 (comptes de la vicomté d'Elbeuf). — *Thuy-Hagueron*, 1604 (L. P.). — *Thuit-Hagron* (Le Beurier).

Thuit-Anger (Le), c^ne du c^on d'Amfreville; q^t de fief relev. de la Londe. — *Tuit-Ansger*, v. 1180 (aveu du Bec). — *Tuit Ansgeri*, vers 1208 (ch. de Luc, év. d'Évreux). — *Teuctum* (necrologium Ebroicense). — *Teut-Angier*, 1221 (cart. du chap. d'Évreux). — *Tuit-Angier*, 1501 (comptes de la vicomté d'Elbeuf). — *Thuitus Angerii*, 1508 (p. d'Évreux). — *Le Tui-Ange*, 1631 (Tassin, Plans et profilz).

Thuit-Hébert (Le), c^ne du c^on de Bourgtheroulde; fief relev. de Pont-Authou. — *Tui-Herbert*, 1216 (L.P.). — *Tui-Hubert*, 1250 (La Roque). — *Saint-Philbert du Thuit-Heudebert* (anc. actes). — *Thuiébert*, 1782 (Dict. des postes).

Thuit-Signol (Le), c^ne du c^on d'Amfreville. — *Tuit-Sinol*, 1180; *Tuissinol*, 1257 (M. R.). — *S. Audoenus de Tuit Signol*, 1232 (cart. de Jumiéges). — *Tuissignol*, 1259; *Touisignol*, 1346 (La Roque). — *Thuitus Signolli* (p. d'Évreux). — *Tuisignol-en-Conches et Beaumont*, 1499 (taxe des sergents pour la garde de Conches). — *Tissegnol*, 1454 (arch. nat.). — *Thuit-Chignol*, 1429 (monstre). — *Tuit-Signol*, 1501 (comptes de la vicomté d'Elbeuf). — *Thuusignol*, 1604 (aveu de Charlotte des Ursins). — *Le Thuissignol*, 1726 (Dict. univ. de la France).

Thuit-Simer (Le), c^ne du c^on d'Amfreville; fief relevant de Pont-de-l'Arche. — *Tuit-Symer*, 1259 (inv. du Bec). — *Tuitymer*, xv° s° (p. de Raoul Roussel). — *Thuissimer*, 1480 (L. P.). — *Thuict-Symer*, 1620 (ibid.). — *Thuit-Simé*, 1654 (mém. de Campion). — *Thuissimé*, 1717 (signature du curé). — *Le Thuissinier*, 1726 (Dict. univ. de la France) et 1754 (Dict. des postes). — *Tuit-Cimer*, 1828 (L. Dubois). — *Thuit-sur-Mer*, note des mém. de Campion. (La mer est à dix lieues à vol d'oiseau.)

Thuret (Le), m^in à Brionne.

Tibert, assez grande île formée par l'Epte et un bras dérivé, à Amécourt, en face du moulin de Gueulencourt, xiii° s° (Le Beurier).

Tisouvière (La), h. de Saint-Martin-de-Cernières.

Tierceville, l'une des sept villes de Bleu, devenue simple hameau de Bazincourt, 1809; fief. — *Tigerivilla*, 1146 (L. P.). — *Tigervilla* (reg. Phil. Aug.). — *Tygervilla*, *Tygiervilla* (p. d'Eudes Rigaud). — *Tiergevilla*, 1305; *Tiergeville*, 1308 (ch. de Phil. le Bel). — *Tergeville*, 1409 (coutumier des forêts). — *Thiergeville*, 1538 (proc.-verb. de visite de la forêt de Bleu). — *Tignonville* (La Roque, Liste des fiefs).

Tigis, huit° de fief, membre de la demi-baronnie de Combon. — 1749 (Le Beurier).

Tionères (Les), m^on isolée, à Villalet.

Tillart, fief à Fourmetot et à Manneville-sur-Risle, relev. de Pont-Audemer (L. P.). — *Teillart* (ibid.).

Tillaye (La), h. partagé entre Condé-sur-Risle et Saint-Christophe-sur-Condé; fief relevant de Pont-Authou.

Tillaye (La), fief à Lieurey.

Tillaye (La), fief et f. à Saint-Sylvestre-de-Cormeilles.

Tilleul, h. de Boissy-sur-Damville. — *Tilliolum*, 1263 (cart. de Lyre).

Tilleul (Le), f. au Chesne.

Tilleul (Le), h. d'Orvaux.

Tilleul (Le), h. de Saint-Martin-du-Tilleul.

Tilleul-Dame-Agnès, c^ne du c^on de Beaumont-le-Roger.

Tilleul-en-Ouche, c^ne réunie en 1845 à Landepereuse. — *Tilliolum*, xi° s° (L. Dubois).

Tilleul-Fol-Enfant, c^ne réunie en 1822 avec Saint-Martin-le-Vieux sous le nom de *Saint-Martin-du-Tilleul*; huit° de fief relev. du duché de Broglie. — *Tilleul-Folenffanlt*, 1469 (monstre). — *Tilleul-Fol-Enffant*, 1562 (arrière-ban).

Tilleul-Gibon (Le), fief à Nogent-le-Sec.

Tilleul-Lambert, c^ne du c^on d'Évreux nord. — *Tilliolum*, v. 1184 (acte d'élect. de Gautier de Coutances). — *Telleium*, 1223; *Tiliolum Lamberti*, 1226; *Teolium*, 1257; *Tyllellum*, 1263; *Tillolum*, 1265; *Tylliolum Lamberti*, 1271; *Teilluel-Lambert*, 1303; *Teilleul-Lambert*, 1310 (titres de Saint-Étienne-de-Renneville).— *Thilleul-Lambert*, 1828 (L. Dubois).

Tilleul-Othon (Le), c^ne du c^on de Beaumont-le-Roger. — *Teillole*, 1195 (ch. de Richard Cœur de Lion). — *Tilliolum*, *Tilliolum Othonis*, 1289 (gr. cart. de Saint-Taurin). — *Teilleul-qui-ne-dort*, 1293 (L. P.). — *Tiliolum Otonis*, 1295 (ch. de Raoul d'Harcourt). — *Tilleul-Lochon*, 1532 (aveu de Suzanne de Bourbon). — *Le Thilleul-Lotton*, 1700, 1767 (dép^t de l'élection de Conches). — *Le Teilleul-Satou*, 1722 (Masseville). — *Le Tilleul-Loton*, 1726 (Dict. univ. de la France).

Tilleuls (Les), h. de la Poterie-Mathieu.

Tillières, fief à Lieurey, 1469.

Tillières (Canton de), avec Tillières-sur-Avre pour chef-lieu, comprenant, de 1790 à l'an ix, 13 c^nes : Acon, Alaincourt, Bâlines, Breux, Courteilles, Grandvilliers, Grosbois, Hellenvilliers, l'Hosmes, Longuelune, Paulatte, Piseux.

Tillières-sur-Avre, c^ne du c^en de Verneuil, accrue d'Alaincourt en 1810; ancien manoir des abbés du Bec; château fort; bourg; baronnie, 1406, devenue comté, 1563; télégraphe du système Chappe. — *Tegulariæ* (Guillaume de Jumiéges). — *Tegulense castrum*, 1017 (O. V.). — *Tilleriæ*, 1049 (grand cart. de Jumiéges). — *Teuleriæ*, 1109 (ibid.). — *Thielleriæ*, 1194 (Roger de Hoveden). — *Teleriæ*, *Teleres* (M. R.). — *Tilers*, 1202; *Tilleriæ*, 1231 (cart. de Jumiéges). — *Tileriæ*, *Tylleriæ*, *Tylères* (reg. visit.). — *Tileriæ*, 1279; *Tyllères*, 1281; (cart. de St-Père). — *Tegulariæ*, *vulgo Tillières* ou *Tuillières*, 1557 (Robert Cœnalis).— *Tuillières*, 1611 (Desrues, Singularitez des principales villes). — *Tilliers*, 1631 (Tassin, Plans et profilz).— *Tillers*, 1691 (titres de Cesseville). — *Tillières* ou *Tilliers*, autrefois *Tuilliers*, 1708 (Th. Corneille).

Tilly, nom du château de Boisset-le-Châtel, 1702 (Th. Corneille). C'était le nom du château fort ruiné remplacé par le château actuel.

Tilly, c^ne du c^on d'Écos; fief relev. de Vernon; c^ne accrue de Corbie en 1808. — *Teillet*, vers 1030 (ch. de Robert le Magnifique).— *Tileium*, 1146 (L. P.).— *Til* (reg. Phil. Aug.). — *Tilliacum*, 1221; *Tylleium*, 1236; *Tylly*, 1280; *Tylliacum*, 1283 (cart. des Vaux-de-Cernay). — *Tylli*, 1293 (ch. de Philippe le Bel). — *Tillia* (p. de Raoul Roussel). — *Thilly*, xive s^e (aveu de Catherine de Daubeuf). — *Tilli-en-Vexin*, 1828 (L. Dubois). — *Tilly-Corbia*, 1869 (annonce légale).

Tilly (Canton de), comprenant, de 1790 à l'an ix, 12 c^nes : la Chapelle-Saint-Ouen, Corbie, Gasny, Giverny, Haricourt, Heubécourt, Mézières, Panilleuse, Saint-Sulpice-de-Bois-Jérôme, Sainte-Geneviève-lez-Gasny, *Surcy-Suce?* Tilly.

Tilly-des-Mathieux (Le), h. d'Épréville-en-Lieuvin.

Timbre (Le), h. du Mesnil-sous-Vienne.

Timbre (Le Bois-du-), lieu-dit à Longchamps.

Timnetot, f. à Saint-Samson-sur-Risle; q^t de fief, 1697. — *Timstot*, xvie s^e (Canel). — *Tintot*, 1697 (Le Beurier).

Tinon, enceinte environnée de longs fossés et vestiges d'une ancienne tour à Sainte-Opportune-la-Campagne.

Tironnerie (La), h. de Piencourt.

Tirotin, m^lo à Saint-Christophe-sur-Avre.

Tirpeux, f. à Toutainville.

Tivoli, m^on isolée, à Marcilly-la-Campagne.

Tizon, h. de Muzy; fief. — *Thisson*, 1523 (Rech. de la noblesse). — *Tison* (Le Beurier).

Tocqueville, c^ne du c^on de Quillebœuf; fief relev. de Pont-Audemer. — *Toquevilla* (p. d'Eudes Rigaud). — *Tonqueville*, 1631 (Tassin, Plans et profilz). — *Tocqueville-en-Roumois* (Cassini) et 1828 (L. Dubois).

Toislay, h. de Saint-Germain-sur-Avre; q^t de fief relevant du comté d'Évreux. — *Toillé* ou *Touaillé* (L. P.).

Tomainerie (La), m^on isolée, à Drucourt.

Tombeau-de-Mahomet (Le), égout aux Andelys (Brossard de Ruville).

Tombeau du Druide (Le), tumulus, sur une éminence, à l'O. de Brionne.

Tomberie (La), h. de Basville, auj. Berville-en-Roumois; fief.

Tombes (Les), lieu-dit à Vesly; sépultures antiques.

Tombettes (Ruelle des), à Évreux.

Ton (Le), fief assis entre les deux Lyres. — 1611 (Charpillon et Caresme).

Tonnelle, fief voisin et relev. de Breteuil.

Tonnelles (Bois des), bois voisin de l'aqueduc du Vieil-Évreux, qui lui a donné son nom (tunnel).

Topsents (Les), h. de Trouville-la-Haulle.

Toquay (Le), m^on isolée, à Saint-Mards-de-Fresnes.

Torc (Le), q^t de fief à la Neuve-Lyre.

Torcey, h. de Verneusses.

Torché, h. partagé entre Léry et Notre-Dame-du-Vaudreuil; moulin à eau et île sur l'Eure. — *Torchey*, 1738 (P. Goujon).

Torel, anc. nom de la rue des Andelys qui porte auj. le nom de *Saint-Jean*. — *Vicus Torelli*, 1248, (Brossard de Ruville).

Torp (Ancienne chapelle du), dans la forêt de Brotonne. — 1738 (Saas).

Torpt (Le), c^ne du c^on de Beuzeville; plein fief relev. de Pont-Audemer. — *Tort*, 1404 (cart. du Bec). — *Le Trop*, 1449; *Torp*, 1559 (La Roque). — *Notre-Dame-du-Torp*, 1566 (arch. nationales). — *Le Tort*, 1631 (Tassin, Plans et profilz). — *Le Torpt-en-Lieuvin*, 1828 (L. Dubois).

Torrelets (Sente aux), à Forêt-la-Folie.

Torrent d'Authou (Le), ruisseau prenant sa source à Livet-sur-Authou et passant à Authou et à Pont-Authou, où il se jette dans la Risle.

Tortebay (La), lieu-dit à Ecos. — 1258 (cart. du Trésor).

Tosny, c^ue du c^on de Gaillon; plein fief relev. d'Andely; forteresse importante incendiée au XIII° siècle; sergenterie de sept c., xv° siècle. — *Toenium*, 1035; *Toeneium, Toeni, Toenia* (Orderic Vital). — *Totteneium*, 1061 (Gall. christ., grande ch. de Conches). — *Villa Toeniensis*, 1071 (ch. de Raoul de Tosny). —*Toeneium*, 1125 (ch. d'Audin, év. d'Évreux).— *Thonaium*, 1136 (L. P.). — *Toeneium*, 1197 (M. R.). — *Todiniacum* (chronicon archiepiscoporum Rothomagensium). — *Toniacum*, 1204 (traité de Rouen). — *Toeni*, 1205 (ch. de Philippe Auguste). — *Thooniacum*, 1227 (ch. de Lambert Cadoc). — *Toenetum* (cart. de l'Estrée). — *Thoëneium*, 1239; *Toneium* (cart. de Saint-Évroult). — *Thoeniacum*, XIII° siècle (cart. de Mortemer). — *Toani*, 1282 (L. P.). — *Thony*, 1392 (lettres de Charles VI). — *Tony*, 1419 (dénombr. de l'abb. de Conches) et 1717 (dom Bessin). — *Thoeny*, 1406 (aveu de Phil. de Lévis). — *Toni* (carte du dioc. de Lisieux). — *Toëni*, 1828 (L. Dubois). — *Thoni* (Le Beurier).

Tostes, c^te du c^on de Pont-de-l'Arche; paroisse formée en 1689. — *Sainte-Anne de Totte*, 1722 (Masseville). — *Tôtes-la-Forêt*, 1828 (L. Dubois).

Touchardière (La), h. de Coulonges.

Touche-le-Buef, nom d'une pièce de terre sise à Osmoy, vendue en 1249 par Raoul le Bœuf, seigneur d'Osmoy, aux frères de la milice du Temple.

Toufey, fief à Valletot. — 1290 (cart. de Corneville).

Touffe (Bois de la), à Marcilly-sur-Eure.

Touffes (Les), h. de Villez-sous-Bailleul.

Touffole (La), lieu-dit à Fresnes-l'Archevêque.

Touffreville, c^ne du c^on de Lyons; fief relev. de Dangu. — *Turfreivilla, Turfrevilla* (L. P.). — *Turfreville*, 1190 (cart. de Saint-Lô de Rouen). — *Tofreivilla*, 1211 (cart. de Saint-Wandrille). — *Torfevrilla*, 1248 (trésor des chartes). — *Touffrevilla*, 1282 (cart. de Saint-Évroult). — *Touffroiville*, 1308 (ch. de Philippe le Bel). — *Toufroiville*, 1424 (aveu de l'abbé de Mortemer). — *Touffreville-sur-Écouis*, 1828 (L. Dubois).

Toulon, m^on isolée, aux Andelys.

Touque (La), h. partagé entre Capelles-les-Grands et Saint-Aubin-du-Thenney.

Tour (La), f. à Brionne.

Touranguerie (La), h. partagé entre Bernay et Saint-Aubin-le-Vertueux.

Tourbière (La), m^on isolée, à Bouquelon.

Tour Blanche (La), restes du chât. de Verneuil, démoli en 1632.

Tour-de-Ville (Le), lieu-dit à Combon.

Tourdisière (La), site sauvage et roches à Sainte-Opportune-du-Bosc (Thaurin).

Tour du Prisonnier, reste des fortifications de Gisors.

Tourelle (La), fief à Nojeon-le-Sec (Cassini).

Tourelle (La), fief à Saint-Marcel.

Tour Forte (La), l'une des deux tours principales des fortifications de Louviers.

Tour-Gambette (Rue de la), à Louviers.

Tourgnolle (La), lieu-dit à Civières.

Tour Grise ou de Saint-Louis, reste de fortifications de Pont-Audemer, achevé de détruire en 1831. — Nom conservé à une rue (Canel).

Tour Grise (La), la principale et seule subsistante des trois grosses tours de Verneuil, devant son nom à sa construction en grison (Gadebled). — Glèbe et chef-lieu d'un grand nombre de fiefs.

Tourinières (Les), h. de Bourth.

Tourmesnil, h. de Plainville. — *Tortmesnil*, 1400 (notariat de Bernay).

Tourmiole (Gué de la), sur l'Eure, au-dessus d'Ivry, vers Ézy.

Tournay, h. d'Harcourt. — *Tornaium*, vers 1200. — *Tornay* (cart. de la Sainte-Trinité de Beaumont).

Tourneboisset, h. de Garennes; fief relev. d'Ivry; redoute datant de la bataille d'Ivry. — *Tennaboisset*, 1456 (L. P.). — *Tourneboissel* (Le Beurier).

Tournebourse, banc de la Seine, entre Port-Mort et Notre-Dame-de-l'Île.

Tournebu, fief à Amfreville-la-Campagne, 1386, relevant de Saint-Amand-des-Hautes-Terres, devenu Bigars en 1494, puis Auvergny.

Tournebu, fief à Aubevoye, relev. d'Andely, auj. chât. — *Tornebu*, 1172 (livre rouge de l'Échiquier; reg. Phil. Aug.). — *Tournebeu*, 1253 (cart. du Bec). — *Tornebusc*, 1265 (L. P.). — *Tornebusc*, 1291 (acte de cession de Neuf-Marché). — *Tornebutum*, 1291 (sceau des Tournebu). — *Tournebue*, 1419 (lett. pat. de Henri V).

Tournebu (Ruisseau de), affl. de la Seine, à Aubevoye.

Tournedos-la-Campagne, c^ne du c^on d'Évreux nord; q^r relev. du comté d'Évreux (L. P.), membre de la baronnie de Graveron-la-Turgère. — *Tornedos*, 1200 (ch. de Saint-Étienne-de-Renneville).—*Tortedos*, v. 1210 (cart. du chap. d'Évreux). — *Tournedoz*, 1562 (arrière-ban). — *Tournedos-Boishubert*, 1869 (annonce légale).

Tournedos-sur-Seine, c^ne du c^on de Pont-de-l'Arche; fief et prévôté relev. du Vaudreuil (L. P.). — *S. Saturninus*, 1006 (ch. de Richard II citée par L. P.). — *Novavilla*, 1026 (ibid.). — *Tournetot*, 1631 (Tassin, Plans et profilz).

Tournetot, huit^e de fief à Bourneville, rel. du roi.

Tournetot, fief à la Haye-de-Routot. — 1697 (Le Beurier).

Tourneville, c⁰ᵉ du c⁰ⁿ d'Évreux nord; pl. fief relev. du comté d'Évreux, 1419 (L. P.). — *Tornevilla*, v. 1215 (ch. de Luc, év. d'Évreux). — *Tornevilla*, 1221 (ch. de Raoul de Cierrey). — *Tonneville?* (L. P.). — *Tourville*, 1558 (aveu).

Tourneville, h. et enclos avec colombier à Saint-Pierre-la-Garenne (Le Beurier).

Tournevraie (La), f. à Cintray; bois et fief, 1735.

Tournoire (La), f. à Heurgeville.

Tourny, c⁰ᵉ du c⁰ⁿ d'Écos; chât. fort à quatre tours; justice roy.; marquisat, 1702. — *Turneium, Turneyum* (miracula S. Adjutoris). — *Torneium*, 1147 (bulle d'Eugène III). — *Gornutium*, lisez *Tornutium, Tornutum*, 1150 (gesta Ludovici VII). — *Tornayum*, 1181 (bulle de Luce III). — *Torneium*, 1225 (titres de Saint-Ouen). — *Torni*, 1231 (cart. du Trésor). — *Tornacum*, 1287 (comptes de l'abb. de Beaubec). — *Tourny-en-Veulquessin*, 1434 (arch. nat.). — *Tournay*, 1464 (dénombr. de l'abb. de la Croix-Saint-Leufroi). — *Tourny-en-Vexin*, 1773 (arrêt du conseil d'État).

Tourterets (Les), lieu-dit à Saint-Denis-le-Ferment.

Tourville, nom attribué à deux c⁰ᵉˢ importantes, et souvent reproduit sans désignation positive. — *Torfville* (chron. de Normandie). — *Torvilla* (cart. normand). — *Tourvilla*, 1033 (Neustria pia). — *Torvilles*, xivᵉ siècle (prétendu poëme de Torf et ses descendants). — *Touville* (souvent selon Toussaints Du Plessis).

Tourville (Canton de), comprenant, jusqu'en 1824, toutes les c⁰ᵉˢ du c⁰ⁿ d'Amfreville.

Tourville (La), petite rivière affl. de la Risle à Pont-Audemer; cours de 6 kilomètres.

Tourville-la-Campagne, c⁰ᵉ du c⁰ⁿ d'Amfreville et ch.-l. de c⁰ⁿ de 1792 à 1824; fief relev. de Pont-de-l'Arche, membre du marquisat de la Londe et sergenterie noble. — *Tourvilla*, 1214 (feoda Ebroicensis comitatus). — *Torville*, 1307 (olim). — *Tourville-la-Champaigne*, 1502 (aveu). — *Tourville-jouxte-le-Neubourg* (Le Beurier). — *Tourville-la-Champaigne*, 1828 (L. Dubois).

Tourville-sur-Pont-Audemer, c⁰ᵉ du c⁰ⁿ de Pont-Audemer; fief. — *Turvilla*, 1112 (cart. de Préaux). *Turrevilla*, 1142 (cart. S. Trinitatis Bellimontis). — *Tourvilla*, 1174 (L. P.). — *Torivilla* (gr. ch. de Préaux). — *Esturvilla?* 1456 (Léopold Delisle). — *Tourville-le-Guérin*, 1828 (L. Dubois).

Touserie (La), f. à la Selle, auj. Juignettes; fief.

Tousseauville, fief à Fatouville, auj. Fatouville-Grestain. — *Trousanville*, 1792 (liste des émigrés).

Toussue, h. de Menneval; fief. — *Tortuc*, vers 1000 (dotal. de Judith). — *Tursue* ou *Tussia*, 1025 (ch. de Richard II).

Tous-Vents, lieu-dit à Gravigny.

Toutainville, c⁰ᵉ du c⁰ⁿ de Pont-Audemer. — *Turstinivilla*, 1034 (ch. de fondation de Préaux). — *Tustinivilla*, 1180 (M. R.). — *Tosteinvilla*, 1227; *Tostevilla*, 1240 (cart. de Préaux). — *Toutinville*, 1631 (Tassin, Plans et profilz). — *Tentainville* 1633 (état des anoblis). — *Toustainville*, 1722 (Masseville) et 1754 (Dict. des postes). — *Turstenivilla* (L. Dubois).

Toutonney, fief à Émanville, relev. de Couillerville. — 1402 (L. P.).

Touville, c⁰ᵉ du c⁰ⁿ de Montfort; fief. — *Tyovilla, Tyouvilla* (obit. de Lisieux). — *Tovilla* (M. R.). — *Touvilla* (p. d'Eudes Rigaud).

Touvoie, moulin à Pont-Authou. — 1297 (l'abbé Caresme).

Touvoye, h. de Saint-André. — *Touvois*, 1220 (L. P.).

Trabouillère (La), h. partagé entre le Bosc-Renoult-en-Ouche et Thevray; fief. — *Trabuleria* (rubriques de Lyre).

Tracinière (La), h. de Saint-Léger-du-Boscdel.

Trait (Le), île de la Seine, à Poses.

Trait-du-Parc (Le), h. de Saint-Georges-du-Vièvre.

Tralles ou Trelles, fief voisin et relev. de Breteuil (L. P.).

Tranchardière (La), h. du Bois-Hellain.

Tranchée (La), h. du Fidelaire.

Tranchées (Les), lieu-dit à Garencières.

Tranchevilliers, h. de Marcilly-la-Campagne; pl. fief relev. de Nonancourt, 1403 (L. P.). — *Truncusvillaris*, 1104 (cart. de Saint-Père de Chartres). — *Troncheviller*, 1161; *Tronceviller*, 1163 (cart. de l'Estrée). — *Trenchevillier*, 1457 (arch. nat.). — *Trencevillier*, 1469 (monstre).

Transières, h. d'Ambenay.

Transières, c⁰ᵉ réunie à Charleval en 1809. — *Transsires*, 1291 (livre des jurés de Saint-Ouen). — *Transères*, 1579 (Phil. d'Alcrippe).

Travailles, c⁰ᵉ réunie à Harquency en 1842; prébende du chap. de Rouen; fief relev. de Gisors. — *Travalliacus* (ch. de Robert Iᵉʳ). — *Travalers*, 1200 (L. P.). — *Travailes* (p. d'Eudes Rigaud). — *Travalliæ* (L. P.). — *Travail* (Brossard de Ruville).

Travailles, fief à Saussay-la-Vache.

Traversières (Sente des), à Criquebeuf-sur-Seine.

Tréfilerie (La), h. de Condé-sur-Iton.

Treflière (La), f. aux Frétils.

Treize-Livres, f. à Tostes.

Tremblaie, h. du Tronquay.

TREMBLAIE (LA), château à la Goulafrière; fief. — *Tremblai* (L. P.). — *Tremblé*, 1870 (Courrier de l'Eure).

TREMBLAY (LE), cⁿᵉ du cⁿ du Neubourg; fief. — *Trembley*, v. 1140 (ch. d'Amaury, cᵗᵉ d'Évreux). — *Trembleium*, 1217; *Trembleyum*, 1300 (cart. S. Trin. Bellim.). — *Tremblai*, autrement dit *Osmonville* (p. d'Évreux). — *Tremblei*, 1469 (monstre). — *Le Trembley-Osmonville*, 1700 (dépᵗ de l'élect. de Conches). — *Le Tremblay-Omonville*, 1754 (Dict. des postes).

TREMBLAY (LE), h. de Capelles-les-Grands. — *Trembleyum*, 1335 (cart. de Préaux).

TREMBLAY (LE), h. de Combon.

TREMBLAY (LE), chât. à Francheville.

TREMBLAY (LE), h. de Morainville-près-Lieurey.

TREMBLAY (LE), h. de Roman.

TREMBLAY (LE), h. de Rougemontiers.

TREMBLAY (LE), mᵒⁿ is. à Saint-Christophe-sur-Avre.

TREMBLAY (LE), h. de Saint-Philbert-sur-Boisset.

TREMBLAY (LE), f. à Saint-Pierre-de-Salerne.

TREMBLAY (LE), fief à Saint-Victor-d'Épine.

TREMBLE (LE), h. de Thiberville.

TRÉMIE (LE), lieu-dit à Chaignes.

TRENTE-FOSSÉS (LES), lieu-dit au Fidelaire.

TRENTENNES (LES), lieu-dit au Vaudreuil. — *Trigenœ*, 1227 (cart. de Bonport).

TRÉPAS (LE), lieu-dit à Notre-Dame-du-Vaudreuil.

TRÉSON (LE), lieu-dit à Bérengeville-la-Campagne.

TRÉSOR (LE), abb. de femmes de l'ordre de Cîteaux, fondée en 1228 à Bus-Saint-Remy, auj. ferme. — *Thesaurus Beate Marie in Valle de Chantepie prope Baudemont*, 1228 (cart. du Trésor); 1237 (ch. de Louis IX). — *Trésor-Notre-Dame*, 1672 (aveu de l'abbesse). — *Thesaurus Beatæ Mariæ* (Gall. christ.).

TRÉSOREAULX (LES), lieu-dit à Porte-Joie (chartrier du Vaudreuil).

TRESPINIÈRE (LA), vavasserie à Saint-Paul-sur-Risle, relevant du Framboisier.

TRESZ (LES), h. et fief à Gisay. — *Trez* (Gadebled).

TRÉTONNIÈRE (LA), h. de la Harengère.

TRÉVETIÈRE (LA), h. de Saint-Antonin-de-Sommaire.

TREZ (LES), h. de Bois-Arnault.

TRIANEL, f. et fief à Perriers-sur-Andelle.

TRIANON, lieu-dit à Coudres.

TRIANON, rue d'Évreux, comprise en 1869 dans la rue Saint-Louis.

TRIERNON, h. de Coudres.

TRIEUZEL, mᵒⁿ isolée, à Saint-André.

TRIGALE (LA), mᵒⁿ isolée, à Launay.

TRIGALE (LA), h. des Ventes; fief relev. de l'évêché d'Évreux, 1452 (lot de la forêt d'Évreux).

TRIGNÈRES (LES), mᵒⁿ isolée, à Villalet.

TRINGALE (LA), h. de Grandchain.

TRINGALE (LA), f. et fief à Sainte-Opportune-du-Bosc.

TRINITÉ (CHAPELLE DE LA), débris existant encore de la chap. du xiᵉ siècle de l'Hôtel-Dieu du Vaudreuil (arch. du bureau de bienfaisance du Vaudreuil).

TRINITÉ (LA), cⁿᵉ du cⁿ d'Évreux sud, appelée aussi la Trinité-de-la-Charmoye. — *S. Trinitas*, vers 1195 (ch. de Richard Cœur de Lion).

TRINITÉ (LA), h. de Grosseuvre.

TRINITÉ (LA), h. de Saint-Germain-la-Campagne.

TRINITÉ-DE-LA-CHARMOYE (LA), nom donné à la cⁿᵉ de la Trinité.

TRINITÉ-DE-RÉVILLE (LA), cⁿᵉ du cⁿ de Broglie, formée, en 1842, de la réunion de Réville et de la Trinité-du-Mesnil-Josselin.

TRINITÉ-DE-THOUBERVILLE (LA), cⁿᵉ du cⁿ de Routot; chât. fort au xivᵉ siècle; démembrement du grand territoire de Thouberville; fief réuni à la baronnie de Mauny. — *La Sainte-Trinité-de-Thouberville*, 1173 (cart. de Saint-Lô de Bourg-Achard). — *S. Trinitas de Tubervilla*, 1175 (ch. de Rotrou, archev. de Rouen).

TRINITÉ-DU-MESNIL-JOSSELIN (LA), cⁿᵉ entrée en 1842, avec Réville, dans la formation de la Trinité-de-Réville. — *Maisnil-Roscelini*, 1064 (O. V.). — *Mesnil-Joselin*, 1117; *Sancta Trinitas de Mesnillo Jocelini* (L. P.). — *Mesnil-Joscelin*, 1405 (chronicon Becci). — *La Trinité-près-la-Roussière* (invent. des titres du Bec).

TRIQUEVILLE, cⁿᵉ du cⁿ de Pont-Audemer; fief. — *Tregavilla*, vers 1080 (O. V.). — *Tregevilla*, *Trequevilla*, *Trigevilla*, 1216 (cart. de Préaux). — *Trigueville*, *Trequeville* (ch. de Johen Gannel).

TRISAY, h. de la Vieille-Lyre. — *Trisyacum*, 1279 (cart. de Lyre).

TROCNÉ (LA), f. à Gouttières. — 1511 (cart. de Lyre); 1603 (tabellionage d'Ajou). — *La Trochie*, 1418 (L. P.).

TROESNE (LA), afll. de l'Epte à Gisors, venant du dépᵗ de l'Oise. — *Triotna*, 862 (diplôme de Charles le Chauve). — *Troêne*, 1840 (Gadebled).

TROGNE (LA), h. de Saint-Denis-du-Béhélan.

TROIS-CORNETS (LES), lieu-dit à Saint-André.

TROIS-CORNETS (LES), f. à Saint-Ouen-des-Champs.

TROIS-CORNETS (LES), h. du Thuit-Hébert.

TROIS-FOSSÉS (LES), lieu-dit à Bourg-Achard, av. 1262.

TROIS-MAILLETS (RUE DES), à Verneuil.

TROIS-PIERRES (LES), h. partagé entre Fontaine-la-Louvet et Saint-Aubin-de-Scellon.

TROIS-ROIS (ÎLE DES), sur la Seine, distraite de Tosny, en 1845, pour être réunie aux Andelys.

Trois-Roquets (Les), petits rochers aux Andelys.

Trois Villes Saint-Denis (Fief des), composé des trois paroisses de Fleury-la-Forêt, Lilly et Morgny.

Trompe-Souris, lieu-dit à Fontaine-la-Soret.

Trompe-Souris, f. à Plasnes et Bois.

Tronchet (Le), h. du Chesne. — *Trunchay, Trunchaye*, 1279 (cart. de Lyre).

Troncq (Le), c^ne du c^on du Neubourg; fief, chât. fort encore au xviie siècle. — *Truncus*, 1199 (bulle d'Innocent III). — *Truncatum*, 1210 (ch. de la Noë, Bibliot. nat.). — *Truncus*, 1210 (cart. de Jumiéges) et 1281 (ch. de Guill. de Flavacourt). — *Le Trunc*, 1307 (olim). — *Saint-Père du Tronc*, 1411 (dénombr. des biens de l'abb. de la Croix-Saint-Leufroi). — *Tronqt*, 1413 (L. P.). — *Le Tronq*, 1469 (monstre). — *Troncus* (p. d'Évreux). — *Le Tronc*, 1519 (aveu de Louis de Gouvis) et 1523 (Rech. de la noblesse).

Trône (Le), fief à Martainville-près-Pacy, relevant d'Ivry.

Tronquay (Le), c^ne du c^on de Lyons. — *Troncheium*, vers 1188 (reg. Phil. Aug.). — *Trunkeium*, 1197 (ch. de Gautier, archev. de Rouen). — *Tronqueium*, 1206; *Truncheium*, 1208; *Tronquetum*, 1248; *Tronqueum*, 1250; *Trunqueium*, 1250 (cart. de l'Isle-Dieu). — *Trunchei* (p. d'Eudes Rigaud). — *Tronquoy*, 1321 (cart. de l'Isle-Dieu). — *Le Tronquoy*, 1754 (Dict. des postes). — *Tronquai-en-Lions*, 1828 (L. Dubois).

Tronqueux (Le), lieu-dit à Heubécourt.

Tropelle, fief partagé entre Andé et Muids, 1454.

Troquerie (La), h. de Saint-Grégoire-du-Vièvre.

Trottemare, h. de Valletot.

Trottiers (Les), h. partagé entre Rougemontiers et Routot.

Trou-à-Guiens, lieu-dit à Saint-Marcel.

Trou-à-Guenon, lieu-dit aux Andelys.

Trou-à-la-Souris (Rue du), à Breteuil.

Trou-Bailly (Pont du), 1745 (plan d'Évreux).

Trou-Béchet (Pont et rue du), 1745 (plan d'Évreux). — *Trou-Beschet*, 1685 (arch. de la ville d'Évreux).

Trou-Bénéton (Ruisseau du), à Bernay.

Trou-Blanc (Le), lieu-dit à la Croix-Saint-Leufroi.

Trou-Caillou, m^on isolée, à Courcelles-sur-Seine.

Trou-Chaud (Ruisseau du), à Saint-Germain-sur-Avre.

Trou-de-Bise, nom d'une gorge qui sépare, aux Andelys, la roche du Palet des Trois-Roquets (Brossard de Ruville).

Trou-de-Botte, ruiss. échappé à Cintray, jusqu'à Saint-Ouen-d'Attez, du bras forcé de l'Iton. — *Trou-du-Houzot*, 1605 (Méry).

Trou-de-Corne, ruiss. échappé à Francheville du bras forcé vers l'ancien lit de l'Iton.

Troudière (La), h. de Breux; vavass. relev. des Essarts, 1454 (L. P.).

Troudière (La), h. de Thevray.

Trouée-à-l'Avarie (La), lieu-dit à Morgny.

Trou-Gaillard (Le), m^on isolée, à Goupillières.

Trouillard (Le), h. d'Ajou.

Troulorin (Le), m^on isolée, à Boncourt.

Trois-Museaux (Les), c^en de la forêt de Lyons (plan général de la forêt domaniale).

Trou-Souffleux, anc. nom de lieu à Morainville-près-Lieurey, au h. de la Croisette.

Trousseauville, fief dit anciennement *la Bigarrie*, dans le comté d'Évreux.

Trousseauville, h. de Flancourt; fief.

Troussebout, huit^e de fief à Saint-Nicolas-du-Bosc-Asselin, s'étendant sur plusieurs paroisses. — *Trosseboe*, 1214 (feoda Normanniæ). — *Trossebot* (M. R.). — *Trussebut* (La Roque).

Troussebout (Bois de), à la Harengère.

Trousseboutière (La), demi-fief et m^in à Saint-Cyr-la-Campagne, relev. de Becthomas, 1255 (cart de Bonport). — *Troussebotière* (L. P.).

Trousselin (Le), h. de Neaufles-sur-Risle; huit^e de fief relev. de Breteuil, 1402 (L. P.). — *Thousselin*, 1567 (Le Beurier).

Trouville (La), h. d'Épaignes.

Trouville, h. de Routot.

Trouville-la-Haulle, c^ne du c^on de Quillebeuf; vaste domaine de l'abb. de Jumiéges; baronnie s'étendant sur Quillebeuf, Saint-Aubin et Vieux-Port, y compris la moitié du lit de la Seine, de la Croix-de-la-Devise au Val-des-Essarts. — *Turotvilla*, vers 999 (ch. de Richard II). — *Turotvilla*, vers 1060 (ch. de Guill. le Conq.). — *Turovilla*, 1174 (ch. de Henri II). — *Torovilla*, 1205; *Toronvila, Turovilla*, 1258; *Trouvilla*, 1338 (cart. de Jumiéges). — *Trouville-sur-Seine*, 1708 (Th. Corneille). — *Trouville-sur-Quillebeuf*, 1828 (L. Dubois).

Trucellerie (La), h. de la Lande, dit aussi Sémainville.

Trufley (La), h. partagé entre la Haye-Aubrée, la Haye-de-Routot et Routot.

Trux (Le), h. de Mandres.

Tubeuf, f. à Saint-Victor-d'Épine.

Tuc, fief au Coudray, relev. de Lisors.

Tuileaux (Les), lieu-dit à Hacqueville.

Tuilerie (La), m^on isolée, à Amfreville-les-Champs.

Tuilerie (La), h. d'Appeville-dit-Annebaut.

Tuilerie (La), m^on isolée, aux Barils.

Tuilerie (La), f. à Cauverville-en-Roumois.

Tuilerie (La), m^on isolée, à Champigny.

TUILERIE (LA), h. de Chéronvilliers.

TUILERIE (LA), m^{on} isolée, à Cintray.

TUILERIE (LA), h. de Foulbec.

TUILERIE (LA), m^{on} isolée, à Houlbec-Cocherel. — *La Tieullerye*, 1500 (acte de la vicomté d'Illiers). — — *La Thuillerie*, 1597 (lett. de Henri IV). — *La Thuillerye-Fontenay*, 1624 (lett. de Louis XIII).

TUILERIE (LA), m^{on} isolée, à Manthelon.

TUILERIE (LA), m^{on} isolée, à Noyers-près-Vesly.

TUILERIE (LA), h. de Sainte-Colombe-près-Vernon.

TUILERIE-DE-BELAIR (LA), m^{on} isolée, à la Vieille-Lyre.

TUILERIE-MARE-THIERRY (LA), m^{on} isolée, à la Vieille-Lyre.

TUILERIES (LES), h. de Barc.

TUILERIES (LES), fief à Barneville-sur-Seine, XIVe siècle.

TUILERIES (LES), m^{on} isolée, à Bois-Normand-près-Lyre.

TUILERIES (LES), ch. et fief à Plasnes, relevant du marquisat de Plasnes.

TUILERIES (LES), h. de Neaufles-Saint-Martin.

TUILERIES (LES), h. de Saint-Martin-la-Corneille, auj. la Saussaye.

TUILET (LE), lieu-dit à Farceaux.

TUILET (LE), lieu-dit à Richeville.

TUILETS (LES) et LA HAUTEUR DES TUILETS, lieux-dits au Troncq.

TUMBEREL, demi-fief à Touffreville, relev. de Dangu.

TURGÈRE (LA), fief à Bâlines : le propriétaire de ce fief, Philippe Bigot, obtint en 1687 l'érection de la baronnie de Graveron, sous le nom de *Graveron-la-Turgère*. — *La Turgelle*, 1400 (aveu de Guillaume de Gantiers, év. d'Évreux). — *La Teurgelle*, 1452 (L. P.). — *La Turgoise*, 1562 (Le Beurier).

TURGIS, f. à Saint-Mards-de-Blacarville.

TURLURAU (LE), lieu-dit à Boussey.

TUTBIL, lieu-dit au Bec. — 1250 (cart. du Bec).

TYRARD (LE), lieu-dit à Jouy-sur-Eure.

U

UBGOT, pré à Chambrais (Broglie), vers 1610 (aveu de Charlotte des Ursins).

URSULINES (LES), f. à Bazincourt.

V

VAAST (LES), h. de la Chapelle-Gautier.

VACHERIE (LA), h. des Andelys. — *Vacquerie* (titres anciens). — Hamel de la *Vacherye*, 1647 (chartrier de l'hospice Saint-Jacques des Andelys).

VACHERIE (LA), h. d'Armentières.

VACHERIE (LA), h. de Brionne.

VACHERIE (LA), c^{on} de la forêt de Louviers (plan de la forêt domaniale).

VACHERIE (LA), fief à Muids.

VACHERIE (LA), h. de Saint-Gervais-d'Asnières.

VACHERIE (LA), h. de Surville.

VACHERIE (LA), h. de Tourville-la-Campagne.

VACHERIE-PRÈS-BARQUET (LA), pl. fief relev. du Fresnel, 1409 (L. P.); c^{on} réunie à Barquet v. 1792. — *Vaccaria*, 1154 (cart. de Conches). — *Waccaria*, 1234 (cart. de la Trinité de Beaumont). — *La Vacherie-sur-Risle*, 1345 (La Roque). — *La Vacherie-près-Beaumont* (L. P.).

VACHERIE-SUR-HONDOUVILLE (LA), c^{on} du c^{on} de Louviers. — *Vaccaria*, 1252 (cart. de la Croix-Saint-Leufroi). — *La Vacerie*, 1253 (arch. de la Seine-Inf.). — *La Vacherie-sus-Hondouville*, 1327 (acte passé devant le vicomte d'Évreux). — *La Vacherie-sur-Iton*, 1840 (Gadeblad) et 1869 (L. P.).

VACHET-HEQUET, lieu-dit à Combon. — 1304 (cart. du prieuré de Beaumont).

VACQUERIE (LA), fief à Bonneville-sur-le-Bec, auj. Bonneville-Appetot. — *Vaccaria*, 1219.

VACQUERIE (LA), fief à Corneville-sur-Risle, relev. de Pont-Audemer.

VACQUERIE (LA), phare voisin d'Aizier.

VADELONGÈRE, h. de Noards.

VADELONGÈRE (LA), h. partagé entre Bailleul-la-Vallée et Jouveaux. — *Varlogère* (L. P.).

VAISIÈRE (LA), f. à Saint-Éloi-de-Fourqnes. — 1767 (mémoire judiciaire).

VAL (LE), h. d'Autheuil.

VAL (LE), h. de Berville-en-Roumois.

VAL (LE), fief à Bosgouet et en relevant.

VAL (LE), vavassorie à Bourg-Achard et en relevant. — 1452 (aveu).

VAL (LE), h. du Chesne.

VAL (LE), h. de Condé-sur-Iton. — *Val-Coutard* ou *Content?* 1523 (Recherche de la noblesse).

VAL (LE), h. des Damps.

VAL (LE), f. et qt de fief à Éturqueraye, relev. du roi.

VAL (LE), h. de Garencières.

VAL (LE), h. de Giverville.

VAL (LE), fief à la Goulafrière.

VAL (LE), h. de Grandchain.

VAL (LE), h. d'Heudreville-en-Lieuvin.

VAL (LE), vavass. à Martainville-en-Lieuvin, relevant de Houetteville et Vironvay. — 1578 (Le Beurier).

VAL (LE), h. de Mélicourt.

VAL (LE), h. de Nassandres.

VAL (LE), qt de fief à Neaufles-sur-Risle, relevant de Breteuil, 1406.

VAL (LE), f. à Notre-Dame-d'Épine.

VAL (LE), f. et qt de fief à Saint-Aubin-le-Guichard, relev. de Beaumont-le-Roger. — 1408 (L. P.).

VAL (LE), h. de Saint-Georges-sur-Eure.

VAL (LE), h. de Saint-Léger-de-Glatigny, auj. Fontaine-la-Louvet.

VAL (LE), h. du Theillement.

VAL (LE), qt de fief à Tourville-sur-Pont-Audemer.

VAL (LE), h. de Triqueville; fief relev. d'Aubigny (Le Beurier).

VAL (PORTE DU), à Conches. — 1452 (aveu).

VALAILLES, cne du cn de Bernay; fief dépendant de l'abb. de Bernay et de la baronnie. — Valeniæ, v. 1000 (dotal. ducissæ Judith). — Valliliæ, 1025 (ch. de Richard II). — Valleliæ, 1160 (ch. de Henri II). — Valages, 1655 (lett. pat. de Louis XIV). — Vallages, 1684 (arrêt du conseil privé). — Vallaille (Cassini).

VAL-À-LOUP (LE), cn de la forêt de Bord.

VAL-AMELOT (LE), cn de la forêt de Lyons (plan général de la forêt domaniale).

VAL-AMET (LE), h. d'Amfreville-sous-les-Monts.

VAL-ANGLAIS (LE), lieu-dit à Fatouville.

VAL-ANGLAIS (LE), lieu-dit à Guiseniers.

VALARU (LE), h. de Saint-Laurent-du-Tencement.

VALASSES (LES), f. à Perriers-la-Campagne.

VAL-AU-BOURG (LE), h. de Perriers-sur-Andelle.

VAL-AUGER, fief sur Capelles-les-Grands et Plainville. — Val-Oger, 1252 (Léopold Delisle, Échiquier).

VAL-AUGER (LE), h. de Capelles-les-Grands.

VAL-AUGER (LE), h. de Plainville.

VAL-AUGER (LE), h. de Trouville-la-Haulle.

VAL-AUSSY (LE), h. de Saint-Étienne-l'Allier.

VAL-AU-VICOMTE (LE), bois taillis à Brionne. — Valen-Comte, 1792 (1er supplt à la liste des émigrés).

VAL-AUX-MOINES, lieu-dit à Dangu au point où une maladrerie a été détruite en 1590.

VAL-BAGNART, cn de la forêt de Lyons.

VALBÊTES (LES), lieu-dit à Ailly.

VAL-BOELET, lieu-dit à Vascœuil, 1261 (arch. de l'Eure). — Val-Beolet, 1260 (cart. de l'Isle-Dieu).

VALBOIT (LE), fief et h. d'Illeville-sur-Montfort. — Valbois (Le Beurier).

VAL-BON-COEUR (LE), h. de Beaumont-le-Roger.

VAL-BRETON (LE), h. d'Infreville.

VAL-BUQUET (LE), emplacement d'un petit camp romain au Grand-Andely.

VAL-CAILLOUEL (LE), h. d'Infreville, 1270.

VALCHADELFRAY (LE), fief voisin et relev. de Breteuil (L. P.). — Val-Hainfray (ibid.).

VALCOQUIN (LE), f. et vavass. à Honguemare. — 1756 (vingtièmes).

VALCORBON, cne réunie à Écos en 1842; fief relev. de Gisors; anc. membre de la bar. de Baudemont. — Vallis Corbonis (reg. visit.). — Vallis Corbum (p. d'Eudes Rigaud). — Vallis Corbunis (p. de Raoul Roussel). — Val-Courbon (Cassini).

VAL-COUCOU (LE), lieu-dit à Heudreville-sur-Eure.

VAL-CRESPIN, lieu-dit à Mainneville, dans la forêt de Bleu. — Vallis Crispini, v. 1180 (ch. de Rotrou, archev. de Rouen).

VAL-D'AILLY, chât. et f. sur Fontaine-Bellenger et Venables. — Vau-d'Ailly, 1515 (sentence arbitrale).

VAL-D'ANY, h. partagé entre Gaillon et Saint-Aubin-sur-Gaillon.

VAL-D'ASNIÈRES, fief à Saint-Jean-d'Asnières, auj. Asnières.

VAL-DAVID (LE), cne du cne de Saint-André, sur laquelle s'étendent les ruines du Vieil-Évreux, et accrue, en 1808, de Berniencourt; fief relevant d'Ivry, 1456 (L. P.). — Le Vaul-Davy, 1469 (monstre). — Val-Davy, 1528 (inscr. sur pierre dans l'église). — Vaudavid, 1631 (Tassin, Plans et profilz).

VAL-DAVID (LE), h. de Conteville.

VAL-DE-BOURNEVILLE (LE), mon isolée, à Bourneville.

VAL-DE-BRAY (LE), h. partagé entre Saint-Agnan-de-Cernières et la Trinité-du-Mesnil-Josselin.

VAL-DE-LA-BRIQUETERIE (LE), h. de Trouville-la-Haulle.

VAL-DE-MONTHEREL, vavasserie voisine de Gaillon. — 1789 (arch. de la Seine-Inf.).

VAL-DE-RESSANCOURT (LE), h. de Berthouville.

VAL-DES-HAIES, lieu-dit à Saint-Amand-des-Hautes-Terres. — 1596 (notariat du Thuit-Signol).

VAL-DE-SOMMAIRE, mon isolée, à Rugles. — Vallis de Somere, 1260 (L. P.).

VAL-DROUARD, mon isolée, à la Vieille-Lyre; anc. vavassorie. — Vallis Droardi, 1206 (reg. Phil. Aug.). — Val-Droart, 1320 (L. P.).

VAL-DU-BAUDRANGE, h. de Barville.

VAL-DU-BUSC, lieu-dit à Boisset-le-Châtel. — 1207 (cart. du Bec).

VAL-DU-LESME (ÉTANG DU), peu éloigné de Breteuil.

VAL-DU-PULAND, lieu-dit à Mézières.

VAL-DURAND, h. de Saint-Maclou.

VAL-DU-ROI, fief au Bosc-Morel, 1469. — *Vaudoroy, Vaudoré*, 1662 (Charpillon et Carésme).

VAL-DU-TUBIL (LE), cⁿᵉ réunie à la Roussière en 1845; fief relev. de Beaumont-le-Roger. — *Vallis de Tylia*, 1261 (cart. du Bec). — *Val-du-Teil*, xvii⁰ s⁰ (reg. de la chambre des comptes).

VALÉE, qᵗ de fief à Fontaine-la-Soret, relev. de Thibouville (Le Beurier).

VALENGLIER, h. de Saint-Cyr-la-Campagne. — *Vallis Engelier*, 1200 (L. P.).

VAL-ÉRABLE, cᵉⁿ de la forêt de Lyons.

VAL-ÉRIN (LE), lieu-dit à Pressagny-l'Orgueilleux.

VALESME (LE), f. de l'abb. de Saint-Taurin; quartier comprenant la par. de Saint-Gilles, à Évreux. — *Valeine*, 1227 (ch. de Richard, év. d'Évreux). — *En Valesme*, 1224 (Canel).

VALESME (LE), lieu-dit à la Vacherie-sur-Hondouville.

VALETS (RUE DES), à Aubevoye.

VALETTE (PRAIRIES DE LA), à Perriers-sur-Andelle.

VALEUIL, h. de Conches. — *Valleul*, 1419 (dénombr. des biens de l'abb. de Conches).

VAL-FAROULT (LE), h. de Fiquefleur.

VAL-FRÉMONT, fief à Aigleville.

VAL-GALERAN, hᵘ de Grosley, devant son nom à Galeran de Meulan.

VAL-GALOPIN, h. de Caümont.

VAL-GARDIN (LE), huit⁰ de fief à Saint-Clair-d'Arcey, relev. du comté d'Évreux. — *Val-Jardin* (Le Beurier).

VAL-GILBERT (LE), h. et fief à Marcilly-la-Campagne, relev. de Tranchevilliers, 1403 (L. P.). — *Vallis Igerii*, 1229; *Vallis Ygerii*, 1263.

VAL-GILBERT (LE), fief à Villers-près-la-Barre, auj. hameau de la Barre.

VAL-GORREN, lieu-dit dans la forêt de Bleu, 1538.

VAL-GUÉRARD, h. de Courbépine.

VAL-HANNETON (LE), lieu-dit à Amfreville-sous-les-Monts.

VAL-HÉBERT (LE), f. à Saint-Pierre-de-Cormeilles; fief.

VALINE (LE), lieu-dit à Canappeville.

VAL-JOUEN, f. à Saint-Pierre-du-Val.

VAL-JOUEN, h. de Triqueville.

VAL-JOUEN (RUISSEAU DU), source à Triqueville; affluent de la Corbie; cours, 2 kilomètres.

VAL-LACHE, lieu-dit à Brionne, au h. des Fontaines. — *Val-Laschey* (Guilmeth).

VALLAISSERIE (LA), h. de Saint-Germain-la-Campagne.

VAL-LAUNAY (LE), h. de Saint-Christophe-sur-Condé.

VALLEAU-CAUCHOIS, petite vallée tortueuse aux Andelys; dénomination usuelle : *Val-aux-Cauchois*.

VALLÉE (LA), h. de Bailleul-la-Vallée.

VALLÉE (LA), h. de Basville.

VALLÉE (LA), h. des Baux-de-Breteuil.

VALLÉE (LA), h. de Beaubray.

VALLÉE (LA), h. de Beaumontel.

VALLÉE (LA), fief à Berville-en-Roumois, relev. du marquisat de la Londe.

VALLÉE (LA), h. du Bois-Hellain.

VALLÉE (LA), h. de Bois-Normand-près-Lyre.

VALLÉE (LA), h. de Bosbénard-Crescy.

VALLÉE (LA), h. des Bottereaux.

VALLÉE (LA), fᵗ à Boulleville.

VALLÉE (LA), mⁱⁿ à Carbec-Grestain.

VALLÉE (LA), h. de la Chapelle-Bayvel.

VALLÉE (LA), chât. et qᵗ de fief au Chesne et en relevant.

VALLÉE (LA), h. de Conteville.

VALLÉE (LA), h. du Coudray.

VALLÉE (LA), h. de Courdemanche.

VALLÉE (LA), h. de Drucourt.

VALLÉE (LA), h. d'Écaquelon et fief relev. de Pont-Audemer, nommé aussi *le Viels*.

VALLÉE (LA), h. d'Épaignes.

VALLÉE (LA), f. à Épinay.

VALLÉE (LA), demi-fief assis à Fontaine-la-Soret. — 1382 (aveu de Louis de Meulan).

VALLÉE (LA), h. de Freneuse-sur-Risle.

VALLÉE (LA), h. et huit⁰ de fief à Giverville, relev. de Notre-Dame-d'Épine.

VALLÉE (LA), h. de Gournay-le-Guérin.

VALLÉE (LA), f. à Guernanville.

VALLÉE (LA), h. de la Haye-Malherbe.

VALLÉE (LA), f. à la Haye-Saint-Sylvestre; huit⁰ de fief relev. de la Haye-Saint-Christophe, 1412 (L. P.).

VALLÉE (LA), h. d'Hébécourt.

VALLÉE (LA), h. d'Heudebouville.

VALLÉE (LA), mⁿ isolée, à Illeville-sur-Montfort.

VALLÉE (LA), h. de Landepereuse.

VALLÉE (LA), h. de Lieurey.

VALLÉE (LA), h. de Manneville-la-Raoult.

VALLÉE (LA), h. de Manneville-sur-Risle.

VALLÉE (LA), h. de Montaure.

VALLÉE (LA), h. de Neaufles-sur-Risle.

VALLÉE (LA), h. de Notre-Dame-de-Préaux.

VALLÉE (LA), h. de Plasnes.

VALLÉE (LA), h. de Saint-Mards-de-Blacarville.

VALLÉE (LA), h. de Sainte-Marthe.

VALLÉE (LA), h. de Saint-Michel-de-Préaux.

VALLÉE (LA), h. de Sainte-Opportune-près-Vieux-Port, fief relevant de Pont-Audemer, dit aussi *le Vallet* (L. P.).

VALLÉE (LA), h. de Saint-Ouen-des-Champs.

VALLÉE (LA), h. de Saint-Ouen-de-Thouberville.

VALLÉE (LA), h. de Saint-Pierre-du-Boscguérard.

VALLÉE (LA), h. de Saint-Pierre-du-Val.

VALLÉE (LA), h. de Saint-Siméon.

VALLÉE (LA), h. de Saint-Thurien.

VALLÉE (LA), h. de Sébécourt.

VALLÉE (LA), h. de Thiberville.

VALLÉE (LA), h. partagé entre le Thuit-Signol et le Thuit-Simer.

VALLÉE (LA), h. du Tilleul-en-Ouche.

VALLÉE (LA), h. de la Trinité-du-Mesnil-Josselin.

VALLÉE (LA), h. des Ventes.

VALLÉE-AU-GENDRE (LA), h. de Triqueville.

VALLÉE-AULLIER, dans la forêt de Bleu, 1538.

VALLÉE-AUX-BOEUFS (LA), bois à Brionne. — 1792 (1er suppl. à la liste des émigrés).

VALLÉE-AUX-LIÈVRES (LA), h. de Saint-Pierre-de-Cormeilles.

VALLÉE-BENCE (LA), h. de Chambray-sur-Eure.

VALLÉE-BROC (LA), cⁿ de la forêt de Lyons.

VALLÉE-BUISSON (LA), h. de la cᵉ de Saint-Grégoire-du-Vièvre.

VALLÉE-CAUVIN, h. de Saint-Paul-sur-Risle.

VALLÉE-COIPEL (LA), h. partagé entre Capelles-les-Grands et Saint-Germain-la-Campagne.

VALLÉE-COMETTE (CHEMIN DE LA) [plan général de la forêt domaniale de Louviers].

VALLÉE-DE-BOUQUELON (LA), h. de Bouquelon.

VALLÉE-DE-BRAN (LA), lieu-dit à Heudreville-sur-Eure.

VALLÉE-DE-CRÉCY (LA), fief à Courdemanche.

VALLÉE-DE-L'AUNAY (LA), h. de Triqueville.

VALLÉE-DE-L'ÉGYPTIENNE (LA), h. partagé entre Campigny et Tourville-sur-Pont-Audemer.

VALLÉE-DE-LONG-BÂTON, lieu-dit à Flumesnil.

VALLÉE-DE-MENNEVAL (LA), h. de Menneval.

VALLÉE-DE-NEUILLY (LA), h. de Beuzeville.

VALLÉE-DE-RISLE (LA), h. de Bouquelon.

VALLÉE-DE-SIGLAS (LA), h. de Tourville-sur-Pont-Audemer.

VALLÉE-DE-TOURVILLE (LA), h. de Tourville-sur-Pont-Audemer.

VALLÉE-DU-FOURNEL (LA), h. de la Trinité-de-Thouberville.

VALLÉE-FÉRON (LA), h. de Saint-Grégoire-du-Vièvre.

VALLÉE-GALANTINE (LA), f. à Pîtres.

VALLÉE-GROULT (LA), h. de Douville.

VALLÉE-GUILLEMARD (LA), h. de Foulbec.

VALLÉE-HARENG (LA), h. de Saint-Victor-de-Chrétienville.

VALLÉE-LEGRAS (LA), h. de Saint-Grégoire-du-Vièvre.

VALLÉE-MARTIGNY (LA), h. partagé entre Cormeilles et Saint-Sylvestre-de-Cormeilles.

VALLÉE-MAYET (LA), f. sur la Chapelle-Gauthier et sur Saint-Aubin-du-Thenney. — *Vallée-Maillet*, 1792 (1er suppl. à la liste des émigrés).

VALLÉE-MILCENT (LA), h. de la Chapelle-Gauthier.

VALLÉE-NOIRE (LA), h. de Saint-Sylvestre-de-Cormeilles.

VALLÉE-PASQUIER (LA), h. de la bourgeoisie de Nonancourt; détruit au commencement du xixᵉ siècle.

VALLÉE-PRÉVOST (LA), mⁿ isolée, à Grand-Camp.

VALLÉE-QUÉTRAY (LA), h. de Triqueville.

VALLÉE-RENAULD (LA), ancien h. de la Madeleine-de-Nonancourt.

VALLÉES (LES), h. de Bémécourt.

VALLÉES (LES), h. de Boulleville.

VALLÉES (LES), h. de Bourg-Achard.

VALLÉES (LES), fief à Juignettes.

VALLÉES (LES), cⁿ de la forêt de Louviers (plan général de la forêt domaniale).

VALLÉES (LES), h. de Neaufles-sur-Risle.

VALLÉES (LES), fief à Sainte-Opportune-près-Vieux-Port.

VALLÉE-THOMAS (LA), h. de Bezu-la-Forêt.

VALLÉE-TOUCHEBOEUF (LA), lieu-dit à Garennes.

VALLÉE-VATA (LA), lieu-dit à Saint-Pierre-de-Cormeilles.

VALLÉGER (LE), h. de Marcilly-sur-Eure.

VALLERIE (LA), h. de Piencourt.

VAL-LE-ROY, lieu-dit dans la forêt de Bleu, 1538.

VALLET (LE), h. du Chesne.

VALLET (LE), h. de Sainte-Marguerite-de-l'Autel.

VALLET (LE), h. de Saint-Martin-de-Cernières.

VALLETAINTER, pré à Perriers-sur-Andelle. — 1280 (cart. de Saint-Amand).

VALLET-EUDE (LE), h. de Vannecrocq.

VALLETOT, cⁿ du cⁿ de Routot; membre du comté de Montfort-sur-Risle. — *Watot, Watetot* (M. R.). — *Vatelot* (invent. du Bec et Toussaints Du Plessis). — *Wattelot*, 1290 (L. P.). — *Wattelot-au-Roumois* (Du Saussey, Suppl. au martyrologe de France). — *Valetot*, 1398 (arch. nationales). — *Vattelot*, 1738 (Saas). — *Vanetot*, 1782 (Dict. des postes). — *Calleton*, 1792 (liste des émigrés). — *Valletot-en-Roumois*, 1828 (L. Dubois).

VALLETOT, f. au Chamblac.

VALLETS (LES), mⁿ isolée, à Aubevoye.

VALLETTE (LA), h. de Perriers-sur-Andelle. — *Tenementum de la Valete*, 1313 (livre des jurés de Saint-Ouen).

VALLETTE, (LA), h. de Saint-Jean-d'Asnières.

VALLEVILLE, cⁿ réunie à Brionne en 1828.

VALLIÉRY, lieu-dit à Chaignes.

VALLINIÈRE, h. de Saint-Aubin-du-Thenney.

VALLOIS (LES), h. de Jouy-sur-Eure.

VALLON-À-BIARD (LE), m^on isolée, à Toutainville.
VALLOT (LE), h. de Barneville-sur-Seine.
VALLOT (LE), petit h. voisin de l'église de Boissy-Lamberville; fief.
VALLOT (LE), m^on isolée, à Bourneville.
VALLOT (LE), h. du Planquay.
VALLOT (LE), h. de la Trinité-de-Thouberville.
VALLOTERIE (LA), f. à la Selle, auj. h. de Juignettes.
VAL-LOYER, h. de Saint-Sulpice-de-Graimbouville.
VAL-MADOU, fief à Thouberville, 1517.
VAL-MÉNICHON (LE), h. de Grand-Camp et vavassorie. — Val-Mélichon, v. 1610 (aveu de Charlotte des Ursins).
VAL-MENIER, h. de Grosley. — Vallis Menerii, 1219 (cart. du prieuré de Beaumont).
VALMONT, f. et fief au b. de Rubremont, c^se auj. réunie à Bosc-Renoult-en-Ouche.
VALMONTS (LES), h. de Berthouville.
VAL-MORAND (LE), h. de Bernay.
VAL-MORIN (LE), h. de Fontaine-Heudebourg.
VALOINE, fief voisin et relev. de Pont-Audemer (L. P.).
VALOTS (LES), lieu-dit à Saint-Aubin-d'Écrosville.
VAL-PÉRIER (LE), h. de Capelles-les-Grands. — Val-Perrier, 1840 (Gadebled).
VAL-PIGRON, h. de Trouville-la-Haulle.
VAL-PIQUÉ, vallon aux Andelys.
VAL-PITAN (MONTAGNE DU), h. d'Amfreville-sous-les-Monts. — 1380 (arch. de la Seine-Inf.).
VAL-POSTEL (LE), h. de Bourg-Achard.
VAL-PRIEUX (LE), m^on isolée, à Flipou.
VAL-RAIMBERT, fief à Beuzeville. — Val-Reimbert, 1290 (L. P.).
VAL-RICARD, h. partagé entre Bazoques et Folleville jusqu'en 1869, auj. entièrement uni à Bazoques; fief.
VAL-RICHARD (LE), lieu-dit dans la forêt de Bleu. — Vallis Ricardi, v. 1192 (cart. blanc de Saint-Denis). — Vau-Richard, 1538 (proc.-verb. de visite de la forêt).
VAL-RIMBERT, fief en partie sur Beuzeville, en partie sur Notre-Dame-du-Val, 1265; m^in, 1521.
VAL-SAINT-JEAN, q^t de fief aux Andelys, 1596; relev. du Château-Gaillard et devant son nom à une anc. chapelle. — Val-Saint-Jehan, 1597 (aveu de Nicolas la Vache).
VAL-SAINT-MARTIN, h. de Beaumont-le-Roger.
VAL-SAINT-MARTIN, h. du Fidelaire; fief.
VALSERY, h. et chât. de Saint-Gervais-d'Asnières; fief mouvant de Fumechon, XIVe siècle. — Valchéri, 1840 (Gadebled).
VALSERY (PORTE DU), au chât. fort du Neubourg; nom conservé à une rue.

VALS-MARINS (LES), vente de bois à Ménesqueville.
VAL-TESSON (LE), h. de Fontaine-Bellenger.
VAL-TESSON (LE), f. à la Noë-Poulain.
VALTIER (LE), h. d'Hondouville; fief relev. du Homme à Heudreville-sur-Eure.
VALTOT, h. et huit^e de fief à Étrépagny et en relevant. — Vallot, 1792 (1er suppl. à la liste des émigrés).
VAL-VANDRIN (LE), h. de Bonneville-sur-le-Bec; vavassorie, 1287.
VANDAISES (LES) ou LES VENDAISES, lieu-dit à Saint-Étienne-du-Vauvray.
VAN-DE-VILLEZ, vaste excavation en forme de van, à Villez-sur-le-Neubourg (Thaurin).
VANDRIMARE, c^ne du c^on de Fleury, accrue en 1846 du Fayel et de Gournets; q^t de fief avec manoir seigneurial^s,'s'étendant sur Bourg-Beaudouin. — Vendrimare (reg. Phil. Aug.). — Vandrimara, 1251 (cart. de Saint-Amand). — Wandrimava (p. d'Eudes Rigaud). — Vaudrimare, 1754 (Dict. des postes). — Vaudrimard, 1805 (Masson Saint-Amand). —
VANNE-AUX-MOINES (LA), lieu-dit à Ménesqueville.
VANNE-AUX-MOINES (LA), lieu-dit à Touffreville.
VANNECROCQ, c^ne du c^on de Beuzeville; fief relevant de Pont-Audemer (L. P.). — Wanescrotum, Wanescrot, XIe s^e (cart. de Préaux). — Vanescrot, XIIe s^e (cart. de Saint-Gilles de Pont-Audemer). — Vanescroc, 1233 (ch. de Guill., év. de Lisieux). — Wanescrot, 1290 (cart. du chap. d'Évreux). — Vanescroc (ch. de Valeran, comte de Meulan). — Vanecro (Cassini). — Banescrot (L. P.). — Vanescrocq, 1782 (Dict. des postes). — Vasnecrop, 1792 (1er suppl. à la liste des émigrés).
VANNETIÈRE (LA), h. de Saint-Antonin-de-Sommaire.
VAQUERIE (LA), h. de Thierville.
VAQUETIÈRE (LA), h. de la Trinité-du-Mesnil-Josselin.
VARANDE (LA), h. de Morainville-près-Lieurey.
VARENNE (LA), bois à Bosbénard-Commin.
VARENNE (LA), h. et fief à Breux, relev. de Tillières, 1406 (L. P.). — La Garenne (Le Beurier).
VARENNE (LA), h. de Saint-Étienne-l'Allier.
VARENNE (LA), h. de Saint-Georges-du-Vièvre.
VARENNE (LA), h. de Saint-Pierre-des-Ifs.
VARENNE (LA), h. et fief à Touville, 1558 (Le Beurier).
VARENNE (LA), h. du Torpt.
VARENNES, h. et fief à Gouville, relevant de l'évêché d'Évreux, 1452 (L. P.). — La Varenne (actes nombreux).
VARENNES, second nom du fief du Torpt, relev. du roi. — 1455 (aveu).
VARICORDS (LES), lieu-dit à Notre-Dame-de-l'Île.
VARIDELLES (LES), lieu-dit à Fontenay.
VARINERIE (LA), h. de Saint-Antonin-de-Sommaire.

Varos (Rues des Grands et des Petits), aux Andelys. — *Varroz*, 1317; *Verrotz*, 1588 (trésor des chartes).

Vascœuil, c⁰⁰ du c⁰ⁿ de Lyons; fief relev. du duché de Normandie. — *Guascolium*, 1118 (O. V.). — *Walcoil*, 1147 (ch. de Geoffroy, comte d'Anjou). — *Vasqueil*, 1193 (ch. cité par Charpillon). — *Wascolium*, *Wascholium*, 1203 (cart. de Préaux). — *Vaacueil*, 1220 (arch. nationales). — *Guascueil* (cart. normand). — *Wascuil*, *Wascuel* (M. R.). — *Wasquel* (p. d'Eudes Rigaud). — *Wascœil*, 1230 (cart. de Préaux). — *Voasqueuel*, 1297 (charte de l'Isle-Dieu). — *Waacueil*, 1333 (arch. nationales). — *Vasqueul*, 1340 (chron. des abbés de Saint-Ouen). — *Wascoil* (cart. de la Trinité-du-Mont). — *Vascœu*, 1579 (Phil. d'Alcrippe). — *Vacueil*, 1642 (mém. de Henri de Campion) et 1708 (Thomas Corneille). — *Vaucœuil*, 1650 (lettres d'Alexandre de Campion). — *Vaqueuil*, *Vasqueuil*, *Vascuel* (La Roque). — *Vaqueil*, 1671 (signature du seigneur). — *Vascuil* (L. P.)

Vaserie (La), h. partagé entre Bretigny et Saint-Pierre-de-Salerne.

Vasouy, h. de Saint-Pierre-de-Salerne.

Vast (Le), h. de la Goulafrière.

Vast (Le), h. de Plainville.

Vast (Le), h. de Saint-Laurent-des-Grès.

Vastine (La), h. de Bazoques; fief. — *Vastina*, 1191 (ch. de Robert III d'Alençon).

Vastine (La), h. de Boissy-Lamberville.

Vastine (La), h. de Courbépine.

Vastine (La), h. de Plasnes; fief.

Vastine (La), h. du Theil-Nolent.

Vastine (La), h. de Thiberville.

Vatetot, vavassorie voisine et relev. de Pont-Authou (L. P.).

Vatimesnil, anc. h. de Provemont et fief relev. de Gisors, érigé en commune en 1792, puis réuni, en 1844, à Sainte-Marie-des-Champs, sous le nom de *Sainte-Marie-de-Vatimesnil*. — *Galthieri Mesnillum* (Toussaints Du Plessis). — *Gautiermesnil*, 1399 (arch. nationales). — *Vatiermesnil*, 1424 (Beaurepaire). — *Vatermesnil*, 1454 (arch. nationales). — *Vatiméuil*, 1754 (Dict. des postes).

Vatine (La), lieu-dit à Forêt-la-Folie.

Vatteport, h. de Vatteville; fief et île sur la Seine. — *Vateport*, 1616 (titres des Deux-Amants).

Vatteville, c⁰⁰ du c⁰ⁿ de Pont-de-l'Arche; fief. — *Wattiville*, v. 1031 (ch. de Guill. d'Arques). — *Wattevilla*, 1086 (cart. de Saint-Wandrille). — *Wattevilla*, 1183 (cart. de Jumiéges). — *Vuatuevilla* (cart. de la Trinité-du-Mont). — *Vuatevilla* (Neustria pia). — *Wactevilla*, 1262 (cart. de Saint-Ouen). — *Va-*

teville, 1336 (1ᵉʳ reg. de l'Échiquier). — *Vâteville*, *Vasta Villa* (Masseville). — *Vatteville-le-Cloutier*, 1782 (Dict. des postes). — *Valleville*, 1805 (Masson Saint-Amand). — *Vatteville-sur-les-Monts*, 1828 (L. Dubois).

Vaubard, lieu-dit à Vraiville.

Vaubouillons (Les), lieu-dit à Fourges.

Vaucaillouet (Le), huit⁰ de fief à Infreville, relev. de la Londe.

Vauchel, petit vallon aux Andelys.

Vaucobne, h. de Trouville-la-Haulle.

Vau-d'Alléou Veudalet, anc. grand chemin abandonné à Brestot (Mᵐᵉ Phil. Lemaître).

Vaudions (Les), lieu-dit à Gasny.

Vaudoire (Le), fief voisin et relev. de Pacy-sur-Eure (L. P.).

Vaudreuil (Le), maison royale sous la première race; fief relev. du duché de Normandie; châtellenie unique partagée en deux paroisses, auj. c⁰⁰⁰ : Notre-Dame et Saint-Cyr du Vaudreuil; haute justice; sergenterie noble. — *Rothodetum*, *Rhotoialensis Villa*, 584 (Jacobs, Géographie de Grégoire de Tours). — *Rothoialensis*, *Rodoialensis*, *Rhodoialensis* (variantes des manuscrits de Grégoire de Tours recueillies par Guadet et Taranne). — *Rotolaium*, *Rotholajum*, *Rotelagum* (Grégoire de Tours). — *Vallis Rodoili* (Guillaume de Jumiéges). — *Vallis Redolii* (Robert du Mont). — *Vallis Rodolii* (O. V.) et 1211 (cart. de Saint-Ouen). — *Rologi Villa*, 1006; *Rodolium*, vers 1016 (ch. de Richard II). — *Rodolli Vallis* (ch. de Guillaume le Conquérant). — *Vallis Rothelii*, 1194 (Rigord). — *Vallis Ruolii*, 1195 (traité entre Phil. Aug. et Richard Cœur de Lion). — *Val-de-Voiel* (chroniques de Normandie). — *Vallis Rodoliæ* (Guill. le Breton, Philippide). — *Wallis Rodolii*, 1210 (cart. du Bec). — *Vallis Ruellii*, 1353 (ch. du roi Jean). — *Rethajalum* et *Rethalagensis Villa*; *Rotalagum*, *Rotalagensis Villa*, *Rotalgensis Villa* (Paul Goujon, Hist. du Vaudreuil). — *Valdrol* (chartier du Vaudreuil). — *Val-de-Raël*, *Reeul*, *Reul*, *Roal*, *Roel*, *Roeul*, *Roiel*, *Roil*, *Ruel*, *Ruiel*, *Ruil Valdreuil*, *Vauldreuil* (passim). — *Les Vauldreulx*, 1607 (statutz de la confrérie Monsieur Saint Fiacre).

Vaudreuil (Canton du), avec Notre-Dame-du-Vaudreuil pour ch.-l., comprenant, de 1790 à l'an ix, 12 c⁰⁰⁰ : Notre-Dame et Saint-Cyr du Vaudreuil, Andé, Connelles, Herqueville, Muids, Porte-Joie, la Roquette, Saint-Étienne et Saint-Pierre du Vauvray, Tournedos-sur-Seine et Vatteville.

Vaudreuil (Sergenterie du), relev. de Pont-de-l'Arche (L. P.).

Vaugueère (La), ravine aux Andelys. — *Vaudière* (Brossard de Ruville).

Vaugouyon, fief à Bus-Saint-Remy, 1575.

Vau-Libert, petite vallée à Hébécourt. — *Val-Lebert*, 1192 (Le Beurier).

Vaulion, h. et fief à Toutainville.

Vauparel, second nom du fief de Mauel.

Vauquelinière (La), h. du Favril; fief.

Vauquelinière (La), vavass. à Manneville-sur-Risle.

Vauquelinière (La), h. de la Roussière. — *Gauquelineria*, 1261 (cart. du Bec).

Vauquerie, f. à Gournay-le-Guérin.

Vaurose, second nom du fief de Bois-Préaux.

Vaurose (Le), h. du Coudray.

Vauvray (Le), vaste domaine partagé en deux paroisses, auj. c^es : Saint-Étienne et Saint-Pierre du Vauvray. — *Waurei, Wavrei*, v. 1012 (ch. de Richard II). — *Wauvrayum*, v. 1200 (cart. de Bonport). — *Gavray*, v. 1196 (ch. de Richard Cœur de Lion). — *Guavereium*, 1198 (Neustra pia). — *Gavereium*, 1204 (M. R. et cart. normand de L. Delisle). — *Gavereium*, 1249 (cart. de Bonport). — *Vouvray*, 1382 (lettres de rémission de Charles VI). — *Bauvereyum* (pouillés d'Évreux).

Vauvray (Sergenterie noble de) et d'Ailly, relev. du duché de Normandie, 1558 (L. P.); q^t de fief.

Vaux, tiers de fief et chât. à Authenay. — *Vaulx*, 1454 (L. P.).

Vaux, f. à Gisors; plein fief relev. de Dangu; chât. fort rasé par Richard Cœur de Lion. — *Vals* (Roger de Hoveden).

Vaux, h. de Livet-sur-Authou.

Vaux, h. de Marcilly-la-Campagne.

Vaux, h. des Places.

Vaux, fief à Port-Mort, 1754 ; dit aussi *Fief le Roy*.

Vaux, h. de Radepont.

Vaux (Les), fief à Verneusses.

Vaux-Bellenger (Les), h. de Saint-Gervais-d'Asnières.

Vauxgoins (Hameau, vallée et étang des), au-dessus du Vieux-Conches; source du Rouloir; fief.

Vaux-sur-Eure, c^ne du c^on de Pacy; plein fief relev. de Pacy-sur-Eure. — *Waus* (charte de Robert de Leicester). — *Vaus*, 1209 (cart. de Jumiéges). — *Vaulx*, 1456 (L. P.).

Vaux-sur-Risle, c^ne du c^on de Rugles; fief.

Vavasseur (Fief au), huit° de fief voisin et relev. de Portes. — 1453 (L. P.).

Vavasseur (Sergenterie au), membre de celle du Guignon.

Vavassorerie (La), fief à Muids.

Vavassorerie (La), f. à Plainville.

Vavassorerie (La), f. à Tourville-sur-Pont-Audemer.

Veau-Noël (Le); lieu-dit à Vezillon.

Veau-Rose (Le), lieu-dit à Lisors.

Veau-Roux (Le), lieu-dit à Bezu-la-Forêt.

Vedière (La), h. de Gisay.

Veilleuse (La), lieu-dit à Suzay.

Venables, c^ne du c^on de Gaillon; fief relev. de Vernon. — *Venabula*, 1181 (bulle de Luce III).

Venables (Digue de), sur les bords de la Seine.

Venables (Prieuré de), à Venables.

Vendôme, petite vallée à Harquency.

Veneur (Ferme et fief du), à Écaquelon.

Veneur (Le), fief à Forêt-la-Folie, 1684.

Veni Creator (Garenne du), à Bosquentin.

Venois (Le), q^t de fief à Gouttières, relev. du comté d'Évreux.

Venois (Le), tiers de fief à Reuilly, relev. de Crèvecœur.

Venon, c^ne du c^on du Neubourg. — *Venetum*, 1011 (ch. de Raoul d'Ivry). — *Venetum, Veneum* (arch. de la Seine-Inf., fonds de Saint-Ouen).

Venon (Les Bruyères de), vaste terrain inculte sis à Venon. — *Vesnon*, 1455 (arch. nat.)

Vent-du-Gibet (Le), lieu-dit au Petit-Andely.

Vente-à-Genêts (La), c^on de la forêt de Lyons.

Vente-aux-Moines (La), lieu-dit à Gaillardbois.

Vente-Bouju (La), bois de 23 hectares, à Morgny.

Ventelle (La), f. à Beaubray et fief.

Ventes (Les), c^ne du c^on d'Évreux sud. — *Saint-Éloy des Ventes*, 1330 (arch. de Seine-et-Oise, fonds de Maubuisson). — *Saint-Éloy des Ventez* (ch. du roi Jean). — *Les Ventes-ès-Bois*, 1491 (arch. de l'Hôtel-Dieu d'Évreux). — *Saint-Éloi des Ventes*, 1722 (Masseville).

Ventes (Les), h. d'Illeville-sur-Montfort.

Ventes-Légères (Les), c^on de la forêt de Lyons (plan général de la forêt domaniale).

Ventes-Mauxes (Les), h. de Beaubray.

Ventes-Mauxes (Les), m^on isolée, à Beaubray.

Venteuses (Les), lieu-dit à Port-Mort.

Ver, fief sis à Chambray-sur-Eure. — 1410 (aveu d'Amaury de Dardez).

Verbeuse, lieu-dit à Ailly.

Verbos, lieu-dit à Tourneville.

Verclives, anc. paroisse entrée, vers 1790, dans la composition de la c^ne du *Mesnil-Verclives*, auj. h. du Mesnil-Verclives; seigneurie relevant d'Andely au xviie siècle. — *Wareclium, Warecliva* (L. P.). — *Guarcliva*, 1118 (O. V.). — *Warcliva* (ch. de Richard II). — *Warclive*, 1190 (ch. de Robert de Meulan). — *Warclivia*, 1222 (cart. de Saint-Amand de Rouen). — *Warclives*, 1254 (P. Goujon). —

Varclive, 1298 (tabell. d'Andely). — *Vaarclive*, 1312 (lettres patentes de Philippe le Bel). — *Warquelive*, 1454 (arch. nat.). — *Varclivre*, 1482 (Léopold Delisle). — *Varqueline, Verquelive*, 1782 (Dictionnaire des postes). — *Verquelive* ou *Verclive* (L. Dubois).

Verdal, m^on isolée, à Amfreville-sous-les-Monts.

Verd-Buisson (Le), m^on isolée, à Boisemont.

Verd-Buisson (Le), h. d'Harquency.

Verd-Buisson (Le), h. de Saint-Benoît-des-Ombres.

Verderie (Rue de la), à Évreux.

Verdière (La), h. du Bois-Penthou.

Vendiers (Les), m^in à Hennezis.

Verdillon (Le), lieu-dit à Claville.

Verdon, h. de Guernanville.

Verdon, h. de la Vacherie-sur-Houdouville; huit^e de fief. — 1204 (ch. de la Noë).

Verger (Le), h. de la Barre.

Verger (Le), h. de Muzy.

Vergle (La), f. à Lieurey; plein fief relevant de la baronnie d'Ouillye-la-Ribaud, 1708.

Vermondière (La), h. et fief partagé entre la Chapelle-Gauthier et la Goulafrière.

Verneuil, ch.-l. de c^on, anc. ville à trois enceintes fortifiées, fondée en 1129 par Henri Ier sur les paroisses de Pullay et de Poiley; commune confirmée par Philippe Auguste; chât. fort démoli en 1620; ville renfermant jusqu'en 1791 7 paroisses, relev. toutes du chap. d'Évreux; ch.-l. de district, 1791; télégraphe du système Chappe. — *Vernolium*, 1131 (Roger de Hoveden). — *Vernullium*, 1194 (Guill. du Neubridge). — *Vernuel*, 1280 (gr. cart. de Saint-Taurin). — *Vernoil* (cart. de Jumiéges). — *Vernoel*, 1389 (aveu des religieuses du Trésor). — *Verneuil-en-Perche*, xve s^e (chron. normande de P. Cochon). — *Vernul*, 1417 (reg. de la charité de Notre-Dame-de-la-Couture). — *Verneuil-lez-Perche*, 1467 (ordonn. des rois de France). — *Vernieul*, 1469 (monstre). — *Verneuil*, 1594 (lett. pat. de Henri IV). — *Verneuil*, 1689 (arrest du parlement). — *Verneuil-au-Perche* (titres nombreux; Bourgueville et La Roque).

Verneuil, f. à Bouquetot.

Verneuil (Bras forcé de), dérivation de l'Iton depuis Bourth jusqu'à Courteilles.

Verneuil (Canton de), arrond. d'Évreux, ayant à l'E. le c^on de Nonancourt; au N., ceux de Damville, de Breteuil et de Rugles; à l'O., le dép^t de l'Orne; au S., le dép^t d'Eure-et-Loir, et comprenant 14 c^nes : Verneuil, Armentières, Bâlines, les Barils, Bourth, Chennebrun, Courteilles, Gournay-le-Guérin, Mandres, Piseux, Pullay, Saint-Christophe-sur-Avre, Saint-Victor-sur-Avre, Tillières, et 14 paroisses, dont une cure à Verneuil et 13 succ. : Armentières, Bâlines, les Barils, Bourth, Chennebrun, Courteilles, Gournay, Mandres, Piseux, Pullay, Saint-Christophe-sur-Avre, Tillières, Verneuil (Notre-Dame).

Verneuil (Sergenterie de), relev. du chât. de cette ville (L. P.).

Verneuil-la-Campagne, doy. de l'archidiaconé d'Ouche, dans l'anc. dioc. d'Évreux.

Verneuil-la-Ville, second doyenné.

Venneusses, c^ne du c^on de Broglie, accrue des Essards-en-Ouche en 1843. — *Vernutiæ*, 1128 (charte de Henri Ier). — *Vernuciæ* (O. V.). — *Vernuchie* (p. de Lisieux). — *Vernuces*, 1266 (cart. de Saint-Évroult). — *Verneuces* (L. P.).

Vernon, ville, ch.-l. de c^on, arrond. d'Évreux; ch.-l. d'un des 4 bailliages de Gisors; maîtrise particulière des eaux et forêts; grenier à sel; vicomté, comprenant 28 paroisses; parc militaire. — *Vernonum* (O. V.). — *Vernonium ad Sequanam* (martyrologium Gallicanum). — *Vernun*, 1190 (ch. de Richard Cœur de Lion) et 1349 (contrat de mariage de la reine Jeanne de Boulogne). — *Vennon*, 1377 (mandement de Charles V). — *Vernonium* (Baudrand). — *Vernon-sur-Seine*, 1828 (L. Dubois).

Vernon, l'un des quatre doyennés de l'archidiaconé d'Évreux avant la Révolution.

Vernon (Canton de), arrond. d'Évreux, ayant à l'E. le dép^t de Seine-et-Oise, au S. le c^on de Pacy, à l'O. ceux d'Évreux sud et de Gaillon, au N. le c^on d'Écos, et comprenant 14 c^nes : Vernon, Chambray-sur-Eure, la Chapelle-Réanville, Douains, la Heunière, Houlbec-Cocherel, Mercey, Rouvray, Sainte-Colombe, Saint-Just, Saint-Marcel, Saint-Pierre-d'Autils, Saint-Vincent-des-Bois, Villez-sous-Bailleul, et 10 paroisses, dont une cure à Vernon et 9 succurs. : Chambray, la Chapelle-Réanville, Douains, Houlbec-Cocherel, Saint-Marcel, Saint-Pierre-d'Autils, Saint-Vincent-des-Bois, Vernonnet, Villez-sous-Bailleul.

Vernon (Sergenterie de), relev. du chât. de cette ville.

Vernonnet, c^te réunie à Vernon au xiiie siècle; auj. faubourg et seconde paroisse, sous le nom de Saint-Nicolas-de-Vernonnet. — *Vernoinellum*, 1066 (cart. de la Sainte-Trinité-du-Mont-de-Rouen). — *Vernoniel*, 1196 (coutumes de Vernon). — *Vernominel*, 1261 (reg. visit.). — *Vernonnel*, 1346 (Froissart). — *Vernonetum, Vernonetino*, 1557 (Robert Cœnalis). — *S. Nicolaus de Vernoneto*, 1639 (officium S. Adjutoris). — *Vernonest*, 1667 (P. Jean-Marie de Vernon). — *Vernonet*, 1708 (Th. Corneille).

Véronne, f. à Tourville-sur-Pont-Audemer.

VÉRONNE (LA), petit affluent de la rive gauche de la Risle : source à la Poterie-Mathieu; cours, 8 kilomètres. — *Vairum*, 1173 (bulle d'Alexandre III). — *Le Douvi*, nom local (L. P.).

VÉRONNERIE (LA), m^{on} isolée, aux Barils.

VERRERIE (LA), h. de Beaubray.

VERRERIE (LA), usine à Beaumont-le-Roger.

VERRERIE (LA), h. de Chéronvilliers.

VERRIER (FIEF AU), dit aussi *l'Esplinguet*; q^t de fief relev. d'Ivry. — 1456 (L. P.).

VERRIÈRE (MOULIN DE), à Coulonges.

VERRIÈRES, fief à Villalet.

VERRIÈRES (LES), h. d'Harquency.

VERRIÈRES (MOULIN DE), à Corneuil.

VERT (LE), q^t de fief à Chambray-sur-Eure, s'étendant sur Hardencourt et relev. du comté d'Évreux. —*Ver*, 1410 (L. P.).

VERT-BOCAGE (LE), h. de Corneville-sur-Risle.

VERT-BUISSON (LE), f. à Fiquefleur.

VERT-BUISSON (LE), f. à Notre-Dame-de-Préaux.

VERT-BUISSON (LE), nom commun à deux domaines entre Pont-de-l'Arche et les Damps.

VERT-BUISSON (LE), m^{on} is. à Saint-Éloi-près-Gisors.

VERT-CHÊNE (LE), lieu-dit à Bémécourt.

VERTE-CHAÎNE (LA), f. à Bémécourt. — *Viridis Catena* (L. P.).

VERTE-MAISON (LA), m^{on} isolée, à Douville.

VERTE-PLANCHE (LA), herbage à Épaignes. — 1792 (liste des émigrés).

VERTE-VALLÉE, m^{on} isolée, à Fontaine-l'Abbé.

VERT-GALANT (LE), m^{on} isolée, à Pont-Audemer.

VESLY, c^{ne} du c^{on} de Gisors; fief. — *Verliacum*, xie s^e (cart. de Marmoûtier) et 1152 (ch. de Hugues, archev. de Rouen). — *Velleium* (chart. Maj. Monasterii. — *Verriacum* (ch. de Marmoûtier). — *Verli*, 1216 (ch. du prieuré de Vesly). — *Velli* (p. d'Eudes Rigaud). — *Velliacum*, 1282 (cart. de Mortemer). — *Veilli*, *Véli* (Toussaints Du Plessis). —*Velly*, 1722 (Masseville).—*Vély*, 1738 (Saas).— *Veli-sous-Dangu*, 1828 (L. Dubois). —*Velli* (L. P.).

VESPASIÈRE (LA), anc. nom de lieu à la Harengère.

VESQUES (LES), h. de la Haye-Aubrée.

VEST (RUE DU), à Tourny.

VÉTIGNY, h. de Barc.

VEXIN (CHAUSSÉE DU), à Louviers.

VEXIN BOSSU (LE), partie montueuse du Vexin normand (Antoine Passy).

VEXIN NORMAND (LE), grande région naturelle; partie d'un comté jadis divisé en Vexin normand et Vexin français (Île-de-France); auj. passée du dioc. de Rouen au dioc. d'Évreux et comprise dans l'arrond. des Andelys; grande plaine à céréales, fondée sur

l'alluvion (Antoine Passy). — *Pagus Veliocassinus*, 617 (chron. de Fontenelle). — *Pagus Wilcassinus*, 628 (Gesta Dagoberti). — *Vulcasinus* (Histoire de Saint-Denis). — *Pagus Volcassinus*, 750 (ch. de Pepin) et 775 (ch. de Charlemagne). — *Provincia Vulcasinensis* (Vita sancti Audoeni). — *Vulesguessin* (anc. chron. de Normandie). — *Vilcassinum*, 1092 (diplôme de Philippe Ier, dans Mercure de Gaillon). — *Vilcassinus Normannicus* (ch. de Robert Ier). — *Provincia Vulcasina*, *Vulcasinus pagus*, 1097 (Orderic Vital). — *Vulcasinus comitatus* (ibid.). — *Vulesin*, 1118 (ibid.). — *Vulcassinum Normannorum*, 1150 (Historiens de France, t. XII, p. 187). — *Wilcassinum*, 1152; *Veugesim*, 1160 (Robert du Mont). — *Vogesin Normanicum*, 1196 (Roger de Hoveden). — *Veulguessin*, 1196 (coutumes de Vernon, traduction française). — *Vigesinum Normannicum*, 1196 (Matthieu Paris). — *Wlquassum Normannum*, 1196 (Rymer, Fœdera et conventiones). — *Vulcasinus*, 1200 (trêve signée par Phil. Aug.). — *Wilgesinum Normanicum*, commencement du xiiie s^e (aveu de Jean de Gisors). — *Volcasinum*, 1236 (cart. de Fontaine-Guérard). — *Wilcassinus Normannus*, 1242 (ch. de saint Louis). — *Wlgassinus*, 1249 (cart. de Phil. d'Alençon). — *Veuguesin*, 1340 (chronique des abbés de Saint-Ouen). — *Vulguessin* (Le bon pays de), 1359 (Froissart). — *Veuquesin*, 1360 (lettres de rémission du dauphin). — *Veuquesin et Veulquessin-le-Normant*, 1405; *Veuquecin-le-Normant*, 1412 (arch. nat.). — *Veulguesin*, 1417 (arch. de l'Eure). — *Vulguessin-le-Normant*, 1419 (aveu des relig. du Trésor). — *Veulquessin-le-François*, 1429 (arch. de la Seine-Inf.). — *Veuquessin-le-Normand*, xve s^e (généalogie manusc. de la maison de Béthencourt, citée par L. P.). — *Veulquessin-le-Normans*, 1453 (aveu, arch. nat.). — *Vecquessin*, 1480 (reg. des propr. des chartreux de Paris). — *Veucsin*, 1579 (Phil. d'Alcrippe). — *Vesquexin ou Ulxin-le-Normand*, 1700 (Oursel, Beautés de la Normandie). — *Wexin*, 1788 (Saas).

VEZ, fief dans la vicomté d'Évreux (L. P.). — *Wez* (ibid.). — *Viest ou West* (Le Beurier).

VEZILLON, c^{ne} du c^{on} des Andelys. — *Viselle*, 1124 (cart. du Bec). — *Vesillum*, 1198 (M. R.). — *Vesilon* (p. de Raoul Roussel). — *Vesillon*, 1757 (terr. de Bouafles).

VICALLERIE (LA), h. de Vaux-sur-Risle. — *La Vicarerie*, 1792 (liste des émigrés).

VICOMTE (LE), h. de Saint-Mards-de-Blacarville.

VICOMTE (LE), h. de Saint-Thurien.

VICOMTERIE (LA), h. de Notre-Dame-de-Préaux.

VIEIL-ÉVREUX (LE), c^{ne} du c^{on} d'Évreux sud; anc. cité; fief. — *Castellum Alerci*, xie s^e (O. V.). — *Veteres Ebroicæ*, 1195 (ch. de Richard Cœur de Lion). — *Vetulæ Ebroicæ*, xiiie s^e (L. P.). — *Vieux-Évreux*, 1419 (arch. nat.). — *Vieulx-Évreux*, 1467 (reg. de l'Échiquier) et 1469 (monstre). — *Viel-Évreux*, 1754 (Dict. des postes). — *Villa Gisaica*, nom de lieu indiqué par la Vie de saint Taurin et placé par L. P. et d'autres savants au Vieil-Évreux. — Voy. GISACUM.

VIEIL-HONGUEMARE, lieu-dit à Honguemare, 1235 (cart. de Bourg-Achard). — *Honguemare-la-Vieille*, *Vetus Honguemara* (ibid.).

VIEILLE-CHAISE-DIEU, h. de Chéronvilliers.

VIEILLE-FORÊT (LA), lieu-dit à Fontaine-Bellenger.

VIEILLE-FOSSE, lieu-dit près Pont-Audemer. — 1135 (Neustria pia).

VIEILLE-LYRE (LA), c^{ne} du c^{on} de Rugles. — *Vetus Lira*, 1040 (Gall. christ.). — *Vieille-Lyre, la Lire*, 1523 (Rech. de la noblesse).

VIEILLE-MOTTE (LA), cavalier ou batterie à Chambrais, au h. du Bosc-Alix, 1586.

VIEILLE-MURAILLE (LA), nom de la tour de Brionne. — 1760 (arch. du prince de Vaudemont).

VIEILLEBIE (LA), h. du Planquay.

VIEILLERIE (LA), h. de Saint-Martin-Saint-Firmin.

VIEILLES, c^{ne} réunie à Beaumont-le-Roger, 1825; baronnie. — *Litulæ*, faute de lecture pour *Vetulæ*, 1000 (dotalit. de la duchesse Judith). — *Vetuli*, v. 1115 (ch. d'Amaury Ier). — *Veliæ*, 1162 (cart. du prieuré de Beaumont). — *Veulles, Vueulles* (La Roque). — *Vielles*, 1700, 1767 (dép^t de l'élect. de Conches).

VIEILLES-ESTRÉES (LES), h. de Muzy.

VIEILLES-MAISONS (LES), h. d'Heurgeville.

VIEILLE-TOUR (LA), f. à Bezu-la-Forêt.

VIEILLE-VERRERIE (LA), f. à Martagny.

VIEIL-VYVIER, lieu-dit en la forêt de Bleu. — 1538 (procès-verbal de visite de la forêt).

VIELLES-VENTES (LES), lieu-dit dans la forêt d'Évreux. — 1261 (arch. de l'Hôtel-Dieu d'Évreux).

VIELNOIS, fief à Forêt-la-Folie.

VIELS, second nom du fief de la Vallée à Écaquelon; fief relev. de Pont-Audemer.

VIENNE, f. à Éturqueraye; baronnie de l'abb. de Préaux.

VIENNE, nom d'un centre d'habitations dès longtemps détruit, dont il ne reste de traces que dans le nom du *Mesnil-sous-Vienne*.

VIENNE, nom primitif de la c^{ne} de Toutainville, conservé à une métairie. — *Viana*, v. 1045 (gr. charte de Préaux).

VIENNE (MARE DE), à Grossœuvre.

VIERGE (PONT DE LA), à Louviers.

VIERGE (PORTE DE LA), à l'abb. de Bonport; but de pèlerinages.

VIERGE-MARIE (LA), h. de Bourg-Achard.

VIERGE-NOIRE (LA), lieu-dit à Pacy-sur-Eure.

VIEUX (LES), q^t de fief à Breux, relev. de Pérey. — 1419 (L. P.).

VIEUX (LES), h. et vavassorie à Pont-Authou.

VIEUX-BOUQUETOT (LE), h. de Bouquetot.

VIEUX-BOURG, nom de l'extrémité actuelle de la Grande Rue de Vernon; premier noyau probable de la ville.

VIEUX-CHÂTEAU (LE), f. à Bazincourt.

VIEUX-CHÂTEAU (LE), lieu-dit à Brionne.

VIEUX-CHÂTEAU (LE), point culminant du territ. de Dangu, avec traces d'un anc. chât. à tours et fossés.

VIEUX-CHÂTEAU (LE), ruines du manoir du fief de la Cour, au Marais-Vernier.

VIEUX-CONCHES (ÉTANG DU). — Voy. l'article suivant.

VIEUX-CONCHES (LE), anc. paroisse réunie à Conches en 1791; comprise dans le dép^t de l'élection de Conches, 1700, et ne relevant pas de la même sergenterie. — *Veteres Conche*, 1270 (L. P.).

VIEUX-DU-GORD (LE), second nom d'*Hectonnette*, h. de Pont-Authou.

VIEUX-FORTS (LES), deux monticules de terre, vestiges d'une puissante forteresse du commencement du xiie siècle à Pont-Saint-Pierre : le *Catelier*, la *Motte-du-Bourg*.

VIEUX-JARDIN (LE), f. à la Barre.

VIEUX-MANOIR (CÔTE DU), à Bailleul-la-Vallée.

VIEUX-MONTFORT (LE), f. à Appeville-dit-Annebaut. — Butte d'un ancien château.

VIEUX-MOULIN (LE), mⁱⁿ à Livet-sur-Authou.

VIEUX-MOÛTIER (LE), lieu-dit au Fresne.

VIEUX-POIRÉS (LES), h. de la Vieille-Lyre.

VIEUX-PORT, c^{ne} du c^{on} de Quillebeuf. — *Portus Tutus*, 1147 (bulle d'Eugène III). — *Portus Twit*, 1174 (charte de Henri II). — *Vetus Portus*, xiiie siècle (cart. de Fécamp). — *Le Vuel-Port*, 1526 (cart. de Jumièges). — *Vieil-Port*, 1717 (Cl. d'Aubigné).

VIEUX-PRÉS (LES), île à Saint-Georges-sur-Eure.

VIEUX-RENÉ (TOUR DU), cédée en 1788 aux habitants de Vernon, par le duc de Penthièvre, pour être démolie.

VIEUX-ROUEN (LE), anc. chât. fort; q^t de fief; h. de Saint-Pierre-du-Vauvray; anc. gué sur la Seine. — *Vetus Rothomagus*, 1110; *Vieil-Rouen*, 1579.

VIEUX-TOUREL (LE), lieu-dit à Bezu-la-Forêt.

VIEUX-VERNEUIL, paroisse sur la rive droite de l'Avre, existant avant Verneuil et y réunie en 1791. — *Vetus*

Vernolium, 1049, 1172 et 1208 (cart. de Jumiéges).

VIEUX-VILLEZ, c^{ne} du c^{on} de Gaillon; fief. — *De Veteribus Villeriis*, 1259 (ch. de la Noë). — *Veufvillier, Vieuvillers*, 1469 (monstre). — *Vieux-Villers*, 1485 (aveu du chap. de Beauvais). — *Vetera Villaria* (p. d'Évreux). — *Viévillers, Viévilliers, Viévillé*, 1584 (aveu de Henri de Silly). — *Vieux-Villier*, 1631 (Tassin, Plans et profilz). — *Vieivillers*, 1663 (P. Goujon).

VIÉVILLE (LA), h. de Campigny. — *Vetus Villa* (cart. de Préaux).

VIÉVILLE (LA), f., chât. et fief à Cauverville-en-Roumois.

VIÉVILLE (LA), fief et f. à Freneuse-sur-Risle.

VIÉVILLE (LA), point du territ. de Vannecrocq où ont été découverts des débris de constructions antiques.

VIÈVRE, vaste forêt du Roumois, auj. presque entièrement défrichée, qui, au XIe siècle, s'étendait de Saint-Étienne-l'Allier à la Risle; nom conservé par Saint-Georges-du-Vièvre, chef-lieu de c^{on}, et par Saint-Grégoire-du-Vièvre. — *Wevra*, 1164; *Wievrs, Wevre, Gaevra*, 1258 (cart. de Préaux). — *Vipera, Vippera, Vixa*, XVIe s^e (p. de Lisieux).

VIÈVRE (LE), f. et q^t de fief à Saint-Étienne-l'Allier, relev. de la vicomté de Pont-Audemer.

VIÈVRE (LE), huit^e de fief à Saint-Philbert-sur-Risle. — *Guèvre* (ch. de Guillaume le Conquérant).

VIGAN (LE), m^{in} à Carbec-Grestain; anc. m^{in} banal de l'abb. de Grestain. — *Vigant*, 1840 (Gadebled).

VIGNE (LA), fief à Bouquetot.

VIGNE (LA), f. et fief à Conteville.

VIGNE (LA), fief à Corneville, relev. de Pont-Audemer (L. P.).

VIGNE (LA), h. de Lieurey.

VIGNE (LA), h. de Naords.

VIGNE (LA), m^{on} isolée, à Pont-Saint-Pierre.

VIGNE (LA), h. de Poses.

VIGNE (LA), fief à Touffreville, 1764.

VIGNE-CHOPINE (LA), lieu-dit à Amfreville-les-Champs.

VIGNE-POREL (LA), h. de Saint-Julien-de-la-Liègue.

VIGNERON (LE), colline occidentale à Brionne; camp romain (Guilmeth).

VIGNES (CÔTE DES), berge de droite entre les deux Andelys.

VIGNES (LES), h. de Bourneville.

VIGNE-SACRISTE (LA), lieu-dit à Léry. — 1280 (cart. de Bonport).

VIGNE-SUR-L'EAU (LA), lieu-dit à Tourneville.

VICKETTE (LA), h. détaché du Val-David et réuni à Garencières en 1848.

VIGNETTES (LES), f. à Léry.

VIGNETTES (LES), coude de la Risle maritime.

VIGNOL (LE), f. à la Haye-de-Routot.

VIGNY, f. et fief à Saint-Aubin-sur-Gaillon.

VIGON, m^{in}, 1745 (plan d'Évreux).

VILAINE, h. et m^{in}; anc. prieuré à Lyons-la-Forêt. — *Villaines*, 1738 (Saas).

VILAINE (LA), affluent de la rive gauche de la Seine, sur Saint-Pierre-du-Val et Fatouville-Grestain : cours de 4 kilomètres.

VILAINE (RUE), à Évreux. — *Vicus Villeine*, 1264 (cart. de Saint-Taurin).

VILAND, h. partagé entre Saint-Cyr-la-Campagne et Saint-Germain-de-Pasquier. — *Vilart*, vers 1197 (ch. de Garin, évêque d'Évreux). — *Villard*, 1840 (Gadebled).

VILARPE, h. de Capelles-les-Grands. — *Villays* (carte citée par Charpillon et Caresme).

VILATIÈRE (LA), f. et fief à Launay.

VILLAGE-AUX-VYS (LE), h. de Thiberville.

VILLAGE-DE-LA-BIS (LE), h. de la Chapelle-Hareng.

VILLAGE-DU-BOSC (LE), h. de Freneuse-sur-Risle.

VILLAGE-NEUF (LE), h. de Saint-Gervais-d'Asnières.

VILLAINERIE (LA), h. de Gournay-le-Guérin.

VILLALET, c^{ne} du c^{on} de Damville. — *Villaledt* (gr. ch. de Conches). — *Vilalet*, 1180 (ch. de la Noë). — *Vilaletum*, 1199; *Villaletum*, 1206 (ch. de Saint-Sauveur). — *Vilaletum*, 1223; *Villaretum*, 1224; *Viraletum*, 1280; *Villaletum*, 1315 (ch. de la Noë).

VILLAMONT, h. de Marcilly-sur-Eure.

VILLARD, h. de Fontaine-la-Louvet. — *Auvilers, Auvillers*, XIIIe siècle. — *Villars*, 1839 (L. P.).

VILLE (MOULIN DE LA), à Carentonne, auj. Bernay. — 1411 (L. P.).

VILLE-AUX-BONNELS (LA), h. de Francheville.

VILLE-DIEU (LA), h. de Roman.

VILLE-DU-BOIS (LA), h. de Corneuil.

VILLEGATS, c^{ne} du c^{on} de Pacy. — *Villaris* (O. V.) et 1111 (ch. de Henri Ier). — *Vilers, Villariæ les Gaz* (cart. de Saint-Évroult). — *Vilers-le-Galeis* (ch. de Robert de Leicester). — *Villegat*, 1828 (L. Dubois). — *Vileriæ, Villariæ Vastatæ* (O. V.).

VILLENAISE (LA), h. de Lyons-la-Forêt.

VILLENEUVE, h. d'Angerville-la-Campagne.

VILLENEUVE, h. de Baudemont.

VILLENEUVE, h. de Beaubray.

VILLENEUVE, h. de Champignolles.

VILLENEUVE, h. du Fidelaire.

VILLENEUVE, h. de Garennes.

VILLENEUVE, m^{on} isolée, à Gournay-le-Guérin.

VILLENEUVE, h. d'Heudicourt.

VILLENEUVE, h. du Planquay.

VILLENEUVE, h. de Saint-Martin-la-Corneille, auj. la Saussaye.

VILLENEUVE, h. de Tillières-sur-Avre.

VILLENEUVE, h. des Ventes.

VILLENEUVE, h. de Verneusses.

VILLERAY (LE), huit° de fief à Saint-Pierre-de-Salerne, relev. de Préaux.

VILLERET (LE), h. de Berthouville. — *Villerey* (Le Beurier).

VILLERETS, c°° réunie à Écouis en 1843; fief. — *Villerez*, 1234 (cart. de Mortemer). — *Vilerez* (p. d'Eudes Rigaud) — *Villerét*, 1828 (L. Dubois).

VILLERS, h. des Andelys; fief relev. du Château-Gaillard. — *Villers-sur-Andely*, 1738 (Saas). — Chacune des paroisses qui portent le nom de *Villers*, *Villez* ou *Villiers* a eu anciennement son nom écrit de ces trois manières (Le Beurier, Ann. de 1868).

VILLERS, fief à Farceaux, relev. de Bonnemare (Le Beurier).

VILLERS, fief à Fontaine-la-Louvet.

VILLERS, h. de Vascœuil. — *Vilers* (ch. de l'archev. Gauthier).

VILLERS-EN-VEXIN, c°° du c°° d'Étrépagny; fief relev. du Roi; prébende du chapitre de Rouen. — *Vilers*, 1237 (cart. de Saint-Amand). — *Wilers in Vulcasino* (p. d'Eudes Rigaud). — *Villaræ in Vulcassino Normanno*, 1373 (ch. de Charles V). — *Villiers-en-Veuquesin*, 1419 (aveu de l'abbé de Conches).

VILLERS-PRÈS-LA-BARRE, fief, 1562; paroisse réunie à la Barre en 1792. — *Villaria* (pouillé d'Évreux). — *Villiers*, 1562 (arrière-ban). — *Villers-jouxte-la-Barre*, 1700, 1767 (dépt de l'élect. de Conches).

VILLERS, QUITOS et SOTTEVILLE, unis en un plein fief relev. du comté d'Évreux (Le Beurier).

VILLERS-SUR-LE-ROULE, c°° du c°° de Gaillon; fief relev. de Tosny. — *Vilers super le Rolle*, xii° s° (ch. de la Noë). — *Vileriæ*, xii° s° (L. Dubois). — *Villiers*, 1291 (livre des jurés de Saint-Ouen). — *Villaris Villa* (ch. de Roger Ier de Tosny). — *Villiers-sur-le-Roule*, 1419 (dénombr. des biens de l'abb. de Conches). — *Villères*, 1498 (Léopold Delisle). — *Villeria supra Rotulum* (p. d'Évreux). — *Fillez-sur-le-Roule*, 1792 (liste des émigrés).

VILLETTE, fief à Panilleuse.

VILLETTE (FIEF ET PORTE MANIÈRE DE LA), à Louviers, et canal de 1,236 mètres. — *Villeta*, 1228 (dom Luc d'Achéry, Spicilegium). — *Villata*, 1246 (reg. visit.). — *Villettes*, 1810 (annuaire).

VILLETTE (LA), h. de Blandey, auj. réuni à Roman.

VILLETTE (LA), h. de Boissy-Lamberville.

VILLETTE (LA), h. de Charnelles.— *Vileta*, 1208 (L.P.).

VILLETTE (LA), h. de Gisay.

VILLETTE (LA), fief à Muids.

VILLETTES, c°° du c°° du Neubourg; qt de fief relev. du

Eure.

comté d'Évreux, 1454. — *Villetes*, 1212 (ch. de Saint-Étienne de Renneville). — *Veillaites*, 1225 (ch. de Louis VIII). — *Viellectes*, 1386 (arch. de la Seine-Inf.). — *Veillettes*, 1454; *Wulletes* (L.P.). — *Villectes*, xv° s° (dén. de la vic. de Conches). — *Villettes-Criquetot*, 1828 (L. Dubois).

VILLEZ-CHAMP-DOMINEL, c°° du c°° de Damville, formée, en 1846, de la réunion de Champ-Dominel et de Villez-sur-Damville.

VILLEZ-SOUS-BAILLEUL, c°° du c°° de Vernon. — *Villare*, vers 999 (ch. de Richard II). — *Villers-sous-Bailleul*, 1561 (arch. de la Seine-Inf.). — *Saint-Pierre-du-Port-de-Villez*, 1638 (Vie de saint Adjutor). — *Villez-sur-Grace*, 1785 (authentiques de l'Église d'Acquigny). — *Villez-sous-Grace*, 1866 (annonces judiciaires).

VILLEZ-SUR-DAMVILLE, c°° réunie à Champ-Dominel, en 1846, sous le nom de *Villez-Champ-Dominel*. — *Vilers* (roman de Rou). — *Vilers*, xii° s° (ch. d'Hylarie, abb. de Saint-Sauveur). — *Vileriæ*, 1255; *Villaræ*, 1273 (ch. de Lyre). — *Villiers*, 1292 (L. P.) — *Villers*, 1411 (ch. de Lyre). — *Villée-sur-Iton*, 1722 (Masseville). — *Villez-sur-Dauville*, 1765 (géogr. de Dumoulin).

VILLEZ-SUR-LE-NEUBOURG, c°° du c°° du Neubourg; anc. château fort. — *Villaræ*, 1271 (M. R.). — *Villaria* (p. d'Évreux). — *Villiers*, 1523 (Recherche de la noblesse); 1562 (arrière-ban). — *Villez-sous-le-Neubourg*, 1782 (Dict. des postes).

VILLEZ (SUR LE NEUBOURG), sergenterie comprenant 9 paroisses de l'élection de Conches.

VILLIERS-EN-DÉSOEUVRE, c°° du c°° de Pacy. — *Villaria in Diane Sylva*, 1225 (arch. de l'Eure). — *Villers-en-Daim-Sèvre*, 1456 (Arch. nat.). — *Villés-en-Dessœuvre*, 1602 (arch. de l'Eure). — *Villers-en-Dessœuvre*, 1722 (Masseville). — *Villiers-en-Déserve*, 1782 (Dict. des postes). — *Villiers-en-Dessœuvre* (dict. d'Expilly) et 1828 (L. Dubois).

VILNAISE (LA), lieu-dit à Lyons-la-Forêt.

VILTIÈRES (LES), h. de la Trinité-du-Mesnil-Josselin.

VIMONDIÈRE (LA), h. de Broglie.

VIMONDIÈRE (LA), h. de Grand-Camp.

VINAIGRETTE (LA), lieu-dit à Cahaignes.

VINEA-DUELLI, vigne à Gaillon, 1253 (cart. du Bec).

VIOLETTE (LA), m°° isolée, à Miserey.

VIOLETTES (LES), lieu-dit à Saint-Marcel.

VIPOIGNANT, fief voisin et relev. de Pont-Authou.

VIQUEMARE, h. de Giverville.

VIQUESNEL (LE), h. de Routot.

VIRETERIE (LA), h. de Saint-Aubin-le-Guichard.

VINOLAY, huit° de fief voisin et relev. de Sacquenville, 1419 (L. P.).

30

VIROLET, fief à Manthelon, relev. de Condé-sur-Iton. — *Voruleta?* vers 1380 (Bibl. nat.).

VIROLET, fief et h. de Saint-Marcel. — *Viroletum*, 1280 (cart. normand).

VIRONVAY, c⁰ᵉ du c⁰ⁿ de Louviers; fief. — *Vironveyum* (2ᵉ pouillé d'Évreux). — *Vironvei*, 1365; *Vironvai*, 1512 (arch. de l'Eure). — *Vironnay*, 1631 (Tassin, Plans et profilz) et 1722 (Masseville).

VIRONVAY, demi-fief à Martainville-en-Lieuvin, relev. de Pont-Audemer. — *Vironvoi*, 1453 (L. P.).

VISENEUIL, h. de Bezu-la-Forêt. — *Vizenay* (arch. de la Seine-Inf.).

VIS-PASIÈRE (LA), h. de la Harengère.

VISSEULLE (LA), f. à Saint-Aubin-du-Thenney.

VITECOQ (VALLÉE DE), au Bec. — *Vittequot, Witecoc* (La Roque).

VITOT, c⁰ⁿ du c⁰ⁿ du Neubourg; demi-fief relevant du Neubourg, 1448 (L. P.). — *Guitot* (O. V.). — *Witot*, 1234 (bulle de Grégoire IX). — *Vitol*, 1307 (olim). — *Victot* (La Roque). — *Vittot*, 1722 (Masseville) et 1782 (Dict. des postes).

VITOTEL, c⁰ᵉ réunie à Vitot en 1844; fief; prévôté au XVIᵉ siècle; anc. démembrement de Vitot. — *Witotel*, 1210 (cart. du chap. d'Évreux). — *Witotellum*, 1210 (ch. de Luc, évêque d'Évreux). — *Vitotellum* (pouillé d'Évreux). — *Vitocel*, 1307 (olim). — *Vitotet*, 1469 (monstre). — *Vitotelhum* (2ᵉ pouillé d'Évreux). — *Virtotel*, 1532 (aveu de Suzanne de Bourbon).

VITOTIÈRE (LA), vavass. à Launay, 1562 (arrière-ban). — *Withotiera*, v. 1195 (ch. de Garin, év. d'Évreux).

VITROUILLÈRE (LA), h. de la Chapelle-Gauthier.

VIVE-ALOUETTE (LE), lieu-dit à Autheuil.

VIVES-TERRES (LES), lieu-dit à Cailly-sur-Eure.

VIVE-TERRE (LA), lieu-dit à Venables.

VIVIER (LE), h. de Bosbénard-Crescy.

VIVIER (LE), domaine à Brionne.

VIVIER (LE), plein fief à Garennes, relev. d'Ivry, 1456 (L. P.).

VIVIER (LE), h. de Manneville-la-Raoult.

VIVIER (LE), h. de Saint-Germain-Village.

VIVIER (LE), h. de Saint-Mards-de-Blacarville.

VIVIER (LE), h. de Saint-Martin-la-Corneille, auj. *la Saussaye.*

VIVIER (LE), f. à Saint-Ouen-des-Champs.

VIVIER-D'ANDELY (LE), fief relev. du Roi, aux Andelys.

VIVIERS (LES), h. d'Ambenay.

VIVIERS (LES), h. de Moisville.

VOIE-BLANCHE (LA), h. et côte très-raide à Léry. — *Albe-Vie* (cart. de Bonport).

VOIE-MAINE (LA), chemin à Criquebeuf-sur-Seine.

VOIE-PERCÉE (LA), lieu-dit à la Neuville-du-Bosc.

VOIES (LES), assemblage de plusieurs vieux chemins, grands et fort creux près de la Tourdisière, à Sainte-Opportune-du-Bosc (Thaurin).

VOIGNARD, fief à Criquebeuf-sur-Seine, relev. du Mesnil-Jourdain. — *Boignart* (P. Goujon).

VOIRI (LE), lieu-dit à Écos.

VOISCREVILLE, c⁰ᵉ du c⁰ⁿ de Bourgtheroulde; fief. — *Voecreville* (inv. de l'abb. du Bec). — *Valligervilla* (p. d'Eudes Rigaud). — *Vaicrevilla* (p. de Raoul Roussel). — *Walcheri Villa, Vouecreville* (Toussaint Du Plessis).

VOISINERIE (LA), h. de Campigny.

VOISINET (LE), h. de Breux et fief. — *Les Voisinets*, 1643 (Charpillon et Caresme).

VOISINIÈRE (LA), h. des Jonquerets.

VOISINIÈRE (LA), h. de Saint-Léger-sur-Bonneville.

VOISNARD (LE), f. à Saint-Nicolas-du-Bosc-l'Abbé.

VOIX-DU-PONT (LA), m⁰ⁿ à Venables.

VOLARDIÈRE (LA), h. de Serquigny.

VORILLONNERIE (LA), h. de Condé-sur-Risle.

VORINS (LES), h. de Saint-Germain-de-Pasquier.

VOUROUX (LE), h. partagé entre Bezu-la-Forêt et Morgny.

VOYE (LA), h. de Saint-Pierre-des-Ifs.

VRADIÈRE (LA), h. des Jonquerets.

VRAIVILLE, c⁰ᵉ du c⁰ⁿ d'Amfreville; pl. fief. — *Ebrardi, Evrardi Villa*, 1014 (ch. de Richard II). — *Vraville*, 1291 (livre des jurés de Saint-Ouen). — *Evravilla*, v. 1380 (Bibl. nat.). — *Veuyville*, 1631 (Tassin, Plans et profilz). — *Vrayville et Urayville*, 1754 (Dict. des postes).

VUY, q¹ de fief de la sergenterie du Roumois, 1558, 1697.

Y

YAUMES (LES), h. de Saint-Étienne-sous-Bailleul.

YELON, h. de Fourmetot.

YETTES (LES), lieu-dit à Gauciel.

YTOT, h. et fief à Écaquelon, 1256.

Z

ZÈBLES (LES), lieu-dit à Farceaux.

ZULÉES (LES), lieu-dit au Cormier.

TABLE DES FORMES ANCIENNES.

Andele. *Andelle; Andely (île d').*

Andelegum; Andeleium. Andeleium Vetus. *Andely (Le Grand-).*

Andeleium Novum. *Andely (Le Petit-).*

Andeleius fluvius. *Andelle.*

Andelenis; Andeli; Andelia; Andeliacum. *Andely (Le Grand-).*

Andeliacum Novum; Andeliacus Junior; Andeliacus vocatus la Couture. *Andely (Le Petit-).*

Andeliacus. *Andely (Île d').*

Andeliacus; Andeliacus Senior. *Andely (Le Grand-).*

Andeli-le-Val; Andelis; Andelium; *Andely (Le Grand-).*

Andelius fluvius. *Andelle.*

Andella. *Andelle.*

Andely (Île d'). *Contant, île de la Seine.*

Andely (Vieel). *Andely (Le Grand-).*

Andely-la-Coulture; Andely-la-Couture. *Couture (La).*

Andely-la-Cousture; Andely-le-Jeune; Andely-sur-Seine. *Andely (Le Petit-).*

Andelys (les). *Andely (Le Grand-).*

Andesla. *Andelle.*

Andilly (Les deux). *Andelys (Les).*

Androlles. *Annerole.*

Anffrevilla. *Amfreville-la-Campagne.*

Anffreville. *Amfreville-la-Campagne; Amfreville-sur-Iton.*

Anfredi Villa ; Anfreivilla subter Monte; Anfresvilla. *Amfreville-sous-les-Monts.*

Anfrevilla. *Amfreville.*

Anfrevilla in Campania. *Amfreville-la-Campagne.*

Anfrevilla super Iton. *Amfreville-sur-Iton.*

Anfreville; Anfreville-la-Campagne; Anfreville-la-Champaigne. *Amfreville-la-Campagne.*

Anfreville-les-Monts; Anfreville-sur-les-Monts. *Amfreville-sous-les-Monts.*

Angeria. *Angerais.*

Angerivilla; Angervilla. *Angreville.*

Angiervilla. *Angerville-la-Campagne.*

Angleville. *Aigleville.*

Angovilla; Angoville-en-Roumois. *Angoville.*

Anguervilla. *Angerville-la-Rivière.*

Anisey. *Hennezie.*

Annabattum; Annebaut-sur-Rile; Annebaux. *Annebaut.*

Annellum. *Aulnay.*

Anschelivilla; Anschitvilla. *Saint-Siméon.*

Anseredi. *Bois-Anzeray.*

Ausereville; Anseréville. *Saint-Mards-sur-Risle.*

Ansfredivilla. *Amfreville-la-Campagne.*

Ansgervilla. *Angerville-la-Campagne; Angreville.*

Ansgotivilla; Ansgovilla; Ansgoville. *Angoville.*

Antenay (La paroisse de Notre-Dame d'). *Authenay.*

Anticium; Antis. *Antils.*

Antonel. *Authou.*

Antouile. *Authouillet.*

Anzeréville. *Saint-Mards-sur-Risle.*

Apevilla; Apivilla. *Appeville.*

Apletot. *Appetot.*

Apostelière (L'). *Potellière (La).*

Appevilla. *Appeville.*

Aprilaium; Aprileyum; Apriliacum; Apriliacus. *Avrilly.*

Aptot. *Appetot.*

Aquavilla (Beata Maria de). *Aigleville.*

Aquegny. *Acquigny.*

Aquevilla (S. Lucianus de). *Hacqueville.*

Aquigne; Aquigneium; Aquigni; Aquignies (Pagus de); Acquigny. *Acquigny.*

Aquilavilla; Aquilevilla. *Aigleville.*

Aquineium; Aquiney; Aquiniacum; Aquiniacus; Aquinieium; Aquinneium. *Acquigny.*

Aragon (Ruelle d'). *Hasoy (Le Bourbois du).*

Arbero; Arbrot. *Arbreau (L').*

Arc (Fief de l'). *Bosc-Buisson (Le).*

Arcæ Elburovicum. *Pont-de-l'Arche.*

Arcanchy ; Arcancy; Archenceium; Archenchium. *Harquency.*

Arche; Archeium. *Arches (Les).*

Archinneium. *Acquigny.*

Archives (Tour des). *Prisonnier (Tour du).*

Arclou. *Aclou.*

Ardencourt. *Hardencourt.*

Ardura. *Eure, rivière.*

Arequency. *Harquency.*

Argelonne. *Argeronne.*

Argentie. *Argences.*

Arguenchie. *Harquency.*

Arguillères (Les). *Argillières (Porte des).*

Armentariæ. *Armentières.*

Armercort. *Amécourt.*

Arnaud. *Regnauld-du-Bois.*

Arnoulet. *Renoulet.*

Arpentigny. *Repentigny.*

Arquécourt. *Requiécourt.*

Arquenceium ; Arquencey; Arquenci; Arquenciacum; Arquency; Arquensi. *Harquency.*

Arracheville. *Hacqueville.*

Arragonne. *Aragon (Ruelle d').*

Arsancy. *Harquency.*

Arseville. *Azeville.*

Arva; Arvæ fluvius; Arve. *Avre.*

Arvollus (Les) ; Arvolus. *Ervolus (Les).*

Arvre. *Avre.*

Arx Pontis. *Pont-de-l'Arche.*

Ascheivilla. *Herqueville.*

Asdans. *Damps (Les).*

Asiacum. *Ezy.*

Asiacus. *Aizier.*

Asinariæ. *Arnières.*

Asjou. *Ajou.*

Aslevilla. *Hauville-en-Roumois.*

Asnères. *Arnières ; Asnières; Asnières (Saint-Jean-d').*

Asneriæ. *Arnières ; Asnières.*

Asnerie. *Asnières (Saint-Jean-d').*

Asnerolles. *Androlles ; Annerole.*

Asnières. *Arnières ; Saint-Gervais-d'Asnières ; Saint-Jean-d'Asnières.*

Aspera Villa. *Épréville-la-Campagne.*

Aspervilla. *Épréville-en-Roumois.*

Asprevilla. *Épréville-près-le-Neubourg.*

Aspreville. *Épréville-la-Campagne.*

Assoville. *Azeville.*

Assiacus. *Aizier.*

Assineria. *Arnières.*

Asvilla. *Hauville-en-Roumois.*

Asy; Asyacus. *Aizier.*

Atees. *Attez ; Saint-Ouen-d'Attez.*

Ateie; Ateiz; Athees; Atheis; Athez. *Attez.*

Atheis (De). *Saint-Nicolas-d'Attez.*

Atyes. *Attez.*

Aubdura. *Eure, rivière.*

Aubernaium. *Auvergny.*

Aubeuf. *Daubeuf-près-Vattoville.*

Auboveia; Aubevia; Aubevoie; Aubvoye. *Aubevoye.*

Auctura; Audura. *Eure, rivière.*

Audroietz; Au Drouais. *Audrouais.*

Aufay. *Fay (Le).*

Auffrand; Auffrand; Aufran; Aufren. *Aufrand (L').*

Augerans (Les). *Augerons (Les).*

Augerons (Saint-Aquilin de); Augerum; Augerun. *Saint-Aquilin-d'Augerons.*

Aula Coquereti. *Salle-Coquerel (La).*

Aulerci Eburovices, *Évreux (Diocèse d').*

Aulnay-en-Ouche. *Launay-Bigards.*

Aulnay-sous-Risle (L'). *Aunay-Bellet* (*L'*).
Aumanville. *Omonville*.
Aumei. *Osmoy*.
Aumenecort. *Amécourt*.
Aumesnil. *Dampsmesnil*.
Aumonville. *Omonville*.
Aunai-sur-Iton. *Aulnay*.
Aunette (L'). *Aunaye* (*L'*).
Aunisey. *Hennezis*.
Aunoi. *Aulnay*.
Aupegart (Saint-Richier de). *Épégard*.
Aupenaie; Aupenais; Aupenaye. *Ampenois*.
Aupenies. *Ampenois; Openes*.
Aupenois; Aupenoye. *Ampenois*.
Auppegardus. *Épégard*.
Aure. *Avre*.
Aureæ Valles. *Orvaux*.
Auriniacum. *Origny*.
Auspergard. *Épégard*.
Autaverne; Autavesna; Aute-Avesne. *Authevernes*.
Automarre. *Aumare*.
Autenay. *Authenay*.
Autavergne; Auteverne; Autevesne; Autevesnes. *Authevernes*.
Autheil. *Auteuil*.
Autheuel; Autheuil-sur-Eure; Autheul. *Autheuil*.
Authevernes (Fort d'). *Chaumont*.
Authieulx, *Authieux-sous-Barquet* (*Les*).
Authieux (Les); Authieux-Teurtré (Les). *Authieux* (*Les*).
Autholatum. *Authouillet*.
Authomara. *Hectomare*.
Authouillet. *Authouillet*.
Authura; Authuræ fluvius. *Eure*, rivière.
Auticio (De); Autils; Autis (De). *Saint-Pierre-d'Autils*.
Autix. *Autils*.
Autoel; Autois; Autolium. *Autheuil*.
Auton; Autone; Autonel; Autonelium; Autouel; Autouel (S. Albinus de); Au Tout. *Authou*.
Autrebod. *Autrebosc*.
Autuilium; Autuleium; Autulium. *Autheuil*.
Autuliolum; Autulleium. *Authouillet*.
Autura. *Eure*, rivière.
Auvergney. *Auvergny*.
Auvergny. *Auvergny; Bigars*.
Auvernagium; Auvernay; Auvernayum; Auverny. *Auvergny*.
Auvilcirs. *Auvillers*.
Auviers; Auvillers. *Villard*.
Auvilliers. *Abbeville*.

Avene; Aveney; Aveni. *Aveny*.
Avergnaium; Averny. *Auvergny*.
Averilleium. *Avrilly*.
Avirun. *Aviron*.
Avra. *Avre*.
Avranches (Chapelle d'). *Saint-Ursin*.
Avriliey; Avrilleium; Avrilli-Groban; Avrily. *Avrilly*.
Avyron. *Aviron*.
Aymecourt. *Amécourt*.
Aysiacus. *Aizier*.
Azeville. *Asseville*.

B

Baale. *Baalle*.
Baali. *Bailly*.
Baalines. *Bdlines*.
Baalle; Baalli. *Bailly*.
Baasle (Le). *Boesle* (*Le*).
Baavilla. *Basville-en-Roumois*.
Baccivilla. *Bacqueville*.
Bacepiz; Bachepoiz; Bachepuiz; Bachepuz; Bachiputeus. *Bacquepuis*.
Bacivum. *Bezu*.
Bacivum inferius. *Bezu; Bezu-le-Long*.
Bacivum superius. *Bezu; Bezu-le-Long; Saint-Éloi-près-Gisors*.
Bacivus superior et subterior. *Bezu*.
Bacovilia. *Bacqueville*.
Bacpuis; Bacquepie; Bacquepuiz. *Bacquepuis*.
Bacqueville-en-Vexin. *Bacqueville*.
Bacqueville-la-Chaume-en-Vexin (Forêt de). *Bacqueville* (*Forêt de*).
Bagalunda; Bagelonda; Bagelunda; Bagelunda vetus; Bagland; Baglande. *Baguelande* (*La*).
Bailleul. *Clerre*.
Bailleul-près-Saint-André; Bailliol; Baillol; Baillolium. *Bailleul-la-Campagne*.
Bailloil; Bailleul. *Bailleul-la-Vallée*.
Bailoil. *Bailleul-la-Campagne*.
Bakepuid; Bakepuis; Bakepuiz. *Bacquepuis*.
Balbericus; Balbretum. *Beaubray*.
Balchius; Balcius. *Baux* (*Les*).
Baldacha. *Bouafles*.
Baldemons. *Baudemont*.
Baliola villa. *Bailleul-la-Vallée*.
Baliolum. *Saint-Pierre-de-Bailleul*.
Baliolus. *Bailleul-la-Vallée*.
Balleul; Balliolum. *Bailleul-la-Campagne*.
Ballolium. *Bailleul-la-Vallée; Saint-Pierre-de-Bailleul*.
Ballolum. *Saint-Pierre-de-Bailleul*.

Baltius. *Baux* (*Les*).
Balynes-la-Turgère (Notre-Dame-de-). *Bdlines*.
Banes blancs. *Marais-Vernier* (*Le*).
Banescrot. *Vanpscrocq*.
Banteleu. *Banquelu*.
Bapeaume. *Bapaume* (*Vallon de*).
Baquepuiz. *Bacquepuis*.
Barangeville-la-Campagne. *Bérengeville-la-Campagne*.
Barc-en-Familie. *Barc*.
Barcet, Barchet. *Barquet*.
Barchus; Barcum; Barcus. *Barc*.
Bargus. *Bourth*.
Barilli; Barilz; Bariz. *Barils* (*Les*).
Barket. *Barquet*.
Barnevilla. *Barneville-sur-Seine*.
Barquetz. *Barquet*.
Barra. *Barre* (*La*).
Barre (La). *Maugère* (*La*).
Barre de Nogon l'Escuirie (La); Barres, Haute et Basse (Les). *Barre* (*La*).
Bart (Saint-Crespin-de-). *Barc*.
Bartouville. *Berthouville*.
Barvilla; Barville-en-Lieuvin. *Barville*.
Basbours (Les). *Saint-Germain-de-Paulbourg*.
Bascavilla; Bascevilla; Basceville; Bascherville; Baschevilla; Bascheville; Baschitvilla. *Bacqueville*.
Basincort; Basincuria. *Bazincourt*.
Baslinæ; Baslynes; Baslynnes-lez-Verneuil. *Bdlines*.
Basoches; Basoquiæ. *Bazoques*.
Basquepuis. *Bacquepuis*.
Basquetz. *Barquet*.
Basquevilla; Basqueville-jouxte-Ecouis. *Bacqueville*.
Basse-Crémanville (La). *Basse-Cremenville* (*La*).
Bastignie; Bastiniacus; Batigny. *Bastigny*.
Bauberay; Bauberé. *Beaubray*.
Bauchant. *Beauchamp*.
Baucherville. *Boscherville*.
Baucie; Baucie Bretolii; Baucis (Sanctus Christophorus dé). *Baux-de-Breteuil* (*Les*).
Baucius. *Baux* (*Les*).
Baudemunt. *Baudemont*.
Baugeois. *Bosc-Jouas*.
Baumontium. *Beaumont-le-Roger*.
Baus-de-Sainte-Croix. *Baux-Sainte-Croix* (*La*).
Bauvereyum. *Vauvray*.
Baux-de-Longuemare. *Baux-de-Breteuil* (*Les*).

Boscus Geraldi. *Bosc-Groult.*
Boscus Gerardi. *Bosc-Guerard (Le).*
Boscus Geroldi. *Bosc-Guéroult.*
Boscus Gheroudi. *Bosc-Groult; Bois-Héroult.*
Boscus Girardi. *Bosc-Guérard (Le).*
Boscus Girelmi. *Bois-Jérôme-Saint-Ouen.*
Boscus Goet: Boscus Gohiet; Boscus Goieth. *Bosgouet.*
Boscus Gueroudi. *Bosc-Guéroult.*
Boscus Gyraldi. *Bosc-Guerard (Le).*
Boscus Hairaldi; Boscus Haricuriæ; Boscus Harout. *Bois-Héroult.*
Boscus Heberti. *Bois-Hebert.*
Boscus Helloini ; Boscus Hellouyn. *Bois-Hellain.*
Boscus Huberti. *Bois-Hubert.*
Boscus Hubout. *Boishibout (Le).*
Boscus Hugonis. *Boshion (Le).*
Boscus Jencelini; Boscus Joscelini. *Saint-Sébastien-du-Bois-Gencelin.*
Boscus Longus. *Bouquelon.*
Boscus Mahiardi ; Boscus Mahiart. *Bois-Maillard.*
Boscus Milonis. *Boismilon.*
Boscus Morel. *Bosc-Morel.*
Boscus Morin. *Bois-Morin (Le).*
Boscus Neirun; Boscus Neronis. *Bois-Néron.*
Boscus Normandi. *Bos-Normand.*
Boscus Normanni. *Bois-Normand-la-Campagne ; Bois-Normand-près-Lyre ; Bos-Normand.*
Boscus Novel. *Bois-Nouvel.*
Boscus Pontal. *Bois-Penthou.*
Boscus Rabel. *Rabel.*
Boscus Raillatus. *Bourlier (Le).*
Boscus Regnoldi. *Bosc-Renoult-en-Ouche.*
Boscus Reinoldi. *Bois-Arnault.*
Boscus Renoldi ; Boscus Renoudi. *Bosc-Renoult-en-Ouche.*
Boscus Ricardi. *Bosc-Ricard.*
Boscus Roberti. *Bosc-Robert; Bosrobert.*
Boscus Rogeri. *Bosc-Roger-en-Roumois; Bosc-Roger-sur-Eure.*
Boscus Rogerii. *Bosc-Roger-sous-Bacquet (Le).*
Boscus Turstini. *Bois-Toustain (Saint-Ouen-du-).*
Bosemont; Bosemunt. *Boisemont.*
Bosevilla. *Beuzeville.*
Bos-Gencelin. *Saint-Sébastien-du-Bois-Gencelin.*
Bosghuon. *Boshion (Le).*
Bos-Guérard. *Bosc-Guérard (Le).*

Bosguerard-de-Marcouville. *Monts (Les) ; Marcouville-en-Roumois ; Saint-Denis-du-Bosguerard.*
Bosguerard-en-Roumois. *Saint-Denis-du-Bosguerard.*
Bosguerout. *Bosc-Groult.*
Bosheroult. *Bois-Héroult.*
Boshubert. *Bois-Hubert.*
Bosmorel; Bosmorct. *Bosc-Morel.*
Bosnacus. *Boisney.*
Bos Normant. *Bos-Normand.*
Bosquelon. *Bouquelon.*
Bosquencey. *Bocquencey.*
Bos-Rault. *Bauros.*
Bos-Renolt. *Bosc-Regnoult-en-Roumois.*
Bosrobert-en-Ouche. *Bosrobert.*
Bos-Rogier. *Bosc-Roger-en-Roumois.*
Bossaie (La). *Boessaie (La).*
Bossaium. *Boussey.*
Bossefere. *Bosférey.*
Bosscium. *Boisset-le-Châtel.*
Bosseix. *Boissy-Lamberville.*
Bossey-le-Châtel. *Boisset-le-Châtel.*
Bost. *Bosc (Le).*
Bostereaux (Les). *Bottereaux (Les).*
Bosyart. *Bosc-Giard (Le).*
Botavant; Bote Avant. *Boutavant.*
Boterals; Boterelli. *Bottereaux (Les).*
Botonis Curtis. *Boncourt.*
Bottereaux (Les Petits). *Haie-de-Lucey (La).*
Botterraux. *Bottereaux (Les).*
Bouaffe; Bouaffle; Bouafle en Vexin. *Bouafles.*
Bouaissemont. *Boisemont.*
Boucachard; Bouc-Achart; Boucachart. *Bourg-Achard.*
Boucé; Bouceium; Boucey. *Boussey.*
Bouchelon. *Bouquelon.*
Boucherviller; Boucheviler; Bouchevillare. *Douchevilliers.*
Boucque (Le). *Bouc (Le).*
Boudart. *Saint-Cler.*
Bouesnay; Bonesney. *Doisney.*
Bouessay-le-Chastel ; Bouessoy-le-Chastel. *Boisset-le-Châtel.*
Bouesset-Hanequin; Bouesset-Hennequin. *Boisset-Hennequin.*
Boufei; Boufey; Bouffé; Bouffei. *Boufey.*
Bougi-sur-Rile. *Bougy.*
Bougthouroude. *Bourgtheroulde.*
Bouissy. *Boissy-Lamberville.*
Bouketot. *Bouquetot.*
Boulay-Bethong. *Boulay-Bethan (Le).*
Boulei-Morin (Le). *Boulay-Morin (Le).*
Bouley-Bétenc. *Boulay-Bethan (Le).*
Bouleyum Morini. *Boulay-Morin (Le).*

Boulley (Le). *Boulay (Le).*
Boulley-Morin. *Boulay-Morin (Le).*
Boultroude (Le). *Bourgtheroulde.*
Bouoysset. *Boissy-sur-Damville.*
Bouqachard. *Bourg-Achard.*
Bourbaudoin. *Bourg-Beaudouin.*
Bourbon-lez-Gaillon. *Bourbon (Chartreuse de).*
Boureachard; Bourcachart. *Bourg-Achard.*
Bourctheroude. *Bourgtheroulde.*
Bourdeny; Bourdigneium. *Bordigny.*
Bourderie (La). *Bénouderie (La).*
Bouretheroude ; Bourethouroude. *Bourgtheroulde.*
Bourg-Achard. *Bourg-Achard.*
Bourg-Baudouin. *Bourg-Beaudouin.*
Bourg-Chassard. *Bourg-Achard.*
Bourgont; Bourgoult. *Bourgout.*
Bourgoursel. *Bosc-Oursel.*
Bourgtheuroude ; Bourgthouroude ; Bourgtouroude. *Bourgtheroulde.*
Bourjoio. *Bourjojo (Le).*
Bourneboz. *Bonnebosc.*
Bournevilla. *Bourneville.*
Bourneville. *Bonneville-Appetot; Bourneville.*
Boursus. *Bourg-Dessus (Le).*
Bourteroude; Bourtheroude; Bourthouroude. *Bourgtheroulde.*
Bousquentin. *Bosquenti.*
Boussi. *Boussey.*
Bouteille (Chanoine). *Bouteille (Le bois de la).*
Bouteroude ; Boutheronde ; Boutroude. *Bourgtheroulde.*
Bouyon. *Boshion (Le).*
Boycard. *Bouycart.*
Braetot; Braietot. *Brestot.*
Braium. *Bray.*
Brancherville. *Boscherville.*
Branvilla. *Branville.*
Bras forcé de Verneuil. *Iton (Bras forcé de l').*
Brauville. *Brosville.*
Bray-la-Champagne. *Bray.*
Brecinum. *Évrecin.*
Brecaria; Breecort. *Brécourt.*
Brecl. *Breux.*
Breellant. *Saint-Denis-du-Béhéian.*
Breellent. *Béhélan.*
Breencort. *Brécourt.*
Breetot. *Brestot.*
Breherlant. *Béhélan.*
Breietot; Breilot. *Brestot.*
Bremecort. *Bémécourt.*
Bremul; Bremula; Brémule; Bremulia. *Brémulle.*

Brenaicum. *Bernay.*
Brenmula. *Brémulle.*
Brenon. *Amel ou le Hamel.*
Brcolium. *Breux.*
Bretagniollœ; Bretaignolles; Breteignoolles. *Bretagnolles.*
Bretolium. *Breteuil.*
Bretenci; Bretoncis; Breteni; Bretenis. *Bretigny.*
Bretenonville; Bretenouvilla; Bretenonville. *Berthenonville.*
Bretesca; Bretesche (La); Bretesque. *Bretêche (La).*
Breteugnollez. *Bretagnolles.*
Breteuil (Le Bras forcé de). *Iton (Bras forcé de l’).*
Breteufl-sur-Iton; Breteul. *Breteuil.*
Bretevis. *Bretigny.*
Bretheche (La). *Bretêche (La).*
Bretheieul. *Breteuil.*
Brethenis. *Bretigny.*
Bretheueil; Bretheuil; Bretheul; Brethoil; Bretholium. *Breteuil.*
Brethonerie. *Bretonnerie (La).*
Brethueuil; Brethueul. *Breteuil.*
Bretigniollœ; Bretignolles. *Bretagnolles.*
Bretigny (Le Petit). *Berthouville.*
Bretingnolles; Bretoignollæ. *Bretagnolles.*
Bretolium; Bretolium in Neustria. *Breteuil.*
Bretonnœ. *Brotonne, forêt du Roumois.*
Bretonnie (La). *Bretonnerie (La).*
Bretot. *Brestot.*
Brettonvilla. *Berthenonville.*
Bretueil; Brotuel. *Breteuil.*
Breucoart. *Brécourt.*
Breuil-de-Pont. *Breuilpont.*
Breuilpont. *Neaufle; Saint-Chéron.*
Breul-de-Pont. *Breuilpont.*
Bréviaire (La). *Breviaire (Le).*
Breviodurum. *Pont-Audemer; Pont-Authon.*
Breviodurum. *Brionne.*
Brezais. *Brazais.*
Briencourt. *Brécourt.*
Brictot. *Brestot.*
Brioux. *Breux.*
Brinnacus in pago Ebricino. *Brenai.*
Brinon. *Amel ou le Hamel.*
Briocus; Briognia; Briognium; Brioisnum; Briona; Brionia; Brionium; Brionna; Brionnia; Briorna; Briosne; Briosnia; Briothna. *Brionne.*
Bristollium; Brithol; Britholium; Brithulium; Britoille. *Breteuil.*

Britoisel. *Bricoisel.*
Britolium. *Breteuil.*
Britona. *Brionne.*
Britonis Villa (Sancta Bova de). *Berthenonville.*
Brittol; Brittolliam; Britulium; Britullum. *Breteuil.*
Broarderière. *Broudières (Les).*
Brochvilla. *Brosville.*
Brocia. *Brosse (La).*
Brocs-Bœufs (Les). *Broquebœuf.*
Brocvilla. *Brosville.*
Brocsnais. *Boisney.*
Broevilla; Brocville. *Brosville.*
Broeyse. *Brozay ou Brozei.*
Brogli. *Broglie.*
Broglie. *Milley.*
Broglie ou Chambrais. *Chambrais.*
Broherlant. *Béhélan; Saint-Denis-du-Béhélan.*
Broillat. *Brouillard (Le).*
Brolard. *Brouillard (Le).*
Brolatum. *Breuil (Le).*
Brolii. *Breux.*
Brolio (Sancta Maria de); Brolio Benedicti (Beata Maria de); Brolium. *Breuil-Benoit (Le).*
Brolium Benedicti. *Breuil-Benoit (Le). Notre-Dame-du-Breuil-Benoît.*
Brolium Gauberti. *Breuil (Le).*
Brolium Orrici. *Breuil-Ulrique.*
Brolium Pontis. *Breuilpont.*
Brolium Ulrici. *Breuil-Ulrique.*
Brollat. *Brouillard (Le).*
Brollium. *Breuil-Benoît (Le).*
Bromesnil (Saint-Nicolaux-de-). *Bromesnil.*
Broovilla. *Brosville.*
Broscia. *Brosse (La).*
Brosiatum. *Brouillard (Le).*
Brossay-le-Chastel. *Boisset-le-Châtel.*
Brothome; Brotona; Brotonia; Brotuna. *Brotonne, forêt du Roumois.*
Broude-Chappon. *Brouette-Chapon (Le).*
Brougout. *Bourgout.*
Brouillards (Fief des). *Boutton.*
Brouillot (Le); Bronlard (Le). *Brouillard (Le).*
Broveila; Brovilla. *Brosville.*
Bruce-Chapon. *Brouette-Chapon (Le).*
Brudepont. *Breuilpont.*
Brusil. *Breux.*
Bruelat. *Brouillard (Le).*
Bruerlant; Bruherlan. *Béhélan.*
Brueul (Le). *Breux.*
Bruionna; Bruonna. *Brionne.*
Brumanière (La). *Bremanière (La).*

Brumulle. *Brémulle.*
Brutamara. *Brettemare.*
Brutepont. *Breuilpont.*
Bruticuria. *Brucourt.*
Brutuillum. *Breteuil.*
Bryognium; Bryonc. *Brionne.*
Bu (Le). *Bus, hameau de Bus-Saint-Remy.*
Buc (Le). *Bosc (Le); Haquenais.*
Bucale. *Bucaille (La).*
Buccetot; Bucetot. *Bouquetot.*
Bucherin. *Buchearin.*
Buchet-Heudeur. *Buchel-Heudéer.*
Buchetot. *Bouquetot.*
Buchon. *Buscherin.*
Bucincurtis. *Bazincourt.*
Buellium; Buellum. *Busil.*
Buesemons; Buesomunt; Buessemont. *Boisemont.*
Buesincort. *Bazincourt.*
Buesville. *Bouzeville.*
Bueuil. *Busil.*
Bufauvel. *Bifauvel.*
Bufferin (Le). *Buchearin.*
Buffeus. *Bouffey.*
Bugeium. *Bougy.*
Buhellenc. *Béhélan.*
Buisson-Ace; Buisson-Asce. *Buisson-Asse (Le).*
Buisson-de-Basqueville (Le). *Buisson (Forêt du).*
Buisson-de-Bernay. *Buisson-Vernet (Le).*
Buisson-d’Osmoy. *Buisson-de-Mai (Le).*
Buisson-Droelin. *Buisson-Garembourg (Le).*
Buisson-Falluc. *Buisson-Fallut (Le).*
Buisson-Garembourt; Buisson-Guérembault. *Buisson-Garembourg (Le).*
Buisson-Hocpin. *Buisson-Amaury.*
Buisson-Hocquepin. *Buisson-Hocpin.*
Buisson ou forêt de Conillafle. *Buisson-Conilafre.*
Buissum de Vernai. *Buisson-Vernet(Le).*
Buivilla. *Beuville; Saint-Thurien.*
Bulgcium. *Bougy.*
Bulgus Balduini. *Bourg-Beaudouin.*
Bulla; Bulle (Fort de). *Bulles.*
Buré. *Burey.*
Buretam; Burey. *Buray.*
Bureyum. *Burey.*
Burgetherodus. *Bourgtheroulde.*
Burgout; Burgundum. *Bourgout.*
Burgus Acardi; Burgus Achardi. *Bourg-Achard.*
Burgus Baldoini. *Bourg-Beaudouin.*
Burgus Escardi; Burgus Eschardi. *Bourg-Achard.*

Burgus Teroudi; Burgus Theroldi; Burgus Theroudi; Burgus Thuroldi; Burgus Torodi; Burgus Toroldi; Burgus Turoldi; Burgus Turoudi. *Bourgtheroulde.*

Burgutum. *Bourgout.*

Burnenvilla. *Bonneville-Appetot; Bournainville.*

Burnevilla. *Bonneville-Appetot; Bonneville-sur-le-Bec; Bourneville; Burneville.*

Burneville. *Bonneville-sur-le-Bec.*

Burnewilla; Burnievilla; Burrevilla: Burrivilla. *Bourneville.*

Burse. *Burce.*

Bus (Le). *Bus, hameau de Bus-Saint-Remy; Bus-Saint-Remy.*

Bus (Notre-Dame de); Bus-Saint-Remy. *Bus.*

Buscalle (La); Buscallia; Buschalia; Buschalle (La). *Bucaille (La).*

Buscheium. *Buchey.*

Buscheron. *Bucheron.*

Buschetum. *Buquet (Le).*

Busc-Rabasse. *Montfort.*

Buscus Rotundus. *Bos-Rôt.*

Busoteria juxta Torbervillam. *Buisson (Le).*

Bussetum. *Boisset-le-Châtel.*

Butavant. *Boutavant.*

Butumei. *Bitumei.*

Buvilla. *Beuville.*

Buxeium. *Boisset-le-Châtel.*

Buxeium et Lambertivilla. *Boissy-Lamberville.*

Buxeria. *Boissière (La).*

Buzevilla. *Beuzeville.*

Bysei. *Bizy.*

C

Caaignes. *Cahaignes.*

Cabaret-du-Gouffre. *Cabaret (Le).*

Cader. *Caer.*

Cadurges. *Caorches.*

Caenhium. *Caugé.*

Cahagnes. *Cahaignes.*

Cahaignolles. *Chaignolles.*

Cahainges; Cahaniæ. *Cahaignes.*

Cahaire. *Caer.*

Caharche; Caharcie. *Caorches.*

Cahengoæ; Cahengnes. *Cahaignes.*

Cahennée (La); Cahennei. *Cahannais (La).*

Cahennes; Cahonnie. *Cahaignes.*

Cahorees. *Caorches.*

Cailleville. *Calleville.*

Cailliacus. *Cailly-sur-Eure.*

Caillool; Caillonnot. *Caillouet.*

Caillouel. *Caillouet; Caillouet-Boscage.*

Caillouelum. *Caillouet.*

Caillouet-Orgeville. *Caillouet; Orgeville.*

Caillouetum. *Caillouet.*

Caillyacus. *Cailly-sur-Eure.*

Caisnedoit. *Chesneduit.*

Caisneium. *Quesnoy (Le).*

Caitivel. *Cheitivel.*

Caldecote. *Caudecotte.*

Calept; Calet; Caleth. *Chalet (Moulin de).*

Caletos. *Calletots (Les).*

Calida Tunica. *Caudecotte.*

Calidus Mons. *Caumont.*

Calleium. *Cailly-sur-Eure.*

Callenge. *Calange (La).*

Calleterie (La). *Catterie (La .*

Calleton. *Valletot.*

Callevilla: Calleville-les-Bois. *Calleville.*

Cailliacus. *Cailly-sur-Eure.*

Calligny. *Caligny.*

Calva Costa. *Caudecotte.*

Calvenaium. *Chavigny.*

Calvervilla. *Cauverville-en-Roumois.*

Calville. *Calleville.*

Calvincourt. *Chauvincourt.*

Calvus Mons. *Caumont.*

Camben; Cambin; Cambinæ; Cambinia. *Chambines.*

Camblaque. *Chamblac (Le).*

Cambrais. *Chambrais.*

Cambray. *Chambrais; Chambray-sur-Eure.*

Cambrest; Cambretium; Cambrinse. *Chambrais.*

Camdominellus. *Champ-Dominel.*

Cameliacum. *Gamilly.*

Camfleur-Courcelles. *Camfleur; Courcelles.*

Cammeragus. *Chambray-sur-Eure.*

Campagne (La). *Authuit; Campagne (Pays de).*

Campagne de Saint-André; Campagne du Neubourg; Campagne-Normande; Campania. *Campagne (Pays de).*

Campania Noviburgensis; Campania Novoburgensis. *Campagne du Neubourg.*

Campeaulz; Campelli. *Champeaur.*

Campenart. *Champenard.*

Campeniacus. *Campigny.*

Campenoli. *Champignolles.*

Campeto. *Champeaur.*

Campevilla. *Canappeville.*

Campflor; Campflour. *Camfleur.*

Camp-Héroult. *Camp-Ezoux (Le).*

Campigneium; Campigueyum; Campigniacum; Campigny-sur-Vérone; Campiniacus. *Campigny.*

Campi Sorel. *Camp-Sorel (Le).*

Campus Blaque. *Chamblac (Le).*

Campus Dolens; Campus Dollent. *Champ-Dolent.*

Campus Domine; Campus Dominei; Campus Dominelle. *Champ-Dominel.*

Compus Enardi. *Champenard.*

Campus Floridus. *Camfleur.*

Campus Mortosus; Campus Moteus; Campus Motosus. *Champ-Motteux.*

Cananée; Cananée (Saint-Clair et Saint-Thomas-de-la-). *Cahannais (La).*

Canapevilla; Canappeville-les-Landes: Canapvilla. *Canappeville.*

Candominel. *Champ-Dominel.*

Cangy. *Caugé.*

Canillafle (Buisson ou forêt de). *Buisson-Conilafre.*

Canoel. *Canouel (Le).*

Canonicots (Les). *Saint-Claude.*

Cantapia. *Cantepie.*

Canteleu. *Cantelou, hameau d'Harquency.*

Canteleu-sous-les-Deux-Amants; Cantellou. *Cantelou, place forte, château à Amfreville-sous-les-Monts.*

Cantepie. *Chantepie.*

Canter. *Cantiers.*

Cantilupus. *Canteloup-le-Bocage; Chanteloup.*

Cantulupum. *Chanteloup.*

Cautulupus. *Canteloup-le-Bocage.*

Caorchiæ; Caors; Caourches; Caourchii. *Caorches.*

Cap-de-Ville. *Cappeville.*

Capella. *Capelles-les-Grands.*

Capella Aleech. *Chapelle-Hareng (La);*

Capella Boivel. *Chapelle-Bayvel (La).*

Capella Haluis. *Chapelle-Hareng (La).*

Capella Sancti Audoeni. *Chapelle-Saint-Ouen (La).*

Capella Sancti Laurentii. *Saint-Laurent.*

Capellæ Magnæ; Capelle. *Capelles-les-Grands.*

Capreolo; Capriolo (Molendinum de). *Chevrel.*

Caput Villæ. *Cappeville.*

Carantonne. *Charentonne (La).*

Caraset. *Carcouet.*

Carbec-Grestain. *Carbec.*

Charleval ou Clerval. *Charleval.*

Charmeia; Charmoie. *Charmoye (La).*

Charneles; Charnelez; Charnellæ. *Charnelles.*

Charottes (Les). *Chérottes (Les).*

Charronvillare. *Chéronvilliers.*

Charteinne (vicus). *Chartraine (Rue).*

Chartreuse de Bourbon. *Notre-Dame-de-Bonne-Espérance-lez-Gaillon.*

Charunviller. *Chéronvilliers.*

Chasteau de Gaillart; Chasteau-Gaillard-les-Andelis-sur-Seine; Chasteau-Gaillart. *Château-Gaillard.*

Chaste-Houlle (La). *Chatte-Houle (La).*

Chastel. *Castel (Île du).*

Chastel-de-Gaillart; Chastel-de-Galart. *Château-Gaillard.*

Chasteler. *Châtelier-Saint-Pierre (Le).*

Chastelets (Les). *Chastelliers (Les).*

Chastellier (Sanctus Petrus del). *Châtelier-Saint-Pierre (Le).*

Chastel-Neuf-sur-Ecte; Chastel-Neuf-sur-Ette (Saint-Martin *d*e). *Château-sur-Epte.*

Chastiau-Gailliart. *Château-Gaillard.*

Chastillon. *Châtillon; Conches; Saint-Pierre et Saint-Paul de Conches.*

Château (Île du). *Contant, île de la Seine.*

Château-de-la-Lune (La cure du). *Châtel-la-Lune.*

Château de Saint-Silvestre. *Grande-Haye.*

Château-Neuf-en-Vexin; Château-Neuf-Saint-Denis; Château-Neuf-sur-Epte. *Château-sur-Epte.*

Chatelets (Les). *Chastelets (Les).*

Chativel. *Cativay.*

Chaugé. *Caugé.*

Chaumière ou la Chauminière. *Chauvinière (La).*

Chaussaye (La). *Saussaye (La).*

Chauvencourt; Chauvicourt; Chauvincort; Chauvincourt-en-Neuville; Chauvoncourt. *Chauvincourt.*

Chavigneium. *Chavigny.*

Chavincour. *Chauvincourt.*

Chavineium; Chavinnie. *Chavigny.*

Chaworcière. *Chaucière (La).*

Cheagne; Chebaignes (Saint-Julien-de-). *Cahaignes.*

Cheignes; Cheugnes (Les). *Chaignes.*

Cheirmont. *Chéraumont.*

Chelibei. *Quillebœuf.*

Chelottes (Les). *Chérottes (Les).*

Chemin-de-Rouen (Le). *Chemin-Perré (Le).*

Chemin-Perré (Le). *Chemin-de-Rouen (Le).*

Chemmoteux. *Champ-Motteux.*

Chenebrun. *Chennebrun.*

Chêne-Riquenlt. *Chêne-Ricqueult.*

Cheongne (La). *Sôgne (La).*

Cherenvilerium. *Chéronvilliers.*

Chéronnel; Cheronnettes (Les). *Chéronnet.*

Cheronvillier; Chéronvillier; Cheronvilier; Cherunviller. *Chéronvilliers.*

Chèse-Dieu. *Chaise-Dieu.*

Chesigne. *Quessigny.*

Chesne (Le). *Chesnes (Les).*

Chesnebrun; Chesnebrut. *Chennebrun.*

Chesnei. *Chesnay-Jumelin (Le).*

Chesnei (Le). *Chesnay (Le).*

Chesnets (Les). *Chenets (Les).*

Chesnots. *Chaineaux (Les).*

Chetivel. *Cativay.*

Chevreul (Molendinum). *Chevrel.*

Cheze-Dieu. *Chaise-Dieu.*

Chiconia. *Sôgne (La).*

Chicou. *Chicourt.*

Chieraumont. *Chéraumont.*

Chignolles. *Chaignolles.*

Chilebo; Chileboum; Chilebue. *Quillebœuf.*

Chintray. *Cintray.*

Chitreium. *Guitry; Quitry-Fours.*

Chitri. *Quitry-Fours.*

Chiriam; Chitry. *Guitry.*

Chiveriæ; Chivieres. *Civières.*

Chopillardière. *Chapillardière (La).*

Chouceiles. *Courcelles-sur-Seine.*

Christanivilla; Christieneville. *Chrétienville.*

Chrotus. *Croth.*

Chyerreium. *Cierrey.*

Ciceium. *Cissey.*

Ciconia. *Sôgne (La).*

Cierray; Cierreium; Cierriecum. *Cierrey.*

Cigonia. *Sôgne (La).*

Cinetraium; Cintraium. *Cintray.*

Cirré; Cirreium; Cirri. *Cierrey.*

Cissey-Grossœuvre. *Cissey.*

Civeres; Civeriæ. *Civières.*

Clari. *Cléry.*

Clauvilla; Clavilla; Clavis Villa. *Clauville.*

Clères. *Clerre.*

Cleriacum; Clerie. *Cléry.*

Clerval. *Charleval.*

Clespin. *Clepin.*

Clos-du-Chapitre. *Terra-Sancta.*

Clos-Ponchin. *Clos-Poussin.*

Closture (La). *Petit-Andely (Le).*

Cloviale. *Connelles.*

Cloz. *Glos-sur-Risle.*

Coarville. *Couillerville.*

Cocheret. *Cocherel.*

Cocotte. *Caudecotte.*

Cocqueretnm. *Salle-Coquerel (La).*

Cœnobium B. Mariæ de Lyre. *Lyre (Abbaye de).*

Coeppel. *Coespel.*

Cœuvreville. *Cuverville.*

Coicherel. *Cocherel.*

Coillarville. *Couillarville.*

Coispelles (La). *Coespel.*

Coitivel. *Cativay.*

Cokerel; Cokerellus. *Cocherel.*

Colandres. *Collandres.*

Coldray. *Coudray (Le),* fief à Calleville.

Coldreium. *Coudray (Le),* c^{ne} du c^{on} d'Étrépagny; *Coudray (Le),* h^{au} de Boissy-Lamberville.

Coldretum. *Coudray (Le),* c^{ne} du c^{on} d'Étrépagny.

Coldrio. *Coudres.*

Coletot. *Colletot.*

Colevilla. *Colleville.*

Collandon. *Collandres.*

Collervilla. *Couillerville.*

Colnella. *Connelles.*

Coltot. *Colletot.*

Combonium; Combonnium; Combounum; Combum; Combunnium. *Combon.*

Commanderie de Burgout. *Commanderie (La).*

Conce. *Conches (Saint-Pierre et Saint-Paul de).*

Conchæ, *alias Castellio. Châtillon.*

Conchæ; Conche. *Conches.*

Conchee. *Conches (Saint-Pierre et Saint-Paul de).*

Conches (Cœnobium apud). *Conches (Saint-Pierre et Saint-Paul de).*

Conches (Rivière de). *Rouloir (Le).*

Conches-Douville. *Douville.*

Conchiæ. *Conches.*

Conchiers. *Caugé.*

Condata; Condatum; Condatus; Condaum; Conde. *Condé-sur-Iton.*

Condedus; Condeith; Condeius. *Condé-sur-Risle.*

Condetum. *Condé-sur-Iton; Condé-sur-Risle.*

Condetus. *Condé-sur-Iton.*

Condetus supra Rilum. *Condé-sur-Risle.*

Condey. *Condé-sur-Iton.*

Conelle; Connelle. *Connelles.*

Contavilla; Contevilla; Conteville-sur-Mer. *Conteville.*

Cooneium. *Cosnier.*
Coquelo. *Connelles.*
Coquerel. *Cocherel; Salle-Coquerel (La).*
Coquerelles. *Salle-Coquerel (La).*
Corbelli Mons; Corbellus Mons. *Corbeaumont.*
Corbespina; Corbespine. *Courbépine.*
Corbia. *Corbie.*
Corceles; Corcellæ; Corcelles. *Courcelles-sur-Seine.*
Corcheval. *Écorchevez.*
Cordemanche; Cordomenche. *Courdemanche.*
Corderie. *Quéridérie (La).*
Coriletum. *Coudray (Le).*
Corland; Corlandie. *Collandres.*
Cormelia; Cormeliæ; Cormelliæ. *Cormeilles, ch.-l. de c^en.*
Cormeliensis (S. Maria). *Cormeilles, prieuré.*
Cormerium. *Cormier (Le).*
Cormier. *Martainville-du-Cormier; Martainville-près-Pacy.*
Cormières; Cormyer (Le). *Cormier (Le).*
Cornay. *Cernay.*
Corne-Haut (La). *Corne-Haute (La).*
Corneil. *Corneuil.*
Corneilles (Fief aux). *Cotton.*
Cornelium. *Corneuil.*
Cornella; Cornelle. *Connelles.*
Cornellium; Corneul. *Corneuil.*
Cornevilla. *Corneville, prieuré; Corneville-sur-Risle; Corneville-la-Fouquetière.*
Corni. *Corny.*
Corniolum; Cornolium; Cornueil. *Corneuil.*
Cornueir (La). *Cornillière (La).*
Cornuel; Cornuil. *Corneuil.*
Cornuvilla. *Corneville-sur-Risle.*
Correil. *Corneuil.*
Corta Cuiller. *Courte-Cuiller.*
Corteilles. *Courteilles, c^en du c^en de Verneuil.*
Cortelia; Cortelie. *Courteilles, fief et hameau de Chaise-Dieu-du-Theil.*
Corteliæ; Cortelium; Cortelliæ; Cortellia. *Courteilles, c^en du c^en de Verneuil.*
Coryletum. *Coudray (Le).*
Cosse; Cossi. *Cossy.*
Cossy. *Cassis (Rivière de).*
Cote-Cote. *Caudecotte, fief à Bazoques.*
Cottecottes (Les). *Caudecotte, manoir de l'abbaye du Bec, à Saint-Philbert-sur-Boisset.*
Cottivel. *Cativay.*

Coucherel. *Cocherel.*
Coudanne. *Coudane.*
Coudes du Colombier (Les). *Colombier (Le) ou Colombiers.*
Coudrai-en-Vexin. *Coudray (Le).*
Coudray (Grand et Petit). *Coudray (Le), hameau de Boissy-Lamberville.*
Coudre. *Coudres.*
Coudreium. *Coudray (Le), c^ne du c^en d'Étrépagny; Coudray (Le), ancienne c^ne du c^en d'Évreux.*
Coudretum. *Coudray (Le), h. de Boissy-Lamberville; Coudray, h. des Minières.*
Coudreyum. *Coudray (Le), c^ne du c^en d'Étrépagny.*
Couillarville. *Couillerville.*
Couillerville. *Couillarville.*
Couldrey. *Coudray (Le), château à Lieurey.*
Couldray-lez-Evreux. *Coudray (Le), ancienne c^ne du c^en d'Évreux.*
Couldreium. *Coudray (Le). c^ne du c^en d'Étrépagny.*
Couldreyum. *Coudray (Le), ancienne c^ne du c^en d'Evreux.*
Coulinière (La). *Conninière (La).*
Coulonges-sur-Iton. *Coulonges.*
Couiture (La). *Notre-Dame-de-la-Couture.*
Counse. *Conches (Saint-Pierre et Saint-Paul de).*
Coupe-gorge. *Coupe-Gueule.*
Coupegueule. *Pougueule.*
Coupegueule-lez-Andelis; Coupegueule-sus-Gaillart; Couppegueule. *Coupe-Gueule.*
Courbepeine; Courbe-Épine; Courbespine. *Courbépine.*
Courcellæ. *Courcelles-sur-Seine.*
Courcelle. *Courcelles.*
Courcuillet. *Courte-Cuiller.*
Courselles. *Courcelles.*
Courtanville. *Surtauville.*
Court-Cuiller (Le). *Courte-Cuiller.*
Court-Dimanche. *Courdemanche.*
Courtecôte (Le). *Cottocote.*
Courte-Côte (La). *Chamenard.*
Courte-Épine. *Courbépine.*
Courteilles-sur-Avre. *Courteilles.*
Courvalle. *Courval (Le).*
Coustamel. *Coutumel.*
Coustames-du-Mesnil-soubz-Vienne. *Justice (Lande de la).*
Cousture-d'Andely (La). *Andely (Le Petit-).*
Coutrie (La). *Couterie (La).*

Coutumel-près-Ezy; Coutumel-sur Croth. *Coutumel.*
Couture-Boussey (La). *Boussey; Couture (La).*
Couverville. *Couillerville.*
Craavilla. *Crasville.*
Cracouvilla; Cracovilla. *Cracouville.*
Craina; Craine. *Cresne (Le).*
Craisandi Villa. *Cressenville.*
Grampotel (Nemus de). *Crapotel.*
Craquevilla. *Crasville.*
Crassauvilla. *Cressenville.*
Crasval. *Cravas.*
Crasvilla. *Crasville.*
Crauvilla. *Crosville-la-Vieille; Saint-Aubin-d'Ecrosville.*
Cravilla; Craville; Craville-la-Campagne; Crazeville. *Crasville.*
Crechiacum. *Bosbénard-Crescy.*
Creiches (Les). *Crèches (Les).*
Creine. *Cresne (Le).*
Creissantvilla; Creissumvilla. *Cressenville.*
Cromafleu. *Cramefleu.*
Cremanville. *Crémonville.*
Crémonville. *Manoir-de-Cramonville (Le).*
Crenna; Crenne. *Cresne (Le).*
Creon. *Creun (Le).*
Cropicordium. *Crèvecœur.*
Crescens Villa. *Cressenville.*
Crescy. *Bosbénard-Crescy.*
Cresne. *Cresne (Le).*
Crespinère (La). *Crespinière (La); Noë-de-la-Barre (La).*
Crespinière (La). *Noë-de-la-Barre (La).*
Cressanvilla. *Cressenville.*
Cressi. *Bosbénard-Crescy.*
Cressonnière (La). *Fontaine-Guérard.*
Crestienneville; Crestienville; Crétainville; Crétienville. *Chrétienville.*
Creti. *Cretil (Le).*
Cretot. *Crestot.*
Creuzemare. *Creusemare.*
Crevecuer; Crevecueur. *Crèvecœur.*
Creveuil (M.). *Chevrel.*
Crichotum in Campania. *Criquebeuf-la-Campagne.*
Crichebot de supra Sequanam. *Criquebeuf-sur-Seine.*
Crichebu. *Criquebeuf-la-Campagne; Criquebeuf-sur-Seine.*
Crichets (Les). *Crèches (Les).*
Cricquebuef. *Criquebeuf-sur-Seine.*
Crievecuer. *Crèvecœur.*
Crikboe. *Criquebeuf-sur-Seine.*
Crikebue in Campania. *Criquebeuf-la-Campagne.*

Crioisel. *Crieuzel.*

Criquebeuf-la-Champoigne; Crique-bodium; Criqueboie. *Criquebeuf-la-Campagne.*

Criquebotnm. *Criquebeuf-sur-Seine.*

Criquebue; Criquebuef-en-la-Champengne. *Criquebeuf-la-Campagne.*

Criquebuef. *Criquebeuf-sur-Seine.*

Cristot. *Crestot.*

Croc. *Croth.*

Crocvilla. *Crosville-la-Vieille.*

Croseeium; Croise; Croisi; Croisia-cum; Croisie. *Croisy.*

Crois-Mesnil. *Croix-Mesnil.*

Croissanville. *Cressenville.*

Croissy. *Croisy.*

Croix-Coquin (La). *Rouen (Faubourg de la Porte de).*

Croixmare. *Creusemare.*

Cros. *Groth.*

Croseyum; Crosiacum. *Croisy.*

Crosne (Rue de). *Fédération (Rue de la).*

Crosvilla; Crosville-la-Vielle. *Crosville-la-Vieille.*

Crot, Crotei. *Croth.*

Crotense (Nemus); Crotensis silva. *Croth (Forêt de).*

Crotesium. *Croth.*

Crottes (Les). *Haquenais.*

Crotum. *Croth.*

Crouppery. *Courpris, côte aux Andelys.*

Crovilla; Crovilla Vetus. *Crosville-la-Vieille.*

Crovilla-Guichardi; Crovilla S. Albini. *Saint-Aubin-d'Écrosville.*

Croysi. *Croisy.*

Cruciacus. *Gruchet, à Pont-Authou.*

Cruciola. *Croisille (La).*

Crusiacum. *Croisy.*

Crusila. *Croisille (La).*

Crux du Luat. *Croix-du-Luat (La).*

Cubertivilla. *Cuverville.*

Cuenteville-en-Roumois. *Conteville.*

Cuervilla; Cuilvertivilla. *Cuverville.*

Cuisineio. *Cuisiney (Le Grand et le Petit).*

Culetum. *Goulet (Le).*

Cullée (La). *Culée (La).*

Cultura. *Couture (La).*

Culvertivilla. *Cuverville.*

Cumbon; Cumbun. *Combon.*

Cunella. *Cunelle (La).*

Cuntevill. *Conteville.*

Cupin. *Coupigny.*

Curba Spina; Curbespine. *Courbépine.*

Curceles. *Courcelles-sur-Seine.*

Curcelliæ; Curcellæ. *Courteilles.*

Curia Dominica. *Courdemanche.*

Curcellæ. *Courcelles.*

Curtellæ; Curtill. *Courteilles.*

Curtis Dominicus. *Courdemanche.*

Curva Spina. *Courbépine.*

Cuve (La). Notice sur un chêne appelé *la Cuve*, situé en la forêt royale de Brothonne.

Cuvervallis; Cuverville-en-Vexin. *Cuverville.*

Cyconia. *Sôgne (La).*

Cyreium; Cyrré; Cyrreium; Cyrriacum. *Cierrey.*

Cyveric. *Civières.*

D

Dacou. *Acon.*

Daillet. *Ailly.*

Daim-Sèvre. *Désœuvre.*

Dakeny. *Acquigny.*

Dalbelium; Dalbodium in Vulcasino. *Daubeuf-près-Vatteville.*

Dalbetum; Dalbodium; Dalbodum; Dalboe; Dalbued; Dalbuoth; Dalbuth. *Daubeuf-la-Campagne.*

Damecort. *Amécourt.*

Damelevilla. *Damneville.*

Dame-Marie-sur-Iton. *Dame-Marie.*

Damenevilla. *Damneville.*

Dammesnil. *Dampsmesnil.*

Dampville; Damvilliers. *Damville.*

Dancs. *Damps (Les).*

Danemois. *Bois-d'Ennemets.*

Dangeul; Dangueul; Dangud; Dangut; Dangutium; Dangutum. *Dangu.*

Dans; Dans (Le); Dans (Les); Dans (Sanctus Petrus de). *Damps (Les).*

Danvilla; Danville. *Damville.*

Darceium. *Saint-Clair-d'Arcey.*

Dardais; Dardee; Dardees; Dardeia; Dardeil; Dardeis; Dardeys. *Dardez.*

Daubelum; Daubeuf-en-Vexin; Daubeuf-sur-Seine. *Daubeuf-près-Vatteville.*

Daubeuf-en-Campagne. *Daubeuf-la-Campagne.*

Dauboe. *Daubeuf-la-Campagne; Daubeuf-près-Vatteville.*

Daubotum. *Daubeuf-près-Vatteville.*

Daubuef. *Daubeuf-la-Campagne; Daubeuf-près-Vatteville.*

Daumesnil. *Dampsmesnil.*

Daunai; Daunay. *Donné (Le).*

Decevre. *Désœuvre.*

Défends (Le). *Défends de Saint-Germain (Les).*

Dempne-Marie. *Dame-Marie.*

Dens; Dens (Les); Dents (Les). *Damps (Les).*

Dercaium; Dercy. *Saint-Clair-d'Arcey.*

Desertum. *Notre-Dame-du-Désert.*

Deserve; Descœuvre. *Désœuvre.*

Desserqueulx. *Saint-Pierre-des-Cercueils.*

Dessœuvre. *Désœuvre.*

Dette. *Epte (L').*

Detvilla. *Douville.*

Dex Lacreisse. *Dieu-l'Accroisse.*

Dianæ Silva. *Désœuvre.*

Dieudonné. *Donné (Le).*

Dignum ou Dingum. *Sassey.*

Diguet (Le). *Digais (La).*

Diton. *Iton, rivière.*

Dodardière (La). *Héroudière (La).*

Dodeauville; Dodeelvilla; Dodenvilla. *Doudeauville.*

Doens. *Douains.*

Domesnilium. *Douxmesnil.*

Domina-Maria. *Dame-Marie.*

Dominavilla. *Damneville.*

Dom Maisnil; Dommenil. *Dampsmesnil.*

Domonville. *Omonville.*

Dondiauville. *Doudeauville.*

Donnai; Donnay; Donney. *Donné (Le).*

Dons. *Douains.*

Dotonis Villa. *Douville.*

Douans; Douants. *Douains.*

Doub (Le). *Dour (Le).*

Doucout. *Drucourt.*

Doudeauvilla; Doudeauville-sur-Bonde; Doudiauville. *Doudeauville.*

Douens. *Douains.*

Doult. *Dour (Le).*

Doulx-Mesnil. *Douxmesnil.*

Douvi (Le). *Véronne (La).*

Douvilla; Douville-sur-Andelle; Dovilla. *Douville.*

Doux. *Dour (Le).*

Doux-Amants. *Deux-Amants (La montagne ou plutôt la côte des).*

Doux-Héroult. *Doult-Hérout (Le).*

Droacort. *Drucourt.*

Droaisy. *Droisy.*

Drocicuria; Drocour; Drocourt; Droecort; Droecourt; Droiencort. *Drucourt.*

Droisé. *Droisy.*

Droscort; Droucourt. *Drucourt.*

Dubetum. *Daubeuf-la-Campagne.*

Dudelvilla. *Doudeauville.*

Dumesnil. *Douxmesnil.*

Dumus Droelin. *Droelin.*

Dumus Falue. *Buisson-Fallut (Le).*

Dumus-Houpequinorum. *Buisson-Hoc-pin.*

Dumus Macacre. *Buisson-Fallut (Le).*

Duni; Dunos. *Douains.*

Dupont (Fief). *Gouvilly.*

Duranvilla. *Duranville.*

Dure (La rivière de). *Eure*, rivière.

Duville. *Douville.*

E

Ebrardi. *Vraiville.*

Ebrecinus. *Évrecin.*

Ebrense. *Ivry-la-Bataille.*

Ebricæ. *Évreux.*

Ebricinum; Ebricinus pagus; Ebroa-censis comitatus. *Évrecin.*

Ebrocas; Ebrocensis civitas. *Évreux.*

Ebrocinum; Ebrocinus pagus. *Évre-cin.*

Ebroæ; Ebroe; Ebroica civitas. *Évreux.*

Ebroicacensis comitatus; Ebroicensis et Ebroicinus pagus. *Évrecin.*

Ebrois; Ebroicense oppidum; Ebroi-corum civitas; Ebroycæ; Ebroyce. *Évreux.*

Ebura. *Eure,* rivière.

Eburovices (Aulerci). *Évreux (Dio-cèse d').*

Ecardanville-la-Rivière; Ecardenvilla. *Écardenville-sur-Eure.*

Ecardenville-sur-Eure. *Croix-Saint-Leufroi (Les Filles de la).*

Ecce-Homo (L'). *Passion (Chapelle de la).*

Écho de Crosne (L'). *Écho (Promenade de l').*

Ecormeaux. *Écamaux (Les).*

Ecos-en-Vexin; Ecots ou l'Isle. *Écos.*

Ecouy; Econys. *Écouis.*

Ecquenchy. *Harquency.*

Ecquetomare. *Hectomarre.*

Ecractuit; Ecraquetuit. *Écriquetuit.*

Ecte. *Epte (L').*

Ectetomare; Ectomare. *Hectomarre.*

Effeucherois. *Fouguerolles.*

Eglieville. *Aigleville.*

Egout. *Régout (Le).*

Egrissain. *Égreffain.*

Eite. *Epte (L').*

Elburovica tellus. *Évrecin.*

Emanvilla. *Émanville.*

Emenville. *Émainville (Ruisseau d').*

Emonts (Château d'). *Monts (Les).*

Emoy. *Osmoy.*

Emplumé (Rue de l'). *Grandes-Écoles (Rue des),* à Evreux.

Endalia. *Andelle.*

Ende. *Andé (Île d').*

Endeli; Endely-sur-Seyne. *Andely (Le Grand-).*

Edfrainville. *Amfreville.*

Enfreville. *Amfreville-sous-les-Monts.*

Engouvilla. *Angoville.*

Ennebault. *Annebaut.*

Entre-deux-Beaux; Entre-deux-Boos. *Entre-deux-Boscs.*

En Valesme. *Valesme (Le).*

Epagne; Epagnes. *Épaignes.*

Epèces (Les). *Épaisses (Les).*

Eperiis (S. Martinus d'). *Épieds.*

Epervier (Fief de l'). *Saint-Hilaire.*

Epengard. *Épégard.*

Epinaies (Les). *Épinais (Les).*

Epinai-le-Bois. *Épinay.*

Epiney. *Épinay.*

Epiney (L'). *Épervier.*

Epinez (Les). *Épinais (Les).*

Epougard; Epougarg. *Épégard.*

Epreville-les-Neubourg. *Épréville-près-le-Neubourg.*

Epta. *Epte (L').*

Equainvilla. *Équainville.*

Equaquelon. *Écaquelon.*

Equetomare; Equetomarre. *Hectomarre.*

Equetot. *Ecquetot.*

Equoz. *Écos.*

Erabli. *Plasnes.*

Ercenfredi(Pons) ; Erchenfredi. *Échan-fray.*

Ermenteriæ; Ermenterie; Ermentières. *Armentières.*

Ermitaige et églize. *Saint-Lubin.*

Ernaud du Bois. *Regnauld-du-Bois.*

Ernevilla; Erneville; Ernivilla; Er-noldi Villa; Ernolt; Ernoltvilla. *Renneville.*

Eroletum. *Renoulet.*

Erquenchy; Erquenci; Erquensi. *Har-quency.*

Escacaëon; Escakerlon. *Écaquelon.*

Escambosc. *Écambosc.*

Escaquelon; Escaquernon. *Écaquelon.*

Escardaniville. *Écardenville-sur-Eure.*

Escardanville. *Écardenville - la - Cam-pagne.*

Escardenvilla. *Écardenville - la - Cam-pagne; Écardenville-sur-Eure.*

Escardenville; Escardeville - près - de-Neufbourc. *Écardenville - la - Cam-pagne.*

Escardevilla; Escardeville. *Écarden-ville-sur-Eure.*

Escardonville. *Écardenville - la - Cam-pagnc.*

Escauvilla; Escauvilla (Sanctus Aman-dus de); Escauville. *Écauville.*

Eschanfroy. *Échanfray.*

Eschardani Villa. *Écardenville.*

Eschardanvilla. *Écardenville-sur-Eure.*

Eschenfrei. *Échanfray.*

Eschetol; Eschetoth. *Ecquetot.*

Escod; Escos; Escots; Escoz; Escoz (Saint-Denis-des). *Écos.*

Escoies; Escouis. *Écouis.*

Escouierville. *Couillerville.*

Escouvilla. *Écroville.*

Escouyes. *Écouis.*

Escouyes (B. Maria d'); Escoyis (B. Maria de). *Écouis (Collégiale d').*

Escoyæ; Escoyes. *Écouis.*

Escraketuit; Escraquetuit; Escrique-tuit. *Écriquetuit.*

Escroevilla; Escrovilla. *Saint-Aubin-d'Écrosville.*

Escuerquenon. *Quincarnon.*

Eskelot. *Ecquetot.*

Eslescroia. *Saint-Jean-de-la-Lequeraye.*

Esmalevilla. *Malleville-sur-le-Bec.*

Esmanvilla; Esmanville; Esmanville-la-Champagne; Esmonville. *Éman-ville.*

Esnetrevilla; Esneutrevilla; Esneutte-villa; Eenitrevilla. *Nétreville.*

Esnulrivilla. *Sainte - Opportune - près-Vieux-Port.*

Espaignes; Espaingnes. *Épaignes.*

Espegard; Epégard; Espegart; Espein-garth. *Épégard.*

Esperia. *Épieds.*

Esperienc (Pont). *Esperienc.*

Esperlent. *Esperienc.*

Espervier (L'). *Épervier (L')ˊ,* fief à Bourgtheroulde,ʹ fief et bras de l'Eure à Louviers.

Espervilla. *Épréville-en-Lieuvin.*

Esperville. *Épréville-en-Lieuvin; Épré-ville-près-le-Neubourg.*

Espeugard. *Épégard.*

Espieds; Espiers; Espières; Espies; Espiez. *Épieds.*

Espinay (L'); Espinay-du-Vièvre (L'); Espinay-en-Vièvre (L'). *Épiney (L').*

Espinette. *Épine-de-Berville (L').*

Espinetum. *Épinay (L'),* fief à Four-metot; *Épinay,* cⁿᵉ du cⁿ de Beau-mesnil.

Espineum. *Épinay,* cⁿᵉ du cⁿ de Beau-mesnil.

Espineville. *Épineville.*

Espiney (L'). *Épinay (L'),* fief à Four-metot.

Fraxinis (S. Maria de). *Notre-Dame-de-Fresnes.*

Fraxinosa. *Freneuse-sur-Risle.*

Fraxinus. *Fresne (Le); Saint-Mards-de-Fresnes.*

Fraynes. *Fresnes-l'Archevêque.*

Fredevilla. *Fréville.*

Fredisvilla. *Fredeville.*

Freene. *Fresne (Le).*

Freevilla. *Fréville.*

Freines. *Fresnes-l'Archevêque.*

Frelancort; Frelancourt. *Flancourt.*

Frelart. *Frelardière (La).*

Frélencourt; Frellancourt. *Flancourt.*

Fréménil. *Flumesnil.*

Fremetot. *Fourmetot.*

Frénei; Frenei-la-Lande. *Fresney.*

Frène-le-Château (Le). *Fresne (Le).*

Frénelles-en-Vexin. *Frenelles.*

Freslaincort; Freslencort. *Flancourt.*

Fresle. *Fréelles.*

Fresne. *Fresns (Le).*

Fresne (Saint-Liénart-du-). *Fresne (Le).*

Fresne-Cauverville. *Cauverville-en-Lieuvin; Notre-Dame-de-Fresnes.*

Fresneio (S. Petrus de); Fresneium. *Fresney.*

Fresnel-Boismont; Fresneles; Fresnelles. *Frenelles.*

Fresnes. *Saint-Mards-de-Fresnes.*

Fresneuse. *Freneuse-sur-Risle.*

Fresneya; Fresniacum. *Fresney.*

Fresney juxta Chambrecis. *Fresney.*

Fresnosa; Fresnose. *Freneuse-sur-Risle.*

Frestiz; Freticium; Fretis; Frotis (Les); Fretix (Les); Fretiz (Les); Freytiz. *Fretils (Les).*

Freulencort; Freullaincort; Frolancor; Frotencort; Frollancort; Frollancurt; Frollandi Curtis; Frollencuria; Frollencurt; Froulancurt. *Flancourt.*

Fucelmont. *Fuscelmont.*

Fucheroli; Fugeroles; Fugrolle; Fugrolles; Fugueroles; Fuguerolle; Fuguerolles; Fulcherol; Fulcherolii. *Feuguerolles.*

Fulcherivilla (Beata Maria de); Fulcheville; Fulconis Villa. *Fouqueville.*

Fulebec; Fulebeccum. *Foulbec.*

Fulgeroli. *Feuguerolles.*

Fumechon-sur-Radepont; Fumichon. *Fumechon.*

Furcæ. *Fourquettes; Saint-Éloi-de-Fourques.*

Furce. *Fourques.*

Furge; Furges subtus Baudemont; Furgi. *Fourges.*

Furni. *Fours.*

Fuscelli Mons prope Ettam. *Fuscelmont.*

Fuscelmont. *Château-sur-Epte.*

Fustelaia; Fustelaye. *Futelaye (La).*

Fusulmont. *Fuscelmont.*

Futipou juxta Pontem Sancti Petri. *Fontipou.*

Fys (Le). *Fits (Le).*

G

Gasgny. *Gasny.*

Gazilonii (Castrum). *Gaillon.*

Gaemacus. *Gamaches.*

Gaani; Gaani (S. Martinus de); Gaaniacus; Gaany. *Gasny.*

Gadencort. *Gadencourt.*

Gaegni; Gaene; Gaeneius; Gaenium. *Gasny.*

Gaevra. *Vièvre.*

Gaigneri (Le). *Gagnerie (La).*

Gaigny. *Gasny.*

Gailart Castellum. *Château-Gaillard.*

Gailhartbos. *Gaillardbois.*

Gailbon. *Gaillon.*

Gaillarbosc; Gaillarbosts; Gaillarboys; Gaillardbois-Cressenville; Gaillardbosc. *Gaillardbois.*

Gaillarda Rupes. *Château-Gaillard.*

Gaillardbois-Cressenville. *Cressenville.*

Gaillardum Castrum; Gaillart. *Château-Gaillard.*

Gaillartbois. *Gaillardbois.*

Gaillière. *Gallière (La).*

Gaillo; Gaillon-l'Archevêque. *Gaillon.*

Gaillon. *Grammont-près-Gaillon (Notre-Dame de).*

Gailloncelles. *Gailloncel.*

Gaillonis (Fortalitia); Gaillonium; Gaillum; Gaillun. *Gaillon.*

Gallarbois; Gallardi Boscus. *Gaillardbois.*

Gallenvilla. *Guernanville.*

Galliardus; Galliardum. *Château-Gaillard.*

Gallio; Gallon; Gallon (S. Antonius de); Gallyo. *Gaillon.*

Galthieri Mesnillum. *Vatimesnil.*

Galvilla. *Gauville-la-Campagne.*

Gamaci; Gamachi; Gamachiæ; Gamaffium; Gamapuis vicus; Gamasches. *Gamaches.*

Gambo (Rivus). *Gambon (Le).*

Gamilly-emprès-Vernon. *Gamilly.*

Ganboon. *Gambon (Le).*

Ganiacus. *Gasny.*

Ganitrel. *Galitrelle (La).*

Gantiel. *Gauciel.*

Garanchières; Garancières. *Garencières.*

Gardon (Insula de). *Gardon (Île du).*

Garembolvilla; Garembouvilla; Garembouville; Garenbovilla. *Garambouville.*

Garenæ. *Garennes.*

Garenceres; Garencerez; Garenceria: Garencheriæ; Garencyère. *Garencières.*

Garenes. *Garennes.*

Garenkères. *Garencières.*

Garenne (La). *Varenne (La).*

Garennes-sur-Eure. *Garennes.*

Garensières. *Garencières.*

Garentières. *Garancières; Perruche (La); Puyset (Le).*

Gargasala. *Guerquesale.*

Garinvilla (S. Martinus de). *Grainville.*

Gariterelle (La). *Galitrelle (La).*

Garlenvilla; Garnenvilla. *Guernanville.*

Garnesale. *Guerquesale.*

Garnevilla. *Guernanville.*

Garni; Garniacum. *Guerny.*

Garoude (La). *Gueroulde (La).*

Garrellum. *Garel.*

Garrici. *Gerier (Le).*

Gasny (L'Île). *Gasny.*

Gassière ou Ferray. *Ferry.*

Gastina. *Gastino (La).*

Gastinia. *Gastines (Les).*

Gauciellus. *Gauciel.*

Gaudencort. *Gadencourt.*

Gaudevilla. *Gaudreville-la-Rivière.*

Gaudiacun. *Bois-en-Jouy.*

Gaudiacus. *Gauciel; Jouy-sur-Eure.*

Gaudineire (La). *Gaudinière (La).*

Gaudrevilla. *Gaudreville-la-Rivière.*

Gaudus Sanctæ Crucis. *Baux-Sainte-Croix (Les); Gaults (Les).*

Gaulx (Les). *Gaults (Les).*

Gauquelineria. *Vauquelinière (La).*

Gaussiel; Gaussiel; Gaussiet; Gautiel. *Gauciel.*

Gaut (Le). *Gault (Le).*

Gautiermesnil. *Vatimesnil.*

Gautrey. *Gouvilly.*

Gauvilla. *Gauville-la-Campagne.*

Gauvilla (S. Petrus de). *Gauville-lez-Verneuil.*

Gauville (S. Andrieu de); Gauville-jouxte-Évreux. *Gauville-la-Campagne.*

Gauville-lez-Verneuil. *Gauville-près-Verneuil.*

Gavereium. *Vauvray.*

Gavilla. *Gauville-près-Verneuil.*

gneuseville; Greignoseville; Greignouseville. *Grenieuseville.*

Greinvilla; Greinvilla super Floriacum.
Grainville.

Greisnosavilla; Grenieuseville; Grenieuzeville; Greniosavilla; Grenose-
villa. *Grenieuseville.*

Gresboys. *Grosbois.*

Grestain; Grestain (Fatouville); Gres-
tain (Saint-Ouen-de); Grestanium;
Grestanum; Grestanus; Gresten;
Grestenus; Grétin (Le). *Grestain*
(*Paroisse de*).

Grestano (B. M. de); Grestanum; Gresteni (S. Maria). *Grestain (Abbaye
de*).

Groygnosa; Grigneuzeville. *Grenieuseville.*

Grimaldivallis. *Grimonval.*

Grimboldi. *Graimbouville; Saint-Sulpice-
de-Graimbouville.*

Grimbordi. *Saint-Sulpice-de-Graimbouville.*

Grimbordivilla. *Graimbouville.*

Grimenil; Grimesnil. *Grumesnil.*

Grimovallis. *Grimonval.*

Grinboldi Villa; Grinbolvilla. *Graimbouville; Saint-Sulpice-de-Graimbouville.*

Grinbovilla. *Graimbouville.*

Grinvilla. *Grainville.*

Griperia. *Gripière (La Grande et la
Petite*).

Grisoltes; Grisselles. *Glisolles.*

Groelei. *Grosley.*

Grogni. *Groigny.*

Groisille (La). *Croisille (La).*

Groissœuvre. *Grossœuvre.*

Grolaium; Grolay; Grolei; Gróley;
Grollay; Groloi (S. Leodegarius de);
Groolaium. *Grosley.*

Grosgny. *Groigny.*

Gros-Heur. *Gros-Heurt.*

Grossa Lunda. *Grosse-Londe (La).*

Grosse hèvre; Grossèvres; Grossum
Robur. *Grossœuvre.*

Grossum Brolium. *Grosbreuil (Le).*

Grossus Boscus. *Grosbois.*

Groteil; Grotheil; Grotœil. *Grostheil.*

Grouchet. *Gruchet; Gruchet (Le).*

Croulayum. *Grosley.*

Groulle. *Gueroulde (La).*

Groutel. *Grostheil.*

Grovilla. *Crosville-la-Vieille.*

Grua. *Grue (La).*

Gruchet (Le). *Gruchet.*

Gruha. *Grue (La).*

Gruhan. *Plessis-Grohan (Le).*

Guaany. *Gasny.*

Guadencort. *Gadencourt.*

Guaillon; Guaillum. *Gaillon.*

Guainville. *Quainville.*

Guaiville. *Gaiville.*

Gualoncel. *Gailloncel.*

Guamaches. *Gamaches.*

Guaranbouville-lez-Evreux. *Garambouville.*

Guarancervs. *Garencières.*

Guareliva. *Verclives.*

Guarembolvilla; Guarembovilla. *Garambouville.*

Guarencières. *Garencières.*

Guarleinvilla; Guarlenivilla; Guarlenvilla. *Guernanville.*

Guascolium; Guascueil. *Vascœuil.*

Guivereium. *Vauvray.*

Guchaude. *Guilhaude (Rue de la).*

Guenonville. *Guænouville.*

Guerembouville. *Garambouville.*

Guerencières; Guérencières. *Garencières.*

Guérier-Ernaut. *Gerier-Arnault (Le).*

Guerlokes. *Gloquerie (La).*

Guerneuvilla; Guerneuville; Guerneville. *Guernanville.*

Guéroude (La). *Gueroulde (La).*

Guerrier-Ernoult. *Gerier-Arnault (Le).*

Guersalle. *Guerquesale.*

Guerville. *Gaiville.*

Guest; Guestum. *Huest.*

Gueugny. *Gasny.*

Guèvre. *Vièvre (Le).*

Guiard. *Giard.*

Guiardi Villa; Guiarvivilla. *Giverville.*

Guiberville. *Giberville; Plainville.*

Guichauvilla; Guichenvilla; Guichenville; Guichinville. *Guichainville.*

Guidvilla. *Gouville.*

Guierni. *Giverny.*

Guietry. *Guitry.*

Guignon. *Guignon (Sergenterie au).*

Guilevilla. *Iville.*

Guilhebuef. *Quittebeuf.*

Guillemesnil. *Léomesnil.*

Guincestrie. *Guincestre.*

Guinchevilla. *Guichainville.*

Guinesayes. *Guiseniers.*

Guingernon. *Quincarnon.*

Guinières; Guinsenniers. *Guiseniers.*

Guiotis Fossa. *Jeufosse.*

Guisania; Guisegneum; Guisegnies;
Guiseignies; Guisegnii; Guiseniacus; Guisigni; Guisignies; Guisiniers. *Guiseniers.*

Guitebe; Guitebef; Guitebeuf; Guitebo;
Guiteboif; Guitebotum; Guitebove;

Guitebue; Guitebuef; Guitebuet;
Guitheboium. *Quittebeuf.*

Guitot. *Vitot.*

Guitricmara. *Quatremare.*

Guiverville. *Giverville.*

Gulafrevia. *Goulafrière (La).*

Guleta. *Goulette (La).*

Guletum; Guletun; Guletus. *Goulet
(Le).*

Gulpilleriæ. *Goupillières.*

Gultaria. *Gouttières.*

Guntfreeria. *Goulafrière (La).*

Guquebourg. *Quinquebourg.*

Gusteriæ; Guteriæ; Gutieres; Gutteria. *Gouttières.*

Guygnon. *Guignon (Sergenterie au).*

Guysegnies. *Guiseniers.*

Guysineo (Grandi). *Cuisiney (Le Grand
et le Petit).*

Gwailium. *Gaillon.*

Gysaio (S. Albinus de); Gysaium; Gysay. *Gisay.*

Gysaniers; Gysegnies; Gysennies; Gysiniacus. *Guiseniers.*

Gysorcium; Gysors; Gysorz. *Gisors.*

Gyverni; Gyverny. *Giverny.*

Gyvoufosse. *Gionfosse.*

H

Haakevilla. *Hacqueville.*

Haamet. *Ametz.*

Habécourt. *Heubécourt.*

Habescourt. *Hebécourt.*

Habitus. *L'Habit (Le).*

Hacqueville-en Vexin. *Hacqueville.*

Hadencort. *Hardencourt.*

Hadrard (Moulin). *Guehardie (Gué et
moulin de).*

Haia Auberee; Haia Aubereie. *Haye-
Aubrée (La).*

Haia de Lendinc. *Landin (Le).*

Haia de Rootot. *Haye-de-Routot (La).*

Haia Malherbe. *Haye-Malherbe (La).*

Haia Sancti Silvestris; Haia Silvestris.
Haye-Saint-Sylvestre (La).

Haie-de-Rouvetot (La). *Haye-de-Routot
(La).*

Haie-du-Lendin (La). *Landin (Le).*

Haie-du-Theil (Saint-Ursin-de-la-).
Haye-du-Theil (La).

Haimonis Villa; Haimonvilla. *Émainville.*

Haincrotte; Haincrottes (Les). *Haincrote.*

Haisie. *Aizier.*

Haistrey (Le). *Haitrey (Le).*

Hakeville. *Hacqueville.*

Joi ; Joiacum. *Jouy-sur-Eure.*

Joncheroz (Saint-Aubin des) ; Joncrès ; Jonkereis ; Jonquereta ; Jonquerez (Les). *Jonquerets (Les).*

Jonquerets-de-Livet. *Jonquerets (Les) ; Livet-en-Ouche.*

Jourdan (Moulin). *Jourdain,* moulin à Louviers.

Joveaus ; Jovels ; Jouvelli. *Jouveaux.*

Joy. *Bois-en-Jouy ; Jouy-sur-Eure.*

Joyaco (Prioratus de). *Jouy (Prieuré de).*

Joyacum ; Joyacus. *Jouy-sur-Eure.*

Juguiette. *Juignettes.*

Jumeles ; Jumelli ; Jumellæ. *Jumelles.*

Junchereiz (Les). *Jonquerets (Les).*

Junetta. *Juignettes.*

Junkereis ; Junquereti ; Junqueri. *Jonquerets (Les).*

Juvernoium. *Giverny.*

Juygne. *Juignettes.*

K

Kaengnes. *Chaignes.*

Kaor. *Caer.*

Kahagnes. *Chaignes.*

Kahaire ; Kaheir. *Caer.*

Kaheignes ; Kahennais. *Cahaignes.*

Kaleville. *Calleville.*

Kallebotum. *Quillebeuf.*

Kanapevilla ; Kanapiville. *Canappeville.*

Kaorches ; Kaorchie ; Karchie. *Caorches.*

Karentonc. *Charentonne (La),* rivière.

Karentonus. *Carentonne.*

Karlevilla (Sanctus Anianus de). *Calleville.*

Karresis. *Carsix.*

Katorcie. *Caorches.*

Kauvavilla ; Kavalvilla ; Kavauvilla. *Cavoville.*

Kenapevila ; Kenapvilla. *Canappeville.*

Koquenpoist. *Quinquempois (Moulin de).*

Keretun. *Creton.*

Kesigne ; Kesignie. *Quessigny.*

Keudeez. *Queue-d'Haye (La).*

Khetehou. *Catchou.*

Kileboë ; Kilebof ; Kileboium ; Kilebue ; Kilebuf. *Quillebeuf.*

Kinkarnum. *Quincarnon.*

Kisegnies. *Guiseniers.*

Kitre ; Kitreium ; Kitrisium. *Guitry.*

Koannes. *Cahaignes.*

Krechos. *Crêchos (Les).*

Kresis. *Carsix.*

Kylebuef. *Quillebeuf.*

Kytreium ; Kytri ; Kytriæcum. *Guitry.*

L

Labit ; Labit (Le). *L'Habit (Le).*

Lacunela. *Cunelle (La).*

Lacy. *Lachy.*

Laideguive. *Letteguives.*

Laillier. *Lallier.*

Laillier. *Saint-Étienne-l'Allier.*

Laire. *Léry.*

Lalescreia. *Saint-Jean-de-la-Lequeraye.*

Lallier. *Allier (L').*

Lamare. *Linare.*

Lambertivilla ; Lambertvilla ; Lambervilla. *Lamberville.*

Lamberville-Boissy ; Lamberville-de-Boissy. *Boissy-Lamberville.*

Landa ; Landa (La). *Lande (La).*

Landa (S. Petrus de). *Londe (La).*

Landa de Cornucervo. *Lande-Corcel (La).*

Landæ. *Landes (Les).*

Landa Petrosa. *Landepereuse.*

Lande-en-Lieuvin (La) ; Lande-lez-Martainville (La). *Lande (La).*

Lande-Gascourt (La). *Lande-Gastourt.*

Landella. *Landelles (Les).*

Landemara. *Landemare ou Salle (La).*

Landepereuse. *Nezière (La).*

Landepeureuse ; Lande-Pierreuso ; Landepreuse (Le) ; Landes-Pé-reuses (Les). *Landepereuse.*

Landes (Fortelicia de) ; Landis (de). *Landes (Les).*

Landes-de-Bezu (Les). *Landes (Les).*

Landes-de-Saint-Laurent (*Alias* Les). *Landes-Louvel.*

Lande-sur-Leons (La). *Lande (La).*

Lanffrand. *Aufrand (L').*

Langlois. *Saint-Martin.*

Langoine. *Langoin.*

Lansdemare. *Landemare ou la Salle.*

Lapville. *Pyle (La).*

Laschereia. *Lecqueraye (La) ; Saint-Jean-de-la-Lequeraye.*

Lascheria. *Saint-Jean-de-la-Lequeraye.*

La Teuf. *Laleu.*

Laubiæ. *Loges (Les).*

Launai-sur-Rile ; Launay-Bigards ; Launey. *Launay.*

Lauray ; Laurey. *Lorey.*

Léaumesnil. *Léomesnil.*

Lebecors ; Lebecort ; Lebecuria. *Lébécourt.*

Lecqnerais. *Lecqueraye (La).*

Lecteria. *Lecqueraye (La) ; Saint-Jean-de-la-Lequeraye.*

Lécureuil. *Écureuil (L').*

Ledants. *Damps (Les).*

Leericum. *Léry.*

Lega. *Liègue (La).*

Leire ; Leireium ; Loiret ; Leiriacum ; Leirie. *Léry.*

Lemme. *Lesme (Le).*

Lendemara. *Landemare ou la Salle.*

Lendencum. *Landin (Le).*

Lendo Perosa ; Lendis Perrosa. *Landepereuse.*

Lendicum ; Lendinc ; Lendincum ; Lendinum. *Landin (Le).*

Leones ; Leones in finibus Velocassium. *Lyons.*

Leones in Foresta ; Leonis castrum. *Lyons-la-Forêt.*

Leonibus (Nemus de). *Lyons (Forêt de).*

Leonis Maisnillum. *Léomesnil.*

Leons ; Leons castrum. *Lyons-la-Forêt.*

Leonz (Forêt de). *Lyons (Forêt de).*

Ler ; Lere ; Lereii ; Lereium ; Leretum ; Lerey ; Lerie. *Léry.*

Lerreleau. *Lorleau.*

Lerru ; Lerrutum. *Lierru (Saint-Pierre et Saint-Paul de).*

Lescarel. *Écureuil (L').*

Leschereia. *Lecqueraye (La).*

Lescheria. *Saint-Jean-de-la-Lequeraye.*

Lescuriel ; Lescurieu. *Écureuil (L').*

Lesdans. *Damps (Les).*

Lesigneul. *Luisigneul.*

Lesquereia. *Saint-Jean-de-la-Lequeraye.*

Lesquereya. *Lecqueraye (La) ; Saint-Jean-de-la-Lequeraye.*

Lesqueria. *Lecqueraye (La).*

Lessivel. *Lesme ou Lismel.*

Lestoqué. *Coquets (Les).*

Lestoy. *Coqs (Les).*

Leteguive. *Letteguives.*

Leteil. *Grostheil.*

Létequive ; Letheguive ; Lethiguive ; Letiguive ; Lette Guive ; Lettequive. *Letteguives.*

Leuns. *Lyons-la-Forêt.*

Leup '(La). *Aleu.*

Leureuil. *Écureuil (L').*

Lhébécourt. *Lébécourt.*

Lhéry. *Léry.*

L'Home-Jaujupe ; Lhomme. *L'Hosmes.*

L'Hortié. *Ortier (L').*

Liarreyum. *Lieurey.*

Libera Villa. *Francheville.*

Licletot; Licteltot. *Lilletot.*

Lidieu. *Lydieu.*

Liebecort. *Lèbecourt.*

Liega. *Liègue (La).*

Liègue (La). *Saint-Julien-de-la-Liègue.*

Lierrayum. *Lieurey.*

Lierreliaue. *Lorleau.*

Lierrut; Lierrutum. *Lierru (Saint-Pierre et Saint-Paul de).*

Lieteguive. *Letteguives.*

Lietot. *Lilletot.*

Lieu-aux-Parts; Lieu-aux-Porcs. *Lieu-aux-Parts (Le).*

Lieu-aux-Plats. *Lieu-aux-Plaids (Le).*

Lieur (Le); Lieurre (Le). *Lieure (La).*

Lieurai; Lieuray; Lieurayum; Lieurei-Montroti; Lieurey (Saint-Martin de); Lieurray; Lieuvroy. *Lieurey.*

Ligier-le-Bordel. *Saint-Léger-du-Bosc-del.*

Ligneriæ; Lignerolæ; Lignerolie; Liguerolles-Beaufort. *Lignerolles.*

Ligny. *Lilly.*

Li Hums; Lihoms; Li Hons; Lions. *Lyons.*

Lihons; Lihons-la-Forèt; Lions-la-Forèt. *Lyons-la-Forèt.*

Liliacum; Lilis; Lilliacum. *Lilly.*

Lilledieu. *Isle-Dieu (L').*

Lillunt. *Lignon.*

Limai de capite Pontis Arche. *Limaie.*

Limara; Limard. *Limare.*

Limbef; Limbof; Limboq; Limboth; Limbotum; Limbuef. *Limbeuf.*

Limeus. *Limeux.*

Limoie. *Limaie.*

Lindebeuf. *Limbeuf.*

Lineriæ. *Lignerolles.*

Lintetot. *Lilletot.*

Lire (La). *Vieille-Lyre (La).*

Lire-la-Neuve. *Neuve-Lyre (La).*

Lirense cœnobium; Lirense monasterium. *Lyre (Abbaye de).*

Liretum; Liriacum; Liry. *Léry.*

Lirizinus fluvius. *Risle (La).*

Lisle. *Notre-Dame-de-l'Île.*

Lisorcium; Lisores; Lisort; Lisorts Lisorz. *Lisors.*

Litegière; Liteguive. *Letteguives.*

Litetot. *Lilletot.*

Lithiguive; Litigelvilla; Litigiva. *Letteguives.*

Littetot; Littletot. *Lilletot.*

Litulæ Vetulæ. *Vieilles.*

Liun; Liuns. *Lyons-la-Forèt.*

Livaie; Lived; Livetum. *Livet-en-Ouche.*

Liveht; Liveit; Liveth. *Livet-sur-Authou.*

Lizores; Lizors. *Lisors.*

Lizy. *Atisay.*

Llieuray. *Lieurey.*

Locoveriæ; Locoveris (Villa); Locoverium; Locus Veris; Locvies. *Louviers.*

Locus Dei. *Lieu-Dieu.*

Loge (La). *Landes (Les).*

Logeempré-jouxte-le-Pont-Pierre; Logemprey; Logiempré. *Logempré.*

Logiæ. *Loges (Les).*

Loia; Loia castrum. *Louye.*

Loiris. *Lieure (La).*

Lomæ; Lome; Lomes. *L'Hosmes.*

Lombouel. *Longboel (Forèt de).*

Lomchamp. *Longchamps.*

Lonc (Le). *Long (Le).*

Lonc Boel; Lonc Bouel. *Longboel (Forèt de).*

Lonechamp; Lonchamp; Lonc-Champ-en-Lions. *Longchamps.*

Londa; Londe (Le). *Londe (La).*

Londe (La); Londe-Commin (La); Londe-Commin (Le marquisat de la). *Saint-Ouen-de-la-Londe.*

Londe(Saint-Ouen-de-la). *Saint-Ouen-du-Thuit-Hébert* ou *Thuit-Heudebert.*

Londe-sous-Farceaux (La); Londe-sur-Farceaux (La). *Londe (La).*

Longaluns. *Longuelune.*

Longamara. *Longuemare.*

Longa Petra. *Gargantua (Pierre de).*

Longareia. *Longrais.*

Longavilla. *Longueville.*

Longboel; Longboils; Longbois; Longboyau; Longboyel. *Longboel (Forèt de).*

Longchamp; Longechamp. *Longchamps.*

Longempré. *Logempré.*

Long-Essard (Le); Long-Essart. *Long-Essard.*

Longevilla; Longeville (Provintia). *Longueville.*

Longi Bodelli foresta. *Longboel (Forèt de).*

Longiole. *Longueule.*

Longpérier. *Long-Perrier.*

Longsault; Longsaux. *Longs-Saules (Les).*

Longschamp. *Longchamps.*

Longualuna. *Longuelune.*

Longuavilla. *Longueville.*

Longuemare. *Landemare* ou *la Salle.*

Longueraie. *Longrais.*

Longuetouche. *Longues-Touches.*

Longuevilla; Longueville. *Longueville.*

Longum Pratum. *Longpré.*

Longus Boellus; Longus Buellus. *Longboel (Forèt de).*

Longus Boscus. *Bouquelon.*

Longus Campus. *Longchamps.*

Longus Essartus. *Long-Essard.*

Longus Saltus. *Longs-Saules (Les).*

Longville. *Longueville.*

Louviers. *Louviers.*

Loraille; Loraisle. *Oraille (L').*

Lorei; Lorei-sur-Eure; Loreyum. *Lorey.*

Loreia. *Oraille (L').*

Lormaye. *Ormais (L').*

Lorrs; Lorray; Lorré; Lorrei; Lorrey. *Lorey.*

Lortié. *Ortier (L').*

Losme; Losmes. *L'Hosmes.*

Louiz. *Louye.*

Louvercé; Louvercei; Louverciacum; Louverlé; Louverrée. *Louversey.*

Louvers; Louviers; Louvyers; Loveier. *Louviers.*

Louviers (Forèt de). *Bord (Forèt de).*

Loverceium. *Louversey.*

Loveria; Loverianum oppidum; Loverii; Lovers; Loviers; Loviers-le-Franc; Lowiers. *Louviers.*

Loya. *Louye.*

Lucaium; Luçay; Lucayum; Luceyaum. *Lucey.*

Luceium; Lucoyum. *Haye-de-Lucey (La).*

Lucivel. *Lesmel* ou *Lismel.*

Lucoverii. *Louviers.*

Luherei (Le); Luhereis (Les); Luhereium; Luhereis; Luhérey; Luhereyum; Luherez (Les). *Luhéré.*

Luire. *Lieurey.*

Luireslaqua; Luirres Leve. *Lorleau.*

Lunda; Lunde (Le). *Londe (La).*

Lundes. *Grandes-Londes (Les).*

Lureium; Lurre. *Lieurey.*

Lusoriæ. *Lisors.*

Lussay. *Haie-de-Lucey (La); Lucey.*

Luszay. *Lucey.*

Lyaumesnil. *Léomesnil.*

Lyebecort. *Lébécourt.*

Lyerrucum. *Lierre (Le).*

Lymaie. *Limaie.*

Lymare. *Limare.*

Lymeux. *Limeux.*

Lynerolles. *Lignerolles.*

Lyon; Lyons; Lyons-en-Forest. *Lyons-la-Forèt.*

Lyra. *Lyre (Abbaye de).*

Lysorcium; Lysorz. *Lisors.*

M

Maalou. *Malou.*

Madeleine-d'Heudreville (La). *Mesnil-sur-l'Estrée (Le).*

Madrecisum ; Madricense. *Madrie (Pays de).*

Maelout. *Malou.*

Maerel ; Maercel ; Maerol ; Maerolium ; Maeruel ; Maerul. *Mareux.*

Magdalene de Heudreville. *Mesnil-sur-l'Estrée (Le).*

Magdalene de Nonancurte (Beata Maria) ; Magdelaine-de-Nonancourt (La). *Madeleine-de-Nonancourt(La).*

Magdalenes (Capella B. Mariæ) ; Magdeleyne-de-Bernay. *Madeleins (La).*

Magdelaine-sur-Seine (La) ; Magdelenes (Prioratus Sanctæ). *Madeleine (La).*

Magnavilla. *Mandeville ; Mannevillesur-Risle.*

Magnevilla. *Manneville (Moulin de) ; Manneville-sur-Risle.*

Magnevilla Radulfi. *Manneville-la-Raoult.*

Magneville ; Magneville juxta la Harangière. *Mandeville.*

Magneville-sur-Risle ; Magniville super Rillam. *Manneville-sur-Risle.*

Magniens (Moulin aux). *Mangeants (Les).*

Magniville. *Manneville (Moulin de).*

Magno Campo (S. Petrus de). *Grand-Camp.*

Magnus Villaris. *Grandvilliers.*

Maherol ; Maherolium. *Mareux.*

Mahiel. *Mahiet.*

Maignerie (La). *Moinerie (La).*

Maigre-Mesnil. *Megremesnil.*

Maillard. *Bois-Maillard.*

Maillarderie. *Maillardière (La).*

Maimoulins (Les). *Mémoulin.*

Maineville. *Mainneville.*

Mainneval. *Menneval.*

Maisnil Bernart. *Mesnil-Bernard.*

Maisnillet. *Mesnillet (Le).*

Maisnil Roscelini. *Mesnil-Rousset (Le) ; Trinité-du-Mesnil-Josselin (La).*

Maisnifum Jordani. *Mesnil-Jourdain (Le).*

Maison Blanche (La). *Ligue (Pavillon de la) ; Isle-Heureuse (L').*

Maisonnette (La). *Ardèche (Avenue de l').*

Maison-Rouge. *Terres-Blanches (Les).*

Malavilla juxta Beccum. *Malleville-sur-le-Bec.*

Malbusquet. *Maubucquet (Le).*

Male Oyen. *Malouy.*

Malese. *Malèfe.*

Malevilla. *Malleville-sur-le-Bec.*

Mallemains. *Malesmains.*

Mallemaison (La). *Malmaison (La).*

Malletière. *Maltière (La).*

Malleville (Moulin de). *Melleville.*

Malloc. *Mailloc (Le).*

Mellogiæ ; Mallouy. *Malouy.*

Malmain ; Malmains. *Malesmains.*

Malo (Capella de). *Maubuisson.*

Malo Dumo. *Maubuisson.*

Maloe ; Maloci ; Malogium ; Maloia. *Malouy.*

Malo Passu (Sanctus Nicolaus de). *Maupas.*

Malpas. *Saint-Nicolas-de-Maupas.*

Malpertuis. *Maupertuis.*

Maltot. *Martot.*

Maltreium. *Martrey (Rue du), à Louviers.*

Malum Repastum. *Maurepas.*

Malus Auditus. *Malouy.*

Malus Dumus. *Maubuisson.*

Manceles ; Mancelli. *Mancelles.*

Mandeville-la-Champagne. *Mandeville.*

Mandræ. *Mandres.*

Manecavilla ; Manechevilla ; Manekiervilla ; Manequevilla ; Manesquevilla ; Manesqueville. *Ménesqueville.*

Manerium. *Manoir (Le).*

Maneval. *Menneval.*

Maneville-la-Champaigne ; Mangane-villa. *Mandeville.*

Mangneville. *Mandeville ; Manneville-sur-Risle.*

Maniant (La) ; Manianz (As). *Mangeants (Les).*

Manichivilla. *Manneville-sur-Risle.*

Mannei. *Mannet (Le).*

Manneval. *Menneval.*

Mannevilla ad Rillam ; Manneville-sur-l'Isle. *Manneville-sur-Risle.*

Manneville. *Mandeville ; Moulin-à-Papier (Le) ; Moulin de Manneville.*

Manneville-Larault ; Manneville-la-Rault. *Manneville-la-Raoult.*

Manoir ou Hostel de Saint-Germain. *Navarre.*

Manoir-sur-Seine ; Manoir-sur-Seynne. *Manoir (Le).*

Manor House. *Grande-Maison (La).*

Mansel ; Manselles. *Mancelles.*

Mansellerie (La). *Mancellerie (La).*

Mantel. *Mantelle.*

Mantelon. *Manthelon.*

Manthelon. *Minières (Les).*

Manthullé (Le). *Mantelle.*

Mara (La). *Mare (La).*

Maræ justa Quercum. *Mares (Les).*

Maragode. *Margottes (Les).*

Marais de Lilly. *Marais (Les).*

Marais-Varnier. *Marais-Vernier (Le).*

Marbodium ; Marboc ; Marbotum ; Marbue ; Marbuet. *Marbeuf.*

Marcelliacum. *Marcilly-la-Campagne.*

Marcengus. *Morsan.*

Marchabert. *Merchebert.*

Marcilleum ; Marcilley ; Marcilley-ium ; Marcilleyum ; Marcilly-la-Champaigne. *Marcilly-la-Campagne.*

Marcilliacus supra Auturam ; Marcilleium. *Marcilly-sur-Eure.*

Marcosvilla ; Marcouville (Bosguerard-de) ; Marculfivilla. *Marcouville-en-Roumois.*

Marcouvilla ; Marcouville-sur-Ecouis ; Marcufivilla. *Marcouville-en-Vexin.*

Mare. *Mares (Les).*

Mare-Augier (La). *Mare-Auger (La).*

Mare-au-Vernier (Le). *Marais-Vernier (Le).*

Mare-aux-Oues ; Mare-Auxous. *Mare-aux-Ours (La).*

Maredanx (Val de). *Maresdans.*

Mare-des-Saints. *Mare-des-Saules(La).*

Mare-de-Vambourg (La) ; Mare (La Grande-) ; Mare (La Vieille-). *Mare (La).*

Mare-du-Bosc. *Mare-Duboc (La).*

Maregode. *Margottes (Les).*

Mare-Gouvy. *Mare-Gouvis.*

Mare-Harequier. *Malharquier (Le).*

Mareheut. *Mareux.*

Mare-Minet. *Mare-Milot (La).*

Mare-Sans-Souci. *Mare-Sangsue (La).*

Mares-à-Vernier. *Marais-Vernier (Le).*

Marescal in vico Villeino (Molendinum de). *Mareschal.*

Marescalli (Prata). *Maréchal (Fief du).*

Marescus Warnerii. *Marais-Vernier (Le).*

Maresdent. *Maresdans.*

Mare-sous-Venables (La). *Mare (La).*

Marethot ; Maretot. *Martot.*

Marette (Le). *Marette (La).*

Marettes (Les). *Puisette (La).*

Marevilla. *Malleville-sur-le-Bec.*

Mare-Vernier (La). *Marais-Vernier (Le).*

Mare-Vornier (La). *Mare-Vernier (La).*

Margotes (Les). *Margottes* (*Les*).
Maricorne. *Malicorne.*
Marie-Badoue. *Marie-Badon.*
Marisco (S. Laurentius de); Mariscus Warneri. *Marais-Vernier* (*Le*).
Markesoel. *Markessel.*
Marmorenum. *Marmorin.*
Marneres; Marneria; Marneriæ. *Marnières.*
Marretot. *Martot.*
Marsileyum in Campania; Marssilleyum. *Marcilly-la-Campagne.*
Marsilhe-sur-Eure; Marsille-sur-Eure. *Marcilly-sur-Eure.*
Martagni; Martagniacum; Martagny-en-Lions. *Martagny.*
Martainoville. *Martainville-près-Pacy.*
Martainvilla. *Martainville-en-Lieuvin.*
Martainville-du-Cormier. *Martainville-près-Pacy* ; *Cormier* (*Le*).
Martainville-les-Bois. *Martainville-près-Pacy.*
Martegni ; Marteigny ; Martenguy ; Martenny; Martigni-en-Lions; Martigny; Martiniacum. *Martagny.*
Marthainville. *Martainville-près-Pacy.*
Martineth (Campus). *Martineth.*
Martinivilla. *Martainville* ; *Martainville-en-Lieuvin.*
Martinus le Viel. *Saint-Martin-le-Vieux.*
Martot-sur-Seine. *Martot.*
Martreium; Martreyum. *Martrey* (*Rue du*), à Louviers.
Marvilla. *Malleville-sur-le-Bec.*
Maseriæ. *Mézières.*
Massiliacum in Campania; Massille. *Marcilly-la-Campagne.*
Maubré. *Maubreuil.*
Maupertuize; Maupertus. *Maupertuis.*
Maurepast. *Maurepas.*
Mausigny. *Mansigny.*
Mauvrey (Le). *Seaules* (*Les*).
Maynevilla. *Manneville-sur-Risle.*
Meanneville; Mediana Villa; Mediavilla. *Mainneville.*
Mediolanum; Mediolanum Aulercorum. *Évreux* (*Ville d'*).
Meenislet. *Ménillet* (*Le*).
Meennenneville; Meenneville; Meenovile. *Mainneville.*
Meeruel. *Mareux.*
Meisnillum subtus Warclive. *Mesnil-sous-Verclives* (*Le*).
Melicort; Melicurtis. *Mélicourt.*
Mellavilla ; Mellevilla. *Melleville.*
Mellebue. *Melbuc* (*Le*).
Mellicourt; Mellicuria. *Mélicourt.*

Menasqueville. *Ménesqueville.*
Mondres. *Mandres.*
Ménégal. *Mesnil-Gal* (*Le*).
Ménéqueville. *Ménesqueville.*
Meneval (Saint-Pierre de). *Menneval.*
Meneville. *Mainneville.*
Ménil; Menila; Menilæ. *Menilles.*
Menil-au-Viconte. *Mesnil-Vicomte* (*Le*).
Ménil-Bellenguet. *Mesnil-Belanguet* (*Le*).
Menil-Fuquet. *Mesnil-Fuguet* (*Le*).
Menil-Hardre; Ménil-sur-Conches. *Mesnil-Hardray* (*Le*).
Menilium Herluini. *Mesnil-Hellain* (*Le*).
Menil-Jourdein. *Mesnil-Jourdain* (*Le*).
Menillum. *Menilles.*
Menillum Hardrei. *Mesnil-Hardray* (*Le*).
Menillum Pagani; Menil-Péan; Menil-Pian. *Mesnil-Péan* (*Le*).
Menil-Verguelire. *Mesnil-sous-Verclives* (*Le*).
Mentelon; Mentenon; Menteron. *Manthelon.*
Ménnissement. *Nuisement* (*Le*).
Merovilla. *Merville.*
Merceium. *Mercey.*
Meré; Méré. *Mérey.*
Meré (Foresta de). *Mérey* (*Forêt de*).
Mère au Duc. *Mère-Odus* (*La*).
Merebouton. *Merbouton.*
Merei-sur-Eure; Méreil. *Mérey.*
Merevilla; Merevilleta. *Merville.*
Mergers (Les). *Merger* (*Le*).
Meriacum. *Mercey.*
Merle. *Merle* (*Le*).
Merlevilla. *Melleville.*
Merlevilla (Molendinum de). *Melleville.*
Merlini Mons. *Mellimont.*
Merré; Merri. *Mérey.*
Mervilla. *Merville.*
Mesagera (La); Mesangeria; Mésenguière (Le). *Mésangère* (*La*).
Meserie; Meseriz; Meserniz; Meseruis. *Maiserie.*
Mesgremesnil. *Megremesnil.*
Mesgremont. *Maigremont.*
Mesieres. *Mézières.*
Meslaville; Mesleville. *Melleville.*
Mesnil (Le). *Brouard.*
Mesnil-Anceaulme. *Mesnil-Anseaume* (*Le*).
Mesnil-au-Vicomte. *Mesnil-Vicomte* (*Le*).
Mesnil-Belenguel; Mesnil-Belenguet-sur-Andely (Le). *Mesnil-Belanguet* (*Le*).

Mesnil-Borquet. *Mesnil-Broquet* (*Le*).
Mesnil-des-Granges. *Mesnil-Hellain* (*Le*).
Mesnil-des-Planches (Le). *Planches* (*Les*).
Mesnilectum. *Ménillet* (*Le*).
Mesnile-Pagani. *Mesnil-Péan* (*Le*).
Mesnil-Ferey; Mesnil-Ferry. *Mesnil-Ferrey* (*Le*).
Mesnil-Figuet; Mesnil-Fiquet; Mesnil-Fugel; Mesnil-Fugné; Mesnil-Fuques; Mesnil-Fuquet. *Mesnil-Fuguet* (*Le*).
Mesnil Frede. *Mesnil-Froid* (*Le*).
Mesnil-Gailles; Mesnil-Galles. *Mesnil-Gal* (*Le*).
Mesnil-Harderé; Mesnil-Hardié; Mesnil-Hardré; Mesnil-Hardrey; Mesnil-Haudre. *Mesnil-Hardray* (*Le*).
Mesnil-Joscelin; Mesnil-Joselin. *Trinité-du-Mesnil-Josselin* (*La*).
Mesnilleium Pagani. *Mesnil-Péan* (*Le*).
Mesnilletum. *Ménillet* (*Le*).
Mesnille-Vicomte. *Mesnil-Vicomte* (*Le*).
Mesnillum Jordani. *Mesnil-Jourdain* (*Le*).
Mesnillot (Le); Mesnillote. *Mesnilote* (*Le*).
Mesnillum Belanguel; Mesnillum Berengarii; Mesnillum Bernanguel ; Mesnillum Bernenguel. *Mesnil-Belanguet* (*Le*).
Mesnillum Brochet. *Mesnil-Broquet* (*Le*).
Mesnillum dictum Gosse. *Mesnil-Gosse* (*Le*).
Mesnillum Freide; Mesnillum Freodi; Mesnillum Freudum; Mesnillum Fruede. *Mesnil-Froid* (*Le*).
Mesnillum Fugueti; Mesnillum Fuqueti ; Mesnillum Fouquoin. *Mesnil-Fuguet* (*Le*).
Mesnillum Gales. *Mesnil-Gal* (*Le*).
Mesnillum Hardei. *Mesnil-Hardray* (*Le*).
Mesnillum Herluini. *Mesnil-Hellain* (*Le*).
Mesnillum Hilberti. *Mesnil-Fulbert* (*Le*).
Mesnillum Jordani. *Mesnil-Jourdain* (*Le*).
Mesnillum Rousseli. *Mesnil-Rousset* (*Le*).
Mesnillum subtus Vianam; Mesnillum subtus Vianem. *Mesnil-sous-Vienne* (*Le*).
Mesnillum subtus Warclive. *Mesnil-sous-Verclives* (*Le*).

Mesnillum Vicecomitis. *Mesnil - Vicomte* (*Le*).

Mesnil-Malduit. *Mesnil-Manduit* (*Le*).

Mesnil-Maudet. *Mesnil-Manduit* (*Le*); *Saint-Pierre-du-Mesnil*.

Mesnil-Mauduit. *Saint-Pierre-du-Mesnil*.

Mesnil-Mauduit (Saint-Pierre-du). *Mesnil-Mauduit* (*Le*).

Mesnil-Mylon. *Mesnil-Milon* (*Le*).

Mesnil-Othe. *Mesnilote* (*Le*).

Mesnil-Payen. *Mesnil-Péan* (*Le*).

Mesnil-Rosset; Mesnil-Roussel. *Mesnil-Rousset* (*Le*).

Mesnil-sous-Varclive; Mesnil-sous-Varqueline. *Mesnil - sous - Verclives* (*Le*).

Mesnil-sous-Vienne. *Vienne*.

Mesnilum Maudeti. *Saint-Pierre-du-Mesnil*.

Mesnil-Verclives. *Verclives*.

Mesnil-sous-Werclive. *Mesnil-sous-Verclives* (*Le*).

Messa; Messaium; Messayum; Messerium. *Messey*.

Messis Curia. *Moiscourt*.

Mestayris; Metaris. *Métairies* (*Les*).

Mestenum. *Manthelon*.

Mesterie (La); Metterie (La). *Métairie* (*La*).

Metrevilla. *Métreville*.

Mézeré. *Miserey*.

Mézières-en-Vexin. *Mézières*.

Mignères (Les); Miguières (Les). *Minières* (*Les*).

Milloel. *Milay*.

Miloms Masnille. *Mesnil-Milon* (*Le*).

Mineres; Mineriæ; Minerie. *Minières* (*Les*).

Mingotières (Les). *Mangotières* (*Les*).

Miseré; Miseri; Misou. *Miserey*.

Missinières. *Mistinières* (*Les*).

Mistrevilla; Mitrevilla. *Métreville*.

Moaz. *Muees*.

Modiæ; Modii. *Muids*.

Modica Villa. *Petite-Ville*.

Moeeto; Moëttes. *Mouettes*.

Moesivilla. *Moisville*.

Mofflaine; Mofleines. *Mouflaines*.

Moies. *Muids*.

Moille. *Mouille-Crotte*.

Moincourt. *Moiscourt*.

Moine (Île au). *Geoffroy, île sur la Seine; Martot* (*Pertuis ou Rotenue de*).

Moiy. *Muids*.

Molaises. *Molaises-des-Hogues* (*Les*).

Mole. *Motelle*.

Molencort. *Molincourt*.

Molendinum Accardi. *Moulin Accard*.

Molendinum Alis. *Moulin Alix*.

Molendinum de Barnevilla. *Moulin-des-Côtes* (*Le*).

Molendinum de Marescal. *Moulin Maréchal*.

Molendinum Jordani. *Moulin Jourdain*.

Molendinum Rogeri. *Moulin - Roger* (*Le*).

Molendinum Varyn; Molindinum Warin. *Moulin Vaurin*.

Molin-Chapel; Molin-Chappel. *Moulin-Chapelle*.

Molin-Jordain. *Moulin Jourdain*.

Mollents (Les). *Molande* (*Les*).

Monachetis. *Moinerie* (*La*).

Monasteriolum. *Montreuil-l'Argillé*.

Monasterium. *Moûtier* (*Le*).

Monceaulx; Monceaus; Moncellæ; Moncellæ prope Mocellum; Moncellæ prope Sanctum Andream. *Mousseaux-près-Saint-André*.

Monceaus; Moncelli; Moncelli super Danvillam. *Mousseaux-sur-Danville*.

Moncel. *Moucel* (*Le*).

Monflaine. *Mouflaines*.

Monbéron. *Morsan; Mont-Héron* (*Le*).

Monils. *Monis* (*Les*).

Monnesmares. *Mont-les-Mares*.

Monpinçon-près-Barre; Montpinçon. *Mont-Pinchon*.

Monpognian; Monpoignan. *Montpoignant*.

Monsault. *Longs-Saules* (*Les*).

Mons Aureus. *Montaure*.

Mons Baldrici. *Mont-Baudry*.

Mons Crostele. *Mont-Crostel*.

Mons Duorum Amantium. *Deux-Amants* (*La Montagne ou plutôt la Côte des*).

Monseaux. *Mousseaux-sur-Damville*.

Mons Fortis. *Montfort-sur-Risle*.

Mons Fusceoli. *Château-sur-Epte*.

Monspognant; Monspoignant. *Montpoignant*.

Mons Rosti. *Mont-Rôti* (*Le*).

Monstereul; Monsteriolum. *Montreuil-l'Argillé*.

Monsterol. *Montreuil*.

Mons Torilis. *Monts-Thaurin*.

Monstreul. *Montreuil-l'Argillé*.

Montaubans (Les). *Montauban* (*Le*).

Montaubas. *Mont-Auban*.

Mont Baston. *Mont-Bâton* (*Le*).

Montelle. *Motelle*.

Montereui-l'Argilé. *Montreuil-l'Argillé*.

Montes Osoul. *Montosou*.

Montflaines; Montflamet. *Mouflaines*.

Montfort. *Montfort-sur-Risle*.

Monthelon. *Manthelon*.

Monticellus. *Moussel* (*Le*).

Montis Pagani (Costerie). *Montpagnant*.

Montmerel. *Mont-Morel*.

Montmor. *Monmor*.

Montor; Montores; Montorius; Montorre; Montorze. *Montaûre*.

Mont Osou; Montouse. *Montosou*.

Montpagnant; Montpaignant. *Montpoignant*.

Montpertuit. *Maupertuis*.

Mont-Poinant; Montpoingnant; Montpongnant. *Montpoignant*.

Montreil; Montre - Œil. *Montreuil-l'Angelé; Montreuil - l'Argillier; Montreul. Montreuil-l'Argillé*.

Monts-de-Livet (Les). *Mont-Livet*.

Monts-d'Iville (Les). *Monis* (*Les*).

Monts-Saint-Michel. *Saint-Michel-de-Mont-Milon*.

Morainville-la - Mansollerie. *Morainville-près-Lieurey*.

Morçan. *Morsan*.

Morcence. *Morsan; Morsent; Saint-Jean-de-Morsent*.

Morceng. *Morsan*.

Morcenq. *Morsent*.

Morcent. *Morsent*.

Morchene. *Morsan; Morsent*.

Mordon. *Mordoux*.

Moregny; Moreinni. *Morgny*.

Moreinvilla. *Morainville-sur-Damville*.

Morenvilla. *Morainville-près-Lieurey; Morainville-sur-Damville*.

Morgniacum; Morgny; Morgny-la-Forêt; Morigniacum; Morigni-la-Forêt; Morigny; Moringnac; Moriniacum. *Morgny*.

Moritania. *Mortaigne*.

Morrière. *Maurière* (*La*).

Morsan-en-Lieuvin; Morsant; Morsenc; Morsens; Morsent. *Morsan*.

Morsent (Saint-Sébastien de); Morsent-sur-Iton. *Morsent*.

Mortemer-en-Leons; Mortemer-en-Lyons. *Mortemer* (*Vallée de*).

Morts (Rue aux). *Maure* (*Rue*).

Mortua Aqua. *Morteaux*.

Mortui Maris (Vallis); Mortuum Mare in Leonibus. *Mortemer* (*Vallée de*).

Mortao Mari (S. María de); Mortuum Mare. *Mortemer*.

Mosnils. *Monis* (*Les*).

Mostariolum ; Mosteiolum. *Montreuil-l'Argillé.*

Mostelle. *Motelle (Ils de la).*

Mosterel. *Montreuil ; Montreuil-l'Argillé.*

Mosteriolum ; Mosteroel ; Mosteruel. *Montreuil-l'Argillé.*

Mote (La). *Motte (La).*

Motel. *Motelle.*

Motelli. *Saint-Georges-sur-Eure.*

Motte (La). *Table-d'Asnières (La).*

Motte - de - Lansdemare (La). *Motte (La).*

Motte-du-Bourg. *Vieux-Forts (Les).*

Motte-Raullin (La). *Raullin.*

Motte-Valdreuil (La). *Motte (La).*

Mouceaux-jouxte-Danville ; Mouceaux-sur-Iton. *Mousseaux-sur-Damville.*

Moucel (Le). *Mouchel (Le).*

Moucherin (Le). *Moucherie (La).*

Mouesville. *Moisville.*

Mouete ; Mouette. *Mouettes.*

Mouflenes. *Mouflaines.*

Moulin - à - Papier (Le). *Manneville (Moulin de).*

Moulin Camin. *Camin.*

Moulin - Champel ; Moulin - Chapel ; Moulin-Chappel. *Moulin - Chapelle.*

Moulin de la Rivière. *Moulin de Tuile.*

Moulin de l'Isle. *Moulin - du - Bourg (Le).*

Moulin-d'en-Bas. *Moulin Alix.*

Moulin des Planches. *Planche (La).*

Moulin-Hamet. *Ametz.*

Moulin-Mainier. *Mémoulin.*

Moulin-Noël. *Moulin-Nouvel (Le).*

Moulin-Rouge. *Moulin-Roger (Le).*

Moulin-Sagout (Le). *Sagout.*

Moulins de Casteillon ; Moulins de Cateillons. *Catillon.*

Moulins-de-Montfort (Les). *Moulin-de-Montfort (Le).*

Moult-Larron. *Mont-Larron (Le).*

Mourcenc ; Mourcench. *Morsent.*

Mousseaux-le-Bois. *Mousseaux-près-Saint-André.*

Mousseaux-Neuville. *Haye (La) ; Lare.*

Moussel. *Mouchel (Le).*

Moutouse. *Montosou.*

Mucegros ; Muchegros. *Mussegros.*

Mucia. *Musse (La).*

Muees. *Muids.*

Muez. *Muees.*

Muids-sur-Seine ; Muies ; Muis ; Muits. *Muids.*

Mummorein. *Mont-Morin.*

Muncellæ ; Muncelli ; Munciaus. *Mousseaux-près-Saint-André.*

Muntfort. *Montfort-sur-Risle.*

Murcene ; Murcengus. *Morsan.*

Musegros ; Mussegros - les - Andelis. *Mussegros.*

Museolum ; Museum ; Musi ; Musiacum ; Mussy ; Musy ; Musyacum. *Muzy.*

Musteriolum. *Montreuil-l'Argillé.*

Muydz ; Muyes ; Muyez ; Muynes. *Muids.*

Muys. *Muces ; Muids.*

Mygnerie (La). *Moignerie (La).*

Mynères (Les) ; Mynières (Les). *Minières (Les).*

Myserey. *Miserey.*

N

Nacande ; Nacandres ; Naccandres. *Nassandres.*

Nageles ; Nagelet ; Nageleth ; Nagellum ; Naget. *Nagel.*

Nainvilla. *Nainville.*

Nanteuil. *Planches (Les).*

Nasandre ; Nasandrius ; Nascendæ ; Nassandre ; Nassendres. *Nassandres.*

Natatoria. *Noë (La).*

Naufloux. *Noufloux.*

Naxandres. *Nassandres.*

Neafla ; Neaflia ; Nealfa ; Nealpha ; Nealphitum (Castrum) ; Nealphle. *Neaufles-Saint-Martin.*

Neafle ; Nealfe ; Nealfle. *Neaufles-sur-Risle.*

Neaubourg. *Neubourg (Le).*

Neaufe ; Neausle. *Neaufles-sur-Risle.*

Neauffle ; Neaufle juxta Gisortium. *Neaufles-Saint-Martin.*

Nébourg (Le) ; Neboursg. *Neubourg (Le).*

Nectrivilla. *Nétreville.*

Neelfa ; Nefle. *Neaufles-Saint-Martin.*

Neesville (La). *Neuville - de - Combon (La).*

Nefville-en-Forest (La). *Neuville-du-Bosc (La).*

Neheelpha ; Neielfa Castrum ; Nelpha. *Neaufles-Saint-Martin.*

Neivilata. *Neuvillette.*

Nemus Achardi. *Bourg-Achard.*

Nemus de Leonibus. *Lyons (Forêt de).*

Nemus des Faus. *Chapelle-du-Bois-des-Faux (La).*

Nemus Huon. *Boshyon (Le).*

Nemus Rabelli. *Rabel.*

Nervaux (Aqueduc de). *Nerveaux (Les).*

Nesement. *Nuisement (Le).*

Netrevilla. *Nétreville.*

Neubort ; Neubourg ; Neubourg (Le) ; Neubourg - la - Forêt ; Neuf - Borc ; Neufbourc ; Neufboure ; Neufbourg ; Neufbourt. *Neubourg (Le).*

Neufbourg (Champaigne de). *Neubourg (Campagne du).*

Neuf-Castel - sur - Ete ; Neufcastel-sus-Ete. *Château-sur-Epte.*

Neufve-Lire. *Neuve-Lyre (La).*

Nenfville (La). *Neuville (La).*

Neufvillette. *Neuvillette ; Neuvillette (La).*

Neufvillette-la-Comtesse (La). *Neuvillette (La).*

Neuilli-sur-Eure. *Neuilly.*

Neumoury (Plain of). *Neubourg (Campagne du).*

Neustrevilla ; Neutriusvilla. *Nétreville.*

Neuvillecte (La). *Neuvillette (La).*

Neuville-de-Bosc (La) ; Neuville-le-Bon. *Neuville-du-Bosc (La).*

Neuville-la-Forèt ; Neuville-le-Comte. *Neuville-près-Saint-André.*

Neuville - lès - Claville. *Neuville - près-Claville.*

Nevilete. *Neuvillette.*

Newborougz ; Newborw ; Newburch ; Newburgh. *Neubourg (Le).*

Newbourg (Campagne de). *Neubourg (Campagne du).*

Nialfa (Clevilla quæ dicitur) ; Nielfe. *Neaufles-Saint-Martin.*

Noa (Beata Maria de). *Noë (La).*

Noa Loretæ. *Noë-Lorette (La).*

Noble Sergeantance. *Tacq (Sergenterie du).*

Nocimentum ; Nocumentum. *Nuisement (Le).*

Noë (La). *Noë-Poulain (La).*

Noe-Crespin (La). *Crespinière (La) ; Noë-de-la-Barre (La).*

Noe-jouxte-la-Barre. *Noë-de-la-Barre (La).*

Noers. *Noyers.*

Noetium. *Noyer-en-Ouche (Le).*

Noez (Les). *Noës (Les).*

Nogeium. *Nojeon-le-Sec.*

Nogens-le-Sec ; Nogent. *Nogent-le-Sec.*

Nogentum ; Nogentum super Andeiam ; Nogeon-sur-Andelly ; Nogio ; Nogion ; Nogon. *Noyon-sur-Andelle.*

Nogione (S. Martinus de) ; Nogio Siccus ; Nogon-le-Seq ; Noieyon Siccum. *Nojeon-le-Sec.*

Noiers. *Noyers.*

Noio ; Noion ; Noion - sur - Andelle. *Noyon-sur-Andelle.*

Noio Siccus. *Nojeon-le-Sec.*

Noisement. *Nuisement* (*Le*).
Nojeon. *Charleval.*
Nolles (Les). *Noës* (*Les*).
Nonacuria; Nonancors; Nonancort; Nonancuria; Nonancurtis; Nonanticurtis; Nonencors; Nonencort; Nonencourt; Nonencuria. *Nonancourt.*
Nongent; Nongentum. *Nogent-le-Sec*
Nonnancort; Nonnancourt; Nonnencuria. *Nonancourt.*
Normani Silva. *Bois-Normand-la-Campagne.*
Normanivilla; Normannivilla; Normanvilla; Normanville-sur-Iton. *Normanville.*
Nostre-Dame-de-la-Coulture. *Notre-Dame-de-la-Couture.*
Nostre-Dame-de-la-Coulture-de-Bernay. *Notre-Dame-de-la-Couture.*
Nostre-Dame-du-Chesne. *Chesne* (*Le*).
Notre-Dame-de-Bus. *Bus*, nom d'une paroisse accrue de Saint-Remy.
Notre-Dame-de-Fouquerville. *Fouquoville.*
Notre-Dame-de-Grâce. *Notre-Dame-de-Grâce* ou *de-la-Grâce*; *Saint-Pierre-de-Bailleul.*
Notre-Dame-de-la-Motte ou de Recouvrance. *Motte* (*La*); *Notre-Dame-de-Recouvrance.*
Notre-Dame-de-Neufville. *Neuville-sur-Authou.*
Notre-Dame-de-Pantuile. *Notre-Dame-de-Pentelle.*
Notre-Dame-des-Champs. *Sainte-Marie-des-Champs.*
Notre-Dame-du-Cormier. *Cormier* (Le).
Notre-Dame-du-Désert. *Sainte-Suzanne, prieuré.*
Notre-Dame-du-Gaud. *Notre-Dame-du-Gault.*
Notre-Dame-du-Lesme. *Lesme* (*Le*); *Sainte-Suzanne, prieuré.*
Notre-Dame-du-Torp. *Torpt* (*Le*).
Nots (Les). *Noës* (*Les*).
Nouard. *Noarda.*
Noue (La). *Noë* (*La*); *Noë-Poulain* (*La*).
Noue (N.-D.-de-la-). *Noë* (*La*).
Nouiers. *Noards.*
Nouretz (Les). *Noërayes* (*Val des*).
Noussault. *Longs-Saules* (*Les*).
Novæ Ferrariæ. *Ferrière-sur-Risle* (*La*).
Novæ Liræ. *Lyre*, abbaye.
Nova Lira. *Neuve-Lyre* (*La*).
Novavilla. *Neuville* (*La*); *Neuville-de-Combon* (*La*); *Neuville-du-Bosc* (*La*); *Neuville-près-Claville*; *Neu-*

ville-sous-Farceaux; *Neuville-sur-Authou*; *Tournedos-sur-Seine.*
Novavilla de Vallibus. *Neuville-des-Vaux* (*La*).
Novel-Andely. *Andely* (*Le Petit-*).
Nove-Lire (La). *Neve-Lyre* (*La*).
Noveucourt. *Nonancourt.*
Noviburgensis (Campania). *Neubourg* (*Campagne du*).
Novigentum. *Nogent-le-Sec.*
Novilla; Novilla Comitis. *Neuville-près-Saint-André.*
Novilla Comitisse. *Neuvillette* (*La*).
Noviomum. *Noyon-sur-Andelle.*
Novion-le-Sec. *Nojeon-le-Sec.*
Novionum ad Andellam. *Charleval.*
Novoburgensis (Campania). *Neubourg* (*Campagne du*).
Novum castellum Sancti Dionysii in silva Leonum. *Lyons-la-Forêt.*
Novum (Castellum); Novus Burgus. *Neubourg* (*Le*).
Novum Castrum prope Eptam; Novum Castrum super Ettam. *Château-sur-Epte.*
Noyer-en-Ouche; Noyer-sur-Rile (Le). *Noyer-en-Ouche* (*Les*).
Noyers-près-Vesly; Noyers-sur-Andelys; Noyers-sur-Dangu; Noyers-sur-Epte. *Noyers.*
Noyon-le-Sec. *Nojeon-le-Sec.*
Noyon-sur-Andelle. *Charleval*; *Noyon-sur-Andelle.*
Nozon-sur-Andelle. *Noyon-sur-Andelle.*
Nucearium. *Noyer-en-Ouche* (*Le*).
Nuces. *Noards.*
Nuefbourc; Nuefbourg. *Neubourg* (*Le*).
Nuefville (La). *Neuville-du-Bosc* (*La*).
Noillé; Nully. *Neuilly.*
Nuissement; Nuizement. *Nuisement* (*Le*).

O

Oca; Occa; Occa (Foresta quæ dicitur); Ocha. *Ouche* (*Pays d'*).
Occa (Decanatus de). *Ouche.*
Ocquenchy. *Harquency.*
Odura; Odurna. *Eure*, rivière.
Oecort; Oencourt; Oencurt. *Hécourt.*
Ogerivilla; Ogervilla; Ogierville. *Orgeville-en-Vexin.*
Oisellus; Oisselius. *Oissel-le-Noble.*
Olmes; Olmetum; Olmi. *Ormes.*
Oltrabosc. *Outrebosc.*
Omeium. *Ommei.*
Ommoy. *Osmoy.*

Omondi (Genestellum). *Omond* (*Le Génestuis d'*).
Osmonville qui fut Blandey. *Blandey.*
Ondé (Notre-Dame d'); Ondey. *Andé.*
Ondoville. *Hondouville.*
Onmoi. *Osmoy.*
Openees; Openeii; Openeis. *Openes.*
Openes. *Ampenois*; *Bourg-Beaudouin.*
Openies. *Ampenois*; *Openes.*
Openii; Opiniensis villa. *Openes.*
Opignie; Opines; Opinies. *Ampenois.*
Oraisle (L'). *Oraille* (*L'*).
Orgerils. *Orgeries* (*Les*).
Orgevilla, Orgeville (Caillouet-). *Orgeville.*
Orgueilleux (L'). *Pressagny-l'Orgueilleux.*
Orguletum; Orgui (Portus). *Goulet* (*Le*). *Pressagny-l'Orgueilleux.*
Orielt; Orieult. *Oriot.*
Orme-des-Conférences (L'); Orme-devant-Gysors (L'). *Ormeteau-Ferré* (*L'*).
Ortray (L'). *Ortier* (*L'*).
Orvaulx. *Orvaux.*
Osberni Boscus. *Bosc-Aubé.*
Oseraies (Les). *Auzerais* (*Les*).
Osmundivilla; Osmuntvilla; Osmunvilla. *Omonville.*
Osouein. *Osvain.*
Osseia. *Houssaie* (*La*); *Houssaye* (*La*).
Ossellum; Ossellus. *Oissel-le-Noble.*
Ostiex. *Authieux* (*Les*).
Osveni (Molendinum). *Osvain.*
Otgerivilla. *Orgeville-en-Vexin.*
Othuræ flumen. *Eure*, rivière.
Olmonville. *Omonville.*
Ouches. *Ouche* (*Pays d'*).
Oudeauville. *Doudeauville.*
Oultrebois. *Outrebois.*
Oumey; Oumeyum. *Ommei.*
Ouraille (L'). *Louraille*; *Oraille* (*L'*).
Ourmes. *Ormes.*
Outrebosc. *Autrebosc.*
Ouville. *Houville.*
Ouye (L'). *Louye.*
Oysellus; Oyssel; Oyssellius. *Oissel-le-Noble.*

P

Pacciolum; Pacellum; Paceolum; Pucciolo (S. Martinus de). *Pacel.*
Pace; Paccium; Pacey; Paceyum; Paci; Paciacum; Pacie; Pacyacum. *Pacy-sur-Eure.*
Paganus (Mons). *Péan.*
Pagus Rotomagensis minor. *Roumois.*

Rinchchoux; Ringe Houla. *Rinchoux.*
Ringer. *Rangé (Le).*
Riquecort; Riquiécourt. *Requiécourt.*
Risilla. *Risle (La).*
Ritumagus. *Radepont.*
Rive-du-Vaudreuil (La). *Rive (La).*
River-Théboville (La); Rivière-de-Tibouville (La). *Rivière-Thibouville (La).*
Rivière de Saint-Denis. *Levrière (La).*
Rivière de Ville (La); Rizela; Rizilinus fluvius. *Risle (La).*
Rizilinum (juxta fluvium). *Pentale.*
Roel. *Vaudreuil (Le).*
Roca. *Rocque (La); Roque-sur-Risle (La).*
Roche (La). *Fieffes (Les).*
Roche d'Andely (La). *Château-Gaillard.*
Rochela. *Rochette (La).*
Rodoialensis; Rodolium; Rodolli Vallis. *Vaudreuil (Le).*
Rodomensis. *Roumois.*
Roeillie. *Reuilly.*
Roel; Roeul. *Vaudreuil (Le).*
Roes. *Rois (Les).*
Roetot. *Routot.*
Roevilla. *Rouville (Pré et usine de).*
Rogeperer; Roge-Perier. *Rouge-Periers.*
Rogeri Silva. *Bosc-Roger-en-Roumois.*
Roie. *Rois (Les).*
Roiel; Roil. *Vaudreuil (Le).*
Roilli. *Reuilly.*
Roilvilla. *Réville.*
Rolle (Le). *Roule (Le).*
Rologi Villa. *Vaudreuil. (Le).*
Romays. *Roumois.*
Romei. *Romerie (La).*
Romeilli. *Romilly-près-Bougy; Romilly-sur-Andelle.*
Romeleium. *Romilly-sur-Andelle.*
Romeliacum; Romelliacus. *Romilly-près-Bougy.*
Romen. *Roman-Blandey.*
Romiliacum. *Romilly-sur-Andelle.*
Romiliacus. *Romilly-près-Bougy.*
Romille. *Romilly-près-Bougy; Romilly-sur-Andelle.*
Romillie. *Romilly-sur-Andelle.*
Romilly-la-Puthenaye. *Puthenaye (La).*
Rommais. *Roumois.*
Rommelli. *Romilly-près-Bougy; Romilly-sur-Andelle.*
Rommiliacus. *Romilly-près-Bougy.*
Rommilleia; Rommilli; Rommilly. *Romilly-sur-Andelle.*
Rommois. *Roumois (Sergenterie du).*

Romoiz. *Roumois.*
Ronanvilla. *Renneville.*
Ronca. *Ronce (La).*
Roncenay (Le)? Roncenayum; Roncené; Ronceneium. *Roncenay (Le).*
Roncerai. *Ronceray (La).*
Ronceroles. *Roncherolles.*
Roncha. *Ronce (La).*
Roncherolie; Roncherolles (Grand); Roncherolles-en-Vexin. *Roncherolles.*
Roncia. *Roncenay (Le).*
Ronde (La). *Notre-Dame-de-la-Ronde.*
Rooman; Roomen. *Roman-Blandey.*
Roque (La). *Rocque (La).*
Roque-les-Basses (La). *Basses-Terres (Les).*
Roquencourt. *Requiécourt.*
Roques. *Marie-Badon.*
Roques (Les). *Rocques (Les).*
Roqueta; Roquette (Saint-Martin de la). *Roquette (La).*
Rosai-en-Lions. *Rosay.*
Roseare (La). *Roussière (La).*
Roseium; Rosetum in Leonibus; Roseyum. *Rosay.*
Rosman. *Roman-Blandey.*
Rosney; Rosny. *Rony.*
Rosoy-en-Lyons. *Rosay.*
Rosselant. *Rosserant.*
Rosseria. *Roussière (La).*
Rossey. *Rosaie (La); Rosset (La).*
Rostes. *Rôtes.*
Rotæ. *Rois (Les).*
Rotalagensis Villa; Rotalagum; Rotalgensis Villa; Rotelagum. *Vaudreuil (Le).*
Rotes. *Rois (Les).*
Rothodetum; Rothoialensis; Rotholajum. *Vaudreuil (Le).*
Rothomagensis; Rothomagensis ager; Rothomensis ager. *Roumois.*
Rothorii. *Rotoirs (Les).*
Rotiers. *Rotis (Les).*
Rotmense. *Roumois.*
Rotolaium. *Vaudreuil.*
Rotomagensis minor (Pagus); Rotomagensis pagus. *Roumois.*
Rotondus Boscus; Rotundus Buscus. *Rond-Bosc.*
Rotors. *Rotoirs (Les).*
Rotot. *Routot.*
Rotouers; Rotours; Rottours-emprès-Gaillon (Les). *Rotoirs (Les).*
Rottes. *Rôtes.*
Rotulus. *Roule (Le).*
Rouetot. *Routot.*
Roufang; Rouffaire. *Ruffaux (Les).*
Rougecourt. *Rouge-Cour (La).*

Rougeperlé; Rouge-Periers; Rouges-Periers; Rouges-Pierres. *Rouge-Periers.*
Roule Balanson (Le); Roule-Balnchard. *Roule (Le).*
Routiardière (La). *Rouillardière (La).*
Roumais. *Roumois.*
Roumelli; Roumillies. *Romilly-près-Bougy.*
Roumilli. *Romilly-sur-Andelle.*
Roumilly. *Romilly-près-Bougy; Romilly-sur-Andelle.*
Roumilly supra Andelam. *Romilly-sur-Andelle.*
Roumoisan. *Roumois (Sergenterie du).*
Rousseria; Rousserie (La). *Roussière (La).*
Roussière (La). *Saint-Jean.*
Routoirs. *Rotoirs (Les).*
Routot (Sainct-Ouen de); Routot-en-Roumois. *Routot.*
Routtes (Les). *Routils (Les).*
Rouveray. *Rowray-Chambray.*
Rouveroy. *Rowray.*
Rouvetot. *Routot.*
Rouvilla. *Rouville (Pré et usine de).*
Rouville. *Saint-Saire.*
Rouvrai-sur-Eure; Rouvroy; Roverei; Roveri. *Rowray.*
Rovetot. *Routot.*
Rovilla juxta Pontem Arche. *Rouville.*
Roville. *Rouville (Pré et usine de).*
Rovray; Rovrensis (Villa); Rovroy. *Rowray.*
Royauté (La). *Reauté (La).*
Roye. *Rois (Les).*
Royne (Fief à la). *Reine (Fief de la).*
Roys. *Rais; Rois (Les).*
Rozay. *Rosay.*
Rubea Fossa. *Rougefosse.*
Rubea Pirus. *Rouge-Periers.*
Rubense Monasterium; Rubeum et Rubrum Monastericum. *Rougemontiers.*
Rubermons; Rublemont. *Rubremont.*
Rubles. *Rugles.*
Rubramons; Rubramont. *Rubremont.*
Rubrum. Voyez *Rubeum.*
Ruel. *Vaudreuil (Le).*
Ruelle à charbon. *Authuit.*
Rue-Morte. *Rue-Maure (La).*
Rues. *Russ (Les).*
Ruffais, *Rufflets (Les).*
Ruffault. *Ruffaux (Les).*
Rufflais (Les); Rufflei; Rufflez (Les). *Rufflets (Les).*
Ruga; Rugia; Ruglœ. *Rugles.*
Ruiel. *Vaudreuil (Le).*
Ruilla. *Risle (La).*

Ruilleeum; Ruilly. *Reuilly.*
Ruil Valdreuil. *Vaudreuil (Le).*
Ruisseau-Noir (Le). *Morenant.*
Rullegum; Rulleinm; Rulli; Rully; Rullyacus. *Reuilly.*
Rumilliacus. *Romilly-sur-Andelle.*
Runca. *Ronce (La).*
Runcenei. *Roncenay (Le).*
Runcha; Runcia; Runtia. *Ronce (La).*
Rupharia; Russeria. *Roussière (La).*
Ruset on Reuset (Vadum de). *Reuset (Gué de).*
Ruverei. *Rouvray.*
Rybramont. *Rubremont.*

S

Saarvilla. *Surville.*
Sac (Le); Saccum; Saccus. *Sacq (Le).*
Sacanville. *Sacquenville.*
Sacei; Saceium; Saceyum. *Sassey.*
Sachanvilla. *Sacquenville.*
Sache. *Sacq (Le).*
Sachenvilla; Sachevilla; Sackevilla; Sacquainvilla; Sacquanville. *Sacquenville.*
Sacq-sur-Eure (Les); Sacum. *Sacq (Le).*
Sacy. *Sassey.*
Sainct-Aubin-de-Cellon; Sainct-Aubin-de-Sallon. *Saint-Aubin-de-Scellon.*
Sainct-Aulbin-des-Hayes. *Saint-Aubin-des-Hayes.*
Sainete-Ausberte. *Sainte-Austreberte.*
Saincte-Coulombe. *Sainte-Colombe-la-Campagne.*
Sainct - Mauxe et Sainct - Venerend. *Saint-Mauxe.*
Sainct-Saoulveur. *Saint-Sauveur, chapelle à Heudicourt.*
Sainct-Supplice-à-Brethueil. *Saint-Sulpice, église paroissiale de Bretcuil.*
Sainct-Vincent-prez-Pacy. *Saint-Vincent-des-Bois.*
Saineville; Sainneville. *Senneville.*
Sainne. *Seine (La).*
Saint - Acquilain. *Saint-Aquilin (Petit séminaire de).*
Saint-Agile. *Saint-Aiglan.*
Saint - Agnan - de - Sarnières; Saint-Aignan-de-Cernières. *Saint-Agnan-de-Cernières.*
Saint-Albin. *Saint-Aubin-sur-Risle.*
Saint-Albin-de-Bart. *Saint - Aubin-de-Barc.*
Saint-Albin-de-Croville. *Saint-Aubin-d'Écrosville.*
Saint-Amambourg. *Sainte-Vaubourg.*

Saint-Amand-des-Haultes-Terres.*Saint-Amand-des-Hautes-Terres.*
Saint-Anclin. *Saint-Aquilin-de-Pacy.*
Saint-André-en-la-Marche; Saint-André-la-Forêt; Saint-Andrieu-en-la-Marche; Saint-Andry-en-la-Marche. *Saint-André-la-Marche.*
Saint - Anthonin; Saint-Anthonin-de-Somère; Saint-Anthonnin-de-Sommère. *Saint-Antonin-de-Sommaire.*
Saint-Aquilin-des-Augerons. *Saint-Aquilin-d'Augerons.*
Saint-Aubin. *Bos-Normand.*
Saint-Aubin-d'Arseville; Saint-Aubin-d'Ausseville. *Saint - Aubin - d'Écrosville.*
Saint-Aubin-de-Barre; Saint-Aubin-de-Beaumont. *Saint-Aubin-de-Barc.*
Saint-Aubin-de-Crosville; Saint-Aubin-d'Ecrouville; Saint-Aubin-de-Croville; Saint-Aubin-d'Escrouville. *Saint-Aubin-d'Écrosville.*
Saint-Aubin-de-lez-Gaillon. *Saint-Aubin-sur-Gaillon.*
Saint-Aubin-de-Roville. *Saint-Aubin-d'Écrosville.*
Saint-Aubin-de-Tanney ou de Launay; Saint-Aubin-de-Thenay. *Saint-Aubin-du-Thenney.*
Saint-Aubin-de-Wambourg. *Saint-Aubin-sur-Quillebeuf.*
Saint-Aubin-jouste-Gaillon. *Saint-Aubin-sur-Gaillon.*
Saint - Aubin - jouxte - Vieulx - Evreux. *Saint-Aubin-du-Vieil-Évreux.*
Saint-Aubin-le-Guichart. *Saint-Aubin-le-Guichard.*
Saint-Aubin-le-Vertuelx. *Saint-Aubin-le-Vertueux.*
Saint-Aubin-près-Quillebeuf. *Saint-Aubin-sur-Quillebeuf.*
Saint-Aubin-sur-Réelle. *Saint-Aubin-sur-Risle.*
Saint-Audoyer-la-Marche. *Saint-André-la-Marche.*
Saint-Auseberte. *Sainte-Austreberthe.*
Saint-Avanbourc. *Sainte-Vaubourg.*
Saint-Benoit-des-Umbres. *Saint-Benoît-des-Ombres.*
Saint-Brix. *Saint-Brice.*
Saint-Callais. *Saint-Calais.*
Saint-Chéron-les-Bois. *Saint-Chéron.*
Saint-Christophe-du-Bosc-Morel. *Bosc-Morel.*
Saint - Christophle. *Saint - Christophe-sur-Condé.*
Saint-Cir-en-Campagne. *Saint-Cyr-la-Campagne.*

Saint - Clair - de - Darcey; Saint-Clair-d'Hercé. *Saint-Clair-d'Arcey.*
Saint-Clair et Saint-Thomas-de-la-Canauée. *Cahannais (La).*
Saint-Cler. *Boudart.*
Saint-Cler-de-Dercey; Saint-Clerc-de-Dersay; Saint-Clerc-de-Dressey. *Saint-Clair-d'Arcey.*
Saint-Denis (trois villes). *Lilly.*
Saint-Denis (une des trois villes). *Morgny.*
Saint-Denis-de-Farmen; Saint-Denis-de-Fermant; Saint-Denis-de-Fermont; Saint-Denis-de-Fremans; Saint-Denis-le-Fermont; Saint-Denis-le-Ferrement; Saint-Denys-de-Fermen. *Saint-Denis-le-Ferment.*
Saint-Denis-des-Augerons. *Saint-Denis-d'Augerons.*
Saint-Denis-des-Coqs. *Écos.*
Saint-Denis-en-Lions. *Lyons-la-Forêt.*
Saint-Désier; Saint-Désiot; Saint-Désir; Saint-Dezier; Saint-Dezier ou Didier; Saint-Deziers; Saint-Dignes. *Saint-Didier-des-Bois.*
Sainte-Bémie. *Saint-Denis-le-Ferment.*
Sainte-Clotilde (Rue). *Miracles (Rue aux),* aux Andelys.
Sainte-Coullombe; Sainte-Coulonbie. *Sainte-Colombe-la-Campagne.*
Sainte-Croheult. *Sainte-Clotilde.*
Sainte-Crois. *Sainte-Croix-sur-Aizier.*
Sainte-Foi. *Foi (Le).*
Sainte-Geneviève-en-la-Forêt-de-Blais. *Sainte-Geneviève-lez-Gasny.*
Saint-Eglan; Saint-Eglen. *Saint-Aiglan.*
Saint - Elier (Rivière de). *Morelle (La).*
Saint-Elier-sur-Iton. *Saint-Élier.*
Saint-Eloi-de-Besu. *Saint-Eloi-près-Gisors.*
Saint-Eloi-de-Nassandres. *Saint-Éloi; Saint-Lambert-de-Malassis.*
Saint-Eloi-des-Fourgues. *Saint-Éloi-de-Fourques.*
Saint-Eloi des Ventes; Saint-Eloy des Ventes; Saint-Eloy des Ventez. *Ventes (Les).*
Saint-Eloy-sur-Bezu. *Saint-Éloi-près-Gisors.*
Sainte-Marguerite-de-l'Autel; Sainte-Marguerite-de-l'Hôtel. *Sainte-Marguerite-de-l'Autel.*
Sainte-Marguerite-de-l'Ortier. *Sainte-Marguerite (Fontaine de).*
Sainte - Marie - aux - Champs; Sainte-Marie-aux-Champs-sous-Gamaches. *Sainte-Marie-des-Champs.*

Sainte-Marie-de-la-Forêt. *Notre-Dame-du-Bosc.*

Sainte-Marie-de-Vatimesnil. *Sainte-Barbe; Sainte-Marie-des-Champs; Vatimesnil.*

Sainte-Marthe-les-Conches. *Sainte-Marthe.*

Sainte-Opportune-de-Champeigne; Sainte-Opportune-de-la-Champaigne. *Sainte-Opportune-la-Campagne.*

Sainte-Opportune-du-Bosc-Guérard. *Sainte-Opportune-du-Bosc.*

Sainte-Opportune-en-Roumois; Sainte-Opportune-les-Marais. *Sainte-Opportune-près-Vieux-Port.*

Saint-Eslier-le-Bois. *Saint-Élier.*

Saint-Estienne du chasteau de Pont-de-l'Arche (Chapelle de). *Saint-Étienne.*

Sainte-Estienne-lez-Vernon. *Saint-Étienne-lez-Vernon.*

Sainte-Suzanne. *Lesme (Le).*

Sainte-Suzanne-du-Désert. *Sainte-Suzanne, prieuré.*

Saint-Etienne-de-Hacqueville. *Saint-Étienne.*

Saint-Etienne-de-Lailler; Saint-Etienne-de-Lallier. *Saint-Étienne-l'Allier.*

Saint-Etienne-hors-Conches; Saint-Etienne-jouxte-Conches. *Saint-Étienne.*

Sainte-Trinité-de-Thouberville (La). *Trinité-de-Thouberville (La).*

Saint-Flipou. *Flipou.*

Saint-Frémi. *Saint-Firmin-Saint-Fiacre,* chapelle.

Saint-Georges-de-Ferrières. *Saint-Georges-des-Champs.*

Saint-Georges-du-Theil. *Grostheil.*

Saint-Germain-de-Gaillard. *Saint-Germain-le-Gaillard.*

Saint-Germain-de-la-Campagne; Saint-Germain-de-la-Campaigne. *Saint-Germain-la-Campagne.*

Saint-Germain-de-Pont-Audemer. *Saint-Germain-Village.*

Saint-Germain-des-Engles. *Saint-Germain-des-Angles.*

Saint-Germain-Despambourg; Saint-Germain-Despambourgs; Saint-Germain-Despanbourc; Saint-Germain-Despansbours. *Saint-Germain-de-Paulbourg.*

Saint-Germain-des-Prés; Saint-Germain-lez-Evreux. *Saint-Germain-de-Navarre.*

Saint-Germain-jouxte-Evreux. *Musse (La)*; *Saint-Germain-de-Navarre.*

Saint-Germain-la-Champaigne. *Saint-Germain-la-Campagne.*

Saint-Germain-sur-Rile. *Saint-Germain-Village.*

Saint-Gorgon. *Saint-Gourgon.*

Saint-Goulfrand. *Saint-Wulfran.*

Saint-Hélier. *Saint-Élier.*

Saint-Hilaire (Château de). *Épervier (L').*

Saint-Hilaire-de-Férières. *Ferrières-Saint-Hilaire.*

Saint-Hilaire-le-Vicomte. *Saint-Hilaire.*

Saint-Ildevert. *Saint-Hildevert.*

Saint-Irion. *Saint-Thurien.*

Saint-Jean-de-Forest. *Saint-Jean-Baptiste.*

Saint-Jean-de-la-Lesqueraie. *Saint-Jean-de-la-Lequeraye.*

Saint-Jean-des-Essarts. *Saint-Jean-Baptiste.*

Saint-Jean-de-Tannei. *Saint-Jean-du-Thenney.*

Saint-Jean-du-Pré ou du Pray. *Saint-Ursin.*

Saint-Jean-près-Morcenc; Saint-Jehan-de-Mourcenc. *Saint-Jean-de-Morsent.*

Saint-Jehan-d'Asnières. *Saint-Jean-d'Asnières.*

Saint-Jehan-de-Thenney. *Saint-Jean-du-Thenney.*

Saint-Jehan-le-Bofei. *Bouffey.*

Saint-Johan-de-Lovers. *Saint-Jean.*

Saint-Jorge-sur-Eure. *Saint-Georges-sur-Eure.*

Saint-Joseph-de-l'Hôpital-des-Renformés. *Saint-Joseph.*

Saint-Julien de Chehaignes. *Cahaignes.*

Saint-Julien-de-la-Liègue. *Croix-Saint-Leufroi (Les Filles de la).*

Saint-Julien du Boys-Normand. *Bois-Normand-près-Lyre.*

Saint-Just. *Longueville.*

Saint-Just-de-Longueville; Saint-Just-lez-Vernon. *Saint-Just.*

Saint-Lambert-de-Malassis. *Saint-Éloi.*

Saint-Laout. *Grenieuseville.*

Saint-Laud. *Saint-Laout.*

Saint-Laurent-de ou sur-Baromonium; Saint-Laurent-la-Campagne; Saint-Laurent-sur-Marcilly. *Saint-Laurent-des-Bois.*

Saint-Laurent-du-Tansement; Saint-Laurent-du-Tassement; Saint-Laurent-du-Tensement. *Saint-Laurent-du-Tencement.*

Saint-Léger-de-Rotes; Saint-Léger-du-Bosc-Del; Saint-Léger du Bose-del; Saint-Léger-le-Bordel. *Saint-Léger-du-Boscdel.*

Saint-Léger-des-Hospitaliers. *Saint-Léger-la-Campagne.*

Saint-Léger-du-Genestay; Saint-Léger-du-Genetay. *Saint-Léger-du-Gennetey.*

Saint-Léger-le-Gaultier. *Saint-Léger-le-Gauthier.*

Saint-Légier ou Ligier-le-Bordel. *Saint-Léger-du-Boscdel.*

Saint-Léon; Saint-Léonard-du-Bourg-Dessous. *Saint-Léonard-de-Beaumont.*

Saint-Leufroyat. *Saint-Leufroy (Petit séminaire de).*

Saint-Lézier. *Saint-Didier-des-Bois.*

Saint-Liénard-d'Andely. *Saint-Léonard d'Andely.*

Saint-Ligier-de-Glatigny. *Saint-Léger-de-Glatigny.*

Saint-Ligier-la-Campagne. *Saint-Léger-la-Campagne.*

Saint-Ligier-le-Bourdel. *Saint-Léger-du-Boscdel.*

Saint-Lorenz-en-la-Campagne-gaste-Marcilly. *Saint-Laurent-des-Bois.*

Saint-Louis. *Saint-Pierre-Saint-Paul.*

Saint-Louis (Hôpital de Gisors). *Saint-Antoine.*

Saint-Louvet. *Silouvet.*

Saint-Loys de la Sauchoie. *Saussaye (La).*

Saint-Lubin-lez-Bernay. *Saint-Lubin.*

Saint-Luc-le-Château; Saint-Lux; Saint-Luz. *Saint-Luc.*

Saint-Maart-de-Fresnes. *Saint-Mards-de-Fresnes.*

Saint-Maclou-de-la-Campagne; Saint-Maclou-la-Campagne; Saint-Macloud. *Saint-Maclou.*

Saint-Marcel. *Longueville.*

Saint-Marcel-de-Longueville; Saint-Marcel-lez-Vernon. *Saint-Marcel.*

Saint-Mards-de-Blacarville; Saint-Mard-de-la-Campagne; Saint-Mards-sur-Rille. *Saint-Mards-sur-Risle.*

Saint-Mars-de-Fresnes. *Saint-Mards-de-Fresnes.*

Saint-Martin (Église de). *Bosc-Asselin.*

Saint-Martin-aux-Bois. *Saint-Martin-au-Bosc.*

Saint-Martin-de-Chastel-Neuf-sur-Ette. *Château-sur-Epte.*

Saint-Martin-de-Goupillière. *Saint-Mathurin-de-Goupillière.*

Sanctus Albinus super Rillam. *Saint-Aubin-sur-Risle*.

Sanctus Albinus Virtuosus. *Saint-Aubin-le-Vertueux*.

Sanctus Amandus de Sauxeio ou Sauxtio ; Sanctus Amandus prope Beccum Thomæ ; S. Amans. *Saint-Amand-des-Hautes-Terres*.

Sanctus Andreas ; Sanctus Andreas in Marchia. *Saint-André-la-Marche*.

Sanctus Anianus ; Sanctus Anianus de Ponte Audomari. *Saint-Aignan-de-Pont-Audemer*.

Sanctus Anianus de Karlevilla. *Calleville*.

Sanctus Anianus de Sarneriis. *Saint-Agnan-de-Cernières*.

Sanctus Antonius de Gaillon. *Saint-Antoine-de-Gaillon*.

Sanctus Aquilinus ; Sanctus Aquilinus de Paceio. *Saint-Aquilin-de-Pacy*.

Sanctus Audoenus de Atees ; Sanctus Audoenus de Atheis. *Saint-Ouen-d'Attez*.

Sanctus Andoenus de Campis. *Saint-Ouen-des-Champs*.

Sanctus Audoenus de Gisorto. *Saint-Ouen*, plein fief.

Sanctus Audoenus de Mancellis. *Saint-Ouen-de-Mancelles*.

Sanctus Audoenus de Poncello ; Sanctus Audoenus du Poncel. *Saint-Ouen-de-Pontcheuil*.

Sanctus Audoenus de Toubervilla. *Saint-Ouen-de-Thouberville*.

Sanctus Audoenus de Tuito Heudeberti. *Saint-Ouen-du-Thuit-Hebert* ou *Thuit-Heudebert*.

Sanctus Audoenus de Tuit-Signol. *Thuit-Signol (Le)*.

Sanctus Bartholomeus de Cormeilliis. *Saint-Barthélemy*.

Sanctus Benedictus de Umbris ; Sanctus Benedictus in foresta que Gaevra dicitur ; Sanctus Benedictus in Ombris. *Saint-Benoît-des-Ombres*.

Sanctus Berengarius de Roca. *Saint-Bérenger-de-la-Roque*.

Sanctus Carannus ; Sanctus Caraunus. *Saint-Chéron*.

Sanctus Christoforus ; Sanctus Christophorus ; Sanctus Christophorus juxta Quercum Brumam. *Saint-Christophe-sur-Avre*.

Sanctus Christophorus de Baucis. *Baux-de-Breteuil (Les)*.

Sanctus Christophorus de Baucis in foresta Britolii. *Saint-Christophe*.

Sanctus Ciricus ; Sanctus Ciricus in Campania. *Saint-Cyr-la-Campagne*.

Sanctus Ciricus de Salerna. *Saint-Cyr-de-Salerne*.

Sanctus Clarus de Darchoi ; Sanctus Clarus de Dercaio in Oca ; Sanctus de Derchaio. *Saint-Clair-d'Arcey*.

Sanctus Clarus de Saencuria. *Sancourt*.

Sanctus Crispinus de Ponte S. Petri. *Saint-Crépin*.

Sanctus Cyricus. *Saint-Cyr-la-Campagne*.

Sanctus Cyricus de Salerna. *Saint-Cyr-de-Salorne*.

Sanctus Desiderius. *Saint-Didier-des-Bois*.

Sanctus Dionisius de Bruellant. *Saint-Denis-du-Béhélan*.

Sanctus Dionisius de Farman ; Sanctus Dionisius de Fermento ; Sanctus Dionisius de Forman. *Saint-Denis-le-Ferment*.

Sanctus Dionisius de Montibus. *Saint-Denis-des-Monts*.

Sanctus Dionysius de Augeron ; Sanctus Dionysius de Augerone. *Saint-Denis-d'Augerons*.

Sanctus Dionysius de Bosco Gherardi, Sanctus Dyonisius de Boscho Gerrardi ; Sanctus Dyonisius de Bosco Guerardi. *Saint-Denis-du-Bosguerard*.

Sanctus Dionysius de Escoz. *Écos*.

Sanctus Dionysius in Leonibus. *Saint-Denis-en-Lyons*.

Sanctus Dionysius in saltu Leonis. *Lyons-la-Forêt*.

Sanctus Eadmundus. *Saint-Edmond*.

Sanctus Egidius de Ponte Audomari. *Saint-Gilles*.

Sanctus Egidius de Rothoriis. *Saint-Gilles-des-Rotoirs*.

Sanctus Elegius de Besaco. *Saint-Éloi-près-Gisors*.

Sanctus Elerius. *Saint-Élier*.

Sanctus Eligius de Bezuto. *Bezu-Saint-Éloi*.

Sanctus Eligius de Furcis. *Saint-Éloi-de-Fourques*.

Sanctus Filibertus ; Sanctus Filibertus de Monte Forti. *Saint-Philbert-sur-Risle*.

Sanctus Georgius. *Saint-Georges-sur-Eure*.

Sanctus Georgius de Campis. *Saint-Georges-des-Champs*.

Sanctus Georgius de Ponte S. Petri. *Saint-Georges*.

Sanctus Georgius de Riperia ; Sanctus Georgius de Riveria ; Sanctus Georgius super Auduram ; Sanctus Georgius supra Mortellam ou sub Motella. *Saint-Georges-sur-Eure*.

Sanctus Georgius de Vipera ; Sanctus Georgius de Vippera ; Sanctus Georgius de Vixa ; Sanctus Georgius de Wevra. *Saint-Georges-du-Vièvre*.

Sanctus Geremarus. *Saint-Germer*.

Sanctus Germanus. *Saint-Germain-de-Navarre ; Saint-Germain-Village*.

Sanctus Germanus de Angulis ; Sanctus Germanus in Ebroicensi pago ; Sanctus Germanus juxta Normanvillam. *Saint-Germain-des-Angles*.

Sanctus Germanus de Campania. *Saint-Germain-la-Campagne*.

Sanctus Germanus de Croeseio. *Saint-Germain*.

Sanctus Germanus de Fraisnei ; Sanctus de Fresneya ; Sanctus Germanus juxta Fresneium. *Saint-Germain-de-Fresney*.

Sanctus Germanus de Pasquerio. *Saint-Germain-de-Pasquier*.

Sanctus Germanus de Ponte Audomari. *Saint-Germain-Village*.

Sanctus Germanus de Pratis. *Saint-Germain-de-Navarre*.

Sanctus Germanus de Troueta. *Saint-Germain-de-la-Truite*.

Sanctus Germanus juxta Ebroycas. *Saint-Germain-jouxte-Évreux*.

Sanctus Germanus le Gaillart. *Saint-Germain-le-Gaillard*.

Sanctus Germanus super Arvam. *Saint-Germain-sur-Avre*.

Sanctus Gervasius de Asneriis. *Saint-Gervais-d'Asnières*.

Sanctus Gervasius et Protasius de Gisortis. *Saint-Gervais-et-Saint-Protais*.

Sanctus Gregorius de Vixa. *Saint-Grégoire-du-Vièvre*.

Sanctus Helerius. *Saint-Élier*.

Sanctus Jacobus de Barra. *Saint-Jacques-de-la-Barre*.

Sanctus Jacobus de Chantelou. *Saint-Jacques-de-Chanteloup*.

Sanctus Joannes de Leschereia. *Saint-Jean-de-la-Lequeraye*.

Sanctus Joannes de Tenneyo. *Saint-Jean-du-Thenney*.

Sanctus Johannes de Asneriis. *Saint-Jean-d'Asnières*.

Sanctus Johannes de Becco. *Saint-Jean-du-Bec.*

Sanctus Johannes de Taneyo. *Saint-Jean-du-Thenney.*

Sanctus Johannes juxta Morcenc. *Saint-Jean-de-Morsent.*

Sanctus Julianus de Legua; Sanctus Julianus de Liega. *Saint-Julien-de-la-Liègue.*

Sanctus Justus; Sanctus Justus de Longavilla; Sanctus Justus de Longuevilla; Sanctus Justus in Longavilla. *Saint-Just.*

Sanctus Karannus. *Saint-Chéron.*

Sanctus Lambertus de Malasis. *Saint-Lambert-de-Malassis.*

Sanctus Laurentius; Sanctus Laurentius de Boscis; Sanctus Laurentius de Campania. *Saint-Laurent-des-Bois.*

Sanctus Laurentius de Gressibus; Sanctus Laurentius de Quercu Varin. *Saint-Laurent-des-Grés.*

Sanctus Laurentius de Tassamento; Sanctus Laurentius de Tonsemento. *Saint-Laurent-du-Tencement.*

Sanctus Leodegarius. *Saint-Léger-de-Glatigny; Saint-Léger-du-Boscdel; Saint-Léger-du-Gennetey; Saint-Léger-la-Campagne; Saint-Léger-le-Gauthier.*

Sanctus Leodegarius de Bordeflo. *Saint-Léger-du-Boscdel; Saint-Léger-du-Gennetey.*

Sanctus Leodegarius de Glatignieyo; Sanctus Leodegarius de Glatineyum. *Saint-Léger-de-Glatigny.*

Sanctus Leodegarius de Pratellis. *Saint-Léger-de-Préaux.*

Sanctus Leodegarius Galteri. *Saint-Léger-le-Gauthier.*

Sanctus Leodegarius in Campania. *Saint-Léger-la-Campagne.*

Sanctus Leodegarius juxta Bonam Villetam. *Saint-Léger-sur-Bonneville.*

Sanctus Leonardus supra Andeliacum. *Saint-Léonard-d'Andely.*

Sanctus Ligerus. *Saint-Léger-la-Campagne.*

Sanctus Luca; Sanctus Lucas. *Saint-Luc.*

Sanctus Maardus. *Saint-Mards-sur-Risle.*

Sanctus Macutus de et in Campania. *Saint-Maclou.*

Sanctus Marcellus; Sanctus Marcellus de Longevilla; Sanctus Marcellus de Longuavilla; Sanctus Marcellus in Longavilla. *Saint-Marcel.*

Sanctus Martinus de Bosco Asselini. *Saint-Martin-la-Corneille.*

Sanctus Martinus de Busseio. *Boissy-sur-Damville.*

Sanctus Martinus de Campania; Sanctus Martinus in Campania. *Saint-Martin-la-Campagne.*

Sanctus Martinus de Cornice. *Saint-Martin-la-Corneille.*

Sanctus Martinus de Fonte. *Saint-Martin-de-la-Fontaine; Thuit (Le).*

Sanctus Martinus de Maresdaus. *Saint-Martin-de-Maresdaus.*

Sanctus Martinus de Nogione. *Saint-Martin-de-Noyon.*

Sanctus Martinus de Nogione super Andelam. *Saint-Martin.*

Sanctus Martinus de Parco. *Saint-Martin-du-Parc.*

Sanctus Martinus de Sarneriis. *Saint-Martin-de-Cernières.*

Sanctus Martinus de Teillol. *Saint-Martin-du-Tilleul.*

Sanctus Martinus de Urticeto. *Saint-Martin-de-l'Ortier.*

Sanctus Martinus de Veteri Vernolio. *Saint-Martin-du-Vieux-Verneuil.*

Sanctus Martinus juxta Beccum Thome. *Saint-Martin-la-Corneille.*

Sanctus Martinus le Sene; Sanctus Martinus Senex. *Saint-Martin-le-Vieux.*

Sanctus Martinus Senis; Sanctus Martinus seu Parco. *Saint-Martin-du-Parc.*

Sanctus Martinus super Vairum. *Saint-Martin-Saint-Firmin.*

Sanctus Martinus Vetus. *Saint-Martin-du-Parc; Saint-Martin-le-Vieux; Saint-Martin-Saint-Firmin.*

Sanctus Medardus; Sanctus Medardus super Rillam. *Saint-Mards-sur-Risle.*

Sanctus Medardus de Fraxinis. *Saint-Mards-de-Fresnes.*

Sanctus Melanius; Sanctus Melanius in Campania; Sanctus Melanus. *Saint-Mélain-la-Campagne.*

Sanctus Melanius. *Saint-Mélagne.*

Sanctus Melanius in Bosco. *Saint-Mélain-du-Bosc.*

Sanctus Michael de Haia. *Saint-Michel-de-la-Haye.*

Sanctus Michael de Pratellis. *Saint-Michel-de-Préaux.*

Sanctus Michael super Arve. *Alaincourt.*

Sanctus Nicholaus de Bosco Asselini. *Saint-Nicolas-du-Bosc-Asselin.*

Sanctus Nicholaus de Grossa Londa. *Saint-Nicolas-du-Bosc.*

Sanctus Nicolaus de Atces; Sanctus Nicolaus de Atyes. *Saint-Nicolas-d'Attez.*

Sanctus Nicolaus de Bosco. *Chapelle-du-Bois-des-Faux (La); Saint-Nicolas-du-Bosc.*

Sanctus Nicolaus de Bosco Abbatis. *Saint-Nicolas-du-Bosc-l'Abbé.*

Sanctus Nicolaus de Ponte S. Petri. *Saint-Nicolas-de-Pont-Saint-Pierre.*

Sanctus Nicolaus de Touveia. *Saint-Nicolas-de-Touvois.*

Sanctus Nicolaus de Vernolio. *Saint-Nicolas-de-Verneuil.*

Sanctus Nicolaus de Vernonelot. *Vernonnet.*

Sanctus Nicolaus in Bosco. *Saint-Nicolas-du-Bosc.*

Sanctus Paternus. *Saint-Paër.*

Sanctus Paulus. *Saint-Paul-de-Fourques; Saint-Paul-de-la-Haye.*

Sanctus Paulus supra Rislam. *Saint-Paul-sur-Risle.*

Sanctus Petrus de Aqnosis. *Saint-Pierre-des-Ifs.*

Sanctus Petrus de Autiz; Sanctus Petrus des Autix. *Saint-Pierre-d'Autils.*

Sanctus Petrus de Bosco Girardi. *Saint-Pierre-du-Boscguérard.*

Sanctus Petrus de Castro. *Saint-Pierre-du-Châtel.*

Sanctus Petrus de Garanna; Sanctus Petrus de Garenna; Sanctus Petrus in Garenna. *Saint-Pierre-la-Garenne.*

Sanctus Petrus de Hermenteriis. *Armentières.*

Sanctus Petras del Chastellier. *Châtelier-Saint-Pierre (Le).*

Sanctus Petrus de Lerruto. *Saint-Pierre-de-Liéroult.*

Sanctus Petrus de Longavilla. *Saint-Pierre-de-Longueville.*

Sanctus Petrus de Mesnillo. *Saint-Pierre-du-Mesnil.*

Sanctus Petrus de Pratellis. *Saint-Pierre-de-Préaux.*

Sanctus Petras de Sarneriis. *Saint-Pierre-de-Cernières.*

Sanctus Petras de Sarqueiis. *Saint-Pierre-des-Cercueils.*

Sanctus Philbertus supra Rislam, Sanctus Philibertus juxta Montem Fortem. *Saint-Philbert-sur-Risle.*

Thuit-la-Fontaine. *Thuit (Le)*.

Thuit-Simé; Thuit-sur-Mer. *Thuit-Simer (Le)*.

Thuitus Angerii. *Thuit-Anger (Le)*.

Thuitus Signolli. *Thuit-Signol (Le)*.

Thuyet (Le). *Thuit (Le)*.

Thuy-Hagueron. *Thuit-Agron*.

Thyerrevilla. *Thierville*.

Tibervilla; Tiberville. *Thiberville*.

Tibouvilla; Tibovilla; Tiboville; Tieboldivilla. *Thibouville*.

Tibouville-la-Rivière. *Rivière-Thibouville (La)*.

Tiennolan. *Theil-Nolent (Le)*.

Tiergevilla; Tiergeville. *Tierceville*.

Tierrevilla. *Thierville*.

Tieullerye (La). *Tuilerie (La)*.

Tigerivilla; Tigervilla; Tignonville. *Tierceville*.

Til. *Theil; Tilly*.

Til (Le). *Grostheil*.

Tileium. *Tilly*.

Til-en-Forêt. *Thil-la-Forêt (Le)*.

Til-en-Veuquecin-le-Normant; Tilia; Tilia in Velgessino. *Thil (Le)*.

Tileriæ; Tilers. *Tillières-en-Vexin*.

Tilia Nœlent. *Theil-Nolent (Le)*.

Tiliolum Lamberti. *Tilleul-Lambert*.

Tiliolum Otonis. *Tilleul-Othon (Le)*.

Tiliay (Le); Tillé (Le); Tilleel (Le); Tillers (Les). *Thilliers-en-Vexin (Les)*.

Tilleium. *Notre-Dame-du-Tilleul; Saint-Martin-du-Tilleul*.

Tilleriæ; Tillers. *Tillières-sur-Avre*.

Tilleul-Folenffanlt; Tilleul-Fol-Enffant. *Tilleul-Fol-Enfant*.

Tilleul-Lochon; Tilleul-Loton (Le). *Tilleul-Othon (Le)*.

Tillia. *Grostheil; Tilly*.

Tilliacum; Tilli-en-Vexin. *Tilly*.

Tillières; Tilliers. *Tillières-sur-Avre*.

Tilliolum. *Tilleul : Tilleul-en-Ouche; Tilleul-Lambert; Tilleul-Othon (Le)*.

Tilliolum Othonis. *Tilleul-Othon (Le)*.

Tillol. *Saint-Martin-du-Tilleul*.

Tillolum. *Tilleul-Lambert*.

Tilly-Corbie. *Corbie; Tilly*.

Timstot. *Tinnetot*.

Tinolent. *Theil-Nolent (Le)*.

Tintot. *Tinnetot*.

Tison. *Tizon*.

Tissegnol. *Thuit-Signol (Le)*.

Tivreium. *Thevray*.

Toani. *Tosny*.

Tocqueville-en-Roumois. *Tocqueville*.

Todiniacum; Toeneium; Toenetum; Toeni; Toëni; Toenia; Toeniensis (Villa); Toenium; Toeny. *Tosny*.

Tofreivilla. *Touffreville*.

Toillé. *Toislay*.

Toneium; Toni; Toniacum. *Tosny*.

Tonneville. *Tourneville*.

Tonnolent. *Theil-Nolent (Le)*.

Tonsementum. *Saint-Laurent-du-Tencement*.

Tony. *Tosny*.

Toquevilla. *Tocqueville*.

Torbervilla; Torbevilla. *Saint-Ouen-de-Thouberville*.

Torchey. *Torché*.

Torelli (Vicus). *Torel*.

Torfevrilla. *Touffreville*.

Torfvilla. *Tourville*.

Torivilla. *Tourville-sur-Pont-Audemer*.

Tornacum. *Tourny*.

Tornaium; Tornay. *Tournay*.

Tornayum. *Tourny*.

Tornebu; Tornebusc; Tornebutum. *Tournebu*.

Tornedos. *Tournedos-la-Campagne*.

Torneium. *Tourny*.

Tornevilla. *Tourneville*.

Torni; Tornutium; Tornutum. *Tourny*.

Torouvilla; Torovilla. *Trouville-la-Haulle*.

Torp; Torpt-en-Lieuvin (Le); Tort; Tort (Le). *Torpt (Le)*.

Torsel. *Estorsel*.

Tortedos. *Tournedos-la-Campagne*.

Tortmesnil. *Tourmesnil*.

Tortuc. *Toussus*.

Torvilla; Torvilles. *Tourville*.

Torvile. *Tourville-la-Campagne*.

Tosteinvilla; Tostevilla. *Toutainville*.

Tôtes-la-Forêt; Totte (Sainte-Anne de). *Tostes*.

Totteneium. *Tosny*.

Touaillé. *Toislay*.

Touffreville-sur-Ecouis; Toufffroiville; Toufrevilla; Toufroiville. *Touffreville*.

Touisignol. *Thuit-Signol (Le)*.

Touqueville. *Tocqueville*.

Tour (La). *Table-d'Asnières (La)*.

Tour de la Monnaye. *Saint-Jacques (Tour)*.

Tournay. *Tourny*.

Tournebeu. *Tournebu*.

Tourneboissel. *Tourneboisset*.

Tournebu. *Auvergny*.

Tournebue. *Tournebu*.

Tournedos-Boishubert; Tournedoz. *Tournedos-la-Campagne*.

Tournetot. *Tournedos-sur-Seine*.

Tournevilla. *Tourneville*.

Tourny-en-Veulquessin; Tourny-en-Vexin. *Tourny*.

Tourvilla. *Tourville; Tourville-la-Campagne; Tourville-sur-Pont-Audemer*.

Tourville. *Tourneville*.

Tourville-jouxte-le-Neabourg; Tourville-la-Champagne; Tourville-la-Champaigne. *Tourville-la-Campagne*.

Tourville-le-Guérin. *Tourville-sur-Pont-Audemer*.

Toustainville; Toutinville. *Toutainville*.

Touvilla. *Touville*.

Touville. *Tourville*.

Touvois. *Touvoye*.

Tovilla. *Touville*.

Trabuleria. *Trabouillère (La)*.

Transères; Transires. *Transières*.

Travail; Travailes; Travalers; Travaliiacus; Travalliæ. *Travailles*.

Tregavilla; Tregevilla. *Triqueville*.

Tremblai. *Tremblaie (La); Tremblay (Le)*.

Tremblay. *Omonville*.

Tremblay-Omonville (Le). *Tremblay (Le)*.

Tremblé. *Tremblaie (La)*.

Tremblei; Trembleium; Trembley; Trembley-Osmonville (Le); Trembleyum. *Tremblay (Le)*.

Trencevillier; Trenchevillier. *Tranchevilliers*.

Trépagny; Trépagny-les-Chaussettes. *Etrépagny*.

Trequevilla; Trequeville. *Triqueville*.

Trésor-Notre-Dame. *Trésor (Le)*.

Trez. *Tresz (Les)*.

Triartreroe. *Teurtraie*.

Trigenæ. *Trentennes (Les)*.

Trigevilla; Trignoville. *Triqueville*.

Trinité (La). *Charmoye (La)*.

Trinité-de-la-Charmoye. *Trinité (La)*.

Trinité-de-Réville (La); Trinité-près-la-Roussière (La). *Trinité-du-Mesnil-Josselin (La)*.

Triotna. *Troësne (La)*, rivière.

Trisyacum. *Trisay*.

Trochie (La). *Trochée (La)*.

Troëne. *Troësne (La)*, rivière.

Trois-Rois (Île des). *Royaume (Île du)*.

Tronc (Le). *Troncq (Le)*.

Troncevillier; Tronchevillier. *Tranchevilliers*.

Troncheium. *Tronquay (Le)*.

Troncus; Tronq (Le); Tronqt. *Troncq (Le)*.

Tronquai-en-Lions; Tronqueium; Tronquetam; Tronqueam; Tronquoy; Tronquoy (Le). *Tronquay (Le)*.

Trop (Le), *Torpt* (*Le*).
Trossehoe; Trossehot. *Troussebout*.
Trou-Beschet. *Trou-Béchet* (*Pont et rue du*), à Évreux.
Trou-du-Houzot.*Trou-de-Botte*, ruisseau.
Trousanville. *Tousseauville*.
Trousseauville. *Bigarrie* (*La*).
Troussebotière. *Trousseboutière* (*La*).
Trouvilla; Trouville-sur-Quillebeuf; Trouville-sur-Seine. *Trouville-la-Haulle*.
Trouville. *Tourville*.
Trulla Leporis. *Gîte-à-Lièvre*.
Trunc (Le); Truncatum. *Troncq* (*Le*).
Trunchay; Trunchaye. *Tronchet* (*Le*).
Trunchei; Truncheium. *Tronquay* (*Le*).
Truncus. *Troncq* (*Le*).
Truncus villaris. *Tranchevilliers*.
Trunkeium; Trunqueium, *Tronquay* (*Le*).
Trussebut. *Troussebout*.
Tubervilla. *Saint-Ouen-de-Thouberville; Thouberville*.
Tui-Ange (Le). *Thuit-Anger* (*Le*).
Tuillières; Tuiliers. *Tillières-sur-Avre*.
Tuisignol-en-Conches-ot-Beaumont; Tuissignol; Tuissinol. *Thuit-Signol* (*Le*).
Tuit (Le). *Thuit* (*Le*).
Tuit-Agueron. *Thuit-Agron*.
Tuit-Angier; Tuit-Ansger; Tuit-Ansgeri. *Thuit-Anger* (*Le*).
Tuit-Cimer. *Thuit-Simer* (*Le*).
Tuit-Heudebert. *Saint-Ouen-du-Thuit-Hébert ou Thuit-Heudebert*.
Tuit-la-Fontaine. *Thuit* (*Le*).
Tuit-Signol; Tuit-Sinol. *Thuit-Signol* (*Le*).
Tuit-Symer; Tuitymer. *Thuit-Simer* (*Le*).
Tullum Noëlent. *Theil-Nolent* (*Le*).
Turfreivilla; Turfrevilla; Turfreville. *Touffreville*.
Turgelle (La); Turgoise (La). *Turgère* (*La*).
Turneium; Turneyum. *Tourny*.
Turolvilla; Turotvilla; Turovilla. *Trouville-la-Haulle*.
Turqueraie; Turquerais; Turqueraye; Turquerée (Saint-Martin-de-la-). *Eurqueraye*.
Turrevilla. *Tourville-sur-Pont-Audemer*.
Turris de Leons. *Lyons-la-Forêt*.
Turstenivilla; Turstinivilla. *Toutainville*.
Tursue. *Toussue*.

Turvilla. *Tourville-sur-Pont-Audemer*.
Tussia. *Toussue*.
Tustinivilla. *Toutainville*.
Tyeberville. *Thiberville*.
Tyerrivilla. *Thierville*.
Tygervilla; Tygiervilla. *Tierceville*.
Tylères; Tyllères; Tylleriæ. *Tillières-sur-Avre*.
Tylia; Tyllia Noelent. *Theil-Nolent* (*Le*).
Tylleium; Tylli; Tylliacum; Tylly. *Tilly*.
Tyllellum; Tylliolum Lamberti. *Tilleul-Lambert*.
Tyouvilla; Tyovilla. *Touville*.

U

Uest. *Huest*.
Ugerivilla. *Heurgeville*.
Uilmes; Ulmi. *Ormes*.
Ulmeium. *Ommei*.
Ultranemus. *Outrebois*.
Ulxin-le-Normand. *Vexin Normand* (*Le*).
Umfrevilla. *Amfreville-sur-Iton*.
Urayvilla. *Vraiville*.
Ure; Uro (La rivière d'). *Eure*, rivière.
Urticetum. *Ortier* (*L'*).
Usche; Utica; Uticensis pagus; Uticensis (Regio); Uticensis tractus. *Ouche* (*Pays d'*).

V

Vaarclive. *Verclives*.
Vaccaria. *Vacherie-près-Barquet* (*La*); *Vacherie-sur-Hondouville* (*La*); *Vacquerie* (*La*).
Vacerie (La); Vacherie-sus-Hondouville (La); Vacherie-sur-Iton (La). *Vacherie-sur-Hondouville* (*La*).
Vacherie-près-Beaumont (La); Vacherie-sur-Risle (La). *Vacherie-près-Barquet* (*La*).
Vacherye; Vacquerie. *Vacherie* (*La*).
Vacœueil; Vacueil. *Vascœuil*.
Vadum Nigasii. *Gasny*.
Vaicrevilla. *Voiscreville*.
Vailli. *Bailly*.
Vairum. *Véronne* (*La*), rivière.
Vakepuis. *Bacquepuis*.
Valages. *Valailles*.
Val-aux-Cauchois. *Valleau-Cauchois*.
Val-Beolet. *Val-Boelet*.
Valbois. *Valboit* (*Le*).
Valchéri. *Valsery*.

Val-Courbon. *Valcorbon*.
Val-Coutard ou Comtent. *Val* (*Le*).
Val-Davy. *Val-David* (*Le*).
Val-de-Raël; Val-de-Voiel; Valdrol. *Vaudreuil* (*Le*).
Val-Droart. *Val-Drouard*.
Val-du-Lesne. *Lesme* (*Le*).
Val-du-Teil. *Val-du-Theil* (*Le*).
Valeine. *Valesme* (*Le*).
Val-en-Comte. *Val-au-Vicomte* (*Le*).
Valeniæ. *Valailles*.
Valete (Tenementum de la). *Vallette* (*La*).
Valetot. *Valletot*.
Val Gobren. *Godebran*.
Val-Hainfray. *Valcharelfray* (*Le*).
Val-Jardin. *Val-Gardin* (*Le*).
Vallages; Vallaille. *Valailles*.
Val-Laschey. *Val-Lache*.
Val-Lebert. *Vau-Libert*.
Vallée-Moïllet. *Vallée-Mayet* (*La*).
Valleliæ. *Valailles*.
Vallet (Le). *Vallée* (*La*).
Valletot-en-Roumois. *Valletot*.
Valleul. *Valeuil*.
Valleville. *Vatteville*.
Valligervilla. *Voiscreville*.
Valliliæ. *Valailles*.
Vallis Angodes. *Angodes*.
Vallis Corhonis; Vallis Corbum; Vallis Corbunis. *Valcorbon*.
Vallis Crispini. *Val-Crespin*.
Vallis de Somere. *Val-de-Sommaire*.
Vallis Droardi. *Val-Drouard*.
Vallis du Lesme. *Lesme* (*Le*).
Vallis de Tylia. *Val-du-Theil* (*Le*).
Vallis Engelier. *Valenglier*.
Vallis Igerii. *Val-Gilbert* (*Le*).
Vallis Menerii. *Val-Menier*.
Vallis Paiem. *Bas-Péan* (*Le*).
Vallis Redolii; Vallis Rodoili; Vallis Rodoliæ; Vallis Rodolii; Vallis Rothelii; Vallis Ruellii; Vallis Ruolii. *Vaudreuil* (*Le*).
Vallis Ricardi. *Val-Richard* (*Le*).
Vallis Sarncias. *Cernières* (*Vallée de*).
Vallis Ygerii. *Val-Gilbert* (*Le*).
Vallot. *Valtot*.
Val-Mélichon. *Val-Ménichon* (*Le*).
Val-Oger. *Val-Auger*.
Val-Perrier (Le). *Val-Périer* (*Le*).
Val-Poingnant ou Poignard. *Breuil-Poignard* (*Le*).
Val-Reimbert. *Val-Raimbert*.
Vals. *Vaux*.
Val-Saint-Jehan. *Val-Saint-Jean*.
Valsialdus; Valsiardus. *Gauciel*.
Vandrimara. *Vandrimare*.

Vanecro; Vanecrocq, Vanescroc; Vanescrot. *Vannecrocq.*
Vanetot. *Valletot.*
Vani; Vani (Castelium). *Gasny.*
Vaqueil; Vaqueuil. *Vascœuil.*
Varclive; Varclivre. *Verclives.*
Vare-Morsent. *Barmorson.*
Varennes. *Varenne (La).*
Varlogère. *Vadelorgère (La).*
Varqueline. *Verclives.*
Varroz. *Varos (Rues des Grands et des Petits), aux Andelys.*
Vascœu; Vascuel; Vascuil. *Vascœuil.*
Vasnecrop. *Vannecrocq.*
Vasqueil; Vasqueuil; Vasqueul. *Vascœuil.*
Vastatæ. *Villegats.*
Vasta Villa. *Vatteville.*
Vastina. *Vastine (La).*
Vatermesnil. *Vatimesnil.*
Vatetot. *Valletot.*
Vateville; Vâteville. *Vatteville.*
Vatiermesnil; Vatiménil. *Vatimesnil.*
Vattetot; Vatelot. *Valletot.*
Vatteville-le-Clontier; Vatteville-sur-les-Monts. *Vatteville.*
Vauceuil. *Vascœuil.*
Vau-d'Ailly. *Val-d'Ailly.*
Vaudavid; Vaul-Davy (Le). *Val-David (Le).*
Vaudemont. *Baudemont.*
Vaudière. *Vauguère (La).*
Vaudoré; Vaudoroy. *Val-du-Roi.*
Vaudrevilla. *Gaudreville-la-Rivière.*
Vaudrimard; Vaudrimare. *Vandrimare.*
Vauldreuil; Vauldreux (Les). *Vaudreuil (Le).*
Vaulx. *Vaux-sur-Eure.*
Vaulz. *Vaux.*
Vau-Richard. *Val-Richard (Le).*
Vaus. *Vaux-sur-Eure.*
Vavasseur (Sergenterie au). *Guignon (Sergenterie au).*
Vecquedal. *Becdal.*
Vecquessin. *Vexin Normand (Le).*
Veilleites; Veillettes. *Villettes.*
Veilli. *Vesly.*
Velcasinum; Velcassinus (Pagus); Veliocassinus (Pagus). *Vexin Normand (Le).*
Veli; Veli-sous-Dangu; Velleium; Velli; Velliacum; Veily, Vely. *Vesly.*
Veliæ. *Vieilles.*
Venabula. *Venables.*
Vendrimare. *Vandrimare.*
Venetum; Veneum. *Venon.*
Vennon. *Vernon.*

Ventes-ès-Bois (Les). *Ventes (Les).*
Ver. *Vert (Le).*
Verclive. *Verclives.*
Verengevilla; Verenguerville. *Bérengeville-la-Campagne.*
Verli; Verliacum. *Vesly.*
Vermonet. *Vernonnet.*
Vernacum; Vernai; Vernaium; Vernay. *Buisson-Vernet (Le).*
Verneuces. *Verneussees.*
Verneuil; Verneuil-au-Perche; Verneul-en-Perche; Vernieul; Vernoel; Vernoil; Vernolium. *Verneuil.*
Vernoinelium; Vernominel. *Vernonnet.*
Vernon. *Longueville.*
Vernonest; Vernonetium; Vernonetot (S. Nicolaus de); Vernonetum; Vernoniel; Vernonnel. *Vernonnet.*
Vernonium; Vernonium ad Sequanam; Vernon-sur-Seine; Vernonum. *Vernon.*
Vernuces; Vernuchie; Vernuciæ. *Verneussees.*
Vernueil; Vernueil-lez-Perche; Vernuel; Vernul; Vernullium. *Verneuil.*
Vernum. *Vernon.*
Vernutiæ. *Verneussees.*
Vérou. *Bérou.*
Verquelire; Verquelive. *Verclives.*
Verriacum. *Vesly.*
Verrotz. *Varos (Rues des Grands et des Petits), aux Andelys.*
Veruleta. *Virolet.*
Vesillon; Vesillum; Vesilon. *Vezillon.*
Vesnon. *Venon (Les Bruyères de).*
Vesquexin. *Vexin Normand (Le).*
Vetera Villaria; Veteribus Villeriis (De). *Vieux-Villez.*
Veteres Conche. *Vieux-Conches (Le).*
Veteres Ebroicæ; Vetulæ Ebroicæ. *Vieil-Évreux (Le).*
Vetuli. *Vieilles.*
Vetus ou le Viel. *Saint-Martin-le-Vieux.*
Vetus domus. *Clos à la Reine.*
Vetus Honguemara. *Vieil-Honguemare.*
Vetus Lira. *Lyre (Abbaye de); Vieille-Lyre (La).*
Vetus Portus. *Vieux-Port.*
Votus Rothomagus. *Vieux-Rouen (Le).*
Vetus Vernolium. *Vieux-Verneuil.*
Vetus Villa. *Viéville (La).*
Veucsin. *Vexin Normand (Le).*
Veufvillier. *Vieux-Villez.*
Veugesim; Veuguesin; Veulguesin; Veulguessin; Veulquessin-le-Français; Veulquessin-le-Normans; Veulquessin-le-Normant; Veuquecin; Veuquecin-le-Normant; Veuquesin;

Veuquessin-le-Normand. *Vexin Normand (Le).*
Veulles. *Vieilles.*
Veulquesin d'Andeli. *Andely (Le Grand-).*
Veuyville. *Vraiville.*
Via Alba. *Côte-Blanche (La).*
Viana. *Vienne.*
Viane. *Mesnil-sous-Vienne (Le).*
Vicarerie (La). *Vicallerie (La).*
Victot. *Vitot.*
Vicus Villeine. *Vilaine.*
Vieil-Évreux. *Saint-Aubin-du-Vieil-Évreux.*
Vieille-Lyre. *Vieille-Lyre (La).*
Vieil-Port. *Vieux-Port.*
Vieil-Rouen. *Vieux-Rouen (Le).*
Vieivillers. *Vieux-Villez.*
Viel-Évreux. *Vieil-Évreux (Le).*
Viellectes. *Villettes.*
Vieiles. *Vieilles.*
Viels (Le). *Vallée (La).*
Vienne. *Mesnil-sous-Vienne (Le).*
Viest. *Vez.*
Vieulx-Evreux; Vieux-Évreux. *Vieil-Évreux (Le).*
Vieuvillers; Vieux-Villers; Vieux-Villier. *Vieux-Villez.*
Vieux-Forts (Les). *Motte-du-Bourg (La).*
Vieux-Rideau (Le). *Lieu-Rideau (Le).*
Viévillé; Viéviliers; Viévilliers. *Vieux-Villez.*
Vigant. *Vigan (Le).*
Vigesinum Normannicum. *Vexin Normand (Le).*
Vigovilla. *Igoville.*
Vilailétum; Vilalet; Vilaletum. *Villalet.*
Vilart. *Vilard.*
Vilcassinum; Vilcassinus Normannicus. *Vexin Normand (Le).*
Vilerez. *Villerets.*
Vileriæ. *Villegats; Villers-sur-le-Roule; Villez-sur-Damville.*
Vilers. *Vieilles; Villegats; Villers; Villers-en-Vexin; Villez-sur-Damville.*
Vilers-le-Galeis. *Villegats.*
Vilers super le Rolle. *Villers-sur-le-Roule.*
Vileta. *Villette (La).*
Villages-Saint-Germain (Les). *Saint-Germain-Village.*
Villa Gisaica. *Vieil-Évreux (Le).*
Villaledt; Villaletum. *Villalet.*
Villa Leons. *Lyons-la-Forêt.*
Villa Malherbe. *Haye-Malherbe (La).*
Villaræ. *Villez-sur-Damville; Villez-sur-le-Neubourg.*